表观遗传学

（上册）

于文强　徐国良　主编

科学出版社

北京

内 容 简 介

表观遗传学极大地拓宽了人们对于遗传信息流动的认知,是后基因组时代生命科学领域研究的前沿和热点。本书作者均为国内外表观遗传学研究领域一线科研工作者,内容涵盖了表观遗传学的所有重大主题和技术应用:第1～31章梳理了表观遗传的基础知识和概念,纳入了表观遗传领域最新的前沿内容,如环形RNA、lncRNA、NamiRNA、RNA修饰,以及染色质高级结构等;第32～42章为表观遗传在重要生命过程中的应用,包括早期胚胎发育、肿瘤发生发展等重要生理及病理过程;第43～63章为表观遗传核心技术和全新理论解读与应用展望,为研究者提供了详尽的操作方法。

本书具有很强的专业性和实用性,不仅可作为表观遗传领域研究者的专业工具书,也可为相关领域的高年级本科生、研究生及对表观遗传感兴趣的读者提供一份极具价值的参考资料。

图书在版编目(CIP)数据

表观遗传学/于文强,徐国良主编. —北京:科学出版社,2023.3
ISBN 978-7-03-073789-2

Ⅰ. ①表… Ⅱ. ①于… ②徐… Ⅲ. ①表观遗传学 Ⅳ.①Q3

中国版本图书馆 CIP 数据核字(2022)第 221159 号

责任编辑:罗 静 刘 晶 / 责任校对:宁辉彩
责任印制:吴兆东 / 封面设计:朱航月

科学出版社 出版
北京东黄城根北街 16 号
邮政编码:100717
http://www.sciencep.com

北京中科印刷有限公司印刷
科学出版社发行 各地新华书店经销
*
2023 年 3 月第 一 版 开本:889×1194 1/16
2024 年 10 月第三次印刷 印张:81
字数:2 623 000
定价:780.00 元(上下册)
(如有印装质量问题,我社负责调换)

《表观遗传学》编委会名单

陶　谦　田鹏翔　童　莹　王　晨　王　文　王　玺　王　旭　王　焱
王　瑶　王　艺　王嘉华　王侃侃　王立勇　王丽霞　王司清　王晓竹
王永明　韦朝春　文　波　翁杰敏　吴　煌　吴　强　吴立刚　吴旭东
夏　维　夏文君　谢一方　邢清和　徐　洁　徐　盼　徐　鹏　徐国良
徐彦辉　薛　尉　杨　力　杨　鑫　杨　莹　杨红波　杨慧蓉　杨运桂
杨智聪　叶　丹　伊成器　殷庆飞　于文强　于子朔　岳　峰　曾　科
张　豪　张　锴　张　锐　张　洋　张　勇　张宝珑　张汝康　赵　丹
赵　爽　赵欣之　朱海宁　Sushil Kumar Dubey

审校人员

于文强　徐　鹏　王司清　叶水送　李　伟　杨智聪　刘梦醒　丁广进
梁　英　杨　帅　童　莹　张宝珑　任晓光　陈　璐　茹道平　连　丞
鞠东恩　陈灿灿　李丽娟　钱程晨　龚　熠　吴伟伟

序 一

  人类基因组草图已经发布了二十多年，人们在基因测序和功能的研究上已经取得巨大的进展，但是生物医学中仍然有很多悬而未决的问题。例如，一个受精卵是怎样从 30 亿碱基对的遗传程序发育成高度分化的细胞类型的？为什么同一拷贝的基因组可以在不同细胞类型中转录出不同的 RNA 和蛋白质？分化后的细胞又是如何保持它们稳定的特征和功能的？在病理条件下，癌细胞是怎样变异和产生耐药性的？

  解答这些问题的关键就是表观遗传学。表观遗传学是描述染色体 DNA、组蛋白、RNA 的化学修饰以及相关功能的一门学科。与改变 DNA 序列并从一代传给下一代的遗传物质变异不同，表观遗传学所研究的结构变化与化学修饰更具动态性、瞬时性，并且大多是不可遗传的。然而，DNA、组蛋白，以及 RNA 的化学修饰所携带的信息更加丰富，并且在细胞的分裂和分化过程中起着至关重要的作用。

  近年来，遗传分析被广泛应用于阐述基因编码序列的变异如何导致各种遗传性状和疾病。在对于占人类 DNA 98%以上的非编码序列的功能注释上，表观遗传学的理论和相关研究则发挥了重要作用。这是因为不同类别的非编码序列功能元件在发挥作用过程中伴随着 DNA 甲基化、组蛋白修饰、RNA 修饰或者染色质结构的变化。同时，DNA 测序技术的迅猛发展也使我们分析表观遗传标记的规模和分辨率不断提高，并且已经达到单细胞水平。这样的图谱（通常称为表观基因组）进一步揭示了表观遗传修饰在基因调控、胚胎发育和疾病发生发展机制中的生物学作用。今天，表观基因组分析已经成为了人类基因组功能注释和人类疾病分子机理的研究中不可或缺的工具。

  复旦大学于文强教授和徐国良院士主编的《表观遗传学》一书可谓该领域的鸿篇巨著。该书作者全部是来自表观遗传领域的一线科研工作者，内容几乎囊括了表观遗传学的所有细分领域，具有很强的专业性。我欣喜地看到，该书也包含许多表观遗传学的最新进展，尤其是染色质高级结构相关的章节。可以预见的是，该书将成为表观遗传领域必备的专业工具书。

  这本 200 多万字的巨著，凝聚了数百位表观遗传学者的心血，而要组织和编写这样一本鸿篇巨著，过程必定十分艰辛。在此，我对所有参与该书编著的科研工作者们，尤其是于文强教授和徐国良院士，表示崇高的敬意。期待该书能够推动更多的学者投身表观遗传研究，在表观遗传领域做出更多杰出的工作，在人类生物医学研究史上画下浓墨重彩的一笔。

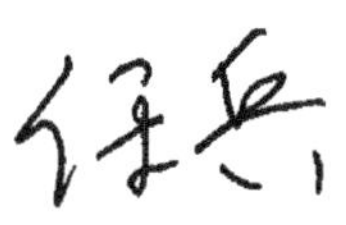

美国加州大学圣地亚哥分校医学院教授

路德维格癌症研究所成员

序　二

2009 年，美国冷泉港实验室出版社出版了一部由 C. David Allis，Thomas Jenuwein，Danny Reinberg 主编的 *Epigenetics*，可以说是几乎每位表观遗传学领域学者都读过的一本教科书式的著作。已经有这么经典的珠玉在前，那么这部中文版的《表观遗传学》编写的特色在哪里呢？

第一，内容新、观点新、视角新。"表观遗传学（epigenetics）"这个概念虽然早在 1942 年就已被提出，但在此后的 50 多年里一直处于缓慢的认识与发展阶段。直到 20 世纪末本世纪初，表观遗传学才开始迅速发展，而且不断加速，相关的知识与技术发展日新月异。尤其是在对分子机制的认识上，以及在生物医学的转化应用上，近几年来发展迅猛。而该书的编写就突出了一个"新"字，将近年来国际公认的前沿成果纳入其中，有助于读者在学习领域经典知识的基础上紧跟动态，推动领域的进一步发展。

第二，该书的编写符合国内表观遗传学发展的时代特征，符合中国人的阅读习惯。这几年我在全国各大学术会议上有一个深切的体会，即国内在表观遗传学领域的发展可谓是欣欣向荣。无论是原来研究发育生物学、遗传学、神经生物学还是基础医学的学者，大家都逐渐意识到表观遗传学发挥的重要调控作用。我本人在 20 世纪 90 年代初就已从事非编码 RNA 的研究，那个时候国内没有多少人听说过表观遗传学，从事相关研究的学者更是凤毛麟角。而随着我国科研水平的飞速提高，国内表观遗传学的发展已由星星之火渐成燎原之势。从与国际逐渐接轨，慢慢变为多项发现已领跑国际，这种发展的迅猛态势令人振奋。而目前我们也更加需要一本由我们自己编写，适合中文语言习惯与阅读习惯的综合性表观遗传学著作。该书全面而前沿，不仅介绍了国际上表观遗传学的发展，更增加了国际上著名华人学者的卓越贡献，体现了表观遗传学发展的中国声音。这些学者很多也亲自参与到了该书的撰写工作中，让中国学者在表观遗传学的研究中站上巨人的肩膀。

第三，该书集合了表观遗传学的知识和技术之大成。我在从事非编码核酸研究与教学过程中，经常需要参考大量的书籍、综述与论文。所以我也希望能有一部著作能够更加全面地汇集本领域的重要内容，并进行深入的讲解。这不仅有利于我们在研究的过程中进行参考，也有利于我们进行研究生的培养教育。该书由表观遗传学各方面的专家精心合作著成。共计 63 章，200 多万字，几乎涵盖了表观遗传学的各个领域。学者们可以把这部鸿篇巨著作为表观遗传学的一本工具书，它为大家提供了表观遗传学研究的理论、方法与应用。各位学者可以在从事研究和教育的过程中时时翻阅。

第四，受众广泛。该书对表观遗传学的发展历史与最新进展，进行了专业、全面而深刻的阐述。该书适合领域内外的科研人员，希望进行表观遗传学的医学转化的医生学者、进行技术转化的专业人士，以及相关领域的学生等。任何想要深入学习表观遗传学的内涵、机制、表现与应用的读者，都可以在该书中获得知识与启发。

最后，我衷心祝贺所有参与这部著作的组织和编写人员。他们用这部优秀的著作，为对表观遗传学感兴趣的读者奉献了一场知识盛宴。希望该书可以推动我国相关领域的发展更上一层楼！

陈润生

中国科学院院士

中国科学院生物物理研究所

目 录

第1章 表观遗传学概论

施 扬[1] 王司清[2] 谭 理[2] 蓝 斐[2]

1. 牛津大学路德维格癌症研究所；2. 复旦大学

人们曾经以为只要解读了DNA序列就能掌握生命的全部奥秘，然而事实并非如此。例如，在农作物玉米中，*b1*基因的表达可以使玉米出现紫色的花青素沉积，而DNA甲基化和非编码RNA介导的*b1*基因表达沉默使玉米呈现浅色[1]。紫色玉米与浅色玉米杂交后，原来表达的*b1*基因也不再表达，看起来像浅色玉米的等位基因将紫色玉米的基因"突变"了一样，这种现象被称为"副突变（paramutation）"[2]。又如，在 A^{vy} 小鼠中，*Agouti*基因DNA甲基化程度不同可以导致基因组相同的小鼠毛发颜色不同[3]。这类生物学表型存在显著差异但DNA序列却没有改变的现象无法用传统的遗传学理论解释，属于经典的表观遗传学现象。此外，DNA序列的改变也远不能解释所有的疾病现象，表观遗传调控异常被认为是很多疾病发生发展的重要因素。

1942年，Waddington最早提出了"表观遗传学（epigenetics）"的概念，由"遗传学（genetics）"和"后成论（epigenesis）"合并而成，用于描述发育过程中从基因型转化为表型的机制[4, 5]。表观遗传学词源中的"后成论"最早出现在17世纪，是指生物体由最初的未分化状态（如受精卵、孢子）经过多步分化发育过程最终生长为成熟体[即成熟体并不是由初始状态直接放大形成，与"先成论（preformationism）"相反]。表观遗传学的"表观（epi-）"是"在……之上、之外"的意思，即研究在遗传学之上拓展的内容。Waddington随后又以一幅著名的"表观遗传地势图（epigenetic landscape）"（图1-1）形象地表述了他对表观遗传调控发挥功能的假想——将受精卵分化为不同细胞的过程比作小球从山顶经过不同路径滚到山脚不同位置的过程，将山坡上的丘陵和山谷构成的"表观遗传地势"类比为调控细胞分化的路径[6]。1990年，Holliday提出了"表观遗传继承（epigenetic inheritance）"的概念，即发育过程中基因活性的调控模式被子代细胞继承的过程，该过程遗传了DNA序列之外的其他可传递信息，如DNA甲基化[7]。1996年，Riggs等发现减数分裂过程也可伴随"表观遗传继承"[8]。2007年，Allis、Jenuwein和Reinberg主编的

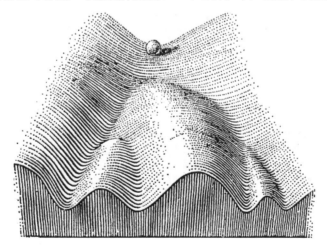

图1-1 表观遗传地势图[6]

Epigenetics 从分子角度将表观遗传学定义为"在同一个基因组上，建立并调控基因激活（转录）或沉默信号的染色质模式的总和"[9]。其机制包括：DNA 甲基化、部分组蛋白的修饰、基因组印记（genomic imprinting）、RNA 干扰（RNA interference）、基因沉默，以及副突变（paramutation）。

最早研究的表观遗传调控机制是 DNA 甲基化修饰。DNA 甲基化在 20 世纪 40 年代（同时代 Waddington 提出"表观遗传学"概念）被发现存在于哺乳类动物组织细胞中[10]。20 世纪 70 年代，研究人员发现癌症发生过程中 DNA 甲基化发生变化[11]，并提出 DNA 修饰可作为基因活性遗传的载体，调控细胞分化和胚胎发育[12, 13]。Holliday 则明确提出 DNA 甲基化是一种表观遗传调控机制，在发育、癌症发展等过程中，可以在不改变 DNA 序列的情况下调控基因表达[14]。1987 年，Holliday 进一步提出生殖细胞 DNA 甲基化缺失引起的表观遗传缺陷能遗传给后代[15]。20 世纪 80 年代末，Bestor 等发现 DNA 甲基转移酶 DNMT1，为解析 DNA 甲基化建立与维持的分子机制奠定了基础[16, 17]。然而，负责 DNA 去甲基化关键起始步骤的甲基氧化酶 TET1 一直到 20 余年后才被 Rao 等发现[18]。在过去的半个多世纪里，人们对 DNA 甲基化在染色质结构与基因表达调控、胚胎发育、细胞分化及多种疾病中的作用进行了广泛且深入的研究，以 DNA 甲基化酶抑制剂 5-Aza 等为代表的小分子化合物也成为了最早被 FDA 批准应用于某些特定肿瘤临床治疗的表观遗传靶点药物[19]。

20 世纪 80～90 年代，组蛋白修饰被发现可以调控染色质结构与基因转录。1988 年，Grunstein 发现切除组蛋白 H4 的 N 端尾巴会抑制基因转录，并改变染色质结构、细胞周期长度及酵母的交配型[20]。1990 年，Szostak 和 Smith 发现组蛋白 H4 的 N 端特定赖氨酸突变也可以引起这些表型，并推测是赖氨酸乙酰化所致[21, 22]。1996 年，Allis[23] 和 Schreiber[24] 分别发现了组蛋白乙酰化酶 GCN5 和组蛋白去乙酰化酶 HDAC1，首次证明了组蛋白乙酰化修饰可以调控基因表达。在随后数年里，Stallcup[25]、Jenuwein[26] 与 Shi[27] 陆续发现了组蛋白精氨酸甲基化酶 CRAM1、组蛋白赖氨酸甲基化酶 SUV39H1 与组蛋白去甲基化酶 LSD1，揭开了组蛋白甲基化修饰动态调控与功能研究的序幕，其中 LSD1 的发现纠正了长达 40 余年"甲基化修饰不可逆"的错误认识。2000 年，Brian Strahl 和 David Allis 提出了"组蛋白密码"假说[28]，认为多种组蛋白修饰以组合或特定顺序方式作用于一个或多个组蛋白尾部而发挥独特的下游功能，这将组蛋白修饰的重要性提到一个新高度。

虽然大部分表观遗传调控机制研究关注染色质上 DNA 与组蛋白的共价修饰（图 1-2），但也有很多表观遗传调控方式并不发生在染色质上（例如，发生在 RNA 上的 m6A 修饰、朊病毒引起的可遗传的表型

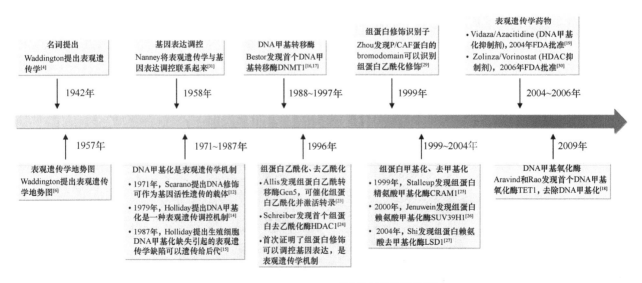

图 1-2　表观遗传学大事记[4-6, 12, 14-19, 23-27, 29, 30]

变化）。由于篇幅所限，表观遗传学的发展过程中还有很多重要事件本文未能逐一提及，读者可以在本书后面的章节中阅读。本书不仅介绍了 DNA 甲基化、组蛋白修饰与染色质重塑等经典内容，还涉及非编码 RNA、RNA 修饰和染色质拓扑结构域（TAD）等热点内容。

　　尽管表观遗传学在过去几十年里取得了巨大的进展，但仍然有许多问题有待于深入研究和探索。首先，表观遗传调控的分子机制（包括新的表观遗传修饰、新的识别机制、染色质三维结构动态变化，以及非染色质的表观遗传机制等）依然是本领域研究的重要内容。其次，多种表观遗传调控机制如何相互协调？表观遗传调控机制在正常发育与各种疾病中的作用？环境刺激、饮食代谢与心理等因素如何引起表观基因组的改变（甚至影响后代的表型）？这些问题都是值得不断探索的方向。毋庸置疑，表观遗传学研究将帮助人们理解疾病发生发展的机制，并在转化应用方面为疾病的诊断与治疗提供新靶点。

参 考 文 献

[1] Chandler, V. L. & Stam, M. Chromatin conversations: mechanisms and implications of paramutation. *Nat Rev Genet* 5, 532-544(2004).

[2] Stam, M. *et al.* The regulatory regions required for B′ paramutation and expression are located far upstream of the maize b1 transcribed sequences. *Genetics* 162, 917-930(2002).

[3] Dolinoy, D. C. The agouti mouse model: an epigenetic biosensor for nutritional and environmental alterations on the fetal epigenome. *Nutr Rev* 66 Suppl 1, S7-11(2008).

[4] Waddington, C. H. The epigenotype. *Endeavour* 1, 18-20(1942).

[5] Waddington, C. H. The epigenotype. *Int J Epidemiol* 41, 10-13(2012).

[6] Waddington, C. H. *The Strategy of the genes: A discussion of some aspects of the oretical biology.* (George Allen & Unwin, 1957).

[7] Holliday, R. Mechanisms for the control of gene activity during development. *Biol Rev Camb Philos Soc* 65, 431-471(1990).

[8] Russo, V. E. A. *et al. Epigenetic mechanisms of gene regulation.* (Cold Spring Harbor Laboratory Press, 1996).

[9] Allis, C. D.*et al. Epigenetics.* (Cold Spring Harbor Laboratory Press, 2007).

[10] Hotchkiss, R. D. The quantitative separation of purines, pyrimidines, and nucleosides by paper chromatography. *J Biol Chem* 175, 315-332(1948).

[11] den Engelse, L. *et al.* Studies on lung tumours. I. Methylation of deoxyribonucleic acid and tumour formation following administration of dimethylnitrosamine to mice. *Chem Biol Interact* 1, 395-406(1970).

[12] Scarano, E. The control of gene function in cell differentiation and in embryogenesis. *Adv Cytopharmacol* 1, 13-24(1971).

[13] Holliday, R. & Pugh, J. E. DNA modification mechanisms and gene activity during development. *Science* 187, 226-232(1975).

[14] Holliday, R. A new theory of carcinogenesis. *Br J Cancer* 40, 513-522(1979).

[15] Holliday, R. The inheritance of epigenetic defects. *Science* 238, 163-170(1987).

[16] Bestor, T. *et al.* Cloning and sequencing of a cDNA encoding DNA methyltransferase of mouse cells. The carboxyl-terminal domain of the mammalian enzymes is related to bacterial restriction methyltransferases. *J Mol Biol* 203, 971-983(1988).

[17] Yoder, J. A. *et al.* DNA(cytosine-5)-methyltransferases in mouse cells and tissues. Studies with a mechanism-based probe. *J Mol Biol* 270, 385-395(1997).

[18] Tahiliani, M. *et al.* Conversion of 5-methylcytosine to 5-hydroxymethylcytosine in mammalian DNA by MLL partner TET1. *Science* 324, 930-935(2009).

[19] Kaminskas, E. *et al.* FDA drug approval summary: azacitidine (5-azacytidine, Vidaza) for injectable suspension. *Oncologist* 10, 176-182(2005).

[20] Kayne, P. S. *et al.* Extremely conserved histone H4 N terminus is dispensable for growth but essential for repressing the silent

mating loci in yeast. *Cell* 55, 27-39(1988).

[21] Park, E. C. & Szostak, J. W. Point mutations in the yeast histone H4 gene prevent silencing of the silent mating type locus HML. *Mol Cell Biol* 10, 4932-4934(1990).

[22] Megee, P. C. *et al.* Genetic analysis of histone H4: essential role of lysines subject to reversible acetylation. *Science* 247, 841-845(1990).

[23] Brownell, J. E. *et al.* Tetrahymena histone acetyltransferase A: a homolog to yeast Gcn5p linking histone acetylation to gene activation. *Cell* 84, 843-851(1996).

[24] Taunton, J. *et al.* A mammalian histone deacetylase related to the yeast transcriptional regulator Rpd3p. *Science* 272, 408-411(1996).

[25] Chen, D. *et al.* Regulation of transcription by a protein methyltransferase. *Science* 284, 2174-2177(1999).

[26] Rea, S. *et al.* Regulation of chromatin structure by site-specific histone H3 methyltransferases. *Nature* 406, 593-599(2000).

[27] Shi, Y. *et al.* Histone demethylation mediated by the nuclear amine oxidase homolog LSD1. *Cell* 119, 941-953(2004).

[28] Strahl, B. D. & Allis, C. D. The language of covalent histone modifications. *Nature* 403, 41-45(2000).

[29] Dhalluin, C. *et al.* 1H, 15N and 13C resonance assignments for the bromodomain of the histone acetyltransferase P/CAF. *J Biomol NMR* 14, 291-292(1999).

[30] Mann, B. S. *et al.* FDA approval summary: vorinostat for treatment of advanced primary cutaneous T-cell lymphoma. *Oncologist* 12, 1247-1252(2007).

[31] Nanney, D. L. Epigenetic control systems. *Proc Natl Acad Sci U S A* 44, 712-717(1958).

施扬 博士，美国艺术与科学院院士、美国国家医学院院士、欧洲分子生物学组织（EMBO）成员、国际知名表观遗传学家、甲基化动态调控领域的奠基人、牛津大学路德维格癌症研究所教授。1982 年毕业于上海医科大学药学系，1987 年于纽约大学分子生物学专业获得博士学位，1988～1991 年在普林斯顿大学从事博士后研究，1991 年受聘为哈佛大学医学院助理教授，2004 年被聘为哈佛大学终身教授。2020 年底，全职加入牛津大学路德维格癌症研究所。长期从事表观遗传学及染色质生物学研究，近 30 年来，系统性地阐明了该领域中十分关键的甲基化的动态调控规律，奠基了甲基化研究的理论体系。他于 2004 年开创性地发现了首个组蛋白去甲基化酶 LSD1，结束了长达 40 多年来高等生物甲基化信号是否可逆的争论，其研究成果快速应用到了制药领域。

左起：施扬、王司清、蓝斐、谭理

第 2 章　DNA 甲基化

陈太平[1]　李　恩[2]
1. 美国得克萨斯大学MD安德森癌症中心；2. 诺华（中国）生物医学研究所

本章概要

　　DNA 甲基化（即胞嘧啶第五位碳原子甲基化，5mC）是一种重要的表观遗传修饰，参与调节染色质结构和基因表达。DNA 甲基化的主要位点是胞嘧啶-鸟嘌呤（CpG）二核苷酸，在哺乳动物细胞中，大部分（70%~80%）CpG 位点会被甲基化，5mC 主要分布于异染色质区域和基因体，而基因启动子区域的 CpG 岛通常处于非甲基化状态。DNA 甲基化由 DNA 甲基转移酶（DNMT）催化：DNMT3A 和 DNMT3B 主要负责从头甲基化从而建立 DNA 甲基化模式，DNMT1 则在 DNA 复制过程中维持 DNA 甲基化模式。基因启动子甲基化抑制转录主要通过两种机制，即直接干扰转录因子结合或者通过 5mC 结合蛋白招募转录阻遏物间接发挥作用。对基因敲除小鼠的研究结果表明，DNA 甲基化对哺乳动物胚胎发育至关重要，在细胞分化、基因组印记、X 染色体失活、维持基因组稳定性等方面起关键作用。异常的 DNA 甲基化水平和模式、参与 DNA 甲基化的酶和调节因子突变与多种人类疾病有关，包括癌症和发育性疾病。研究 DNA 甲基化的功能和分子机制既有助于阐明许多基本的生物学过程，也与人类健康有直接关联，在疾病诊断及治疗等方面具有临床应用前景。

2.1　DNA 甲基化概述

关键概念

- 广义的 DNA 甲基化泛指发生在 DNA 上的所有甲基化修饰，包括 *N6*-甲基腺嘌呤（6mA）、*N4*-甲基胞嘧啶（4mC）和 *C5*-甲基胞嘧啶（5mC）。
- 在真核生物中，DNA 甲基化的主要类型为 5mC，因此在表观遗传学领域，DNA 甲基化通常特指 5mC。
- CpG 岛（CpG island，CGI）通常指长度为 300~3000bp 并且 GC 含量很高的区域，多位于基因的启动子和 5′端非翻译区。
- 在正常细胞中，CpG 岛中的 CpG 位点一般处于非甲基化状态。

　　广义的 DNA 甲基化泛指发生在 DNA 上的所有甲基化修饰，包括将腺嘌呤（A）转变为 *N6*-甲基腺嘌呤（6mA）、将胞嘧啶（C）转变为 *N4*-甲基胞嘧啶（4mC）或 *C5*-甲基胞嘧啶（5mC）。在原核生物中，这三种类型的甲基化均存在，以 6mA 和 4mC 为主。而在真核生物中，DNA 甲基化的主要类型为 5mC，有些物种的基因组含有微量的 6mA。因此，在表观遗传学领域，DNA 甲基化通常特指 5mC（图 2-1）。以下的叙述仅限于 5mC。

5mC 于 1925 年首先在结核杆菌中被发现，直到 1948 年才发现 5mC 也存在于小牛胸腺 DNA 中，随后的研究证实 DNA 甲基化广泛存在于真核生物中，包括许多动物、植物和真菌。但由于在进化过程中 DNA 甲基转移酶（DNA methyltransferase，DNMT）同源基因的变异或丧失，有的低等生物只有极低水平的 5mC（如在果蝇中），或者完全缺乏这种修饰（如在酵母、线虫中）。DNA 甲基化的主要位点是胞嘧啶-鸟嘌呤（CpG）二核苷酸，非 CG 甲基化可发生在 CHG（H＝A、C 或 T）和 CHH 位点上。CG 甲基化和 CHG 甲基化又被称为对称性甲基化（symmetric methylation），因为 DNA 双链上两个对应的胞嘧啶同时被修饰；CHH 甲基化只能发生在一条 DNA 链上（另一条链上缺乏对应的胞嘧啶），因而被称为非对称性甲基化（asymmetric methylation）（图 2-1）。在动物细胞中 DNA 甲基化形式主要为 CG 甲基化；植物细胞以 CG 甲基化为主，但 CHG 甲基化和 CHH 甲基化也比较普遍，其中 CHG 甲基化在植物中尤其常见，原因是维持 CHG 甲基化的酶即染色质甲基化酶（chromomethylase，CMT）为植物所特有。在真菌细胞中，CG 甲基化和 CHH 甲基化所占比例大致相当。根据 DNA 甲基化在不同物种中的水平、分布模式及意义，一般认为，DNA 甲基化的原始功能是基因组防御（genome defense），即维持转座元件（transposable element）的沉默以免转座（transposition）影响宿主基因组的稳定性。随着物种的进化，DNA 甲基化逐渐参与其他生物学过程，使其功能越来越复杂化。本章着重讨论 DNA 甲基化在哺乳动物中的作用。

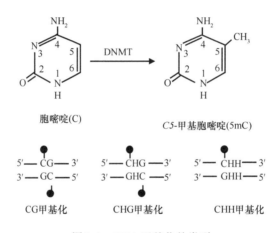

图 2-1 DNA 甲基化的类型

哺乳动物细胞中的大部分（70%～80%）CpG 二核苷酸被甲基化，少数特殊类型的细胞[如胚胎干细胞（embryonic stem cell，ESC）、神经元细胞及卵母细胞]也含有相对较高水平的非 CG 甲基化[1]。5mC 并非随机地分布于基因组序列中，总体而言，重复序列通常被高度甲基化，包括异染色质（heterochromatin）区域内的重复序列如卫星 DNA（satellite DNA），以及散在分布于基因组的其他重复序列如长散在元件（long interspersed nuclear element，LINE）、短散在元件（short interspersed nuclear element，SINE）和含有长末端重复序列的内源性逆转录病毒（long terminal repeat-containing endogenous retrovirus，ERV）。基因内甲基化（intragenic methylation）也很常见，尤其在外显子中的 CpG 位点甲基化程度通常较高，而 CpG 岛（CpG island，CGI）中的 CpG 位点一般处于非甲基化状态。CpG 岛通常是指长度为 300～3000bp 并且 GC 含量很高的区域，多位于基因的启动子和 5'端非翻译区。DNA 甲基化对哺乳动物的正常发育是必需的，在诸如基因组印记（genomic imprinting）、X 染色体失活（X chromosome inactivation）及维持基因组稳定性方面起关键作用。在细胞水平上，DNA 甲基化对染色质结构和基因转录具有重要调节功能，异常的 DNA 甲基化水平和分布模式与癌症等多种人类疾病密切相关。

2.2　DNA 甲基化与细胞记忆机制

关键概念

- 转录因子是决定基因表达模式的主要因素，它们通过识别和结合特定的顺式调控序列（*cis*-regulatory sequence）而激活或者抑制某些基因的表达。
- 染色质构象影响转录因子与 DNA 的结合，是决定基因表达的另一重要因素。染色质由 DNA 和组蛋白组装而成，DNA 甲基化和组蛋白的翻译后修饰对染色质结构有重要调节作用。
- 细胞具有高度稳定的记忆机制，DNA 甲基化作为一种稳定的表观遗传修饰，是细胞记忆机制的重要组成部分。
- 在细胞分裂时，甲基化模式可能通过半保留方式得以维持，即在 DNA 复制过程中，根据亲本链上特异的甲基化位点，对新生链上对应的 CpG 位点进行甲基化修饰。

在发育过程中，受精卵由一个单细胞分化成多种类型的终端分化细胞（terminally differentiated cell），又称特化细胞（如神经细胞、肝脏细胞、肌肉细胞等）。这些形态和功能各异的细胞类型具有完全相同的基因组（T、B 淋巴细胞等少数细胞类型例外），其表型的差异缘于基因表达模式的不同。转录因子是决定基因表达模式的主要因素，它们通过识别和结合特定的顺式调控序列而激活或者抑制某些基因的表达。染色质构象影响转录因子与 DNA 的结合，是决定基因表达的另一重要因素。一般而言，相对松散的染色质构象促进基因转录，而浓缩的染色质构象则抑制基因转录。染色质由 DNA 和组蛋白组装而成，DNA 甲基化和组蛋白的翻译后修饰（post translational modification，PTM）对染色质结构有重要调节作用。

各种类型的细胞能非常稳定地保持其特征，增殖细胞发生有丝分裂后，通常产生两个完全相同的子代细胞。尽管已分化的细胞可以通过实验手段（如表达特定的转录因子）而被逆转成多能细胞（pluripotent cell）或者直接被转变为其他细胞类型，但是这类细胞重编程（cellular reprogramming）过程通常很缓慢且效率很低[2]。这些证据表明细胞具有高度稳定的记忆机制，DNA 甲基化作为一种稳定的表观遗传修饰，是细胞记忆机制的重要组成部分。

1975 年，Robin Holliday、John Pugh 及 Arthur Riggs 首次提出，由于 DNA 双链上对应的 CpG 二核苷酸之间互补，所以在细胞分裂时，甲基化模式可能通过半保留方式得以维持，即在 DNA 复制过程中，根据亲本链上特异的甲基化位点，对新生链上对应的 CpG 位点进行甲基化修饰[3,4]。当时，催化 DNA 甲基化的酶尚未被发现，他们推测，存在一种"维持性 DNA 甲基转移酶（maintenance DNA methyltransferase）"，能特异地识别 DNA 复制过程中产生的半甲基化（hemimethylated）CpG 位点并将其转化为全甲基化（fully methylated）位点，而对非甲基化（unmethylated）CpG 位点没有作用。这个假说为细胞分裂时 DNA 甲基化模式稳定地遗传至子代细胞提供了理论基础，在 DNA 甲基化领域具有深远影响。随后数十年的研究为这个假说提供了大量实验证据，例如，早期的工作证实 DNA 双链上互补的 CpG 位点几乎都以全甲基化（即对称性甲基化）形式存在[5]；被甲基化的质粒在转染细胞中可相当稳定地遗传许多代[6]；后来，具有"维持性甲基化"功能的酶（即 DNMT1）被发现[7]；近期的实验结果显示，抑制 DNA 甲基化可提高细胞重编程的效率[2]，支持 DNA 甲基化在细胞记忆中的功能。

2.3 DNA 甲基化模式的建立和维持

关键概念

- DNA 甲基化由 DNA 甲基转移酶催化，以 S-腺苷甲硫氨酸（S-adenosyl methionine，SAM）为甲基供体，将甲基转移至胞嘧啶第五位碳原子（C5）上。
- 从头甲基化（de novo methylation）是指催化非甲基化的 CpG 位点甲基化从而建立 DNA 甲基化模式的过程，从头 DNA 甲基转移酶包括 DNMT3A 和 DNMT3B。
- 维持性甲基化（maintenance methylation）是指在细胞分裂过程中将亲本链上的甲基化模式复制到新生链上的过程，维持性 DNA 甲基转移酶包括 DNMT1。

在哺乳动物发育过程中，DNA 甲基化经历两次全基因组范围的去除和重建（图 2-2）。第一次去甲基化发生在胚胎植入前期（preimplantation stage），即受精卵至囊胚（blastocyst）阶段，导致大部分从亲代遗传来的 DNA 甲基化修饰被清除，但基因组印记控制区（imprinting control region，ICR）和部分转座元件内的甲基化标记被保留，胚胎植入后，基因组发生广泛的甲基化，使 DNA 甲基化模式得以重建。在细胞分化过程中，根据细胞类型的不同，甲基化模式发生进一步变化，然后被稳定地维持下来。第二次广泛去甲基化发生在原生殖细胞（primordial germ cell，PGC）中，基因组印记控制区的 DNA 甲基化标记在这期间被清除，在配子发生（gametogenesis）后期，生殖细胞根据雌雄而建立特异性的 DNA 甲基化模式，包括重建 DNA 甲基化印记（详见下文及第 4 章）。

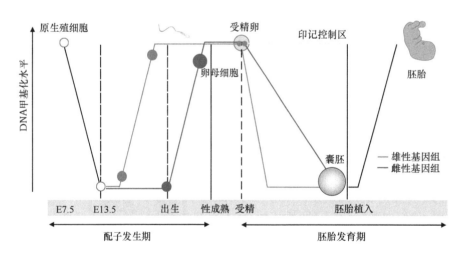

图 2-2 哺乳动物发育中 DNA 甲基化的动态

2.3.1 DNA 甲基转移酶

DNA 甲基化由 DNA 甲基转移酶催化，以 S-腺苷甲硫氨酸为甲基供体，将甲基转移至胞嘧啶第五位碳原子（C5）上。根据 Holliday、Pugh 及 Riggs 提出的理论预测，至少存在两种酶活性：一是从头甲基化，即催化非甲基化的 CpG 位点甲基化从而建立 DNA 甲基化模式；二是维持性甲基化，即在细胞分裂过程中将亲本链上的甲基化模式复制到新生链上（图 2-3）。随后的研究证实存在这两种不同特性的酶。

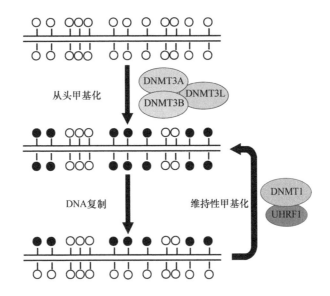

图 2-3　DNA 甲基化的两种模式

1. DNMT1

　　Dnmt1 是哺乳动物中第一个被发现的 DNA 甲基转移酶基因，克隆自小鼠细胞[7]。*Dnmt1* 基因具有多个转录起始位点，产生三种主要的转录物亚型：*Dnmt1s*、*Dnmt1o* 和 *Dnmt1p*。*Dnmt1s* 在体细胞（somatic cell）表达，编码由 1620 个氨基酸组成的全长 DNMT1 蛋白；*Dnmt1o* 只在卵母细胞（oocyte）表达，由于翻译起始于一个下游的起始密码子，所以 DNMT1o 蛋白缺失 N 端的 118 个氨基酸，其 DNA 甲基转移酶活性不受影响；*Dnmt1p* 只在粗线期精母细胞（pachytene spermatocyte）表达，但并不编码具有活性的蛋白产物。人类全长 DNMT1 蛋白由 1616 个氨基酸组成，与小鼠 DNMT1 之间的氨基酸序列同源性约 80%。

　　DNMT1 由 C 端催化区和 N 端调节区组成（图 2-4）。其 C 端催化区包含存在于所有 DNA 甲基转移酶中高度保守的特殊序列（motifs I～X）。晶体学证据表明，DNA 甲基转移酶通过碱基翻转（base-flipping）机制使胞嘧啶进入催化中心。DNMT1 独特的 N 端调节区在其功能特异性方面起重要作用，此区域内有多个结构域（domain），其中，核定位信号（nuclear localization signal，NLS）使 DNMT1 进入细胞核；DNA 复制灶结构域（replication foci domain，RFD）引导 DNMT1 至复制中的 DNA；CXXC 结构域是一个锌指（zinc finger）结构，能识别并结合含有非甲基化 CpG 位点的 DNA；另外，DNMT1 还有两个相邻

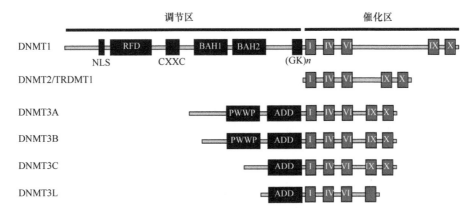

图 2-4　DNA 甲基转移酶的结构域

的 BAH（bromo-adjacent homology）结构域和一个甘氨酸-赖氨酸（GK）重复序列，尽管 BAH 结构域和 GK 重复序列的功能尚不清楚，但是它们对于 C 端催化区发挥催化活性是必需的。DNMT1 的晶体结构显示，在没有 DNA 底物的情况下，RFD 恰好位于催化中心上方从而阻挡 DNA 底物结合位点，提示 N 端调节区对 DNMT1 活性具有自身抑制功能[8]。

体外甲基化实验表明，DNMT1 对半甲基化 CpG 位点的活性远远高于对非甲基化 CpG 位点的活性[9]，符合维持性 DNA 甲基转移酶的特性。DNMT1 在增殖细胞中广泛表达，而在非增殖细胞如休眠细胞（quiescent cell）和衰老细胞（senescent cell）中通常表达较低。免疫荧光实验证明，在细胞周期的 DNA 复制（S）期，DNMT1 聚集于复制灶内[10]，表明其功能与 DNA 复制偶联。*Dnmt1* 基因敲除（knock-out, KO）的小鼠胚胎干细胞显示全基因组范围 DNA 甲基化的显著下降[11, 12]。所有这些证据均表明，DNMT1 的主要功能是维持性甲基化。DNMT1 也具有从头甲基化活性，但其功能似乎在细胞内被抑制。例如，最近有证据显示，在缺乏 STELLA（又名 PGC7 和 DPPA3）的哺乳动物卵细胞中，DNMT1 介导的从头甲基化可导致基因组甲基化异常[13]。

2. DNMT2/TRDMT1

由于体外试验显示 DNMT1 对非甲基化 CpG 位点有一定程度的催化活性，所以当时有人认为从头甲基化和维持性甲基化可能均由 DNMT1 催化。但进一步的基因敲除实验证明，在 *Dnmt1* 完全失活的小鼠胚胎干细胞中，低水平的 DNA 甲基化持续存在，并且 *Dnmt1* 失活不影响对导入细胞内的原病毒（provirus）DNA 的从头甲基化[12]，这为有多个 DNA 甲基转移酶的存在提供了有力证据。随后，一个新的疑似 DNA 甲基转移酶基因被发现，命名为 *Dnmt2*，编码有 415 个氨基酸（小鼠 DNMT2）或 391 个氨基酸（人类 DNMT2）的蛋白产物（图 2-4）。DNMT2 没有 N 端调节区，尽管其催化区包含所有高度保守的催化序列，但是体外试验未能检测到 DNA 甲基转移酶活性，并且在小鼠胚胎干细胞里敲除 *Dnmt2* 后对 DNA 从头甲基化和维持性甲基化均无影响，缺乏 *Dnmt2* 的小鼠亦无明显表型。后来的研究证实，DNMT2 有 tRNA 甲基转移酶活性，能使天冬氨酸 tRNA 上第 38 位胞嘧啶甲基化，因此，DNMT2 已被重新命名为 TRDMT1（tRNA aspartic acid [D] methyltransferase 1）[14]。

3. DNMT3A 和 DNMT3B

用细菌 C5-胞嘧啶甲基化酶序列检索小鼠和人类数据库，发现了两个新的哺乳动物 *Dnmt* 同源基因，命名为 *Dnmt3a* 和 *Dnmt3b*[15]。*Dnmt3a* 基因有两个启动子，从而产生两种主要转录物亚型，即 *Dnmt3a1* 和 *Dnmt3a2*。*Dnmt3a1* 编码全长 DNMT3A 蛋白（小鼠 DNMT3A：908 个氨基酸；人类 DNMT3A：912 个氨基酸），*Dnmt3a2* 的转录由位于下游一个内含子内的启动子驱动，其蛋白产物缺失 N 端的 219 个氨基酸（小鼠 DNMT3A2）或 223 个氨基酸（人类 DNMT3A2），但不影响催化活性[16]。由于 RNA 的选择性剪接（alternative splicing），*Dnmt3b* 基因产生多种转录物亚型（已报道的有约 30 种），有一些编码具有催化活性的蛋白产物，如全长蛋白 DNMT3B1（小鼠 DNMT3B1：859 个氨基酸；人类 DNMT3B1：853 个氨基酸），而另一些编码没有催化活性的蛋白产物[15,16]，有些无酶活性的 DNMT3B 蛋白可能对 DNA 甲基化有调节作用。

与 DNMT1 类似，DNMT3A 和 DNMT3B 的 C 端催化区含有高度保守的催化序列，而其 N 端调节区与 DNMT1 没有同源性（图 2-4）。DNMT3A 和 DNMT3B 的 N 端调节区包括最 N 端的不规则序列（这一区域两种蛋白间相似度很低）和两个能与染色质结合的结构域：一个是 PWWP 结构域，因含有高度保守的"脯氨酸-色氨酸-色氨酸-脯氨酸（proline-tryptophan-tryptophan-proline）序列"而得名，能识别组蛋白

H3 第 36 位赖氨酸三甲基化修饰（H3K36me3）[17,18]；另一个是 ADD（ATRX-DNMT3-DNMT3L）结构域，由两个锌指结构组成，能结合组蛋白 H3 游离的 N 端尾（N-terminal tail），这种相互作用可被 N 端尾上的多种翻译后修饰所抑制，其中包括第四位赖氨酸的甲基化（H3K4me1/me2/me3）或乙酰化（H3K4ac），及第三位苏氨酸、第十位丝氨酸和第十一位苏氨酸的磷酸化（H3T3ph、H3S10ph、H3T11ph）[14, 19]。DNA 甲基化与组蛋白修饰密切相关，PWWP 和 ADD 结构域通过与特殊的组蛋白修饰结合而在决定 DNMT3A 和 DNMT3B 的功能特异性方面发挥重要作用。最近的晶体学证据显示，DNMT3A 的 ADD 结构域还能与 C 端催化区相互作用并阻挡其与 DNA 底物的结合，未被修饰的组蛋白 H3 的 N 端多肽能破坏这种相互作用，从而激活 DNMT3A，而含有 H3K4me3 的多肽则无效[20]，这表明组蛋白不仅为 DNMT3A 和 DNMT3B 定位到染色质提供结合位点，还能刺激它们的酶活性。

多方面证据表明 DNMT3A 和 DNMT3B 主要负责 DNA 从头甲基化。第一，DNMT3A 和 DNMT3B 的表达模式与胚胎发育过程中 DNA 从头甲基化的时间高度吻合，这两种酶在早期胚胎、胚胎干细胞及生殖细胞中高表达，而胚胎干细胞分化后明显降低，在体细胞中的水平通常也很低[15]；第二，体外酶活性实验表明，DNMT3A 和 DNMT3B 对含有非甲基化和半甲基化 CpG 位点的 DNA 底物具有相同的催化效率[15]，这与 DNMT1 主要催化半甲基化 CpG 位点甲基化明显不同；第三，基因敲除实验提供了更有力的证据，因为 Dnmt3a 和 Dnmt3b 双敲除的小鼠胚胎干细胞和胚胎不能进行 DNA 从头甲基化，而对维持性甲基化至少在短期内没有明显影响[21]。需要指出的是，Dnmt3a 和 Dnmt3b 双敲除的小鼠胚胎干细胞在长期培养过程中，会出现 DNA 甲基化水平的逐渐下降[22]，这表明，尽管 DNMT1 是主要的维持性 DNA 甲基转移酶，但是 DNMT3A 和 DNMT3B 对于稳定地维持 DNA 甲基化水平和模式有辅助作用。

4. DNMT3C

Dnmt3c（原名 Gm14490）是进化过程中产生的一个 Dnmt3b 重复基因（duplicated gene），仅存在于鼠科啮齿类动物如小鼠和大鼠。由于一直未能检测到其表达，Gm14490 在很长一段时间内被归为假基因（pseudogene），最近发现其在小鼠精子发生（spermatogenesis）过程中表达而被重新命名为 Dnmt3c[23]。RNA 测序（RNA sequencing，RNA-seq）和 cDNA 末端快速扩增（rapid amplification of cDNA end，RACE）实验表明 Dnmt3c 产生两种主要转录物亚型：短亚型为非编码 RNA，在出生后的睾丸里表达；而长亚型在 E16.5～18.5 天胚胎里短暂表达，与雄性生殖细胞发育过程中 DNA 从头甲基化时间吻合。长亚型编码由 709 个氨基酸组成的具有酶活性的 DNMT3C 蛋白（图 2-4），其结构与 DNMT3A 和 DNMT3B 相似，但 N 端调节区缺乏 PWWP 结构域[23]。乙基亚硝基脲诱变（N-ethyl-N-nitrosourea [ENU] mutagenesis）和基因敲除实验证明，Dnmt3c 对于小鼠发育不是必需的，但缺乏 Dnmt3c 的雄鼠由于严重的生殖细胞缺陷导致不育，进一步的研究表明，DNMT3C 的主要功能是通过甲基化而抑制进化过程中出现较晚的逆转座子，避免它们在精子发育过程中被激活[23]。

2.3.2　DNA 甲基转移酶的主要辅助因子

1. DNMT3L

Dnmt3 家族的另一个成员是 Dnmt3l（DNMT3-like），最初从哺乳动物基因序列数据库中发现。人类和小鼠 DNMT3L 蛋白分别由 387 个和 421 个氨基酸组成（图 2-4），其 N 端调节区具有 ADD 结构域而缺乏 PWWP 结构域；其 C 端催化区与 DNMT3A 和 DNMT3B 有较高同源性，但由于缺失一些高度保守的氨基酸和催化序列而没有酶活性。DNMT3L 可与 DNMT3A 和 DNMT3B 结合并显著增强它们的催化活性。

DNMT3A-DNMT3L 复合物的晶体结构显示，二者形成四聚体：两个 DNMT3A 蛋白直接作用，形成催化中心相邻的二聚体；而两个 DNMT3L 蛋白则位于 DNMT3A 的两侧，可能对 DNMT3A 的催化中心区域起稳定作用[24]。生化证据和结构证据还表明，DNMT3L 的 ADD 结构域能识别和结合 H3K4 未被甲基化（H3K4me0）的组蛋白 H3 N 端尾[19]，提示 DNMT3L 在决定 DNMT3A 介导的从头甲基化的特异性方面也有作用。Dnmt3l 的表达模式与 Dnmt3a 和 Dnmt3b 一致，即在生殖细胞、早期胚胎和胚胎干细胞中高表达，而在大多数体细胞中表达很低或不表达[25]。Dnmt3l 敲除不影响小鼠的发育和存活，但雄鼠和雌鼠均没有生殖能力。雄鼠缺乏成熟的精子，原因是生殖细胞的去甲基化导致转座元件的重新激活、基因组不稳定、减数分裂受阻及最终的细胞凋亡[26]。缺乏 DNMT3L 的卵细胞发育基本正常，能够受孕，但卵细胞甲基化水平显著低下，其中包括控制基因组印记的甲基化标记的缺失，结果导致胚胎在妊娠中期死亡[25, 27]。这些表型与 Dnmt3a 在生殖细胞中条件性敲除（conditional knockout）后的表型几乎完全相同[28]，说明 DNMT3L 对于 DNMT3A 在生殖细胞中的甲基化功能是至关重要的。

2. UHRF1

除了 DNMT 家族，其他一些蛋白质对 DNA 甲基化也有调节作用，其中一个很重要的调节因子是 UHRF1（ubiquitin-like with PHD and RING finger domains 1）。鼠类 UHRF1（由 782 个氨基酸组成）又名 NP95（nuclear protein of 95kDa），人类 UHRF1（由 793 个氨基酸组成）又名 ICBP90（inverted CCAAT box-binding protein of 90kDa）。多方面证据显示，UHRF1 与 DNMT1 的功能密切相关，在维持性 DNA 甲基化方面起关键作用。首先，Uhrf1 敲除后小鼠胚胎干细胞显示全基因组范围的低甲基化，与 Dnmt1 敲除后的表型相同；其次，UHRF1 可与 DNMT1 结合而形成复合物；另外，在正常细胞中，UHRF1 和 DNMT1 共定位于 DNA 复制灶和异染色质，而在缺乏 Uhrf1 的细胞中，DNMT1 则不能定位于上述区域[29, 30]。这些结果表明，UHRF1 的主要功能是在 DNA 复制时将 DNMT1 招募至半甲基化的 CpG 位点。

UHRF1 具有 5 个保守的结构域，分别是类泛素（ubiquitin-like，UBL）结构域、串联 Tudor 结构域（tandem Tudor domain，TTD）、植物同源结构域（plant homeodomain，PHD）、SRA（SET-and RING-associated）结构域和 RING（really interesting new gene）结构域。这些结构域对 DNMT1 的功能和维持性甲基化具有重要意义。SRA 结构域能通过碱基翻转机制识别并结合半甲基化 CpG 位点，从而将 DNMT1 运送至新合成的 DNA 底物；TTD 特异性地识别组蛋白 H3K9me3 标记，可能有助于 DNMT1-UHRF1 复合物在异染色质的定位；PHD 对 TTD 与 H3K9me3 之间的结合有协助作用，另外，PHD 还能与第二位精氨酸非甲基化（H3R2me0）的组蛋白 H3 的 N 端尾结合；RING 结构域具有 E3 泛素连接酶（E3 ubiquitin ligase）活性，可催化组蛋白 H3 N 端尾上某些赖氨酸的单泛素化（monoubiquitylation）而产生 DNMT1 结合位点，进一步促进 DNMT1 与染色质的结合[14]；最新的研究表明，UBL 结构域可与 E2 泛素结合酶（E2 ubiquitin conjugating enzyme）UBE2D 相结合，从而促进组蛋白 H3 单泛素化[31, 32]。因此，UHRF1 既是表观遗传标记的"书写者"（writer），又是"阅读者"（reader），与 DNA 和组蛋白进行复杂多价的相互作用，以确保 DNMT1 在染色质的正确定位。

2.4　DNA 甲基化在基因表达调控中的作用

关键概念

- 在进化过程中，DNA 甲基化的原始功能可能主要是防止转座元件的激活，从而维持基因组稳定性。

- 一般认为，DNA 甲基化通过两种主要机制抑制基因转录，即直接干扰转录因子与基因启动子（或其他顺式调控序列）结合，或者通过 5mC 结合蛋白招募转录阻遏物而间接发挥作用。
- DNA 甲基化既可发生在基因启动子区域，也常出现于基因体（gene body）内，即转录起始位点与终结位点之间。
- 与启动子甲基化的效应相反，基因体甲基化与基因表达通常呈正相关。

在进化过程中，DNA 甲基化的原始功能可能主要是防止转座元件的激活，从而维持基因组稳定性。在高等生物中，DNA 甲基化获得了许多新的功能，其中包括基因调控。多方面证据显示，基因启动子的甲基化与转录抑制密切相关。例如，早期的研究表明，被甲基化的腺病毒报告基因（reporter gene）在注入蛙卵母细胞后不表达，被转染入小鼠胚胎干细胞内的 DNA 载体也可发生甲基化而停止表达；相反，经 DNA 甲基化抑制剂 5-氮杂胞嘧啶核苷（5-azacytidine）处理的细胞表达一些在正常情况下被抑制的基因（如病毒基因和失活 X 染色体上的基因）；另外，遗传学实验也提示，在动物发育、细胞分化和维持细胞特征方面，DNA 甲基化对基因调控具有至关重要的作用，例如，*Dnmt1* 缺失导致小鼠胚胎发育停止并死亡、胚胎干细胞分化障碍及成纤维细胞凋亡，这些变化伴随着全基因组低甲基化和大量基因的非正常激活及表达；最近的实验结果表明，用向导 RNA（guide RNA）介导的 Cas9-DNMT3A 融合蛋白靶向技术可使特异的基因启动子甲基化并抑制基因表达，进一步证实基因启动子甲基化与转录抑制之间存在因果关系。

2.4.1　启动子甲基化对基因转录的抑制机制

一般认为，DNA 甲基化通过两种主要机制抑制基因转录：直接干扰转录因子与基因启动子（或其他顺式调控序列）结合；通过 5mC 结合蛋白招募转录阻遏物而间接发挥作用（图 2-5）。

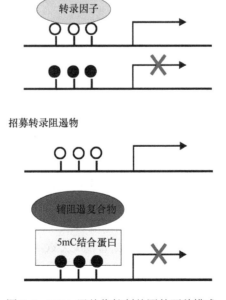

图 2-5　DNA 甲基化抑制基因的两种模式

1. 干扰转录因子结合

5mC 的甲基位于 DNA 双螺旋结构的大沟（major groove），对 DNA 碱基配对没有影响。但由于甲基具有疏水性并且可能改变局部 DNA 三维结构和染色质构象，所以 DNA 甲基化可影响蛋白质与 DNA 之间的结合。许多转录因子识别富含 GC 的 DNA 序列，CpG 甲基化可抑制部分转录因子与其识别序列的结合（图 2-5）。例如，STAT3（signal transducer and activator of transcription 3）能刺激 *Gfap*（glial fibrillary acidic protein）基因转录，而其作用受 DNA 甲基化调节，GFAP 主要在中枢神经系统的星形胶质细胞（astrocytes）中表达，在神经上皮细胞中，位于 *Gfap* 启动子的 STAT3 识别序列内一个 CpG 位点处于甲基化状态，阻止 STAT3 与之结合，当神经上皮细胞向星形胶质细胞分化时，这个 CpG 位点发生去甲基化，从而结合 STAT3 并激活 *Gfap* 转录[33]。锌指蛋白 CTCF（CCCTC-binding factor）与 DNA 的结合也受 DNA 甲基化调节，CTCF 由 11 个锌指组成，在基因组组构（genome organization）和基因表达等方面起重要作用，其功能之一是与绝缘子（insulator）结合而抑制基因转录，这一机制是决定印记基因 *Igf2* 的单等位表达（monoallelic expression）的主要因素。位于 *Igf2* 基因下游的印记控制区具有绝缘子活性，在母源染色体上，该区域不被甲基化而与 CTCF 结合，从而阻断 *Igf2* 启动子与下游增强子之间的相互作用，故母源 *Igf2* 处于沉默状态；相反，在父源染色体上，该区域因被甲基化而不能结合 CTCF，故下游增强子激活父源 *Igf2* 表达（详见第 4 章）。最近的研究结果显示，NRF1（nuclear respiratory factor 1）与全基因组 DNA 识别位点的结合都受 DNA 甲基化调节，一些对甲基化不敏感的 DNA 结合蛋白可竞争性地抑制 DNMT 与 DNA 的结合，导致局部 DNA 非甲基化而有助于产生 NRF1 结合位点[34]。

2. 招募转录阻遏物

5mC 不仅能抑制蛋白质与 DNA 结合，也能吸引特异的蛋白质至 DNA，即甲基胞嘧啶结合蛋白（methylcytosine-binding protein，MBP）。这些 5mC "阅读者" 包含有识别 5mC 的特殊结构域，根据结构域的不同，MBP 可分为三类：MBD（methyl-CpG-binding domain）蛋白、锌指蛋白和 SRA 结构域蛋白（图 2-6）。MBP 通常还包含有介导蛋白之间相互作用的其他结构域，通过招募蛋白复合物来实现 DNA 甲基化的生物学效应，包括改变染色质结构和抑制转录（图 2-5）。

MeCP2（methyl-CpG-binding protein 2）是第一个被纯化和克隆的 MBD 蛋白[35]，随后根据序列同源性，发现了其他的 MBD 家族成员，命名为 MBD1~MBD6[36]（图 2-6）。四个 MBD 蛋白（即 MeCP2、MBD1、MBD2 和 MBD4）已被证明具有识别和结合甲基化 CpG 的能力，尽管它们的 MBD 结构域有相似的晶体结构，但 DNA 结合实验提示这些 MBD 蛋白可能具有序列特异性，例如，MeCP2 对甲基化的 CpG 位点两侧富含 AT 的 DNA 序列有高度亲和力，而 MBD1 偏好在甲基化的 CpG 位点+2 位置为 A 和−2 位置为 T 的 DNA 序列。由于 MBD 结构域序列的变异，另外三个 MBD 蛋白（即 MBD3、MBD5 和 MBD6）不具备特异性结合甲基化 DNA 的能力。除了 MBD 结构域以外，MBD 蛋白利用不同的功能结构域与各种蛋白复合物结合。MeCP2 通过其 C 端的 TRD（transcription repression domain，转录抑制结构域）招募 mSin3a 辅阻遏复合物（corepressor complex），其中包含组蛋白去乙酰化酶（histone deacetylase，HDAC），组蛋白去乙酰化可使染色质浓缩从而抑制基因转录（图 2-5）。MBD1 和 MBD2 也含有 TRD 结构域，另外，MBD1 还有三个能与非甲基化 DNA 结合的 CXXC 锌指结构。MBD2 具有一个甘氨酸-精氨酸（GR）重复序列和卷曲螺旋（coiled-coil，CC）结构域，后者对 MBD2 与 Mi-2/NuRD（nucleosome remodeling and deacetylase）复合物的结合至关重要。MBD3 也是 Mi-2/NuRD 复合物的组成部分，但 MBD2 和 MBD3 不同时存在于同一复合物中，Mi-2/NuRD 复合物参与染色质重塑（chromatin remodeling），通常导致转录

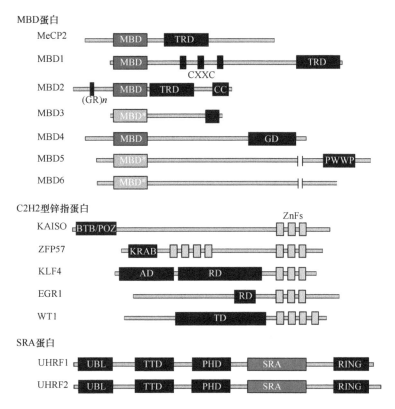

图 2-6　DNA 甲基化阅读者的结构域

抑制。MBD4 含有一个糖基化酶结构域（glycosylase domain，GD），参与 DNA 错配修复（DNA mismatch repair）。对 MBD5 和 MBD6 的研究很有限，有证据显示它们能与 PR-DUB（polycomb repressive deubiquitinase）复合物结合，PR-DUB 复合物具有组蛋白 H2A 去泛素化酶活性。

　　KAISO（又名 ZBTB33）是第一个被发现的能结合甲基化 DNA 的 C2H2 型锌指蛋白[36]，其 C 端有能与甲基化 CpG 结合的三个串联的 C2H2 型锌指，其 N 端的 BTB/POZ 结构域（broad complex，tramtrack，and bric-a-brac/poxvirus and zinc finger domain）能招募 N-CoR（nuclear receptor corepressor）辅阻遏复合物，其中包含组蛋白去乙酰化酶。DNA 结合实验表明，其他一些 ZBTB 家族成员如 ZBTB4 和 ZBTB38 也对甲基化 DNA 具有亲和力（图 2-6）。与体外试验结果相反的是，染色质免疫沉淀测序（chromatin immunoprecipitation-sequencing，ChIP-seq）显示，KAISO 在细胞内的结合位点与 DNA 甲基化分布并不一致，反而集中在有高水平组蛋白乙酰化标记的活性基因启动子上[37]，因此，KAISO 及其他 ZBTB 蛋白在介导 DNA 甲基化依赖性基因阻遏方面的意义还有待进一步阐明。近年来，具有结合甲基化 CpG 能力的其他锌指蛋白也被陆续发现，包括 ZFP57（zinc finger protein 57）、KLF4（Krüppel-like factor 4）、ERG1（early growth response protein 1）和 WT1（Wilms tumor 1）[36]（图 2-6）。ZFP57 属于 KRAB（Krüppel-associated box）型锌指家族，能特异性地识别含有甲基化 CpG 的 TGCCGC 六核苷酸序列，该序列存在于大多数基因组印记控制区，ZFP57 及其辅助因子 KAP-1（KRAB-associated protein-1，又名 TRIM28）对维持基因组印记控制区内的甲基化标记有重要意义（详见下文及第 4 章）；人类 ZFP57 突变与一种基因组印记疾病即新生儿短暂性糖尿病（transient neonatal diabetes）有关。KLF4 是用于体细胞重编程的山中伸弥因子（Yamanaka factor）之一，但它具有多种生物功能，许多功能可能与其结合 DNA 的特性有关。KLF4 包含三个类 Krüppel（Krüppel-like）型锌指，能与甲基化和非甲基化的 DNA 结合，有研究显示，大约一半的 KLF4 结合位点呈高度甲基化。5mC 在甲基胞嘧啶双加氧酶 TET（ten-eleven translocation）蛋白的作用下可发生迭代氧化，依次形成 5-羟甲基胞嘧啶（5-hydroxymethylcytosine，5hmC）、5-甲酰基胞嘧啶

（5-formylcytosine，5fC）和 5-羧基胞嘧啶（5-carboxylcytosine，5caC）（详见第 3 章），KLF4 与 5hmC、5fC 和 5caC 的结合亲和力逐级递减。ERG1 和 WT1 是两个相关的 C2H2 型锌指蛋白，识别一个有 9 个碱基的共同序列 GCG（T/G）GGGCG。ERG1 和 WT1 与 KLF4 一样，对甲基化和非甲基化的 DNA 具有相似的亲和力，不同的是，WT1 还能识别含有 5caC 的序列，而 ERG1 则不能。由于锌指蛋白是个大家族，可以预期，更多能结合 5mC 及其氧化产物的锌指蛋白将会被发现。

SRA 结构域蛋白只有两个，即 UHRF1 和 UHRF2（图 2-6）。如上文所述，UHRF1 通过其 SRA 结构域识别半甲基化的 CpG 位点，是 DNMT1 发挥维持性甲基化功能不可缺少的辅助因子。UHRF2 与 UHRF1 有序列同源性，但 UHRF2 似乎对维持性 DNA 甲基化并不重要，DNA 结合实验和晶体结构证据显示，UHRF2 的 SRA 结构域能特异性地与 5hmC 结合[36]，UHRF2 蛋白在脑组织和其他少数器官高表达，*Uhrf2* 基因敲除对小鼠发育和生殖没有影响，但有学习和记忆方面的缺陷，并伴有脑组织中 5hmC 水平的下降[38]。

2.4.2　基因体 DNA 甲基化的作用

DNA 甲基化既可发生在基因启动子区域，也常出现于基因体（gene body）内，即转录起始位点与终结位点之间。与启动子甲基化的效应相反，基因体甲基化与基因表达通常呈正相关，长期以来，基因体甲基化的原因和功能不甚清楚。最近有证据表明，在小鼠胚胎干细胞中，基因体甲基化主要由 DNMT3B 催化，其 PWWP 结构域通过与组蛋白 H3K36me3 结合而将 DNMT3B 引导至活性基因（H3K36me3 在转录延伸过程中由 SETD2 催化产生，因此富集于高表达基因体）。全基因组范围的实验结果显示，在 *Dnmt3b* 被敲除的胚胎干细胞中，RNA 聚合酶 II 与基因体的结合显著增加，导致转录起始于基因体内多个不同位点，因此，基因体甲基化可能有助于防止这类非正常转录物的产生[39]。

2.5　DNA 甲基化在哺乳动物中的主要功能

关键概念

- 在胚胎发育早期，DNA 甲基化呈现明显的动态变化。
- 印记基因是一类单等位表达的基因，即严格按亲代来源表达其中一方的等位基因。
- DNA 甲基化印记经历建立、维持和清除三个阶段。
- X 染色体失活是指雌性动物中两条 X 染色体的其中之一失去活性的现象，其结果是使 X 连锁基因的表达水平在两性间达到平衡。

2.5.1　胚胎发育和细胞分化

如上文所述，在胚胎发育早期，DNA 甲基化呈现明显的动态变化（图 2-2）。在胚胎植入前阶段，母源和父源基因组均发生去甲基化，母源基因组主要经历被动去甲基化（passive demethylation），即在卵裂过程中因 DNA 甲基化不能维持而随着 DNA 复制被渐进性稀释，父源基因组则以主动去甲基化（active demethylation）和被动去甲基化两种机制清除 DNA 甲基化标记。受精后不久，来自卵母细胞的（母源）TET3 首先将雄原核（male pronucleus）内的 5mC 依次转化为 5hmC、5fC 和 5caC，然后，5hmC、5fC 和 5caC 会在卵裂过程中发生被动稀释，5fC 和 5caC 也可被胸腺嘧啶 DNA 糖基化酶（thymine DNA glycosylase，TDG）剪切，并通过碱基切除修复（base excision repair，BER）以胞嘧啶取代而完成主动去甲基化（详见第 3 章）。胚胎植入后，立刻发生从头甲基化，从而建立最初的 DNA 甲基化模式，在随后的胚胎发育过程中和出生后，主要由 DNMT1 负责维持甲基化模式。

关于 DNA 甲基化功能方面的知识，主要来自对基因敲除小鼠的研究（表 2-1）。根据 *Dnmt* 敲除小鼠的表型判断，DNA 甲基化对于正常胚胎发育是必需的[11, 12, 21]。*Dnmt1* 完全失活导致胚胎发育停滞在约 E9.5 天，同时伴有全基因组范围的低甲基化，与 DNMT1 作为主要的维持性甲基转移酶功能一致[12]。*Dnmt3b* 敲除也引起多种发育缺陷，胚胎于 E12.5 天后死亡；*Dnmt3a* 敲除对胚胎发育没有明显影响，但 *Dnmt3a*$^{-/-}$ 小鼠出生后生长迟缓，并于 4 周左右死亡；*Dnmt3a/3b* 双敲除出现比 *Dnmt3b*$^{-/-}$ 胚胎更为严重的发育表型，即胚胎更小、死亡更早（早于 E11.5 天）[21]。在胚胎细胞分化前，与细胞多能性（pluripotency）和生殖细胞有关的基因会被沉默，对 E9.5 天的胚胎进行 DNA 甲基化分析显示，这些基因在 *Dnmt3b*$^{-/-}$ 胚胎中大多处于严重低甲基化状态，而在 *Dnmt3a*$^{-/-}$ 胚胎中则甲基化基本正常，少数基因甲基化由 DNMT3A 和 DNMT3B 共同催化。这些证据表明胚胎发育过程中的从头甲基化主要由 DNMT3B 负责，而 DNMT3A 起辅助作用[14]。

上述 *Dnmt* 敲除的胚胎发育表型提示，DNA 甲基化对于原肠胚形成（gastrulation）即由囊胚分化为三个胚层（外胚层、中胚层和内胚层）的过程至关重要，对 *Dnmt* 缺失细胞的研究结果支持 DNA 甲基化对细胞分化的重要作用。DNMT1、DNMT3A 和 DNMT3B 在小鼠胚胎干细胞里都有高水平表达，敲除其中任何一个基因或者 *Dnmt3a/3b* 双敲除甚至 *Dnmt1/3a/3b* 三敲除均不影响非分化细胞的存活和增殖[11, 12, 21, 40]，但当诱导 *Dnmt1*$^{-/-}$ 或 *Dnmt3a/3b* 双敲除细胞分化时，很快出现细胞死亡[12, 22]。与小鼠胚胎干细胞不同的是，DNMT1 对于人类胚胎干细胞的存活是必需的[41]，这可能与人类胚胎干细胞处于不同的多能性状态（pluripotent state）有关，根据基因表达谱（gene expression profile）分析，小鼠胚胎干细胞与着床前的囊胚内细胞团（inner cell mass，ICM）相似，而人类胚胎干细胞则与着床后的外胚叶（epiblast）相似。DNA 甲基化对于已分化细胞的生存也是必要的，条件性敲除 *Dnmt1* 导致小鼠成纤维细胞和人类结肠癌细胞 HCT116 死亡[14,42]。除了 DNMT 外，有些 DNA 甲基化调节因子和甲基胞嘧啶结合蛋白对胚胎发育也很重要（表 2-1）。例如，*Mbd3* 敲除和 *Zfp57* 敲除导致早期胚胎死亡[36]。*Uhrf1* 敲除后的表型与 *Dnmt1* 敲除后的表型极为相似，即胚胎死亡和全基因组甲基化水平降低[14]，与 UHRF1 作为 DNMT1 主要辅助因子的功能一致。基因表达失调可能是引起上述发育表型和细胞功能障碍的主要原因。

2.5.2　基因组印记

绝大多数基因座（locus）的两个等位基因表达量相似，而印记基因（imprinted gene）是一类单等位表达的基因，即严格按亲代来源表达其中一方的等位基因（详见第 4 章）。迄今为止，小鼠中已发现约 150 个印记基因，其中部分基因在人类也呈单等位表达。印记基因尽管数量少，但功能很重要，参与胚胎发育、胎盘形成、胎儿和产后生长及成年动物行为等。印记基因表达异常与生殖障碍（如不育症、葡萄胎）和一些先天性疾病（如 Prader-Willi 综合征、Angelman 综合征、Beckwith-Wiedemann 综合征、Russell-Silver 综合征）有关，印记缺失（loss of imprinting）即印记基因双等位表达或双等位沉默也常在癌细胞里发生。

大多数（超过 80%）印记基因成簇存在，每个印记基因簇（cluster）通常由一个印记控制区调控，其中包含有差异 DNA 甲基化区域（differentially methylated region，DMR），即该区域甲基化仅存在于父源或母源 DNA 上，这种 DNA 甲基化印记是决定单等位表达的主要表观遗传标志。

DNA 甲基化印记经历建立、维持和清除三个阶段。甲基化印记在生殖细胞发育过程中获得，大多数为母源印记（maternal imprint），在出生后的卵母细胞生长期建立；目前知道的父源印记（paternal imprint）有 4 个（即 *Igf2-H19*、*Dlk1-Gtl2*、*Rasgrf1* 和 *Zdbf2*），是在出生前的前精原细胞（prospermatogonia）期建立。小鼠基因敲除实验显示，DNMT3A 及其辅助因子 DNMT3L 对于 DNA 甲基化印记的建立是必需的，而 *Dnmt3b* 失活则不影响甲基化印记的建立[25, 27, 28]。由于 DNMT3L 能与 DNMT3A 形成复合物，并通过 ADD 结构域与含有 H3K4me0 的组蛋白 H3 的 N 端尾结合[19, 24]，所以 DNMT3L 既可能增强 DNMT3A 活性，也有助于将 DNMT3A 引导至印记基因。赖氨酸去甲基化酶 KDM1B（lysine［K］demethylase 1B）又名 LSD2（lysine-specific demethylase 2），在生长期的卵母细胞中高表达，其介导的 H3K4 去甲基化是建立部分母源印记的前提条件[43]。

如上文所述，受精后不久，胚胎即发生广泛的 DNA 去甲基化，但是，来自母源和父源的甲基化印记却可逃避清除而在整个发育过程和成体组织中得以维持（图 2-2）。甲基化印记的维持依赖于 DNMT1，植入前胚胎主要靠来自卵母细胞的 DNMT1o，随后被 DNMT1 取代[14]。为什么在早期胚胎中 DNMT1 能维持印记基因的甲基化标记却不能维持其他序列的甲基化尚不清楚，印记基因也许具有有别于其他区域的 DNA 序列和染色质结构特征。除了 DNMT1，其他蛋白也对维持甲基化印记有重要意义，其中包括 STELLA 和 ZFP57。STELLA 是一种 DNA 结合蛋白，在卵母细胞高表达并持续存在于植入前胚胎，有证据显示，母源 STELLA 能防止受精卵内的雌原核（female pronucleus）免遭 TET3 介导的主动去甲基化，尽管雄原核内的大部分 5mC 被 TET3 转化为 5hmC 等氧化产物，但 STELLA 似乎能保护父源印记基因（如 *Igf2-H19* 和 *Rasgrf1*）的甲基化标记；如上文所述，ZFP57 是一种 KRAB 型锌指蛋白，能特异性地识别存在于印记控制区内一个甲基化的六核苷酸序列（TGCCGC），它在维持 DNA 甲基化印记方面的功能可能与其结合 KAP-1 有关，KAP-1 是一种支架蛋白（scaffold protein），能招募 DNMT1-UHRF1 复合物及其他一些与异染色质有关的蛋白质［如 H3K9 甲基转移酶 SETDB1（又名 ESET 和 KMT1E）、HP1（heterochromatin protein 1）和 NuRD 复合物］[14]。

尽管 DNA 甲基化印记在体细胞中得以维持，但在原生殖细胞中被清除，以便在生殖细胞发育后期分别重建父源印记和母源印记。近期的全基因组 DNA 甲基化分析表明，原生殖细胞中的去甲基化过程可分为两个阶段：第一阶段大约始于 E8.5 天，即原生殖细胞扩增和迁移时期，由于 UHRF1、DNMT3A 和 DNMT3B 表达被抑制而发生被动去甲基化，导致基因组大部分甲基化修饰被清除；第二阶段发生在 E9.5～E13.5 天，清除一些特殊序列的甲基化标记，其中包括印记控制区。基因敲除实验证明，TET1 和 TET2 介导的主动去甲基化在第二阶段去甲基化过程中起重要作用[14]。

2.5.3 X 染色体失活

哺乳动物的性别由性染色体（即 X 染色体和 Y 染色体）决定。Y 染色体上基因很少，但 X 染色体上基因较多，所以 X 连锁基因的表达在雄性（XY）和雌性（XX）动物之间需要进行剂量补偿（dosage compensation）。X 染色体失活是指雌性动物中两条 X 染色体的其中之一失去活性的现象，其结果是使 X 连锁基因的表达水平在两性间达到平衡（详见第 4 章）。在有袋类动物如袋鼠中，X 染色体失活只发生在父源 X 染色体（paternal X，Xp）而不发生在母源 X 染色体（maternal X，Xm），所以被称为 X 染色体印记失活（imprinted X inactivation）。胎盘动物（如老鼠和人类）在发育过程中出现两种类型的 X 染色体失活：在胚胎发育早期的双细胞至四细胞阶段发生印记失活（即只有 Xp 失活），Xp 失活状态将会在胚外组织（extraembryonic tissue，未来的胎盘）中持续保留，而囊胚的内细胞团（未来的胚胎）中的 Xp 再度恢复活性，在胚胎植入前后，两条 X 染色体的其中之一（Xp 或 Xm）会在不同细胞里随机失活（random X inactivation），随后失活状态将保持稳定并传递给所有子代细胞。因此，雌性动物实际上是嵌合体，即一部分细胞表达 Xp 上的基因，另一部分细胞表达 Xm 上的基因。

X 染色体失活使整条 X 染色体由相对松散的染色质转化为高度浓缩的异染色质结构［该结构又称巴氏小体（Barr body）］，其过程可分为启动、蔓延和维持三个阶段。X 染色体失活由位于该染色体上一个被称为 X 染色体失活中心（X-inactivation center，*Xic*）的区域控制，其中包含 *Xist*（X-inactive-specific transcript）基因，其转录物为一个 15～17kb 的长链非编码 RNA（long non-coding RNA，lncRNA），*Xist* RNA 只在将要失活的 X 染色体（inactive X，Xi）上表达并顺式包裹该染色体，而在有活性的 X 染色体（active X，Xa）上则保持沉默，由于 *Xist* 敲除后 X 染色体失活不能发生，并且 *Xist* 转基因可诱导常染色体基因失活，所以 *Xist* 转录对 X 染色体失活的启动至关重要。*Xist* 对失活状态从启动区域（即 *Xic*）向整条染色体蔓延也是必要的，*Xist* RNA 能招募多种与异染色质形成有关的因子，其中包括 PRC2（polycomb repressive complex 2），PRC2 复合物通过催化组蛋白 H3K27me3 而抑制基因转录和改变染色质结构。X 染色体失活一旦建立，其异染色质结构和基因沉默状态则被永久维持，有证据显示，*Xist* 对维持基因沉默并不是必需的，但可能有助于维持 Xi 的异染色质结构。

　　DNA 甲基化与 X 染色体失活密切相关[14]。在体细胞中，Xa 上的 *Xist* 基因 5′端的 CpG 岛被高度甲基化，与 *Xist* 处于沉默状态相一致，而在 Xi 上的同一区域则不被甲基化。在发生 X 染色体印记失活的组织（即早期胚胎、胚外组织）中，DNA 甲基化同样与 *Xist* 沉默相关，即 Xm 上的 *Xist* 基因呈高度甲基化状态，而 Xp 上的 *Xist* 基因不被甲基化。基因敲除实验表明，*Dnmt1* 或 *Dnmt3a*／*3b* 缺陷不能阻止 X 染色体失活的发生，但在分化细胞中 *Xist* 在 Xa 上的沉默状态不稳定。近期有证据显示，*Dnmt1o* 缺失影响 X 染色体印记失活，并导致雌鼠胎盘缺陷。尽管多种机制参与 Xi 上的基因沉默，少数基因能逃避失活而出现双等位表达，这些基因的启动子缺乏甲基化修饰。另外，细胞经 DNA 甲基化抑制剂 5-氮杂胞嘧啶核苷或 5-氮杂脱氧胞嘧啶核苷（5-azadeoxycytidine）处理后，有些 Xi 上的基因可被重新激活。综上所述，DNA 甲基化对于 X 染色体失活的启动和蔓延不是必需的，但对于稳定地维持 Xi 上的基因沉默状态至关重要[14]。

2.5.4　维持基因组稳定性

　　人类和小鼠基因组约 50%的 DNA 来自进化过程中逆转座子的复制，其中部分逆转座子仍然具有转座活性，从而威胁基因组稳定性。据估计，人类约 0.1%的自发突变与逆转座子发生转座有关，而这一比例在纯系（inbred）啮齿动物中则高达 10%左右[44]，因此，多种机制参与对这类转座元件的抑制，DNA 甲基化是其重要组成部分。

　　在早期胚胎、胚胎干细胞和原生殖细胞中，逆转座子具有一定水平的转录活性，可能与这些细胞甲基化水平较低有关。有证据显示，在这些细胞中，SETDB1 催化产生的 H3K9me3 负责大部分逆转座子的抑制[44]，另一些逆转座子如 IAP（intracisternal A-particle）主要被 DNA 甲基化抑制，如上文所述，*Dnmt3a*、*Dnmt3l* 或 *Dnmt3c* 缺失引起精子发育过程中逆转座子转录显著增高，并导致基因组不稳定和无精症[23,25-28]。另外，IAP 与印记控制区一样，能逃避胚胎早期和原生殖细胞中发生的广泛去甲基化，这些区域的甲基化标记由 DNMT1 维持。在胚胎发育过程中，逆转座子最终被永久抑制，所以它们在体细胞中几乎完全处于沉默状态，DNA 甲基化对于维持这种沉默状态至关重要[44]。最新证据表明，DNA 甲基化抑制剂对癌症的疗效与激活逆转座子有关[45]，进一步揭示 DNA 甲基化在抑制转座元件方面的功能。

2.6　DNA 甲基化与疾病

2.6.1　发育性疾病

　　与 DNA 甲基化在发育过程中的多种功能一致，近二十年以来，陆续发现与 DNA 甲基化有关的基因突变是导致一些人类发育性疾病的原因（表 2-1）。

表 2-1　DNA 甲基转移酶和 5mC 结合蛋白在发育中的作用及与疾病的关联

基因	主要功能	基因敲除小鼠主要表型	基因突变引起的人类疾病
Dnmt1	维持性 DNA 甲基转移酶	胚胎在 E9.5 天左右死亡，全基因组广泛低甲基化	遗传性感觉和自主神经病变伴痴呆及耳聋（HSAN IE）；常染色体显性小脑共济失调伴耳聋和嗜睡（ADCA-DN）
Dnmt3a	从头 DNA 甲基转移酶	胚胎发育正常，出生后生长停滞，并于 4 周左右死亡；生殖细胞敲除导致无精症，父源和母源印记不能建立	急性骨髓性白血病及其他血液肿瘤；Tatton-Brown-Rahman 综合征；侏儒症
Dnmt3b	从头 DNA 甲基转移酶	胚胎发育异常，并在 E12.5 天后死亡；Dnmt3a/3b 双敲除导致更严重的表型，胚胎在 E11.5 天前死亡	ICF 综合征；ZBTB24、CDCA7 或 HELLS 突变也引起 ICF 综合征
Dnmt3c	从头 DNA 甲基转移酶（仅存在于鼠类）	不影响胚胎发育和出生后生长，但雄鼠显示无精症	
Dnmt3l	Dnmt3a/3b 辅助因子	不影响胚胎发育和出生后生长，但雄鼠显示无精症，父源和母源印记不能建立	
Mecp2	5mC 结合蛋白，转录抑制因子	神经系统功能障碍，包括运动、行为、呼吸异常等	Rett 综合征
Mbd1	5mC 结合蛋白	无明显表型	
Mbd2	5mC 结合蛋白，NuRD 复合物组成部分，转录抑制因子	不影响胚胎发育和出生后生长及生殖，T 淋巴细胞发育异常	
Mbd3	NuRD 复合物组成部分，转录抑制因子，不能特异性结合 5mC	胚胎早期死亡	
Mbd4	5mC 结合蛋白，DNA 修复蛋白	不影响胚胎发育和出生后生长及生殖，DNA 突变率增高	
Mbd5	转录调节因子？不能特异性结合 5mC	胚胎发育正常，出生后生长迟缓，并于断奶前死亡	2q23.1 微缺失综合征（属于自闭症谱系障碍）
Mbd6	转录调节因子？不能特异性结合 5mC		胃癌、大肠癌？
Kaiso	5mC 结合蛋白？转录抑制因子	无明显表型	
Zfp57	5mC 结合蛋白，维持印记控制区甲基化标记	胚胎早期死亡，基因印记不能维持	新生儿短暂性糖尿病
Klf4	5mC 结合蛋白，转录调节因子	出生后死亡	
WT1	5mC 和 5caC 结合蛋白，转录因子，抑癌基因	胚胎在 E13.5～E15.5 天死亡，肾脏和性腺发育缺陷	Wilms 瘤（又名肾母细胞瘤）
Uhrf1	Dnmt1 辅助因子	胚胎死亡，全基因组广泛低甲基化	
Uhrf2	5hmC 结合蛋白	不影响胚胎发育和出生后生长及生殖，但有学习和记忆缺陷	

? 表示有待证实。

1. DNMT1 突变与神经退行性疾病

遗传性感觉和自主神经病变伴痴呆及耳聋（hereditary sensory and autonomic neuropathy with dementia and hearing loss type IE，HSAN IE）及常染色体显性小脑共济失调伴耳聋和嗜睡（autosomal dominant cerebellar ataxia，deafness and narcolepsy，ADCA-DN）是两种很罕见的常染色体显性遗传病。尽管它们

在临床上被诊断为两种疾病，但症状大体相似而只有细微差别，主要表现为中枢和周围神经的退行性变化，包括严重的感觉和自主神经病变、感音神经性耳聋、痴呆等。外显子组测序（exome sequencing）显示，HSAN IE 和 ADCA-DN 均由 *DNMT1* 杂合突变（heterozygous mutation）引起。迄今已报道的 10 个非同义突变（nonsynonymous mutation）均位于外显子 20 或外显子 21，基因型和表型相关性分析表明，外显子 20 的突变与 HSAN IE 有关，而外显子 21 的突变与 ADCA-DN 有关[46]。这两个外显子编码 DNMT1 的 DNA 复制灶结构域，该结构域参与 DNMT1 的折叠并调节其在细胞内的定位和催化活性，但这些突变对 DNMT1 功能的确切影响和致病机制还有待阐明。

2. *DNMT3A* 突变与 Tatton-Brown-Rahman 综合征

Tatton-Brown-Rahman 综合征属于一种过度生长疾病（overgrowth disorder），主要表现为身材高大、独特的面容，以及轻度至中度智力障碍。Tatton-Brown 等首先用外显子组测序，从 10 例患者中发现 2 个 *DNMT3A* 新生突变（*de novo* mutation，即突变发生在父母的精子或卵子或受精以后，而在父母体其他细胞里不能检测到）；随后直接对 *DNMT3A* 测序，又从 142 例患者中检测到 11 个不同的 *DNMT3A* 新生突变。在这 13 个突变中，10 个为非同义突变，2 个为移码插入（frameshift insertion），1 个为框内缺失（in-frame deletion），这些突变发生在 DNMT3A 的三个功能结构域中（即 PWWP 结构域、ADD 结构域和催化结构域），结构模拟提示，发生在催化区的突变位于与 ADD 结构域相互作用的区域[46]。最近发现，PWWP 结构域内的突变也与一种特殊类型的侏儒症有关[47]，其表型与 Tatton-Brown-Rahman 综合征正好相反，提示这些突变可能为功能获得性突变（gain-of-function mutation）。由于 PWWP 结构域和 ADD 结构域能识别特异的组蛋白修饰，突变的 DNMT3A 蛋白也许不能在基因组正确定位而导致甲基化异常。

3. *DNMT3B* 突变与 ICF 综合征

ICF（immunodeficiency，centromeric instability and facial anomaly）综合征是一种罕见的常染色体隐性遗传病，患者主要表现为免疫球蛋白低下，以致在幼年出现反复感染甚至死亡，其他临床表现包括面部异常、生长缓慢、智力障碍等。ICF 患者 T、B 淋巴细胞计数大致正常，最典型的细胞特征是淋巴细胞内 1、9、16 号染色体着丝粒附近发生重组，这一现象与这些区域含有的大量卫星 DNA 重复序列呈低甲基化状态有关。一般认为，ICF 患者淋巴细胞分化基本正常，其功能异常可能是免疫缺陷的主要原因。

大约 50% 的 ICF 综合征病例由 *DNMT3B* 纯合突变（homozygous mutation）或复杂杂合突变（compound heterozygous mutation）引起[21]，称为 I 型 ICF（ICF1）。大多数突变位于催化区且为错义突变（missense mutation），由于 *Dnmt3b* 完全失活导致小鼠胚胎死亡，所以 ICF 突变可能为次形态（即部分失活）突变（hypomorphic mutation），生化实验也证实突变的 DNMT3B 蛋白仍具有较低水平的催化活性[46]。

余下的约 50% ICF 患者不携带 *DNMT3B* 突变，最近，全基因组测序发现了另外三个 ICF 基因：*ZBTB24* 突变（II 型 ICF，ICF2）占全部 ICF 病例的 30% 左右；*CDCA7* 突变（III 型 ICF，ICF3）或 *HELLS* 突变（IV 型 ICF，ICF4）只占较小比例；还有少量患者的基因缺陷不明，称为 X 型 ICF（ICFX）[46, 48]。ZBTB24 是 ZBTB 家族的一个成员，其 C 端有能与特异 DNA 序列结合的 8 个串联 C2H2 型锌指结构，而 N 端有能招募转录辅调节复合物（transcriptional coregulatory complexes）的 BTB/POZ 结构域，所以，ZBTB24 可能具有调节基因转录的功能。CDCA7（cell division cycle-associated protein 7）的表达受 c-MYC 调节，可能参与 c-MYC 介导的细胞转化，除此之外，其生物学功能和影响 DNA 甲基化的机制不清楚。HELLS（helicase，lymphoid specific）又名 LSH（lymphoid-specific helicase），是一种在淋巴细胞高表达的 DNA 解旋酶，参与染色质重塑。在小鼠中的研究结果提示，HELLS 可能调节 DNMT3A 和 DNMT3B 在染色质中的定位，从而影响 DNA 甲基化。

4. *MeCP2* 突变与 Rett 综合征

Rett 综合征是一种进行性神经系统疾病，几乎所有病例都是女性（发病率 1：15 000～1：10 000）。大多数患病儿童出生后头 6 个月生长和行为基本正常，随后逐渐失去已学会的技能（如爬行、行走、语言等），变化通常在 12～18 个月时最明显，如果照顾得当，患者可存活数十年，主要表现为严重的行动和交流障碍、异常的手部动作和程度不同的智力障碍，有些患者出现抽搐和呼吸异常。

绝大多数（约 90%）病例由 *MeCP2* 突变所致[49]。*MeCP2* 为 X 连锁基因，因此男性 Rett 患者极为罕见（已报道的少数几例均由效应较弱的突变引起）。迄今为止，已经在 Rett 患者中发现了数百个不同的 *MeCP2* 突变，均为杂合新生突变，突变位点和类型是影响疾病严重程度的一个重要因素。由于 X 染色体的随机失活，一些细胞表达正常的 MeCP2 蛋白，而另一些细胞表达 *MeCP2* 突变体，所以偏斜 X 染色体失活（skewed X inactivation）也对 Rett 综合征的严重程度有影响[46, 50]。

MeCP2 广泛表达于多种组织，以脑组织中表达最高，在神经元细胞中 MeCP2 水平与组蛋白相当。*Mecp2* 全身敲除或脑组织特异性敲除的小鼠均出现与 Rett 综合征类似的表型，说明 MeCP2 在脑组织中具有重要功能，有证据显示，在 *Mecp2* 缺陷小鼠中恢复 MeCP2 表达，可使某些表型逆转并延长存活期，这提示 Rett 综合征主要因神经元功能失调所致，而非原先认为的神经系统发育缺陷或退行性病变，这也让人们看到了改善和治疗这种疾病的希望。这类动物模型对于阐明 MeCP2 的功能和 Rett 综合征的致病机制很有价值，根据目前的认识，MeCP2 在神经元的分化、成熟及神经介质（如多巴胺、5-羟色胺）的分泌方面有重要功能。在细胞水平上，MeCP2 参与调节诸如染色质重塑、基因转录、RNA 剪接等多种过程。部分功能与 MeCP2 结合甲基化 DNA 有关，例如，MeCP2 能与脑源性神经营养因子（brain-derived neurotrophic factor，Bdnf）基因启动子区域内的甲基化 CpG 位点结合而抑制其表达。近期的研究表明，MeCP2 也能识别 5hmC，有些 Rett 突变体则不能结合 5hmC [46, 50]。

少数（约 10%）Rett 综合征病例由 *CDKL5* 或 *FOXG1* 突变引起。*CDKL5*（cyclin-dependent kinase-like 5）也是一个 X 连锁基因，编码一种激酶，能使 MeCP2 磷酸化，*FOXG1*（forkhead box protein G1）则是一个常染色体基因，编码一种转录抑制因子[46]。

2.6.2 DNA 甲基化与癌症

多年来的大量研究揭示，癌细胞 DNA 甲基化水平和模式与正常细胞不同，总体而言，癌细胞表现为全基因组范围的低甲基化和一些局部区域（如 CpG 岛）的异常高甲基化，这些变化可能在肿瘤的发生和进展过程中起重要作用[51]。基因组不稳定性和染色体非整倍性（aneuploidy）是肿瘤细胞的两大特征，基因组普遍低甲基化可能有助于这些变化的产生。首先，低甲基化能激活转座元件，导致缺失、插入、突变等 DNA 异常变化；其次，低甲基化通常在富含 DNA 重复序列的异染色质区域尤其明显，异染色质结构的变化和重复序列转录物的增加能促进染色体重组；另外，低甲基化本身或者转座元件的插入也可能使致癌基因（oncogene）表达。在小鼠中，降低 DNMT1 活性会导致突变率增高和染色体非整倍性，且诱导肿瘤，支持 DNA 低甲基化在肿瘤发生过程中具有重要作用。在正常细胞中，绝大多数位于基因启动子的 CpG 岛处于非甲基化状态；而在癌细胞中，5%～10%的 CpG 岛通常被甲基化，包括一些抑癌基因（tumor suppressor）的 CpG 岛（如 *VHL*、*p16INK4A*、*MLH1*、*RB*、*APC* 等），DNA 甲基化已被证明是导致抑癌基因失活的一个重要机制。除了上述低甲基化和高甲基化的影响外，DNA 甲基化还可通过其他机制促进肿瘤发生：5mC 可因脱氨反应（deamination）而被转变为胸腺嘧啶，由于 DNA 修复机制对这种错配的修复效率较低，所以易造成突变，例如，许多 *p53* 突变发生在甲基化的胞嘧啶位点上；另外，5mC 可影响 DNA 与一些致癌物（如苯并芘）和紫外线反应的方式[51]。

对于 DNA 甲基化水平和模式发生变化的原因尚不甚清楚，随着近年来基因组测序等技术的广泛应用，发现一些与 DNA 甲基化有关的基因在癌细胞中有较高的突变率。例如，*DNMT3A* 和 *TET2* 在急性骨髓性白血病及其他血液肿瘤中很常见（引起血液肿瘤和 Tatton-Brown-Rahman 综合征的 *DNMT3A* 突变位点大部分不同）[46]；IDH1（isocitrate dehydrogenase 1，异柠檬酸脱氢酶-1）和 IDH2 突变多发于脑肿瘤、结肠癌、血液肿瘤等，TET 蛋白和赖氨酸去甲基化酶的催化活性依赖于α-KG（α-ketoglutarate），*IDH1* 和 *IDH2* 突变不但丧失其正常功能，即失去α-KG，而且获得一种新的异常功能，即产生 2-HG（2-hydroxyglutarate），2-HG 通过与α-KG 竞争抑制 TET 和赖氨酸去甲基化酶的活性[51]。另外，鉴于 DNA 甲基化与其他表观遗传机制（如组蛋白修饰、染色质重塑）的密切关系，许多与染色质结构和功能有关的基因表达异常或突变可能也会间接影响 DNA 甲基化。

2.7 DNA 甲基化相关问题与展望

近三十年以来，DNA 甲基化领域取得了许多重大进展，包括发现了 5mC "书写者"（即 DNA 甲基转移酶）、"阅读者"（即 5mC 结合蛋白）和 "清除者"（如 TET 蛋白），对这些蛋白质及其他调节因子的研究大大加快和加深了对 DNA 甲基化功能方面的了解，现已公认，DNA 甲基化与其他表观遗传机制互相协调和合作，共同调节染色质结构和基因表达。但是，一些重要问题仍有待进一步研究加以阐明。

越来越多的与 DNA 甲基化有关的基因变异被发现，它们可引起发育性疾病或参与癌症等其他疾病的发生，但是，这些基因变异导致各种临床表现的细胞和分子机制仍不甚明了。许多致病突变并不使基因完全失活，所以，用传统手段建立的基因敲除小鼠模型对于研究致病机制的价值有限。鉴于 CRISPR-Cas9 等基因编辑技术的发展，今后有可能建立与人类疾病更为相似的动物模型，以促进这方面的研究。

许多复杂疾病（如心血管疾病、糖尿病、肥胖、免疫性疾病、精神疾病等）具有遗传倾向但不遵从孟德尔定律，表观遗传机制可解释这类疾病的一些特征，例如，这类疾病多为迟发性疾病，症状可出现较大起伏，发病率和严重程度常显示性别效应（gender effect）和亲源效应（parent-of-origin effect），同卵双生者通常临床表现不一致。尽管有证据显示多种复杂疾病出现 DNA 甲基化变化，但这方面的研究仍很初步，且结果也不尽相同，对患病人群和正常人群进行全基因组比较研究有望对 DNA 甲基化在这些疾病中的变化和意义有更清晰的认识。

环境因素对 DNA 甲基化的影响也将是今后的一个研究方向。流行病学调查发现，妇女在妊娠期间的饮食及新生儿体重对成年后发生代谢性疾病（如肥胖、2 型糖尿病、心血管病）的风险有明显影响。在小鼠中的实验表明，调整怀孕雌鼠食物中甲基供体（如叶酸、胆碱）的量，可通过影响 DNA 甲基化而改变后代的基因表达[52]。另一项研究显示，新生大鼠体内的糖皮质激素受体（glucocorticoid receptor，GR）表达量因是否受到母鼠照顾而异，其原因是 *GR* 基因启动子甲基化水平不同，这种差别可保持至成年动物并影响其行为[53]。这些研究结果提示，环境因素可诱导稳定的表观遗传变化如 DNA 甲基化异常，并产生长期效应。今后的研究将进一步阐明 DNA 甲基化和其他表观遗传变化在介导基因和环境因素之间相互作用方面的意义和机制。

DNA 甲基化在癌症等疾病的诊断及治疗方面具有临床应用前景。在常规临床实践中，癌症诊断通常使用生化方法检测酶、受体、激素等蛋白产物，有时也用 RNA 样品检测基因表达。与蛋白质和 RNA 相比，用 DNA 甲基化作为生物标志物（biomarker）具有一些优势：首先，DNA 本身及甲基化修饰均很稳定；其次，DNA 可以通过扩增而增加敏感性；另外，由于多数方法检测甲基化与非甲基化之间的比例，所以结果不受样品量影响。如上文所述，癌细胞常发生基因启动子区域 CpG 岛的异常高甲基化，因此，目前的研究主要集中在寻找可靠的高甲基化标志，可以预期，越来越多的全基因组甲基化分析会有助于发现特异和敏感的 DNA 甲基化标志。与突变等 DNA 变异不同，DNA 甲基化及其他表观遗传修饰是可逆的，通过药物等方法纠正表观遗传修饰即"表观遗传治疗（epigenetic therapy）"已成为实验研究和药物开发的一个活跃领域。已有两种 DNA 甲基化抑制剂，即 5-azacytidine（临床药名 Vidaza）和 5-azadeoxycytidine（临床药名 Dacogen）被美国食品药品监督管理局（U.S. Food and Drug Administration, FDA）批准用于治疗骨髓增生异常综合征（myelodysplastic syndrome，MDS），尽管它们有一定疗效，但这类核苷酸类似物通过整合入细胞 DNA 而发挥作用，因此毒性较大，今后有可能开发出直接抑制 DNMT 或其他调节因子的药物。为了增强疗效和减轻毒副作用，可以采用药物联合治疗，有证据表明，DNA 甲基化抑制剂和 HDAC 抑制剂联合使用对基因表达与抗癌效果有明显协同作用。

参 考 文 献

[1]   Patil, V. *et al.* The evidence for functional non-CpG methylation in mammalian cells. *Epigenetics* 9, 823-828(2014).

[2]   Chen, T. & Dent, S. Y. Chromatin modifiers and remodellers: regulators of cellular differentiation. *Nat Rev Genet* 15, 93-106(2014).

[3]   Holliday, R. & Pugh, J. E. DNA modification mechanisms and gene activity during development. *Science* 187, 226-232(1975).

[4]   Riggs, A. D. X inactivation, differentiation, and DNA methylation. *Cytogenet Cell Genet* 14, 9-25(1975).

[5]   Bird, A. P. Use of restriction enzymes to study eukaryotic DNA methylation: II. The symmetry of methylated sites supports semi-conservative copying of the methylation pattern. *J Mol Biol* 118, 49-60(1978).

[6]   Wigler, M. H. The inheritance of methylation patterns in vertebrates. *Cell* 24, 285-286(1981).

[7]   Bestor, T. *et al.* Cloning and sequencing of a cDNA encoding DNA methyltransferase of mouse cells. The carboxyl-terminal domain of the mammalian enzymes is related to bacterial restriction methyltransferases. *J Mol Biol* 203, 971-983(1988).

[8]   Du, J. *et al.* DNA methylation pathways and their crosstalk with histone methylation. *Nat Rev Mol Cell Biol* 16, 519-532(2015).

[9]   Pradhan, S. *et al.* Recombinant human DNA (cytosine-5) methyltransferase. I. Expression, purification, and comparison of *de novo* and maintenance methylation. *J Biol Chem* 274, 33002-33010(1999).

[10]   Leonhardt, H. *et al.* A targeting sequence directs DNA methyltransferase to sites of DNA replication in mammalian nuclei. *Cell* 71, 865-873(1992).

[11]   Li, E. *et al.* Targeted mutation of the DNA methyltransferase gene results in embryonic lethality. *Cell* 69, 915-926(1992).

[12]   Lei, H. *et al.* De novo DNA cytosine methyltransferase activities in mouse embryonic stem cells. *Development* 122, 3195-3205(1996).

[13]   Li, Y. *et al.* Stella safeguards the oocyte methylome by preventing *de novo* methylation mediated by DNMT1. *Nature* 564, 136-140(2018).

[14]   Dan, J. & Chen, T. Genetic studies on mammalian DNA methyltransferases. *Adv Exp Med Biol* 945, 123-150(2016).

[15]   Okano, M. *et al.* Cloning and characterization of a family of novel mammalian DNA (cytosine-5) methyltransferases. *Nat Genet* 19, 219-220(1998).

[16]   Chen, T. *et al.* A novel Dnmt3a isoform produced from an alternative promoter localizes to euchromatin and its expression correlates with active *de novo* methylation. *J Biol Chem* 277, 38746-38754(2002).

[17]   Dhayalan, A. *et al.* The Dnmt3a PWWP domain reads histone 3 lysine 36 trimethylation and guides DNA methylation. *J Biol Chem* 285, 26114-26120(2010).

[18] Baubec, T. *et al.* Genomic profiling of DNA methyltransferases reveals a role for DNMT3B in genic methylation. *Nature* 520, 243-247(2015).

[19] Ooi, S. K. *et al.* DNMT3L connects unmethylated lysine 4 of histone H3 to *de novo* methylation of DNA. *Nature* 448, 714-717(2007).

[20] Guo, X. *et al.* Structural insight into autoinhibition and histone H3-induced activation of DNMT3A. *Nature* 517, 640-644(2015).

[21] Okano, M. *et al.* DNA methyltransferases Dnmt3a and Dnmt3b are essential for *de novo* methylation and mammalian development. *Cell* 99, 247-257(1999).

[22] Chen, T. *et al.* Establishment and maintenance of genomic methylation patterns in mouse embryonic stem cells by Dnmt3a and Dnmt3b. *Mol Cell Biol* 23, 5594-5605(2003).

[23] Barau, J. *et al.* The DNA methyltransferase DNMT3C protects male germ cells from transposon activity. *Science* 354, 909-912(2016).

[24] Jia, D. *et al.* Structure of Dnmt3a bound to Dnmt3L suggests a model for *de novo* DNA methylation. *Nature* 449, 248-251(2007).

[25] Hata, K. *et al.* Dnmt3L cooperates with the Dnmt3 family of *de novo* DNA methyltransferases to establish maternal imprints in mice. *Development* 129, 1983-1993(2002).

[26] Bourc'his, D. & Bestor, T. H. Meiotic catastrophe and retrotransposon reactivation in male germ cells lacking Dnmt3L. *Nature* 431, 96-99(2004).

[27] Bourc'his, D. *et al.* Dnmt3L and the establishment of maternal genomic imprints. *Science* 294, 2536-2539(2001).

[28] Kaneda, M. *et al.* Essential role for *de novo* DNA methyltransferase Dnmt3a in paternal and maternal imprinting. *Nature* 429, 900-903(2004).

[29] Bostick, M. *et al.* UHRF1 plays a role in maintaining DNA methylation in mammalian cells. *Science* 317, 1760-1764(2007).

[30] Sharif, J. *et al.* The SRA protein Np95 mediates epigenetic inheritance by recruiting Dnmt1 to methylated DNA. *Nature* 450, 908-912(2007).

[31] Foster, B. M. *et al.* Critical role of the UBL domain in stimulating the E3 ubiquitin ligase activity of UHRF1 toward chromatin. *Mol Cell* 72, 739-752 e739(2018).

[32] DaRosa, P. A. *et al.* A bifunctional role for the UHRF1 UBL domain in the control of hemi-methylated DNA-dependent histone ubiquitylation. *Mol Cell* 72, 753-765 e756(2018).

[33] Takizawa, T. *et al.* DNA methylation is a critical cell-intrinsic determinant of astrocyte differentiation in the fetal brain. *Dev Cell* 1, 749-758(2001).

[34] Domcke, S. *et al.* Competition between DNA methylation and transcription factors determines binding of NRF1. *Nature* 528, 575-579(2015).

[35] Guy, J. *et al.* The role of MeCP2 in the brain. *Annu Rev Cell Dev Biol* 27, 631-652(2011).

[36] Shimbo, T. & Wade, P. A. Proteins that read DNA methylation. *Adv Exp Med Biol* 945, 303-320(2016).

[37] Blattler, A. *et al.* ZBTB33 binds unmethylated regions of the genome associated with actively expressed genes. *Epigenetics Chromatin* 6, 13(2013).

[38] Chen, R. *et al.* The 5-hydroxymethylcytosine(5hmC)reader UHRF2 is required for normal levels of 5hmC in mouse adult brain and spatial learning and memory. *J Biol Chem* 292, 4533-4543(2017).

[39] Neri, F. *et al.* Intragenic DNA methylation prevents spurious transcription initiation. *Nature* 543, 72-77(2017).

[40] Tsumura, A. *et al.* Maintenance of self-renewal ability of mouse embryonic stem cells in the absence of DNA methyltransferases Dnmt1, Dnmt3a and Dnmt3b. *Genes Cells* 11, 805-814(2006).

[41] Liao, J. *et al.* Targeted disruption of DNMT1, DNMT3A and DNMT3B in human embryonic stem cells. *Nat Genet* 47, 469-478(2015).

[42] Chen, T. *et al.* Complete inactivation of DNMT1 leads to mitotic catastrophe in human cancer cells. *Nat Genet* 39, 391-396(2007).

[43] Ciccone, D. N. *et al.* KDM1B is a histone H3K4 demethylase required to establish maternal genomic imprints. *Nature* 461, 415-418(2009).

[44] Rowe, H. M. & Trono, D. Dynamic control of endogenous retroviruses during development. *Virology* 411, 273-287(2011).

[45] Chiappinelli, K. B. *et al.* Inhibiting DNA methylation causes an interferon response in cancer via dsRNA including endogenous retroviruses. *Cell* 162, 974-986(2015).

[46] Hamidi, T. *et al.* Genetic alterations of DNA methylation machinery in human diseases. *Epigenomics* 7, 247-265(2015).

[47] Heyn, P. *et al.* Gain-of-function DNMT3A mutations cause microcephalic dwarfism and hypermethylation of polycomb-regulated regions. *Nat Genet*(2018).

[48] Thijssen, P. E. *et al.* Mutations in CDCA7 and HELLS cause immunodeficiency-centromeric instability-facial anomalies syndrome. *Nat Commun* 6, 7870(2015).

[49] Amir, R. E. *et al.* Rett syndrome is caused by mutations in X-linked MECP2, encoding methyl-CpG-binding protein 2. *Nat Genet* 23, 185-188(1999).

[50] Lyst, M. J. & Bird, A. Rett syndrome: a complex disorder with simple roots. *Nat Rev Genet* 16, 261-275(2015).

[51] Baylin, S. B. & Jones, P. A. Epigenetic determinants of cancer. *Cold Spring Harb Perspect Biol* 8(2016).

[52] Cooney, C. A. *et al.* Maternal methyl supplements in mice affect epigenetic variation and DNA methylation of offspring. *J Nutr* 132, 2393S-2400S(2002).

[53] Weaver, I. C. *et al.* Epigenetic programming by maternal behavior. *Nat Neurosci* 7, 847-854(2004).

陈太平　博士，美国得克萨斯大学 MD 安德森癌症中心教授，得克萨斯大学 MD 安德森癌症中心-卫生科学中心联合研究生院（The University of Texas MD Anderson Cancer Center UTHealth Graduate School of Biomedical Sciences）遗传学和表观遗传学教授，CPRIT（Cancer Prevention and Research Institute of Texas）学者。2000 年在加拿大麦吉尔大学获得博士学位，2000~2003 年在美国哈佛大学医学院附属麻省总医院（Massachusetts General Hospital）从事博士后研究，2004~2011 年在位于美国马萨诸塞州剑桥市的诺华生物医学研究所带领课题组从事药物开发工作，2011 年 9 月加入美国得克萨斯大学 MD 安德森癌症中心表观遗传学和分子肿瘤学系。研究工作专注于表观遗传学领域，主要研究方向包括 DNA 甲基化和组蛋白修饰的调控及在染色质结构、基因表达等方面的作用，表观遗传修饰在哺乳动物配子发生、胚胎发育、胚胎和成体干细胞自我复制、细胞分化等过程中的变化和功能，以及表观遗传修饰失调的机理及在癌症等疾病致病过程中的意义和作用。已发表学术论文 80 余篇，曾获得 CRSC（Cancer Research Society of Canada）、CIHR（Canadian Institute of Health Research）和 HFSP（Human Frontier Science Program）奖学金以及 CPRIT Rising Star Award 等荣誉。

李恩　博士，诺华（中国）生物医学研究所所长。1984 年获北京大学生物化学本科学位，1992 年在马萨诸塞州剑桥的麻省理工学院获得生物学博士学位。曾担任哈佛医学院医学副教授和马萨诸塞州综合医院的心血管研究中心教职。于 2003 年加入位于马萨诸塞州剑桥市的诺华生物医学研究所，担任副总裁兼表观遗传学研究和疾病动物模型全球负责人。自 2007 年起，担任诺华（中国）生物医学研究所所长，领导创新药物发现和临床开发项目，主要聚焦在癌症、肝脏疾病和再生医学领域。研究兴趣包括遗传学和表观遗传学、哺乳动物发育生物学、干细胞和再生，以第一作者、共同作者或通讯作者等发表 120 多篇科学论文和评论文章。

第3章　DNA 去甲基化

徐国良[1]　夏　维[1]　石雨江[2]

1. 中国科学院分子细胞科学卓越创新中心（生物化学与细胞生物学研究所）；
2. 美国哈佛大学

本章概要

　　DNA 甲基化和去甲基化是生物体内一种重要的动态平衡过程。DNA 去甲基化分为主动和被动的去甲基化过程，前者主要由 TET 酶所介导，尤其是在胚胎早期发育和配子形成等大规模去甲基化的过程中，TET 酶扮演了极其重要的角色。TET 酶是基于对锥虫的 JBP 蛋白的功能研究和哺乳动物的同源蛋白而发现的，TET 蛋白氧化 5mC 生成 5hmC、5fC、5caC，最后通过 BER 途径实现 DNA 的去甲基化。其中，5hmC 在胚胎干细胞和神经元中具有较高的丰度，这提示 5hmC 与胚胎干细胞和神经元的功能密切相关。TET 蛋白分为 TET1、TET2 和 TET3，它们具有不同的组织分布和表达规律，在胚胎发育、细胞命运决定、肿瘤发生发展中具有重要作用。其中，*TET2* 突变与白血病的发病有关，而 TET3 与早期胚胎发育过程中雄原核的 DNA 主动去甲基化关系密切。本章从 DNA 去甲基化现象的发现开始，对去甲基化的分类、过程、重要的参与分子及氧化中间产物进行了重点描述，同时探讨了 TET 酶介导的 DNA 去甲基化过程、影响因素和生物学意义。本章还总结了目前 5hmC、5fC、5caC 的检测方法并对其进行科学评判，对 DNA 去甲基化领域的问题进行解析，提出了 DNA 去甲基化领域未来重要的研究方向和面临的挑战。

3.1　DNA 去甲基化概述

关键概念

- 在小鼠发育过程中，基因组发生两次大规模去甲基化，其中一次发生在受精后，另一次发生在配子形成过程中。
- DNA 去甲基化过程可分为被动去甲基化（passive DNA demethylation）和主动去甲基化（active DNA demethylation）。其中，被动去甲基化是指原本甲基化的位点将随着 DNA 复制而发生稀释的过程，主动去甲基化是指在去甲基化酶的催化下发生的不依赖于 DNA 复制的去甲基化过程。
- DNA 主动去甲基化过程分为不依赖于 Tet 双加氧酶的主动去甲基化途径和 Tet-TDG 氧化去甲基化途径。

　　哺乳动物体细胞基因组中有 2%～5% 的胞嘧啶被甲基化，胞嘧啶甲基化多发生在对称的 CpG 二核苷酸的 C 上，哺乳动物中 CpG 二核苷酸中的胞嘧啶甲基化在遗传发育调控及基因印记中发挥极其重要的作用。DNA 甲基化与染色质的另外一种重要组分组蛋白的翻译后修饰的组合决定了特定基因组区域染色质的结构及基因转录活性，从而形成了一种有别于碱基序列的表观遗传信息。5-甲基胞嘧啶（5mC）被认为是哺乳动物基因组中除腺嘌呤（adenine）、胸腺嘧啶（thymine）、胞嘧啶（cytosine）及鸟嘌呤（guanine）之外的第五种碱基。多数基因的转录活性也受启动子区和增强子区序列的 CpG 甲基化调控。通常认为，高甲基化的调控序列阻碍了转录因子的结合，同时由于沉默复合物的结合，使得调控序列处于非活性状态，而非甲基化的调控序列则具有转录活性。

1948 年，Rollin Hotchkiss 在牛胸腺中观察到了 DNA 甲基化；1964 年，甲基转移酶首次在大肠杆菌中被发现。20 多年后，DNA 甲基转移酶（DNA methyltransferase，DNMT）家族才在哺乳动物中得到鉴定。DNA 甲基转移酶在动物和植物中是保守的。根据 C 端催化结构域的同源性，哺乳动物甲基转移酶分为 DNMT1、DNMT2、DNMT3，其中 DNMT1 与 DNMT3A 和 DNMT3B 具有 DNA 甲基转移酶活性，而 DNMT2 主要对 tRNA 进行甲基化。根据甲基转移酶作用方式的不同，DNMT 主要分为两大类：一类是起始性 DNA 甲基转移酶（*de novo* DNMT），另一类是维持性 DNA 甲基转移酶（maintenance DNMT）[1]。例如，在原肠胚时期，基因组 DNA 会被起始性甲基转移酶 DNMT3A 和 DNMT3B 甲基化[2, 3]，在接下来的细胞分裂过程中 DNA 甲基化会被维持性甲基转移酶 DNMT1 维持，使细胞能够稳定地保持 DNA 甲基化谱式[4]。

DNA 的甲基化状态受到多种机制的严格调控，随发育及细胞分化等过程而变化，因此 DNA 的甲基化状态并不是固定不变的。DNA 甲基化谱式的动态变化是表观遗传领域的主要研究对象之一。DNA 去甲基化可以通过两条途径实现：一种是复制依赖性的"被动去甲基化"，即随着细胞的不断分裂，DNA 甲基化并没有得到维持而被逐渐稀释导致的去甲基化；另一种则是非复制依赖性的主动去甲基化，需要酶的催化完成[5]。

在小鼠发育过程中，基因组发生两次大规模去甲基化[6, 7]（图 3-1），其中一次发生在受精后。在受精前，精子和卵细胞中的 DNA 甲基化程度较高。受精后，精子来源的雄原核会在几小时内发生迅速的去甲基化，而雌原核去甲基化速度则相对较慢[8]。尽管关于受精卵 DNA 复制的时间和同步性仍有争论，但雄原核的 DNA 大规模去甲基化在受精卵的第一次卵裂之前就已经发生。甲基化测序结果表明 DNA 被动去甲基化不足以引起 DNA 大规模快速去甲基化，因此雄原核中存在着不依赖于 DNA 复制的主动去甲基化途径。当受精卵用细胞分裂抑制剂处理后，雄原核的 DNA 去甲基化仍然能够发生[9]，进一步证明 DNA 主动去甲基化机制的存在。结合免疫荧光和甲基化测序的结果，2014 年两个实验室分别指出雌雄原核中均存在主动去甲基化和被动去甲基化途径，而被动去甲基化在受精卵去甲基化过程中起主要作用[10, 11]。基因组另一次大规模去甲基化发生在配子形成过程中。在原始生殖细胞（primordial germ cell，PGC）的形成和迁移过程中，包括印记基因在内的很多位点发生去甲基化。

近年来，系列性的研究成果初步揭示了 TET（ten-eleven translocation）双加氧酶介导的 DNA 去甲基化的分子通路，确认了 DNA 甲基化修饰的动态性，发现新的、可能的去甲基化发生机制是 DNA 甲基化研究领域的热点之一。本章将详细阐述 DNA 去甲基化的分子机制及潜在的生物学功能。

3.1.1　DNA 去甲基化过程分类

维持性甲基转移酶 DNMT1 可以通过与 UHRF1（ubiquitin like with PHD and ring finger domains 1）结合等方式定位到复制叉上。当 DNA 复制时，DNMT1 识别半甲基化的 CpG 位点，发挥甲基转移酶的功能，从而实现 DNA 甲基化谱式的维持。若 DNMT1 或者 UHRF1 不能发挥功能，在 DNA 复制过程中，5mC 逐渐被 C 取代从而引起 DNA 的去甲基化，这种去甲基化途径依赖 DNA 复制，因而被称为被动去甲基化（passive DNA demethylation）。而主动去甲基化（active DNA demethylation）指的是不依赖于 DNA 复制即可实现由 5mC 向 C 的转变（图 3-2）。

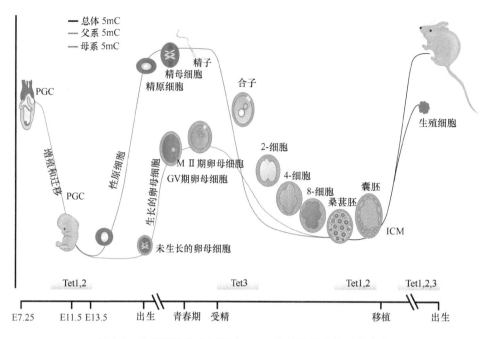

图 3-1 小鼠胚胎发育过程中 DNA 整体甲基化的动态变化

在 E7.25 天，小鼠胚胎产生原始生殖细胞（primordial germ cell，PGC）。随着 PGC 迁移到生殖嵴，PGC 整体甲基化水平降低。在性别决定后，雌雄胚胎的生殖原体细胞中建立不同的甲基化谱式。在雄性胚胎中（蓝线），停滞在有丝分裂 G_1 期的前精原细胞发生起始性 DNA 甲基化，并在出生前完成甲基化谱式的建立。在雌性胚胎（红线），原始卵母细胞进入减数分裂期，并停滞在双线期。在出生后卵泡细胞和卵细胞生长的过程中，DNA 甲基化谱式重新建立。青春期，成熟的卵母细胞（GV 期）继续完成第一次减数分裂。在排出第一极体后，初级卵母细胞停滞在第二次减数分裂的中期（MII期），直到受精后减数分裂才完成。受精预示着床前大规模甲基化重编程的开始。在精子进入卵细胞后，雄原核迅速发生大规模的去甲基化，并在后续的复制过程中维持着低甲基化的状态。与此同时，雌原核进行着相对缓慢的去甲基化。在囊胚形成前，DNA 甲基化达到发育过程中的最低水平。在胚泡发育过程中，DNMT3A 和 DNMT3B 重新建立子代的 DNA 甲基化谱式

1. 被动去甲基化

DNA 复制过程中，未修饰的胞嘧啶整合到新合成的 DNA 链中形成半甲基化的 DNA 双链。如果半甲基化的位点不能通过维持性甲基化过程而被转变成全甲基化位点，原本甲基化的位点将随着 DNA 复制而发生稀释，导致被动去甲基化。但半甲基化的 5mC：C 位点可以被 UHRF1 识别并结合，UHRF1 再招募 DNMT1 以维持甲基化谱式。当 UHRF1 或者 DNMT1 不能发挥功能时，5mC 会逐渐被稀释，从而达到去甲基化的目的。体外生化实验表明 5hmC：C、5fC：C、5caC：C 中的 C 被 UHRF1 识别及被 DNMT1 甲基化的效率均很低[12]。因此，通过多轮复制，5mC 向 5hmC、5fC、5caC 的氧化也可以促进 CpG 位点去修饰（图 3-2 中实线）。

2. 主动去甲基化

1）不依赖于 Tet 双加氧酶的主动去甲基化途径

Tet 氧化 5mC 生成 5hmC、5fC、5caC 三种中间产物，再由三种中间产物向 C 的转变而实现 5mC 向 C 的转变。生物体内是否存在着直接由 5mC 向 C 转变的去甲基化途径呢？对此，已有多种主动去甲基化模型被提出，但结果有待进一步证实。

A. 直接移除甲基基团

通过打断胞嘧啶环与甲基基团之间的碳—碳键，直接将甲基基团移除，但该反应需要很大的能量，在

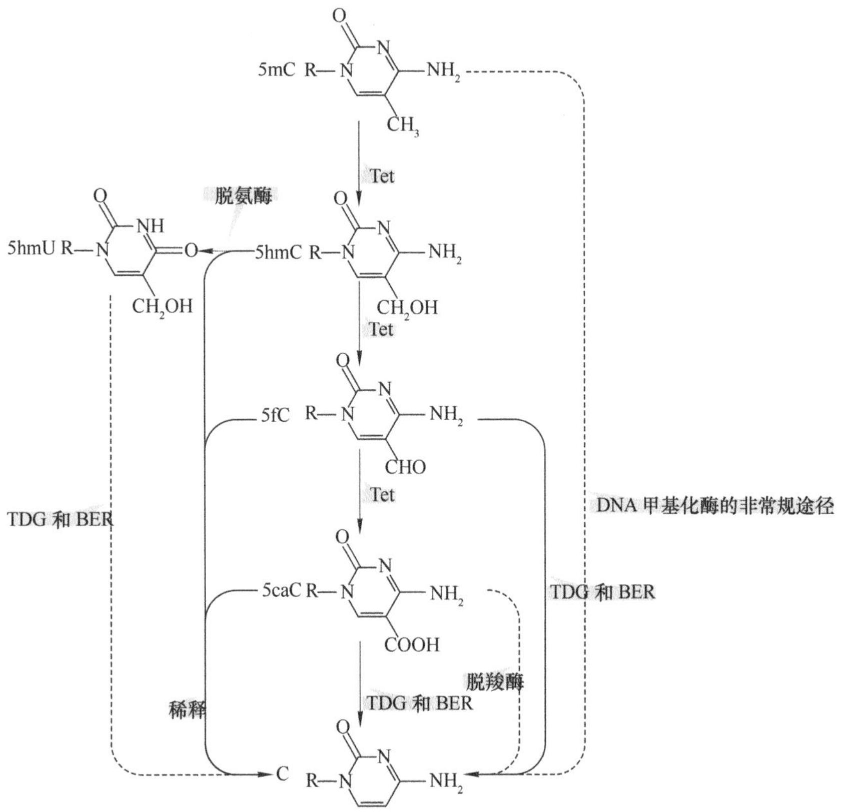

图 3-2　Tet 参与的 DNA 去甲基化通路

Tet 氧化 5mC 生成 5hmC，进一步氧化生成 5fC 和 5caC。5fC 和 5caC 被 TDG 识别并切除，形成的 AP 位点（apurinic/apyrimidinic site，AP site）被 BER（base excision repair）途径修复。此外，DNA 复制过程中 DNMT1 倾向于识别半甲基化位点 5mC：C，而 5hmC、5fC 和 5caC 则无法被 UHRF1 识别导致其被 C 替代。上述 DNA 去甲基化途径已被普遍认可，但也存在其他可能的去甲基化途径，如 DNMT1 催化 5mC 去甲基化、脱氨酶催化 5hmC 脱氨和脱羧酶催化 5caC 脱羧。这些去甲基化途径是否存在，还有待进一步实验验证

化学热力学上是不易发生的。曾有研究报道，Mbd2 能够催化此反应，并且不需要任何辅因子，在打断 C-C 键的同时，释放出甲醇[13]。然而，同时发现 Mbd2 能够稳定地结合甲基化的 DNA，如果 Mbd2 能够很有效地移除甲基基团，其对甲基化 DNA 的牢固结合似乎不太会发生；Mbd2 基因敲除小鼠可以存活，并且各组织中 DNA 甲基化水平正常。因此，由 Mbd2 介导去甲基化的途径并没有得到学术界公认。另外一种可能的直接去甲基化机制涉及 DNMT 酶。DNMT 催化甲基化反应机制是其催化结构域中保守的半胱氨酸残基首先亲核攻击胞嘧啶环上第 6 号碳原子，造成相邻的第 5 号碳原子被激活，然后再将甲基基团从供体 S-腺苷甲硫氨酸（SAM）上转移至激活后的 $C5$ 上[14]。从化学反应可逆的角度看，当反应体系中 SAM 的浓度极低时，该反应可以实现逆转，即由 5mC 向 C 的转变。有报道称，体外条件下甲基供体 SAM 不存在或者浓度很低时，细菌和哺乳动物的甲基转移酶会将 5hmC 脱羟甲基，将 5caC 脱羧基生成未修饰的胞嘧啶[15]。但目前该反应仅限于体外条件。在体内条件下，活细胞中存在高浓度的 SAM，DNMT 是否能从催化甲基化的模式转换到发挥去甲基化的功能还有待于证实（图 3-2 中虚线）。

B. BER 途径直接切除 5mC

这种修复途径需要可以直接切除 5mC 碱基的糖苷酶。当 5mC 被糖苷酶切除后形成 AP 位点。随后，相应 DNA 链的磷酸戊糖骨架被 AP 裂解酶切开。AP 核酸内切酶移除 3′脱氧核糖，形成了单链 DNA 缺口。最终缺口被 DNA 聚合酶和连接酶修复。

植物采用此机制实现 DNA 的去甲基化。存在于开花植物中的 DNA 糖苷酶 DME/ROS1 能够直接切除

5mC 碱基，激活 BER 途径，实现 DNA 修复[16-18]。在哺乳动物中，没有鉴定出 DME/ROS1 的同源蛋白。虽然参与 G/T 碱基错配修复的糖苷酶 TDG（thymine DNA glycosylase）在体外条件下被发现具有切除 5mC 碱基的酶活力，但它们切除 5mC 的活性比切除 G/T 或 G/U 错配中 T 或 U 的活性要低 30～40 倍。除 TDG 外，甲基结合蛋白 MBD4（methyl-CpG binding protein 4）也具有切除 5mC 碱基的酶活力，但与 TDG 类似，它切除 5mC 的活性比切除 G/T 或 G/U 错配中 T 或 U 的活性要低 30～40 倍。而且 Mbd4 敲除的卵细胞仍然可以使雄原核发生去甲基化，Mbd4 敲除的小鼠可以存活，在发育过程中甲基化谱式正常。目前还没有证据表明在体内条件下，这两个糖苷酶可以通过直接切除 5mC 碱基来发挥去甲基化作用。

C. 5mC 脱氨-碱基切除修复途径

理论上，5mC 可脱氨生成 T，之后可通过糖苷酶 TDG 或 MBD4 起始的 BER 途径替换成胞嘧啶。AID（activation-induced deaminase）和 APOBEC1（apolipoprotein B mRNA editing enzyme, catalytic polypeptide 1）这两个脱氨酶可以将胞嘧啶脱氨生成尿嘧啶，造成 DNA 或 RNA 突变，在抗体多样性、RNA 编辑和病毒防御等生物学过程中发挥重要作用[19]。

在体外生化实验和大肠杆菌中，AID/APOBEC1 能够将 5mC 脱氨生成 T，但其对 5mC 的脱氨能力远低于 C，两者相差 10～20 倍，而且 AID 主要作用于单链 DNA。尽管 AID 缺失的小鼠 PGC 基因组甲基化水平升高，但整体甲基化水平仍然很低（约 20%），说明 AID 并没有介导 PGC 中主要的去甲基化过程。进一步研究表明，AID 对 5hmC 则未检测到脱氨活性。同时，在细胞系中过表达 AID，也未检测到 5hmC 的脱氨产物 5hmU[20]。有趣的是，AID 与 Tet 蛋白存在相互作用，并能调控 Tet 的核定位，所以 AID 缺失的 PGC 基因组去甲基化部分受阻可能并不是由于 AID 脱氨作用丧失引起的，而可能是由于 Tet 蛋白的功能受阻所致。

D. 核苷酸切除修复途径

当化学试剂或辐射诱变造成 DNA 多个核苷酸位点损伤时，细胞将包含损伤位点的 24～32 个核苷酸的片段移除，然后将互补链作为模板，填补空缺碱基并利用连接酶将基因组缝合，完成修复，这种机制称为"核苷酸切除修复（nucleotide excision repair，NER）"，细胞一般采用此种修复机制来维持 DNA 的稳定。若 5mC 包含在被切除的短核苷酸片段中，会导致 DNA 去甲基化。有报道称，Gadd45a（growth arrest and DNA damage inducible alpha）参与 NER 过程[21, 22]，并且，在哺乳动物细胞内过表达 Gadd45a 会引起位点特异性的 DNA 去甲基化。

有研究表明，DNA 去甲基化的发生也需要 XPG（xeroderma pigmentosum group G）内切酶的参与，其与 Gadd45a 存在相互作用，提示 NER 途径介导 DNA 去甲基化的可能性。然而，在 Gadd45a 基因敲除的小鼠体内，未发现位点特异性或者整体的甲基化水平改变。Gadd45a 也可以与 TDG 存在着相互作用，通过 TDG 参与到 DNA 去甲基化过程中。Gadd45a 可以促进细胞中的 5caC 向 C 的转换，如果细胞中缺失 TDG，Gadd45a 则不能促进 5caC 的消除。

2）Tet-TDG 氧化去甲基化途径

DNA 复制稀释不足以解释小鼠受精后雄原核中的 5mC 信号快速降低，由此提示哺乳动物体内存在 DNA 主动去甲基化过程；重亚硫酸氢盐测序实验结果也证实在部分 DNA 位点存在主动去甲基化。2009 年，两项研究报道 TET 可以氧化 5mC 至 5hmC[23, 24]。最初在肿瘤中发现人类 TET1 作为 MLL（也称为 KMT2A）的融合蛋白。2009 年，TET1 作为碱基 J（锥体虫含有的 β-D-糖化-羟甲基尿嘧啶，beta-D-glucosyl-hydroxymethyluracil，简称碱基 J）结合蛋白 1 和 2（JBP1 和 JBP2）的同源蛋白再次进入人类视野。TET 家族的其他成员——TET2 和 TET3 也具有氧化 5mC 至 5hmC 的功能。TET 蛋白可以将 5hmC 进一步氧化生成 5fC 和 5caC[25, 26]。该反应与胸腺嘧啶羟化酶氧化胸腺嘧啶（T）生成 5-羟基尿嘧啶（5hmU）、5-醛基尿嘧啶（5fU）和 5-羧基尿嘧啶（5caU）类似。胸腺嘧啶糖苷酶（TDG）识别并切除 5fC、5caC，形成的 AP 位点被 BER 途径修复[25]。该过程在不依赖于 DNA 复制的情况下实现了

5mC 向 C 的转换。

体外生化实验表明，TDG 可以特异性切除 5fC、5caC，但不能切除 5hmC[25]。可能存在多种机制导致 TDG 具有底物特异性，如 TDG 与 5fC 和 5caC 存在特殊的相互作用，进而影响到 C-G 碱基对和糖苷键[27]。与 TET 类似，TDG 可以识别不同形式的 CpG 二核苷酸序列，如 G 分别与 C、5mC、5hmC、5caC 配对[27]。

通过纯化的 TDG 和 BER 通路蛋白进行体外生化重构实验的结果表明，TDG 切除 5fC 和 5caC 后产生了 AP 位点，随后 AP 核酸内切酶（APE1）在该位点处切断磷酸二酯键形成单链 DNA 缺口（single strand break，SSB）。DNA 聚合酶 β（polβ）在缺口处插入一个脱氧胞嘧啶单核苷酸，继而经 XRCC1 和 DNA 连接酶 3（DNA ligase3，LIG3）连接切口修复 DNA 双链[27]。除 APE1 外，NEIL1（endonuclease 8-like 1）、NEIL2（endonuclease 8-like 2）也具有 AP 裂解酶活性，促使 TDG 离开 AP 位点以便产生 SSB，最终形成未修饰的胞嘧啶[28]。

当正义链和反义链同时含有 5fC 或 5caC 修饰时，TDG 切除 5fC 或 5caC 会同时引入两个 SSB，即双链 DNA 缺口（DSB），造成 DNA 的不稳定。将体外纯化的 TDG、BER 蛋白（APE1、Polβ、XRCC1 和 LIG3）与 5caC：5caC 底物孵育时，发现 DSB 的发生率低于 1%，提示 TDG 和 BER 蛋白能有效协同，对双链 DNA 中的一条链进行去甲基化[27]。此外，TET 和 TDG 间的相互作用可能便于快速切除和修复产生的 5fC 和 5caC，减少 DSB 产生的频率（图 3-2 黑色实线）[27]。

3）Tet 介导的氧化去甲基化的其他途径

Tet 氧化 5mC 生成 5hmC、5fC、5caC 三种中间产物，这三种中间产物可以参与到一种或多种去甲基化途径中。除了 Tet-TDG-BER 去甲基化途径外，Tet 蛋白介导的氧化去甲基化机制可能还包括 5hmC 脱氨-碱基切除修复途径和 5mC 甲基基团氧化产物的直接移除。

A. 5hmC 脱氨-碱基切除修复途径

AID/APOBEC1 可以介导 5hmC 脱氨生成 5hmU。在体外培养的细胞及小鼠脑中存在此反应，形成的 G/5hmU 错配碱基可以被糖苷酶 TDG 或 SMUG1 切除，并激活 BER 途径完成修复[29]。鉴于 AID/APOBEC 家族成员更倾向于胞嘧啶而不是甲基胞嘧啶或其氧化产物进行脱氨反应，体外过表达 AID 也未检测到 5hmC 的脱氨产物 5hmU[20]，因此将 5hmC 脱氨作为一种主动去甲基化途径还需要更多的实验证据（图 3-2 绿色虚线）。

B. 5mC 甲基基团氧化产物的直接移除

有研究报道，将寡核苷酸链上 5caC 碱基嘧啶环上的两个 N 用 ^{15}N 同位素标记，并与胚胎干细胞（embryonic stem cell，ESC）裂解物进行孵育后，检测到了少量的[^{15}N$_2$]-脱氧胞嘧啶，提示 ESC 裂解物中可能存在某种活性，会将 5caC 直接转变成未经修饰的胞嘧啶，但是哪种蛋白发挥了这种脱羧活性仍有待确定[30]。在真菌中，THase（thymine 7-hydroxylase）能够将 T 进行三步连续氧化形成 5caU，随后 IDCase（isoorotate decarboxylase）将 5caU 脱羧转变为 U。研究发现，在体外条件下 IDCase 也能够将 5caC 碱基单体脱羧生成未修饰的胞嘧啶，但是还未发现该酶具有能够将 DNA 链上的 5caC 进行脱羧的酶活性[31]。通过序列比对发现，ACMSD 是 IDCase 在哺乳动物中同源性最高的蛋白质，也是一种脱羧酶，但其底物是氨基酸（图 3-1 橙色虚线）。

3.1.2　小鼠胚胎发育过程中的 DNA 甲基化重编程

1. 小鼠胚胎发育过程中的大规模主动去甲基化

受精后，人和小鼠受精卵会发生大规模包括雄原核和雌原核 DNA 在内的表观遗传重编程[32]。

受精后，雄原核的 5mC 水平迅速降低，伴随着 TET3 介导的 5hmC、5fC 和 5caC 的产生[33]，而 DNA 复制也会导致 5mC 的氧化产物被稀释[33, 34]。比较精子和复制后雄原核的甲基化状态发现，雄原核的甲基化水平（5mC+5hmC）下降了 40%~50%。DNA 复制抑制剂阿非迪霉素（aphidicolin）也可以明显减缓甲基化水平的降低，而母源敲除 TET3 并不能明显减缓甲基化的降低，提示 DNA 复制依赖的去甲基化是雌原核去甲基化的主要方式[10, 11]。在雌原核中尽管也可以检测到 5hmC 信号，但信号明显比雄原核弱[34, 35]。重亚硫酸氢盐测序（bisulfite-sequencing, BS-seq）、TET 氧化耦联重亚硫酸氢盐测序（TAB-seq）和化学标记 CT 转变测序（CLEVER-seq）结果均表明在雌原核中存在着低水平的 TET3 参与的去甲基化过程[10, 36, 37]。雌原核中低水平的 TET3 介导的去甲基化过程可能源于 DPPA3（PGC7）对雌原核 DNA 的保护作用。与雄原核相比，雌原核染色质上有大量的组蛋白 H3K9me2 修饰，DPPA3 特异地结合 H3K9me2 修饰，从而改变染色质构象，阻碍 TET3 对 DNA 的结合，最终保护母本 DNA 免受 TET3 介导的去甲基化[38, 39]。

受精卵中的主动去甲基化机制目前还存在一些争议。与 ESC 和其他细胞类型不同的是，在受精卵中 Tdg mRNA 水平很低，母源敲除 Tdg 并不会导致 5fC 与 5caC 的富集[10, 40]，提示受精卵中的主动去甲基化途径可能并不依赖于 TDG[40]。而 5fC 和 5caC 免疫荧光信号至少持续到 4 细胞期，也提示在受精卵中可能不存在 TDG 介导的 5fC、5caC 切除[41]。然而，对比 5mC+5hmC（BS-seq 定量）和 5fC+5caC（M.SssI-assisted bisulfite sequencing，MAB-seq 定量）发现 5fC+5caC 含量低于预期，说明可能有一定比例的 5mC 转变为 C[10]。雄原核中 TET3 的氧化伴随着 BER 相关蛋白的激活，SSB 的产生也暗示存在其他主动去甲基化机制[42,43]。有意思的是，利用免疫荧光试验发现在 TET3 氧化和 DNA 复制前就发生了一次 5mC 水平的降低，提示也可能存在着不依赖于 TET 和 DNA 复制的主动去甲基化机制[44, 45]。

如果已有的甲基化修饰都通过 DNA 复制稀释去除，那么受精卵中氧化 5mC 有什么生物学意义呢？可能的解释是 TET3 的氧化确保了相关靶区域在随后的复制过程中去甲基化，而印记基因等 DNA 区域在复制过程中仍维持甲基化状态，提示可能存在甲基化维持机制[10, 46]。

到目前为止还没有数据表明在受精卵中 TET3 氧化 5mC 是必要的，尽管母源敲除 TET3 导致胚胎出生致死[33]，但造成这一表型可能的原因是 TET3 单倍剂量不足，而不是 5mC 氧化缺陷[47]，5mC 氧化可能在胚胎发育过程中有着非必需的作用，如激活基因表达[33]和降低转录本差异[48]（图 3-2）。

2. 配子形成过程的大规模主动去甲基化

全甲基因组甲基化研究显示，PGC 经历的大规模 DNA 去甲基化发生在两个阶段[49]。第一阶段的去甲基化发生在 E7.25~E9.5 的 PGC 增殖和迁移时期，主要是复制依赖的被动去甲基化，PGC 中所有的 CpG 甲基化水平从 70% 降低到约 30%。在该阶段，印记控制区域（ICR）、减数分裂相关基因启动子、X 染色体基因上的 CpG 岛及一些重复序列（如 IAP）等的甲基化水平基本保持不变，这些位点的去甲基化主要发生在第二阶段。E9.5~E13.5 时期是 PGC 发生大规模 DNA 去甲基化的第二阶段，可能主要是由 Tet1/2 介导的 5mC 氧化所起始发生的。免疫荧光和荧光实时定量 PCR 的结果显示，在 E9.5~E11.5 期间，Tet1/2 表达上调伴随 5mC 和 5hmC 的动态变化，TDG 和 BER 相关蛋白也有表达，提示基因组中某些位点在该阶段发生了 TET-TDG/BER 介导的 DNA 主动去甲基化[49]，Tet1 敲除小鼠子代中一些印记基因甲基化异常也证实了 Tet1 对印记基因去甲基化的重要性[50, 51]。然而，在 Tet1/2 DKO 小鼠的子代，也只在类似的一些 ICR 区域有异常的甲基化谱式，以上结果说明除了 TET 蛋白介导的 5mC 氧化参与 PGC 中的去甲基化过程外，还有其他一些机制也同时存在。

在迁移到生殖嵴后，PGC 开始特化为生殖细胞。在雌性和雄性配子产生过程中，甲基化谱式再次重新建立起来。相对于周围的体细胞，Tet2/3 在 E16.5 雄性生殖细胞中高表达[50]，Tet3 在出生后雌鼠卵子生长过程中也高表达，提示 TET 蛋白在雌雄配子产生过程中具有重要功能（图 3-2）。

3. 特定条件下的主动去甲基化

除了受精卵基因组上大规模的 DNA 去甲基化外，一些特定类型的体细胞也会快速响应环境因素的刺激，发生位点特异性的 DNA 主动去甲基化。例如，在受到环境刺激后的 20min 内，激活的 T 淋巴细胞会在白细胞介素-2（interleukin-2）的启动子和增强子区域发生去甲基化，并且这种去甲基化不依赖 DNA 的复制。又如，处于有丝分裂停滞的神经元细胞在接受 KCl 刺激后（去极化），原本被甲基化的 *BDNF*（brain-derived neurotrophic factor）启动子会发生去甲基化，同时伴随着 *BDNF* 基因表达的上调，以及原本结合在甲基化启动子上的 MeCP2 蛋白因子的释放。除了 T 细胞和神经元，主动去甲基化也参与了核激素调节基因的激活，例如，基因 *pS2* 的启动子区域发生周期性地甲基化和去甲基化，而这种周期性与雌激素受体 α（Erα）和 pS2 的表达一致。类似的，DNA 主动去甲基化也发生在细胞色素 P450、亚家族 27B 和多肽 1（CYP27B1）的启动子区域。这些研究表明 DNA 甲基化不仅作为一种长时间沉默标志，也可以在特定条件下动态地调节基因表达。

3.2　TET 概述

关键概念

- TET 家族属于 2OG-Fe(II)依赖的加氧酶家族，包括 TET1、TET2 和 TET3，在动物、真菌和藻类中都广泛存在。
- TET1 和 TET3 的 N 端含有 CXXC 结构域，介导 TET 与 DNA 的结合；TET2 不含 CXXC 结构域，可以在 IDAX 的介导下与 DNA 结合。
- TET 蛋白的表达具有组织特异性。

1993 年，研究人员在布氏锥虫（*Trypanosoma brucei*）中发现了 J 碱基，即 β-D-葡萄糖基羟甲基脱氧尿嘧啶（β-D-glucosylhydroxymethyluracil）。J 碱基由 5-羟甲基尿嘧啶（5hmU）糖基化产生，而 5hmU 是由依赖于二价铁离子[Fe(II)]和 α-酮戊二酸（α-ketoglutaric acid，α-KG）的氧化酶 JBP（JBP1 和 JBP2）氧化胸腺嘧啶 T 产生的。在粗糙链孢菌（*Neurospora crassa*）中，5-羟甲基尿嘧啶（5hmU）还可以被该 JBP 家族进一步氧化为 5-醛基尿嘧啶（5fU）和 5-羧基尿嘧啶（5caU）[52]。5caU 羧基可以被异乳清酸脱羧酶直接切除，从而可以在理论上实现将 DNA 链上的胸腺嘧啶转换为尿嘧啶[53]。锥虫中这种胸腺嘧啶通过 JBP 家族连续氧化转变为尿嘧啶的方式，为研究 5mC 的去甲基化提供了重要线索。

2009 年，研究人员通过生物信息学的比对，找到了锥虫 JBP1、JBP2 在哺乳动物中的同源蛋白，它们是 TET1、TET2 和 TET3。TET 家族属于 2OG-Fe(II)依赖的加氧酶家族，在动物、真菌和藻类中都广泛存在[54, 55]。他们发现 TET 家族在体外可以将 5mC 转变成 5hmC[55]。5hmC 稳定存在于胚胎干细胞（ESC）及浦肯野细胞（Purkinje cell）中，其中，在浦肯野神经元中，5hmC 占核苷酸总量的 0.6%，约是 5mC 的 40%，是 ES 细胞中 5hmC 含量的 20 倍[55, 56]，这提示 5mC 可能通过氧化途径经由 5hmC 最终转化成非甲基化的胞嘧啶。TET 家族蛋白及 DNA 中胞嘧啶羟甲基修饰的发现对表观遗传动态调控研究产生了深远的影响。

3.2.1 TET 蛋白的结构

TET 家族有保守的 C 端催化结构域,包括半胱氨酸富集区(Cys-rich)和 DSBH(double-stranded β-helix)结构域, 高度保守。TET 家族通过其 DSBH 结构域与 Fe(Ⅱ)及 α-KG 结合,从而行使对 5mC 的氧化功能[57-59]。2013 年,徐彦辉实验室在 2.02Å 分辨率水平解析了人源 TET2 和甲基化 DNA 共结晶的结构。晶体结构显示, TET2 中的 Cys-rich 及 DSBH 结构域在两个锌指结构的作用下形成催化中心,Cys-rich 结构将 DNA 稳定在 DSBH 结构域上方。TET2 对 5mC-DNA 具有特异性的相互作用,并通过其中的 HxD 结构吸引 Fe(Ⅱ)作为催化辅因子,而其中的一个保守 Arg 残基则负责结合 α-KG。5mC 被 TET2 氧化后仍动态保留在催化中心中,因此可以被 TET2 进一步氧化[60]。TET2 对 5mC 具有更高的氧化活性,而 5hmC 及 5fC 则由于结构上的错位导致 TET2 对其的氧化活性减弱[61],TET2 结构的解析为理解 TET 介导的 5mC 氧化提供了理论基础[62]。

有趣的是,TET2 的 DSBH 结构域中间有一段低复杂区域(low complexity insert),其结构松散多变, 导致 TET2 结晶困难,徐彦辉实验室正是切除了该区域才使 TET2 蛋白结晶并解析出其结构,且切除后 TET2 仍具有 5mC 氧化活性。他们推测该区域在整个催化结构域的表面可能会与其他蛋白因子相互作用, 从而影响 TET 的酶活、靶向性和稳定性等[60]。Cheng 实验室在阿米巴虫(*Naegleria gruberi*)中鉴定出 TET 同源蛋白 NgTet1(naegleria Tet-like protein1),并解析出其结构。NgTet1 蛋白与哺乳动物 TET1 相比,除了缺少这段区域区域外,有明显的序列保守性,可以氧化 5mC 生成 5hmC、5fC 和 5caC[63](图 3-3)。

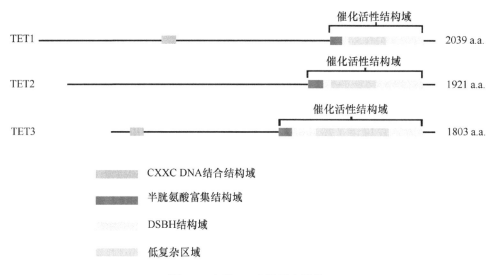

图 3-3 小鼠 Tet 家族蛋白结构

Tet 家族都含有一个由半胱氨酸富集区 DSBH 组成的催化结构域,氧化活性具有 α-KG 和 Fe²⁺依赖性。Tet1 和 Tet3 含有 CXXC 结构域,介导与 DNA 的结合, Tet2 不含有 CXXC 结构域

TET1 和 TET3 的 N 端含有 CXXC 结构域,介导 TET 与 DNA 的结合[55, 58, 59, 64]。TET2 不含 CXXC 结构域,可能是在进化过程中由于染色质倒置造成 N 端编码 CXXC 结构域的区域脱离从而成为一个独立的基因 *IDAX*,TET2 可以在 IDAX 的介导下与 DNA 结合[55, 57, 64]。从进化角度看,TET 家族 N 端非催化结构域也可能存在其他生物学功能。

3.2.2　TET 的功能

1. TET 催化功能

TET 家族通过其 DSBH 结构域与二价铁离子及 α-KG 结合，并以氧分子作为底物去氧化 α-KG，从而形成了 Fe(IV)-O 的中间态。这种中间态对 5mC 逐步氧化，实现了 5mC→5hmC→5fC→5caC 的转变，并释放副产物琥珀酸和 CO_2。虽然通过三步氧化 5mC 可以转变为 5caC，但研究者更关注第一步，即 5mC 氧化生成 5hmC。在人类基因组，5mC 的水平几乎是所有碱基的 0.6%~1%，5hmC 是 mC 的 1%~5%，而 5fC 和 5caC 的水平则至少比 5hmC 低 1~2 个数量级。生化实验表明 Tet2 更倾向于结合 5mC，而不是 5hmC 和 5fC，它们的 K_M 和 K_{cat} 相差 2~5 倍[61]。

核心催化结构域仅构成 TET 蛋白的一部分，TET 蛋白的非催化结构域可能具有调节功能。例如，TET1 和 TET3 的半胱氨酸富集区对其氧化功能是必需的，但其 N 端还含有对氧化功能非必需的 CXXC 结构域，该结构域可以结合 CpG 序列。

2. TET 调节功能

TET 蛋白倾向于结合不含 5mC 的启动子区，有报道称 TET 和其他蛋白质存在相互作用，这表明 TET 蛋白可能具有不依赖于 TET 催化功能的其他功能。例如，TET1 可以与 SIN3A 组蛋白去乙酰化酶复合体、MOF 组蛋白乙酰基转移酶（KAT8）和多梳蛋白复合体（PRC2）相互作用来调节转录，这种相互作用并不依赖 TET1 的催化活性[65]，TET2 可以招募并结合组蛋白去乙酰化酶 HDAC2[66]。此外，TET 蛋白可以招募 N-乙酰氨基葡萄糖转移酶（OGT）调节转录[67]。

对 TET 酶活缺失突变的研究也支持 TET 蛋白具有酶催化活性以外的功能，因为 TET 催化活性缺失仅可以部分挽救 *TET* 敲除或敲低的表型。在小鼠海马区，过表达 TET1 催化活性缺失突变体会影响小鼠学习和记忆[68]。在爪蟾中，TET3 催化活性缺失突变体能部分恢复 *TET3* 敲除所造成的发育缺陷[69]。在小鼠和人体细胞中，TET 的各种不依赖于催化功能的调节功能被鉴定出来。例如，在炎症过程中，催化活性缺失的 TET2 可以招募 HDAC2，抑制白细胞介素 6（IL-6）的转录，而在 H1299 细胞中，催化活性缺失的 TET1 可以作为低氧反应的共激活子。在 293T 细胞中，过表达催化活性缺失的 TET1 导致与过表达野生型 TET1 相似的转录改变，催化活性缺失的 TET 可以恢复 TET2 缺失造成的巨细胞过度增殖。多数情形下，TET 蛋白的氧化功能和调节功能共同作用。

3.2.3　Tet 的氧化产物

1. 5hmC、5fC、5caC 的结合蛋白

5hmC、5fC、5caC 不仅是 DNA 主动去甲基化的中间产物，而且越来越多的证据显示，5mC 氧化产物具有调控基因转录的功能，5hmC、5fC、5caC 依靠招募 DNA 结合蛋白发挥其调节功能，而相关转录因子和染色质相关蛋白也可以特异性地结合 5hmC 及其氧化产物。

2013 年，研究人员通过质谱技术在 ESC、神经前体细胞和成年小鼠大脑中鉴定出与 5hmC 特异性结合的蛋白质[70]，如 UHRF2、ZHX1、ZHX2 和 THAP11 等，其中神经前体细胞特有蛋白 UHRF2，可能通过其 SAD/SRA 结构域识别 DNA 中的 5hmC。尽管体外酶活实验显示糖苷酶并不能直接切除 5hmC[29]，该研究认为糖苷酶及 DNA 修复蛋白与 5hmC 存在关联,暗示 5hmC 可能被 DNA 修复蛋白结合并修复[29]。另外,有研究发现甲基结合蛋白 MeCP2(methyl CpG binding-protein 2)和 MBD4(methyl-CpG binding domain protein 4)可以结合 5hmC,而有关 MBD3 可以结合 5hmC 并未得到重复验证,尚存争议[70, 71]。

在体外试验中,TDG 也可以特异性地结合 5fC 和 5caC[72]。在小鼠 ESC 中,除 TDG 可以识别 5fC 和 5caC 外,大量 DNA 修复蛋白、部分转录因子及其他蛋白因子均可以识别该修饰,也许是由于非特异识别醛基或羧基基团所致。虽有报道显示 TDG 还可以招募组蛋白乙酰基转移酶 p300[73],然而在 TDG 缺失的 ESC 细胞中发现 p300 结合 DNA 位点增加,显然并不支持此观点[74]。尽管如此,鉴于 TDG 可以与多种 DNA 转录因子结合[75],我们推测 TDG 仍然可以作为一个转录调控因子而发挥作用。

2. 5hmC、5fC、5caC 在基因组上的分布和功能

1)5mC 氧化产物的分布

A. 5mC 氧化产物的组织分布

5mC 氧化产物在小鼠不同组织细胞中的含量差异非常明显[26]。成年小鼠中,5hmC 在中枢神经系统含量较高,在浦肯野细胞中可达 5mC 的 40%[23]。5hmC 在肾、心脏等组织的水平中等,为中枢神经系统的 25%~50%;在脾、胸腺等组织中的水平较低,只有中枢神经系统的 5%~15%。在小鼠胚胎干细胞中,每 10^6 个 C 中有 $1.3×10^3$ 个 5hmC,与非中枢神经系统体细胞水平相当。

基因组中 5fC、5caC 的丰度比 5hmC 低数个数量级,一方面可能因为 TDG 切除 5fC、5caC 的效率比较高,另一方面可能是 TET 氧化 5hmC 向 5fC/5caC 转换的效率不高。在野生型小鼠中,每 10^6 个 C 中约含 20 个 5fC、3 个 5caC。在小鼠 ESC 内敲除 TDG 会导致 5fC 的水平提高 5.6 倍,进一步证实了 TDG 体外切除 5fC 的能力。除 ESC 外,出生后小鼠其他体细胞组织中也可以检测到 5fC[26]。

特定组织中 5hmC、5fC 和 5caC 在含量上并没有明显的相关性。例如,5hmC 在小鼠中枢神经系统中的含量高于 ESC,但 5fC 和 5caC 的含量则比 ESC 中的低,提示 DNA 氧化去甲基化的每一阶段都受组织特异性调控。

B. 5mC 氧化产物在 ESC 基因组中的分布

DNA 主动去甲基化相关蛋白 Tet、TDG 和 BER 相关蛋白,以及 5mC 氧化产物 5hmC、5fC 和 5caC 均与 ESC 关系密切,ESC 样品的高通量测序结果表明,ESC 细胞中 5hmC 在 CpG 含量高的启动子区域丰度低,而在 CpG 含量低或者中等水平的启动子区域丰度高,这与 5hmC 在高表达的基因启动子区域丰度较低一致,因为这类基因启动子区域常含有较高的 CpG 含量。有趣的是,在组蛋白 H3K27me3 和 H3K4me3 两种修饰均存在的 bivalent 区域的基因的启动子区存在较高丰度的 5hmC,含有这类启动子的基因在 ESC 呈现出抑制状态,但在 ES 细胞分化过程中被激活。

在编码区,5hmC 丰度从转录起始位点(TSS)至转录终止位点(TTS)呈现出上升趋势,暗示了 5mC 氧化与转录延伸间的潜在关联。5hmC 在 CpG 含量较低的增强子、H3K4me1 富集区、DNase 高敏感区及转录因子结合区域等远端调控元件中也有较高水平。单碱基分辨率测序结果表明,5hmC 含量在转录因子结合位点(±100bp)较低,但在其侧翼序列区含量较高[76]。

在小鼠 ESC 中敲除或者敲低 TDG 会导致 5fC 和 5caC 的累积[25],二者的累积更倾向于发生在远端调控元件和 bivalent 启动子区域,与 5hmC 富集的区域相一致。而在基因组上的某些特定区域,如多潜能转录因子 OCT4 和 SOX2 结合区,5fC、5caC 水平较高而 5hmC 水平较低,一定程度上说明了 Tet 的持续氧化能力可能受其他蛋白质的调控[77]。

C. 5mC 氧化产物在神经元基因组中的分布

神经元是终末分化细胞,并不存在复制依赖的被动去甲基化。不同于 ESC 中 5hmC 富集于待表达或

沉默基因的启动子区，在成体神经元中，无论基因的表达水平或者启动子区域 CpG 的含量如何，在转录起始位点处几乎检测不到 5hmC。然而，在转录起始位点上游 875bp 和转录终止位点下游 160～200bp 处则可以检测到 5hmC 的富集[78]，在编码区，5hmC 明显富集，且丰度与基因表达水平呈正相关。5hmC 在外显子和内含子交界处也有较高含量，提示 5hmC 可能和剪接有关，5hmC 在有义链上的丰度略高，提示 5hmC 与转录相关。此外，与 ESC 中相似的是 5hmC 在增强子区域丰度较高，提示 DNA 主动去甲基化具有重要的调节功能。

对比不同年龄的神经细胞样品可以发现 5hmC 的整体水平与年龄呈正相关。对基因组特定区域，有的区域 5hmC 含量随成熟或衰老而增高，有些区域则相反，而衰老过程中 5hmC 动态变化的生物学意义目前还不清楚。

D. 5mC 氧化产物的动态变化

检测基因组中 5mC 氧化产物的谱式并不能完全反映 DNA 去甲基化的动态变化过程。一方面，去甲基化过程可能非常高效，并未残留任何中间产物以致基因组中检测不到大部分 5mC 氧化产物的存在；另一方面，对于神经元等终末分化的细胞来说，5mC 氧化产物的存在并不能反映细胞中 5mC 的实时动态变化情况，5mC 的氧化可能发生在细胞命运决定的关键时刻。因此，对于发育过程而言，可以对比两种不同发育阶段的细胞，即可了解 5mC 及其氧化产物的动态变化。但当细胞没有进行命运转变时，不同阶段的对比则没有实际意义。通过基因敲除去甲基化通路中的关键因子或者同位素追踪 5mC 氧化转变过程是比较有效的办法。

在 ESC 中敲除或敲低 TET 会导致 5mC 水平的升高和 5hmC 水平的降低，提示 ESC 中确实存在 5mC 向 5hmC 的转变。然而，5mC 水平的升高不能简单理解为 TET 氧化能力丧失所致，也可能是由于 TET 的存在对 DNMT 具有负调控的功能。此外，TDG 敲除导致 5fC 和 5caC 的累积，有力地支持了 TET 氧化和 TDG 参与的主动去甲基化模型。然而，在有丝分裂细胞中，该现象并不能完全反映 TET 氧化介导的被动去甲基化的程度，因为氧化产生的 5hmC 无须进一步氧化也可与 DNA 复制相偶联实现 DNA 的去甲基化。

同位素标记也可以应用于追踪 5mC 的氧化过程。给小鼠喂食含同位素标记的 L-甲硫氨酸的食物，L-甲硫氨酸在细胞内转化成甲基供体 S-腺苷甲硫氨酸（SAM），最终经 DNMT 的催化形成标记的 5mC。在被喂食的成年小鼠所有被检测的组织中，同位素标记 5mC 的比例高于标记 5hmC、5fC 的比例。如果喂食期间所有的 5hmC 和 5fC 都发生了进一步氧化，那么 5mC、5hmC 和 5fC 被标记的比例应该相同，以上研究结果显示成年小鼠组织中含有稳定存在的 5hmC、5fC[79]。

2）5mC 氧化产物可能的功能

5mC 的氧化产物在细胞内可以积累到较高的水平（如中枢神经系统的 5hmC）或者在特定条件下以相对稳定的状态存在，提示其不仅可以作为主动去甲基化的中间产物，可能还有其他的调节功能。目前已鉴定出可以结合 5hmC、5fC 与 5caC 的蛋白质，其中 SALL4 可以结合 5hmC 并促进其进一步氧化[80]。5fC 和 5caC 不仅可以为其他蛋白因子提供结合位点，还会阻碍 RNA 聚合酶 II 的转录延伸[81]。鉴于 5fC 和 5caC 在基因组中的丰度非常低，我们仍需更多的实验证据来阐明 5fC 和 5caC 的生物学功能及意义。

3. 5hmC、5fC 和 5caC 分析方法

自 2011 年 5hmC、5fC 和 5caC 被证明是 DNA 主动去甲基化中间产物以来，越来越多的证据表明这三种 5mC 氧化产物有着重要的表观遗传调控作用。为了更好地了解这些新发现的 5mC 衍生物的生物学功能，检测这些新修饰在基因组中的分布谱式是非常必要的。

得益于高通量测序技术（next generation sequencing，NGS）的发展，一批检测胞嘧啶修饰的高通量

测序技术涌现出来。其中，利用抗体富集的 DNA 免疫沉淀测序（DIP-seq）被广泛地应用于检测 5mC 衍生物的基因组分布。这种依赖于抗体亲和力发展的测序方法提升了我们对于表观遗传学修饰在基因组分布谱式的认知，但这种方式的缺陷也很明显，主要是无法达到单碱基分辨率水平，并存在较大偏倚。通过向修饰碱基添加化学基团，或者通过化学处理使修饰碱基发生转变，可以区分不同的修饰碱基，同时也可以实现单碱基分辨率水平的测序。以下着重介绍几种单碱基分辨率的甲基化测序方法。

A. BS-seq

1970 年，分别由两个实验室首次报道了重亚硫酸氢盐可以导致胞嘧啶脱氨转变为尿嘧啶。高浓度的重亚硫酸氢盐阴离子结合在质子化的胞嘧啶第六位碳原子上生成了胞嘧啶磺酸盐，从而失去了芳香族化合物特征，并发生水解和脱氨，其副产物尿嘧啶磺酸盐在碱性条件下芳香化生成尿嘧啶。在重亚硫酸氢盐处理时，5mC 第五位碳原子上的甲基化使 5mC 维持稳定。在后续的 PCR 扩增和测序时，所有的胞嘧啶转化为尿嘧啶，以胸腺嘧啶 T 的形式读出，而所有的 5mC 仍以 C 的形式读出。重亚硫酸氢盐处理基因组 DNA 联合 NGS 被认为是 5mC 检测的金标准，并被广泛用于检测全基因组 5mC 的动态变化。因此，BS-seq（bisulfite sequencing）可以定量测量甲基化水平。NGS 测序可以使基因组的同一个区域被检测多次，通过统计 C 与（C+T）的比值即可知道该区域甲基化水平。

B. TAB-seq

BS-seq 可以将 5mC、5hmC 和 C、5fC、5caC 区分，但并不能区分 5mC 和 5hmC。为了区分 5hmC 与 5mC，何川实验室研发了 TAB-seq（TET-assisted bisulfite sequencing）技术[76]。TAB-seq 利用 β-糖苷转移酶（β-GT）修饰 5hmC，然后用小鼠 TET1 氧化 5mC 到 5caC。糖基化的 5hmC 可以避免被 TET1 氧化，随后的重亚硫酸氢盐处理使 5caC 转变为尿嘧啶，因此测序时只有 5hmC 以 C 的形式读出，其他的胞嘧啶及衍生物均被读为 T。将 BS-seq 和 TAB-seq 结果进行比较，即可得到单碱基分辨率的 5mC 水平。

将 TAB-seq 用于 mESC 基因组甲基化测序发现，mESC 含有较高水平的 5hmC。与 5mC 的分布不同的是，5mC 对称性地存在于 CpG 二核苷酸序列，而 5hmC 主要富集在远端调控元件，而且多数 5hmC 表现出 DNA 链的不对称[76]。TAB-seq 的一个小的缺陷是 β-GT 在糖基化连续的 5hmCpG 时，酶活较低，因此当样品 DNA 中含有这类序列时会造成结果的偏差，但这类 5hmC 序列在基因组中较罕见，因此 TAB-seq 被广泛用于各类样品 5hmC 的检测。

C. MAB-seq

上述测序方法可以区分 5mC 和 5hmC，但不能检测 5fC 和 5caC 水平。2014 年报道的 MAB-seq（M.SssI-assisted bisulfite sequencing）可以在单碱基分辨率水平检测 5fC 和 5caC 的含量[10]。MAB-seq 的第一步是将样品用 CpG 甲基转移酶 M.SssI 处理，在 CpG 中未甲基化的 C 则被 M.SssI 甲基化后得到保护。经过 M.SssI 处理过的样品经重亚硫酸氢盐处理时 5fC、5caC 和非 CpG 的胞嘧啶脱氨，随后测序将 5fC、5caC 读为 T，而 C、5mC、5hmC 被读为 C。鉴于基因组中大多数的胞嘧啶修饰出现在 CpG 二核苷酸中，利用 MAB-seq 在胚胎发育过程中测定 5mC 去甲基化中间产物 5fC 和 5caC 的位置及含量是非常实用的。然而，在神经细胞等特殊细胞类型中，非 CpG 的甲基化修饰水平比较高，MAB-seq 的实用性较差。

D. 化学标记助力的 C-to-T 转换测序

MAB-seq 虽然可以检测 5fC 和 5caC，但并不能区分 5fC 和 5caC。同时，基因组中 5fC 的含量低，重亚硫酸氢盐转化的方法因步骤多并不适用于 5fC 的检测。通过化合物筛选，伊成器实验室发现了可以特异性结合 5fC 的小分子化合物丙二腈[36]。丙二腈用于 5fC 测序有许多优势：①特异性结合 5fC 并可溶于水；②在 pH5～8 的缓冲溶液中，丙二腈的浓度可达摩尔级，在小体积反应体系中实用性强；③不会造成 DNA 降解；④生物兼用性强，与其他酶如 DNA 聚合酶共存于反应体系中时，不会抑制酶的活性。因此，丙二腈可用于单细胞单碱基分辨率测序。当丙二腈与 5fC 结合后生成 "5fC-M"，然后通过 NGS，"5fC-M" 被读为 T，胞嘧啶和其他修饰碱基则被读为 C。因此，利用这种方法可以区分 5fC 和 5caC。

3.2.4　Tet 的组织特异性和生理意义

在哺乳动物发育过程中存在两次基因组大规模的去甲基化，随着新的检测手段和测序技术的不断完善，我们对胚胎发育不同阶段的 TET 表达谱及 DNA 甲基化的动态变化有了新的认识，同时也为研究 TET 介导的 DNA 主动去甲基化在不同发育阶段的功能奠定了基础。

Tet1 特异地高表达于小鼠 ES 细胞，在神经干细胞（neural stem cell，NSC）、原始生殖细胞中也有较高表达；Tet2 在小鼠 ES 细胞和各组织中均有广谱的较高水平表达[56]；Tet3 在小鼠 ES 细胞中几乎不表达，而在卵细胞和受精卵中高表达[8, 43, 82]。Tet 家族不同的表达谱提示它们在小鼠发育过程中可能既有重叠的又有时空特异的生物学功能。

1. Tet1 的组织特异性和生理意义

Tet1 KO 的 ES 细胞仍具有全能性，但体外诱导更倾向于向滋养外胚层分化[56]。通过 ChIP-seq 等技术手段，研究发现在 ES 细胞中 TET1 能通过启动子的去甲基化来促进多能性相关基因的转录，而且还有抑制多梳靶向的生长发育和分化的相关因子转录的功能[83]。Tet1 KO 的 ES 细胞可以通过四倍体补偿实验得到正常小鼠，Tet1 KO 并不会导致小鼠胚胎致死，且小鼠可育，但部分小鼠发育迟缓[84]。鉴于 ES 细胞体系实验结论并不能反映发育过程中基因的实际功能，随后 Zhang 实验室发现利用基因捕获技术（gene-trap mutagenesis）引起的 Tet1 缺失会导致部分胚胎死亡、发育迟缓及胎盘异常等，主要是由于 Tet1 的缺失而导致印记基因异常造成的，进一步分析发现 Tet1 缺失的雌鼠生育力下降，主要是由于 Tet1 调控了配子形成过程中减数分裂的相关基因[50, 85]。

利用经典打靶技术得到的 Tet1−/− 小鼠可以存活且可育，没有明显的形态缺陷和生长异常，但这种成年小鼠海马区齿状回亚颗粒层区域神经前体细胞数量减少，神经前体细胞增殖能力下降，损害成体神经发生，虽仍具有分化潜能，但小鼠的空间学习记忆能力降低。Tet1 敲除后的小鼠海马齿状回和神经前体细胞中的神经发生相关基因的启动子区域发生了异常的高甲基化，转录活性受到抑制[86]。另一项关于成体 Tet1 KO 小鼠的研究表明，在 Tet1 缺失条件下多个神经活动相关基因（Npas4、c-Fos、Arc）转录下调，Npas4 启动子变得高甲基化[87]，这项研究也证明了 Tet1 KO 小鼠会有异常的海马区、长期忧郁和记忆消除缺陷。有趣的是，病毒介导的成体海马体中过表达 TET1 或酶活缺失的 TET1 都会导致几种记忆相关基因转录升高，并且与恐惧相关的记忆受损[68]，提示 TET1 有不依赖于 5mC 氧化酶活的其他调控基因表达的机制。

此外，越来越多的证据表明 TET 介导的 DNA 去甲基化受阻后可能会导致癌症发生[88, 89]，例如，TET1 与急性白血病中混合谱系白血病（mixed lineage leukemia，MLL）的发生有关[90]。

2. Tet2 的组织特异性和生理意义

与 Tet1 一样，Tet2 也在 ES 细胞与原始生殖细胞中高表达，共同参与 DNA 去甲基化[56, 85]。Tet2 基因的突变与骨髓增生异常综合征（myelodysplastic syndrome，MDS）、急性髓系白血病（acute myeloid leukemia，AML）等疾病有关[91, 92]。Tet2 缺失可以使造血干细胞自我更新能力增强，分化能力异常，最终导致颗粒细胞和巨噬细胞异常增多，从而引起髓系白血病[93-96]，暗示 Tet2 是白血病的肿瘤抑制因子。和白血病相关的 Tet2 突变对自身的酶活有一定影响，会导致患者骨髓造血干细胞中 5hmC 的丢失[57]。

有趣的是，在急性白血病及胶质瘤中，Tet2 突变与 IDH1/2（IDH1 R132、IDH2 R140/172）突变是相互排斥的[97, 98]。野生型 IDH1/2 可以将异柠檬酸转变成 α-KG，而突变体 IDH 会产生 2-羟戊二酸（2-HG），这种代谢副产物会抑制包括 TET 在内的、依赖于 α-KG 的双加氧酶活性[99, 100]。比较类似的是，癌症相关基因 *SDH* 和 *FH* 的失活突变会导致琥珀酸、延胡索酸显著累积，这两种产物都会抑制依赖于 α-KG 的双加氧酶活性[101]。因此，在癌细胞中三羧酸循环（tricarboxylic acid cycle，TCA）中相关酶的酶活缺失会导致 TET 酶活异常，从而影响基因组的甲基化。

3. Tet3 的组织特异性和生理意义

Tet3 是受精卵时期唯一高表达的 5mC 加氧酶，受精卵中含有大量 5hmC[82]。受精作用完成后，TET3 特异富集到雄原核，负责受精卵中父本基因组的氧化去甲基化过程，促进 *Oct4* 和 *Nanog* 等全能性基因的表达。敲除或者干扰 TET3 的表达会导致雄原核基因组 5mC 无法去除，5hmC 无法产生[8, 35]。母源 *Tet3* 缺失的受精卵中，雄原核 5mC 水平维持恒定，而 5mC 向 5hmC 和 5caC 的转变无法正常发生。*Tet3* 的缺失使父本 LINE1 重复序列和 *Oct4*、*Nanog* 等基因的去甲基化受阻，早期胚胎 Oct4 激活延迟。生殖细胞特异性敲除 *Tet3* 的雌鼠生育力显著下降，与野生型雄鼠交配后产生的杂合子胚胎可正常发育至囊胚但接近半数无法正常发育至出生，说明 Tet3 介导的雄原核的快速主动去甲基化对胚胎发育有非常重要的功能。然而，Zhang 实验室通过核移植的方法证实 Tet3 介导的父本基因组去甲基化对小鼠的发育并不是必需的，母源 *Tet3* 缺失的胚胎父本基因组在囊胚阶段也能够通过被动去甲基化机制实现低甲基化，真正导致母源缺失 *Tet3* 的胚胎致死原因是 *Tet3* 单倍体剂量不足[102]。

在受精卵中，雄原核与雌原核不对称的 DNA 去甲基化可能是由于 TET3 特异定向作用于雄原核，或者由于雌原核受到保护不被 TET3 氧化造成的。最近研究表明，Stella（别名 PGC7 或 Dppa3）是一个对于早期胚胎发育很重要的母源因子[103]，被母源染色质上丰度较高的 H3K9me2 招募到母源基因组上[104]。如果敲除母源因子 *Stella*，TET3 会同时结合到父源和母源基因组上[35, 104]，母源基因组同样会经历 5mC 的氧化[38, 104]。位点特异性 BS-seq 进一步证明在父本基因组中 Stella 可以保护一些印记控制区（imprinting control region，ICR）免于去甲基化，这个过程也和 H3K9me2 有关[38, 104]。

关于 Tet3 在卵子和受精卵中的功能，目前普遍认为 Tet3 只参与部分父本基因组去甲基化，大部分父本基因组的去甲基化是通过 DNA 复制依赖的被动去甲基化途径完成的，同时 Tet3 也能参与少量的母本基因组去甲基化，受精卵基因激活不需要 Tet3[105]。因 TDG 在卵细胞中几乎不表达，TDG 介导的 BER 途径在 Tet3 氧化引发的父本基因组去甲基化过程中很可能不起作用[106]。

通过子宫内电穿孔技术来完成发育胚胎皮质区 *Tet2/3* KD 导致神经分化缺陷，而过表达 Tet2/3 能够促进胚胎皮质的神经发生[107]。另外，在非洲爪蟾胚胎中通过反义寡核苷酸使 *Tet3* 缺失会导致早期眼睛和脑发育缺陷。有趣的是，CXXC 结构域和 Tet3 催化结构域在爪蟾脑发育过程中对基因调控都是必需的[58]。这些研究表明 Tet 在脑发育过程的早期阶段有比较保守的功能。

3.3 DNA 去甲基化相关问题与展望

3.3.1 Tet 介导的 DNA 主动去甲基化的意义

虽然在 Tet 氧化介导的 DNA 主动去甲基化途径提出之前已经有很多 DNA 主动去甲基化途径被提出，但多数的实验数据不能重复。无疑，Tet 氧化介导的主动去甲基化途径填补了 DNA 去甲基化的空白，加深了我们对生物体内 DNA 甲基化动态变化的认知。由于 DNA 甲基化异常与疾病关系密切，而主动去甲基化对 DNA 甲基化谱式的擦除意义重大，因此 Tet 氧化介导的主动去甲基化途径的蛋白质可能作为疾病治疗的潜在靶点。

3.3.2　Tet 介导的 DNA 主动去甲基化理论的应用

1. Tet 介导的 DNA 主动去甲基化与细胞命运决定

细胞分化可以定义为在胚胎发育或出生后，通过准确的基因转录调控细胞类型逐渐增加的过程。高水平的 5hmC 与细胞多能性相关[108]。尽管多项研究尝试解释 Tet1 与小鼠 ESC 多能性的关系，但至今仍有争议。然而，可以确定的是 Tet 和 5hmC 对细胞的正常分化是必需的，因为 Tet1/2/3 敲除的小鼠胚胎原肠运动受损[109]。在细胞分化过程中，5hmC 水平随着基因表达的改变降低[110]。只有少数基因的启动子、增强子或编码区 5hmC 水平提高。

在体细胞分化的过程中也存在着 5mC 向 5hmC 的转变，这是细胞种系特化的标志[111]。由于 5hmC 在中枢神经系统中的高丰度，神经系统被用来研究 DNA 主动去甲基化与命运决定的关系。实际上，在小鼠神经系统发育过程中（神经干细胞发育为神经前体细胞，再发育为成熟神经元），5hmC 水平逐渐增加[112]。在小鼠和人类造血干细胞分化过程中，Tet2 介导的 DNA 主动去甲基化具有重要作用，当 DNA 主动去甲基化发生在造血干细胞或 ESC 特定基因的启动子区域时，常导致该基因的激活。与此类似，当 T 细胞分化时，5hmC 富集于激活的增强子和编码区，并与基因表达水平呈正相关。

在细胞命运转变时，5hmC 导致细胞或组织特异性转录激活的功能性的意义尚存争议。多项研究表明，分化的早期阶段 DNA 羟甲基化对远端增强子和种系特异性转录因子的结合是必需的[113]。有研究称，根据分化阶段、组蛋白共定位，5hmC 以不同的方式调节基因表达[114]；但也有其他研究指出，根据分化阶段、组蛋白共定位的不同，5hmC 可能对细胞或组织特异性转录激活有其他作用。该研究也发现在细胞分化过程中，5hmC 富集在 bivalent 启动子区域。在 ESC 分化前，5hmC 可能会促进染色体的状态改变[114]。

2. Tet 介导的 DNA 主动去甲基化与衰老

衰老是由遗传、环境、饮食及生活方式等多因素调控的复杂生物学过程。由于伴随着衰老，生理、心理功能进行性降低，衰老也被视为疾病，是肿瘤、2 型糖尿病、阿尔茨海默病（Alzheimer's disease，AD）等发生发展的重要因素。

在衰老过程中，表观遗传谱式以组织和细胞特异性的方式改变。对不同人的组织研究表明，衰老过程中，在全基因组水平或者特异性位点上的 DNA 甲基化均发生了明显改变。其主要趋势是甲基化水平降低，并且主要发生在重复序列。此外，表观遗传失调导致 5mC 谱式异常与衰老相关的疾病有关，如动脉粥样硬化、衰老导致的记忆力减退和神经退行性疾病等。

由于 5hmC 在大脑中丰度较高，且在神经系统发育过程中调控基因表达，许多研究关注于 5hmC 在衰老的大脑和神经退行性病变中的功能。研究发现，在衰老的小鼠和人的大脑中，5hmC 水平升高[115]。该证据最先来自于小鼠，在小鼠的小脑和海马区 5hmC 水平会伴随衰老提高[115]。有趣的是，大多数研究也指出在特定位点，5hmC 丰度随着衰老升高，如在成年小鼠的小脑中，转录基因的编码区 5hmC 水平升高[78]，在衰老的小鼠海马区检测到高表达的脂氧合酶基因 ALOX5 的 5hmC，发现在启动子和编码区 5hmC 水平升高[115]。在衰老过程中，TET 蛋白的高表达可能可以解释 5hmC 水平的提高，但这种机制并没有在生理条件下被证实[115]。

尽管我们不确定在正常衰老过程中 5hmC 水平改变的意义是什么，但在衰老相关的神经退行性病变中，5hmC 有着重要的功能，如在与衰老相关的信号通路中发现 5hmC 富集基因[112]。然而，在最普遍的神经退行性疾病阿尔茨海默病中却是相悖的结论[116]。应用更加精确的检测 5hmC 的方法将会有助于阐明 5hmC 在 AD 中的作用。

3. Tet 介导的 DNA 主动去甲基化与肿瘤

当 TET 氧化介导的主动去甲基化通路被提出时，许多研究报道在急性髓系白血病等髓细胞瘤中发现了 *TET2* 突变，并且大部分突变是 TET2 酶活中心的突变，暗示 DNA 主动去甲基化异常可能导致造血细胞的恶性增殖。进一步研究发现，*TET2* 突变会导致造血干细胞或前体细胞增殖加快，并最终发展成恶性肿瘤。值得注意的是，由于这类突变小鼠潜伏期长、存活时间长，提示可能需要其他基因的突变才能快速发展为恶性肿瘤。除了 *TET2* 突变，在造血系统恶性肿瘤中也发现了 *TET1* 和 *TET3* 的突变。小鼠 *Tet1* 缺失或者 *Tet1*、*Tet2* 均缺失会促进 B 细胞癌变。在造血系统肿瘤中，除了 *TET* 突变外，还有间接影响 TET 活性的其他蛋白突变，如异柠檬酸脱氢酶 1、2（IDH1、IDH2）。在急性髓系白血病中，*IDH1* 或 *IDH2* 突变会产生原癌代谢物，后者可与 α-KG 竞争抑制 TET 活性。

除遗传学改变外，肿瘤细胞中的维生素 C（vitamin C）含量过低可能也会导致 DNA 主动去甲基化受阻。在体外培养的细胞中，维生素 C 可以通过促进三价铁离子向二价铁离子转换从而提高 TET 的氧化功能。维生素 C 的摄入依靠钠离子依赖的共转运蛋白（sodium-dependent co-transporter，SVCT1/SVCT2）。肿瘤细胞中，SVCT2 的表达水平降低会导致维生素 C 摄入减少，TET 氧化功能也因此降低。

3.4　DNA 去甲基化研究面临的挑战

尽管过去几年人们在理解 DNA 主动去甲基化的功能和机制方面取得了巨大进步，但要完全理解生物体内 DNA 主动去甲基化的机制和功能，仍有很长的一段路要走。

首先，甲基化测序方法有待突破。现有的测序方法，如 BS、TAB-seq，可以在单碱基分辨率水平检测 5hmC、5fC 和 5caC，促进了我们对发育、疾病甚至大脑功能的表观遗传学调控的理解。多数测序方法可以用于分析 5mC 氧化产物在全基因组的分布，但需要较高的测序深度。此外，由于 5caC 在基因组中的丰度非常低，目前对 5caC 进行单碱基分辨率测序还存在难度。新发展的测序方法应同时具备经济、全基因组覆盖、单碱基分辨率等特点。

由于亚硫酸氢盐测序会使 DNA 样品降解，在对受精卵、早期胚胎等单细胞样品进行全基因组甲基化测序时会造成明显偏差。对所有的生物学家、化学家来说，研发单细胞表观基因组测序方法都是巨大的挑战。近期发展的单分子实时测序（single-molecule，real-time sequencing，SMRT-seq）平台和纳米孔测序技术提供了可能的解决方案，但是为了提高该技术的实用性，很多细节仍需要优化。

其次，对 DNA 主动去甲基化机制的认识有待完善。虽然通过生化实验或细胞实验已证实 TET 蛋白可以将 5hmC 氧化生成 5fC 和 5caC，后两者可被胸腺嘧啶糖苷酶（TDG）特异性识别并切除形成无碱基位点（abasic site），继而被碱基切除修复途径（BER）修复。然而，这是否是唯一的 DNA 主动去甲基化机制？已有研究发现，在受精卵中 *Tdg* 的 mRNA 水平非常低，几乎不可能行使切除 5fC 和 5caC 的功能。那么在受精卵中是否存在其他主动去甲基化机制呢？此外，合子重编程过程中的印记基因及 PGC 发育时期的 IAP 等特定基因组区域，在特定时间会被保护而避免发生 TET 氧化，其原理是什么？在神经系统中，5hmC 丰度明显高于其他组织，但是 5fC 和 5caC 却没有出现明显富集，提示在神经系统中 TET 氧化功能或者 TDG 糖苷酶活性受到特别的调控，那么其调控的机制是什么？

最后，对 DNA 主动去甲基化的生物学意义的理解有待深入。在生长发育过程中，DNA 甲基化是高度动态变化的。虽然在上文中提到了 DNA 主动去甲基化与多个复杂的生物学过程存在紧密联系，但在这些生物学过程中 DNA 主动去甲基化的作用是什么？例如，随着衰老，生物的整体甲基化水平逐渐降低，但我们并不清楚甲基化水平降低是衰老的原因还是结果；又如，在肿瘤发生过程中，许多基因会出现轻度或高度的甲基化，我们并不知道这些变化驱动肿瘤发生，还是肿瘤发生后导致特定位点甲基化水平的上升。此外，DNA 主动去甲基化产生的三种中间产物的生物学意义是什么？是否存在相关因子特异识别这些修饰发挥特定的生物学功能？

　　对以上问题的深入研究将有助于我们对 DNA 甲基化与去甲基化的全面理解，提高我们对表观遗传学原理的认识。

参 考 文 献

[1] Goll, M. G. & Bestor, T. H. Eukaryotic cytosine methyltransferases. *Annu Rev Biochem* 74, 481-514(2005).

[2] Okano, M. *et al.* DNA methyltransferases Dnmt3a and Dnmt3b are essential for *de novo* methylation and mammalian development. *Cell* 99, 247-257(1999).

[3] Okano, M. *et al.* Dnmt2 is not required for *de novo* and maintenance methylation of viral DNA in embryonic stem cells. *Nucleic Acids Research* 26, 2536-2540(1998).

[4] Bestor, T. *et al.* Cloning and sequencing of a cDNA encoding DNA methyltransferase of mouse cells. The carboxyl-terminal domain of the mammalian enzymes is related to bacterial restriction methyltransferases. *Journal of Molecular Biology* 203, 971-983(1988).

[5] Ooi, S. K. & Bestor, T. H. The colorful history of active DNA demethylation. *Cell* 133, 1145-1148(2008).

[6] Reik, W. Stability and flexibility of epigenetic gene regulation in mammalian development. *Nature* 447, 425-432(2007).

[7] Reik, W. *et al.* Epigenetic reprogramming in mammalian development. *Science* 293, 1089-1093(2001).

[8] Gu, T. P. *et al.* The role of Tet3 DNA dioxygenase in epigenetic reprogramming by oocytes. *Nature* 477, 606-610(2011).

[9] Kishigami, S. *et al.* Epigenetic abnormalities of the mouse paternal zygotic genome associated with microinsemination of round spermatids. *Dev Biol* 289, 195-205(2006).

[10] Guo, F. *et al.* Active and passive demethylation of male and female pronuclear DNA in the mammalian zygote. *Cell Stem Cell* 15, 447-459(2014).

[11] Shen, L. *et al.* Tet3 and DNA replication mediate demethylation of both the maternal and paternal genomes in mouse zygotes. *Cell Stem Cell* 15, 459-470(2014).

[12] Hashimoto, H. *et al.* Recognition and potential mechanisms for replication and erasure of cytosine hydroxymethylation. *Nucleic Acids Res* 40, 4841-4849(2012).

[13] Ramchandani, S. *et al.* DNA methylation is a reversible biological signal. *P Natl Acad Sci U S A* 96, 6107-6112(1999).

[14] Wu, J. C. & Santi, D. V. Kinetic and catalytic mechanism of Hhai methyltransferase. *J Biol Chem* 262, 4778-4786(1987).

[15] Liutkeviciute, Z. *et al.* Direct Decarboxylation of 5-Carboxylcytosine by DNA C5-Methyltransferases. *Journal of the American Chemical Society* 136, 5884-5887(2014).

[16] Agius, F. *et al.* Role of the Arabidopsis DNA glycosylase/lyase ROS1 in active DNA demethylation. *P Natl Acad Sci U S A* 103, 11796-11801(2006).

[17] Gehring, M. *et al.* Demeter DNA glycosylase establishes medea polycomb gene self-imprinting by allele-specific demethylation. *Cell* 124, 495-506(2006).

[18] Morales-Ruiz, T. *et al.* Demeter and repressor of silencing 1 encode 5-methylcytosine DNA glycosylases. *P Natl Acad Sci U S A* 103, 6853-6858(2006).

[19] Conticello, S. G. The AID/APOBEC family of nucleic acid mutators. *Genome Biol* 9, 229(2008).

[20] Nabel, C. S. *et al.* AID/APOBEC deaminases disfavor modified cytosines implicated in DNA demethylation. *Nat Chem Biol* 8, 751-758(2012).

[21] Smith, M. L. *et al.* Interaction of the p53-regulated protein Gadd45 with proliferating cell nuclear antigen. *Science* 266, 1376-1380(1994).

[22] Smith, M. L. *et al.* Antisense GADD45 expression results in decreased DNA repair and sensitizes cells to uv-irradiation or cisplatin. *Oncogene* 13, 2255-2263(1996).

[23] Kriaucionis, S. & Heintz, N. The nuclear DNA base 5-hydroxymethylcytosine is present in Purkinje neurons and the brain. *Science* 324, 929-930(2009).

[24] Tahiliani, M. *et al.* Conversion of 5-methylcytosine to 5-hydroxymethylcytosine in mammalian DNA by MLL partner TET1. *Science* 324, 930-935(2009).

[25] He, Y. F. *et al.* Tet-mediated formation of 5-carboxylcytosine and its excision by TDG in mammalian DNA. *Science* 333, 1303-1307(2011).

[26] Ito, S. *et al.* Tet proteins can convert 5-methylcytosine to 5-formylcytosine and 5-carboxylcytosine. *Science* 333, 1300-1303(2011).

[27] Weber, A. R. *et al.* Biochemical reconstitution of TET1-TDG-BER-dependent active DNA demethylation reveals a highly coordinated mechanism. *Nat Commun* 7, 10806(2016).

[28] Schomacher, L. *et al.* Neil DNA glycosylases promote substrate turnover by Tdg during DNA demethylation. *Nat Struct Mol Biol* 23, 116-124(2016).

[29] Guo, J. U. *et al.* Hydroxylation of 5-methylcytosine by TET1 promotes active DNA demethylation in the adult brain. *Cell* 145, 423-434(2011).

[30] Schiesser, S. *et al.* Mechanism and stem-cell activity of 5-carboxycytosine decarboxylation determined by isotope tracing. *Angew Chem Int Ed Engl* 51, 6516-6520(2012).

[31] Xu, S. *et al.* Crystal structures of isoorotate decarboxylases reveal a novel catalytic mechanism of 5-carboxyl-uracil decarboxylation and shed light on the search for DNA decarboxylase. *Cell Res* 23, 1296-1309(2013).

[32] Lee, H. J. *et al.* Reprogramming the methylome: Erasing memory and creating diversity. *Cell Stem Cell* 14, 710-719(2014).

[33] Gu, T. *et al.* The role of Tet3 DNA dioxygenase in epigenetic reprogramming by oocytes. *Nature* 477, 606-610(2011).

[34] Inoue, A. *et al.* Transcriptional activation of transposable elements in mouse zygotes is independent of Tet3-mediated 5-methylcytosine oxidation. *Cell Research* 22, 1640-1649(2012).

[35] Wossidlo, M. *et al.* 5-Hydroxymethylcytosine in the mammalian zygote is linked with epigenetic reprogramming. *Nat Commun* 2, 241(2011).

[36] Zhu, C. *et al.* Single-cell 5-formylcytosine landscapes of mammalian early embryos and ESCs at single-base resolution. *Cell Stem Cell* 20, 720-731 e725(2017).

[37] Peat, Julian R. *et al.* Genome-wide bisulfite sequencing in zygotes identifies demethylation targets and maps the contribution of TET3 oxidation. *Cell Reports* 9, 1990-2000(2014).

[38] Nakamura, T. *et al.* PGC7/Stella protects against DNA demethylation in early embryogenesis. *Nat Cell Biol* 9, 64-71(2007).

[39] Bian, C. & Yu, X. PGC7 suppresses TET3 for protecting DNA methylation. *Nucleic Acids Research* 42, 2893-2905(2014).

[40] Tang, F. *et al.* Deterministic and stochastic allele specific gene expression in single mouse blastomeres. *PLoS One* 6, e21208(2011).

[41] Inoue, A. *et al.* Generation and replication-dependent dilution of 5fC and 5caC during mouse preimplantation development. *Cell Research* 21, 1670-1676(2011).

[42] Hajkova, P. *et al.* Genome-wide reprogramming in the mouse germ line entails the base excision repair pathway. *Science* 329,

78-82(2010).

[43] Wossidlo, M. *et al.* Dynamic link of DNA demethylation, DNA strand breaks and repair in mouse zygotes. *EMBO J* 29, 1877-1888(2010).

[44] Santos, F. *et al.* Active demethylation in mouse zygotes involves cytosine deamination and base excision repair. *Epigenetics & Chromatin* 6, 39(2013).

[45] Amouroux, R. *et al. De novo* DNA methylation drives 5hmC accumulation in mouse zygotes. *Nat Cell Biol* 18, 225-233(2016).

[46] Wang, L. *et al.* Programming and inheritance of parental DNA methylomes in mammals. *Cell* 157, 979-991(2014).

[47] Inoue, A. *et al.* Haploinsufficiency, but not defective paternal 5mC oxidation, accounts for the developmental defects of maternal Tet3 knockouts. *Cell Reports* 10, 463-470(2015).

[48] Kang, J. *et al.* Simultaneous deletion of the methylcytosine oxidases Tet1 and Tet3 increases transcriptome variability in early embryogenesis. *P Natl Acad Sci U S A* 112, E4236-4245(2015).

[49] Wu, H. & Zhang, Y. Reversing DNA methylation: Mechanisms, genomics, and biological functions. *Cell* 156, 45-68(2014).

[50] Yamaguchi, S. *et al.* Role of Tet1 in erasure of genomic imprinting. *Nature* 504, 460-464(2013).

[51] Yamaguchi, S. *et al.* Tet1 controls meiosis by regulating meiotic gene expression. *Nature* 492, 443-447(2012).

[52] Liu, C. K. *et al.* Catalysis of three sequential dioxygenase reactions by thymine 7-hydroxylase. *Archives of Biochemistry and Biophysics* 159, 180-187(1973).

[53] Smiley, J. A. *et al.* Genes of the thymidine salvage pathway: thymine-7-hydroxylase from a *Rhodotorula glutinis* cDNA library and iso-orotate decarboxylase from *Neurospora crassa*. *Biochimica et Biophysica Acta* 1723, 256-264(2005).

[54] Loenarz, C. & Schofield, C. J. Oxygenase catalyzed 5-methylcytosine hydroxylation. *Chem Biol* 16, 580-583(2009).

[55] Tahiliani, M. *et al.* Conversion of 5-methylcytosine to 5-hydroxymethylcytosine in mammalian DNA by MLL partner TET1. *Science* 324, 930-935(2009).

[56] Ito, S. *et al.* Role of Tet proteins in 5mC to 5hmC conversion, ES-cell self-renewal and inner cell mass specification. *Nature* 466, 1129-1133(2010).

[57] Ko, M. *et al.* Impaired hydroxylation of 5-methylcytosine in myeloid cancers with mutant TET2. *Nature* 468, 839-843(2010).

[58] Xu, Y. *et al.* Tet3 CXXC domain and dioxygenase activity cooperatively regulate key genes for xenopus eye and neural development. *Cell* 151, 1200-1213(2012).

[59] Zhang, H. *et al.* TET1 is a DNA-binding protein that modulates DNA methylation and gene transcription via hydroxylation of 5-methylcytosine. *Cell Research* 20, 1390-1393(2010).

[60] Hu, L. *et al.* Crystal structure of TET2-DNA complex: insight into TET-mediated 5mC oxidation. *Cell* 155, 1545-1555(2013).

[61] Hu, L. *et al.* Structural insight into substrate preference for TET-mediated oxidation. *Nature* 527, 118-122(2015).

[62] Crawford, D. J. *et al.* Tet2 catalyzes stepwise 5-methylcytosine oxidation by an iterative and *de novo* mechanism. *Journal of the American Chemical Society* 138, 730-733(2016).

[63] Hashimoto, H. *et al.* Structure of a Naegleria Tet-like dioxygenase in complex with 5-methylcytosine DNA. *Nature* 506, 391-395(2014).

[64] Iyer, L. M. *et al.* Natural history of eukaryotic DNA methylation systems. *Progress in Molecular Biology And Translational Science* 101, 25-104(2011).

[65] Wu, H. *et al.* Dual functions of Tet1 in transcriptional regulation in mouse embryonic stem cells. *Nature* 473, 389-U578(2011).

[66] Zhang, Q. *et al.* Tet2 is required to resolve inflammation by recruiting Hdac2 to specifically repress IL-6. *Nature* 525, 389-393(2015).

[67] Deplus, R. *et al.* TET2 and TET3 regulate GlcNAcylation and H3K4 methylation through OGT and SET1/COMPASS. *Embo J* 32, 645-655(2013).

[68] Kaas, G. A. *et al.* TET1 controls CNS 5-methylcytosine hydroxylation, active DNA demethylation, gene transcription, and memory formation. *Neuron* 79, 1086-1093(2013).

[69] Xu, Y. *et al.* Tet3 CXXC domain and dioxygenase activity cooperatively regulate key genes for xenopus eye and neural development. *Cell* 151, 1200-1213(2012).

[70] Spruijt, C. G. *et al.* Dynamic readers for 5-(hydroxy)methylcytosine and its oxidized derivatives. *Cell* 152, 1146-1159(2013).

[71] Yildirim, O. *et al.* Mbd3/NURD complex regulates expression of 5-hydroxymethylcytosine marked genes in embryonic stem cells. *Cell* 147, 1498-1510(2011).

[72] Zhang, L. *et al.* Thymine DNA glycosylase specifically recognizes 5-carboxylcytosine-modified DNA. *Nature Chemical Biology* 8, 328-330(2012).

[73] Tini, M. *et al.* Association of CBP/p300 acetylase and thymine DNA glycosylase links DNA repair and transcription. *Mol Cell* 9, 265-277(2002).

[74] Song, C.X. *et al.* Genome-wide profiling of 5-formylcytosine reveals its roles in epigenetic priming. *Cell* 153, 678-691(2013).

[75] Cortazar, D. *et al.* The enigmatic thymine DNA glycosylase. *DNA Repair* 6, 489-504(2007).

[76] Yu, M. *et al.* Tet-assisted bisulfite sequencing of 5-hydroxymethylcytosine. *Nat Protoc* 7, 2159-2170(2012).

[77] Shen, L. *et al.* Genome-wide analysis reveals TET- and TDG-dependent 5-methylcytosine oxidation dynamics. *Cell* 153, 692-706(2013).

[78] Szulwach, K. E. *et al.* 5-hmC-mediated epigenetic dynamics during postnatal neurodevelopment and aging. *Nat Neurosci* 14, 1607-1616(2011).

[79] Bachman, M. *et al.* 5-Formylcytosine can be a stable DNA modification in mammals. *Nat Chem Biol* 11, 555-557(2015).

[80] Xiong, J. *et al.* Cooperative action between SALL4A and TET proteins in stepwise oxidation of 5-methylcytosine. *Mol Cell* 64, 913-925(2016).

[81] Wang, L. *et al.* Molecular basis for 5-carboxycytosine recognition by RNA polymerase II elongation complex. *Nature* 523, 621-625(2015).

[82] Iqbal, K. *et al.* Reprogramming of the paternal genome upon fertilization involves genome-wide oxidation of 5-methylcytosine. *P Natl Acad Sci U S A* 108, 3642-3647(2011).

[83] Wu, H. *et al.* Dual functions of Tet1 in transcriptional regulation in mouse embryonic stem cells. *Nature* 473, 389-393(2011).

[84] Dawlaty, M. M. *et al.* Tet1 is dispensable for maintaining pluripotency and its loss is compatible with embryonic and postnatal development. *Cell Stem Cell* 9, 166-175(2011).

[85] Yamaguchi, S. *et al.* Tet1 controls meiosis by regulating meiotic gene expression. *Nature* 492, 443-447(2012).

[86] Zhang, R. R. *et al.* Tet1 regulates adult hippocampal neurogenesis and cognition. *Cell Stem Cell* 13, 237-245(2013).

[87] Rudenko, A. *et al.* Tet1 is critical for neuronal activity-regulated gene expression and memory extinction. *Neuron* 79, 1109-1122(2013).

[88] Cimmino, L. *et al.* TET family proteins and their role in stem cell differentiation and transformation. *Cell Stem Cell* 9, 193-204(2011).

[89] Wu, H. & Zhang, Y. Mechanisms and functions of Tet protein-mediated 5-methylcytosine oxidation. *Genes Dev* 25, 2436-2452(2011).

[90] Ono, R. *et al.* LCX, leukemia-associated protein with a CXXC domain, is fused to MLL in acute myeloid leukemia with trilineage dysplasia having t(10; 11)(q22; q23). *Cancer Research* 62, 4075-4080(2002).

[91] Delhommeau, F. *et al.* Mutation in TET2 in myeloid cancers. *The New England Journal of Medicine* 360, 2289-2301(2009).

[92] Langemeijer, S. M. *et al.* Acquired mutations in TET2 are common in myelodysplastic syndromes. *Nature Genetics* 41, 838-842(2009).

[93] Li, Z. *et al.* Deletion of Tet2 in mice leads to dysregulated hematopoietic stem cells and subsequent development of myeloid malignancies. *Blood* 118, 4509-4518(2011).

[94] Moran-Crusio, K. *et al.* Tet2 loss leads to increased hematopoietic stem cell self-renewal and myeloid transformation. *Cancer Cell* 20, 11-24(2011).

[95] Quivoron, C. *et al.* TET2 inactivation results in pleiotropic hematopoietic abnormalities in mouse and is a recurrent event during human lymphomagenesis. *Cancer Cell* 20, 25-38(2011).

[96] Ko, M. *et al.* Ten-Eleven-Translocation 2(TET2)negatively regulates homeostasis and differentiation of hematopoietic stem cells in mice. *P Natl Acad Sci U S A* 108, 14566-14571(2011).

[97] Dang, L. *et al.* Cancer-associated IDH1 mutations produce 2-hydroxyglutarate. *Nature* 462, 739-744(2009).

[98] Ward, P. S. *et al.* The common feature of leukemia-associated IDH1 and IDH2 mutations is a neomorphic enzyme activity converting alpha-ketoglutarate to 2-hydroxyglutarate. *Cancer Cell* 17, 225-234(2010).

[99] Figueroa, M. E. *et al.* Leukemic IDH1 and IDH2 mutations result in a hypermethylation phenotype, disrupt TET2 function, and impair hematopoietic differentiation. *Cancer Cell* 18, 553-567(2010).

[100] Xu, W. *et al.* Oncometabolite 2-hydroxyglutarate is a competitive inhibitor of alpha-ketoglutarate-dependent dioxygenases. *Cancer Cell* 19, 17-30(2011).

[101] Xiao, M. *et al.* Inhibition of alpha-KG-dependent histone and DNA demethylases by fumarate and succinate that are accumulated in mutations of FH and SDH tumor suppressors. *Genes & Development* 26, 1326-1338(2012).

[102] Inoue, A. *et al.* Haploinsufficiency, but not defective paternal 5mC oxidation, accounts for the developmental defects of maternal Tet3 knockouts. *Cell Rep* 10, 463-470(2015).

[103] Payer, B. *et al.* Stella is a maternal effect gene required for normal early development in mice. *Current Biology* 13, 2110-2117(2003).

[104] Nakamura, T. *et al.* PGC7 binds histone H3K9me2 to protect against conversion of 5mC to 5hmC in early embryos. *Nature* 486, 415-419(2012).

[105] Shen, L. *et al.* Tet3 and DNA replication mediate demethylation of both the maternal and paternal genomes in mouse zygotes. *Cell Stem Cell* 15, 459-470(2014).

[106] Guo, F. *et al.* Active and passive demethylation of male and female pronuclear DNA in the mammalian zygote. *Cell Stem Cell* 15, 447-458(2014).

[107] Hahn, M. A. *et al.* Dynamics of 5-hydroxymethylcytosine and chromatin marks in Mammalian neurogenesis. *Cell Rep* 3, 291-300(2013).

[108] Ruzov, A. *et al.* Lineage-specific distribution of high levels of genomic 5-hydroxymethylcytosine in mammalian development. *Cell Res* 21, 1332-1342(2011).

[109] Dai, H. Q. *et al.* TET-mediated DNA demethylation controls gastrulation by regulating Lefty-Nodal signalling. *Nature* 538, 528-532(2016).

[110] Williams, K. *et al.* TET1 and hydroxymethylcytosine in transcription and DNA methylation fidelity. *Nature* 473, 343-U472(2011).

[111] Bocker, M. T. *et al.* Hydroxylation of 5-methylcytosine by TET2 maintains the active state of the mammalian HOXA cluster. *Nat Commun* 3, 818(2012).

[112] Song, C.X. *et al.* Selective chemical labeling reveals the genome-wide distribution of 5-hydroxymethylcytosine. *Nature Biotechnology* 29, 68-72(2011).

[113] Hon, G. C. *et al.* 5mC oxidation by Tet2 modulates enhancer activity and timing of transcriptome reprogramming during differentiation. *Molecular Cell* 56, 286-297(2014).

[114] Pastor, W. A. *et al.* Genome-wide mapping of 5-hydroxymethylcytosine in embryonic stem cells. *Nature* 473, 394-397(2011).

[115] Chen, H. *et al.* Effect of aging on 5-hydroxymethylcytosine in the mouse hippocampus. *Restor Neurol Neurosci* 30, 237-245(2012).

[116] Bradley-Whitman, M. A. & Lovell, M. A. Epigenetic changes in the progression of Alzheimer's disease. *Mech Ageing Dev* 134, 486-495(2013).

徐国良 中国科学院院士，中国科学院分子细胞科学卓越创新中心（生物化学与细胞生物学研究所）研究员。1985 年 7 月获浙江大学（原杭州大学）生物系学士学位，1988 年 8 月获中国科学院遗传研究所理学硕士学位，1993 年 3 月获德国马普分子遗传学研究所-柏林技术大学博士学位。1993 年 3 月～1994 年 7 月，德国马普分子遗传学研究所博士后；1994 年 8 月～1995 年 9 月，新加坡国立大学生命科学中心实验室主任；1995 年 1 月～2000 年 3 月，美国哥伦比亚大学遗传发育系博士后；2000 年 4 月～2001 年 7 月，美国哥伦比亚大学医学系博士后。2001 年 8 月起，任中国科学院上海生命科学研究院生物化学与细胞生物学研究所研究员。他在国外工作期间，主要从事 DNA 化学修饰和 DNA 甲基转移酶的研究。回国后，他主要研究 DNA 甲基化及去甲基化分子机制，探索 DNA 甲基化谱式在胚胎发育早期和配子发生过程中建立的机制，以及胚胎干细胞和成体干细胞自我更新与分化的机制。他领导的研究小组首次发现动物基因组中的 5-甲基胞嘧啶通过 Tet 双加氧酶的氧化作用转变成一种新的碱基修饰形式，即 5-羧基胞嘧啶，提出了 TET 双加氧酶和 TDG 糖苷酶介导的氧化碱基切除修复的 DNA 主动去甲基化通路，并且揭示了 TET 双加氧酶在哺乳动物表观遗传调控中的重要作用。相关研究成果两次入选"中国科学十大进展"（2011 年度、2016 年度）。至今在国内外相关学术刊物上发表学术论文 100 余篇，通讯作者论文 35 篇，申报并授权专利 3 项。

石雨江 美国哈佛大学医学院附属布莱根妇女医院（Brigham and Women's Hospital, BWH）副教授。1990 年获武汉大学生物化学学士学位，2000 年获佛罗里达大学发育生物学博士学位，2001～2005 年在哈佛医学院病理部施扬实验室完成博士后工作后，于 2005～2015 年任美国哈佛大学医学院附属布莱根妇女医院助理教授，随后任美国哈佛大学医学院附属布莱根妇女医院副教授。石雨江博士主要研究领域为：表观遗传学调控机制；DNA 甲基化的动态调控，TET 和 DNA 羟甲基化的生物学功能；LSD1 与疾病和脂肪代谢的关系。石雨江博士实验室目前主要涉及真核基因表达调控的新机制，试图了解染色质修饰的动态和协调变化，包括：组蛋白修饰和 DNA 甲基化（"表观遗传密码"）如何调节真核细胞中的基因表达；力求确定新型的表观遗传调控因子，并表征其在正常细胞分化和组织发育过程中控制表观遗传密码模式的作用；试图了解这些表观遗传过程的扰动如何导致复杂的人类疾病。石雨江博士目前已发表高水平论文 50 余篇，其科研成果主要发表于 *Cell*、*Nature*、*Cell Stem Cell*、*PNAS*、*Molecular Cell*、*Cell Report*、*Nature Chemical Biology* 等高质量学术期刊。

第4章 基因组印记

李夏军　蒋玮珺
上海科技大学

本章概要

　　基因组印记是一种亲代影响子代发育及其他性状的表观遗传现象。在亲代配子中建立的基因组印记标记通过受精卵传递到子代中，并能在子代的体细胞中稳定遗传。基因组印记涉及一类特别的基因，即印记基因，它们只选择性表达父本和母本一方来源的等位基因。印记基因具有由亲本来源决定的单等位基因表达的特性，在小鼠中已发现大约 200 个印记基因，其中多数同源基因在人类中被证明也是印记基因。大部分已知印记基因在染色体上是成簇存在的，这是印记基因的另一个特性。这些成簇存在的印记基因共同受一个叫做印记调控区（imprinting control region，ICR）的顺式作用元件的调控。这些 ICR 在母本或父本染色体上通常呈现差异性 DNA 甲基化。这些 ICR 上的差异性 DNA 甲基化通过受精过程可以被稳定遗传到子代，它们对相应印记基因簇内的所有印记基因的表达都起着调控作用。此外，印记基因簇中的 lncRNA、miRNA 和 piRNA 都可调控基因组印记。另外，近年来还发现了一些对基因组印记具有关键调控功能的蛋白质，包括 ZFP57、KAP1/TRIM28、PGC7 等。从进化上看，基因组印记只存在于有袋类动物、胎生哺乳动物和被子植物中，尤其在胎生哺乳动物中广泛存在。对于基因组印记起源目前有不少假说，比较流行的包括父母亲冲突假说、宿主抵抗病毒假说，以及由胚胎发育与生殖系统共进化而来等假说。目前发现的许多印记基因与个体生长、代谢、正常系统发育、个体行为等有关。基因组印记的紊乱可以导致一系列人类疾病，包括糖尿病、癌症和神经性疾病等。还有一些典型的由基因组印记失常引起的综合性疾病，包括 Prader-Willi 综合征、Angelman 综合征、Bechwith-Wiedemann 综合征、Russell-Silver 综合征等。因此，基因组印记的调控机制研究对于预防和治疗基因组印记失常引起的综合性疾病具有重大意义。

4.1　基因组印记概述

关键概念

- 印记化 X 染色体失活（imprinted X chromosome inactivation）是指小鼠胚外组织中父本来源的 X 染色体会选择性失活的现象。
- 单亲双体型（uniparental disomy，UPD）是指基因组中含有两份来自于同一亲本的一部分或一整条染色体。
- 印记基因是指一类由亲本来源决定的、选择性表达父本或母本来源的等位基因的基因。
- 基因组印记是指亲代配子形成过程中建立的基因组标记通过受精卵传递到子代体细胞中，从而影响子代基因表达的一种表观遗传现象。

4.1.1 历史回顾

1. 基因组印记的发现

基因组印记是一种亲代影响子代发育及其他性状的特殊表观遗传现象[1]。早在 20 世纪 30 年代就已发现在某些节肢动物的染色体遗传中，有一种根据亲本来源而选择性识别并丢失两条同源染色体中其中一整条染色体的现象。随后，印记（imprinting）这一术语就用来描述这种亲本中一条同源染色体被选择性去除的现象[2]。类似地，雌性哺乳动物中两条 X 性染色体的其中一条几乎完全失活，而另一条则不受影响。这是一种基因剂量补偿现象，使得大多数位于 X 染色体上的基因在雌性和雄性动物中表达量相当。在多数情况下，哺乳动物 X 性染色体的失活是随机发生的，但在小鼠胎盘中，父本来源的 X 性染色体会被选择性失活，而母本来源的 X 性染色体则保持激活状态[3]。这种选择性 X 染色体失活现象被称为印记化 X 染色体失活。

在 20 世纪 60 年代，通过研究体内含有染色体易位的突变体小鼠，遗传学家们发现父本和母本来源的同源染色体上特定基因序列对下一代个体发育生长有着不同的影响。这些携带染色体易位的突变体小鼠通常有两份来源于同一亲本的一部分或整条染色体。这些含有源自同一亲本的部分或整条染色体的基因型被称为单亲双倍体[4]。含有单亲双倍体的突变体小鼠会显示出与父本或母本来源有关的特异性表型，这就暗示某些基因只能从其中一条亲本来源的同源染色体上表达，而另外一些基因则只能从另一条亲本来源的同源染色体上表达，而且只有在父本和母本来源的两个染色体都存在的情况下，子代小鼠中与生长发育相关的所有必需基因才能适量正常表达。这也提示我们某些遗传物质具有由亲本来源决定的单等位基因表达的特性，这些基因在父本或母本来源染色体上的单等位基因表达对于小鼠的正常发育是至关重要的[5]。就在同一时期，遗传学家们利用一种具有"发夹-尾"表型的突变体小鼠也获得了类似的结果，他们发现小鼠 17 号染色体上存在着大片段 DNA 缺失，从而引起这种"发夹-尾"表型的出现[6]。如果从母本来源的 17 号染色体发生大片段缺失，这些具有"发夹-尾"表型的小鼠胚胎要比在父本来源的 17 号染色体上发生大片段缺失的小鼠胚胎体积要大。而且携带母本 17 号染色体大片段 DNA 缺失的"发夹-尾"小鼠胚胎，在胚胎中期会发生死亡，但含父本 17 号染色体大片段 DNA 缺失的"发夹-尾"小鼠胚胎却不会死亡，出生后可以正常发育并且成长为具有繁殖能力的小鼠。从此以后，父本来源和母本来源的等位基因存在着差异性表达并对子代生长发育发挥不同作用开始被普遍认同了，而等位基因差异性基因表达这个概念也被广泛接受和使用。

在 20 世纪 80 年代，两个不同的实验室用核移植技术重新构建小鼠受精卵，发现哺乳动物合子中父本和母本来源的单倍体基因组对于子代的发育都是必需的，它们可能存在不一样的印记标记。这是"印记"第一次被用来描述哺乳动物配子中存在的不同标记。核移植技术涉及从一个受精卵中取出雄原核或雌原核作为供体，然后将其注入已去除了其中的雌原核或雄原核而被作为受体的受精卵中。这个重新构建的受精卵若含有两个雄原核就叫做孤雄胚胎，若含有两个雌原核则叫做孤雌胚胎。如果把这两种胚胎重新植入母小鼠子宫内，对它们进行观察发现孤雄胚胎或孤雌胚胎着床后均不能存活。相反地，通过正常受精或经过重新构建包含一个雄原核和一个雌原核的受精卵则可以完成正常胚胎发育，出生后成长为成年个体并具有正常繁殖能力。这种核移植重构胚胎实验证明父本和母本来源的单倍体基因组是正常小鼠胚胎发育所必需的[7, 8]。在配子中建立的印记标记被遗传到下一代，使父本和母本来源的单倍体基因组差异性表达一些基因产物，这样受精卵才能正常发育成长为个体。因此，父本和母本来源的单倍体基因组对子代发育生长会有不同的作用。后来的研究发现有些基因只从父本染色体上的等位基因表达，而有些基因则只从母本染色体上的等位基因表达，它们的表达是由亲本来源决定的，也就是说某些基因具有由亲本来源决定的单等位基因表达的特性。这是由于亲本的单倍体基因组已包含一些标记使合子中一些基因只表达其中一个等位基因。这些由亲本来源决定的单等位基因表达的基因就被称为印记基因。

尽管印记基因这个概念在核移植实验后就存在了，但一直到 1991 年印记基因才在小鼠中被发现。第一个被发现的印记基因是具有母源等位基因特异性表达的类胰岛素生长因子 2 型受体（insulin-like growth factor type 2 receptor）基因 *Igf2r*。正是由于小鼠中这个 *Igf2r* 印记基因所在的染色体区域发生大片段缺失从而影响 *Igf2r* 印记基因的表达，才导致该突变体小鼠具有“发夹-尾”的表型[9]。几乎在同一个时期，另两个相关联的印记基因也被发现。它们分别是从父本染色体上等位基因表达的具有生长激素功能的类胰岛素生长因子 2 型（insulin-like growth factor type 2）印记基因 *Igf2* 和母源染色体上等位基因表达的非编码 RNA 印记基因 *H19*[10, 11]。至今，在小鼠基因组中已经发现了大约 200 个印记基因。目前普遍认为还有一些印记基因未被发现，但根据不同的研究推测总数不会太多。不过有些印记基因的单等位基因表达特性可能具有组织特异性，在有些组织或细胞中，其中一个等位基因特异性地表达，而在另外一些组织或细胞中两个等位基因同时表达或不表达。

2. 基因组印记的遗传

基因组印记是一种亲代中建立的表观遗传修饰，但却能影响子代生长发育和其他性状的特殊表观遗传现象[1]。这些印记标记是在亲本的配子形成过程中建立的，通过卵子和精子的结合而传递到受精卵中[12]。在受精卵发育成为胚胎及成体的过程中，这些印记标记通常是被稳定遗传的，即从配子获得的印记标记在子代的体细胞中能够维持不变。染色体上的印记标记是由染色体的亲本来源决定的，与性别无关。这些印记标记不受染色体复制和细胞分裂的影响，但在某些组织中或者在某个特定发育阶段，印记标记有可能缺失或被重新建立。在子代精子或卵子成熟过程中，这些从亲代获得的印记标记会被消除，随后在新生成的卵子和精子中建立与自身性别相对应的印记标记。这些新的印记标记通过子代的配子再传递给下一代受精卵，从而开启新一轮基因组印记的维持与重新建立的循环。

4.1.2　基因组印记的概念

基因组印记是指在亲代配子中建立的表观遗传修饰能够稳定传递到子代体细胞中调控子代基因表达的现象，这是亲本对下一代遗传信息调控的一种特殊表观遗传现象[1]。来自于父本精子的印记标记和来自于母本卵子的印记标记分别在子代的父源和母源染色体上稳定遗传，共同调节子代体细胞中印记基因的表达，使这些印记基因在子代体细胞中只表达父源或母源的等位基因。尽管两个等位基因都正常存在，印记基因由于受到亲本遗传到子代的表观遗传信息的调控只从其中的一个等位基因表达，而且通常在体细胞中稳定维持这个由亲本来源决定的单等位基因表达的特性。这种表观遗传现象与其他一些亲源遗传到子代的遗传现象是不一样的。例如，受精卵主要从卵母细胞获得线粒体基因，这是线粒体 DNA 遗传物质直接传递到子代，但线粒体上这些基因的表达是受线粒体基因组与所在细胞中细胞核的相互作用共同调控的，而不受母源基因组的影响。不同体细胞中这些线粒体基因的表达模式也可以发生变化。这些都与基因组印记通过配子传递表观遗传信息的现象有很大不同。

1. 基因组印记的特征

由亲本来源决定的单等位基因表达的特性是印记基因最重要的特征，也是所有印记基因具有的共性[13, 14]。有些印记基因是单个非成簇存在于染色体上的某一个区域，但这些单个存在的印记基因的表达也具有由亲本来源决定的单等位基因表达特性。即使自交品系小鼠中 DNA 序列在母源和父源两组染色体上几乎完全一样，这些自交品系小鼠仍然具有基因组印记这一表观遗传现象。这就提示调控单等位基因表达基因组印记标记的建立和获得一定发生在受精卵形成之前。后续的实验结果证明位于印记调控区的印记标记——DNA 甲基化确实是在配子形成过程中建立并通过配子传递给受精卵的，也就是说父源的印记标记是在精子形成过程中产生的，而母本染色体上的印记标记则是在卵子发生过程中建立的。亲代配子生成过程中建立的印记标记通过生殖细胞产生的精子和卵子传递到子代中，然后调控子代体细胞中印记基因的单等位基因表达。基因组印记的遗传与维持还具有这样的特征：配子生成过程中建立的印记标记一直被稳定地维持着，直到子代配子生成时期才会被消除。印记标记在新配子中建立后，不管是在刚形成的配子、刚结合形成的受精卵、合子、着床前胚胎、着床后胚胎、中期胚胎、晚期胚胎还是成体的体细胞中，都可以被稳定地维持下去。基因组印记的另一个特点是在子代性腺的配子生成过程中原来的印记标记先被全部擦除，然后再重新建立新的印记标记。这些新的印记标记会与卵子或精子相对应分别建立母源或父源的印记标记。这也就是说在父本或母本来源的染色体上遗传的印记标记在配子形成时首先都会被擦除，然后子代在精子生成过程中建立父源染色体上能够调控印记基因单等位基因表达的印记标记，而在卵子生成过程中建立母源染色体上能够调控印记基因单等位基因表达的印记标记。这就保证了受精以后的合子可以获得能够在体细胞中稳定遗传位于母源或父源染色体上的印记标记。

从现已发现的大约 200 个印记基因来看，大部分印记基因在染色体上是成簇存在的，每簇通常包含几个到一二十个印记基因（图 4-1），这是印记基因的另一个特性。这些成簇存在的印记基因共同受一个叫做印记调控区（imprinting control region，ICR）的顺式作用元件的调控。在这些成簇存在的印记基因群区内可以有非印记基因存在，它们的表达不受印记调控区的影响。到目前为止，已在小鼠的基因组中发现了 20 多个 ICR[15]，可能有些 ICR 还有待发掘。这些 ICR 通常包含有差异性 DNA 甲基化，分别位于母本或父本染色体上。这些 ICR 上的差异性 DNA 甲基化通过受精过程可以被稳定遗传到子代。它们控制相应印记基因簇内所有印记基因的表达，使其具有由亲本来源决定的单等位基因表达的特性（图 4-1，印记基因 A），而一些印记基因则是倾向表达其中的一个等位基因（图 4-1，印记基因 B）。

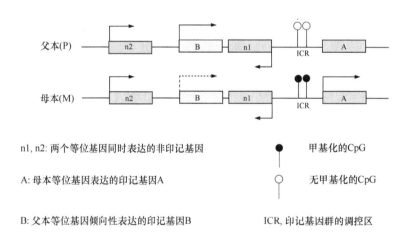

n1, n2: 两个等位基因同时表达的非印记基因　　　　●　甲基化的CpG

A: 母本等位基因表达的印记基因A　　　　　　　　　○　无甲基化的CpG

B: 父本等位基因倾向性表达的印记基因B　　　　　　ICR, 印记基因群的调控区

图 4-1　印记基因表达模式图

正是由于父本和母本染色体上的 ICR 存在差异表观遗传修饰，包括 DNA 甲基化和组蛋白修饰等，使得体细胞中这个印记基因簇内两条染色体上等位基因的表达量不一致（图 4-1）。有些印记基因只从父本染色体上的等位基因表达，而另一些则只从母本染色体上的等位基因表达。当然，有些印记基因是倾向性表达其中的一个等位基因。这样就达到了由亲本来源决定的印记基因单等位基因表达的结果。

尽管 DNA 甲基化修饰在许多情况下会抑制基因的表达，然而在印记基因簇内的 ICR 区域 DNA 甲基化不能认为只是一种简单的用来抑制基因表达的调控模式。事实上，两个同源染色体上 ICR 中存在的差异性 DNA 甲基化，可以使受这个 ICR 调控的两个同源染色体上同一个印记基因簇内既有被沉默又有被激活的印记基因，并且同样位于这个印记基因簇内的那些非印记基因的表达却与这个 ICR 中存在的差异性 DNA 甲基化无关。因此，ICR 上的 DNA 甲基化与非印记基因区域的 DNA 甲基化不同，后者一般被用来抑制非印记基因的表达。当然，理论上有这样一种可能是，DNA 甲基化抑制了原本用来沉默某些印记基因调控因子的表达，从而使通常被这些沉默调控因子抑制的印记基因开始转录表达。但这样的例子即使存在，也应该不常见，目前还没有报道。在后续的多项研究中，研究者们又发现一些印记基因簇内至少包含一个表达长非编码 RNA（lncRNA）的基因，这个 lncRNA 能够调控这个印记基因簇内所有印记基因的表达。这种由 lncRNA 诱导的印记基因调控机制会在下面的章节中更加详细地解析说明。

2. 具有基因组印记的物种

从物种进化角度来看，基因组印记主要存在于高等哺乳动物和高等被子植物中。到目前为止，基因组印记在有袋类动物、胎生哺乳动物和被子植物中被发现是广泛存在的[16,17]。此外，无脊椎节肢动物中也可能有类似于基因组印记选择性缺失染色体这种现象[13]。所以，基因组印记这种现象在物种分类上是不连续分布的，这就暗示基因组印记在进化过程中很有可能存在着数次独立发生的情况。尽管如此，这些不同物种中存在的基因组印记有一些相似之处，包括同源印记基因之间 DNA 序列及功能的保守性，印记基因维持与调控机制也存在着相似的地方。这一方面说明了基因组印记对于高等生物生殖和个体发育是很重要的，它能确保有性繁殖在高等动植物生殖中起着主导作用；另一方面，这也可能反映了这些保守的印记基因及其调控机制是正常生物个体发育所必需的，过度表达或缺失都会影响正常胚胎和个体发育。

3. 基因组印记的生物学意义

自从基因组印记这个现象被发现以来，其一直处于表观遗传学研究的前沿，也是表观遗传学研究很好的模型。在同一个细胞里，印记基因的两个同源基因一个表达，另一个却被沉默了，这样一种由亲本来源决定的单等位基因表达调控机制一直悬而未决。除了印记基因以外，还有许多基因也有单等位基因表达的特性，其中包括哺乳动物中的一条 X 性染色体随机失活导致位于 X 性染色体上 2000 多个基因中的大部分基因只从另外一条没有失活的 X 性染色体上的等位基因表达。尽管 X 染色体失活在小鼠胎盘中是印记化的，与印记基因的表达类似，但随机性 X 染色体失活导致单等位基因表达现象与印记基因这种由亲本来源决定的单等位基因表达是不一样的。其他随机性单等位基因表达的基因有识别抗原的免疫受体基因、免疫球蛋白基因、识别嗅觉的受体蛋白基因，以及其他一些往往具有组织特异性和随机性的单等位基因表达基因等。深入了解基因组印记及其调控机制会有助于了解其他单等位基因表达基因的调控机制及其他一些表观遗传现象可能存在的调控机制，所以自从发现后的近 40 年来基因组印记一直是表观遗传研究的一个重要研究方向。基因组印记本身的生物学意义及起源一直备受关注，并且伴随着诸多争论。其中一个主要问题是基因组印记的产生似乎与单倍体生物到双倍体的进化过程是自相矛盾的。在物种进化过程中，二倍体生物比单倍体生物具有很多优势而被选择保留下来，可为什么二倍体的高等动植物会舍弃二倍体基因组特有的优势性状而在进化过程中选择或保留了这种单等位基因表达的特性？通常情况下，单倍体生物一旦发生有害基因突变就更容易因为这个基因突变所引发的不利性状而被选择性淘汰。与此相反，二倍体生物即使一个等位基因发生有害基因突变，但由于另外一个等位基因还是正常的，这就常常能够避免一个有害基因突变导致不利性状而使个体被选择性淘汰。为了回答这个在进化上似乎是发生了倒退的问题，现在已经有不少假说来解析基因组印记的发生、生物学功能和进化过程。事实上，目前还没有一个假说能很好地解析基因组印记的这些问题。值得我们关注的是，多数印记基因的基因产物可能影响子代胚胎生长和新生儿发育，因此基因组印记的发生可能与二倍体生物有性生殖（作为高等动植物唯一的生殖方式）的起源存在一定的内在联系。

4.2　小鼠的印记基因

关键概念

- 印记基因的数量：目前在小鼠中发现了大约 200 个印记基因，它们多数在人类基因组里是保守存在并且也是印记基因。
- 印记基因的种类：已知的印记基因可以表达各种蛋白质或多种非编码 RNA（ncRNA）。
- 印记基因群区或印记基因簇：大部分已知的小鼠印记基因在小鼠染色体上是成簇存在的，分布于各个染色体上20多个印记基因群区。每个印记基因群区内的印记基因共同受一个印记调控区的调节。
- 单个印记基因：有些印记基因是单独存在于染色体上的某个区域。

4.2.1　小鼠印记基因的组成

1. 小鼠印记基因的数量

小鼠基因组里印记基因的总数目前还不完全清楚。现在已经在小鼠中发现了大约 200 个印记基因[1]。但是不同的研究对此有不同的结论，从几百个印记基因到几千个不等。造成这种比较混乱的情况与不同的研究采用不同的方法和计算模型来预测有关，再加上有些印记基因表现出组织特异性的现象，还有一些印记基因是倾向其中一个等位基因表达，这就使我们很难对印记基因的数目进行非常准确的预测。尽管如此，现在比较一致的看法是小鼠印记基因总数预计应在几百个左右[18]。

2. 小鼠印记基因的种类

从 200 个已知的小鼠印记基因来看，有些只从父本染色体上的等位基因表达，有些只从母本染色体上的等位基因表达[1]。也有些两个等位基因都有所表达，不过其中一个等位基因的表达量要明显高于另一个等位基因。这些已知的印记基因的编码产物包括生长因子、生长因子受体、结构蛋白等。除此以外，很多印记基因的基因产物是非编码 RNA，如 miRNA、snoRNA、lncRNA 等[13]。

4.2.2　小鼠印记基因的分布

1. 小鼠印记基因染色体上的分布

这 200 个已知的小鼠印记基因大部分在小鼠染色体上是成簇存在的，分布于各个染色体上 20 多个印记基因群区。每个印记基因群区内的印记基因共同受一个印记调控区的调节，也就是说它们的表达与位于同一个印记基因群区内其他印记基因的表达是相互关联的。不过也有些印记基因是单个存在于染色体上的，它们的表达调控不受其他印记基因的影响。它们的调控机制与印记基因群区的调控方式可能是不一样的。现在已在小鼠基因组里发现了 24 个印记基因簇，包括 *Peg1*、*Peg3*、*Peg5*、*Peg10*、*Snrpn*、*Igf2r*、*Zac1*、*Kcnq1otl*、*Igf2-H19*、*Dlk1-Dio3*、*Rasgrf1* 等已被广泛研究的印记基因群区[13, 15]。这些位于同一个印记基因群区内成簇出现的印记基因通常受一个共同的印记调控区和这个调控区所携带的差异 DNA 甲基化的调节。下面以 *Dlk1-Dio3* 印记基因群区域作为例子，介绍印记基因在染色体上一个比较典型印记基因群区的分布情况（图 4-2）[1]。

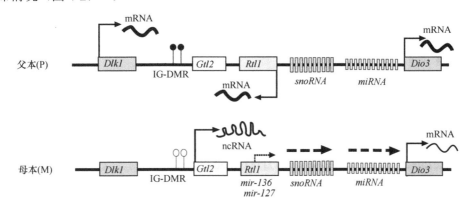

图 4-2　*Dlk1-Dio3* 印记基因群区分布模式图

　　Dlk1-Dio3 印记基因群区位于小鼠 12 号染色体上[19]。在这个区域的印记基因包括从父本染色体上表达的 *Dlk1*、*Rtl1*、*Dio3*、*Begain* 这四个印记基因和从母源等位基因表达的 *Gtl2*、*Mirg*、*Rian* 等印记基因（图 4-2）。它们共同受位于 *Dlk1* 和 *Gtl2* 这两个印记基因之间的叫做 IG-DMR 的印记调控区（ICR）的调控。这个 ICR 的差异性 DNA 甲基化印记标记是在精子生成过程中建立在父本染色体上的，在受精以后的合子及之后发育的胚胎及个体的组织器官中，IG-DMR 上的 DNA 甲基化印记标记依然维持在父本染色体上，而在母本染色体上的 IG-DMR 是没有甲基化的。如果缺少 ZFP57，胚胎中 IG-DMR 的差异性 DNA 甲基化就会减少，从而影响 *Dlk1-Dio3* 印记基因群区所有印记基因的单等位基因表达特性[20]。DLK1 是一个含有表皮生长因子功能区的蛋白质，它可以是一个穿膜蛋白或是一个分泌到细胞外的蛋白质（图 4-2）。其他三个父源表达的 RTL1、DIO3 和 BEGAIN 也都是蛋白质。*Gtl2* 是一个具有许多转录异构体的长非编码 RNA（lncRNA）。在 *Dlk1-Dio3* 这个区域中，其他母源表达的印记基因的产物也都是非编码 RNA（ncRNA），其中 *Mirg* 是一个含有 50 多个 miRNA 的非编码 RNA 前体[21]。母源表达的 *Rian* 包含 42 个核仁小 RNA（small nucleolar RNA，snoRNA）[21]（图 4-2）。有报道发现，在小鼠神经干细胞中 *Dlk1-Dio3* 印记基因簇簇内的这些印记基因的两个等位基因同时表达，失去了单等位基因表达的特性。另外，在小鼠胚胎中母源染色体上的 *Dio3* 等位基因也会表达，只不过比父源染色体上的 *Dio3* 等位基因表达量要低许多。所以，这个 *Dio3* 印记基因是父本等位基因倾向性表达（图 4-2）。

2. 小鼠印记基因的组织特异性

　　许多印记基因的单等位基因表达的特性从胚胎期一直保持到成年，它们在所有体细胞中都具有由亲本来源决定的单等位基因表达的特性。但是有些印记基因只在某些组织中是单等位基因表达的，在其他组织里它们的两个等位基因都同时表达或同时不表达[1, 14, 18]。一些印记基因只在胎盘里具有单等位基因表达的特性，在胚胎或其他成体组织中两个等位基因都同时表达或同时不表达。有些印记基因的一部分转录同工异构体在某些组织或发育阶段会显示单等位基因表达的特性，但另一些转录同工异构体就显示两个等位基因同时表达的现象。也有报道显示在神经干细胞中 *Dlk1-Dio3* 印记基因簇的印记调控会变得松弛，这个 *Dlk1-Dio3* 印记基因群区内印记基因的两个等位基因可以同时表达[22]，这也正是导致准确计算印记基因的总数比较困难的原因之一。

4.3 基因组印记的调控

- 印记调控区（imprinting control region，ICR）：指位于某个印记基因群区负责调控这个群区内所有印记基因单等位基因表达特性的区域。
- 差异性甲基化区（differentially methylated region，DMR）：父本和母本来源染色体上显示不同甲基化程度的区域被称为差异性甲基化区。每个 ICR 通常包含至少一个 DMR。
- 印记基因调控的主要因子：ZFP57、ZNF445、KAP1/TRIM28、PGC7、N10aap 等。
- KRAB 盒子锌指蛋白（Krüppel associated box zinc finger protein）家族：含有多个 C2H2 型锌指功能区和一个能够结合转录中介因子 KAP1/TIM28 的 KRAB 盒子功能区。这个蛋白质家族在小鼠和人类基因组中各有近 400 个 KRAB 盒子锌指蛋白，其中包括 ZFP57 和 ZNF445。
- 母源效应（maternal effect）：遗传学上把母体遗传的基因产物对子代的影响叫做母源效应。
- 合子效应（zygotic effect）：遗传学上把合子中表达的基因产物对子代的影响叫做合子效应。
- 母源-合子效应（maternal-zygotic effect）：母体下传的和合子表达的基因产物在子代中相互重叠和功能互补，只有同时缺失时子代才有表型，遗传学上把这种现象叫做母源-合子效应。

4.3.1 印记基因群区的调控

1. 印记调控区的定义

在小鼠的基因组中已发现了约 200 个印记基因，其中一半以上在人类的基因组中被证明也是印记基因。大多数已知的印记基因是成簇排列，分布在不同的染色体上的 20 多个印记基因群区。而这些印记基因群区内由亲本来源决定的单等位基因表达的所有印记基因是受每个印记基因群区内一个叫做印记调控区的顺式调控元件控制的[1, 13, 23]（图 4-1）。有意思的是，这些印记基因簇内也包含一些非印记基因，而这些非印记基因的两个等位基因可以同时表达或同时不表达，完全不受这个 ICR 的调控，也不受这个印记基因群区内显示出单等位基因表达特性的邻近印记基因的影响。

ICR 可以是位于染色体上两个基因之间的一段非编码 DNA 序列，也可以是位于这个印记基因簇内的某个印记基因内部或邻近的转录调控区。每个 ICR 存在着若干或许多个可被甲基化的 CpG 位点，这些 CpG 位点通常只在父本或母本染色体上的其中一个 ICR 发生甲基化。每个 ICR 上 CpG 位点的甲基化是在精子或卵子生成过程中建立的，然后通过受精过程传递到合子和子代的胚胎及成体中。现已证明这些 CpG 位点的差异性 DNA 甲基化对维持基因组印记标记和由亲本来源决定的单等位基因表达的特性有着不可或缺的作用。在已知的 20 多个印记基因簇，正是由于二倍体中两条染色体上两个 ICR 所含这些 CpG 位点的差异性甲基化而导致了这些印记基因簇内的印记基因只从其中的一个等位基因表达。每个 ICR 作为印记基因簇的一个顺式调控元件，一般情况下可以调节簇内所有印记基因的表达，它的作用范围甚至可以达到 3000kb 以外，控制这个印记基因群区内的外围印记基因单等位基因表达特性。有证据表明 ICR 调控力的强弱可能与被调控的印记基因和 ICR 的距离有关，距离越远，相对调控就越弱，即距离 ICR 近的印记基因可能只从一个等位基因表达，而距离 ICR 比较远的印记基因有可能两个等位基因都可以表达，只不过其中的一个等位基因比另一个等位基因的表达量要高。在 *Dlk1-Dio3* 印记基因群区，*Dio3* 这个印记基因由于离印记调控区 IG-DMR 的距离很远，因而不是严格地只从一个等位基因表达。也就是说，印记基因的其中一个等位基因可以倾向性表达，这种现象是由亲本来源决定的。现在有关 ICR 的具体作用机制尚未完全研究清楚，而且不同的 ICR 之间的调控机制确实存在许多差异。下面我们会对一些研究得比较透彻的印记基因簇进行分析，希望能够通过研究它们的调控机制对可能存在的一些类似机制进行归纳总结，也使我们对印记基因组的调控和进化及其生物学意义有更深入的理解。

2. 差异 DNA 甲基化区域

一般情况下，位于 ICR 上的 CpG 位点在父本和母本染色体上的甲基化是不一样的[12]。通常只有其中一条染色体上 ICR 的 CpG 位点是甲基化的，而另外一条染色体上 ICR 的 CpG 位点则没有甲基化（图 4-1）。我们把包含这些父本和母本染色体上 CpG 位点显示不同甲基化程度的区域称为差异性甲基化区（differentially methylated region，DMR）。如果这种差异性甲基化是在配子时期建立在父本或母本染色体上，然后通过配子传递给子代，那它就被称为是从生殖系统得到的配子 DNA 甲基化印记标记；而包含配子甲基化印记的这段区域就叫配子 DMR（gametic DMR，gDMR），也叫做一级 DMR（primary DMR）。与之相对的是二级差异性甲基化区域或二级 DMR（secondary DMR），又被称为体细胞 DMR（somatic DMR，sDMR）。二级 DMR 的特点是它的甲基化是在受精之后才形成的，而且它的差异性甲基化一般是受一级 DMR 影响的。二级 DMR 通常位于 ICR 以外的印记基因簇所在区域，它只影响与二级 DMR 邻近的那些由亲本来源决定的单等位基因表达的印记基因。如果一级 DMR 的差异性甲基化发生缺失，二级 DMR 也随之受到影响，它的差异性甲基化一般也就不能被维持。根据所有已知 20 多个 ICR 的分析结果，对于印记基因簇上这些由亲本来源决定的单等位基因表达印记基因起主要调控作用的是这个印记基因簇中位于 ICR 上的一级 DMR，而二级 DMR 则能够辅助一级 DMR 共同调控这个印记基因簇内某些邻近印记基因的表达。

3. 印记调控区的组蛋白标记

根据上一节的讨论，从生殖细胞继承而来的位于父本或母本染色体上 ICR 的差异性 DNA 甲基化是已发现的、与成簇存在的印记基因遗传有关的最重要印记标记。ICR 的差异性 DNA 甲基化也是维持这个印记基因簇内所有印记基因由亲本来源决定的单等位基因表达特性的一个主要因素。除了差异性 DNA 甲基化以外，父本和母本染色体上的 ICR 还有其他的印记标记可以调控这个印记基因簇内一些印记基因的表达。个别情况下甚至 ICR 没有差异性 DNA 甲基化却仍然可以维持一些印记基因由亲本来源决定的单等位基因表达特性。

染色体主要是由 DNA 和组蛋白组成的，二者之间有着非常紧密的关系。它们共同在基因转录和表观遗传调控中发挥着协同的作用。当某段 DNA 序列处于活化、易于结合转录因子的情况下，与这段 DNA 序列相结合的组蛋白也常常包含处于活化状态的组蛋白表观遗传修饰。活化的 DNA 和组蛋白修饰使得这段 DNA 的染色体结构较为松散。如果某一段 DNA 处于一种被抑制的状态，那么这段 DNA 上的组蛋白也相应地包含抑制性组蛋白修饰。这样，这段 DNA 上的染色体会发生固缩，不利于结合转录激活因子和之后的基因表达。这些染色体结构与基因表达之间的相互关系也同样适用于基因组印记。当染色体上的 ICR 含有甲基化的 CpG 位点时，这个 ICR 的组蛋白修饰也多为抑制性修饰，其中包括常见的 H3K9me2、H3K9me3、H3K27me3 等，并且这个 ICR 上的组蛋白乙酰化程度也会比较低。这些都使这个 ICR 区域的染色体结构紧密而不利于转录激活因子的结合和相关基因的表达。相反地，当某个染色体上的 ICR 没有甲基化的 CpG 位点时，这个 ICR 的组蛋白修饰就多是活跃性的组蛋白修饰，从而促进邻近基因的转录表达，如 H3K4me3、H3K36me 等。与此一致，这个 ICR 的组蛋白乙酰化程度也比较高，导致相应 ICR 区域的染色体结构变得松散而有利于基因的表达。

DNA 甲基化与组蛋白修饰是相辅相成的关系。当 DNA 甲基化程度发生变化时，组蛋白修饰往往也会随之改变。同样地，组蛋白修饰的变化也会诱导 DNA 甲基化发生改变。因此，一般情况下很难判断哪一种修饰更加重要，发挥着主要的调控作用。在很长一段时间里，ICR 的差异 DNA 甲基化被认为是唯一会影响印记基因簇内所有印记基因表达与调控的印记标记。但近来有些研究发现在缺乏 ICR 的差异性 DNA 甲基化情况下仍能维持印记基因的表达特性，并且某些组蛋白修饰，如 H3K27me3 被证明是一种独立于 DNA 甲基化的印记标记而能维持某些印记基因的表达，尤其是单个存在的印记基因。所以，组蛋白修饰可能在基因组印记的调控中起着非常重要的作用，这也将会随着研究深入而逐渐地被揭示。

4.3.2　印记调控区印记标记的消除、生成和维持

1. 生殖系中旧印记标记的消除

基因组印记是子代继承父母在生殖细胞生成过程中分别建立在父本和母本染色体上的印记标记的表观遗传现象。这些印记标记在子代的体细胞中可以被稳定地维持与遗传，但在子代的生殖腺中从亲代继承的印记标记就需要被擦除（图 4-3）。当这些亲本来源的旧印记标记被完全清除之后，才能在新生成的配子中建立新的印记标记。这种旧印记标记的完全被擦除现象只局限于在生殖系统中发生。

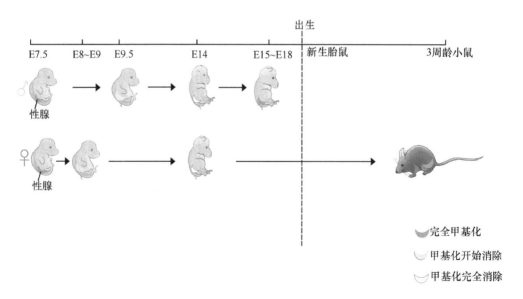

图 4-3　小鼠生殖腺中的印记标记擦除与重建过程

当胚胎的性腺开始产生配子时，所有染色体上的印记标记，包括位于 ICR 上的差异性 DNA 甲基化就会被擦除。目前的研究结果表明，除了生殖细胞中一部分 ICR 的部分差异性 DNA 甲基化是在 TET

家族去甲基化酶作用下被主动性去除以外，大部分 DNA 甲基化的消除是细胞分裂过程中被动性消除的。在生殖细胞旧印记标记的主动性擦除过程中，TET 蛋白可以将甲基化 DNA 上的 5-甲基胞嘧啶（5mC）氧化成为 5-羟甲基胞嘧啶（5hmC），然后经过一系列反应又被转变为无甲基化的胞嘧啶（C），这样就达到了甲基化 DNA 被去甲基化的结果。被动性 DNA 去甲基化，则是在 DNA 复制与细胞分裂过程中，由于缺少足够的维持型 DNA 甲基化酶活性，产生半甲基化 DNA，随着细胞再次分裂进一步产生无甲基化 DNA，从而被逐步稀释并最终完全消失。维持 DNA 甲基化一般需要 DNA 甲基转移酶 DNMT1 的参与才能完成，但在某些情况下 DNMT3A 和 DNMT3B 也有维持 DNA 甲基化的能力。在小鼠中，印记擦除会在原始生殖细胞（primordial germ cell，PGC）迁移至性腺以后不久就开始，当小鼠胚胎发育到第 10～12 天就大量地被擦除，至第 14 天胚胎时期旧印记标记在生殖细胞中就已基本完全被擦除。除了生殖细胞以外，印记标记在子代胚胎的体细胞、子代和母本来源的胎盘中一般都保持不变，继续维持从亲本获得的印记标记。在旧印记标记被完全擦除后，生殖细胞才能建立包括 DNA 甲基化在内的新印记标记。

2. 生殖细胞中新印记标记的生成

由于雄性和雌性的配子形成过程存在很大的差异，新印记标记在精子和卵子生成过程中的建立也大不相同。以小鼠为例，父本和母本的新印记标记在形成时间和数量上存在着明显差别（图 4-3）。从形成时间上来看，雄性新印记标记的建立大致在胚胎发育到第 15 天至第 16 天胚胎期开始，到第 17 天至第 18 天的胚胎期就已基本结束。一部分小鼠母本的新印记标记在胚胎发育到第 15 天至第 16 天胚胎期就会在雌性的生殖细胞中开始建立，但是大部分小鼠母本新印记标记要等到新生胎儿时期才开始大量建立，一直到小鼠新生胎儿出生后的 2～3 周才能完成母本新印记标记的建立[24]。因此，雄性新印记标记的建立是在相对较短的时间内完成，而雌性新印记标记的建立过程则时间漫长。这也许与精子和卵子减数分裂及形成过程不一样有关。从数量上来看，目前已发现的 20 多个 ICR 上的差异性 DNA 甲基化大部分是卵子形成过程中重新建立在母本染色体上的，而只有 3 个 ICR 的差异性 DNA 甲基化是在精子生成过程中建立在父本染色体上的[25]。

在新印记标记建立过程中，与 DNA 甲基化修饰有关的新生 DNA 甲基化转移酶和一些参与组蛋白修饰的酶都发挥了重要的功能。在此，我们重点介绍与 DNA 甲基化印记标记建立有关的 DNA 甲基化转移酶（DNA methyltransferase，DNMT）。DNMT 按其功能的不同分成两类：一类是能够维持和修复现有 DNA 中已经被甲基化的 CpG 位点的 DNA 甲基化转移酶 DNMT1；另一类则是能将 DNA 的 CpG 位点从头甲基化的 DNMT3A、DNMT3B 和 DNMT3L。在哺乳动物中，DNMT3A 和 DNMT3B 能将一个甲基的基团从供体直接转移至位于每个 ICR 区域 CpG 位点上的胞嘧啶，而 DNMT3L 本身却没有 DNA 甲基化转移酶的活性。DNMT3L 可以与 DNMT3A 和 DNMT3B 相结合，增强 DNA 甲基化转移酶的活性，使得 DNA 甲基化能够更快进行。当这三种 DNMT 甲基化转移酶缺失时，生殖细胞中的新生 DNA 甲基化印记就不能被建立[26, 27]。DNMT1 可以防止由于 DNA 扩增导致的现有 DNA 甲基化被逐步稀释而发生被动性 DNA 去甲基化。如果没有 DNMT1 来维持现有的 DNA 甲基化，位于 ICR 区域 CpG 位点上的差异性 DNA 甲基化随着 DNA 扩增和细胞分裂将渐渐被稀释，直到最后消失。所以，DNMT1 可能在配子中对于维持新建立的 DNA 甲基化印记也同样具有重要的功能。

有报道发现组蛋白 H3K4me 可以抑制 DNMT3L 与组蛋白 H3 的尾端结合[28]。这暗示 ICR 上的组蛋白 H3K4me 可能会参与调节 ICR 上 DNA 甲基化的建立。也有研究发现组蛋白去乙酰化酶 HDAC 与 DNMT3A 的结合可以促进母本染色体上的 ICR 获取 DNA 甲基化。这些都表明某些组蛋白修饰在配子生成过程中参与调控新印记标记的建立。

3. 生殖细胞印记标记的顺式作用元件

如上所述，ICR 是引导新印记标记建立在印记基因群区的最主要顺式作用元件。在生殖细胞生成配子过程中，卵子的母本染色体和精子的父本染色体上将分别建立对应的包括 DNA 甲基化在内的印记标记。目前为止，只发现了 3 个建立在父本染色体上 DNA 甲基化印记标记的 ICR，而大部分 DNA 甲基化印记标记是建立在母本染色体上的 20 多个已知 ICR 区域。除了 ICR 这些顺式作用元件以外，另外有一些顺式作用元件也可能会影响印记标记的建立。例如，有报道称 ICR 中 CpG 位点的距离对母本染色体上 DNA 甲基化的建立有影响；也有报道称当顺式转录过程经过 ICR 的差异性 DNA 甲基化区域时，则有利于母本染色体上的 ICR 建立新的 DNA 甲基化印记标记。

4. 体细胞中印记标记的维持

新的印记标记一旦在个体的配子生成过程中建立起来，就不会在该个体的生殖腺中再次被擦除。它在受精卵、合子、合子发育成的胚胎和成体的体细胞中亦能被很好地维持着。这也是基因组印记遗传一个非常重要的特征。新印记标记的维持主要依赖于 DNMT1 防止被动性的 DNA 去甲基化。在细胞进行有丝分裂时，DNMT1 的这个功能使子代染色体具有与亲代染色体相同的 DNA 甲基化模式，从而使基因组印记在体细胞中能够稳定地维持和遗传[29]。

5. 印记标记的循环与遗传

从生殖细胞开始，一般情况下印记标记会经历被擦除、重新建立、继承、稳定维持和再被擦除这样的循环（图 4-4）。在这个循环过程中，位于 ICR 区域的印记标记分别在母本或父本染色体上遗传和维持，一直传递到生殖细胞中，并在生殖细胞生成过程中被完全擦除。即使在早期胚胎的全基因组去 DNA 甲基化过程中，印记标记包括 ICR 的差异性 DNA 甲基化仍然在受精卵和子代胚胎中稳定地维持。在小鼠的原

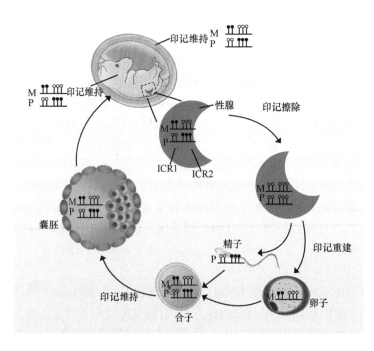

图 4-4　印记标记的循环与遗传

始生殖细胞（primordial germ cell，PGC）迁移至性腺以后，从亲本遗传继承的旧印记标记就开始被擦除（图 4-3）。这个擦除过程在小鼠胚胎发育到第 10～12 天的胚胎期是最活跃的，至第 14 天时这个擦除过程就基本完成。小鼠父本染色体上的新印记标记建立大致在胚胎发育到第 15 天至第 16 天的胚胎时期就开始在精子生成过程中建立，等到胚胎发育到第 17 天至第 18 天胚胎时期就已结束。而小鼠母本染色体上的印记标记则一直在卵子生成过程中进行，大部分是要等到新生胎儿中才开始建立，一直到出生后的第 2～3 周，才能够在卵子中完成建立在母本染色体上的印记标记。

之后通过受精，受精卵继承了精子中建立在父本染色体上的印记标记和卵子中建立在母本染色体上的印记标记（图 4-4）。印记标记的一个特点是它在体细胞中能够稳定遗传。即使在早期胚胎大规模的表观遗传标记被清洗时，ICR 上差异性 DNA 甲基化仍然被稳定地维持着，一直能保留到体细胞中而不被擦除。在这个早期胚胎的全基因组 DNA 去甲基化过程中，一些转录因子包括 ZFP57、ZNF445 和 PGC7 都是维持 DNA 甲基化印记标记所必需的。它们维护一些 ICR 区域的差异性 DNA 甲基化和其他印记标记，从而使这些印记标记能够稳定遗传，传递到着床前后的胚胎，以及后来的胎儿和成体的体细胞中。一般而言，只有在性腺的生殖细胞中，这些印记标记才会被再次擦除和重新建立。

4.3.3 主要调控因子

1. 母源效应、合子效应和母源-合子效应

已有很多实验证明上一代的遗传信息可以影响下一代的正常发育。在低等动物发育过程中，母亲的基因产物可以通过卵子传递到下一代的合子中（图 4-5），这些基因的产物对下一代的合子发育有很大的影响。遗传学把母体遗传的基因产物对子代的影响叫做母源效应（maternal effect），而把在合子中表达的基因产物对子代的影响叫做合子效应（zygotic effect）。遗传学的研究表明母体下传的和合子表达的基因产物可以同时对子代个体的发育发生作用，只有在两种基因产物同时缺失时才可以看到子代个体的表型，也就是说母体下传的和合子表达的基因产物在子代中相互重叠和功能互补。在遗传学上把这种现象叫母源-合子效应（maternal-zygotic effect）[30]。基因组印记的一个主要调控因子 *Zfp57* 基因就具有母源-合子效应[20]，这是第一个在哺乳动物中发现的具有母源-合子效应的基因。在此之后，另外一些重要基因研究中也发现存在这种母源-合子效应，其中包括与全能性干细胞维持有关的 *Oct4* 和维持 DNA 甲基化的 DNA 甲基转移酶 *Dnmt1*[29,31]。有意思的是，与基因组印记维持有关的另外一个基因 *Kap1* 也被发现有母源-合子效应[32, 33]。

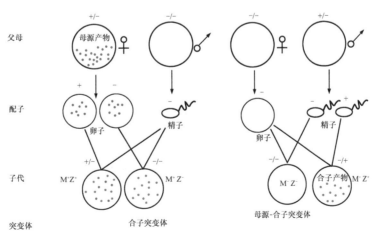

图 4-5 母体的基因产物通过卵子传递到下一代

2. ZFP57

KRAB 盒子锌指蛋白（The Krüppel associated box zinc finger protein）是哺乳动物中最大的转录调控因子家族之一，在小鼠和人类基因组中均发现有将近 400 个 KRAB 盒子锌指蛋白。ZFP57 作为其中的一员，对于维持基因组印记具有十分重要的作用[20, 34]。ZFP57 含有多个 C2H2 型锌指功能区，通过这个锌指功能区，它能识别 ICR 上特异甲基化 DNA 序列。ZFP57 的 KRAB 盒子功能区能够结合转录中介因子 KAP1，然后招募 DNMT，从而维持大多数已知 ICR 上的差异 DNA 甲基化和对应印记基因群内由亲本来源决定的印记基因的单等位基因表达特性[35, 36]。这使得印记标记在早期胚胎的全基因组大规模表观遗传清洗中得以保存下来。人类的 ZFP57 蛋白也能维持多个 ICR 上的差异 DNA 甲基化和对应印记基因群内由亲本来源决定的印记基因的单等位基因表达特性，它的基因突变可以导致多种人类疾病，包括新生儿瞬时糖尿病和心血管疾病[34]。小鼠和人类的 ZFP57 蛋白分别有 5 个和 7 个典型或非典型锌指[37]。小鼠和人类 ZFP57 蛋白的氨基酸序列只有大约 50% 是相同的。尽管如此，它们具有类似的机制，可以相互替换维持基因组印记[37]。小鼠的 Zfp57 是一个具有母源-合子效应的基因。母鼠通过卵子将母源 Zfp57 基因产物传递到合子中，然后与合子自身产生的 Zfp57 基因产物共同在胚胎中维持基因组印记和正常胚胎发育[20]。如果母源遗传的和合子特有的 Zfp57 基因产物同时缺失，ICR 的差异性 DNA 甲基化就会消失，导致 ICR 内印记基因的表达失常。这会阻碍 NOTCH 信号通路传递和其他遗传信息的表达，引发心脏发育缺陷和其他潜在的器官组织发育异常[38]。

3. ZNF445

最近发现的 ZNF445 与 ZFP57 类似，能够维持多个印记基因群区内 ICR 的差异性 DNA 甲基化[39]。它也是一个 KRAB 盒子锌指蛋白[40]。ZNF445 与 ZFP57 有部分重叠和互补的功能，共同维持大多数已知 ICR 上的差异性 DNA 甲基化等印记标记。ZFP57 和 ZNF445 这两个 KRAB 盒子锌指蛋白的发现证明了这类因子在基因组印记调控中的核心作用。

4. KAP1/TRIM28

KAP1 是一个支架蛋白，又叫 TRIM28 或 TIF1β[41]。KAP1/TRIM28 通过 RBCC 螺旋结构区（ring B-box coiled coiled domain）与 KRAB 盒子锌指蛋白的 KRAB 盒子功能区结合，其中包括 ZFP57 和 ZNF445 的 KRAB 盒子功能区[20, 39]。ZFP57 通过与 KAP1 的结合招募 DNMT 甲基化转移酶，然后才能在体细胞中维持各个 ICR 的差异性 DNA 甲基化[35]。与 ZFP57 一样，KAP1 在小鼠胚胎里也同时具有母源遗传的和合子表达的基因产物，它也显示出母源-合子效应[32, 33]。KAP1 的缺失会导致 ICR 差异 DNA 甲基化的消失。

5. PGC7

PGC7 是几乎与 ZFP57 同时发现的能够调控基因组印记的一个蛋白质。Pgc7 在小鼠胚胎中也有母源效应[42]，它的缺失会导致许多 ICR 差异 DNA 甲基化的部分缺失[43]。有报道称 PGC7 通过与母源染色体上含有 H3K9me2 的 ICR 的结合，抑制 DNA 去甲基化酶 TET3 蛋白的活性，从而能够维持母源染色体上 ICR 的差异 DNA 甲基化[44]。

6. Naa10p

Naa10p 也被发现与基因组印记的调节有关[45]。它的正常功能是使从核糖体合成的新生蛋白质的 N 端发生乙酰化。与 *Zfp57* 类似，*Naa10p* 在小鼠中同时具有母源效应和合子效应[45]。Naa10p 可以调控维持性 DNA 甲基化转移酶 DNMT1 与 ICR 的结合，但并不影响 ZFP57 与这些 ICR 的结合能力[45]。Naa10p 的缺失会导致许多 ICR 的 DNA 甲基化的缺失和印记基因的异常表达，也会引起 Ogden 综合征[45]。

7. 其他调控因子

除了 ZFP57、ZNF445、KAP1、PGC7、Naa10p 以外，有报道称一些其他因子也在印记基因群区的遗传与调控中发挥着一些作用，如 REX1、NLRP、CTCF、YY1、ZFP568 等。REX1 可以抑制与 X 染色体失活密切相关的 lncRNA *Xist* 的表达，从而防止 X 染色体处于失活状态[46]；也有报道称 REX1 能与 *Peg3* 和 *Gnas* 印记基因群区的 ICR 结合，防止这两个印记基因群区原来未甲基化的 ICR 发生 DNA 甲基化[47]。YY1 与 REX1 的序列高度相同，有同源性。YY1 也可能在一些 ICR 发挥着与 REX1 相似的作用。CTCF 最早是在研究染色体绝缘子功能时发现的一种锌指蛋白，与细胞内染色体的三维结构很有关系。在 *Igf2-H19* 印记基因簇内位于这两个印记基因之间的 ICR 存在着 CTCF 结合位点，CTCF 的结合能够影响这个 ICR 的差异性 DNA 甲基化，从而调节这个印记基因簇内所有印记基因的表达[48]，这会在下面的章节中更加详细地介绍。另外，NLRP 蛋白家族中的 NLRP5、NLRP2 和 NLRP7 三个蛋白质被发现在维持一些 ICR 的差异性 DNA 甲基化中有着重要的作用[49]。近来，ZFP568 被发现维持胎盘中印记基因 *Igf2* 的单等位基因表达特性，它与 ZFP57 和 ZNF445 一样，是一个含 KRAB 盒子区的锌指蛋白[50]。

4.4　印记基因群区的典型调控模型

关键概念

- 绝缘子（insulator）模型：通过两个 ICR 上的差异性 DNA 甲基化调控锌指蛋白 CTCF 与两条染色体上 ICR 区域的绝缘子不同结合能力，使增强子与簇内印记基因启动子之间的相互作用在印记基因的两个等位基因上呈现不同，然后达到单等位基因表达的结果。
- 长非编码 RNA（long noncoding RNA，lncRNA）调控模型：通过簇内表达的一个 lncRNA 与一条亲本染色体上印记基因簇内的一些染色体区域发生顺式结合而使染色体结构发生变化，从而顺式沉默了那个亲本染色体上印记基因等位基因的转录表达，使它们呈现由亲本来源决定的单等位基因表达特性。
- RNAi 调控印记基因：簇内自身印记基因表达的 miRNA 利用 RNAi 途径来调节簇内另一个印记基因的表达。
- piRNA 调控印记基因：piRNA 参与建立差异性 DNA 甲基化印记标记。

在成簇存在的印记基因簇中，对该印记基因簇所有印记基因具有调控作用的是包含一级 DMR（或叫配子 DMR）的顺式作用元件 ICR。这个 ICR 的缺失会影响它所在印记基因簇内所有印记基因的由亲本来源决定的单等位表达特性。而二级 DMR（或叫体细胞 DMR）并不是普遍存在于印记基因簇中，并且它只是对簇内邻近的印记基因有调控作用。二级 DMR 的缺失只影响了簇内邻近印记基因的表达，而簇内其他印记基因的表达则不受影响[51]。大部分已知的印记基因被发现是成簇存在的，共同受一个 ICR 的调控。经过对一些印记基因簇及其所含 ICR 的研究表明，不同的印记基因簇存在不一样的调控机制。下面通过几个研究得比较透彻的印记基因簇来介绍已知印记基因簇的一些调控机制，其中的几个调控模型也许是具有代表性的，适用于其他一些印记基因簇的调控。

4.4.1 绝缘子模型

Igf2-H19 是一个对胚胎生长具有十分重要作用的印记基因簇[13]（图 4-6），调控这个印记基因群区内所有印记基因表达的 ICR 位于 *Igf2* 和 *H19* 两个印记基因之间的染色体区域。这个 ICR 位于 *Igf2* 下游，距离 *Igf2* 转录起点 80kb。它在 *H19* 上游，离 *H19* 转录起始位点有 2kb。*H19* 印记基因下游有一个与 *Igf2-H19* 印记基因簇内印记基因表达有关的增强子，是这个印记基因群区内所有印记基因共享的。锌指蛋白 CTCF 被发现与染色体上的绝缘子结合，也与染色体的三维构象有关。CTCF 能与 *Igf2-H19* 印记基因簇内母本染色体上未甲基化的 ICR 结合，这个 ICR 上结合的 CTCF 阻断了能够促进印记基因表达的增强子与处于 ICR 另一侧的 *Igf2* 和 *Ins2* 这两个印记基因的启动子发生作用，从而使这两个印记基因处于关闭状态。另一方面，由于 *H19* 与这个增强子位于 ICR 的同一侧，它们之间的相互作用未被结合于 ICR 上的 CTCF 阻断。因此，*H19* 启动子可以与这个增强子结合，从而促进非编码 RNA *H19* 的转录表达（图 4-6）。相反地，*Igf2-H19* 印记基因簇内父本染色体上的 ICR 处于高度甲基化的状态，这些甲基化抑制了 CTCF 与父本染色体上 ICR 的结合。因此，这个增强子可以与 *Igf2* 和 *Ins2* 这两个印记基因的启动子发生接触，从而促进 *Igf2* 和 *Ins2* 的转录表达（图 4-6）。而同在父本染色体上的 *H19* 启动子，由于这条染色体上 ICR 发生甲基化，导致 *H19* 启动子的二级 DMR 区域也处于高度 DNA 甲基化状态而无法表达 *H19* 非编码 RNA。这就是经典的调控 *Igf2-H19* 印记基因簇的绝缘子模型。此外，CTCF 的结合位点也在其他一些印记基因簇被发现，但目前还未有证据表明 CTCF 和绝缘子在那些印记基因簇也能调控簇内所有印记基因的、由亲本来源决定的单等位基因表达特性。

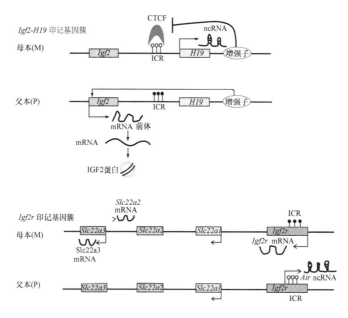

图 4-6 *Igf2-H19* 及 *Igf2r* 印记基因簇表达调控模式图

4.4.2 长非编码 RNA 调控模型

Igf2r 印记基因群区是另一个相对研究得比较透彻的印记基因簇。*Igf2r* 是第一个被发现的印记基因（图 4-6）[13]。正是通过 *Igf2r* 和它所在的印记基因簇的深入研究，才发现了许多印记基因簇中表达的长非编

码 RNA（lncRNA）及 lncRNA 在印记基因调控中的功能，由此产生了印记基因簇中 lncRNA 介导的调控模型。*Igf2r* 印记基因簇的 ICR 位于 *Igf2r* 这个印记基因的第二个内含子中。在正常体细胞中，位于父本染色体上 *Igf2r* 印记基因簇的 ICR 处于非甲基化状态，这样就可以使 *Igf2r* 的反义链转录产生一个叫做 *Air* 的 lncRNA。这个 *Air* lncRNA 会与父本染色体上 *Igf2r* 印记基因簇内的一些染色体区域结合，使染色体结构发生变化，从而顺式沉默了父本染色体上 *Igf2r*、*Slc22a3* 和 *Slc22a2* 这几个印记基因等位基因的转录表达。与此相反，位于母本染色体上的 *Igf2r* 印记基因簇的 ICR 则处于甲基化的状态，这个 *Air* lncRNA 不会从 *Igf2r* 的反义链转录表达，也不会使母本染色体上 *Igf2r* 印记基因群区的染色体构象发生变化。因此，母本染色体上的 *Igf2r*、*Slc22a3* 和 *Slc22a2* 这几个印记基因的等位基因都可以被转录表达。其他许多已知的印记基因簇内也会表达一些 lncRNA，如 *Snrpn* 和 *Dlk1-Dio3* 印记基因簇。有报道称这些 lncRNA 利用类似的由 lncRNA 介导的调控模式来调节簇内所有印记基因,使它们呈现由亲本来源决定的单等位基因表达特性。

4.4.3　RNAi 调控印记基因

Dlk1-Dio3 印记基因群区的 *Mirg* 印记基因表达一个含有 50 多个 miRNA 的非编码 RNA 产物，其中包括 *mir-136* 和 *mir-127* 两个 miRNA。编码这两个 miRNA 的基因序列位于从父本染色体上等位基因表达的 *Rtl1* 印记基因的 CpG 岛附近[52]（图 4-2）。这两个 miRNA 只从母本染色体上 *Mirg* 印记基因的等位基因表达，它们是从 *Rtl1* 印记基因的反义链上转录后经过加工产生的[53]。因此，*mir-136* 和 *mir-127* 这两个 miRNA 可以与 *Rtl1* 印记基因的 mRNA 形成碱基配对，然后引发针对 *Rtl1* 的 RNAi 基因沉默反应，导致 *Rtl1* 印记基因的 mRNA 发生降解[54]。从这个印记基因群区表达的另外几个 miRNA 也具有类似的 RNAi 作用机制，能够调节细胞内 *Rtl1* 印记基因的 mRNA 水平。目前还不清楚其他的印记基因群区是否有类似的通过簇内自身印记基因表达的 miRNA，利用 RNAi 途径来调节簇内另一个印记基因的表达。

4.4.4　piRNA 调控印记基因

Rasgrf1 印记基因群区的 ICR 是少数几个包含精子生成过程中建立的 DNA 甲基化印记标记的 ICR，它的印记标记是在父本染色体上稳定维持和遗传的。与 PIWI 蛋白结合的 piRNA 是长度为 24～31 核苷酸的小非编码 RNA[55]，大部分 piRNA 是从基因组中位于基因之间的重复序列转录加工得到的。有意思的是，piRNA 能够调节从 *Rasgrf1* 印记基因区域表达的一些 ncRNA 产物，而且 piRNA 也是 *Rasgrf1* 印记基因群区建立正常差异性 DNA 甲基化印记标记所必需的[56]。piRNA 在其他印记基因群区的功能还有待发掘。

4.5　基因组印记的正常功能

基因组印记是一种由等位基因的亲本来源来决定其在子代体细胞中表达情况的特殊表观遗传现象。它所包含的重要功能和相对复杂的调控机制使它成为表观遗传学研究的前沿方向。单等位基因表达的现象在哺乳动物中是普遍存在的，包括雌性动物其中一条 X 染色体的失活、嗅觉受体基因的表达和免疫 T 细胞受体的表达等。绝大部分情况下，这些单等位基因表达的现象是随机发生的，在不同的体细胞中可能是不同的等位基因在表达。这与基因组印记是不一样的，印记基因的单等位基因表达具有由亲本来源决定的特性，在具有基因组印记现象的体细胞中一般一直是从其中的一个等位基因表达。

尽管基因组印记在 20 世纪 80 年代就已经被发现，但是对于它的正常生理功能和生物学意义还存在许多争论。其中一个疑惑是为什么二倍体生物会不惜舍弃两个等位基因同时表达的物种遗传优势，却偏要维持一种非对称的单等位基因表达的特性。另一方面，基因组印记主要存在于高等的胎生哺乳动物、有袋类动物和被子植物中，这暗示基因组印记有可能是在后来的高等物种进化过程中才获得的一种性状，它的存在应该对高等生物的个体生存和物种演变具有积极的意义。与此观点一致，含有基因组印记的生物是不能进行孤雌或孤雄生殖的，而一些卵生脊椎和非脊椎动物却可以通过孤雌生殖进行繁殖。这就要求高等生物必须通过正常的减数分裂产生单倍体精子和卵子，然后经过受精过程才能重新产生二倍体的子代。这样就能保证父本来源的基因组能够通过受精过程被顺利地传递到下一代。由于有性繁殖比无性繁殖在物种进化上更有优势，基因组印记的存在就能避免在高等生物中出现无性繁殖。由于许多印记基因在胚胎发育和个体生长中是必需的，这样即使无性繁殖可以发生而得到一些胚胎，也会因为这些关键印记基因不能正常表达而无法存活。正因如此，有性繁殖才是高等生物繁殖的唯一正常途径。下面将进一步阐述基因组印记的这些重要生物学功能。

4.5.1　基因组印记调节个体生长

通过利用"同源重组"技术建立印记基因缺陷型小鼠来观察其表型，已经获知了一部分印记基因的生理功能。其中最主要的是与胚胎及之后的新生儿生长有关的功能。这些印记基因可以在胚胎或胎盘发挥作用，包括最早发现的 *Igf2r*。这些印记基因的缺失会影响胚胎生长，甚至导致胚胎死亡。在这类印记基因中，有一半左右是在父源表达的且具有生长促进作用的印记基因，而另一半则是母源表达的具有生长抑制作用的印记基因。以母源表达的 *Igf2r* 为例，*Igf2r* 缺失的突变体胎盘比野生型的胎盘要小，从而导致 *Igf2r* 突变体胚胎发育迟缓甚至停滞[57]。由此可见，基因组印记对于个体生长是至关重要的。

4.5.2　基因组印记与代谢调控

基因组印记不只是调节胚胎和新生儿的生长及发育，还与生物体的代谢有着非常紧密的关系，它对哺乳动物代谢的调控可以从幼体开始一直持续到成体。以 *Gnas* 为例，这个印记基因对于幼体小鼠自身体温的调节十分重要。幼体主要是利用棕色脂肪组织进行非颤抖性产热从而调节体温。*Gnas* 通过影响交感神经系统信号通路或直接作用于棕色脂肪组织的 β-肾上腺素受体，从而达到调控脂肪代谢与体温的目的[58]；*Gnas* 还能对成年小鼠的核心体温进行温度调节。此外，位于 *Dlk1-Dio3* 印记基因簇内的有些印记基因与个体代谢直接相关。DLk1 作为一个携带有表皮生长因子功能基团的蛋白质能够直接抑制脂肪细胞的生成，在其缺失时会导致个体变得肥胖[59, 60]。另外还有一些印记基因也在哺乳动物代谢过程中发挥着重要的作用。

4.5.3　基因组印记与正常系统发育

除了生长和代谢，基因组印记也与生物体的正常组织器官发育有关。ZFP57 是基因组印记的一个主要调控因子。当它缺失时，人和小鼠胚胎的心脏发育不完全。*Zfp57* 突变体小鼠胚胎心室壁变薄，也有心房和心室分割缺陷[38]。携带 *ZFP57* 基因突变的患者除了这些与 *Zfp57* 突变体小鼠相似的心脏缺陷以外，其大脑发育也不正常[34]；另外还有其他器官发育缺陷。这些可能或多或少与 ZFP57 调节 NOTCH 信号通路有关。因为这个 NOTCH 信号通路在几乎所有的组织器官发育中是必不可少的[38]，这也可能是基因组印记在高等动物正常组织器官发育中发挥着重要作用的一个原因。

4.5.4　基因组印记与个体行为

许多印记基因在神经系统中表达，基因组印记也影响神经系统的发育和动物行为。基因组印记的主要调控因子 ZFP57 也在胚胎神经系统和成年的大脑中高度表达。携带 ZFP57 基因突变的患者有神经系统缺陷，其中包括大脑发育不正常[34]。基因组印记也与动物的行为有关。有些印记基因缺陷时，新生儿的哺乳和睡眠行为均会受到影响，导致新生小鼠体重减轻。对于成体小鼠而言，脑内印记基因的表达失调可能影响到哺乳、交配和认知[61]。

4.6　印记基因失常与人类疾病

4.6.1　糖尿病

许多印记基因的基因产物在个体发育、生长和代谢过程中发挥着重要的作用。有些印记基因的异常表达可以导致个体肥胖，甚至引发 2 型糖尿病。也有些印记基因的突变可以直接导致糖尿病。例如，*Zac1* 印记基因与大约 20% 的新生儿短暂性糖尿病有关，而印记基因的主要调控因子 *Zfp57* 的突变也可以引发新生儿短暂性糖尿病[34]。

4.6.2　癌症

DNA 甲基化印记的缺陷和印记基因的异常表达在癌症细胞中普遍存在，这暗示基因组印记可能在癌症的发生和形成过程中发挥着重要的作用。实验结果表明 *Igf2-H19* 印记基因簇和邻近的 *Kcnq1otl* 印记基因簇的调控缺陷都可以导致癌症[62]。*Zfp57* 被证明可以调节 NOTCH 信号通路中 NOTCH1 受体蛋白的激活。由于 NOTCH 信号通路异常与许多癌症有关，*Zfp57* 和它的有些靶向印记基因也可能通过 NOTCH 信号通路影响癌症的发生和形成。

4.6.3　常见印记基因失常引起的疾病

1. 普拉德-威利综合征

普拉德-威利综合征（Prader-Willi syndrome）是 *Snrpn* 印记基因簇内父源表达的印记基因被抑制造成的。由于这些印记基因的功能缺失，Prader-Willi 综合征患者刚出生后食欲不振、发育迟缓，但在儿童期却过度饮食，变得肥胖而常引发 2 型糖尿病。这些患者伴有智力和行为缺陷，身体和四肢短小。

2. 快乐木偶综合征

与 Prader-Willi 综合征相反的是快乐木偶综合征（Angelman syndrome）。Angelman 综合征也与 *Snrpn* 印记基因群区内的印记基因有关，只不过是印记基因簇内母源表达的印记基因被抑制而引起的。由于这些母源表达的印记基因与正常的神经系统发育有关，Prader-Willi 综合征患者显示智力和语言缺陷，平衡能力差，常伴有癫痫和睡眠困难。这个综合征可能与 *Snrpn* 印记基因簇内的 *UBE3A* 印记基因非正常表达有关。

3. 贝-维综合征

贝-维综合征（Beckwith-Wiedemann syndrome）患者呈现过度生长的现象。他们刚出生时比正常的新生儿体重要重、身高要高，常有大舌头，但是大脑偏小，并伴有新生儿低血糖症。一部分儿童患者容易得肝癌、胰癌或肾癌等癌症，但在成年患者中并没有过高的癌症发生概率。大部分 Beckwith-Wiedemann 综合征的病例是偶发的，但大约不到 15%的病例是有家族遗传性的。其中最常见的遗传突变是发生在 *Igf2-H19* 印记基因簇和邻近的 *Kcnq1otl* 印记基因簇。在这两个印记基因簇内分别有父源染色体上等位基因表达的、能促进胚胎生长的 *Igf2* 印记基因，以及母源染色体上等位基因表达的能抑制细胞分裂的 *Cdkn1c* 印记基因。*Igf2* 印记基因的过度表达或者 *Cdkn1c* 印记基因的不表达都会引起胚胎过度生长，最终导致 Beckwith-Wiedemann 综合征。

4. 拉塞尔-西尔弗综合征

拉塞尔-西尔弗综合征（Russell-Silver syndrome，也叫 Silver-Russell Syndrome）与 Beckwith-Wiedemann 综合征相反。新出生的患者身高低、体重轻，在成年后还比正常人个子要小。Russell-Silver 综合征婴儿不爱饮食，晚上常有盗汗，并出现低血糖症和皮下脂肪缺少的症状。由于这些患者的一侧身体生长缓慢，他们的个体常是不对称的。Beckwith-Wiedemann 综合征患者与正常人的头部周长相似，但身体相对较小。同样的，有一些 Russell-Silver 综合征患者是由遗传突变引起的，主要发生在 *Igf2-H19* 印记基因区域。在这个印记调控区的低甲基化可以导致父源染色体上等位基因表达的 *Igf2* 印记基因转录减少，从而抑制胚胎生长。大约 10%的病例是由含这个 *Igf2-H19* 印记基因区域的母本单亲双倍体引起的。在母本单亲双倍体中，原本父源染色体上等位基因表达的 *Igf2* 印记基因不能正常表达，这就使得胚胎生长变弱、成体变小。

4.7 基因组印记的起源与进化

4.7.1 基因组印记起源的父母亲冲突假说

有关基因组印记起源的父母亲冲突假说，是基于对一部分印记基因的功能分析提出的。一些父源染色体上等位基因表达的印记基因产物常常是促进胚胎生长的，而另一些母源染色体上等位基因表达的印记基因产物经常会抑制胚胎生长。父本和母本染色体上表达的这些印记基因产物对胚胎的发育生长具有相反的作用。父源染色体上等位基因表达的一些印记基因产物希望尽量让这下一代的胚胎能够利用一切母体可能提供的资源达到最好的成长，有时甚至不惜牺牲母体和其他胚胎的利益。与此相反，母源染色体上等位基因表达的另一些印记基因产物则是尽量抑制胚胎的生长，从而使母体的有限资源可以被更多的胚胎所用。这就是父母亲冲突假说所能得到的结果，但是现在发现有些印记基因的功能并不与此假说相吻合。

4.7.2　宿主抵抗外源病毒入侵的基因组印记起源假说

研究者观察到一些与 DNA 甲基化和组蛋白修饰有关的复合物被招募用来抑制整合到细胞基因组的外源病毒 DNA，并基于这个现象提出宿主抵抗外源病毒入侵的基因组印记起源假说。基因组印记可能就从这种用 DNA 甲基化和组蛋白修饰来抑制基因表达的机制发展进化而来。支持这个假说的证据是 DNA 甲基化转移酶在生殖细胞中与基因组印记标记的建立和逆转录病毒的沉默都有关系，现在发现的一些与组蛋白修饰有关的酶也在这两个过程中发挥作用。近年来发现的 ZFP57、ZNF445 和它们的辅助因子 KAP1 形成的复合物包含了 DNA 甲基化转移酶和组蛋白修饰酶，这些复合物共同维持印记调控区的 DNA 甲基化印记标记和组蛋白修饰，KAP1 同时也参与抑制细胞内源和外源的逆转录病毒的转录与表达。这些都表明基因组印记起源可能与细胞抵抗外源病毒入侵的机制有关。不过还需要更多的工作来发现更多证据，以支持完善这个宿主抵抗外源病毒入侵的基因组印记起源假说。

4.7.3　由胚胎发育与生殖系统共进化而来的基因组印记起源假说

还有一个假说认为基因组印记是由于哺乳动物的胚胎发育与生殖系统共进化而获得的。有些在胎盘中从父本染色体上等位基因表达的印记基因，被发现同时也在母本的下丘脑中表达。由于这两个器官分别与胚胎发育和生殖系统有关，所以就产生了基因组印记也可能是随着这两个过程共进化而获得的假说。可能更重要的相关证据是有性繁殖能够最大可能使子代个体发育不受不利基因突变的影响，而基因组印记能够在高等动物和植物中保证有性繁殖顺利进行，不受无性繁殖的影响。这也是胚胎发育和生殖系统共进化而产生的结果。

这几种假说能够解析基因组印记的部分现象，但是没有一种假说可以完全解释所有的现象。有一种可能是，不同的印记基因群区是通过不同的进化过程而获得的，它们分别采用其中的一个或多个方式进化而来。单个印记基因的进化可能与印记基因群的进化过程又不一样。也有可能一些印记基因群的形成是单个印记基因进化后，通过几个单个印记基因组合在一起，然后共同受一个印记调控区的调节而获得的。这方面还有待深入研究才能提出更加确切的假说。

4.8　总结与展望

4.8.1　研究前景

自从基因组印记现象在 20 世纪 80 年代被发现以来，它就引起了极大的关注。针对基因组印记这个表观遗传现象已经提出了多种调控模型和进化假说，对一些印记基因的功能也有了比较深入的了解。但是，我们对于基因组印记的认识还不够全面，许多问题仍有待解决，包括：哺乳动物中单个存在的印记基因是如何调控的，不同印记基因簇有没有共同的调控机制，为什么有些印记基因的单等位基因表达会有组织特异性，印记基因是如何影响胚胎发育和成体行为的，基因组印记是如何进化发生的，现在基因组印记是否还在进化中，等等。深入研究基因组印记这一表观遗传现象，将为其他的表观遗传研究，尤其是单等位基因表达的现象，提供许多有用线索。需要指出的是，ZFP57、ZNF445 和 KAP1/TRIM28 等一些基因组印记主要调控因子的发现和研究，已经为解析许多基因组印记有关的问题提供了前所未有的条件和手段，以后的一些基因组印记重要成果的发现必将是通过研究这些因子的功能而实现的。

4.8.2 疾病治疗

众多的研究表明，基因组印记不仅对二倍体生物的发育和生长极其重要，它还与糖尿病、癌症、心血管疾病、癫痫和其他神经性疾病有关。人们热衷于基因组印记的研究不仅仅是因为它的特殊性和复杂性，也是想通过对其机制和功能的研究而达到治疗印记基因相关疾病的目的。如果某种疾病是由于某个印记基因通常表达的其中一个等位基因缺失或者表达受到抑制引起的，那么通过诱导另外一个等位基因表达则有可能达到补偿的目的，从而提供疾病治疗的有效解决方案。如果某种疾病是由于某个印记基因通常被抑制的其中一个等位基因表达而引起的，类似地，也可以通过抑制这个非正常表达的等位基因而达到回调这个印记基因表达水平的目的。但是，如果是由于某个印记基因簇内多个重要印记基因的表达发生紊乱而引起的疾病，就可能需要调整印记调控区的 DNA 甲基化和组蛋白修饰，从而重新使这些印记基因的表达恢复到正常水平。一个比较有前景的方案是通过 CRISPR-Cas9 技术对印记调控区进行甲基化或去甲基化修饰，从而恢复对簇内多个印记基因表达的调控，使其表达接近正常水平[63]。这些新技术使得针对某个特定印记调控区的修饰成为可能，为治疗基因组印记相关的疾病开辟了新的途径。

参 考 文 献

[1] Li, X. Genomic imprinting is a parental effect established in mammalian germ cells. *Curr Top Dev Biol* 102, 35-59(2013).

[2] Crouse, H. V. *et al.* L-chromosome inheritance and the porblem of chromosome "imprinting" in Sciara (Sciaridae, Diptera). *Chromosoma* 34, 324-339, 328(1971).

[3] Cooper, D. W. *et al*. Phosphoglycerate kinase polymorphism in kangaroos provides further evidence for paternal X inactivation. *Nat New Biol* 230, 155-157(1971).

[4] Robinson, W. P. Mechanisms leading to uniparental disomy and their clinical consequences. *Bioessays* 22, 452-459(2000).

[5] Searle, A. G. & Beechey, C. V. Complementation studies with mouse translocations. *Cytogenet Cell Genet* 20, 282-303(1978).

[6] Johnson, D. R. Hairpin-tail：a case of post-reductional gene action in the mouse egg. *Genetics* 76, 795-805(1974).

[7] Surani, M. A. *et al.* Development of reconstituted mouse eggs suggests imprinting of the genome during gametogenesis. *Nature* 308, 548-550(1984).

[8] McGrath, J. & Solter, D. Completion of mouse embryogenesis requires both the maternal and paternal genomes. *Cell* 37, 179-183(1984).

[9] Barlow, D. P. *et al.* The mouse insulin-like growth-factor type-2 receptor is imprinted and closely linked to the Tme locus. *Nature* 349, 84-87(1991).

[10] DeChiara, T. M. *et al.* Parental imprinting of the mouse insulin-like growth factor II gene. *Cell* 64, 849-859(1991).

[11] Bartolomei, M. S. *et al.* Parental imprinting of the mouse H19 gene. *Nature* 351, 153-155(1991).

[12] Tilghman, S. M. The sins of the fathers and mothers：genomic imprinting in mammalian development. *Cell* 96, 185-193 (1999).

[13] Barlow, D. P. & Bartolomei, M. S. Genomic imprinting in mammals. *Cold Spring Harb Perspect Biol* 6, a018382(2014).

[14] Bartolomei, M. S. & Ferguson-Smith, A. C. Mammalian genomic imprinting. *Cold Spring Harb Perspect Biol* 3, a002592(2011).

[15] MacDonald, W. A. & Mann, M. R. Epigenetic regulation of genomic imprinting from germ line to preimplantation. *Mol Reprod Dev* 81, 126-140(2014).

[16] O'Neill, M. J. *et al.* Allelic expression of IGF2 in marsupials and birds. *Dev Genes Evol* 210, 18-20(2000).

[17] Feil, R. & Berger, F. Convergent evolution of genomic imprinting in plants and mammals. *Trends Genet* 23, 192-199(2007).

[18] Kelsey, G. & Bartolomei, M. S. Imprinted genes ... and the number is? *PLoS Genet* 8, e1002601(2012).

[19] Lin, S. P. *et al.* Asymmetric regulation of imprinting on the maternal and paternal chromosomes at the Dlk1-Gtl2 imprinted cluster on mouse chromosome 12. *Nature Genetics* 35, 97-102(2003).

[20] Li, X. *et al.* A maternal-zygotic effect gene, Zfp57, maintains both maternal and paternal imprints. *Developmental Cell* 15, 547-557(2008).

[21] Kota, S. K. *et al.* ICR noncoding RNA expression controls imprinting and DNA replication at the Dlk1-Dio3 domain. *Developmental Cell* 31, 19-33(2014).

[22] Ferron, S. R. *et al.* Postnatal loss of Dlk1 imprinting in stem cells and niche astrocytes regulates neurogenesis. *Nature* 475, 381-385(2011).

[23] Ben-Porath, I. & Cedar, H. Imprinting：focusing on the center. *Curr Opin Genet Dev* 10, 550-554(2000).

[24] Kelsey, G. & Feil, R. New insights into establishment and maintenance of DNA methylation imprints in mammals. *Philos T R Soc B* 368(2013).

[25] Li, X. J. Genomic imprinting is a parental effect established in mammalian germ cells. *Gametogenesis* 102, 35-59(2013).

[26] Kaneda, M. *et al.* Essential role for *de novo* DNA methyltransferase Dnmt3a in paternal and maternal imprinting. *Nature* 429, 900-903(2004).

[27] Kato, Y. *et al.* Role of the Dnmt3 family in *de novo* methylation of imprinted and repetitive sequences during male germ cell development in the mouse. *Hum Mol Genet* 16, 2272-2280(2007).

[28] Ooi, S. K. *et al.* DNMT3L connects unmethylated lysine 4 of histone H3 to *de novo* methylation of DNA. *Nature* 448, 714-717(2007).

[29] Hirasawa, R. *et al.* Maternal and zygotic Dnmt1 are necessary and sufficient for the maintenance of DNA methylation imprints during preimplantation development. *Genes & Development* 22, 1607-1616(2008).

[30] Li, X. Extending the maternal-zygotic effect with genomic imprinting. *Mol Hum Reprod* 16, 695-703(2010).

[31] Le Bin, G. C. *et al.* Oct4 is required for lineage priming in the developing inner cell mass of the mouse blastocyst. *Development* 141, 1001-1010(2014).

[32] Messerschmidt, D. M. *et al.* Trim28 is required for epigenetic stability during mouse oocyte to embryo transition. *Science* 335, 1499-1502(2012).

[33] Alexander, K. A.*et al.* TRIM28 controls genomic imprinting through distinct mechanisms during and after early genome-wide reprogramming. *Cell Rep* 13, 1194-1205(2015).

[34] Mackay, D. J. *et al.* Hypomethylation of multiple imprinted loci in individuals with transient neonatal diabetes is associated with mutations in ZFP57. *Nature Genetics* 40, 949-951(2008).

[35] Zuo, X. *et al.* Zinc finger protein ZFP57 requires its co-factor to recruit DNA methyltransferases and maintains DNA methylation imprint in embryonic stem cells via its transcriptional repression domain. *J Biol Chem* 287, 2107-2118(2012).

[36] Quenneville, S. *et al.* In embryonic stem cells, ZFP57/KAP1 recognize a methylated hexanucleotide to affect chromatin and DNA methylation of imprinting control regions. *Molecular Cell* 44, 361-372(2011).

[37] Takikawa, S. *et al.* Human and mouse ZFP57 proteins are functionally interchangeable in maintaining genomic imprinting at multiple imprinted regions in mouse ES cells. *Epigenetics* 8, 1268-1279(2013).

[38] Shamis, Y. *et al.* Maternal and zygotic Zfp57 modulate NOTCH signaling in cardiac development. *Proc Natl Acad Sci U S A* 112, E2020-2029(2015).

[39] Takahashi, N. *et al.* ZNF445 is a primary regulator of genomic imprinting. *Genes & Development* 33, 49-54(2019).

[40] Juan, A. M. & Bartolomei, M. S. Evolving imprinting control regions：KRAB zinc fingers hold the key. *Genes & Development* 33, 1-3(2019).

[41] Friedman, J. R. *et al.* KAP-1, a novel corepressor for the highly conserved KRAB repression domain. *Genes & Development* 10, 2067-2078(1996).

[42] Payer, B. *et al.* Stella is a maternal effect gene required for normal early development in mice. *Curr Biol* 13, 2110-2117(2003).

[43] Nakamura, T. *et al.* PGC7/Stella protects against DNA demethylation in early embryogenesis. *Nat Cell Biol* 9, 64-71(2007).

[44] Nakamura, T. *et al.* PGC7 binds histone H3K9me2 to protect against conversion of 5mC to 5hmC in early embryos. *Nature* 486, 415-419(2012).

[45] Lee, C. C. *et al.* The role of N-alpha-acetyltransferase 10 protein in DNA methylation and genomic imprinting. *Mol Cell* 68, 89-103 e107(2017).

[46] Gontan, C. *et al.* RNF12 initiates X-chromosome inactivation by targeting REX1 for degradation. *Nature* 485, 386-390 (2012).

[47] Kim, J. D. *et al.* Rex1/Zfp42 as an epigenetic regulator for genomic imprinting. *Hum Mol Genet* 20, 1353-1362(2011).

[48] Hark, A. T. *et al.* CTCF mediates methylation-sensitive enhancer-blocking activity at the H19/Igf2 locus. *Nature* 405, 486-489(2000).

[49] Docherty, L. E. *et al.* Mutations in NLRP5 are associated with reproductive wastage and multilocus imprinting disorders in humans. *Nat Commun* 6, 8086(2015).

[50] Yang, P. *et al.* A placental growth factor is silenced in mouse embryos by the zinc finger protein ZFP568. *Science* 356, 757-759(2017).

[51] Constancia, M. *et al.* Deletion of a silencer element in Igf2 results in loss of imprinting independent of H19. *Nature Genetics* 26, 203-206(2000).

[52] Girardot, M. *et al.* Small regulatory RNAs controlled by genomic imprinting and their contribution to human disease. *Epigenetics* 7, 1341-1348(2012).

[53] Seitz, H. *et al.* Imprinted microRNA genes transcribed antisense to a reciprocally imprinted retrotransposon-like gene. *Nature Genetics* 34, 261-262(2003).

[54] Davis, E. *et al.* RNAi-mediated allelic trans-interaction at the imprinted Rtl1/Peg11 locus. *Curr Biol* 15, 743-749(2005).

[55] Juliano, C. *et al.* Uniting germline and stem cells: the function of Piwi proteins and the piRNA pathway in diverse organisms. *Annu Rev Genet* 45, 447-469(2011).

[56] Watanabe, T. *et al.* Role for piRNAs and noncoding RNA in *de novo* DNA methylation of the imprinted mouse Rasgrf1 locus. *Science* 332, 848-852(2011).

[57] Constancia, M. *et al.* Placental-specific IGF-II is a major modulator of placental and fetal growth. *Nature* 417, 945-948 (2002).

[58] Xie, T. *et al.* The alternative stimulatory G protein alpha-subunit XLalphas is a critical regulator of energy and glucose metabolism and sympathetic nerve activity in adult mice. *J Biol Chem* 281, 18989-18999(2006).

[59] Smas, C. M. & Sul, H. S. Pref-1, a protein containing EGF-like repeats, inhibits adipocyte differentiation. *Cell* 73, 725-734 (1993).

[60] Moon, Y. S. *et al.* Mice lacking paternally expressed Pref-1/Dlk1 display growth retardation and accelerated adiposity. *Mol Cell Biol* 22, 5585-5592(2002).

[61] Peters, J. The role of genomic imprinting in biology and disease: an expanding view. *Nat Rev Genet* 15, 517-530(2014).

[62] Tomizawa, S. & Sasaki, H. Genomic imprinting and its relevance to congenital disease, infertility, molar pregnancy and induced pluripotent stem cell. *J Hum Genet* 57, 84-91(2012).

[63] Liu, X. S. *et al.* Editing DNA Methylation in the Mammalian Genome. *Cell* 167, 233-247 e217(2016).

李夏军 博士，上海科技大学生命科学与技术学院研究员。1990 年毕业于北京大学生物学系细胞生物学及遗传学专业，获理学学士并被评为校优秀毕业生。免试进入本校攻读硕士学位，于 1993 年以优秀毕业论文获北京大学理学硕士。留美师从美国科学院院士和霍华德休斯研究所研究员 Iva Greenwald 教授，研究与老年痴呆症有关的早老蛋白（presenilin）和 NOTCH 信号通路。1998 年 10 月在纽约哥伦比亚大学完成博士论文答辩，1999 年 2 月获哲学博士并被评为校优秀毕业生。2000～2006 年在哈佛大学医学院当代著名科学家 Philip Leder 实验室从事小鼠胚胎干细胞博士后研究，2006 年底至 2016 年在纽约大学西奈山医学院先后担任助理教授和副教授，2016 年 8 月加入上海科技大学。早期的 presenilin 研究成果被 *Science* 杂志在当年科技新闻中引用，曾发现一个新 presenilin 并获得了美国专利。第一次在哺乳动物里发现母源-合子效应（maternal-zygotic effect），同时发现 ZFP57 是基因组印记遗传和调控的一个主要因子。首次发现基因组印记与 NOTCH 信号通路的联系，证明 ZFP57 母源和合子的基因产物功能互补但不完全重叠共同调节胚胎心脏发育，在哺乳动物中首次发现母源基因产物能够影响器官发育。这为现代发育生物学提供了新的研究方向，也为揭示基因组印记相关人类疾病提供了新线索。最近，与合作者一起发现 ZFP57 调节大部分已知印记基因的单等位基因表达及转换。

第5章 基因剂量补偿和X染色体失活

王　旭　王晓竹

奥本大学兽医学院

本章概要

生物的性别决定机制主要分为遗传性别决定和环境性别决定，动物中最普遍的性别决定机制是性染色体性别决定，其中性别决定基因发挥着关键的作用。对于XX/XY性别决定系统中雌性（XX）和雄性（XY）动物而言，它们分别拥有数目不同的X染色体，如何平衡X染色体连锁基因在两性之间的表达？剂量补偿机制至关重要，其中一种重要的方式是X染色体失活。X染色体失活是指雌性体细胞中两条X染色体中的一条被失活造成基因转录沉默，从而达到两性之间基因剂量平衡的机制。在生活中，X染色体失活的案例很多，如三色猫的毛发颜色就是X染色体失活的结果。X染色体是如何失活的？目前发现，X染色体失活受到X染色体失活中心（X inactivation center，XIC）顺式作用元件及lncRNA Xist的调控。Xist可以包裹整条X染色体，并沉默绝大部分基因，从而使得该X染色体失活。此外，Xist的反义调节因子Tsix、其他调控因子（如Jpx、Ftx、Rnf12等），以及表观遗传修饰都可以调控X染色体失活。尽管如此，在失活的X染色体上也存在一些逃避失活的基因，这些逃逸基因的表达同样具有特殊的生物学意义。X染色体失活的正常执行对于个体而言至关重要，X染色体失活异常与一系列疾病相关，包括特纳综合征、克氏综合征、三X染色体综合征，甚至肿瘤等。因此，深入研究X染色体失活对于理解X染色体失活的调控机制和治疗相关的疾病具有重要意义。

5.1 性别决定与基因剂量补偿的概述

关键概念

- 性别决定机制主要分为遗传性别决定和环境性别决定。
- 动物中最普遍的性别决定方式是性染色体性别决定，此外环境因素（如温度）也可以决定性别。
- 在大多数哺乳动物中，*SRY*基因是睾丸决定和男性性征发育的充分必要条件，而鸟类性别决定的候选基因是 Z-连锁基因 *DMRT1*。
- 剂量补偿是将X染色体连锁基因在雄性和雌性之间的表达水平持平的机制，对于校正雄性和雌性细胞之间X连锁基因的剂量不平衡至关重要。
- X染色体失活是指雌性体细胞中两条X染色体中的一条被失活造成基因转录沉默，从而达到两性之间基因剂量平衡的机制。
- 在哺乳动物真兽亚纲的体细胞中，失活X染色体的选择是随机的，在胚胎发生早期确立，并且X染色体失活状态在随后的体细胞分裂中保持不变。

5.1.1　性别决定

1. 性染色体和性别决定

　　雌雄性别是生物系统，特别是高等动物中的重要性状。雌雄性个体在形态、生理、行为和基因表达上常具有显著的差异。多数脊椎动物的性别决定发生在胚胎发育的早期。性别决定的机制有多种，但主要分为两大类：遗传性别决定和环境性别决定[1]。

　　动物中最普遍的性别决定方式是性染色体性别决定（遗传性别决定），即雌性和雄性拥有不同的性染色体，包括 XX/XY 性别决定系统、XX/XO 性别决定系统、ZZ/ZW 性别决定系统和 UV 性别决定系统[2]（图5-1）。包括人类在内的几乎所有哺乳类，以及部分两栖类、鱼类及昆虫都属于 XY 性别决定，即 XX 为雌性、XY 为雄性。ZW 性别决定普遍存在于鸟类、爬行类和昆虫中，与 XY 不同的是，在 ZW 性别决定系统中，两个异型染色体（ZW）的性别为雌性，而 ZZ 为雄性。XX/XO 是 XX/XY 性别决定的变种，这种系统中 Y 染色体完全消失，如蝗虫。UV 系统是某些单倍体藻类的性别决定方式。膜翅目昆虫像蜜蜂、蚂蚁和胡蜂等是染色体倍型性别决定：未受精的卵是单倍体，发育为雄性。二倍体的受精卵发育为雌性（图 5-1）。还有一些比较特殊的方式，例如，鸭嘴兽有 5 条 X 染色体和 5 条 Y 染色体[3]。

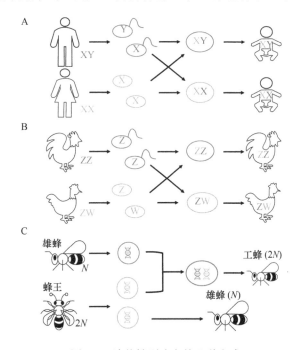

图 5-1　遗传性别决定的几种方式

A. XX/XY 性别决定系统；B. ZZ/ZW 性别决定系统；C. 单倍体二倍体性别决定系统

　　除了遗传性别决定之外，环境因素如环境温度也可以决定性别，这种现象在爬行类、鱼类和昆虫中都有发现。例如，密西西比鳄的卵在 30℃孵化为雌性，而 34℃以上则全部为雄性[4]。此外，很多脊椎动物的性别决定同时受环境和遗传的影响[5]。

2. 性别决定基因

　　在大多数哺乳动物中，*SRY* 基因是睾丸决定和男性性征发育的充分必要条件。*SRY* 基因位于哺乳类 Y

染色体上，编码一个在性腺发育早期决定睾丸发育的转录因子[6]，又称睾丸决定因子。*SRY* 是 *SOX3* 基因家族的一员，由 X 染色体上高度保守的 *SOX3* 基因进化而来[7, 8]。泌尿生殖脊在发育早期同时具有发育成雌性或者雄性生殖系统的能力，SRY 可以激活下游转录因子 SOX9 的表达[9]，SOX9 可以上调成纤维细胞生长因子 9（*Fgf9*）的表达，从而抑制 WNT4 和雌性生殖系统的发育[10]，导致性腺发育向雄性的方向发展。SOX 家族的其他成员也可以替代 SRY 来激活雄性决定级联反应[11]。例如，SOX9 可以在 *Sry* 缺失的情况下触发 XX 小鼠的雄性发育[12]（图 5-2）。

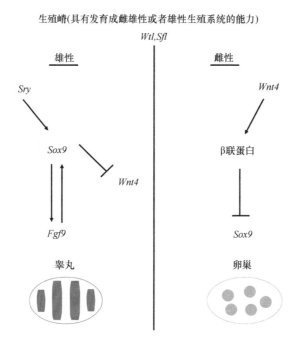

图 5-2　哺乳动物性别决定和性腺发育的级联通路

目前的研究表明，鸟类性别决定的候选基因是 Z-连锁基因 *DMRT1*（doublesex 和 mab-3 相关转录因子 1）。雄性（ZZ）胚胎中 DMRT1 的高表达，可以激活 SOX9 的表达并抑制芳香化酶（aromatase）。在早期鸡胚胎中，用 RNA 干扰敲低 *DMRT1* 可以导致雄性（ZZ）胚胎中性腺雌性化，说明 *Dmrt1* 是鸟类雄性性别决定所必需的[13]。在其他脊椎动物中，*Dmrt1* 也参与睾丸发育。例如，在爬行动物性别决定系统的温度敏感时期，*Dmrt1* 的表达仅在产生雄性的温度区间上调[14]。

5.1.2　基因剂量补偿

由于 Y 染色体在进化中逐渐退化，只含有少量基因，雌性基因组中 X 染色体连锁基因的拷贝（XX）是雄性（XY）的两倍，从而造成了 X 连锁基因的剂量差异。剂量补偿是将 X 染色体基因在雄性和雌性之间的表达水平持平的机制,对于校正雄性和雌性细胞之间 X 连锁基因的剂量不平衡至关重要(图 5-3)。此外，由于雄性只有一条 X 染色体，雌性只有一条活性 X 染色体，而常染色体却有两套，所以还需要另一种剂量补偿机制来平衡 X 连锁基因与常染色体基因的表达[15]。这个领域目前还存在比较大的争议[16-21]，有待于新的研究进一步完善，因此本章的内容着重介绍雄性和雌性之间的 X 染色体基因剂量补偿效应。

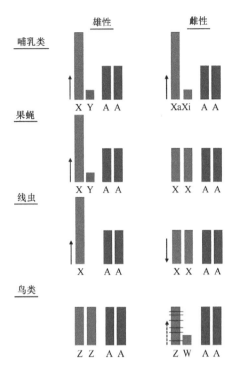

图 5-3　剂量补偿的不同机制

Xa：活性 X 染色体；Xi：非活性 X 染色体

1. 秀丽隐杆线虫

秀丽隐杆线虫（*Caenorhabditis elegans*）的性别由 X 染色体的数量决定：雄性（XO）只含有一条 X 染色体，雌雄同体个体（XX）含有两条 X 染色体。为了确保雄性和雌雄同体的大多数 X 染色体基因产物的表达水平相等，需要激活剂量补偿的机制。在线虫中，剂量补偿是通过将 XX 雌雄同体的每个 X 染色体的转录减少为原来的 1/2 来实现的[22]。研究发现，XX 中 X 连锁基因的下调需要剂量补偿复合体（dosage compensation complex，DCC）的存在，DCC 的亚基分别由基因 *sdc-1*、*sdc-2*、*sdc-3*、*dpy-21*、*dpy-26*、*dpy-27*、*dpy-28*、*dpy-30* 和 *mix-1* 编码[23]。这些基因中的一些与凝缩蛋白（condensin）复合体的成员同源，这是细菌与动物染色体凝聚和分离所必需的[24]。

2. 果蝇

在黑腹果蝇（*Drosophila melanogaster*）中，雄性只含有一条 X 染色体，而雌性则有两条 X 染色体。为了平衡两性之间 X 连锁基因的表达水平，由核糖核蛋白组成的 DCC 富集在雄性 X 染色体上，通过介导全基因组的组蛋白 H4 赖氨酸 16 乙酰化（H4K16ac），把雄性 X 染色体的转录加倍，达到剂量补偿的效应[25, 26]。

3. 鸟类

在鸟类中，雌性性染色体是异型染色体（ZW），而雄性是同型的（ZZ）。因此，雄性鸟类相对于雌性鸟类携带两倍的 Z 连锁基因。不同于线虫或者果蝇中整个染色体水平上的剂量补偿，鸟类中的剂量补偿似乎是区域性和基因特异性的。每个基因剂量补偿的程度都不相同，从完全的剂量补偿（雌性和雄性 Z 连锁基因表达量一致）到完全缺乏补偿（雄性 Z 连锁基因表达量是雌性的两倍）及各种中间状态都存在[27]。

4. 哺乳动物

哺乳动物（包括人类）雌性有两条 X 染色体，而雄性只有一条。哺乳动物 X 剂量补偿是通过 X 染色体失活（X chromosome inactivation，XCI）来实现的。真兽亚纲哺乳动物（eutherian mammals）中，雌性体细胞中两条 X 染色体中的一条被失活造成基因转录沉默，从而达到两性之间基因剂量的平衡。然而，少部分 X 连锁基因可以逃避这种转录沉默，这种现象称为"X 染色体失活逃逸"[28]。失活 X 染色体的选择是随机的，在胚胎发生早期确立，并且 X 染色体失活状态在随后体细胞分裂中保持不变。X 染色体失活确立的时间和调节在物种之间有所不同[29]，但都是由被称为 X-失活特异性转录物（X-inactive specific transcript，XIST）的基因转录的长链非编码 RNA 及表观遗传修饰所调控的[30]。因此，X 染色体失活是重要的表观遗传学现象，是本章讨论的重点。

5.2 哺乳类 X 染色体失活的发现与简介

关键概念

- 大野法则由日本生物学家大野乾（Susumu Ohno）于 1967 年提出，是指哺乳动物 X 染色体的基因含量在进化上非常稳定的现象。
- 里昂假说于 1961 年由玛丽·里昂（Mary Lyon）提出，假说认为：①同一动物不同细胞中异染色质化的 X 染色体随机来源于父亲或母亲；②异染色质化的 X 染色体呈现基因失活状态。
- X 染色体失活是哺乳动物性别剂量补偿的特有机制。
- X 染色体失活包括随机 X 染色体失活和父系印记 X 染色体失活。

5.2.1 X 染色体简介和哺乳类性染色体进化概述

1. 哺乳类 X 染色体的组成和结构

哺乳类的性染色体是一对异于常染色体的特殊染色体：雌性细胞携带两个 X 染色体，而雄性细胞有一个 X 染色体和一个 Y 染色体。与短小且高度异染色质化的 Y 染色体不同，X 染色体较长并且基因丰富。X 染色体由短臂（p）和长臂（q）组成，两臂之间是着丝粒。X 染色体是高度保守的，在真兽亚纲哺乳动物的物种之间的基因组成基本一致。人类 X 染色体（165Mb）具有大约 1000 个基因[31]。性别和生殖相关的基因主要富集在 X 染色体上[31]。

2. 哺乳类性染色体进化和 Y 染色体的退化

脊椎动物类群的性染色体是由常染色体各自独立进化而来的。在哺乳动物中，X 和 Y 染色体是从 3 亿年前的爬行类祖先的一对同源常染色体进化而来的[32]。通过比较真兽亚纲和有袋类哺乳动物之间 X 染色体的基因组成发现，它们共享一个同源的祖先区域（X conserved region，XCR）[33]。包括人类在内的真兽亚纲的 X 染色体的短臂是进化中后来添加的区域（X added region，XAR），在有袋动物中属于常染色体[34]。最开始，哺乳动物祖先的物种产生了一个主导的性别决定基因，位于常染色体上，即所谓的睾丸决定因子（testis determining factor，TDF）。原始 X 染色体上 TDF 拷贝的基因突变导致睾丸决定因子仅存于原始 Y 染色体上,但在原始 X 染色体中缺失。在随后的进化中,染色体重排或易位可能会使更多的雄性特异性基因靠近 TDF,逐渐在 Y 染色体上形成雄性特异性区域(male-specific Y,MSY)。为了使原始 Y 染色体上的性别差异基因保持连锁,并且为了避免将这些基因重组到原始 X 染色体上,在 MSY 周围的相邻区域中,X 和 Y 染色体之间的重组被抑制。由于这种重组抑制,原始 Y 染色体开始退化并累积了大量的突变、倒位和重复序列,导致与原始 X 染色体进一步差异化,直到形成当前的 X 和 Y 染色体[35](图 5-4)。Y 染色体的退化可能不会导致与 X 染色体的所有同源区域都消失,但根据人类 Y 连锁基因的平均丢失速率粗略估算,Y 染色体预计会在 1000 万年之后完全消失,但此观点还存在很大的争议[36]。

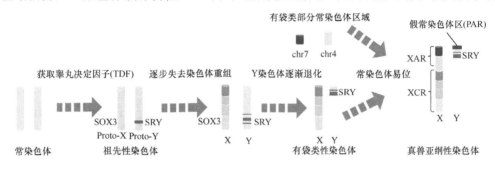

图 5-4 哺乳类性染色体的进化

尽管如此,人类 X 和 Y 染色体仍然有两个区域是完全同源的,这些被称为假常染色体区(pseudoautosomal region,PAR),此区域内的基因与常染色体类似,可以在两条染色体之间自由交换。因此,此区域中父本来源的 Y 染色体上的基因有可能与 X 染色体交换,并通过 X 染色体将这些基因传给他女儿[37]。这些染色体末端的假常染色体区并非是其原始常染色体祖先的一部分,2.7Mb 的假常染色体区域 1(PAR1)是 29 百万~44 百万年前才添加的[38, 39]。假常染色体区有助于减数分裂中染色体的正确分离,它存在于大多数哺乳动物的性染色体上,但是它们的大小和基因组成并不一定相同[40, 41]。

3. 哺乳类 X 连锁基因保守性的大野法则

大野法则(Ohno's law)由日本生物学家大野乾(Susumu Ohno)在 1967 年提出,他发现哺乳动物 X 染色体的基因含量在进化上非常稳定[32]。大野法则的发现主要源自细胞学方面的证据:第一,包括人和小鼠在内的各种哺乳动物 X 染色体的基因数目约为基因组总量的 5%;第二,在一个物种中发现的 X 连锁基因在其他哺乳动物中也是 X 连锁的。当时在真兽亚纲中还没有发现一个物种中的 X 连锁基因位于另一个物种的常染色体上。在人类、大鼠和小鼠基因组测序完成之后,通过比较人与其他哺乳动物 X 染色体 DNA 序列发现,人与小鼠 X 染色体之间有 9 个主要序列同源区域[42],人与大鼠之间有 11 个[43]。这些同源区域几乎占据了整条 X 染色体,证实了真兽亚纲哺乳动物中 X 染色体具有高度保守的同源区域。这种 X 染色体基因组成和顺序的保守性很可能是 X 染色体剂量补偿机制造成的,由于剂量敏感性的存在,X 染色体和常染色体之间的基因易位比较罕见。

5.2.2 X 染色体失活现象和发现历史

1. X 染色体失活现象的发现和直观例子 ——三色猫

1949 年,Murray Barr 和 Ewart Bertram 在雌性猫的神经元核外围发现了一种紧凑的结构,在雄性中则没有。这种紧密结构被称为巴氏体(Barr body),它包含了雌性哺乳动物的一个失活的 X 染色体[44]。

1959 年，Susumu Ohno（图 5-5A）等发现哺乳动物的两条 X 染色体不同：一条 X 染色体类似于常染色体，而另一条失活的 X 染色体被浓缩和异染色质化[45]。1961 年，玛丽·里昂（Mary Lyon）（图 5-5B）在小鼠研究中提出了 X 染色体失活的假说，并提出雄性和雌性小鼠之间 X 连锁基因剂量的均衡是通过一个 X 染色体的转录沉默实现的[46]。三色猫（calico cat）的毛色为 X 染色体失活提供了一个鲜活的例证（图 5-5）。三色猫决定毛色为黑色和橙色的等位基因位于 X 染色体上，携带一个毛色基因的 X 染色体的失活将导致猫呈现出另一个毛色[47]。

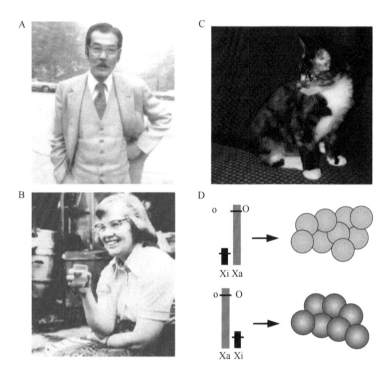

图 5-5 X 染色体失活与三色猫

A. Susumu Ohno 博士[48]；B. Mary Lyon 博士[49]；C. 三色猫；D. 三色猫的毛色花纹图案是随机 XCI 的一个例子。在三色猫中，X 连锁的橙色基因的 Oo 基因型是杂合的。在皮肤细胞中如果 O 表达，毛色就是橙色，否则毛色是黑色的

2. 里昂定律

里昂假说早在 1961 年由 Mary Lyon 提出[46]，并于 2011 年被公认为里昂定律[50]。这个基于小鼠遗传学证据的假说包含了以下观点：①同一动物不同细胞中异染色质化的 X 染色体随机来源于父亲或母亲；②异染色质化的 X 染色体呈现基因失活状态。这个假说的提出是基于以下两个证据：首先，XO 雌性小鼠的正常表型说明只有一条活性 X 染色体对于小鼠正常发育是必需的和足够的；其次，影响外表颜色的性别连锁突变体会导致雌性小鼠显示正常和突变色斑块相间的镶嵌性表型。类似于三色猫的毛色，这种镶嵌性表型可以通过胚胎发育早期的随机 X 染色体失活来解释。

3. X 染色体失活作为哺乳类剂量补偿的机制

X 染色体失活是哺乳动物性别剂量补偿的特有机制。在早期胚胎中，X 染色体失活一般具有以下三个特征：①染色体计数过程可以确保除了一条 X 染色体之外的其他 X 染色体都失活，因此在雌性动物体细胞中只有一条 X 染色体无活性，所以 X 染色体失活更像是一个默认的途径，而哺乳动物的 X 剂量补偿

主要通过选择唯——个活性 X 染色体来实现；②X 染色体失活的选择通常是随机的，因而使每个亲本遗传的 X 染色体各在约 50% 的细胞中沉默失活；③这种 X 染色体失活的选择在体细胞中被"记忆"，使其在后续的细胞分裂过程中是稳定遗传的[51]。

5.2.3　X 染色体失活的类型

1. 随机 X 染色体失活

X 染色体失活有两种不同的形式，一种是印记 X 染色体失活，另一种是随机 X 染色体失活。在随机 X 染色体失活中，选择母本或父本来源的 X 染色体进行失活的过程是随机的。在小鼠中，随机 X 染色体失活通常起始于胚胎着床后的囊胚（E3.5）期[52]，并在小鼠胚胎发育阶段的 E6.5 和 E7.5 之间完成[53]。随机 X 染色体失活与细胞分化状态密切相关，这说明 X 染色体失活是从初始多能性细胞到分化开始之间的早期事件。研究发现 X 染色体失活会影响到 XO（仅有一条 X 染色体）、XY、XX 和 XXY 小鼠胚胎的发育速度[54]。不进行 X 染色体失活的 XO 和 XY 胚胎比经历 X 染色体失活的 XX 或 XXY 胚胎通常发育得更快[54]，这表明 X 染色体失活会轻微延缓发育的进展，这一推断与胚胎干细胞中的发现一致，即 XO 和 XY 胚胎干细胞的分化速度比 XX 胚胎干细胞更快[55]。

2. 父系印记 X 染色体失活

不同于随机 X 染色体失活，在印记 X 染色体失活中，父本遗传的 X 染色体（Xp）总是被失活。父本 X 染色体的印记失活存在于后兽亚纲有袋类动物的所有体细胞组织[56]和一些真兽亚纲动物如小鼠的胚外组织中[57]。在小鼠中，Xp 失活发生在两细胞或四细胞胚胎阶段，并在胎盘等胚胎外组织中一直维持[58]。印记 X 染色体失活对于胚胎发育至关重要。例如，印记 X 染色体失活失败会导致胚胎在着床后发育期间死亡[43]。印记 X 染色体失活的调控并不像胚胎中的随机 X 染色体失活的调控那么严格。X 染色体连锁基因可以自发地重新激活，甚至整条失活的印记 X 染色体可以自发地完全逆转[59, 60]。这可能是与胚外组织中 Xp 特殊的染色质状态有关，Xp 中同时包含有抑制性和激活性的染色质标记，并且 DNA 甲基化较少参与[53]。

5.2.4　X 染色体失活的步骤

1. 早期胚胎发育中 X 染色体失活的步骤

X 染色体失活的起始步骤是确定失活 X 染色体的数量和选择哪条（些）X 染色体进行失活。X 染色体失活的步骤在各个哺乳类动物中不尽相同，这里以小鼠为例进行介绍。由于精子发生中的减数分裂期性染色体失活（meiotic sex-chromosome inactivation，MSCI），小鼠受精卵中来自父本的 X 染色体是失活的[61, 62]，而来自母本卵细胞的 X 染色体是有活性的。在小鼠胚胎的二细胞或四细胞阶段，父本 X 染色体被重激活[58, 62]。随后在早期胚泡（morula）中，印记 X 染色体失活出现并存在于滋养层（trophoblast）和内细胞团（ICM）中。这种父本 X 染色体失活会在胚胎外组织如胎盘中维持[57]，而内细胞团中失活的父本 X 染色体在囊胚期被再次重激活，从而使得两条 X 染色体暂时都具有转录活性[58, 63]。随后，这些细胞独立地进行随机 X 染色体失活，并在体细胞中遗传至其所有后代细胞[58]。配子发生过程中，雌性生殖细胞中的 X 染色体失活被逆转，使得所有卵母细胞都含有活性的 X 染色体[58]（图 5-6）。有袋类动物中也存在 MSCI[64]和父本 X 染色体重激活[65]。

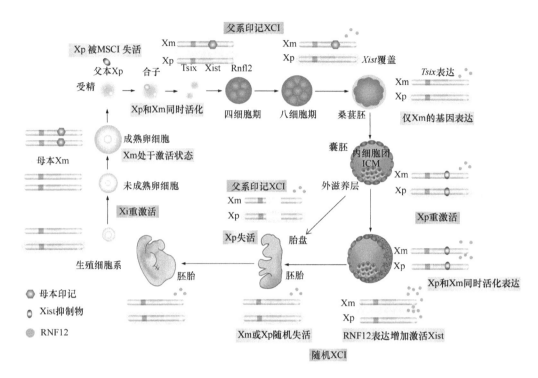

图 5-6　小鼠胚胎、胚外组织、体细胞组织和生殖细胞系中 X 染色体失活的过程和步骤（仿自[66]，有改动）

2. 胚胎干细胞中 X 染色体失活

　　X 染色体失活发生在非常早期的胚胎中，胚胎的大小和有限的可用材料使得研究 X 染色体失活过程十分困难。体外模型系统，如胚胎干细胞（ES）可以成为一个有利的替代。当胚胎干细胞维持在全能状态时，XX 细胞中 X 连锁的酶的表达水平约是其在 XO 细胞中的两倍，这说明两个完整的 X 染色体同时表现出活性[67]。然而，一旦胚胎干细胞被允许分化，就会发生 X 染色体失活，导致其中一条 X 染色体被随机选择失活[67]。

5.3　X 染色体失活的动物模型与分子机制

关键概念

- 无论是随机 X 染色体失活还是印记 X 染色体失活，都是通过 X 染色体失活中心顺式作用元件来调控的。
- lncRNA Xist 可以覆盖整条 X 染色体，沉默绝大部分基因，最终实现 X 染色体失活。
- 少数 X 连锁基因可以逃避沉默，在 Xi 上表达，称为 X 染色体失活逃逸基因（X inactivation escaper）。

5.3.1　X 染色体失活中心

1. X 染色体失活调控的开关——*Xist*

　　无论是印记的还是随机的 X 染色体失活，起始都是通过 X 染色体失活中心（X inactivation center,

XIC）的顺式作用元件来调控的（图 5-7）。XIC 是 X 染色体计数机制的主控制区，可以选择决定哪条 X 染色体被失活沉默。在人类中这个区域位于 Xq13.2，小鼠的 XIC 位于 D 区域。XIC 区域蛋白质编码基因相对较少，富集于重复 DNA 序列，其中无活性 X 特异性转录物（X-inactive specific transcript，Xist）在启动 X 染色体顺式失活中发挥着关键作用。Xist 位于 XIC 上，转录产生 17kb 的非编码 RNA，覆盖整条 X 染色体以沉默绝大部分基因[68]。Xist 的序列以及外显子的结构和数目在哺乳动物中并不是非常保守，但是其功能元件保持不变（图 5-7）。例如，人类 Xist 基因转入小鼠也可以介导 X 染色体的顺式失活[69, 70]。有袋动物中也发现了类似功能的 RNA，命名为 Rsx，但与 Xist 并不同源[71, 72]。

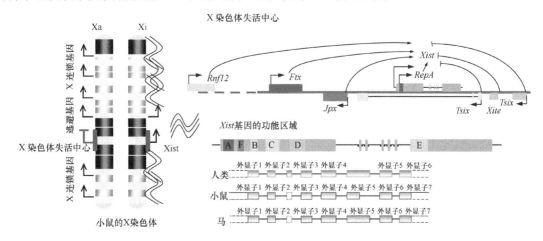

图 5-7　小鼠 X 染色体失活中心的基因组成和 Xist 的表达调控（仿自[73]，有改动）

2. Xist 的负调控——Tsix

Tsix 是 Xist 的非编码反义调节子，它是一条 40kb 的非编码 RNA，没有保守的可读框。Tsix 位于 Xist 下游 15kb 处，在 Xist 的反义链上转录[74]。Tsix 不存在于非活性 X 染色体上，它仅在未来的活性 X 染色体上表达，在 X 染色体失活开始时抑制 Xist 表达并持续至 Xist 基因关闭（图 5-7）。研究发现，删除 Tsix 序列并不能终止 ES 细胞中 X 染色体失活，这表明 Tsix 对于沉默步骤不是必要的[75]。但是，Tsix 对于啮齿动物早期胚胎及其胚胎外组织 X 染色体失活的印记过程是必需的[76]。

3. Xist 的正调控——Jpx 和 Ftx

与 Tsix 的负调控不同，Xist 的表达也受正调控的调节，如受到 Jpx 和 Ftx 的正调控。Jpx 也是非编码 RNA，可以激活 Xist 的表达，跟其他 RNA 一起调节控制 Xist 的激活因子和抑制因子的动态平衡。Jpx 位点位于 Xist 5′端，仅在雌性动物的细胞中顺式激活 Xist 的表达（图 5-7）。因此，删除 Jpx 对雄性胚胎干细胞没有影响，但是在雌性细胞中是致命的，因为 Jpx 缺失会妨碍雌性胚胎干细胞的 X 染色体失活的起始[77]。此外，还有一个长非编码 RNA 基因 Ftx 也位于 Xist 基因上游，编码几个 miRNA[78]，它可以控制雄性细胞中 Xist、Tsix 和 Jpx 的表达水平[66]（图 5-7）。Jpx 和 Ftx 调节 X 染色体失活的具体机制仍有待进一步研究。此外，XACT 是人中特有的非编码 RNA，包裹人多能干细胞（human pluripotent stem cell，hPSC）中的 X 染色体，通过对 XIST 的拮抗作用正调控 X 连锁基因的表达[79-81]。

4. Rnf12

Rnf12 位于 Xist 上游约 500kb，对雌性动物细胞中 Xist 的表达激活具有显著的作用。该基因的表达产物是具有泛素连接酶活性的反式调控因子。RNF12 被认为是剂量依赖性的 Xist 激活物，并且在 Rnf12 和 Xist 的表达之间存在负反馈回路[82]（图 5-6 和图 5-7）。作为反式调控因子，RNF12 可以激活 Xist 或抑制 Tsix。在小鼠中过量表达 RNF12 可诱导雄性和雌性小鼠胚胎干细胞中 X 染色体的 Xist RNA 包裹[82]。与 Jpx 不同，Rnf12 的杂合缺失仅能延迟，但不能阻止雌性小鼠胚胎干细胞中的 X 染色体失活[83]。小鼠胚胎干细胞研究进一步指出，多能因子 REX1 基因是 RNF12 的关键靶点，因为小鼠胚胎干细胞中 Rnf12 的敲除导致 REX1 水平升高[84]，这表明 RNF12 通过剂量依赖性催化作用引发 REX1 泛素化和蛋白酶体降解，从而引起 X 染色体失活。

5.3.2 Xist 表达的表观遗传调控机制

1. 长非编码 RNA（lncRNA）

如 5.3.1 所述，Xist 由两个并行的长非编码 RNA 开关控制：Tsix 在 Xa（活性 X 染色体）上启动 Xist，Jpx 和 Rnf12 激活 Xi（非活性 X 染色体）上的 Xist。Tsix 作为抑制因子，促进抑制性组蛋白标记和 DNA 甲基化在 Xist 启动子上的积累。而 Jpx 和 Rnf12 作为激活因子促进 Xist 的上调，从而启动 X 染色体失活。在 XIC 中，lncRNA 在调节 X 染色体失活中发挥着举足轻重的作用。顺式作用（如 Tsix）和反式作用（如 Jpx）的 lncRNA 在 X 染色体失活起始时调节 Xist 的表达，它们与几种转录因子和染色质修饰复合物相互作用，以实现 X 染色体的失活。

2. DNA 甲基化

维持常染色体基因印记的 DNA 甲基化也参与 Xist 的调控。在真兽亚纲哺乳类中，活性 X 染色体上的 Xist 和失活 X 染色体上的 X 连锁基因具有高度的 5′ CpG 岛 DNA 甲基化[85]，被认为在稳定和维持失活状态中具有重要作用。在胚外组织中，DNA 甲基转移酶 DNMT1o 的缺失会破坏印记 X 染色体失活。在没有 DNMT1o 的情况下，Tsix 及其增强子 Xite（通常在印记 X 染色体失活期间仅在来自母本的 Xm 上表达）被发现同时在来自父本的 Xp 和来自母本的 Xm 上表达[86]。DNMT1o 的主要功能可能是在着床前发育期间维持 Xp 上 Tsix 的 DNA 甲基化印记[87]。在后兽亚纲哺乳动物中，南美负鼠（Monodelphis domestica）胚胎中活性 X 染色体和失活 X 染色体 CpG 岛的甲基化并无差异，但是非编码调控基因 Rsx 的 CpG 岛在活性 X 染色体拷贝上高度甲基化，因此有袋类中的甲基化可能调节 Rsx，而不调节其他 X 连锁基因的表达[72]。DNA 甲基化的作用仍有待进一步研究。

3. 组蛋白修饰

组蛋白修饰是调节 Xist 表达的另一个表观遗传因素。当印记 X 染色体失活发生时，由于 Xist 上存在在卵母细胞发育过程中建立的抑制性印记，因此母本 X 染色体保持活性状态[88]。H3K27me3 的逐渐增加被认为与 X 连锁基因的失活密切相关[89, 90]。最近的一项研究表明，在着床前胚胎中，Xm 上的 Xist 启动子区域的 H3K9me3 可以引起 Xist 沉默[91]。H3K9me3 防止 Xm 上的 RNF12 激活 Xist，从而在印记 X 染色体失活期间维持 Xm 的活性[91]。然而，在印记建立之前和之后，Xist 启动区域的 H3K9me3 并没有差异，这表明 H3K9me3 不是关键的印记标记[92]。组蛋白修饰在有袋类的 XCI 中起主要作用，激活性修饰 H3K4me3 和抑制性修饰 H3K27me3 在 X 连锁基因区域并存，而 H3K27me3 修饰的缺失是 XCI 逃逸基因的标志[72]。

5.3.3　X 连锁基因失活状态检测和基因沉默机制

1. X 染色体失活逃逸——假常染色体区基因和失活 X 染色体上的基因表达

虽然在哺乳动物中大多数 X 连锁基因受 X 染色体失活影响，但是有少数 X 连锁基因可以逃避沉默，从而在 Xi 上表达[93-96]。在这些 X 染色体失活逃逸基因（X inactivation escaper）中，一些基因可以从大多数细胞类型的 Xi 上表达，称为组成型逃逸基因。其他兼性逃逸基因仅在特定的情况下逃避染色体失活[97]。位于假常染色体区域内的基因同时存在于 X 和 Y 染色体上，因此在两性之间没有剂量差异，它们大多数逃避染色体失活[98]。由于逃避染色体失活现象的存在，需要有方法来检测每个 X 连锁基因的失活状态，下面进行简要介绍。

1）X 连锁基因失活状态的检测——人鼠融合细胞

体细胞杂交技术被用于许多不同的动物系统，特别是在人和啮齿类动物中。细胞融合的一种方法是使用仙台病毒（Sendai virus）。仙台病毒可以同时附着在两个不同的细胞上，它们紧密相连，导致两个细胞的膜融合并使两个细胞成为双核异型核[99]。人和小鼠细胞的杂交体被广泛用于检测来自人的非活性 X 染色体上的 X 连锁基因的表达，因为这种方法可以分辨非活性和活性 X 染色体。人鼠杂交细胞中保留了大多数小鼠染色体，而人的染色体则被随机剔除。通过制作次黄嘌呤磷酸核糖基转移酶 *HPRT* 缺陷型的小鼠亲本细胞，可以选择保留人类活性 X 染色体的细胞（表达 HPRT 酶）。使用营养培养基选择性杀死表达 HPRT 的活性 X 的细胞，即可得到保留了非活性 X（Xi）的细胞。接下来就可以在具有人 Xa 或 Xi 的杂交体细胞中比较来自这两种类型杂交细胞的 X 连锁基因的不同表达模式。例如，类固醇硫酸酯酶 *STS* 基因可从人鼠杂交细胞中无活性的人 X 染色体上的位点表达，属于逃逸基因[100]。

2）X 连锁基因失活状态的检测——RNA 测序

二代转录组测序（RNA-seq）是另一种常用的检测 X 连锁基因的失活状态的方法[101]。小鼠 *Mus musculus* × *Mus spretus* 杂交细胞中的 RNA-seq 覆盖 393 个 X 连锁基因中，发现 13 个基因有来自 Xi 的显著表达[102]。最新的单细胞转录组测序技术将是在基因组规模上检测 X 连锁基因失活状态的有力工具[103]。它直接通过量化来自单细胞中两个 X 染色体等位基因的差异表达识别逃逸基因，因为逃逸基因在单细胞中的表达同时来自两个等位基因，而经历 X 染色体失活的基因的表达仅来自于一条 X 染色体[104]。

2. 基因沉默的分子机制——表观遗传学修饰

活性 X 染色体上的基因正常转录，而非活性的 X 染色体上只有非常有限的转录活性。这种转录活性的差异是由两个染色体的状态决定的。活性 X 染色体的表达区域的染色质是"开放的"和常染色质化的，从而可以和转录机器接触。而被抑制的非活性 X 染色质区域是异染色质，是"封闭"且不可接近的。活性 X 染色体的组蛋白是高度乙酰化的，特别是对于组蛋白 H3 和 H4。而非活性 X 染色体还具有高度的 5′ CpG 岛 DNA 甲基化，从而抑制非活性 X 连锁基因的转录。

3. 基因沉默的分子机制——X 染色体的空间构象

X 染色体的拓扑构象与其生物学功能密切相关，但我们对高阶染色质结构的认识还比较有限。从最初的染色体构象捕获（chromosome conformation capture，3C）技术到其后期衍生的基因组捕获技术（4C、5C、HiC 等）的最新进展，使三维结构的研究成为可能[105]。拓扑关联域（TAD）是基因组中的一些特殊区域，其边界内的物理相互作用比外部区域的频率更高[106]。TAD 与 *Xist* 和 *Tsix* 启动子及其自身的顺式调控因子紧密相连，并且在 X 染色体的拓扑结构中具有重要功能。TAD 边界区域的缺失导致局部 TAD 折叠模式的破坏和远程转录调控的丧失[106]。因此，Xi 中的 TAD 表现出更加混乱的组织结构并缺乏远程相互作用，这是由 *Xist* 的表达来决定和维持的[107]。在小鼠神经祖细胞（NPC）中，Xi 上基本不存在组织完好的 TAD，取而代之的是由微卫星重复序列 DXZ4 组成的铰链区分开的两个巨型结构域[108]。位于 TAD 边界的染色质绝缘子 CTCF 和凝集素（cohensin）可以与 *Xist* 相互作用[109]。

5.3.4　X 连锁基因失活谱在各种哺乳类群之间的差异

1. 哺乳类胚胎发育中 X 染色体失活发生的时间差异

各种哺乳动物之间的 XCI 起始时间和机制是不同的。在小鼠中，在几个 lncRNA 如 Xist 和 Tsix 的调节下，在二细胞期之后的桑葚胚期（morula），X 染色体失活的方式是父系印记失活[110]。这种父系印记的 XCI 被保留在胚胎外组织中，所以胎盘中存在的是父系印记 X 染色体失活。父系印记在小鼠中期囊胚的内细胞团（inner cell mass, ICM）中被清除，X 连锁基因同时在父本和母本的等位基因表达。随机 XCI 在 ICM 中的起始，主要通过 Xist 的单等位基因表达调控来实现，包括反义链上的 Tsix[111]（图 5-6）。然而，在兔子中，我们观察到 Xist 覆盖在早期囊胚中的一些 ICM 细胞的两条 X 染色体上，然后随机 XCI 发生在晚期囊胚中[112]。类似地，在人类中，两条 X 染色体在囊胚期滋养外胚层和 ICM 细胞中都保持活性，这表明与小鼠相比，人类中 XCI 相对较晚发生[112]。

2. 人和小鼠体细胞 X 染色体失活逃逸谱的差异

人和小鼠细胞的 X 染色体失活逃逸存在着极为显著的差异[113, 114]。与人相比，X 染色体失活在小鼠中更为彻底。在人类中，约 15% 的 X 连锁基因为组成型逃逸基因，而小鼠的随机 XCI 失活中仅有约 3% 的 X 连锁基因逃逸[102,115]。此外，逃逸基因在人和小鼠中的分布也存在显著差异。在人类中，大多数逃逸基因位于 X 短臂上，这可以通过两个原因来解释：①短臂是进化上相对年轻的区域，相对较晚才与 Y 染色体分开；②人的 X 染色体是中着丝粒染色体（metacentric chromosome），着丝粒异染色质可能发挥阻碍 XIST RNA 充分扩散的作用[115]。相比之下，小鼠 X 染色体是端着丝粒染色体（acrocentric chromosome），其逃逸基因的分布是随机的[102]。随着逃逸基因的成簇，人类 XCI 的逃逸被控制在染色质结构域的水平上[28]。而在小鼠中，逃逸 X 染色体失活被控制在单个基因的水平，它们嵌入在抑制性染色质区域内[102]。

3. 哺乳类胎盘 X 染色体失活方式的不同及其进化生物学意义

随机 XCI 被认为发生在所有真兽亚纲物种的胚胎和成体组织中，而在小鼠[116, 117]、大鼠[118]、牛[119, 120] 以及一些有袋动物的胎盘中[72, 121]，存在父系印记 XCI。但是，印记 XCI 并不是胎盘中 XCI 的普遍情况和唯一方式，在马、骡子和牛的胎盘组织中，X 染色体失活的方式被证明是随机而不是印记的[122, 123]。研究表明，人类胎盘中的 X 染色体失活也不是印记的[124]。这些结果提出了一个问题：为什么在真兽亚纲胎盘中 XCI 的形式不同，而在其他组织中则同样都是随机的？从进化的角度来看，印记失活中的 X 连锁基因仅能从母本表达，具有明显的劣势。当 X 染色体的母本拷贝存在隐性的有害等位基因时，可能对印记 XCI 的生物是致命的，而随机 XCI 的生物体仍具有 50% 的细胞表达正常的父本等位基因，从而具有进化上的优势。XCI 在新生小鼠的脑中并不是完全随机的,而是有 6% 的偏倚更倾向于失活父本 X 染色体[125],这种现象可能源于早期进化中印记失活方式的残留,从一个侧面说明随机 XCI 的进化生物学意义。然而,胎盘是哺乳类动物不可或缺的器官,对于母体与胎儿之间的养料和气体交换,以及免疫作用至关重要。在哺乳动物中,胎盘具有特殊的结构、形态和生理多样性,是一个正在经历快速进化的器官,在此过程中生物采用不同的 X 染色体失活也是合理的。在印记 X 染色体失活中,仅有母体 X 表达的 X 连锁基因可能潜在地降低母亲对胎儿父系抗原免疫应答的可能性,并通过匹配 X 连锁基因的母体基因型来减少母体-胎儿之间的不兼容反应。这些假说还有待进一步的验证。

5.4　X 染色体失活与人类疾病

关键概念

- 特纳综合征(Turner syndrome)是一种由性染色体数目异常(女性缺少一条 X 染色体,基因型为 XO)引起的遗传性疾病。
- 克氏综合征(Klinefelter syndrome)是患者携带一条额外的 X 染色体(即 XXY)的男性综合征。
- 三 X 染色体综合征是最常见的女性染色体异常(1/1000),它的特征表现为女性的每个细胞中都存在一条额外的 X 染色体。
- 环状染色体(ring X chromosome)是指染色体在两个位点被破坏,末端重新连接时形成环形的现象。
- X 染色体失活偏倚是一条 X 染色体相对于另一条 X 染色体更加容易失活的现象,从而导致每个染色体失活的细胞数量不均匀。

5.4.1　X 非整倍体疾病中的 X 染色体失活

1. 特纳综合征

特纳综合征(Turner syndrome)是一种由性染色体数目异常引起的遗传性疾病。XO 女性(缺少一条 X 染色体)患有特纳综合征(核型 45,XO)。特纳综合征患者具有女性外生殖器和青春期女性身体的特征,但其性腺发育非常不正常,仅有发育不良的纤维化性腺,也缺乏生殖细胞和卵泡。特纳综合征患者通常身高矮小(在完全成年后不到 1.6m),可能有各种器官异常,包括颈部皮肤过度折叠、肢体和胸部畸形,也可能伴随肾脏和心脏异常[126]。为什么单条 X 染色体的特纳综合征患者有这么多缺陷?男性也只有一条 X,而且由于 X 染色体失活的存在,正常的女性的细胞只表达两条 X 染色体中的一条,所以在女性中一条 X 染色体应该可以满足绝大部分功能,但实际上却不是。X 染色体上的失活逃逸基因可以解释一部分原因,因为它们在正常女性中需要在两条 X 染色体上同时表达。更重要的是,一条 X 染色体对于女性生殖细胞的发育是不够的,因为 X 染色体在正常卵巢中会重新激活[127]。在两条活跃的 X 染色体上的某些 X 连锁基因的两条等位基因都必须发挥维持生殖细胞产生和发育的功能,最终维持卵巢的功能。那为什么男性也只有一条 X 染色体,却没有 XO 器官异常的症状呢?这是因为男性 Y 染色体上假常染色体区域(PAR1)有 24 个基因,这意味着特纳综合征患者至少丢失了这些基因。其中,*SHOX* 基因被认为在身高增长中发挥主要作用[128]。小鼠 Turner 模型(核型 39,XO)的症状比较轻微,而且 XO 小鼠是可育的[129],这可能与小鼠的 XCI 逃逸基因比人少、假常染色体区域比人短有关[130]。

2. 克氏综合征

克氏综合征（Klinefelter syndrome）是携带一条额外的 X 染色体（即 XXY）的男性综合征，也是最常见的人类男性不育的原因[131]。XXY 男性通常不产精子而造成不育[132]，其他的症状包括心血管异常[133-135]和肿瘤风险[136]。目前尚不清楚克氏综合征的表型特征是否由睾丸功能障碍引起的激素增加或者逃逸基因的表达水平升高引起[128]。一个假说认为克氏综合征是由男性生理学状态无法适应女性 X 基因剂量而导致的。克氏综合征的小鼠模型证实，逃避 XCI 的基因在具有两条 X 染色体（XX 和 XXY）的小鼠的脑中具有比雄性对照更高的表达水平[137]。这些脑特异性差异表明逃逸基因的剂量有可能是克氏综合征患者认知障碍的病因[137]。

3. 三 X 染色体综合征

三 X 染色体综合征是最常见的女性染色体异常（1/1000），它的特征表现为女性的每个细胞中都存在一条额外的 X 染色体[138]。三 X 染色体通常是减数分裂期间的染色体不分离造成的结果，尽管在大约 20% 的病例中发生了合子后不分离。三 X 染色体患者的常见身体特征包括腿部长度增加、身高过高、上皮褶皱、牙釉质较厚等。在三 X 染色体综合征中，三条 X 染色体中的两条被正常失活，但是 PAR 区域中的基因和其他逃逸基因会从三条 X 染色体表达，这包括 PAR1 上的 *SHOX* 基因和位于接近假常染色体边界的编码牙釉质成分的 *AMELX* 基因[138]。

5.4.2　X 染色体异常和 X 染色体失活

1. X 染色体部分缺失

X 染色体部分缺失（deletion）可能发生于不同区域，如短臂或长臂缺失，这些都会造成一些必需基因的缺失。因此，细胞学上核型中可见的 X 染色体缺失在男性中通常是致命的，或者至少会引起严重的先天性异常。相比之下，女性中同样的缺失可能不会那么严重，因为缺失的基因在一半细胞中位于失活的 X 染色体上。临床上也有许多 X 染色体部分缺失的病例报道。例如，女性患者的 X 染色体短臂的缺失可能具有原发性闭经和其他轻微的类似特纳综合征的身高矮小特征[139]。

2. X 染色体重复

整条 X 染色体重复（duplication）症状相对比较轻微，因为额外的 X 染色体可以被 XCI 失活。但是，X 上部分片段的重复在男性或者女性中都会产生影响。如果是女性，由于这种重复对细胞存活有害，细胞选择作用会使存活下来的细胞中携带重复片段的染色体始终是无活性的，正常的 X 染色体总是有活性的。在女性中，X 染色体失活有助于消除染色体内重复带来的问题。但是男性中这样的部分重复会带来各种异常，有限的研究表明 X 染色体长臂上的重复在男性中会造成生长迟缓、学习和语言障碍及颅面异常等重大问题[140]。

3. X 染色体易位

X 染色体易位（translocation）包括 X-常染色体、Y-常染色体或 X-Y 染色体交换。X 染色体易位分为两种形式：平衡易位或不平衡易位。在 3/4 的女性 X-常染色体平衡易位携带者中，正常的 X 染色体在所有细胞中是失活的，这种 X 染色体失活模式使得她们中多数在临床上没有表型或只有特纳综合征；少部分患有先天性畸形或智力迟钝[141]（图 5-8）。然而，如果她们的后代只遗传两条易位染色体中的一条的话，那么具有不平衡易位的风险是很大的。带有 XIC 的易位染色体片段可以导致常染色体的基因失活从而引起疾病（图 5-8）。这种不平衡易位的临床表型要严重得多，包括精神发育迟滞、先天性畸形和各种肿瘤，如视网膜母细胞瘤、绒毛膜癌、血管外皮细胞瘤、混合唾液腺肿瘤、膀胱肿瘤[142]。

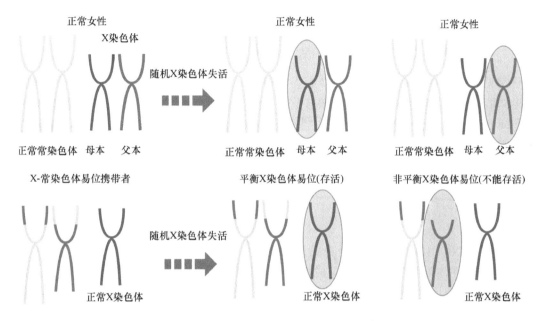

图 5-8　平衡 X 染色体易位和非平衡 X 染色体易位

4. 环状 X 染色体

环状 X 染色体（ring X chromosome）是指染色体在两个位点被破坏，末端重新连接时形成环形的现象。所有人类染色体都可以环化，这些环状染色体的大小各不相同，与它们断裂和重连接的过程有关。环状常染色体一般都是有害的，因为它常造成大量的常染色体基因缺失。相比之下，大多数环状 X 染色体为良性，因为它们通常是非活性的，所以被删除的基因从不表达。环状染色体不稳定，它们在复制过程中经常被撕裂并丢失（图 5-9）。因此，在携带环状染色体的个体中，含有环状染色体的细胞和环状染色体丢失的细胞通常是同时存在的，所以它们的核型通常是镶嵌性的。携带小的环状染色体的女性往往具有更严重的表型。这些女性不仅具有典型的特纳综合征表型，而且也会出现在特纳综合征中不常见的多发性先天性异常，包括面部畸形、融合的手指和脚趾及心脏缺陷。小的环状 X 染色体比大的更有害，因为它们缺乏 XIST[143] 或者 XIST 启动子[144]，因此不能被正常失活（图 5-9）。

5.4.3　X 染色体失活和单基因 X 连锁隐性疾病

X 染色体失活偏倚是一条 X 染色体相对于另一条 X 染色体更加容易失活的现象，从而导致每个染色体失活的细胞数量不均匀。在 X 连锁智力迟钝（X-linked mental retardation，XLMR）的患者中存在 X 染色体失活偏倚，活性 X 染色体大多带有致病突变。这代表了 X 染色体失活偏倚的一个共同特征，即偏倚是细胞选择效应造成的，携带 XLMR 突变的 X 染色体在患者中更有可能位于活性染色体上[145]。脆性 X

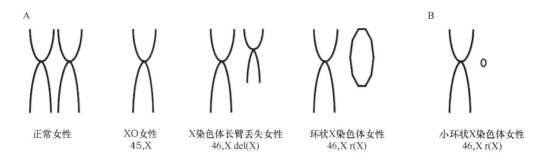

图 5-9 环状 X 染色体（A）和小环状 X 染色体（B）的形成和性染色体核型组成

综合征（一种常见的 X 连锁病症）是由 *FMR1* 编码的脆性 X 型精神发育迟滞蛋白 FMRP 的缺陷引起的，*FMR1* 是在其 5′非翻译区中含有（CGG）$_n$三核苷酸重复的 X 连锁基因[146]。脆性 X 综合征为 XCI 偏倚和 X 连锁疾病之间的关系提供了一个很好的例子[147]。根据一对姐妹的临床案例，一名精神发育迟缓的女孩正常 X 染色体完全失活，无法检测到 FMRP 的表达，而只有轻微学习障碍的姐姐的活性 X 染色体中正常 X 染色体占 70%，因此可以正常表达 FMRP 蛋白[147]。

5.4.4 X 染色体失活和肿瘤

早在 50 多年前，XCI 和肿瘤之间的潜在关系就被首先提出，观察发现巴氏小体在乳腺癌中频繁丧失[148]。由于剂量补偿在体细胞中的重要性，成体组织中无法维持 Xi 基因沉默将可能影响其正常功能并引发肿瘤，但目前只有零星的证据支持这个假说。一项研究表明，在癌症中 Xi 不稳定，与基因组其他区域相比，观察到较高的 Xi 基因突变率[149]。此外，肿瘤相关基因（如 *BRCA1* 和 *AURKB*）的过表达可通过调节 Xist 进而影响癌症细胞中的 XCI 状态[150, 151]。关于非活性 X 染色体在肿瘤中的作用的研究不断增多，这为我们开辟了新的研究途径，为我们认识 Xi 表观遗传学不稳定是如何影响癌症的发展的提供了线索。

5.5 总结与展望

X 染色体随机失活是哺乳类两性 X 连锁基因剂量补偿的机制，对基因表达调控和性染色体的进化具有极其关键的生物学意义。X 染色体失活是最早被发现的表观遗传学现象之一，也是被几代科学家从多层次反复细致研究的表观遗传学问题之一。在个体水平上 X 染色体失活可以造成各种镶嵌性表型，生理水平上 X 染色体失活异常和偏倚是影响 X 染色体连锁疾病的机制，细胞和分子水平上 X 染色体失活的研究开创和推动了非编码 RNA、DNA 甲基化、组蛋白修饰、单细胞分析及染色质空间构象的研究方法和技术的发展与完善。在单细胞测序技术飞速发展的今天，单细胞 RNA 测序和单细胞表观遗传修饰的研究必将推动 X 染色体失活机制的研究。X 染色体失活与其他的表观遗传学现象（如基因组印记）共享某些分子机制，对 X 染色体失活和常染色体基因表达调节以及其他表观遗传现象关联的研究将成为该领域的一个发展方向。此外，各种新的 XIC 非编码 RNA 的发现也会大大推进 lncRNA 表观遗传机制的研究。最后，对 X 染色体失活的比较基因组研究可以让我们了解人和小鼠之外的 X 染色体失活状态，并允许我们在进化的角度上更好地探究 X 染色体失活的确立和调控。对 X 连锁基因失活调控的深入探索会为我们揭开 X 连锁疾病的奥秘，并有助于利用非编码 RNA 失活调控、甲基化和组蛋白修饰及 X 染色体失活偏倚研发更加有效的疾病诊断和治疗方法。

参 考 文 献

[1] Hake, L. & O'Connor, C. Genetic mechanisms of sex determination. *Nature Education* 1, 25(2008).

[2] Bachtrog, D. *et al.* Are all sex chromosomes created equal? *Trends Genet* 27, 350-357(2011).

[3] Grutzner, F. *et al.* In the platypus a meiotic chain of ten sex chromosomes shares genes with the bird Z and mammal X chromosomes. *Nature* 432, 913-917(2004).

[4] Ferguson, M. W. J. & Joanen, T. Temperature of egg incubation determines sex in alligator-mississippiensis. *Nature* 296, 850-853(1982).

[5] Holleley, C. E. *et al.* Sex reversal triggers the rapid transition from genetic to temperature-dependent sex. *Nature* 523, 79-82(2015).

[6] Koopman, P. *et al.* Male development of chromosomally female mice transgenic for Sry. *Nature* 351, 117-121(1991).

[7] Foster, J. W. & Graves, J. A. M. An Sry-related sequence on the marsupial X-chromosome–Implications for the evolution of the mammalian testisdetermining gene. *P Natl Acad Sci U S A* 91, 1927-1931(1994).

[8] Hillier, L. W. *et al.* Sequence and comparative analysis of the chicken genome provide unique perspectives on vertebrate evolution. *Nature* 432, 695-716(2004).

[9] Sekido, R. & Lovell-Badge, R. Sex determination involves synergistic action of SRY and SF1 on a specific Sox9 enhancer. *Nature* 453, 930-934(2008).

[10] Kim, Y. *et al.* Fgf9 and Wnt4 act as antagonistic signals to regulate mammalian sex determination. *PLoS Biol* 4, 1000-1009(2006).

[11] Bergstrom, D. E. *et al.* Related function of mouse SOX3, SOX9, and SRY HMG domains assayed by male sex determination. *Genesis* 28, 111-124(2000).

[12] Vidal, V. P. I. *et al.* Sox9 induces testis development in XX transgenic mice. *Nat Genet* 28, 216-217(2001).

[13] Smith, C. A. *et al.* The avian Z-linked gene DMRT1 is required for male sex determination in the chicken. *Nature* 461, 267-271(2009).

[14] Shoemaker, C. *et al.* Expression of Sox9, Mis, and Dmrt1 in the gonad of a species with temperature-dependent sex determination. *Dev Dynam* 236, 1055-1063(2007).

[15] Deng, X. X. *et al.* Evidence for compensatory upregulation of expressed X-linked genes in mammals, *Caenorhabditis elegans* and *Drosophila melanogaster*. *Nat Genet* 43, 1179-U1128(2011).

[16] Kharchenko, P. V. *et al.* Evidence for dosage compensation between the X chromosome and autosomes in mammals. *Nat Genet* 43, 1167-1169; author reply 1171-1162(2011).

[17] Xiong, Y. *et al.* RNA sequencing shows no dosage compensation of the active X-chromosome. *Nat Genet* 42, 1043-1047(2010).

[18] Julien, P. *et al.* Mechanisms and evolutionary patterns of mammalian and avian dosage compensation. *PLoS Biol* 10, e1001328(2012).

[19] Lin, F. *et al.* Expression reduction in mammalian X chromosome evolution refutes Ohno's hypothesis of dosage compensation. *Proc Natl Acad Sci U S A* 109, 11752-11757(2012).

[20] Jue, N. K. *et al.* Determination of dosage compensation of the mammalian X chromosome by RNA-seq is dependent on analytical approach. *BMC Genomics* 14, 150(2013).

[21] Deng, X. *et al.* Mammalian X upregulation is associated with enhanced transcription initiation, RNA half-life, and MOF-mediated H4K16 acetylation. *Dev Cell* 25, 55-68(2013).

[22] Meyer, B. J. & Casson, L. P. *Caenorhabditis elegans* compensates for the difference in X-chromosome dosage between the

sexes by regulating transcript levels. *Cell* 47, 871-881(1986).

[23] Ercan, S. *et al.* X chromosome repression by localization of the *C. elegans* dosage compensation machinery to sites of transcription initiation. *Nat Genet* 39, 403-408(2007).

[24] Hirano, T. Condensins: Organizing and segregating the genome. *Curr Biol* 15, R265-R275(2005).

[25] Hallacli, E. & Akhtar, A. X chromosomal regulation in flies: when less is more. *Chromosome Res* 17, 603-619(2009).

[26] Conrad, T. & Akhtar, A. Dosage compensation in *Drosophila melanogaster*: epigenetic fine-tuning of chromosome-wide transcription. *Nat Rev Genet* 13, 123-134(2012).

[27] Mank, J. E. & Ellegren, H. All dosage compensation is local: Gene-by-gene regulation of sex-biased expression on the chicken Z chromosome. *Heredity* 102, 312-320(2009).

[28] Carrel, L. & Willard, H. F. X-inactivation profile reveals extensive variability in X-linked gene expression in females. *Nature* 434, 400-404(2005).

[29] Livernois, A. M. *et al.* Independent evolution of transcriptional inactivation on sex chromosomes in birds and mammals. *PLoS Genet* 9, e1003635(2013).

[30] Heard, E. Delving into the diversity of facultative heterochromatin: the epigenetics of the inactive X chromosome. *Curr Opin Genet Dev* 15, 482-489(2005).

[31] Ross, M. T. *et al.* The DNA sequence of the human X chromosome. *Nature* 434, 325-337(2005).

[32] Ohno, S. Sex chromosomes and sex-linked genes. Berlin: Springer Verlag(1967).

[33] Glas, R. *et al.* Cross-species chromosome painting between human and marsupial directly demonstrates the ancient region of the mammalian X. *Mamm Genome* 10, 1115-1116(1999).

[34] Graves, J. A. M. The origin and function of the mammalian Y-chromosome and Y-borne genes - an evolving understanding. *Bioessays* 17, 311-320(1995).

[35] Graves, J. A. M. Evolution of vertebrate sex chromosomes and dosage compensation. *Nat Rev Genet* 17, 33-46(2016).

[36] Aitken, R. J. & Graves, J. A. M. Human spermatozoa: The future of sex. *Nature* 415, 963-963(2002).

[37] Flaquer, A. *et al.* The human pseudoautosomal regions: a review for genetic epidemiologists. *European Journal of Human Genetics : EJHG* 16, 771-779(2008).

[38] Graves, J. A. *et al.* The origin and evolution of the pseudoautosomal regions of human sex chromosomes. *Hum Mol Genet* 7, 1991-1996(1998).

[39] Otto, S. P. *et al.* About PAR: the distinct evolutionary dynamics of the pseudoautosomal region. *Trends Genet* 27, 358-367(2011).

[40] Raudsepp, T. & Chowdhary, B. P. The eutherian pseudoautosomal region. *Cytogenet Genome Res* 147, 81-94(2015).

[41] Raudsepp, T. *et al.* The pseudoautosomal region and sex chromosome aneuploidies in domestic species. *Sex Dev* 6, 72-83(2012).

[42] Mouse Genome Sequencing, C. *et al.* Initial sequencing and comparative analysis of the mouse genome. *Nature* 420, 520-562(2002).

[43] Gibbs, R. A. *et al.* Genome sequence of the Brown Norway rat yields insights into mammalian evolution. *Nature* 428, 493-521(2004).

[44] Barr, M. L. & Bertram, E. G. A Morphological distinction between neurones of the male and female, and the behaviour of the nucleolar satellite during accelerated nucleoprotein synthesis. *Nature* 163, 676-677(1949).

[45] Ohno, S. *et al.* Formation of the sex chromatin by a single X-chromosome in liver cells of rattus-norvegicus. *Exp Cell Res* 18, 415-418(1959).

[46] Lyon, M. F. Gene action in the X-chromosome of the mouse(*Mus musculus* L.). *Nature* 190, 372-373(1961).

[47] Brown, C. J. & Greally, J. M. A stain upon the silence: genes escaping X inactivation. *Trends in Genetics* 19, 432-438(2003).

[48] Migeon, B. R. *Females are mosaics : X inactivation and sex differences in disease.* (Oxford University Press, 2007).

[49] Cattanach, B. *et al.* Special issue of genetical research in honour of Mary Lyon. *Genetical Research* 56(1990).

[50] Harper, P. S. Mary Lyon and the hypothesis of random X chromosome inactivation. *Hum Genet* 130, 169-174(2011).

[51] Kharchenko, P. V. *et al.* Evidence for dosage compensation between the X chromosome and autosomes in mammals. *Nat Genet* 43, 1167-1169(2011).

[52] Monk, M. & Harper, M. I. Sequential X chromosome inactivation coupled with cellular differentiation in early mouse embryos. *Nature* 281, 311-313(1979).

[53] Payer, B. Developmental regulation of X-chromosome inactivation. *Semin Cell Dev Biol* 56, 88-99(2016).

[54] Thornhill, A. R. & Burgoyne, P. S. A paternally imprinted X-chromosome retards the development of the early mouse embryo. *Development* 118, 171-174(1993).

[55] Schulz, E. G. *et al.* The two active X chromosomes in female ESCs block exit from the pluripotent state by modulating the ESC signaling network. *Cell Stem Cell* 14, 203-216(2014).

[56] Sharman, G. Late DNA replication in the paternally derived X chromosome of female kangaroos. *Nature* 230, 231(1971).

[57] Takagi, N. & Sasaki, M. Preferential inactivation of the paternally derived X chromosome in the extraembryonic membranes of the mouse. *Nature* 256, 640-642(1975).

[58] Okamoto, I. *et al.* Epigenetic dynamics of imprinted X inactivation during early mouse development. *Science* 303, 644-649(2004).

[59] Wang, J. B. *et al.* Imprinted X inactivation maintained by a mouse polycomb group gene. *Nat Genet* 28, 371-375(2001).

[60] Prudhomme, J. *et al.* A rapid passage through a two-active-X-chromosome state accompanies the switch of imprinted X-inactivation patterns in mouse trophoblast stem cells. *Epigenetics Chromatin* 8, 52(2015).

[61] Turner, J. M. Meiotic sex chromosome inactivation. *Development* 134, 1823-1831(2007).

[62] Huynh, K. D. & Lee, J. T. Inheritance of a pre-inactivated paternal X chromosome in early mouse embryos. *Nature* 426, 857(2003).

[63] Mak, W. *et al.* Reactivation of the paternal X chromosome in early mouse embryos. *Science* 303, 666-669(2004).

[64] Hornecker, J. L. *et al.* Meiotic sex chromosome inactivation in the marsupial Monodelphis domestica. *Genesis* 45, 696-708(2007).

[65] Mahadevaiah, S. K. *et al.* Key features of the X inactivation process are conserved between marsupials and eutherians. *Curr Biol* 19, 1478-1484(2009).

[66] Augui, S. *et al.* Regulation of X-chromosome inactivation by the X-inactivation centre. *Nat Rev Genet* 12, 429-442(2011).

[67] Martin, G. R. *et al.* X-chromosome inactivation during differentiation of female teratocarcinoma stem-cells in vitro. *Nature* 271, 329-333(1978).

[68] Brown, C. J. *et al.* A gene from the region of the human X-inactivation center is expressed exclusively from the inactive X-chromosome. *Nature* 349, 38-44(1991).

[69] Yen, Z. C. *et al.* A cross-species comparison of X-chromosome inactivation in Eutheria. *Genomics* 90, 453-463(2007).

[70] Migeon, B. R. *et al.* Human X inactivation center induces random X chromosome inactivation in male transgenic mice. *Genomics* 59, 113-121(1999).

[71] Grant, J. *et al.* Rsx is a metatherian RNA with Xist-like properties in X-chromosome inactivation. *Nature* 487, 254-258(2012).

[72] Wang, X. *et al.* Chromosome-wide profiling of X-chromosome inactivation and epigenetic states in fetal brain and placenta of the opossum, Monodelphis domestica. *Genome Res* 24, 70-83(2014).

[73] Hung, K. H. *et al*. Regulation of mammalian gene dosage by long noncoding RNAs. *Biomolecules* 3, 124-142(2013).

[74] Lee, J. T. *et al*. Tsix, a gene antisense to Xist at the X-inactivation centre. *Nat Genet* 21, 400-404(1999).

[75] Clerc, P. & Avner, P. Role of the region 3′ to Xist exon 6 in the counting process of X-chromosome inactivation. *Nat Genet* 19, 249-253(1998).

[76] Maclary, E. *et al*. Differentiation-dependent requirement of Tsix long non-coding RNA in imprinted X-chromosome inactivation. *Nat Commun* 5, 4209(2014).

[77] Tian, D. *et al*. The long noncoding RNA, Jpx, is a molecular switch for X chromosome inactivation. *Cell* 143, 390-403(2010).

[78] Chureau, C. *et al*. Ftx is a non-coding RNA which affects Xist expression and chromatin structure within the X-inactivation center region. *Hum Mol Genet* 20, 705-718(2011).

[79] Vallot, C. *et al*. XACT, a long noncoding transcript coating the active X chromosome in human pluripotent cells. *Nat Genet* 45, 239-241(2013).

[80] Vallot, C. *et al*. Erosion of X chromosome inactivation in human pluripotent cells initiates with XACT coating and depends on a specific heterochromatin landscape. *Cell Stem Cell* 16, 533-546(2015).

[81] Vallot, C. *et al*. XACT noncoding RNA competes with XIST in the control of X chromosome activity during human early development. *Cell Stem Cell* 20, 102-111(2017).

[82] Jonkers, I. *et al*. RNF12 is an X-encoded dose-dependent activator of X chromosome inactivation. *Cell* 139, 999-1011(2009).

[83] Shin, J. *et al*. Maternal Rnf12/RLIM is required for imprinted X-chromosome inactivation in mice. *Nature* 467, 977-U157(2010).

[84] Gontan, C. *et al*. RNF12 initiates X-chromosome inactivation by targeting REX1 for degradation. *Nature* 485, 386-U138(2012).

[85] Sharp, A. J. *et al*. DNA methylation profiles of human active and inactive X chromosomes. *Genome Res* 21, 1592-1600(2011).

[86] McGraw, S. *et al*. Loss of DNMT1o disrupts imprinted X chromosome inactivation and accentuates placental defects in females. *PLoS Genet* 9(2013).

[87] Boumil, R. M. *et al*. Differential methylation of Xite and CTCF sites in Tsix mirrors the pattern of X-inactivation choice in mice. *Molecular and Cellular Biology* 26, 2109-2117(2006).

[88] Oikawa, M. *et al*. Understanding the X chromosome inactivation cycle in mice. *Epigenetics-Us* 9, 204-211(2014).

[89] Marks, H. *et al*. High-resolution analysis of epigenetic changes associated with X inactivation. *Genome Res* 19, 1361-1373(2009).

[90] Liu, X. *et al*. Distinct features of H3K4me3 and H3K27me3 chromatin domains in pre-implantation embryos. *Nature* 537, 558-562(2016).

[91] Fukuda, A. *et al*. The role of maternal-specific H3K9me3 modification in establishing imprinted X-chromosome inactivation and embryogenesis in mice. *Nat Commun* 5(2014).

[92] Fukuda, A. *et al*. Chromatin condensation of Xist genomic loci during oogenesis in mice. *Development* 142, 4049-4055(2015).

[93] Disteche, C. M. Escape from X inactivation in human and mouse. *Trends Genet* 11, 17-22(1995).

[94] Parsch, J. X chromosome: expression and escape. *PLoS Genet* 5, e1000724(2009).

[95] Brown, C. J. & Greally, J. M. A stain upon the silence: genes escaping X inactivation. *Trends Genet* 19, 432-438(2003).

[96] Disteche, C. M. Escapees on the X chromosome. *Proc Natl Acad Sci U S A* 96, 14180-14182(1999).

[97] Peeters, S. B. *et al*. Variable escape from X-chromosome inactivation: Identifying factors that tip the scales towards

expression. *Bioessays* 36, 746-756(2014).

[98] Johnston, C. M. *et al.* Large-scale population study of human cell lines indicates that dosage compensation is virtually complete. *PLoS Genet* 4(2008).

[99] Frye, L. D. & Edidin, M. The rapid intermixing of cell surface antigens after formation of mouse-human heterokaryons. *Journal of Cell Science* 7, 319-335(1970).

[100] Mohandas, T. *et al.* Expression of an X-linked gene from an inactive human X chromosome in mouse-human hybrid cells: further evidence for the noninactivation of the steroid sulfatase locus in man. *Proc Natl Acad Sci U S A* 77, 6759-6763(1980).

[101] Wang, X. & Clark, A. G. Using next-generation RNA sequencing to identify imprinted genes. *Heredity(Edinb)* 113, 156-166(2014).

[102] Yang, F. *et al.* Global survey of escape from X inactivation by RNA-sequencing in mouse. *Genome Res* 20, 614-622(2010).

[103] Tukiainen, T. *et al.* Landscape of X chromosome inactivation across human tissues. *Nature* 550, 244-248(2017).

[104] Petropoulos, S. *et al.* Single-Cell RNA-Seq reveals lineage and X chromosome dynamics in human preimplantation embryos. *Cell* 167, 285(2016).

[105] Denker, A. & de Laat, W. The second decade of 3C technologies: detailed insights into nuclear organization. *Gene Dev* 30, 1357-1382(2016).

[106] Nora, E. P. *et al.* Spatial partitioning of the regulatory landscape of the X-inactivation centre. *Nature* 485, 381-385(2012).

[107] Splinter, E. *et al.* The inactive X chromosome adopts a unique three-dimensional conformation that is dependent on Xist RNA. *Gene Dev* 25, 1371-1383(2011).

[108] Giorgetti, L. *et al.* Structural organization of the inactive X chromosome in the mouse. *Nature* 535, 575-579(2016).

[109] Minajigi, A. *et al.* A comprehensive Xist interactome reveals cohesin repulsion and an RNA-directed chromosome conformation. *Science* 349(2015).

[110] Sado, T. *et al.* Regulation of imprinted X-chromosome inactivation in mice by Tsix. *Development* 128, 1275-1286(2001).

[111] Chang, S. C. & Brown, C. J. Identification of regulatory elements flanking human XIST reveals species differences. *BMC Mol Biol* 11, 20(2010).

[112] Okamoto, I. *et al.* Eutherian mammals use diverse strategies to initiate X-chromosome inactivation during development. *Nature* 472, 370-374(2011).

[113] Tsuchiya, K. D. & Willard, H. F. Chromosomal domains and escape from X inactivation: comparative X inactivation analysis in mouse and human. *Mamm Genome* 11, 849-854(2000).

[114] Berletch, J. B. *et al.* Genes that escape from X inactivation. *Hum Genet* 130, 237-245(2011).

[115] Berletch, J. B. *et al.* Escape from X inactivation in mice and humans. *Genome Biol* 11, 213(2010).

[116] Huynh, K. D. & Lee, J. T. Imprinted X inactivation in eutherians: a model of gametic execution and zygotic relaxation. *Current Opinion in Cell Biology* 13, 690-697(2001).

[117] Huynh, K. D. & Lee, J. T. X-chromosome inactivation: a hypothesis linking ontogeny and phylogeny. *Nat Rev Genet* 6, 410-418(2005).

[118] Wake, N. *et al.* Non-random inactivation of X chromosome in the rat yolk sac. *Nature* 262, 580-581(1976).

[119] Xue, F. *et al.* Aberrant patterns of X chromosome inactivation in bovine clones. *Nat Genet* 31, 216-220(2002).

[120] Dindot, S. V. *et al.* Conservation of genomic imprinting at the XIST, IGF2, and GTL2 loci in the bovine. *Mamm Genome* 15, 966-974(2004).

[121] Cooper, D. W. Directed genetic change model for X chromosome inactivation in eutherian mammals. *Nature* 230, 292-294(1971).

[122] Wang, X. *et al.* Random X inactivation in the mule and horse placenta. *Genome Res* 22, 1855-1863(2012).

[123] Chen, Z. *et al.* Global assessment of imprinted gene expression in the bovine conceptus by next generation sequencing. *Epigenetics-Us* 11, 501-516(2016).

[124] Moreira de Mello, J. C. *et al.* Random X inactivation and extensive mosaicism in human placenta revealed by analysis of allele-specific gene expression along the X chromosome. *PLoS One* 5, e10947(2010).

[125] Wang, X. *et al.* Paternally biased X inactivation in mouse neonatal brain. *Genome Biol* 11, R79(2010).

[126] Sybert, V. P. & McCauley, E. Turner's syndrome. *New Engl J Med* 351, 1227-1238(2004).

[127] Heard, E. & Turner, J. Function of the sex chromosomes in mammalian fertility. *Csh Perspect Biol* 3(2011).

[128] Deng, X. X. *et al.* X chromosome regulation: diverse patterns in development, tissues and disease. *Nat Rev Genet* 15, 367-378(2014).

[129] Lynn, P. M. & Davies, W. The 39, XO mouse as a model for the neurobiology of Turner syndrome and sex-biased neuropsychiatric disorders. *Behav Brain Res* 179, 173-182(2007).

[130] Perry, J. *et al.* A short pseudoautosomal region in laboratory mice. *Genome Res* 11, 1826-1832(2001).

[131] Lanfranco, F. *et al.* Klinefelter's syndrome. *Lancet* 364, 273-283(2004).

[132] Aksglaede, L. & Juul, A. Testicular function and fertility in men with Klinefelter syndrome: a review. *Eur J Endocrinol* 168, R67-76(2013).

[133] Bonomi, M. *et al.* Klinefelter syndrome(KS): genetics, clinical phenotype and hypogonadism. *J Endocrinol Invest* 40, 123-134(2017).

[134] Calogero, A. E. *et al.* Klinefelter syndrome: cardiovascular abnormalities and metabolic disorders. *J Endocrinol Invest* 40, 705-712(2017).

[135] Salzano, A. *et al.* Klinefelter syndrome, cardiovascular system, and thromboembolic disease: review of literature and clinical perspectives. *Eur J Endocrinol* 175, R27-40(2016).

[136] De Sanctis, V. *et al.* Klinefelter syndrome and cancer: from childhood to adulthood. *Pediatr Endocrinol Rev* 11, 44-50(2013).

[137] Werler, S. *et al.* Expression of selected genes escaping from X inactivation in the 41, XXY* mouse model for Klinefelter's syndrome. *Acta Paediatr* 100, 885-891(2011).

[138] Tartaglia, N. R. *et al.* A review of trisomy X(47, XXX). *Orphanet J Rare Dis* 5, 8(2010).

[139] Kaiser, P. *et al.* Short arm deletion of an X-chromosome, 46, Xxp-. *Hum Genet* 32, 89-100(1976).

[140] Lachlan, K. L. *et al.* Functional disomy resulting from duplications of distal Xq in four unrelated patients. *Hum Genet* 115, 399-408(2004).

[141] Schmidt, M. & Du Sart, D. Functional disomies of the X chromosome influence the cell selection and hence the X inactivation pattern in females with balanced X-autosome translocations: a review of 122 cases. *Am J Med Genet* 42, 161-169(1992).

[142] Hall, L. L. *et al.* Unbalanced X; autosome translocations provide evidence for sequence specificity in the association of XIST RNA with chromatin. *Hum Mol Genet* 11, 3157-3165(2002).

[143] Kuntsi, J. *et al.* Ring-X chromosomes: their cognitive and behavioural phenotype. *Ann Hum Genet* 64, 295-305(2000).

[144] Tomkins, D. J. *et al.* Lack of expression of XIST from a small ring X chromosome containing the XIST locus in a girl with short stature, facial dysmorphism and developmental delay. *European Journal of Human Genetics : EJHG* 10, 44-51(2002).

[145] Plenge, R. M. *et al.* Skewed X-chromosome inactivation is a common feature of X-linked mental retardation disorders. *Am J Hum Genet* 71, 168-173(2002).

[146] Jin, P. & Warren, S. T. Understanding the molecular basis of fragile X syndrome. *Hum Mol Genet* 9, 901-908(2000).

[147] Heine-Suner, D. *et al.* Fragile-X syndrome and skewed X-chromosome inactivation within a family: A female member with complete inactivation of the functional X chromosome. *Am J Med Genet A* 122A, 108-114(2003).

[148] Borah, V. *et al.* Further studies on the prognostic importance of Barr body frequency in human breast cancer: with discussion on its probable mechanism. *Journal of Surgical Oncology* 13, 1-7(1980).

[149] Jäger, N. *et al.* Hypermutation of the inactive X chromosome is a frequent event in cancer. *Cell* 155, 567-581(2013).

[150] Ganesan, S. *et al.* BRCA1 supports XIST RNA concentration on the inactive X chromosome. *Cell* 111, 393-405(2002).

[151] Hall, L. L. *et al.* AURKB-mediated effects on chromatin regulate binding versus release of XIST RNA to the inactive chromosome. *The Journal of Cell Biology* 186, 491-507(2009).

王旭　博士，奥本大学（Auburn University）兽医学院生物病理学系和阿拉巴马州农业实验站（Alabama Agricultural Experiment Station）终身副教授和项目负责人，HudsonAlpha 生物技术研究院（The HudsonAlpha Institute for Biotechnology）客座研究员。2004 年毕业于复旦大学生命科学院，获学士学位。2005 年赴美国康奈尔大学分子生物学与遗传学系，师从美国科学院院士 Andrew Clark，并于 2011 年获得该校遗传学与基因组学专业博士学位。主要从事与表观遗传学、比较基因组学、功能基因组学、进化基因组学和肠道宏基因组相关的研究，具体包括：①人、小鼠、马科、狗牛、若花鳉科鱼类，以及有袋类动物如南美负鼠大脑和胎盘中中遗传印记的调控，X 染色体失活和剂量补偿效应的研究；②在金小蜂、果蝇和蜜蜂等模型中研究昆虫 DNA 甲基化和两性表型差异的表观遗传基础，以及线粒体基因和细胞核基因组的相互作用；③利用近缘种间杂交和种内品系间杂交，在哺乳类、其他脊椎动物和昆虫中基因组水平上研究等位基因失衡，基因表达的顺式、反式调控，杂交优势以及杂交调控异常；④分析比较人、狗、猫和鸡疾病与正常样品中的肠道微生物的宏基因组数据，并确定细菌组成、丰度及生物学功能途径的差异。已在 *PLoS Biology*，*PNAS*，*Science*，*Genome Research*，*PLoS Genetics*，*Genome Biology*，*Cell Reports*，*Annual Review of Genomics and Human Genetics*，*Nature Ecology & Evolution* 等国际知名期刊发表学术论文 50 余篇，并作为 *PLoS Genetics* 的客座编辑和美国农业部研究项目审稿人参与学术论文和科研项目的评审。

第6章　组蛋白甲基化修饰

翁杰敏[1]　丁广进[2]

1. 华东师范大学；2. 复旦大学

本章概要

组蛋白甲基化修饰是一种重要的表观调控方式，与 DNA 甲基化修饰一起被认为是最具承载表观遗传信息的表观修饰，通过调控基因转录、染色质结构、基因组稳定性等方式执行其功能，广泛参与细胞生命活动的各个重要生理或病理过程。

核小体是染色质的最基本组成单位，每一个核小体包含由核心组蛋白 H2A、H2B、H3 和 H4 各两分子组成的一个八聚体。组蛋白，尤其是其 N 端"尾部"上，可以发生甲基化、乙酰化、泛素化等大量的翻译后修饰。对于甲基化来说，其修饰可发生在赖氨酸（K）和精氨酸（R）残基上。经典的组蛋白赖氨酸甲基化发生于 H3K4、H3K9、H3K27、H3K36、H3K79 及 H4K20 等位点；而对于精氨酸甲基化而言，比较常见的甲基化发生在 H3R2、H3R8、H3R17、H3R26、H2AR3 及 H4R3 位点上[1]。

目前研究表明组蛋白赖氨酸甲基化主要由包含 SET 结构域的甲基转移酶家族蛋白及特异催化 H3K79 甲基化的非 SET 结构域蛋白 DOT1L 催化完成，不同的赖氨酸位点一般可以发生单甲基化（me1）、二甲基化（me2）和三甲基化（me3）修饰。而组蛋白精氨酸甲基化主要由蛋白质精氨酸甲基化转移酶家族成员催化完成，其甲基化类型也分为三类：单甲基（MMA）、对称性二甲基化（SDMA）和不对称性二甲基化精氨酸（ADMA）。

过去十多年来，一系列重要的发现，特别是大量关键甲基化酶与去甲基化酶的鉴定，极大地增强了人们对于蛋白质甲基化修饰动态调控及相关生物学功能的理解。本章将从蛋白质甲基化的研究历程入手，重点介绍组蛋白甲基化修饰的分类、催化过程及其生物学功能等问题。

6.1　蛋白质甲基化研究小史

早在 1959 年，剑桥大学的 Richard P. Ambler（1933—2013）等就在鼠伤寒沙门菌（*Salmonella typhimurium*）的鞭毛蛋白上首次报道了蛋白质赖氨酸的甲基化修饰[2]。1961 年，Ambler 等在前期工作的基础上通过噬菌体转导技术发现了鞭毛蛋白的甲基化修饰是由基因决定的，并且推测该基因可能编码某种酶来催化赖氨酸上甲基化的形成[3]。此后的两三年时间中，先后有研究表明组蛋白上的赖氨酸存在甲基化并且被认为与 RNA 的合成有关，这些发现暗示着组蛋白的甲基化修饰可能参与基因转录调控[4]。然而此后数十年里，围绕蛋白质甲基化特别是组蛋白甲基化的相关功能研究进展缓慢，主要是未能有效确定催化甲基化修饰的甲基化酶。直到 1995 年两名植物学家率先从豌豆中克隆出编码催化核酮糖-1,5-二磷酸羧化酶/加氧酶（简称"Rubisco"）大亚基蛋白赖氨酸甲基化的 *N*-甲基转移酶[5]，紧接着另外两个课题组分别独立从酵母和哺乳动物细胞中鉴定到蛋白质精氨酸甲基转移酶 PRMT1[6, 7]。不久后研究发现精氨酸甲基化在异质核核糖核蛋白（hnRNP）的核质转运中具有重要功能[8]，表明蛋白质甲基化可能具有重要的生理功能。而对于组蛋白甲基化的功能研究来说，尽管 1964 年 Allfrey 等的工作提出过可能调控基因转录的假说，然而直到 1999 年才有研究表明精氨酸甲基转移酶 CARM1（coactivator-associated arginine methyltransferase 1，也称为 PRMT4）在体外能够甲基化组蛋白并且能够参与转录调控[9]。同年 David Allis 实验室在四膜虫（*Tetrahymena*）的大核抽提物中发现组蛋白 H3 赖氨酸甲基化 H3K4me 与转录激活相关，且该位点在酵母和人源细胞中高度保守[10]。然而真正将组蛋白甲基化功能研究推向一个新高度的代表性事件是 2000 年 Thomas Jenuwein 实验室率先报道第一个催化组蛋白 H3K9 赖氨酸甲基化的甲基转移酶 SUV39H1[11]，该研究加上 4 年后施扬课题组发现并鉴定出第一个组蛋白去甲基化酶 LSD1（有关组蛋白去甲基化相关内容详见本书第 7 章），开启了此后十多年里有关组蛋白甲基化可逆动态调控及相关生理与病理研究的热潮。

6.2　组蛋白甲基化酶的种类及催化的修饰类型

6.2.1　组蛋白赖氨酸甲基化酶的种类

自 2000 年第一个组蛋白赖氨酸甲基转移酶（lysine methyl transferase，KMT）SUV39H1 被报道催化 H3K9 甲基化以来，随后短短几年内就有多种 KMT 陆续被鉴定出来。KMT 主要分为两类：一类为包含 SET 结构域的酶类，另一类是非 SET 结构域蛋白 DOT1L（酵母中的同源蛋白为 Dot1）[12]。

目前在哺乳动物中发现了超过 50 个包含 SET 结构域的蛋白质，主要包括 SUV39 家族、MLL 家族、EZH 家族、SMYD 家族、PRDM 家族等赖氨酸甲基化酶[13]。SET 结构域一般含有 130～140 个氨基酸，在进化上高度保守，其命名来源于 Thomas Jenuwein 等发现 H3K9 甲基化酶 SUV39H1 与果蝇基因 *Enhancer-of-zeste* 和 *Trithorax* 等编号的蛋白质具有一个保守的结构域，并且该结构域为 SUV39H1 的 H3K9 甲基化酶活性所必需。SET 的命名来源于 *Su（var）3-9*，*Enhancer-of-zeste* 和 *Trithorax* 的首字母，后来的研究证实 *Enhancer-of-zeste* 和 *Trithorax* 编码的蛋白质也都是赖氨酸甲基化酶，并且 SET 结构域为甲基化酶活性区域。

6.2.2　组蛋白赖氨酸甲基化修饰类型与基因表达调控

目前的研究表明，组蛋白 H3K4、H3K36 和 H3K79 上的甲基化修饰富集于常染色质（euchromatin）上，与基因表达呈正相关；而 H3K9、H3K27 和 H4K20 上的甲基化修饰与基因表达呈负相关，通常富集于异染色质（heterochromatin）或兼性异染色质（facultative heterochromatin）。

1. H3K4 甲基化

40 年前遗传学家就在果蝇中发现了控制体节形成（segmentation）的基因 *TrxG*（trithorax group）和 *PcG*（polycomb group），它们编码的蛋白质可以作为激活子或者抑制子调控同源异形基因 *Hox*（homeotic）家族基因的表达。之后的研究发现 TrxG 家族成员和 PcG 家族成员可分别催化 H3K4 甲基化和 H3K27 甲基化，一般认为 K3K4 甲基化特别是 H3K4me3 与转录激活相关，并且 H3K4me3 显著富集于启动子区域，而 H3K27 甲基化特别是 H3K27me3 则与转录抑制相关。尽管 TrxG 蛋白和 PcG 蛋白在功能上看上去相反，然而源于胚胎干细胞的研究发现一些基因具有 H3K4me3 与 H3K27me3 在基因的启动子区域共存的 bivalent 状态，因而这两类蛋白质可以相互协同发挥作用，共同调控细胞命运决定以及参与各种生理或病理过程（关于 Trithorax 复合物和 Polycomb 复合物的详细内容详见本书第 14 章）。

H3K4 甲基化广泛参与基因的转录调控，通常位于常染色质区域，在基因的转录激活调控过程中发挥重要作用，其生物学功能的了解离不开 H3K4 特异甲基化酶的鉴定与功能研究。2001 年，A. Francis Stewart 和 Ali Shilartifard 两个研究组差不多在同一时间从酵母中纯化到了包含 SET1 的蛋白复合物 SET1 complex（也叫 COMPASS，COMplex Proteins ASsociated with Set1）[14, 15]。Stewart 研究组率先证明该复合物具有催化 H3K4 甲基化活性[14]。从酵母到人类，催化 H3K4 甲基化的酶复合物具有高度的保守性，衍生出了一系列 SET1/COMPASS-like 复合物。在酵母中，SET1 是唯一催化 H3K4 甲基化的酶，而在哺乳动物中则有 6 个 SET1 同源蛋白，分别为 SET1A（KMT2F）、SET1B（KMT2G）、MLL1（KMT2A）、MLL2（KMT2B）、MLL3（KMT2C）以及 MLL4（KMT2D，人 MLL4 有时在文献中也叫作 MLL2）。在果蝇中则对应为 d SET1（SET1A/SET1B）、TRX（MLL1/2，trithorax）和 TRR（MLL3/4，trithorax-related）三种[16, 17]。酵母中，SET1/COMPASS 复合物除了含有核心的催化亚基 SET1 之外，还有 Cps60（Bre2）、Cps50（Swd1）、Cps40（Spp1）、Cps35（Swd2）、Cps30（Swd3）以及 Cps25（Sdc1）6 个亚基，其中 Cps60、Cps50 以及 Cps35 因为与 SET1 具有直接的相互作用并且对于催化活性口袋的形成具有直接作用，因而对于维持 SET1/COMPASS 复合物的活性至关重要[18, 19]。哺乳动物中，WDR5/RBBP5/ASH2L/DPY30（酵母中对应为 Cps30/50/60/25，简称为 WRAD）是 6 种 SET1/COMPASS-like MLL 复合物的共有组成部分[20]。一般认为，含有 SET domain 的 MLL 催化亚基需要与 WDR5、RBBP5、ASH2L 形成复合物后才具有较高的甲基转移酶活性[21]。近期关于 MLL 复合物的相关结构生物学数据显示，RBBP5-ASH2L 异源二聚体是结合和激活 MLL 家族蛋白的最小结构单元，表明 RBBP5 和 ASH2L 在哺乳动物中对于维持 MLL 的酶活性的重要性[22]。尽管当前围绕 SET1/COMPASS 复合物的结构生物学研究有了一些突破，例如，最近有两个课题组同时解析了相对完整的酵母 SET1/COMPASS 复合物的结构及其酶活调控的分子机制，然而由于哺乳动物中 MLL 复合物的多样性以及各自催化活性的特异性，因此未来对于人源不同亚型复合物的结构解析和催化活性与分子机制的系统比较仍将具有十分重要的意义。

酵母中的 SET1/COMPASS 能够催化 H3K4me1/2/3 的形成，这可能与酵母作为单细胞生物及其相对开放的染色质结构相关。SET1 基因并非酵母细胞在通常培养条件下成活所必需，对基因表达的影响也比较有限，因此 H3K4 甲基化在酵母中被认为是转录活性基因的标记[23]。与酵母不同，SET1 同源基因在多细胞生物如果蝇及脊椎动物中是必需的。dSET1、TRX 和 TRR 是果蝇中的三种 H3K4 甲基转移酶，每一种酶被敲除后都会导致果蝇死亡。在果蝇中，dSET1 是主要催化 H3K4me2/3 形成的酶[24]，TRR 主要负责 H3K4me1 的催化，而 TRX 一般认为参与调控部分同源异形基因位点的 H3K4 甲基化水平，trx 突变的果蝇在发育上会产生同源异形转化以及一些其他发育缺陷[25, 26]。值得一提的是，在果蝇和哺乳动物细胞中，虽然 H3K4me3 主要富集于启动子区域，H3K4me1 则通常与 H3K27ac 一起富集于活化态增强子（active enhancer）区域[27]。在哺乳动物中，SETD1A/B 被认为是最主要的 H3K4me3 催化酶，在细胞中敲低 SETD1A/B 复合物中的特异性亚基 WDR82 后会导致 H3K4me3 的水平大幅下降，但是不影响 H3K4me1/me2 的整体水平[28]。利用基因敲除小鼠研究发现，敲除 Setd1a 和 Setd1b 的小鼠分别会在胚胎发育的 7.5 天和 11.5 天死亡。有意思的是，只有在敲除 SETD1A 而非 SETD1B 的 ES 细胞和组织中才发现了 H3K4me1/me2/me3 整体水平显著降低，在 SETD1A 敲除的 ES 细胞中过表达 SETA1B 也并不能回复 H3K4 甲基化的变化[29]，这表明 SETD1A 和 SETD1B 在功能上并非冗余。

除了 SETD1A/1B 之外，哺乳动物中还有 4 个催化 H3K4 甲基化的 MLL 家族蛋白，各自发挥着不同的重要生物学功能。MLL1 蛋白的异常与多种急性白血病的发生密切相关[30]，而 MLL3 和 MLL4（很多报导患者 MLL4 发生突变的文章把 MLL4 称为 MLL2）的突变在肿瘤患者中很常见[31]，近年来也被认为与歌舞伎面谱综合征（Kabuki syndrome，KMS）的发生相关[32]。MLL 全名为混合谱系白血病蛋白（mixed lineage leukemia），顾名思义，MLL 基因最早是根据在人类急性白血病中研究染色体带 11q23 的染色体易位涉及的基因而命名[33]。1992 年另外三个课题组将 *MLL* 确立为果蝇中 *trithorax* 的同源基因,此后被统一为 *MLL1* 基因[30]。MLL1 和 MLL2 与果蝇中的 TRX 同源,尽管敲除 MLL1 或者 MLL2 都会导致小鼠在胚胎期致死,然而 MLL1 和 MLL2 在小鼠发育中发挥作用的时期以及功能有明显的不同,MLL1 在小鼠发育的中期至晚期过程中起作用并能够影响造血系统的发育,而 MLL2 主要在发育的早期起作用。研究发现,MLL1 和 MLL2 主要影响 *Hox* 基因的表达[30]。近年来,深入的研究发现 MLL2 与 MLL1 之间还有一个非冗余的功能。在胚胎干细胞中,MLL2 主要负责二价体(bivalent)状态(H3K4me3 和 H3K27me3 同时出现在某些启动子区域的状态)中启动子区域 H3K4me3 的建立[34, 35]。MLL3 和 MLL4 与果蝇中的 TRR 同源,敲除 MLL3 和 MLL4 的小鼠会分别在围产期和胚胎发育的 9.5 天死亡[36]。MLL3/4 主要催化增强子区域的 H3K4me1[36, 37],但是也有催化 H3K4me2 的活性[36]。

　　从进化的角度讲,H3K4me1 作为增强子区域的一个标志具有一定的保守性。大量的研究表明,H3K4me1 和 H3K27ac 通常可用于标记活化态增强子区域。催化 H3K4me1 的 MLL3/4 被认为在哺乳动物中调控增强子的活化过程中具有重要作用[36]。然而关于 MLL3/4 催化 H3K4me1 的活性是否是增强子激活所必需的问题很长时期并没有明确的结论。在胚胎干细胞分化中,MLL4 可以招募组蛋白乙酰转移酶 p300 到增强子区域形成 H3K27ac,但这一过程不依赖 MLL4 的酶活,暗示 MLL4 的 H3K4 甲基化酶活性对于增强子的活化不是必需的[38]。在未分化的胚胎干细胞中,活性增强子区域的 H3K4me1 对于邻近基因的转录也不是必需的[39, 40]。在小鼠 ESC 中通过单个氨基酸的点突变破坏 MLL3/4 的酶活性后,增强子 H3K4me1 丧失,只检测到部分 H3K27ac 下降,对基因转录的影响也相对较小。但是如果敲除 MLL3/4 之后,H3K27ac 则显著下降,RNA 聚合酶 II(Pol II)在增强子区域的结合也大幅降低,由此表明 MLL3/4 在增强子中的作用及 Pol II 的招募并不依赖 MLL3/4 的酶活[39, 40]。而在果蝇中的一项有异曲同工之妙的研究显示,TRR(MLL3/4)的甲基化酶活性对于整体的增强子激活并不是必需的,只是在某种特定环境下(如应对温度胁迫时)对增强子的活性有一个重要的微调(fine-tuning)作用[40]。

　　在哺乳动物细胞中 H3K4me3 主要富集于活性启动子区域[41,42],主要由 SET1A/1B 催化产生。H3K4me3 通常与转录活性呈正相关,其功能可能是作为结合位点招募转录效应蛋白(readers)如 TFIID 复合体中的 TAF3[43]和染色质重塑复合体 NURF 中的 BPTF[44]。Adrian Bird 课题组通过在胚胎干细胞中敲除 SET1A/1B 复合物中的关键蛋白 CFP,发现在转录活化基因的 CpG 岛启动子中 H3K4me3 的缺失对转录和基因表达的影响有限,但新建立的 H3K4me3 区域往往伴随转录水平的增高,表明 H3K4me3 可能增强转录,但对基因表达可能不是必需的[45]。

　　在 MLL 家族中,大多数成员的异常都直接和多种肿瘤的发生密切相关[31]。研究表明,MLL 家族 H3K4 甲基化酶家族成员 SET1A 与非编码 RNA CUDR 协同作用共同促进了肝癌的发生[46];69%～79% 的儿童急性淋巴细胞白血病患者以及 35%～50% 的儿童急性髓系白血病患者中发现有 MLL1 的重排[47];*MLL3* 基因的突变与肾癌以及膀胱癌发生相关[48-50];髓母细胞瘤中存在 *MLL4* 基因高频率的插入缺失突变和错义突变[51];在非霍奇金淋巴瘤(non-Hodgkin's lymphomas,NHL)、弥漫大 B 细胞淋巴瘤(diffuse large-cell B cell lymphomas)以及滤泡性淋巴瘤(follicular lymphomas)中发现有 MLL4 高频突变[52-54]。此外,MLL 复合物的一些亚基突变或异常表达也与许多肿瘤的发生相关[55]。值得注意的是,近年来有一些研究针对 MLL 复合体中亚基之间特别是 WDR5 与 MLL 之间的作用设计筛选出小分子抑制剂用于白血病治疗[56, 57]。虽然上述药物筛选还处于比较初级的阶段,今后完全有可能基于 MLL 复合物中的亚基设计出更多有效的、用于未来某一类白血病临床治疗的小分子抑制剂。

2. H3K9 甲基化

　　H3K9 甲基化对转录抑制和异染色质的形成至关重要。2000 年,当时还在奥地利维也纳生物中心的

Thomas Jenuwein 实验室率先报道了第一个真正意义上的组蛋白赖氨酸甲基转移酶 SUV39H1，而 SUV39H1 的底物正是 H3K9[11]。除了 SUV39H1（KMT1A）之外，催化 H3K9 甲基化的酶种类很多，目前已知的还包括 SUV39H2（KMT1B）、G9a（KMT1C/EHMT2）、GLP（KMT1D，G9a-like protein 1）、SETDB1（KMT1E/ESET）、SETDB2（KMT1F），以及 4 种 PRDM 家族蛋白 PRDM2（RIZ1）、PRDM3、PRDM8 和 PRDM16（MEL1）[58, 59]。

尽管有多种甲基化酶能够催化 H3K9 发生甲基化修饰，但这些酶具有底物偏好性。SUV39H1 虽然能够催化未被甲基化的 H3K9 位点，但是更倾向于结合到 H3K9me1 从而建立 H3K9me2 和 H3K9me3。相比之下，SETDB1 在体外能够分别催化 H3K9me1/me2/me3 的形成，G9a 和 GLP 主要催化 H3K9me1 和 H3K9me2 的形成，而 PRDM 家族成员 PRDM2、PRDM3、PRDM16 则被认为主要催化形成 H3K9me1。

SUV39H1 和 SUV39H2 主要富集在异染色质区域，一旦缺失将会导致体内 H3K9me3 水平在基因组范围整体下降，特别是在组成型异染色质（constitutive heterochromatin）和兼性异染色质（facultative heterochromatin）区域表现得更为明显[60, 61]。Suv39h1 和 Suv39h2 基因双敲除的小鼠（Suv39h−/−）的发育表现出生长迟缓、存活率显著降低和肿瘤发生风险的增加[61]，这与异染色质结构松散、基因组不稳定性增加、减数分裂发生异常有关。SUV39H1 是如何参与异染色质的形成的呢？目前已知的机制之一是 SUV39H1/H2 可以通过 H3K9 甲基化招募异染色质蛋白 HP1（heterochromatin protein 1）[62]。HP1 是异染色质形成的关键蛋白。在裂殖酵母中发现，Swi6（酵母中 HP1 的同源蛋白）在染色质上的正确定位依赖于 Clr4（酵母中 SUV39H1 的同源蛋白）。后续研究表明，HP1 的 chromo 结构域能够特异性识别 SUV39H1 催化形成的甲基化 H3K9，因此能富集于 H3K9 甲基化富集的异染色质区域。此外，SUV39H1 与 HP1 能够相互作用，然后以 SUV39H1-HP1 复合体的形式定位于含有 H3K9 甲基化的核小体，并可以进而催化邻近核小体上产生新的 H3K9 甲基化，从而促进异染色质区域 H3K9 甲基化的稳定遗传[62, 63]。但由于 H3K9 甲基化与 HP1 在果蝇多线染色体上并非完全共定位，部分 SUV39H1 的染色质招募并不依赖于 HP1，同时也发现 HP1 存在 H3K9 甲基化非依赖的启动子招募现象[64]，因此 H3K9 甲基化介导的转录抑制还有其他的方式。研究发现，H3K9 甲基化可以抑制组蛋白乙酰转移酶 p300 介导的组蛋白 H3 或 H4 上的乙酰化修饰[63]。此外，研究表明 SUV39H1 的活性受 SIRT1 介导的 SET 结构域上 K266 位的乙酰化以及 SET7/9 介导的 K105 和 K123 的甲基化调控[65, 66]。

2002 年年初，有两个研究小组差不多在同一时期先后通过酵母双杂交手段分别筛选 ERG 和 KAP1 的互作蛋白，鉴定到了一个新的 H3K9 甲基转移酶 SETDB1[67, 68]。与 SUV39H1 类似，SETDB1 介导的 H3K9 甲基化也能够促进 HP1 结合到染色质上。研究表明，SETDB1 能够与 HP1 以及染色质组装因子 CAF1 形成复合物，倾向于催化细胞质中游离的 H3 形成 H3K9me1，含有 H3K9me1 的 H3 组装进入染色质后可结合 SUV39H1 被进一步催化形成 H3K9me3[69]。SETDB1 缺失会导致小鼠胚胎在 4.5 天致死[70]，相比于前面提到的 SUV39H1 以及后面描述的 G9a/GLP 而言，SETDB1 缺失引起小鼠胚胎致死的时间要早许多，因此 SETDB1 在小鼠早期胚胎发育过程中的重要性不言而喻。在小鼠胚胎干细胞中的研究发现，SETDB1 缺失导致大量的内源逆转录病毒（ERV）元件的 H3K9me3 的丢失及转录活化[71]。SETDB1 在多个生物学过程中发挥重要功能，特别是对于胚胎干细胞的自我更新、谱系特异性、肿瘤发生发展、神经系统的发育以及疾病的发生具有重要的作用[72]。

SETDB1 包含一个甲基化的 CpG 结合结构域（MBD domain）以及两个串联的 Tudor 结构域，但是 SETDB1 是否特异性结合甲基化的 DNA 以及甲基化的赖氨酸并不清楚。尽管如此，SETDB1 的这些结构特征有可能暗示着 H3K9 甲基化与 DNA 甲基化或者其他组蛋白甲基化修饰之间存在交互调控的可能性。结构上与 SETDB1 十分相似的 SETDB2 相对研究得较少，虽然也具有催化 H3K9 甲基化的活性，但是最近几年才发现 SETDB2 在特定的情况下参与基因的转录调控，当然也有少数研究报道 SETDB2 在胚胎发育以及细胞分裂过程中有一定的作用。近期有研究显示，在巨噬细胞中，SETDB2 与抗病毒以及抗炎症反应相关，这一过程主要是通过负调控 LPS 和 IFN-β 诱导的基因表达来实现[73, 74]。

G9a 是第二个被鉴定到的组蛋白甲基转移酶，与此后被发现的 GLP 序列高度相似，可形成异源二聚体，两者被认为是体内主要催化常染色质区域的 H3K9me1/me2 形成的 H3K9 甲基转移酶。然而后续的研究表明 G9a 还具有催化 H1.4K26 甲基化、H3K27 甲基化以及大量非组蛋白甲基化的功能[75, 76]。G9a 对小鼠的胚胎发育至关重要，缺失 G9a 的小鼠会在胚胎发育的 8.5 天致死，且小鼠胚胎干细胞中常染色质区域的 H3K9me1/me2 大幅下降。而 GLP 最早被发现是一个类 G9a 蛋白，而后来一系列生化证据显示 GLP 与 G9a 在组蛋白底物上有共同的特异性，小鼠中敲除 GLP 后的表型与敲除 G9a 非常相似，同样导致小鼠早期胚胎致死和 H3K9me1/me2 整体水平大幅下降而并没有影响 H3K9me3 的水平。如果同时敲除 G9a 和 GLP，细胞内的 H3K9me1/me2 水平也不会进一步的下降[77]。研究表明，尽管 G9a 和 GLP 可以在体外分别单独催化三种 H3K9 甲基化状态的形成，但是 G9a 和 GLP 可以通过各自的 SET 结构域互作形成二聚体，只有 G9a 与 GLP 形成的异二聚体才被认为是体内催化 H3K9me1/me2 的主要形式[78]。G9a 和 GLP 除了共同参与催化 H3K9me1/me2 的形成，还可以催化多种非组蛋白底物甲基化发挥多种生物学功能。

G9a 和 GLP 除了都具有典型的 SET 结构域之外，还有一个非常受关注的能结合 H3K9me1/me2 的 Ankyrin Repeat 结构域[79]。Ankyrin 重复序列结合 H3K9 甲基化的生物学意义在哪呢？2015 年，朱冰课题组的研究发现，GLP 的活性可以被邻近核小体上的 H3K9me1 激活，G9a 的活性则可以被邻近核小体上的 H3K9me2 激活，值得注意的是丧失 H3K9 甲基化结合能力的 GLP 突变小鼠还表现出了发育迟缓、颅面发育缺陷以及出生后大量死亡的表型[80]，这意味着 G9a/GLP 上 Ankyrin 重复序列结合 H3K9 甲基化的功能非常重要，可能在早期胚胎发育过程中，某些关键基因的沉默需要通过 Ankyrin 结合 H3K9 甲基化激活 G9a/GLP 从而迅速建立 H3K9me1/me2 来实现。G9a 和 GLP 除了在早期胚胎发育中必不可少外，在基因印记、免疫系统发育与神经系统发育过程中也同样发挥着重要功能[77]。

大量的研究表明 SUV39H1、G9a、GLP 和 SETDB1 在催化 H3K9 甲基化过程上的形式和功能各异，但也有研究认为上述四种酶在细胞内可以形成大的复合体，相互依赖，协同发挥 H3K9 甲基化催化功能[81]。如果在细胞中敲除 SUV39H1 或 G9a，那么另外几种酶会表现出蛋白水平上的不稳定性，此外还发现 G9a/GLP 可以招募 SUV39H1 或 SETDB1 沉默一类靶基因，并且 SUV39H1、G9a、GLP 和 SETDB1 共同参与沉默一些印记基因表达[81]。

在催化 H3K9 甲基化的系列甲基转移酶中，PRDM 家族成员较少受到关注和研究。PRDM 家族成员总共有 16 个，都包含有经典的 SET 结构域，其中 PRDM2、PRDM3、PRDM8 以及 PRDM16 四个被报道可以催化 H3K9 甲基化，并且 PRDM3 和 PRDM16 被认为只催化 H3K9me1 的形成[82]，而 PRDM9 比较特殊，特异性表达在雄性生殖腺中，在雄性减数分裂过程中对于 DSB 的形成以及修复至关重要，可以催化 H3K4me3 和 H3K36me3[83]。研究表明，PRDM3 和 PRDM16 主要在细胞质中催化 H3K9me1 的形成，然后含有 H3K9me1 的组蛋白 H3 进入到细胞核参入到核小体中，SUV39H1 结合 H3K9me1 之后进一步催化形成 H3K9me3，最终促进异染色质的形成[82]，这一过程与 SETDB1 调控 H3K9 甲基化的方式非常相似。值得注意的是，在线虫的研究中发现，H3K9 甲基转移酶 MET-2 与 SET-25（类似于哺乳动物中的 SUV39H）也可能以一种类似于上述的方式形成 H3K9me，MET-2 介导的 H3K9me1/me2 成为了 SET-25 催化形成 H3K9me3 的先决条件[84]。细胞中同时敲除 PRDM3 和 PRDM16 之后，细胞质的 H3K9me1 水平大幅下调，随之 SUV39H1 催化的周缘着丝粒异染色质（pericentric heterochromatin）区域的 H3K9me3 也显著降低。此外，PRDM3 和 PRDM16 的缺失还导致了核纤层（nuclear lamina）受到破坏。相比之下，哺乳动物细胞中 SUV39H 的缺失并没有造成异染色质结构和核纤层的破坏[82]。在生物学功能方面，PRDM3 被报道得较多的是参与造血干细胞的调控，如果发生异常则会导致白血病的发生，而对于 PRDM16 来说更多是被报道参与脂肪组织相关的生物学调控[85]，当然也有一些报道表明 PRDM16 与某些肿瘤的发生以及神经元迁移相关[86]。

无论是在哺乳动物还是在植物或一些真菌中，H3K9 甲基化与 DNA 甲基化都有着千丝万缕的联系。在小鼠中敲除 SUV39H1 和 SUV39H2 会导致周缘着丝粒异染色质位点的卫星重复序列上的 H3K9me3 和 DNA 甲基化丢失。同样，主要催化常染色质上 H3K9me2 的 G9a/GLP 对于 DNA 甲基化的建立也非常重要，这表明 H3K9 甲基化的建立对基因转录的调控有部分是可以通过影响 DNA 甲基化实现的。近年来的研究表明这一过程的调控与 UHRF1 的 Tudor 结构域结合 H3K9me2/me3 并招募 DNA 甲基转移酶 DNMT1 维持 DNA 甲基化相关[87, 88]。另外，最近一项值得注意的研究结果显示，G9a/GLP 可能还通过甲基化 DNA 连接酶 LIG1 进而招募 UHRF1，参与维持性 DNA 甲基化调控[89]。但是也有研究表明，H3K9 甲基化的建立及在基因转录调控中的作用可不依赖 DNA 甲基化的变化。例如，SETDB1 参与胚胎干细胞（ESC）中内源性逆转录病毒（endogenous retroviruse，ERV）的转录沉默，ESC 中缺失 SETDB1 会导致一些 ERV 转录激活，尽管相关位点的 H3K9me3 有缺失，但是这些 ERV 并不会因为 DNA 甲基化的丧失而被激活。此外，在 DNMT1/DNMT3A/DNMT3B 同时缺失的 ESC 中，一些 ERV 也并不表达，这表明 H3K9 甲基化而非 DNA 甲基化在调控 ERV 的表达过程中具有重要作用[71]。

3. H3K27 甲基化

与 H3K9 甲基化的功能类似，H3K27 甲基化特别是 H3K27me3 在多个物种中对于形成沉默的染色质区域抑制基因表达具有非常重要的调控作用[90]。H3K27 甲基化的丰度也非常高，有研究表明，在小鼠胚胎干细胞中，H3K27 位点上约 4% 的 H3 发生单甲基化、70% 的 H3 发生二甲基化、5%～10% 的 H3 发生三甲基化[91]。在小鼠胚胎干细胞以及培养的果蝇细胞中，发现 H3K27me3 特异性富集在表达沉默的基因上，而 H3K27me1 只富集在转录激活的基因上，对于丰度非常高的 H3K27me2 几乎富集在所有的基因间和非转录区域。尽管 H3K27me1 富集的区域与转录激活基因相关，但是关于其功能目前并不十分清楚。现有实验证据表明，H3K27me1 的变化与 Setd2 介导的 H3K36me3 水平有关。另外，体外试验结果显示，H3K36me3 能够抑制 PRC2 介导的 H3K27me2，但是不影响 H3K27me1。

在哺乳动物中，PRC2（polycomb repressive complex 2）复合物负责催化 H3K27 甲基化，具体来讲是 PRC2 复合物中含有 SET 结构域的亚基 EZH2（enhancer of zeste 2）能够催化 H3K27me1/me2/me3 的形成，而 PRC2 复合物中的其他核心亚基 EED（embryonic ectoderm development）、SUZ12（suppressor of zeste 12）和 RbAp46/48（retinoblastoma-associated protein 46/48）对 EZH2 的甲基转移酶活性的调控非常重要。除 EZH2 之外，其同源蛋白 EZH1 亦能够作为 PRC2 复合物的核心组分催化 H3K27 甲基化，然而相对 EZH2 而言 EZH1 可能负责催化小部分 H3K27 甲基化，因为在小鼠胚胎干细胞中敲低 EZH1 并没有检测到 H3K27me2、H3K27me3 的整体水平的明显变化[92, 93]。后续研究发现，即使在 PRC2 丧失功能的情况下，H3K27me1 的整体水平并没有发生明显的变化，这表明可能有其他组蛋白甲基转移酶参与其中。尽管早在 2001 年就有研究报道 G9a 可以催化 H3K27 甲基化（用融合了 GST 标签的 H3 蛋白进行体外试验），但直到 2011 年朱冰研究组才在体内证实 G9a 具有催化 H3K27me1 的活性，在敲除 G9a 的小鼠胚胎干细胞中能看到 H3K27me1 显著下降，体外试验还发现 G9a 的同源蛋白 GLP 也能够甲基化 H3K27[75]。另外，G9a/GLP 可以影响对 PRC2 的招募并能够和 PRC2 相互作用调控共同的靶基因的表达[94]。总之，G9a/GLP 与 PRC2 可以在多个层面上共同维持基因的沉默以及异染色质的形成。

PRC2 具有非常重要的生物学功能，通常与 TrxG 蛋白共同精确调控诸多生命活动过程，包括胚胎发育、X 染色体失活、基因表达和基因印记等。那么 PRC2 是如何受调控靶向到染色质上的呢？在果蝇中，polycomb 复合物通常特异结合在称为 polycomb 响应元件（polycomb response element，PRE）的顺式调控序列上，而在哺乳动物中，尽管并没有像在果蝇中那样有一类序列保守的响应元件，PRC2 的靶基因大量富集在含有 CpG 岛的序列上。有研究表明转录因子 YY1（在果蝇中结合 PRE 的 Pho 的同源蛋白）与 RYBP

相互作用对于招募 PRC2 到 PRE 具有一定的作用[95]，然而后续研究发现 YY1 和 PcG 蛋白的靶基因并没有明显的重叠，因此哺乳动物中并没有公认的 PRE。关于 PRC2 是如何被招募到 CpG 岛的问题长期处于一种不明确并伴有争议的状态，目前较为接受的一个模型认为 PRC1 复合体介导的 H2AK119ub1 招募 PRC2 到未被甲基化的 CpG 岛。另外，最近的一项来自王占新课题组的研究发现，小鼠胚胎干细胞中的 PCL（polycomb-like）家族蛋白成员可以通过对非甲基化 CpG 岛的特异识别，帮助 PRC2 复合物招募到染色质的 CpG 岛上，如果 PCL 蛋白突变后丧失了结合 CpG 岛的能力，PRC2 在 CpG 岛上的特异招募也会同时丧失[96]。另一项在果蝇中的研究也报道了类似的调控机制[97]。此外，有不少研究认为非编码 RNA 特别是一类长链非编码 RNA（lncRNA）如 HOTAIR 和 KCNQ1OT1 等参与了 PRC2 到染色质的招募，然而相关研究目前存有较大的争议，因为有系列研究发现 HOTAIR 敲除后对于小鼠的胚胎发育并没有产生显著影响，也没有发现其对 HOX 基因表达产生太大的影响[98]。

　　PRC2 及其 H3K27me3 抑制转录的分子机制目前还在研究中。在果蝇中 PRC2 通常参与转录抑制的维持而不是建立，其转录抑制与区域性抑制型染色质结构的形成和稳定维持相关[99, 100]。

　　作为 PcG 蛋白复合体中的核心成员，EZH2 除了在生物个体发育以及细胞命运决定等过程中发挥重要功能外，临床相关研究还表明 EZH2 的过表达及突变与多种肿瘤的发生发展密切相关。从目前已有的报道中可知，EZH2 在包括乳腺癌、前列腺癌、黑色素瘤、膀胱癌、肝癌、肺癌、卵巢癌等诸多恶性肿瘤中呈显著高表达的状态，并且 EZH2 的表达水平越高，肿瘤的恶性程度往往越高，预后也越差。研究表明，EZH2 的高表达可能通过 H3K27me3 沉默关键抑癌基因（包括 INK4A、INK4B、ARF 等）的表达导致肿瘤的发生发展[101]。虽有研究表明 EZH2 还可以通过和 DNA 甲基转移酶家族 DNMT（包括 DNAMT1、DMT3A 和 DNMT3B）相互作用改变基因组上 DNA 甲基化的水平进而调控一些癌基因或抑癌基因的表达最终导致肿瘤的发生[102]，但 polycomb 介导的 H3K27 甲基化标记的区域上往往呈现 DNA 低甲基化[103]。相关实验研究表明，EZH2 对肿瘤细胞的增殖至关重要，在非永生的人类上皮细胞中如果过表达 EZH2 则会导致细胞趋于恶性化发展，这种表型还是酶活依赖的。EZH2 作为癌基因，一方面，它在肿瘤细胞中高表达；另一方面，在肿瘤中 EZH2 基因高频率发生异常突变。研究发现，22%的生发中心型弥漫大 B 细胞淋巴瘤（germinal center B cell diffuse large B cell lymphomas）以及 7%~12%的滤泡性淋巴瘤（follicular lymphomas）伴随有 EZH2 Y641 突变。此外，在非霍奇金淋巴瘤（non-Hodgkin's lymphomas，NHL）中发现有 EZH2 A677 和 A687 突变。EZH2 基因的上述突变原本认为是功能缺失（loss-of-function）突变，因为它们在体外催化不带修饰的重组核小体中的 H3K27me1 活性下降。然而进一步调整后（以 H3K27me2 核小体为底物）体外的酶活研究发现，EZH 的这些突变实际上增加了其催化 H2K27me2 形成 H3K27me3 的活性。从分子机制上讲，EZH2 Y641 突变体可以协同野生型的 EZH2 增加 H3K27me3 水平，进而增强对 polycomb 靶基因的表达抑制，最终促进了肿瘤的发生发展[104]。这也是以 EZH2 作为肿瘤靶向性药物靶标的重要证据之一。

　　鉴于 EZH2 在肿瘤中过表达或在突变后活性增强（gain-of-function）对肿瘤发生发展的重要功能，EZH2 特异性的酶活抑制剂在临床抗肿瘤治疗上具有广阔的应用前景[104]。目前已经在临床 I/II 期或临床前实验的 EZH2 抑制剂至少有 8 种（DZNep、EI1、EPZ005687、GSK343、GSK126、UNC1999、EPZ-6438、SAH-EZH2），其中 DZNep（3-deazaneplanocin A，一种 S-腺苷同型半胱氨酸水解酶抑制剂）是第一种也是目前使用最为广泛的抑制剂，然而由于 DZNep 不是 EZH2 的特异抑制剂，能够广谱抑制组蛋白甲基化，再加上 DZNep 在动物试验中的毒副作用，因此其应用前景有一定局限性。

　　为了寻找 EZH2 特异性的抑制剂，近年来研究人员基于高通量的小分子抑制剂筛选体系，先后筛选出了包括 EPZ005687、GSK126、EI1 等特异性非常好的 EZH2 抑制剂。检测发现，相比于其他组蛋白甲基转移酶，EPZ005687 对 EZH2 有很高的特异性，即便是对 EZH1 来说，EPZ005687 对 EZH2 的选择性仍是EZH1 的 50 倍之多[105]。另一个在作用效果以及药物动力学方面较 EPZ005687 更好的抑制剂 EPZ-6438

在 2013 年已经进入临床 I / II 期试验中，临床试验结果显示 EPZ-6438 在部分非霍奇金淋巴瘤患者中表现出了较好的效果。

临床相关研究表明，在 31% 的小儿多形性胶质母细胞瘤（glioblastoma multiforme，GBM）、78% 的弥漫性内在脑桥胶质瘤（diffuse intrinsic pontine gliomas，DIPG）以及 50% 的儿童高级别胶质瘤（high-grade gliomas，HGG）中发现 H3.1K27M 突变或 H3.3K27M 突变。研究发现，H3.3K27M 突变能够通过锚定 PRC2 复合体，使得后者不能催化其他区域的核小体，从而导致 H3K27me3 整体水平显著下降，影响了基因的转录调控，最终引发了儿童脑瘤的发生[106, 107]。但究竟是那些被 H3.3K27M 突变组蛋白锚定而局部富集的 EZH2 还是整体 H3K27me3 的丢失是关键的致癌机制，仍需更多研究[108]。上述信息提示我们，EZH2/PRC2 功能的丧失在某种情况下也能驱动肿瘤的发生，因此在临床上使用 EZH2 抑制剂需要审慎对待。

特别令人欣慰的是，2020 年 1 月 23 日，美国 FDA 批准了首个 EZH2 小分子抑制剂 Tazemetostat（EPZ-6438，Epizyme）以用于治疗 16 岁以上不适合手术治疗的转移性或局部晚期上皮样肉瘤（epithelioid sarcoma，ES），这对基于表观遗传靶点的新药研发来说，无疑是里程碑式的进展。

4. H3K36 甲基化

在酵母中，Set2 是唯一负责催化 H3K36 三种甲基化形式（H3K36me1、H3K36me2 和 H3K36me3）的甲基转移酶。然而在哺乳动物中目前发现至少有 8 种甲基转移酶（NSD1、NSD2、NSD3、ASH1、SMYD2、SETMAR、SETD2 和 SETD3）可以催化 H3K36 甲基化[109]。目前的证据显示，NSD1（nuclear receptor SET domain-containing 1，也称为 KMT3B）可以特异催化产生 H3K36me1/me2 修饰，然而也有一些报道中声称 NSD1 还有催化 H4K20 甲基化的活性，值得一提的是 NSD1 还可以催化非组蛋白底物的甲基化（关于非组蛋白甲基化，下文将会详细讨论）。NSD1 在线虫和果蝇中对应的同源蛋白又被称为 MES-4（maternal-effect sterile 4），线虫中 MES-4 可特异性地催化形成 H3K36me2，而果蝇中 MES-4 则能够催化形成 H3K36 单甲基和二甲基化。和 NSD1 类似，NSD2（WHSC1/MMSET）也可以催化产生 H3K36me1/me2 修饰，尽管也有报道声称 NSD2 还可以催化 H4K20、H3K4 和 H3K27 甲基化修饰，但是目前更多证据显示 NSD2 主要倾向于催化 H3K36me2。

哺乳动物中的 SETD2 与酵母中的 Set2 高度同源，在体内主要负责催化 H3K36me3 的产生。尽管有报道表明，在一些体外试验中 SETD2 可以催化 H3K36me1/me2/me3，然而在体内敲低 SETD2 的表达只显著降低了 H3K36me3 水平。此外，也有一些报道显示 NSD3（WHSC1L1）、ASH1L（ASH1）、SMYD2、SETMAR（METNASE）和 SETD3 可以催化 H3K36 甲基化。SMYD2 虽然有报道可以催化 H3K36，但是还有研究表明 SMYD2 可以作用于非组蛋白（p53、RB、BMPR2 和 ER 等）甲基化，此外还有体外研究显示 SMYD2 可以催化 H3K4 甲基化。在小鼠中条件性敲除 SMYD2 可以影响脑部和心脏的发育，但是并没有发现 H3K36 或 H3K4 甲基化水平发生变化，这表明 SMYD2 可能主要的作用底物是非组蛋白。

过去一段时间围绕 ASH1L（absent，small and homeotic discs 1-like，果蝇中对应为 ASH1）的催化特异性有不少争议，最初 ASH1 被认为可以催化 H3K4、H3K9 和 H3K20，后面有报道称 ASH1 还可以催化 H3K36。早期，有研究发现在果蝇中 ASH1 可以拮抗 PRC2 介导的 H3K27 甲基化形成的异染色质环境，然而关于 ASH1 是如何拮抗 PRC2 介导的 H3K27 甲基化的问题长期没有得到解决。朱冰研究组通过一系列生化实验，证明了 ASH1 是一个特异性的 H3K36 二甲基转移酶，并发现 H3K36 甲基化的核小体可以抑制 PRC2 复合物的活性[110]，此外还有其他研究组从结构生物学的角度阐明了 ASH1 特异性催化 H3K36 甲基化。

H3K36 甲基化在体内发挥着多种生物学作用，包括基因转录调控、剂量补偿效应、RNA 选择性剪接、

DNA 复制和 DNA 损伤修复等过程。大量的研究表明，H3K36 甲基化通常与基因的转录激活相关，一个比较显著的特征是 H3K36me3 大部分富集在基因编码区，特别是在 3′端，这可能与 Set2 能够结合 RNA 聚合酶Ⅱ大亚基高度磷酸化的 C 端区域（CTD）相关。H3K36me3 在基因编码区的富集的一个生物学功能可能是维持编码区染色质结构的稳定性并抑制编码区内部非正常转录的发生，其分子机制之一是招募组蛋白去乙酰化酶复合体。在酵母中，Set2 催化形成的 H3K36 甲基化（主要是 H3K36me3）能够招募组蛋白去乙酰化酶 Rpd3S（reduced potassium dependency 3 small）复合体，降低基因编码区由于转录延伸导致的染色质松散及乙酰化修饰，最终抑制基因编码区内异常的转录起始发生。另一方面，由于 DNA 起始性甲基转移酶 DNMT3A 的 PWWP 结构域能够与 H3K36me3 特异性结合，H3K36me3 因而也介导了哺乳动物细胞基因编码区域 DNA 甲基化，进而抑制基因编码区内基因的异常表达[111]。另外有研究表明在雄性果蝇中 X 染色体的剂量补偿调控 H3K36me3 具有促进转录延伸的作用。

　　H3K36 甲基化还与 RNA 的选择性剪接有关。从大量的关于 H3K36me3 在染色质上的分布信息来看，H3K36me3 对外显子有很强的偏好性，能够影响基因转录过程中的选择性剪接，然而相关功能方面的研究证据仍然比较缺乏。目前有报道显示，SETD2 可以和 MRG15（MORF-related gene 15）以及 PTB（polypyrimidine tract-binding protein）相互作用，拮抗外显子决定，最终影响了成纤维细胞生长因子受体（fibroblast grouth factor receptor 2，FGFR2）前体 mRNA 的剪接。更有意思的是，一项关于 β-globin 报告基因的研究中发现，剪接位点的突变会影响 H3K36 的甲基化[112]。另外，如果使用抑制剂来抑制剪接则会导致 H3K36me3 的分布发生整体性变化[112]，然而关于可变剪切是如何调控 H3K36 甲基化的过程目前仍有待研究。

　　有研究表明 H3K36 甲基化也参与 DNA 损伤修复。在酵母中，Set2 介导的 H3K36 甲基化在 DNA 双链断裂（double-strand break，DSB）处富集，通过非同源末端连接（non-homologous end joining，NHEJ）通路进行修复，而 Set2 缺失会导致 Gcn5 介导的 H3K36 乙酰化程度增加，从而使得染色质变得松散，导致基因组的不稳定性增加，增加同源重组的发生。H3K36 甲基化还参与了 DNA 错配修复过程，2013 年发表的一项研究证明 H3K36me3 对于招募错配识别蛋白 hMutSα（hMSH2-hMSH6）到染色质上是必需的，这一过程是通过 hMSH6 的 PWWP 结构域与 H3K36me3 的相互作用来介导的[113]。

　　H3K36 甲基化水平的异常与许多疾病发生相关。NSD 家族的 H3K36 甲基转移酶与许多疾病的发生相关。NSD1 基因在骨髓增生异常综合征（myelodysplastic syndrome，MDS）、急性髓细胞性白血病（acute myelocytic leukemia，AML）、Sotos 综合征（Sotos syndrome）和乳腺癌等疾病中有突变、缺失、易位等情况发生；NSD2 基因在多发性骨髓瘤中（multiple myeloma）以及沃尔夫-赫希霍恩综合征（Wolf-Hirschhorn syndrome）中有缺失或易位发生；NSD3 基因在 AML 中也有易位的报道。H3K36 甲基化修饰往往还与染色质上的其他修饰协同发挥作用共同维持基因的表达处于正常水平，一旦这种平衡被打破，其导致的基因表达异常会导致许多生理活动紊乱，进而影响了疾病的发生发展。

5. H3K79 甲基化

　　一般来讲，赖氨酸的甲基化修饰主要发生在组蛋白尾部，但是 H3K79 位点的甲基化是个例外，存在于组蛋白 H3 的核心区域（core domain）。目前已知的能够催化 H3K79 甲基化的甲基转移酶只有一个不含 SET 结构域的酵母 Dot1（disruptor of telomeric silencing）和哺乳动物细胞的同源蛋白 DOT1L（DOT1-like）。DOT1L 能够催化 H3K79 位发生单甲基化、二甲基化和三甲基化，在酵母、果蝇或小鼠中敲除 DOT1L 会导致几乎完全丧失 H3K79 甲基化。过去有研究认为 DOT1L 催化的 H3K79 甲基化与端粒沉默以及端粒特异性的异染色质形成有关。研究表明，DOT1L 介导的 H3K79 甲基化在基因转录激活、转录延伸以及 DNA 损伤应答过程中具有重要作用，此外还有报道表明 H3K79 甲基化水平与细胞周期调控相关，但是这一调节过程具有种属或细胞特异性[114]。

DOT1L 介导的 H3K79 甲基化修饰在胚胎发育过程中至关重要，小鼠中敲除 DOT1L 会导致胚胎死亡和多方面的发育异常，包括一些心血管缺陷症状、心脏扩张、血管减少，以及贫血等[115, 116]。此外，在小鼠中发现 H3K79 甲基化对维持造血干细胞发挥正常功能具有重要作用。DOT1L 敲除的小鼠胚胎干细胞不仅丧失 H3K79 甲基化，也导致在异染色质区域的 H3K9me2 及 H4K20me3 下降[116]。

作为目前发现的唯一调控 H3K79 甲基化的酶，DOT1L 还在肿瘤发生特别是白血病的发生过程中具有重要的调控作用，著名的华人表观遗传学家张毅教授实验室率先发现了上述致病机理[117]。目前，临床研究中发现多个基因（如 AF4、AF9、AF10、ENL）与 MLL（mixed lineage leukemia）基因常常会在 11 号染色体上发生易位重排，形成融合的癌基因，是白血病发生重要驱动因素。研究表明，上述融合基因编码的蛋白能够异常招募 DOT1L 到 MLL 的靶基因上引起这些靶基因上 H3K79 甲基化上调，从而激活多个 MLL 靶基因（如 HoxA7-13、Meis1）的过度表达，进而引发和促进了白血病的发生发展[118]。鉴于 DOT1L 在 MLL 白血病发生发展中的关键调控作用，使得 DOT1L 目前成为临床上治疗白血病的重要靶点。目前，已有多个 DOT1L 小分子抑制剂被报道，Epizyme 公司开发的 Pinometostat（EPZ5676）已经进入 I 期临床试验。

6. H4K20 甲基化

一般认为在体内催化 H4K20 甲基化的酶主要有三种，分别为催化 H4K20me1 的 SET8（PR-SET7）、催化 H4K20me2 的 SUV-20H1 和催化 H4K20me3 的 SUV4-20H2。H4K20me2 是哺乳动物表观基因组中最为丰富的组蛋白甲基化修饰形式，在小鼠胚胎成纤维细胞（MEF）中大约有 85% 的 H4 上有 H4K20me2 修饰，而相应的 H4K20me1 和 H4K20me3 分别约占 5% 和 10%，如果 H4K20me1 的整体水平发生变化，将会导致基因组不稳定[119]。由于 H4K20me2 和 H4K20me3 在染色质上分布不同，因此它们的生物学功能也有差异。H4K20me3 主要分布在异染色质区域，认为与转录抑制相关，而 H4K20me2 则分布广泛，通常被认为与转录调控无关。此外，H4K20 甲基化的功能还与 DNA 损伤和 DNA 复制相关。有研究认为 H4K20me2 对于 DNA 损伤后招募 DNA 损伤修复蛋白 53BP1 十分重要，然而因为 DNA 损伤后 H4K20me2 修饰水平没有发生显著性变化，因而上述过程存在一定争议。而参与 H4K20me1 调控的 SET8 受细胞周期调控，其蛋白含量处于波动之中，主要受泛素 E3 连接酶调控。细胞中敲除 SET8 会导致 DNA 损伤，有研究表明 DNA 损伤后 H4K20me1 对 53BP1 蛋白的招募发挥一定的作用[120]。

7. 其他组蛋白赖氨酸甲基化修饰

除了上述 6 种常见的组蛋白赖氨酸修饰（H3K4、K9、K27、K36、K79 以及 H4K20）之外，事实上可发生甲基化的组蛋白赖氨酸位点还有很多，已知的位点包括 H3K14、H3K18、H3K20、H3K23、H3K37、H3K56、H3K64、H4K5、H4K31、H4K59 等[121]，各自可能发挥着不同的生物学功能。例如，H3K64me3 可以作为异染色质的标志，主要出现在原始生殖细胞和早期胚胎发育过程中[122]；SMYD3 催化的 H4K5 甲基化可能与某些肿瘤表型有一定相关性[123]；H3K56 甲基化参与调控 DNA 复制[124]；H3K23 甲基化参与保护异染色质免于受到 DNA 损伤[125]等。总的来讲，目前组蛋白上还有许多位点的赖氨酸甲基化修饰的功能以及相关催化的酶类基本上处于未知状态。因此，围绕组蛋白甲基化的相关研究可能未来还会出现令人惊喜的研究成果。

致谢：感谢美国 NIH 糖尿病研究所戈凯研究员和复旦大学生物医学研究院蓝斐教授对本章提出的宝贵意见！

参 考 文 献

[1]　Greer, E. L. & Shi, Y. Histone methylation: a dynamic mark in health, disease and inheritance. *Nat Rev Genet* 13, 343(2012).

[2]　Ambler, R. P. & Rees, M. W. ε-N-Methyl-lysine in bacterial flagellar protein. *Nature* 184, 56-57(1959).

[3]　Stocker, B. A. D. *et al*. A gene determining presence or absence of ε-N-methyl-lysine in Salmonella flagellar protein. *Nature* 189, 556(1961).

[4]　Allfrey, V. G. *et al*. Acetylation and methylation of histones and their possible role in the regulation of RNA synthesis. *Proc Natl Acad Sci* 51, 786-794(1964).

[5]　Klein, R. R. & Houtz, R. L. Cloning and developmental expression of pea ribulose-1, 5-bisphosphate carboxylase/oxygenase large subunit N-methyltransferase. *Plant Mol Biol* 27, 249-261(1995).

[6]　Henry, M. F. & Silver, P. A. A novel methyltransferase(Hmt1p)modifies poly(A)+-RNA-binding proteins. *Mol Cell Biol* 16, 3668-3678(1996).

[7]　Lin, W.J. *et al*. The mammalian immediate-early TIS21 protein and the leukemia-associated BTG1 protein interact with a protein-arginine N-methyltransferase. *J Biol Chem* 271, 15034-15044(1996).

[8]　Shen, E. C. *et al*. Arginine methylation facilitates the nuclear export of hnRNP proteins. *Genes Dev* 12, 679-691(1998).

[9]　Chen, D. *et al*. Regulation of transcription by a protein methyltransferase. *Science(5423)*. 284, 2174-2177(1999).

[10]　Strahl, B. D. *et al*. Methylation of histone H3 at lysine 4 is highly conserved and correlates with transcriptionally active nuclei in Tetrahymena. *Proc Natl Acad Sci* 96, 14967-14972(1999).

[11]　Rea, S. *et al*. Regulation of chromatin structure by site-specific histone H3 methyltransferases. *Nature* 406, 593(2000).

[12]　Feng, Q. *et al*. Methylation of H3-lysine 79 is mediated by a new family of HMTases without a SET domain. *Curr Biol* 12, 1052-1058(2002).

[13]　Veerappan, C. S. *et al*. Evolution of SET-domain protein families in the unicellular and multicellular Ascomycota fungi. *BMC Evol Biol* 8, 190(2008).

[14]　Roguev, A. *et al*. The Saccharomyces cerevisiae Set1 complex includes an Ash2 homologue and methylates histone 3 lysine 4. *EMBO J* 20, 7137-7148(2001).

[15]　Miller, T. *et al*. COMPASS: a complex of proteins associated with a trithorax-related SET domain protein. *Proc Natl Acad Sci* 98, 12902-12907(2001).

[16]　Shilatifard, A. The COMPASS family of histone H3K4 methylases: mechanisms of regulation in development and disease pathogenesis. *Annu Rev Biochem* 81, 65-95(2012).

[17]　Allis, C. D. *et al*. New nomenclature for chromatin-modifying enzymes. *Cell* 131, 633-636(2007).

[18]　Hsu, P. L. *et al*. Crystal structure of the COMPASS H3K4 methyltransferase catalytic module. *Cell* 174, 1106-1116(2018).

[19]　Qu, Q. *et al*. Structure and conformational dynamics of a COMPASS histone H3K4 methyltransferase complex. *Cell* 174, 1117-1126(2018).

[20]　Ernst, P. & Vakoc, C. R. WRAD: enabler of the SET1-family of H3K4 methyltransferases. *Brief Funct Genomics* 11, 217-226(2012).

[21]　Dou, Y. *et al*. Regulation of MLL1 H3K4 methyltransferase activity by its core components. *Nat Struct Mol Biol* 13, 713(2006).

[22]　Li, Y. *et al*. Structural basis for activity regulation of MLL family methyltransferases. *Nature* 530, 447(2016).

[23]　Ng, H. H. *et al*. Targeted recruitment of Set1 histone methylase by elongating Pol II provides a localized mark and memory of recent transcriptional activity. *Mol Cell* 11, 709-719(2003).

[24]　Ardehali, M. B. *et al*. Drosophila Set1 is the major histone H3 lysine 4 trimethyltransferase with role in transcription. *EMBO*

J 30, 2817-2828(2011).

[25] Kingston, R. E. & Tamkun, J. W. Transcriptional regulation by trithorax-group proteins. *Cold Spring Harb Perspect Biol* 6, a019349(2014).

[26] Kassis, J. A. *et al.* Polycomb and trithorax group genes in *Drosophila. Genetics* 206, 1699-1725(2017).

[27] Calo, E. & Wysocka, J. Modification of enhancer chromatin: what, how, and why? *Mol Cell* 49, 825-837(2013).

[28] Wu, M. *et al.* Molecular regulation of H3K4 trimethylation by Wdr82, a component of human Set1/COMPASS. *Mol Cell Biol* 28, 7337-7344(2008).

[29] Bledau, A. S. *et al.* The H3K4 methyltransferase Setd1a is first required at the epiblast stage, whereas Setd1b becomes essential after gastrulation. *Development* 141, 1022-1035(2014).

[30] Yokoyama, A. Molecular mechanisms of MLL-associated leukemia. *Int J Hematol.* 101, 352-361(2015).

[31] Rao, R. C. & Dou, Y. Hijacked in cancer: the KMT2(MLL)family of methyltransferases. *Nat Rev Cancer* 15, 334-346(2015).

[32] Ng, S. B. *et al.* Exome sequencing identifies MLL2 mutations as a cause of Kabuki syndrome. *Nat Genet* 42, 790(2010).

[33] der Poel, S. *et al.* Identification of a gene, MLL, that spans the breakpoint in 11q23 translocations associated with human leukemias. *Proc Natl Acad Sci* 88, 10735-10739(1991).

[34] Denissov, S. *et al.* Mll2 is required for H3K4 trimethylation on bivalent promoters in embryonic stem cells, whereas Mll1 is redundant. *Development* 141, 526-537(2014).

[35] Hu, D. *et al.* The Mll2 branch of the COMPASS family regulates bivalent promoters in mouse embryonic stem cells. *Nat Struct Mol Biol* 20, 1093(2013).

[36] Lee, J.E. *et al.* H3K4 mono-and di-methyltransferase MLL4 is required for enhancer activation during cell differentiation. *Elife* 2, e01503(2013).

[37] Hu, D. *et al.* The MLL3/MLL4 branch of the COMPASS family is a major H3K4 monomethylase at enhancers. *Mol Cell Biol* 33, 4745-4754(2013).

[38] Wang, C. *et al.* Enhancer priming by H3K4 methyltransferase MLL4 controls cell fate transition. *Proc Natl Acad Sci* 113, 11871-11876(2016).

[39] Dorighi, K. M. *et al.* Mll3 and Mll4 facilitate enhancer RNA synthesis and transcription from promoters independently of H3K4 monomethylation. *Mol Cell* 66, 568-576(2017).

[40] Rickels, R. *et al.* Histone H3K4 monomethylation catalyzed by Trr and mammalian COMPASS-like proteins at enhancers is dispensable for development and viability. *Nat Genet* 49, 1647(2017).

[41] Bernstein, B. E. *et al.* Genomic maps and comparative analysis of histone modifications in human and mouse. *Cell* 120, 169-181(2005).

[42] Schneider, R. *et al.* Histone H3 lysine 4 methylation patterns in higher eukaryotic genes. *Nat Cell Biol* 6, 73-77(2004).

[43] Lauberth, S. M. *et al.* H3K4me3 interactions with TAF3 regulate preinitiation complex assembly and selective gene activation. *Cell* 152, 1021-1036(2013).

[44] Li, H. *et al.* Molecular basis for site-specific read-out of histone H3K4me3 by the BPTF PHD finger of NURF. *Nature* 442, 91-95(2006).

[45] Clouaire, T. *et al.* Cfp1 integrates both CpG content and gene activity for accurate H3K4me3 deposition in embryonic stem cells. *Genes Dev* 26, 1714-1728(2012).

[46] Li, T. *et al.* SET1A cooperates with CUDR to promote liver cancer growth and hepatocyte-like stem cell malignant transformation epigenetically. *Mol Ther* 24, 261-275(2016).

[47] Mohan, M. *et al.* Licensed to elongate: a molecular mechanism for MLL-based leukaemogenesis. *Nat Rev Cancer* 10, 721(2010).

[48]　Kandoth, C. *et al*. Mutational landscape and significance across 12 major cancer types. *Nature* 502, 333(2013).

[49]　Gui, Y. *et al*. Frequent mutations of chromatin remodeling genes in transitional cell carcinoma of the bladder. *Nat Genet* 43, 875(2011).

[50]　Guo, G. *et al*. Whole-genome and whole-exome sequencing of bladder cancer identifies frequent alterations in genes involved in sister chromatid cohesion and segregation. *Nat Genet* 45, 1459(2013).

[51]　Parsons, D. W. *et al*. The genetic landscape of the childhood cancer medulloblastoma. *Science* 331, 435-439(2011).

[52]　Morin, R. D. *et al*. Frequent mutation of histone-modifying genes in non-Hodgkin lymphoma. *Nature* 476, 298(2011).

[53]　Pasqualucci, L. *et al*. Analysis of the coding genome of diffuse large B-cell lymphoma. *Nat Genet* 43, 830(2011).

[54]　Froimchuk, E. *et al*. Histone H3 lysine 4 methyltransferase KMT2D. *Gene* 627, 337-342(2017).

[55]　Piunti, A. & Shilatifard, A. Epigenetic balance of gene expression by Polycomb and COMPASS families. *Science* 352, aad9780(2016).

[56]　Grebien, F. *et al*. Pharmacological targeting of the Wdr5-MLL interaction in C/EBPα N-terminal leukemia. *Nat Chem Biol* 11, 571-578(2015).

[57]　Cao, F. *et al*. Targeting MLL1 H3K4 methyltransferase activity in mixed-lineage leukemia. *Mol Cell* 53, 247-261(2014).

[58]　Mzoughi, S. *et al*. The role of PRDMs in cancer: one family, two sides. *Curr Opin Genet Dev* 36, 83-91(2016).

[59]　Mozzetta, C. *et al*. Sound of silence: the properties and functions of repressive Lys methyltransferases. *Nat Rev Mol Cell Biol* 16, 499(2015).

[60]　Marta García-Cao, M. *et al*. Epigenetic regulation of telomere length in mammalian cells by the Suv39h1 and Suv39h2 histone methyltransferases. *Nat Genet* 36, 94(2004).

[61]　Peters, A. H. F. M. *et al*. Loss of the Suv39h histone methyltransferases impairs mammalian heterochromatin and genome stability. *Cell* 107, 323-337(2001).

[62]　Bannister, A. J. *et al*. Selective recognition of methylated lysine 9 on histone H3 by the HP1 chromo domain. *Nature* 410, 120(2001).

[63]　Stewart, M. D. *et al*. Relationship between histone H3 lysine 9 methylation, transcription repression, and heterochromatin protein 1 recruitment. *Mol Cell Biol* 25, 2525-2538(2005).

[64]　Figueiredo, M. L. A. *et al*. HP1a recruitment to promoters is independent of H3K9 methylation in *Drosophila melanogaster*. *PLoS Genet* 8, e1003061(2012).

[65]　Wang, D. *et al*. Methylation of SUV39H1 by SET7/9 results in heterochromatin relaxation and genome instability. *Proc Natl Acad Sci* 201216596(2013).

[66]　Vaquero, A. *et al*. SIRT1 regulates the histone methyl-transferase SUV39H1 during heterochromatin formation. *Nature* 450, 440(2007).

[67]　Yang, L. *et al*. Molecular cloning of ESET, a novel histone H3-specific methyltransferase that interacts with ERG transcription factor. *Oncogene* 21, 148(2002).

[68]　Schultz, D. C. *et al*. SETDB1: a novel KAP-1-associated histone H3, lysine 9-specific methyltransferase that contributes to HP1-mediated silencing of euchromatic genes by KRAB zinc-finger proteins. *Genes Dev* 16, 919-932(2002).

[69]　Loyola, A. *et al*. The HP1α-CAF1-SetDB1-containing complex provides H3K9me1 for Suv39-mediated K9me3 in pericentric heterochromatin. *EMBO Rep* 10, 769-775(2009).

[70]　Dodge, J. E. *et al*. Histone H3-K9 methyltransferase ESET is essential for early development. *Mol Cell Biol* 24, 2478-2486(2004).

[71]　Karimi, M. M. *et al*. DNA methylation and SETDB1/H3K9me3 regulate predominantly distinct sets of genes, retroelements, and chimeric transcripts in mESCs. *Cell Stem Cell* 8, 676-687(2011).

[72] Kang, Y.K. SETDB1 in early embryos and embryonic stem cells. *Curr Issues Mol Biol* 17, 1-10(2014).

[73] Schliehe, C. *et al.* The methyltransferase Setdb2 mediates virus-induced susceptibility to bacterial superinfection. *Nat Immunol* 16, 67(2015).

[74] Kroetz, D. N. *et al.* Type I interferon induced epigenetic regulation of macrophages suppresses innate and adaptive immunity in acute respiratory viral infection. *PLoS Pathog* 11 e1005338(2015).

[75] Wu, H. *et al.* Histone methyltransferase G9a contributes to H3K27 methylation *in vivo*. *Cell Res* 21, 365(2011).

[76] Trojer, P. *et al.* Dynamic histone H1 isotype 4 methylation and demethylation by histone lysine methyltransferase G9A/KMT1C and the jumonji domain containing JMJD2/KDM4 proteins. *J Biol Chem* 284, 8395-8405(2009).

[77] Shinkai, Y. & Tachibana, M. H3K9 methyltransferase G9a and the related molecule GLP. *Genes Dev* 25, 781-788(2011).

[78] Tachibana, M. *et al.* Histone methyltransferases G9a and GLP form heteromeric complexes and are both crucial for methylation of euchromatin at H3-K9. *Genes Dev* 19, 815-826(2005).

[79] Collins, R. E. *et al.* The ankyrin repeats of G9a and GLP histone methyltransferases are mono-and dimethyllysine binding modules. *Nat Struct Mol Biol* 15, 245(2008).

[80] Liu, N. *et al.* Recognition of H3K9 methylation by GLP is required for efficient establishment of H3K9 methylation, rapid target gene repression, and mouse viability. *Genes Dev* 29, 379-393(2015).

[81] Fritsch, L. *et al.* A subset of the histone H3 lysine 9 methyltransferases Suv39h1, G9a, GLP, and SETDB1 participate in a multimeric complex. *Mol Cell* 37, 46-56(2010).

[82] Pinheiro, I. *et al.* Prdm3 and Prdm16 are H3K9me1 methyltransferases required for mammalian heterochromatin integrity. *Cell* 150, 948-960(2012).

[83] Paigen, K. & Petkov, P. M. PRDM9 and its role in genetic recombination. *Trends Genet* 34, 291-300(2018).

[84] Towbin, B. D. *et al.* Step-wise methylation of histone H3K9 positions heterochromatin at the nuclear periphery. *Cell* 150, 934-947(2012).

[85] Chi, J. & Cohen, P. The multifaceted roles of PRDM16: adipose biology and beyond. *Trends Endocrinol Metab* 27, 11-23(2016).

[86] Bai, Q.R. & Shen, Q. Influence without Presence: PRDM16 Casts Destiny. *Neuron* 98, 867-869(2018).

[87] Liu, X. *et al.* UHRF1 targets DNMT1 for DNA methylation through cooperative binding of hemi-methylated DNA and methylated H3K9. *Nat Commun* 4, 1563(2013).

[88] Rothbart, S. B. *et al.* Association of UHRF1 with methylated H3K9 directs the maintenance of DNA methylation. *Nat Struct Mol Biol* 19, 1155(2012).

[89] Ferry, L. *et al.* Methylation of DNA ligase 1 by G9a/GLP recruits UHRF1 to replicating DNA and regulates DNA methylation. *Mol Cell* 67, 550-565(2017).

[90] Margueron, R. & Reinberg, D. The Polycomb complex PRC2 and its mark in life. *Nature* 469, 343(2011).

[91] Ferrari, K. J. *et al.* Polycomb-dependent H3K27me1 and H3K27me2 regulate active transcription and enhancer fidelity. *Mol Cell* 53, 49-62(2014).

[92] Shen, X. *et al.* EZH1 mediates methylation on histone H3 lysine 27 and complements EZH2 in maintaining stem cell identity and executing pluripotency. *Mol. Cell* 32, 491-502(2008).

[93] Margueron, R. *et al.* Ezh1 and Ezh2 maintain repressive chromatin through different mechanisms. *Mol Cell* 32, 503-518(2008).

[94] Mozzetta, C. *et al.* The histone H3 lysine 9 methyltransferases G9a and GLP regulate polycomb repressive complex 2-mediated gene silencing. *Mol Cell* 53, 277-289(2014).

[95] Woo, C. J. *et al.* A region of the human HOXD cluster that confers polycomb-group responsiveness. *Cell* 140, 99-110(2010).

[96] Li, H. *et al.* Polycomb-like proteins link the PRC2 complex to CpG islands. *Nature* 549, 287(2017).

[97] Choi, J. *et al.* DNA binding by PHF1 prolongs PRC2 residence time on chromatin and thereby promotes H3K27 methylation. *Nat Struct Mol Biol* 24, 1039(2017).

[98] Selleri, L. *et al.* A hox-embedded long noncoding RNA: is it all hot air? *PLoS Genet* 12, e1006485(2016).

[99] Comet, I. *et al.* Maintaining cell identity: PRC2-mediated regulation of transcription and cancer. *Nat Rev Cancer* 16, 803(2016).

[100] Blackledge, N. P. *et al.* Targeting polycomb systems to regulate gene expression: modifications to a complex story. *Nat Rev Mol Cell Biol* 16, 643-649(2015).

[101] Bracken, A. P. & Helin, K. Polycomb group proteins: navigators of lineage pathways led astray in cancer. *Nat Rev Cancer* 9, 773(2009).

[102] Viré, E. *et al.* The polycomb group protein EZH2 directly controls DNA methylation. *Nature* 439, 871(2006).

[103] Li, Y. *et al.* Genome-wide analyses reveal a role of Polycomb inpromoting hypomethylation of DNA methylation valleys. *Genome Biology* 19, 18(2018).

[104] Kim, K. H. & Roberts, C. W. M. Targeting EZH2 in cancer. *Nat Med* 22, 128(2016).

[105] Knutson, S. K. *et al.* A selective inhibitor of EZH2 blocks H3K27 methylation and kills mutant lymphoma cells. *Nat Chem Biol* 8, 890(2012).

[106] Bender, S. *et al.* Reduced H3K27me3 and DNA hypomethylation are major drivers of gene expression in K27M mutant pediatric high-grade gliomas. *Cancer Cell* 24, 660-672(2013).

[107] Lewis, P. W. *et al.* Inhibition of PRC2 activity by a gain-of-function H3 mutation found in pediatric glioblastoma. *Science(80-.).* 340, 857-861(2013).

[108] Mohammad, F. *et al.* EZH2 is a potential therapeutic target for H3K27M-mutant pediatric gliomas. *Nat Med* 23, 483(2017).

[109] Wagner, E. J. & Carpenter, P. B. Understanding the language of Lys36 methylation at histone H3. *Nat Rev Mol Cell Biol* 13, 115(2012).

[110] Yuan, W. *et al.* H3K36 methylation antagonizes PRC2 mediated H3K27 methylation. *J Biol Chem* jbcM110(2011).

[111] Dhayalan, A. *et al.* The Dnmt3a PWWP domain reads histone 3 lysine 36 trimethylation and guides DNA methylation. *Journal of Biological Chemistry* 285, 26114-26120(2010).

[112] Kim, S. *et al.* Pre-mRNA splicing is a determinant of histone H3K36 methylation. *Proc Natl Acad Sci U S A* 108, 13564-13569(2011).

[113] Li, F. *et al.* The histone mark H3K36me3 regulates human DNA mismatch repair through its interaction with MutSα. *Cell* 153, 590-600(2013).

[114] Nguyen, A. T. & Zhang, Y. The diverse functions of Dot1 and H3K79 methylation. *Genes Dev* 25, 1345-1358(2011).

[115] Feng, Y. *et al.* Early mammalian erythropoiesis requires the Dot1L methyltransferase. *Blood J Am Soc Hematol* 116, 4483-4491(2010).

[116] Jones, B. *et al.* The histone H3K79 methyltransferase Dot1L is essential for mammalian development and heterochromatin structure. *PLoS Genet* 4, (2008).

[117] Okada, Y. *et al.* hDOT1L links histone methylation to leukemogenesis. *Cell* 121, 167-178(2005).

[118] Bernt, K. M. *et al.* MLL-rearranged leukemia is dependent on aberrant H3K79 methylation by DOT1L. *Cancer Cell* 20, 66-78(2011).

[119] Schotta, G. *et al.* A chromatin-wide transition to H4K20 monomethylation impairs genome integrity and programmed DNA rearrangements in the mouse. *Genes Dev* 22, 2048-2061(2008).

[120] Jørgensen, S. *et al.* Histone H4 lysine 20 methylation: key player in epigenetic regulation of genomic integrity. *Nucleic Acids*

Res 41, 2797-2806(2013).

[121] Zhao, Y. & Garcia, B. A. Comprehensive catalog of currently documented histone modifications. *Cold Spring Harb Perspect Biol* 7, a025064(2015).

[122] Daujat, S. *et al.* H3K64 trimethylation marks heterochromatin and is dynamically remodeled during developmental reprogramming. *Nat Struct Mol Biol* 16, 777(2009).

[123] Van Aller, G. S. *et al.* Smyd3 regulates cancer cell phenotypes and catalyzes histone H4 lysine 5 methylation. *Epigenetics* 7, 340-343(2012).

[124] Yu, Y. *et al.* Histone H3 lysine 56 methylation regulates DNA replication through its interaction with PCNA. *Mol Cell* 46, 7-17(2012).

[125] Papazyan, R. *et al.* Methylation of histone H3K23 blocks DNA damage in pericentric heterochromatin during meiosis. *Elife* 3, e02996(2014).

翁杰敏　1984 年毕业于武汉大学生物系；1987 年毕业于中科院上海细胞所，获硕士学位；1994 年毕业于美国 University of Vermont，获博士学位。1994~1997 年在 NIH 从事博士后研究；1997～2003 年在美国 Baylor 医学院任助理教授、2003～2007 年任副教授；2007 年至今任华东师范大学生命科学学院特聘教授、生命医学研究所副所长，2014 年至 2020 年 9 月任华东师范大学生命科学学院副院长，2020 年 9 月至今任华东师范大学生命科学学院院长。长期从事表观遗传调控和细胞核激素受体研究，在表观遗传调控和细胞核激素受体转录调控领域做出了较出色的研究工作，分别荣获 2001 年美国内分泌协会优秀青年科学家奖和 Baylor 医学院细胞与分子生物学系 2005 优秀科研奖。已在 *Cell*、*Nature*、*Science*、*Molecular Cell*、*Cell Research*、*Genes & Development*、*Nature Communications*、*PNAS*、*EMBO Journal*、*Nucleic Acids Research*、*Cell Reports* 和 *MCB* 等重要国际学术刊物发表论文 120 余篇，文章被引用 11 000 多次，2014～2020 年连续入选高被引中国学者榜单。主要学术兼职有中国遗传学会表观遗传分会副主任、中国细胞生物学会染色质生物学分会副主任。

丁广进　博士，现任复旦大学生物医学研究院院长助理，新媒体 BioArt 创始人与主编，*Protein & Cell* 杂志执行主编（2019.6—），中国生物物理学会理事（2021.8—）、副秘书长（2019.8—）。2017 年毕业于华东师范大学生命科学学院，获生物化学与分子生物学博士学位，2017～2020 年在复旦大学生物医学研究院开展博士后研究，主要研究方向为表观遗传与代谢调控，作为第一作者（含共同第一作者）在 *Cell Research*、*Cell Metabolism*、*Journal of Biological Chemistry* 杂志上发表研究论文或评述。

第7章 组蛋白去甲基化

蓝 斐 王司清 沈宏杰
复旦大学

本章概要

进入21世纪以后，科学界掀起了一股组蛋白甲基化研究的热潮，但关于组蛋白甲基化可逆调控的争论持续了数十年。直到2004年，第一例组蛋白去甲基化酶KDM1A被发现，此后组蛋白甲基化动态调控迅速成为整个表观遗传领域的研究热点。本章首先回顾了组蛋白去甲基化酶的发现历史，然后详细介绍了这些酶类的分类和命名规则，以及其在正常发育和疾病发生过程中的重要作用。最后，本章还将总结以组蛋白去甲基化酶为靶标的药物研发进展。

7.1 组蛋白去甲基化动态调控的研究历史概述

7.1.1 关于组蛋白去甲基化酶是否存在的争论

赖氨酸残基上的甲基化修饰最早由R. P. Ambler和M. W. Rees于1959年在细菌中发现，V. G. Allfrey随后于1964年报道指出哺乳动物的组蛋白赖氨酸残基上同样存在着甲基化修饰，且这种修饰可能参与基因转录调控。进入21世纪以后，随着组蛋白甲基化酶的发现，科学界掀起了一股组蛋白甲基化研究的热潮，同时科学界也开始探讨组蛋白甲基化的动态可逆机制。但是不像甲基化修饰需要甲基化酶催化那样直观，去甲基化酶是否存在的争论在学术界持续了40多年。认为其不存在的主要论据为：①甲基化键能高（化学性质稳定），蛋白酶介导的催化反应难以达到足够的活化能；②甲基化是一类标记发育进程的关键修饰，需要保持稳定，如果可逆会导致细胞身份紊乱；③组蛋白甲基化体现出较为稳定的特质，有学者曾证明甲基化组蛋白的半衰期与组蛋白半衰期一致，因此认为甲基化的去除是通过组蛋白降解完成的，并不需要酶催化[1]。因此，在去甲基化酶发现之前，学者们提出过包括组蛋白替换（histone exchange）、组蛋白尾端切除（histone tail clipping）及复制依赖的甲基化稀释等模式，推测甲基化去除的可能机制（图7-1）。

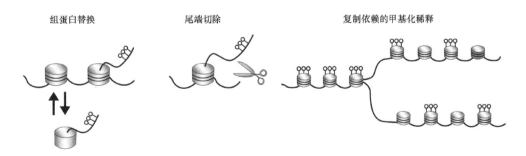

组蛋白替换　　　　　尾端切除　　　　　复制依赖的甲基化稀释

图 7-1 早期学界推测组蛋白甲基化去除的几种可能机制

组蛋白替换，顾名思义，就是用一个组蛋白替换另外一个组蛋白，其中不仅包括常规组蛋白与组蛋白变体之间的替换，也包括修饰状态不同的同种组蛋白的替换。最常见的如细胞复制过程中新旧组蛋白的替换，以及不依赖于复制过程的组蛋白 H3.3 变体对 H3.1 的替换[2]。

组蛋白尾端切除过程目前被研究较多的是 H2A 和 H3 的尾端切除。以 H3 尾端切除为例，H3 的多个氨基酸位点被报道存在尾端切除现象。特别是在胚胎干细胞的分化阶段，这种切除现象更为常见。因此，也不排除 H3 不同尾端切除代表了胚胎干细胞不同分化阶段的特定表观遗传修饰，而被切除尾端的组蛋白也可能通过组蛋白替换的方式获得新的非甲基化的组蛋白[3]。

以上两种都是通过改变包含甲基化位点在内的整条组蛋白或组蛋白尾端的方式实现"去甲基化"。显然，这种为了去除甲基化修饰而大动干戈的方式，从物质和能量消耗角度来看并不合理。而被动去甲基化（passive demethylation）模式（即复制依赖的甲基化稀释），认为当甲基化酶离开特定区域的染色质，随着细胞增殖、DNA 和组蛋白复制，该区域的甲基化修饰在子代细胞中将逐渐稀释直至消失。这种方式的确适用于复制期的细胞，然而体内的大多数细胞都处于终末端分化的非增殖期，所以并不适用于体内的大多数细胞。例如，神经元受到外部信号如 BDNF 刺激时，下游基因启动子区的组蛋白甲基化会发生改变，但神经元并不发生增殖，因此很可能是通过主动的去甲基化过程（active demethylation）来完成。基于这些证据，一部分科学家们仍相信体内存在有去甲基化酶介导的主动去甲基化过程。

7.1.2　首例去甲基化酶 KDM1A/LSD1 的发现

这一切的争论终于在 2004 年随着第一例去甲基化酶 KDM1A/LSD1 的发现结束了[4]。这一年，华人科学家施扬（Yang Shi）教授在哈佛大学医学院的研究组研究 CtBP 转录抑制复合体时发现了 KIAA0601 蛋白具有去除组蛋白甲基化的催化能力（图 7-2）。KIAA0601 在当时又叫 NPAO/BHC110，也是 HDAC 复合体中的一个主要组分（图 7-2A），其蛋白质序列预测编码一个多胺氧化酶结构域（polyamine oxidase，图 7-2B 上），因为定位在核内，因此研究者将之命名为 NPAO（nuclear polyamine oxidase）。然而，为什么转录复合体中会出现多胺氧化酶同源蛋白呢？施扬教授的实验室通过大量的尝试都难以检测到该蛋白

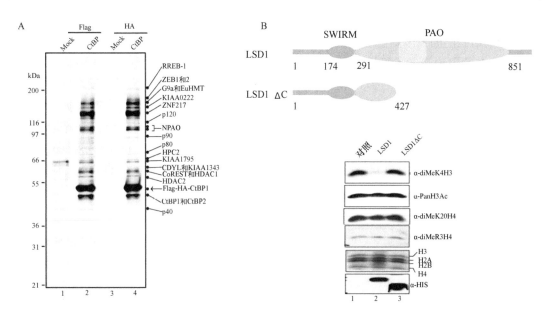

图 7-2　KDM1A/LSD1 去除甲基化酶活性的发现

A 图引自[5]，B 图引自[4]

质的多胺氧化酶活性。因此他们猜测这个氧化酶的底物并不是体内的多胺，而是与多胺有着类似化学结构的甲基化赖氨酸或是精氨酸（侧链末端氨基甲基化，化学键同为 N—C 键）。有了这个猜想，他们立刻用小牛胸腺组蛋白（含有各类甲基化修饰）作为底物与重组 NPAO 蛋白孵育，很快就发现了其去甲基化酶活性，其底物位点是组蛋白 H3 赖氨酸 4 位双甲基化（H3K4me2），并命名为 LSD1（lysine-specific histone demethylase 1）（图 7-2B 下）。由此证明了组蛋白甲基化修饰能够被酶类催化去除，同时也提示了其他蛋白质上的甲基化调控也可能是可逆的，开创了甲基化动态调控的研究领域。

从化学催化机制来看，LSD1 是一个依赖于黄素腺嘌呤二核苷酸（FAD）的胺基氧化酶。LSD1 介导的去甲基化反应不是直接将赖氨酸侧链末端的 N—CH₃ 键打断，而是通过氨氧反应形成中间产物甲基化，然后释放一分子的甲醛，从而达到去甲基化结果（图 7-3）。这个催化机制需要甲基化的氮原子 sp3 轨道上保留一组未成键的孤对电子（lone pair electrons）（图 7-3），从而接受带一个正电荷的氢离子成为质子化的氮作为反应过渡态，因此 LSD1 及其同源物只能催化单甲基和双甲基的去甲基化。与此一致的是，最早的研究发现 LSD1 只能去除 H3K4me2/me1 修饰，后来的研究发现 LSD1 在某些特定的条件下也可去除 H3K9me2/me1 和 H4K20me2/me1 修饰。有意思的是，LSD1 在脑组织中存在一类变体 LSD1+8a（在编码多胺氧化酶结构域的第 8 和第 9 个外显子之间插入了 24 个碱基），该变体丢失了 H3K4me2 的去甲基化活性，但是当它与 SVIL 蛋白及其他未知因子结合时，转变为 H3K9me2 的去甲基化酶[6]。这个通过可变剪切改变酶活的例子十分有意思，其他去甲基化酶是否也有这样的调控还未见报道。

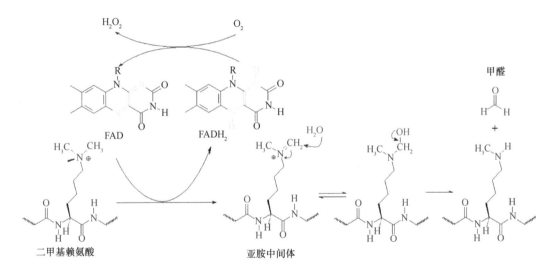

图 7-3　KDM1A/LSD1 介导的去除甲基化酶反应的化学机制

7.1.3　第二类去甲基化酶（JMJC 类）的发现

如上所述，LSD1 的催化机制决定了它及其同源物无法去除三甲基化修饰。但是组蛋白上的绝大多数赖氨酸位点都存在三甲基化形式，那么这些赖氨酸的三甲基化是否可被酶类去除呢？此外，虽然在裂殖酵母中发现了 LSD1 的同源基因，但是每个物种中其同源基因都不超过 3 个（裂殖酵母 2 个、线虫 3 个、果蝇 1 个、哺乳类 2 个），然而仅组蛋白上主要的赖氨酸位点就有 6 个（H3K4、H3K9、H3K27、H3K36、H3K79 及 H4K20），还有一些低丰度的位点（如 H3K14、H3K18、H3K23、H3K37、H4K77、H4K79 等），这也就意味着还存在其他的去甲基化酶类，且数目和种类应该至少与组蛋白上主要的赖氨酸位点数目基本对等。

为了找到这些问题的答案，科学家们在 LSD1 发现后并没有停下寻找更多去甲基化酶的脚步。一年后的 2005 年年底，当时还在北卡罗莱纳大学教堂山分校的另一位华人科学家张毅（Yi Zhang）实验室，很快报道了含有 JmjC 结构域（一类双加氧氧化酶）的蛋白质也具有赖氨酸去甲基化酶的活性[7]。这类蛋白质能够在二价亚铁离子及 α-酮戊二酸（α-KG）的参与下去除赖氨酸甲基化修饰。他们首先发现 FBXL11/KDM2A 和 FBXL10/KDM2B 有 H3K36me2 的去甲基化酶活性，随后又发现 JMJD1A/KDM3A 和 JMJD1B/KDM3B 有 H3K9me2 的去甲基化酶活性（图 7-4）。更为重要的是，含有 JmjC 结构域的蛋白质共有 6 大家族，总数有 20 多类。紧接着，2006～2007 年多个实验室又同期报道了 JMJD2/KDM4 家族、JARID1/KDM5 家族和 UTX/KDM6 家族的蛋白质具有去除赖氨酸三甲基化的酶活，它们的底物分别是 H3K9me3 和 H3K36me3、H3K4me3 及 H3K27me3，从而基本奠定了组蛋白赖氨酸的去甲基化体系。

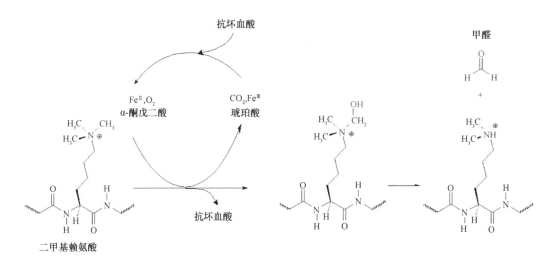

图 7-4　JMJC 类蛋白介导的去除甲基化酶反应的化学机制

组蛋白赖氨酸去甲基化酶的发现，进一步鼓舞了科学家寻找鉴定 DNA 和 RNA 去甲基化酶的信心和决心。2009 年，哈佛大学的 Anjana Rao 率先报道双加氧酶蛋白 TET1/2/3 可以催化 5-甲基胞嘧啶（5mC）转化为 5-羟甲基胞嘧啶（5hmC）[8]。2011 年，芝加哥大学的华人科学家何川（Chuan He）发现双加氧酶蛋白 FTO 及 ALKBH5 可以催化 RNA 上 6mA 去甲基[9]。至此，生物大分子蛋白、DNA 及 RNA 上的多类甲基化修饰都被证实具备酶介导的主动去除机制。

7.1.4　其他与去甲基化相关的研究进展

到目前为止，除了 H3K79me3/me2/me1 及 H4K20me3 修饰没有明确的去甲基化酶，其他主要的组蛋白赖氨酸甲基化修饰大多都有对应的去甲基化酶[10]。最近的一项研究发现线虫中 DPY-21 及哺乳类同源物 ROSBIN 也具有去除 H4K20me2 的催化能力[11]。

还有研究发现 LOXL2 对 H3K4me3 底物具有脱氨基酶活性[12]，因此不排除 LOXL2 及其同源物对组蛋白其他位点的甲基化，包括目前尚未发现相应去甲基化酶的 H3K79me3/me2/me1 和 H4K20me3 修饰也可能通过脱氨基以达到类似去甲基化修饰的功能。当然，这些位点也可能是通过已知的去甲基化酶在未知的辅助因素存在的情况下实现去甲基化过程。

对比赖氨酸去甲基化，精氨酸的去甲基化酶还一直未被发现。但有意思的是，部分已知的 KDM 是具备催化精氨酸去甲基化反应能力的。Christopher J. Schofield 研究组设计了一个巧妙的实验：他们将已知的 KDM 底物上甲基化的赖氨酸替换成精氨酸，然后与 KDM 进行体外酶活反应。令人惊讶的是，包括 KDM3A、KDM4E、KDM5C、KDM6A 在内的多种赖氨酸去甲基化酶都能催化相应位点精氨酸的去甲基化。这个实验提示 KDM 在某些情况下可能催化精氨酸的去甲基化。因此，该研究组继续在体外检测 KDM 是否能催化已知的精氨酸甲基化底物[13]。结果显示，包括 H3R2、H3R8、H3R26、H4R3 在内的多肽在体外能被 KDM 催化。当然，这项研究完全是基于体外酶活反应，在体内 KDM 是否能催化精氨酸去甲基化、其特异性如何、与相应的赖氨酸甲基化之间是否存在互作等问题还有待进一步研究。

另一项 2004 年的研究发现 PADI4（protein-arginine deiminase type-4）可以将甲基化的精氨酸转换为瓜氨酸，从而达到类似于去甲基化的目的[14]。但由于其并非仅仅去除甲基，同时也将底物精氨酸转成了瓜氨酸（图 7-5），因此 PADI4 不是真正意义上的组蛋白精氨酸去甲基化酶。究竟是否存在精氨酸去甲基化酶，还有待更多的研究来揭示。

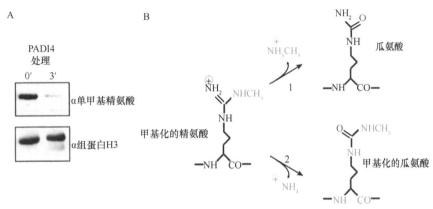

图 7-5 PADI4 通过脱氨反应将甲基化的精氨酸转变成瓜氨酸

A 图引自[15]，B 图引自[14]

7.2 组蛋白去甲基化酶的命名

如上所述，现在已知的组蛋白去甲基化酶都是赖氨酸去甲基化酶，主要分为两大类：①与多胺或是单胺氧化酶同源的 LSD1 家族去甲基化酶，它们以 FAD 为辅基，催化双甲基化赖氨酸的去甲基化反应；②与羟基化酶同源的、含 JMJC 同源结构域的、利用二价铁离子和 α-酮戊二酸的双加氧酶，这类酶可具备催化三甲基化赖氨酸的去甲基化活性。

由于组蛋白去甲基化酶类在最初被命名时还不知道它们的去甲基化功能，例如，LSD1 除了叫 NPAO，又叫 BHC110 和 AOF2，被称为 BHC110 是因为它是 BRAF-HDAC complex 复合体中 110kDa 的蛋白因子，被称为 AOF2（amine oxidase flavin-containing domain 2）是由于其原始命名为含黄素胺氧化酶；而 JMJ 的命名则起源于日本的一项大规模小鼠基因敲除研究，科研人员发现 JARID2 基因敲除小鼠的脑部发育呈现一个"十字架"结构，于是取名为 Jumonji（日文中的"十文字"之意），缩写成 JMJ（图 7-6）。因此，JARID2 蛋白 N 端特征性的结构域便取名为 JMJ，其又分为 N 段和 C 端两部分（即 JMJN 和 JMJC）。如前所述，JMJC 结构域后来被发现具有去甲基化酶活性，因此很多第二类去甲基化酶又有 JMJC 开头的俗称。值得一提的是，尽管 JARID2 在发育过程中发挥重要功能，但其 JMJC 结构域中用于络合亚铁离子的几个关键氨基酸在进化过程中已产生变异，并不具备去甲基化酶活。这一现象暗示其他去甲基化酶类也可能具有非酶活依赖的生物学功能。

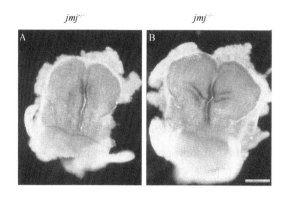

图 7-6 JARID2 敲除小鼠脑部发育缺陷形成 "十文字" [16]

这些传统命名在科学交流时常引起不必要的混乱，因此在 2007 年时，学术界认为应该对它们重新命名，基本原则为：①均冠以 KDM[Lysine（K）Demethylase]；②根据发现去甲基化活性的时间排序各个家族；③家族内各成员排序参考其酶活发现顺序及传统命名排序。因此，LSD1 称为 KDM1A，而它的同源物 LSD2 称为 KDM1B，FBXL11 和 FBXL10 则称为 KDM2A 和 KDM2B。具体的名称对应关系见表 7-1。

表 7-1 去甲基化酶及其组蛋白底物位点

去甲基化酶	组蛋白底物位点
KDM1A/LSD1/AOF2	H3K4me1/me2；H3K9me1/me2；H4K20me1/me2
KDM1B/LSD2/AOF1	H3K4me1/me2
KDM2A/JHDM1A/FBXL11/Ndy2	H3K36me1/me2
KDM2B/JHDM1B/FBXL10/Ndy1	H3K36me1/me2；H3K4me3
KDM3A/JHDM2A/JMJD1A/TSGA	H3K9me1/me2
KDM3B/JHDM2B/JMJD1B	H3K9me1/me2
JMJD1C/JHDM2C/TRIP8	H3K9me1/me2
KDM4A/JHDM3A/JMJD2A	H3K9me2/3；H3K36me2/3
KDM4B/JHDM3B/JMJD2B	H3K9me2/3
KDM4C/JHDM3C/JMJD2C/GASC1	H3K9me2/3；H3K36me2/3
KDM4D/JHDM3D/JMJD2D	H3K9me2/3；H1.4K26me1/me2
KDM5A/JARID1A/RBP2	H3K4me2/me3
KDM5B/JARID1B/PLU-1	H3K4me2/me3
KDM5C/JARID1C/ SMCX	H3K4me2/me3
KDM5D/JARID1D/SMCY	H3K4me2/me3
KDM6A/UTX	H3K27me2/me3
KDM6B/JMJD3	H3K27me2/me3
KDM6C/UTY	H3K27me2/me3
KDM7A/JHDM1D/KIAA1718	H3K9me1/me2；H4K27me1/me2
KDM7B/PHF8 /JHDM1F/KIAA1111	H3K9me1/me2；H4K20me1
KDM7C/PHF2	H3K9me2
ROSBIN	H4K20me2

大量研究发现，赖氨酸甲基化并不仅仅存在于组蛋白上，细胞中其他的蛋白质也被发现存在甲基化修饰。随着研究的进一步深入，组蛋白去甲基化酶也被发现可以催化去除非组蛋白上的甲基化修饰。例如，KDM1A 可以催化去除抑癌因子 p53、转录因子 E2F1，以及 DNA 甲基转移酶 DNMT1、STAT3、MYPT1、

HSP90、HIV Tat、MTA1、ERα 上的甲基化修饰。KDM2A 可以催化去除 p65 的甲基化修饰。不过，至今仍未有独立的非组蛋白去甲基化酶（不具备组蛋白去甲基化活性，只具备非组蛋白去甲基化活性）被发现，特别是非组蛋白甲基化位点可能远远多于组蛋白甲基化位点，因此非组蛋白的甲基化动态调控体系仍是值得继续探索的领域。

7.3　组蛋白去甲基化酶的生物学功能

如本书其他相关章节所述，组蛋白甲基化是一种重要的表观遗传修饰，其存在于基因组中多种基因表达调控元件上，如二价启动子（bivalent promoter）、增强子（enhancer）、染色质重复序列（repetitive region）等，并对基因的时空特异性表达产生影响。组蛋白去甲基化酶的发现，说明了染色质上的组蛋白甲基化受到甲基化酶和去甲基化酶共同的动态调控，且其平衡点反映了表观调控和细胞内外环境共同作用的结果。这一点似乎有些类似于中国古哲学中的"阴阳平衡"理论。在这一"动态调控"学术理念的指导下，去甲基化酶的生物学功能也很快被科学界所认识到，现有的研究主要集中在生物体发育及疾病相关性方面。本节将首先以几类去甲基化酶（KDM5C、KDM7B、KDM6A 和 KDM1A）的疾病相关性为例探讨去甲基化酶的生物学重要性，然后以每个去甲基化酶家族分类综述已知的较为重要的生物学功能，希望读者可以从中认识到组蛋白甲基化动态调控的重要性。

7.3.1　KDM5C 和 KDM7B 的疾病相关性

KDM5C/SMCX 和 KDM7B/PHF8 的去甲基化酶活性分别在 2007 年和 2010 年被报道[17-19]。编码这两类去甲基化酶的基因均在 X 染色体上，在 X 连锁智力障碍（X-linked intellectual disability，XLID）患者中都发现有这两个基因的多类突变，其中 KDM5C 的突变还发生在包括 X 连锁的自闭症、亨廷顿舞蹈病（Huntington disease）、脑性瘫痪（cerebral palsy）等在内的多种神经发育疾病中（具体见下节）。X 连锁智力障碍患者的临床表现为发育迟缓、面颌畸形、语言障碍等。由于是 X 连锁，这些患者绝大多都是男性。研究发现，KDM5C 在 XLID 中的突变包括错义突变、无义突变和移码突变，且部分错义突变可导致 KDM5C 的酶活或是稳定性下降，属于功能缺失性突变。与此一致的是，研究者采用斑马鱼和小鼠为模型时也能模拟出类似的发育迟缓表型及社交行为异常，提示了进化上的功能保守性。KDM5C 的主要活性是将 H3K4me3 去甲基化成为 H3K4me1/2，而 KDM7B 则具有 H3K9me2 和 H4K20me1 的去甲基化活力，说明这几个位点的甲基化动态平衡对于神经功能及个体发育至关重要。特别是 KDM7B 蛋白的 N 端含有一个 PHD 锌指结构域，可以特异性结合 H3K4me3，且该结合可以大大促进 KDM7B 对于 H3K9me2 位点的去甲基化活性，因此 KDM7B 可能与 KDM5C 功能相关并处在 KDM5C 的下游，这一点还需要未来研究去证实。

值得一提的是，虽然女性体内每一个细胞中都有一条 X 染色体会随机发生沉默，从而保证两条 X 染色体所产生的 mRNA 剂量与男性相当。但是 X 染色体上的一部分基因会发生沉默逃逸，使得女性的两条 X 染色体上的该基因都表达。而 X 染色体上的 KDM5C 基因就会发生沉默逃逸，因此女性体内表达两倍剂量的 KDM5C。与此对应的是在男性的 Y 染色体上还有一个同源基因 KDM5D，从而保证与女性体内的 KDM5C 剂量等同。然而，KDM5C 突变造成的 X 连锁智力障碍患者主要是男性，说明 KDM5D 并不能弥补 KDM5C 缺失造成的剂量效应，KDM5D 虽然与 KDM5C 高度同源，但却可能具有不完全相同的功能。

除了在神经系统疾病中经常发生突变，KDM5C 还常常在肿瘤中发生突变。例如，KDM5C 在肾透明细胞癌患者有 4%～9% 的突变，属于突变频率很高的表观遗传因子，因此也被认为具有抑癌功能。最近的一项机制研究中发现 KDM5C 的一项重要功能是调控增强子的活性[20]。增强子是指可以促进某些特定基因转录的 DNA 序列，因此增强子在不同的分化细胞中有不同的活性，并且其活性是受动态调控的。增强子根据不同的组蛋白修饰，分为沉默态（silent state）、待发态（primed state）、准备态（poised state）、活化态（activated state）。H3K4me1 标记的是待发态的增强子，H3K4me1 和 H3K27me3 共同标记的是准备态的增强子，H3K4me1 和 H3K27Ac 共同标记的是活化态的增强子。在这项最近的研究中，研究者发现 KDM5C 复合体定位在大量活化增强子上，维持增强子区域的组蛋白 H3K4 位点处于单甲基化状态。当 KDM5C 缺失时，活化增强子上的 H3K4me1 转变为 H3K4me3，同时伴随着增强子活性进一步增强（被研究者称为"过度活化态"）及细胞转移活性显著提高。这项研究将 H3K4me1 和 H3K4me3 的动态平衡与增强子活性联系到一起，也提示了携带有 KDM5C 的发育障碍及肿瘤病患可能伴随着增强子调控紊乱。

7.3.2 KDM6A 的疾病相关性

另一类由 X 和 Y 染色体编码的同源去甲基化酶是 KDM6A/UTX 和 KDM6C/UTY，它们是 H3K27me3 的去甲基化酶。与 KDM5C 一样，KDM6A 也是 X 染色体沉默逃逸基因之一，以确保男性和女性中 KDM6A 和 KDM6C 的表达量保持一致。由于 H3K27me3 修饰广泛参与发育相关基因的表达调控，所以领域内曾认为 H3K27me3 修饰应该十分稳定，并猜测其一旦发生便不能被可逆去除，以保证体内细胞稳定停留在发育的相应阶段。因此 KDM6 家族在 2007 年发现时，也引发了表观遗传领域的轰动，让学界重新认识了 H3K27me3 调控的可逆性。除了具有 H3K27me3 去甲基化酶活性，KDM6A 还是 KMT2C 和 KMT2D 复合体（COMPASS 复合体）的重要成员，COMPASS 是表观遗传调控中十分重要的 H3K4 甲基化复合体，参与个体发育中关键基因的有序活化。

H3K27me3 的去甲基化酶和 H3K4 的甲基化酶同时出现在 COMPASS 复合体中这一现象，还说明这两步酶反应是一个串联发生的过程，这也拓宽了学界对于表观遗传各修饰的串流（cross-talk）方式的认知，特别是对于二价结构域的调控。二价结构域是指一些含有命运待决定基因的特定染色质区域，这些区域同时出现 H3K4me3 和 H3K27me3 这两种分别与转录激活和转录抑制状态相关的组蛋白甲基化修饰，因此被称为二价结构域。二价启动子最早由 Bradley E. Bernstein 在小鼠胚胎干细胞发现，这些二价启动子可以使发育相关的关键基因处于准备态，一旦细胞分化需要这些基因抑制或者激活，组蛋白去甲基化酶可以迅速去除 H3K4me3 修饰或者 H3K27me3 修饰。而 KDM6A 在小鼠胚胎干细胞中也定位在富含二价结构域的 *HOX* 基因簇。KDM6A 是 KMT2C/D（MLL3/4）复合体的成员，暗示着在分化过程中这些二价结构域的 H3K27me3 的去除及 H3K4me3 的维持是受到复合体中不同酶促反应有序的共同调控而完成的。

与 KDM5C 类似，KDM6A 的突变也被发现在多类疾病中，最突出的是歌舞伎面谱综合征（Kabuki syndrome）和肿瘤。Kabuki 综合征是一类以眼部畸形为主的面部发育缺陷，同时也伴随着鼻部和耳部畸形，其得名也源于日本文化中的歌舞伎剧（Kabuki Theater）中演员的化妆风格。Kabuki 综合征的患者通常有中度到重度的发育迟缓及智力障碍，有时还会出现癫痫、小头症以及肌肉紧张。Kabuki 综合征中突变频率最高的基因是 *KMT2D*，达到 55%～80%，而 *KDM6A* 的突变频率也达到 2%～6%，低频率的 *KDM6C* 的突变也有报道。这些临床数据说明 KMT2D/KDM6A 复合体的失活是导致 Kabuki 综合征的主导因素。此外，在多种肿瘤中，KMT2D 和 KDM6A 也常发生突变失活，属于肿瘤中突变率非常高的两类表观遗传因子，多类肿瘤细胞中甚至出现 KDM6A 蛋白缺失的现象。有趣的是，KMT2D 和 KDM6A 也参与增强子调控，最近的研究发现 KDM6A 突变会导致部分超级增强子的活化，并引起下游原癌基因的过度活化，导致肿瘤发生[21]。结合上述 KDM5C 的描述，这些发现说明了组蛋白 H3K4 和 H3K27 位点的甲基化动态调控对于增强子活性控制十分重要，一旦失控，将引发疾病。

7.3.3　KDM1A 的生物学功能

虽然 *KDM1A/LSD1* 基因自身在疾病中的突变率并不高，但是其复合体中关键组分PHF21A/BHC80 的缺失则与波托茨基-谢弗综合征（Potocki-Shaffer syndrome）密切相关。PHF21A 可特异性结合由 KDM1A 催化后产生的零甲基化的 H3K4 位点，类似于 SUV39H 复合体中 HP1 的功能，前者结合的是去甲基化后的产物，后者结合的则是甲基化后的产物。与上述几类去甲基化酶缺失类似，PHF21A 缺失的患者常常有神经发育障碍、智力缺陷及面部畸形，研究者猜测这是由于 PHF21A 缺失导致 KDM1A 复合体功能缺损，不能有效地抑制靶基因的活性造成的。

虽然发现之初，对于 KDM1A 的研究主要集中在对于启动子区 H3K4me2 和 H3K9me2 的调控。但近年来的研究表明 KDM1A 也参与了增强子活性的调控，在小鼠胚胎干细胞中，KDM1A 富集在大量胚胎干细胞特异的增强子上。有意思的是，KDM1A 缺失并不会引起小鼠胚胎干细胞的明显表型。但是，KDM1A 缺失的小鼠胚胎干细胞会出现显著的分化受阻现象，原因是 KDM1A 发挥功能的时间是在退出自我更新的分化阶段，它负责催化去除胚胎干细胞特异的增强子上的 H3K4me1 修饰，从而彻底灭活这些增强子（enhancer decommission）。值得一提的是，哺乳类细胞的研究中还发现 KDM1A 是 NuRD 复合体的成员，而 NuRD 复合体的另一个主要酶活则是组蛋白去乙酰化（由 Sin3A 和 HDAC1/2 执行），NuRD 复合体也有增强子灭活的功能。这又是一个多酶活复合体调控组蛋白上多个修饰的案例，这种调控方式出现在很多表观遗传调控过程中，可能是生物体为了提高调控效率而进化出来的一种特殊模式。这也说明了各类表观遗传修饰是有很强的相关性的，在研究时需要更全面地把握相互之间的关系，才能更好地认识到表观遗传调控的复杂和精巧。

此外，KDM1A 还参与核受体 ER 和 AR 介导的基因活化，以及常染色质和异染色质分区等调控，说明它具备多种生物学功能，但究竟发挥怎样的功能，受到其相互作用蛋白的类别及局部染色质环境的影响。

7.3.4　去甲基化酶生物学功能的分类

通过以上几类去甲基化酶的疾病相关性描述，不难发现组蛋白甲基化的精细调控对于基因表达调控、细胞功能实现乃至个体生长发育有着重要意义。接下来将以胚胎发育和疾病发生为例，分别阐述各类已知的组蛋白去甲基化酶的生物学功能。

H3K4me2/me1 的去甲基化酶 KDM1A 在乳腺癌中常常高表达，并且其表达水平与肿瘤的恶性程度和转移能力呈正相关。但也有报道指出，KDM1A 可以通过负调节 TGFβ1 来抑制乳腺癌细胞的转移能力。KDM1A 还在包括前列腺癌、成神经（管）细胞瘤、结肠直肠癌、膀胱癌、肺癌、急性髓细胞性白血病中被发现高表达，其表达水平与肿瘤的恶性程度呈正相关，与患者的预后呈负相关。KDM1A 在前列腺癌中主要通过调节 AR 受体功能发挥促进肿瘤的作用，且不依赖于 AR 受体而上调 VEGF 的转录来促进肿瘤的发生发展。KDM1A 在结肠直肠癌中可以激活 Wnt/β 联蛋白信号通路，以及抑制 CDH-1 的表达来促进肿瘤的转移。KDM1A 在膀胱癌可以通过反向调控 PUM 的水平促进肿瘤的形成。KDM1A 在肺癌中可以通过抑制 TIMP3 的水平来促进肿瘤的转移。KDM1A 还能抑制 AML 干细胞 ATRA 的分化途径而导致 AML 的产生。小鼠敲除实验证明，KDM1A 的缺失会导致小鼠胚胎致死。

KDM1B 的研究报道相对较少。机制研究发现，KDM1B 通过复合体中的 NPAC 结合 H3K36me3 催化去除基因转录区的 H3K4me2。也有报道指出，KDM1B 在白血病、精原细胞瘤、一些 ERα 阴性的乳腺癌细胞及脑胶质瘤中低表达。

1. H3K4me2/3 特异性去甲基化酶 KDM5A/KDM5B/KDM5C

KDM5A/KDM5B 在很多肿瘤中都有高水平表达，KDM5A 可以上调 VEGF 的表达、微血管密度，以及 CDKI 的表达来促进胃癌和肝癌的生成；KDM5A 还可以抑制 CDKN1B、上调 CCND1 和 CCNE1 的表达以促进肺癌的生成和转移。KDM5A 在乳腺癌中高表达，并且其表达水平与耐药性呈正相关。KDM5B 在乳腺癌细胞中高表达，并抑制 *BRCA1*、*CAV1* 和 *HOXA5* 等抑癌基因的转录表达，从而促进乳腺癌的生成。KDM5B 在前列腺癌中也被发现高表达，并且其表达水平跟恶性程度呈正相关。多发性骨髓瘤中 KDM5B 的表达水平与预后生存期呈负相关。KDM5B 在小鼠胚胎的各个器官中都表达，但成体小鼠中只在睾丸组织中表达，这暗示其有睾丸发育或者精子生成的相关功能，与之对应的是，KDM5B 的丢失会导致小鼠胚胎致死或者小鼠出生致死等症状。KDM5A 丢失会导致干性基因的低表达并且激活分化基因的表达，但是并不会导致小鼠胚胎致死或者出生致死。KDM5C 相关信息请参考本章前面部分。

2. H3K27me3 特异性去甲基化酶 KDM6A/KDM6B

KDM6A 与 KDM6B 对细胞分化是必需的。KDM6A 丢失虽然不影响小鼠胚胎干细胞的自我更新能力，但是会使小鼠胚胎干细胞的分化过程受阻，并且导致部分胚胎致死。KDM6B 缺失则会导致出生的小鼠有严重的肺部发育缺陷，并伴随胚胎致死。值得一提的是，KDM6B 在爬行类红耳龟（性别由环境而非基因型决定）中的同源蛋白，在温度依赖型性别决定（temperature-dependent sex determination，TSD）过程中发挥了重要作用[22]。在低温的环境内，红耳龟的 KDM6B 会特异性表达并通过去除 H3K27me3 激活雄性性别决定基因 *Dmrt1* 的表达，从而发育成雄性。这一发现不仅揭开了这一奇特自然现象的谜底，也提示了表观遗传调控在环境影响表型的过程中扮演着重要角色。

如前所述，KDM6A 是 H3K4 甲基转移酶 MLL3/4 复合物的组成部分，因此 KDM6A 可能间接参与调控 H3K4 位点的甲基化水平。KDM6A 被认为是抑癌因子，并且可以和抑癌因子 RB 相互作用，KDM6A 在多种肿瘤中被发现存在突变，包括急性淋巴细胞白血病（acute lymphoblastic leukemia，ALL）、慢性粒-单核细胞白血病（chronic myelomonocytic leukemia，CMML）、结直肠腺癌、多发性骨髓瘤、膀胱癌和肾透明细胞癌等。但另一方面，也有文献报道指出 KDM6A 可以增强乳腺癌细胞和白血病细胞的增殖能力及侵袭能力。

3. H3K9me2/3 特异性去甲基化酶 KDM3A/KDM4A/KDM4C/KDM7B

KDM3A 作为内胚层分化的关键因子，其可以去除干性相关基因启动子上的 H3K9me2 修饰并上调这些干性基因的表达。另外，KDM3A 通过去除 *Sry* 基因启动子上 H3K9me 水平来激活 *Sry* 基因，该活性对于小鼠的雄性决定十分关键[23]。这一现象与上述 KDM6B 在红耳龟类的温度性别决定过程中发挥的作用有类似之处。此外，*kdm3A* 敲除的小鼠还患有严重的精子发生障碍及糖尿病症状。KDM4A/KDM4C 可以调控小鼠胚胎干细胞往内皮细胞分化过程中 *Flk1*、*VE-cadherin* 等基因上 H3K9me3 水平来促进这些基因的表达。KDM4B/KDM4C 可以调控胚胎干细胞自我更新过程中 *Nanog* 等干性相关基因的表达。H3K9me 的另一个去甲基化酶 KDM7B 可以调控小鼠胚胎干细胞中胚层和心肌细胞的分化。值得一提的是，H3K9me3 介导的异染色质沉默是细胞身份维持的一个表观壁垒（epigenetics barrier），也是重编程的一个重要障碍。近年来，研究者在体细胞核移植克隆试验中发现，注射 KDM4D mRNA 能数倍的提高小鼠和灵长类动物食蟹猴的克隆效率[24-26]。

4. H3K36me2 特异性去甲基化酶 KDM2A/KDM2B

KDM2B 作为 PRC1 复合物的组分因子，可以调控胚胎干细胞的分化及胚胎发育。KDM2B 的缺失导致拟胚体（embryoid body）的形成受损，有报道指出 KDM2B 在胚胎干细胞中的功能依赖于其 CXXC 结构域与非甲基化 CpG 的 DNA 结合能力。与之对应的，KDM2B 可以抑制结合的 CpG 位点上的甲基化水平，并且 KDM2B 缺失会导致胚胎，特别是雌性胚胎致死。而 KDM2B 同源物 KDM2A 的丢失会导致小鼠胚胎在 10.5～12.5 天死亡。

除了对胚胎发育的调控，组蛋白甲基化的动态可逆调控还存在于哺乳动物生殖细胞发育成熟过程，如原始生殖细胞（primordial germ cell）的基因组表现出低水平的 H3K9me2 修饰和高水平的 H3K27me3 修饰。H3K9me2 去甲基化酶 KDM3A 需要维持 *Tnp1*、*Prm1* 等基因的表达来促使精子生成，KDM2B 则可以通过调控精原细胞的增殖来维持精子的持续生成。KDM1A 的缺失会导致减数分裂的异常，而 KDM1B 可以维持母源基因组的基因印记。越来越多的研究发现，在分化过程中研究表观遗传调控因子的功能是十分必要的。而在细胞命运已经决定的体系中，很多因子的功能都难以体现。因此未来的工作中，组蛋白去甲基化酶的功能还需在各种分化相关的模型中，通过酶活缺失点突变进行研究，以明确其精细的生物学调控功能。

7.4 组蛋白去甲基化酶在制药领域的潜在应用

组蛋白去甲基化酶的发现，让人们认识到了甲基化信号的动态调控本质，也提示着甲基化平衡的重要性。如上所述，组蛋白甲基化失调伴随着疾病发生发展，而去甲基化酶的发现也揭示了"甲基化可逆性"的规律，因此研究人员猜测疾病中的甲基化紊乱可通过药物干预回复，从而部分甚至完全地逆转疾病进程。因此，去甲基化酶类一经发现，就受到了制药领域的青睐。尽管在刚发现之初，制药界还对于去甲基化酶的成药性及其抑制剂的特异性有所疑虑，但是多类组蛋白去甲基化酶晶体学结构的解析，以及 KDM1A、KDM5 和 KDM6 等抑制剂的成功开发，使得这些疑虑被逐渐消除。在 2018 年时，虽然仍未有药物通过临床III期试验，但是越来越多的去甲基化酶已经被认为是潜在的药物靶标。

7.4.1 KDM1A/LSD1 的靶向性药物

研究发现 KDM1A 的高表达发生在乳腺癌、前列腺癌、成神经（管）细胞瘤、结肠直肠癌、膀胱癌、肺癌、急性髓细胞性白血病中，且其表达水平与肿瘤的恶性程度呈正相关，与患者的预后呈负相关，因此 KDM1A 抑制剂也被期望用来治疗这些肿瘤疾病。

由于 KDM1A 在结构和序列上与多胺和单胺氧化酶有很高的同源性，当 KDM1A 被鉴定为组蛋白去甲基化酶之后，一些已被 FDA 批准的多胺和单胺氧化酶的抑制剂，如 TCP、苯乙肼（Phenelzine）、帕吉林（Pargyline）就被发现在较高浓度时也可抑制 KDM1A 的去甲基化酶活性。这些抑制物可基于 FAD 介导的催化机制与 FAD 结合位点附近的氨基酸形成共价交联，因此阻止了氧化反应的完成，并无法被另一个 FAD 分子所替换。这种抑制物也被称为基于机制的不可逆性抑制物（mechanism based irreversible inhibitor）。但是这些抑制物对于 LSD1 的抑制效果大多在几十个 μmol/L 范围，而且不能很好区分 LSD1 和单胺或是多胺氧化酶。不过，随着更多的努力，对 LSD1 有高度特异性的基于 TCP、Phenelzine、Pargyline 的衍生抑制剂已经被开发出来[27]。

当下，KDM1A 抑制剂在诱导耐药性白血病的分化治疗中体现了良好的应用前景。KDM1A 抑制剂可通过诱导细胞分化、凋亡，从而抑制白血病细胞生长。例如，TCP 的衍生物 OG86 可以促进小鼠和人急性髓细胞性白血病细胞的分化，并且在体内特异性杀伤急性髓细胞性白血病细胞，但并不杀伤正常的造血干性细胞和前体细胞。而 TCP 的衍生物 RN-1 也被发现对多种急性髓系白血病细胞和急性淋巴细胞白血病细胞有杀伤效果，特别是对 t（8；21）染色质异位的急性髓系白血病细胞。联合使用全反式维甲酸（all-*trans* retinoic acid，ATRA）能使 TCP 或者 TCP 衍生物在治疗急性髓细胞性白血病细胞中有叠加治疗效果。KDM1A 的可逆抑制剂 SP2509 和 HDAC 抑制剂帕比司他（Panobinostat）联合使用也能加强急性髓细胞性白血病的治疗效果。RN-1 与阿糖孢苷（cytarabine）或者 EZH2 抑制剂联合使用在急性髓细胞性白血病也有较好的治疗效果。TCP 的衍生物 ORY1001 在治疗急性髓细胞性白血病方面已经进入临床阶段，而 GSK2879552 在治疗急性髓细胞性白血病和小细胞肺癌方面已经进入临床阶段。值得关注的是，最近的一项研究还发现 LSD1 抑制剂（GSK2879552）可导致体内的重复序列（如反转录病毒残留序列）活化，并激活"冷"肿瘤细胞中的炎症反应通路[28]，大大加强肿瘤免疫类药物如 PD-(L)1 对于肿瘤细胞的识别，也可能成为未来表观遗传类药物的重要应用方向。

但现有的 LSD1 抑制剂大多是基于 FAD 介导的氧化反应机制设计的不可逆性药物，不可避免地对其他类似酶存在潜在的非特性抑制。因此，未来研究需开发出可逆性抑制剂，以期降低副作用（表 7-2）。

表 7-2　抑制剂及其潜在的治疗疾病

抑制剂名称	潜在的治疗疾病
ORY1001	急性白血病
GSK2879552	急性髓细胞性白血病，小细胞肺癌
RN-1	急性髓细胞性白血病
SP2509	急性髓细胞性白血病，尤因肉瘤
2d	急性髓细胞性白血病
ORY2001	阿尔茨海默病
Namoline	前列腺癌
CBB1007/CBB1003	鳞状细胞癌

7.4.2　JMJC 类去甲基化酶的靶向性药物

如本节前面部分描述，JMJC 家族组蛋白去甲基化酶需要α-酮戊二酸和二价亚铁离子作为催化底物发挥催化功能，JMJC 家族抑制剂的设计原理主要基于酶本身和催化底物特性。虽然 JMJC 家族蛋白的序列有不同程度的相似性，但是不同家族的 JMJC 结构域还是有足够的特异性，特别是在α-KG 结合区及底物识别区。这些特异性也使得开发出特异性的 JMJC 抑制剂成为可能。

早期的 JMJC 家族蛋白抑制剂主要基于α-KG 结合区设计。这些抑制剂结合在 α-KG 结合区内，取代α-KG 并与 Fe^{2+} 形成螯合键，因此在机制上属于α-KG 竞争性抑制剂。例如，异羟肟酸（hydroxamic acid）因为可以和二价亚铁离子等形成金属螯合物而被作为抑制剂研发。基于这个原理设计开发的 KDM4A/KDM4C/KDM4E 的抑制剂 Methylstat 已经问世。而基于吡啶结构的 JMJC 家族抑制剂如 JIB-04 也被发现表现出了较广谱的去甲基化酶抑制活性，这类抑制剂一般都含有氢键受体，因此可以和酶活中心的氢键供体相互作用而增加稳定性[29]。

上一节提到，KDM5 家族蛋白的异常在多种肿瘤中被发现，特别是 KDM5A/KDM5B 与多种肿瘤的相关性，使得 KDM5 家族蛋白成为众多癌症的治疗靶点，而许多研究组致力于 KDM5 抑制剂的开发。其中，KDOAM-25 和 CPI-455 正是其中两个具有代表性的 KDM5 抑制剂。KDOAM-25 靶向性结合 KDM5 的α-KG 及底物结合位点，从而有效抑制 KDM5 的酶活。由于 KDM5B 的过量表达与多发性骨髓瘤（multiple myeloma，MM）的发生密切相关，KDOAM-25 的开发者在 MM 细胞系 MM-1S 中检验了该抑制剂对于 MM

的抑制效果，结果显示 KDOAM-25 在低纳摩尔浓度即可显著地抑制 MM-1S 肿瘤细胞的增殖。这也是迄今为止活性最强的 KDM5 去甲基化酶家族的抑制剂。另一种 KDM5 抑制剂 CPI-455 的开发者（美国星座制药）则发现其能抑制非小细胞肺癌、黑色素瘤等多种耐药性肿瘤细胞的生长。这一药效十分关键，因为肿瘤耐药性一直以来都是肿瘤临床治疗中所面临的巨大困难之一（注：部分耐药性的获得是由于药物治疗杀伤了大部分敏感的肿瘤细胞，但少部分存活下来的耐药性细胞甚至更为恶性，且不再响应同一药物）。因此，基于"甲基化可逆"理念设计特异性杀伤耐药性肿瘤细胞的药物对于肿瘤治疗有着重要意义。

另一类与疾病发生相关的 JMJC 类去甲基化酶是 H3K27me3 的去甲基化酶 KDM6A 和 JMJD3。H3K27me3 的调控酶在肿瘤中经常失控，如 KDM6A 在多类肿瘤中发生缺失性突变，而其甲基化酶复合体 PRC2 也在不同肿瘤中出现获得性或是缺失性突变。特别是近年发现的脑胶质瘤中的 H3.3K27M 突变，导致细胞内全局水平 H3K27me3 大幅下降。此外，KDM6B 对于激活炎症反应相关基因十分重要，而长期的炎症反应又是肿瘤发生的重要诱因之一。因此，针对 KDM6 家族蛋白的抑制剂也是一个研究热点，如早在 2012 年即被开发出来的 GSK-J4，通过结合 KDM6 的催化口袋抑制其酶活，已经在炎症及含 H3.3K27M 的脑胶质瘤中显示出了潜在治疗作用。其中，GSK-J4 能够显著降低包括 TNF-α 在内的细胞活性水平，从而减轻炎症反应。而在脑胶质瘤中，GSK-J4 能够阻断 KDM6 对于染色质的重激活，从而防止 GBM 细胞对于药物的耐受。

但是这些抑制剂都有一定的局限性，因为α-KG 结合区在结构和序列上有一定的相似性，这些抑制剂对于不同 JMJC 家族酶类的选择性还不够高，特别是在同一家族的 JMJC 蛋白的区分度上。很难确定这些抑制剂的药效是由于抑制了家族中的哪一个成员所产生，因此存在潜在的副作用。

此外，一些 JMJC 家族去甲基化酶还含有 PHD 等甲基化识别结构域（包括 KDM2、KDM4A/KDM4B/KDM4C、KDM5、KDM7），有研究发现这些结构域对于去甲基化酶的底物识别及活性调控是必需的，因此靶向 PHD 结构域的抑制剂也可能抑制相应的去甲基化酶的活性。例如，KDM5A 羧基端 PHD3 结构域的转位现象发生在部分白血病中，而胺碘酮（aminodarone）及其衍生物可以有效地靶向 KDM5A-PHD3，且正在尝试被应用于这类白血病的治疗中。同时，一种融合 KDM1A 抑制剂和 JmjC 抑制剂化学特性的泛去甲基化酶抑制剂也被开发，用于杀伤 LnCAP（一种前列腺癌细胞）和 HCT116（一种结肠癌细胞）。

参 考 文 献

[1]　Bannister, A. J. *et al*. Histone methylation: dynamic or static? *Cell* 109, 801(2002).

[2]　Wu, N. & Gui, J. F. Histone variants and histone exchange. *Yi Chuan* 28, 493(2006).

[3]　Azad, G. K. *et al*. Modifying chromatin by histone tail clipping. *J Mol Biol* 430, 3051(2018).

[4]　Shi, Y. *et al*. Histone demethylation mediated by the nuclear amine oxidase homolog LSD1. *Cell* 119, 941(2004).

[5]　Shi, Y. *et al*. Coordinated histone modifications mediated by a CtBP co-repressor complex. *Nature* 422, 735(2003).

[6]　Laurent, B. *et al*. A specific LSD1/KDM1 isoform regulates neuronal differentiation through H3K9 demethylation. *Mol Cell* 57,6(2015).

[7]　Tsukada, Y. *et al*. Histone demethylation by a family of JmjC domain-containing proteins. *Nature* 439, 811(2006).

[8]　Tahiliani, M. *et al*. Conversion of 5-methylcytosine to 5-hydroxymethylcytosine in mammalian DNA by MLL partner TET1. *Science* 324, 930(2009).

[9]　Jia, G. *et al*. Reversible RNA adenosine methylation in biological regulation. *Trends Genet* 29, 108(2013).

[10]　Shen, H. *et al*. Histone lysine demethylases in mammalian embryonic development. *Exp Mol Med* 49, e325(2017).

[11]　Brejc, K. *et al*. Dynamic control of X chromosome conformation and repression by a histone H4K20 demethylase. *Cell* 171, 85(2017).

[12] Herranz, N. *et al*. Lysyl oxidase-like 2 deaminates lysine 4 in histone H3. *Mol Cell* 46, 369(2012).

[13] Walport, L. J. *et al*. Arginine demethylation is catalysed by a subset of JmjC histone lysine demethylases. *Nat Commun* 7, 11974(2016).

[14] Wang, Y. *et al*. Human PAD4 regulates histone arginine methylation levels via demethylimination. *Science* 306, 279(2004).

[15] Cuthbert, G.L. *et al*. Histone deimination antagonizes arginine methylation. *Cell*. 3, 118(2004).

[16] Takeuchi, T. *et al*. Gene trap capture of a novel mouse gene, jumonji, required for neural tube formation. *Genes Dev* 9, 1211(1995).

[17] Iwase, S. *et al*. The X-linked mental retardation gene SMCX/JARID1C defines a family of histone H3 lysine 4 demethylases. *Cell* 128,6(2007).

[18] Loenarz, C. *et al*. PHF8, a gene associated with cleft lip/palate and mental retardation, encodes for an Nepsilon-dimethyl lysine demethylase. *Human molecular genetics* 19,2(2010).

[19] Horton, J. R. *et al*. Enzymatic and structural insights for substrate specificity of a family of jumonji histone lysine demethylases. *Nature structural & molecular biology* 17,1(2010).

[20] Shen, H. *et al*. Suppression of Enhancer Overactivation by a RACK7-Histone Demethylase Complex. *Cell* 165,2(2016).

[21] Andricovich, J. *et al*. Loss of KDM6A Activates Super-Enhancers to Induce Gender-Specific Squamous-like Pancreatic Cancer and Confers Sensitivity to BET Inhibitors. *Cancer Cell* 33,3(2018).

[22] Weber, C. *et al*. Temperature-dependent sex determination is mediated by pSTAT3 repression of Kdm6b. *Science* 368,6488 (2020).

[23] Kuroki, S. *et al*. Epigenetic regulation of mouse sex determination by the histone demethylase Jmjd1a. *Science* 341,6150(2013).

[24] Liu, Z. *et al*. Cloning of macaque monkeys by somatic cell nuclear transfer. *Cell* 174, 245(2018).

[25] Liu, W. *et al*. Identification of key factors conquering developmental arrest of somatic cell cloned embryos by combining embryo biopsy and single-cell sequencing. *Cell Discov* 2, 16010(2016).

[26] Matoba, S. *et al*. Embryonic development following somatic cell nuclear transfer impeded by persisting histone methylation. *Cell* 159, 884(2014).

[27] Hosseini, A. & Minucci, S. A comprehensive review of lysine-specific demethylase 1 and its roles in cancer. *Epigenomics-UK* 9, 1123(2017).

[28] Sheng, W. *et al*. LSD1 Ablation stimulates anti-tumor immunity and enables checkpoint blockade. *Cell* 174, 549(2018).

[29] McAllister, T. E. *et al*. Recent progress in histone demethylase inhibitors. *J Med Chem* 59, 1308(2016).

致谢： 感谢复旦大学荣博文和叶宣伽同学在本章插图设计和制作中的贡献。

蓝斐 博士，复旦大学博士生导师，研究员，复旦大学生物医学研究院（IBS）项目负责人。2002～2008 年在哈佛大学医学院攻读博士学位期间，发现了多类去甲基化酶，系统性地研究了组蛋白赖氨酸甲基化的动态调控机制和生物学意义。2008～2012 年，作为首位研发人员参与了美国 Constellation Pharmaceuticals 的创立过程，建立了去甲基化酶类的靶点发现和药物筛选平台，研究了多类表观遗传因子作为药物靶标的生物学功效以及成药性。2012 年底获得"青年千人"并回到复旦大学 IBS，开始独立研究工作，在组蛋白甲基化动态调控对于增强子活性调节方面作出重要成果，定义了前期领域中忽略的一类增强子的"过度活化状态"。2016 年获得谈家桢生命科学创新奖，2017 年获中源协和生命医学创新突破奖。

第8章 组蛋白乙酰化

韩俊宏 张 洋

四川大学

本章概要

早在 19 世纪 60 年代就报道了组蛋白乙酰化修饰，但是直到 20 世纪 90 年代组蛋白乙酰化与转录调控功能的明确以及相关调控酶被发现，组蛋白乙酰化领域的研究才又进入新的快速发展时代。本章首先回顾发现组蛋白乙酰化酶的历史，并介绍组蛋白乙酰化反应及其位点；其次介绍了组蛋白乙酰化酶及组蛋白去乙酰化酶的分类、结构和催化反应机制；然后，重点叙述了组蛋白乙酰化的机制和功能，以及其在正常发育和疾病发生过程中的重要作用；最后，本章还总结了组蛋白乙酰化酶修饰的药物研发进展。

8.1 组蛋白乙酰化的发现

关键概念

- 乙酰化（acetylation）又称乙酰基化或乙酰化作用，是指将一个乙酰官能基团加入到一个有机化合物中的化学反应。反之，将乙酰基除的反应称为脱乙酰作用或去乙酰化反应（deacetylation）。
- 组蛋白乙酰化修饰是表观遗传调节中研究最早的翻译后修饰之一，与基因活化关系密切。
- 两类相反活性的酶，即组蛋白乙酰化酶（histone acetylase 或 histone acetyltransferase，HAT）和组蛋白去乙酰化酶（histone deacetylase，HDAC）动态调控组蛋白赖氨酸乙酰化。
- 核小体是真核细胞中最基本的转录调控单位，它由 DNA 双链在组蛋白八聚体（4 对组蛋白：H2A、H2B、H3、H4）上缠绕 1.75 圈形成。
- 核小体上组蛋白的赖氨酸乙酰化是研究最多的表观遗传修饰之一。

核小体上组蛋白的赖氨酸乙酰化是研究最多的表观遗传修饰之一。尽管早在 19 世纪 60 年代就报道了组蛋白乙酰化修饰[1]，但是直到 20 世纪 90 年代组蛋白乙酰化与转录调控功能的明确以及相关调控酶被发现，组蛋白乙酰化领域的研究才又进入新的快速发展时代，特别值得一提的重要发现就是 Alan P. Wolffe 于 1993 年发现核心组蛋白乙酰化可降低核小体稳定性，进而促使转录机器中 DNA 结合元件能够更加高效地接近启动子元件，从而加速转录[2]。此时，分别从 *Tetrahymena thermophila* 和 *Saccharomyces cerevisiae* 鉴定了第一批 HAT ATyl 和 p55[3, 4]。几个月后，发现了四膜虫的 P55 蛋白，该蛋白质属于 HAT 家族，与酵母蛋白 GCN5 同源，而 GCN5 也是一种乙酰化转移酶[5, 6]。与此同时，通过生化纯化分离得到了第一个 HDAC[7]。在 1997 年，分离出了第一个多亚单元 HAT 复合物 SAGA（Spt-Ada-GCN5-acetyltransferase）[8]。从那以后，许多 HAT、HDAC 和相关复合物从不同物种中被鉴定与分离出来。

现在已经清楚地知道，两类相反活性的酶即 HAT 和 HDAC 动态调控组蛋白赖氨酸乙酰化。组蛋白乙酰化修饰是表观遗传调节中研究最早的翻译后修饰之一，与基因活化关系密切。组蛋白乙酰化修饰水平是由 HAT 和 HDAC 分别催化组蛋白的乙酰化和去乙酰化状态决定的，HAT 将乙酰化辅酶 A 上的疏水乙酰基转移到组蛋白的 N 端赖氨酸残基，中和掉 1 个正电荷，使 DNA 与组蛋白之间的空间位阻增大，两者之间的相互作用减弱，使 DNA 易于解聚、舒展，有利于转录因子与 DNA 模板相结合而激活转录。相反，HDAC 通过组蛋白 N 端的去乙酰化，使组蛋白带正电荷，从而使带负电荷的 DNA 紧密结合，染色质呈致密卷曲的阻抑结构而抑制转录。HAT 和 HDAC 之间的这种动态平衡调控组蛋白的乙酰化/去乙酰化状态，进而控制基因转录的启动和关闭。众多著名的共激活子和共抑制子要么含有 HAT 或 HDAC 活性，要么与这类酶结合。更重要的是，其 HAT 和 HDAC 的酶活性对其在基因激活和抑制中的作用至关重要。这些酶通常是大的蛋白质复合物，由具有不同结构和功能的蛋白质组成；组蛋白修饰酶活性只是其中一种功能，它也具有募集 TATA 序列结合蛋白（TBP）等功能。有趣的是，某些核内的激素受体既可以作为与 DNA 结合的转录抑制子，也可以作为转录激活子；这些受体调节转录的功能有部分是通过目标染色质区域的翻译后修饰实现的，在未与配体结合时募集 HDAC，而与配体结合时则募集 HAT。

8.1.1　组蛋白乙酰化反应

核小体是真核细胞中最基本的转录调控单位，它由 DNA 双链在组蛋白八聚体（4 对组蛋白：H2A、H2B、H3、H4）上缠绕 1.75 圈形成。相邻核小体之间通过伸出的组蛋白 N 端尾巴相互作用形成螺旋状的螺线管结构，使染色质浓集。组蛋白富含赖氨酸、精氨酸等碱性氨基酸，与 DNA 有高度亲和力，因此，核小体核心组蛋白可影响与之结合的基因转录。真核细胞的组蛋白 N 端包含高度保守的赖氨酸残基，HAT 将乙酰辅酶 A（acetyl-CoA）的乙酰基转移到组蛋白的赖氨酸残基上，使其 ε 乙氨基基团乙酰化，中和组蛋白正电荷，削弱组蛋白与 DNA 磷酸骨架之间的静电亲和力，核小体 DNA 产生负超螺旋与核小体脱离，导致核小体结构不稳定和解离，并抑制核小体聚集形成高级结构，从而使染色体结构松散，有利于转录因子、RNA 聚合酶和基本转录复合体进入，并与其相应的 DNA 位点（启动子和增强子）结合，促进转录。相反，HDAC 可移去乙酰基使组蛋白去乙酰化，稳定核小体结构，诱导核小体聚集形成更高级的染色体结构，并抑制起始转录复合体组装，从而抑制转录。HAT 与 HDAC 活性的平衡控制着核小体核心组蛋白的乙酰化水平，进而影响相关基因的转录活性。

核小体是一个包装起来的染色质基本结构，把长约两米的 DNA 压缩到直径只有几十微米的细胞核中。核小体动态调节机制多样，包括核小体被染色质修饰酶作用而发生翻译后修饰、染色质被染色质重构酶介导结构重建等。已知组蛋白的翻译后修饰包括乙酰化、磷酸化、甲基化、泛素化及 ADP-核糖基化等，并常发生在游离的组蛋白尾部。核心组蛋白 N 端碱性氨基酸集中区的特定赖氨酸残基乙酰化，而且组蛋白乙酰化与组蛋白去乙酰化过程处于动态平衡，精确地调控基因的转录和表达。

具体来讲，乙酰化又称乙酰基化或乙酰化作用，是指将一个乙酰官能基团加入到一个有机化合物中的化学反应。反之，将乙酰基移除的反应称为脱乙酰作用或去乙酰化反应。组蛋白的乙酰化有两种：一种是 H1、H2A 和 H4 组蛋白的氨基酸末端乙酰化，形成 α 乙酰丝氨酸，组蛋白在细胞质内合成后输入细胞核之前发生这一修饰；另一种是在 H2A、H2B、H3 和 H4 的氨基末端区域的某些专一位置形成 N_6-乙酰赖氨酸。一般来说，组蛋白乙酰化标志着其处于转录活性状态或处于转录活性区域；反之，低乙酰化的组蛋白位于非转录活性的常染色质区域或异染色质区域。研究表明，H3 和 H4 的乙酰化在哺乳动物更为普遍，可打开一个开放的染色质结构，促进基因的表达。组蛋白乙酰化反应分为两步：一个是加成半反应，另一个是消除半反应。在加成半反应中，H3K14 的氮原子（N3）亲核进攻 Ac-CoA 的羰基碳（C4），促使碳原子的杂化由 sp2 变为 sp3。接下来，N3-C4 键的形成和 H3K14 的氢转移到 Ac-CoA 乙酰基部分的氧原子（O5），形成中间体。在消除半反应中，通常中间体的羟基将 CoAS⁻质子化生成 CoASH 产物，形成 *N*-乙酰转移物[9, 10]。

8.1.2　组蛋白乙酰化位点

　　组蛋白乙酰化修饰是真核细胞针对组蛋白尾部进行染色质重塑的一种重要的作用方式。乙酰化修饰发生在核心组蛋白氨基末端尾部保守的赖氨酸残基上，四种核心组蛋白的赖氨酸残基都可以在体内或体外发生乙酰化修饰。常发生乙酰化作用的位点有：组蛋白 H2A 上的 K5、K9 和 K13；H2B 上的 K5、K12、K15 和 K20；H3 上的 K9、K14、K18、K23、K27、K56、K79；H4 上的 K5、K8、K12、K16 和 K91 等。组蛋白乙酰化位点不同，其功能也不同。例如，H3K56 位乙酰化参与调控核小体的组装，而 H4K16 位乙酰化参与调控核小体的压缩、活化，或抑制基因转录、DNA 损伤修复等过程。

8.2　组蛋白乙酰化酶及其复合物

关键概念

- 乙酰化修饰是常见的组蛋白修饰，大约 85% 的真核生物蛋白质在翻译时都会发生 N 端氨基的乙酰化修饰。
- HAT 可根据其在细胞内分布及诱导乙酰化后的效应分为两类：A 型（核内）HAT 和 B 型（胞质）HAT。
- HAT 根据酶的结构和性质，可分为几个大家族，如 GCN5 相关 *N*-乙酰基转移酶（GNAT）家族（GCN5、PCAF）、MYST 家族（MOZ、Ybf2/Sas3、Sas2、Tip60）、TAF250 和 CBP/p300 等。
- HAT 和 HDAC 并不孤立存在于核内，它们分别与共激活因子（coactivator，CoA）和共抑制因子（corepressor，CoR）结合形成 CoA 复合体和 CoR 复合体。
- 组蛋白乙酰化酶的催化机制是 HAT 将乙酰辅酶 A 上的疏水乙酰基转移到组蛋白的 N 端赖氨酸残基上，核心带正电的组蛋白赖氨酸侧链脱去一个质子变成电中性；电中性的赖氨酸侧链氨基亲核进攻乙酰基进行亲核加成消除反应。

8.2.1　组蛋白乙酰化酶的分类

　　乙酰化修饰是常见的组蛋白修饰，大约 85% 的真核生物蛋白质在翻译时都会发生 N 端氨基的乙酰化修饰，其中的乙酰基团是从乙酰辅酶 A 转移而来，而该过程是由 HAT 催化完成的。通过对这些组蛋白序列分析发现 HAT 结构中心有高度保守的中央核心区域，主要由平行的四段 β 折叠和下游相连的一段 α 螺旋组成；同家族成员间序列同源性较高，不同家族之间组成序列却有着很大的差异，大小也不尽相同。

　　HAT 可以乙酰化四种核心组蛋白，不同的酶具有不同的底物特异性，虽然几乎没有一个酶对应于单一位点。根据组蛋白乙酰化酶的结构同源性，可以分为几个家族：GNAT（GCN5 相关的 *N*-乙酰基转移酶）家族、MYST（MOZ/Ybf2/Sas2/Sas3/Tip60）家族、环磷酸腺苷反应元件结合蛋白（CREB-binding protein，CBP1/p300）家族和 Rtt109。HAT 参与基因转录、基因沉默、染色质重塑和细胞周期调控等重要的生理过程（表 8-1）。每个家族都包含结构相对保守的催化核心域和结构有显著差异的调控域，核心区域与乙酰辅酶 A 的结合有关，其独特的催化机制和调控域结构与序列的差异共同决定了催化乙酰化位点的特异

表 8-1　HAT 家族：功能和底物

HAT	物种	底物	功能
GCN5/PCAF 家族			
GCN5	酵母；人	H3，H4	共激活剂
Ada（GCN5）	酵母	H3，H2B（核小体）	
SAGA（GCN5）	酵母	H3，H2B（核小体）	
PCAF	人	H3，p53，MyoD，E2F1，HMGI（Y），TAF（I）68，CIITA，CDP/cut，TAL1/SCL，Ad-E1a	共激活剂
PCAF 复合物	人	H3，H4（核小体）	
MYST 家族			
Sas2	酵母	ND	沉默
Sas3	酵母	H3，H4，H2A	沉默
Esa1	酵母	H4，H3，H2A	细胞周期进程
Nua4（Esa1）	酵母	H4，H2A（核小体）	
MOF	果蝇	H4，H3，H2A	剂量补偿
MSL（MOF）	果蝇	H4（核小体）	
Tip60	人	H4，H3，H2A	HIV Tat 相互作用
MOZ	人	H4，H3，H2A	白血病生成
MORF	人	H4，H3	MOZ 相关
HBO1	人	ND	复制起始识别相关
CBP1/p300 家族	蠕虫；人	H2A，H2B，H3，H4，p53，HMGI（Y），TFIIF，CIITA，MyoD，HIV-1 Tat，E2F1，c-Myb，Ad-E1a，importin-a，importin-a7	共激活剂
TAF$_{II}$250 家族	酵母；人	H3	TATA 结合蛋白相关因子
Rtt109	酵母	H3	
SRC 家族	小鼠；人	H3，H4	类固醇受体共激活剂
SRC-1			
ACTR/AIB1/pCIP/TRAM-1/RAC3		H3，H4	
SRC-3		ND	
TIF-2		ND	
GRIP1		ND	
HAT1 家族	酵母；人	H4，H2A	复制依赖性染色体组装
ATF-2	酵母；人	H4，H2B	序列特异性 DNA 结合激活剂

性[11]。所有的乙酰化酶都能修饰游离形式的组蛋白，但只有部分 HAT 可乙酰化核小体结构中的组蛋白；一般来说，H3 和 H4 比 H2A 和 H2B 更易被乙酰化。此外，每一种乙酰化酶修饰赖氨酸残基也不同，这表明不同乙酰化酶之间的功能有差异[12]。HAT 家族对 DNA 复制，以及细胞的增殖、发育和凋亡具有重要的调控作用，因此 HAT 家族成员与多种人类疾病密切相关，如肿瘤类的白血病、胰腺癌、乳腺癌、恶性胶质瘤、肠癌、胃癌，其他如炎症反应、慢性阻塞性肺病、鲁宾斯坦-泰比综合征（Rubinstein-Taybi syndrome）等。由此可见，研究 HAT 的乙酰化转移通路和乙酰化调控机制对于疾病的治疗和药物的开发都有十分重大的意义。

GNAT 家族是一个主要的组蛋白乙酰化酶家族，组成 GNAT 家族的酶与酵母 GCN5 有序列或结构相似性，主要底物为组蛋白 H3[13]。GNAT 有一个乙酰化转移酶结构域，由三或四个区域保守的氨基酸组成，其主要是横跨 N 端到 C 端的 100 个氨基酸残基，分别被称为基序 C、D、A 和 B。其中，基序 A 是最保守的区域，包含一个 Arg/Gln-X-X-Gly-X-Gly/Ala 序列，是乙酰辅酶 A 特异性识别和结合的区域[14]。除了这个 HAT 结构域外，大部分 GANT 家族成员在 C 端包含一个保守的溴结构域（bromo domain，以下简称"溴域"），除了 Hat1 和 Elp3。GCN5/PCAF 作为转录激活因子还包括一个 C 端，最近的研究结果已证明这个是赖氨酸乙酰化的结合位点。这暗示了在 HAT 和结构域蛋白之间可能存在着一定的联系。除了拥有一个 C 端，还在蛋白质中发现了一个 N 端结构，它主要调节脊椎动物和无脊椎动物的生育及生长过程中与中心受体的相互作用。

第二个主要家族是 MYST 家族，家族成员拥有序列相似性和一个称为 MYST 结构域的同源区域，主要底物是组蛋白 H4。这个 MYST 结构域包含一个乙酰辅酶 A 结合结构域和一个 C2HC 锌指基序（除了酵母 Esa1 缺乏这个基序）。一些家族成员拥有另外的结构域，如 chromo 结构域、PHD 结构域（plant homeodomain finger）或者另一个锌指结构域[15-17]。

第三个主要家族是以 H3 和 H4 为底物的 CBP/p300（CREB-binding protein）蛋白[18, 19]，是最复杂的一族。CBP/p300 家族负责广泛的转录和调控，参与大量的信号转导过程。它的几个保守区已被确定，如溴域，普遍存在于哺乳动物的组蛋白乙酰转移酶中，研究发现它们具有重要的乙酰转移酶功能；三个富含胱氨酸-组氨酸域（C/H-1、C/H-2、C/H-3），被认为可介导蛋白质-蛋白质的相互作用。CBP 和 p300 是两种不同的蛋白质，但是两者在氨基酸序列和功能上非常相似，除了参与组蛋白乙酰化外，还可以通过与环磷酸腺苷反应元件结合蛋白、Fos 等相互作用募集到特定的基因上，调控基因的表达。CBP/p300 本身并不能结合 DNA，但通过与序列特异的激活子相互作用，被招募到启动子区而介导转录激活。Smad3 是一种重要的转化生长因子信号传递蛋白，其被磷酸化并被转位到细胞核内，从而选择性激活一组基因的转录。CBP/p300 所介导的 Smad3 乙酰化位点是位于 MH2 结构域（Smad3c）内的 378 位赖氨酸，众所周知，该结构域对于转录活性的调节非常重要。用萤光素酶报告基因实验证实，当精氨酸替代 378 位赖氨酸后，GAL4-Smad3c 的转录活性明显降低。这些结果表明，CBP/p300 乙酰化 Smad3 可能调节其转录活性。因此，HAT 乙酰化非组蛋白 Smad3 表明，其在调控复杂的细胞信号转导过程中也发挥重要的作用。

第四个家族是 Rtt109，主要在出芽酵母中负责 H3K56 的乙酰化。组蛋白 H3 上的赖氨酸 56（H3K56）的乙酰化发生在 DNA 合成期（S 期），而在细胞周期的 G/M 期则消失。Rtt109 和 Vps75 形成复合物来乙酰化 H3/H4/H2A/H2B 核心组蛋白中的 H3，而对核小体上的 H3 却无效。重组体和天然的 Rtt109-Vps75 复合物均显示对于核小体 H3 并无可检出活性，故可推测在细胞周期的 G/M 期，Rtt109-Vps75 复合物并不能乙酰化核小体 H3。实验证明，当 H3 积聚在核小体时无法检测 Rtt109-Vps75 复合物的活性，在活化的基因中能检测到 H3K56 的乙酰化，因此 H3K56 乙酰化定位于活化基因上可能反映了 S 期细胞中这种 H3 的修饰沉积于染色质上。换句话说，这种修饰也可能在转录过程中，用新合成的赖氨酸 56 位乙酰化的 H3 替换受损的组蛋白。

其他已知的 HAT 包括通用转录因子 TFIID subunit TAF250[19]、Nut1[20]、TFIIIC[21, 22]、核激素受体蛋白 SRC1（the nuclear hormone-related proteins SRC1）[23]、ACTR[24]、生理节律蛋白 CLOCK（the circadian rhythm protein CLOCK）[25]，以及新发现的 HAT4 等[26]。ACTR 是 Louie 等发现的一个具有 HAT 活性的核受体共激活因子[27]，它有多个与核受体相互作用的功能域，并能独立地分别与 p300/CBP 和 PCAF 相互作用，增强核受体的转录激活功能。ACTR 既可乙酰化游离组蛋白 H2B、H3 和 H4，也可乙酰化核小体中的 H3 和 H4。它与上述的 HAT 无同源性，是一种新的 HAT。

HAT 可根据其在细胞内分布及诱导乙酰化后的效应分为两类：A 型（核内）HAT 和 B 型（胞质）HAT。目前已知的 A 型 HAT 种类较多，仅存于核内，与基因转录有密切关系。这类 HAT 包括：酵母的 GCN5、脊椎动物的 CBP/p300、PCAF（p300/CBP-associated factor，p300/CBP 相关因子）、TAF$_{II}$250、SRC-1（steroid receptor coactivator-1）、MYST 家族（包括人单核细胞性白血病锌指蛋白 MOZ，单核细胞性白血病锌指蛋白相关因子 MORF）、hTF$_{III}$C90、p160 蛋白家族（NCoA1-3）、Tat 相互作用蛋白（p60）等。B 型 HAT 通常只能使新合成的 H3 和 H4 组蛋白 N 端特定赖氨酸残基乙酰化,并影响它们随后在核小体组装中的定位。已知的 B 型 HAT 有酵母的 HAT1 和 HAT2,但尚未发现人的同源物。

8.2.2 组蛋白乙酰化酶的结构功能和作用机制

1. 组蛋白乙酰化酶的结构功能

如上节所述,HAT 结构中心有高度保守的中央核心区域,主要由平行的四段 β 折叠和下游相连的一段 α 螺旋组成;同家族成员间序列同源性较高,不同家族之间组成序列却有着很大的差异,大小也不尽相同。根据酶的结构和性质,可分为几个大家族,如 GCN5 相关 *N*-乙酰基转移酶(GNAT)家族(GCN5、PCAF)、MYST 家族(MOZ、Ybf2/Sas3、Sas2 和 Tip60)、TAF250 和 CBP/p300 等,不同 HAT 之间又表现出了很大的结构差异性(图 8-1)。

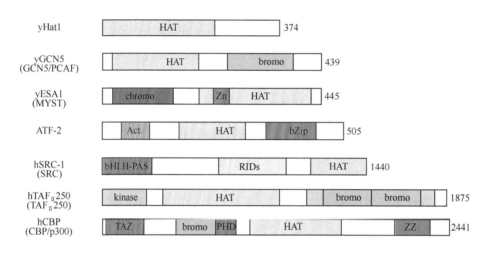

图 8-1　HAT 各亚家族之间序列比对

GCN5/PCAF 作为转录激活因子,还包括一个 C 端,最近的研究结果已证明这个是赖氨酸乙酰化的结合位点[28]。这暗示了在 HAT 和结构域蛋白之间可能存在着一定的联系。除了拥有一个 C 端,还在蛋白质中发现了一个 N 端结构,它影响脊椎动物和无脊椎动物的生育及生长过程中与中心受体的相互作用。

CBP/p300 家族广泛参与转录和调控,可调控许多信号通路的转导。CBP/p300 的保守区域主要包括[29]:①溴域,是含有 110 个氨基酸残基的乙酰基-赖氨酸结合区域,该区域结合核小体中乙酰化的组蛋白和转录因子,此结构如残缺,CBP/p300 辅助转录因子的功能将完全丧失;②Cys-His 区(CH1、2 和 3),在介导蛋白质间的相互作用方面发挥着重要的作用;③一个 KIX 区,即 CREB 结合位点,CREB 又是其他几种转录因子的锚定位点;④HAT 区域,是 CBP/p300 作为多转录辅助因子形成转录复合物集合桥梁的结构基础。CBP/p300 的 C 端和 N 端都可激活转录,而 HAT 区位于蛋白的中心区域。越来越多证据表明,除了组蛋白,很多细胞内因子也可被 CBP/p300 乙酰化。

下面简述各结构域的功能:第一,溴域的主要功能在于识别被乙酰化的位点,而溴域间的不同组合可能识别不同的乙酰化核小体以解读组蛋白密码。第二,CH2 区,包含一个 PHD 指状结构域(plant homeo domain),它通常结合三甲基化组蛋白 H3K4,不会对组蛋白 H3 末端或是其他染色质进行修饰[30,31]。除了识别并引导 HAT 结合到染色质特异性区域的作用之外,研究发现溴域和 CH2 区对 HAT 活性的调节也起重要的作用。第三,HAT 区,由 9 个 α 螺旋和许多的 loop 环绕着一个以 7 个 β 螺旋组成的 β 片层中心区域,以及来自 C 端区域末端 3 个 α 螺旋和 β 螺旋区域,共同组成了 p300 的 HAT 区。较小的 C 端区域通过限制较大的 N 端区域形成跨度，而 loop（L2）则沿着 N 区"底部"延伸。另一个不常用的 N 区的 loop（L1）与 Lys-CoA 抑制剂结合有关，在纯化和晶化过程中，N 端和 C 端区域与它们的蛋白酶抗性和牢固的异源二聚体有关。此外，溴域也是 HAT 区域能够进行底物乙酰化的重要条件，如果溴区缺失将会降低 p300 HAT 底物的特异性和转录活性。

2. 组蛋白乙酰化酶的催化反应机制

组蛋白乙酰化酶的催化机制是 HAT 将乙酰辅酶 A 上的疏水乙酰基转移到组蛋白的 N 端赖氨酸残基上，核心带正电的组蛋白赖氨酸侧链脱去一个质子变成电中性；电中性的赖氨酸侧链氨基亲核进攻乙酰基进行亲核加成消除反应。如图 8-2 所示。

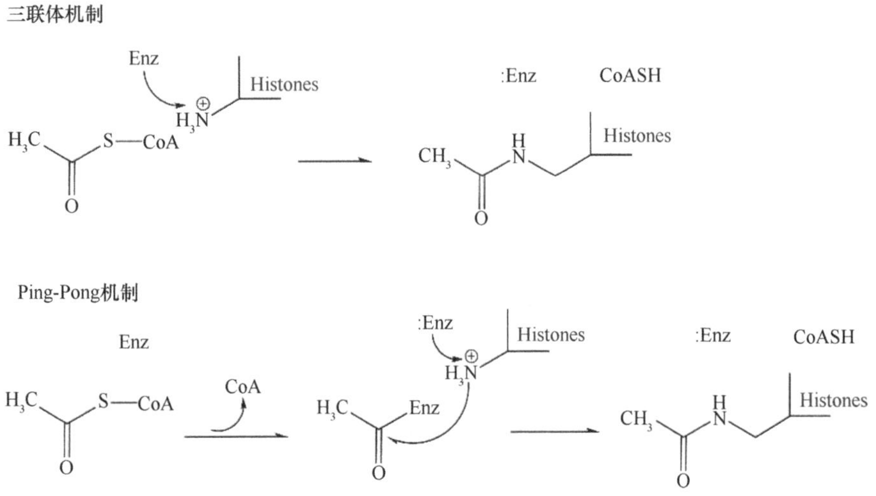

图 8-2　HAT 的催化反应机制

对于第二步的亲核加成消除反应，大多数的 HAT 分别通过两种机制来催化。一种是三联体机制，就是在乙酰辅酶 A 和底物结合到酶上的同时进行，在反应过程中形成了 HAT/乙酰辅酶 A/三元复合物[32]。乙酰化作用的位点有：组蛋白 H2A 上的 K5、K9 和 K13；H2B 上的 K5、K12、K15 和 K20；H3 上的 K9、K14、K18、K23、K27 和 K56；以及 H4 上的 K5、K8、K12、K16。另一种机制称为 Ping-Pong 机制，就是乙酰基在与酶发生共价结合前被转移到了底物上[33]。作为 HAT 家族的一个主要成员，GCN5 采用的就是三元复合反应机制[34-36]；而作为另一个成员 MYST 所采用的可能是 Ping-Pong 机制[37]或者是三联体机制[38]（图 8-2）。

p300 采用的是 Theorell-Chance（hit-and-run）催化反应机制[29]，如图 8-3 所示。在 Theorell-Chance 机制过程中，也会产生三元复合物，而与传统的三联体机制最大的不同点在于三元复合物没有积聚，在动力学过程中三元复合物的平衡浓度一直处于比较低的水平，因此该机制被认为是一种特殊的三联体机制。在与乙酰辅酶 A 连接之后，蛋白质底物会瞬间共价连接到 p300 表面，并允许赖氨酸底物在酶的活性位点获得乙酰基团，然后发生快速的蛋白质解离。

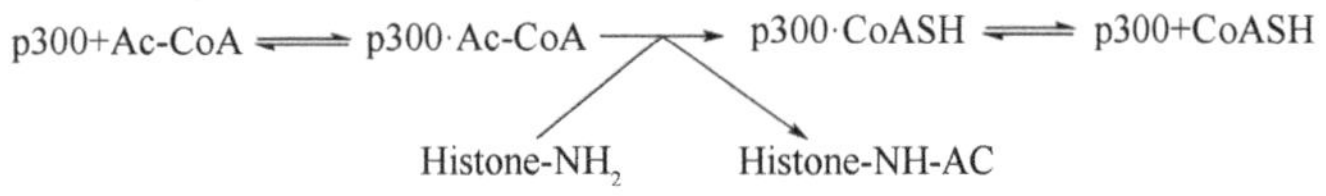

图 8-3　p300 催化反应机制

8.2.3 组蛋白乙酰化酶的复合物

HAT 和 HDAC 并不孤立存在于核内，它们分别与共激活因子（coactivator，CoA）和共抑制因子（corepressor，CoR）结合形成 CoA 复合体和 CoR 复合体，依赖特定的胞外信号调控，某些转录因子、核受体可招募 CoA 复合体或 CoR 复合体以激活或抑制相应的靶基因转录。研究发现，许多 CoA 本身即具有 HAT 活性。其中，CREB 结合蛋白（CBP）、腺病毒 EIA 相关蛋白（p300）、CBP/p300 相关因子（P/CAF）、CBP/p300 相互作用蛋白（P/CIP）、核受体共激活因子家族（NCoA 家族）的 NCoA-1 和基本转录复合体成员 TAFII250，均具有内在的 HAT 活性。HAT 与 CoA 复合体的结合是一种动态的结合，而且组蛋白乙酰化也是一种动态的、自限性的过程。CBP/p300 在乙酰化组蛋白的同时，对 CoA 家族如 P/CIP 也具有乙酰化作用，使其蛋白质构象发生改变，CoA 复合体解离，而不再与转录因子结合，则乙酰化终止。这种自限性的乙酰化可能有助于细胞分化过程中基因稳定有序地表达。转录因子通过招募 HAT/CoA 复合体或 HDAC/CoR 复合体调控转录的这一模式可能是一种普遍存在于胞内的基本转录调控模式。目前已发现某些对于造血细胞分化、发育十分关键的信号转导途径（RAS/MAPK、JAK-STAT、RA 维甲酸途径等）和一系列影响造血细胞发育分化的转录因子，均能与 HAT 或 HDAC 相互作用。因此，HAT 或 HDAC 活性的异常，可能与白血病和血液肿瘤的发生发展密切相关。

研究表明，GCN5 本身仅能乙酰化游离的组蛋白，而不能有效地或者根本就不会乙酰化生理状态下的核小体。与此相反，存在于 SAGA 复合物中的 GCN5 不但能乙酰化游离的组蛋白，也可乙酰化存在于核小体中的组蛋白。因为 Ada2、Ada3 和 GCN5 来自于三倍体复合物，假设 Ada2/Ada3/GCN5 复合物能乙酰化核小体，那么 Ada2/Ada3/GCN5 复合物实验就能确定该复合物有游离组蛋白和核小体组蛋白乙酰转移酶的活性。这表明，Ada2/Ada3/GCN5 复合物亚成分囊括了 SAGA 乙酰化转移酶乙酰化核小体的功能。然而，Ada2/Ada3/GCN5 复合物可能只扮演了一个局部的、无靶向性的核小体乙酰化酶的角色，NuA4 和 SAGA 一样，也是具有乙酰化酶活性的复合物。前者偏向于在核小体上乙酰化组蛋白 H4 和 H2A，而后者则能在核小体上乙酰化组蛋白 H3 和 H2B。Piccolo NuA4 是 NuA4 复合物的催化中心，比完整的 NuA4 复合物对核小体具有更多的 HAT 活性。这两个复合物对于研究不同组蛋白修饰对核小体底物作用之间的复杂关系是非常有价值的，可以用它们来乙酰化修饰单个核小体或核小体中的组蛋白，借此来研究组蛋白尾部的乙酰化是如何影响其他组蛋白修饰酶或染色质重塑复合物。

8.3 组蛋白去乙酰化酶和抑制剂

关键概念

- 在人体中，已经确定的去乙酰化酶有 18 种，根据其酵母中同源蛋白的亚细胞定位、组织特异性和酶活性，分为四个类型（Group I, IIa 和 Iib, III, IV）。
- 去乙酰化酶与乙酰化酶一样也存在于复合物中，哺乳动物细胞和酵母去乙酰化酶复合物的一个共同成分是 Sin3(SW12 independent)，哺乳动物细胞去乙酰化酶复合物还包括 NCoR(nuclear receptor corepressor) 和 SMRT（silencing mediator for retinoid thyroid hormone receptor）两种相关蛋白。
- 人和小鼠基因组都编码 10 个 HDAC 基因。HDAC 根据其结构、功能、亚细胞定位和表达可以分为四个家族（Class I, II, III 和 IV）。

8.3.1　去乙酰化酶的分类

在人体中，已经确定的去乙酰化酶有 18 种，根据其酵母中同源蛋白的亚细胞定位、组织特异性和酶活性，分为四个类型（Group I，IIa 和 IIb，III，IV）[39, 40]，它们在组蛋白和非组蛋白修饰、染色质结构、基因表达和细胞代谢调控方面有重要作用（表 8-2）[41]。HDAC 家族非常庞大，根据氨基酸序列可分为四类（表 8-2）。第 I 类包括 HDAC1～3 和 8，广泛存在于人体的各种器官，与酵母酶 Rpd3 相关。第 II 类包括 HDAC4～7、9、10，具有组织特异性，多在心脏、肺、骨骼肌表达，与酵母蛋白 HDA1 相关。第 II 类 HDAC 根据结构相似性可分为两个亚类，即 IIa（HDAC4、5、7 和 9）和 IIb（HDAC6 和 10）。酵母中沉默信息调节因子 2（silent information regulator 2，Sir2）及其相关蛋白构成了高等真核生物的第III

表 8-2　HDAC 家族蛋白：分类、定位和底物

	HDAC	定位	底物	生物学功能
I	HDAC1	细胞核	Histones, MEF2, GATA, YY1, NF-κB, DNMT1-SHP, ATM, MyoD, p53, AR, BRCA1, MECP2, pRb	细胞存活与增殖
	HDAC2	细胞核	Histones, HOP, NF-κB, GATA2, BRCA1, pRb, MECP IRS-1	胰岛素抵抗；细胞增殖
	HDAC3	细胞核	Histones, HDAC4, 5, 7-9, SHP, GATA1, NF-κB, pRb	细胞存活与增殖
	HDAC8	细胞核	HSP70	细胞增殖
IIa	HDAC4	核质	Histones, SRF, Runx2, p53, p21, GATA, FOXO, HIF-1α, SUV39H1, HP1, HDAC3, MEF2, CaM, 14-3-3	调节骨发育和糖异生
	HDAC5	核质	Histones, HDAC3, YY1, MEF2, Runx2, CaM, 14-3-3	心血管生长和功能；心脏和内皮细胞的功能；糖质新生
	HDAC7	核质	Histones, HDAC3, MEF2, PML, Runx2, CaM, 14-3-3, HIF-1α	胸腺细胞分化；内皮功能；糖质新生
	HDAC9	细胞核	Histones, HDAC3, MEF2, CaM, 14-3-3	胸腺细胞分化；心血管生长和功能
IIb	HDAC6	细胞质	α-tubulin, Cortactin, HSP90, HDAC11, SHP, PP1, Runx2, LcoR	细胞迁移；控制细胞骨架动态
	HDAC10	核质	LcoR, PP1	同源重组
III	SIRT1	细胞核	Histones, p53, p73, p300, NF-κB-FOXO, PTEN, NICD, MEF2, HIFs, SREBP-1c, bcatenin, PGC1a, Bmal, NF-κB, Per2, Ku70, XPA, SMAD7, Cortactin, Ku70, IRS-2, APE1, PCAF, TIP60, p300, AceCS1, PPARg, ER-a, AR, LXR	衰老；氧化还原势控制；细胞存活；调控自身免疫系统
	SIRT2	细胞核	Histones, α-tubulin	细胞存活；细胞迁移和入侵
	SIRT3	线粒体	Histones, Ku70, IDH2, HMGCS2, GDH, AceCS, SdhA, SOD2, LCAD	氧化还原势控制
	SIRT4	线粒体	GDH	能量代谢
	SIRT5	线粒体	Cytochrome c, CPS1	尿素循环
	SIRT6	细胞核	Histone H3, TNF-α	代谢调节
	SIRT7	细胞核	p53	凋亡
IV	HDAC11	细胞核	Histones, HDAC6, Cdt1	免疫调节剂；DNA 复制

类 HDAC，具有烟酰胺腺嘌呤二核苷酸依赖性，在人类中有 7 种 Sir2 同源物，分别为沉默信息调节因子 1~7。HDAC11 是 HDAC 家族的新成员，其序列与三类 HDAC 相似性很低，由于其特殊结构，将其归为第Ⅳ类 HDAC。Ⅰ、Ⅱ、Ⅳ型 HDAC 中有 11 种酶需要 Zn^{2+} 作为辅因子发挥其去乙酰化活性。另外，Sirtuins（SIRT1~7）属于Ⅲ型。去乙酰化酶有很多种，在催化模式方面，Ⅰ 和 Ⅱ 类 HDAC 相似，都不需要辅酶完成去乙酰化，而Ⅲ类（Sir2 相关酶）需要 NAD 作为辅酶。这三个家族代表性蛋白质的结构都已经被解析，许多 HDAC 存在于大的多亚基复合物中，内含的其他亚基负责将酶定位到目的基因，抑制其转录。例如，Rpd3 是 HDAC Sin3 的大复合物组分，后者与 DNA 结合的抑制子相作用。Rpd3 同时又是另一个小复合物的组分，这个复合物通过 Chromo 结构域结合 H3K36me3，并被定位到基因的开放阅读框。这导致转录抑制的基因上 RNA 聚合酶Ⅱ的起始部位的组蛋白去乙酰化，同时也可调节转录周期中的不同阶段。

在 HDAC 家族成员中，大多数学者认为第Ⅰ类 HDAC 对基因的调节起重要作用，如 HDAC1 和 HDAC2 能够调节细胞增殖及肿瘤的发展过程。将鼠胚胎成纤维细胞中的 HDAC1 敲除后，能够诱导 G_1 期部分停滞，这种作用在 HDAC2 敲除后能够得到增强[42]。在 T 淋巴细胞中，HDAC1 能够限制细胞因子的表达和增殖。将癌细胞中的 HDAC2 敲除后能够产生更多的分化表型，并通过上调 p21 的表达促进凋亡。将乳腺癌细胞中的 HDAC2 敲除后能够增强 p53 的结合活性，从而抑制细胞增殖和促进细胞衰老。然而将心肌细胞、胶质细胞、神经元和 B 型细胞中的第Ⅰ类 HDAC 中的 HDAC1 和 HDAC2 两种酶中的任意一个敲除，这些细胞系并没有发生明显的变化。而将这些细胞中的这两种酶同时敲除后，细胞在增殖、分化及存活方面发生明显变化，表明这两种酶存在互补作用。如将成纤维细胞中的这两种酶同时敲除，能够引起细胞周期停滞在 G_1 期，并伴随着细胞周期蛋白依赖性激酶抑制因子 p21 和 p57 表达的增加。也有研究表明 HDAC1/HDAC2 缺失的成纤维细胞所呈现的老化和 G_1 期细胞周期停滞现象，并不是通过 p53/p21 途径完成的[43]。因此，其详细的机制还有待于进一步研究。

去乙酰化酶与乙酰化酶一样也存在于复合物中，哺乳动物细胞和酵母去乙酰化酶复合物的一个共同成分是 Sin3（SW12 independent），哺乳动物细胞去乙酰化酶复合物还包括 NCoR（nuclear receptor corepressor）和 SMRT（silencing mediator for retinoid thyroid hormone receptor）两种相关蛋白，它们作为转录因子核受体家族的辅助抑制因子起作用。去乙酰化酶参与基因转录的抑制，其机制可能是通过直接与酶结合（如 RB），或与复合物中的某一成分接触（如 Mad 和 Sin3 相连），招募去乙酰化酶到基因的启动子区，促使该区组蛋白去乙酰化从而导致染色质结构紧密，不易于形成转录起始复合物。此外，HDAC 的转录抑制作用可被去乙酰化酶抑制剂所解除。Scoumanne 等发现 RCOR/GFI/LSD1/HDAC 复合物中的组蛋白去甲基化酶 1（LSD1），在染色质的重塑和转录抑制调节的过程中扮演重要角色，LSD1 正是通过招募 HDAC 而抑制基因转录。近年来，开发去乙酰化酶抑制剂（HDACi）已成为研究热点之一，Sadri-Vakili 等发现 HDAC 抑制剂能提升乙酰化组蛋白水平并解除基因的转录抑制，从而校正 mRNA 的异常化，因此在临床上 HDAC 抑制剂可能是一个极具治疗价值的策略。

8.3.2 结构功能和作用机制

1. 组蛋白去乙酰化酶的结构功能

人和小鼠基因组都编码 10 个 HDAC 基因。HDAC 根据其结构、功能、亚细胞定位和表达可以分为四个家族（Class I，II，III，IV）（图 8-4）。哺乳动物 HDAC1、2、3 和 8 与酿酒酵母蛋白 Rpd3 有一定的结构相似性[7, 44]，它们包含一个保守的去乙酰化结构域，两侧分别是 NH₂ 和 COOH⁻，在多数组织中都有表达，大多定位于细胞核中[45, 46]。II 类 HDAC 与酵母蛋白 Hda1 有结构同源性[44]，被分为两个亚类：IIa

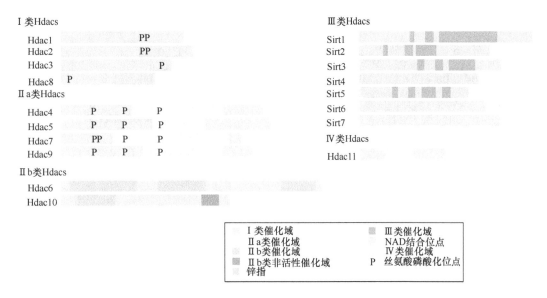

图 8-4　HDAC 家族蛋白的结构

和 IIb。Hdac4、Hdac5、Hdac7 和 Hdac9 组成 IIa 类，由两个催化结构域的 Hdac6 和 HDAC10 组成 IIb 类。III 类 HDAC 包括与酵母蛋白 Sir2（silent information regulator 2）同源的 Sirtuins（Sirts1～7）。Sirts 依赖于辅因子 NAD$^+$（cofactor nicotinamide adenine dinucleotide），从赖氨酸转移一个乙酰基基团到 NAD$^+$，生成 O-乙酰-ADP-核糖和烟酰胺，成为酶反应的反馈抑制剂。IV 类仅有 HDAC11 一个，其有一个去乙酰化结构域，与 I 类和 II 类 HDAC 有一定的结构相似性。

2. 组蛋白去乙酰化酶的作用机制

基于 Sirtuin 结构的研究，通过使用 2′-脱氧-2′氟基-NAD$^+$作为一个替代共底物进行快速淬灭研究，逐渐阐明了其作用机制。HDAC 作用过程大致分为三个阶段（图 8-5），①起始阶段：需要 NAD$^+$和乙酰化底物。用动力学研究的方法表明，首先是 NAD$^+$的烟酰胺核糖基键断裂，乙酰化底物的乙酰基基团的羰基氧攻击其断裂处，形成酶的三元复合物[47]。②过渡阶段：酶的三元复合物去乙酰化，裂解释放出烟酰胺和 1-氧代烷基酰胺中间物（1-O-alkylamidateintermediate），启动 1-氧代烷基酰胺中间物的 2′-OH 去质子化，发生亲核攻击，即将组氨酸残基的 H 键连接到烟酰胺核糖的 3′OH 上，继而形成 1′-2′环状中间物[48]。③结束阶段：这是一个催化阶段，与过渡阶段同样的组氨酸残基不发生亲核攻击，仅作为一般的氨基酸，在一分子水的作用下使赖氨酸的离去基团发生质子化作用，除去赖氨酸的 ε-氨基使 1′-2′环状中间物形成 2′-O-乙酰基-ADP 核糖（2′-O-acetyl-ADP-ribose，2′-O-AADPr）和去乙酰化产物，在生理平衡的条件下，2′-O-乙酰基-ADP 核糖可以可逆地转换成 3′-O-乙酰基-ADP 核糖[49]。

8.3.3　组蛋白去乙酰化酶抑制剂

组蛋白去乙酰化酶抑制剂（histone deacetylase inhibitor，HDACi）是天然或合成的小分子物质，可以抑制 HDAC 的活性，恢复或增加组蛋白乙酰化水平。HDACi 靶向作用于 HDAC，主要通过抑制 HDAC 的活性使组蛋白乙酰化程度升高，引起染色质重塑、DNA 转录活化或抑制。目前已知的 HDACi 根据其形态结构的不同可分为四个结构类型：短链脂肪酸（short chain fatty acid）［如丁酸钠（sodium butyrate）、丁酸苯酯（phenylbutyrate，VPA）］，异羟肟酸（hydroxamic acids）（如 TSA、SAHA），卤代环氧酮（epoxyketones）（如 trapoxin）和苯甲酰胺（benzamides）[50]。HDACi 中最大的种类是异羟肟酸，其中最常用的是

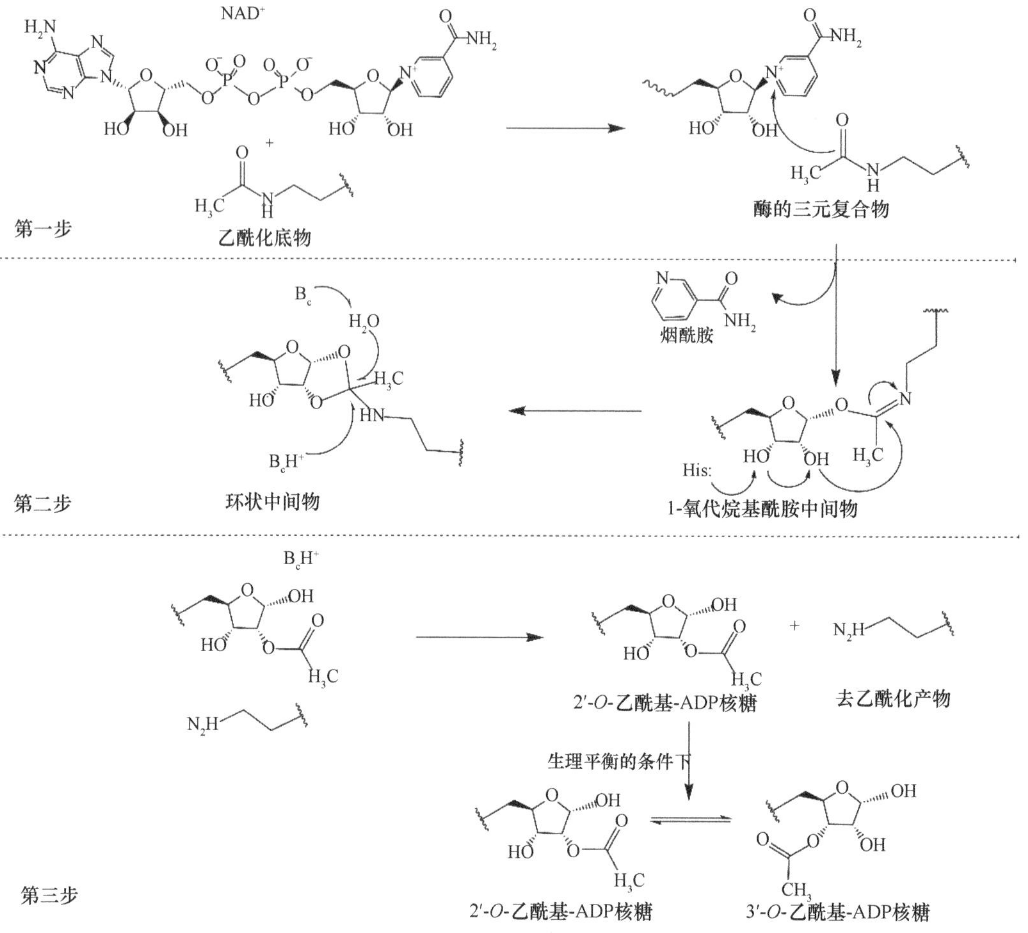

第一步　乙酰化底物

酶的三元复合物

烟酰胺

第二步　环状中间物

1-氧代烷基酰胺中间物

2'-O-乙酰基-ADP核糖　　去乙酰化产物

生理平衡的条件下

第三步　2'-O-乙酰基-ADP核糖　　3'-O-乙酰基-ADP核糖

图 8-5　HDAC 催化去乙酰化反应

TSA（trichostatin-A）和 SAHA（suberoylanilide hydroxamic acid）。研究表明，与 Ⅱa 型 HDAC 相比，SAHA 可能更多地抑制 Ⅰ 型 HDAC。苯甲酰胺类的主要成员是 MS-275（entinostat），比 SAHA、TSA 和短链脂肪酸类抑制剂有更好的选择性[51]。

　　早在 1999 年，就有科学家成功解析了复合晶体结构，包括 SAHA 和 TSA，以及超嗜热菌的组蛋白乙酰酶类似物。结果显示，抑制活性所必需的条件是活性部位的 Zn 离子与抑制剂直接作用：在 HDAC 抑制剂内含有能较好地与活性部位 Zn 离子直接作用的金属结合区，可以和酪氨酸、组氨酸等形成氢键，使连接区可以充分接触狭窄的囊，使其边缘和表面识别区相适应，接触更紧密。随着研究的深入，越来越多的抑制剂被开发出来，这使得 HDAC 的作用机制越来越明晰。

　　MS275 是一种合成的苯甲酰胺衍生物，在 HDAC1、2、3 和 9 同时存在的情况下能够优先抑制 HDAC1，不能或很少能够抑制 HDAC4、6、7 和 8 的活性。MS275 经口服后能够很容易地透过血脑屏障，不会产生严重的副反应；Apicidin 是一种四环肽，在较低浓度（纳摩尔）范围时能够抑制 HDAC2 和 HDAC3 的活性，在较高浓度时能够抑制 HDAC8 的活性，但并不影响 HDAC1 或 Ⅱ 型 HDAC 的活性；FK-228 也是一种四环肽，具有较强的抑制 HDAC1 和 HDAC2 活性的能力。

　　HDACi 可以应用于许多肿瘤细胞的治疗，对其显示有较好抗肿瘤效应的肿瘤包括膀胱、子宫、食管、卵巢、胰腺、中枢神经系统、乳腺、骨、前列腺和肺等。HDACi 可明显抑制细胞周期进程、抑制细胞增殖、促进细胞凋亡。此外，很多研究发现，HDACi 在克制肿瘤的药物抗药性方面效果显著，可能 HDACi 增强肿瘤的药物敏感性是通过改变肿瘤的表观遗传学表征而实现的。如今抗癌药物与 HDACi 临床联合用药的研究正如火如荼地开展，新型 HDACi 呈现出可以降低抗癌药物的用药浓度、缩小用药剂量，具有广泛的抗肿瘤谱，且可以诱导肿瘤细胞分化凋亡，其在治疗肿瘤方面展现出广阔的前景。

利用小分子质量 HDACi 来抑制 HDAC 的活性，在疾病治疗方面已经引起了广泛关注。最初，主要将 HDACi 作为一种抗癌药物来研究。曲古菌素作为一种 HDACi，可致多种肿瘤细胞生长停滞在 G_1 或 G_2/M 期。例如，曲古抑菌素对骨肉瘤细胞有很强的细胞周期阻滞和诱导凋亡的作用。研究表明，细胞凋亡关键调控基因 p21 的转录活性增加与其相关组蛋白的乙酰化有关。p21 作为野生型 p53 基因的下游靶基因的转录产物，是细胞周期蛋白依赖性激酶（CDK）的广谱抑制剂，可与多种 CDK 结合抑制底物的磷酸化，导致细胞生长阻滞于 G_2/M 期，从而抑制细胞的无限增殖。研究表明，p53 能够调控干细胞自我复制、分裂、生存和分化，而 HDAC 能够下调 p53，即 p53 与 HDAC 的相互作用能够引起 p53 去乙酰化，从而降低其转录活性。p53 与 HDAC 结合能够抑制 p21 基因的转录。Sp1 是 HDAC1 的一个结合域，在 DNA 损伤时 p53 能够和 SP1 结合形成 p53-SP1 复合物，并且使 HDAC1 从 SP1 游离，使 p21 启动子组蛋白核心超乙酰化，抑制 p21 基因转录。因此，调节 p21 的 HDAC1 可能是 p53 的拮抗剂。

8.4　乙酰化识别蛋白

所有的组蛋白修饰包括乙酰化形成的信号标记能够引起不同的细胞反应，组成组蛋白密码或传递组蛋白修饰信号[52]。这些信号标记的翻译进而影响细胞进程，识别这些组蛋白修饰的蛋白质拥有特殊的结构域，而被称为"阅读器"。识别组蛋白乙酰化标记的阅读器有三个不同的结构域。

8.4.1　BRD 结构域

组蛋白赖氨酸乙酰化的识别是组蛋白乙酰化参与表观遗传调控的关键步骤，乙酰化的组蛋白赖氨酸可以被布罗莫结构域（bromodomain，BRD）特异性识别，从而招募染色质调控因子到特定区域，协同调控基因的表达。BRD 发现于 1999 年[53]，它是进化上高度保守的由 110 个氨基酸组成的蛋白质功能结构域，可特异性识别组蛋白末端乙酰化的赖氨酸位点，通过与乙酰化赖氨酸结合，促使染色质重塑因子和转录因子等相关蛋白富集于特定的基因转录位点，改变 RNA 聚合酶 Ⅱ 的活性，调节基因的转录表达。BRD 存在于多种表观遗传调控蛋白中，包括转录激活因子、组蛋白乙酰化转移酶及染色质重塑蛋白等。BRD 蛋白不仅单独存在，而且常与其他组蛋白密码解读蛋白结构域如 PHD 相连，这些结构域通过协同方式调节基因转录、细胞周期及细胞凋亡[54]。BRD 亦可通过对转录因子等非组蛋白的乙酰化修饰而广泛参与细胞周期调控、细胞分化、信号转导等生理过程。

BRD 蛋白的异常会导致组蛋白乙酰化调控紊乱，与白血病等恶性肿瘤的发生发展密切相关，因此，研究其与肿瘤的关系将可能为肿瘤治疗提供新思路。BRD 存在于众多组蛋白乙酰化酶中，如 GCN5 和 CBP/p300。带有这个模块的蛋白质，作为大的染色质结合或调节复合物的一部分时（如 ATP 依赖的重塑复合物 Swi/Snf），促进其与染色质的结合。其他具有 BRD 并特异性结合组蛋白乙酰化修饰的蛋白还包括：TFIID 复合物中的 Taf1 和 Bdf1、Rsc 重塑复合物中的 Rsc4、BRD 大家族中的 Brd2。

目前，人体内发现的 61 种 BRD 存在于 40 种蛋白质中，根据蛋白质功能的不同而划分为八大家族（表 8-3），BET 蛋白家族是 BRD 蛋白家族的第二类，包括 BRD2、BRD3、BRD4 和 BRDT[55]。研究显示，BET 蛋白与组蛋白的乙酰化赖氨酸结合，调节与细胞周期和细胞生长相关的基因转录。例如，BRD2 和 BRDT 与细胞周期蛋白激酶 9（CDK9）和细胞周期蛋白 T1（cyclinT1）相互作用，共同组成转录延伸因子（P-TEFb）的核心部分[56, 57]，而 BRD2 能够与转录共激活因子和转录共抑制因子协同调节多种细胞周期蛋白基因的表达，如 *cyclinA* 和 *cyclinD1*[58, 59]。最新研究表明，BRD 具有一定的激酶活性，例如，BRD4 能够直接导致 RNA 拓扑异构酶Ⅱ的 C 端磷酰化[60]。研究证实，多种人类疾病的发生都与 BET 蛋白有着密切的关系，如淋巴细胞诱导的 B 细胞淋巴瘤中 BRD2 出现过度表达，BRD3/BRD4 的 BRD 编码区与 NUT（睾丸中的核蛋白）基因染色质易位形成 BRD-NUT 融合型原癌基因，导致中线癌发生[61]；此外，在造血系统肿瘤包括 AML、伯基特淋巴瘤（Burkitt lymphoma）、多发性骨髓瘤及 B 细胞急性淋巴性白血病的模型中，干扰 BRD4 与癌基因 *MYC* 的结合可以抑制 MYC 的表达。因此，BET 蛋白家族由于在抗炎和抗肿瘤方面的潜在价值，引起了各大制药公司和科研机构的极大关注，BET BRD 已日益成为表观遗传领域内的重要靶标之一[62]。BET 蛋白与其他含 BRD 结构域的蛋白家族的不同在于，它含有两个在序列上高度保守的、分别位于 N 端和 C 端的 BRD，例如，BRD4 包含有 BRIM（1）和 BRIM（2）两个 BRD。最早的 BRD 于 1990 年通过核磁共振成像技术确定[63, 64]，随后通过晶体衍射技术测定了 40 多种 BRD 的结构[55, 65]，通过对 BRD 的分析发现不同种类的 BRD 拥有高度保守的结构特征，包括 4 个反向平行的 α 反螺旋（分别为 αZ、αA、αB、αC），以及连接螺旋的环状结构（loop），αZ 和 αA 螺旋之间、αB 和 αC 螺旋之间分别形成两个疏水性的袢环结构，分别称 ZA loop 和 BC loop。ZA loop、BC loop 和 αZ 形成了 WPF 疏水性区域，αZ 和 αA 螺旋形成了 ZA 疏水通道区域。晶体结构显示，在螺旋束的一端有一疏水口袋，形成了乙酰化赖氨酸（KAc）的识别位点，KAc 的乙酰羰基氧原子与识别位点的 140 位的天冬酰胺残基（Asn）直接形成氢键，同时通过水分子氢键网络与识别位点 97 位的酪氨酸（Tyr）形成氢键[66]。

表 8-3　人 BRD 蛋白家族分类

BRD 家族	蛋白质名称
Ⅰ	CECR2、FALZ、GCN5L、PCAF
Ⅱ	BAZ1A、BRD2、BRD3、BRD4、BRDT
Ⅲ	BAZ1B、BRD8、BRWD3、CBP、EP300、PHIP、WDR9
Ⅳ	ATAD2、BRD1、BRD7、BRD9、BRPF1、BRPF3、KIAA1240
Ⅴ	BAZ2A、BAZ2B、LOC93349、SP100、SP140、TIF1α、TRIM33、TRIM66
Ⅵ	MLL、TRIM28
Ⅶ	BRWD3、PHIP1、PRKCBP1、TAF1、TAF1L、WDR9、ZMYND11
Ⅷ	ASH1L、PBRM1、BRM、BRG1

8.4.2　DPF 结构域

DPF 结构域（double PHD finger domain）在染色质重塑相关蛋白 Dpf3 以及组蛋白乙酰化转移酶 MOZ 和 MORF 蛋白（HAT6A/B）中发现。在 2008 年首先通过肽 pull-down 发现，Dpf3 的 DPF 结构域可以结合乙酰化的 H3 和 H4 尾巴[67]。从那以后，证明了 Dpf3 可以优先结合 H3K14ac，MOZ 蛋白的 DPF 结构域可结合 H4K14ac，这种结合对 Dpf3 和 MOZ 招募目的基因至关重要[68, 69]。此外，MORF 的 DPF 结构域通过结合 H3K14ac 和 H3K9ac 残基而结合染色质[70]。

8.4.3　PH 结构域

另一个与乙酰化组蛋白相互作用的结构域是双 PH 结构域（double pleckstrin homology domain），在酵母组蛋白分子伴侣 Rtt106 中首次发现该结构域，这是新的一类组蛋白分子伴侣三级结构模式[71]。虽然在 2001 年就发现了 Rtt106 蛋白，但之后的几年并没有相关的研究报道。直到 2005 年，证明 Rtt106 是组蛋白 H3-H4 的分子伴侣，可以特异性地结合 H3-H4，参与核小体组装[72]。Rtt106 由串联的两个 PH 结构域组成（Rtt106-PH1 和 Rtt106-PH2），PH2 是标准的 PH 结构域，PH1 在 loop 区有额外的二级结构插入。PH1和 PH2 通过很多相对保守的残基紧密接触，所以 Rtt106 应被看成是一个整体。Rtt106 的 PH 结构域识别 H3K56ac 残基，对基因沉默和 DNA 损伤应答有重要作用[73]。

8.5 组蛋白乙酰化的作用机制及功能

关键概念

- 真核细胞的染色质根据其折叠紧密程度分为异染色质（heterochromatin）和常染色质（euchromatin）。
- 常染色质的组蛋白修饰特点为高水平的乙酰化，以及三甲基化的 H3K4、H3K36 和 H4K20。异染色质则表现为低水平的乙酰化，以及 H3K9、H3K27 和 H4K20 的高水平甲基化。
- HAT 的主要功能是对核心组蛋白分子 N 端 25～40 个氨基酸范围内的赖氨酸残基进行乙酰化修饰。
- 组蛋白乙酰化在调控 DNA 复制复合物通过复制叉过程中是不可或缺的。
- 蛋白质的乙酰化与蛋白质稳定性和寿命密切相关。
- 除了乙酰化外，组蛋白尾部还有其他修饰，如甲基化、泛素化、磷酸化等。这些修饰之间可以相互影响，被称为（cross-talk）。如果乙酰化修饰与其他种类蛋白修饰发生在同一位点，它们会形成竞争关系而相互抑制。

8.5.1 组蛋白乙酰化对染色质/核小体组装的影响

组蛋白乙酰化与染色质结构有密切关系，HAT 只要乙酰化组蛋白全部位点的 46%就足以阻止染色质高级结构的折叠并促进 RNA 聚合酶Ⅲ介导的转录。利用染色质免疫沉淀（ChIP）技术发现启动子附近的组蛋白 H3、H4 的乙酰化水平升高可影响多种生物中可诱导基因的转录起始。HDAC 抑制剂曲古抑菌素 A（trichostatin A，TSA）的体内研究发现组蛋白乙酰化水平增加影响染色质结构，TSA 诱导增加了 DNA 可接近性[74]。

组蛋白乙酰化引起染色质结构改变及基因转录活性变化的机制至少包括以下几个方面：①组蛋白尾部赖氨酸残基的乙酰化能够减少组蛋白携带正电荷量，降低其与带负电荷的 DNA 链的亲和性，导致局部 DNA 与组蛋白八聚体解开缠绕，从而促使参与转录调控的各种蛋白因子与 DNA 特异序列结合，进而发挥转录调控作用；②组蛋白的 N 端尾巴可与维持染色质高级结构的多种蛋白质相互作用，进一步稳定核小体的结构，而组蛋白乙酰化却减弱了上述作用，阻碍核小体装配成规则的高级结构如螺线管；③HAT 对相关的转录因子或活化因子进行乙酰化修饰以调节基因的表达，组蛋白的乙酰化修饰将乙酰辅酶 A 上的乙酰基转移到组蛋白尾部特异赖氨酸残基上的 ε 氨基基团上，中和了赖氨酸残基的正电荷，使组蛋白与 DNA 之间的亲和力减弱；④乙酰化修饰也可能作为一种信号，改变相邻核小体上组蛋白与组蛋白间的作用，使 30nm 螺线管的结构解压缩，改变核小体以及染色质的结构，达到染色质重塑的结果。

真核细胞的染色质根据其折叠紧密程度分为异染色质（heterochromatin）和常染色质（euchromatin）。常染色质的组蛋白修饰特点为高水平的乙酰化，以及三甲基化的 H3K4、H3K36 和 H4K20。异染色质则表现为低水平的乙酰化，以及 H3K9、H3K27 和 H4K20 的高水平甲基化[75]。核心组蛋白的 N 端尾巴可以活跃地与 DNA 及其他蛋白质发生相互作用，在调节核小体和染色质结构中起重要作用。有趣的是，这两种染色质表现出独特的乙酰化模式，常染色质折叠压缩程度低，表现组蛋白高乙酰化（hyperacetylation）。组蛋白的高乙酰化是活跃转录染色质的一个标志，并发现与基因活性诱导和抑制密切相关的动态过程，即高乙酰化标志转录活跃，而低乙酰化（hypoacetylation）则与转录抑制有关[76]。

HAT 的主要功能是对核心组蛋白分子 N 端 25~40 个氨基酸范围内的赖氨酸残基进行乙酰化修饰。尽管有越来越多的实验证据支持组蛋白乙酰化可提高染色质的转录活性，但关于这一过程的确切作用机制目前还不十分清楚。这方面的研究主要基于一些体外试验的结果，如用胰蛋白酶消化所有 8 个核心组蛋白的 N 端尾巴并不影响体外组装核小体，也不对八聚体核心的结构流体动力学形状和盐溶液稳定性等产生明显的影响。尽管组蛋白 N 端尾巴在核小体组装和染色体压缩中有重要作用，而且核小体上带正电荷的组蛋白 N 端尾巴与 DNA 分子上带负电荷的磷酸基团相互作用，去除组蛋白尾巴只是轻微地降低核小体 DNA 的热稳定性，提高了 DNA 在体外同某些转录因子的亲和力[77]。长久以来人们就知道组蛋白的 N 端尾巴在染色质压缩中有重要作用，体外构建实验也证实：当组蛋白 N 端区域被乙酰化后，核小体链进一步折叠成 30nm 纤维的过程被阻止[78]。此外，采用核小体阵列研究核小体和组蛋白尾巴间的相互作用时，发现组蛋白尾巴对核小体陈列排布，以及 30nm 纤维和高序结构的形成有重要作用[79, 80]。这从一个侧面表明 HAT 可能是通过影响染色质结构来调节转录活性的。组蛋白 N 端的乙酰化可能在控制染色质纤维与某些非组蛋白的相互作用中也发挥重要作用。H3 和 H4 的 N 端尾巴在染色质压缩上都有重要作用，尽管 H2A 和 H2B 尾巴在一定程度上也有利于核小体稳定，但是 H4 尾巴更有利于高级结构稳定[81, 82]。与此同时，细胞核内的 HDAC 与 HAT 一道通过对核心组蛋白的乙酰化/脱乙酰化的动态修饰而调节转录的起始。

两大类重塑复合物（ATP-dependent remodeling complex 和 histone acetyltransferase complex）可能通过协同作用来调节基因转录。SWI2/SNF2 家族成员和 HAT 家族成员在调节一类相似基因的活动中，可以与相同的转录活化因子相互作用。最新的实验证据还表明，同 HAT 一样，SWI/SNF 和 RSC（remodels the structure of chromatin）复合物也是通过对核心组蛋白 N 端尾巴的作用而产生改构效应的[83, 84]。另外，有报道称发现了一个同时具有 ATP 依赖变构活性和组蛋白脱乙酰酶活性的复合体 NURD。由此可见，人们对这一领域的认识不断被新的进展和发现所充实，同时也显示出基因转录调控机制的复杂性和多样性。

8.5.2 组蛋白乙酰化与基因表达调控

高等生物体内最早发现的 HAT 包括 CBP/p300、TAFII250、WCAF 等，能直接催化核心组蛋白的乙酰化，导致染色质的伸展和疏松，甚至使核小体局部结构的暂时缺失，为顺利进行 RNA 聚合酶的转录起始和 RNA 链延伸提供了充足的空间。人们很早就发现组蛋白乙酰化与基因活化有关，而去乙酰化与基因沉默有关。目前的研究认为组蛋白乙酰化与去乙酰化主要通过以下三种方式影响基因的表达：①组蛋白乙酰化与去乙酰化改变核小体周围环境，加强或削弱基因表达相关蛋白质与 DNA 的相互作用；②组蛋白乙酰化与去乙酰化参与染色质构型改变，进而影响蛋白质与蛋白质、蛋白质与 DNA 的相互作用；③组蛋白乙酰化与去乙酰化作为特殊信号，被其他蛋白质因子识别并影响它们的活动，从而实现对基因表达的调控。

最新研究发现，乙酰化修饰大多在组蛋白 H3 赖氨酸的 9、14、18、23、27、56，以及 H4 赖氨酸 5、8、12、16 等位点。已经证实组蛋白乙酰化是可逆的动态过程，HAT 可以使核小体的结构变得松弛，这种松弛的结构促进了转录因子和协同转录因子与 DNA 分子的接触，因此组蛋白乙酰化可以激活特定基因的转录过程。HDAC 的作用方式与 HAT 正好相反，可以使启动子不易接近转录调控元件，从而抑制转录。

HAT 的功能有着许多类似之处，从作用底物来看，这些 HAT 不仅作用于组蛋白，而且可以作用于转录装置中的其他组分，例如，CBP/p300 可以乙酰化 p53、HMG-1、GATA-1、EKLF 等，而 TAF$_{II}$250 可以乙酰化 TFIIF 等。从作用方式看，尽管单一的 HAT 就能乙酰化游离的组蛋白，然而对于核小体中的组蛋白的乙酰化作用则必须通过包含 HAT 在内的多蛋白复合物的参与。例如，酵母中的 SAGA 复合物（complex of Spt、Ada、GCN5 acetyltransferase 等）和人类的 PCAF 复合物（包含 PCAF、Spt、Ada 等）。

CBP 最初是以能结合 cAMP 应答元件结合蛋白（CREB）而被发现并因此得名，实质上，CBP/p300 可与多种转录因子结合（核受体及其辅助激活和抑制因子、TBP、TFII、P/CAF、FOS/JUN/MYOD、STAT、YY1、EY1、P53、RB 等），成为细胞核内基因转录调控因子之间的桥梁，使不同渠道的细胞外信号在细胞核内协同或阻遏基因转录。现已发现 HAT 的底物不限于组蛋白，许多转录因子也可被 HAT 乙酰化而调节其活性，最为典型的是抑癌基因 *p53*，其蛋白质 C 端被 CBP 乙酰化后，加强了该蛋白质与其调控元件之间的亲和力，从而影响基因的转录。

8.5.3 组蛋白乙酰化与 DNA 修复

基因组高度的完整性和稳定性对于生命体十分重要，这种高度的完整性和稳定性一旦遭到破坏就会导致细胞增殖异常或死亡，多细胞生物则会发生严重疾病，如癌症、神经退行性疾病等。几乎所有生物体都是通过细胞增殖时的 DNA 高保真复制及 DNA 损伤修复来维持基因组的稳定性和完整性。前者的重要性已被人们熟知，而后者对于有机体来说同样也是必不可少的。在细胞中电离辐射、紫外线、自由基、碱基类似物、烷化剂和病毒等各种物理、化学和生物因素都将导致 DNA 损伤，这些损伤在复制叉通过前如不能及时有效修复，对细胞是致命的，尤其是 DNA 双链断裂。细胞一般通过碱基切除修复（base excision repair，BER）、错配修复（mismatch repair，MMR）、核酸切除修复（nucleotide excision repair，NER）、非同源末端连接（non-homologous endjoining，NHEJ）、同源重组（homologous recombination，HR）等途径来修复损伤，保证基因组稳定性。

1. 调控修复途径的选择

组蛋白 N 端带正电荷的赖氨酸残基被乙酰化后，可以降低核小体与带负电荷的 DNA 作用力，从而可使染色质结构变松散，这种结构保证复制叉顺利通过 DNA 链，完成复制过程。除此之外，组蛋白的乙酰化在维持基因组稳定性中的重要性还包括其在 DNA 损伤修复途径中的作用。组蛋白乙酰化水平的动态变化促使染色质的物理化学结构更加有利于在细胞周期等生理活动中维护基因组的稳定性。如 H4K16 的乙酰化与染色质结构变松散有关，该位点也可以被 HDAC1 和 HDAC2 去乙酰化。在 S 期时，HDAC1 和 HDAC2 这两种去乙酰化酶可以通过与复制机器相互作用而被募集到复制叉上，如果这两种酶的去乙酰化功能丧失，会直接导致染色质上 H4K16 的乙酰化程度升高[85]。这种高水平的乙酰化会增加新生成的 DNA 暴露程度，提高对核酸酶水解作用的敏感性，以及降低复制叉前进速度，进而影响新合成 DNA 与组蛋白组装的染色质结构稳定性。此外，H3K36 的乙酰化使染色质形成的松散结构有利于 DNA 末端剪切，从而调控修复途径的选择。

Tip60 是组蛋白乙酰化酶，Tip60 突变的细胞与 Tip60 功能正常的细胞相比，丧失了有效修复 DSB（DNA double-stranded break）的能力，这个发现表明 Tip60 乙酰化组蛋白的活性对于 DSB 修复至关重要。但最近有大量研究发现，Tip60 与辅因子 TRRAP 组成复合物乙酰化 DSB 附近的 H4K16[86]，这样可以使损伤位点附近染色质结构变松弛，从而募集修复蛋白和促进 DNA 同源重组。我们已经知道细胞发生 DSB 后，修复途径的选择会受多种因素影响，比如细胞所处时期[87]、断裂末端的剪切程度及形成的单链 DNA 长度。而 H3K36 的修饰会影响 DSB 修复途径的选择，被 Set2 甲基化的 H3K36 使染色质结构变得致密，会抑制损伤末端的剪切,从而促进 NHEJ;而被 GCN5 乙酰化后的 H3K36 反而会中和组蛋白上的正电荷,使 DNA 与组蛋白的结合强度变弱,染色质结构变松散,这就会使 HR 相关蛋白易于结合到染色质上并促进末端剪切,最终促使细胞选择 HR。

2. 调控复制叉前进

组蛋白乙酰化在调控 DNA 复制复合物通过复制叉过程中是不可或缺的。组蛋白乙酰化帮助游离的组蛋白重新结合到新合成的染色质上,并在结合后迅速发生去乙酰化,使组蛋白像复制前一样牢固地结合在染色质上。这种组蛋白与 DNA 链在复制叉通过之后的正常结合,也是复制叉可以顺利前进的一个重要保障。因为若这一调控过程失败,就会导致复制叉上游新合成的 DNA 结构不稳定甚至会形成异常结构,牵制复制叉前进,甚至发生复制叉崩溃,从而产生 DNA 链断裂。而且,在复制重复性较高的序列中,复制叉会高频率打滑而容易使复制的信息失真。在 S 期,K56 位点的乙酰化是新合成的、尚未结合到核小体上组蛋白 H3 的标志,而当细胞进入 G_2/M 期后,该修饰迅速消失。酵母细胞在 S 期时,新合成的 H3 在 Asf1 的帮助下,K56 被 Rtt109 乙酰化,H3K56 乙酰化又促使染色质装配因子 CAF1 和 Rtt106 识别并结合 H3-H4 复合物。新合成的 H3-H4 只有与 Rtt106 和 CAF1 这两种因子结合后,才能被装配到刚刚复制出来的 DNA 上。被 HAT1 乙酰化的 H4K91 及被 GCN5 乙酰化的 H3 的 N 端赖氨酸在这个过程中也起到至关重要的作用。H3K56 的突变会使核小体无法正常组装,使前进的复制叉停滞,进而引发很多自发的 DNA 损伤。

3. 维持 DNA 重复序列

H3K56 的乙酰化对于保持 DNA 重复序列也是非常重要的,特别是它可防止 CAG/CTG 重复序列缩短。H3K56 的乙酰化具有这个功能正是因为它可以在复制叉附近促进核小体合理装配,这既阻止了复制后异常 DNA 结构的形成,又降低了复制叉受阻后复制机器打滑或崩溃的发生率。还有研究显示,DNA 损伤药物处理后,H3K56 的乙酰化水平会升高,H3K56 高水平的乙酰化会导致核小体重排,为 DNA 损伤应答和修复提供一个有利的染色质环境[88]。Hst3/Hst4 是 Sirtuin 家族去乙酰化酶,可以将 H3K56 去乙酰化。H3K56 如果不能被去乙酰化,也会诱发高频率的 DNA 自发损伤,所以乙酰化水平的精密调控,即乙酰化和去乙酰化状态之间及时有效更替对消除 DNA 损伤或复制压力保持正常染色质结构、促进基因组稳定都至关重要,而且这一机制在酵母和哺乳动物中是高度保守的。

4. 作为蛋白互作的支点

乙酰化位点还可以充当识别标记,被多种染色质重塑蛋白和修复蛋白特异性识别并结合,促进和确保修复顺利进行。细胞内存在大量充当着识别位点的乙酰化位点如 H3K56、H3K14 等。UV 损伤酵母细胞会导致 H3K14 乙酰化,H3K14 的乙酰化不足以改变核小体的脱离及再组装等动力学特点,但是被乙酰化修饰的该位点可以被 Rsc2 中串联的溴域特异性识别并与之结合。Rsc2 是 RSC 染色质重塑复合物的重要组成部分,也就是说乙酰化的 H3K14 充当一个“停泊位点”将 RSC 固定在核小体上。RSC 复合物依赖 ATP 提供的能量将组蛋白八聚体沿 DNA 链重新定位,并促使 DNA 隆起的形成和扩散,从而导致组蛋白与 DNA 的相互作用减弱。所有这些作用的后果足以把埋藏在复杂染色质结构内部的损伤位点暴露出来,让 DNA 损伤修复蛋白识别和感应[89]。因此,H3K14 的乙酰化充当 RSC 复合物的识别位点,募集 RSC 复合物来打开紧密组装的核小体,促进细胞对 UV 导致的环丁烷嘧啶二聚体的修复[90]。

5. 调控蛋白质稳定性与寿命

蛋白质的乙酰化与蛋白质稳定性和寿命密切相关。蛋白质发挥作用之后，乙酰化促使蛋白质与 DNA 的相互作用变弱，并离开受损伤位点，之后这些蛋白质通过自噬或直接被蛋白酶水解的方式降解，从而终结这些蛋白质的使命；如果它们继续发挥作用，会抑制后续的修复过程，而 DNA 损伤将无法彻底修复。PCNA（proliferating cell nuclear antigen）是一个同源三聚体，这三部分组装成圆环形，环绕在 DNA 分子上，为各种在 DNA 复制和修复中发挥作用的酶类，尤其是参与 NER 过程中的蛋白酶如 CBP（CREB-binding protein）提供一个分子平台，因此 PCNA 与 DNA 复制及损伤修复有密切关系。PCNA 可被 CBP / p300 乙酰化，特别是 PCNA 的 K13、K14、K77 和 K80 乙酰化，乙酰化后位点可以为泛素化酶充当识别标记，进而促进 PCNA 的单泛素化和多聚泛素化。正常情况下，在 NER 后，PCNA 发生乙酰化，继而从染色质上解离，并被蛋白酶体降解。乙酰化作用丧失会导致 DNA 复制和修复不能完全结束，使细胞对 DNA 损伤的药物和紫外辐射敏感性增加，导致基因组不稳定[91, 92]。

与 PCNA 不同，Sae2 是将蛋白乙酰化与自噬联系起来，并与 DSB 修复及基因组稳定性相关。Sae2 是一个重组相关蛋白，在修复过程中发挥重要作用。在修复过程的起始阶段 Mre11 结合到断裂处，并对 DNA 末端进行剪切，待其发挥作用后，Sae2 可以促进 Mre11 离开损伤部位，使后续过程顺利进行[93]。无论是用 Ⅰ 类和 Ⅱ 类 HDAC 抑制剂 VPA 处理细胞，还是直接突变 Ⅰ 类 HDAC 中的 rpd3 和 Ⅱ 类 HDAC 中的 hda1，都会导致 Sae2 的乙酰化程度大幅度升高，乙酰化后的 Sae2 会被细胞以自噬的方式降解，细胞核内 Sae2 含量明显降低。Sae2 的减少直接导致 Mre11 由损伤处脱离滞后，进而严重影响了后续修复过程。剪切速度减慢致使 RPA-ssDNA 形成受阻，Ddc2-Mec1 复合物难以募集，10kb 的 ssDNA 无法形成并导致 Rad53 活性激活失败，这样同源重组过程中剪切和信号转导都受到了破坏，同源重组将无法顺利进行[94]。

6. 调节蛋白质的定位

最新研究表明 DNA 损伤后，WRN（Rec Q 解旋酶，缺失会引发维尔纳综合征）的乙酰化可以重新定位，使其都聚集到确切的位点，如一些 RPA 富集的位点（即发生损伤修复位点）或复制受阻的位点，进而有利于其作用的发挥[95]。而且蛋白质发生乙酰化后，可以穿过核膜，由细胞质到达细胞核内，并募集到损伤部位发挥修复作用。但这方面的证据相对不足，有待进一步探索。

7. DNA 修复中乙酰化修饰与其他修饰间的串流

DNA 损伤发生后，蛋白乙酰化作为损伤应答的一种方式与其他的蛋白修饰存在复杂联系。如果乙酰化修饰与其他种类蛋白修饰发生在同一位点，它们会形成竞争关系而相互抑制，如上文提到的 H3K36 的乙酰化与甲基化。已证明细胞内敲除 Set2 会促进 H3K36 乙酰化和 HR；相反，GCN5 的敲除会促进此位点甲基化和 NHEJ[96]。然而对于 H2AX，它的乙酰化是泛素化的必需条件，从而发挥促进作用。电离辐射后，TIP60 迅速乙酰化 H2AX 的 K5，这是 H2AX 多聚泛素化的一个必需条件，H2AX 的多聚泛素化又介导 53BP1 和 BRCA1 募集，进而 53BP1 和 BRCA1 这两种蛋白质分别促进 NHEJ 和 HR 两条修复途径[86]。

8.5.4　组蛋白乙酰化与其他修饰间的串流

除了乙酰化外，组蛋白尾部还有其他修饰，如甲基化、泛素化、磷酸化等。这些修饰之间可以相互影响，被称为串流（cross-talk）[97, 98]。此外，如果乙酰化修饰与其他种类蛋白修饰发生在同一位点，它们会形成竞争关系而相互抑制。最典型的案例是 H3K9 残基的甲基化和乙酰化，H3K9 乙酰化激活转录，而甲基化则变为转录抑制[99-101]。另外，H3K27 在发育过程中发挥重要作用，H3K27me3 是一个关键的抑制沉积标志，可以被多梳家族蛋白识别，它也存在于二价染色质/稳定发育增强子中，当转变为活跃状态时，这个标记被 H3K27ac 所取代[102,103]。然而需要强调的是，专一修饰并不绝对导致相反的作用效果。例如，发生在 H3K36 和 H3K4 的甲基化和乙酰化都参与转录激活，乙酰化作用多发生在启动子，而 K4 甲基化多在转录起始位点，K36 甲基化则在编码区域[104, 105]。与此相反，H4K5、K8 和 K12 甲基化可能抑制这些位点的乙酰化，主要是通过阻遏 HAT 活性，或者提高 HDAC 活性而实现[106]。此外，组蛋白尾巴上赖氨酸残基的 SUMO 修饰也可以抑制组蛋白的乙酰化[107]。

如前所述，组蛋白乙酰化与其他修饰有广泛的交叉作用，既有顺式作用，也有反式作用。H3S10 磷酸化和相邻 H3K14、H3K9 乙酰化就是这种交互作用的案例，H3S10 磷酸化不仅增强 GCN5 对 H3K14 的乙酰化作用[108, 109]，也抑制 H3K9 的乙酰化[110]。相反，一个残基的乙酰化作用可以抑制相邻残基的修饰，就像酵母 H2BK11 乙酰化可以抑制 H2BS10 磷酸化，这是细胞凋亡的一个重要标志[111]。最后，顺式尾部交互作用也可以积极地相互影响，如 H3K4me 和 H3K14ac[112]。H3K4me 和 H3K36me 都可以增加酵母 NuA3 和人 ING-containing HAT 复合物对 H3K14 的乙酰化作用[113,114]。此外，H3K4me 有利于 SLIK 复合物对 H3 的乙酰化作用[115]。有趣的是，还有研究证明了 H3 的乙酰化作用可以刺激 H3K4 甲基化[112, 116]。在另一个例子中，H4K20me3 已表现出抑制 H4 尾巴乙酰化作用，相反地，H4 高乙酰化拮抗 H4K20me3[117, 118]。

在反式交互作用中，特定组蛋白修饰影响其他组蛋白的修饰，而且这种 cross-talk 作用在物种进化上是保守的。例如，果蝇 H2AT119 磷酸化残基的突变导致 H3 和 H4 乙酰化急剧降低，证明在这些标记间反式尾部交互作用的存在[119]；酿酒酵母的端粒处 H4K16 乙酰化的增加会刺激 H3K79 甲基化，暗示两个修饰之间的相互作用[120]；而在人类细胞中，H3K4 甲基转移酶 MLL1 与 H4K16 乙酰转移酶 MOF 的交联也表明 H3K4me 和 H4K16ac 之间潜在的交互作用[121]。此外，在人体细胞转录延伸过程中，H3S10 磷酸化影响 H4K16 乙酰化[122]。

我们已经知道大多数的 HAT 和 HDAC 复合物包含多个组蛋白标记识别模块，那么对于组蛋白乙酰化作用和其他组蛋白修饰之间的交互作用就不难理解，这些 HAT/ HDAC 复合物对基因组的特定区域如基因的转录区域产生明显影响。Sin3S、 CoREST 和 NCoR HDAC 复合物共同参与基因组特定区域的 H3K4/K36 去甲基化过程；SAGA HAT 复合物包含一个 H2B 去泛素化区域，用于在转录延伸的初始去泛素化 H2BK123ub[123]；ATAC 复合物包含两个乙酰化转移亚单元，对 H3 和 H4 有不同的特异性[124]。有趣的是，在染色质中 ATAC 强烈影响 H3S10ph 信号，这可能是 ATAC 和 Jil-1 激酶之间相互作用的结果[125,126]。

8.6 组蛋白乙酰化与人体生理病理

8.6.1 组蛋白乙酰化修饰与衰老

组蛋白的乙酰化/去乙酰化在生命活动的转录调控中发挥重要作用，这些修饰的平衡一旦被打破，则会引起意想不到的后果。例如，1999 年首次发现的酵母体内过表达 Sir2 基因可延长其寿命[127]；后续的研究表明，同源基因 sir-2.1 及 dSir2 可分别延长线虫和果蝇的寿命[128-130]。随着 sir2 同源基因相继在其他物种中被克隆，目前将各物种的 Sir2 同源蛋白统称为 Sir2 相关酶类 Sirtuins。Sirtuins 从细菌到人类是高度保守的，其功能主要是组蛋白去乙酰化，以 β-腺嘌呤二核苷酸（β-nicotinamide adenine dinucletide，NAD^+）作为反应底物，产生烟酰胺和 O-乙酰基-ADP 核糖，后者作为一种信号因子，携带从组蛋白上脱下来的乙酰基。目前 Sirtuin 与 ADP 核糖基转移酶一起被认为是潜在的抗衰老因子[131]。

公认的哺乳动物 Sirtuin 家族成员有 7 个，即 SIRT1～7，其中 SIRT1、SIRT3 及 SIRT6 被认为与衰老有关，而 SIRT1 与酵母 Sir2 同源性最高。实验研究发现，SIRT1 高表达的人更加健康，但并不增加寿命。SIRT1 作用的机制非常复杂，包括改善基因组的稳定性、增加代谢效率等方面。Sirtuin 家族的强大作用在研究 SIRT6 时得到进一步的证实，SIRT6 去乙酰化组蛋白 H3K9 而调节基因组稳定性、NF-κB 信号通路以及糖代谢稳态。同时，SIRT6 基因敲除小鼠表现出惊人的衰老加速，而过表达 SIRT6 的转基因小鼠寿命明显长于 SIRT6 基因敲除小鼠，这可能与 SIRT6 调节胰岛素样生长因子（TGF-1）的作用相关。定位于线粒体上的 SIRT3 同样对长寿有益，表现为受试对象对饮食的控制[132]。目前认为 SIRT3 并不作用于组蛋白修饰，而影响线粒体蛋白的去乙酰化，但最近发现过表达 SIRT3 基因可提高衰老造血干细胞的再生能力。

8.6.2　组蛋白乙酰化修饰与神经发生

神经发生即新的神经元产生的过程，是神经干细胞在一定条件下可增殖分化成神经元和神经胶质细胞，参与神经功能的修复过程，这一过程称为神经发生。神经发生在脑内神经元生长和数量维持中起决定作用，并且在神经系统发育和神经系统疾病的发生发展中发挥重要作用。

研究表明，除年龄因素外，神经发生的过程受到脑内信号的调控和神经发生环境的各种细胞因子的影响[133]。组蛋白乙酰化修饰参与调控成年神经发生，过表达 HDAC2 而非 HDAC1 时可引起树突棘密度、突触数量及突触可塑性降低，并表现为记忆受损[134]。相反，HDAC2 敲除鼠表现为记忆功能改善，HDAC2 能够调节鼠脑海马区突触的形成及可塑性，并能够与调控神经元活性、突触形成及可塑性基因的启动子相结合。有研究表明 HDACi 通过靶向作用于 HDAC2，能够改善 HDAC2 过表达鼠的记忆障碍。此外，CBP 的乙酰化活性对于长时程增强和长时程记忆非常重要[135]。目前已经发现组蛋白乙酰化水平失衡及转录功能障碍与一些脑部疾病如亨廷顿病、肌萎缩性脊髓侧索硬化症、脊髓性肌萎缩症、PD、AD 等密切相关，给予 HDACi 治疗后能够纠正这些缺陷而发挥保护神经、神经营养及消炎作用；同时，其在一些神经退行性疾病中具有改善神经系统行为表现以及学习和记忆功能。因此，HDACi 可能成为非常有前景的治疗神经退行性疾病的新一代药物。

8.6.3　组蛋白乙酰化修饰与癌症

肿瘤的发生与癌基因和抑癌基因的结构或表达异常有关，许多癌基因和抑癌基因的异常表达常导致与细胞分化和细胞增殖有关的基因转录异常，致使细胞分化和增殖异常而发生肿瘤。染色体上组蛋白乙酰化和去乙酰化与基因转录的调节密切相关，因而推测其可能与肿瘤的发生有关，这种推测也得到了众多研究结果的支持。有证据表明 HAT 具有肿瘤抑制功能，如果 HAT 活性缺失、失调可能导致癌症的发生。例如，病毒癌蛋白（E1A）可与 CBP/p300 结合，这一相互作用可能使 CBP/p300 失活；与此类似，E1A 的结合也可使 Rb 肿瘤抑制物失活。CBP/p300 直接影响 p53 乙酰化及其肿瘤抑制的活性，因为 p53 的乙酰化提高了它与 DNA 结合能力及反式作用活性[136]。定位于 22 号染色体区域的组蛋白乙酰转移酶基因 EP300 可能作为一种肿瘤抑制基因，它在多种肿瘤中存在杂合子的丢失[137]；而且，EP300 的种系突变能解释一些乳腺肿瘤家族的病因。

雄激素受体（AR）是配基调节的模块胞核受体，管理着由雄激素调节的前列腺癌细胞的增生、分化和凋亡。NAD 依赖性组蛋白去乙酰基酶（Sir2），在细胞代谢和基因沉默的关系中作用十分重要[138]。DHT 诱导的人类 SIRT1 对于 AR 信号的阻抑，需要 NAD 依赖性组蛋白去乙酰基酶和由 Sirt1 所介导的 AR 赖氨酸残基的去乙酰化过程。Sirt1 能抑制 AR 氨基和羧基端之间的共活化物诱导的相互作用，还能阻滞 DHT 诱导的前列腺癌细胞的生长，这是人类前列腺癌发生、发展过程中一个关键的决定因素。另外，抗细胞凋亡转录因子 NF-κB 的激活对于细胞因子介导的肿瘤增生及迁移很重要。乳腺癌转移抑制因子（*BRMS1*）是一个转移抑制基因，其减少了 RelA/P65 的转录活化，改进了 NF-κB 调节的抗细胞凋亡基因的表达[139]。BRMS1 的功能如同辅阻遏物，通过促进 HDAC1 与 RelA/P65 结合，去乙酰化 RelA/P65 上的赖氨酸 K300，从而抑制 RelA/P65 的转录活性。因此，BRMS1 是作为抗细胞凋亡基因的转录辅阻遏物而发挥抑制肿瘤的作用。

已经证实 HDAC1 在卵巢癌、前列腺癌、膀胱癌、肾癌、胃癌等中高表达[140-143]。近年来，越来越多 HDAC 抑制剂的出现，证实了其诱导转化细胞生长停滞、分化或细胞凋亡的效应。HDAC 抑制剂通过抑制 HDAC 的活性，引起细胞中乙酰化组蛋白的堆积，增加 *P21*、*P53* 等基因的表达，达到抑制肿瘤细胞的增殖、诱导细胞分化或凋亡的目的。目前已有多种 HDAC 抑制剂进入临床，有理由相信 HDAC 抑制剂能成为一类具有广泛应用前景的抗肿瘤药物。

8.6.4　其他

组蛋白去乙酰化被证实可以对一些与成骨细胞分化成熟相关基因的表达起负调控作用[144, 145]。当骨钙素转录活跃时，骨钙素启动子区的组蛋白 H3 和 H4 被乙酰化；而当骨钙素转录不活跃时，组蛋白 H3 和 H4 则处于低水平的乙酰化状态[146, 147]。转录激活因子、HAT p300、RUNX2 在骨钙素的启动子区相互作用，刺激骨钙素的表达。另一方面，HAT PCAF 能够促进骨钙素 H3 和 H4 的乙酰化[148]。另外，组蛋白乙酰化水平下降能抑制骨钙素的表达和成骨细胞分化。HDAC3 通过与 RUNX2 相互作用抑制骨钙素启动子的激活，导致骨钙素的转录活性下降[149-151]。HDAC3 能降低骨唾液蛋白启动子 H3 的乙酰化水平，导致表达下降，从而证实 HDAC3 的抑制作用[152]。TGF-β 作为一种骨形成负调控因子，能通过募集 HDAC4 和 HDAC5 与 RUNX2 相互作用，导致骨钙素启动子区的组蛋白去乙酰化[153]。除了 HDAC3、HDAC4 和 HDAC5，HADC1 也被认为是一种成骨细胞分化的调控因子。OSX 和骨钙素的启动子的 H3 和 H4 高度乙酰化是由于对 HDAC1 的募集减少，以及与 p300 的结合增多[154]。进一步，*HDAC1* 基因敲除小鼠能够促进这些成骨基因的表达并诱发骨生成。与成骨细胞相反，体外试验无论是同时阻断Ⅰ类和Ⅱ类 HDAC 还是单独阻断Ⅰ类 HDAC 都能抑制破骨细胞的分化[155]，也能缓解骨量丢失动物模型的骨破坏程度。破骨细胞在 TSA、SAHA 或丁酸钠的作用下表现为凋亡增多，以及 NF-κB 和 MAPK 信号激活受到抑制[156]。另外，在 HAT PCAF 和 p300 的作用下，RANKL 能通过刺激 NFATC1 蛋白的乙酰化上调 NFATC1 的转录活性；而 HDAC5 和 HDAC6 能够使 NFATC1 去乙酰化下调它的转录活性并减少破骨细胞分化[157]。总而言之，组蛋白乙酰化在调节成骨细胞和破骨细胞的分化、转录活性及存活方面都起着非常重要的作用。

心血管疾病与乙酰化水平有密切的关系，抑制 HDAC 可以逆转心血管疾病的发生、发展过程，可成为心血管疾病的诊断和治疗的新方法。首先，HDAC 能够升高血糖和血脂，Ⅱα类的 HDAC 可能有助于糖异生靶基因的表达，升高血糖水平[158]。其次，HDAC 通过调节炎症和氧化应激使内皮细胞功能失调[159]。动脉粥样硬化一直被认为是一种慢性炎症性疾病[160]，HDAC3 和 HDAC7 可能通过促进白细胞活化、招募、附着，继而迁移至血管内膜，引发早期的动脉粥样硬化病变，HDAC 可以调节巨噬细胞泡沫细胞和平滑肌细胞泡沫细胞的形成[161]。此外，HDAC 可促使血管平滑肌细胞表型从收缩型转换为合成型，这种表型的转换在动脉粥样硬化的形成和斑块稳定过程中发挥关键作用[162]。

8.7　组蛋白乙酰化修饰与药物研发

HDAC 抑制剂可抑制过表达的 HDAC，通过修复组蛋白尾部赖氨酸残基上的乙酰化，为基因转录创造一个松散的核小体结构。HDAC 抑制剂的靶点主要是 HDAC 的锌依赖活性位点，它的靶蛋白不局限于组蛋白，还包括 p53、c-myc、STAT3、HSP90 等蛋白质。

HDAC 抑制剂总体上可以分为广谱和特定类型两类。相关的 II 期临床试验显示，广谱 HDAC 抑制剂伏立诺他（vorinostat）对皮肤 T 细胞淋巴瘤（cutaneous T-cell lymphomas，CTCL）的缓解率超过 32%[163, 164]；I 类 HDAC 抑制剂罗米地辛（romidepsin）对 CTCL 的反应率达到 34%[165]。这两类药物分别于 2006 年和 2009 年获得 FDA 批准使用。伏立诺他的显著不良反应表现为腹泻、高胆固醇血症和贫血，罗米地辛的不良反应为恶心、心脏毒性和疲劳[166]。总体而言，这类药物比传统的化学疗法药物不良反应少。虽然很多恶性肿瘤中并未发现 HDAC 的基因突变，但其表达水平却发生了改变。因此，目前临床上 HDAC 抑制剂可用于治疗多种癌症。

尽管存在药物的不良反应，但研制此类药物的势头依然强劲，无论是处于研发阶段还是正在临床试验阶段的药物都要多于其他类别的表观遗传药物。帕比司他（panobinostat）是一种广谱 HDAC 抑制剂，目前正研究其对于多种恶性血液病的疗效。最近一项难治性霍奇金淋巴瘤 II 期临床试验报道，129 例患者中 74% 患者肿瘤缩小，客观反应率达 27%，而且目前正在进行帕比司他治疗多发性骨髓瘤的 III 期临床试验。此外，多个特定类型的 HDAC 抑制剂 mucetinostat（针对 I 类和 IV 类 HDAC）治疗难治性霍奇金淋巴瘤中的 II 期临床试验研究也正在进行中，应用较大剂量的 mocetinostat 治疗霍奇金淋巴瘤有效率达 35%。

近年研究发现，临床上应用已久的丙戊酸（valproic acid）是一种 HDAC 抑制剂，可抑制 HDAC 1~5、7。丙戊酸最早用于癫痫的治疗，近年的体外研究和动物实验发现其有抗肿瘤的作用，能抑制多种肿瘤的生长和转移，促进其分化并抑制新生血管，目前该药已进入临床试验阶段。而且眼科研究发现，丙戊酸有保护视网膜神经节细胞（retinal ganglion cell，RGC）的作用，可保护视网膜免受缺血性损伤，它还能抑制葡萄膜黑色素瘤的生长，目前也已试用于治疗视网膜色素变性。

此外，HAT 抑制剂也具有一定的抗肿瘤活性，这种作用似乎与肿瘤中普遍存在的去乙酰化修饰现象存在矛盾。一些天然化合物如姜黄素（curcumin）、山竹醇（garcinol）和漆树酸（anacardic acid）等可选择性地抑制乙酰化酶。姜黄素是 p300 和 CFEBBP 的特异性抑制剂，在体内能够抑制 p300 介导的 p53 乙酰化[167]。甘松醇和漆树酸都是 p300 和 KAT2B 抑制剂，可诱导细胞凋亡或促进癌细胞对电离辐射的敏感性。由于该药的临床试验尚未完成，这类药物的疗效与可靠性仍需进一步研究。

基于目前表观药物治疗所存在的问题，新的策略是合理设计并组合不同的表观遗传疗法以产生协同效应，或者与传统化学疗法联合应用，这样不仅可以提高治疗效果，也可以减少耐药性的产生。根据已有的研究，表观遗传药物可提高常规药物的敏感性，如顺铂或紫杉醇类化疗药物。因此，未来的临床试验可以尝试使用联合疗法。通过表观遗传药物来改变细胞的表观遗传状态，从而提高肿瘤对常规药物的敏感性，逆转常规药物治疗的耐药性，解决疾病治疗过程中的复发性和难治性，这种协同用药的策略也是目前研究的热点之一。其他治疗策略如双表观遗传疗法正处于研究阶段，例如，DNMT 抑制剂和 HDAC 抑制剂联合用药，在激素难治性前列腺癌细胞中，罗米地辛能增强吉西他滨的效果。鉴于以往的临床用药经验，联合用药为了达到有效的疗效，必须掌握好用药的最佳时机、用药次序和剂量。

8.8 展　望

组蛋白乙酰化的研究由来许久，但未涉及的领域及未解决的问题仍然有很多。组蛋白乙酰化与其他表观遗传修饰方式的关系、异常组蛋白乙酰化与肿瘤和其他疾病发生机制等仍未十分明确。另外，HDAC 抑制剂作为临床抗肿瘤药物应用的安全性和具体应用仍需进一步探讨。组蛋白乙酰化的深入研究，必将为分子生物学、遗传学和肿瘤学的发展提供新的思路。目前处于临床研究阶段的 HDAC 抑制剂有 10 多种，更值得一提的是，其他抗癌药物和 HDAC 抑制剂的联合应用也在积极研究之中，相信在不久的将来，HDAC 抑制剂在治疗肿瘤方面会有更好的疗效。

参 考 文 献

[1] Allfrey, V. G. et al. Acetylation and methylation of histones and their possible role in the regulation of RNA synthesis. *Proc Natl Acad Sci U S A* 51, 786-794(1964).

[2] Lee, D. Y. et al. A positive role for histone acetylation in transcription factor access to nucleosomal DNA. *Cell* 72, 73-84(1993).

[3] Brownell, J. E. & Allis, C. D. An activity gel assay detects a single, catalytically active histone acetyltransferase subunit in Tetrahymena macronuclei. *Proc Natl Acad Sci U S A* 92, 6364-6368(1995).

[4] Kleff, S. et al. Identification of a gene encoding a yeast histone H4 acetyltransferase. *J Biol Chem* 270, 24674-24677(1995).

[5] Brownell, J. E. & Allis, C. D. Special HATs for special occasions: linking histone acetylation to chromatin assembly and gene activation. *Curr Opin Genet Dev* 6, 176-184(1996).

[6] Brownell, J. E. et al. Tetrahymena histone acetyltransferase A: A homolog to yeast Gcn5p linking histone acetylation to gene activation. *Cell* 84, 843-851(1996).

[7] Taunton, J. et al. A mammalian histone deacetylase related to the yeast transcriptional regulator Rpd3p. *Science* 272, 408-411(1996).

[8] Grant, P. A. et al. Yeast Gcn5 functions in two multisubunit complexes to acetylate nucleosomal histones: characterization of an Ada complex and the SAGA(Spt/Ada)complex. *Genes Dev* 11, 1640-1650(1997).

[9] Qiao, Q. A. et al. A density functional theory study on the role of His-107 in arylamine N-acetyltransferase 2 acetylation. *Biophys Chem* 122, 215-220(2006).

[10] Wang, H. et al. Catalytic mechanism of hamster arylamine N-acetyltransferase 2. *Biochemistry* 44, 11295-11306(2005).

[11] Marmorstein, R. & Trievel, R. C. Histone modifying enzymes: structures, mechanisms, and specificities. *Biochim Biophys Acta* 1789, 58-68(2009).

[12] Grunstein, M. Histone acetylation in chromatin structure and transcription. *Nature* 389, 349-352(1997).

[13] Neuwald, A. F. & Landsman, D. GCN5-related histone N-acetyltransferases belong to a diverse superfamily that includes the yeast SPT10 protein. *Trends Biochem Sci* 22, 154-155(1997).

[14] Dutnall, R. N. et al. Structure of the histone acetyltransferase Hat1: a paradigm for the GCN5-related N-acetyltransferase superfamily. *Cell* 94, 427-438(1998).

[15] Avvakumov, N. & Cote, J. Functions of myst family histone acetyltransferases and their link to disease. *Subcell Biochem* 41, 295-317(2007).

[16] Carrozza, M. J. et al. The diverse functions of histone acetyltransferase complexes. *Trends in Genetics* 19, 321-329(2003).

[17] Voss, A. K. & Thomas, T. MYST family histone acetyltransferases take center stage in stem cells and development. *Bioessays* 31, 1050-1061(2009).

[18] Ogryzko, V. V. et al. The transcriptional coactivators p300 and CBP are histone acetyltransferases. *Cell* 87, 953-959(1996).

[19] Mizzen, C. A. et al. The TAF(II)250 subunit of TFIID has histone acetyltransferase activity. *Cell* 87, 1261-1270(1996).

[20] Lorch, Y. et al. Mediator-nucleosome interaction. *Mol Cell* 6, 197-201(2000).

[21] Hsieh, Y. J. et al. The TFIIIC90 subunit of TFIIIC interacts with multiple components of the RNA polymerase III machinery and contains a histone-specific acetyltransferase activity. *Mol Cell Biol* 19, 7697-7704(1999).

[22] Kundu, T. K. et al. Human TFIIIC relieves chromatin-mediated repression of RNA polymerase III transcription and contains an intrinsic histone acetyltransferase activity. *Mol Cell Biol* 19, 1605-1615(1999).

[23] Spencer, T. E. *et al.* Steroid receptor coactivator-1 is a histone acetyltransferase. *Nature* 389, 194-198(1997).

[24] Chen, H. *et al.* Nuclear receptor coactivator ACTR is a novel histone acetyltransferase and forms a multimeric activation complex with P/CAF and CBP/p300. *Cell* 90, 569-580(1997).

[25] Doi, M. *et al.* Circadian regulator CLOCK is a histone acetyltransferase. *Cell* 125, 497-508(2006).

[26] Yang, X. *et al.* HAT4, a Golgi apparatus-anchored B-type histone acetyltransferase, acetylates free histone H4 and facilitates chromatin assembly. *Mol Cell* 44, 39-50(2011).

[27] Louie, M. C. *et al.* Direct control of cell cycle gene expression by proto-oncogene product ACTR, and its autoregulation underlies its transforming activity. *Mol Cell Biol* 26, 3810-3823(2006).

[28] Miao, F. *et al. In vivo* chromatin remodeling events leading to inflammatory gene transcription under diabetic conditions. *J Biol Chem* 279, 18091-18097(2004).

[29] Zeng, L. *et al.* Structural basis of site-specific histone recognition by the bromodomains of human coactivators PCAF and CBP/p300. *Structure* 16, 643-652(2008).

[30] Ragvin, A. *et al.* Nucleosome binding by the bromodomain and PHD finger of the transcriptional cofactor p300. *J Mol Biol* 337, 773-788(2004).

[31] Sanchez, R. & Zhou, M. M. The PHD finger: a versatile epigenome reader. *Trends Biochem Sci* 36, 364-372(2011).

[32] Lewendon, A. *et al.* Replacement of catalytic histidine-195 of chloramphenicol acetyltransferase: evidence for a general base role for glutamate. *Biochemistry* 33, 1944-1950(1994).

[33] Thompson, S. *et al.* Mechanistic studies on beta-ketoacyl thiolase from zoogloea ramigera: identification of the active-site nucleophile as Cys89, its mutation to Ser89, and kinetic and thermodynamic characterization of wild-type and mutant enzymes. *Biochemistry* 28, 5735-5742(1989).

[34] Tanner, K. G. *et al.* Catalytic mechanism and function of invariant glutamic acid 173 from the histone acetyltransferase GCN5 transcriptional coactivator. *J Biol Chem* 274, 18157-18160(1999).

[35] Sternglanz, R. & Schindelin, H. Structure and mechanism of action of the histone acetyltransferase Gcn5 and similarity to other N-acetyltransferases. *Proc Natl Acad Sci U S A* 96, 8807-8808(1999).

[36] Trievel, R. C. *et al.* Crystal structure and mechanism of histone acetylation of the yeast GCN5 transcriptional coactivator. *Proc Natl Acad Sci U S A* 96, 8931-8936(1999).

[37] Yan, Y. *et al.* The catalytic mechanism of the ESA1 histone acetyltransferase involves a self-acetylated intermediate. *Nat Struct Biol* 9, 862-869(2002).

[38] Berndsen, C. E. *et al.* Catalytic mechanism of a MYST family histone acetyltransferase. *Biochemistry* 46, 623-629(2007).

[39] Hildmann, C. *et al.* Histone deacetylases-an important class of cellular regulators with a variety of functions. *Appl Microbiol Biotechnol* 75, 487-497(2007).

[40] Yang, X. J. & Seto, E. Lysine acetylation: codified crosstalk with other posttranslational modifications. *Mol Cell* 31, 449-461(2008).

[41] Colussi, C. *et al.* Histone deacetylase inhibitors: keeping momentum for neuromuscular and cardiovascular diseases treatment. *Pharmacol Res* 62, 3-10(2010).

[42] Yamaguchi, T. *et al.* Histone deacetylases 1 and 2 act in concert to promote the G1-to-S progression. *Genes Dev* 24, 455-469(2010).

[43] Wilting, R. H. *et al.* Overlapping functions of Hdac1 and Hdac2 in cell cycle regulation and haematopoiesis. *EMBO J* 29, 2586-2597(2010).

[44] de Ruijter, A. J. *et al.* Histone deacetylases(HDACs): characterization of the classical HDAC family. *Biochem J* 370, 737-749(2003).

[45] Chini, C. C. *et al.* HDAC3 is negatively regulated by the nuclear protein DBC1. *J Biol Chem* 285, 40830-40837(2010).

[46] Yang, W. M. *et al.* Functional domains of histone deacetylase-3. *J Biol Chem* 277, 9447-9454(2002).

[47] Denu, J. M. Linking chromatin function with metabolic networks: Sir2 family of NAD(+)-dependent deacetylases. *Trends Biochem Sci* 28, 41-48(2003).

[48] Borra, M. T. *et al.* Conserved enzymatic production and biological effect of O-acetyl-ADP-ribose by silent information regulator 2-like NAD$^+$-dependent deacetylases. *J Biol Chem* 277, 12632-12641(2002).

[49] Borra, M. T. *et al.* Substrate specificity and kinetic mechanism of the Sir2 family of NAD$^+$-dependent histone/protein deacetylases. *Biochemistry* 43, 9877-9887(2004).

[50] Fischer, A. *et al.* Targeting the correct HDAC(s)to treat cognitive disorders. *Trends Pharmacol Sci* 31, 605-617(2010).

[51] Khan, N. *et al.* Determination of the class and isoform selectivity of small-molecule histone deacetylase inhibitors. *Biochem J* 409, 581-589(2008).

[52] Yun, M. *et al.* Readers of histone modifications. *Cell Res* 21, 564-578(2011).

[53] Dhalluin, C. *et al.* Structure and ligand of a histone acetyltransferase bromodomain. *Nature* 399, 491-496(1999).

[54] Kasten, M. *et al.* Tandem bromodomains in the chromatin remodeler RSC recognize acetylated histone H3 Lys14. *EMBO J* 23, 1348-1359(2004).

[55] Filippakopoulos, P. & Knapp, S. The bromodomain interaction module. *FEBS Lett* 586, 2692-2704(2012).

[56] Gaucher, J. *et al.* Bromodomain-dependent stage-specific male genome programming by Brdt. *EMBO J* 31, 3809-3820(2012).

[57] LeRoy, G. *et al.* The double bromodomain proteins Brd2 and Brd3 couple histone acetylation to transcription. *Mol Cell* 30, 51-60(2008).

[58] Denis, G. V. *et al.* Identification of transcription complexes that contain the double bromodomain protein Brd2 and chromatin remodeling machines. *J Proteome Res* 5, 502-511(2006).

[59] Devaiah, B. N. *et al.* BRD4 is an atypical kinase that phosphorylates serine2 of the RNA polymerase II carboxy-terminal domain. *Proc Natl Acad Sci U S A* 109, 6927-6932(2012).

[60] Denis, G. V. & Green, M. R. A novel, mitogen-activated nuclear kinase is related to a *Drosophila* developmental regulator. *Genes Dev* 10, 261-271(1996).

[61] French, C. A. *et al.* BRD4-NUT fusion oncogene: a novel mechanism in aggressive carcinoma. *Cancer Res* 63, 304-307(2003).

[62] Delmore, J. E. *et al.* BET bromodomain inhibition as a therapeutic strategy to target c-Myc. *Cell* 146, 904-917(2011).

[63] Haynes, S. R. *et al.* The bromodomain: a conserved sequence found in human, Drosophila and yeast proteins. *Nucleic Acids Res* 20, 2603(1992).

[64] Rosner, M. & Hengstschlager, M. Targeting epigenetic readers in cancer. *N Engl J Med* 367, 1764-1765(2012).

[65] Winston, F. & Allis, C. D. The bromodomain: a chromatin-targeting module? *Nat Struct Biol* 6, 601-604(1999).

[66] Dawson, M. A. *et al.* Targeting epigenetic readers in cancer. *N Engl J Med* 367, 647-657(2012).

[67] Lange, M. *et al.* Regulation of muscle development by DPF3, a novel histone acetylation and methylation reader of the BAF chromatin remodeling complex. *Genes Dev* 22, 2370-2384(2008).

[68] Zeng, L. *et al.* Mechanism and regulation of acetylated histone binding by the tandem PHD finger of DPF3b. *Nature* 466, 258-262(2010).

[69] Qiu, Y. *et al.* Combinatorial readout of unmodified H3R2 and acetylated H3K14 by the tandem PHD finger of MOZ reveals a regulatory mechanism for HOXA9 transcription. *Genes Dev* 26, 1376-1391(2012).

[70] Ali, M. *et al.* Tandem PHD fingers of MORF/MOZ acetyltransferases display selectivity for acetylated histone H3 and are required for the association with chromatin. *J Mol Biol* 424, 328-338(2012).

[71] Su, D. *et al.* Structural basis for recognition of H3K56-acetylated histone H3-H4 by the chaperone Rtt106. *Nature* 483, 104-107(2012).

[72] Huang, S. *et al.* Rtt106p is a histone chaperone involved in heterochromatin-mediated silencing. *Proc Natl Acad Sci U S A* 102, 13410-13415(2005).

[73] Zunder, R. M. *et al.* Two surfaces on the histone chaperone Rtt106 mediate histone binding, replication, and silencing. *Proc Natl Acad Sci U S A* 109, E144-153(2012).

[74] Gorisch, S. M. *et al.* Histone acetylation increases chromatin accessibility. *J Cell Sci* 118, 5825-5834(2005).

[75] Portela, A. & Esteller, M. Epigenetic modifications and human disease. *Nat Biotechnol* 28, 1057-1068(2010).

[76] Fletcher, T. M. & Hansen, J. C. The nucleosomal array: structure/function relationships. *Crit Rev Eukaryot Gene Expr* 6, 149-188(1996).

[77] Ausio, J. *et al.* Use of selectively trypsinized nucleosome core particles to analyze the role of the histone "tails" in the stabilization of the nucleosome. *J Mol Biol* 206, 451-463(1989).

[78] Pollard, K. J. & Peterson, C. L. Chromatin remodeling: a marriage between two families? *Bioessays* 20, 771-780(1998).

[79] Garcia-Ramirez, M. *et al.* Role of the histone "tails" in the folding of oligonucleosomes depleted of histone H1. *J Biol Chem* 267, 19587-19595(1992).

[80] Tse, C. & Hansen, J. C. Hybrid trypsinized nucleosomal arrays: identification of multiple functional roles of the H2A/H2B and H3/H4 N-termini in chromatin fiber compaction. *Biochemistry* 36, 11381-11388(1997).

[81] Kan, P. Y. *et al.* The H4 tail domain participates in intra- and internucleosome interactions with protein and DNA during folding and oligomerization of nucleosome arrays. *Mol Cell Biol* 29, 538-546(2009).

[82] Dorigo, B. *et al.* Chromatin fiber folding: requirement for the histone H4 N-terminal tail. *J Mol Biol* 327, 85-96(2003).

[83] Logie, C. *et al.* The core histone N-terminal domains are required for multiple rounds of catalytic chromatin remodeling by the SWI/SNF and RSC complexes. *Biochemistry* 38, 2514-2522(1999).

[84] Lee, K. M. *et al.* hSWI/SNF disrupts interactions between the H2A N-terminal tail and nucleosomal DNA. *Biochemistry* 38, 8423-8429(1999).

[85] Vempati, R. K. & Haldar, D. DNA damage in the presence of chemical genotoxic agents induce acetylation of H3K56 and H4K16 but not H3K9 in mammalian cells. *Mol Biol Rep* 39, 303-308(2012).

[86] Zhao, Y. *et al.* Crosstalk between ubiquitin and other post-translational modifications on chromatin during double-strand break repair. *Trends Cell Biol* 24, 426-434(2014).

[87] Ira, G. *et al.* DNA end resection, homologous recombination and DNA damage checkpoint activation require CDK1. *Nature* 431, 1011-1017(2004).

[88] Munoz-Galvan, S. *et al.* Histone H3K56 acetylation, Rad52, and non-DNA repair factors control double-strand break repair choice with the sister chromatid. *PLoS Genet* 9, e1003237(2013).

[89] Chaban, Y. *et al.* Structure of a RSC-nucleosome complex and insights into chromatin remodeling. *Nat Struct Mol Biol* 15, 1272-1277(2008).

[90] Duan, M. R. & Smerdon, M. J. Histone H3 lysine 14(H3K14)acetylation facilitates DNA repair in a positioned nucleosome by stabilizing the binding of the chromatin Remodeler RSC(Remodels Structure of Chromatin). *J Biol Chem* 289, 8353-8363(2014).

[91] Cazzalini, O. *et al.* CBP and p300 acetylate PCNA to link its degradation with nucleotide excision repair synthesis. *Nucleic Acids Res* 42, 8433-8448(2014).

[92] Kumar, D. & Saha, S. HAT3-mediated acetylation of PCNA precedes PCNA monoubiquitination following exposure to UV radiation in Leishmania donovani. *Nucleic Acids Res* 43, 5423-5441(2015).

[93] Daley, J. M. *et al.* Biochemical mechanism of DSB end resection and its regulation. *DNA Repair(Amst)* 32, 66-74(2015).

[94] Robert, T. *et al.* HDACs link the DNA damage response, processing of double-strand breaks and autophagy. *Nature* 471, 74-79(2011).

[95] Lozada, E. *et al.* Acetylation of Werner syndrome protein(WRN): relationships with DNA damage, DNA replication and DNA metabolic activities. *Biogerontology* 15, 347-366(2014).

[96] Pai, C. C. *et al.* A histone H3K36 chromatin switch coordinates DNA double-strand break repair pathway choice. *Nat Commun* 5, 4091(2014).

[97] Latham, J. A. & Dent, S. Y. Cross-regulation of histone modifications. *Nat Struct Mol Biol* 14, 1017-1024(2007).

[98] Suganuma, T. & Workman, J. L. Signals and combinatorial functions of histone modifications. *Annu Rev Biochem* 80, 473-499(2011).

[99] Pokholok, D. K. *et al.* Genome-wide map of nucleosome acetylation and methylation in yeast. *Cell* 122, 517-527(2005).

[100] Nakayama, T. & Takami, Y. Participation of histones and histone-modifying enzymes in cell functions through alterations in chromatin structure. *J Biochem* 129, 491-499(2001).

[101] Barski, A. *et al.* High-resolution profiling of histone methylations in the human genome. *Cell* 129, 823-837(2007).

[102] Rada-Iglesias, A. *et al.* A unique chromatin signature uncovers early developmental enhancers in humans. *Nature* 470, 279-283(2011).

[103] Creyghton, M. P. *et al.* Histone H3K27ac separates active from poised enhancers and predicts developmental state. *Proc Natl Acad Sci U S A* 107, 21931-21936(2010).

[104] Guillemette, B. *et al.* H3 lysine 4 is acetylated at active gene promoters and is regulated by H3 lysine 4 methylation. *PLoS Genet* 7, e1001354(2011).

[105] Morris, S. A. *et al.* Identification of histone H3 lysine 36 acetylation as a highly conserved histone modification. *J Biol Chem* 282, 7632-7640(2007).

[106] Green, E. M. *et al.* New marks on the block: Set5 methylates H4 lysines 5, 8 and 12. *Nucleus* 3, 335-339(2012).

[107] Nathan, D. *et al.* Histone sumoylation is a negative regulator in *Saccharomyces cerevisiae* and shows dynamic interplay with positive-acting histone modifications. *Genes Dev* 20, 966-976(2006).

[108] Cheung, P. *et al.* Synergistic coupling of histone H3 phosphorylation and acetylation in response to epidermal growth factor stimulation. *Mol Cell* 5, 905-915(2000).

[109] Lo, W. S. *et al.* Phosphorylation of serine 10 in histone H3 is functionally linked in vitro and *in vivo* to Gcn5-mediated acetylation at lysine 14. *Mol Cell* 5, 917-926(2000).

[110] Edmondson, D. G. *et al.* Site-specific loss of acetylation upon phosphorylation of histone H3. *J Biol Chem* 277, 29496-29502(2002).

[111] Carmona-Gutierrez, D. & Madeo, F. Yeast unravels epigenetic apoptosis control: deadly chat within a histone tail. *Mol Cell* 24, 167-169(2006).

[112] Nakanishi, S. *et al.* A comprehensive library of histone mutants identifies nucleosomal residues required for H3K4 methylation. *Nat Struct Mol Biol* 15, 881-888(2008).

[113] Martin, D. G. *et al.* Methylation of histone H3 mediates the association of the NuA3 histone acetyltransferase with chromatin. *Mol Cell Biol* 26, 3018-3028(2006).

[114] Saksouk, N. *et al.* HBO1 HAT complexes target chromatin throughout gene coding regions via multiple PHD finger interactions with histone H3 tail. *Mol Cell* 33, 257-265(2009).

[115] Pray-Grant, M. G. *et al.* Chd1 chromodomain links histone H3 methylation with SAGA- and SLIK-dependent acetylation. *Nature* 433, 434-438(2005).

[116] Govind, C. K. et al. Measuring dynamic changes in histone modifications and nucleosome density during activated transcription in budding yeast. Methods Mol Biol 833, 15-27(2012).

[117] Nishioka, K. et al. PR-Set7 is a nucleosome-specific methyltransferase that modifies lysine 20 of histone H4 and is associated with silent chromatin. Mol Cell 9, 1201-1213(2002).

[118] Sarg, B. et al. Histone H4 hyperacetylation precludes histone H4 lysine 20 trimethylation. J Biol Chem 279, 53458-53464 (2004).

[119] Ivanovska, I. et al. A histone code in meiosis: the histone kinase, NHK-1, is required for proper chromosomal architecture in Drosophila oocytes. Genes Dev 19, 2571-2582(2005).

[120] Altaf, M. et al. Interplay of chromatin modifiers on a short basic patch of histone H4 tail defines the boundary of telomeric heterochromatin. Mol Cell 28, 1002-1014(2007).

[121] Dou, Y. et al. Physical association and coordinate function of the H3 K4 methyltransferase MLL1 and the H4 K16 acetyltransferase MOF. Cell 121, 873-885(2005).

[122] Zippo, A. et al. Histone crosstalk between H3S10ph and H4K16ac generates a histone code that mediates transcription elongation. Cell 138, 1122-1136(2009).

[123] Rodriguez-Navarro, S. Insights into SAGA function during gene expression. EMBO Rep 10, 843-850(2009).

[124] Spedale, G. et al. ATAC-king the complexity of SAGA during evolution. Genes Dev 26, 527-541(2012).

[125] Ciurciu, A. et al. Loss of ATAC-specific acetylation of histone H4 at Lys12 reduces binding of JIL-1 to chromatin and phosphorylation of histone H3 at Ser10. J Cell Sci 121, 3366-3372(2008).

[126] Nagy, Z. et al. The metazoan ATAC and SAGA coactivator HAT complexes regulate different sets of inducible target genes. Cell Mol Life Sci 67, 611-628(2010).

[127] Kaeberlein, M. et al. The SIR2/3/4 complex and SIR2 alone promote longevity in Saccharomyces cerevisiae by two different mechanisms. Genes Dev 13, 2570-2580(1999).

[128] Schulz, T. J. et al. Glucose restriction extends Caenorhabditis elegans life span by inducing mitochondrial respiration and increasing oxidative stress. Cell Metab 6, 280-293(2007).

[129] Banerjee, K. K. et al. dSir2 in the adult fat body, but not in muscles, regulates life span in a diet-dependent manner. Cell Rep 2, 1485-1491(2012).

[130] Whitaker, R. et al. Increased expression of Drosophila Sir2 extends life span in a dose-dependent manner. Aging(Albany NY)5, 682-691(2013).

[131] Baohua, Y. & Li, L. Effects of SIRT6 silencing on collagen metabolism in human dermal fibroblasts. Cell Biol Int 36, 105-108(2012).

[132] Kanfi, Y. et al. The sirtuin SIRT6 regulates lifespan in male mice. Nature 483, 218-221(2012).

[133] Amrein, I. & Lipp, H. P. Adult hippocampal neurogenesis of mammals: evolution and life history. Biol Lett 5, 141-144(2009).

[134] Guan, J. S. et al. HDAC2 negatively regulates memory formation and synaptic plasticity. Nature 459, 55-60(2009).

[135] Barrett, R. M. & Wood, M. A. Beyond transcription factors: the role of chromatin modifying enzymes in regulating transcription required for memory. Learn Mem 15, 460-467(2008).

[136] Saint Just Ribeiro, M. et al. A proline repeat domain in the Notch co-activator MAML1 is important for the p300-mediated acetylation of MAML1. Biochem J 404, 289-298(2007).

[137] Campbell, I. G. et al. No germline mutations in the histone acetyltransferase gene EP300 in BRCA1 and BRCA2 negative families with breast cancer and gastric, pancreatic, or colorectal cancer. Breast Cancer Res 6, R366-371(2004).

[138] Fu, M. et al. Hormonal control of androgen receptor function through SIRT1. Mol Cell Biol 26, 8122-8135(2006).

[139] Liu, Y. et al. Breast cancer metastasis suppressor 1 functions as a corepressor by enhancing histone deacetylase 1-mediated

deacetylation of RelA/p65 and promoting apoptosis. *Mol Cell Biol* 26, 8683-8696(2006).

[140] Whetstine, J. R. *et al.* Regulation of tissue-specific and extracellular matrix-related genes by a class I histone deacetylase. *Mol Cell* 18, 483-490(2005).

[141] Choi, J. H. *et al.* Expression profile of histone deacetylase 1 in gastric cancer tissues. *Jpn J Cancer Res* 92, 1300-1304(2001).

[142] Halkidou, K. *et al.* Upregulation and nuclear recruitment of HDAC1 in hormone refractory prostate cancer. *Prostate* 59, 177-189(2004).

[143] Patra, S. K. *et al.* Histone deacetylase and DNA methyltransferase in human prostate cancer. *Biochem Biophys Res Commun* 287, 705-713(2001).

[144] Gibney, E. R. & Nolan, C. M. Epigenetics and gene expression. *Heredity(Edinb)* 105, 4-13(2010).

[145] Peserico, A. & Simone, C. Physical and functional HAT/HDAC interplay regulates protein acetylation balance. *J Biomed Biotechnol* 2011, 371832(2011).

[146] Shen, J. *et al.* Histone acetylation *in vivo* at the osteocalcin locus is functionally linked to vitamin D-dependent, bone tissue-specific transcription. *J Biol Chem* 277, 20284-20292(2002).

[147] Montecino, M. *et al.* Chromatin hyperacetylation abrogates vitamin D-mediated transcriptional upregulation of the tissue-specific osteocalcin gene *in vivo*. *Biochemistry* 38, 1338-1345(1999).

[148] Sierra, J. *et al.* Regulation of the bone-specific osteocalcin gene by p300 requires Runx2/Cbfa1 and the vitamin D3 receptor but not p300 intrinsic histone acetyltransferase activity. *Mol Cell Biol* 23, 3339-3351(2003).

[149] Choo, M. K. *et al.* NFATc1 mediates HDAC-dependent transcriptional repression of osteocalcin expression during osteoblast differentiation. *Bone* 45, 579-589(2009).

[150] Schroeder, T. M. *et al.* Histone deacetylase 3 interacts with runx2 to repress the osteocalcin promoter and regulate osteoblast differentiation. *J Biol Chem* 279, 41998-42007(2004).

[151] Hesse, E. *et al.* Zfp521 controls bone mass by HDAC3-dependent attenuation of Runx2 activity. *J Cell Biol* 191, 1271-1283 (2010).

[152] Lamour, V. *et al.* Runx2- and histone deacetylase 3-mediated repression is relieved in differentiating human osteoblast cells to allow high bone sialoprotein expression. *J Biol Chem* 282, 36240-36249(2007).

[153] Kang, J. S. *et al.* Repression of Runx2 function by TGF-beta through recruitment of class II histone deacetylases by Smad3. *EMBO J* 24, 2543-2555(2005).

[154] Lee, H. W. *et al.* Histone deacetylase 1-mediated histone modification regulates osteoblast differentiation. *Mol Endocrinol* 20, 2432-2443(2006).

[155] Rahman, M. M. *et al.* Two histone deacetylase inhibitors, trichostatin A and sodium butyrate, suppress differentiation into osteoclasts but not into macrophages. *Blood* 101, 3451-3459(2003).

[156] Nakamura, T. *et al.* Inhibition of histone deacetylase suppresses osteoclastogenesis and bone destruction by inducing IFN-beta production. *J Immunol* 175, 5809-5816(2005).

[157] Kim, J. H. *et al.* RANKL induces NFATc1 acetylation and stability via histone acetyltransferases during osteoclast differentiation. *Biochem J* 436, 253-262(2011).

[158] Winkler, R. *et al.* Histone deacetylase 6(HDAC6)is an essential modifier of glucocorticoid-induced hepatic gluconeogenesis. *Diabetes* 61, 513-523(2012).

[159] El Assar, M. *et al.* Oxidative stress and vascular inflammation in aging. *Free Radic Biol Med* 65, 380-401(2013).

[160] Ladeiras-Lopes, R. *et al.* Atherosclerosis: Recent trials, new targets and future directions. *Int J Cardiol* 192, 72-81(2015).

[161] Siuda, D. *et al.* Transcriptional regulation of Nox4 by histone deacetylases in human endothelial cells. *Basic Res Cardiol* 107, 283(2012).

[162] Salmon, M. *et al.* Cooperative binding of KLF4, pELK-1, and HDAC2 to a G/C repressor element in the SM22alpha promoter mediates transcriptional silencing during SMC phenotypic switching *in vivo*. *Circ Res* 111, 685-696(2012).

[163] Siegel, D. *et al.* Vorinostat in solid and hematologic malignancies. *J Hematol Oncol* 2, 31(2009).

[164] Duvic, M. Histone deacetylase inhibitors for cutaneous T-cell lymphoma. *Dermatol Clin* 33, 757-764(2015).

[165] Martinez-Escala, M. E. *et al.* Durable responses with maintenance dose-sparing regimens of romidepsin in cutaneous T-cell lymphoma. *JAMA Oncol* 2, 790-793(2016).

[166] Smolewski, P. & Robak, T. The discovery and development of romidepsin for the treatment of T-cell lymphoma. *Expert Opin Drug Discov* 12, 859-873(2017).

[167] Devipriya, B. & Kumaradhas, P. Molecular flexibility and the electrostatic moments of curcumin and its derivatives in the active site of p300: a theoretical charge density study. *Chem Biol Interact* 204, 153-165(2013).

韩俊宏　四川大学生物治疗国家重点实验室/国家生物治疗协同创新中心/华西临床医学院，教授/博士生导师，教育部"长江学者"特聘教授。2005 年获日本东京工业大学理学博士学位；2006～2009 年在美国梅奥医学中心（Mayo Clinic）从事博士后研究；2010～2014 年先后任职美国梅奥医学中心资深研究员和助理教授。专注于组蛋白修饰调控 DNA 复制、基因转录和肿瘤表观遗传学的研究，曾率先在酵母细胞中发现组蛋白 H3K56 乙酰化酶 Rtt1109 和组蛋白泛素化促进新合成的组蛋白 H3-H4 组装成核小体。已在 *Science*、*Cell*、*Nature*、*Genes & Development*、*Molecular Cell*、*Nature Structure & Molecular Biology* 等期刊上发表学术 30 余篇，相关研究工作被包括 *Nature Reviews Molecular Cell Biology*、*Faculty 1000* 等在内的多个著名期刊作亮点评述。曾获日本政府奖学金、美国心脏学会 Fellowship、爱德华·肯德尔 Fellowship 和爱德华·肯德尔杰出研究奖，获聘四川省卫生计生领军人才、四川省"天府峨眉计划"特聘专家和四川省卫生计生委学术技术带头人。

第9章　组蛋白其他修饰与组蛋白变体

程仲毅

杭州景杰生物科技股份有限公司

本章概要

　　组蛋白是染色体的重要组成成分，在真核生物中高度保守的 4 个核心组蛋白 H2A、H2B、H3、H4 组成了核小体的八聚体核心结构，而 H1 家族成员充当核小体之间的连接组蛋白。组蛋白能够稳定核小体结构，并对 30nm 染色质纤维的形成和结构稳定性的维持起到至关重要的作用。

　　组蛋白是高度复杂的，其不同的修饰类型、修饰位点及变体形式构成了"组蛋白密码"，并在表观遗传和基因的表达调控方面发挥了重要的作用。组蛋白的化学修饰除了甲基化和乙酰化之外，还包括泛素化、磷酸化、乳酸化等新型酰化修饰，这些不同修饰的分布与功能各异，彼此之间还存在相互影响，并与基因的表达调控、DNA 损伤修复和基因组稳定性等过程密切相关；不同的组蛋白变体（histone variant）有着不同的定位和动力学，并且相互替换参与不同的功能。一些变体能定位到基因组的特定区域发挥生物学功能，而另一些变体能显著改变核小体的生物学特征。

　　组蛋白的修饰、变体研究，不仅有助于我们更好地理解组蛋白密码的作用，而且为相关疾病的发病机制和靶向治疗的研究提供思路。

9.1　组蛋白其他修饰与组蛋白变体概述

　　在组蛋白修饰层面，除了研究较为深入的甲基化和乙酰化，还存在多种多样的其他修饰类型，其中包括磷酸化、泛素化及多种新型酰化修饰等（图 9-1），尤其是新型酰化修饰逐渐成为生命科学研究中的前沿热点。这些组蛋白修饰的位点分布与功能不尽相同，相互之间还存在相互影响，并与基因的表达调控、DNA 损伤修复和基因组稳定性等过程密切相关。除了修饰类型种类繁多以外，组蛋白的复杂度还体现在"变体"层面，不同的组蛋白变体有着不同的定位和动力学，并且相互替换参与不同生物学功能调控。随着研究的不断进展，人们对组蛋白密码的认识也已经突破了原有的针对乙酰化和甲基化层面的理解，本章内容主要就组蛋白的其他修饰与组蛋白变体的部分进行进一步阐述。

9.1.1　组蛋白泛素化修饰

　　关键概念

- 蛋白质泛素化是真核生物中重要的蛋白质翻译后修饰之一，其通过泛素-蛋白水解酶体（ubiquitin proteasome pathway, UPP）途径完成。泛素化修饰过程包括活化、接合、连接三个步骤。组蛋白泛素化主要发生在 H2A 与 H2B 上，参与调控许多生物学过程。

- 组蛋白 H2A 泛素化的催化酶以含有 RING 结构域的 E3 泛素连接酶为主。PRC1（polycomb repressive complex 1）、乳腺癌相关蛋白 BRCA1 被证明具有组蛋白 H2A 特异性泛素化修饰作用。除了发生单泛素化之外，组蛋白 H2A 与其变异体 H2A.X 也能够被一些泛素连接酶进行泛素链化。

- 组蛋白 H2B 泛素化的催化酶包括泛素接合酶 Rad6、RAD6A、RAD6B 和泛素连接酶 Bre1、RNF20、RNF40。此外，BAF250b 复合体能够催化 H2B 单泛素化。

- 组蛋白 H2A 与 H2B 上发生的单泛素化修饰是可逆修饰，能够被去泛素化酶（deubiquitinating enzyme, DUB）去除。H2A 特异性去泛素化酶包括 USP16、2A-DUB、USP21 及 BAP1（BRCA1 associated protein 1）；H2B 特异性去泛素化酶有两种，即 Ubp8 与 Ubp10，是在酵母中被鉴定到的组蛋白 H2B 去泛素化酶；USP3、USP12 和 USP46 等几种去泛素化酶对 H2A 或 H2B 上泛素化修饰都具有双重特异性。

- H2A 泛素化修饰主要与基因沉默、转录抑制相关，而 H2B 泛素化修饰主要与转录激活相关。H2A 泛素化修饰通过抑制 H3K4 二甲基化和三甲基化抑制转录起始；在 H2B 泛素化与 H3K4 或 H3K79 甲基化之间存在反式相互作用。

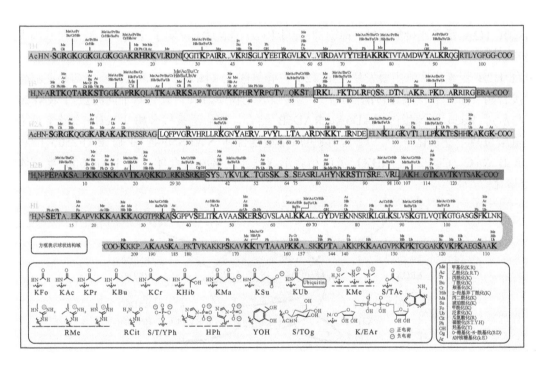

图 9-1　组蛋白修饰简览

蛋白质泛素化是真核生物中重要的蛋白质翻译后修饰之一，其通过泛素-蛋白水解酶体（ubiquitin proteasome pathway，UPP）途径完成。泛素化修饰发生在赖氨酸残基，通过酰胺键连接长度为 76aa 的泛素蛋白。泛素化修饰过程包括活化、接合、连接三个步骤。活化阶段：利用 ATP 提供能量，泛素通过羧基端与泛素活化酶 E1 中半胱氨酸的巯基连接；接合阶段：E1 将活化后的泛素分子通过转硫酯化反应转移到泛素接合酶 E2；连接阶段：由泛素连接酶 E3 催化，将结合到 E2 上的泛素转移到目标蛋白上，使目标蛋白特定赖氨酸 ε-氨基与泛素羧基端甘氨酸通过肽键连接。组蛋白泛素化主要发生在 H2A 与 H2B 上，本节内容将从组蛋白泛素化与去泛素化两个方面介绍组蛋白泛素化修饰，并阐述组蛋白泛素化修饰参与调控的生物学过程，以及组蛋白泛素化修饰与其他修饰的互作。

9.1.2 组蛋白泛素化修饰酶

1. 组蛋白泛素化修饰酶催化系统

组蛋白 H2A 泛素化修饰主要发生在第 119 位赖氨酸上，其催化酶以含有 RING 结构域的 E3 泛素连接酶为主。PRC1（polycomb repressive complex 1）是第一个被报道的具有组蛋白 H2A 单泛素化修饰活性的蛋白复合体，其亚基 RING1B 的缺失会造成组蛋白 H2A 单泛素化修饰水平整体下降。RING1B 的泛素连接酶活性受到 PRC1 复合体中其他成员的调控，已报道的结构信息表明，PRC1 复合体中 RING1B 和 BMI1 能够与泛素接合酶 UbcH5c 形成 RING1B-BMI1-UbcH5c 泛素化 E2-E3 酶促复合体，通过与完整的核小体组蛋白八聚体核心接合，催化组蛋白 H2A C 端 119 位赖氨酸泛素化[1-4]。除了 PRC1 复合体以外，乳腺癌相关蛋白 BRCA1 也被证明具有组蛋白 H2A 特异性 E3 泛素连接酶活性，与 UbcH5c 协同催化 H2A 或 H2A.X 单泛素化，其活性一方面受其自身蛋白磷酸化抑制，另一方面受 BARD1 蛋白调控[5]。在体内，BRCA1 与 H2A 泛素化位点在卫星 DNA 序列上共定位，且 BRCA1 的缺失会造成这些区域 H2A 泛素化水平降低[6]。另外，人类癌基因 *TRIM37* 编码的蛋白质 TRIM37 在乳腺癌中通过其 H2A 泛素连接酶活性，抑制抑癌基因 *Fas* 的表达，说明了 H2A 泛素化在基因表达调控中发挥重要作用[7]。

组蛋白 H2B 泛素化修饰主要发生在第 120 位赖氨酸上（图 9-2），其催化酶最初是在酵母中发现，包括泛素接合酶 Rad6 和泛素连接酶 Bre1[8-11]。在哺乳动物中，Bre1 具有两个同源蛋白 RNF20、RNF40，二者能够与酵母 Rad6 同源蛋白 RAD6A、RAD6B 结合，或与泛素接合酶 UbcH6 结合，催化 H2B 第 120 位赖氨酸位点单泛素化[12-14]。此外，染色质重塑复合体 SWI/SNF-A 亚基 BAF250b 能够与延伸因子 Elongin B & C、CUL2 及 RBX1 蛋白结合形成泛素连接酶复合体，该 BAF250b 复合体能够催化 H2B 单泛素化[15-18]。

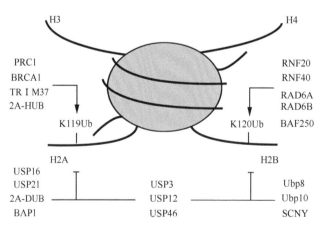

图 9-2　组蛋白泛素化修饰酶

除了发生单泛素化之外，组蛋白 H2A 与其变异体 H2A.X 也能够被一些泛素连接酶进行泛素链化。泛素连接酶 RNF8 与 RNF168 能够催化 H2A 或 H2A.X 泛素链化，并在 DNA 损伤修复过程中加速包括 53BP1 和 BRCA1 在内的 DNA 损伤修复蛋白在损伤位点的招募[19, 20]。

2. 组蛋白去泛素化修饰酶催化系统

组蛋白 H2A 和 H2B 上发生的单泛素化修饰是可逆修饰，能够被去泛素化酶（deubiquitinating enzyme，DUB）去除。其中，H2A 特异性去泛素化酶包括 USP16、2A-DUB、USP21 及 BAP1（BRCA1 associated protein 1）。USP16 能够催化 H2A 去泛素化，并且在 H2A 泛素化调控的 *HOX* 基因沉默、X 染色体失活、细胞周期及 DNA 损伤修复中发挥重要功能[21,22]。2A-DUB 能够与 PCAF 相互作用，并为雄性激素受体依赖基因激活所必需[23]。USP21 作为另外一种 H2A 特异性去泛素化酶，最初被鉴定为肝脏再生调控因子，其作用通过对再生相关基因启动子区域 H2Aub 去泛素化修饰完成[24]。BAP1 是 Polycomb 蛋白，具有 H2A 特异 C 端水解酶活性，实验证明 BAP1 在体内、体外都能够特异性去除 H2A 单泛素化。BAP1 的缺失会显著增加 H2Aub 的水平，果蝇中 BAP1 的缺失会造成 *HOX* 基因表达受到抑制[25]。

组蛋白 H2B 特异性去泛素化酶有两种，Ubp8 和 Ubp10 是在酵母中被鉴定到的组蛋白 H2B 去泛素化酶。Ubp8 在组蛋白上与 H3K4 三甲基化位点共定位，而 Ubp10 能够结合 H3K79 三甲基化富集位点或端粒和 rDNA 基因座[26,27]。Ubp8 是酵母中主要的 H2B 去泛素化酶，其缺失会造成全局性 H2B 泛素化修饰水平上升[28, 29]。果蝇泛素蛋白酶 SCNY 是酵母 Ubp10 的同源物，体外试验证明了其具有去 H2B 单泛素化修饰活性，SCNY 蛋白的缺失造成果蝇幼虫全局性 H2B 单泛素化修饰水平上升，是维持多种类型的成体干细胞所必需的[30]。

除了 H2A 或 H2B 特异性去泛素化酶以外，USP3、USP12 和 USP46 等几种去泛素化酶对 H2A 或 H2B 上泛素化修饰都具有双重特异性。功能研究表明，USP3 为细胞周期进程和基因组稳定性所必需，在非洲爪蟾发育过程中，USP12 和 USP46 发挥着重要调控功能[31-34]。

9.1.3　组蛋白泛素化修饰的功能与疾病

作为细胞中丰度最高的修饰类型之一，组蛋白泛素化修饰在很多重要的生物过程中发挥关键作用，包括：基因转录、DNA 损伤修复、染色质完整性维持、干细胞维持与分化。H2A 和 H2B 泛素化修饰已被证明参与基因转录调控：H2A 泛素化修饰主要与基因沉默、转录抑制相关，而 H2B 泛素化修饰主要与转录激活相关。H2A 的泛素连接酶主要在转录抑制复合物中发现，如 PRC1、BCoR、E2F6 及 2A-HUB 复合物等[1, 2, 35-37]；而 H2A 去泛素化酶通常是基因激活所必需。相比之下，H2B 泛素化修饰在高表达的基因转录区域存在，H2B 泛素化修饰可能通过多种机制参与转录激活，包括促进其他活性组蛋白修饰和 Pol II 延伸[38, 39]。

许多研究表明组蛋白泛素化修饰在转录调节中的作用机制是通过与组蛋白其他修饰互作，这也将在下一节详细介绍。

1. 组蛋白赖氨酸泛素化修饰与 DNA 损伤修复

目前的研究表明 DNA 损伤会诱导组蛋白泛素化修饰，进而启动 DNA 损伤修复相关机制。DNA 双链断裂（double-strand break，DSB）是一种经典的 DNA 损伤类型。在 DSB 发生之后，染色质上发生一系列机制响应 DSB，首先组蛋白变异体 H2A.X 被添加到 DSB 位点，并迅速通过激酶 ATM、ATR 在 γ 位置发生磷酸化[40]。H2A.X 磷酸化促进 DNA 损伤应答调剂因子 Mdc1/NFBD1、RNF8 和 RNF168 在 DSB 位点的招募[41, 42]。RNF8 和 RNF168 能够催化组蛋白 H2A 或 H2A.X 上多聚泛素化链的形成，并招募 RAP80 等泛素识别元件，进而招募 BRCA1 等 DSB 修复蛋白[19, 43]。

除了多泛素化之外，组蛋白 H2A、H2B 和 H2A.X 的单泛素化也发生在 DNA 损伤位点。在 DSB 发生后，组蛋白泛素化酶RING1B/BMI 和 RNF20/RNF40 等会被招募到DSB位点,并分别催化 H2A 或 H2A.X K119 位点单泛素化，以及 H2B K120 位点单泛素化[44-47]。而 RNF20 的敲除或干扰 H2B 单泛素化形成会影响 DNA 损伤修复 NHEJ 途径或同源重组途径相关蛋白在损伤位点的招募[48]。此外，泛素化酶 USP3、BRCC36 等也被报道在 DNA 损伤修复中发挥重要作用，说明组蛋白泛素化与去泛素化的动态调控是 DNA 损伤修复所必需[49]。普遍的观点是，组蛋白 H2A 与 H2B 单泛素化能够干扰染色质凝集，进而促进修复相关蛋白在 DNA 损伤位点的招募[48]，但是其分子机制还有待发现。

2. 组蛋白赖氨酸泛素化修饰与 X 染色体失活、染色质完整性维持等其他功能

X 染色体失活是发生在雌性哺乳动物中的一种"剂量补偿"效应，对 X 染色体上的组蛋白修饰研究表明，雌性哺乳动物失活的 X 染色体上存在 H2A 单泛素化。E3 泛素连接酶 RING1B 与泛素化 H2A 参与到 X 染色体失活发生过程中[50, 51]。

H2B 泛素化修饰除了调控转录以外，也是染色质边界完整性（chromatin boundary integrity）所必需。染色质边界的完整性确立了常染色质与异染色质区域之间的边界，研究表明在边界区域 E3 泛素连接酶的招募促进 H2B 泛素化水平上升，进而通过 H2B 泛素化激活相关活性组蛋白修饰发生，维持常染色质状态。而 H2B 泛素化水平的降低会造成染色质边界上其他活性组蛋白修饰的连锁式改变，使异染色质区域扩散，造成基因沉默等异常[39, 52]。

在干细胞维持与分化过程中，组蛋白泛素化与去泛素化通过调控细胞全能性或分化基因的表达实现对干细胞命运进行精确调控。现有的报道表明，BMI1 是造血干细胞和神经干细胞自我更新与维持所必需[53, 54]。果蝇中的研究表明 SCNY 是维持生殖干细胞所必需，SCNY 突变体个体中干细胞的数量和存活期显著降低[30]。在小鼠胚胎干细胞中的研究表明，组蛋白 H2A 泛素化修饰能够限制 Pol II 聚合酶在发育调控基因上的稳定性，当 RING1A 和 RING1B 缺失后，H2A 泛素化水平降低，对 RNA 聚合酶 Pol II 的限制减少，导致相关基因表达活性提升，使干细胞进入分化阶段[55]。

9.1.4 组蛋白泛素化修饰与组蛋白其他修饰的相互作用

1. H2A 泛素化与 H3 甲基化修饰相互作用

前文已阐述组蛋白泛素化修饰能够调控基因表达，而基因表达调控受到多种组蛋白修饰的影响。转录起始是调控 mRNA 合成的关键步骤，并受到染色质结构与组蛋白修饰密切调控。已知的研究结果表明，H2A 泛素化修饰通过抑制 H3K4 二甲基化和三甲基化抑制转录起始[56]。而 USP21 作为 H2A 特异性去泛素化酶，能够解除 H2A 泛素化对 H3K4 甲基化的抑制，激活 H3K4 甲基化修饰，促进 H3K4 对转录因子及 RNA 聚合酶的招募并起始转录。一种看法认为，在核小体空间结构上，H2A 的 C 端与 H3 的 N 端靠近，因此 H2A 泛素化可能造成 H3K4 甲基转移酶对 H3K4 位点的特异性识别受阻，进而影响 H3K4 位点甲基化；而 USP21 对 H2A 特异性去泛素化会解除这种空间位阻，使 H3K4 位点再次能够被相关甲基转移酶识别并发生甲基化，进而招募相关转录因子，开启转录[24]。

2. H2B 泛素化与 H3 甲基化相互作用

在酵母中，H2B 第 123 位赖氨酸泛素化修饰，由 E2 泛素结合酶 Rad6 与 E3 泛素连接酶 Bre1 催

化形成。组蛋白 H3 第 4、79 位赖氨酸能够由甲基转移酶 Set1 和 Dot1 分别催化形成单、双、三甲基化。其中 Dot1 是独立的甲基转移酶而 Set1 是蛋白复合体 COMPASS 的亚基。在缺失 H2B 泛素化修饰的酵母突变体（rad6、bre1、H2B K123R）中，H3K4 二甲基化、三甲基化及 H3K79 三甲基化也随之消失，此外 H3K4 单甲基化及 H3K79 二甲基化水平也严重降低[9, 57]；相反，敲除 H2B 特异性去泛素化酶 Ubp8 或 Ubp10，能够增强 H2B 泛素化水平，进而增强 H3K4 与 H3K79 甲基化修饰水平。以上的结果表明，在 H2B 泛素化与 H3K4 或 H3K79 甲基化之间存在反式相互作用。有多种模型解释这种组蛋白修饰反式相互作用的分子机制。第一种模型认为，组蛋白 H2B K123 泛素化修饰能够作为一种"桥"直接招募甲基转移酶 Set1 或 Dot1，然而 Set1 和 Dot1 能够在 H2B 泛素化缺失时与染色质结合，因此通过 H2B 泛素化对两种甲基转移酶的招募可能不是主要调控方式。第二种模型认为，H2B 泛素化招募 Set1-COMPASS 复合体亚基 Swd2 蛋白，通过 Swd2 蛋白调控 H3 甲基化；已有的报道表明 Swd2 是 H2B 单泛素化修饰及 H3K4 甲基化修饰的关键连接因子，Swd2 能够通过与 H2B K123 泛素化位点的结合连接于 Set-COMPASS 复合体并刺激 Set1 甲基转移酶活性；此外，Swd2 也被证明能够与 Dot1 互作并影响 H3K79 甲基化[58]。但两种修饰之间具体的相互作用机制仍然存在很多未知因素。

9.2　组蛋白磷酸化修饰

关键概念

- 四种核心组蛋白及连接组蛋白（H1）上都有不同的丝氨酸、苏氨酸、酪氨酸位点在不同的磷酸激酶催化作用下发生磷酸化修饰。Aurora 磷酸激酶及磷酸激酶 ATM、ATR、Mst1 是常见的组蛋白磷酸化修饰酶；蛋白磷酸酶催化组蛋白去磷酸化修饰。
- 磷酸化修饰位点形成组蛋白磷酸化修饰密码，通过与染色质上其他翻译后修饰互作或者与具有磷酸结合结构域的蛋白质互作，调控细胞核中染色质相关分子过程，进而影响细胞核中相关生物过程。

在核小体组蛋白上，四种组蛋白末端都有多个丝氨酸（Ser，S）、苏氨酸（Thr，T）、酪氨酸（Tyr，Y）残基位点被各种蛋白激酶磷酸化或被蛋白磷酸酶去磷酸化。这些组蛋白磷酸化位点形成磷酸化组蛋白密码，通过与染色质上其他翻译后修饰互作或者与具有磷酸结合结构域的蛋白质互作，调控细胞核中染色质相关分子过程。本节内容将从组蛋白磷酸化及去磷酸化两个方面介绍组蛋白磷酸化修饰，并阐述组蛋白磷酸化修饰参与调控的生物学过程，以及组蛋白磷酸化修饰与其他修饰的互作。

9.2.1　组蛋白磷酸化修饰酶

1. 组蛋白磷酸化修饰酶催化系统

四种核心组蛋白及连接组蛋白（H1）上都有不同的丝氨酸、苏氨酸、酪氨酸位点在不同的磷酸激酶催化作用下发生磷酸化修饰，并发挥多种功能。

Aurora 磷酸激酶特异性磷酸化丝氨酸、苏氨酸位点，在细胞增殖中参与调控细胞分裂中的染色质分离，Aurora 磷酸激酶的缺失会造成基因组不稳定并与肿瘤发生相关[59]。目前已发现的 Aurora 磷酸激酶有 A、B、C 三种，其中 Aurora B 激酶能够催化组蛋白 H3S10、H3S28 位点磷酸化，并影响细胞有丝分裂中染色质的凝集与分离[60-62]。

磷酸激酶 ATM、ATR（酵母中为 Tel1 与 Mec1）是丝氨酸、苏氨酸位点磷酸激酶，参与细胞中 DNA 损伤修复过程，包括双链断裂 DSB 位点 H2A 变异体 H2A.X S139 磷酸化（酵母中由于没有 H2A.X，其磷酸化位点为 H2A S129）[63,64]。磷酸化的 H2A.X 一般被称为 γH2A.X，H2A.X 在 DNA 损伤位点的磷酸化进一步开启 DNA 损伤修复机制，这部分内容将在磷酸化修饰的功能介绍中详细展开。

Mst1 是一种应激激活的促细胞凋亡蛋白激酶，通过限制细胞增殖和促进细胞凋亡在器官大小控制及肿瘤抑制中发挥重要作用。Mst1 能够催化组蛋白 H2A.X Y142 及 H2B S14（酵母中为 S10）的磷酸化，这些位点的磷酸化与细胞凋亡相关[65]。MSK1 磷酸激酶特异性磷酸化丝氨酸/苏氨酸位点，能够通过对组蛋白磷酸化调控基因表达，MSK1 在组蛋白磷酸化的靶点位于组蛋白 H3S10 与 H3S28[66-68]。除了上述介绍的组蛋白磷酸激酶以外，还有 WSTF、ERK1、AMPK、CDK2 等多种磷酸激酶对组蛋白进行磷酸化修饰，组蛋白磷酸化修饰催化系统呈现激酶与底物的多样性。

2. 组蛋白去磷酸化修饰酶催化系统

蛋白磷酸酶（protein phosphatase）是一类能够将对应磷酸化蛋白底物去磷酸化的酶，即通过水解磷酸单酯将底物分子上的磷酸基团去除。组蛋白去磷酸化修饰也通过蛋白磷酸酶催化完成。例如，在组蛋白去磷酸化修饰中，DNA 损伤修复相关的 γH2A.X 在损伤修复完成后，由 PP2A、Wip1、PP6、PP4 等蛋白磷酸酶完成去磷酸化修饰[69-72]，而 H2A.X Y142 位点磷酸化修饰则通过 EYA1/3 磷酸酶去除[73]。

9.2.2 组蛋白磷酸化修饰的功能与疾病

正如前文所说，染色质组蛋白上存在多个磷酸化修饰位点，这些磷酸化修饰位点形成组蛋白磷酸化修饰密码，通过这些磷酸化修饰，染色质组蛋白能够被多种具有磷酸结合结构域如 14-3-3 或 BRCT 结构域的蛋白质识别并结合，进而影响细胞核中相关生物过程[74,75]。以下就组蛋白磷酸化对转录与细胞周期调控、DNA 损伤修复、细胞凋亡与染色质凝集等生物学过程进行介绍。

1. 组蛋白磷酸化对转录及细胞周期调控

已知的研究表明，有大量的组蛋白磷酸化位点与基因表达转录调控相关，通常这些磷酸化修饰主要调控细胞增殖基因的表达。H3S10、H3S28 及 H2B S32 三个位点的磷酸化与表皮生长调控因子 *EGF* 基因转录相关。其中，H3S10 和 H3S28 磷酸化与原癌基因 *c-fos*、*c-jun* 和 *c-myc* 表达相关[68, 76, 77]。在 *c-fos* 和 *α-globin* 基因启动子区域的 H3S28 磷酸化能够调控这两种基因的转录激活。此外，组蛋白磷酸化修饰对转录的调控也受到一些刺激信号激活，如 H3S10 和 H3S28 位点的磷酸化不仅响应表皮生长调控因子，也响应 UVB 辐射刺激；H3T11 和 H3T6 位点的磷酸化响应雄性激素刺激并激活下游基因转录，而在小鼠细胞中，这两处位点也响应 DNA 损伤信号[78-80]。H3 上的磷酸化修饰被证明与乙酰化修饰存在相互作用，这也将在下一节详细介绍。

除了组蛋白 H3 上磷酸化以外，组蛋白 H2B 磷酸化也与基因表达调控相关，H2B S36 位点磷酸化受 AMPK 激酶调控，H2B S36 磷酸化修饰发生在 AMPK 激酶响应基因的启动子区和编码区，这些区域 H2B S36 磷酸化的缺失会造成 AMPK 响应基因表达水平的降低，并造成代谢应激条件下细胞存活率降低[81]。另外，H2B Y37 位点磷酸化也与细胞存活或细胞周期调控相关基因表达有密切联系，H2B Y37 磷酸化由 WEE1 激酶完成，主要发生在 S/G_2 晚期的核心组蛋白编码基因位点，直接阻止核心组蛋白基因与转录激活因子的结合进而抑制转录，从而调控细胞周期的进行[82]。

2. 组蛋白磷酸化与 DNA 损伤修复

DNA 损伤修复响应是细胞在应对各种内外界因素造成的 DNA 损伤时进行的应激性修复策略，需要多种 DNA 损伤修复蛋白、染色质重塑因子（chromatin remodeling factor）、组蛋白分子伴侣（histone chaperone）等表观调控因子参与，其中损伤位点组蛋白修饰的动态改变能够作为损伤修复机制响应信号，招募修复蛋白并开启损伤修复过程。前文的描述已表明，在 DSB 位点有组蛋白泛素化修饰的参与，同时组蛋白 H2A 或 H2A.X 磷酸化修饰也在其中起到关键作用。

组蛋白变异体 H2A.X 在 DNA 双链断裂后被快速添加到双链断裂位点，并被 ATM、ATR 磷酸化为 γH2A.X。哺乳动物细胞中 γH2A.X 在双链断裂位点富集并替代 H2A 向附近扩散[64, 83, 84]，招募染色质重塑复合体 INO80 和 SWR1 到损伤修复位点，二者通过它们共有的亚基 ARP4 直接结合 γH2A.X，利用 ATP 水解释放能量，滑动或移除核小体，重塑 DNA 损伤位点附近染色质结构，增强损伤修复蛋白对损伤区域 DNA 的可接触性，促进修复过程的进行[85, 86]。另外，53BP1/Crb2 相关的衔接蛋白 Rad9 被证明通过其 BRCT 结构域与 γH2A.X 互作，而 Tudor 结构域则能够与 H3K79 甲基化特异性结合，促进 Rad9 招募到 DNA 断裂位点，并被 Mec1 激活进而诱导 DNA 损伤检查点通路激活。这种机制延缓细胞 G_1/S 期细胞周期进展，从而有效地促进 DNA 损伤修复[87-89]。

一旦 DNA 损伤修复完成，γH2A.X 必须从染色质上移除，以阻止修复蛋白在 DNA 上的保留，并恢复因 DNA 损伤造成的细胞周期停滞。酵母中的研究表明 SWR1 将 DSB 修复位点的 γH2A.X 替换为另一种组蛋白变异体 H2A.Z[90]，而哺乳动物中的结果表明无论是 H2A.Z 还是 γH2A.X，都通过重塑复合体 INO80 从 DSB 位点移除[91]。除了移除 γH2A.X 外，γH2A.X 也会在损伤修复完成后通过蛋白磷酸酶实现去磷酸化。

9.2.3 组蛋白磷酸化与染色质凝集及细胞凋亡等

组蛋白 H3 磷酸化最初被发现是参与有丝分裂或减数分裂中染色质凝集的过程，H3 的 N 端 T3、S10、T11、S28 四个位点除了在转录调控中发挥功能以外，也与染色质凝集和分离相关，H3S10 和 H3S28 磷酸化在研究中被作为有丝分裂或减数分裂染色质凝集标记物[92, 93]。对这两个位点的磷酸化与去磷酸化维护了染色质在分裂过程中的正确分离，Aurora B 作为催化 H3S10、H3S28 磷酸化的激酶，在多种人类肿瘤细胞中高表达，说明其对以上两个位点磷酸化的调控与染色质稳定性或细胞癌变有较大的关联[59, 94, 95]。组蛋白 H3 苏氨酸磷酸化位点 T3 也在有丝分裂中发现被磷酸化，其分布在有丝分裂前期与 H3S10 磷酸化相似，但在细胞进入中期时 H3T3 磷酸化位点高度富集在着丝粒区域，随后 H3T3 磷酸化水平随着有丝分裂的完成和染色质解聚而逐渐消失[96]。H3T3 磷酸化由激酶 Haspin 催化，对 Haspin 的敲除会造成姐妹染色单体凝集异常，说明 H3T3 磷酸化在调控姐妹染色质分离中发挥功能[97]。另一种 H3 苏氨酸位点 T11 磷酸化修饰主要存在于有丝分裂前期到后期，与 H3T3 磷酸化相似，H3T11 磷酸化也与着丝粒有关，H3T11 磷酸化在人乳腺癌细胞系 MCF7 中被发现只存在于有丝分裂时期的细胞[98]。

在减数分裂中，酵母中的研究表明，H4S1 与 H2BS10 磷酸化在减数分裂时期的染色质上存在。H4S1 磷酸化主要出现于减数分裂后期及减数分裂完成后的细胞中，该位点磷酸化由激酶 Sps1 催化，H4S1 磷酸化的缺失会造成孢子形成异常、细胞 DNA 拷贝数增加等缺陷；H2B S10 磷酸化发生于减数分裂前期，其定位受联会复合体中心原件 Zip1 抑制，说明其可能在同源染色体配对、染色质凝集等过程中发挥功能[99-101]。

组蛋白磷酸化对染色质凝集的影响除了在细胞分裂中以外，也有报道其与细胞凋亡相关。H2B S14 磷酸化被报道存在于凋亡的哺乳动物细胞中，相应地，酵母中 H2B S10 磷酸化被证明与过氧化氢引起的染色质凝集及细胞凋亡有关[101-103]。可能的机制是 H2B S10 磷酸化受到相邻位点 K11 乙酰化负调控，由去乙酰化酶 Hos3 去乙酰化 H2B K11 而促进 H2B S10 磷酸化，并导致后续凋亡相关染色质凝集发生[104]。在细胞命运决定中，当 DNA 损伤发生时，H2A.X 磷酸化水平随着 DNA 碎片的增加及凋亡进行而升高；另一种观点认为，H2A.X S139/Y142 位点的磷酸化水平决定了细胞在 DNA 损伤修复或凋亡之间的命运决定，而 H2B S14 磷酸化则作为细胞凋亡的检验印记[105]。

9.2.4 组蛋白磷酸化修饰与组蛋白其他修饰的相互作用

前文的介绍中提到组蛋白磷酸化与乙酰化在基因表达调控中存在相互作用。组蛋白 H3 上 S10、T11、S28 位点磷酸化已证明与 H3 乙酰化明显相关，说明以上磷酸化位点与转录激活相关。研究表明这些磷酸化修饰与 Gcn5 催化的 H3 乙酰化关联，在 EGF 刺激的细胞中，H3S10 磷酸化修饰与转录激活标志 H3K9、K14 乙酰化紧密关联[76, 106, 107]。体外试验证明，H3S10 磷酸化修饰能够促进 Gcn5 乙酰转移酶对 H3K14 乙酰化，并在体内促进 Gcn5 调控的基因转录。这种关联可能是通过 Gcn5 直接与组蛋白 H3S10 磷酸化相互作用实现。而 H3T11 磷酸化能够在 H3S10 磷酸化基础上强化 Gcn5 在其调控的基因启动子区域的互作，导致 H3K9 与 K14 位点乙酰化水平上升，从而刺激转录[78, 80, 108]。此外，H3S28 磷酸化也被证明参与 H3K9 乙酰化促进过程[109]，说明三者之间存在复杂的相互作用调控 Gcn5 依赖性 H3 乙酰化修饰及基因表达等。另外，H3S28 磷酸化也被证明参与 H3K27 乙酰化调控的转录激活过程。H3S28 磷酸化修饰被认为能够在基因启动子区域移除 polycomb 家族转录抑制复合体，并促进相邻位点 K27 去甲基化和乙酰化，进而激活转录[77, 110]。

9.3 组蛋白新型酰化修饰

关键概念

- 新型组蛋白酰化修饰，包括丙酰化（propionylation）、丁酰化（butyrylation）、2-羟基异丁酰化（2-hydroxyisobutyrylation）、β-羟基丁酰化（β-hydroxybutyrylation）、琥珀酰化（succinylation）、丙二酰化（malonylation）、戊二酰化（glutarylation）、巴豆酰化（crotonylation，又称丁烯酰化）及乳酸化（lactylation）。

- 乙酰转移酶（酰化修饰写入器）主要有三个家族，分别是 GNAT 家族、MYST 家族及 p300/CBP 家族；去酰化酶（酰化修饰擦除器）主要有两个大的家族，一个是 Zn^{2+} 依赖的 HDAC 家族，另一个是 NAD^+ 依赖的 Sirt 家族。除了直接修饰作用，一些蛋白质可以通过调节酰基辅酶 A 的底物浓度来间接调控下游蛋白质的酰化修饰水平，如 CDYL、ECHS1；组蛋白修饰的识别（酰化修饰阅读器）主要有三个家族：bromodomain、YEATS domain（包括 Yaf9、ENL、AF9、Taf14 和 Sas5）及 PHD9（double plant homeodomain 9）。

- 组蛋白的乙酰化修饰会导致基因转录的激活，一方面，乙酰化修饰使得赖氨酸侧链由负电荷转为电中性，减弱组蛋白和 DNA 间的静电作用而导致染色质结构的变化（顺式作用）；另一方面，招募识别乙酰化修饰的蛋白质"阅读器"（反式作用），进而影响基因的表达。组蛋白酰化修饰往往与以下四类生物过程相关：依赖信号的基因激活、精子发生过程、组织损伤和代谢压力。

9.3.1　组蛋白新型酰化修饰概述

组蛋白酰化修饰是组蛋白上分布最广泛的翻译后修饰类型，除了研究历史较长的乙酰化外，近年来随着质谱技术的发展，人们逐渐发现了至少 9 种新型组蛋白酰化修饰，包括丙酰化（propionylation）、丁酰化（butyrylation）、2-羟基异丁酰化（2-hydroxyisobutyrylation）、β-羟基丁酰化（β-hydroxybutyrylation）、琥珀酰化（succinylation）、丙二酰化（malonylation）、戊二酰化（glutarylation）、巴豆酰化（crotonylation，又称丁烯酰化）及乳酸化（lactylation）。近期的研究进展表明，这些新型的酰化修饰在结构、功能和调节机制上与传统的乙酰化修饰既有密切的联系又有显著的不同，并在表观遗传导致的基因表达调控，以及代谢、肿瘤、生殖发育等多种生理病理过程中发挥重要的作用[111]。

9.3.2　组蛋白新型酰化修饰的发现

不同的翻译后修饰基团和氨基酸残基共价结合以后，会改变相应氨基酸的相对分子质量，而这种质量上的改变可以被质谱所检测到，因此质谱技术广泛应用于新修饰的发现及修饰位点的鉴定。这 9 种新型酰化修饰都是基于质谱技术所发现的，而具体的技术路线分为两类：第一类策略是由于各种酰化修饰在结构上较为相似，抗体富集时通常有一定比例的交叉富集，再结合质谱鉴定的方法发现了丙酰化、丁酰化、丙二酰化、戊二酰化修饰；第二类策略是通过软件从质谱的谱图中寻找和分析新的质量偏移，寻找新的修饰类型，通过这种策略发现的新型酰化修饰包括琥珀酰化、巴豆酰化、2-羟基异丁酰化、β-羟基丁酰化及乳酸化（图 9-3）。

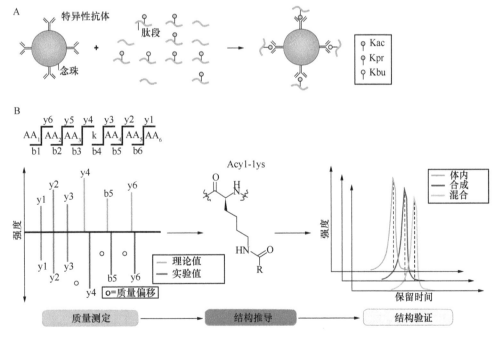

图 9-3　组蛋白新型酰化修饰的发现策略

9.3.3 组蛋白新型酰化修饰的化学结构特征和位点分布

不同修饰基团的共价结合能够改变蛋白质的理化性质和局部结构，这是翻译后修饰发挥生物学功能的化学基础。根据修饰基团本身化学结构和性质的不同，可以将酰化修饰分为疏水性修饰、极性修饰及酸性修饰三个不同类型（图 9-4）。疏水性修饰类型包括乙酰化、丙酰化、丁酰化和巴豆酰化修饰，它们在化学结构上具有不同长度的疏水性的碳氢链，而巴豆酰化修饰由于双键的存在会具有一个更大的刚性平面结构，这赋予了其独特的调节机制和功能。极性修饰类型包括 2-羟基异丁酰化和 β-羟基丁酰化两种，其修饰链上具有一个羟基基团，能够和其他分子形成氢键；酸性修饰类型包括丙二酰化、琥珀酰化和戊二酰化三种，其共同的特点是具有一个酸性的羧基基团，能够使得赖氨酸残基由+1 电荷转变为–1 电荷的状态，类似于磷酸化所引起的电荷改变。目前随着质谱技术的发展，人们已经鉴定出多达246 个组蛋白新型酰化修饰位点（图 9-4），极大地提高了人们对于组蛋白修饰复杂性的认识和理解。

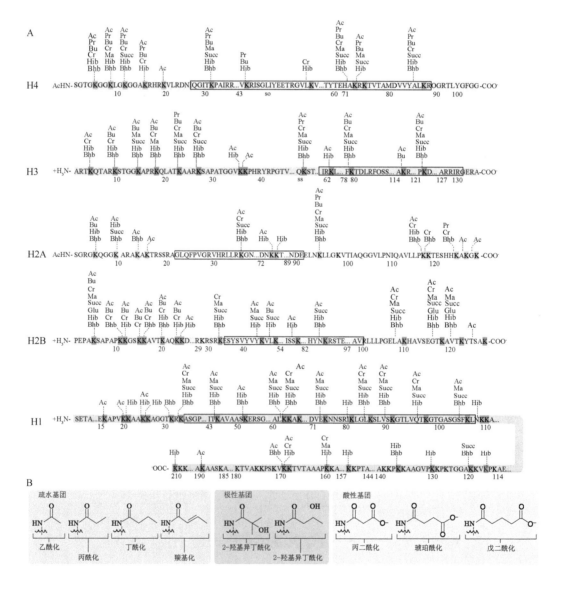

图 9-4 组蛋白新型酰化修饰的类型和分布

9.3.4　组蛋白新型酰化修饰的酶促调节机制

组蛋白酰化修饰具有高度的动态变化，其主要受到两类酶的调节：酰基转移酶，也被称为"写入器（writer）"；去酰化酶，也被称为"擦除器（eraser）"。此外，也有其他一些酶可以通过影响酶促反应底物 CoA 的浓度来影响组蛋白的酰化修饰水平。

1. 酰基转移酶——酰化修饰的"写入器"

尽管目前还没有发现新型酰化修饰特异的酰基转移酶，但是很多已知的乙酰转移酶（HAT）同样具有催化新型酰化修饰反应的能力。乙酰转移酶主要有三个家族，分别是 GNAT 家族、MYST 家族及 p300/CBP 家族，这三个家族的成员都能不同程度地催化新型酰化修饰反应，其各自的催化范围和能力如图 9-5 所示。其中，p300/CBP 家族的酶具有最为广泛的酰基转移酶活性，除了乙酰化以外，其还能够催化包括丙酰化、丁酰化、巴豆酰化、β-羟基丁酰化、琥珀酰化、戊二酰化和乳酸化在内的多种新型酰化修饰[112-117]。与 p300/CBP 家族相比，另外两个乙酰转移酶家族 GNAT 和 MYST 的催化范围则窄得多，已知 GNAT 家族的 GCN5 和 PCAF 及 MYST 家族的 Esa1 能够催化丙酰化修饰的发生，其中 GCN5 和 PCAF 还能够催化丁酰化的反应。

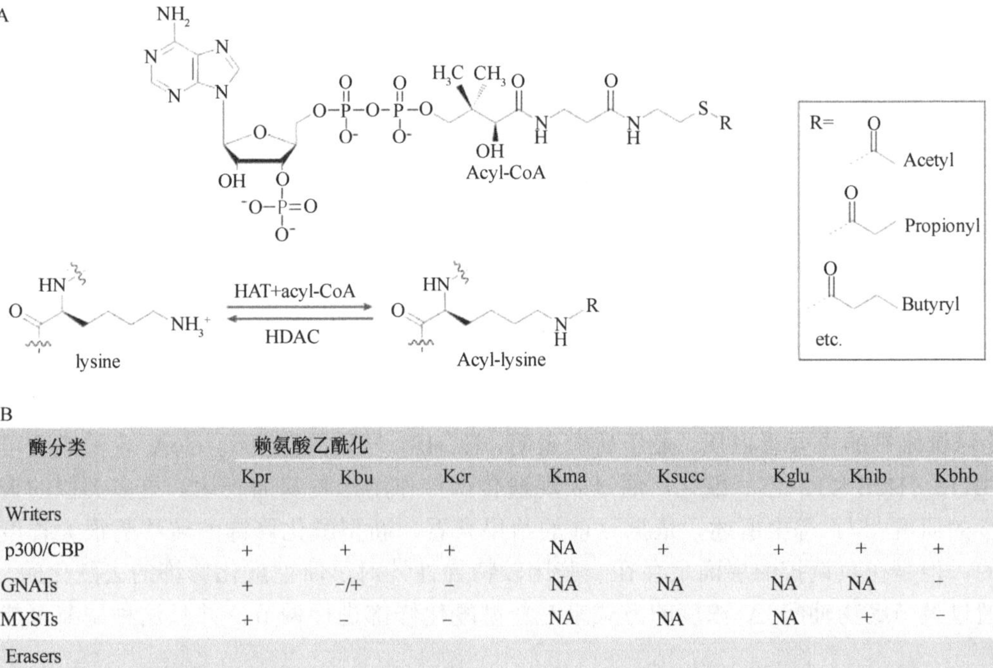

酶分类	赖氨酸乙酰化								
	Kpr	Kbu	Kcr	Kma	Ksucc	Kglu	Khib	Kbhb	Kla
Writers									
p300/CBP	+	+	+	NA	+	+	+	+	+
GNATs	+	-/+	-	NA	NA	NA	NA	-	-
MYSTs	+	-	-	NA	NA	NA	+	-	-
Erasers									
NAD⁺依赖的去乙酰化酶	SIRT1-3	SIRT1-3	SIRT1-3	SIRT5	SIRT3-5.7	SIRT5	+		
Zn²⁺依赖的组蛋白去乙酰化酶	NA	NA	HDAC1-3	NA	NA	NA	HDAC2/3	HDAC1/2	HDAC1-3

图 9-5　组蛋白新型酰化修饰的酶促调节体系

除了对于催化底物具有一定的选择性，酰基转移酶针对不同底物的催化反应速率也不尽相同。通常来说，底物的化学链越长，则酶的催化效率越低[115, 118-120]。这种底物选择性和催化效率的不同是由酶和底物的空间结构所决定的。蛋白质的空间结构解析结果显示，p300 在活性位点位于一个较深的"脂肪酸口袋"

中，能够容纳更大的酰化修饰基团，因此其能够催化多种酰基化反应发生，而越大的酰基 CoA 越不易进入口袋，则其相应的催化速率越低[115]。对于 GCN5 而言，其活性区域的空间较小，无法容纳巴豆酰 CoA 较大的刚性结构，因而无法催化巴豆酰化修饰[120]。

2. 去酰化酶——酰化修饰的"擦除器"

去酰化酶主要有两个大的家族，一个是 Zn²⁺ 依赖的 HDAC 家族，另一个是 NAD⁺ 依赖的 Sirt 家族。Sirt 家族的许多成员都具有去新型酰化修饰的活性，例如，Sirt1-3 具有去丙酰化、去丁酰化及去巴豆酰化的活性，尽管其催化能力较乙酰化为弱[113, 121, 122]。此外，尽管 Sirt5 并没有明显的去乙酰化活性，但是其却表现出了很强的去琥珀酰化、去丙二酰化和去戊二酰化的能力[116, 123-125]。Sirt7 是另一个重要的去酰化酶，其定位于细胞核并在组蛋白表观遗传和转录调控中发挥重要作用。其不但具有针对组蛋白 H3K18ac 位点的去乙酰化活性，而且还具有 H3K122succ 位点的去琥珀酰化活性，并与下游的癌症基因表达、基因组稳定性等过程有关[126, 127]。综上所述，Sirt 家族不同成员对于酰化修饰底物的选择性不同，其中 Sirt5 更倾向于催化酸性酰化修饰的去除。

相比之下，HDAC 家族成员针对不同酰化修饰的催化作用尚不是很清楚，目前只知道 HDAC1、2 调控 β-羟基丁酰化的去酰化修饰作用[128]，HDAC1-3 则被报道具有去乳酸化修饰以及去巴豆酰化修饰活性[129]，而 HDAC 家族的 Rpd3p 和 Hos3p 有去 2-羟基异丁酰化的作用[130]。

3. 对酰化修饰起间接调控作用的酶

除了直接调节酰化修饰的酰基转移酶和去酰化酶以外，还有一些蛋白质可以通过调节酰基 CoA 的底物浓度来间接调控下游蛋白质的酰化修饰水平，这方面的典型例子是 CDYL（chromodomain Y-like protein）。CDYL 是一个染色质结合蛋白，其具有表观遗传调控和基因表达抑制的功能。最近的研究发现其具有巴豆酰 CoA 水合酶的活性，能够将周围的巴豆酰 CoA 转变成 β-羟基丁酰 CoA，从而降低其所结合的组蛋白的巴豆酰化修饰水平，进而导致相应基因表达的抑制。值得注意的是，CDYL 能够结合的基因组蛋白区域是特定的，因此其对于相应区域的基因表达抑制也是特异性地调节，而非泛泛地调节。通过这种方式，CDYL 可以通过降低特定基因区域的组蛋白巴豆酰化修饰实现更为精确的转录调节作用[131]。除 CDYL 外，巴豆酸酶 ECHS1（short-chain enoyl-CoA hydratase）也是调节巴豆酰 CoA 含量、巴豆酰化修饰水平的重要蛋白质。最新研究表明，ECHS1 导致的巴豆酰 CoA 含量改变可以特异性地调节 H3K18、H2B K12 巴豆酰化，通过表观遗传调控作用影响基因表达。更多类似的调节机制还有待进一步的研究[132]。综上所述，依据目前的结果来看，新型酰化修饰的转移酶很大程度上与乙酰化是共通的，但是在负调控的层面上存在一些比较特异性针对于新型酰化修饰的去酰化酶。此外，一些酶可以通过调节底物辅酶 A 浓度的方式来对新型酰化修饰进行调节，并且这种调节可能存在较强的特异性。

9.3.5 组蛋白新型酰化修饰的识别——新型酰化修饰的"阅读器"

组蛋白修饰的识别对于表观遗传的调控非常重要，而这种识别是由一类被称为"阅读器（reader）"的蛋白质所介导的[133, 134]。酰化修饰的阅读器主要有三个家族：布罗莫结构域（bromodomain）、YEATS 结构域（包括 Yaf9、ENL、AF9、Taf14 和 Sas5）及 PHD9（double plant homeodomain 9）。这三个家族对不同的酰化修饰表现出不同的识别特异性。

1. Bromodomain 家族蛋白

Bromodomain 家族的蛋白质主要是乙酰化的阅读器，然而现在的研究结果表明其同样可以结合丙酰化修饰，而通常难以有效识别丁酰化、巴豆酰化或者酸性的酰化修饰基团[135, 136]。但这种规则不是固定的，在不同蛋白质包含的结构域及不同的组蛋白位点环境中可能出现例外的识别情况[137]。

2. YEATS 结构域家族蛋白

YEATS 结构域是近些年发现的新型组蛋白乙酰化阅读器[138, 139]，YEATS 结构域序列高度保守，并且在功能上与转录调控相关[140]。关于 AF9-H3K9cr 的晶体结构显示，YEATS 与酰化修饰基团的结合部位呈现一个开放的口袋结构，能够容纳较大的酰化修饰基团（图 9-6）[141]。与布罗莫结构域的情况相反，相较于乙酰化而言，YEATS 反而更倾向于结合和识别体积较大的丙酰化、丁酰化、巴豆酰化等修饰基团[141-143]。YEATS 与巴豆酰化的结合能力最强，强于乙酰化水平 2～4 倍[141]。通过晶体结构我们可以看出，其与巴豆酰化修饰基团的强结合力源于巴豆酰化的刚性平面结构与 YEASTS 结合区域中两个芳香族残基之间紧密的相互作用（图 9-6）。这些结果表明，从酵母到人类中都高度保守的 YEATS 结构域对于巴豆酰化修饰的独特双键结构具有高度的结合是其识别能力的基础[141-144]，这意味着 YEATS 在巴豆酰化参与的表观遗传和转录调控中发挥重要作用。

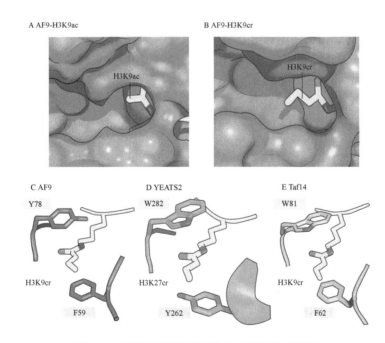

图 9-6　组蛋白新型酰化修饰的空间结构及识别

3. PHD 结构域家族蛋白

PHD（plant homeodomain）结构域其实最初是作为赖氨酸甲基化修饰的阅读器所鉴定到的[145]，后来人们又发现 DPF（double PHD finger）结构域能够识别赖氨酸乙酰化[146]。和 YEATS 结构域的情况类似，人们也发现 DPF 结构域对于长链的酰基化修饰有更强的结合能力。与 DPF 结构域结合力最强的同样是巴豆酰化修饰，其结合强度是乙酰化的 4～8 倍。这种与巴豆酰化的强结合能力主要是源于强的疏水相互作用力[147]。

综合以上的结果，我们可以看到在三个主要的酰化修饰"阅读器"蛋白家族中，有两个是比较倾向于识别新型酰化修饰，而另一个更倾向于识别乙酰化修饰。这意味着新型酰化修饰和传统乙酰化修饰在被识别和下游功能发挥层面可能都有所区别。

9.3.6 组蛋白新型酰化修饰的代谢调节机制

目前的研究表明，酰基转移酶对酰基辅酶 A 的特异性不是很高，因此在催化酰化反应时，可能会面临多种酰基辅酶 A 的竞争。因此，酰基辅酶 A 的浓度会影响组蛋白发生何种酰化修饰。按照这种理论，有两种方法可以增加某一种组蛋白酰化修饰的水平：增加对应的酰基辅酶 A 浓度，或者是降低与这种修饰存在竞争的酰化修饰所需要的酰基辅酶 A，进而抑制底物的竞争效应[111]。

1. 其他酰化辅酶 A 和乙酰辅酶 A 的竞争

多细胞生物中，用于组蛋白乙酰化修饰的乙酰辅酶 A 主要来自柠檬酸代谢，该过程由 ATP-柠檬酸裂解酶（ACL）催化柠檬酸向乙酰辅酶 A 的转化[148]。与上述组蛋白酰化修饰代谢调控的理论一致的是，抑制 ACL 基因的表达可以降低细胞质、细胞核中乙酰辅酶 A 含量，最终导致 p300 主要以巴豆酰辅酶 A 为底物，催化组蛋白的巴豆酰化[114]。在高等植物中，抑制乙酰辅酶 A 羧化酶（ACC1）则可以抑制乙酰辅酶 A 的代谢，导致其积累，最终可以导致组蛋白乙酰化的增加[149]。体外补加乙酸可以增加细胞内乙酸浓度及乙酰辅酶 A 含量，从而逆转组蛋白巴豆酰化的增加[114]。这表明 p300 的确存在对不同的酰基辅酶 A 的响应。值得注意的是，由于合成乙酰辅酶 A 的柠檬酸来自葡萄糖代谢，而大多数细胞培养基中存在高浓度的葡萄糖，因此胞内乙酰辅酶 A 处于较充足的水平，在某种程度上，这种高糖的环境会抑制组蛋白发生其他的酰化修饰。因此在低乙酰辅酶 A 浓度条件下，如低葡萄糖环境或者减少 ACL 的代谢流时，酰基转移酶更倾向利用其他的酰基辅酶 A，从而催化组蛋白完成非乙酰化修饰。所以在动物组织中，非乙酰化修饰的程度可能会高于可传代的细胞系。事实上也是如此，对不能传代的心肌细胞和神经细胞而言，利用串联蛋白质质谱可以直接检测组蛋白的巴豆酰化修饰；而对在高葡萄糖浓度培养基中生长的细胞系而言，就必须先对发生巴豆酰化的肽段进行亲和层析富集，否则单用质谱难以直接鉴定组蛋白的巴豆酰化修饰[111]。

2. 短链脂肪酸是短链酰化辅酶 A 的来源

在细胞内，无论是酰基辅酶 A 的浓度，还是组蛋白酰化修饰的水平，都受到体内短链脂肪酸的影响[111]。同位素示踪实验表明，被标记的短链脂肪酸可以通过酰基的形式标记到组蛋白上，这表明短链脂肪酸可以转化为对应的酰基辅酶 A，然后作为酰基供体参与组蛋白的酰化修饰[150, 151]。例如，向细胞培养基中加入短链脂肪酸，如巴豆酸或是 β-羟基丁酸，可以显著增加细胞内相应酰基辅酶 A 的含量，同时组蛋白上对应的酰化修饰水平也随之增加，并且酰化修饰水平的增加与脂肪酸的浓度增加一致[114, 151]。

通过调节短链脂肪酸而影响体内对应的酰基辅酶 A，不仅仅是一种改变蛋白质酰化修饰水平的策略，其实在细胞内，短链脂肪酸也是酰化辅酶 A 的重要原料。以酰基辅酶 A 合成酶短链家族成员 2（ACSS2）为例，该酶催化巴豆酸转化为巴豆酰辅酶 A。敲除 ACSS2 基因导致组蛋白巴豆酰化修饰水平降低。值得注意的是，ACSS2 基因在很多肿瘤中高表达，其表达量与肿瘤的进程相关。然而很少有研究关注 ACSS2 和组蛋白巴豆酰化修饰间的联系。ACSS2 的活性还受乙酰化修饰调控，已知 SIRT1 催化 ACSS2 的去乙酰化而提高其活性。因为 Sirtuins 蛋白属于依赖 NAD$^+$ 的去酰化修饰酶，其活性受到体内

NAD$^+$/NADH 比例的调控。在低营养条件下，体内 NAD$^+$/NADH 比值较高，进而激活 SIRT1 对 ACSS2 蛋白的去乙酰化，最终促进短链脂肪酸向酰基辅酶 A 的转化。因此上述研究表明，低营养条件下体内倾向发生非乙酰化的酰化修饰，一方面通过抑制 ACL 途径合成乙酰辅酶 A，另一方面通过 SIRT1 介导的去乙酰化反应激活 ACSS2[111]。

3. 酮体代谢和赖氨酸的 β-羟基丁酰化修饰

在酮体合成的过程中，伴随着 β-羟基丁酸驱动组蛋白发生 β-羟基丁酰化修饰，这为我们提供了一个内源短链脂肪酸用于组蛋白酰化修饰的经典例子[152]。酮体合成一般发生在低血糖、肝脏糖原含量低的条件下。酮体是重要的能量分子，包括脂肪酸氧化分解的中间产物乙酰乙酸、β-羟基丁酸和丙酮。在能量摄入不足时或某些病理条件如 1 型糖尿病患者中，肝脏脂肪酸在线粒体中通过氧化而生成酮体，但是肝脏缺少利用酮体的酶系，因此酮体随后会被迅速输送到其他组织器官中，为它们提供能量。据测算，在禁食 3 日后的人体中，30%～40%的能量来源于酮体；而在某些组织如大脑，酮体为其最多提供超过 70%的能量。在饥饿、低碳水化合物饮食或是持续运动时，血液中 β-羟基丁酸的浓度可以从微摩尔增加至毫摩尔级别。β-羟基丁酸通常被认为是能量分子，然而最近的研究表明它还可以作为组蛋白 β-羟基丁酰化修饰的底物：小鼠经过 48h 饥饿处理后，体内酮体合成被诱导，同时肝、肾脏中 β-羟基丁酸含量增加，组蛋白 β-羟基丁酰化修饰水平也随之上升。随后实验证实，在细胞系中组蛋白 β-羟基丁酰化修饰水平的增加是外源 β-羟基丁酸处理而导致的[151]。

通过研究组蛋白酰化修饰的代谢调控功能，我们可以得到一些结论：在低葡萄糖含量条件下，组蛋白非乙酰化的酰化修饰是普遍的现象，而在常规细胞培养的条件下，培养基中高葡萄糖含量则会抑制组蛋白非乙酰化的酰化修饰。新近的研究证实了上述结论：低葡萄糖含量条件会导致乙酰辅酶 A 含量降低；长时间处于低葡萄糖含量条件下会诱导酮体合成，进而导致 β-羟基丁酸积累，最终增加组蛋白 β-羟基丁酰化修饰水平；营养不足的条件会导致 NAD$^+$/NADH 维持在较高的水平，从而激活 ACSS2，而该酶负责合成短链的酰基辅酶 A。

9.3.7 组蛋白酰化修饰的功能

除组蛋白赖氨酸乙酰化修饰之外，近年来陆续有 9 种新型短链酰化修饰被报道。组蛋白的乙酰化修饰会导致基因转录的激活，一方面，乙酰化修饰使得赖氨酸侧链由负电荷转为电中性，减弱组蛋白和 DNA 间的静电作用而导致染色质结构的变化（顺式作用）；另一方面，招募识别乙酰化修饰的蛋白质"阅读器"（反式作用），进而影响基因的表达[111]。利用染色质免疫沉淀-高通量测序（ChIP-seq）技术，可以了解组蛋白酰化修饰在基因组上的分布。利用 ChIP-seq 技术对 Kcr [114, 150, 153]、Kbu[137]、Khib[154]和 Kbhb[151]这四类组蛋白修饰在基因组上的分布进行分析，研究表明这些组蛋白修饰位点往往与转录激活元件一致。此外，基因组上基因座的差异不仅表现在酰化修饰的有无，同时还表现在修饰种类的差异，而修饰种类还往往受到酰化底物浓度的影响。研究表明，组蛋白修饰类型的变化往往伴随着生理功能的变化[111,137,150,151,153-155]。上述研究表明，组蛋白酰化修饰往往与以下 5 类生物过程相关：依赖信号的基因激活、精子发生过程、组织损伤、代谢压力和肿瘤发生（图 9-7）。

1. 依赖信号的基因激活

酰基转移酶 p300 的活性对其激活基因转录而言是必需的，这一点无论在体外还是体内试验中均得到验证。体外试验表明，基于无细胞的转录试验证实 p300 催化的组蛋白丁酰化、巴豆酰化、β-羟基丁酰化、乳酸化修饰能有效促进基因转录，这种激活作用甚至比组蛋白乙酰化还要高效，在细胞层面同样证实 p300 参与了基因转录的激活。在炎症反应中，脂多糖（LPS）可以激活 TLR4（Toll-like receptor 4）信号途径，该过程涉及 p300 参与的转录激活[154]。细胞经 LPS 处理后，p300 靶向的组蛋白的乙酰化、巴豆酰化、乳酸化修饰水平增加[155]，且这种修饰水平的变化与 p300 作用的基因转录激活水平相一致[111]。组蛋白巴豆酰化水平的增加会导致识别该修饰的 AF9 蛋白含量的增加，而 AF9 是转录的正调控因子。将 *AF9* 基因敲除后，组蛋白巴豆酰化增加导致基因转录激活的效应被显著抑制，但是并没有完全阻止该效应，暗示还有其他的巴豆酰化识别蛋白参与转录激活的调控。综上所述，酰化辅酶 A 代谢的动态变化可以调控依赖信号的基因激活。

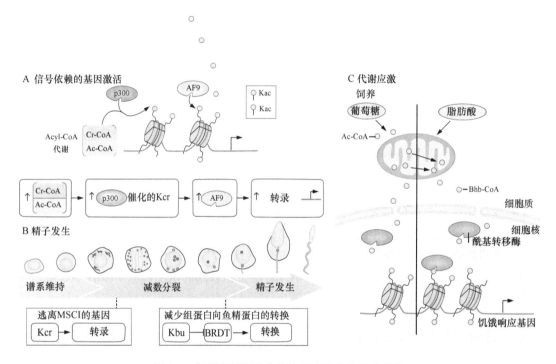

图 9-7　组蛋白新型酰化修饰具有多重生物学意义

2. 精子发生过程

在小鼠精子发育过程中，组蛋白的酰化修饰会发生动态变化。精子细胞减数分裂过程中，性染色体上会出现转录沉默而抑制基因的表达，该现象被称为减数分裂中性染色体的沉默（MSCI），MSCI 伴随着组蛋白上乙酰化、2-羟基异丁酰化和丁酰化水平的降低[137, 154]，但是巴豆酰化水平却是增加的[150]。有趣的是，在圆形精子细胞（round spermatid）减数分裂后期，巴豆酰化和 2-羟基异丁酰化出现在性染色体上基因转录起始位点的组蛋白上，导致基因不再受到转录抑制。因此，这表明上述修饰参与基因抑制状态的逃逸[159, 160]。

在精子发生的后期，某些组蛋白酰化修饰状态有其独特的特征。和乙酰化修饰相比，丁酰化在精子发生稍后阶段显著增加，并且一直持续到分化后期。BRDT 蛋白是具有睾丸特异性的 bromodomain 蛋白，对转录及"组蛋白-鱼精蛋白转换（histone-to-protamine exchange）"而言非常重要[137, 156]。BRDT 不能识别发生丁酰化修饰的肽段（H4K5bu），暗示某些位置发生丁酰化修饰会抑制 BRDT 的结合，并且减缓组蛋白-鱼精蛋白转化。因此，丁酰化修饰在精子发生后期的基因组重塑过程中可能扮演非常重要的角色。

3. 组织损伤

　　组蛋白的巴豆酰化修饰水平与组织损伤有一定的联系。在叶酸或顺铂诱导的急性肾损伤（acute kidney injury，AKI）小鼠模型中，AKI 响应基因启动子区域的组蛋白巴豆酰化水平明显增加，而这与相应基因的表达变化一致[153]。给小鼠腹腔注射巴豆酸，可以增加肾组织区域的巴豆酰化水平，上调 AKI 响应基因的表达，提高小鼠对 AKI 损伤的的耐受能力。此外，巨噬细胞中的组蛋白乳酸化修饰确保了炎症在最初的免疫反应后自然消退，继而促进组织损伤修复。研究发现，巨噬细胞特异表达的 BCAP 可抑制下游关键蛋白 GSK3b 和 FOXO1 功能，帮助机体减少炎症反应；另一方面，BCAP 通过糖酵解途径影响乳酸的含量，调控组蛋白乳酸化修饰以影响损伤修复基因 *Arg1* 和 *Klf4* 表达，从而影响损伤修复相关巨噬细胞的转化[155]。

4. 代谢压力

　　上文也提及过，小鼠在饥饿处理后会诱导生酮作用，不仅肝肾中的 β-羟基丁酸含量增加，组蛋白 β-羟基丁酰化水平也随之增加。利用 ChIP-seq 技术分析发现，在饥饿响应基因的启动子区域 H3K9 β-羟基丁酰化修饰水平增加，同时这些饥饿基因的表达也上调，两者高度相关[151]，相比之下，H3K9 乙酰化修饰则缺少这种相关性。对酰化修饰所对应的基因进行基因注释，结果发现发生酰化修饰变化所对应的基因存在很大的差异，暗示这两类酰化修饰在功能上并不冗余。上述结果表明存在一种反馈调控的机制：饥饿状态下，体内积累的 β-羟基丁酸诱导组蛋白发生 β-羟基丁酰化修饰，进而激活饥饿应答基因的表达。目前还不知道是否有相关的酰基转移酶或者酰化修饰阅读器蛋白参与该过程。

　　尽管 β-羟基丁酸被认为是能量分子，但是它具有很多重要的生理功能。例如，在临床上基于酮体的生酮饮食被用于治疗癫痫[157]、抑制神经退行性疾病，如帕金森病和阿尔茨海默病[111, 151, 152]。除了会促进组蛋白发生 β-羟基丁酰化修饰外，β-羟基丁酸还被报道可以抵御小鼠肾的氧化损伤，主要通过抑制去酰化修饰酶同时促进组蛋白的乙酰化修饰。但其实 β-羟基丁酸对组蛋白 β-羟基丁酰化修饰的影响远大于对乙酰化修饰的影响[151]，因此，考虑到很多生理、病理条件下体内 β-羟基丁酸都会发生改变，随之导致的 β-羟基丁酰化修饰变化及其作用仍值得进一步研究。

　　酵母处于低葡萄糖含量的培养条件下（水中处理 4h），组蛋白 H4K8 上的 2-羟基异丁酰化修饰水平显著降低。补加葡萄糖后，该修饰迅速恢复至正常水平，并且该过程依赖于糖酵解途径。低糖条件下，酵母 H4K8 2-羟基异丁酰化修饰的降低是由去酰化修饰酶 Rpd3p（Class I HDAC）和 Hos3p（Class II HDAC）催化。虽然 H4K8A 的酵母突变体并没有明显的生长异常，但是时序寿命（chronological life span）显著缩短，说明 H4K8 位点的酰化修饰在酵母衰老过程调控中具有重要的功能。转录组分析表明 H4K8A 突变体中，葡萄糖转运和糖异生途径的基因受到抑制，而脂肪酸氧化途径的基因上调[130]。因此，在环境中葡萄糖充足的条件下，酵母内 2-羟基异丁酰辅酶 A 含量增加，H4K8 2-羟基异丁酰化修饰水平比较高；而当环境中葡萄糖不足时，Rpd3p 和 Hos3p 介导 H4K8 2-羟基异丁酰化的去酰化修饰，影响糖代谢和糖异生相关基因的表达，进而影响酵母的时序寿命。

5. 肿瘤发生

　　肿瘤细胞一个重要的能量代谢特征被称为"瓦博格效应"（Warburg effect），具体表现为重度依赖线粒体糖酵解途径，并产生大量乳酸。大量研究表明，乳酸不仅是肿瘤细胞最重要的直接营养来源，它还可以通过酸化免疫微环境、影响免疫细胞功能、提高肿瘤耐药蛋白质表达等多种方式，促进肿瘤的生长、增殖、转移、抗药性及免疫抑制性[156]。重要的是，乳酸同样也是关键的表观调控分子，通过组蛋白乳酸化修饰作用调控基因表达，调控肿瘤细胞功能。研究发现，眼黑色素瘤中糖酵解功能激活导致 H3K18 乳酸化修饰增强，从而促进了 RNA N6-甲基腺苷（m⁶A）修饰阅读蛋白 YTHDF2 的表达，抑制 *PER1/TP53* 基因功能，揭示了组蛋白乳酸化修饰与肿瘤增殖间的紧密关联[157]。此外，考虑到乳酸化修饰也是巨噬细胞功能转化的重要调控方式，而浸润在肿瘤组织中的肿瘤相关巨噬细胞 (tumor-associated macrophage, TAM) 已报道可以经多种途径促进肿瘤细胞的生长及转移，因此，乳酸化修饰也很有可能通过其他表观遗传机制调控 TAM，介导乳酸对肿瘤细胞功能的影响。

肿瘤细胞代谢功能的异常也令其他相关新型酰化修饰在肿瘤功能研究中得到了越来越多的关注。肿瘤转移相关蛋白 MTA2 是影响肝癌发生发展的重要因素，最新研究发现，MTA2 可以与 HDAC2 / CHD4 形成功能复合物，并通过 R 环结构反式调节 β-羟基丁酸脱氢酶 1（BDH1），导致细胞中 β-羟基丁酸积累并促进 H3K9 β-羟基丁酰化修饰增强，从而促进肝癌肿瘤干细胞的增殖[158]。此外，组蛋白乙酰转移酶 HAT1 具有琥珀酰转移酶功能，并在肝癌组织中呈现高表达，HAT1 介导的蛋白质琥珀酰化修饰同样也被报道能够促进肝癌细胞生长[159]。

9.3.8 组蛋白新型酰化修饰的总结

近年来，关于组蛋白赖氨酸的新型酰化修饰的陆续报道，提示我们组蛋白翻译后修饰远比我们想象中复杂，这些酰化修饰间的相互影响，以及和细胞代谢间的关系都值得未来进一步研究。根据现有的关于组蛋白酰化修饰的调控和功能方面的研究成果，可以得出以下一些规律：首先，赖氨酸酰化修饰可能具有共同的酰基转移酶，去酰化酶相对而言则具有修饰特异性；其次，酰化修饰受底物酰基辅酶 A 浓度调控，营养不足的条件会促进乙酰化之外的酰化修饰；最后，酰化修饰的阅读器蛋白具有一定的特异性。陆续报道一些特异性识别某类酰化修饰的阅读器蛋白，不同的酰化修饰能够被不同的阅读器蛋白所识别。下面要讨论的是关于不同酰化修饰的调控及其功能，并提出一些尚待解决的科学问题。

1. 蛋白酰化修饰调控的多样性

目前，学术界关于酰化修饰调控的模型是：酰化转移酶（如 p300）的酰化活性受到细胞核、细胞质中酰基辅酶 A 浓度的调控。基因组上布满各类组蛋白酰化修饰，而这些修饰的丰度又是由细胞核内相应的酰化辅酶 A 的浓度所决定。例如，CDYL 通过其巴豆酰 CoA 水合酶的活性，将组蛋白附近的巴豆酰辅酶 A 转变成 β-羟基丁酰辅酶 A，从而降低其所结合的组蛋白的巴豆酰化修饰水平。在基因组上的某些区域会富集某些其他酰化修饰，如在精子发生过程中逃逸转录沉默的基因及饥饿条件下的响应基因。然而在上述情形下，这些酰化修饰之间的调控机制仍是未知。

一些参与代谢的酶也定位于细胞核中，常常作为转录复合体的一部分，这些酶有可能为酰基转移酶提供酰化反应的底物。因此，某些酰基辅酶 A 的区室化分布可能用于解释 ChIP-seq 的一些结果：在这些实验中，基因组上一些区域富集了某种酰化修饰。当然也有可能存在某些特异性的酰基转移酶，亦或是酰基转移酶的特异性受到某种调控。许多酰基转移酶以酶复合体的形式呈现，其本身也受到蛋白质翻译后修饰的调控，那么这些酶复合体中的某些组分或者是其翻译后修饰是否影响酰基转移酶对不同酰化辅酶 A 的亲和力[111]？这些问题仍需要未来进一步研究。

2. 酰化辅酶 A 的动态变化

关于酰化修饰的调控，一个主要的问题是：除乙酰辅酶 A 外，其他的酰化辅酶 A 的浓度是否足够高，其含量变化是否足以影响生理活动？最近的一些研究给出了一些证据：组蛋白 β-羟基丁酰化修饰、体内 β-羟基丁酰辅酶 A 的浓度都与酮体水平相关，β-羟基丁酰化修饰激活饥饿响应基因的表达。

各类酰化辅酶 A 的分离、纯化、检测，以及让这些化学性质活泼的分子稳定的方法相继得到建立[158]，并且成功地用于研究细胞组蛋白修饰对代谢的调控[111, 114, 151]。利用这些技术分析不同种类酰化辅酶 A 的变化，可以预测组蛋白中酰化修饰的差异，例如，在精子发生不同时期、饥饿和正常饲养的小鼠、乙酰辅酶 A 合成酶 ACSS2 差异表达的肿瘤中。

在一些由酰化辅酶 A 合成基因突变导致的遗传性疾病，如琥珀酰辅酶 A 合成酶缺陷型疾病、丙二酰辅酶 A 脱羧酶缺陷型疾病、短链酰基辅酶 A 脱氢酶缺陷型疾病中，代谢缺陷是否通过组蛋白酰化修饰来影响基因表达还有待研究。

导致酰基辅酶 A 浓度波动的另一个原因可能源自肠道微生物。肠道微生物通过发酵可以产生短链脂肪酸，这些化合物具有重要的生物功能，影响了寄主的代谢和免疫功能[111, 167]。此外，短链脂肪酸还是酰化辅酶 A 的前体，暗示其可能参与组蛋白的酰化修饰调控。小鼠结肠内微生物种类的差异导致酰化辅酶 A、组蛋白酰化修饰类型的差异，上述结果表明肠道微生物对寄主酰基辅酶 A 代谢和组蛋白酰化修饰的影响。

综上所述，组蛋白的各类酰化修饰广泛参与了基因的表达调控，同时也给相关研究提出更多的问题。各类组蛋白酰化修饰的比例又是由环境、代谢等因子调控。对组蛋白上酰化修饰类型的调控，还可以影响基因的表达、染色质的结构。未来关于酰基转移酶、去酰基转移酶和阅读器蛋白的鉴定，以及酰基辅酶 A 代谢对上述蛋白质的影响，都会加深我们对组蛋白酰化修饰的功能及调控的理解。

9.4 基于质谱检测的组蛋白修饰鉴定与定量分析

关键概念

- 质谱是用于检测气态离子质荷比 (m/z)的一种方法，而质谱仪是质谱分析的工具，通常由三部分组成：离子源、质量分析器和检测器。
- 翻译后修饰的质谱检测主要是基于修饰所引起的相应氨基酸残基上的质量偏移。基于质谱的翻译后修饰高效检测主要依赖于两个因素：第一个是修饰基团的化学稳定性，第二个是样品中修饰的丰度。
- 采用质谱方法研究最多的组蛋白翻译后修饰类型包括赖氨酸单甲基化、赖氨酸二甲基化、赖氨酸三甲基化、精氨酸单甲基化、精氨酸二甲基化、赖氨酸乙酰化、磷酸化、泛素化等。

9.4.1 基于质谱分析的蛋白质组学技术对组蛋白修饰的鉴定

过去的 20 年里，生物质谱仪在质量精度和分辨率方面都得到了显著的提高，因而使其能够很好地应用于复杂样品的蛋白质分析。质谱是用于检测气态离子质荷比 (m/z)的一种方法，而质谱仪是质谱分析的工具，通常由三部分组成：离子源、质量分析器和检测器[168]。目前蛋白质和多肽分析广泛使用的电离方法为电喷雾电离（ESI）和基质辅助激光解吸电离（MALDI），通常样品在离子源电离之后会形成气相离子，失去电子并获得质子。质量分析器也是生物质谱仪的重要组成部分，常用的质量分析器有五大类型：飞行时间（TOF）、四极杆、离子阱、静态轨道阱（orbitrap）和傅里叶变换离子回旋共振。最后，离子到达检测器（通常由电子倍增器组成），然后检测信号转换为数字信号输出，形成质谱图（一张由不同的 m/z

比值和相应离子强度构成的谱图），从而用来计算蛋白质或多肽的分子质量。

质谱用于蛋白质和肽段的鉴定已经有十多年的时间。在串联质谱中，肽段离子被引入到质量分析器，首先在一级质谱（MS）中检测肽段离子的质荷比（m/z），这些在一级质谱中检测到的肽段离子被称为母离子。随后，母离子会在二级质谱中与惰性气体（氮气、氦气或者氩气）进行碰撞，从而产生肽段的碎片离子（也被称为子离子），子离子的质荷比随后也被质谱检测。因此，质谱就在母离子检测、二级碎裂中交替进行。蛋白质组学最为常用的碎裂方式包括碰撞诱导解离（CID）[169]、高能碰撞诱导解离（HCD）[170]、电子捕获解离（ECD）和电子转移解离（ETD）[171]。在 CID 模式下，肽段与惰性气体碰撞后会使得肽段骨架中的酰胺键发生碎裂，从而产生 b 离子和 y 离子（图 9-8）。CID 对于分子质量较小且带电荷数目较少的肽段碎裂更为有效。HCD 也产生 b 离子和 y 离子，并且 b 离子会继续碎裂成 a 离子或更小的碎片。与传统的 CID 碎裂方法相比，HCD 没有低分子质量端质量限制（low mass cutoff restriction）的问题，因此可以有效地应用于稳定同位素标记定量方法的报告基团检测。与 CID 和 HCD 主要产生 b、y 离子不同，ECD 和 ETD 产生的是带多个电荷的肽段离子，并且在肽段骨架的 N–Cα 键上发生碎裂，从而形成 c 离子和 z 离子（图 9-8）。某些稳定性较低的修饰，如磷酸化，在 CID 模式下修饰基团会从碎片离子上脱落从而造成位点定位的困难。然而，如果使用 ECD 和 ETD 模式，则这些修饰会在碎裂过程中保持稳定，从而有利于修饰位点的准确定位。此外，ECD 和 ETD 还能对大分子多肽进行有效碎裂，与 CID/HCD 方法形成互补。根据不同的肽段碎裂方法，我们可以很好地对肽段序列和修饰进行鉴定。

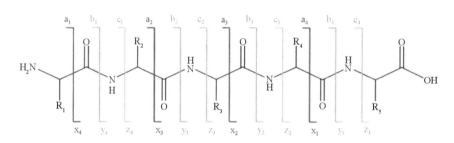

图 9-8 肽段在质谱中碎裂的离子类型

翻译后修饰的质谱检测主要是基于修饰所引起的相应氨基酸残基上的质量偏移。以赖氨酸乙酰化为例，如果某个赖氨酸残基上发生了乙酰化修饰，那么乙酰化修饰所在的氨基酸将发生 42.0106 Da 的质量增加，而质谱可以检测到该质量偏移，通过软件计算之后就能识别这个氨基酸上的乙酰化修饰。以图 9-9 为例，其中图 9-9A 是序列为 DNIQGITKPAIR 的多肽在质谱中所产生的二级谱图，而图 9-9B 则是该序列的第 8 位赖氨酸发生了乙酰化的多肽在质谱中产生的二级谱图。从两张谱图中我们可以发现，它们的碎片离子 y_6、y_7、y_8 和 y_9 都相差了大约 42.0106Da，这就是修饰所引起的质量偏移。

到目前为止，Unimod 数据库中已收录了接近 1000 种采用质谱方法检测到的翻译后修饰类型，而其中组蛋白翻译后修饰有接近 20 种。采用质谱方法研究最多的组蛋白翻译后修饰类型包括赖氨酸单甲基化、赖氨酸二甲基化、赖氨酸三甲基化、精氨酸单甲基化、精氨酸二甲基化、赖氨酸乙酰化、磷酸化、泛素化等。基于质谱的翻译后修饰高效检测主要依赖于两个因素：第一个是修饰基团的化学稳定性，第二个是样品中修饰的丰度。例如，赖氨酸乙酰化和甲基化都是相对稳定的修饰类型，能够在样品制备和质谱分析的过程中保持稳定。相反，某些修饰类型的稳定性就要低很多，如磷酸化。在质谱 CID 和 HCD 的碎裂中，丰度最高的碎片离子往往是母离子丢失了一个磷酸基团和一个水分子（97.9769Da）而形成的。而对于某些高度动态变化的修饰类型，包括磷酸化、SUMO 化和乙酰化，往往会在样品中加入去修饰酶的抑制剂来降低翻译后修饰在样品制备过程中的丢失。

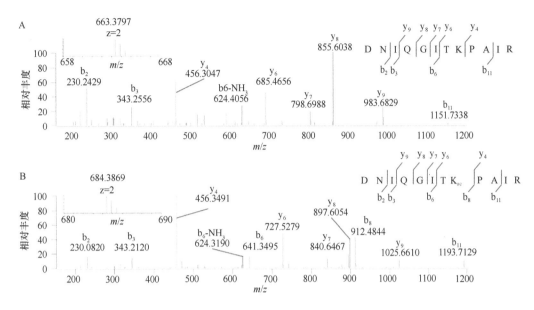

图 9-9 DNIQGITKPAIR 的多肽及其修饰状态的谱图

组蛋白翻译后修饰的检测通常采用自下而上（bottom-up）的方法开展。两个方面的因素对组蛋白标签的鉴定具有至关重要的作用：高肽段序列覆盖率和高检测灵敏度。在常规的实验中，组蛋白首先会被蛋白酶酶切成多肽，随后多肽就被上样至液质联用仪中进行分析。在分析过程中，酶切肽段可能由于三种因素而无法鉴定：①黏附在离心管或者 HPLC 色谱柱上；②与 C18 柱结合过于紧密而无法有效洗脱（往往是由于肽段太长引起的，比如大于 25 个氨基酸），在自下而上的方法中，大于 25 个氨基酸残基的肽段质谱是难以鉴定的；③某些肽段过于亲水而无法在 C18 柱上保留，因此就得不到任何富集，所以检测灵敏度很低。因此，采用液质联用分析时，几乎不可能做到 100%的序列覆盖度，而那些未覆盖到的氨基酸残基上的修饰信息就无法得到。

组蛋白是一种特殊类型的蛋白质，它们高度富含赖氨酸和精氨酸残基。因此，胰蛋白酶在酶切时会产生许多短的亲水性多肽，这些多肽无法保留在反相高效液相色谱柱上，从而无法在液质联用中检测到。此外，组蛋白含有数量众多的修饰，许多是多功能修饰的赖氨酸残留物。这些特性使得组蛋白不能容忍最有效和广泛使用的蛋白酶，即胰蛋白酶、切割羧基端赖氨酸和精氨酸残基，后面是脯氨酸的情况除外。然而，有两个因素使胰蛋白酶酶切的组蛋白样品更加复杂：①由于组蛋白上富含赖氨酸和精氨酸，胰蛋白酶会将组蛋白切割成很小的肽段从而无法在色谱上保留；②组蛋白赖氨酸残基上的多种修饰类型会阻碍胰蛋白酶的酶切，从而影响酶切效率。

在质谱鉴定中，由于组蛋白富含赖氨酸与精氨酸残基，以及含有数量众多修饰的特性，组蛋白不能应用自下而上（bottom-up）质谱分析和最有效、最广泛使用的胰蛋白酶。首先，由于组蛋白上富含赖氨酸和精氨酸，胰蛋白酶会将组蛋白切割成很小的肽段从而无法在色谱上保留；其次，组蛋白赖氨酸残基上的多种修饰类型会阻碍胰蛋白酶的酶切，从而降低酶切效率。

幸运的是，可以使用两种方法来克服这两个问题。首先，可以使用多种蛋白酶酶切组蛋白。例如，Arg-C 蛋白酶酶切已经被用于组蛋白的分析[172, 173]。Glu-C 蛋白酶可用于酶切 macroH2A、H2A、H2B 变体和 H3[174, 175]。采用多酶酶切的方法能够提高组蛋白的序列覆盖率。

另一个用于提高蛋白序列覆盖率的方法是化学衍生法，采用酰化反应衍生化 ε 氨基基团。衍生化反应能够封闭胰蛋白酶的酶切位点，并且衍生化之后的胰蛋白酶切割产物的疏水性更强，在 HPLC 上能够更好地保留。目前常用的衍生化方法是由 Garcia 和 Hunt 等人发明的[176, 177]，采用丙酸酐作为反应试剂，不仅能够封闭非修饰的赖氨酸，还能够与单甲基化的赖氨酸和肽段的 N 端反应。该方法已经被多个研究小组所采用，并且能够将组蛋白的序列覆盖率提高至 80%。但是该方法存在的问题是，内源性的丙酰化位点会被覆盖掉，因此无法用于组蛋白丙酰化的分析。为解决这个问题，可以使用同位素标记的丙酸酐作为反应试剂，与内源的丙酰化相比，能够增加 3Da（^{13}C3-丙酰化反应）或者 5Da（D5-丙酰化反应），因此能够有所区分[178]。除丙酰化反应之外，N-羟基丁二酰亚胺丙酸酯也被用于衍生化反应以替代丙酸酐[179, 181]。

除提高肽段序列覆盖率之外，液质联用系统的灵敏度也是组蛋白分析的关键因素。许多组蛋白标签的丰度非常低，低于 1%。例如，H3K4 的三甲基化通常与基因表达的激活相关，但是由于其低丰度的原因，这个组蛋白标签的检测并不容易[181]。因此，液质联用系统需要进行优化来提高灵敏度，使得丰度低至 0.01%的组蛋白标签都能够被检测到。

综上所述，提高蛋白序列覆盖率和系统的检测灵敏度能够增加组蛋白修饰的鉴定能力。到目前为止，基于质谱的蛋白质组学方法已经鉴定到了数量众多的组蛋白修饰[182]。

1. 基于质谱分析的蛋白质组学技术对新型组蛋白修饰的发现

基于质谱的蛋白质及其翻译后修饰鉴定依赖于强大的序列比对算法。目前常用的数据处理软件，包括 SEQUEST、Mascot 和 Andromeda 等，均能够有效地对实验得到的二级质谱图与肽段的理论碎裂模式进行匹配，从而得到最佳的肽段序列鉴定结果。通过设定一定数量的翻译后修饰类型（通常小于 10 种），这些软件可以有效鉴定翻译后肽段并对修饰位点进行定位。然而，鉴定新型的翻译后修饰类型仍然存在一些挑战。首先，如果翻译后修饰发生在未知的氨基酸上，软件就必须将所有氨基酸都列为可能，这将大幅提高软件的计算时间和错误匹配的概率。其次，常用的数据处理软件进行翻译后修饰鉴定，必须设定修饰的质量偏移，而无法对质量偏移未知的修饰进行鉴定。因此，新型翻译后修饰鉴定的关键在于检测该修饰的质量偏移。

芝加哥大学的赵英明教授发展了一种用于新型修饰的鉴定和验证方法（图 9-10）[183]。该方法包括如下流程：①采用液质联用技术发现可能是新型修饰的质量偏移；②采用高分辨质谱检测和确定该质量偏移的元素组成；③确定符合该质量偏移的化学结构式（同分异构体）；④采用化学和生物学的方法对该新型的修饰进行验证。

为了检测新型的质量偏移，蛋白样品需要先使用蛋白酶进行酶切，然后上样至液质联用仪上分析。根据不同的实验目的可使用不同的蛋白酶，包括胰蛋白酶或者其他蛋白酶，或者可以使用单蛋白样品进行分析。此外，需要采用高分辨的质谱仪进行分析，这样肽段的母离子和新型修饰的质量偏移才能够被准确地检测到，保证质量误差在几个 ppm 之内。高分辨质谱的主要优势是高分辨率和高质量精度，以 Orbitrap Fusion 为例，它具有高达 450 000（FWHM）的分辨率（m/z 200 处）和内标校正后低于 1 ppm 的质量精度。

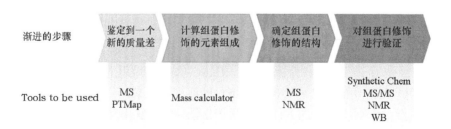

图 9-10　新型修饰的发现和验证方法

高分辨质谱得到的二级质谱图将使用序列比对算法进行新型质量偏移的筛选。目前已有几个软件可以实现这种新型质量偏移的检测，包括 InsPecT[184]、PTMap[185]和 PILOT_PTM[186]。某个氨基酸残基上的新型质量偏移将在肽段序列比对过程中得到，并且由于高分辨质谱的使用，这些质量偏移将足够精确来进行后续元素组成的解析。

在得到高精度的质量偏移之后，我们需要采用化学的方法来解析符合该质量偏移的化学结构式。一般情况下，对于一种质量偏移，我们往往可以得到多个符合的元素组合，并且质量偏移精度越高，符合该质量偏移的元素组成会越少。随后我们需要使用有机化学的方法对于这些元素组成进行评估，以判断哪些组成在有机化学的原理上是可能存在的。用于元素组成判断的软件是公开的（http://www.chemspider.com/ PropertiesSearch.aspx）。这种元素组成的推测方法在天然产物化学、有机化学和代谢组学领域已经被广泛使用。

由于高分辨质谱的数据只能提供元素组成的信息，对于新型的修饰来说无法从质谱数据中推测其化学结构式。如果要解决这个问题，理论上需要使用核磁共振（NMR），但是核磁共振检测至少需要 10μg 修饰肽段的样品，而这个量对于内源性的蛋白质修饰来说是不可能做到的。可替代的方法是先对可能存在的化学结构式进行元素组成方面的评估，然后体外合成可能存在的结构式对应的修饰肽段，并与内源的修饰肽段进行高效液相色谱保留时间和质谱二级谱图的比较。一般认为，如果两条肽段具有完全一样的质谱二级谱图和色谱保留时间，它们的化学结构也是完全一样的。

我们以近期发现的 2-羟基异丁酰化为例（图 9-11），作者首先通过质谱鉴定了一条来源于 H4 的修饰肽段（DAVTYTEHAKR），质量偏移为+86.0354Da，修饰发生的赖氨酸残基上，随后根据质谱检测结果及有机化学评估（0.02Da 的质量偏移和最多两个氮原子），该质量偏移唯一可能的元素组成是 $C_4H_7O_2$（质量偏移加上一个质子）。而根据该元素组成，可能的化学结构式有 5 种，质量偏移均为 86.0368Da，包括 2-hydroxyisobutyryl（Khib）、2-hydroxybutyryl（K2ohbu）、3-hydroxybutyryl（K3ohbu）、3-hydroxyisobutyryl（K3ohibu）和 4-hydroxybutyryl（K4ohbu）。作者将这 5 种结构式修饰的肽段均体外合成出来，通过 HPLC 共洗脱实验发现，只有 Khib 肽段与内源的肽段保留时间是一致的，同时通过质谱检测确认，体外合成的 Khib 肽段与内源的修饰肽段具有完全相同的二级谱图。因此，该新型的质量偏移确定为 2-羟基异丁酰化[183]。

采用该策略，芝加哥大学的赵英明教授团队近年来发现了包括琥珀酰化[187]、丙二酰化[188]、巴豆酰化[189]、戊二酰化[190]、2-羟基异丁酰化[183]、3-羟基丁酰化[191]、乳酸化[117]等在内的一系列新型的组蛋白翻译后修饰。

2. 组蛋白修饰的蛋白质组学定量分析

组蛋白的动态变化与许多细胞过程相关，如转录和 DNA 损伤。因此，定量比较两个或两个以上样品之间组蛋白修饰的变化变得尤为需要。例如，定量比较组蛋白修饰在野生动物和变异动物、未分化的干细胞和分化干细胞，以及在不同患者和细胞样本间的差别等。

现有的蛋白质组学相对定量方法，包括体内标记的 SILAC 方法，以及体外标记的 TMT 和 iTRAQ 方法。这些方法均已被用于组蛋白修饰的定量比较[125, 192]。体外标记方法中除使用 TMT 和 iTRAQ 试剂外，还能采用同位素标记的化合物进行赖氨酸酰化反应来对组蛋白修饰进行相对定量。例如，采用同位素标记的丙酸酐对两组核心组蛋白肽段样品进行标记，对肽段的 N 端和未修饰的赖氨酸残基侧链进行标记。在每轮丙酰化反应中，有 5 个氢/氘被加入到肽段上，从而使得到的多肽轻重标记相差 5Da。因此，相对定量就能使用这两个相差 5Da 的肽段色谱峰进行定量。采用该方法，Sridharan 等人定量比较了在体细胞重编程为诱导多能干细胞的过程中，H3 和 H4 上的组蛋白修饰所发生的动态变化[193]。Dai 等人则对精子发生过程中的组蛋白 2-羟基异丁酰化进行了相对定量研究[183]。

非标定量法是另外一种可有效运用于组蛋白翻译后修饰相对定量的方法。与稳定同位素标记方法相比，这种方法的效率更高。目前，大多数非标定量实验是基于修饰肽段母离子的峰面积。在这种方法中，所有不同的修饰肽段和它相应的未修饰肽段都被考虑在内。具体来说，就是将每个位点的未修饰肽段和各种修饰类型的肽段总强度设置为 100%，而每一种修饰类型只作为其中的一部分。这种方法可以使得在不同条件下的实验能够进行比较，并且某些未修饰的肽段可以作为内参，例如，来源于 H2A 的 HLQLAIR、来源于 H3 的 YRPGTVALR，以及来源于 H4 的 VFLENVIR 和 ISGLIYEETR。使用该方法，Peters 等

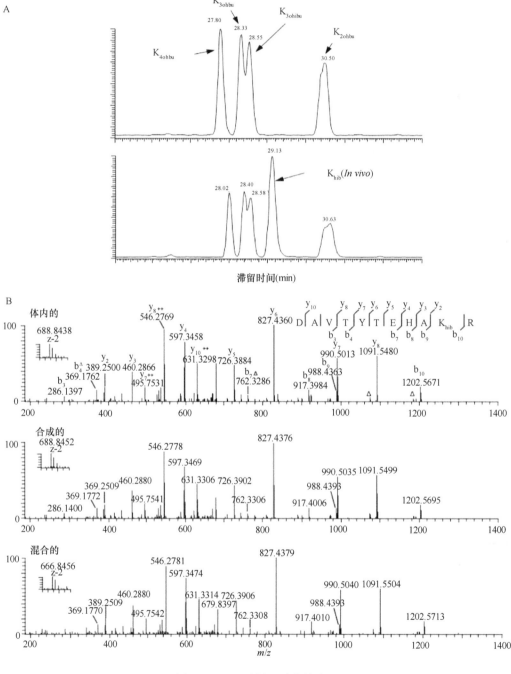

图 9-11　2-羟基异丁酰化的验证

人对 H3K9 和 H3K27 上所有可能的甲基化修饰类型进行了相对定量分析，他们发现 H3K27 的单甲基化和 H3K9 的三甲基化在臂间异染色质中选择性富集[194]。

非标定量的一个重要问题是由修饰引起的不同检测效率。例如，变体电离效率相同的肽段具有相同的肽段序列但是不同的修饰。这种差异可以使用合成的修饰肽段进行归一化。例如，Lin 等人对 93 条组蛋白多肽进行了系统的分析，发现检测效率变化是一个普遍的问题[195]。然后作者表明，通过加入合成的修饰多肽进行内标校正，或通过使用合成的修饰多肽进行独立的质谱实验进行外标校正，均可以有效地对检测效率进行校正。因为不同的修饰组合将形成大量的多修饰肽段，而这些多肽的合成是不可行且效率很低的。然而，这种方法在小范围内仍然是有效的。

9.5　组蛋白变体

关键概念

- 在真核生物的 5 种核心组蛋白（H2A、H2B、H3、H4 和 H1）中，组蛋白 H4 是最保守的。H1 的变体是组织或发育时期特异的；组蛋白 H2A 是最不保守的，变体也最多；H2B 的变体则仅在精细胞中发现；已发现的人类组蛋白 H3 变体也有 8 种之多。
- 质谱方法已经发展成为一种组蛋白变体检测的有力方法，自上而下（top-down）、自中而下（middle-down）、基质辅助激光解吸电离质谱成像（matrix-assisted laser desorption/ionization imaging mass spectrometry, MALDI-IMS）的质谱方法均被用于研究组蛋白变体。
- 组蛋白的各种变体上都存在一整套的翻译后修饰，包括乙酰化、甲基化、磷酸化、ADP-核糖基化、SUMO 化及泛素化等，利用高分辨串联质谱法可以进一步阐释组蛋白变体的修饰。
- 组蛋白变体协同组蛋白修饰、染色质重塑等机制一起在转录调节、DNA 修复、基因组稳定性、染色体组装与分离等过程中发挥着关键性作用，它们的动态改变常常被认为会导致或关联人类疾病。

9.5.1　组蛋白变体的种类与检测

1. 组蛋白变体的种类

在过去的几十年里，组蛋白变体已经成为真核生物表观遗传中的主要角色。这些蛋白质与对应的核心组蛋白在基因组和蛋白质组特性上均不同。一些变体能定位到基因组的特定区域发挥生物学功能，而另一些变体能显著改变核小体的生物学特征。与主要的核心组蛋白亚单位不同，变体基因包含内含子，转录本常常含有多聚腺苷酸。这些特征对于基因的转录后调节是非常重要的。一些变体在发育和分化阶段，与已存在的核心组蛋白发生交换。在真核生物的 5 种核心组蛋白（H2A、H2B、H3、H4 和 H1）中，组蛋白 H4 是最保守的。H1 的变体是组织或发育时期特异的；组蛋白 H2A 是最不保守的，变体也最多；H2B 的变体则仅在精细胞中发现；已发现的人类组蛋白 H3 变体也有 8 种之多。常见组蛋白变体及其特征见表 9-1。

1）H1 变体

每个核小体中的 H1 的数量是不定的，而且形式也是多种多样的。组蛋白 H1 富含赖氨酸，H1 上有一小段的 N 端、一个高度保守的中心球体区域及一段长的 C 端。对于大部分 H1 来说，核心组蛋白亚单位和变体之间的序列差别发生在蛋白质非球状的 N 端和 C 端尾部区域。

表 9-1　常见组蛋白变体与特征

组蛋白变体	特征
H2A.Z	真核生物的保守的组蛋白 H2A 变体，与转录激活有关，能防止沉默的蔓延
H2A.X	真核生物的保守的组蛋白 H2A 变体，与 DNA 修复和性染色体失活有关
H2A-Bbd	脊椎动物特有的组蛋白 H2A 变体，在失活的 X 染色体中缺失
Macro-H2A	脊椎动物特有的组蛋白 H2A 变体，C 端有球形结构域，在哺乳动物的失活的 X 染色体中大量存在
CenH3	着丝粒特有的 H3 的变体，其特征为 N 端长度和序列不同，形成更长的环
H3.3	不依赖于复制，替换 H3 的变体，与 H3 的序列仅在 31 号位和第 2 个螺旋上有几个残基不同；酵母中唯一的组蛋白 H3 种类

　　脊椎动物中组蛋白 H1 是一群紧密联系的、由单个基因编码的蛋白质，包括多种亚型：体细胞中的 H1a、H1b、H1c、H1d、H1e 和 H10，精细胞特异的 H1t、H1t2、HILS1[196]，卵巢特异的鼠 H1foo 和爪蟾 B4[197]。连接组蛋白 H1 变体通过调整与 DNA 相互作用，直接影响核小体包装的松紧程度和染色体的高级结构[198]。与核小体包装相关的 H1 变体的 C 端变化很大，影响其结合染色质的能力。精细胞中的组蛋白变体大都与核小体包装密切相关，以利于精蛋白的组装。

　　卵母细胞特异的变体 H1foo 能抑制转录，因此当有 H1foo 存在时，卵母细胞的转录水平很低，而当合子基因开始转录时，H1foo 则被快速地去除。精细胞中的组蛋白变体大都与核小体包装有很大的联系。精细胞特异的 H1 变体有 H1t、H1t2 和 HLS1 三种，它们的 C 端都加上了 α 螺旋，可能有助于精核染色质高度凝缩。

　　2）H2 变体

　　H2 变体有 H2A 和 H2B 两种基本类型。组蛋白 H2A 是最不保守的，变体最多，H2A-H2B 二聚体在低离子强度条件下不稳定，更易游离于核小体[199]。已发现的 H2A 变体有 5 种，分别是 H2A.Z、H2A.X、macroH2A、H2A-Bbd (barr body deficient) 和精巢特异的 TH2A[200]。它们的差异主要在于 C 端，C 端的不同结构形成了不同的功能。H2A-Bbd 是与转录激活相关的组蛋白变体。H2A-Bbd 和常规的 H2A 只有 48%是一致的，比其他的 H2A 变异体都短，所以比其他的变异体具有更远的亲缘性[201]。H2A-Bbd 是与组蛋白 H4 的乙酰化形式同时出现的，它的出现标志着染色体的转录激活，而在失活的 X 染色体内缺乏 H2A-Bbd。H2A-Bbd 的存在导致核小体的结构不稳定，是因为在含有 H2A-Bbd 的核小体中只有 118bp 的 DNA 缠绕其上而不是常规的 146bp[202]。

　　H2A.Z 广泛分布于真核生物的染色体中[203]，刚好组装在启动子附近区域，其功能主要是调节基因的转录，可以稳定核小体结构，防止基因沉默异常地蔓延到相邻的常染色体上[204]。H2A.Z-H2B 二聚体对核小体的缠绕相对比较松，H2A.Z 使染色体不稳定，这对转录激活很重要[205]。研究表明，在果蝇中，H2A.Z 被发现广泛地分布于基因组中，在哺乳动物中任何部位，H2A.Z 似乎和沉默基因有一样的功能。免疫荧光研究表明，H2A.Z 在倒位的异染色质中被发现，含有 H2A.Z 的核小体表面有一个金属离子，这种特殊的表面结构可引起染色体高级结构的变化[206]。H2A.X 是修复 DNA 损伤必需的变体，H2A.X 在 DNA 出现断裂时替代 H2A，对 DNA 修复有重要作用。

　　H2A.X，相较于 H2A 与其他 H2A 变体，具有特异的 C 端氨基酸序列，该序列中含有一个保守的丝氨酸残基。H2A.X 是 DNA 损伤修复过程中必需的 H2A 变体，在 DNA 发生断裂时，H2A.X 会被迅速添加到断裂位点，并通过磷酸激酶 ATM/ATR 将 C 端丝氨酸磷酸化，并对断裂位点进行标记，招募后续 DNA 损伤修复相关蛋白对损伤位点进行修复。

　　H2B 的变体在精细胞和脂肪细胞中发现。精细胞中包括 TH2B、TSH2B 和 H2BFWT。人的脂肪细胞中包括 H1ST1H2BM、H1ST1H2BA、H1ST1H2BN 和 H1ST1H2BJ。

人精子中的 H2B 变体都比体细胞中 H2B 含有更多的精氨酸，并都在 N 端含有脯氨酸残基，推测其与精子染色体的高度凝缩有关。在海胆的精子中，存在 3 种 H2B 的变体，赖氨酸与精氨酸的比例降至 0.7，分子质量也更大，并有类似于鱼精蛋白的氨基酸序列位点。在海星的精子中，H2B 变体的分子质量与其他细胞中的 H2B 差不多，精氨酸的含量也比体细胞中 H2B 更大，另有研究发现在其 N 端有一个 α-二甲基脯氨酸残基；H2B 的 N 端对染色质的凝缩有重要作用[207]。后来确定的另外一组人类精子的 H2B 变异体，命名为 HTSH2B。HTSH2B 在细胞的定位上是不同的，不仅在鱼精蛋白和 H4 的相同的分配上，还有和 spH2B 的断点模拟及 CENP-4 的定位上。在体细胞的 H2B 和 HTSH2B 之间的氨基酸序列明显是不同的。

3）H3 变体

人类组蛋白 H3 家族有 8 个不同的变体:核心组蛋白 H3.1 和 H3.2，转录激活的核小体 H3.3，着丝粒特异的 CENP-A（也称为 CenH3），灵长类动物特定的 H3.X 和 H3.Y，以及睾丸特异性组蛋白 H3t 和 H3.5。下面着重介绍变体 H3.3 和 CenH3。

哺乳动物 H3.3 与经典的 H3.1 只有 5 个氨基酸不同，与经典的 H3.2 只有 4 个氨基酸不同。H3.3 存在于特定的染色体区域中。这种变体主要存在于激活的转录基因的基因体中，同时存在于激活的和沉默的转录起始位点，还存在于增强子等的调节区域、染色体终端和臂间异染色质，并且存在于内源的逆转录病毒的要素分子[208, 209]。最近还发现，H3.3 在其他异染色质的位点处富集，如印记基因的沉默等位基因[210]。

H3.3 被两个基因编码，分别是 H3F3A 和 H3F3B。双基因敲除的小鼠表现出发育迟缓和胚胎致死性，可能是因为破坏了有丝分裂和异染色质[211]。有趣的是，p53 调节的细胞死亡率升高和细胞增殖率下降或许对观察到的现象共同起作用，因为额外敲除 p53 使这些胚胎的存活期延长到 E11.5。这三个基因均被敲除的胚胎的转录组分析结果没有明显的变化，暗示了在转录控制中，H3.3 只是起到很微小的作用。H3.3 的主要作用应该是保持基因组的完整性，而不是作为一个转录调控子行使功能[212]。

CenH3 与异染色质和染色体失活有关。CenH3 是在着丝粒区域发现的。CenH3 的 C 端球状结构域是很保守的，甚至可以用酵母的 CenH3 替代人的 CenH3 的功能。最近的研究发现，作为着丝粒的标志 CenH3 比卫星 DNA 更好，甚至在没有卫星 DNA 的着丝粒中也有 CenH3。人类的 CenH3 (即 CENP-A) 在精子里也没有被鱼精蛋白替代，说明它是着丝粒遗传必需的[213]。

4）H4 变体

虽然组蛋白 H4 是进化最保守的蛋白质之一，但在人的脂肪细胞中发现了组蛋白 H4 的变体[214]，这些变体包括 H1ST2H4B 和 H1ST1H4A-L/H1ST1H4A-B/H1ST4H4。H1ST2H4B 与经典的组蛋白 H4 仅仅在 N 端的两个氨基酸残基有差异，H1ST2H4B 是缬氨酸和色氨酸（VW），而 H4 蛋白是丝氨酸和甘氨酸（SG）。

2. 组蛋白变体的检测

常规的组蛋白检测是利用抗组蛋白抗体的方法，但是组蛋白抗体的方法受限于其自身对于组蛋白变体的特异性、选择性和多样性。近年来，质谱方法已经发展成为一种组蛋白变体检测的有力方法。在组蛋白密码分析领域，找到最好的鉴定组蛋白变体的质谱方法还是一个挑战。为了这个目标，自上而下（top-down）、自中而下（middle-down）、基质辅助激光解吸电离质谱成像（matrix-assisted laser desorption/ionization imaging mass spectrometry，MALDI-IMS）的质谱方法均被用于研究组蛋白变体。

1）Top-down 方法

由于组蛋白变体的分子质量较小，大多分布在 11～21kDa，而且它们的丰度相对较高，所以适合使用 Top-down 的方法进行检测[215]。这项技术不需要酶解步骤，而且能够区分组蛋白不同的变体。理论上，在这种方法中，所有的组蛋白翻译后修饰都能被保护，并且能提供所有修饰的统计学信息。因此，它应该是最适合研究组蛋白变体的方法。然而，尽管该方法在仪器上有很大优势，但存在不够灵敏和需要大量样本的缺点。即使这些不成为限制条件，必需的、昂贵的、高端的质谱仪也在一定程度上限制了该方法的应用。此外，该方法在完全碎裂完整蛋白时不是总能成功，有时使得修饰的定位模糊不清。有效地分析组蛋白也需要广泛的预分离来达到对尽量多的组蛋白变体进行全面分析[216]。由于完成一个全面的组蛋白分析需要很多的组分分离，现在 Top-down 的方法还不能作为一个真正的高通量的方法供研究者测试很多生物样品。对于破译组蛋白密码，一个灵敏的、自动的高通量方法是很重要的，这使得 Top-down 方法对于全面分析组蛋白变体不是最好的选择。

2）Middle-down 方法

在组蛋白变体检测中，Middle-down 方法，即将蛋白酶解成 3～9kDa 范围的肽段，成为一个有吸引力的替代方法。最近，Middle-down 方法逐渐流行，这不仅是因为仪器上的进步，还因为该方法能够保护大部分的组蛋白末尾的组合型修饰，并且能保持较高的灵敏度。由于组蛋白末尾 N 端缺乏天冬氨酸和谷氨酸，利用 Asp-N 或 Glu-C 可以酶切产生较长的肽段。最初尝试通过 Middle-down 方法表征组蛋白是利用了传统的基于 CID 的碎裂技术。最近，基于电子的碎裂技术，如电子转移裂解（ETD）和电子捕获裂解（ECD），很好地适用于较大的组蛋白肽段的翻译后修饰表征[217]。同时，ETD 和 ECD 碎裂均可通过在线的液相分析，使得该方法成为一个高通量的方法。ECD 碎裂还可以分析离线预分离的 Glu-C 酶切的组蛋白变体。

ETD 可以用来分析 Asp-N 酶切的、通过 C18 柱子预分离的 H4[218]。在基于不同乙酰化状态分离组蛋白的努力中，发展了一种弱阳离子交换的亲水作用色谱柱（WCX-HILIC）。已经证明 WCX-HILIC 分级方法比 C18 反相分级方法更优越，因为它将高度修饰的 H3 的尾部成功分离出几个峰[219]。这个方法的高解析能力是因为同时基于组蛋白电荷状态不同的弱阳离子交换和组蛋白尾部亲水作用的不同共同起作用。

3）MALDI-IMS 方法

原位同时检测数个组蛋白变体或组蛋白修饰是很困难的。抗体在不同的组蛋白异构体中缺乏特异性，而且不是所有的抗体都能够直接识别特定的修饰从而得到组蛋白修饰的一个精确分析。更进一步，只有极少数的免疫组织化学方法与现有的组蛋白抗体兼容，从而能提供空间结构信息。最重要的一点是，抗体探针的一个固有缺陷是缺乏多通量。同时，原位检测大量的组蛋白变体或组蛋白修饰是不可能的，因为缺乏二抗或者部分检测化学方法的重叠。由于这个原因，研究者转向质谱方法，利用非标方法检测组蛋白变体及其修饰[1178]。然而，这些研究中的大部分是通过组织匀浆实现的，这样一来，分子的空间结构信息就损失了。IMS 结合了质谱的精确性和生物分子空间分布的可视性，能够克服以上这些组蛋白分析中的限制。

MALDI-IMS 以非标的方式直接在一个组织表面产生一个分子的原位空间结构图。在真核细胞中，组蛋白和它们的很多异构体是基因调节的整体的一部分，这使得它们是潜在的疾病标志候选物。在低度分化的人胃癌组织中，MALDI-IMS 研究鉴定到组蛋白 H4 是一个明显高峰度的蛋白质，这个结果被免疫组织化学方法所证实[220]。在一个最近的 MALDI-IMS 进展中，发展了一种流程式的方法，在一个单独的实验中能够原位检测和鉴定多种组蛋白异构体及修饰[221]。这个方法使得研究者第一次描述了哺乳动物脑中除组蛋白变体 H1.1 之外的所有核心组蛋白 H1 的变体，并且评估了它们占总的 H1 蛋白家族的比例。鉴定或预测的特定组蛋白变体，能够作为进一步研究导致疾病状态的表观遗传机制的起点。新发展的 MALDI-IMS 方法不仅能检测不同的组蛋白变体及其修饰，还能实现对它们的相对定量，这从临床角度看是非常重要的。利用新发展的方法，核心组蛋白和组蛋白变体均能高通量地进行成像分析。

9.5.2 组蛋白变体的蛋白质修饰

组蛋白的各种变体上都存在一整套的翻译后修饰。这些被严格控制的、动态的修饰包括乙酰化、甲基化、磷酸化、ADP-核糖基化、SUMO 化及泛素化等。根据它们相关的基因是活跃的还是沉默的，这些修饰被分为活跃的或沉默的两种类型。

利用高分辨串联质谱法可以进一步阐释组蛋白变体的修饰。按照样品处理方法可以将研究策略分为两类：酶解的组蛋白采用质谱分析中的 Middle-down 或 Bottom-up 策略，完整的组蛋白则采用 Top-down 策略。三种质谱方法的示意图见图 9-12。

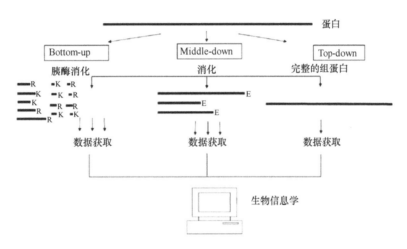

图 9-12　三种不同的质谱鉴定策略

由于同类组蛋白变体间氨基酸序列差异较小，因此，采用 Bottom-up 策略常常无法区分修饰的变体来源。例如，H3.1 和 H3.3 上多碱性氨基酸的 N 端区域，仅第 31 位的氨基酸发生了变化，导致采用 Bottom-up 策略难以区分 N 端赖氨酸修饰的变体来源。在人类胚胎干细胞的分化研究中，Bhanu 等人利用 Bottom-up 策略发现在视黄酸诱导的分化过程中，组蛋白 H3.3 上 K26 和 K36 的单甲基化发生了显著上调[222]，表明组蛋白变体修饰在早期发育过程中的重要作用。上述研究中，由于 Bottom-up 酶切的局限性，所以只能得到包含 31 位氨基酸邻近的赖氨酸翻译后修饰。因此，研究组蛋白变体修饰需要采用 Middle-down 或 Top-down 策略，以提供更加全面的信息。

Nicolas L. Young 等人发展了一种用 Top-down 策略区分组蛋白 H2B 的不同变体[223]，如 H2B 变体 C 和 J，该策略不仅可用于分析同重和同分异构的组蛋白，还可用于分析组蛋白修饰，如乙酰化、甲基化和磷酸化。Young 等人发现，MCF-10A 细胞循环的 M 期向 S 期转化过程中，H1.2 的 S172，以及 H1.4 的 S172、S187、T18、T146 和 T154 均发生了显著上调，暗示上述位点在细胞循环的控制中发挥一定的功能[224]。Zee 等人发展了一种交联亲和富集技术（BioTAP-XL），可用于发现染色质结合蛋白的相互作用，定量特定染色质结合因子的组蛋白修饰，并提供核小体变体和相互作用复合物间的相互作用信息[225]。

在组蛋白变体修饰的 Middle-down 研究方面，合适的 Middle-down 长度决定了研究的深度和可靠度，人们过去经常使用 Glu-C 或 Asp-N 对组蛋白进行酶切，以产生合适的肽段长度，便于组蛋白变体修饰分析。然而这两类酶的酶解特异性不高且产生的肽段过长或过短，适用性不强。因此，开发更加有效的蛋白酶成为了 Middle-down 研究的关键。Schriemer 等人开发了一种新型的脯氨酰内切蛋白酶，相比 Glu-C 和 Asp-N 具有更高的酶切特异性，可以实现 H3P38 和 H4P32 的准确切割，以提供合适长度的组蛋白 N 端进行后续研究[226]。

　　组蛋白变体由于其差异较小，因此常规 Bottom-up 策略会导致不同组蛋白变体的相同部分在后续分析中无法区分，从而影响组蛋白变体的修饰分析。目前，Middle-down 和 Top-down 策略理论上可以解决这一难题，但同时也受限于 Middle-down 和 Top-down 技术自身的局限性，如样品分离、质谱分析、软件分析等。随着 Middle-down 和 Top-down 技术的进步，更多的组蛋白变体修饰将逐渐被揭开。

9.5.3　组蛋白变体与组蛋白变体蛋白质修饰的功能和疾病

　　组蛋白变体协同组蛋白修饰、染色质重塑等机制一起在转录调节、DNA 修复、基因组稳定性、染色体组装与分离等过程中发挥着关键性作用[227]。通常，组蛋白乙酰化被认为以别样的方式激活基因[228]，尤其当乙酰化水平较高的时候。然而，当乙酰化水平较低时，它们可以以一个特殊的形式行使一系列的功能[229]。甲基化根据其下游的识别蛋白功能，能够产生不同的影响。组蛋白多变的 N 端末尾修饰常常被阅读蛋白特异性识别，这些蛋白质能够招募其他蛋白质作为染色体调节者或重塑者。染色体免疫沉淀实验表明，在活跃的染色质内，组蛋白的修饰较多，因此转录激活有关的组蛋白变体之上的修饰较多，如 H3.3 之上 K9、K14、K18、K23 的乙酰化和 K4、K79 的甲基化比 H3 多 2～5 倍。与之相对的是，染色质沉默的标志 K9 的甲基化在 H3 中较多[200]。

　　基于组蛋白变体及其修饰的重要功能，它们的动态改变常常被认为会导致或关联人类疾病。之前几十年的研究工作表明，从心血管疾病到神经性疾病再到癌症，异常的组蛋白变体及其修饰是各种疾病的特征之一（图 9-13）。

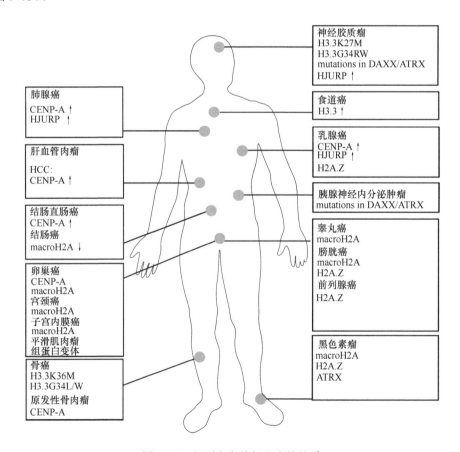

图 9-13　组蛋白变体与疾病的关系

1. 组蛋白变体及其修饰与癌症

在小儿脑肿瘤中 H3.3 的 K23 或者 G34 的突变是第一个在癌症中发现的组蛋白变化[230]。K27 被甲硫氨酸替代，通过抑制泛素化复合体（PRC2）中酶催化的 EZH2 区域导致 H3K27me2/3 整体水平的下调，也与这些翻译后修饰有关[231]。在一些脑瘤中这种突变有预兆值，而且可能会导致更短的存活时间，如神经胶质瘤[232]和成人脑干胶质瘤，但不适用于下丘脑胶质瘤[233]。目前鉴定到的其他功能位置的突变有成软骨细胞瘤中的 H3M3K36M 和骨巨细胞瘤中的 G34W/L 替换[234]。

除了 H3.3 突变，一些脑瘤患者也会有 DAXX/ATRX 突变。一些胰腺神经内分泌瘤的患者仅有 DAXX/ATRX 突变而未出现 H3.3 突变[235]。而且，尽管目前仍存在争议，但似乎这些突变也会与存活率的降低有关[236]。除了癌症，ATRX 中的突变也与先天 α-地中海贫血智力缺陷（ATRX）综合征[237]、后天 α-地中海贫血脊髓发育不良综合征（ATMDS）有关[238]。

相较于对转录的调控，H3.3 似乎对基因组的稳定性更为重要。到目前为止，仅在癌症中鉴定到 DAXX/ATRX 调节的沉积通路中的突变，表明是臂间异染色质及基因组稳定性中 H3.3 功能的缺失通过降低端粒完整性从而促进了癌症。到目前为止，还没有肿瘤中存在 HIRA 或者其他 HUCA 组分中的突变被报道。然而，HIRA 仍是胚胎发育所需要的[239]，而且已经被发现是细胞衰老的重要调控因素，从而构建了一个有力的肿瘤抑制基因[240]。

2. 组蛋白变体及其修饰与细胞衰老

近年来越来越多的研究表明，组蛋白变体在细胞衰老过程中发挥着重要的作用。在 Ras 诱导的早衰细胞中，组蛋白变体 macroH2A1 可以被募集到 SASP 基因的启动子区域，促进 SASP 基因的表达，以维持细胞衰老相关表型[241]。H2A.Z 可以通过抑制 p53 对 p21 基因启动子区域的转录调控抑制细胞衰老[242]。长链非编码 RNA VAD 可以通过抑制组蛋白变体 H2A.Z 募集到细胞衰老相关基因 INK4 基因的启动子区域，从而调控细胞衰老进程[243]。组蛋白变体 H3.3 及其缺乏尾部 21 个氨基酸的裂解片段 H3.3cs1 均可以诱导成纤维细胞的衰老，这与其通过移除 H3K4me3 抑制包括 RB/E2F 靶基因在内的一系列细胞周期调节关键分子的转录激活有关[244]。

最近一项研究证明，组蛋白变体 HIST2H2BE 可上调 p21 的表达，影响细胞的衰老进程[245]。基因芯片、半定量 RT-PCR 及 real-time PCR 揭示，HIST2H2BE 在衰老细胞中表达升高，且其表达具有衰老特异性。在年轻成纤维细胞中过表达 HIST2H2BE，可显著减少 EdU 掺入细胞的百分率，升高细胞衰老标志物 SA-β-gal 活性及 p21 的表达，提示 HIST2H2BE 具有细胞衰老调节作用。此外，利用 siRNA 抑制 p21 表达，可明显衰减 HIST2H2BE、活化 SA-β-gal。功能研究显示，HIST2H2BE 可通过升高抑癌基因 p21 途径诱导细胞衰老。值得注意的是，HIST2H2BE 诱导 p21 表达升高不依赖于 p53，因为过表达 HIST2H2BE 不改变 p53 蛋白水平，提示 HIST2H2BE 可能通过改变染色质结构上调 p21 表达。

参 考 文 献

[1]　Wang, H. et al. Role of histone H2A ubiquitination in polycomb silencing. Nature 431, 873-878(2004).

[2]　Cao, R. et al. Role of Bmi-1 and Ring1A in H2A ubiquitylation and hox gene silencing. Mol Cell 20, 845-854(2005).

[3]　Buchwald, G. et al. Structure and E3-ligase activity of the ring-ring complex of polycomb proteins Bmi1 and Ring1b. EMBO J 25, 2465-2474(2006).

[4]　McGinty, R. K. et al. Crystal structure of the PRC1 ubiquitylation module bound to the nucleosome. Nature 514, 591-596 (2014).

[5]   Xia, Y. et al. Enhancement of BRCA1 E3 ubiquitin ligase activity through direct interaction with the BARD1 protein. *J Biol Chem* 278, 5255-5263(2003).

[6]   Chen, A. et al. Autoubiquitination of the BRCA1·BARD1 RING ubiquitin ligase. *J Biol Chem* 277, 22085-22092(2002).

[7]   Bhatnagar, S. et al. TRIM37 is a new histone H2A ubiquitin ligase and breast cancer oncoprotein. *Nature* 516, 116-U313 (2014).

[8]   Robzyk, K. et al. Rad6-dependent ubiquitination of histone H2B in yeast. *Science* 287, 501-504(2000).

[9]   Wood, A. et al. Bre1, an E3 ubiquitin ligase required for recruitment and substrate selection of Rad6 at a promoter. *Mol Cell* 11, 267-274(2003).

[10] Hwang, W. W. et al. A conserved RING finger protein required for histone H2B monoubiquitination and cell size control. *Mol Cell* 11, 261-266(2003).

[11] Kao, C. F. et al. Rad6 plays a role in transcriptional activation through ubiquitylation of histone H2B. *Genes Dev* 18, 184-195 (2004).

[12] Kim, J. et al. The human homolog of yeast BRE1 functions as a transcriptional coactivator through direct activator interactions. *Mol Cell* 20, 759-770(2005).

[13] Kim, J. et al. RAD6-mediated transcription-coupled H2B ubiquitylation directly stimulates H3K4 methylation in human cells. *Cell* 137, 459-471(2009).

[14] Zhu, B. et al. Monoubiquitination of human histone H2B: The factors involved and their roles in HOX gene regulation. *Mol Cell* 20, 601-611(2005).

[15] Kamura, T. et al. The Rbx1 subunit of SCF and VHL E3 ubiquitin ligase activates Rub1 modification of cullins Cdc53 and Cul2. *Genes Dev* 13, 2928-2933(1999).

[16] Querido, E. et al. Degradation of p53 by adenovirus E4orf6 and E1B55K proteins occurs via a novel mechanism involving a Cullin-containing complex. *Genes Dev* 15, 3104-3117(2001).

[17] Yan, Q. et al. Identification of Elongin C and Skp1 sequences that determine cullin selection. *J Biol Chem* 279, 43019-43026 (2004).

[18] Li, X. S. et al. Mammalian SWI/SNF-A subunit BAF250/ARID1 is an E3 ubiquitin ligase that targets histone H2B. *Mol Cell Biol* 30, 1673-1688(2010).

[19] Doil, C. et al. RNF168 binds and amplifies ubiquitin conjugates on damaged chromosomes to allow accumulation of repair proteins. *Cell* 136, 435-446(2009).

[20] Stewart, G. S. et al. The RIDDLE syndrome protein mediates a ubiquitin-dependent signaling cascade at sites of DNA damage. *Cell* 136, 420-434(2009).

[21] Joo, H. Y. et al. Regulation of cell cycle progression and gene expression by H2A deubiquitination. *Nature* 449, 1068-1072 (2007).

[22] Shanbhag, N. M. et al. ATM-Dependent chromatin changes silence transcription in cis to dna double-strand breaks. *Cell* 141, 970-981(2010).

[23] Zhu, P. et al. A histone H2A deubiquitinase complex coordinating histone acetylation and H1 dissociation in transcriptional regulation. *Mol Cell* 27, 609-621(2007).

[24] Nakagawa, T. et al. Deubiquitylation of histone H2A activates transcriptional initiation via trans-histone cross-talk with H3K4 di- and trimethylation. *Genes Dev* 22, 37-49(2008).

[25] Scheuermann, J. C. et al. Histone H2A deubiquitinase activity of the polycomb repressive complex PR-DUB. *Nature* 465, 243-247(2010).

[26] Emre, N. C. et al. Maintenance of low histone ubiquitylation by Ubp10 correlates with telomere-proximal Sir2 association

and gene silencing. *Molecular Cell* 17, 585-594(2005).

[27] Schulze, J. M. *et al.* Splitting the task: Ubp8 and Ubp10 deubiquitinate different cellular pools of H2BK123. *Genes & Development* 25, 2242-2247(2011).

[28] Henry, K. W. *et al.* Transcriptional activation via sequential histone H2B ubiquitylation and deubiquitylation, mediated by SAGA-associated Ubp8. *Genes Dev* 17, 2648-2663(2003).

[29] Daniel, J. A. *et al.* Deubiquitination of histone H2B by a yeast acetyltransferase complex regulates transcription. *J Biol Chem* 279, 1867-1871(2004).

[30] Buszczak, M. *et al.* Drosophila stem cells share a common requirement for the histone H2B ubiquitin protease scrawny. *Science* 323, 248-251(2009).

[31] Nicassio, F. *et al.* Human USP3 is a chromatin modifier required for S phase progression and genome stability. *Curr Biol* 17, 1972-1977(2007).

[32] Joo, H. Y. *et al.* Regulation of histone H2A and H2B deubiquitination and xenopus development by USP12 and USP46. *J Biol Chem* 286, 7190-7201(2011).

[33] Zhao, Y. *et al.* A TFTC/STAGA module mediates histone H2A and H2B deubiquitination, coactivates nuclear receptors, and counteracts heterochromatin silencing. *Mol Cell* 29, 92-101(2008).

[34] Zhang, X. Y. *et al.* The putative cancer stem cell marker USP22 is a subunit of the human SAGA complex required for activated transcription and cell-cycle progression. *Mol Cell* 29, 102-111(2008).

[35] Ogawa, H. *et al.* A complex with chromatin modifiers that occupies E2f- and Myc-responsive genes in G0 cells. *Science* 296, 1132-1136(2002).

[36] Gearhart, M. D. *et al.* Polycomb group and SCF ubiquitin ligases are found in a novel BCOR complex that is recruited to BCL6 targets. *Mol Cell Biol* 26, 6880-6889(2006).

[37] Zhou, W. *et al.* Histone H2A monoubiquitination represses transcription by inhibiting RNA polymerase II transcriptional elongation. *Mol Cell* 29, 69-80(2008).

[38] Minsky, N. *et al.* Monoubiquitinated H2B is associated with the transcribed region of highly expressed genes in human cells. *Nature Cell Biol* 10, 483-488(2008).

[39] Fierz, B. *et al.* Histone H2B ubiquitylation disrupts local and higher-order chromatin compaction. *Nat Chem Biol* 7, 113-119 (2011).

[40] Falck, J. *et al.* Conserved modes of recruitment of ATM, ATR and DNA-PKcs to sites of DNA damage. *Nature* 434, 605-611 (2005).

[41] Stewart, G. S. *et al.* MDC1 is a mediator of the mammalian DNA damage checkpoint. *Nature* 421, 961-966(2003).

[42] Xu, X. & Sterns, D. F. NFBD1/KIAA0170 is a chromatin-associated protein involved in DNA damage signaling pathways. *J Biol Chem* 278, 8795-8803(2003).

[43] Mailand, N. *et al.* RNF8 ubiquitylates histones at DNA double-strand breaks and promotes assembly of repair proteins. *Cell* 131, 887-900(2007).

[44] Marteijn, J. A. *et al.* Nucleotide excision repair-induced H2A ubiquitination is dependent on MDC1 and RNF8 and reveals a universal DNA damage response. *J Cell Biol* 186, 835-847(2009).

[45] Wu, J. *et al.* Histone ubiquitination associates with BRCAl-dependent DNA damage response. *Mol Cell Biol* 29, 849-860 (2009).

[46] Ginjala, V. *et al.* BMI1 is recruited to DNA breaks and contributes to DNA damage-induced H2A ubiquitination and repair. *Mol Cell Biol* 31, 1972-1982(2011).

[47] Pan, M. R. *et al.* Monoubiquitination of H2AX protein regulates DNA damage response signaling. *J Biol Chem* 286,

28599-28607(2011).

[48] Moyal, L. *et al.* Requirement of ATM-dependent monoubiquitylation of histone H2B for timely repair of DNA double-strand breaks. *Mol Cell* 41, 529-542(2011).

[49] Shao, G. *et al.* The Rap80-BRCC36 de-ubiquitinating enzyme complex antagonizes RNF8-Ubc13-dependent ubiquitination events at DNA double strand breaks. *Proc Natl Acad Sci U S A* 106, 3166-3171(2009).

[50] de Napoles, M. *et al.* Polycomb group proteins ring1A/B link ubiquitylation of histone H2A to heritable gene silencing and X inactivation. *Dev Cell* 7, 663-676(2004).

[51] Fang, J. *et al.* Ring1b-mediated H2A ubiquitination associates with inactive X chromosomes and is involved in initiation of X inactivation. *J Biol Chem* 279, 52812-52815(2004).

[52] Nakamura, K. *et al.* Regulation of homologous recombination by RNF20-dependent H2B ubiquitination. *Mol Cell* 41, 515-528(2011).

[53] Lessard, J. & Sauvageau, G. Bmi-1 determines the proliferative capacity of normal and leukaemic stem cells. *Nature* 423, 255-260(2003).

[54] Park, I. K. *et al.* Bmi-1 is required for maintenance of adult self-renewing haematopoietic stem cells. *Nature* 423, 302-305 (2003).

[55] Stock, J. K. *et al.* Ring1-mediated ubiquitination of H2A restrains poised RNA polymerase II at bivalent genes in mouse ES cells. *Nature Cell Biol* 9, 1428-1435(2007).

[56] Nakagawa, T. *et al.* Deubiquitylation of histone H2A activates transcriptional initiation via trans-histone cross-talk with H3K4 di- and trimethylation. *Genes Dev* 22, 37-49(2008).

[57] Sun, Z. W. & Allis, C. D. Ubiquitination of histone H2B regulates H3 methylation and gene silencing in yeast. *Nature* 418, 104-108(2002).

[58] Chandrasekharan, M. B. *et al.* Histone H2B ubiquitination and beyond: Regulation of nucleosome stability, chromatin dynamics and the trans-histone H3 methylation. *Epigenetics* 5, 460-468(2010).

[59] Gopalan, G. *et al.* A novel mammalian, mitotic spindle-associated kinase is related to yeast and fly chromosome segregation regulators. *J Cell Biol* 138, 643-656(1997).

[60] Wei, Y. *et al.* Phosphorylation of histone H3 is required for proper chromosome condensation and segregation. *Cell* 97, 99-109(1999).

[61] Hsu, J. Y. *et al.* Mitotic phosphorylation of histone H3 is governed by Ipl1/aurora kinase and Glc7/PP1 phosphatase in budding yeast and nematodes. *Cell* 102, 279-291(2000).

[62] Goto, H. *et al.* Aurora-B phosphorylates Histone H3 at serine28 with regard to the mitotic chromosome condensation. *Genes Cells* 7, 11-17(2002).

[63] Downs, J. A. *et al.* A role for Saccharomyces cerevisiae histone H2A in DNA repair. *Nature* 408, 1001-1004(2000).

[64] Shroff, R. *et al.* Distribution and dynamics of chromatin modification induced by a defined DNA double-strand break. *Curr Biol* 14, 1703-1711(2004).

[65] Wen, W. *et al.* MST1 promotes apoptosis through phosphorylation of histone H2AX. *J Biol Chem* 285, 39108-39116(2010).

[66] Thomson, S. *et al.* The nucleosomal response associated with immediate-early gene induction is mediated via alternative MAP kinase cascades: MSK1 as a potential histone H3/HMG-14 kinase. *EMBO J* 18, 4779-4793(1999).

[67] Soloaga, A. *et al.* MSK2 and MSK1 mediate the mitogen- and stress-induced phosphorylation of histone H3 and HMG-14. *EMBO J* 22, 2788-2797(2003).

[68] Choi, H. S. *et al.* Phosphorylation of histone H3 at serine 10 is indispensable for neoplastic cell transformation. *Cancer Res* 65, 5818-5827(2005).

[69] Chowdhury, D. *et al.* A PP4-phosphatase complex dephosphorylates γ-H2AX generated during DNA replication. *Mol Cell* 31, 33-46(2008).

[70] Nakada, S. *et al.* PP4 is a γH2AX phosphatase required for recovery from the DNA damage checkpoint. *EMBO Rep.* 9, 1019-1026(2008).

[71] Douglas, P. *et al.* Protein phosphatase 6 interacts with the DNA-dependent protein kinase catalytic subunit and dephosphorylates γ-H2AX. *Mol Cell Biol* 30, 1368-1381(2010).

[72] Macurek, L. *et al.* Wip1 phosphatase is associated with chromatin and dephosphorylates γh2AX to promote checkpoint inhibition. *Oncogene* 29, 2281-2291(2010).

[73] Xiao, A. *et al.* WSTF regulates the H2A.X DNA damage response via a novel tyrosine kinase activity. *Nature* 457, 57-62 (2009).

[74] Taverna, S. D. *et al.* How chromatin-binding modules interpret histone modifications: Lessons from professional pocket pickers. *Nat Struct Mol Biol* 14, 1025-1040(2007).

[75] Yun, M. *et al.* Readers of histone modifications. *Cell Res* 21, 564-578(2011).

[76] Chadee, D. N. *et al.* Increased Ser-10 phosphorylation of histone H3 in mitogen-stimulated and oncogene-transformed mouse fibroblasts. *J Biol Chem* 274, 24914-24920(1999).

[77] Lau, P. N. I. & Cheung, P. Histone code pathway involving H3 S28 phosphorylation and K27 acetylation activates transcription and antagonizes polycomb silencing. *Proc Natl Acad Sci U S A* 108, 2801-2806(2011).

[78] Metzger, E. *et al.* Phosphorylation of histone H3 at threonine 11 establishes a novel chromatin mark for transcriptional regulation. *Nature Cell Biol* 10, 53-60(2008).

[79] Metzger, E. *et al.* Phosphorylation of histone H3T6 by PKCB i controls demethylation at histone H3K4. *Nature* 464, 792-796 (2010).

[80] Shimada, M. *et al.* Chk1 is a histone H3 threonine 11 kinase that regulates DNA damage-induced transcriptional repression. *Cell* 132, 221-232(2008).

[81] Bungard, D. *et al.* Signaling kinase AMPK activates stress-promoted transcription via histone H2B phosphorylation. *Science* 329, 1201-1205(2010).

[82] Mahajan, K. *et al.* H2B Tyr37 phosphorylation suppresses expression of replication-dependent core histone genes. *Nat Struct Mol Biol* 19, 930-937(2012).

[83] Rogakou, E. P. *et al.* Megabase chromatin domains involved in DNA double-strand breaks *in vivo*. *J Cell Biol* 146, 905-915 (1999).

[84] Iacovoni, J. S. *et al.* High-resolution profiling of γh2AX around DNA double strand breaks in the mammalian genome. *EMBO J* 29, 1446-1457(2010).

[85] Van Attikum, H. *et al.* Recruitment of the INO80 complex by H2A phosphorylation links ATP-dependent chromatin remodeling with DNA double-strand break repair. *Cell* 119, 777-788(2004).

[86] Downs, J. A. *et al.* Binding of chromatin-modifying activities to phosphorylated histone H2A at DNA damage sites. *Mol Cell* 16, 979-990(2004).

[87] Javaheri, A. *et al.* Yeast G1 DNA damage checkpoint regulation by H2A phosphorylation is independent of chromatin remodeling. *Proc Natl Acad Sci U S A* 103, 13771-13776(2006).

[88] Hammet, A. *et al.* Rad9 BRCT domain interaction with phosphorylated H2AX regulates the G1 checkpoint in budding yeast. *EMBO Rep* 8, 851-857(2007).

[89] Wysocki, R. *et al.* Role of Dot1-dependent histone H3 methylation in G_1 and S phase DNA damage checkpoint functions of Rad9. *Mol Cell Biol* 25, 8430-8443(2005).

[90] Papamichos-Chronakis, M. *et al.* Interplay between Ino80 and Swr1 chromatin remodeling enzymes regulates cell cycle checkpoint adaptation in response to DNA damage. *Genes Dev* 20, 2437-2449(2006).

[91] Van Attikum, H. *et al.* Distinct roles for SWR1 and INO80 chromatin remodeling complexes at chromosomal double-strand breaks. *EMBO J* 26, 4113-4125(2007).

[92] Wei, Y. *et al.* Phosphorylation of histone H3 at serine 10 is correlated with chromosome condensation during mitosis and meiosis in Tetrahymena. *Proc Natl Acad Sci U S A* 95, 7480-7484(1998).

[93] De La Barre, A. E. *et al.* Core histone N-termini play an essential role in mitotic chromosome condensation. *EMBO J* 19, 379-391(2000).

[94] Bischoff, J. R. *et al.* A homologue of *Drosophila* aurora kinase is oncogenic and amplified in human colorectal cancers. *EMBO J* 17, 3052-3065(1998).

[95] Tatsuka, M. *et al.* Multinuclearity and increased ploidy caused by overexpression of the Aurora- and Ipl1-like midbody-associated protein mitotic kinase in human cancer cells. *Cancer Res* 58, 4811-4816(1998).

[96] Dai, J. & Higgins, J. M. G. Haspin: A mitotic histone kinase required for metaphase chromosome alignment. *Cell Cycle* 4, 665-668(2005).

[97] Dai, J. *et al.* The kinase haspin is required for mitotic histone H3 Thr 3 phosphorylation and normal metaphase chromosome alignment. *Genes Dev* 19, 472-488(2005).

[98] Preuss, U. *et al.* Novel mitosis-specific phosphorylation of histone H3 at Thr11 mediated by Dlk/ZIP kinase. *Nucleic Acids Res* 31, 878-885(2003).

[99] Krishnamoorthy, T. *et al.* Phosphorylation of histone H4 Ser1 regulates sporulation in yeast and is conserved in fly and mouse spermatogenesis. *Genes Dev* 20, 2580-2592(2006).

[100] Govin, J. *et al.* Systematic screen reveals new functional dynamics of histones H3 and H4 during gametogenesis. *Genes Dev* 24, 1772-1786(2010).

[101] Ahn, S. H. *et al.* Sterile 20 kinase phosphorylates histone H2B at serine 10 during hydrogen peroxide-induced apoptosis in *S. cerevisiae*. *Cell* 120, 25-36(2005).

[102] Cheung, W. L. *et al.* Apoptotic phosphorylation of histone H2B is mediated by mammalian sterile twenty kinase. *Cell* 113, 507-517(2003).

[103] Ahn, S. H. *et al.* H2B (Ser10) phosphorylation is induced during apoptosis and meiosis in S. cerevisiae. *Cell Cycle* 4, 780-783(2005).

[104] Ahn, S. H. *et al.* Histone H2B deacetylation at lysine 11 is required for yeast apoptosis induced by phosphorylation of H2B at serine 10. *Mol Cell* 24, 211-220(2006).

[105] Solier, S. *et al.* Death receptor-induced activation of the Chk2- And histone H2AX-associated DNA damage response pathways. *Mol Cell Biol* 29, 68-82(2009).

[106] Cheung, P. *et al.* Synergistic coupling of histone H3 phosphorylation and acetylation in response to epidermal growth factor stimulation. *Mol Cell* 5, 905-915(2000).

[107] Clayton, A. L. *et al.* Phosphoacetylation of histone H3 on c-fos- and c-jun-associated nucleosomes upon gene activation. *EMBO J* 19, 3714-3726(2000).

[108] Clements, A. *et al.* Structural basis for histone and phosphohistone binding by the GCN5 histone acetyltransferase. *Mol Cell* 12, 461-473(2003).

[109] Zhong, S. *et al.* Phosphorylation at serine 28 and acetylation at lysine 9 of histone H3 induced by trichostatin A. *Oncogene* 22, 5291-5297(2003).

[110] Gehani, S. S. *et al.* Polycomb group protein displacement and gene activation through MSK-dependent H3K27me3S28

phosphorylation. *Mol Cell* 39, 886-900(2010).

[111] Sabari, B. R. *et al.* Metabolic regulation of gene expression through histone acylations. *Nature Reviews Molecular Cell Biology* 18, 90-101(2017).

[112] Ogryzko, V. V. *et al.* The transcriptional coactivators p300 and CBP are histone acetyltransferases. *Cell* 87, 953-959(1996).

[113] Cheng, Z. *et al.* Molecular characterization of propionyllysines in non-histone proteins. *Molecular & Cellular Proteomics: MCP* 8, 45-52(2009).

[114] Sabari, B. R. *et al.* Intracellular crotonyl-CoA stimulates transcription through p300-catalyzed histone crotonylation. *Mol Cell* 58, 203-215(2015).

[115] Kaczmarska, Z. *et al.* Structure of p300 in complex with acyl-CoA variants. *Nat Chem Biol* 13, 21-29(2017).

[116] Tan, M. *et al.* Lysine glutarylation is a protein posttranslational modification regulated by SIRT5. *Cell Metabolism* 19, 605-617(2014).

[117] Zhang, D. *et al.* Metabolic regulation of gene expression by histone lactylation. *Nature* 574, 575-580(2019).

[118] Berndsen, C. E. *et al.* Catalytic mechanism of a MYST family histone acetyltransferase. *Biochemistry* 46, 623-629(2007).

[119] Leemhuis, H. *et al.* The human histone acetyltransferase P/CAF is a promiscuous histone propionyltransferase. *Chembiochem : a European Journal of Chemical Biology* 9, 499-503(2008).

[120] Ringel, A. E. & Wolberger, C. Structural basis for acyl-group discrimination by human Gcn5L2. *Acta Crystallographica. Section D, Structural Biology* 72, 841-848(2016).

[121] Bao, X. *et al.* Identification of 'erasers' for lysine crotonylated histone marks using a chemical proteomics approach. *eLife* 3 (2014).

[122] Feldman, J. L. *et al.* Activation of the protein deacetylase SIRT6 by long-chain fatty acids and widespread deacylation by mammalian sirtuins. *The Journal of Biological Chemistry* 288, 31350-31356(2013).

[123] Peng, C. *et al.* The first identification of lysine malonylation substrates and its regulatory enzyme. *Molecular & Cellular Proteomics : MCP* 10, M111 012658(2011).

[124] Du, J. *et al.* Sirt5 is a NAD-dependent protein lysine demalonylase and desuccinylase. *Science* 334, 806-809(2011).

[125] Park, J. *et al.* SIRT5-mediated lysine desuccinylation impacts diverse metabolic pathways. *Molecular Cell* 50, 919-930 (2013).

[126] Barber, M. F. *et al.* SIRT7 links H3K18 deacetylation to maintenance of oncogenic transformation. *Nature* 487, 114-118 (2012).

[127] Li, L. *et al.* SIRT7 is a histone desuccinylase that functionally links to chromatin compaction and genome stability. *Nat Commun* 7, 12235(2016).

[128] Huang, H. *et al.* A. L. The regulatory enzymes and protein substrates for the lysine β-hydroxybutyrylation pathway. *Science Advances* 7(9):eabe2771(2021).

[129] Rachel, F. *et al.* Microbiota derived short chain fatty acids promote histone crotonylation in the colon through histone deacetylases. *Nat Commun* 9(1):105(2018).

[130] Huang, J. *et al.* 2-Hydroxyisobutyrylation on histone H4K8 is regulated by glucose homeostasis in *Saccharomyces cerevisiae. Proceedings of the National Academy of Sciences of the United States of America* 114, 8782-8787(2017).

[131] Liu, S. *et al.* Chromodomain protein CDYL acts as a crotonyl-CoA hydratase to regulate histone crotonylation and spermatogenesis. *Molecular Cell* 67, 853-866 e855(2017).

[132] Tang, X. Q. *et al.* Short-chain enoyl-CoA hydratase mediates histone crotonylation and contributes to cardiac homeostasis. *Circulation* 143(10), 1066-1069(2021).

[133] Jenuwein, T. & Allis, C. D. Translating the histone code. *Science* 293, 1074-1080(2001).

[134] Patel, D. J. & Wang, Z. Readout of epigenetic modifications. *Annual Review of Biochemistry* 82, 81-118(2013).

[135] Vollmuth, F. & Geyer, M. Interaction of propionylated and butyrylated histone H3 lysine marks with Brd4 bromodomains. *Angewandte Chemie* 49, 6768-6772(2010).

[136] Flynn, E. M. *et al.* A subset of human bromodomains recognizes butyryllysine and crotonyllysine histone peptide modifications. *Structure* 23, 1801-1814(2015).

[137] Goudarzi, A. *et al.* Dynamic competing histone H4 K5K8 acetylation and butyrylation are hallmarks of highly active gene promoters. *Molecular Cell* 62, 169-180(2016).

[138] Li, Y. *et al.* AF9 YEATS domain links histone acetylation to DOT1L-mediated H3K79 methylation. *Cell* 159, 558-571 (2014).

[139] Shanle, E. K. *et al.* Association of Taf14 with acetylated histone H3 directs gene transcription and the DNA damage response. *Genes & Development* 29, 1795-1800(2015).

[140] Schulze, J. M. *et al.* YEATS domain proteins: a diverse family with many links to chromatin modification and transcription. *Biochemistry and Cell Biology = Biochimie et Biologie Cellulaire* 87, 65-75(2009).

[141] Li, Y. *et al.* Molecular coupling of histone crotonylation and active transcription by AF9 yeats domain. *Molecular Cell* 62, 181-193(2016).

[142] Zhao, D. *et al.* YEATS2 is a selective histone crotonylation reader. *Cell Research* 26, 629-632(2016).

[143] Andrews, F. H. *et al.* The Taf14 YEATS domain is a reader of histone crotonylation. *Nature Chemical Biology* 12, 396-398 (2016).

[144] Zhang, Q. *et al.* Structural insights into histone crotonyl-lysine recognition by the AF9 yeats domain. *Structure* 24, 1606-1612(2016).

[145] Pena, P. V. *et al.* Molecular mechanism of histone H3K4me3 recognition by plant homeodomain of ING2. *Nature* 442, 100-103(2006).

[146] Lange, M. *et al.* Regulation of muscle development by DPF3, a novel histone acetylation and methylation reader of the BAF chromatin remodeling complex. *Genes & Development* 22, 2370-2384(2008).

[147] Xiong, X. *et al.* Selective recognition of histone crotonylation by double PHD fingers of MOZ and DPF2. *Nat Chem Biol* 12, 1111-1118(2016).

[148] Wellen, K. E. *et al.* ATP-citrate lyase links cellular metabolism to histone acetylation. *Science* 324, 1076-1080(2009).

[149] Chen, C. *et al.* Cytosolic acetyl-CoA promotes histone acetylation predominantly at H3K27 in *Arabidopsis*. *Nature Plants* 3, 814-824(2017).

[150] Tan, M. *et al.* Identification of 67 histone marks and histone lysine crotonylation as a new type of histone modification. *Cell* 146, 1016-1028(2011).

[151] Xie, Z. *et al.* Metabolic regulation of gene expression by histone lysine D-beta-hydroxybutyrylation. *Molecular Cell* 62, 194-206(2016).

[152] Kashiwaya, Y. *et al.* d-β-hydroxybutyrate protects neurons in models of Alzheimer's and Parkinson's disease. *Proceedings of the National Academy of Sciences of the United States of America* 97, 5440-5444(2000).

[153] Ruiz-Andres, O. *et al.* Histone lysine crotonylation during acute kidney injury in mice. *Disease Models & Mechanisms* 9, 633-645(2016).

[154] Dai, L. *et al.* Lysine 2-hydroxyisobutyrylation is a widely distributed active histone mark. *Nat Chem Biol* 10, 365-370(2014).

[155] Ricardo A. Irizarry-Caro. *et al.* TLR signaling adapter BCAP regulates inflammatory to reparatory macrophage transition by promoting histone lactylation. *Proceedings of the National Academy of Sciences of the United States of America* 117(48), 30628-30638(2020).

[156] Matthew, G. V. H. *et al.* Understanding the Warburg effect: the metabolic requirements of cell proliferation. *Science* 324(5930):1029-1033(2009).

[157] Jie Yu, *et al.* Histone lactylation drives oncogenesis by facilitating m6A reader protein YTHDF2expression in ocular melanoma. *Genome Biol* 22(1):85(2021).

[158] Zhang, H. *et al.* MTA2 triggered R-loop trans-regulates BDH1-mediated β-hydroxybutyrylation and potentiates propagation of hepatocellular carcinoma stem cells. *Signal Transduct Target Ther* 6(1):135(2021).

[159] Yang, G. *et al.* Histone acetyltransferase 1 is a succinyltransferase for histones and non-histones and promotes tumorigenesis. *EMBO Rep* 22(2):e50967(2020).

[160] Martinez-Outschoorn, U. E. *et al.* Cancer metabolism: a therapeutic perspective. *Nat Rev Clin Oncol* 14, 11-31(2017).

[161] Gaucher, J. *et al.* Bromodomain-dependent stage-specific male genome programming by Brdt. *EMBO J* 31, 3809-3820 (2012).

[162] Smale, S. T. *et al.* Chromatin contributions to the regulation of innate immunity. *Annu Rev Immunol* 32, 489-511(2014).

[163] Montellier, E. *et al.* Histone crotonylation specifically marks the haploid male germ cell gene expression program: post-meiotic male-specific gene expression. *Bioessays* 34, 187-193(2012).

[164] Rousseaux, S. & Khochbin, S. Histone acylation beyond acetylation: Terra incognita in chromatin biology. *Cell J* 17, 1-6 (2015).

[165] McNally, M. A. & Hartman, A. L. Ketone bodies in epilepsy. *J Neurochem* 121, 28-35(2012).

[166] Tsuchiya, Y. *et al.* Methods for measuring CoA and CoA derivatives in biological samples. *Biochem Soc Trans* 42, 1107-1111(2014).

[167] Koh, A. *et al.* From dietary fiber to host physiology: Short-chain fatty acids as key bacterial metabolites. *Cell* 165, 1332-1345 (2016).

[168] Aebersold, R. & Goodlett, D. R. Mass spectrometry in proteomics. *Chemical Reviews* 101, 269-296(2001).

[169] Wells, J. M. & McLuckey, S. A. Collision-induced dissociation (CID) of peptides and proteins. *Methods Enzymol* 402, 148-185(2005).

[170] Olsen, J. V. *et al.* Higher-energy C-trap dissociation for peptide modification analysis. *Nat Methods* 4, 709-712(2007).

[171] Syka, J. E. *et al.* Peptide and protein sequence analysis by electron transfer dissociation mass spectrometry. *Proc Natl Acad Sci U S A* 101, 9528-9533(2004).

[172] Tropberger, P. *et al.* Regulation of transcription through acetylation of H3K122 on the lateral surface of the histone octamer. *Cell* 152, 859-872(2013).

[173] Unnikrishnan, A. *et al.* Dynamic changes in histone acetylation regulate origins of DNA replication. *Nat Struct Mol Biol* 17, 430-437(2010).

[174] Bernstein, E. *et al.* A phosphorylated subpopulation of the histone variant macroH2A1 is excluded from the inactive X chromosome and enriched during mitosis. *P Natl Acad Sci U S A* 105, 1533-1538(2008).

[175] Duncan, E. M. *et al.* Cathepsin L proteolytically processes histone H3 during mouse embryonic stem cell differentiation. *Cell* 135, 284-294(2008).

[176] Syka, J. E. *et al.* Novel linear quadrupole ion trap/FT mass spectrometer: performance characterization and use in the comparative analysis of histone H3 post-translational modifications. *J Proteome Res* 3, 621-626(2004).

[177] Garcia, B. A. *et al.* Comprehensive phosphoprotein analysis of linker histone H1 from *Tetrahymena thermophila*. *Mol Cell Proteomics* 5, 1593-1609(2006).

[178] Britton, L. M. *et al.* Breaking the histone code with quantitative mass spectrometry. *Expert Rev Proteomics* 8, 631-643 (2011).

[179] Liao, R. *et al.* Specific and efficient N-propionylation of histones with propionic acid N-hydroxysuccinimide ester for histone marks characterization by LC-MS. *Anal Chem* 85, 2253-2259(2013).

[180] Jaffe, J. D. *et al.* Global chromatin profiling reveals NSD2 mutations in pediatric acute lymphoblastic leukemia. *Nat Genet* 45, 1386-1391(2013).

[181] Leroy, G. *et al.* A quantitative atlas of histone modification signatures from human cancer cells. *Epigenetics Chromatin* 6, 20 (2013).

[182] Huang, H. *et al.* Quantitative proteomic analysis of histone modifications. *Chem Rev* 115, 2376-2418(2015).

[183] Dai, L. Z. *et al.* Lysine 2-hydroxyisobutyrylation is a widely distributed active histone mark. *Nat Chem Biol* 10, 365-U373 (2014).

[184] Tanner, S. *et al.* InsPecT: identification of posttranslationally modified peptides from tandem mass spectra. *Anal Chem* 77, 4626-4639(2005).

[185] Chen, Y. *et al.* PTMap-A sequence alignment software for unrestricted, accurate, and full-spectrum identification of post-translational modification sites. *P Natl Acad Sci U S A* 106, 761-766(2009).

[186] Baliban, R. C. *et al.* A novel approach for untargeted post-translational modification identification using integer linear optimization and tandem mass spectrometry. *Molecular & Cellular Proteomics* 9, 764-779(2010).

[187] Zhang, Z. H. *et al.* Identification of lysine succinylation as a new post-translational modification. *Nat Chem Biol* 7, 58-63 (2011).

[188] Xie, Z. Y. *et al.* Lysine succinylation and lysine malonylation in histones. *Molecular & Cellular Proteomics* 11, 100-107 (2012).

[189] Tan, M. J. *et al.* Identification of 67 histone marks and histone lysine crotonylation as a new type of histone modification. *Cell* 146, 1015-1027(2011).

[190] Tan, M. J. *et al.* Lysine glutarylation is a protein posttranslational modification regulated by SIRT5. *Cell Metab* 19, 605-617 (2014).

[191] Xie, Z. Y. *et al.* Metabolic regulation of gene expression by histone lysine beta-hydroxybutyrylation. *Mol Cell* 62, 194-206(2016).

[192] Bonenfant, D. *et al.* Analysis of dynamic changes in post-translational modifications of human histones during cell cycle by mass spectrometry. *Mol Cell Proteomics* 6, 1917-1932(2007).

[193] Sridharan, R. *et al.* Proteomic and genomic approaches reveal critical functions of H3K9 methylation and heterochromatin protein-1gamma in reprogramming to pluripotency. *Nat Cell Biol* 15, 872-882(2013).

[194] Peters, A. H. *et al.* Partitioning and plasticity of repressive histone methylation states in mammalian chromatin. *Mol Cell* 12, 1577-1589(2003).

[195] Lin, S. *et al.* Stable-isotope-labeled histone peptide library for histone post-translational modification and variant quantification by mass spectrometry. *Mol Cell Proteomics* 13, 2450-2466(2014).

[196] Wouters-Tyrou, D. *et al.* Nuclear basic proteins in spermiogenesis. *Biochimie* 80, 117-128(1998).

[197] Teranishi, T. *et al.* Rapid replacement of somatic linker histones with the oocyte-specific linker histone H1foo in nuclear transfer. *Dev Biol* 266, 76-86(2004).

[198] Kimmins, S. & Sassone-Corsi, P. Chromatin remodelling and epigenetic features of germ cells. *Nature* 434, 583-589(2005).

[199] Govin, J. *et al.* Testis-specific histone H3 expression in somatic cells. *Trends Biochem Sci* 30, 357-359(2005).

[200] Jin, J. *et al.* In and out: histone variant exchange in chromatin. *Trends Biochem Sci* 30, 680-687(2005).

[201] Bernstein, E. & Hake, S. B. The nucleosome: a little variation goes a long way. *Biochem Cell Biol* 84, 505-517(2006).

[202] Roloff, T. C. & Nuber, U. A. Chromatin, epigenetics and stem cells. *Eur J Cell Biol* 84, 123-135(2005).

[203] Leach, T. J. *et al.* Histone H2A.Z is widely but nonrandomly distributed in chromosomes of *Drosophila melanogaster*. *J Biol Chem* 275, 23267-23272(2000).

[204] Larochelle, M. & Gaudreau, L. H2A.Z has a function reminiscent of an activator required for preferential binding to intergenic DNA. *EMBO J* 22, 4512-4522(2003).

[205] Abbott, D. W. *et al.* Characterization of the stability and folding of H2A.Z chromatin particles: implications for transcriptional activation. *J Biol Chem* 276, 41945-41949(2001).

[206] Suto, R. K. *et al.* Crystal structure of a nucleosome core particle containing the variant histone H2A.Z. *Nat Struct Biol* 7, 1121-1124(2000).

[207] Sarma, K. & Reinberg, D. Histone variants meet their match. *Nat Rev Mol Cell Biol* 6, 139-149(2005).

[208] Elsasser, S. J. *et al.* Histone H3.3 is required for endogenous retroviral element silencing in embryonic stem cells. *Nature* 522, 240-244(2015).

[209] Goldberg, A. D. *et al.* Distinct factors control histone variant H3.3 localization at specific genomic regions. *Cell* 140, 678-691(2010).

[210] Voon, H. P. *et al.* ATRX plays a key role in maintaining silencing at interstitial heterochromatic loci and imprinted genes. *Cell Rep* 11, 405-418(2015).

[211] Jang, C. W. *et al.* Histone H3.3 maintains genome integrity during mammalian development. *Genes Dev* 29, 1377-1392 (2015).

[212] Nashun, B. *et al.* Continuous histone replacement by hira is essential for normal transcriptional regulation and *de novo* DNA methylation during mouse oogenesis. *Mol Cell* 60, 611-625(2015).

[213] Ricketts, M. D. *et al.* Ubinuclein-1 confers histone H3.3-specific-binding by the HIRA histone chaperone complex. *Nat Commun* 6, 7711(2015).

[214] Jufvas, A. *et al.* Histone variants and their post-translational modifications in primary human fat cells. *PLoS One* 6, e15960 (2011).

[215] Eliuk, S. M. *et al.* High resolution electron transfer dissociation studies of unfractionated intact histones from murine embryonic stem cells using on-line capillary LC separation: determination of abundant histone isoforms and post-translational modifications. *Mol Cell Proteomics* 9, 824-837(2010).

[216] Tian, Z. *et al.* Enhanced top-down characterization of histone post-translational modifications. *Genome Biol* 13, R86(2012).

[217] Kalli, A. *et al.* Data-dependent middle-down nano-liquid chromatography-electron capture dissociation-tandem mass spectrometry: an application for the analysis of unfractionated histones. *Anal Chem* 85, 3501-3507(2013).

[218] Phanstiel, D. *et al.* Mass spectrometry identifies and quantifies 74 unique histone H4 isoforms in differentiating human embryonic stem cells. *Proc Natl Acad Sci U S A* 105, 4093-4098(2008).

[219] Young, N. L. *et al.* High throughput characterization of combinatorial histone codes. *Mol Cell Proteomics* 8, 2266-2284 (2009).

[220] Morita, Y. *et al.* Imaging mass spectrometry of gastric carcinoma in formalin-fixed paraffin-embedded tissue microarray. *Cancer Sci* 101, 267-273(2010).

[221] Lahiri, S. *et al.* *In situ* detection of histone variants and modifications in mouse brain using imaging mass spectrometry. *Proteomics* 16, 437-447(2016).

[222] Bhanu, N. V. *et al.* Histone modification profiling reveals differential signatures associated with human embryonic stem cell self-renewal and differentiation. *Proteomics* 16, 448-458(2016).

[223] Dang, X. *et al.* Label-free relative quantitation of isobaric and isomeric human Histone H2A and H2B variants by fourier transform ion cyclotron resonance top-down MS/MS. *J Proteome Res* 15, 3196-3203(2016).

[224] Xiong, Y. *et al.* A comprehensive catalog of the lysine-acetylation targets in rice (Oryza sativa) based on proteomic analyses. *Journal of Proteomics* 138, 20-29(2016).

[225] Zee, B. M. *et al.* Streamlined discovery of cross-linked chromatin complexes and associated histone modifications by mass spectrometry. *Proc Natl Acad Sci U S A* 113, 1784-1789(2016).

[226] Schriemer, C. *et al.* A new enzyme for middle-down analysis of complex histone modification patterns, ASMS conference (2017).

[227] Boulard, M. *et al.* Histone variant nucleosomes: structure, function and implication in disease. *Subcell Biochem* 41, 71-89 (2007).

[228] Dion, M. F. *et al.* Genomic characterization reveals a simple histone H4 acetylation code. *Proc Natl Acad Sci U S A* 102, 5501-5506(2005).

[229] Peleg, S. *et al.* Altered histone acetylation is associated with age-dependent memory impairment in mice. *Science* 328, 753-756(2010).

[230] Schwartzentruber, J. *et al.* Driver mutations in histone H3.3 and chromatin remodelling genes in paediatric glioblastoma. *Nature* 482, 226-231(2012).

[231] Lewis, P. W. *et al.* Inhibition of PRC2 activity by a gain-of-function H3 mutation found in pediatric glioblastoma. *Science* 340, 857-861(2013).

[232] Khuong-Quang, D. A. *et al.* K27M mutation in histone H3.3 defines clinically and biologically distinct subgroups of pediatric diffuse intrinsic pontine gliomas. *Acta Neuropathol* 124, 439-447(2012).

[233] Feng, J. *et al.* The H3.3 K27M mutation results in a poorer prognosis in brainstem gliomas than thalamic gliomas in adults. *Hum Pathol* 46, 1626-1632(2015).

[234] Behjati, S. *et al.* Distinct H3F3A and H3F3B driver mutations define chondroblastoma and giant cell tumor of bone. *Nat Genet* 45, 1479-1482(2013).

[235] Jiao, Y. *et al.* DAXX/ATRX, MEN1, and mTOR pathway genes are frequently altered in pancreatic neuroendocrine tumors. *Science* 331, 1199-1203(2011).

[236] Marinoni, I. *et al.* Loss of DAXX and ATRX are associated with chromosome instability and reduced survival of patients with pancreatic neuroendocrine tumors. *Gastroenterology* 146, 453-460 e455(2014).

[237] Picketts, D. J. *et al.* ATRX encodes a novel member of the SNF2 family of proteins: mutations point to a common mechanism underlying the ATR-X syndrome. *Hum Mol Genet* 5, 1899-1907(1996).

[238] Gibbons, R. J. *et al.* Identification of acquired somatic mutations in the gene encoding chromatin-remodeling factor ATRX in the alpha-thalassemia myelodysplasia syndrome (ATMDS). *Nat Genet* 34, 446-449(2003).

[239] Roberts, C. *et al.* Targeted mutagenesis of the Hira gene results in gastrulation defects and patterning abnormalities of mesoendodermal derivatives prior to early embryonic lethality. *Mol Cell Biol* 22, 2318-2328(2002).

[240] Rai, T. S. *et al.* HIRA orchestrates a dynamic chromatin landscape in senescence and is required for suppression of neoplasia. *Genes Dev* 28, 2712-2725(2014).

[241] Chen, H. *et al.* MacroH2A1 and ATM play opposing roles in paracrine senescence and the senescence-associated secretory phenotype. *Mol Cell* 59, 719-731(2015).

[242] Lee, K. *et al.* Decrease of p400 ATPase complex and loss of H2A.Z within the p21 promoter occur in senescent IMR-90 human fibroblasts. *Mech Ageing Dev* 133, 686-694(2012).

[243] Lazorthes, S. *et al.* A vlincRNA participates in senescence maintenance by relieving H2AZ-mediated repression at the INK4 locus. *Nat Commun* 6, 5971(2015).

[244] Duarte, L. F. *et al.* Histone H3.3 and its proteolytically processed form drive a cellular senescence programme. *Nat Commun*

5, 5210(2014).

[245] 吴丽娜等. 组蛋白变异体 HIST2H2BE 通过上调 p21 表达诱导细胞衰老. 中国生物化学与分子生物学报, 1320-1325 (2016).

 **程仲毅**　杭州景杰生物科技股份有限公司 CEO，于 2007 年在中国科技大学获得博士学位。2007～2011 年分别在美国西南医学中心及芝加哥大学从事表观遗传学与蛋白质组学博士后研究员工作。2011 年起担任杭州景杰生物科技股份有限公司总经理至今。浙江省特聘专家，人类蛋白质组学委员会（CNHUPO）副主任委员。在蛋白质组学、表观遗传学与肿瘤生物学领域共发表国际论文 50 余篇，国际国内发明专利 4 项。

第10章 组蛋白修饰识别

郭　睿　焦芳芳　董　莉　何胜菲　王嘉华　王立勇
复旦大学

本章概要

组蛋白修饰是主要的表观遗传修饰之一，包括酰基化、甲基化、磷酸化等修饰方式。组蛋白阅读器是一类可以依赖自身阅读结构域识别组蛋白修饰的蛋白质，它们在识别不同类型的组蛋白修饰过程中扮演着重要角色。链接的组合型识别结构域对两个或更多个组蛋白修饰进行多价识别可以显著提高结合亲和力。组蛋白修饰之间存在交叉会话，阅读结构域与组蛋白修饰的结合具有在空间上封闭相邻修饰位点的潜力，也可以募集额外的结构域来读取相邻残基的修饰。组蛋白修饰的识别参与了 DNA 复制修复、基因表达和染色质结构的调控，组蛋白氨基末端修饰的不同组合性质揭示了一种"组蛋白密码"，扩展了遗传密码携带信息的潜力，对细胞命运决定以及正常或病理发展都具有深远的影响。

10.1　组蛋白修饰识别概述

组蛋白修饰（histone modification）是指组蛋白在相关酶作用下发生甲基化、酰基化、磷酸化、腺苷酸化、泛素化、ADP 核糖基化等修饰的过程。1964 年，文森特·阿弗雷（Vincent Allfrey）预言组蛋白修饰可能会对转录调节产生功能性影响，半个多世纪以后的今天，越来越多的组蛋白修饰被发现，而组蛋白修饰产生的复杂的生物学功能也逐渐清晰（表 10-1）。以转录为例：多个同时存在的组蛋白修饰，有些与转录激活相关，而有些与转录抑制有关。这些组蛋白修饰并不是一成不变地"留在"组蛋白上，而是处于动态变化的状态。此外，"二价域"（bivalent domain）概念的提出证明转录激活修饰和抑制修饰并不总是相互排斥的，提示很多情况下更应该将组蛋白上的修饰组合作为一个整体去研究其可能导致的生物学效应。

组蛋白上的修饰要产生生物学效应离不开阅读蛋白（reader），阅读蛋白通常都具有"阅读结构域"，当上游信号级联发出指令时，它们便依靠阅读结构域识别并结合到基因组的特定区域，这些特定区域通常是各种组蛋白修饰、甲基化修饰，甚至于癌细胞中的点突变。例如，一些甲基赖氨酸阅读蛋白与二/三甲基化赖氨酸（Kme2/3）结合最有效，而另一些甲基赖氨酸阅读蛋白则更喜欢结合单甲基化或未甲基化的赖氨酸。而相同的赖氨酸被乙酰化时会与含有布罗莫结构域（bromodomain）的蛋白质结合[1]。表 10-1 总结了染色质相关蛋白中常见的阅读结构域及它们识别所的组蛋白修饰[2]。

克罗莫结构域（Chromodomain）是最早被发现的组蛋白甲基化阅读结构域，识别组蛋白 H3 第九位赖氨酸三甲基化（H3K9me3）修饰，而不识别 H3 第四位赖氨酸三甲基化（H3K4me3）修饰[3]。PWWP 结构域含有保守的"脯氨酸-色氨酸-色氨酸-脯氨酸"（"P-W-W-P"）序列，在识别甲基化赖氨酸的同时与 DNA 也有相互作用[4]。MBT 阅读结构域倾向于识别低甲基化（单/双甲基化）赖氨酸，不识别三甲基化赖氨酸。Tudor 以及 Tudor-like 阅读结构域可识别甲基化赖氨酸及甲基化精氨酸残基，一个蛋白质中的两个

表 10-1　组蛋白阅读器的种类

组蛋白修饰类型		阅读结构域	生物学功能
乙酰化	K-ac	bromo 结构域、PHD 锌指	转录、修复、复制和凝缩
甲基化（赖氨酸）	K-me1、K-me2、K-me3	Chromo 结构域、Tudor 结构域、MBT 结构域、PWWP 结构域、PHD 锌指、WD40/β 螺旋桨	转录和修复
甲基化（精氨酸）	R-me1、R-me2s、R-me2a	Tudor 结构域	转录
磷酸化（丝氨酸和苏氨酸）	S-ph、T-ph	14-3-3、BRCT	转录、修复和凝缩
磷酸化（酪氨酸）	Y-ph	SH2	转录和修复
泛素化	K-ub	UIM、IUIM	转录和修复
SUMO 化	K-su	SIM	转录和修复
ADP 核糖基化	E-ar	Macro 结构域、PBZ 结构域	转录和修复
瓜氨酸化	R→Cit	未知	转录和解凝缩
脯氨酸异构化	P-cis⇔P-trans	未知	转录
巴豆酰化	K-cr	YEATS 结构域	转录
丙酰化	K-pr	未知	转录
丁酰化	K-bu	未知	转录
甲酰化	K-fo	未知	未知
羟基化	K-oh	未知	未知
糖基化（丝氨酸、苏氨酸）	S-GlcNAc、T- GlcNAc	未知	转录

Tudor 则可识别甲基化赖氨酸残基。例如，JMJD2A 的双 Tudor 识别 H3K4me3[5]；PHD 锌指蛋白依赖 "Cys4HisCys3" 锌指广泛识别非修饰的赖/精氨酸残基、乙酰化的赖氨酸、二甲基化或三甲基化的赖氨酸[6]；Ankyrin 结构域识别单甲基化和二甲基化的赖氨酸残基[7]；BAH 结构域特异性识别 H4K20 二甲基化修饰[8]。

　　阅读蛋白除了具有以上的阅读结构域之外，通常还具有催化结构域或者招募具有催化结构域蛋白的能力。值得注意的是，细胞中某些组蛋白修饰的阅读蛋白也可能具有催化非组蛋白靶标的功能，因此很难将单个组蛋白修饰产生的生物效应与这些酶的效应清楚地分开。

10.2　组蛋白修饰识别的分子基础

关键概念

- α 螺旋（α-helix）是蛋白质二级结构的主要形式之一，指多肽链主链围绕中心轴呈有规律的螺旋式上升，螺旋的方向为右手螺旋。氨基酸侧链 R 基团伸向螺旋外侧，每个肽链的肽键的羰基氧和第四个 N-H 形成氢键，氢键的方向与螺旋长轴基本平行。
- 结构域是生物大分子中具有特异结构和独立功能的区域，它是介于二级和三级结构之间的一种结构层次，是蛋白质三级结构的基本结构单位。
- 前体蛋白是没有活性的，常常要进行一个系列的翻译后加工，才能成为具有功能的成熟蛋白。

　　组蛋白翻译后修饰的阅读器蛋白的结构非常多样，但是它们通常都包含一种或多种专门的保守结构域，这些结构域能够识别并结合蛋白质或者 DNA 上的特定共价修饰。近年来，快速发展的结构及生物物理学研究方法，已经用于定义可以特异性识别单个或者组合的组蛋白转录后修饰的结构域类别[9, 10]。

10.2.1 组蛋白酰基化识别

组蛋白酰基化多发生在组蛋白的赖氨酸（K）上，其中乙酰化是组蛋白上最常见的酰基化修饰，这些修饰可以募集含有特定阅读模块的效应蛋白，例如，bromo 结构域、双植物同源结构域指（double plant homeodomain finger，DPF）及 YEATS 结构域等。组蛋白乙酰化的识别结构域中，最常见的是 bromo 结构域，bromo 结构域在进化上非常保守，其由 4 个可变环区隔开的 α 螺旋组成，这 4 个 α 螺旋形成了一个可以识别乙酰化赖氨酸的疏水口袋[11]。人类基因组共编码了 61 种 bromo 结构域，它们分布于 46 种不同蛋白质中（表 10-2）。基于结构或序列相似性，它们可以分为 8 个主要家族（I～VIII 组），同时，乙酰化赖氨酸结合位点周围氨基酸的差异也影响并有助于定义配体特异性[12]。

将含 bromo 结构域的蛋白按其结构域进一步分类，可以分为含有 bromo 结构域和 bromo 结构域外末端（bromodomain and extra-terminal，BET）蛋白或非 BET 蛋白家族。BET 亚家族包括含蛋白结构域蛋白（BRD）2、3 以及 4（分别为 BRD2、BRD3 及 BRD4），它们在所有细胞中普遍表达，以及限定在生殖细胞中表达的 BRDT（Bromodomain testis associated）。BET 蛋白具有共同的结构特征，即含有两个串联且进化保守的 bromo 结构域（BD1 和 BD2），这些结构域可以特异性识别组蛋白尾部的乙酰化修饰。非 BET 蛋白具有可变的（一个或多个）bromo 结构域，同时缺少末端外结构域（BET）[13]。尽管存在一些相似性，但 BET 蛋白仍发挥着不同的生物学功能，形成不同的蛋白-蛋白相互作用并影响特定的调节网络。到目前为止，大部分的 bromo 结构域抑制剂都是针对 BET 蛋白[14]。

除了 bromo 结构域之外，DPF 结构域被认为是组蛋白赖氨酸酰基化识别的第二类结构域[15]。人类 MOZ 以及 DPF2 蛋白的 DPF 结构域显示出了对组蛋白酰基化反应广泛的识别活性，它可以识别乙酰化的赖氨酸，但是，其对巴豆酰化（crotonylation）的赖氨酸识别活性最高。MOZ 的 DPF 结构域与 H3K14cr 的复杂结构表明 DPF 结构域采用 "dead-end" 疏水但非芳香的夹心袋结构识别巴豆酰化的赖氨酸，同时，DPF 结构域对巴豆酰化的优先读取源自其紧密包封和协调的氢键网络[15]。

YEATS 结构域是组蛋白酰基化识别的第三类结构域，YEATS 家族蛋白存在于酵母以及人体内，其分子功能与染色质重塑、组蛋白修饰、转录调控及 DNA 修复相关[16]。YEATS 结构域对于包括乙酰化（ac）、丙酰化（pr）、丁酰化（bu）及巴豆酰化（cr）在内的组蛋白酰基化都具有广泛的识别作用，但是，它对组蛋白巴豆酰化的识别作用最强。总的来说，YEATS 结构域的阅读口袋与 DPF 结构域相似，是 "dead-end" 疏水结构，YEATS2 蛋白的 YEATS 结构域可以识别 H3K9cr 修饰，而 AF9 蛋白的结构域可以识别 H3K9、H3K18 及 H3K27 的巴豆酰化修饰[17-19]。

10.2.2 组蛋白甲基化识别

组蛋白甲基化可以发生在赖氨酸（K）以及精氨酸（R）上，其中最常见的是甲基化的赖氨酸，有多种结构域可以对其进行识别。"Royal Family" 包括 chromo、Tudor、PWWP 和 MBT（malignant brain tumor）重复域，单个或者串联的 Royal Family 结构域都可以识别甲基化的赖氨酸。单个的 chromo 结构域可以特异性识别赖氨酸 me2/3 修饰，比如染色质相关蛋白 HP1 的 chromo 结构域可以识别 H3K9me3 修饰的多肽[20]，Polycomb 蛋白的 chromo 结构域可以识别 H3K27me3 多肽[21]，MGR15 中的 chromo 结构域可以识别 H3K36me2、H3K36me3 多肽[22]，Eaf3 中的 chromo 结构域可以识别甲基化修饰的 H3K36 多肽[23]等（图 10-1）。PRC2 复合物相关蛋白 PHF1 和 PHF19 可以分别通过其 Tudor 结构域识别组蛋白 H3K36me3 修饰[24, 25]。PWWP 结构域多出现在各种染色质相关蛋白中，其在转录调控以及 DNA 修复等多个方面具有功能，比如其中的 Brf1 蛋白 PWWP 结构域可以识别组蛋白 H3K36me3 修饰[26]。除了各个结构域单独发挥识别作用之外，"Royal Family"也可以通过串联方式发挥作用，比如含有串联 chromo 结构域的 CHD1 蛋白，可以识别组蛋白 H3K4me3 修饰[27]、含有串联的 Tudor 结构域的 UHRF1（ubiquitin-like PHD and ring finger 1）[28]。L3MBTL1 蛋白含有 3 个串联的 MBT 重复结构域，它可以特异性识别组蛋白赖氨酸 me1/2 修饰，包括 H1.4K26me、H3K4me、H3K9me、H3K27me、H3K36me 以及 H4K20me 等修饰[29]。

除了"Royal Family"之外，PHD 结构域也可以识别组蛋白甲基化，其通常与其他识别结构域相邻放置。PHD finger（50～80 个残基）的二级结构包含一个双链的 β 折叠以及一个短的 α 螺旋，其中交叉骨架的拓扑结构由 Cys₄-His-Cys₃ 结构与两个锌离子共同稳定[30]。PHD 结构域可以单独发挥作用，对 BPTF[31]、ING2[32]及 Yng1[33]等蛋白的 PHD 结构域进行结构与功能研究发现，PHD 结构域可以识别 H3K4 的较高甲基化修饰。同时，PHD 结构域常常和其他结构域同时发挥作用，将在组蛋白组合型修饰识别部分予以详细说明。

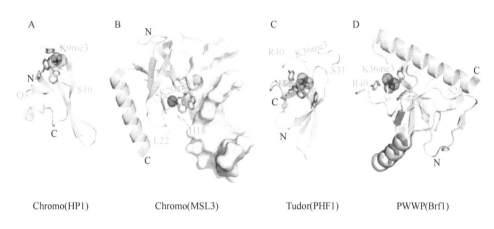

Chromo(HP1)   Chromo(MSL3)   Tudor(PHF1)   PWWP(Brf1)

图 10-1　单个的"Royal Family"识别甲基化的组蛋白

还有一些其他的结构域可以识别组蛋白甲基化修饰。ADD（ATRX-DNMT3-DNMT3L）结构域既存在于 ATRX 蛋白，也存在于 DNA 甲基化重要基因 DNMT3A 以及 DNMT3L 中。DNMT3A、3B、3L 蛋白的 ADD 结构域可以识别 H3K4me0 多肽[34]，ATRX 的 ADD 结构域可以结合 H3K9me3 修饰[35]。G9a 和 GLP 蛋白，由氨基末端锚蛋白重复序列（ankyrin repeats）和羧基末端甲基转移酶 SET 结构域组成。这些酶的 SET 结构域催化 H3K9 位点为 H3K9me1 和 H3K9me2 修饰之后可以抑制转录，同时，它们也被证明使用了蛋白内的锚蛋白重复序列识别 H3K9me/me2 修饰[7]。WD-40 repeat 家族蛋白 WDR5 可以识别组蛋白 H3K4me2 修饰[36]，但是它不能识别 H3R2me2a 修饰[37]。近年研究发现 ZZ 锌指结构域也参与组蛋白识别，P300、ZZZ3、ZZEF1 蛋白的 ZZ 结构域被分别鉴定到能够识别组蛋白 H3 的 N 端[38]。

10.2.3　组蛋白磷酸化识别

识别蛋白磷酸化位点的结构域的已经报道有很多。能够识别酪氨酸磷酸化修饰的结构域有 SH2（Src-homology-2）、PTB（phosphotyrosine-binding）、C2（conserved region-2 of protein kinase C）。识别丝氨酸/苏氨酸的蛋白家族及结构域有 14-3-3、TPR repeat、FHA、MH2、WW、WD40、BRCT、Polo box、FF、NT-Cgt1、SRI、beta-arrestin、Arm repeat，功能涉及细胞周期、DNA 修复、转录等[39]。其中一些结构域被证明可以结合组蛋白磷酸化修饰。例如，MDC1（mediator of DNA damage checkpoint protein -1）的 BRCT

结构域可以通过识别磷酸化的 H2AX（γH2AX）来结合该蛋白质。MDC1 与 γH2AX 的相互作用对于细胞 DNA 损伤响应非常重要。当突变 *MDC1* 的 R1933 位点为 Q、突变 *H2AX* 的 S139 位点为 A 或者突变 *H2AX* 的 Y142 位点为 A 时，均能引起 MDC1 蛋白不再定位到 DNA 损伤位点（DNA damage foci）[40]。

14-3-3 家族蛋白共有 7 个亚型，具有保守的磷酸化丝氨酸识别模块。通过在 HeLa 细胞中进行磷酸化 H3 多肽的亲和纯化，14-3-3 家族蛋白被鉴定到可以识别组蛋白磷酸化丝氨酸。进一步体外结合实验显示 14-3-3ζ 识别 H3S10ph 多肽（K_d=78.1μmol/L）和 H3S28ph 多肽（K_d=23.2μmol/L），H3K9 和 K14 位点的乙酰化并不显著影响 14-3-3 与磷酸化丝氨酸的结合（K_d=91.7μmol/L）[41]。有趣的是，酵母中的 14-3-3 蛋白同源蛋白 Bmh1 以及 Bmh2 与 H3S10ph 的结合同时需要 K14ac 修饰，同时，H3K14ac 对于体内 Bmh1 被招募到 *GAL1* 的启动子很重要[42]。

10.2.4 其他类型组蛋白修饰识别

其他的组蛋白翻译后修饰也具有相应的识别蛋白，如 ADP 核糖化（ADP-ribosylation）。ADP 核糖化根据修饰基团又分为单体 ADP 核糖化（mono ADP-ribosylation，MARylation）、多聚 ADP-核糖化（poly ADP-ribosylation，PARylation）和寡聚 ADP-核糖化（Oligo ADP-ribosylation，OARylation）。ADP 核糖化识别子具有对不同修饰基团的特异识别能力。其中 Macrodomain 家族是一类进化保守的蛋白质，其特征是对单或者多 ADP-核糖具有紧密的结合亲和力和高特异性。通过识别与目标蛋白质共价结合的 ADP-核糖单元，Macrodomain 大致可作为单或者多 ADP 核糖化阅读器，并通过相互作用来调控 ART（ADP-ribosyltransferases）介导的信号通路。在人体中，已鉴定出许多包含 Macrodomain 的蛋白，包括 macroH2A 及其变体、MacroD1-3、C6orf130、ALC1、PARG、PARP9/ARTD9、PARP14/ARTD8 以及 PARP15/ARTD7[44]。鉴于它们对 ADP-核糖的高度亲和力和特异性，Macrodomain 蛋白已用于蛋白质组学和成像研究，以分析和可视化 ADP 核糖基化蛋白质组[45]。

SUMO 化也是一种重要的组蛋白修饰，它影响包括发育在内的多个生物学过程。SUMO 相互作用基序（SUMO-interacting motif，SIM）对于介导 SUMO 修饰的识别以及蛋白相互作用都至关重要[46]。所有 SUMO 蛋白都形成一个泛素样折叠，其中包含一个 α 螺旋和一个 β 折叠。SIM 结合在 α 螺旋和 β 折叠之间的表面上，并以平行或反平行的 β 链延伸形成 β 折叠[47]。同时，泛素化的组蛋白也由泛素化相互作用基序（ubiquitin interacting motif，UIM）介导识别[48]。

10.3 组蛋白修饰识别的调控机制

关键概念

- 组蛋白修饰的阅读器也就是所谓的 reader，它能够识别相应修饰位点的蛋白质，通常有保守的结构域作为功能域被相应的 writer 或 eraser 识别，使催化反应顺利进行。

10.3.1 组蛋白修饰组合型识别

组蛋白识别蛋白通过组合型结构域对两个或更多个组蛋白修饰进行多价识别，可以显著提高结合亲和力。PHD 和相邻位置的布罗莫结构域可以形成 PHD-bromo cassette[49]，PHD 结构域和布罗莫结构域可以分别读取赖氨酸甲基化以及赖氨酸乙酰化修饰,带有 PHD-bromo cassette 的不同蛋白质显示出读取这两个标记不同组合的潜力。比如,TRIM33 蛋白的 PHD-bromo cassette 可以识别组蛋白 H3 上 K9me3 以及 K18ac 两种修饰[50],而 BPTF 蛋白的 PHD-bromo cassette 可以在单个核小体水平上识别 H3K4me3 以及 H4K16ac 修饰,显示出其在单个核小体上识别组蛋白 H3 和 H4 不同修饰的能力[51]。PHD 结构域还可以同 Tudor 结构域组成 Tudor-PHD cassette,UHRF1 蛋白中的 Tudor-PHD cassette 可以在 H3 尾部识别 H3R2me0 以及 H3K9me3 组蛋白修饰[52]。多个串联的 PHD 结构域还可以串联,称为串联 PHD cassette,组蛋白乙酰化酶 MOZ 中的串联 PHD 结构可以识别 H3R2me0 以及 H3K14ac 修饰[53]。

10.3.2　组蛋白修饰之间串流(cross-talk)

组蛋白尾部的显著特征是其极高的密度(相邻或紧密间隔)以及含有各种翻译后修饰。单个氨基酸可以有一种以上的修饰,比如赖氨酸可以被甲基化、乙酰化或泛素化。这些特征引出了动态"二进制开关"(binary switches)的概念,即其中一个修饰被识别受相邻/邻近的第二个修饰的调节,从而影响基因转录、DNA 复制、修复以及重组等过程。除了相邻组蛋白修饰的"二进制开关"理论,科学家针对更多的带有修饰的氨基酸序列提出"修饰 cassette"的概念[54],即组蛋白尾部的片段由不同相邻位置的修饰组成,例如,组蛋白 H3 上的 R2(me)-T3(ph)-K4(me)片段、R26(me)- K27(me/ac)-S28(ph)片段,以及 H4 上的 S1(ph)-G2-R3(me)-G4-K5(ac)片段。因此,赖氨酸甲基化标记的读出会受到附近丝氨酸/苏氨酸磷酸化、精氨酸甲基化、赖氨酸乙酰化和赖氨酸泛素化标记的影响。这些影响可以在同一个组蛋白内顺式发生,或者在组蛋白对之间(如在 H3 和 H4 之间)反式发生,甚至在核小体内(intranucleosomal)或者跨核小体(internucleosomal)发生[10]。组蛋白的识别结构域与组蛋白修饰的结合具有在空间上封闭相邻修饰位点的潜力,或者反过来,可以募集额外的结构域来读取相邻残基的修饰。

对组蛋白尾巴序列进行分析可以发现,赖氨酸和丝氨酸/苏氨酸通常位置相连,比如组蛋白 H3 中的 Thr3-Lys4、Lys9-Ser10、Thr22-Lys23、Lys27-Ser28 和 Lys79-Thr80。Lys9 和 Ser10 占据组蛋白 H3 尾部的相邻位置,赖氨酸的甲基化比丝氨酸的磷酸化更加稳定,H3K9me3 修饰可以充当 HP1 的募集位点,参与异染色质的形成,相邻的 Ser10 的磷酸化在有丝分裂期间由有丝分裂激酶 Aurora B 书写,可以导致 HP1 从相邻的 H3K9me3 修饰上离开[55]。随后在有丝分裂结束时,Ser10 的去磷酸化重新建立了 HP1 与 H3K9me3 标记的关联。因此,动态控制 H3K9me3-HP1 相互作用的"甲基/磷酸化开关",会影响染色体的对齐和分离、纺锤体组装以及胞质分裂。尽管该理论得到其他研究的支持,然而也有例外,通过串联的 Tudor 结构域与 H3K9me3 修饰关联的 UHRF1,对相邻 S10 位点的磷酸化不敏感[56]。

除了甲基化与磷酸化,还有其他组蛋白修饰交互的例子,比如组蛋白甲基化与乙酰化,这两个修饰既可以协同,也可以拮抗。例如,HBO1 HAT 复合物的一个亚基 ING4,它的 PHD 结构域可以识别 H3K4me3 修饰,该结合可以提高 HBO1 对 H3 层部乙酰化活性[57];而 H4K20me3 和赖氨酸的乙酰化之间则展示的是拮抗作用,H4 的过度乙酰化会抑制 H4K20 的三甲基化,而没有乙酰化修饰的 H4K20me0 是 H4K20me3 甲基化转移酶的最佳底物[58]。此外 Kme 和 Rme 之间也存在关联。组蛋白 H3 在 R2 和 K4 上均具有甲基化位点,R2me2a 和 H3K4me3 修饰之间也会产生相互排斥,H3K4me3 会抑制 PRMT6 对 H3R2 的甲基化修饰,而 H3R2me2a 可以阻止 WDR5 对 H3 的识别,因此无法募集 H3K4 三甲基化所必需的 MLL 及其相关因子(ASH2 和 WDR5),从而阻止 MLL 复合物对 H3K4 进行三甲基化[59]。

组蛋白泛素化与组蛋白甲基化之间也会发生交叉会话,组蛋白 H2BK120 单泛素化(H2BK120ub1)可以刺激 H3K79 的核内甲基化,以此来调节基因的沉默作用[10]。

10.3.3 多价态识别与"分相学说"

多价态相互作用在自然界中起着关键作用。配体和受体的单价相互作用以多拷贝的形式存在便可导致多价态相互作用，这种作用会进一步增强亲和力和选择性。组蛋白修饰的识别也存在类似的机制。组蛋白的修饰经常成对或成组存在并介导下游的生物学效应。这些修饰可以共存于同一组蛋白尾巴或不同条组蛋白尾巴[60]。与这些修饰对应的识别蛋白或蛋白复合物通常包含数个与修饰组蛋白识别相关的区域，可对不同组合的修饰进行"多价态识别"，行使促进转录或建立基因沉默的功能。这些"多价态识别"相互作用可以产生增强的净亲和力、增强的复合物特异性，以及相对于类似的紧密单价相互作用更大的作用力[61]。

同种类别组蛋白识别结构域可以串联识别一种修饰：SGF29 蛋白的串联 Tudor 结构域可以识别H3K4me3[62]；不同种类别的组蛋白识别结构域也可以互相组合以识别不同组蛋白修饰的组合：TRIM33 蛋白的 PHD-bromo 组合结构域可以识别 "H3K9me3-H3K18ac"的组合修饰[63]；肿瘤抑制因子 ZYMND11 的 PHD-bromo-PWWP 串联结构域可以识别组蛋白变体 H3.3K36me3 修饰，揭示了生物体内存在对组蛋白变体和甲基化修饰类型进行双重识别的蛋白[64, 65]；对 Spindlin1 蛋白的结构研究揭示了其通过串联Spin/Ssty 结构域 2 和 1 特异性识别组蛋白 H3K4me3 和 H3R8me2a 甲基化修饰，从而发挥在结肠癌 Wnt 信号通路中的激活调控作用，充分显示了组蛋白修饰多价态识别的潜力[66]。

近年来的研究表明，组蛋白修饰的多价态识别是相分离现象发生的重要物理化学基础。由于带有修饰的核小体串是天然的多价态分子，而组蛋白修饰识别蛋白也可以以高价态的状态存在，因此染色质很可能在体内发生相分离的现象。

植物特有的含 Agenet 串联结构域蛋白 ADCP1（agenet domain containing protein 1）能特异性识别 H3K9 甲基化修饰[67]。ADCP1 是拟南芥异染色质功能蛋白，能够调节 H3K9me2 和 CHG/CHH 甲基化及转座子沉默。其多价态的结构域构成具有自分相的能力和介导多聚核小体串相分离的能力。此研究也揭示了Agenet 结构域作为一类新的组蛋白 H3K9me2 修饰阅读器在植物表观遗传调控中的重要作用。

除此之外，组蛋白修饰能通过促进液-液相分离调节染色体区室化。H3K9me3 修饰与识别其修饰的HP1 染色质结构域 Chromo 结构域的多价态相互作用可导致异染色质的形成[68]。试管中的多价 H3K9me3-CD 复合体，包括 SUV39H1/HP1 与含有染色质片段人源细胞核提取物或体外重组具有 H3K9me3 修饰的核小体串实验体系，TRIM281HP1 与 H3K9me3 修饰的核小体串实验体系证明液滴是由于液-液相分离介导形成的。由此产生的液滴具有类似于异染色质的动态行为，以及其对生化调节和突变表型的反应。此研究揭示了多价 H3K9me3-CD 相互作用驱动形成的 LLPS 是细胞中异染色质形成的关键作用力，组蛋白标记能通过促进 LLPS 来调节染色体区室化。

10.4 组蛋白修饰识别的生物学功能

关键概念

- 遗传信息从母本向子代的传递过程，不仅需要将 DNA 序列准确的复制，也包括组蛋白相关修饰的遗传。

- 转录因子想要正常工作，其必要的条件就是基因组 DNA 某些区域不与核小体缠绕，处于开放状态。所以我们将不被核小体占据，对转录因子等转录调控蛋白的结合处于开放状态的区域称为开放染色质区；相应的，被核小体占据，对转录因子等转录调控蛋白的结合处于拒绝状态的区域称为闭合染色质区。这种染色质的开放和闭合状态与这些区域对调控蛋白的可接近程度相对应，所以我们也将这种状态称为染色质可接近性。

- DNA 损伤是复制过程中发生的 DNA 核苷酸序列永久性改变，并导致遗传特征改变的现象。情况分为：替换（substitution）、删除（deletion）、插入（insertion）和外显子跳跃（exon skipping）。

染色质是所有真核生物遗传信息的模板，其主要通过对组蛋白氨基末端进行翻译后修饰，从而对其包裹的 DNA 的可接近性进行调节。组蛋白氨基末端的修饰多种多样，其中组蛋白的甲基化主要发生在赖氨酸（Lys）和精氨酸（Arg）的残基上，对于异染色质的形成、基因组印记、X 染色体的失活以及基因转录调控有重要作用；组蛋白的乙酰化修饰在组蛋白 H3 赖氨酸的 9、14、18、23 位和 H4 赖氨酸的 5、8、12、16 等位点，对 DNA 的复制、细胞周期调控以及基因的转录方面有很大影响；组蛋白 H3 第 10 位丝氨酸的磷酸化则是在有丝分裂期和转录起始阶段发挥作用[69]。

不同的组蛋白氨基末端修饰可与染色质相关蛋白产生协同或拮抗的相互作用，进而决定了染色质转录激活或转录沉默状态之间的动态过渡。因此，组蛋白氨基末端修饰的不同组合性质揭示了一种"组蛋白密码"，大大扩展了遗传密码携带信息的潜力。这种表观遗传标记系统代表了一种基本的调控机制，该机制对大多数以染色质作为模板的过程有影响，对细胞命运决定以及正常或病理发展都具有深远的影响[70]。

10.4.1　组蛋白修饰识别与基因表达调控

组蛋白的翻译后修饰可以通过许多不同的方式影响染色质的紧密度和可及性，其通常是通过间接作用来影响基因的表达，一般表现为募集效应蛋白以激活下游信号转导，阻断重塑复合物接近 DNA 或影响染色质修饰元件和转录因子的募集。例如，最初在酵母中发现的 H3K79 单、二和三甲基化，人们发现甲基化的 H3K79 富集在活化基因以及易活化基因的转录起始位点，并且向下游基因有延伸，在所有状态下，H3K79 甲基化均与许多细胞系统中的活性基因的表达相关[71]。与其类似的，H3K122ac 也在基因的转录起始位点附近富集，这种修饰促进了核小体的分散，增加了转录因子的作用概率[72]。

除了这些常见的间接作用外，有些氨基酸残基中的某些修饰可直接影响核小体之间的相互作用。例如，在组蛋白 H4 的 16 位赖氨酸上添加乙酰基部分（H4K16ac）可降低染色质的紧密度，在体内外都可提高转录水平；同样，也有一些修饰可以达到与此相反的作用，增加染色质的紧密度，例如，现已证明 H4K20 二甲基和三甲基化可以增强体外染色质的压缩。但是，组蛋白尾部修饰的这种作用方式可能是个例，因为这两个修饰是唯一在体外测定中对染色质结构具有直接影响的组蛋白尾部修饰[73]。

目前仍有新的组蛋白尾部修饰不断被发现，这增加了我们对翻译后修饰如何响应并影响基因转录和染色质功能的认识。然而组蛋白尾巴可以被完全删除，这对核小体稳定性没有重大影响。因此，尽管尾部修饰可能对染色质作用有影响，但对核小体完整性而言并不是必需的。

10.4.2　组蛋白修饰识别与 DNA 复制修复

DNA 损伤是真核细胞中相对普遍的事件，可能引起基因突变，甚至导致癌症。DNA 损伤诱导细胞反应，使细胞能够修复受损的 DNA 或以适当的方式应对损伤。除 DNA 以外，组蛋白也是真核染色质的基本组成部分，在组蛋白的尾巴上经常发生许多类型的翻译后修饰。尽管这些修饰的功能仍然难以捉摸，但越来越多的研究表明，组蛋白修饰在 DNA 损伤反应中有着重要的作用，目前研究表明与 DNA 损伤修复关系最密切的几种修饰分别是磷酸化、甲基化、乙酰化和泛素化[74]。

与 DNA 损伤反应相关的第一个组蛋白修饰是 H2A 变体 H2AX 的磷酸化，磷酸化的 H2AX 称为 γH2AX。H2AX 磷酸化在 DNA 损伤后数分钟内发生，磷酸化位点是 C 端独特的保守 SQ 序列，在人类中是变体 H2AX 的 139 位丝氨酸（S139），在酵母中是 H2A 的 129 位丝氨酸（S129）。除了 γH2AX 以外，与 DNA 损伤反应相关的其他组蛋白上也存在其他一些磷酸化修饰。例如，H2AX 在其 C 端 142 位酪氨酸上也被非典型酪氨酸激酶 WSTF 磷酸化，并被酪氨酸磷酸酶 EYA 去磷酸化[72]。

与 DNA 损伤反应相关的第二种常见的组蛋白修饰是组蛋白甲基化。组蛋白甲基化发生在 H3 和 H4 的特定位点，如 H3K4、H3K9、H3K27、H3K36、H3K79 和 H4K20，许多组蛋白甲基转移酶/脱甲基酶，及其靶向的组蛋白甲基化修饰，都参与了 DNA 损伤反应。H3K9 甲基化对于基因组稳定性和 DNA 损伤反应至关重要。首先，H3K9me3 是异染色质的重要组蛋白标记，H3K9 甲基转移酶 SUV39H1 是维持异染色质状态所必需的，SET7/9 对其的甲基化作用会损害其酶促活性，从而在导致 H3K9me3 水平降低的同时引起异染色质的不稳定性。要注意的是，H3K9 甲基化的状态在 DNA 损伤反应的早期和晚期是不同的，当 DNA 损伤刚出现的时候，其附近的 H3K9 的甲基化水平会上升，但是，由于需要打开与受损 DNA 相邻的染色质以增加修复蛋白接近受损 DNA 的概率，必须逆转 H3K9 甲基化的水平以促进修复过程。与 H3K9 甲基化相似，H3K36 甲基化也是募集修复因子的重要组蛋白标记。H3K36 甲基转移酶 Metnase 通过打开染色质并促进 DNA 末端的连接来促进 DNA 整合，与 H3K36me2 相比，H3K36me3 在 DNA 损伤反应中的功能似乎更为复杂，尽管它不是由 DNA 损伤诱导产生的。H3K79 甲基化也是一种预先存在的组蛋白修饰，并且不受 DNA 损伤的诱导，但它在 DNA 损伤反应和基因组稳定性的维持中起着广泛的作用。H3K79 甲基化在 DNA 损伤中最重要的功能是将 53BP1 募集至 DNA 断裂位点，导致 53BP1 磷酸化的诱导和检查点的激活。此外，由 Dot1L 介导的 H3K79 甲基化可促进核苷酸切除修复。其他组蛋白甲基化，如 H3K27 甲基化和 H3K4 甲基化，也参与 DNA 损伤反应。DNA 双链断裂会引发多梳基团蛋白 EZH2、SUZ12、CBX8 的募集，这些蛋白质通过 H3K27 甲基化在 DNA 损伤部位构成了抑制性染色质结构，从而阻止了转录并促进 DNA 修复。至于 H3K4 甲基化，其水平似乎在 DNA 损伤后逆转[75]。

许多组蛋白乙酰转移酶都参与 DNA 损伤反应。最开始发现的是组蛋白乙酰基转移酶 MOF 及其底物 H4K16 的乙酰化在 IR 诱导的 ATM 活化过程中起到重要作用，而 DNA-PKcs 的 ATM 依赖性磷酸化会大大降低 NHEJ 和 HR 途径对 DNA 双链断裂的修复作用。此外，人类 CBP/p300 和酵母 Rtt109 在体内 H3K56 乙酰化方面起到重要作用，是 DNA 复制和基因组稳定性维持所必需的。

10.4.3 组蛋白修饰识别与染色质结构调控

染色质不是一种惰性结构，而是一种具有指导意义的 DNA 支架，可以响应外部因素来调节 DNA 的许多功能。组蛋白的翻译后修饰可调控所有以 DNA 为模板的过程，包括复制、转录和修复。这些修饰可作为募集特定效应蛋白的平台。最近的数据表明，组蛋白修饰也对核小体结构有直接影响。组蛋白核心的乙酰化、甲基化、磷酸化和瓜氨酸化可能会通过影响组蛋白-组蛋白和组蛋白-DNA 相互作用以及组蛋白与分子伴侣的结合而影响染色质的结构[76]。

目前有研究证明，H3K56 乙酰化可以通过使核小体"呼吸"（即核小体末端的瞬时位点暴露）来影响核小体的稳定性，进而影响染色质的结构。Arg42 是组蛋白 H3 中的另一个残基，位于核小体的 DNA 进出口区域，在 Arg 残基上添加甲基不仅会增加空间位阻，而且还会去除潜在的氢键供体，这表明这种修饰会影响组蛋白与 DNA 的相互作用。最近也有实验证明含有完全乙酰化的 H3K64 的核小体比含有未修饰的 H3K64 的核小体更不稳定。此外，H3K64 乙酰化可减少与 DNA 的相互作用。不仅乙酰化，磷酸化修饰也会对染色质结构产生一定影响。H3T118 磷酸化会增强 SWI / SNF 对核小体二元组的 DNA 可及性、核小体移动性和核小体装配过程；在体外，H3T118 的磷酸化作用还可以诱导其他核小体排列的形成。最近有报道称瓜氨酸化也可改变组蛋白与 DNA 的相互作用。

不仅组蛋白的各种氨基酸残基修饰会影响染色体的结构，某些组蛋白与组蛋白之间的相互作用以及组蛋白和分子伴侣之间的作用也会对染色体结构产生影响。组蛋白分子伴侣是酸性蛋白，因此非常适合作为染色质结构的调节剂将基本组蛋白引导至染色质中的最终目的地,它们或者结合组蛋白-组蛋白界面，或者是组蛋白-DNA 相互作用表面的一部分。因此，组蛋白分子伴侣可以结合非染色质组蛋白并阻止它们与其他核酸和蛋白质的非生产性结合进而影响染色质结构，同时组蛋白修饰也会影响组蛋白分子伴侣之间的相互作用，对染色质结构造成影响[77]。

组蛋白核心残基的翻译后修饰具有直接影响核小体动力学和稳定性的潜力。直到最近才有研究突出了这样一个事实，即组蛋白修饰不仅充当特定募集转录因子和重塑复合体的平台，而且还具有自身塑造核小体功能的能力。目前，仅识别了其中的少数修饰，但是未来一定会发现组蛋白修饰在染色体结构方面更多的功能。

10.5 组蛋白修饰识别与染色质信号转导

10.5.1 组蛋白修饰与 DNA 甲基化的串流

染色质结构对基因表达有重要影响,而组蛋白修饰对基因的重要影响则通过调节染色质结构和状态得以实现。动物细胞中，DNA 可以在其自身 CpG 二核苷酸中胞嘧啶残基接受甲基化，而组蛋白则会在其自身的 N 端尾部接受到各种不同的化学修饰，通常包括乙酰化、甲基化、磷酸化和泛素化等。所有这些化学修饰都会对染色质结构和基因的功能产生影响。在本章节中，我们将以组蛋白 H3 上赖氨酸（H3K9）的甲基化和 27（H3K27）两种重要的基因抑制修饰为例，来讨论 DNA 甲基化和组蛋白修饰两者之间的关系。

自然界中，动物基因组 CpG 岛在很大程度上是组成上未修饰的，除了 CpG 岛之外的 CpG 二核苷酸几乎都是甲基化状态。动物的 DNA 甲基化模式在早期胚胎中消失，然后大约在胚胎着床时重新建立。至于这些甲基化模式建立的具体细节目前还不清楚，但最近的研究表明，在发育早期的 DNA 甲基化模式的建立可能是通过组蛋白修饰来介导完成的[78]。该研究显示，在早期胚胎发育中 H3K4 的甲基化模式（包括单、二和三甲基化，统称为 H3K4me）在基因组上的建立甚至早于 DNA 甲基化。其具体的机制可能是 RNA 聚合酶 II 的序列特异性结合之后，RNA 聚合酶 II 再募集特定的 H3K4 甲基转移酶来建立 H3K4 甲基化[79]。因为在早期胚胎中 RNA 聚合酶 II 主要与 CpG 岛结合，因此只有这些区域被标记为 H3K4me，而其余的基因组则由未甲基化的 H3K4 的核小体包装组成。基因组的从头 DNA 甲基化由 DNA 甲基转移酶 DNMT3A 和 DNMT3B 以及与 DNMT3L 形成的复合物执行[78, 80]。DNMT3L 首先结合在核小体中的组蛋白 H3，然后自身再将甲基转移酶募集到 DNA，但 DNMT3L 和核小体之间的相互作用受各种形式的 H3K4 的甲基化修饰的抑制[78]。结果，胚胎中的从头合成甲基化发生于基因组中大多数的 CpG 位点，但在有 H3K4me 存在的 CpG 甲基化被 H3K4me 阻止。甲基化与 H3K4me 之间存在强反相关性，这些结论在多种细胞类型中得到证实[81-84]。

另一个组蛋白修饰影响 DNA 甲基化的例子是胚胎干细胞中 Oct3/4 的多阶段失活过程（图 10-2）[85]。

在第一阶段，阻抑分子直接通过与 Oct3/4 启动子的相互作用关闭转录[86-88]。随后是转录因子依赖的复合物募集，其中包含组蛋白甲基转移酶 G9a 和具有组蛋白脱乙酰酶活性的酶。这种复合物介导的组蛋白脱乙酰化和转录抑制直接相关。脱乙酰重置赖氨酸残基，以便 G9a 可以催化 H3K9 的甲基化。这个修饰可以结合异染色质蛋白 1（HP1），促进异染色质的局部形成（异染色质）。在染色质沉默的最后阶段，含 G9a 的复合物也募集 DNMT3A 和 DNMT3B，而 DNMT3A 和 DNMT3B 能在启动子处催化从头 DNA 甲基化。从头 DNA 甲基化如何与早期组蛋白修饰相关联的另一个例子是将近着丝粒周围的卫星重复序列异染色质化。这些卫星序列上是含有 SET 结构域的组蛋白甲基转移酶 SUV39H1 和 SUV39H2，这些蛋白质也需要募集 DNMT3A 和 DNMT3B 以便甲基化其上的 CpG 位点[89, 90]。

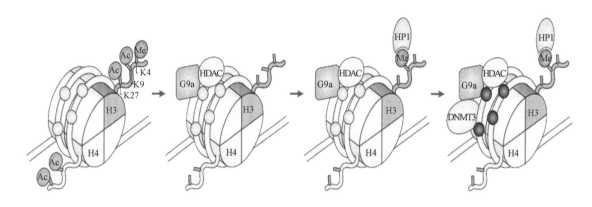

图 10-2　Oct3/4 失活的多阶段过程

　　上面讨论的示例说明了组蛋白修饰如何在 DNA 甲基化建立中发挥作用，但有证据表明 DNA 甲基化对于维持组蛋白修饰也同样重要。最近的研究表明，DNMT1 与 E3 泛素蛋白连接酶 UHRF1（也称为 Np95 或 ICBP90），专门识别 DNA 复制过程中产生的半甲基化 DNA 的甲基化 CpG 残基并甲基化其反义链[91-93]，从而复制父代细胞中甲基化分布。重新甲基化的区域处于封闭构象，而未甲基化的 DNA 倾向于以更开放的配置重新包装[94, 95]。使用染色质免疫沉淀（ChIP）表明未甲基化的 DNA 主要在含有乙酰化组蛋白的核小体中，染色质处于开放状态，而存在甲基的 DNA 序列会倾向于与含非乙酰化组蛋白 H3 和 H4 的核小体组装，导致染色质紧凑[96, 97]。DNA 甲基化和组蛋白修饰之间的这种关系可能是通过以下方式介导的：甲基胞嘧啶结合蛋白，如 MECP2 或 MBD2，能够将组蛋白脱乙酰基酶募集到甲基化区域[98, 99]。DNA 甲基化的存在还可以指导 H3K9 甲基化，抑制染色质开放[97]，也有证据表明 DNA 甲基化抑制 H3K4 甲基化[97, 100]，并且阻止组蛋白变异体 H2AZ 组装入核小体[97]——这些特征都与转录激活密切相关。

10.5.2　组蛋白与非组蛋白修饰识别共调控

　　p53 是第一个被报道的能够被乙酰化的非组蛋白，之后越来越多的非组蛋白被鉴定到含有乙酰化修饰。表 10-2 列出了被鉴定到的多个乙酰化修饰蛋白质[101]。

　　发生在非组蛋白赖氨酸和精氨酸的甲基化修饰被证明参与调控 MAPK、WNT、BMP、Hippo 及 JAK-STAT 等信号通路[102]。由于蛋白质组学的发展，特别是高分辨率质谱技术的发展，越来越多的非组蛋白赖氨酸和精氨酸甲基化位点被鉴定到。下图列出了由 Kyle K Biggar 和 Shawn S-C Li 总结的赖氨酸和精氨酸甲基转移酶底物网络（图 10-3）[103]。组蛋白和非组蛋白甲基化修饰的共调控被证明参与染色质重塑、基因转录、蛋白质合成、信号转导与 DNA 修复。组蛋白和非组蛋白甲基化修饰可以互相调节影响细胞生物过程。

表 10-2　非组蛋白乙酰化修饰蛋白质分类

	蛋白质	参考文献
乙酰化提高 DNA 结合亲和力	p53	Gu and Roeder，1997
	SRY	Thevenet et al.，2004
	STAT3	Yuan et al.，2005
	GATA1	Boyes et al.，1998
	GATA2	Hayakawa et al.，2004
	E2F1	Martinez-Balbas et al.，2000；Marzio et al.，2000
乙酰化降低 DNA 结合亲和力	YY1	Yao et al.，2001
	HMG-A1	Munshi et al.，1998
	HMG-N2	Luhrs et al.，2002
	p65	Kieman et al.，2003
乙酰化提高转录活性	p53	Gu and Roeder，1997；Luo et al.，2004
	HMG-A1	Munshi et al.，2001
	STAT3	Wang et al.，2005；Yuan et al.，2005
	AR	Fu et al.，2000；Gaughan et al.，2002
	ERα（basal）	Wang et al.，2001
	GATA1	Boyes et al.，1998
	GATA2	Hayakawa et al.，2004
	GATA3	Yamagata et al.，2000
	EKLF	Zhang and Bieker，1998
	MyoD	Sartorelli et al.，1999；Polesskaya et al.，2000
	E2F1	Martinez-Balbas et al.，2000；Marzio et al.，2000
乙酰化降低转录活性	ERα（ligand-dependent）	Wang et al.，2001
	HIF1α	Jeong et al.，2002
乙酰化提高蛋白质稳定性	p53	Ito et al.，2002
	c-MYC	Patel et al.，2004
	AR	Gaughan et al.，2005
	ERα	Kawai et al.，2003
	E2F1	Martinez-Balbas et al.，2000
	Smad7	Gronroos et al.，2002
乙酰化降低蛋白质稳定性	HIF1α	Jeong et al.，2002
乙酰化促进蛋白间的互作	STAT3	Wang et al.，2005；Yuan et al.，2005
	AR	Fu et al.，2002
	EKLF	Zhang et al.，2001
	Importin α	Bannister et al.，2000
乙酰化破坏蛋白间的互作	NF-κB	Chen et al.，2001
	Ku70	Cohen et al.，2004
	Hsp90	Kovacs et al.，2005

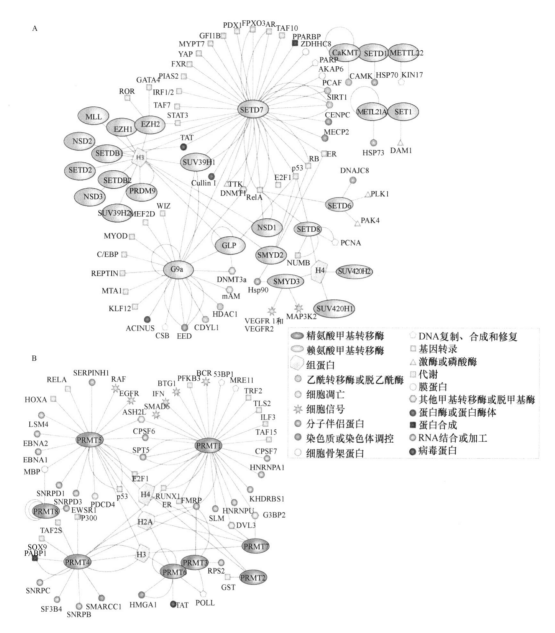

图 10-3　赖氨酸和精氨酸甲基转移酶底物网络

10.6　组蛋白修饰识别因子的鉴定方法与技术

10.6.1　Pull-down 方法

　　组蛋白修饰识别因子通过识别组蛋白修饰发挥作用，而其与组蛋白修饰的结合一般是通过识别结构域实现的。利用组蛋白修饰特异性抗体将带有该修饰的组蛋白及与之结合的蛋白质 pull-down 下来，再通过质谱等方式进行鉴定，可粗略筛选相应的组蛋白修饰识别因子。同时，组蛋白修饰识别因子对修饰的偏好性可以通过比较该蛋白对不同修饰的多肽的相对亲和力来确定。将不同修饰的肽段连接生物素作为诱饵分子与识别蛋白孵育，最后利用链霉亲和素（streptavidin）琼脂糖（或者磁珠）将相应多肽-识别蛋白复合物 pull-down，即可在体外检测该识别因子与不同修饰的肽段结合情况。该方法可用以确认用其他方式检测到的相互作用或发现以前未知的组蛋白修饰识别因子。

除针对不同修饰组蛋白的 pull-down 之外，蛋白质与蛋白质之间的相互作用亦可通过 pull-down 鉴定。该方法使用过表达的诱饵蛋白（bait）来富集与诱饵蛋白相互作用的蛋白质，用于确定两种或更多种蛋白质之间的相互作用。该方法既可用于确认其他研究技术（如免疫共沉淀）所预测的蛋白质-蛋白质相互作用的存在，又可作为用于鉴定先前未知的蛋白质-蛋白质相互作用的初始筛选，且与抗体相比，该方法特异性更高。其基本原理是利用固定在亲和树脂上的标签融合蛋白（例如，GST 标签、His 标签和生物素标签）作为诱饵蛋白，当靶蛋白或细胞裂解液流过时，与诱饵蛋白结合的蛋白质可以被捕获并"拉下来"，随后通过 Western Blot 或质谱对洗脱的蛋白质进行分析。

Or Gozani 小组对肿瘤抑制蛋白 ING（inhibitor of growth）家族的 PHD 结构域进行了研究，使用 pull-down 技术发现并确认 ING2 PHD 结构域特异性识别组蛋白 H3K4me3。通过染色质免疫共沉淀技术（ChIP）检测，证明 ING2 PHD 结构域能紧密地同 H3K4me3 结合[33]。此外，ING 家族其他成员，如酵母 ING 家族的成员 Yng1、Yng2 和 Pho23 的 PHD 结构域都具有很强的 H3K4me3 结合活性 。进一步研究发现，在 DNA 损伤和遗传毒性损伤（genotoxic insults）反应时，ING2 PHD 结构域识别 H3K4me3 并将复合物 mSin3a-HDAC1 稳定在 cyclin D1 的启动子上，从而抑制活性基因的转录。Yang Shi 小组研究也证明了 PHD 结构域作为组蛋白密码解读器的功能。他们用 pull-down 技术鉴定到 LSD1 复合物成分 BHC80，包含 PHD 结构域能够识别 H3K4me0[104]。这两个小组的研究表明，PHD 结构域能特异识别并结合组蛋白 H3K4 的不同甲基化修饰，从而发挥基因转录调控功能。

10.6.2 多肽阵列

利用多肽阵列可同时筛选探针蛋白与多个多肽间的相互作用。多肽阵列是一种新型生物芯片，是后基因时代揭示各种疾病和生化现象的最直接的研究技术。该技术是将任意设计的氨基酸序列——多肽，在经过特殊处理的芯片上予以高密度地原位合成，每张芯片可承载几千个甚至更多的原位合成多肽。该技术主要能用于检测蛋白质与其他蛋白质或物质（如多糖、核酸、化学合成物等）的结合位点/域。该阵列技术可以根据已知蛋白的氨基酸序列，按序列漂移原则在芯片上原位合成多肽氨基酸序列，或者也可以根据待测物质的结构任意合成氨基酸序列，并将这些多肽按一定次序高密度地排列在芯片上。将测试物质和芯片反应，经过免疫检测技术发现与测试物质有结合反应的位点/域，再把数据输入计算机进行蛋白质三维结构处理，从而寻找到蛋白质与测试物质的结合部位。另外，蛋白质多肽复合物可以用结合有荧光基团的抗体和阵列扫描仪检测，从而实现可视化。Kim 等利用多肽阵列证明 Tudor、MBT 和 Chromo 结构域可识别 Lys 甲基化[105]，另外，针对组蛋白修饰识别因子的鉴定，已开发出人类表观基因组肽微阵列平台（HEMP）[106]，可用于高通量识别检测与相应肽段结合的组蛋白修饰识别因子。组蛋白肽阵列的抗体特异性分析是一种可靠的、定量化、廉价和快速的方法，该方法还可鉴定不同修饰数目的结合效果，已有公司对组蛋白尾部阵列进行商业化处理，可用其方便快速地进行组蛋白修饰识别因子的初步鉴定。

10.6.3 生物正交化学

生物正交化学（bioorthogonal chemistry）指能在生物系统中发生而且不干扰内源性生物化学过程的化学反应[107]。生物正交反应使得对生物体内的生物分子（如糖类、蛋白质和脂类等）的实时研究成为可能。目前已发展了大量满足生物正交性的化学偶联策略，如叠氮化合物与环炔烃的 1,3-偶极环加成反应[108]、硝酮与环炔烃的反应[109]、醛或酮形成肟或腙的反应[110]、四嗪与环状烯烃或环状炔烃的狄尔斯-阿尔德反应[111]、基于异氰化物的反应[112]、以及四环烷偶联反应[113]等。

利用生物正交化学对特定分子进行标记是目前最为常用的研究手段之一，其主要方式是利用活体生命系统的生物合成系统将特定的化学分子小基团整合到目的生物分子上，并不对活体生命系统正常的生命活动产生干扰。

生物正交标记通常有以下两个操作步骤：第一步，利用代谢工程，在目标细胞表面或向目标细胞中引入活性反应基团作为人工识别受体；第二步，引入对应的活性反应基团，可以与细胞上表达的人工识别受体发生化学反应，从而实现标记的目的。为了实现对活细胞中新生的组蛋白甲基化鉴定，可添加带有反应基团的甲基供体对甲基化蛋白质进行标记，再基于生物正交化学的手段对带有反应基团的蛋白质进行分离，而后通过质谱分析对这些甲基化蛋白质进行鉴定。目前已有将 SAM 类似物的标记策略应用于全细胞体系蛋白质甲基化位点的修饰，结合生物素-亲和素富集技术及质谱检测技术发展了一种基于 SAM 类似物的生物正交蛋白质底物谱技术[114]。在培养酵母的时候，添加能被甲基转移酶广谱利用的 SAM 类似物 allyl-SAM，它可在 SAM 转运蛋白的作用下进入胞内并对潜在的甲基化底物蛋白质进行烯丙基化修饰。通过合成含生物素官能团的探针分子，借助生物正交化学反应对烯丙基修饰的蛋白质进行捕获，并利用生物素与亲和素树脂之间的相互作用对目标蛋白质进行分离。通过质谱分析检测及数据库搜索鉴定，成功实现了酿酒酵母甲基化蛋白质组的规模化分析。基于生物正交化学的方法最主要的缺点是只能鉴定到甲基化蛋白质而不能鉴定到具体的甲基化位点，这限制了这类方法在甲基化蛋白质组学研究中的广泛应用。

10.7　组蛋白阅读器靶向的药物研发

关键概念

- 保守结构域是指在生物进化或者一个蛋白家族中具有不变或相同的结构域。
- DNA 的复制、转录、修复、重组在染色质水平发生，这些过程中，染色质重塑可导致核小体位置和结构的变化，引起染色质变化。ATP 依赖的染色质重塑因子可重新定位核小体，改变核小体结构，共价修饰组蛋白。重塑包括多种变化，一般指染色质特定区域对核酶稳定性的变化。

布罗莫结构域（BrD，bromodomain）是在染色质和转录相关蛋白中发现的一个保守的蛋白结构域，它能够特异性识别乙酰化赖氨酸残基。这个特性赋予了 BrD 蛋白多种功能，包括调节蛋白质与蛋白质相互作用介导的基因转录、DNA 重组、复制和修复等。BrD 蛋白与许多人类疾病的发病机制相关，是表观遗传领域研究得最为透彻和成功的靶点之一。目前已有超过 30 个临床试验评估各种 BrD 抑制剂对不同人类疾病的疗效。

早在 1999 年，BrD 被发现可以结合乙酰化赖氨酸（Kac）[11]。人类通过核磁共振（NMR）光谱仪确定了转录共激活因子 PCAF（p300/CBP-associated factor）的 BrD 结构，BrD 的三维结构由此被揭开。在确认了 BrD 的三维结构后，乙酰化 H4K16ac 多肽与 GCN5（general control non-derepressible 5）中的 BrD 结合的晶体结构也被解析出来，揭示了 Kac 识别是通过 K16ac 乙酰基的羰基氧与 BrD 家族高度保守的残基 Asn407 的酰胺态氮之间形成的关键氢键实现的。这种晶体结构还在 Kac 结合口袋的底部发现了几个水分子，这些水分子与 Kac 和蛋白质残基形成了一个水介导的氢键网络[39]。

2012 年，Filippakopoulos 等对人类 BrD 家族蛋白进行了全面的结构鉴定[12]，并对核心组蛋白中不同赖氨酸乙酰化位点的结合偏好进行了研究。该研究利用现有的人类基因组序列数据库，从 46 种不同的蛋白质中鉴定出 61 种 BrD 结构域,这些蛋白质根据蛋白质序列相似性可分成 8 个亚科。目前,在 PDB 中有超过 400 个高分辨率的 BrD X 射线晶体结构,证实了最初在 PCAF BrD 中看到的保守的左旋四螺旋束溴域折叠。

　　BrD 蛋白具有多种活性,包括组蛋白修饰、染色质重塑、转录因子招募、增强子或调节因子复合物组装等,它们都会影响转录起始和延伸。值得注意的是,大多数 BrD 蛋白还包含其他结构保守的模块结构域,这些结构域独立发挥作用或与 BrD 协同工作,对蛋白质-蛋白质或蛋白质-核酸相互作用产生影响。同时,大多数 BrD 蛋白都是转录共激活因子,如 HAT、PCAF、GCN5 和 p300/CBP 等。染色质结合蛋白通过 BrD 能够特异性识别并结合组蛋白末端乙酰化赖氨酸,再经染色质的组装和乙酰化而激活转录过程。

　　BrD 在染色质基因转录中的重要性吸引着人们开发能够选择性调控乙酰化介导的蛋白质-蛋白质相互作用的小分子、研究 BrD 在生物学和疾病中功能的工具。当 PCAF 的结构研究首次揭示了一个明确的适合小分子结合的 Kac 结合口袋时,这一想法就变得可行了。事实上,在 2005 年,核磁共振波谱筛查出的 BrD 的第一个抑制剂(N1-aryl-propane-1,3-diamine NP1)可以阻断 HIV-1 反式激活剂 Tat 引起的 PCAF BrD 的招募,从而抑制宿主细胞中潜伏的 HIV-1 的转录激活[105]。2006 年报道的 CBP BrD 的抑制剂 MS7972(四氢卡唑酮)破坏了 CBP 与 Lys382-乙酰化 p53 的结合[106],这是 p53 诱导转录的细胞周期抑制剂 p21 以响应 DNA 损伤所必需的连接作用。这一直接证据为 BrD 抑制剂的进一步开发提供了动力。

　　由三菱田边制药公司在 2006 年和 2008 年提交的两项具有里程碑意义的专利[107]的发表是 BrD 药物开发的开创性进展。这些专利报告了一系列针对 BET 家族蛋白 BrD 的强效噻吩三唑安定。值得注意的是,这些安定类化合物类似于苯二氮平类药物,是多年来一直被临床用作抗焦虑和镇静的药物。这种化合物的安全性、生物利用度和对人体的有效性,以及将其用于 BET BrD 的潜力,使其成为开发 BET BrD 药物分子的理想类别。

　　与 BRD4 的 BD1 结合的化合物 JQ1(thienotriazolodiazepine)是最早公开报道的三氮唑类 BET 蛋白抑制剂,JQ1 的晶体结构表明,其三唑环具有类似 Kac 的作用。它位于疏水结合口袋的深处,与结合水分子和保守的 Asn 形成氢键。配体结合残基在 BD1 和 BD2 中普遍存在,因此 JQ1 和其他相关的二氮唑类化合物都是 BET bromodomain 抑制剂。在功能上,JQ1 可以抑制染色质中的 BRD4-NUT 融合癌蛋白。这会导致恶性肿瘤 NUT 中线癌(NMC)患者的肿瘤消退、鳞状细胞分化和生长停滞[108]。与 JQ1 同时公开的苯二氮平类药物 I-BET762 可破坏活化巨噬细胞中负责关键炎症基因表达的染色质复合物[109]。此后,又有文献报道了更多的噻吩三氮杂唑类药物,强调了该支架作为 BET BrD 抑制剂的重要性。例如,与 JQ1 相比,MS417 显示出更强的效价,因为它位于重氮平环上的手性碳上的甲酯部分参与了与蛋白质残基的额外相互作用。这种化合物可阻断艾滋病病毒介导的艾滋病相关肾病 NF-κB 转录因子的激活[110]。另外两种化合物在癌症模型中显示出临床相关的活性,CPI-203 对套细胞淋巴瘤和胰腺神经内分泌肿瘤具有协同作用[111, 112]。除此之外,OTX015 也能有效抑制多种人类癌细胞的增殖[113]。

　　BET 抑制剂在实验室的成功研制,带动了多家制药公司对这类化合物的研发热情,且已有部分化合物进入临床试验阶段[114]。例如,葛兰素史克(GSK)公司开发的二氮杂环类 BET 抑制剂 GSK525762[115],其能够抑制 NMC 及难治性血液恶性肿瘤,已进入用于这两种不同类型癌症的 I 期临床试验;OncoEthix 公司开发的噻吩并三氮唑并二氮杂类 BET 抑制剂 OTX015[113],已进入用于急性髓细胞性白血病(I 期临床)、弥漫性大 B 细胞淋巴瘤(I 期临床)、晚期实体瘤(I b 期临床)、多形性成胶质细胞瘤(II a 期临床)等 4 种不同类型癌症的临床试验;星座制药(Constellation Pharmaceuticals)公司开发的 BET 抑制剂 CPI-0610,已进入 I 期临床试验,分别用于治疗进展性淋巴瘤、多发性骨髓瘤、急性白血病、骨髓增生异常综合征和骨髓增殖性肿瘤。此外,RVX-208 还能够减少不良心血管事件,其有效的临床表现使得其III期临床试验在 2015 年 9 月得以展开[114, 116]。

参 考 文 献

[1] Taverna, S., Li, H., Ruthenburg, A. *et al*. How chromatin-binding modules interpret histone modifications: lessons from professional pocket pickers. *Nat Struct Mol Biol* 14, 1025-1040(2007).

[2] Dawson, M. A., Kouzarides, T. Cancer epigenetics: from mechanism to therapy. *Cell* 150, 12-27(2012).

[3] Bannister, A., Zegerman, P., Partridge, J. *et al*. Selective recognition of methylated lysine 9 on histone H3 by the HP1 chromo domain. *Nature* 410, 120-124(2001).

[4] Wu, H., Zeng H., Lam R., *et al*. Structural and histone binding ability characterizations of human PWWP domains. *PLoS One* 6, e18919(2011).

[5] Huang, Y. *et al*. Recognition of histone H3 lysine-4 methylation by the double tudor domain of JMJD2A. *Science* 312, 748-751(2006).

[6] Li, Y. & Li, H. Many keys to push: diversifying the 'readership' of plant homeodomain fingers. *Acta Biochim Biophys Sin(Shanghai)* 44, 28-39(2012).

[7] Collins, R. E. *et al*. The ankyrin repeats of G9a and GLP histone methyltransferases are mono- and dimethyllysine binding modules. *Nat Struct Mol Biol* 15, 245-250(2008).

[8] Kuo, A., Song, J., Cheung, P. *et al*. The BAH domain of ORC1 links H4K20me2 to DNA replication licensing and Meier–Gorlin syndrome. *Nature* 484, 115-119(2012).

[9] Musselman, C. A. *et al*. Perceiving the epigenetic landscape through histone readers. *Nat Struct Mol Biol* 19, 1218-1227 (2012).

[10] Patel, D. J. A structural perspective on readout of epigenetic histone and DNA methylation marks. *Cold Spring Harb Perspect Biol* 8, a018754(2016).

[11] Dhalluin, C. *et al*. Structure and ligand of a histone acetyltransferase bromodomain. *Nature* 399, 491-496(1999).

[12] Filippakopoulos, P. *et al*. Histone recognition and large-scale structural analysis of the human bromodomain family. *Cell* 149, 214-231(2012).

[13] Rahman, S. *et al*. The Brd4 extraterminal domain confers transcription activation independent of pTEFb by recruiting multiple proteins, including NSD3. *Mol Cell Biol* 31, 2641-2652(2011).

[14] Shi, J. & Vakoc, C. R. The mechanisms behind the therapeutic activity of BET bromodomain inhibition. *Mol Cell* 54, 728-736(2014).

[15] Xiong, X. *et al*. Selective recognition of histone crotonylation by double PHD fingers of MOZ and DPF2. *Nat Chem Biol* 12, 1111-1118(2016).

[16] Schulze, J. M. *et al*. YEATS domain proteins: a diverse family with many links to chromatin modification and transcription. *Biochem Cell Biol* 87, 65-75(2009).

[17] Li, Y. *et al*. AF9 YEATS domain links histone acetylation to DOT1L-mediated H3K79 methylation. *Cell* 159, 558-571(2014).

[18] Li, Y. *et al*. Molecular coupling of histone crotonylation and active transcription by AF9 YEATS domain. *Mol Cell* 62, 181-193(2016).

[19] Zhao, D. *et al*. YEATS2 is a selective histone crotonylation reader. *Cell Res* 26, 629-632(2016).

[20] Jacobs, S. A. & Khorasanizadeh, S. Structure of HP1 chromodomain bound to a lysine 9-methylated histone H3 tail. *Science* 295, 2080-2083(2002).

[21] Min, J. *et al*. Structural basis for specific binding of polycomb chromodomain to histone H3 methylated at Lys 27. *Genes Dev* 17, 1823-1828(2003).

[22] Zhang, P. *et al*. Structure of human MRG15 chromo domain and its binding to Lys36-methylated histone H3. *Nucleic Acids*

Res 34, 6621-6628(2006).

[23] Xu, C. *et al*. Structural basis for the recognition of methylated histone H3K36 by the Eaf3 subunit of histone deacetylase complex Rpd3S. *Structure* 16, 1740-1750(2008).

[24] Ballare, C. *et al*. Phf19 links methylated Lys36 of histone H3 to regulation of polycomb activity. *Nat Struct Mol Biol* 19, 1257-1265(2012).

[25] Cai, L. *et al*. An H3K36 methylation-engaging tudor motif of polycomb-like proteins mediates PRC2 complex targeting. *Mol Cell* 49, 571-582(2013).

[26] Vezzoli, A. *et al*. Molecular basis of histone H3K36me3 recognition by the PWWP domain of Brpf1. *Nat Struct Mol Biol* 17, 617-619(2010).

[27] Flanagan, J. F. *et al*. Double chromodomains cooperate to recognize the methylated histone H3 tail. *Nature* 438, 1181-1185(2005).

[28] Nady, N. *et al*. Recognition of multivalent histone states associated with heterochromatin by UHRF1 protein. *J Biol Chem* 286, 24300-24311(2011).

[29] Li, H. *et al*. Structural basis for lower lysine methylation state-specific readout by MBT repeats of L3MBTL1 and an engineered PHD finger. *Mol Cell* 28, 677-691(2007).

[30] Pascual, J. *et al*. Structure of the PHD zinc finger from human Williams-Beuren syndrome transcription factor. *J Mol Biol* 304, 723-729(2000).

[31] Li, H. *et al*. Molecular basis for site-specific read-out of histone H3K4me3 by the BPTF PHD finger of NURF. *Nature* 442, 91-95(2006).

[32] Shi, *et al*. ING2 PHD domain links histone H3 lysine 4 methylation to active gene repression. *Nature* 6, 442(7098), 96-99(2006).

[33] Taverna, S. D. *et al*. Yng1 PHD finger binding to H3 trimethylated at K4 promotes NuA3 HAT activity at K14 of H3 and transcription at a subset of targeted ORFs. *Mol Cell* 24(2006).

[34] Cheng, X. Structural and functional coordination of DNA and histone methylation. *Cold Spring Harb Perspect Biol* 6(2014).

[35] Eustermann, S. *et al*. Combinatorial readout of histone H3 modifications specifies localization of ATRX to heterochromatin. *Nat Struct Mol Biol* 18, 777-782(2011).

[36] Couture, J. F. *et al*. Molecular recognition of histone H3 by the WD40 protein WDR5. *Nat Struct Mol Biol* 13, 698-703(2006).

[37] Migliori, V. *et al*. Symmetric dimethylation of H3R2 is a newly identified histone mark that supports euchromatin maintenance. *Nat Struct Mol Biol* 19, 136-144(2012).

[38] Zhang, Y. *et al*. The ZZ domain as a new epigenetic reader and a degradation signal sensor. *Crit Rev Biochem Mol Boil* Feb, 54(1), 1-10(2019).

[39] Seet, B. T. *et al*. reading protein modifications with interaction domains, *Nature Reviews Molecular Cell Biology* 7, 473(2006).

[40] Stucki, M. *et al*. MDC1 directly binds phosphorylated histone H2AX to regulate cellular responses to DNA double-strand breaks. *Cell* 123, 1213-1226(2005).

[41] Macdonald, N. *et al*. Molecular basis for the recognition of phosphorylated and phosphoacetylated histone h3 by 14-3-3. *Mol Cell* 20, 199-211(2005).

[42] Walter, W. *et al*. 14-3-3 interaction with histone H3 involves a dual modification pattern of phosphoacetylation. *Mol Cell Biol* 28, 2840-2849(2008).

[43] Hottiger, M. O. SnapShot: ADP-ribosylation signaling. *Mol Cell* 58(6), 1134-1134.e1(2015).

[44] Feijs, K. L. *et al*. Macrodomain-containing proteins: regulating new intracellular functions of mono(ADP-ribosyl)ation. *Nat*

Rev Mol Cell Biol 14, 443-451(2013).

[45] Dani, N. *et al.* Combining affinity purification by ADP-ribose-binding macro domains with mass spectrometry to define the mammalian ADP-ribosyl proteome. *Proc Natl Acad Sci U S A* 106, 4243-4248(2009).

[46] Namanja, A. T. *et al.* Insights into high affinity small ubiquitin-like modifier(SUMO)recognition by SUMO-interacting motifs (SIMs) revealed by a combination of NMR and peptide array analysis. *J Biol Chem* 287, 3231-3240(2012).

[47] Song, J. *et al.* Structure and interaction of ubiquitin-associated domain of human Fas-associated factor 1. *Protein Sci* 18, 2265-2276(2009).

[48] Gucwa, A. L. & Brown, D. A. UIM domain-dependent recruitment of the endocytic adaptor protein Eps15 to ubiquitin-enriched endosomes. *BMC Cell Biol* 15, 34(2014).

[49] Ruthenburg, A. J. *et al.* Multivalent engagement of chromatin modifications by linked binding modules. *Nat Rev Mol Cell Biol* 8, 983-994(2007).

[50] Xi, Q. *et al.* A poised chromatin platform for TGF-beta access to master regulators. *Cell* 147, 1511-1524(2011).

[51] Ruthenburg, A. J. *et al.* Recognition of a mononucleosomal histone modification pattern by BPTF via multivalent interactions. *Cell* 145, 692-706(2011).

[52] Arita, K. *et al.* Recognition of modification status on a histone H3 tail by linked histone reader modules of the epigenetic regulator UHRF1. *Proc Natl Acad Sci U S A* 109, 12950-12955(2012).

[53] Qiu, Y. *et al.* Combinatorial readout of unmodified H3R2 and acetylated H3K14 by the tandem PHD finger of MOZ reveals a regulatory mechanism for HOXA9 transcription. *Genes &Dev* 26, 1376-1391(2012).

[54] Fischle, W. *et al.* Binary switches and modification cassettes in histone biology and beyond. *Nature* 425, 475-479(2003).

[55] Fischle, W. *et al.* Regulation of HP1-chromatin binding by histone H3 methylation and phosphorylation. *Nature* 438, 1116-1122(2005).

[56] Rothbart, S. B. *et al.* Association of UHRF1 with methylated H3K9 directs the maintenance of DNA methylation. *Nat Struct Mol Biol* 19, 1155-1160(2012).

[57] Hung, T. *et al.* ING4 mediates crosstalk between histone H3 K4 trimethylation and H3 acetylation to attenuate cellular transformation. *Mol Cell* 33, 248-256(2009).

[58] Sarg, B. *et al.* Histone H4 hyperacetylation precludes histone H4 lysine 20 trimethylation. *J Biol Chem* 279, 53458-53464(2004).

[59] Guccione, E. *et al.* Methylation of histone H3R2 by PRMT6 and H3K4 by an MLL complex are mutually exclusive. *Nature* 449, 933-937(2007).

[60] Taverna, S. D. *et al.* How chromatin-binding modules interpret histone modifications: lessons from professional pocket pickers. *Nat Struct Mol Biol* 14, 1025-1040(2007).

[61] Ruthenburg, A. J. *et al.* Multivalent engagement of chromatin modifications by linked binding modules. *Nat Rev Mol Cell Bio* 8, 983-994(2007).

[62] Bian, C. B. *et al.* Sgf29 binds histone H3K4me2/3 and is required for SAGA complex recruitment and histone H3 acetylation. *Embo J* 30, 2829-2842(2011).

[63] Xi, Q. R. *et al.* A poised chromatin platform for TGF-beta access to master regulators. *Cell* 147, 1511-1524(2011).

[64] Guo, R. *et al.* BS69/ZMYND11 reads and connects histone H3.3 lysine 36 trimethylation-decorated chromatin to regulated pre-mRNA processing. *Molecular Cell* 56, 298-310(2014).

[65] Wen, H. *et al.* ZMYND11 links histone H3.3K36me3 to transcription elongation and tumour suppression. *Nature* 508, 263-+(2014).

[66] Su, X. N. *et al.* Molecular basis underlying histone H3 lysine-arginine methylation pattern readout by Spin/Ssty repeats of

Spindlin1. *Gene Dev* 28, 622-636(2014).

[67] Zhao, S. *et al.* Plant HP1 protein ADCP1 links multivalent H3K9 methylation readout to heterochromatin formation. *Cell Res* 29, 54-66(2019).

[68] Wang, L. *et al.* Histone modifications regulate chromatin compartmentalization by contributing to a phase separation mechanism. *Mol Cell*(2019).

[69] Jenuwein, T. Allis CD. Translating the histone code. *Science* 293(5532), 1074-1080(2001).

[70] Kouzarides, T. Chromatin modifications and their function. *Cell* 128, 693-705(2007).

[71] van Leeuwen, F. *et al.* DE. Dot1p modulates silencing in yeast by methylation of the nucleosome core. *Cell* 109, 745-756 (2002).

[72] Tropberger, P. *et al.* Regulation of transcription through acetylation of H3K122 on the lateral surface of the histone octamer. *Cell* 152, 859-872(2013).

[73] Lawrence, M. *et al.* Lateral thinking: how histone modifications regulate gene expression. *Trends Genet* 32, 42-56 (2012).

[74] Rothbart, S.B., Strahl, B.D. Interpreting the language of histone and DNA modifications. *Biochim Biophys Acta* 1839, 627-643(2014).

[75] Cao, L.L. *et al.* Histone modifications in DNA damage response. *Sci China Life Sci* 59, 257-270(2016).

[76] Tessarz, P. & Kouzarides, T. Histone core modifications regulating nucleosome structure and dynamics. *Nat Rev Mol Cell Biol* 15, 703-708(2014).

[77] Bannister, A. & Kouzarides, T. Regulation of chromatin by histone modifications. *Cell Res* 21, 381-395(2011).

[78] Ooi, S. *et al.* DNMT3L connects unmethylated lysine 4 of histone H3 to *de novo* methylation of DNA. *Nature* 448, 714-717 (2007).

[79] Guenther, M.G. *et al.* A chromatin landmark and transcription initiation at most promoters in human cells. *Cell* 130, 77-88(2007).

[80] Jia, D. *et al.* Structure of Dnmt3a bound to Dnmt3L suggests a model for *de novo* DNA methylation. *Nature* 449, 248-251 (2007).

[81] Weber, M. *et al.* Distribution, silencing potential and evolutionary impact of promoter DNA methylation in the human genome. *Nat Genet* 39, 457-466(2007).

[82] Mohn, F. *et al.* Lineage-specific polycomb targets and *de novo* DNA methylation define restriction and potential of neuronal progenitors. *Mol Cell* 30, 755-766(2008).

[83] Meissner, A. *et al.* Genome-scale DNA methylation maps of pluripotent and differentiated cells. *Nature* 454, 766-770(2008).

[84] Okitsu, C.Y., Hsieh, C.L. DNA methylation dictates histone H3K4 methylation. *Mol Cell Biol* 27, 2746-2757(2007).

[85] Cedar, H., Bergman, Y. Linking DNA methylation and histone modification: patterns and paradigms. *Nat Rev Genet* 10, 295-304(2009).

[86] Sylvester, I., Schöler, H., R. Regulation of the Oct-4 gene by nuclear receptors. *Nucleic Acids Res* 22, 901-911(1994).

[87] Ben-Shushan, E. *et al.* A dynamic balance between ARP-1/COUP-TFII, EAR-3/COUP-TFI, and retinoic acid receptor:retinoid X receptor heterodimers regulates Oct-3/4 expression in embryonal carcinoma cells. *Mol Cell Biol* 15, 1034-1048(1995).

[88] Fuhrmann, G. *et al.* Mouse germline restriction of Oct4 expression by germ cell nuclear factor. *Dev Cell* 1, 377-387(2001).

[89] Lehnertz, B. *et al.* Suv39h-mediated histone H3 lysine 9 methylation directs DNA methylation to major satellite repeats at pericentric heterochromatin. *Curr Biol* 13, 1192-1200(2003).

[90] Fuks, F. *et al.* The DNA methyltransferases associate with HP1 and the SUV39H1 histone methyltransferase. *Nucleic Acids Res* 31, 2305-2312(2003).

[91] Bostick, M. *et al.* UHRF1 plays a role in maintaining DNA methylation in mammalian cells. *Science* 317, 1760-1764(2007).

[92] Sharif, J. *et al.* The SRA protein Np95 mediates epigenetic inheritance by recruiting Dnmt1 to methylated DNA. *Nature* 450, 908-912(2007).

[93] Achour, M. *et al.* The interaction of the SRA domain of ICBP90 with a novel domain of DNMT1 is involved in the regulation of *VEGF* gene expression. *Oncogene* 27, 2187-2197(2008).

[94] Suzuki, M. & Bird, A. DNA methylation landscapes: provocative insights from epigenomics. *Nat Rev Genet* 9, 465-476(2008).

[95] Weber, M. & Schübeler, D. Genomic patterns of DNA methylation: targets and function of an epigenetic mark. *Curr Opin Cell Biol* 19, 273-280(2007).

[96] Eden, S. *et al.* DNA methylation models histone acetylation. *Nature* 394, 842(1998).

[97] Hashimshony, T. *et al.* The role of DNA methylation in setting up chromatin structure during development. *Nat Genet* 34, 187-192(2003).

[98] Nan, X. *et al.* Transcriptional repression by the methyl-CpG-binding protein MeCP2 involves a histone deacetylase complex. *Nature* 393, 386-389(1998).

[99] Jones, P. *et al.* Methylated DNA and MeCP2 recruit histone deacetylase to repress transcription . *Nat Genet* 19, 187-191 (1998).

[100] Lande-Diner, L. *et al.* Role of DNA methylation in stable gene repression. *J Biol Chem* 282, 12194-12200(2007).

[101] Glozak, M. A. *et al.* Acetylation and deacetylation of non-histone proteins. *Gene* 363, 15-23(2005).

[102] Levy, D. Lysine methylation signaling of non-histone proteins in the nucleus. *Cellular and Molecular Life Sciences* 76, 2873-2883(2019).

[103] Biggar, K. K. & Li, S. S. C. Non-histone protein methylation as a regulator of cellular signalling and function. *Nat Rev Mol Cell Bio* 16, 5-17(2015).

[104] Lan, F. *et al.* Recognition of unmethylated histone H3 lysine 4 links BHC80 to LSD1-mediated gene repression. *Nature* 448, 718-722(2007).

[105] Zeng, L. *et al.* Selective small molecules blocking HIV-1 Tat and coactivator PCAF association. *J Am Chem Soc* 127, 2376-2377(2005).

[106] Sachchidanand, *et al.* Target structure-based discovery of small molecules that block human p53 and CREB binding protein association. *Chem Biol* 13, 81-90(2006).

[107] Adachi, K. et al. Inventor; Mitsubishi Tanabe Pharma Corp, assignee; Thienotriazolodiazepine compound and a medicinal use thereof. European Patent Office. No. EP1887008A1. Feburary 13, (2008).

[108] French, C. A. *et al.* BRD4-NUT fusion oncogene: a novel mechanism in aggressive carcinoma. *Cancer Res* 63, 304-307 (2003).

[109] Nicodeme, E. *et al.* Suppression of inflammation by a synthetic histone mimic. *Nature* 468, 1119-1123(2010).

[110] Zhang, G. *et al.* Down-regulation of NF-κB transcriptional activity in HIV-associated kidney disease by BRD4 inhibition. *J Biol Chem* 287, 28840-28851(2012).

[111] Moros, A. *et al.* Synergistic antitumor activity of lenalidomide with the BET bromodomain inhibitor CPI203 in bortezomib-resistant mantle cell lymphoma. *Leukemia* 28, 2049-2059(2014).

[112] Wong, C. *et al.* The bromodomain and extra-terminal inhibitor CPI203 enhances the antiproliferative effects of rapamycin on human neuroendocrine tumors. *Cell Death Dis* 5, e1450(2014).

[113] Boi, M. *et al.* The BET Bromodomain Inhibitor OTX015 Affects Pathogenetic Pathways in Preclinical B-cell Tumor Models and Synergizes with Targeted Drugs. *Clin Cancer Res* 21, 1628-1638(2015).

[114] 周啸峰, 等. Bromodomains: 表观遗传学新靶点及其抑制剂. 药学进展 40, 619-626(2016).

[115] Mirguet, O. *et al*. Discovery of epigenetic regulator I-BET762: lead optimization to afford a clinical candidate inhibitor of the BET bromodomains. *J Med Chem* 56, 7501-7515(2013).

[116] Sánchez-Martínez, C. *et al*. Cyclin dependent kinase (CDK) inhibitors as anticancer drugs. *Bioorg Med Chem Lett* 25, 3420-3435(2015).

郭睿　复旦大学生物医学研究院副研究员。2007 年获得博士学位,2010 年、2017 年分别赴美国哈佛大学医学院、圣裘德儿童研究医院(St.Jude Children's Research Hospital) 做为访问学者进行交流。主要从事组蛋白修饰表观遗传识别子的研究。长期从事表观遗传学研究,文章发表于 *Mol Cell*、*Cell* 等杂志。

第11章 染色质重塑

江赐忠 杜艳华 胡 健
同济大学

本章概要

染色质重塑是重要的表观遗传调控机制之一，通过调控 DNA 的可及性影响许多生物过程。本章从概述染色质重塑开始，系统地讲述核小体定位与基因调控、组蛋白分子伴侣、染色质重塑复合体，以及染色质重塑与重大疾病的关系。在核小体定位与基因调控小节中，第一部分先是介绍核小体结构；接着介绍核小体在基因组上的定位模式，尤其是基因区的定位模式及其对基因转录的调控作用；随后讲解核小体定位的属性，以及动态核小体定位对 DNA 可及性的调控机制。第二部分介绍 DNA 序列与染色质重塑酶；分子伴侣对核小体定位的调控作用。第三部分介绍对全基因组高分辨率核小体定位的测定技术。在组蛋白分子伴侣小节中，主要介绍组蛋白分子伴侣的定义、结构与分类及其功能，如对组蛋白的储存、转运与替换，以及在 DNA 复制、损伤修复和转录中对核小体结构与定位的调控作用。在染色质重塑复合体小节中，介绍染色质重塑复合体的家族分类，列举酵母、果蝇与人的四大家族染色质复合体及各家族代表成员；接着阐述染色质重塑复合体的不同结构域及其功能；随后介绍染色质重塑复合体的功能，包括对核小体定位的调控机制，以及在 DNA 复制、损伤修复和转录中对核小体结构与定位的调控作用。在染色质重塑与重大疾病小节中，简单介绍染色质重塑异常与胚胎发育缺陷、肿瘤发生的关系。

11.1 染色质重塑概述

DNA 经折叠压缩后以染色体的形式储存在细胞核中。染色体的形成是通过组蛋白（H2A、H2B、H3、H4）与 DNA 结合形成核小体，即染色体的基本结构单元，进一步通过结合组蛋白 H1 压缩形成不具转录活性的、更高级的 30nm 纤维，再高度折叠形成染色体。人的一个细胞所含的 DNA 从头到尾展开大约有 2m 长，而人的细胞核的直径大约 6μm。这就相当于把 40km 长的线装进网球里[1]。经过如此高度折叠压缩后，DNA 的正确复制、修复与转录都依赖于染色质重塑。

染色质重塑是染色质重塑复合体经不同的 ATP 酶催化改变核小体结构，从而改变染色质结构的生物过程。染色质重塑的结果就是通过调节核小体定位来改变 DNA 的可及性，影响转录因子对调控元件的结合，从而调控 DNA 复制、修复、转录等基于 DNA 的许多重要生物过程。例如，需要激活转录某个基因时，相应染色质重塑复合体解聚该基因启动子区的核小体，暴露启动子区，众多的 II 型转录因子结合到启动子上再与 RNA 聚合酶 II 结合形成转录起始机器，启动基因转录。染色质重塑的结果是把 RNA 聚合酶 II 引导到启动子上，确保转录从基因的头部开始，而不是从基因的中部或末端开始。类似地，染色质重塑把 DNA 聚合酶引导到自主复制序列（autonomous replicating sequence，ARS）开始复制，把 DNA 修复酶引导到 DNA 损伤处开始修复。所以，染色质重塑紊乱往往导致发育缺陷与重大疾病。

11.2 核小体定位与基因调控

关键概念

- 核小体是真核生物染色质的基本结构单元，由 147 碱基长度的 DNA 缠绕 4 种组蛋白组成的八聚体构成，相邻的核小体通过一段裸露的 DNA（即连接 DNA，linker DNA）连接，形成"串珠"式排列，即染色体的一级结构。
- 核小体存在于基因组上各个地方，根据核小体两侧连接 DNA 的长度可把核小体分为下面两类：核小体串（nucleosome array）与孤儿核小体。
- 衡量核小体与 DNA 结合的水平叫占有（occupancy）。占有值越大，表示核小体与 DNA 结合的频率越高，信号越强。单个核小体在基因组优先定位在某个基因组位置叫相位（phasing），即一群细胞中核小体在某个特定基因组位置的分布，相位有高度定相的（phased）或固定的（fixed），以及离域的（delocalized）或模糊的（fuzzy）。
- 核小体的定位是动态的，可以有效地控制 DNA 的可及性，从而调控生物过程。DNA 序列和染色质重塑酶通过多种方式调控核小体定位与稳定性。

11.2.1 基因组中的核小体排布

1. 核小体结构

　　核小体是真核生物染色质的基本结构单元，由 4 种组蛋白（H2A、H2B、H3 与 H4）组成，每种 2 个拷贝构成的八聚体外缠绕约 147 个碱基长的 DNA 组成一个球状物。这 147 个碱基长的 DNA 片段在组蛋白八聚体上以左旋方式绕 1.65 圈[2]。组成八聚体的组蛋白的氨基酸末端（俗称组蛋白尾巴）绕过 DNA 伸出到八聚体外面。组蛋白尾巴上的肽链会受到共价化学修饰，如乙酰基化、甲基化、磷酸化等。被修饰的核小体会改变染色质结构，从而使不同修饰的核小体有不同的生物学功能。此外，细胞中还含有许多组蛋白变体，如 H2A.Z 与 H3.3。这些组蛋白变体具有不同的生化属性，可替换掉对应的 H2A、H2B、H3 或 H4，从而改变染色质结构调控生物过程。例如，在激活或转录停滞的基因启动子上，核小体的 H2A 与 H3 往往被 H2A.Z 与 H3.3 替换。所以，核小体在基因组上的位置、组成八聚体的组蛋白类型、组蛋白尾巴上的共价修饰组合形成是基因组调控的关键因素。

2. 核小体在基因组上的定位

　　核小体存在于基因组上各个地方，相邻的核小体通过一段裸露的 DNA（linker DNA，俗称连接 DNA）连接，形成"串珠"式排列。不同物种中连接 DNA 长度不一样，酿酒酵母中约 18 个碱基，黑腹果蝇与秀丽隐杆线虫中约 28 个碱基，人中约 38 个碱基[3]。故而相邻核小体间距，即相邻两个核小体中心的距离，在不同物种间不一样。依赖于 ATP 的染色质组装与重塑复合体（如 ACF 和 CHRAC）参与建立核小体间距。这些复合体结合到核小体与旁边的一段连接 DNA，利用 ATP 水解产生的能量把核小体往连接 DNA 方向移动，直到合适的连接 DNA 长度[4, 5]。根据核小体两侧连接 DNA 的长度可把核小体分为下面两类：核小体串（nucleosome array）与孤儿核小体（orphan nucleosome）[6]。核小体串是指连续两个或两个以上核小体，而且相邻两个核小体间的连接 DNA 长度小于或等于 146 个碱基，即不足以容下一个核小体。孤儿核小体是指两侧连接 DNA 长度都大于 146 个碱基的单个核小体。细胞中大部分核小体以核小体串的形式存在。大于 146 个碱基的连接 DNA 则被归为核小体缺失区（nucleosome free region，NFR）（图 11-1）。

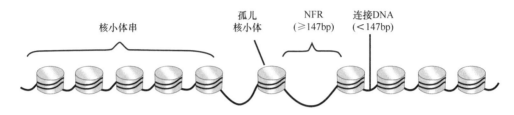

图 11-1　基因组中不同核小体排列方式

全基因组高分辨率核小体定位图谱表明基因区核小体组织排列很有规律[3]。转录起始位点（transcription start site，TSS）上游 150～300 个碱基的地方出现第一个定位显著的核小体（命名为−1 核小体），接下来是个 NFR（5′端 NFR），然后是 TSS，后面跟着一串核小体，依次命名为+1、+2、+3、+4、+5 核小体。越往下游，核小体定位越不固定，核小体间距也越不规律，直到接近转录终止位点（transcription termination site，TTS）时出现一个定位相对显著的核小体，接下来又是个 NFR（3′端 NFR）（图 11-2）。基因区的核小体定位模式与基因转录调控密切相关。在转录开始前，−1 核小体会发生一系列变化，包括组蛋白替换、共价修饰及移动，最后被移除，与 5′端 NFR 一道在启动子区提供空间形成转录前起始复合体（preinitiation complex，PIC）启动转录。+1 核小体也经常含有组蛋白变体 H2A.Z 与 H3.3 及共价修饰促进核小体逐出与转录前起始复合体形成。基因区的核小体则可以调控转录速度，确保或减少转录中的错误。3′端 NFR 则促进新生成的转录本与转录机器从 DNA 模板上脱落，为后面的转录让出空间。

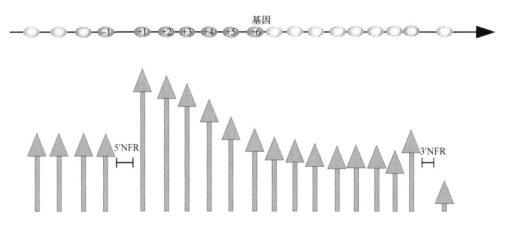

图 11-2　基因区的核小体排列方式

一个箭头对应一个核小体，箭头越高表示核小体定位越固定

核小体定位不但调控转录，而且在外显子-内含子结构建立中起重要作用。全基因组核小体图谱数据分析结果发现，人、果蝇及线虫外显子上的核小体水平显著高于内含子，与基因的转录水平没有关系[7]。在假外显子上则看不到这一现象，假外显子是指不属于 mRNA 的内含子序列，其两侧各含有一个强的剪切位点[8]。果蝇剪切位点附近的核小体定位分析揭示外显子上富含核小体，在剪切位点核小体水平急剧下降，进入内含子后核小体维持极低水平[9]。这表明，核小体在外显子定义及外显子-内含子边界确定中起重要作用。

3. 核小体定位的属性

　　全基因组高分辨率核小体图谱使得我们可定量分析基因组任何位点核小体定位的各种属性。衡量核小体与 DNA 结合的水平叫占有（occupancy）。占有值越大，表示核小体与 DNA 结合的频率越高，信号越强。单个核小体在基因组优先定位在某个基因组位置叫相位（phasing），即一群细胞中核小体在某个特定基因组位置的分布。同个核小体在不同细胞或不同细胞状态下在基因组中位置变化很小，这个核小体的定位就是高度定相的（phased）或固定的（fixed）；反之，这个核小体的定位就是离域的（delocalized）或模糊的（fuzzy）（图 11-3）[10]。用模糊性（fuzziness）可以定量地衡量核小体定位的离域或伸展程度。模糊性越小，核小体定位越固定，反之越离域。全基因组高分辨率核小体图谱显示，TSS 附近的–1 与+1 核小体定位非常固定，往下游逐渐变模糊，核小体间距变宽。此外，选定参照点，如 TSS，把不同基因按 TSS 对齐，统计离 TSS 相同距离位置核小体的分布情况，发现离 TSS 最近的下游第一个核小体占有值高、定位一致，叫做均一（uniform）。越往下游，定位逐渐不一致，核小体间距变宽，叫做不均一（non-uniform）（图 11-3）。不过，目前不再细分，定相的、固定的往往代替均一，离域的、模糊的代替不均一，也用来描述所有基因在一群细胞或不同细胞状态下基因区的核小体的混合排列情况。

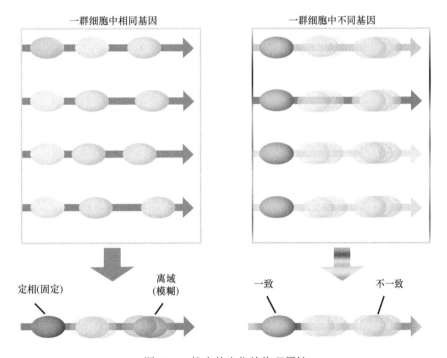

图 11-3　核小体定位的物理属性

　　核小体是个球状结构，DNA 双螺旋相对于组蛋白表面的局部方向性叫做旋转设置（rotational setting）。这样 DNA 链有朝里面向组蛋白表面，也有朝外背向组蛋白表面的。朝外的 DNA 大沟（major groove）相对于朝里的可及性更高，更容易被转录因子结合上。这样核小体可通过旋转设置调控转录因子的结合来调控基因活性。相对于旋转设置，翻译设置（translational setting）是指核小体中心相对于某个染色质位点（如 TSS）的位置。其本质就是通过核小体定位变化改变某个 DNA 位点在核小体上或在连接 DNA 上的状态，从而改变其可及性。

4. 核小体定位是动态的

核小体已经进化成可实现两个矛盾而又至关重要的任务：一是把 DNA 高度压缩包装进细胞核中；二是在合适的时候打开 DNA 让其编码的信息得到解读。这一特征就注定核小体的定位是动态的。动态的核小体定位可以有效地控制 DNA 的可及性，从而调控生物过程。目前阐述较多的有以下几种调控核小体定位动态性的机制[11]。一是调控区域的短暂暴露。这主要是组蛋白八聚体对核小体末端 DNA 的短暂分离，暴露位于核小体入口处或出口处的调控元件让相应转录因子结合；反之，八聚体短暂地与核小体末端 DNA 重新结合，屏蔽该处调控元件，使转录因子无法结合上。二是核小体滑动（sliding），严格来说，是指组蛋白八聚体与绕在它上面的 DNA 的相对位置发生了变化，使得原本在八聚体表面的 DNA 变成了连接 DNA 而极大增加可及性；反之亦然。三是核小体重塑，是指染色质重塑酶、分子伴侣消耗 ATP 能量，用组蛋白变体替换八聚体组蛋白，解聚或重新组装核小体，从而调控 DNA 可及性的过程。四是染色质高级结构的变化。上述几种机制都是单个核小体或核小体串水平的，而染色质高级结构变化是指把高度压缩的染色质打开，使得至少局部区域呈现核小体串，再采用上述的机制调控 DNA 可及性。理论上，染色质高级结构的变化应该发生在上述机制之前。

11.2.2 影响核小体定位的因素

全基因组核小体图谱表明启动子区核小体呈现经典的–1、NFR、+1、+2、+3、+4 核小体模式，不是随机的。那么基因组中核小体的定位模式是怎么建立起来的呢？

1. DNA 序列

由于 DNA 缠绕组蛋白八聚体形成核小体时需要弯曲，而不同碱基刚性不同，弯曲的容易程度也就不一样，这样不同的 DNA 序列形成核小体的能力也不一样，即 DNA 序列的组成可能影响核小体定位。例如，酵母启动子富含刚性的（dA：dT）寡聚序列阻碍核小体的形成[12, 13]。对大量定位很好的核小体上的 DNA 序列分析，发现核小体 DNA 序列呈现以 10 碱基为间隔的周期性双核苷酸分布。例如，酵母与线虫中，核小体 DNA 序列朝外部分（背向八聚体）富含 A/T，是个峰；朝里部分（面向八聚体）缺失 A/T，是个谷。就这样，A/T 以 10 碱基为间隔，峰谷交替，周期性地分布在核小体表面[14, 15]。这种有助于核小体定位的周期性双核苷酸序列称为核小体定位序列（nucleosome-positioning sequence，NPS）。故而酵母的 NPS 是 AA/TT，但人与果蝇的 NPS 是 CC/GG[16, 17]。有意思的是，果蝇核小体 DNA 序列中 C/G 峰谷与酵母中的 A/T 峰谷正好呈反相分布[17]。核小体 DNA 序列双核苷酸的周期性分布的存在是因为它能加强 DNA 在八聚体上的缠绕与定位。此外，AA/TT 双核苷酸倾向于膨胀 DNA 大沟，而 GC 双核苷酸倾向于收缩 DNA 大沟。这样，核小体 DNA 序列双核苷酸的周期性分布为保障核小体 DNA 的旋转设置提供了一种机制。

根据核小体 DNA 双核苷酸的周期性分布特征，不少研究者开发了仅用 DNA 序列预测核小体定位的算法。遗憾的是，这些算法预测核小体定位的效果仅略好于随机猜测的效果。这说明仅依靠序列的算法是不能准确预测所有核小体定位的，因为除了 DNA 序列，还有其他的因子参与调控体内的核小体定位。

2. 染色质重塑酶与分子伴侣

在体外组装核小体实验中，只在盐溶液中加果蝇组蛋白与酵母基因组片段得不到体内核小体定位模式，再加入酵母完整的细胞提取液和 ATP 后，即可得到与体内高度一致的核小体定位模式[18]。这表明核小体的正确组装与定位需要细胞内的蛋白因子。前人的研究已经表明，这些蛋白因子主要包括染色质重塑酶与分子伴侣。染色质重塑酶通过多种方式调控核小体定位与稳定性。例如，SWI/SNF 家族染色质重塑酶可以减弱 DNA 与组蛋白的结合，使得 DNA 在八聚体上的缠绕变得松散，形成一个 DNA 环，短暂暴露 DNA 供转录因子结合。一些染色质重塑酶可消除或降低刚性 DNA 序列对核小体形成的限制，如 ISW2 可以移动核小体让原本不易形成核小体的启动子 NFR 上形成核小体[19]。RSC 复合体则可以解聚核小体完全暴露 DNA。组蛋白分子伴侣 FACT 促进核小体的组装。另一类染色质重塑酶则通过替换八聚体中的组蛋白来调控核小体稳定性。例如，SWR1 把 H2A 替换成 H2A.Z，CHD1 把 H3 替换成 H3.3。后面有章节专门阐述染色质重塑酶与分子伴侣。

11.2.3　核小体定位的测定

全基因组高分辨率核小体图谱的获得主要得益于两种高通量技术的进步。一个是芯片技术，另一个是二代测序技术。这两种技术的进步使得可以高效准确地测定全基因组核小体位置与信号强弱。具体流程如下：首要步骤是用甲醛处理细胞交联组蛋白与核小体 DNA，以确保在后续的操作中不会改变原始体内核小体位置。接着用微球菌核酸酶（micrococcal nuclease，MNase）消化提取纯化好的基因组 DNA，得到单个核小体。用特异识别组蛋白 H3 的抗体通过免疫沉淀捕获所有单个核小体（现在越来越多实验室跳过免疫沉淀这步，直接用 MNase 消化得到的单个核小体做后续实验）。通过凝胶电泳检测得到的 DNA 片段大部分富集在约 150bp 处，即单个核小体长度。对捕获得到的单个核小体，去除组蛋白，纯化得到核小体 DNA。早些年，用纯化好的核小体 DNA 与芯片杂交，检测芯片信号就可得到核小体的定位与占有。现在随着测序成本的下降，更多的是在纯化好的核小体 DNA 两端连上接头，进行有限扩增以增加 DNA 量，再用二代测序技术测定核小体 DNA。最后通过序列比对，把测得的核小体序列定位到参考基因组上，用生物信息学方法分析得到全基因组核小体位置与占有。

11.3　组蛋白分子伴侣

关键概念

- 组蛋白分子伴侣最初被定义为能与组蛋白结合且在体外可以把组蛋白和 DNA 重新组装成核小体的一类蛋白质。后来，其概念被延伸为"一类能与组蛋白结合并且在组蛋白代谢反应过程中发挥作用的蛋白质，其不成为最后功能结构中的组分"。
- 转录组蛋白储存、转运和变体的替换，DNA 复制和修复过程中的核小体解聚与重组装，以及转录。

组蛋白分子伴侣在染色质的结构形成及动态调节过程中发挥了重要作用，参与了组蛋白代谢网络的每一步（图 11-4），包括新合成的组蛋白在细胞质中的停留、细胞内组蛋白的储存、组蛋白在细胞质核之间的转运、DNA 代谢过程（DNA 复制、修复、转录）中的核小体解聚和重组装、组蛋白酶对组蛋白的修饰、组蛋白在染色质组装过程中的掺入和替换、多余组蛋白的降解等。在网络内，组蛋白分子伴侣之间存在相互作用和交流，另外也与其他蛋白质（如组蛋白修饰酶、染色质重塑复合体等）协调作用。至于为什么组蛋白在网络中的"流动"需要组蛋白分子伴侣作为"伴侣"伴随，一种比较普遍的看法是，组蛋白富含碱性氨基酸、精氨酸和赖氨酸含量之和约为所有氨基酸残基的 1/4，为高度带正电荷的碱性蛋白质。过多的正电荷在细胞内很容易与带负电的 DNA 分子或者其他其他蛋白因子发生错误的结合，组蛋白分子伴侣与组蛋白结合可以阻止这种错误的相互作用，避免给细胞带来毒性，同时促进组蛋白正确行使功能。

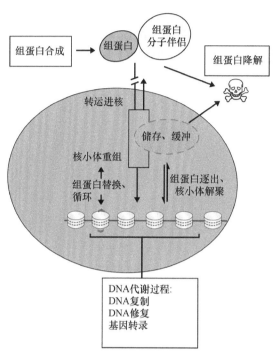

图 11-4　组蛋白代谢网络示意图

组蛋白在胞质合成之后，与组蛋白分子伴侣结合。组蛋白分子伴侣参与了组蛋白代谢反应的每一步

11.3.1　组蛋白分子伴侣概述

分子伴侣（molecular chaperone）的概念最早是在 1978 年提出的，当时，Ron Laskey 研究组发现爪蟾（*Xenopus laevis*）卵母细胞提取物中有一种含量最为丰富的酸性蛋白可以结合组蛋白，并且能够介导核小体有序组装，把它命名为 NPM2（nucleoplasmin），这是被发现的第一个组蛋白分子伴侣。所以，组蛋白分子伴侣最初被定义为能与组蛋白结合且在体外可以把组蛋白和 DNA 重新组装成核小体的一类蛋白质。人们发现根据上述定义的组蛋白分子伴侣 CAF-1 和 HIRA 的确在体内直接参与核小体的组装。但是，也有很多蛋白质如 Asf1 在体外具有核小体重组的活性，在体内并不直接参与核小体组装，而是在 CAF-1 和 HIRA 上游起着组蛋白传递的作用。因此，组蛋白分子伴侣的概念被延伸为"一类能与组蛋白结合并且在组蛋白代谢反应过程中发挥作用的蛋白质，其不成为最后功能结构中的组分"。组蛋白分子伴侣的概念有三个特点：①凡具有上述功能的蛋白质，都称为分子伴侣，尽管是完全不同的蛋白质；②作用机制仍不清楚，组蛋白分子伴侣具有多能性，同一种分子伴侣可以参与组蛋白代谢反应的不同阶段和过程，因此对作用机制没有深刻的认识；③一定不是最终组装完成的结构的组成部分，这一点与酶比较类似。

这些组蛋白分子伴侣的一级序列同源性低，三级结构的研究也较少，因此很难对其进行统一分类。大部分组蛋白分子伴侣（nucleoplasmin、酵母 Asf1、酵母 Nap1、Spt16、nucleolin 等）包含一个延长的酸性氨基酸结构，可以中和组蛋白的碱性氨基酸，但这不是组蛋白分子伴侣活性所依赖的。例如，哺乳动物组蛋白分子伴侣 Asf1 就不含酸性氨基酸结构，而果蝇 Nap1 则是通过转录后多聚谷氨酸修饰实现中和作用的。另外，大多数组蛋白分子伴侣有一个保守且暴露在外的 β 结构域，起到结合组蛋白的作用（例如，nucleoplasmin、Nap1、SET/TAF-1b 结合 H2A-H2B；Asf1 、RbAp48、p60、HIRA 结合 H3-H4）。值得注意的是，Chz1 这种组蛋白分子伴侣在未结合组蛋白之前是缺失这种结构的，但是与组蛋白 H2AZ-H2B 结合会改变构象呈现出 α 螺旋结构域。

目前使用较多的分类方法有两种[20, 21]。一种是按照组蛋白分子伴侣的组成和参与的复合物进行分类，可以分为四类：①单亚基分子伴侣，这类分子伴侣独自就可以结合组蛋白并参与组蛋白的某种代谢反应过程，如 Asf1、Rtt106、Nap1 和 Spt6 等；②多亚基分子伴侣，这类分子伴侣具有多个蛋白亚基，需整体行使组蛋白伴侣的功能，如 CAF-1（三个亚基，人中是 p150、p60 和 RbAp48；酵母中是 Cas1、Cas2 和 Cas3）和 FACT（两个亚基，人中是 Spt16 和 SSRP1；酵母中是 Spt16 和 Pob3）；③多酶复合物亚基，这类分子伴侣是一些以组蛋白为底物的酶复合物的亚基，例如，分子伴侣 Arp7 和 Arp9 为染色质重塑复合体 SWI/SNF 的亚基，为其提供组蛋白结合活性，但这个重塑复合物本身不作为分子伴侣；④该类分子伴侣同时具有上述几种分子伴侣的性质，功能多样，例如，RbAp48 既作为单亚基分子伴侣，又是多亚基分子伴侣 CAF-1 的一个亚基，同时还是一些染色质重塑复合体、组蛋白修饰酶的亚基。另一种是按照组蛋白分子伴侣对组蛋白结合的选择性进行分类，可表现出对 H3-H4 或 H2A-H2B 的结合特异性。例如，Asf1、Rtt106 和 Nasp 等是结合 H3-H4 的分子伴侣；Nap1 是结合 H2A-H2B 的分子伴侣。有些组蛋白分子伴侣对组蛋白变体有选择性，例如，CAF-1 结合 H3.1-H4；HIRA 结合 H3.3-H4；HJURP 结合 CENP-A-H4；Chz1 结合 H2A.Z-H2B；等等。此外，Nasp 和 Nap1 还是组蛋白 H1 的分子伴侣。还有些组蛋白分子伴侣既可以结合 H3-H4，又可以结合 H2A-H2B。表 11-1 列举了目前发现的组蛋白分子伴侣及主要功能。

表 11-1　组蛋白分子伴侣类别

类别	组蛋白分子伴侣	对应组蛋白	保守性	功能
H3-H4	Asf1（D.m.）	H3.1-H4 & H3.3-H4	S.c.& D.m.& X.l.，Asf1；S.p.，Cia1；A.t.，Sga1 & Sga2；M.m.& H.s.，Asf1a & Asf1b	CAF-1、HIRA 组蛋白供体
	DAXX/ATRX（H.s.）	H3.3-H4	H.s.，DAXX	独立于 DNA 合成的组蛋白沉积因子
	DEK（D.m.）	H3.3-H4	H.s.，DEK	转录共激活因子
	Fkbp39p（S.p.）	H3-H4	S.c.，Fpr；S.p.，Fkbp39p	核糖体 RNA 沉默
	Hif1（S.c.）		S.c.，Hif1	辅助 HAT
	Cabin（HIRA 复合物组分）	H3.3-H4	S.c.，Hir3；S.p.，Hip3；M.m.，Cabin1；A.t.，AT4G32820	独立于 DNA 合成的组蛋白沉积因子
	HIRA（HIRA 复合物组分）	H3.3-H4	S.c.，HIR1/HIR2；S.p.，Hip1/Sim2；A.t.& D.m.& M.m.& X.l.& H.s.，HIRA	
	HJURP（H.s.）	CENP-A-H4	S.c.，Scm3；M.m.，HJURP；X.l.，HJURP；D.m.，CAL1	组蛋白沉积因子
	N1/N2ª（X.l.）	H3-H4	X.l.，N1/N2；M.m.，tNasp & sNasp；H.s.，tNasp & sNasp	H3-H4 存储
	P60（CAF-1 复合物组分）	H3.1-H4	S.c.，Cac2；S.p.，SPAC26H5.03；A.t.，Fas2；D.m.，p150；X.l.& M.m.& H.s.，p60	DNA 合成、复制、修复过程中的组蛋白沉积因子

续表

类别	组蛋白分子伴侣	对应组蛋白	保守性	功能
H3-H4	P150（CAF-1 复合物组分）	H3.1-H4	*S.c.*，Rlf2/Cac1； *S.p.*，SPBC29A10.03C； *A.t.*，Fas1；*D.m.*& *X.l.*& *M.m.*& *H.s.*，p150	
	RbAp48[b]（CAF-1 复合物组分）	H3-H4	*S.c.*，Msi1/Cac3；*S.p.*，Msi16 *A.t.*，Msi1；*M.m.*& *H.s.*，RbAp48；*D.m.*，p55； *X.l.*，p48；	
	Rsf-1（*H.s.*）	H3-H4	*M.m.*，Rsf-1	辅助染色质重塑
	Rtt106（*S.c.*）	H3-H4	*S.p.*，SPAC6G9.03c	异染色质沉默
	SSRP1[c]（FACT 复合物组分）	H3-H4	*S.c.*& *S.c.*，Pob3，*A.t.*，SSRP； *D.m.*& *H.s.*& *M.m.*& *X.l.*，SSRP1	转录延伸；辅助染色质重塑
	Spt6（*S.c*）	H3-H4	*S.c.*& *S.p.*& *D.m.*& *X.l.*& *M.m.*& *H.s.*，Spt6	转录起始和延伸
	UBN1	H3.3-H4	*S.c.*，Hpc4；*S.p.*，Hip4； *D.m.*，yemanuclein-A； *A.t.*，T14N5.16； *M.m.*，mCG.1031012	
H2A-H2B	Chz1（*S.c.*）	H2AZ-H2B	*S.c.*，Chz1；*H.s.*，HIRIP3？	SWR1 组蛋白供体
	Nap1（*X.l.*）[a] 其相关蛋白： Nap1L2（*M.m.*） SET/TAF1b（*H.s.*） CINAP（*H.s.*& *M.m*） and Vps75（*S.c.*）	H2A-H2B	*S.p.*，Nap1 & Nap1.2； *A.t.*，NRP1 & NRP2； *D.m.*& *X.l.*& *M.m.*& *H.s.*& *S.c.*，Nap1	胞质到胞核转运、复制和转录
	Nucleoplasmin（*X.l.*） Nucleophosmin （NPM1）（*H.s.*）	H2A-H2B	*D.m.*，Nip； *X.l.*，Nucleoplasmin； *M.m.*& *H.s.*，NMP1，NPM2 & NPM3	转录延伸；辅助染色质重塑
	Nucleolin（*H.s.*）[d]	H2A-H2B	*S.c.*，NSR1；*A.t.*，Nucleoli； *X.l.*& *M.m.*& *H.s.*，Nucleolin	组蛋白存储；胞质到胞核转运、复制和转录
	Spt16（FACT 复合物组分）	H2A-H2B	*S.c.*& *S.p.*& *D.m.*& *X.l.*& *M.m.*& *H.s.*，Spt16	转录延伸
H2A-H2B & H3-H4	Acf1（*D.m.*）	H2A-H2B & H3-H4	*S.c.*，Itc1；*D.m.*& *M.m.*& *H.s.*，Acf1	辅助染色质重塑
不确定	Arp4（*S.c.*）	不确定	*S.c.*& *A.t.*，Arp4；*S.p.*，Alp5； *D.m.*，BAP55；*M.m.*& *H.s.*，BAF53	
	Arp7，Arp9（*S.c.*）	不确定	*S.c.*& *A.t.*，Arp7，9； *D.m.*，BAP55；*M.m.*& *H.s.*，BAF53	

注：[a]sNasp 和 Nap1 也可以作用于连接组蛋白；[b]RbAp48（又名 Rbbp4）及其同源可以作为单独的分子伴侣发挥作用，也可以作为分子伴侣复合物 CAF-1 的组分与其他其他的染色质因子（乙酰化转移酶、去乙酰化酶、染色质重塑酶等）一起发挥作用；[c]SSRP1 作用于 H3-H4，协助 Spt16 结合到核小体；[d]Nucleolin 协助包含大量 H2A2 变体的核小体重塑。

S.c.，酿酒酵母；*S.p.*，裂殖酵母；*A.t.*，拟南芥；*D.m.*，果蝇；*X.l.*，非洲爪蟾；*M.m.*，小鼠；*H.s.*，人。

ATRX，α-thalassemia/mental retardation X-linked；CENP-A，centromere protein A；DAXX，death domain-associated protein；FACT，facilitates chromatin transcription；组蛋白乙酰转移酶，histone acetyltransferase；HIRA，histone regulator A；HJURP，Holliday junction recognition protein；sNASP，somatic nuclear autoantigenic sperm protein（NASP）；SSRP1，structure-specific recognition protein 1；tNASP，testicular NASP；UBN1，ubinuclein 1。

11.3.2　组蛋白分子伴侣的功能

1）组蛋白储存、转运和变体的替换

组蛋白的储存可以为发育过程中新合成的染色质组装提供组蛋白供体，在爪蟾卵母细胞里，分子伴侣 N1/N2 和 Nucleoplasmin 作为组蛋白受体分别起到储存 H3-H4 和 H2A-H2B 的作用。它们可以相互协作促进新合成的染色质组装：首先 N1/N2 把 H3-H4 传递给 DNA，形成反应中间复合物；紧接着把 H2A-H2B 传递过来，产生最终的核小体。Asf1 是真核细胞里处于核心地位的组蛋白分子伴侣，为 H3-H4 的供体。在 DNA 修复或者 S 期 DNA 复制的时候，Asf1 为其下游 CAF-1 提供 H3.1-H4 组蛋白，完成 DNA 复制依赖途径的核小体组装；而在细胞周期的其他时候，比如基因转录时，Asf1 为其下游 HIRA 提供 H3.3-H4 组蛋白，完成非 DNA 依赖途径的核小体组装[22]。组蛋白在胞质内合成，需要转运到核内参与染色质代谢，Nap1 是 H2A-H2B 主要的分子伴侣，结构上具有保守的 NAP 结构域，结构域内部有一个 NES 出核信号和 NLS 入核信号，这使得 Nap1 可以在胞质和核之间穿梭，起到把 H2A-H2B 转运进核的作用[23]。在染色质的某些代谢活动中会涉及组蛋白变体的替换，这也是染色质结构动态变化的原因之一。分子伴侣 Chz1 和重塑复合体 SWRI 协作介导了 H2A.Z 和 HAZ 的交换。

2）DNA 复制和修复过程中的核小体解聚与重组装

DNA 复制和修复过程涉及核小体的重塑，需要一系列组蛋白分子伴侣的协同完成（图 11-5）[21]。在复制过程中核小体要完全解离，目前的研究表明，FACT 和 Asf1 参与了核小体的解离。FACT 可以直接结合 MCM 复合物，在复制叉前方帮助两个 H2A-H2B 二聚体从核小体上脱落下来。Asf1 则可以通过 H3-H4 二聚体和 MCM 形成复合物 Asf1-H3/H4-MCM，帮助复制叉前方（H3-H4）₂ 四聚体和 DNA 解离。DNA 复制产生两条链，在复制叉后方的核小体重组装中，一半的组蛋白来自前面解离下来的，另一半是新合成的组蛋白。重组装的核小体中，（H3-H4）₂ 四聚体或者都是旧的组蛋白，或者都是新合成的，而 H2A-H2B 二聚体则可以同时新旧混合，新的核小体可以根据旧的（H3-H4）₂ 四聚体的信息进行修饰，这样有利于表观信息的继承。核小体具体的组装过程如下：首先，CAF-1 和 PCNA 相互作用而被带到复制叉附近，Rtt106

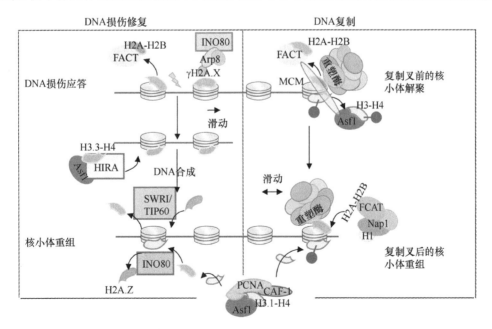

图 11-5　组蛋白分子伴侣参与 DNA 复制和修复

也可以定位到复制叉附近与 CAF-1 的亚基 Cac1 结合；其次，Asf1 为 CAF-1 和 Rtt106 提供 H3-H4 组装到 DNA，Nap1 和 FACT 把 H2A-H2B 二聚体传递过来，组装成核小体；最后 NASP 把组蛋白 H1 组装进来，形成更高级的结构，加之染色质重塑复合体和组蛋白修饰酶的协同作用，染色质恢复到原来的状态。在 DNA 损伤修复过程中，首先 H2A.X 磷酸化（γH2A.X）标志着 DNA 损伤状态，这一过程由 FACT 介导。同时，Arp8 招募 INO80 重塑复合体到损伤位点。其他的组蛋白修饰酶也被招募过来，包括一些组蛋白分子伴侣（HIRA）。然后，Asf1 与 H3-H4 组蛋白结合从损伤位点逐出，HIRA 短暂招募 H3.3 组蛋白到损伤位点标志着转录重新开始。最后，在损伤位点由 CAF-1 传递的 H3.1-H4 和 FACT 传递的 H2A-H2B 完成染色质重组，同时完成 γH2A.X 到 H2A 的替换。

　　3）组蛋白分子伴侣与转录

　　转录是一个复杂的过程，染色质先是改变状态激活转录，随后是转录延伸、转录终止直至回复状态，需要组蛋白修饰、组蛋白变体的替换、重塑复合体和组蛋白分子伴侣的作用等诸多要素协同完成这一事件。组蛋白分子伴侣在基因转录过程中发生了重要作用：①在转录激活阶段，染色质 H3 和 H4 的 N 端被高度乙酰化，例如，H3 的 K56 位乙酰化是由乙酰化转移酶 Rtt109 介导的，而 Rtt109 的酶活需要组蛋白伴侣 Asf1 或 VPS75 的帮助。H3 的 K56 位于核小体 DNA 缠绕的入口和出口处，与 DNA 大沟结合，乙酰化后影响了组蛋白八聚体与 DNA 的结合，同时为转录起始相关因子提供结合位点。②在转录延伸阶段，组蛋白伴侣最重要的作用是解离和重组核小体。转录叉前方只涉及一个 H2A-H2B 二聚体的解离，这与 DNA 复制过程中核小体的完全解离有所不同。在 RNA Pol II 前方，染色质重塑复合体和组蛋白伴侣（例如，Asf1、FCAT）依次作用使得核小体解离；在 RNA Pol II 后方，组蛋白分子伴侣（例如，Asf1、FACT、Spt16、HIRA）先组装核小体，因为新组装的核小体间距是随机的，染色质重塑复合体（CHD1 等）再调整恢复染色质原来的结构。FACT 的 SSRP1 可以结合 CHD1 的 Chd1 亚基，两者在转录延伸中协调作用。在重组过程中还涉及分子伴侣之间的协调作用，使得一部分解离的组蛋白循环再使用，一部分新合成的组蛋白参与过来。

11.4　染色质重塑复合体

　　染色质重塑复合体介导了一系列以染色质上核小体变化为基本特征的染色质重塑过程。染色质重塑复合体是一个很大的家族，由多个亚基有机组成，它们利用 ATP 水解反应提供能量，并与组蛋白分子伴侣协作，促进组蛋白八聚体的滑动、组蛋白移除或者替换，改变 DNA-组蛋白之间的相互作用，使得相关 DNA 元件暴露从而容易被调节蛋白结合，对细胞发育和分化起重要作用。目前一般认为染色质重塑复合体具有基因特异性而不具备功能特异性，也就是说，染色质重塑复合体首先识别特异性基因，而不是判断即将发生的生物学过程。这提示染色质重塑复合体将是一个复杂的体系。

11.4.1　染色质重塑复合体家族分类

　　染色质重塑复合体含有 ATP 酶，属于核酸激活的 DEAD/H-ATPase 超家族的一个分支。ATP 酶是染色质重塑复合体的核心催化亚基，依据其结构域的同源性可将染色质重塑复合体分成多个家族，说明这个 ATP 酶是不同染色质重塑复合体功能差异的结构基础。目前，最重要也是被研究得最清楚的 4 个家族（表 11-2）分别是：SWI/SNF（mating type switching/sucrose non-fermenting）家族；ISWI（imitation switch）家族，进一步分为 ACF/CHRAC 和 NURF 子家族；Mi-2/CHD（chromodomain helicase DNA-binding）家族，进一步分为 CHD1 和 Mi-2/NuRD 子家族；INO80（inositol）家族，可进一步分为 INO80 和 SWRI 子家族[24-26]。每个家族中的成员个数随物种复杂度的增加而增加。例如，酵母只含两种 SWI/SNF 家族成员，即 SWI/SNF 和 RSC 复合物，而人中有超过 100 种 SWI/SNF 家族复合物，这些成员之间的区别只是某一个或两个催化亚基的结构域或其他附属亚基发生了改变。而对于 CHD 家族，酵母中只有 Chd1 这一个催化亚基，而人中有 9 种不同的 CHD 催化亚基。染色质重塑复合体复杂度的增加与其组织特异性有关，不同的重塑复合体亚基只在特异类型的细胞中表达，并只赋予其所在复合体某一种特性。所有已知的染色质重塑复合体有 5 个相同的属性：①对核小体的亲和性；②组蛋白及其共价修饰的识别性；③DNA 识别依赖的 ATP 酶催化结构域（其主要功能为染色质重塑提供能量支持）；④可以影响 ATP 酶催化活性的结构域；⑤可以与其他染色质调控因子或转录因子相互作用的结构域。

表 11-2 染色质重塑复合体 4 个家族代表与其核心催化亚基 ATP 酶

染色质重塑复合体家族		物种						
		酵母			果蝇		人类	
SWI/SNF	复合体	SWI/SNF	RSC	BAP	PBAP	BAP		PBAP
	ATPase	Swi2/Snf2	Sth1	BRM/Brahma		HBRM/BRG1		BRG1
ISWI	复合体	ISWIa	ISWIb	ISWI2	NURF	CHRAC	ACF	NURF	CHRAC	ACF
	ATPase	Isw1		Isw2	ISWI		SNF2L	SNF2H*	
Mi-2/CHD	复合体	CHD1		CHD1	Mi-2/NuRD	CHD1		NuRD
	ATPase	Chd1		dCHD1	dMi-2	CHD1		Mi-2α/CHD3, Mi-2β/CHD3
INO80	复合体	INO80	SWR1	Pho-dINO80	Tip60	INO80	SRCAP	TRRAP/Tip60
	ATPase	Ino80	Swrl	dIno80	Domino	hIno80	SRCAP	p400

* SNF2H 与 Tip5、RSF1 和 WSTF 分别形成 NoRC、RSF 和 WICH 重塑因子。

11.4.2 染色质重塑复合体的结构组分

染色质重塑复合体体积较大且结构复杂，通常将其分割成各个结构组分进行研究。根据上述属性，染色质重塑复合体基本的结构组分包括：ATP 酶催化结构域；识别和结合 DNA、组蛋白的结构域。

1）ATP 酶催化结构域

ATP 酶含有两个叶片结构（Lobe 1 和 Lobe 2，图 11-6），与 RecA 蛋白的结构很像，与其他的 ATP 依赖型 DNA 或 RNA 解旋酶也很相似，是 ATP 酶催化结构域，可以结合 ATP 和核小体双链 DNA。这两个叶片结构是非对称的，Lobe 1 保留了 RecA 蛋白中高保守性的 ATP-结合和 ATP-水解的基序，而 Lobe 2 则丢失了这些基序并重新获得精氨酸结合基序。这个催化结构域的功能是水解 ATP，释放的 ADP 和无机磷酸根减弱了核苷酸的连接，从而使 DNA 位移。Lobe 中插入、缺失和变化的结构均可调控 ATP 酶的催化活性。另外，ATP 酶的 N 端和 C 端延伸有多种多样的可识别和结合 DNA、组蛋白的结构域，这些结构域决定了与之相互作用的特异性辅助亚基。四种主要染色质重塑复合体的 ATP 酶基本结构如图 11-6 所示，

ATP 酶结构的多样性及特异性辅助亚基是其功能多样性的基础。

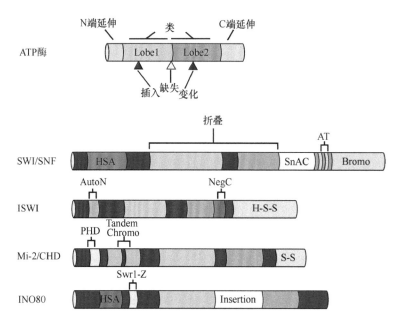

图 11-6　四种主要染色质重塑复合体 ATP 酶基本结构

所有染色质重塑复合体都具有一个共享的 ATP 酶结构域和独特的侧翼结构域。H-S-S, HAND-SANT-SLIDE 结构域，一起形成类似开放手形；S-S，SANT-SLIDE 结构域；SANT, SWI3 - ADA2 - N-COR - TFIIB；SLIDE, SANT 样结构域；HSA, 解旋酶-SANT 相关结构域

2）识别和结合 DNA、组蛋白的结构域

核小体由 DNA 缠绕组蛋白构成，染色质重塑复合体要完成核小体的移位、替换和组装，不但需要 ATP 酶催化结构域与核小体结合，还需要重塑复合体上其他结构域可以与核小体结合发挥调控作用，即可以识别和结合 DNA、组蛋白的结构域。

SWI/SNF 家族复合体中已知与 DNA 结合的结构域有两个：一是 ATP 酶 C 端的 AT 钩状结构域，在酵母中为两个串联，而高等真核生物中只有一个；二是附属亚基中富含 AT 的结构域（ARID 和 SWIRM）。ARID 在各种 SWI/SNF 家族复合物中都很保守，在酵母 SWI/SNF 复合物的 Swi1 亚基和人 SWI/SNF 复合物或 BAF 复合群的 ARID1a 和 ARID1b 亚基中都能找到。对人 SWI/SNF 复合物的研究表明，与启动子的结合需要 ARID 结构域的参与。SWIRM 结构域只在 SWI/SNF 复合物中能与 DNA 结合，在其他复合物中却没有这种功能。SWI/SNF 家族 ATP 酶 N 端有长度为 75 个氨基酸的 HAS 结构域，与 bromo、SANT 和 ATPase 结构域之间都存在关联性。在 INO80 家族催化亚基 Ino80 和 Swr1 的 N 端也存在此结构域。HSA 结构域的蛋白靶标是肌动蛋白（actin）和肌动蛋白相关蛋白（ARP），调控 ATP 酶的催化活性。不同的 HAS 结构域有的结合一对 ARP，有的结合 ARP 三聚体。酵母 SWI/SNF 和 RSC 的催化亚基 Snf2 和 Sth1 所含的 HSA 结构域与 Arp7 和 Arp9 形成的异形二聚体结合。Ino80 的 HSA 结构域与 Arp4、Arp8 和肌动蛋白组成的复合物相互作用，但在 Swr1 中，HSA 只与 Arp4 和肌动蛋白结合。SWI/SNF 家族 ATP 酶 C 端含有 bromo 结构域，靶向基因的启动子区，可以识别组蛋白乙酰化赖氨酸残基位点，增强核小体的移动速率。原因有两个：一是乙酰化使组蛋白与 DNA 之间的相互作用松散；二是 bromo 结构域与 H3 乙酰化特异性结合改变了重塑酶的构象。非催化亚基 PBRM1（BAF180）也含有 bromo 结构域。另外，ATP 酶 C 端还有一个 SnAC 结构域，既可以调控催化活性，又可以锚定组蛋白，帮助核小体移位。

ISWI 家族复合体的 ATP 酶 ISW2 和 ISW1a 能够与核小体外的 DNA 广泛结合，ISW2 甚至能结合核小体入口之前的 50～60bp 的 DNA。ATP 酶的 C 端包含 3 个保守结构域（HAND-SANT-SLIDE，H-S-S），可以通过与核小体 DNA、连接 DNA 及组蛋白尾巴相互作用识别核小体。其中，SLIDE 结构域结合核小体入口之前 19bp 的 DNA，而 HAND 与 DNA 的结合位点则紧挨核小体，为连接 DNA。SANT 与 SLIDE 结构域均含有 3 个 α 螺旋，但是 SANT 缺少正电氨基酸，不能结合 DNA，这一点在酵母 yISW2 中则相反。SANT 结构域的长度是 50 个氨基酸，在重塑复合体 SWI/SNF 及转录因子 TFIIIB 和 N-Cor 中都存在这个结构域，可以结合未修饰的组蛋白。酵母 SWI/SNF 家族复合物亚基 ySwi3 和 yRsc8 中也含有 SANT 结构域，通过结合 H3 来增加 yGcn5 乙酰化的活性。另外，ATP 酶的 N 端和 C 端分别有一个调控催化活性的较小结构域 AutoN 和 NegC。NegC 可以移动解旋酶的两个叶片结构并与其 DNA 结合结构域相互作用，对 DNA 长度比较敏感，AutoN 通过结合 H4 尾巴与 ATP 酶竞争来限制催化活性，二者均可调控染色质重塑复合体在 DNA 上的移动速度。

Mi-2/CHD 家族复合体 CHD 型 ATP 酶 N 端有串联的 Chromo 结构域，可以识别并能够结合组蛋白 H3 甲基化修饰位点 H3K4me2 或者 H3K4me3。在 Mi-2/NuRD 型 ATP 酶 N 端还多了 PHD 结构域，可以识别并结合甲基化的赖氨酸。dNURF 复合体 BPTF 亚基中的 PHD 结构域直接与 H3K4me3 作用，使其稳定结合活跃的染色质。然而，dACF1 的 PHD 结构域表位发生了变化，更容易与核心组蛋白的球状结构域作用。另外，PHD 结构域可以与 ISWI 家族中的 Bromo 结构域及 CHD 家族的 Chromo 结构域相互协作。例如，其与 NoRC 复合体亚基 Tip5 中的 Bromo 结构域协作，可以重塑 H4K16ac 位点从而使 rRNA 沉默。Mi-2/CHD 家族复合体 C 端含有 S-S（SANT-SLIDE）结构域，与 ISWI 家族类似，具有识别未修饰的组蛋白与 DNA 的功能。

INO80 和 SWR1 复合体同属于 INO80 家族成员，都是十几个亚基的蛋白质复合物，具有非常相似的亚基组成和高度保守的结构域。二者的催化亚基 Ino80 和 Swr1 在其 ATP 酶结构域都存在较长片段的插入，用于招募共用的 Rvb1/2 解旋酶，N 端都存在 HSA 结构域。不同的是，Swr1 的 N 端含有 Swr1-Z 结构域，可与 H2A.Z/H2B 二聚体结合，完成 H2A/H2B 到 H2A.Z/H2B 的替换。INO80 家族与连接 DNA 结合并控制核小体的间隔，与 ISWI 家族相似，它能结合核小体外 70bp 的 DNA。N 端的 HAS 结构域对 INO80 家族和核小体外 DNA 的结合有重要作用。HAS 结构域识别并结合肌动蛋白，再与两个肌动蛋白相关因子（Arp4 和 Arp8）结合后便能够结合 DNA，成为 INO80 复合体的一部分。

11.4.3 染色质重塑复合体的功能

1. 核小体滑动、解离、逐出和置换

核小体的重塑主要包括核小体滑动、与 DNA 解离、核小体逐出和组蛋白置换等过程（图 11-7）。

染色质重塑复合体介导的核小体滑动是在不解开 DNA 双链的情况下进行的，重塑复合体识别并结合到特定的核小体上，并且将 ATP 酶催化亚基锚定在核小体 DNA 上的作用位点。锚定的 ATP 酶亚基可以引起组蛋白八聚体表面与 DNA 的分离，形成 DNA-凸起（bulge）。一方面，ATP 酶亚基可能通过 ATP 水解释放的能量驱动核小体在 DNA 上滑动；另一方面，重塑复合体"推"或"拉"连接 DNA 进入核小体区域，暴露或封闭某一段 DNA 序列。不同染色质重塑复合体家族在此功能上存在酶学差异。ISWI 和 CHD 家族重塑复合体能将核小体向相邻的核小体拉近，直到间距太短不能再近为止。在此过程中，重塑复合体能够感知核小体的间距并据此决定何时停止移动核小体。SWI/SNF 家族重塑复合体却不能控制间距，并会一直向前移动核小体直到将邻近邻近的核小体完全替换，以此方式解聚核小体和产生核小体缺失区域。

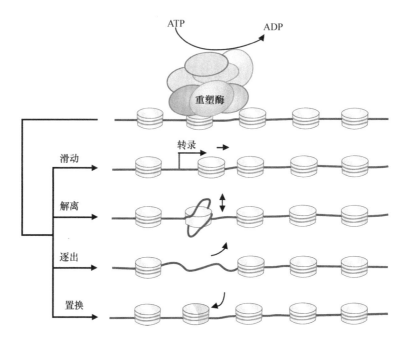

图 11-7　ATP 依赖型染色质重塑复合体改变核小体 DNA 可及性的模式图

利用 ATP 水解产生的能量驱使核小体结构发生如下四种变化：①核小体在 DNA 上的滑动；②DNA 和核小体解离；③将组蛋白八聚体从染色质上去除；④组蛋白变体和经典组蛋白间的置换

　　重塑复合体可以协助核小体在 DNA 上重新组装，并可能与某些染色质结构的形成有关。SWI/SNF 家族复合体不参与 DNA 复制过程中的染色质重塑，而 ISWI 及 CHD 家族的成员则可以在仅有组蛋白伴侣或无任何附加因子的环境下组装核小体[27]。ISWI 家族成员 ACF 可以通过核小体移动调控核小体间距形成等距的核小体排列，参与抑制转录的异染色质组装。而 dNURF 复合体，同样含有 dACF 亚基，却没有染色质组装的功能，作用于间距随机的核小体，起到激活转录的作用。dCHD1 具有核小体组装的功能，但是 S.pombe CHD 家族重塑因子 yHrp1 和 yHrp3 则协同组蛋白伴侣 yNap1 解聚启动子区或基因区的核小体。

　　重塑染色质中大部分核小体是由经典组蛋白（H2A/H2B/H3/H4）构成的，但也有部分组蛋白变体的替换。染色质重塑复合物可以置换进（或出）核小体的组蛋白变体。酵母中 Swr1 可以催化 H2AZ-H2B 异源二聚体替换掉 H2A-H2B。相反地，INO80 家族中人源 INO80/SRCAP/TRRAP-TIP60 复合物可以将 H2AZ 从核小体中置换出来，说明不同的染色质复合物具有不同的功能特点。另外，细胞内组蛋白变异体除了 H2AZ 外，还有 H3.3、H2AX、CENP-A 等。yHrp1 除了上述解聚核小体的功能，还可以将着丝粒 H3 变体 CENP-A 置入核小体，发挥正确的染色体隔离作用。

2. DNA 复制和修复

　　在 DNA 复制过程中，随着 DNA 双链的解离，核小体结构也随之消失。可是，一旦复制完成，在两条复制子链上核小体会迅速重新组装。这个过程需要组蛋白分子伴侣、染色质重塑复合体及组蛋白修饰酶等的协同作用。如前所述，ISWI 家族成员 ACF 和 CHD1 参与核小体组装，不同的是，ACF 能够组装包含 H1 的更高级的染色质结构。大部分核小体的组装发生在细胞周期的 S 期，所以在 S 期有许多重塑因子被招募在 DNA 复制活跃的位点上。同样，在 DNA 损伤修复后的核小体重组过程中，也涉及不同的染色质重塑因子，它们被募集到 DNA 损伤位点参与修复后的染色质重建过程。

3. 基因转录激活、转录延伸和转录抑制

染色质重塑复合体介导核小体的移动和重构，使 DNA 暴露便于初始转录因子结合到基因的启动子区域，激活相应基因的转录。染色质重塑复合体由特异的转录因子招募到靶基因位点，作为共激活或共抑制因子发挥功能[28, 29]。在酵母中，许多转录因子可以与 SWI/SNF 重塑复合体相互作用，例如，ySwi5 和 Gcn4p 亚基可被招募到维生素调控相关基因位点，yHir1p 和 yHir2p 被招募到 yHTA1-HTB1 位点。结合到靶基因位点之后，ySWI/SNF 可以通过 ATP 酶 C 端的 bromo 结构域识别并结合启动子区乙酰化的核小体，从而降低 RNA Pol II 基因上核小体密度，激活转录。同样，在哺乳动物细胞中，SWI/SNF 也可以与多种转录因子相互作用，例如，类固醇受体（GR）、肿瘤抑制因子，以及一些致癌因子 RB、BRCA-1、c-Myc 和 MLL 等。ISWI 家族重塑复合体 dNURF 可以利用其亚基 dNURF301 与特异性的转录因子相互作用，包括 dGAGA、dHSF 等。另外，CHD8 亚基 dKismet 及 hINO80 均有转录激活的作用。一些染色质重塑复合体参与抑制基因转录。yISW2 可以被 yUme6 抑制子和核小体组装因子 Ssn6-Tup1 招募到很多基因的启动子区发挥抑制转录的作用。NuRD 复合体亚基包含去乙酰化酶 HDAC1、HDAC2，以及识别 DNA 甲基化的 MBD3 蛋白，加强 DNA 甲基化区域的基因沉默作用。

染色质重塑复合体影响了基因转录延伸过程。RNA 聚合酶在转录延伸过程中会遇到基因组上由核小体形成的诸多障碍，染色质重塑复合体适时地清除核小体维持染色质组装平衡，帮助完成整个转录过程。在转录延伸过程中，组蛋白会被乙酰化和甲基化，全部或部分组蛋白八聚体在 RNA 聚合酶经过后需要重新组装染色质及对组蛋白的去乙酰化，这些过程均需要染色质重塑复合体的协助。人 Swi/Snf 是最早发现的这类重塑因子，能够协助 RNA 聚合酶顺利通过由核小体阻碍所致的延伸阻滞。另外，dCHD 可以和 RNAP II 相互作用促进转录延伸。yISW1 可以抑制邻近双核小体距离内的核小体组装，促进转录延伸。

11.5 染色质重塑与疾病

细胞中的染色质结构处于动态变化中，通过染色质重塑达到对基因表达的精确调控，是正常细胞分化、胚胎发育、器官形成所必需的。鉴于组蛋白分子伴侣及染色质重塑复合体在染色质重塑中的重要作用，它们的缺失或突变等将导致基因表达紊乱、胚胎发育异常，与肿瘤发生也有密切关系[30, 31]。

11.5.1 染色质重塑异常与胚胎发育缺陷

小鼠中敲除组蛋白分子伴侣 HIRA、DAXX、ASF1a 及 CAF-1 亚基 p150，均可导致胚胎致死。果蝇或者小鼠受精后，细胞进行复制前的父源染色质中有大量 H3.3 沉积，这是 HIRA 的作用，敲除 HIRA 将影响原肠胚形成及中胚层发育。CAF-1 亚基 p150 敲除后，胚胎发育停滞在中囊胚过渡时期。调降 SWI/SNF 家族 ATP 酶亚基 Brama 影响全局的核小体定位，导致胚胎发育致死[32]。染色质重塑复合体 SWI/SNF 家族核心催化亚基 Brg1/Brm 缺失将导致小鼠发育迟缓，出现细胞增殖的缺陷。ISWI 家族 dNURF 依赖 H3K4me3 激活同源异形基因，调控发育过程的形态区域化。人源 ISWI 家族核心催化亚基 Snf2h 的异常与 Williams-Beuren 综合征有关。小鼠胚胎中敲除 CHD 家族成员 chd4/mi-2β 可以存活，但是存在造血功能和免疫系统的缺陷。在胚胎发育过程中，胚胎干细胞不仅可以维持自我更新，而且还可以分化成不同种类的细胞。转录因子和染色质重塑复合体共同组建了分化后不同细胞特定的基因

表达环境。CHD1 可以通过改变染色质结构从而调控胚胎干细胞的分化。INO80 复合物通过招募 OCT4、WDR5 及其他重要转录因子到多能性相关基因的启动子区，然后调控该区域染色质结构改变，激活转录以维持细胞干性[33]。NuRD 则可以通过抑制多能性相关基因的表达，从而使干细胞分化为特定的细胞类型。

11.5.2　染色质重塑异常与肿瘤发生

据报道，SWI/SNF 复合物可以与许多已知的抑癌因子或者癌基因蛋白（RB、BRCA1、MLL、c-MYC）相互作用[34]。MLL 蛋白可通过 SET 结构域招募 SWI/SNF，从而改变核小体的结构，维持染色质的开放构象。例如，染色体易位产生了 MLL 融合蛋白，丢失了 C 端的 SET 结构域，导致它不能招募 SWI/SNF 复合物，诱导白血病的发生。另外，SWI/SNF 复合物与抑癌因子等的结合可能会引起核心催化亚基 Brg1 及 Snf5 的突变。Brg1 突变与很多肿瘤发生有关，乳腺癌、肺癌、胰腺癌和前列腺癌中具有 Brg1 特异性突变。Snf5 具有稳定基因组、调控细胞周期和抑制肿瘤的功能，Snf5 敲除的纯合子小鼠会引发恶性肿瘤，与人类浸润性恶性杆状肿瘤类似。*ARID1A* 是 SWI/SNF 亚基中突变频率最高的基因之一，尤其在卵巢癌、肝细胞癌及胃癌中。人源 SWI/SNF 家族中的 BAF 子家族中的很多 BAF 蛋白同时也是肿瘤抑制因子，在多种癌症中都有 BAF 蛋白表达的缺失或减少。ISWI 家族 dNURF 复合体可以抑制 STAT 相关基因，调控血细胞的发育，其缺失将干扰果蝇幼虫造血细胞的发育成熟，导致血细胞过度增殖，而大量血细胞可引起致瘤性转化，生成黑色素瘤。Mi2/CHD 家族 NuRD 复合体的成员 MTA1-3 是代谢相关的蛋白质，其过表达与肿瘤的侵袭性密切相关。超过 30% 的食道癌、结肠癌及胃癌患者有过表达 MAT1 的现象。乳腺癌中 MAT3 依赖于雌激素受体（ER）刺激，直接抑制转录因子 Snail。Snail 是 EMT（上皮-间充质转化）过程中起重要调控作用的因子，而 EMT 是肿瘤转移的关键过程之一。Mi2/CHD 家族 CHD 复合体的成员 CHD5 在神经组织中表达很高，主要通过调控抑癌因子 p16 和 p19 来抑制癌症，其异常将导致神经母细胞瘤的发生。

参 考 文 献

[1] Alberts, B. *Molecular biology of the cell*. 4th ed, (Garland Science, 2002).

[2] Luger, K. *et al*. Crystal structure of the nucleosome core particle at 2.8 A resolution. *Nature* 389, 251-260(1997).

[3] Jiang, C. & Pugh, B. F. Nucleosome positioning and gene regulation: advances through genomics. *Nat Rev Genet* 10, 161-172(2009).

[4] Ferreira, H. & Owen-Hughes, T. Lighting up nucleosome spacing. *Nat Struct Mol Biol* 13, 1047-1049(2006).

[5] Kagalwala, M. N. *et al*. Topography of the ISW2-nucleosome complex: insights into nucleosome spacing and chromatin remodeling. *EMBO J* 23, 2092-2104(2004).

[6] Jiang, C. & Pugh, B. F. A compiled and systematic reference map of nucleosome positions across the *Saccharomyces cerevisiae* genome. *Genome Biol* 10, R109(2009).

[7] Schwartz, S. *et al*. Chromatin organization marks exon-intron structure. *Nat Struct Mol Biol* 16, 990-995(2009).

[8] Tilgner, H. *et al*. Nucleosome positioning as a determinant of exon recognition. *Nat Struct Mol Biol* 16, 996-1001(2009).

[9] Tang, Y. *et al*. H2A.Z nucleosome positioning has no impact on genetic variation in *Drosophila* genome. *PLoS One* 8, e58295(2013).

[10] Mavrich, T. N. *et al*. A barrier nucleosome model for statistical positioning of nucleosomes throughout the yeast genome. *Genome Res* 18, 1073-1083(2008).

[11] Luger, K. Dynamic nucleosomes. *Chromosome Res* 14, 5-16(2006).

[12] Bao, Y. *et al*. Nucleosome core particles containing a poly(dA.dT)sequence element exhibit a locally distorted DNA structure. *J Mol Biol* 361, 617-624(2006).

[13] Suter, B. *et al*. Poly(dA.dT)sequences exist as rigid DNA structures in nucleosome-free yeast promoters *in vivo*. *Nucleic Acids Res* 28, 4083-4089(2000).

[14] Ioshikhes, I. P. *et al*. Nucleosome positions predicted through comparative genomics. *Nat Genet* 38, 1210-1215(2006).

[15] Johnson, S. M. *et al*. Flexibility and constraint in the nucleosome core landscape of *Caenorhabditis elegans* chromatin. *Genome Res* 16, 1505-1516(2006).

[16] Kogan, S. B. *et al*. Sequence structure of human nucleosome DNA. *J Biomol Struct Dyn* 24, 43-48(2006).

[17] Mavrich, T. N. *et al*. Nucleosome organization in the *Drosophila* genome. *Nature* 453, 358-362(2008).

[18] Zhang, Z. *et al*. A packing mechanism for nucleosome organization reconstituted across a eukaryotic genome. *Science* 332, 977-980(2011).

[19] Whitehouse, I. *et al*. Chromatin remodelling at promoters suppresses antisense transcription. *Nature* 450, 1031-1035(2007).

[20] De Koning, L. *et al*. Histone chaperones: an escort network regulating histone traffic. *Nat Struct Mol Biol* 14, 997-1007 (2007).

[21] Gurard-Levin, Z. A. *et al*. Histone chaperones: assisting histone traffic and nucleosome dynamics. *Annu Rev Biochem* 83, 487-517(2014).

[22] Tagami, H. *et al*. Histone H3.1 and H3.3 complexes mediate nucleosome assembly pathways dependent or independent of DNA synthesis. *Cell* 116, 51-61(2004).

[23] Zhou, W. *et al*. Histone H2A/H2B chaperones: from molecules to chromatin-based functions in plant growth and development. *Plant J* 83, 78-95(2015).

[24] Clapier, C. R. & Cairns, B. R. The biology of chromatin remodeling complexes. *Annu Rev Biochem* 78, 273-304(2009).

[25] Smith, C. L. & Peterson, C. L. ATP-dependent chromatin remodeling. *Curr Top Dev Biol* 65, 115-148(2005).

[26] Zhou, C. Y. *et al*. Mechanisms of ATP-dependent chromatin remodeling motors. *Annu Rev Biophys* 45, 153-181(2016).

[27] Lusser, A. *et al*. Distinct activities of CHD1 and ACF in ATP-dependent chromatin assembly. *Nat Struct Mol Biol* 12, 160-166(2005).

[28] Clapier, C. *et al*. Mechanisms of action and regulation of ATP-dependent chromatin-remodelling complexes. *Nat Rev Mol Cell Biol* 18, 407-422(2017).

[29] Cairns, B. & Clapier, C. Regulation of ATP-dependent chromatin remodeling. *Faseb J* 27, 84.1(2013).

[30] Zhou, J. *et al*. MicroRNA regulation of the expression of the estrogen receptor in endometrial cancer. *Mol Med Rep* 3, 387-392(2010).

[31] Langst, G. & Manelyte, L. Chromatin remodelers: from function to dysfunction. *Genes(Basel)* 6, 299-324(2015).

[32] Shi, J. *et al*. *Drosophila* brahma complex remodels nucleosome organizations in multiple aspects. *Nucleic Acids Res* 42, 9730-9739(2014).

[33] Wang, L. *et al*. INO80 facilitates pluripotency gene activation in embryonic stem cell self-renewal, reprogramming, and blastocyst development. *Cell Stem Cell* 14, 575-591(2014).

[34] Yaniv, M. Chromatin remodeling: from transcription to cancer. *Cancer Genet* 207, 352-357(2014).

江赐忠 博士，同济大学生命科学与技术学院，同济大学特聘教授，973 计划首席科学家。2004 年获美国艾奥瓦州立大学遗传学博士学位，2004～2009 年先后在美国冷泉港实验室、弗吉尼亚联邦大学和美国宾夕法尼亚州立大学做博士后。在国外期间主要从事基因的表达调控和核小体定位及其表观作用机制研究。2009 年全职回国后，专注于早期胚胎发育与细胞命运转变过程中染色质重塑的表观遗传调控机制研究。主要学术成果包括：①绘制国际上首张果蝇全基因组高分辨率核小体定位图谱，并揭示其对基因转录的调控机制；②揭示组蛋白修饰与染色质高级结构重塑异常导致体细胞核移植胚胎发育率低下的表观遗传调控机制；③系统揭示染色质重塑在神经系统发育中的表观遗传调控机制。已在 *Nature*、*Nature Reviews Genetics*、*Cell Stem Cell*、*Cell Res*、*Nat Commun*、*PNAS*、*Nucleic Acids Res* 等期刊发表学术论文 100 余篇。

第12章 染色质结构与组蛋白变体

李国红 刘雨婷

中国科学院生物物理研究所

本章概要

染色体是真核生物遗传物质 DNA 的存在形式，是细胞分裂中期染色质高度凝缩的表现形态。本章介绍了染色体的各级结构：染色质的基本结构单元是核小体，核小体由一段长 147bp 的 DNA 缠绕组蛋白八聚体形成，核小体之间由 10～90bp 长度不等的连接 DNA 连接形成直径约 11nm 的"串珠状"结构，即染色体的一级结构；再通过折叠压缩等复杂的过程，分别构成二级结构、超螺旋体，最终形成染色体。

染色质核心组分 DNA 和核心组蛋白的变化，包括组蛋白变体与化学修饰、DNA 化学修饰等都可能参与到对染色质结构的动态调控中。组蛋白变体是染色质结构动态调控中的关键因子，呈现出与常规组蛋白不同的、不依赖于 DNA 复制的表达和装配模式。组蛋白变体通过替换常规组蛋白来调控核小体的稳定性并影响染色质的结构松散程度，从而进一步影响细胞的生命活动如 DNA 修复和基因转录等过程。本章全方位介绍了组蛋白变体的种类和功能、识别与装配，以及与疾病的关系，使我们深刻认识了组蛋白变体。

研究染色质结构和组蛋白变体，既有助于阐述人类遗传物质的本质和动态变化，也有助于了解它对生命活动的调控机制，为生命科学研究提供了重要基础。

12.1 染色体结构

关键概念

- 染色质的基本结构单元是核小体。单个核小体主要分为两部分：核心组分（nucleosome core particle，NCP）和连接 DNA（或连接组蛋白）。核心组分由长度为 147bp 的 DNA 以左手负超螺旋的方式缠绕组蛋白八聚体约 1.65 圈形成直径约 11nm、高度约 5.5nm 的圆盘结构；连接组蛋白主要是 H1 家族成员，由此形成"串珠状"结构。

- 生理条件下，"串珠"状结构的核小体倾向于缠绕成更紧凑的 30nm 纤维，两种代表模型为螺线管模型和 Zig-Zag 模型（"Z"字模型）。染色质纤维进一步螺旋化和蜷缩形成直径大约 400nm 的超螺线体，超螺线体再次螺旋折叠形成染色体。

- 染色质结构的动态变化受到各种调控因子的调控，包括 DNA 修饰、组蛋白修饰、组蛋白变体和染色质重塑因子等。组蛋白结合在核小体上，稳定核小体结构，并对 30nm 染色质纤维的形成和结构稳定性的维持起到了至关重要的作用；染色质核心组分 DNA 和核心组蛋白的变化，包括组蛋白变体与化学修饰、DNA 化学修饰等都可能参与到对染色质结构的动态调控中；一些其他的染色质结合蛋白也会动态参与染色质高级结构的调控，如高迁移率家族蛋白 HMG、多梳抑制复合物家族蛋白 PRC1、DNA 甲基化位点结合蛋白 MeCP2 等。

　　真核生物的遗传物质 DNA 不是裸露存在的，而是缠绕组蛋白形成染色质存储于细胞核中。染色质最早由德国生物学家 Flemming 于 1879 年提出，用于描述细胞核内能被碱性染料染色的物质。其中，着色浅并且呈现伸展状态的区段称为常染色质；而着色较深且呈凝缩状态的称为异染色质。染色体是细胞分裂中期染色质高度凝缩的表现形态。1974 年，根据染色质的电镜研究，Kornberg 等提出染色质结构的念珠模型，认为染色质的基本结构单元是形状类似于扁珠状的核小体。核小体由一段长 147bp 的 DNA 缠绕组蛋白八聚体形成，核小体之间由 10～90bp 长度不等的连接 DNA 连接形成直径约 11nm 的"串珠状"结构，即染色质的一级结构；"串珠状"的核小体在连接组蛋白的作用下压缩形成直径约 30nm 的染色质纤维，即染色质的二级结构；染色质纤维进一步螺旋化和蜷缩形成直径大约 400nm 的超螺线体，超螺线体再次螺旋折叠形成染色体。通过这种方式，线性长度长达 2m 的基因组 DNA 被高度有序的折叠压缩了约 8400 倍形成染色体，存储于微米级的细胞核中。

12.1.1　核小体结构

　　染色质的基本结构单元是核小体。单个核小体主要分为两部分：核心组分（nucleosome core particle，NCP）和连接 DNA（或连接组蛋白）。核心组分由长度为 147bp 的 DNA 以左手负超螺旋的方式缠绕组蛋白八聚体约 1.65 圈形成直径约 11nm、高度约 5.5nm 的圆盘结构[1]（图 12-1）。组蛋白八聚体由大小 11～15kDa，并且在真核生物中高度保守的 4 个核心组蛋白 H2A、H2B、H3、H4 组成。4 种组蛋白结构类似，都具有稳定的、由 3 个 α 螺旋组成的组蛋白折叠结构域，该结构域负责组蛋白与组蛋白之间的二聚化，分别形成 H2A-H2B 和 H3-H4 两种异源二聚体。H3-H4 异源二聚体通过 H3 与 H3 之间 "头碰头"的方式形成稳定的 H3-H4 异四聚体。随后，H3-H4 异四聚体通过 H4 和 H2B 的相互作用与两对 H2A-H2B 的二聚体构成组蛋白八聚体的结构。

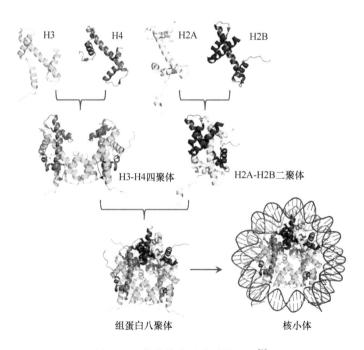

图 12-1　核小体的基本结构组成[3]

　　连接组蛋白主要是 H1 家族成员。与进化过程中非常保守的核心组蛋白相比，H1 家族蛋白具有高度可变性，但都由短的 N 端结构域、长的 C 端结构域和中间较保守的球形结构域三部分组成。连接组蛋白与靠近核小体核心进出口处各约 10bp 长的连接 DNA 结合，以此稳定核小体结构，促进核小体的折叠与染色质高级结构的形成[2]。

12.1.2　30nm 染色质纤维的结构

生理条件下，"串珠"状结构的核小体倾向于缠绕成更紧凑的 30nm 纤维。早期科学研究利用生物化学和生物物理等手段探究从细胞核中分离出来的天然状态下的染色质纤维，提出了不同的 30nm 染色质纤维模型，其中具有代表性的两种模型如下（图 12-2）。①Solenoid 模型（螺线管模型）：该模型认为 5～6 个核小体形成一圈，相邻的核小体相连且连续排列螺旋上升，邻近核小体之间连接 DNA 呈弯曲状态，染色质纤维的直径与连接 DNA 的长度没有关系。②Zig-Zag 模型（"Z"字模型）：该模型中连续的两个核小体以"Z"字结构螺旋排列，相邻核小体之间的连接 DNA 呈拉直状态，且在顺序上相隔的核小体在空间上相邻（图 12-2C 和 D，如核小体 N1-N3）[4, 5]。虽然体内分离得到的染色质接近天然状态，但是由于细胞内染色质受到 DNA 序列、连接 DNA 长度、连接组蛋白 H1、组蛋白成分和修饰等的影响，呈现出高度的异质性，因此很难分辨染色质的精细结构。

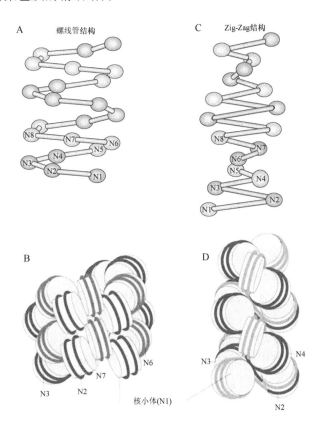

图 12-2　螺线管结构模型（A 和 B）和 Zig-Zag 模型（C 和 D）[6]

近些年，随着染色质体外组装技术的发展，越来越多的体外试验结果支持 Zig-Zag 模型。Richmond 实验室利用电镜和 X 射线晶体学方法观察并构建了 30nm 染色质纤维的结构模型，支持"Z"字构象。2014 年 Song 等在国际上首次解析了由 12 个核小体组装形成的 30nm 染色质纤维的冷冻电镜结构，分辨率为 11Å。冷冻电镜结果显示，30nm 染色质纤维是以 4 个核小体为结构单元且依赖于组蛋白 H1 的左手双螺旋结构。相邻核小体之间的连接 DNA 是拉直的，基本符合 Zig-Zag 结构模型的特征。两种不同长度的

DNA 组装形成的 30nm 染色质纤维精细结构的组织模式基本一致，表明不同长度的 DNA 并不影响 30nm 染色质纤维的整体结构，但会改变染色质纤维的直径。这个结构单元的组织模式与之前 Richmond 实验室解析的四聚核小体 X 射线晶体结构基本一致，主要依靠相隔的 H2A-α2 螺旋和 H2B-α1/αC 螺旋之间的相互作用介导。结构单元与结构单元之间则依靠对应核小体之间 H2A-H2B 酸性区域与 H4-N 端的相互作用及核小体上 H1-H1 相互作用介导。连接组蛋白 H1 以 1：1 的比例非对称性地结合到核小体上，这种非对称性的定位使四聚核小体结构单元内部 H1-H1 没有相互接触，而结构单元之间的 H1-H1 相互作用，使结构单元之间以固定的角度相互扭转形成左手双螺旋结构[7]（图 12-3）。

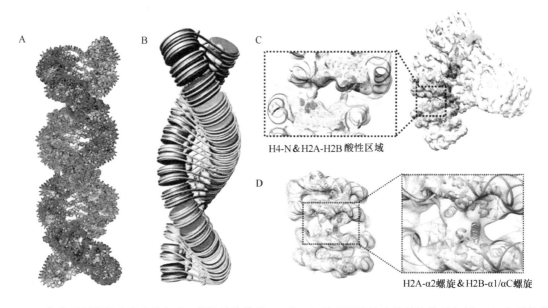

图 12-3　30nm 染色质纤维的冷冻电镜左手双螺旋结构模型（A 和 B）及其四聚核小体结构单元之间（C）和结构单元内部（D）的分子作用模式[7]

　　30nm 染色质纤维一直被认为是染色质分级折叠过程的第一步，但由于活细胞高分辨率染色质成像技术的限制，体内是否存在 30nm 染色质纤维仍存在争议。体内存在 30nm 染色质纤维最早的证据来自于 1994 年 Woodcock 和 Horowitz 等利用冷冻电镜观察无脊椎动物精子和鸡的成核红细胞染色质，发现了核小体呈 Zig-Zag 的构象。随后，Frangakis 等发现鸡的红细胞核中染色质纤维的主要形式是"two-start"螺旋形式排列的 30nm 纤维，每一圈 6～7 个核小体。早期的这些实验结果显示，染色质纤维中的核小体主要以 Zig-Zag 形式排列并相互扭转形成双螺旋结构，核小体面对面堆积作用是染色质纤维折叠和压缩的重要形式。后来核酸酶 DNase I 被广泛用来研究真核细胞核内染色质高级结构。对细胞核染色质进行核酸酶 DNase I 和 DNase II 酶切后会产生一系列双核小体长度整数倍长的 DNA 片段，这一现象在多种来源的细胞（如鸡血红细胞和海胆精子等）中得到重现。这种双核小体周期性 DNase I 酶切模式提示细胞核内染色质纤维中存在至少由 2 个或 4 个核小体组成的结构单元，该实验也发现细胞核内核小体的不对称性保护现象，表明在细胞核内染色质中的大多数核小体具有交替/交叉取向和不对称性的排列形式，与体外 30nm 染色质纤维冷冻电镜结构相符[8, 9]。

　　2015 年 Hsieh 等开发了一种利用微球菌酶酶切染色质至单个核小体，实现单核小体分辨率水平的研究染色质短距离空间折叠的方法——Micro-C 技术。该研究结果显示在酵母中第 $N/N+2$ 核小体对与第 $N/N+1$ 核小体对的出现丰度几乎相同，也就是说在空间上第 N 个核小体和第 $N+2$ 个核小体的距离比第 $N+5/6$ 更近，与 Zig-Zag 模型的特点相吻合。2016 年 Risca 等用 RICC-seq 技术，即利用 γ 射线产生的电离辐射诱导半径 3.5nm 空间范围内的 DNA 断裂，将断裂的 DNA 片段进行测序分析来获得体内染色质的结构特点。该实验发现体内染色质二级结构复杂，但是在形成紧密染色质的过程中 two-start 的 Zig-Zag 结构是染色质折叠的主要方式。这些发现与 2014 年 Song 等的体外 30nm 染色质纤维结果一致。但在 2017 年 Horng 等发展了一种新的技术——chromEMT，即将一种标记方法 chromEM 与电镜断层扫描结合，通过激发特异结合 DNA 的荧光染料，产生的能量催化 DAB（二氨基联苯）聚合在蛋白质等大分子的表面，再用四氧化锇染色蛋白质等大分子使得可以原位观察哺乳动物细胞间期和分裂期的染色质超显微结构及 DNA 折叠的 3D 结构。该研究认为染色质是一条由 DNA 和核小体形成的直径 5～24nm，且具有不同排列方式、密度和构象的有弹性的无序链。在该研究中他们未观察到染色质纤维折叠的 30nm 和 120nm 及更高级的结构，因此否认了染色质逐级折叠的观点，并认为是染色质的密度而非染色质的逐级折叠调控了基因转录过程的可接近性和活性。

与体外重构的染色质纤维不同，细胞核内天然染色质纤维存在天生固有的局部差异性，如核小体重复长度、组蛋白化学修饰和变体交换、DNA 的甲基化修饰等，因此核内天然染色质可能具有更多形式和更加动态的三维结构。尽管如此，大量体内外实验结果都表明，细胞核内的天然染色质纤维也具有和体外重构染色质非常类似的结构特征。

12.1.3　染色质高级结构

真核生物基因组一级序列编码的信息以三维（three-dimentianally，3D）形式组织于微米级的细胞核中。由 DNA 介导的生命活动如 DNA 复制、基因的转录及调控和 DNA 修复等直接受到了染色质高级结构影响。因此，探究细胞核内染色质 3D 结构的组织方式，以及染色质 3D 结构如何调控基因的表达、细胞命运的决定和生物进化过程非常重要。近些年基于显微镜发展起来的 FISH、高分辨率成像等技术，以及基于染色质构象捕获和高通量测序技术发展起来的技术（3C、4C、5C、Hi-C 和 ChIA-PET 等）认为细胞核内染色质折叠是一个多尺度逐级折叠过程：在数千碱基到兆碱基的范围内，一些远端调控元件和目的基因之间的染色质会弯曲突出形成染色质环（chromatin loop），以便调控元件如增强子、启动子等和目的基因在空间上接近并对其进行调控[10]。例如，红细胞中的 β 球蛋白簇的基因库控制区（locus control region，LCR）调控元件通过远距离的染色质接触而作用于靶基因[11]。研究发现，远距离染色质接触并不局限于启动子-增强子之间的相互作用，在一些活跃转录的共调控基因之间也存在空间上的联系。另外一种类型的染色质环——基因环（gene loop）最初被用来描述酵母中转录终止位点和启动子接触时突出的 DNA 环[12]。随后有研究认为基因环能加强从启动子处开始的 RNA 合成的方向性[13]；在亚兆碱基的范围，染色质被划分为拓扑关联的结构域（topologically associated domain，TAD）[14, 15]。TAD 内部基因之间的联系比同等距离的相邻两区域之间的联系更频繁。另外，启动子和增强子之间的相互作用主要发生在 TAD 内部；TAD 之间的远距离相互作用在空间上将核内开放（基因转录活跃）染色质和封闭（基因转录不活跃）染色质划分成两个区室（compartment），即 A 室和 B 室；在更大尺度上，每个染色体组织形成了单个的染色体疆域（chromosome territory），研究表明每个染色体疆域内部位点之间的相互作用比不同染色体之间的反式作用更频繁[16]。这些研究结果支持了细胞核内染色质逐级的、多尺度的折叠模型，而基因表达和转录的调控信息则储存在染色质逐级折叠的各个层次中。所以，进一步了解染色质结构的动态调控意义重大[17]。

12.1.4　染色质结构的动态调控

作为真核细胞遗传信息的载体，一切有关 DNA 的生命活动都是在染色质这个结构平台上进行的。高度动态变化的染色质在基因转录沉默和激活过程中起重要作用，为表观遗传提供一个重要的信息整合平台。染色质像一个"守门员"控制着转录因子、增强子等元件的活性：一方面，染色质高度凝聚形成异染色质结构阻止转录因子等的结合从而导致基因沉默；另一方面，基因激活过程中的关键步骤是染色质的解聚，使各种转录因子及转录机器可以接近 DNA。染色质结构的动态变化受到各种调控因子的调控，包括 DNA 修饰、组蛋白修饰、组蛋白变体和染色质重塑因子等（图 12-4）。

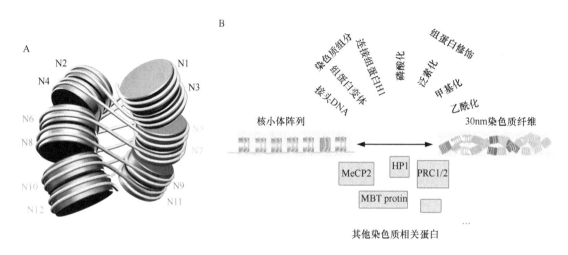

图 12-4　30nm 染色质纤维中三个可以被调控的作用界面（A）及参与染色质纤维动态调控的各种染色质因子（B）[6]

1. 连接组蛋白 H1

　　大量研究表明连接组蛋白结合在核小体上，稳定核小体结构，并对 30nm 染色质纤维的形成和结构稳定性的维持起到了至关重要的作用。早期微球菌核酸酶消化研究发现有 H1 结合到核小体上可以保护长度约 168bp 的 DNA[18]。目前对于连接组蛋白 H1 和核小体的作用模式，主要存在两种模型：对称结合模型和非对称结合模型。在对称模型中，组蛋白 H1 处于核小体对称中心轴线上，在核小体连接 DNA 进出口处中心帮助连接 DNA 交叉，稳定核小体结构；而在非对称模型中，组蛋白 H1 处于核小体连接 DNA 进出口处的一侧，偏离核小体对称轴。研究认为不同的连接组蛋白变体与核小体的相互作用可能有不同的作用模式，从而对染色质高级结构具有不同的调控作用。目前解析的含有 H1 的较长 30nm 染色质纤维的冷冻电镜三维结构显示，连接组蛋白 H1.4 以 1∶1 的比例，结合在核小体连接 DNA 进出口处。但是，H1.4 在核小体上的结合具有明显的不对称性，使得核小体上原来对称的两个组蛋白界面也具有不对称性。H1.4 的这种非对称性的定位使四聚核小体结构单元内部 H1-H1 没有相互接触，而结构单元之间的 H1-H1 的球状结构域相互接触，维持结构单元之间稳定扭转形成左手双螺旋结构。X 射线晶体结构研究发现 H5 的球状结构域对称性地结合在核小体对称轴上，可能会促使染色质形成不一样的高级结构[7, 19]。

　　H1 存在着大量的翻译后修饰，包括磷酸化、乙酰化、甲基化和泛素化等，对 H1 的功能进行调控。H1 的磷酸化修饰多发生在 C 端[20]，可以减弱 H1 在染色质上的结合作用，易于 H1 从基因活性区域移除，与基因转录激活密切相关。此外，H1 的磷酸化程度随着细胞周期变化，调控不同细胞周期中染色质结构的紧密程度。大部分 H1 的甲基化修饰则发生在 H1 的 N 端，在异染色质形成中发挥重要作用。H1 的乙酰化可以发生在末端域或球状结构域，发生在球状结构域上的乙酰化修饰可以影响 H1 与 DNA 的相互作用，协助 H1 的去除。而 N 端乙酰化可以减弱 H1 与染色质的结合作用从而激活转录。还有一些 H1 的修饰也被陆续发现，包括 H1 的单泛素化修饰和 H1 的瓜氨酸化等，可能对 H1 与染色质的相互作用进行调控发挥重要的生物学功能[21, 22]。

2. 组蛋白变体

　　染色质核心组分 DNA 和核心组蛋白的变化，包括组蛋白变体与化学修饰、DNA 化学修饰等都可能参与到对染色质结构的动态调控中。含有组蛋白变体 H2A.Z 的核小体比含常规组蛋白 H2A 的核小体拥有酸性更强的 H2A.Z/H2B 酸性区域，使得染色质折叠形成更为紧密的高级结构，参与基因转录的调控过程。H2A.Z 还能进一步与异染色质蛋白 HP1 协同作用，使染色质高级结构更加紧密[23]；有趣的是，变体 H3.3 可以拮抗 H2A.Z 对染色质结构的紧密作用，使染色质结构处于较为松散的状态，利于基因转录激活。组蛋白变体 H2A.Bbd 则与 H2A.Z 相反，它与 H2B 形成的酸性区域较常规组蛋白酸性更弱，形成的染色质结构比较松散，参与基因转录的激活过程。MacroH2A 对失活 X 染色体中异染色质的形成非常重要，但是它在高级结构形成中的作用目前仍不清楚。CENP-A 作为着丝粒区域染色质的组蛋白 H3 的特异变体，对着丝粒区域染色质高级结构的形成至关重要。相对常规组成核小体，含有 CENP-A 的核小体两端进出口 DNA 具有更强的柔性，对 H1 的结合能力也较弱，但是有研究发现 CENP-A 可以使染色质折叠形成更为紧密的高级结构[24]。

3. 染色质的修饰

　　染色质修饰包括 DNA 和组蛋白的化学修饰。DNA 甲基化是基因沉默的一个重要表观遗传标记，可能通过直接阻碍转录因子在 DNA 上的结合抑制基因转录，也可能通过招募其他作用蛋白，如 H1、MeCP2 等促进染色质形成紧密结构抑制基因转录。组蛋白化学修饰是染色质高级结构的一个重要调控因素。组蛋白乙酰化能够抑制染色质折叠形成高级结构。研究发现，H4 的 N 端乙酰化修饰会使染色质结构更加开放，参与基因转录激活过程[25]。组蛋白的各种甲基化修饰对核小体整体结构没有很大的影响，却可能调控核小体的作用界面，影响其他染色质结合蛋白的结合，从而对染色质高级结构产生调控作用。组蛋白单泛素化修饰对染色质结构也能进行调控。H2B 的单泛素化修饰被发现可以抑制染色质高级结构的形成。而 H2A 的单泛素化修饰可以稳定核小体，增强连接组蛋白 H1 的结合，进而对染色质高级结构的形成产生影响[26]。

4. 染色质的结构蛋白

　　除了连接组蛋白 H1 外，一些其他的染色质结合蛋白也会动态参与染色质高级结构的调控。高迁移率家族蛋白 HMG 可以和 H1 竞争性地结合在核小体 DNA 进出口处，阻碍染色质高级结构形成，使染色质处于开放的状态[27]。多梳复合物家族蛋白 PRC1 可以泛素化 H2A 的第 119 位赖氨酸，并通过结合核小体促进染色质形成紧密结构而抑制基因转录的发生。PRC2 可以催化组蛋白 H3 的 27 位赖氨酸甲基化，使染色质形成紧密的高级结构抑制基因转录[28]。MeCP2 是一种 DNA 甲基化位点结合蛋白，可以与 H1 竞争性地结合在核小体 DNA 进出口处。MeCP2 还可以在甲基化 DNA 不存在的情况下，使染色质折叠形成高级结构[29]。异染色质蛋白 HP1 可以特异性识别并结合甲基化修饰的核小体使染色质结构更加紧密，从而导致基因转录沉默。除此之外，HP1 更易与含有组蛋白变体 H2A.Z 的染色质结合，形成结构紧密的异染色质[23]。MBT 蛋白可通过结合第 20 位甲基化的组蛋白 H4 使染色质形成比较紧密的结构。

12.2 组蛋白变体

关键概念

- 除常规组蛋白 H4 外，其余 3 种组蛋白在进化过程中都出现了具有不同结构和功能的变体，H2A 家族是最大的变体家族；相对于 4 种常规组蛋白，连接组蛋白及其变体在真核生物中的保守性较弱。
- 组蛋白变体是染色质结构动态调控中的关键因子，呈现出与常规组蛋白不同的、不依赖于 DNA 复制的表达和装配模式。H2A 变体包括 H2A.Z、macroH2A、H2A.X、H2ABbd、TSH2B、H2BFWT、H2BE；H3 变体主要包括 H3.3 和 CENP-A，组蛋白变体的主要功能是在特定的时间和位置替换常规组蛋白，从而调控染色质的动态结构和基因的表达。细胞内组蛋白变体水平下降可能会引发癌症。
- 组蛋白及其变体的正确折叠、储存、运输、装配或解离这一系列过程依赖于组蛋白特定的分子伴侣的帮助。

12.2.1 组蛋白变体的种类

组蛋白变体是编码常规组蛋白基因的同源基因产物。除常规组蛋白 H4 外，其余 3 种组蛋白在进化过程中都出现了具有不同结构和功能的变体(图 12-5)。在 4 种核心组蛋白中，H2A 家族是最大的变体家族，在人体中发现了 19 种变体，这些变体大部分编码了常规组蛋白 H2A，其他主要的变体有 H2A.X、

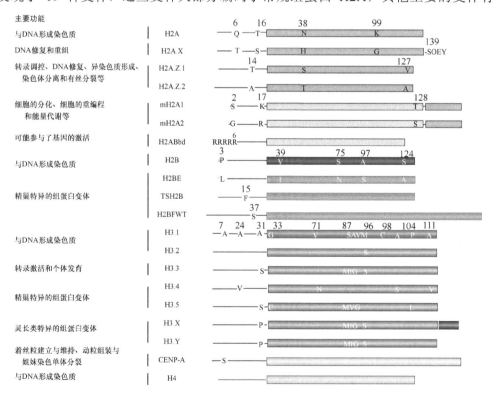

图 12-5　高等真核生物中组蛋白变体及其生物学功能[34]

H2A.Z、MacroH2A、H2ABbd（Barr body-deficient）、精巢特异的变体 TH2A 和一些其他异构体。与其他组蛋白家族相比，H2A 的变体与常规组蛋白 H2A 的氨基酸序列差异更大，这种结构上的显著差异决定了其在生物学功能上的多样性。近些年，对组蛋白 H3 家族变体的探究越来越受到重视，特别是该家族变体的功能、装配到染色质上的模式、基因组上的分布等。到目前为止，人体内共发现了 8 种常见组蛋白 H3 的变体：H3.1、H3.2、H3.3、H3.4、H3.5、H3.X、H3.Y 和 CENP-A。H3.1 和 H3.2 是细胞内表达丰度最高的蛋白质，因此也被定义为常规组蛋白 H3；H3.4 和 H3.5 是精巢特异的组蛋白变体；H3.X 和 H3.Y 是灵长类特异的组蛋白变体。目前研究最广泛的是参与转录调控的组蛋白变体 H3.3 和着丝粒特异的变体 CENP-A。组蛋白 H2B 在进化过程中出现了三种精巢特异的变体 TH2B、TSH2B 和 H2BFWT。相对于 4 种常规组蛋白，连接组蛋白及其变体在真核生物中的保守性较差。哺乳动物已发现 11 种连接组蛋白 H1 的变体，其中 5 种变体（H1.1~H1.5）广泛分布在体细胞中，其余几种都具有组织和细胞特异性，如精巢特异的 H1t 和 H1t2、已分化细胞特异表达的 H1.0 等[30-33]。

12.2.2　组蛋白变体的功能

组蛋白变体是染色质结构动态调控中的关键因子，呈现出与常规组蛋白不同的、不依赖于 DNA 复制的表达和装配模式。组蛋白变体通过替换常规组蛋白来调控核小体的稳定性并影响染色质结构的松散程度，从而进一步影响细胞的生命活动，如 DNA 修复和基因转录等过程。

1. 组蛋白 H2A 变体的功能

1）H2A.Z

H2A.Z 在真核生物的进化过程中高度保守，序列相似性约 90%。但与常规组蛋白 H2A 仅有约 60% 的序列相似性，这暗示着 H2A.Z 在生命活动中行使着常规组蛋白 H2A 不可替代的重要功能。近些年研究发现 H2A.Z 参与了转录调控、DNA 修复、异染色质形成、染色体分离和有丝分裂等过程。而 H2A.Z 对转录的调控一直是研究的热点。随着高通量技术的发展，大量实验证据表明 H2A.Z 调控了基因的转录。在高等生物中，H2A.Z 大量富集在基因启动子区和其他基因调控区（如绝缘子和增强子区）。有趣的是，H2A.Z 似乎同时调控了基因的激活与抑制：一方面，H2A.Z 可以稳定核小体的结构，促使染色质折叠得更紧凑，从而抑制基因的表达；另一方面，H2A.Z 在全基因组上可以拮抗 DNA 的甲基化，同时富集在目的基因的转录起始位点来维持目的基因的静息状态以便其被快速激活。此外，研究表明 H2A.Z 在异染色质的形成中扮演了重要的角色：定位于常染色质和异染色质边界的 H2A.Z 可以阻止异染色质向常染色质区域蔓延/扩散；与异染色质蛋白 HP1α 共定位的 H2A.Z 通过改变核小体表面结构促进 HP1α 介导的染色质纤维的折叠；细胞内 H2A.Z 的缺失会导致兼性异染色质形成的紊乱及染色体分离的缺陷等。在哺乳动物发育过程中，敲除 H2A.Z 的纯合子无法发育成囊胚，在胚胎干细胞中敲除 H2A.Z 后细胞无法完成分化等，这些研究也充分证实了 H2A.Z 在细胞的分化和发育过程中发挥着重要的作用[31, 35]。

2）MacroH2A

组蛋白变体 MacroH2A 最早被发现大量聚集在雌性哺乳动物失活的 X 染色体上。与 H2A 家族其他成员最大的不同是其 C 端含有一个大小约 30kDa 的 Macro-结构域。目前的研究表明，MacroH2A 在细胞的分化、重编程和能量代谢等过程中发挥重要的作用。有研究表明，在 X 染色体失活的过程中，MacroH2A 与 PRC2 共定位促进 H3K27me3 的形成来维持 X 染色体的失活状态。在老鼠胚胎干细胞分化与发育过程中，敲除 MacroH2A 后细胞分化过程中的干性因子表达量不发生变化，使得细胞的分化出现异常。对其进行基因组定位分析发现 MacroH2A 在干性基因上大量存在，即 MacroH2A 通过抑制干性因子的表达调控细胞分化。同时大量的研究发现，MacroH2A 的低表达与肺癌、结直肠癌和乳腺癌以及星形细胞瘤等多种癌症的预后不良有关。因此 MacroH2A 被认为是肿瘤形成的抑制因子[31, 35-37]。

3）H2A.X

H2A.X 最早由 William Bonner 等发现参与了 DNA 的损伤应答过程。后续研究证实，当基因组 DNA 双链发生断裂时，H2A.X 第 139 位的丝氨酸会立即被磷酸化，形成可达几兆碱基长度的磷酸化的 γH2A.X 位点（该现象最初是在哺乳动物中利用 γ 射线照射后发现，故称 γH2A.X 位点）。γH2A.X 位点随即招募 DNA 损伤修复复合物对损伤的基因组进行修复，以维持基因组的完整性。因此，H2A.X 被认为是基因组的守护者[31, 35]。

4）H2ABbd

H2ABbd（Barr-body deficient）是近些年新发现的 H2A 的变体，与常规组蛋白 H2A 的序列有明显的差异：H2ABbd 比 H2A 更短且缺失 C 端结构域及部分锚定域。据研究报道，H2ABbd 可能参与了基因的激活[35]。目前对该变体功能的研究还不清楚。

5）TSH2B、H2BFWT、H2BE

TSH2B 由单个基因编码，基因的表达可能不依赖于 DNA 复制，分布于精子的整个基因组上及体细胞的端粒区域。其主要功能是在精子形成过程中帮助组蛋白替换为鱼精蛋白。

H2BFWT 由单个基因编码，基因的表达可能不依赖于 DNA 复制，主要分布在精子的头部和端粒染色质区域。

H2BE 是 H2B 的变体组蛋白，由单个基因编码，基因的表达可能不依赖于 DNA 复制，定位于嗅觉神经元细胞的整个基因组上[32]。

2. 组蛋白 H3 变体的功能

1）H3.3

（1）H3.3 由两个基因编码，分布于基因组的多个区域，包括启动子、基因内部、增强子和端粒区域。H3.3 功能的研究热点主要集中在两个方面：H3.3 对染色质动态结构的调控；H3.3 在细胞命运决定和个体发育中的作用。

（2）H3.3 被认为是转录激活的标识。在哺乳动物中对 H3.3 进行全基因组水平的分析发现 H3.3 大量富集在活跃转录基因区、转录因子结合位点和端粒区等，这说明 H3.3 与基因的转录活性呈正相关性。另外，在小鼠胚胎成纤维细胞（mouse embryonic fibroblast，MEF）中发现增强子和启动子区域的 H3.3 核小体经历着快速的转换，使得染色质处于一种未成熟、非紧凑的状态，从而使该区域的 DNA 具有高度可接近性，有利于 DNA 复制机器和转录因子对 DNA 的结合[38]。

（3）H3.3 参与了个体发育的多个阶段，包括配子形成、受精、早期的胚胎发育等。在小鼠中 H3.3 由 *H3f3a* 和 *H3f3b* 两个基因编码。*H3f3a* 基因敲除的纯合子小鼠可以活到成年，但雄性小鼠生殖能力下降；*H3f3b* 敲除的纯合子小鼠早期胚胎发育有缺陷，大部分在出生前死亡，杂合子小鼠也会出现不育[39]。同时有文章报道 *H3f3a* 和 *H3f3b* 双敲除的小鼠胚胎致死，但单敲除任何一个不影响小鼠的生命过程[40]。研究发现在不同物种中 H3.3 的缺失会使得配子形成中精卵细胞不能正常形成，导致不育；或者胚胎发育停滞在某一时期；严重的则出现胚胎致死，因此 H3.3 在个体发育过程中扮演了非常重要的角色[31, 41]。

2）CENP-A

CENP-A（centromere protein A）是组蛋白 H3 家族高度特异的组蛋白变体，与常规组蛋白 H3 只有约 46% 的序列相似性，同时，CENP-A 还拥有一个独特的 N 端结构域。但 CENP-A 的组蛋白折叠结构域高度保守，与 H3 有 60% 以上的序列相似性。CENP-A 是着丝粒区域特异的组蛋白变体，主要有两个功能：

首先，CENP-A 对着丝粒身份的建立和维持起到决定性作用[42]；其次，CENP-A 形成了动粒组装的平台，通过在特定染色质区域替换常规组蛋白 H3，与 H2A、H2B、H4 三种组蛋白形成结构上更为紧凑的核小体并启动动粒的组装，使得细胞分裂时纺锤丝能牵引动粒，指导姐妹染色体正确均等地分配到子代细胞中，确保了遗传物质在物种间传递的完整性[31]。

12.2.3　组蛋白变体的识别与装配

组蛋白变体的主要功能是在特定的时间和位置替换常规组蛋白，来调控染色质的动态结构和基因的表达。组蛋白及其变体的正确折叠、储存、运输、装配或解离这一系列过程依赖于组蛋白特定的分子伴侣的帮助。组蛋白分子伴侣是一类能结合组蛋白并在不依赖于 ATP 的情况下帮助组蛋白正确折叠、参与其转运但不参与核小体形成的蛋白质（表 12-1）。

表 12-1　主要组蛋白分子伴侣及功能

主要组蛋白及变体（人源）	组蛋白分子伴侣（人源）	主要分子伴侣功能
H3.1/H3.2-H4 （常规组蛋白）	CAF-1	负责将常规组蛋白 H3 以 DNA 复制依赖的方式装配到染色质上
	ASF1a	传递 H3.1-H4 给 CAF-1
	ASF1b	传递 H3.3-H4 给 HIRA
	RbAp48	装配 H3.1 和 H4
	FACT	参与转录延伸及染色质重塑
	Rsf-1	染色质重塑
H3.3-H4	DAXX-ATRX	装配因子，不依赖于 DNA 复制
	HIRA-complex	装配因子，不依赖于 DNA 复制
CENP-A-H4	HJURP	装配 CENP-A 到着丝粒区域
	DAXX	装配 CENP-A 到非着丝粒区域
	RbAp48	装配 CENP-A 和 H4
H2A-H2B	NAPl	参与转录延伸及染色质重塑
	NPM1	从核小体中替换出 H2A-H2B 二聚体
	FACT	参与转录延伸及染色质重塑
H2A.Z-H2B	ANP32E	从染色质上移除 H2A.Z-H2B
	YL1	装配 H2A.Z-H2B 到染色质上
MacroH2A	Nucleolin	装配因子
H2A.X	FACT、 Nucleolin	装配 H2A.X 到 DNA 损伤处
H1	NAP1 sNASP	装配因子

1. 组蛋白 H3 及其变体的识别与装配

H3 家族的组蛋白以 H3-H4 异源二聚体的形式存在。已经报道的 H3 的分子伴侣有 CAF-1（chromatin assembly factor 1）、ASF1（anti-silencing factor1）、NASP（somatic nuclear autoantigenic sperm protein）和 FACT（facilitates chromatin transcription）（图 12-6）[43]。CAF-1 是一个在 DNA 复制和 DNA 修复过程中装配组蛋白的关键因子，由 P150、P60、RbAp48 三个亚基组成，最大的亚基 P150 与 DNA 的合成紧密偶联，P60 是 CAF-1 蛋白的调控亚基。在 DNA 合成阶段，CAF1 优先将 H3.1/H3.2-H4 异二聚体组装到染色质上特定位点；ASF1 是真核生物 H3-H4 分子伴侣中最保守的一个。哺乳动物的 ASF1 存在两个同源物 ASF1a 和 ASF1b，分别特异识别 HIRA（histone cell cycle regulator）和 CAF-1，使得 ASF1 能将 H3.1-H4

传递给 CAF-1 或将 H3.3-H4 传递给 HIRA，让不同的组蛋白进入不同的装配途径；在 DNA 复制和装配的 S 期，当 H3-H4 的供给受损或在复制压力刺激下导致 H3-H4 在细胞内积累时，NASP 通过保护 H3-H4 不被过度降解从而维持细胞内 H3-H4 的稳定[44]。

　　H3.3 作为 H3 的组蛋白变体，其特异的分子伴侣主要有 HIRA（histone cell cycle regulator）复合物和 DAXX（death domain-associated protein）/ATRX（α-thalassemia/mental retardation X-linked）复合物。两者都能在细胞的整个分裂周期和静息状态下完成 H3.3 在染色质上的装配。这些分子伴侣将 H3.3 装配到染色质不同区域：HIRA 复合物负责将 H3.3-H4 装配到二价启动子区，活跃启动子区和转录基因区；DAXX/ATRX 复合物负责将 H3.3-H4 装配到着丝粒周边区域、重复序列区和端粒区（图 12-7）。

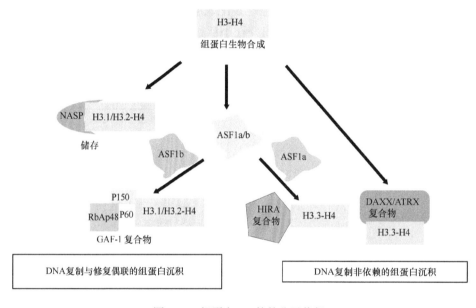

图 12-6　组蛋白 H3 的的分子伴侣

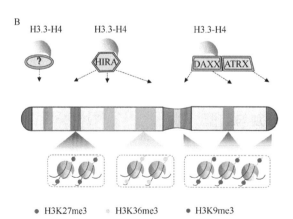

图 12-7　A. 常规组蛋白 H3（H3.1/H3.2）和变体 H3.3 之间氨基酸差异。B. H3.3 在 HIRA 复合物或者 DAXX/ATRX 的帮助下装配到染色质不同区域：HIRA 复合物负责装配 H3.3 到活跃启动子区、静息状态下的启动子区和基因转录区。H3.3 对于静息状态下的启动子区 H3K27me3 的维持是必需的。DAXX/ATRX 负责装配 H3.3-H4 到着丝粒周边区域、重复序列区和端粒区[45]

CENP-A 是 H3 家族中高度特异的组蛋白变体，其特异的分子伴侣是 HJURP（Holliday junctions recognition protein），负责在有丝分裂末期和 G_2 早期将新合成的 CENP-A 装配到着丝粒区域，以维持着丝粒正常的身份和功能[46-48]；但在过量表达CENP-A的细胞中则由另一个分子伴侣DAXX将多余的CENP-A装配到染色质上的非着丝粒区域，发生错误定位。

2. 组蛋白 H2A-H2B 家族蛋白的识别与装配

H2A-H2B 的分子伴侣有 NAP1（nuclosome assemmbly protein 1）、FACT（facilitates chromatin transcription）、NPM1（nucleophosmin1）。NAP1 可以稳定 H2A-H2B 二聚体的正确构象，防止其形成无功能的复合物并通过移除 H2A-H2B 二聚体来帮助其他转录因子的结合[49]；NPM1 通过将 H2A-H2B 二聚体从核小体中替换出来，使得转录因子结合并促进基因的转录[50, 51]；FACT 主要负责转录的延伸，同时 FACT 的亚基 Spt16 具有分子伴侣的活性。FACT 先帮助核小体的解旋促进转录的进行，转录完成后其亚基 Spt16 的分子伴侣活性将 H2A-H2B 的二聚体重新装配到染色质上维持染色质的稳定[52]。Nucleolin 是新发现的组蛋白伴侣，它可以使含 MacroH2A 核小体不稳定，提高染色质解聚复合物 SWI/SNI 的活性从而置换出 H2A-H2B 二聚体。其装配 MacroH2A-H2B 的方式与 NPM1 和 NAP1 的方式相同[53]。另外，研究发现 FACT 和 Nucleolin 均参与了 H2A.X 装配到染色质上应答 DNA 损伤的过程。YL1 和 ANP32E 是组蛋白变体 H2A.Z 特异的分子伴侣，YL1 负责将 H2A.Z-H2B 装配到染色质上，而 ANP32E 则负责将 DNA 双链断裂处的 H2A.Z 移除，帮助局部核小体的重塑，从而促进 DNA 损伤的修复[54, 55]。

12.2.4　组蛋白变体与疾病

近些年，对组蛋白变体的功能研究发现，组蛋白变体通过调控染色质的结构来参与细胞内重要的生命活动过程。细胞内组蛋白变体水平下降可能会引发癌症的产生。下面主要介绍研究较多的组蛋白 H3 和 H2A 家族变体与癌症的关系。

1）CENP-A：着丝粒建立的标识

CENP-A 的主要功能是指导着丝粒和动粒的建立与维持，因此，CENP-A 表达和调节的紊乱很可能导致染色体不稳定，严重的将诱发癌症。大量证据表明在结直肠癌、肺腺癌、侵入性睾丸生殖细胞癌、乳腺癌和肝癌中 CENP-A 都过量表达。CENP-A 在染色体上错误定位，一方面影响了着丝粒的正常功能，导致异倍体或细胞周期紊乱的出现；另一方面，还可能改变细胞内基因的表达或者染色质的活性，从而引发疾病[30, 56-58]。

2）H3.3

人的 H3.3 由 *H3F3A* 和 *H3F3B* 两个基因编码，外显子组测序发现在多形性恶性胶质瘤（GBM）和神经胶质瘤（DIPG）这两种疾病中，H3.3 的几个重要氨基酸发生了替换。已经报道的 H3.3 的氨基酸替换包括 K27M、 G34R/W/V/L 及 K36M，这些突变在 *H3F3A* 和 *H3F3B* 两个基因中都有分布。在一项鉴定 DIPG 和 non-BS-PG（小二恶性胶质瘤）体细胞突变的研究中，78%的 DIPG 和 22% 的 non-BS-PG 中都在 *H3F3A* 编码的 H3.3 或 *HISTH3.1* 基因编码的 H3.1 中发生了氨基酸的替换（K27M），另外，14%的 non-BS-PG 在 *H3F3A* 基因上发生了 G34R 的突变，这些点突变主要发生在 *H3F3A* 基因上[59-61]（图 12-8）。

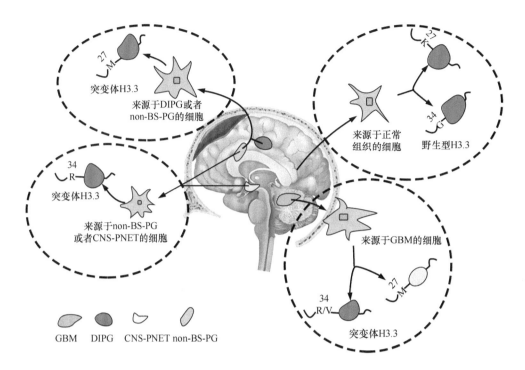

图 12-8　H3F3A 的 K27 和 G34 两个氨基酸突变对脑瘤的形成非常关键。在 GBM、DIPG 和 non-BS-PG 中均发现了 K27M 的突变；GBM 中发现了 G34R/G34V 突变；在 non-BS-PG 和 CNS-PNET（中枢神经系统儿科原始外胚层瘤）中还发现了 G34R 突变

3）H2A.Z：一个致癌性的组蛋白变体

早期探究人类癌症的基因表达谱实验检测到在直肠癌、乳腺癌、肺癌和膀胱癌中 H2A.Z 的表达水平上升。随后研究发现 H2A.Z 在激素依赖的乳腺癌和前列腺癌中发挥着直接的作用。H2A.Z 诱导乳腺癌主要通过正调控原癌基因 *c-Myc* 的表达来调节激素受体 α（ERα）参与的信号通路：ERα 激活原癌基因 *c-Myc*，使其被招募到 H2A.Z 的启动子区，激活 H2A.Z 表达，H2A.Z 正调控了原癌基因 *c-Myc* 的表达，由此诱发癌症。H2A.Z 参与前列腺癌的形成与其翻译后修饰有关，特别是 H2A.Z 的乙酰化修饰。研究发现，乙酰化的 H2A.Z 与原癌基因的激活相关，去乙酰化的 H2A.Z 与肿瘤抑制基因的沉默有关。根据 H2A.Z 参与了转录调控、DSB 修复、端粒维持、基因组稳定性和染色体分离等重要生命活动过程，我们推测 H2A.Z 直接或间接调控了基因组上与疾病形成紧密相关的区域并推动了疾病甚至肿瘤的形成[62-64]。

4）MacroH2A：肿瘤的抑制子

Ladurner 等首次发现在人的乳腺癌和肺癌扩散过程中，MacroH2A 的表达量与之呈现负相关。MacroH2A 由两个基因编码产生 MacroH2A1.1 和 MacroH2A1.2 两种蛋白质。这两种蛋白质在基因组的定位及在不同细胞内表达模式不同。研究发现，在多种肿瘤如黑色素瘤、肺癌、睾丸瘤、结肠癌、卵巢瘤、乳腺癌、宫颈癌和子宫内膜癌中，与正常组织或者癌症早期组织相比，MacroH2A1.1 的表达量明显降低，因此 MacroH2A1.1 被认为是肿瘤的抑制子。而 MacroH2A1.2 被报道在不同的肿瘤中其表达量或高或低，如在黑色素瘤中 MacroH2A1.2 可以抑制肿瘤的迁移；但在乳腺癌中 MacroH2A1.2 却促进了肿瘤的迁移、侵袭和生长。因此，研究认为 MacroH2A1.2 的功能具有肿瘤特异性。目前大量的实验证据表明 MacroH2A 在肿瘤抑制中的作用，而其内在的分子机制并不清楚，可能与其转录本剪切缺陷、基因缺失、转录调节下降等有关，从而导致蛋白水平下降，对肿瘤的抑制失效[65-67]。

5）H2A.X：基因组的守护者

基于 H2A.X 在 DNA 修复和维持 DNA 稳定性方面的重要功能，H2A.X/γH2AX 被用作早期癌症预测和治疗的标记。研究发现在人的 B 细胞慢性白血病和 T 细胞幼淋巴细胞白血病中，H2A.X 的应答出现缺失。在头部和颈部鳞状细胞瘤、非霍奇金淋巴瘤和胃肠道间质瘤等肿瘤中都发现基因组的不稳定性增高，H2A.X 出现不同程度的基因缺失、突变或上调等。另外，在许多人源的癌细胞系中，γH2AX 被检测到表达量上升。因此许多治疗试剂通过往癌细胞中引入足够的 DSB 缺口来启动癌细胞的凋亡途径[68, 69]。

参 考 文 献

[1]　Luger, K. *et al*. Crystal structure of the nucleosome core particle at 2.8Å resolution. *Nature* 389, 251-260(1997).

[2]　Bednar, J. *et al*. H1-nucleosome interactions and their functional implications. *Biochimica et Biophysica Acta* 1859, 436-443(2016).

[3]　Shapiro, J. A. How life changes itself: the Read-Write(RW)genome. *Physics of Life Reviews* 10, 287-323(2013).

[4]　Robinson, P. J. *et al*. EM measurements define the dimensions of the "30-nm" chromatin fiber: evidence for a compact, interdigitated structure. *Proceedings of the National Academy of Sciences of the United States of America* 103, 6506-6511(2006).

[5]　Dorigo, B. *et al*. Nucleosome arrays reveal the two-start organization of the chromatin fiber. *Science* 306, 1571-1573(2004).

[6]　梁丹, 等. 30nm 染色质纤维结构与表观遗传调控. 生命的化学 614-620(2014).

[7]　Song, F. *et al*. Cryo-EM study of the chromatin fiber reveals a double helix twisted by tetranucleosomal units. *Science* 344, 376-380(2014).

[8]　Arceci, R. J. & Gross, P. R. Sea urchin sperm chromatin structure as probed by pancreatic DNase I: evidence for a noval cutting periodicity. *Developmental Biology* 80, 210-224(1980).

[9]　Khachatrian, A. T. *et al*. Nucleodisome - a new repeat unit of chromatin revealed in nuclei of pigeon erythrocytes by DNase I digestion. *FEBS Letters* 128, 90-92(1981).

[10]　Ea, V. *et al*. Contribution of topological domains and loop formation to 3D chromatin organization. *Genes* 6, 734-750(2015).

[11]　Palstra, R. J. *et al*. The [beta]-globin nuclear compartment in development and erythroid differentiation. *Nature Genetics* 35, 190-194(2003).

[12]　O'Sullivan, J. M. *et al*. Gene loops juxtapose promoters and terminators in yeast. *Nature Genetics* 36, 1014-1018(2004).

[13]　Tan-Wong, S. M. *et al*. Gene loops enhance transcriptional directionality. *Science* 338, 671(2012).

[14]　Sexton, T. *et al*. Three-dimensional folding and functional organization principles of the *Drosophila* genome. *Cell* 148, 458-472(2012).

[15]　Dixon, J. R. *et al*. Topological domains in mammalian genomes identified by analysis of chromatin interactions. *Nature* 485, 376-380(2012).

[16]　Lieberman-Aiden, E. *et al*. Comprehensive mapping of long-range interactions reveals folding principles of the human genome. *Science* 326, 289-293(2009).

[17]　Bonev, B. & Cavalli, G. Organization and function of the 3D genome. *Nature Reviews Genetics* 17, 661-678(2016).

[18]　Syed, S. H. *et al*. Single-base resolution mapping of H1-nucleosome interactions and 3D organization of the nucleosome. *Proceedings of the National Academy of Sciences* 107, 9620-9625(2010).

[19]　Ramakrishnan, V. *et al*. Crystal structure of globular domain of histone H5 and its implications for nucleosome binding. *Nature* 362, 219-223(1993).

[20]　Koop, R. *et al*. Histone H1 enhances synergistic activation of the MMTV promoter in chromatin. *The EMBO Journal* 22, 588-599(2003).

[21]　Li, G. & Reinberg, D. Chromatin higher-order structures and gene regulation. *Current Opinion In Genetics & Development* 21, 175-186(2011).

[22] Daujat S, *et al*. HP1 binds specifically to Lys26-methylated histone H1.4, whereas simultaneous Ser27 phosphorylation blocks HP1 binding. *J Biol Chem* 280, 38090-38095(2005).

[23] Fan, J. Y. *et al*. H2A.Z alters the nucleosome surface to promote HP1α-mediated chromatin fiber folding. *Molecular Cell* 16, 655-661(2004).

[24] Fang, J. *et al*. Structural transitions of centromeric chromatin regulate the cell cycle-dependent recruitment of CENP-N. *Genes & Development* 29, 1058-1073(2015).

[25] Dang, W. *et al*. Histone H4 lysine-16 acetylation regulates cellular lifespan. *Nature* 459, 802-807(2009).

[26] Jason LJ, *et al*. Histone H2A ubiquitination does not preclude histone H1 binding, but it facilitates its association with the nucleosome. *J Biol Chem* 280, 4975-4982(2005).

[27] Rochman, M. *et al*. HMGN5/NSBP1: A new member of the HMGN protein family that affects chromatin structure and function. *Biochimica et Biophysica Acta* 1799, 86(2010).

[28] Simon, J. A. & Kingston, R. E. Mechanisms of Polycomb gene silencing: knowns and unknowns. *Nature Reviews Molecular Cell Biology* 10, 697-708(2009).

[29] Georgel PT, *et al*. Chromatin compaction by human MeCP2. Assembly of novel secondary chromatin structures in the absence of DNA methylation. *J Biol Chem* 278, 32181-32188(2003).

[30] Vardabasso, C. *et al*. Histone variants: emerging players in cancer biology. *Cellular and Molecular Life Sciences* 71, 379-404(2014).

[31] Buschbeck, M. & Hake, S. B. Variants of core histones and their roles in cell fate decisions, development and cancer. *Nature Reviews Molecular Cell Biology* 18, 299-314(2017).

[32] Biterge, B. & Schneider, R. Histone variants: key players of chromatin. *Cell and Tissue Research* 356, 457-466(2014).

[33] Happel, N. & Doenecke, D. Histone H1 and its isoforms: Contribution to chromatin structure and function. *Gene* 431, 1-12(2009).

[34] Maze, I. *et al*. Every amino acid matters: essential contributions of histone variants to mammalian development and disease. *Nature Reviews Genetics* 15, 259-271(2014).

[35] Bonisch, C. & Hake, S. B. Histone H2A variants in nucleosomes and chromatin: more or less stable? *Nucleic Acids Research* 40, 10719-10741(2012).

[36] Buschbeck, M. *et al*. The histone variant macroH2A is an epigenetic regulator of key developmental genes. *Nature Structural & Molecular Biology* 16, 1074-1079(2009).

[37] Gamble, M. J. & Kraus, W. L. Multiple facets of the unique histone variant macroH2A: from genomics to cell biology. *Cell Cycle* 9, 2568-2574(2010).

[38] Chen, P. *et al*. H3.3 actively marks enhancers and primes gene transcription via opening higher-ordered chromatin. *Genes & Development* 27, 2109-2124(2013).

[39] Tang, M. C. *et al*. Contribution of the two genes encoding histone variant h3.3 to viability and fertility in mice. *PLoS Genetics* 11, e1004964(2015).

[40] Wang, Z. M. *et al*. miR-15a-5p suppresses endometrial cancer cell growth via Wnt/beta-catenin signaling pathway by inhibiting WNT3A. *Eur Rev Med Pharmacol Sci* 21, 4810-4818(2017).

[41] Chen, P. *et al*. Dynamics of histone variant H3.3 and its coregulation with H2A.Z at enhancers and promoters. *Nucleus(Austin, Tex.)*5, 21-27(2014).

[42] Hoffmann, S. *et al*. CENP-A is dispensable for mitotic centromere function after initial centromere/kinetochore assembly. *Cell Reports* 17, 2394-2404(2016).

[43] Filipescu, D. *et al*. Histone H3 variants and their chaperones during development and disease: contributing to epigenetic

control. *Annual Review of Cell and Developmental Biology* 30, 615-646(2014).

[44] Muller, S. & Almouzni, G. A network of players in H3 histone variant deposition and maintenance at centromeres. *Biochimica et Biophysica Acta* 1839, 241-250(2014).

[45] Xiong, C. *et al.* Histone Variant H3.3: A versatile H3 variant in health and in disease. *Science China. Life Sciences* 59, 245-256(2016).

[46] Dunleavy, E. M. *et al.* HJURP is a cell-cycle-dependent maintenance and deposition factor of CENP-A at centromeres. *Cell* 137, 485-497(2009).

[47] Shuaib, M. *et al.* HJURP binds CENP-A via a highly conserved N-terminal domain and mediates its deposition at centromeres. *Proceedings of the National Academy of Sciences of the United States of America* 107, 1349-1354(2010).

[48] Foltz, D. R. *et al.* Centromere-specific assembly of CENP-a nucleosomes is mediated by HJURP. *Cell* 137, 472-484(2009).

[49] Andrews, A. J. *et al.* The histone chaperone Nap1 promotes nucleosome assembly by eliminating nonnucleosomal histone DNA interactions. *Molecular Cell* 37, 834-842(2010).

[50] Gurard-Levin, Z. A. *et al.* Histone chaperones: assisting histone traffic and nucleosome dynamics. *Annual Review of Biochemistry* 83, 487-517(2014).

[51] Hammond, C. M. *et al.* Histone chaperone networks shaping chromatin function. *Nature reviews. Molecular Cell Biology* 18, 141-158(2017).

[52] Belotserkovskaya, R. *et al.* FACT facilitates transcription-dependent nucleosome alteration. *Science* 301, 1090-1093(2003).

[53] Hondele, M. *et al.* Structural basis of histone H2A-H2B recognition by the essential chaperone FACT. *Nature* 499, 111-114(2013).

[54] Obri, A. *et al.* ANP32E is a histone chaperone that removes H2A.Z from chromatin. *Nature* 505, 648-653(2014).

[55] Mattiroli, F. *et al.* The right place at the right time: chaperoning core histone variants. *EMBO Reports* 16, 1454-1466(2015).

[56] Tomonaga, T. *et al.* Overexpression and mistargeting of centromere protein-A in human primary colorectal cancer. *Cancer Research* 63, 3511-3516(2003).

[57] Wu, Q. *et al.* Expression and prognostic significance of centromere protein A in human lung adenocarcinoma. *Lung Cancer(Amsterdam, Netherlands)*77, 407-414(2012).

[58] McGovern, S. L. *et al.* Centromere protein-A, an essential centromere protein, is a prognostic marker for relapse in estrogen receptor-positive breast cancer. *Breast Cancer Research : BCR* 14, R72(2012).

[59] Schwartzentruber, J. *et al.* Driver mutations in histone H3.3 and chromatin remodelling genes in paediatric glioblastoma. *Nature* 482, 226-231(2012).

[60] Sturm, D. *et al.* Hotspot mutations in H3F3A and IDH1 define distinct epigenetic and biological subgroups of glioblastoma. *Cancer Cell* 22, 425-437(2012).

[61] Wu, G. *et al.* Somatic histone H3 alterations in pediatric diffuse intrinsic pontine gliomas and non-brainstem glioblastomas. *Nature Genetics* 44, 251-253(2012).

[62] Hua, S. *et al.* Genomic analysis of estrogen cascade reveals histone variant H2A.Z associated with breast cancer progression. *Molecular Systems Biology* 4, 188(2008).

[63] Svotelis, A. *et al.* H2A.Z overexpression promotes cellular proliferation of breast cancer cells. *Cell Cycle* 9, 364-370(2010).

[64] Gevry, N. *et al.* Histone H2A.Z is essential for estrogen receptor signaling. *Genes & development* 23, 1522-1533(2009).

[65] Sporn, J. C. & Jung, B. Differential regulation and predictive potential of MacroH2A1 isoforms in colon cancer. *The American Journal of Pathology* 180, 2516-2526(2012).

[66] Sporn, J. C. *et al.* Histone macroH2A isoforms predict the risk of lung cancer recurrence. *Oncogene* 28, 3423-3428(2009).

[67] Kapoor, A. *et al.* The histone variant macroH2A suppresses melanoma progression through regulation of CDK8. *Nature* 468,

1105-1109(2010).

[68] Bonner, W. M. *et al.* GammaH2AX and cancer. *Nature reviews. Cancer* 8, 957-967(2008).

[69] Ivashkevich, A. *et al.* Use of the gamma-H2AX assay to monitor DNA damage and repair in translational cancer research. *Cancer Letters* 327, 123-133(2012).

李国红 中国科学院生物物理研究所生物大分子国家重点实验室研究组长。博士、研究员、博士生导师，"国家杰出青年科学基金"、中国科学院"百人计划"获得者。1998～2003 年，在德国马普细胞生物学研究所/海德堡大学生物系获博士学位；2003～2009 年，美国霍华德休斯医学研究院（HHMI）博士后。2015年，获科技部"中青年科技创新领军人才"；2017 年，入选霍华德休斯医学研究院（HMMI）国际学者；2017 年，入选第三批中组部"万人计划"科技创新领军人才。研究方向主要是染色质结构和表观遗传调控，重点研究胚胎干细胞发育分化过程中染色质高级结构动态变化及其表观遗传调控的分子机理，阐明染色质高级结构动态调控在细胞命运决定中的生物学功能和分子机理。包括以下三个方向：30nm 染色质纤维的组装、结构和调控机理研究；着丝粒染色质结构和功能研究；染色质结构和细胞命运决定的分子机理研究。

第13章　CTCF 与三维基因组染色质高级结构

吴　强　甲芝莲
上海交通大学

本章概要

CTCF 是含有锌指结构的重要转录因子和三维基因组架构蛋白，在三维基因组调控和功能中具有关键作用。截至 2019 年年初，在 PubMed 上有关 CTCF 的文献超过 1600 篇，它是最早被认识和发现的转录因子及三维基因组架构蛋白，其在表观遗传调控和染色质高级结构领域中的重要性不言而喻，但是我们确实对它知之甚少。CTCF 最重要和最显著的特点就是它的多功能性，它非常保守，具有 11 个锌指结构，其结合位点具有多样性、方向性、可变性和动态性。CTCF 与其结合位点一起充当启动子和其调控元件之间的桥梁，既可以激活转录，也可以抑制转录。CTCF 位点又称绝缘子，能够阻断增强子对启动子的激活。CTCF 同时也是重要的三维基因组（ three dimensional genome，3D genome ）架构蛋白，与黏连蛋白（ cohesin ）一起在染色质高级结构及其动态调控中发挥着重要作用[1]。CTCF 结合位点（ CTCF-binding site，CBS，简称 CTCF 位点 ）的方向性在染色质动态调控、三维基因组架构形成以及特异性基因表达调控方面尤为重要。CTCF 结合位点的单核苷酸多态性（ single nucleotide polymorphism，SNP ）及 CBS 的突变与多种人类疾病的易感性和肿瘤的发生发展密切相关。本章系统介绍了 CTCF 的特点、其调控基因表达和三维基因组架构的规律性，同时探讨了 CTCF 结合位点及其在绝缘子、增强子、染色质高级结构中的调控机制，列举了 CTCF 调控中的关键蛋白因子 Cohesin、YY1 与 CTCF 在基因调控中的协同作用。CTCF 自身就是一个谜，随着谜底一个个揭开，我们不仅对 CTCF 在表观遗传调控中的作用有了更深刻的认识，同时在更高层次上认识了染色质高级结构与生命的复杂性。

CTCF 被发现已经有近 30 年了，它的功能已经从最初发现的转录抑制因子，到后来的绝缘功能，再到增强子与启动子之间的桥梁作用，并以此激活转录。最近，CTCF 已被发现是最重要的三维基因组架构蛋白，在染色质高级结构的形成维持和动态调控中起到关键作用。所以，CTCF 在细胞核各种分子机器调控过程中，以及对生命体组织器官发育中的生理发生及病理发展至关重要。

13.1　CTCF 与 DNA 的相互作用

关键概念

- CTCF 属于锌指蛋白家族的一种，包含 11 个锌指结构，CTCF 通过这些锌指结构识别基因组中的 CBS 靶位点。
- CTCF 蛋白高度保守，表达于各种细胞类型中，对细胞的正常功能和胚胎发育都是必需的。
- CTCF 结合位点（ CTCF-binding site，CBS ）在基因组中成千上万并且广泛分布。
- CBS 并不是一个对称的序列，而是具有方向性；CTCF 结合位点在序列和长度上都具有丰富的多样性，而且 CTCF 结合位点中有非常保守的碱基序列。DNA 甲基化能阻碍 CTCF 与 CBS 结合。

* CTCF 与 DNA 结合的特性包括方向性、多样性、保守性、灵活性、可调性和动态性。CTCF 与三维基因组拓扑结构密切相关，CTCF 与其靶位点结合的方向性决定了三维基因组中染色质环化的方向性。

13.1.1　CTCF 的特征

1. CTCF 的发现

1990 年，Lobanenkov 和 Goodwin 实验室在鸡的 *c-myc* 基因转录起始位点上游 180～230bp 位点发现一种新的 DNA 结合蛋白，这个蛋白结合的 DNA 序列含有特异性的 "CCCTC" 碱基，因此将其命名为 CCCTC 结合因子（CCCTC-binding factor），简称 CTCF[2]。随后，在人和小鼠中也发现了 *CTCF* 基因，说明 CTCF 在不同物种中具有保守性，揭开了 CTCF 研究的序幕。

2. CTCF 的序列

CTCF 染色质架构蛋白的典型特征有：第一，CTCF 在不同物种中广泛存在，除了酵母、秀丽隐杆线虫和植物外，几乎所有的物种尤其是两侧对称动物都有 *CTCF* 基因存在[3]。第二，CTCF 蛋白高度保守，从斑马鱼到哺乳动物，其氨基酸序列高度保守，尤其是核心的锌指结构域；人和小鼠 CTCF 蛋白的氨基酸序列几乎完全相同，但小鼠比人多 9 个氨基酸；鸟类（鸡）和人类 CTCF 的氨基酸序列 93% 相同，其长度仅差一个氨基酸，而斑马鱼 CTCF 蛋白则稍微长一些。第三，CTCF 广泛表达于各种细胞类型中，对细胞的正常功能和动物胚胎发育都是必需的[3]。

3. CTCF 的结构

CTCF 属于锌指蛋白家族的一种，具有 10 个经典的 C2H2 型锌指结构和一个 C2HC 型锌指结构，CTCF 通过这些锌指结构识别基因组中的靶位点。CTCF 的锌指结构在高等动物中高度保守，而蛋白质的 N 端及 C 端保守性略低。CTCF 蛋白 C 端含有 NTP 结合位点、核定位信号和磷酸化位点，这些位点均参与 CTCF 与黏连蛋白复合体的互作[4]。

4. CTCF 的表达

作为细胞生存所必需的多功能染色质架构蛋白，CTCF 在组织器官的各种细胞中都有广泛的表达，与管家基因（housekeeping gene）类似。但是，CTCF 在不同的细胞类型中的表达水平和细胞核分布模式并非一成不变，暗示它具有细胞特异性的功能[5]。CTCF 的正常表达对细胞生长分裂和组织器官发育很重要，CTCF 过表达或者 RNAi 诱导低表达都会引起细胞生长、增殖、分化、凋亡等诸多方面的缺陷[5]。

5. CTCF 的修饰

CTCF 蛋白的 N 端可发生聚 ADP 核糖基化修饰［poly(ADP-ribosy)lation］。早期的 ChIP 实验发现，

基因组范围内有 140 多个位点上的 CTCF 蛋白可发生聚 ADP 核糖基化修饰，因为早期技术的分辨率不足，这个数目可能是被低估了。核糖基化修饰不影响 CTCF 与 DNA 的结合，相反，其可能参与稳定 CTCF 和 DNA 的相互作用（互作）。例如，在乳腺癌细胞中，核糖基化修饰的缺陷使 CTCF 从 *CDKN2A* 位点解离，导致这个抑癌基因被异常沉默。在 *Igf2/H19* 基因位点，抑制核糖基化不影响 CTCF 与印记控制区域（imprinting control region，ICR）的结合，但却解除了 ICR 对父源 *Igf2* 基因的转录抑制[6]，说明核糖基化修饰可能参与稳定 CTCF 介导的染色质互作。

CTCF 蛋白可发生 SUMO 化修饰，修饰位点有两个，分别位于蛋白质的 N 端和 C 端，且这两个位点从鱼类到哺乳动物中都是保守的。体外试验发现，CTCF 的 SUMO 化修饰不影响它与 DNA 的结合。SUMO 化修饰参与了 CTCF 对 *c-myc* 基因的转录抑制。

最后，CTCF 的丝氨酸和酪氨酸残基能够被磷酸化，磷酸化后 CTCF 蛋白的功能尚不清楚[5]。总之，CTCF 蛋白的翻译后修饰的具体分子机制和潜在功能仍有待研究。

13.1.2　CTCF 结合位点的特性

1. CTCF 结合位点的广泛性

作为一种 DNA 结合蛋白，CTCF 结合位点（CTCF-binding site，CBS）在基因组中广泛分布，有 55 000～65 000 个，这个数目在不同细胞中略有差异[3, 7]。在这些位点中，约有 50% 位于基因之间的非编码区，15%～20% 位于基因启动子附近，34%～40% 包含在基因外显子和内含子中[8, 9]。不同细胞中 CTCF 的结合位点会有所不同。组成型 CTCF 结合位点主要位于基因启动子，而细胞特异性的结合位点主要位于基因增强子[10]。CTCF 结合位点的分布特征为研究其潜在功能提供了重要线索。

2. CTCF 结合位点的方向性

ChIP-exo 技术相较于普通的 ChIP-seq 可用于高精度地寻找与特定蛋白结合的确切 DNA 序列，精确到单个碱基的分辨率。通过 ChIP-exo 技术分析，发现全基因组的 CTCF 结合位点具有保守的碱基序列[11, 12]。这些序列可分为 4 个模块（module），分别命名为模块 1～4[3, 11, 13-15]（图 13-1A，B）。最近的研究发现，CTCF 结合位点并不是一个对称的序列，而是具有方向性，从模块 1 到 4 为正向（图 13-1A），而从模块 4 到 1 为负向[13-15]（图 13-1B），这个方向性对整个三维基因组的架构和转录调控具有重要意义[16]。

3. CTCF 结合位点的多样性

CTCF 结合位点在序列和长度上都具有丰富的多样性。虽然总体上可以分为上述 4 个模块，但除了模块 2 和 3 是所有 CTCF 结合位点都具有的核心序列，模块 1 和模块 4 并不是必需的。模块 1 和模块 4 的出现能够增加 CTCF 与 DNA 结合的稳定性和多样性。在初级淋巴细胞中，80% 的 CTCF 结合位点仅含有模块 2 和模块 3，13% 的位点含有模块 1，约 8% 的位点含有模块 4，仅有 6% 的位点既含有模块 1 也含有模块 4[12]。模块 1 和模块 2 之间通常间隔 7～8bp，而模块 2～4 为连续的序列[15]（图 13-1A，B）。CTCF 结合位点的多样性决定了 CTCF 与不同位点之间亲和力的不同[17]，这与 CTCF 展现出来的功能多样性存在内在关联。

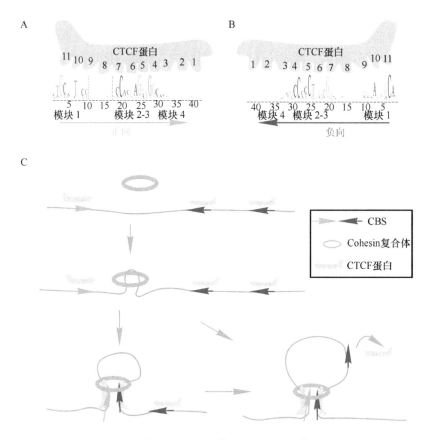

图 13-1　CTCF 与 CBS 的结合模式及环"挤出模型"示意图

A. CTCF 与正向 CBS 的结合；B. CTCF 与负向 CBS 的结合；C. 染色质环"挤出模型"

4. CTCF 结合位点的保守性

CTCF 结合位点中有非常保守的碱基序列，主要位于模块 2 和模块 3 中，如 C20、G25 和 G28[15, 18]（图 13-1A）。CTCF 结合位点在不同的细胞乃至不同的物种中都具有保守性。在 ENCODE 数据库的 38 种细胞中，CTCF 结合位点在不同细胞之间的重合率大于 50%。当比较两种相似的细胞类型时，这种重合率会更高，如两种淋巴细胞系 GM12875 和 GM12873 有 80% 的重合[7]。

除了在不同细胞之间的保守性，CTCF 结合位点在脊椎动物之间也具有保守性。加州大学圣地亚哥分校任兵实验室将人基因组中的 31 905 个 CTCF 结合位点与不同物种的基因组序列比较，发现小鼠中有 19 271 个完全相同的结合位点，而在狗、牛、大鼠、鸡和斑马鱼中分别发现了 8082、8154、6362、263、204 个与人基因组中 CTCF 位点高度保守的结合位点[9]。

5. CTCF 结合位点的可塑性

DNA 甲基化能阻碍 CTCF 与 CBS 的结合[19]。大约 1.5% 的 CTCF 结合位点含有 CpG 岛，这些结合位点的甲基化状态决定了 CTCF 蛋白的结合情况。约有一半的细胞特异性 CTCF 结合位点是由于不同细胞之间的甲基化程度不同导致的，说明 DNA 甲基化参与了细胞特异性 CTCF 结合的调控[15, 18]。

13.1.3　CTCF 与 DNA 结合的特性

1. CTCF 与 DNA 结合的方向性

CTCF 通过锌指结构与 DNA 碱基之间形成序列特异性的互作来结合 DNA。ZF3、ZF4-7 和 ZF9-11 分别嵌入到模块 4、模块 3-2 和模块 1 的 DNA 双链大沟中（图 13-1A）。CTCF 以 ZF4-7 的顺序结合模块 3-2[15, 17, 18]。由于模块 2-3 与回文序列很像，位于模块 2-3 中间的非对称碱基 "A"（A24）决定了 CTCF 与 DNA 结合的方向性[15]（图 13-1A，B）。A24 由 ZF6 识别，这个碱基使得 ZF4-7 只能从一个方向上结合模块 2-3。与模块 2-3 的类似回文序列不同，模块 4 是不对称的。因此，ZF3 与模块 4 的结合进一步决定了 CTCF 与 DNA 结合的方向性[15]（图 13-1A，B）。

2. CTCF 与 DNA 结合的多样性

CTCF 能够耐受 CBS 中特定位置的碱基变化，从而能够识别基因组中多种多样的结合位点（图 13-1A，B）。首先，ZF7 的 Arg448 可以与 21 位的 A 或 G 通过氢键互作，ZF6-7 与原钙黏蛋白基因簇中 CBS 的 22～23 位碱基的互作并不影响 CTCF 与 CBS 的结合。这三个位置的碱基可变性大大增加了 CBS 的多样性。其次，ZF5 可以与 26 位的 A 或者 G 形成氢键，因此 CBS 的 26 位可以是 A/G[15, 17, 18]。再次，27 位的碱基与 CTCF 之间无互作，因而可以是任何碱基，均不影响 CTCF 的识别。这些结果预示着 ZF4-7 能够耐受 CBS 21～23 位以及 26～27 位的碱基序列变化，这是 CTCF 能够结合数万的各种各样 CBS 序列的原因[15, 17, 18]。

3. CTCF 与 DNA 结合的保守性

C2H2 是哺乳动物中典型的锌指结构，与 DNA 作用时通常每个锌指跨度 3 个碱基。CTCF 的锌指结构也大致遵循这种原则，ZF3-7 特异性地与模块 2-3 的 DNA 大沟互作，锌指结构的残基与特定碱基之间形成碱基特异性互作，因而决定了模块 2-3 核心序列中 15 个保守的碱基。CBS 三个最保守的碱基 C20、G25、G28 中每一个都与 CTCF 残基形成两个氢键，因此它们非常保守（图 13-1A，B）。CTCF 的 ZF3-7 与特定碱基之间的氢键作用，决定了 CBS 的保守性[15, 17, 18]。

4. CTCF 与 DNA 结合的灵活性

CTCF 结合位点中，模块 1 和 2 之间的间隔是可变的，这就意味着 CTCF 与 CBS 的结合很灵活[12, 15, 17]。通常情况下两个相邻的锌指结构（比如 ZF2-3、ZF3-4、ZF4-5、ZF5-6）之间的角度是一致的，使得很多相邻的锌指结构都能够插入到 DNA 大沟中并缠绕着 DNA，且沿着 DNA 大沟旋转。但是，ZF6-7 之间的角度多旋转了 35°[15]，ZF8 相对于 ZF7 的旋转角度比正常情况多了 125°，导致 ZF8 位于 CBS 双链之外。并且，ZF9 相对于 ZF8 的旋转角度也显著不同，比正常情况多了 115°，使得 ZF9 能够再度插入到 CBS 双链的大沟中。因此，CTCF 蛋白 ZF8 两边的旋转角度赋予了 CTCF 与模块 1-2 之间的间隔 7bp 或 8bp 这两类 CBS 结合的能力[15]。总之，ZF8 使得 CTCF 能够适应模块 1 和模块 2 之间不同长度的序列间隔。

5. CTCF 与 DNA 结合的可调性

CTCF 与 CBS 的结合和 DNA 的甲基化状态存在动态调控关系。CTCF 结合位点的甲基化是 CTCF 与

DNA 结合的主要调控方式。在 15bp 的 CBS 核心序列中，CTCF 对第 2 位胞嘧啶的甲基化敏感，而对第 12 位的胞嘧啶甲基化不敏感[15, 18]（图 13-1A）。除了甲基化以外，核小体、某些同源蛋白（如后面提到的 CTCFL）或架构蛋白（如 Smchd1），以及 RNA 分子能够调控 CTCF 在某些位点的结合。

6. CTCF 与 DNA 结合的动态性

单分子成像技术显示，在体内 CTCF 与 DNA 的结合并不是稳定的，而是高度动态的。CTCF 结合在 DNA 上的平均时间为 1～2min，越保守的位点，相应的结合时间越长。并且，CTCF 蛋白从一个 CBS 位点脱离后，很快便结合到另一个 CBS 位点上（1min 内）[20]。因此，CTCF 和染色质复合体是一个高度动态的复合体[17, 20]。

13.2　CTCF 与黏连蛋白协同架构三维基因组染色质高级结构

关键概念

- 黏连蛋白（cohesin）是一个由 4 个蛋白亚基构成的环状复合体，作为一种染色质架构蛋白，可能与 CTCF 动态互作并参与基因的表达调控。
- CTCF 与 cohesin 的关系源于它们结合位点的广泛重合。
- 线性的 DNA 序列在细胞核中以三维结构存在，在蛋白质的作用下，线性距离较远的染色质纤维被拉近，形成的环状结构叫做染色质环。CTCF 和 cohesin 是染色质环形成的关键蛋白，绝大多数染色质环的两端都有 CTCF 蛋白结合。
- CTCF/cohesin 介导的染色质环是拓扑结构域（topological domain）或者拓扑相关结构域（topologically associated domain，TAD）形成的基础，并参与 TAD 边界的形成。
- 染色质环"挤出模型"是指在染色质环形成过程中，cohesin 在 DNA 上双向滑动，这样染色质纤维从 cohesin 环中穿出来从而相互靠近，当 cohesin 遇到 CTCF 位点时滑动停止，使得两个 CTCF 位点之间相互靠近形成染色质环。

13.2.1　CTCF 与黏连蛋白复合体

1. 黏连蛋白复合体

黏连蛋白是一个蛋白复合体，是由 4 个不同的蛋白质亚基［SMC1、SMC3、SCC1（也叫 Rad21），以及 SA1（或 SA2）］形成的一个直径约为 40nm 的环状结构。黏连蛋白本身与 DNA 序列之间并没有特异性互作，但是黏连蛋白环能够以拓扑和非拓扑的形式组织染色质纤维并沿着染色质纤维滑动[21]。早期的研究发现，黏连蛋白的功能是在细胞分裂及 DNA 复制过程中使姐妹染色单体粘连。黏连蛋白对于染色质同源重组，以及有丝分裂和减数分裂过程中染色体的正确分离都是必需的，能够确保基因组信息完整地遗传到子代中。后来的研究发现，黏连蛋白作为一种染色质架构蛋白，在 DNA 损伤修复、染色质重排及基因表达调控中发挥着重要作用。

2. CTCF/黏连蛋白 DNA 结合位点的比较分析

CTCF 与黏连蛋白的关系源于它们结合位点的广泛重合,65%～90%的黏连蛋白结合在 CTCF 位点上;反之,55%～80%的 CTCF 结合位点含有黏连蛋白[22, 23],这个比例在不同类型的细胞中会有所不同。事实上,CTCF 与黏连蛋白可能存在直接互作,CTCF 的 C 端能够结合黏连蛋白复合体的 SA1 或 SA2 亚基[4]。在 CTCF 和黏连蛋白共同结合的位点,黏连蛋白的结合依赖于 CTCF,因为 CTCF 的缺失导致黏连蛋白在这些位点的缺失[24],并进一步引起染色质环化减弱[19]。

13.2.2　CTCF/黏连蛋白与染色质纤维的"挤出模型"

1. 染色质环

线性的 DNA 序列在细胞核中以三维结构存在,在蛋白质的作用下,线性距离较远的染色质纤维被拉近,形成染色质环状结构,叫做染色质环(chromatin loop)或环状结构域(loop domain)。染色质环化是普遍的现象,常染色体能够包含上千个染色质环。CTCF 和黏连蛋白是染色质环形成的关键蛋白。按照功能的不同,染色质环可以分为两类,即结构性环(architectural loop)和调节性环(regulatory loop)[25]。结构性环跨度大,主要依赖于 CTCF 和黏连蛋白复合体,能将染色体分成功能性结构域如拓扑相关结构域,是染色体高级结构架构的基础。调节性环跨度小,通常位于 TAD 内部,主要形成于增强子和启动子之间,参与基因表达调控。除了 CTCF 和黏连蛋白以外,还有其他蛋白质参与调节性环的形成,如 GATA1、YY1、LDB1 等[25-27]。高分辨率 Hi-C 显示,任意两个细胞中都有 50%～75%的环是相同的,无论是结构性环还是调节性环都与 CTCF 有关[28]。由于 CTCF 和黏连蛋白结合 DNA 的动态性[20],它们之间所形成的染色质环也是高度动态的,在细胞周期中染色质环会不断地生成和消失。

染色质环拉近了远端调控元件与它们的靶基因的距离,但染色质环的分子结构及其与转录调节的关系还不完全清楚。染色质环与基因的激活和抑制都有关系,因为在增强子与沉默子(silencer)中均有 CTCF 结合位点,并且激活和抑制的基因中都有染色质环的存在[13, 16]。由 CTCF、黏连蛋白所形成的染色质环能够限制环内调节元件的作用范围,因而这种结构也被称为绝缘区域(insulated neighborhood),调节元件和它们的靶基因通常位于这样的结构中[29]。增强子通过与启动子之间形成染色质环能够调控基因的表达,因此染色质环决定了增强子调控哪些基因[13, 16, 19]。

2. 染色质环化方向

绝大多数染色质环的两端都有 CTCF 蛋白结合。有趣的是,这些环主要形成于"正向-负向"的 CTCF 位点之间[13, 19],将 CTCF 位点反转能够改变环化的方向,因此 CTCF 结合位点的方向性决定了环化的方向性[13]。染色质环显著地形成于相向的 CTCF 结合位点之间,与此相对应的是,"负向-正向"的 CTCF 位点之间不会形成环化作用,而是富集于拓扑相关结构域的交界[13, 24]。通过 CTCF 结合位点的方向性,能够预测染色质环化的方向[13]。由于染色质环是染色体折叠的基础,这预示着染色体结构域的组装信息能够被直接编码于一维基因组中。我们能够通过一维基因组中 CTCF 结合位点的方向性,预测具体位点的三维空间构象[13]。

3. 染色质环化机制

染色质环的形成机制是染色体生物学一个非常重要的问题，至今仍没有答案。由于染色质环的形成依赖于 CTCF 位点的方向性，意味着环形成过程中有蛋白质能够沿着 DNA 滑动并识别这种方向，黏连蛋白可能就是这种蛋白质[13]。黏连蛋白复合体能够结合到 DNA 上并沿着双链往相反方向滑动，在滑动过程中使染色质环状结构不断增大，形成染色质环，即染色质环挤出模型（loop extrusion model）[30]（图 13-1C）。由于染色体的结构能够在细胞分裂之后快速建立，说明黏连蛋白的滑动必须非常迅速，实验手段无法捕捉这种高度动态的染色质环。而当滑动的黏连蛋白遇到 CTCF 蛋白时，能够与 CTCF 互作并停止滑动，从而形成我们所能检测到的染色质环[30]（图 13-1C）。CTCF 与 DNA 结合具有动态性[17]，当一个位点的 CTCF 解离时，黏连蛋白能够滑过这个位点直到下一个相同的 CTCF 位点，因此，染色质环也具有动态性[20, 31]。由于染色质环主要形成于正向-负向的 CTCF 位点之间，预示着黏连蛋白只有从正向 CBS 的 3′端向 5′端滑动时才会被停止。

4. 染色质拓扑结构域

CTCF/黏连蛋白介导的染色质环是拓扑结构域（topological domain）或拓扑相关结构域（topologically associated domain，TAD）形成的基础，并参与 TAD 边界的形成。在哺乳动物中，大约 75%的拓扑结构域边界含有 CTCF 结合位点。将 CTCF 或者黏连蛋白降解后，染色质拓扑结构域消失[32, 33]。

5. 染色质环 "挤出模型"

染色质环 "挤出模型"（loop extrusion model）是指染色质环形成过程中，黏连蛋白依赖于水解 ATP 所产生的能量在 DNA 上快速滑动，当遇到 CTCF 位点时滑动停止，使得两个 CTCF 位点之间形成染色质环[16, 34-36]（图 13-1C）。挤出模型能够解释我们目前所观察到的各种实验现象，以及染色质折叠的特征。例如，当结构域边界被破坏时，两个结构域融合成一个更大的结构域；利用生长素（auxin）诱导的蛋白降解系统降解黏连蛋白复合体的亚基 Rad21 会使染色质环消失[33]，而用同样的方法降解 CTCF 蛋白则影响了 CBS 位点之间的染色质环形成并削弱了拓扑结构域的边界[32]；突变或反转结构域边界的 CTCF 结合位点，会导致已有相互作用的缺失，以及新的相互作用的形成[13, 34]。挤出模型还可以解释群体细胞中大结构域内包含了许多小的结构域的现象。

13.3 CTCF 与染色质高级结构

关键概念

- CTCF 是哺乳动物染色质高级结构的主要组织者。依靠基因组中众多的结合位点，以及与其他蛋白质和 RNA 的互作，CTCF 能够介导广泛的 DNA 片段之间的相互作用，帮助建立和维持染色质的高级结构。
- CTCF 结合序列的方向性决定染色质环化的方向。
- CTCF 与常染色体高级结构密切相关。常染色体折叠的各个层次，从染色质环、拓扑结构域，到细胞核 A/B 分区，它们的边界都富集了 CTCF。

- CTCF 参与端粒保护和 TERRA（telomeric repeat-containing RNA）转录调节，是端粒结构不可或缺的组成部分。
- CTCF 可参与着丝粒聚集（centromere clustering）。
- CTCF 可结合 RNA，例如，CTCF 与 Xist RNA 结合，参与 X 染色体失活。

13.3.1　CTCF 与染色质高级结构的形成

1. 染色质高级结构概述

全基因组测序的完成，给我们展示了一维线性基因组序列的全景。但基因组在细胞核中并非线性结构，而是经过不同层次的包装和折叠，成为错综复杂的三维结构，基因的转录调控要在复杂的高级结构中完成。CTCF 是哺乳动物染色质高级结构的主要组织者，是三维基因组最重要的架构蛋白之一。依靠基因组中众多的结合位点，以及与其他蛋白质和 RNA 的互作，CTCF 能够介导广泛的 DNA 片段之间的相互作用，帮助建立和维持染色质的高级结构。CTCF 在基因组中多种多样的功能，在很多情况下都与其参与染色质高级结构的构建有关。CTCF 蛋白被清除后，高级结构中的染色质环结构域（chromatin loop domain）或拓扑结构域的形成受到显著影响[32]。

2. CTCF 结合 DNA 片段的编辑

基于 CRISPR/Cas9 的基因编辑技术，不仅可以进行基因敲除，还可以用来研究基因组中大量调控元件（regulatory element）的功能。DNA 片段编辑技术[13, 37, 38]对于 CTCF 方向性的发现，以及研究 CTCF 在特定位点的功能起了非常重要的作用。通过使用一对 sgRNA，在 DNA 片段上产生两个切割位点，诱发 DNA 双链断裂修复机制，将断裂端口修复。在这个过程中，可以产生 DNA 片段的缺失、反转和重复[13, 37]；在有外源供体的情况下，还可以通过同源重组途径，进行 DNA 片段的插入或替换。我们发现，Cas9 核酸酶切割 DNA 双链能够产生突出末端，该突出末端决定了编辑位点附近的碱基加入的多样性，使得编辑结果可被精准预测[39]。用 DNA 片段编辑技术对 CTCF 结合位点进行敲除、反转和重复，不仅揭示了 CTCF 的环化作用机制，还阐明了 CTCF 在三维基因组架构和基因表达调控中的功能[13, 24, 34, 40, 41]。

3. CTCF 结合位点的方向性决定染色质环化的方向性

我们用 DNA 片段编辑技术将染色质环的其中一侧 CTCF 位点进行反转，发现染色质环化的方向改变，从而发现 CTCF 结合位点的方向性是 CTCF 位点之间远距离互作的核心[13]。例如，我们将 *PCDHα* 基因簇的 HS5-1 增强子反转，发现原本与上游 *PCDHα* 基因互作的 HS5-1 改变了环化方向，与下游 *PCDHβ* 基因互作。同样，将 β 珠蛋白区域包含三个 CTCF 结合位点的 DNA 片段反转，染色质环化的方向也随之反转[13]。与反转含 CBS 的大片段不同，仅仅反转 CBS 本身的 50bp 虽然能够使原有的环化作用消失，但却不足以形成新的反向环化作用[24]，说明环化的形成还依赖于其他未知因子的参与。因此，大片段的改变比单个 CBS 位点的作用更加明显。由于环化作用主要形成于成对的相向 CBS 之间，改变其中一个位点的结果将很大程度上取决于周围 CTCF 位点的分布及方向，因而高度依赖于基因位点的特征。

13.3.2　CTCF 参与各种染色质高级结构的架构

1. CTCF 与常染色体高级结构

常染色体折叠的各个层次，从染色质环、拓扑结构域，到细胞核的染色质 A/B 分区，它们的边界都富集了 CTCF。用生长素诱导 CTCF 或黏连蛋白降解，染色质环和拓扑结构域在数分钟之内消失；当去除生长素的影响后，染色质环在 40min 内重新显现，说明 CTCF 和 Cohesin 对于染色质环及拓扑结构域的形成与维持是必不可少的。当将 CTCF 和黏连蛋白同时降解后，染色体折叠受到显著影响，导致染色质的整体压缩（compaction）[32, 33]。

2. CTCF 与端粒高级结构

CTCF 和黏连蛋白参与端粒保护和 TERRA（telomeric repeat-containing RNA）转录调节，是端粒结构不可或缺的组成部分。亚端粒（subtelomere）的染色质构象对维持端粒的完整性及染色体的末端保护有重要作用[42]。在人类基因组中，绝大部分的亚端粒中含有 CTCF 和黏连蛋白结合位点，下调 CTCF 或者黏连蛋白亚基 Rad21 能导致端粒诱导的 DNA 损伤位点的形成，并破坏端粒结合蛋白 TRF1 和 TRF2 的结合，进而影响端粒的长度和损伤修复[42, 43]。此外，CTCF 能促进 TERRA 的转录。TERRA 是端粒异染色质的组成部分，参与招募端粒的异染色质蛋白，维持端粒异染色质状态，所有的染色体末端都能转录该RNA。TERRA 的调控区中含有 CTCF 结合位点，敲低 CTCF 下调 TERRA 的转录。

3. CTCF 与着丝粒高级结构

在细胞分裂间期，细胞会发生着丝粒聚集（centromere clustering）现象。着丝粒的聚集与着丝粒染色质有关，而与 DNA 序列无关。在果蝇中，CTCF 直接影响着丝粒的聚集，参与稳定臂间（pericentric）异染色质构象。CTCF 能够与着丝粒蛋白 E（CENP-E）互作，这是一种有丝分裂驱动蛋白。在着丝粒 DNA上有 CTCF 结合位点，在有丝分裂早期，CTCF 结合并招募 CENP-E 蛋白至这些位点。过表达 CENP-E 蛋白中与 CTCF 互作的小片段，能够与正常 CENP-E 蛋白竞争 CTCF 的结合，使得 CTCF 对 CENP-E 蛋白的招募下降，导致有丝分裂过程中部分染色体配对的延迟[44]。

13.3.3　CTCF 参与 X 染色体高级结构的构建

1. CTCF 与 RNA 的相互作用

CTCF 不仅仅能够与 DNA 结合，同时也是一种高亲和力的 RNA 结合蛋白。在小鼠胚胎干细胞中，CTCF 能够与上万个基因的转录本相互作用[45]。与 DNA 的结合不同，CTCF 与 RNA 的相互作用不依赖于特定的序列，而依赖于 RNA 的二级或三级结构。CTCF 结合的 DNA 主要定位在非编码区，而 CTCF结合的 RNA 则定位于编码区。奇怪的是，二者结合的位点体现在一维 DNA 序列上时又是相互靠近的，DNA 结合峰主要位于 RNA 结合峰上游 1～4kb 及下游 4～6kb 的位置[45]。关于 CTCF 与 RNA 的相互作用机制目前还不清楚。

2. CTCF 与 Xist 的相互作用

X 染色体失活中心（X inactivation center）含有多个非编码基因，如 *Xist*、*Tsix* 及 *Xite*。CTCF 能够与 *Tsix*、*Xite* 和 *Xist* 的 RNA 相互作用。CTCF 与 RNA 的亲和力很强，例如，*Tsix* 和 *Xite* RNA 能够有效地与 DNA 竞争 CTCF 的结合[45]。CLIP-seq 显示 CTCF 在 *Xist* 转录本上有显著的富集，与 *Xist* 上的 Repeats A、C 和 F 模序有很强的相互作用[45]。CTCF 与 *Xist* 的结合可能影响了其对黏连蛋白的招募，因为 CTCF 的结合在正常与失活的 X 染色体中没有太大变化，但 X 染色体失活后大部分 CTCF 位点的黏连蛋白却消失了。*Xist* 的敲除能恢复黏连蛋白在 CTCF 位点上的结合，说明 *Xist* RNA 可能通过结合 CTCF 影响黏连蛋白复合体的招募[46]。

3. CTCF 与 X 染色体失活

X 染色体失活中心控制着 X 染色体的失活，上面具有众多 CTCF 结合位点（小鼠：>40 个；人：>10 个）。CTCF 在 X 染色体失活过程中发挥着多种功能。首先，在随机失活的早期，X 姐妹染色单体会发生短暂的配对，CTCF 结合到 *Tsix* 和 *Xist* 基因位点，指导 X 染色体的配对。其次，CTCF 结合在 RS14，将两个转录活性中心分隔在两个结构域中：含有 *Tsix* 启动子和 *Xite* 增强子的结构域，以及含有 *Xist* 启动子和 *Jpx* 的结构域，确保它们的正确转录[47]。最后，CTCF 结合在 *Xist* 启动子并参与抑制 *Xist* 的转录。当 *Jpx* RNA 浓度升高时，能够使 CTCF 从 *Xist* 启动子上解离，激活 *Xist* 基因的转录，从而开始 X 染色体失活的过程[48]。

4. CTCF 与 X 染色体高级结构的动态变化

失活的 X 染色体没有拓扑结构域，然而逃避失活的区域还有一些类似于拓扑结构域的结构，这些结构内的基因启动子和 CTCF 结合位点仍保持 DNA 的开放性。ATAC-seq 显示绝大多数的染色质开放区域存在 CTCF 结合位点。这些位点与逃避失活基因的转录起始位点很近，说明 CTCF 对于这些基因的表达非常重要[49]。这些位点上并没有发现黏连蛋白复合体，这可能是拓扑结构域消失的主要原因之一。

13.4 CTCF 与基因表达调控

关键概念

- 在基因组成千上万的 CTCF 结合位点中，只有大约 15% 位于结构域的交界，这就意味着大部分的 CTCF 结合位点是在结构域内发挥功能，尤其是 CTCF 蛋白富集的启动子区域。
- 细胞特异性的 CTCF 结合位点主要位于增强子，有大约一半的增强子附近有 CTCF 结合位点。在果蝇中有 5 种不同类型的绝缘子序列；而在哺乳动物中，CTCF 是已知的最重要的绝缘子结合蛋白。
- CTCF 广泛参与三维基因组染色质高级结构的构建，以及调控元件与基因的互作，既可以激活基因表达，也可以抑制基因表达。
- CTCF 参与 DNA 的复制、修复、重排事件，以及 RNA 的可变剪接。
- 增强子阻断是绝缘子调控基因表达的主要方式，CTCF 主导了绝缘子的增强子阻断功能。

- CTCF 可调控基因簇的表达，包括 *PCDHαβγ* 基因簇、*HoxA-D* 基因簇、印记基因 *H19/Igf2*、β珠蛋白基因簇，以及 *Ig* 和 *TCR* 基因簇高级结构的架构和染色体重组。

13.4.1 CTCF 与基因调控元件

1. CTCF 与启动子

在基因组数万的 CTCF 结合位点中，只有大约 15%位于结构域的交界，这就意味着大部分的 CTCF 位点并不发挥结构域边界的功能，而是位于结构域内发挥功能，尤其是 CTCF 蛋白富集的启动子区域[50, 51]。基因组中大约有 20%的 CTCF 结合位点分布在启动子附近。在不同细胞所共有的 CTCF 结合位点中，位于启动子的比例会更高。例如，在 ESC 和小鼠胚胎成纤维细胞中，有 50%～60%的 CTCF 位点是二者共有的，这些位点倾向于位于启动子区域（22%增强子、36%启动子、42%其他）[10]。在 CTCF 富集区域中，超过 80%的区域含有可变启动子，如 TCRβ 基因簇、TCRα/δ 基因簇，以及免疫球蛋白基因簇[5]。CTCF 可能参与原钙黏蛋白可变启动子的随机选择[19]，以及将基因分隔为相互独立的调控单元。

2. CTCF 与增强子

细胞特异性的 CTCF 结合位点主要位于增强子[10]，有大约一半的增强子附近有 CTCF 结合位点[13]。因此，细胞特异性 CTCF 结合的可能作用是形成正确的启动子与增强子之间的互作。CTCF 介导形成的许多染色质环参与了远距离的增强子与启动子的互作。在 GM12878 细胞中，所检测到的染色质环中 30%是增强子与启动子之间的互作[28]。在肢体发育过程中，CTCF 能将不同的增强子分隔在不同的结构域中[52]。最近的研究发现，CTCF 也能将远距离的增强子拉近形成类似于超级增强子的复合体。

3. CTCF 与绝缘子

在果蝇中有 5 种不同类型的绝缘子序列,每种类型都有共同的辅助蛋白及各自特异的 DNA 结合蛋白。而在哺乳动物中，CTCF 是已知的最重要的绝缘子结合蛋白（insulator-binding protein）。目前已知的绝缘子中均含有一个或多个 CTCF 结合位点，如 β 珠蛋白基因簇的 HS5 位点、*H19/Igf2* 的印记控制区域 ICR 等[53]。将绝缘子上的 CTCF 结合位点突变后，绝缘作用消失，说明 CTCF 对于绝缘子的功能是必不可少的。

4. CTCF 与沉默子

沉默子能够通过远距离染色质环靠近启动子从而抑制启动子活性,在人类基因组中 REST/NRSF 蛋白是重要的沉默子结合蛋白，54%的 REST/NRSF 结合位点周围包含有 CTCF 结合位点[13]。例如，在人类原钙黏蛋白 HS5-1 中的沉默子招募 REST/NRSF 蛋白,能够在非神经原中通过染色质环化抑制原钙黏蛋白的表达[19, 54]。

5. CTCF 与基因座控制区

β 珠蛋白基因座控制区（locus control region，LCR）含有基因座增强子，负责调控整个基因座的表达。

当敲除 LCR 后，珠蛋白基因座整体沉默，导致严重的贫血症状。LCR 中一共有 5 个 DNA 酶超敏位点 HS1~5，其中 5′HS5 上有一个正向的 CBS。在 CTCF 作用下，超敏位点 5′HS5 与基因座下游 3′HS1 的负向 CBS 形成染色质环，使珠蛋白基因座环化成独立的结构域，与周围的嗅觉受体隔离。在这个结构域中，LCR 与 β 珠蛋白基因形成活性转录中心，促进 β 珠蛋白的表达。

13.4.2　CTCF 与基因表达调控

CTCF 广泛参与基因组高级结构的架构，以及调控元件与基因的互作，但 CTCF 染色质环如何影响基因的表达仍是一个亟待解决的问题[5, 16]。由于每个位点都具有其特异性的组蛋白修饰和位点特征，可能会导致 CTCF 在不同位点的功能不同。按照已有的认识，我们将 CTCF 与基因表达的关系归结为以下几类。

1. CTCF 与基因激活

CTCF 所介导的染色质环中，直线距离小于 200kb 的染色质环主要富集了活性组蛋白标记物 H3K4me3，与基因激活有关[55]。CTCF 可通过两种方式激活基因的表达。首先，CTCF 可直接结合在启动子和增强子上，像桥梁（bridging）一样介导启动子与增强子之间的互作，激活基因表达，例如，*PCDHα* 基因簇位点增强子 HS5-1 对 *PCDHα* 基因的激活作用[19]。其次，不直接结合在启动子和增强子上的 CTCF 位点之间环化组成绝缘结构域（绝缘区域），使结构域内的增强子只能激活结构域中的基因，并且不受旁边异染色质的影响[29]，例如，β 珠蛋白基因簇的 5′HS5 与 3′HS1 所组成的转录活性中心。

2. CTCF 与基因抑制

CTCF 介导的大于 200kb 的染色质环明显富集抑制的组蛋白标记物 H3K9、H3K20 和 H3K27me3，与基因的抑制有关[55]。CTCF 环化形成的绝缘区域，能够限制增强子活性使其不能激活该区域以外的基因。例如，CTCF 位点能够保护原癌基因不受附近结构域中增强子的调控而保持沉默状态。

3. CTCF 与 DNA 复制

真核生物的 DNA 复制遵循一定的时间顺序，按照时间的早晚分为不同的复制单元，而复制单元与拓扑结构域高度吻合。CTCF 位点参与形成的拓扑结构域是 DNA 复制的单元。CTCF 与 DNA 复制的关系并不局限于拓扑结构域，有越来越多的研究表明，CTCF 介导的远距离相互作用可以调控 DNA 复制的时间。例如，在 *Igf2/H19* 基因位点，CTCF 结合于母源等位基因 ICR，使母源等位基因的复制时间延后于父源等位基因。

4. CTCF 与 DNA 修复

CTCF 与 DNA 的双链断裂和修复都有关系。最近研究发现，CTCF 结合位点是 DNA 双链断裂（DSB）的高发区，这种断裂是由富集于 CTCF 位点的 TOP2β 介导的[56]。DNA 双链断裂后的修复对于细胞的生存、基因组的稳定性和肿瘤的抑制至关重要。DNA 双链断裂的修复主要由两种机制介导：非同源末端连接（NHEJ）及同源重组修复（HR）[16, 39]。CTCF 能促进同源重组介导的断裂末端修复，通过锌指结构域被招募到双链断裂处，与同源重组通路的关键蛋白 BRCA2 互作，促进 BRCA2 在断裂末端的聚集[57]。这个过程依赖于 CTCF 的聚 ADP 核糖基化修饰。

5. CTCF 与 DNA 重排

CTCF 还参与发育过程中基因片段的重组。CTCF 在 *Igh* 位点中有众多结合位点，几乎每一个可变 V_H 基因（Ig heavy chain variable gene segment）附近都有 CBS 位点，下游调控区含有 10 个 CBS 位点，将横跨 2.8Mb 的 *Igh* 基因座折叠成 250～400kb 的结构域[58]。在 *Igh* 基因簇的 VDJ 重组过程中，CTCF 通过染色质环使某个 V_H 基因空间上靠近下游调控区，从而发生重组。CBS 位点的突变会极大地降低 V_H 基因的重组概率[59]。CTCF 确保了每一个 V_H 基因都有机会参与重组，促进远端并抑制近端 V_H 基因的重组，从而确保抗体的多样性。CTCF 同样参与了 Igκ、TCRα 和 TCRβ 位点的片段重组。Rad21 的缺失导致 TCRα 位点的染色质构象改变[60]。在 TCRβ 位点中插入外源的 CTCF 结合位点能够显著改变 Vβ 基因片段的选择性，影响 Vβ 到 DβJβ 的重组[61]。

6. CTCF 与可变剪接

CTCF 通过结合在基因的外显子上，影响 RNA 聚合酶 Pol II 的延伸，改变可变外显子的剪接。在 *CD45* 基因中，可变外显子 5 上有 CTCF 结合位点，并且受甲基化调控。当 CTCF 结合时，阻碍 RNA 聚合酶 Pol II 的延伸，促进外显子 5 剪接到成熟 mRNA 中。当甲基化或下调 CTCF 等影响 CTCF 结合时，外显子 5 被剪切掉而不进入成熟 mRNA。这个机制适用于基因组范围，即当 CTCF 结合到可变外显子上，能促进转录延伸过程中 RNA 聚合酶 Pol II 的停留，而增加这个外显子被剪接到成熟 mRNA 中的概率[62]。因此，结合在基因外显子上的 CTCF 可能参与了可变外显子的剪接。

13.4.3　CTCF 与绝缘子功能

1. 绝缘子概述

绝缘子（insulator）是对一类特定 DNA 序列的统称。经典的绝缘子具有两个方面的性质：一是当位于调控元件和基因之间时，能够阻断调控元件的作用（增强子阻断）；二是能够保护活性基因不受周围异染色质的影响（异染色质屏障）。

2. 位置效应花斑

位置效应花斑（position effect variegation）是由于基因异位到异染色质附近，导致该基因在某些细胞中的表达沉默。这种现象最早在 1930 年被发现，经典的例子是果蝇复眼中编码色素的 w[m4]基因的异位。正常情况下，这个基因表达于成年果蝇复眼的所有细胞中，使得眼睛的颜色是红色的。在突变体中，X 染色体上的一个片段发生反转，将 w[m4]基因移位到臂间（pericentric）的异染色质周围，导致该基因的表达在部分细胞中被沉默。因此，在 w[m4]突变的果蝇中，眼睛的颜色是红白相间的花斑。位置效应花斑揭示了异染色质的存在，以及异染色质对基因表达的影响。

3. CTCF 与增强子阻断

增强子阻断是绝缘子调控基因表达的主要方式。到目前为止，对于 CTCF 与绝缘子关系的研究仍停留在个别位点中，并依赖于异源的质粒实验。人们通常用增强子阻断的特性来判断一个 DNA 片段是否是绝缘子：将 DNA 片段插入质粒的增强子和报告基因之间，通过报告基因的表达变化来判断插入片段是否是绝缘子。虽然该方法不能很好地代表在体（*in vivo*）基因组环境，但向我们揭示了能够阻断增强子的绝缘子的最基本元素是 CTCF 结合位点[53]。目前报道的数十个绝缘子中，如珠蛋白位点的 5′HS5 及 *Igf2/H19* 位点的 ICR，都含有 CTCF 结合位点（图 13-3B，C）。当 CTCF 位点突变之后，这些片段不再发挥绝缘功能，说明 CTCF 主导了绝缘子的增强子阻断功能。

4. CTCF 与异染色质屏障

　　CTCF 与异染色质屏障（barrier insulator）的关系至今仍未有定论。将 β 珠蛋白基因簇连同上下游的 CTCF 结合位点（5′HS5 和 3′HS1）随机插入到基因组不同位点中，β 珠蛋白的表达均不受周围环境的影响，说明 CTCF 位点可能将整个基因簇与周围环境绝缘[63, 64]。最近的全基因组研究发现，只有小部分的 H3K27me3 结构域边界含有 CTCF：CD4$^+$细胞中有 4%，HeLa 细胞中有 2.4%[53]。因此推测，除了 CTCF 以外，还有其他的机制来界定 H3K27me3 结构域的范围。因此，异染色质屏障可能是一个复杂的基因组元件，需要多种蛋白质以及组蛋白修饰的协同作用，CTCF 只是其中的一种。

5. CTCF 结合位点与绝缘子的相关性

　　目前关于绝缘子的研究还停留在个别位点中，已知的数十个绝缘子与基因组数万的 CBS 在数量上差距明显。我们最近研究发现，这数万的 CBS 与绝缘子之间并无本质的区别。拓扑结构域边界的 CBS 占 15%，这些 CBS 能够阻断相邻两个结构域中增强子与基因的相互作用，从功能上说，它们属于绝缘子。而 85%的位于结构域内部的 CBS，只要能结合 CTCF 并参与形成染色质环，均能作为增强子阻断型绝缘子（enhancer-blocking insulator）。同时，CBS 越保守，CTCF 的结合越强，绝缘作用也越强。因此，绝缘子本质上是能参与形成染色质环的 CTCF 结合位点。我们还研究了 CBS 方向性与绝缘子的关系，证明位于增强子和启动子之间的正向 CBS、负向 CBS、负向-正向或正向-负向的 CBS 均能作为绝缘子（图 13-2）。由于 CTCF 与 DNA 的结合具有动态性，绝缘子中 CBS 数量越多，绝缘效率越强，这在我们的实验中也得到了很好的验证。

6. 绝缘子的作用机理

　　我们发现，CBS 发挥绝缘子作用的本质是 CTCF/黏连蛋白所介导的染色质环化作用，导致增强子与启动子不在同一个染色质环或者结构域中，从而阻断二者的互作。具体而言，含正向 CBS 的绝缘子，能够与上游同向的 CBS 竞争，与下游负向 CBS 形成染色质环，使增强子和启动子不在一个染色质环中，基因表达被抑制（图 13-2A，B）。含负向 CBS 的绝缘子作用方式与正向 CBS 类似（图 13-2A，C）。位于结构域内的绝缘子大多属于这一类绝缘子，包括人们熟知的 *H19/Igf2* 位点的 ICR（图 13-3B），以及珠蛋白位点的 5′HS5（图 13-3C）等，通过 CTCF 结合位点之间的竞争形成新的染色质环。而含有负向-正向 CBS 的绝缘子，分别通过与上、下游 CBS 形成染色质环，将启动子和增强子分隔在两个独立的结构域中，阻断增强子-启动子的相互作用（图 13-2A，D）。这一类绝缘子与结构域边界的绝缘子类似。

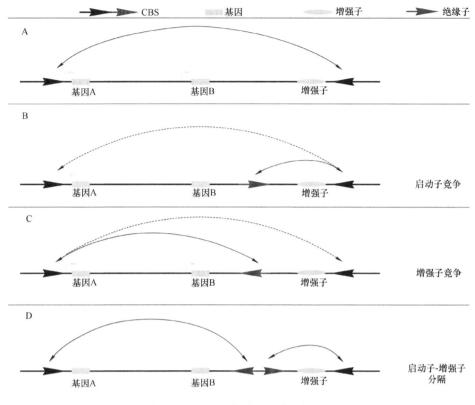

图 13-2　CTCF 与绝缘子作用机制

A. CTCF 通过介导远距离染色质环的形成，使增强子与启动子相互作用，基因得以表达；B. 正向的 CBS 作为绝缘子，与基因 A 的启动子竞争结合增强子，从而阻断增强子-启动子的互作，使基因 AB 表达下调；C. 负向的 CBS 作为绝缘子，与增强子竞争结合基因 A 的启动子；D. 负向-正向 CBS 对作为绝缘子，将增强子与基因分隔在不同的结构域中

13.4.4　CTCF 与基因簇调控

1. CTCF 与原钙黏蛋白基因簇调控

原钙黏蛋白（protocadherin，PCDH）基因簇所编码的原钙黏蛋白是广泛分布于中枢神经系统的一类跨膜蛋白，参与神经元表面分子多样性的形成，是区分不同神经元的分子标签，在神经系统发育中具有非常重要的功能[1, 65, 66]。小鼠簇的原钙黏蛋白包含 58 个成串排列的基因组成三个紧密相连的基因簇[67]。每一个神经元细胞仅随机表达其中的一个到几个 *PCDH* 基因，因而能够产生无数的多样性[68]（图 13-3A）。因此，*PCDH* 基因簇的调控机制一直是研究的热点，而 CTCF 在其中发挥了主导作用。

CTCF 参与神经元多样性产生过程中 *PCDH* 基因启动子的随机选择和基因表达[19]。CTCF 在 *PCDH* 基因簇中有许多结合位点，将这个横跨 700kb 的基因簇分为两个相互独立的结构域[13, 67]。*PCDHα* 基因含正向 CBS，位于下游的增强子 HS5-1 含负向 CBS，它们在 CTCF 和钙黏蛋白的作用下环化形成结构域。类似的，*PCDHβ* 和 *PCDHγ* 基因含正向 CBS，下游的增强子 CCR 含负向 CBS，它们形成另一个独立的结构域（图 13-3A）。在这两个结构域中，增强子在 CTCF 作用下，与其中一个或几个基因的启动子形成染色质环，激活这些基因的表达[13]（图 13-3A）。位于 *PCDH* 基因启动子的 CTCF 结合位点的甲基化可以决定 CTCF 的结合情况，进一步决定所表达的基因，使得每个细胞中表达的 *PCDH* 基因各不相同，从而产生原钙黏蛋白表达谱的多样性。下调 CTCF 的表达，或者敲除增强子中的 CTCF 结合位点，均能破坏增强子与启动子的互作，显著下调 *PCDH* 基因的转录[19, 69]。

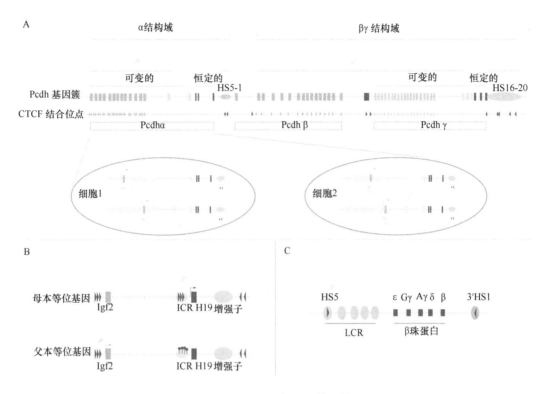

图 13-3　CTCF 与基因簇调控

A.在原钙黏蛋白基因簇中，CTCF 通过介导增强子与启动子之间的相互作用，决定细胞特异性的原钙黏蛋白的组合表达；B.在印记基因 *Igf2/H19* 基因簇中，印记调控区 ICR 的 DNA 甲基化调控 CTCF 的动态结合，而 CTCF 在 ICR 的结合情况决定了母系和父系特异性的基因表达；C.在 β 珠蛋白基因簇中，5′HS5 与 3′HS1 之间的相互作用将珠蛋白与周围嗅觉受体基因分开，参与 β 珠蛋白转录活性中心的形成

2. CTCF 与 *HoxA-D* 基因簇调控

小鼠的 *HoxD* 位点包含有 9 个降序排列的基因，在线性基因组上从 *HoxD13* 到 *HoxD1*。在发育过程中，不同 *HoxD* 基因依序表达，调控近端和远端四肢的发育。在发育早期，*HoxD1-9* 基因表达于近端四肢，由端粒一侧的增强子调控。在发育晚期，*HoxD12-10* 和 *Evx2* 基因表达于远端四肢，由中心粒一侧的增强子调控[70]，这些精准的表达模式离不开 CTCF 的参与。

整个 *HoxD* 基因簇中有许多 CBS，中心粒一侧增强子区域中有 4 个 CBS，端粒一侧增强子区域有 7 个 CBS，9 个 *HoxD* 基因中有 7 个被 CBS 间隔开来。Hi-C 结果显示，*HoxD* 基因簇位于两个拓扑结构域的交界，而端粒侧增强子和中心粒侧增强子则刚好位于两个拓扑结构域的内部。CTCF 通过染色质环把早期表达的 *HoxD1-9* 基因及晚期表达的 *HoxD12-10* 和 *Evx2* 基因分隔在两个不同的结构域中。从早期到晚期的转变需要两个结构域之间空间结构和功能的转换，新表达的基因不断地从抑制的结构域进入到激活的结构域[70]。在小鼠远端肢芽中特异性敲除 CTCF，导致细胞凋亡，并最终引起四肢的严重缩短[53]。

与 *HoxD* 基因簇类似，CTCF 将 *HoxA* 基因簇位点分隔成两个结构域：激活结构域和抑制结构域。将结构域边界的 CBS 敲除，导致激活结构域向抑制结构域的蔓延，使旁边的 *HoxA* 基因由沉默变成激活状态[52]。

3. CTCF 与印记基因 *H19/Igf2* 基因簇调控

CTCF 在印记基因的表达调控中扮演重要角色。印记基因 *H19/Igf2* 依赖于不同亲本，选择性表达其中一个等位基因。位于这两个基因中间的印记调控区 ICR 含有 4 个正向的 CBS，这些位点的 CTCF 结合均受到甲基化的调控。在母源等位基因中，ICR 未被甲基化，使得 CTCF 能够结合 ICR 并与下游负向 CTCF 位点形成染色质环，*H19* 位于环内与增强子互作而激活表达，位于环外的 *Igf2* 基因由于不能与下游的增强子接触而被抑制（图 13-3B）。在父源等位基因中，ICR 被甲基化，CTCF 不再结合 ICR，导致 *Igf2* 启动子能够与增强子作用，激活 *Igf2* 的表达（图 13-3B）。因此，CTCF 结合到母源 ICR 中参与体细胞中的印记维持，以及保护多个差异性甲基化区（differential methylated region，DMR）的异常甲基化[51]。综上所述，CTCF 在 *H19/Igf2* 基因座有众多功能，包括特异性地使母源等位基因 *Igf2* 启动子及下游增强子绝缘，促进 *H19* 基因转录，维持等位基因特异性的甲基化状态。

4. CTCF 与 β 珠蛋白基因簇调控

位于 β 珠蛋白座上游的 LCR 是调控珠蛋白基因的增强子，含有 5 个 HS，其中 5′HS5 包含有正向的 CBS。在珠蛋白基因激活的过程中，5′HS5 与下游 3′HS1 的负向 CBS 之间形成染色质环。在这个 CTCF-CTCF 染色质环中，β 珠蛋白基因在 LDB1、GATA1 等转录因子作用下与增强子互作，激活珠蛋白基因的表达[64]（图 13-3C）。CTCF 所介导的染色质环，连同珠蛋白基因与 LCR 的互作，共同形成活性染色质枢纽（active chromatin hub，ACH）（图 13-3C）。相反，在不表达珠蛋白的细胞中（如大脑组织），CTCF 位点被甲基化，β 珠蛋白基因簇没有远距离的相互作用[5]，这说明 CTCF 的结合是受发育调控的，并且进一步形成了细胞特异性的染色质互作和基因表达模式。

5′HS5 的 CBS 具有绝缘子功能，当把 5′HS5 插入到 LCR 与珠蛋白基因之间时，LCR 的增强子作用被阻断，珠蛋白表达显著被抑制[71]。5′HS5 还决定了 LCR 的方向性，LCR 反转后，珠蛋白基因表达减少[72]。条件性下调 CTCF 表达，或者是敲除 5′HS1，或者突变 5′HS5 的 CBS，都会导致珠蛋白位点 CTCF-CTCF 染色质环的消失。总的来说，这些结果揭示了 CTCF 在对珠蛋白基因簇表达调控中具有重要作用。

5. CTCF 与 *Igh* 基因簇调控

在免疫球蛋白重链 *Igh* 基因簇中，CTCF 介导的染色质之间的互作参与调节 V(D)J 重组和抗体种类的转变。V(D)J 重组过程中，直线距离 200kb 的 DNA 双链断裂末端需要互相靠近并连接，以保证重组的成功。这种末端的连接具有方向特异性，暗示这种远距离的互作不仅需要两个元件的相互靠近，还要保留它们在基因组上的方向，而 CTCF 兼备这两种功能。在 *Igh* 基因簇中有超过 50 个 CTCF 结合位点，在 B 细胞发育过程中这些 CTCF 的结合保持不变。上游众多 V_H 基因中的各个 CBS 均为正向，下游恒定区有 10 个串联的负向 CBS。CTCF 结合位点的这种分布使得各个 V_H 基因片段都有机会与下游的 DJ 片段互作，平衡 V_H 基因参与重组过程的概率。此外，V 和 D 片段之间的 ICCR1 对于平衡远端和近端 V_H 基因的选择具有重要作用[73]。IGCR1 含有一对负向-正向的 CTCF 结合位点，能分别与上游 V_H 基因、下游恒定区互作。这种互作能够保证 DJ 重组后再与 V_H 重组，保证重组的正确顺序，并且还能平衡远端和近端各个 V_H 基因之间的选择概率。IGCR1 的两个 CTCF 位点都是必需的，敲除任何一个均会影响重组，而同时敲除二者影响最显著[74]。

6. CTCF 与 *TCR* 基因簇调控

*TCR*α 基因座 3′端的主要启动子和增强子元件都含有 CTCF 结合位点。T 细胞前体细胞的高分辨率 Hi-C 数据显示，*TCR*α 基因座的 3′端在 CTCF 的作用下形成染色质环，调节 *TCR*α 基因转录。在淋巴细胞中 *TCR*α 的起始转录激活后，染色质环之间的相互作用变得更加明显[28]。*TCR*α 的转录，以及相关的组蛋

白修饰进而招募 RAG 重组酶，促进体细胞重组。在淋巴细胞中下调黏连蛋白的表达能够使 CTCF 介导的增强子与启动子元件的远距离互作降低，从而影响 *TCRα* 的转录和重排[60]。因此，*TCRα* 基因座的 3′CTCF 结合位点通过与基因座中多种不同的基因片段互作，促进 T 细胞受体的重排。

13.5　总结与展望

13.5.1　CTCF 结合位点变异与疾病发生

1. CTCF 结合位点的单碱基遗传变异与疾病

绝大部分疾病相关的单碱基遗传变异都位于非编码区，它们之中有一部分位于 CBS 中。基因组中有 70 个单核苷酸多态性（SNP）位于 CTCF 结合位点，其中有 32 个是疾病相关 SNP[75]。总体来说，SNP 导致的 CTCF 结合的改变，影响了 CTCF 介导的染色质环和相关基因表达，这可能是疾病易感性的诱因。例如，哮喘易感性相关的变异 rs4065275 和 rs12936231 位于 CBS，这两个变异改变了 CTCF 的结合[76]。

2. CTCF 结合位点的甲基化与疾病

有大约 1.5% 的 CTCF 结合位点对甲基化敏感，通过甲基化的改变，CTCF 的结合可以受到表观遗传学的调控。发育过程中 DNA 甲基化的改变能够导致 CTCF 结合的变异，而 CTCF 结合的改变可能会导致各种异常，包括染色质构象的变化、基因表达的改变和可变剪接模式的改变等[62]。可变剪接的改变常常带来一些关键蛋白功能性结构域的缺失，这种缺失导致蛋白质相互作用的改变，与肿瘤的发生发展有密切关系。此外，CTCF 蛋白的表达量与肿瘤也密切相关。由于 *CTCF* 基因敲除小鼠胚胎发育早期致死，杂合子小鼠常被用来研究 *CTCF* 突变与癌症发生的关系，在这种小鼠中 DNA 的甲基化状态更加易变，并且易于发生多种肿瘤[77]，说明 CTCF 参与甲基化状态的维持和肿瘤发生。

3. CTCF 结合位点的突变、缺失、扩增与疾病发生

CTCF 结合位点的突变，会导致基因调节元件功能异常，以及基因表达的失调。CTCF 位点的突变在结直肠癌、急性 T 细胞白血病及其他类型肿瘤中很常见[78]。例如，结构域边界 CTCF 结合位点的缺失，导致一个增强子异常作用于原癌基因 *PDGFRA*，激活该基因的表达。类似的，在髓系白血病中 3 号染色体的反转破坏了 TAD 的边界，导致相邻的两个 TAD 融合。这个新形成的 TAD 使得远程的 *GATA2* 增强子异常激活 *EVI1* 原癌基因，同时下调内源性 *GATA2* 的表达。*WNT6/IHH/EPHA4/PAX3* 基因座横跨两个拓扑结构域，这个区域中片段的缺失、反转和扩增，会导致异常的基因表达，进而导致四肢的发育异常[41]。

13.5.2　CTCF 与 CTCFL 竞争性结合 DNA

1. CTCFL 蛋白概述

CTCFL（CTCF-like，也叫 BORIS）被认为是早期进化过程中 *CTCF* 基因重复所产生的类 *CTCF* 基因。CTCF 和 CTCFL 拥有几乎一模一样的锌指结构域，在体内和体外能够结合同样的 DNA 序列。但 CTCF

和 CTCFL 的 C 端和 N 端序列不完全相同，可能赋予这两种蛋白质不同的生物学功能。与 CTCF 的广泛表达不同，CTCFL 的表达严格局限在干细胞，在许多肿瘤中异常表达，但其与癌症的关系还不清楚。有研究表明，CTCFL 参与了激活或抑制部分干细胞和癌症相关的基因[79]。

2. CTCFL 的 DNA 结合位点特征

由于 CTCF 与 CTCFL 锌指结构域几乎相同，在体外试验中二者竞争结合同样的 DNA 序列，甚至能够完全相互替换。在干细胞和癌细胞中，CTCFL 的结合模式基本不变，约一半的 CTCFL 独自结合单个 CBS，另一半与 CTCF 共同结合一类含有两个相邻 CBS 的调节元件（2×CBS，相距通常在几十 bp 以内）[79]。在表达 CTCFL 的细胞中，2×CBS 倾向于由 CTCF 和 CTCFL 共同结合；而单个 CBS 绝大部分仍然结合 CTCF，少部分结合 CTCFL。与单个 CBS 不同，不管是在 CTCFL 阳性还是阴性细胞中，2×CBS 都倾向于位于活性增强子和启动子区域[79]，暗示 CTCFL 在基因表达调控中的重要功能。

3. CTCFL 调控基因表达

与 CTCF 不同，CTCFL 并不能招募黏连蛋白，说明 CTCFL 无法通过黏连蛋白介导染色质环的形成[79]。目前发现 CTCFL 的功能主要是调控基因表达，K562 细胞中大于 87% 的活性启动子在距离转录起始位点 4kb 范围内有 CTCF 和 CTCFL 的结合，超过 76% 的超级增强子与 CTCFL 结合位点重合。在 K562 细胞中，CTCFL 的敲除导致 1035 个基因的表达异常，其中绝大部分表达异常的基因启动子附近有 CTCFL 的结合。

13.5.3 CTCF 与其他架构相关蛋白共定位

CTCF 拥有上述如此多的功能，这不仅与它是三维基因组架构有关，还与其复杂的蛋白互作网络有关。除了黏连蛋白复合体以外，CTCF 能够与许多蛋白质相互作用，包括 YY1、TOP2β、ZNF143、BRD2 等。CTCF 能够与 TOP2β 免疫共沉淀。在结合位点上，二者也是相互靠近的，TOP2β 倾向于结合在 CTCF 结合位点的上游，而下游结合黏连蛋白[80]。由于 TOP2β 能够解开超螺旋，这种分布特征与挤出模型中黏连蛋白滑动产生的超螺旋位置吻合。SETDB1 在 Pcdhα 基因簇调控过程中与 CTCF 有协同作用[81]。ZNF143 可能在帮助 CTCF 建立和维持稳定的染色质相互作用中发挥重要功能。BRD2 在部分结构域边界富集，并且与 CTCF 协同作用，共同维持边界的完整性[82]。CTCF 还可以影响核小体的重排，作为核小体定位的锚点，影响附近 20 个核小体的分布。因此，以 CTCF 为核心的 DNA、蛋白质和（或）RNA 等多种分子构成的复合体，才是 CTCF 这个多功能分子的真正作用的基础单位。

13.5.4 展望

近年来，随着三维基因组调控研究的拓展，我们对 CTCF 的功能有了更深刻的认识，包括转录激活、抑制、绝缘和印记等，也许都是 CTCF 在全基因组范围内架构染色质高级结构的衍生功能，我们倾向于这种以 CTCF 介导的染色质环化为中心的观点。近年来我们虽然对 CTCF 有越来越多的认识，但同时也发现有更多的问题还没有回答，例如，为什么只有相向的 CBS 之间才能形成染色质环，即 CTCF 如何阻止黏连蛋白的滑动？CTCF 蛋白 N 端和 C 端的功能分别是什么？CTCF 怎样参加基因调控的相变过程？为什么 CTCF 在 DNA 上的结合时间很短？是什么推动了黏连蛋白在染色质上的快速滑动？我们期待在不久的将来，这些问题的谜底能够被逐渐揭开。

参 考 文 献

[1] 吴强 & 李伟. 从人类基因组到大脑发育: 原钙黏蛋白在脑发育中的调控与功能研究. 见: 前沿生命的启迪, 乔中东& 贺林. 北京: 科学出版社, 461-477(2016).

[2] Lobanenkov, V. V. *et al.* A novel sequence-specific DNA binding protein which interacts with three regularly spaced direct repeats of the CCCTC-motif in the 5′-flanking sequence of the chicken c-myc gene. *Oncogene* 5, 1743-1753(1990).

[3] Ong, C.T. & Corces, V. G. CTCF: an architectural protein bridging genome topology and function. *Nat Rev Genet* 15, 234-246(2014).

[4] Xiao, T. *et al.* Specific sites in the C terminus of CTCF interact with the SA2 subunit of the cohesin complex and are required for cohesin-dependent insulation activity. *Mol Cell Biol* 31, 2174-2183(2011).

[5] Phillips, J. E. & Corces, V. G. CTCF: master weaver of the genome. *Cell* 137, 1194-1211(2009).

[6] Yu, W. *et al.* Poly(ADP-ribosyl)ation regulates CTCF-dependent chromatin insulation. *Nat Genet* 36, 1105-1110(2004).

[7] Chen, H. *et al.* Comprehensive identification and annotation of cell type-specific and ubiquitous CTCF-binding sites in the human genome. *PLoS One* 7, e41374-e41374(2012).

[8] Chen, X. *et al.* Integration of external signaling pathways with the core transcriptional network in embryonic stem cells. *Cell* 133, 1106-1117(2008).

[9] Kim, T. H. *et al.* Analysis of the vertebrate insulator protein CTCF-binding sites in the human genome. *Cell* 128, 1231-1245(2007).

[10] Shen, Y. *et al.* A map of the cis-regulatory sequences in the mouse genome. *Nature* 488, 116-120(2012).

[11] Rhee, H. S. & Pugh, B. F. Comprehensive genome-wide protein-DNA interactions detected at single-nucleotide resolution. *Cell* 147, 1408-1419(2011).

[12] Nakahashi, H. *et al.* A genome-wide map of CTCF multivalency redefines the CTCF code. *Cell Rep* 3, 1678-1689(2013).

[13] Guo, Y. *et al.* CRISPR Inversion of CTCF Sites Alters Genome Topology and Enhancer/Promoter Function. *Cell* 162, 900-910(2015).

[14] 翟亚男，等. 原钙粘蛋白基因簇调控区域中成簇的 CTCF 结合位点分析. 遗传 38, 323-336(2016).

[15] Yin, M. *et al.* Molecular mechanism of directional CTCF recognition of a diverse range of genomic sites. *Cell Res* 27, 1365-1377(2017).

[16] Huang, H. & Wu, Q. CRISPR double cutting through the labyrinthine architecture of 3D genomes. *J Genet Genomics* 43, 273-288(2016).

[17] Xu, D. *et al.* Dynamic nature of CTCF tandem 11 zinc fingers in multivalent recognition of DNA as revealed by NMR spectroscopy. *J Phys Chem Lett* 9, 4020-4028(2018).

[18] Hashimoto, H. *et al.* Structural basis for the versatile and methylation-dependent binding of CTCF to DNA. *Mol Cell* 66, 711-720.e713(2017).

[19] Guo, Y. *et al.* CTCF/cohesin-mediated DNA looping is required for protocadherin α promoter choice. *Proc Natl Acad Sci U S A* 109, 21081-21086(2012).

[20] Hansen, A. S. *et al.* CTCF and cohesin regulate chromatin loop stability with distinct dynamics. *Elife* 6, e25776(2017).

[21] Srinivasan, M. *et al.* The cohesin ring uses its hinge to organize DNA using non-topological as well as topological mechanisms. *Cell* 173, 1508-1519.e1518(2018).

[22] Parelho, V. *et al.* Cohesins functionally associate with CTCF on mammalian chromosome arms. *Cell* 132, 422-433(2008).

[23] Wendt, K. S. *et al.* Cohesin mediates transcriptional insulation by CCCTC-binding factor. *Nature* 451, 796-801(2008).

[24] de Wit, E. *et al.* CTCF binding polarity determines chromatin looping. *Mol Cell* 60, 676-684(2015).

[25] Krijger, P. H. L. & de Laat, W. Regulation of disease-associated gene expression in the 3D genome. *Nat Rev Mol Cell Biol* 17, 771-782(2016).

[26] Lee, J. *et al.* The LDB1 Complex co-opts CTCF for erythroid lineage-specific long-range enhancer interactions. *Cell Rep* 19, 2490-2502(2017).

[27] Weintraub, A. S. *et al.* YY1 is a structural regulator of enhancer-promoter loops. *Cell* 171, 1573-1588.e1528(2017).

[28] Rao, S. S. P. *et al.* A 3D map of the human genome at kilobase resolution reveals principles of chromatin looping. *Cell* 159, 1665-1680(2014).

[29] Dowen, J. M. *et al.* Control of cell identity genes occurs in insulated neighborhoods in mammalian chromosomes. *Cell* 159, 374-387(2014).

[30] Haarhuis, J. H. I. *et al.* The cohesin release factor WAPL restricts chromatin loop extension. *Cell* 169, 693-707.e614(2017).

[31] Nuebler, J. *et al.* Chromatin organization by an interplay of loop extrusion and compartmental segregation. *Proc Natl Acad Sci U S A* 115, E6697-E6706(2018).

[32] Nora, E. P. *et al.* Targeted degradation of CTCF decouples local insulation of chromosome domains from genomic compartmentalization. *Cell* 169, 930-944.e922(2017).

[33] Rao, S. S. P. *et al.* Cohesin loss eliminates all loop domains. *Cell* 171, 305-320.e324(2017).

[34] Sanborn, A. L. *et al.* Chromatin extrusion explains key features of loop and domain formation in wild-type and engineered genomes. *Proc Natl Acad Sci U S A* 112, E6456-E6465(2015).

[35] Fudenberg, G. *et al.* Formation of chromosomal domains by loop extrusion. *Cell Rep* 15, 2038-2049(2016).

[36] Vian, L. *et al.* The energetics and physiological impact of cohesin extrusion. *Cell* 173, 1165-1178.e1120(2018).

[37] Li, J. *et al.* Efficient inversions and duplications of mammalian regulatory DNA elements and gene clusters by CRISPR/Cas9. *J Mol Cell Biol* 7, 284-298(2015).

[38] 李金环，等. CRISPR/Cas9 系统在基因组 DNA 片段编辑中的应用. 遗传 37, 992-1002(2015).

[39] Shou, J. *et al.* Precise and predictable CRISPR chromosomal rearrangements reveal principles of Cas9-mediated nucleotide insertion. *Mol Cell* 71, 498-509.e494(2018).

[40] Lupiáñez, D. G. *et al.* Disruptions of topological chromatin domains cause pathogenic rewiring of gene-enhancer interactions. *Cell* 161, 1012-1025(2015).

[41] Franke, M. *et al.* Formation of new chromatin domains determines pathogenicity of genomic duplications. *Nature* 538, 265-269(2016).

[42] Deng, Z. *et al.* A role for CTCF and cohesin in subtelomere chromatin organization, TERRA transcription, and telomere end protection. *EMBO J* 31, 4165-4178(2012).

[43] Stong, N. *et al.* Subtelomeric CTCF and cohesin binding site organization using improved subtelomere assemblies and a novel annotation pipeline. *Genome Res* 24, 1039-1050(2014).

[44] Xiao, T. *et al.* CTCF Recruits centromeric protein CENP-E to the pericentromeric/centromeric regions of chromosomes through unusual CTCF-binding sites. *Cell Rep* 12, 1704-1714(2015).

[45] Kung, J. T. *et al.* Locus-specific targeting to the X chromosome revealed by the RNA interactome of CTCF. *Mol Cell* 57, 361-375(2015).

[46] Minajigi, A. *et al.* Chromosomes. A comprehensive Xist interactome reveals cohesin repulsion and an RNA-directed chromosome conformation. *Science* 349, 10.1126/science.aab2276 aab2276(2015).

[47] Nora, E. P. *et al.* Spatial partitioning of the regulatory landscape of the X-inactivation centre. *Nature* 485, 381-385(2012).

[48] Sun, S. *et al.* Jpx RNA activates Xist by evicting CTCF. *Cell* 153, 1537-1551(2013).

[49] Giorgetti, L. *et al.* Structural organization of the inactive X chromosome in the mouse. *Nature* 535, 575-579(2016).

[50]　Jia, Z. *et al.* Regulation of the protocadherin Celsr3 gene and its role in globus pallidus development and connectivity. *Mol Cell Biol* 34, 3895-3910(2014).

[51]　Hnisz, D. *et al.* Insulated neighborhoods: Structural and functional units of mammalian gene control. *Cell* 167, 1188-1200(2016).

[52]　Narendra, V. *et al.* CTCF establishes discrete functional chromatin domains at the Hox clusters during differentiation. *Science* 347, 1017-1021(2015).

[53]　Phillips-Cremins, J. E. & Corces, V. G. Chromatin insulators: linking genome organization to cellular function. *Mol Cell* 50, 461-474(2013).

[54]　Kehayova, P. *et al.* Regulatory elements required for the activation and repression of the protocadherin-alpha gene cluster. *Proc Natl Acad Sci U S A* 108, 17195-17200(2011).

[55]　Handoko, L. *et al.* CTCF-mediated functional chromatin interactome in pluripotent cells. *Nat Genet* 43, 630-638(2011).

[56]　Canela, A. *et al.* Genome organization drives chromosome fragility. *Cell* 170, 507-521.e518(2017).

[57]　Hilmi, K. *et al.* CTCF facilitates DNA double-strand break repair by enhancing homologous recombination repair. *Sci Adv* 3, e1601898(2017).

[58]　Gerasimova, T. *et al.* A structural hierarchy mediated by multiple nuclear factors establishes IgH locus conformation. *Genes Dev* 29, 1683-1695(2015).

[59]　Jain, S. *et al.* CTCF-binding elements mediate accessibility of RAG substrates during chromatin scanning. *Cell* 174, 102-116.e114(2018).

[60]　Seitan, V. C. *et al.* A role for cohesin in T-cell-receptor rearrangement and thymocyte differentiation. *Nature* 476, 467-471(2011).

[61]　Varma, G. *et al.* Influence of a CTCF-dependent insulator on multiple aspects of enhancer-mediated chromatin organization. *Mol Cell Biol* 35, 3504-3516(2015).

[62]　Shukla, S. *et al.* CTCF-promoted RNA polymerase II pausing links DNA methylation to splicing. *Nature* 479, 74-79(2011).

[63]　Grosveld, F. *et al.* Position-independent, high-level expression of the human beta-globin gene in transgenic mice. *Cell* 51, 975-985(1987).

[64]　Pombo, A. & Dillon, N. Three-dimensional genome architecture: players and mechanisms. *Nat Rev Mol Cell Biol* 16, 245-257(2015).

[65]　Wu, Q. & Maniatis, T. A striking organization of a large family of human neural cadherin-like cell adhesion genes. *Cell* 97, 779-790(1999).

[66]　Fan, L. *et al.* Alpha protocadherins and Pyk2 kinase regulate cortical neuron migration and cytoskeletal dynamics via Rac1 GTPase and WAVE complex in mice. *Elife* 7, e35242(2018).

[67]　Wu, Q. *et al.* Comparative DNA sequence analysis of mouse and human protocadherin gene clusters. *Genome Res* 11, 389-404(2001).

[68]　Mountoufaris, G. *et al.* Writing, reading, and translating the clustered protocadherin cell surface recognition code for neural circuit assembly. *Annu Rev Cell Dev Biol* 34, 471-493(2018).

[69]　Monahan, K. *et al.* Role of CCCTC binding factor(CTCF)and cohesin in the generation of single-cell diversity of protocadherin-α gene expression. *Proc Natl Acad Sci U S A* 109, 9125-9130(2012).

[70]　Andrey, G. *et al.* A switch between topological domains underlies HoxD genes collinearity in mouse limbs. *Science* 340, 1234167(2013).

[71]　Hou, C. *et al.* CTCF-dependent enhancer-blocking by alternative chromatin loop formation. *Proc Natl Acad Sci U S A* 105, 20398-20403(2008).

[72] Tanimoto, K. *et al.* Human beta-globin locus control region HS5 contains CTCF- and developmental stage-dependent enhancer-blocking activity in erythroid cells. *Mol Cell Biol* 23, 8946-8952(2003).

[73] Guo, C. *et al.* CTCF-binding elements mediate control of V(D)J recombination. *Nature* 477, 424-430(2011).

[74] Lin, S. G. *et al.* CTCF-binding elements 1 and 2 in the Igh intergenic control region cooperatively regulate V(D)J recombination. *Proc Natl Acad Sci U S A* 112, 1815-1820(2015).

[75] Tang, Z. *et al.* CTCF-mediated human 3D genome architecture reveals chromatin topology for transcription. *Cell* 163, 1611-1627(2015).

[76] Schmiedel, B. J. *et al.* 17q21 asthma-risk variants switch CTCF binding and regulate IL-2 production by T cells. *Nat Commun* 7, 13426(2016).

[77] Kemp, C. J. *et al.* CTCF haploinsufficiency destabilizes DNA methylation and predisposes to cancer. *Cell Rep* 7, 1020-1029(2014).

[78] Katainen, R. *et al.* CTCF/cohesin-binding sites are frequently mutated in cancer. *Nat Genet* 47, 818-821(2015).

[79] Pugacheva, E. M. *et al.* Comparative analyses of CTCF and BORIS occupancies uncover two distinct classes of CTCF binding genomic regions. *Genome Biol* 16, 161(2015).

[80] Uusküla-Reimand, L. *et al.* Topoisomerase II beta interacts with cohesin and CTCF at topological domain borders. *Genome Biol* 17, 182(2016).

[81] Jiang, Y. *et al.* The methyltransferase SETDB1 regulates a large neuron-specific topological chromatin domain. *Nat Genet* 49, 1239-1250(2017).

[82] Hsu, S. C. *et al.* The BET protein BRD2 cooperates with CTCF to enforce transcriptional and architectural boundaries. *Mol Cell* 66, 102-116.e107(2017).

吴强 博士,上海交通大学讲席教授,系统生物医学研究院和上海市肿瘤研究所研究员,博士生导师。系统生物医学教育部重点实验室常务副主任,比较生物医学研究中心主任,现任国家重点研发计划项目首席科学家,曾任科技部重大科学研究计划(973)项目首席科学家,享受国务院政府特殊津贴专家,上海市优秀学术带头人。中国遗传学会基因编辑分会、中国细胞学会表观遗传分会和中国生化分子生物学会基因分会专业委员,中美生命科学家学会终身会员。曾经在复旦大学、纽约州立大学石溪分校和冷泉港实验室学习,哈佛大学、犹他大学和中国科学院生物物理研究所工作;曾获得上海市自然科学奖一等奖和教育部自然科学奖一等奖(均为第一完成人)、上海交通大学教书育人奖、The Second Annual RNA Society Award、Damon Runyon Research Fellowship Award、American Cancer Society Research Scholar Award、Basil O'Connor Scholar Award 等奖项。在分子遗传学和发育生物学相关三维基因组和基因编辑交叉领域取得一系列研究成果,相关论文发表于 *Cell*、*Science*、*Nature*、*Genes & Development*、*Molecular Cell*、*PNAS*、*Genome Biology*、*Protein & Cell*、*Nucleic Acids Research*、*Cell Research*、*Cell Discovery*、*eLife*、*Nature Genetics* 等学术杂志。

第14章 Polycomb 复合物及 Trithorax 复合物

吴旭东

天津医科大学

本章概要

早在 19 世纪末期，英国发育学家 William Bateson 提出同源异形（homeosis）的概念，是指一种结构发生改变而像另外一种结构，比如在果蝇腿的位置长出触角。同源异形相关基因称为同源异形基因或者同源异形框基因（homeobox，HOX）。进一步研究发现，*PcG*（Polycomb group）家族基因为 *Hox* 基因的抑制因子，其中 *Pc*（Polycomb）基因突变导致果蝇发生后转型，比如使果蝇的第二、三条腿转化成了第一条腿；相反，*TrxG*（Trithorax group）家族基因为 *Hox* 基因的激活因子，*Trx* 基因突变引起前转型，比如果蝇的平衡棒部分形成翅膀，前足转化为中足，即后腹节具有更多前部特征。多种 *PcG* 基因编码的蛋白质可以形成 Polycomb 抑制复合物（Polycomb repressive complex，PRC），包括 PRC1 和 PRC2。类似地，多种 *TrxG* 基因编码的蛋白质可以形成 Trithorax 复合物，包括 Set1/COMPASS 复合物、MLL1/2 COMPASS-like 复合物、MLL3/4 COMPASS-like 复合物和 ASH1 复合物。果蝇中存在特异 DNA 序列，称之为 PcG 应答元件（Polycomb response element，PRE）和 TrxG 应答元件（Trithorax response element，TRE），两者可以介导 Polycomb 复合物和 Trithorax 复合物结合染色质。Polycomb 复合物和 Trithorax 复合物在物种中保守，也是细胞维持基因转录沉默或者激活状态最主要的系统，是维持细胞记忆的分子基础。这两类保守的蛋白复合物相互拮抗，精确地调控细胞增殖、分化、衰老、凋亡等重要生命过程，其编码基因突变或者表达失调往往导致包括肿瘤在内的多种人类疾病。

伴随着个体的发育、衰老，细胞在增殖、分化、衰老等过程中都必须保持一定的基因表达程序，哪些基因何时被激活或被抑制，由多个表观遗传调控系统决定，并且保证这些信息从母代到子代忠实传递。组蛋白修饰是表观遗传转录调控的一种重要方式，尽管未必直接决定基因的转录状态，但是它们充当着与基因激活和抑制相关的染色质状态的良好表观遗传指示器：一般来说，活跃转录基因的转录起始位点以 H3K4me3 和 H3K27ac 为特征，活跃的增强子往往富集着 H3K4me1 和 H3K27ac；转录沉默基因的转录起始位点一般包含 H3K27me3 和 H2AK119ub1。我们现在知道与转录激活相关的 H3K4me 是由一类叫做三胸类（Trithorax group，TrxG）蛋白复合物催化的，而与转录抑制相关的 H3K27me3 或 H2AK119ub1 由多梳类（Polycomb group，PcG）蛋白复合物催化。这两类保守的蛋白复合物相互拮抗，精确地调控细胞增殖、分化、衰老、凋亡等重要生命过程，其编码基因突变或者表达失调，往往导致包括肿瘤在内的多种人类疾病。

14.1 概 论

- 同源异形（homeosis）指一种结构发生改变而像另外一种结构，同源异形相关基因称为同源异形基因或者同源异形框基因（homeobox，HOX）。
- *PcG*（Polycomb group）家族基因编码 *Hox* 基因的抑制因子，其中 *Pc*（Polycomb）基因突变导致果蝇发生后转型（posterior transformation）。
- 多种 PcG 基因编码的蛋白质可以形成 Polycomb 抑制复合物（Polycomb repressive complex，PRC），包括 PRC1 和 PRC2。
- *TrxG*（Trithorax group）家族基因编码 *Hox* 基因的激活因子，*Trx* 基因突变引起后腹节具有更多前部特征，即发生了前转型（anterior transformation）。
- 多种 *TrxG* 基因编码的蛋白质可以形成 Trithorax 复合物。
- Polycomb 复合物和 Trithorax 复合物在物种中保守，是细胞维持基因转录沉默或者激活状态最主要的系统，因此是维持细胞记忆的分子基础。

14.1.1 Polycomb 复合物和 Trithorax 复合物的发现

早在 1894 年，英国发育学家 William Bateson 提出同源异形的概念，是指一种结构发生改变而像另外一种结构，比如在果蝇腿的位置长出触角。遗传学家发现这些变化经常是由基因突变造成的，这些突变的基因在果蝇中被称为同源异形基因（homeotic gene）或者同源异形框基因（homeobox，HOX）。*Hox* 基因编码同源盒转录因子，这些因子决定了体节的特异性和标志。果蝇的 *Hox* 基因存在于两个基因家族复合物（每个复合物由多个成簇的基因组成）中，即触角足复合物（antennapedia complex，ANT-C）和双胸复合物（bithorax，BX-C），其中每个 *Hox* 基因都决定了果蝇发育中的一个特定体节。例如，ANT-C 中的 *Antp* 基因决定了形成第二胸节，包括翅膀后的平衡器官。

随后更多的发育学研究和遗传学分析发现，很多导致同源异形变化的并不是 *Hox* 基因本身突变造成的，而是突变的基因编码其反式调控因子。其中一个很典型的例子就是 *Polycomb*（*Pc*）基因的发现：雄性果蝇第一胸节的腿上有性梳（sex comb），第二、三胸节的腿上则无此结构，而在某些雄性果蝇突变体所有腿上都有性梳（多聚梳）。20 世纪 40 年代，通过遗传学分析，遗传学家 Pamela Lewis 将该突变的基因命名为 *Polycomb*，简称 *Pc*。Ed Lewis 随后证明 *Pc* 是同源异形基因 *BX-C* 的主要负性调节基因，*Pc* 基因突变造成 *HOX* 基因发生了异位表达，使第二、三条腿转化成了第一条腿，即发生后转型（posterior transformation）。因此，Pc 和随后发现的其他有类似表型的基因（*Polycomb group*，*PcG*）都被定义为 *Hox* 基因的抑制因子（repressor），*PcG* 基因失调则造成 *Hox* 基因去抑制[1]。通过几十年的研究，人们在果蝇中发现了十几个 *PcG* 基因，有意思的是，随后的生物化学研究发现这些基因的编码蛋白往往相互作用形成复合物，被称为 Polycomb 抑制复合物（Polycomb repressive complex，PRC）。根据生化活性和蛋白质相互作用，这些复合物可以粗略地分为至少两类：PRC1 和 PRC2[2, 3]。

PcG 基因发现后不久，在果蝇中发现第一个 Trithorax 家族（TrxG）基因，*Trithorax*（简称 *Trx*）也被发现调控 *Hox* 基因的表达。*Trx* 基因突变引起平衡棒部分形成翅膀，前足转化为中足，后腹节具有更多前

部特征，即发生了前转型（anterior transformation），与 *PcG* 基因突变造成的后转型相反，这些变化是由于 *Hox* 基因 *Ubx*、*Scr*、*abdA* 和 *abdB* 等转录减少造成的。因此，这类维持转录开放状态的蛋白质编码基因都被称为 *TrxG* 基因。按照序列同源和体内外对 *Hox* 基因转录激活效应的标准，很多蛋白质被划分为 TrxG 家族，包括参与 ATP 依赖的染色质重塑的 BRM，甚至某些转录因子等，但是由于这些蛋白质作用机制迥异，我们在本章只介绍严格意义上催化组蛋白修饰的 TrxG 家族蛋白，ATP 依赖的染色质重塑复合物在其他章节专门介绍。TrxG 家族蛋白也形成几种不同复合物，发挥相似但又有区别的与转录激活相关的组蛋白修饰活性，复合物内部各组分协同促进组蛋白修饰[4]。

经过几十年的系统研究，Polycomb 复合物和 Trithorax 复合物的功能远远不限于 *Hox* 基因的表观遗传学调控，而是广泛参与了多种生命过程，包括 X 染色体失活、基因印记、细胞周期调控、干细胞生物学和肿瘤发生等（图 14-1）[2]。

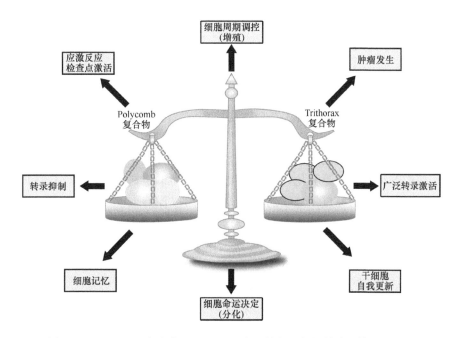

图 14-1 Polycomb 复合物和 Trithorax 复合物相互拮抗的分子特征及功能

14.1.2 Polycomb 复合物和 Trithorax 复合物的保守性

在鉴别分离出果蝇的 *PcG* 和 *TrxG* 基因之后，在小鼠和其他物种（包括人、斑马鱼、线虫、拟南芥等）中的研究证实了其保守性。其实不难想象，PcG 和 TrxG 蛋白维持关键发育调控基因的转录沉默或者激活，而这些靶基因（如 *Hox* 基因）在不同物种之间本身就是非常保守的，因此 PcG 和 TrxG 的功能有着惊人的保守性。例如，在哺乳动物中 *PcG* 基因突变也会出现同源异形转化，*Suz12* 缺失小鼠表现出典型的后转型的表型。限于编者研究领域和本章篇幅的限制，本章中主要以哺乳动物 Polycomb 复合物和 Trithorax 复合物为例进行介绍。

当然，PcG 和 TrxG 蛋白的保守性并不是说各物种之间一一对应；相反，通过生化分析，在其他物种中往往发现相似的新成员，它们可能是多个有相同结构域的蛋白质。例如，相对于果蝇中的 dRING，哺乳动物中有 RING1a 和 RING1b，在小鼠中进行 *Ring1a* 突变会导致经典的同源异形转化表型，证实 *Ring1a* 属于 PcG 家族基因。这种一个基因进化为多个基因的现象较为普遍，例如，果蝇 PRC2 成员 E（z）在哺乳动物中有 EZH1 和 EZH2，果蝇 PRC1 成员 Psc 在哺乳动物中有 PCGF1～PCGF6 共 6 个成员，前面提到的果蝇 Pc 在哺乳动物中有 CBX2、CBX4、CBX6～CBX8。这种进化可能使 Polycomb 复合物和 Trithorax 复合物在特定发育阶段或者细胞类型中发挥作用，使转录调控功能更加精细。

另一个果蝇和哺乳动物的区别是，果蝇中存在特异 DNA 序列来介导 Polycomb 复合物和 Trithorax 复合物结合染色质，称之为 PcG 应答元件（Polycomb response element，PRE）或者 TrxG 应答元件（Trithorax response element，TRE），哺乳动物中则没有这种特异 DNA 序列，也缺失了相应的特异 DNA 结合蛋白，如 GAF、Pipsqueak（PSQ）和 Zeste。在果蝇中，GAF 和 PSQ 结合相同的 GA 富集 DNA 序列，PSQ 促进 Polycomb 复合物功能，而 GAF 由 TrxG 基因 Trithorax-like（Trl）编码，行使 Trithorax 复合物功能。尽管 GA 富集的 DNA 序列也广泛存在于脊椎动物基因启动子，但是对脊椎动物 Polycomb 复合物和 Trithorax 复合物功能的重要性还不清楚。

14.1.3　Polycomb 复合物和 Trithorax 复合物与细胞记忆调控的关系

人体和大多数哺乳动物由 200 多种不同的细胞类型组成，特定基因的转录激活或者沉默特征决定了每种细胞类型的身份。在发育和新陈代谢再生过程中，每次细胞分裂后，细胞需要忠实地记忆、重建并维持这种基因表达状态，这种现象被称为"细胞记忆（cellular memory）"。Polycomb 复合物和 Trithorax 复合物是细胞维持基因转录沉默或者激活状态最主要的系统，因此是维持细胞记忆的分子基础[5]。

以果蝇幼虫的成虫盘（imaginal disc）为例，它们能记住在早期胚胎形成时所确定的表达状态。成虫盘是成簇的上皮细胞，保留在发育的胚胎中，蜕变过程中产生特异性外部结构和附属结构。将成虫盘植入成年雌蝇血腔，它们继续增殖而不分化，而在蜕变之前，如果将其重新植回幼虫体内，它还会接着分化成预定的成体结构，即便之前经过了连续的移植传代也可以保持这种功能。然而，也有很少的成虫盘发生了转决定（transdetermination），机制是转决定细胞中发生了信号通路的改变、Polycomb 复合物和 Trithorax 复合物的失调。此外，PcG 和 TrxG 基因突变体中转决定的频率大大增加[6]。同样的道理，机体（皮肤、肌肉等）损伤修复过程中 Polycomb 复合物介导的基因沉默的解除非常重要；在哺乳动物体细胞重编程或者转分化过程中，同样需要克服 Polycomb 复合物和 Trithorax 复合物维持的细胞记忆，比如 TrxG 蛋白 MLL1 抑制剂显著促进始发态多能性干细胞转化为原始态，PcG 基因 BMI1 敲降会显著提高小鼠成纤维细胞转分化为心肌细胞的效率。

细胞分裂过程中染色质状态要想准确继承，最重要的环节在于 DNA 复制和有丝分裂。体外和体内实验都证实 PcG 蛋白在复制过程中保持结合在染色质上，尽管在 DNA 复制过程中 H3K27me3 被"稀释"，但仍然能够保证抑制性染色质的短期记忆，复制后 PRC2 通过结合于亲源核小体上的 H3K27me3 而恢复原来的 H3K27me3 水平。通过基因组编辑实验证实，PRC2 序列特异地靶定到 PRE 对细胞分裂过程中保持 H3K27me3 有效地向周边延伸是必需的，意味着包括 PRE 序列、染色质修饰活性及其相关组蛋白修饰等在内的整个 PcG 蛋白质机器对维持抑制性染色质状态的长时程记忆都至关重要。同样地，TrxG 蛋白组分在复制过程中也保持在染色质上的结合，DNA 复制之后 H3K4me3 迅速重建，说明 Trithorax 复合物利用类似的机制传递活化的染色质状态。目前，有丝分裂过程中 Polycomb 复合物和 Trithorax 复合物维持的机制尚知之甚少，定量分析和全基因组定位研究证实 PcG 和 TrxG 蛋白在有丝分裂的染色体上都存在，说明至少部分 PcG 和 TrxG 蛋白质机器参与了染色质状态的继承。

在细胞命运决定、维持和转变过程中，Polycomb 复合物和 Trithorax 复合物对靶基因的调控基本包括以下步骤：①靶向结合靶基因；②感受靶位点的染色质和转录状态，进行相应的组蛋白修饰，或者发挥其他活性或者功能；③在细胞分裂过程中维持相应的染色质状态；④一旦有特定的发育或者其他环境信号刺激，Polycomb 复合物和 Trithorax 复合物可能解除它们维持的靶位点染色质状态，改变基因表达水平[7]。因此，Polycomb 复合物和 Trithorax 复合物稳定却又动态地调控着分化发育等相关基因的表达。

14.2　Polycomb 复合物

关键概念

- PRC2 复合物催化 H3K27 甲基化。
- 经典 PRC1 维持染色质压缩状态，非经典 PRC1 主要负责催化 H2AK119 单泛素化。
- PRC 感受转录抑制性染色质状态，维持靶基因的转录沉默状态。

14.2.1　Polycomb 复合物组成及染色质调控功能

Polycomb 复合物作为一类高度保守的表观调控因子，目前认为主要通过组蛋白修饰活性及染色质压缩功能，调节基因的转录，在细胞命运的维持和转变过程中发挥着至关重要的作用。下面依次介绍 PRC2、经典 PRC1 和非经典 PRC1、PR-DUB 的组成及它们各自的功能（表 14-1、图 14-2）。

表 14-1　Polycomb 复合物组分、重要结构域和生化功能

Polycomb 复合物	组分		重要结构域	功能
	人类	果蝇		
PRC2	EZH1/EZH2	E（z）	SET	催化 H3K27 甲基化
	SUZ12	Su（z）	VEFS-Box	介导 PRC2 与蛋白质相互作用
	EED	Esc	WD40	调节 EZH2 的酶活性
	RBAP46/48	Nurf55	WD40	介导 PRC2 与蛋白质相互作用
	JARID2		JmjC Zinc finger	调节 PRC2 的招募
	AEBP2		Zinc finger	调节 PRC2 的招募
	PHF19/PCL3		PHD、Tudor	调节 PRC2 的招募
	PHF1/PCL1	Pcl	PHD、Tudor	调节 PRC2 的招募
	MTF2/ PCL2		PHD、Tudor	调节 PRC2 的招募
经典 PRC1	CBX2、CBX4、CBX6-8	Pc	Chromodomain	结合 H3K27me3
	PHC1-PHC3	Ph	SAM	二聚化，染色质压缩
	RING1A/B	Sce	RING-finger	催化 H2AK119ub
	PCGF1-PCGF6	Psc	RING-finger	调节 PRC1 酶活性及招募
	SCMH1/2	Scm	SAM	二聚化，蛋白质-蛋白质相互作用
非经典 PRC1	RYBP/YAF2		Zinc finger	介导 PRC1 与蛋白质相互作用、识别 H2AK119ub1
	RING1A/B	Psc	RING-finger	与 PCGF 相互作用，催化 H2AK119ub1
	PCGF	Sce	RING-finger	与 RING1/2 相互作用,调节 PRC1 酶活性及招募

续表

Polycomb 复合物	组分		重要结构域	功能
	人类	果蝇		
非经典 PRC1 重要辅助组分	KDM2B	Kdm2	Jmjc、CxxC	结合 CpG 富集 DNA 序列，H3K36me2 去甲基化酶
	CK2			抑制催化 H2AK119ub1
	AUTS2			招募 p300 促进转录激活
	L3MBTL2		Zinc finger MBT domain	多种蛋白质相互作用，抑制转录
	E2F6		E2F_DD E2F_TDP	招募 PRC1
PR-DUB 核心组分	BAP1	Calypso	Ubituitin C-terminal Hydrolase（UCH）	结合染色质、泛素水解酶
	ASXL1-ASXL3	Asx		结合染色质、稳定 BAP1 酶活性
	OGT			O-糖基化酶
PR-DUB 辅助组分	HcF-1、FOXK1/2			结合 DNA
	KDM1B			组蛋白去甲基化
	MBD5/6			结合 DNA

1. PRC2 组成及组蛋白 H3K27 甲基化修饰活性

PRC2 复合物包含 4 个核心蛋白，在果蝇中为 E（z）、Su（z）、Esc 和 Nurf55。

下面分别讲述果蝇及哺乳动物中各成分的特点。

（1）E（z）。在哺乳动物有两个同源蛋白 EZH1 和 EZH2。哺乳动物中，EZH2 在胚胎形成过程中和分裂细胞中高表达，而 EZH1 则主要表达于成体组织和不分裂的细胞。相对 EZH2 来说，EZH1 的功能及作用机制尚有争议。它们都含有一个组蛋白赖氨酸甲基转移酶活性的 SET 结构域、参与组蛋白结合的 SANT 结构域，以及 C5 结构。2002 年科学家在果蝇中证实 E（z）蛋白复合物具有催化 H3K27me 的活性，同年发现细菌表达的重组 E（z）蛋白本身没有催化活性，在人类细胞中通过亲和纯化发现了包含有 E（z）同源蛋白的复合物，并证明了该复合物具有 H3K27me 酶活性[3]。这些复合物的主要组分则包括下文所述的几个相互作用蛋白质。

（2）Su（z）。哺乳动物同源蛋白 SUZ12。典型特征为 C2H2 型锌指和 C 端 VEFS 结构域，后者主要通过 E（z）及其同源蛋白的 C5 结构域而发生相互作用。

（3）Esc。哺乳动物同源蛋白 EED。含有 5 个 WD40 重复片段，形成一个 β 螺旋结构，也是蛋白质相互作用的平台，在 PRC2 中起到中心的作用。Su（z）与 Esc 对催化组蛋白 H3K27me 活性不可或缺。

（4）Nurf55。哺乳动物同源蛋白 RBAP46/48。含有 6 个 WD40 重复片段，与 ESC 及其同源蛋白进行直接的物理相互作用。虽然它不影响 PRC2 的 H3K27me 催化活性，但对 PRC2 的功能却有着重要的影响。具体来讲，RBAP46/48 通过与组蛋白 H3 的 N 端和组蛋白 H4 的第一个螺旋相互作用，从而促进了 PRC2 复合物与染色质结合；一旦 H3 的 N 端第 4 位赖氨酸发生甲基化（H3K4me），则抑制 PRC2 的结合和活性作用[8]。除了参与形成 PRC2，Nurf55 也形成 NuRD 和 NURF 复合物，以及参与复制相关的核小体组装。

除此之外，还有一些其他蛋白质也被报道参与到 PRC2 复合物的形成：

（1）AEBP2 能与 PRC2 复合物相互作用，促进 PRC2 复合物与染色质结合，主要依赖其锌指结构域。

（2）JARID2 包含有 JMJC 结构域，但可能由于缺乏发挥酶活性作用需要的氨基酸序列，使其没有去甲基化酶活性。JARID2 还包含可以与 AT 富集序列相互作用的结构域和一个锌指结构域。JARID2 在 PRC2 复合物结合的位置上是高富集的，并且缺失 *JARID2* 使得 PRC2 在靶基因上的结合变少，而缺失 PRC2 复合物的组分也会使 JARID2 的结合减少，它们之间存在相互依赖的关系[9-11]。

（3）PCL（Polycomb-like）在哺乳动物中有三个同源蛋白：PHF19/PCL3、PHF1/PCL1 和 MTF2/ PCL2。尽管是非核心组分，但是它们通过多种途径调控 PRC2 功能。PCL 于 1982 年在果蝇中被发现，并在随后的研究中被证明可以促进 EZH2 的招募，从而促进 H3K27 的甲基化。哺乳动物中 PHF19 是被研究得最多的一个，具有 PHD 和 TUDOR 结构域。Gaylor Boulay 等发现 PHF19 可以与 PRC2 复合物相互作用；与 JARID2 类似，PHF19 与 PRC2 复合物在靶位点的结合也是相互依赖的，详见 14.2.2 节。PCL1/PHF1 是第一个在人类中发现的 PCL 的同源蛋白，PHF1 与 PRC2 的具有相同的靶位点，体外酶促反应证明 PHF1 可以促进 PRC2 复合物的甲基化酶活性。MTF2 是 PCL 同源蛋白中研究相对较少的一个，可能由于 MTF2 有多个剪切体，有的没有 PHD 和 TUDOR 结构域。

2. PRC1 组成

相比 PRC2，PRC1 复合物的组成要复杂很多。在果蝇中，经典 PRC1 复合物（canonical PRC1）包含了 4 个核心蛋白：Polycomb（Pc）、Polyhomeotic（Ph）、Posterior sex combs（Psc）和 Sex combs extra（Sce）（也被称为 RING）。

（1）Pc。哺乳动物中有 5 个同源蛋白 CBX2、CBX4、CBX6-CBX8。它们 N 端含有 Chromo 结构域，该结构域与甲基化的 H3K27 及 H3K9 位点相结合。哺乳动物中各个蛋白质的表达有一定的细胞特异性，精细调节分化发育过程[12]。

（2）Sce。哺乳动物中有两个同源蛋白 Ring1a 和 Ring1b。N 端的 RING 指结构域除了参与蛋白相互作用外，也是其促进 H2AK119 泛素化的基础。

（3）Ph。哺乳动物中有三个同源蛋白 Phc1、Phc2 和 Phc3。它们都有一个保守的锌指及一个 SAM 结构域。通过 SAM 结构域介导多聚体的形成，PcG 蛋白促进染色质各靶位点的相互作用，形成 PcG 空间结构域（Polycomb domain），详见 14.2.3 节。

（4）Psc。哺乳动物中有 6 个同源蛋白 PCGF1～PCGF6。它们通过 N 端的 RING 指结构域与 RING1B 相互作用。

然而，在果蝇中进行亲和纯化和分子筛实验，分析发现了不包含 Pc 的 dRING 复合物，命名为 dRAF（dRING associated factor），该复合物中含有一个组蛋白去甲基化酶 Kdm2[13]。随后在哺乳动物中发现，6 个 Psc 同源蛋白中只有 PCGF2 和 PCGF4 与 Pc 同源蛋白形成以上描述的经典 PRC1 复合物[14]；所有 PCGF 蛋白都参与形成不包含 Pc 同源蛋白的 PRC1 复合物，这类复合物被归类为非经典 PRC1 复合物（non-canonical 或者 variant PRC1），在特定复合物中各 PCGF 成员之间是互斥的。非经典 PRC1 复合物除了 RING1a/b 和 PCGF 蛋白之外，还包含 RYBP/YAF2、KDM2B、E2F6 等（表 14-1）[14]，其中一部分因子的功能在下文将会进一步介绍。

3. PR-DUB 等相关复合物

一般来说，*PcG* 基因突变造成体节后转型，*TrxG* 基因突变造成体节前转型。发育学研究过程中发现，某些特殊的基因（如 *Asx*）突变的果蝇同时表现出前转型和后转型的表型，这类基因最初被归类为 Trithorax 和 Polycomb 的增强子（enhancer of Trithorax and Polycomb，ETP）[15]。通过生化分析发现，Asx 和 Calypso 形成一类新的复合物，表现出特异的 H2AK119ub1 去泛素化作用；遗传学分析证实这一复合物成员缺失造成相应靶基因转录去抑制，因此命名为 PR-DUB（Polycomb recessive deubiquitinase）复合物[16]。该复合物在哺乳动物中也是保守的，其功能和作用机制的研究尚在起步阶段，复合物成员的突变与多种人类肿瘤发生密切相关，值得进一步深入探索。

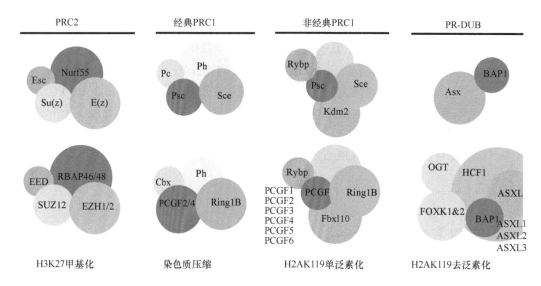

图 14-2　Polycomb 复合物核心组成

分别列举果蝇（上）、哺乳动物（中）PRC2、经典 PRC1、非经典 PRC1 和 PR-DUB 复合物的核心组分，以及各复合物的主要活性或者功能（下）

14.2.2　靶向染色质的机制

Polycomb 复合物在不同种类细胞中、细胞所处环境不同时维持沉默状态的靶基因并不相同，因此很有必要弄清 Polycomb 复合物如何准确地靶向到合适的染色质位点，因为这是其行使染色质调控功能的第一步。本节将介绍目前已知的招募或者稳定 Polycomb 复合物靶向结合染色质的机制（图 14-3）。

1. 转录因子

在果蝇中 Polycomb 复合物往往聚集结合于特异的顺式调控序列，该 DNA 序列被命名为 PcG 应答元件（PRE）。在一个报告基因体系中插入 PRE 后，可以导致由 Polycomb 复合物介导的转录抑制[17]，证实了 DNA 序列对 Polycomb 结合染色质的重要作用。第一个被发现可以结合 PRE 的蛋白质是 Pho，它与哺乳动物转录因子 YY1 同源。随后更多种类且具有多种转录因子结合特异性的 PRE 在果蝇中相继被发现。在哺乳动物中，虽然没有公认的 PRE，Polycomb 复合物也存在着与多种转录因子在染色质上共定位的现象。例如，在神经形成的过程中，H3K27me3 富集的基因上同时也包含了 Rest 和 Snail 识别的序列，在基因组上人为地插入 Rest 和 Snail 识别序列可促使形成 H3K27 甲基化。

在各种细胞类型中，目前已知多种特异转录因子与 Polycomb 复合物的相互作用被证实。例如，Snail2 被证实可以与 EZH2 相互作用，并且这种相互作用对于维持 H3K27me 水平及延伸是非常重要的；其他的例子包括 Oct4、PLZF、PRAME、Runx1、非经典 PRC1 复合物成员 E2F6 等。转录因子在细胞命运决定中的作用显而易见，而这些研究结果表明了 Polycomb 复合物与转录因子存在着密切的关系，通过与不同的转录因子相互作用，Ploycomb 复合物在一定程度上实现了与靶位点的选择性结合。

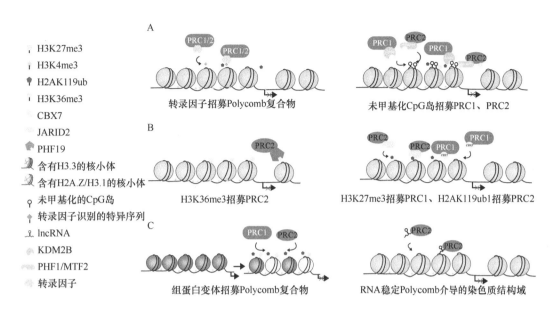

图 14-3　招募或者调控 Polycomb 复合物结合染色质的机制

A. 序列依赖性地直接（PRC1 成员 KDM2B 或者 PRC2 成员 PHF1/MTF2 本身识别 CpG 富集序列）或间接（转录因子识别特定 DNA 序列）招募
Polycomb 复合物；B. 组蛋白修饰之间的交互作用稳定或者抑制 Polycomb 复合物的染色质结合：H3K27me3 被 CBX 蛋白识别而招募 PRC1，
H2AK119ub1 招募 PRC2 并促进其催化活性，因此 PRC2 和 PRC1 互相稳定；PHF19 识别 H3K36me3 而招募 PRC2，使 PRC2 延伸到转录激活区；
C. 组蛋白变体营造抑制性的染色质环境，有利于 Polycomb 复合物的结合；通过直接相互作用，RNA 顺式或者反式招募 Polycomb 复合物，促进或
者抑制其催化活性，维持 Polycomb 介导的染色质结构域稳定

2. CpG 富集的 DNA 序列

尽管哺乳动物中没有发现公认的 PRE 序列，但是大量 ChIP-seq 数据表明，超过 90%的 PcG 靶基因
包含有 CpG 岛或类似 CG 富集的序列，其分子基础近年来逐渐明晰。在分析一类包含有 KDM2B 的非
经典 PRC1 复合物时，发现 KDM2B 一方面通过 CXXC 锌指结构域与染色质上未被甲基化的 CpG 岛相
结合，另一方面通过 C 端的 LRR 结构域与 NSPc1/PCGF1 相互作用。通过这两个方面的作用将 PRC1
复合物招募到未被甲基化的 CpG 岛上，催化 H2K119ub1 修饰，维持基因的沉默状态[18]。CpG 岛广泛
分布在基因启动子区，在哺乳动物中，约 60%的基因启动子区含有 CpG 岛，因此通过 CpG 岛来调节
Polycomb 复合物的招募进而调控基因表达的方式是一种广泛适用的机制。除了 PRC1 复合物之外，PRC2
复合物最近也被证明可以通过 PCL 蛋白家族成员识别并结合到 CpG 岛。结构生物学的证据提示 PCL
家族蛋白除了能识别 H3K36me3 修饰之外，还能够通过 EH 结构域识别含有非甲基化 CpG 序列的 DNA
元件，并在小鼠胚胎干细胞内证实 PCL 家族蛋白成员通过对基因组上非甲基化 CpG 序列的特异识别，
帮助 PRC2 复合物招募到染色质的 CpG 岛上[19]。这种途径在物种间是高度保守的，在一些非哺乳类的
脊椎动物中虽然 CpG 二核苷酸含量较低，但是在基因的启动子区域依旧含有非甲基化的 CpG 岛群。因
此 CpG 岛及其甲基化状态对于 Polycomb 复合物的靶向具有非常广泛并且重要的作用。

3. 组蛋白修饰

组蛋白修饰之间存在有规律的串流（cross-talk），无疑组蛋白修饰对 Polycomb 复合物在染色质上的
靶向结合是有影响的。最直接的证据来源于 CBX 蛋白能够通过其克罗莫结构域识别并结合 H3K27me3，
因此领域内一度认为 PRC2 是 PRC1 结合染色质的前提。近年来有证据表明非经典 PRC1 催化的
H2AK119ub1 能被 JARID2 识别，促进 PRC2 的招募，并提高其 H3K27me3 催化活性；同时，H2AK119ub1

被非经典 PRC1 中 RYBP 识别, 促进 H2AK119ub1 的扩散[20]这种交互影响可能在一定程度上有利于稳定和维持 Polycomb 复合物的协同作用[21, 22]。

PRC2 复合物成员 PHF19 的 TUDOR 结构域可以结合 H3K36me3。H3K36me3 是一个众所周知与基因转录激活相关的组蛋白修饰标记, 它与 Polycomb 复合物是否有关系呢? 对体内分离纯化的组蛋白进行质谱分析, 发现了 H3K27me3K36me3 这种双重修饰的存在; 随后接连有三项研究成果证明 PHF19 对于 PRC2 复合物的功能非常重要。在全基因组水平上, 大部分 PHF19 的结合与 H3K27me3 相重合, 并且 PHF19 的缺失会导致这些共同结合位点上 SUZ12 结合的减少, H3K27me3 水平也随之降低。PHF19 的这种调控是通过影响 PRC2 招募来作用的, 并且 PHF19 的 TUDOR 结构域对于 PRC2 的功能及产生 H3K27me3 也是必需的。因此, PHF19 通过对 H3K36me3 的识别而招募 PRC2 复合物, 进而催化产生 H3K27me3, 可能以此完成基因激活到抑制的动态转变[23-25]。

4. 组蛋白变体

组蛋白的成分除了常规的核心组蛋白和 H1 之外, 还包括其他的组蛋白变体 (histone variant)。组蛋白变体在基因组中特定区域的整合对基因的表达起着重要的作用。不同的组蛋白变体有着不同的定位和动力学变化, 处于不同状态的染色质需要相应的组蛋白变体维持结构。下面将主要介绍 H2A 组蛋白变体 H2A.Z、H3 组蛋白变体 H3.3 对 Polycomb 复合物结合染色质的影响。

1) H2A.Z

H2A.Z 是组蛋白 H2A 最常见的一类变体, 虽然在同一物种中, H2A.Z 与 H2A 氨基酸序列只有约 60% 相同, 但在不同物种间具有高度的保守性, 在绝大部分的物种间超过 80%。通过 ChIP-seq 分析, 研究发现了胚胎干细胞中 H2A.Z 与 Polycomb 复合物组分 SUZ12 在基因组上的定位具有高度的一致性, 并且 SUZ12 在启动子的富集依赖于 H2A.Z, 这揭示了在胚胎发育过程中 H2A.Z 可能与 Polycomb 复合物一同参与到调节基因转录的过程中[26]进一步实验证明了 H2A.Z 在 H3.3 的帮助下被招募到基因的启动子区, 并且参与到局部染色体的压缩, 造成局部致密的染色质结构使转录停止, 更有利于 Polycomb 复合物的结合[27]。和经典组蛋白一样, H2A.Z 的翻译后修饰也影响其功能, 还有待进一步研究。

2) H3.3

H3.3 是组蛋白 H3 主要的变体, 虽然与经典 H3 只有 4 个氨基酸的差别, 但 H3.3 在调节染色质结构和基因的转录过程中起着重要的作用。在果蝇中, H3.3 富集的区域往往伴随着 H1 的减少, 并且敲低 H3.3 可以使 H1 在这些区域增加, 李国红等人也用体外染色质重组实验证明了 H3.3 参与形成开放的染色质结构。H3.3 在置换 H3 并打开染色质结构之后, 又能通过与其他的组蛋白变体协同作用形成局部的致密结构, 如上文提到的 H2A.Z, 还有同为组蛋白 H3 的变体 H3.1。当只有 H3.3 存在时, 染色质相对开放, 促进基因的转录激活; 而当与 H2A.Z 或 H3.1 共同存在时, 染色质相对致密, 能促进 Polycomb 复合物的招募。H3.3 的这种双重作用对于染色质结构的可塑性、基因转录的动态变化有着重要的作用[27]。在胚胎干细胞中, H3.3 对于靶基因上 PRC2 复合物的招募、H3K27me3 的建立是必要的, 缺失 H3.3 导致 PRC2 复合物在染色质分布的减少和 H3K27me3 水平的降低。在儿童胶质瘤中, H3.1 和 H3.3 存在着 K27M 突变, 影响了 Polycomb 复合物的结合, 导致 PRC2 复合物不能发挥正常活性, 使染色质上 H3K27me3 整体水平下降[28]。此外, H3.3K36M、H3.3G34RV 突变通过 H3K36 甲基化的缺失影响 H3K27me3 的水平和分布, 从而影响 PRC1 复合物的招募[29]。

5 . RNA

前面提到过 Polycomb 复合物参与了 X 染色体失活(Xi)，*Xist*(X 染色体失活特异转录本，X chromosome inactivation specific transcript) 是 X 染色体失活中心内鉴定出的第一个 Xi 相关基因，研究发现 Xist 能顺式结合 X 染色体，并募集 PRC2 建立 H3K27me3，引起转录沉默，最终导致整条染色体失活。该过程还有其他 lncRNA 如 RepA（*Xist* 基因 5′端的腺嘌呤重复区转录本）的协同参与。对于 Xist 和 PRC2 是否存在直接的相互作用尚有争议，有证据表明 ATRX 诱导 Xist 构象改变，促进其与 PRC2 发生直接相互作用，而其他证据则支持它们直接的相互作用可能依赖 Xist 结合蛋白如 SHARP（也被称为 SPEN）。尽管如此，大量的实验数据表明 RNA 可以与 PRC2 复合物相互作用，并使之结合到染色质，如 Xist、repA、Kcnq1ot1、HOTAIR 等 lncRNA。尽管如此，RNA 作为 Polycomb 复合物募集者的作用仍有较大争议，可能只有部分特异 lncRNA 在某些特定情况下参与了 Polycomb 复合物的募集，这种机制不足以造成体内广泛的、组织特异性的 Polycomb 复合物分布特征，更大的可能性是 RNA 帮助维持 Polycomb 介导的染色质空间结构域（PcG domain）稳定性[30]。

14.2.3　Polycomb 复合物的转录抑制机制

1. 压缩染色质

核小体和其他染色体组分本身倾向于阻止通用和基因特异转录因子结合 DNA，所以核小体占位和染色质压缩（chromatin compaction）是重要的转录沉默机制。Robert Kingston 实验室在这方面做了一系列的工作：1999 年他们通过体外试验发现 PRC1 复合物可以使染色质结构更加稳定，将串联的核小体与 PRC1 复合物预孵育之后，就不会被 SWI/SNF 复合物重塑，也导致了转录机器的不可接近[31]；随后他们在 2004 年用高分辨率电镜证实，PRC1 复合物可以使链状的、体外组装的核小体发生聚集现象[32]。之后，他们进一步证实这种物理学作用主要是由于 PRC1 复合物的蛋白组分本身含有带大量正电荷的异常区域（称之为压缩区域，compaction region），这些区域的截断会导致 *Hox* 基因的异常表达。PRC1 复合物中各不同组分压缩染色质的能力略有差异，CBX2 压缩区域本身可以把邻近的核小体连接起来而使染色质被压缩[33]。

此外，PRC2 也参与了染色质压缩。除了 PRC2 本身能直接结合 H3K27me3 之外，紧密的染色质有利于 PRC2 催化活性的发挥[34]，这些作用又可以进一步通过上面介绍的招募方式促进 PRC1 的功能。

2. 抑制激活性染色质修饰

组蛋白修饰之间除了如前所述的正向串流（14.2.2 节）外，Polycomb 复合物也负向调控转录激活性的组蛋白修饰，如抑制乙酰化酶 CBP 而避免催化 H3K27 乙酰化，从而有利于 H3K27 甲基化的发生[35]。同样地，H2AK119ub1 也抑制催化 H3K4me3[36]和 H3K36me2/3[37]的酶活性。

3. 稳定染色质相互作用，形成抑制性空间结构域

Polycomb 复合物通过多种机制介导染色质相互作用。首先，PRC2 和 PRC1 都能识别并结合其他邻近调控区域催化的 H3K27me3，因此稳定这些调控区形成染色质环（chromatin looping），把相关基因都锁定在转录沉默状态。Ph 及其同源蛋白 Phc1、Phc2 被证明参与这项功能，主要依赖其 SAM 结构域形成聚合体的能力，结合在染色质不同位置的 Ph 蛋白通过其 SAM 结构域之间的相互作用，使染色质凝集[38]。通过 5C 和超高分辨率成像的方法，在胚胎干细胞及其分化细胞中证明了 Phc1 参与染色质聚集，形成 PRC1

空间结构域（PRC1 domain）[39]。此外，CBX2 通过相分离也可能参与 PcG 结构域的形成和维持[40]。

4. H2AK119 单泛素化功能尚不明确

H2AK119 单泛素化（H2AK119ub1）是最早被鉴定的组蛋白修饰，2004 年张毅实验室通过凝胶过滤层析等方法鉴定催化 H2AK119ub1 的酶，发现活性组分中很多都属于 PRC1 成员，并证明了这些组分在体外可以催化 H2AK119ub1，其中 Ring1b 是最主要的 E3 泛素连接酶[41]。当时他们将该复合物命名为 PRC1L（PRC1-like），相当于我们现在定义的非经典 PRC1。与此一致的是，体外泛素化实验中 dRAF 比经典 PRC1 表现出显著增高的催化活性，CBX 蛋白的缺失对体内 H2AK119ub1 水平的影响比较小。如前所述，PCGF4 参与形成经典和非经典 PRC1 复合物，更精细的体外泛素化实验证实 BMI1-RING1B 经典 PRC1 复合物（+CBX+PHC2）只有很低的催化 H2AK119ub1 活性，而非经典 PRC1 复合物（+RYBP）具有较高的活性[14]。

非经典 PRC1 复合物催化形成的 H2AK119ub1 被证明与 Hox 等 PcG 靶基因和 X 染色体失活（X chromosome inactivation，Xi）相关[42, 43]，进一步研究证实，H2AK119ub1 通过抑制 RNA 聚合酶 II 的延伸来抑制基因的转录[44, 45]。相反，H2AK119 去泛素化与转录激活相关。很明显，非经典 PRC1 复合物不包括 Ph 及 Pc 的同源蛋白，不具有压缩染色质和介导形成 Polycomb 空间结构域的功能[14, 39]，那 H2AK119ub1 在转录调控中到底起着什么作用呢？2010 年 Ragnhild Eskeland 等证明，在胚胎干细胞中 Ring1b 缺失使本该压缩的染色质发生解聚，而仅将 Ring1b 突变（I53A）导致酶活性缺失并不会发生这种现象，证明经典 PRC1 复合物的压缩染色质功能不依赖于 H2AK119ub1[46]。在体实验也进一步支持这一结论，Ring1b⁻/⁻ 小鼠在原肠胚形成时期即发生明显发育阻滞，但 Ring1b-I53A 突变小鼠早期发育基本不受影响，在 E15.5 天前没有出现明显发育异常。胚胎干细胞中 Ring1b 缺失导致的靶基因上调，绝大多数能够被 Ring1b-I53A 突变所回复，证实在胚胎干细胞中 Ring1b 介导的基因沉默并不依赖于 H2AK119ub1[47]。此外，PR-DUB 在生化活性上去除 H2AK119ub1，遗传上却表现出转录抑制因子的功能[16]，对此目前还缺乏合理的解释。因此，H2AK119ub1 的功能至今仍然披着神秘的面纱，有待深入研究。

14.2.4 转录沉默的维持与去除

不同类型的细胞或当同一细胞处于不同的环境时，基因表达都会存在区别。Polycomb 复合物作为真核生物中一类主要的沉默复合物，在维持细胞稳态、决定细胞命运的过程中起着重要作用。

1. 细胞命运维持中 Polycomb 复合物的协同作用

Polycomb 复合物的作用是真核生物维持基因沉默中一项重要的表观调控机制，RNA 聚合酶 II 活性受到抑制、转录停止时，PRC 复合物可以自发地"感知"（sense）而被招募到基因启动子区，维持沉默的状态[48]。上面已经介绍了 Polycomb 复合物由 PRC1、PRC2 两大类组成，各自通过不同的机制来发挥作用，对于在维持基因沉默状态过程中 PRC1 与 PRC2 如何相互影响的认识近年来不断深入。传统的观点认为，PRC2 复合物先结合在染色质上，催化形成 H3K27me3，PRC1 进而识别 H3K27me3 而结合到染色质上，但人们逐渐发现非经典 PRC1 复合物靶向染色质不依赖于 H3K27me3，PRC2 缺失并不影响所有位点上 PRC1 的结合和 H2AK119ub1 水平。如前所述，H2AK119ub1 也可以反过来帮助 PRC2 复合物的招募[22, 49]。近年来 PRC2 和 PRC1 对 CpG 岛选择性结合的分子机制[18, 19]使这两个看起来相反的染色质结合模型得到了合理的解释：两类复合物通过各自的 CpG 结合蛋白结合到染色质，然后通过组蛋白修饰的交互作用互相促进而协同维持靶基因沉默。

2. 细胞命运转变中 Polycomb 复合物及其活性的动态变化

当基因需要由转录沉默向转录激活状态转变时，需要将 Polycomb 复合物从染色质上去除[36]，因此 Polycomb 复合物在染色质上的结合与去除对于细胞命运的转变起着重要作用。当外界环境改变时，细胞将启动程序打破这种转录抑制的状态，Polycomb 复合物及其相关组蛋白修饰 H2AK119ub1 和 H3K27me3 被去除，基因才能被激活。在这个过程中，SWI/SNF 染色质重塑复合物参与 Polycomb 复合物的解离，H3K27me3 由相应的特异去甲基化酶 JMJD3 和 UTX 去除[50, 51]，H2AK119ub1 则由 USP16、PR-DUB 复合物等去除[16, 52, 53]。这些动态变化对细胞命运转变至关重要，它们的失调与多种人类肿瘤密切相关[54]。

14.2.5　在发育与疾病中的功能

Polycomb 复合物通过染色质调控，参与了多种重要的生物学过程，包括细胞增殖、衰老、凋亡、分化、DNA 损伤应答等，因此在个体发育和机体稳态的维持中起着重要的作用。Polycomb 复合物功能失调，往往导致个体发育的异常、遗传学疾病及肿瘤的发生。

1. PcG 异常与遗传学疾病

Polycomb 复合物成员的突变已经被报道导致多种人类遗传学疾病。例如，韦弗综合征（Weaver syndrome）即由 EZH2 或者 EED 突变导致，相应的突变蛋白表现出较低的 H3K27 甲基化活性[55, 56]。PCGF1 参与组成的非经典 PRC1 中的成员 BCOR 的编码基因突变导致眼面心牙（oculofaciocardiodental，OFCD）综合征[57]；PCGF5 参与组成的非经典 PRC1 中有一个非 PcG 蛋白 AUTS2，AUTS2 在多种人类神经系统疾病中发生突变或缺失，包括孤独症谱系障碍（autism spectrum disorder，ASD），Auts2 基因敲除小鼠也表现出明显的神经发育障碍[58]。PR-DUB 复合物成员 ASXL1 突变被报道导致 Bohring-Opitz 综合征[59]，ASXL3 基因突变导致 Bainbridge-Ropers 综合征[60]，这些都与其他组蛋白 H2AK119 去泛素化活性丧失有关。因此，对于 Polycomb 复合物的深入研究有助于我们理解这些遗传学疾病的发病机制，为未来进行干预提供理论依据。

2. PcG 异常与肿瘤

1）功能获得型突变和功能缺失型突变

PRC2 复合物成员的突变在肿瘤中较为常见，在不同的环境下，功能获得型突变（gain-of-function mutation）和功能缺失型突变（loss-of-function mutation）均可能导致肿瘤的发生。EZH2 被发现在生发中心 B 细胞淋巴瘤、弥漫性大 B 细胞淋巴瘤（GCB DLBCL）和滤泡性淋巴瘤（FL）中存在着 Y646、A682 和 A692 点突变。Y646 同时也被发现存在于散发性甲状腺腺瘤中。这些点突变均使 EZH2 获得更高的催化 H3K27me3 的活性，在小鼠的模型中均得到一致的结果。这些证据表明高活性的 EZH2，同时造成的高水平 H3K27me3 会促进肿瘤的发生。一些功能缺失型的突变也在多种肿瘤里被发现，如在高等级的胶质瘤和白血病中发现 SUZ12 失活突变[61]、髓系恶性肿瘤中 EZH2 的失活型突变、恶性外周神经鞘瘤中 SUZ12 和 EED 的失活突变[62]，在骨髓增生异常综合征（MDS）中 EZH2 失活突变，在 T 细胞急性淋巴白血病（T-ALL）中存在 EZH2 和 SUZ12 的失活突变。PR-DUB 成员 ASXL1 和 ASXL2 突变都与血液系统恶性疾病相关，BAP1 突变则常见于胸膜间皮瘤、黑色素瘤和肾透明细胞癌等。相关基因的基因敲除或者突变小鼠模型都已经建立，将为相关肿瘤的研究带来便利。

2）异常表达

Polycomb 复合物成员的异常表达与肿瘤的发生有着密切的关系，在造血干细胞及祖细胞中过表达 PRC1 复合物的成员 CBX7 可导致类似人类白血病的发生，并且全基因组关联研究提示 CBX7 可能是影响骨髓瘤发生的一个重要因素。*MLL* 基因融合导致的白血病依赖于 CBX8 的功能，*CBX8* 缺失的小鼠没有表现出致瘤特性或造血功能的紊乱，也提示 *CBX8* 有可能作为一个治疗白血病的靶点。非经典 PRC1 复合物成员 KDM2B 的高表达往往对白血病的发生和发展有着促进作用。EZH2 在多种肿瘤中被发现高表达，如胶质瘤、黑色素瘤、子宫内膜癌、膀胱癌、前列腺癌和乳腺癌等，并被证明其表达水平与肿瘤的高等级和不良预后相关。

14.3 Trithorax 复合物

关键概念

- Trithorax 复合物分为 Set1/COMPASS 复合物、MLL1/2 COMPASS-like 复合物、MLL3/4 COMPASS-like 复合物和 ASH1 复合物。
- COMPASS 和 COMPASS-like 复合物催化 H3K4 甲基化，而 ASH1 复合物具有 H3K36 甲基化活性。
- Trithorax 复合物会特定靶向到 TrxG 应答元件（TRE）发挥转录激活作用。

与 PcG 相对，三胸类蛋白（TrxG）是一类具有组蛋白修饰（包括甲基化和乙酰化）和转录激活能力的蛋白质，在发育基因的转录激活调节中起到至关重要的作用。

14.3.1 分类、组成及组蛋白修饰调控功能

具有组蛋白甲基转移酶活性的 Set1/COMPASS 复合物最早在酵母中被分离、纯化而鉴定出来，随后发现该复合物在物种间是保守的。同时，在进化过程中该复合物衍生出了其他 COMPASS 类似（COMPASS-like）复合物，它们包含有不同的 SET 结构域蛋白，具有独特功能。按照 Trithorax 复合物中酶活性组分的不同，可以分为以下几类（表 14-2），其中 COMPASS 和 COMPASS-like 复合物（图 14-4）核心成员 ASH2、WDR5、RBBP5、DPY30（WARD）为共有组分。COMPASS 和 COMPASS-like 复合物催化 H3K4 甲基化，而 ASH1 复合物具有 H3K36 甲基化活性。

1. Set1/COMPASS 复合物

（1）dSet1。在哺乳动物中有两个同源蛋白 Set1A 和 Set1B。它们在 C 端都具有一个催化组蛋白赖氨酸甲基转移酶活性的 SET 结构域，敲除 *dSet1* 会造成组蛋白 H3K4me2/3 的大范围缺失。

（2）CPS35。在哺乳动物中的同源物是 WDR82。在早期胚胎中敲除 *Wdr82* 会导致小鼠发育迟缓致死，Cps35 亚基的作用与 ASH2、DPY30 亚基一样对于催化组蛋白 H3K4me2/3 非常重要。哺乳动物中敲低 *Wdr82* 会造成组蛋白 H3K4me3 的水平明显下降，此时 MLL1-4 并没有受到显著影响，这也暗示着 Set1/COMPASS 复合物在催化组蛋白 H3K4me3 方面可能比 MLL 复合物具有更广泛的作用[63]。

（3）dCXXC1。在哺乳动物中的同源物是 CXXC1，又称 CFP1，包含 CXXC 结构域，具有 DNA 结合的活性，有招募 dSet1 复合物的功能。缺失 *dCXXC1* 会减少 80% 的组蛋白 H3K4me3，对组蛋白 H3K4me1/2

的影响比较小。

表 14-2　Trithorax 复合物

Trithorax 复合物	果蝇	哺乳动物	重要结构域	功能
COMPASS 和 COMPASS-like 复合物共同核心组分（WARD）	Wdr5	WDR5	WD40	主要帮助形成和稳定复合物
	Ash2	ASH2L	PHD、SPRY	主要负责稳定催化酶活性
	Rbbp5	RBBP5	WD40	对于帮助稳定复合物和催化酶活性非常重要
	Dpy30	hDPY30	WIN motif	参与 ASH2 作用稳定复合物
Set1/COMPASS 复合物	dSet1	Set1A	SET	催化 H3K4me1/2/3
		Set1B	SET	催化 H3K4me1/2/3
	dCXXC1	CXXC1	CXXC	结合 DNA
	CPS35	WDR82		对于催化 H3K4me2/3 活性重要
MLL1/2 COMPASS-like 复合物	Trx	MLL1	SET	主要催化 H3K4me2/3
		MLL2	SET	主要催化 H3K4me2/3
	HCF1	HCF1	KELCH	参与 ASH2 作用稳定复合物
	Menin	MENIN		参与 MLL1/2 介导的催化 H3K4me3
MLL3/4 COMPASS-like 复合物	Trr	MLL3	SET	主要催化 H3K4me1
		MLL4	SET	主要催化 H3K4me1
	UTX	UTX	JMJC	H3K27me3 去甲基化
	Ncoa6	NCOA6	LXXLL motif	参与催化 H3K4me1
	PTIP-PA	PTIP-PA	BRCT	参与催化 H3K4me1
ASH1 复合物	ASH1L	Ash1	SET、bromodomain	催化 H3K36me
	CBP	dCbp	HAT、bromodomain	催化组蛋白乙酰化

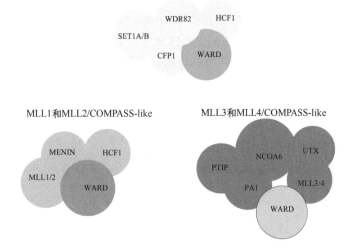

图 14-4　哺乳动物 COMPASS 和 COMPASS-like 复合物核心组成

2. MLL1/MLL2 COMPASS-like 复合物

（1）TRX。在哺乳动物中有两个同源蛋白 MLL1 和 MLL2。果蝇中 Trx 对维持 H3K4me3 整体水平不是必需的。早期研究中发现 MLL1 复合物在哺乳动物 *Hox* 基因的表达上起到正向调控作用。在小鼠胚胎

干细胞中纯合缺失 *Mll1* 会造成胚胎致死，杂合缺失 *Mll1* 会造成胚胎生长缓慢、造血功能异常等。在基因启动子区，MLL1 所催化的组蛋白 H3K4me3 修饰在所有包含组蛋白 H3K4me3 的修饰中仅仅占 5%，通过 GO 分析发现这些基因基本是一些与生长发育相关的基因，如 *Hox* 基因[4]。

（2）HCF1。在哺乳动物中的同源物是 HCF1。N 端 KELCH 结构域和 ASH2 相互作用，通过 Set1 复合物募集 VP16 激活子进行转录激活。

（3）Menin。在哺乳动物中的同源物是 MENIN。Menin 在调节基因转录和 DNA 损伤修复中起作用，对于 Menin-MLL1/2 介导的组蛋白 H3K4me3 修饰在调节 *Hox* 基因表达时也有开放染色质的作用。

3. MLL3/MLL4 COMPASS-like 复合物

（1）TRR。在哺乳动物中有两个同源蛋白 MLL3 和 MLL4。MLL3 和 MLL4 复合物作为 COMPASS 复合物的同源分支，行使催化组蛋白 H3K4me1/2 的功能。

（2）UTX。TRR 复合物成员，H3K27me 的去甲基化酶。缺失 *UTX*，H3K27me3 则不能向 H3K27ac 转变，影响基因激活。

（3）NCOA6。TRR 复合物中的成员。N 端和 C 端各有一个 LXXLL 结构域，C 端的 LXXLL 结构域对于小鼠 LRX 介导的基因表达，以及脂生成和胆汁酸合成有作用。

（4）PTIP 和 PA1 存在直接相互作用，对于组蛋白 H3K4 甲基转移酶活性起关键作用。

4. 其他核心成员（WARD）

（1）ASH2。哺乳动物同源蛋白 ASH2L，在 N 端具有一个 PHD 结构域，ASH2 对于催化组蛋白 H3K4me2/3 非常重要，而对组蛋白 H3K4me1 则无明显作用。

（2）WDR5。包含 WD40 重复片段，WD40 重复片段可以和 RBBP5 中的 WD40 相互作用。WDR5 对复合物的形成及稳定至关重要，也有证据表明缺乏组分中的任意一种都会对催化组蛋白 H3K4 甲基化的酶活性产生影响，ASH2L 通过 SPRY 结构域相互作用。Robert G. Roeder 认为 MLL1 复合物的组分 ASH2、RbBP5、Wdr5 为其核心结构组分，其中 Wdr5 在蛋白质结构上会与组蛋白 H3 的肽段发生相互作用，在结构上起到把 MLL1 和组蛋白 H3 连接起来的桥梁作用。在催化活性上，分别敲低 *ASH2*、*RbBP5*、*Wdr5* 会造成组蛋白 H3K4me3 水平的下降，尤其是 *Wdr5*，组蛋白 H3K4me/2/3 水平均有显著下降。由此可见，各组分对 MLL1 复合物无论是在结构上还是在催化活性上都起到至关重要的作用。

（3）RBBP5。N 端包含 WD40 重复片段，ASH2L 通过其 SPRY 结构域和 RBBP5 相互作用，对于稳定复合物组成和催化组蛋白 H3K4 甲基化起到促进作用。

（4）DPY30。Set1 通过自身的 WIN 结构域和 DPY30 相互作用。DPY30 形成异二聚体，直接和 ASH2 相互作用。

5. ASH1 复合物

Ash1 的哺乳动物同源蛋白 ASH1L，也含有 SET 结构域，具有催化 H3K36 甲基化的活性，并且它与 CBP 相互作用，因此建立起组蛋白甲基化与乙酰化的联系。

14.3.2 Trithorax 复合物招募机制

和 Polycomb 复合物类似，Trithorax 靶向到合适的染色质位点也是其行使染色质调控功能的第一步，招募或者稳定它们靶向染色质的机制也和 Polycomb 复合物招募的机制类似，详述如下（图 14-5）。

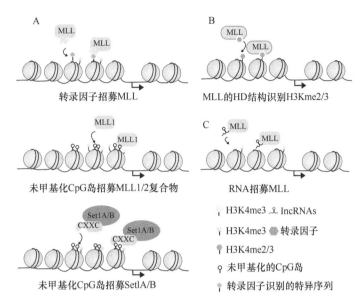

图 14-5　招募或者稳定 Trithrorax 复合物结合染色质的机制

A. 序列依赖性地直接（MLL1/2 本身或者 SET1/COMPASS 复合物中的 CXXC1 蛋白识别 CpG 富集序列）或者间接（转录因子识别特定 DNA 序列）招募 Trithorax 复合物；B. 组蛋白修饰之间的交互作用促进 Trithorax 复合物的染色质结合：H3K4me2/3 被 MLL 识别而维持正反馈；C. RNA 招募 Trithorax 复合物而维持正反馈

1. 转录因子

在果蝇中，Trithorax 复合物会特定靶向到一些 DNA 序列上，这些 DNA 序列被称为 TrxG 应答元件（TRE），经常与 PcG 应答元件（PRE）重叠。一些转录因子，如 Dorsal switch protein 1（DSP1）、GAGA factor（GAF）和 Zeste 会被募集到特定的 TRE 序列上[4]。哺乳动物中 NF-Y 和 NF-E2 会与 ASH2L 相互作用，募集 ASH2L 到特定的启动子区域而介导 H3K4me3 修饰。值得注意的是，COMPASS 和 COMPASS-like 复合物募集到染色质上不依赖于转录激活的环境，而 ASH1 的募集却依赖于转录激活的染色质环境，进而促进转录延伸。

2. CpG 富集的 DNA 序列

目前在哺乳动物中还没有发现 TRE 序列。MLL1/2 本身含有 CXXC 结构域，此外 SET1/COMPASS 复合物中的 CXXC1 蛋白也含有 CXXC 结构域，因此可以直接结合未被甲基化的 CpG 岛[4]，这与 PcG 复合物的募集机制类似。果蝇中的 TRX 没有 CXXC 结构域，却可以识别 TRX 序列被自动募集。

3. RNA

Trithorax 复合物和非编码 RNA 相互作用的报道比较多，在果蝇 *bxd* 基因上非编码 RNA 通过 ASH1 募集 TRX 复合物激活基因表达。长链非编码 RNA 也和 TRX 复合物有相互作用，长链非编码 RNA 有一个类似增强子的功能，并且可以在空间染色质结构上介导启动子和增强子的 Loop 结构。例如，HOTTIP 是一个长链非编码 RNA，和 WDR5 相互作用，募集 WDR5-MLL 到 *HOXA* 基因上使得染色质形成 Loop，催化组蛋白 H3K4me3 的形成[4]。

4. 组蛋白修饰

已存在的组蛋白修饰可以作为停泊位点进一步招募 Trithorax 复合物。例如，MLL1 的第三个 PHD 结构域可以直接识别组蛋白 H3K4me2/3；其他组蛋白修饰如 H3K9ac 和 H3K14ac、BRE1-RAD6 所介导的 H2B 泛素化等对于增强 Trithorax 复合物催化组蛋白 H3K4me2/3 的活性十分关键；WDR5 既能识别 H3K4me，又能进一步促进 H3K4me、H3K9ac 和 H4K16ac。因此，这种招募机制以正反馈的方式促进或维持转录激活效应[4]。

14.3.3 Trithorax 复合物转录调控机制

简单来说，转录激活的过程包括：序列特异性激活蛋白结合到特定序列后募集通用转录装置，RNA 聚合酶 II 结合到启动子上形成前起始复合物，启动子附近的 DNA 螺旋打开，接着 RNA 聚合酶从启动子处分离并促进有效延伸。维持转录激活状态可能涉及以上激活所需步骤中的任何一个，并且每个步骤都可能成为限速步骤。一般认为 Polycomb 复合物介导的基因沉默是默认状态，Trithorax 复合物总的来说是维持活性状态所必需的，某些起到相对通用激活的作用，比如有报道认为 H3K4me3 可以直接招募转录机器而促进转录起始；而主要功能则可能是直接拮抗 PcG 的作用，并通过复制和有丝分裂来维持可遗传的基因激活状态。前面详细地描述了 Polycomb 复合物维持转录抑制的分子机制；反之，Trithrorax 复合物则主要通过形成染色质开放、拮抗抑制性的染色质修饰而发挥转录激活作用[4]ASH1 复合物催化的 H3K36me 除了具有拮抗 Polycomb 复合物活性外，还促进其他激活性组蛋白修饰，如 CBP 介导的组蛋白乙酰化，本部分不再详述。Trithorax 复合物介导的组蛋白 H3K4me 与染色质状态之间的相关性目前比较明确，但是 Trithrorax 复合物如何精确地催化不同程度的 H3K4 甲基化（H3K4me1/2/3），这 3 种细小差别的修饰的功能尚不完全清楚。在此仅强调 Trithrorax 复合物在增强子（enhancer）调控和 Bivalent 修饰启动子的过程中具有重要作用和意义。

1. Trithorax 复合物与增强子功能

增强子作为基因的顺势调控元件在染色质空间结构和基因转录激活状态的调控过程中起到关键性的作用，具有组织和细胞类型特异性。定义增强子的一个显著标志就是该染色质片段所处位置的组蛋白 H3K4me1 水平很高，如待激活的增强子（primed enhancer）具有大量组蛋白修饰 H3K4me1/2 和少量的 H3K4me3，激活的增强子（active enhancer）则进一步被 H3K27ac 所标记。

哺乳动物中 MLL3/4 负责催化增强子区组蛋白修饰 H3K4me1/2。例如，小鼠胚胎干细胞 ChIP-seq 数据显示 MLL3 和 MLL4 所结合的位置与 H3K4me1 的富集高度吻合，催化活性上也发现 MLL3 和 MLL4 在催化组蛋白 H3K4me1 时起到了主导的作用；并且 MLL4 本身通过控制组蛋白乙酰转移酶 p300 介导增强子的激活，从而严格控制细胞命运的转变。另外，在结直肠癌细胞中 MLL3 存在组蛋白 H3K4me1 催化活性缺失的特点，在此细胞中再敲除 *Mll4*，会导致 H3K4me1 整体水平下降[64]。利用脂肪生成和肌肉生成系统，研究者发现 MLL4 主要与特定转录因子共同靶定在基因组上激活的增强子区域，并且证实了 H3K4me1/2、H3K27ac、mediator 和 RNA 聚合酶 II 在激活的增强子区域的富集也需要 MLL4。与 Polycomb 复合物介导形成染色质环类似，Trithrorax 复合物介导远程的增强子和启动子相互作用，调控相应基因的转录激活水平[4]。

2. Bivalent 状态的形成及意义

H3K4me3 和 H3K27me3 在基因启动子区的富集一般被认为分别是基因转录激活和抑制的标志，而 ChIP-seq 分析发现，H3K4me3 和 H3K27me3 会同时出现在某些基因的启动子区，这种状态称之为 bivalent 状态。Mll2 在胚胎干细胞中对于 bivalent 状态启动子上 H3K4me3 的建立发挥主要作用，与 Mll1 没有冗余的功能。在 *Mll2* 缺失的胚胎干细胞中，组蛋白 H3K4me3 的量会降低，这种缺失在早期不会对发育相关的基因产生大的影响，但会影响向中胚层和外胚层的分化。

这类同时具有转录激活和转录抑制标志的基因被称为 bivalent 基因。在多能性干细胞中，bivalent 基因一般是和生长发育相关的基因，在没有分化信号的状态下，bivalent 基因维持其待命状态（poised），在有外界刺激信号时可以迅速解除抑制性修饰而开始激活转录。而且，随着研究进展的深入，发现 bivalent 基因不仅仅存在于多能干细胞中，一些非多能性的细胞如造血干细胞、甚至终末分化细胞如小鼠胚胎成纤维细胞、T 细胞等都有大量的 bivalent 基因。并且，进一步的研究证实这种 bivalent 状态不是因为细胞异质性造成的，而且同一个核小体中两种修饰分别存在于两个组蛋白 H3 上，即均为不对称性甲基化（asymmetric methylation）[65]。

bivalent 基因启动子区缺失 H3K27me3 或者 H3K4me3 会造成基因激活异常，Polycomb 复合物突变的细胞中普遍会检测到在 bivalent 基因区域 H3K4me3 的上调，例如，许多基因在 EED 缺失的胚胎干细胞中过早的成熟表达，此外，*SUZ12* 缺失的胚胎干细胞也有类似的情况。bivalent 基因对于在发育过程中调节细胞分化起到了关键性的作用。在细胞分化过程中，bivalent 基因会迅速发生响应，决定自己是被激活还是被抑制。当基因激活时，bivalent 基因的启动子区需要去除 Polycomb 蛋白及相关的修饰（如组蛋白 H3K27me3 及 H2AK119ub1 等），相应的转录因子结合和组蛋白 H3K4me3 水平上升[4]。相反，当抑制的情况发生时，bivalent 基因的启动子区会去除组蛋白 H3K4me3 的修饰，阻碍转录因子的结合，并且 Polycomb 蛋白结合及 DNA 甲基化会增多。另外，细胞外界的环境因素导致细胞内信号的调节，进而导致组蛋白修饰的改变及染色质结构的改变，这些都会影响转录因子的结合，以及 bivalent 基因的激活和抑制[66, 67]。

尽管看起来 Polycomb 复合物和 Trithorax 复合物的组成、活性和功能非常复杂，但无论是在果蝇还是在哺乳动物，两类复合物在染色质上经常共定位，形成一个动态、可逆的双稳态系统：各类复合物本身相互稳定、促进而发挥协同作用，维持细胞命运；在细胞命运转变过程中，两类复合物则此消彼长[7]。

14.3.4 TrxG 异常与肿瘤

MLL1 是第一个被报道的和肿瘤形成相关的 TrxG 家族的成员，经常在白血病的细胞中发生异位（translocation）。在已发现的小儿恶性白血病中，包括 MLL1 在内的发生异位的肿瘤占到大约 10%，许多发生异位的患者面临着再复发的危险。在所有 MLL 异位的情况中，MLL 家族蛋白的 SET 结构域缺失，而嵌合体蛋白的 CXXC 结构域都被保留了下来。CXXC 结构域对于 MLL 家族蛋白结合到染色质上具有重要的作用，尤其在肿瘤形成中对于原癌基因的激活维持至关重要。CXXC 结构域会结合在未甲基化的 DNA 上，点突变 CXXC 结构域使其失去 DNA 的结合能力，从而减弱成瘤能力[68]。ELL 蛋白是与 MLL 融合的蛋白质中研究比较透彻的一个，ELL 蛋白在转录延伸的过程中通过增强 RNA 聚合酶 II 的活性对于转录的过程起到正向推动的积极作用。类似于 ELL 融合蛋白，ENL、AF4 和 AF9 都对于转录激活其催化活性起到重要作用。在小儿白血病中，与 MLL 融合的蛋白质除了 ENL、AF4 和 AF9，还有 ELL-ELL3 和 P-TEFb 这些复合物，称为超级延伸复合物（super elongation complex，SEC）[69]。这些复合物蛋白会扰乱 MLL 结合的基因的转录检验点，造成异常转录，从而形成肿瘤。

不仅仅是核心的 MLL 家族蛋白，MLL 家族复合物中的成员对于 TrxG 的肿瘤形成也有作用。MEN1 蛋白对于 MLL-AF9 所介导的白血病有很强的相关性，MLL-AF9 融合蛋白调节原癌基因 *HOXA9* 的异常增高表达，MEN1 蛋白缺失会造成 MLL-AF9 所介导的白血病细胞生长缓慢[70]。

MLL3/MLL4 复合物还和 p53 以及 DNA 损伤通路相关。*MLL4* 的突变存在于非霍奇金淋巴瘤中。MLL3/MLL4 作为催化 H3K4me1 的核心成员，同样在肿瘤的发生发展中具有作用。32%的 DLBCL 和 89% 的滤泡性淋巴瘤（follicular lymphoma，FL）都存在 *MLL4* 的突变，并且这种突变是单等位基因的，也就是说 MLL4 在蛋白表达量上的不足对于 DLBCL 和 FL 的成因起到重要作用。*MLL3* 的突变在肾脏和膀胱癌中存在，MLL3 纯和缺失 SET 结构域的小鼠的尿道上皮细胞有明显的增殖异常。MLL3/MLL4 复合物中的其他成员——UTX，在 T 细胞的急性淋巴白血病中存在突变[71, 72]，在增强子激活过程中 UTX 的去甲基化作用伴随 CBP/p300 在相同组蛋白 H3K27 中的乙酰化。增强子所介导的基因转录激活对于正常组织特异性细胞的自我更新和分化有重要作用，一旦去甲基化作用发生异常，便会引起肿瘤的形成[72, 73]。

14.4　Polycomb 复合物和 Trithorax 复合物相关抑制剂

如前所述，Polycomb 复合物和 Trithorax 复合物成员的异常表达或者活性与多种人类疾病相关，因此靶向这些表达或者活性失调的蛋白质，有可能应用于相应疾病的治疗。在肿瘤和一些相关疾病中，Polycomb 复合物和 Trithorax 复合物异常的高活性是这些疾病发生和发展的关键，因此针对性地抑制 Polycomb 复合物和 Trithorax 复合物的功能有望成为治疗这些疾病的有效手段。本节介绍一些针对 Polycomb 复合物和 Trithorax 复合物中部分成员的小分子抑制剂。

14.4.1　Polycomb 复合物相关抑制剂

1. EZH2 抑制剂

EZH2 在多种肿瘤中被发现存在高表达，如 B 细胞淋巴瘤。同时也存在着使 EZH2 酶活性增强的突变[74]。EZH2 有望成为这些疾病药物治疗的靶点。到目前为止，多种结构相似、通过竞争性结合起到抑制 EZH2 酶活的小分子化合物被报道。GSK343 是葛兰素史克公司继 GSK126 之后发现的又一个抑制 EZH2 活性的小分子。此外 Epizyme 还开发了 EPZ-6438。EPZ-6438 和 GSK126 是最早报道的 EZH2 抑制剂，对于野生型和突变型的 EZH2 均具有高度的选择性，它们具有相似的药理学特征，对 EZH2 的选择性要比对 EZH1 的选择性高出 50 倍以上，所有的这些 EZH2 抑制剂都通过与 *S*-腺苷（SAM）-竞争机制阻断 EZH2 酶活，而不是通过对 PRC2 复合物的形成或 PRC2 蛋白稳定性的改变。2020 年，FDA 相继批准了 Epizyme 公司开发的 EZH2 抑制剂 Tazverik（tazemetostat）用于治疗不适合完全切除的转移性/局部晚期上皮样肉瘤和复发/难治性滤泡性淋巴瘤。最近有证据显示 EZH1/2 双重抑制剂在某些情况下有更强的抗肿瘤效果[75]，可能因为 EZH1 能够部分代偿 EZH2 的功能，但适用范围和具体机制尚不清楚。

2. EED 抑制剂

最近，诺华公司基于 PRC2 复合物中 EED 与底物 H3K27 相互作用的结构，开发了抑制剂 EED226，结合 EED 以后则诱导其构象改变，因此导致丧失 PRC2 活性，在体内可以抑制淋巴瘤的进展[76]。

3. BMI-1 抑制剂

PTC-209 是通过小分子基因表达调节（GEMS）技术筛选出来的，它可以降低 BMI-1 的转录水平。体外细胞实验证明 PTC-209 以剂量依赖性方式降低 BMI-1 蛋白和 H2AK119ub1 水平，并且可以抑制肿瘤细胞生长和肿瘤干细胞自我更新。此外，在小鼠的肿瘤模型中使用 PTC-209 处理小鼠，可以使肿瘤体积减小[77]。BMI-1 抑制剂和 EZH2 抑制剂联合使用能更高效地抑制胶质母细胞瘤这种异质性非常强的肿瘤的发生发展[78]。

14.4.2　Trithorax 复合物相关抑制剂

Trithorax 复合物的抑制剂主要通过影响组分间的相互作用，从而使 Trithorax 复合物不稳定，起到抑制 Trithorax 复合物的作用。目前主要的抑制剂分为两大类，一类通过影响 WDR5-MLL 相互作用，另一类通过影响 Menin-MLL 相互作用。Karatas 等通过设计一系列的小分子进行筛选，找到了影响 WDR5-MLL 相互作用的 mm-101～mm-103，其中 mm-102 具有最高的活性，可以显著地抑制 *HoxA9* 和 *Meis-1* 的表达，这两个基因在白血病进展中起到重要作用[79]。MM-401 是进一步研究中发现的小分子抑制剂，对于 WDR5 有着较高的选择性，在 MLL1-AF9、MLL1-ENL、MLL1-AF1 基因重排的小鼠白血病模型中，使用 MM-401 均可促进癌细胞的凋亡[80]。类似的小分子还包括 WDR5-0101、WDR5-0103、OICR-9429 等。抑制 Menin-MLL1 相互作用的抑制剂如 MI-2-2、MIV-6R 等也表现出一定的抑制肿瘤的效果。

14.5　总结与展望

14.5.1　未来需要解决的问题和研究方向

无论是在果蝇还是在哺乳动物中，PcG 或者 TrxG 家族基因突变都造成程度不等的发育缺陷，Polycomb 复合物和 Trithorax 复合物的表达或者活性失调与人类疾病发生紧密相关，所以对其的深入研究有重大的生物学和病理生理学意义。

经过几十年的研究，两类复合物的研究突飞猛进，但是仍然遗留了很多的问题，某些问题的解决在未来几年有望取得重大突破。

（1）在哺乳动物发育过程中，对 PcG 和 TrxG 的研究过去主要着眼于着床后对胚胎发育的影响，而早期发育方面的进展因为受限于细胞数量而停滞不前。近年来，随着单细胞测序技术、微量细胞表观基因组学技术的发展，建立起越来越多的生命之初的表观遗传学图景。2016 年，中国和挪威的三个研究组分别通过不同的微量细胞 ChIP-seq 分析方法证实：胚胎发育早期，H3K4me3 和 H3K27me3 两种修饰呈现高度动态变化[81-83]；启动子区的 H3K27me3 在受精后从父母双方基因组上被擦除，一直到着床后才开始重新建立[84]。这些表观遗传学状态是如何在两代之间传递的呢？在着床前后 Polycomb 复合物和 Trithorax 复合物的活性（H3K4me3、H3K27me3 及 H2K119ub1）如何逐步建立呢？回答这些问题对生殖发育和跨代遗传的相关研究具有重大意义。

（2）进化过程中，PcG 和 TrxG 两大家族产生了很多平行同源基因，在不同的复合物中改变这些基因之间的平衡可能导致的生化和功能差异如何？对于该问题，选择合适的生理研究体系是关键。

（3）两类复合物都介导染色质相互作用，这种 3D 基因组调控方式与基因表达的因果关系尚不明确；随着高分辨成像技术、Hi-C 等技术日趋成熟，染色质空间结构研究得以迅猛发展，对 Polycomb 复合物和 Trithorax 复合物介导的 3D 基因组调控是目前研究的热点。建立相关组蛋白修饰与染色质相互作用的关系，同时建立空间结构与基因表达之间的关系将极大地推动表观遗传学的发展。

（4）过去更多地关注两类复合物的作用如何稳定，而研究它们功能动态的精细调控对于理解细胞命运的转变至关重要，目前逐渐稳定和成熟的细胞定向分化及细胞重编程体系将有助于我们这方面的突破。

（5）复合物中各成员的替换、翻译后修饰等对复合物活性或者功能的影响、非典型功能（如复合物在胞浆或者线粒体中的作用等）目前还了解甚少。对于复合物中每一个蛋白质来说，在不同环境下可能发挥非经典功能，例如，EZH2S21 磷酸化以后会改变底物选择性，使 STAT3 甲基化。这些发现将会让我们对复合物成员有更全面的认识，也有助于我们在开发靶向治疗方案的时候有更深远的考虑。

14.5.2 应用

既然 Polycomb 复合物和 Trithorax 复合物对细胞命运的维持及转变如此重要，相应的靶向调控策略可能将有助于相关领域的研究和人类疾病的治疗。例如，BMI1、EZH2 抑制剂是否能够促进细胞重编程？它们到底能否真正根治某些肿瘤？在这些应用中，如何与其他已知的方式联合使用提高效率还有待将来进一步探索。

参 考 文 献

[1] Lewis, E. B. A gene complex controlling segmentation in *Drosophila*. *Nature* 276, 565-570(1978).

[2] Schuettengruber, B. *et al.* Genome regulation by polycomb and trithorax: 70 years and counting. *Cell* 171, 34-57(2017).

[3] Simon, J. A. & Kingston, R. E. Mechanisms of Polycomb gene silencing: knowns and unknowns. *Nat Rev Mol Cell Biol* 10, 697-708(2009).

[4] Schuettengruber, B. *et al.* Trithorax group proteins: switching genes on and keeping them active. *Nat Rev Mol Cell Biol* 12, 799-814(2011).

[5] Ringrose, L. & Paro, R. Epigenetic regulation of cellular memory by the polycomb and trithorax group proteins. *Annual Review of Genetics* 38, 413-443(2004).

[6] Lee, N. *et al.* Suppression of Polycomb group proteins by JNK signalling induces transdetermination in *Drosophila* imaginal discs. *Nature* 438, 234-237(2005).

[7] Ringrose, L. Noncoding RNAs in polycomb and trithorax regulation: A quantitative perspective. *Annual Review of Genetics*(2017).

[8] Schmitges, F. W. *et al.* Histone methylation by PRC2 is inhibited by active chromatin marks. *Mol Cell* 42, 330-341(2011).

[9] Pasini, D. *et al.* JARID2 regulates binding of the polycomb repressive complex 2 to target genes in ES cells. *Nature* 464, 306-310(2010).

[10] Peng, J. C. *et al.* Jarid2/Jumonji coordinates control of PRC2 enzymatic activity and target gene occupancy in pluripotent cells. *Cell* 139, 1290-1302(2009).

[11] Landeira, D. *et al.* Jarid2 is a PRC2 component in embryonic stem cells required for multi-lineage differentiation and recruitment of PRC1 and RNA polymerase II to developmental regulators. *Nature Cell Biology* 12, 618-624(2010).

[12] Morey, L. *et al.* Nonoverlapping functions of the polycomb group cbx family of proteins in embryonic stem cells. *Cell stem cell* 10, 47-62(2012).

[13] Lagarou, A. *et al.* dKDM2 couples histone H2A ubiquitylation to histone H3 demethylation during polycomb group silencing.

Genes Dev 22, 2799-2810(2008).

[14] Gao, Z. *et al.* PCGF homologs, CBX proteins, and RYBP define functionally distinct PRC1 family complexes. *Mol Cell* 45, 344-356(2012).

[15] Fisher, C. L. *et al.* Additional sex combs-like 1 belongs to the enhancer of trithorax and polycomb group and genetically interacts with Cbx2 in mice. *Developmental Biology* 337, 9-15(2010).

[16] Scheuermann, J. C. *et al.* Histone H2A deubiquitinase activity of the Polycomb repressive complex PR-DUB. *Nature* 465, 243-247(2010).

[17] Simon, J. *et al.* Elements of the Drosophila bithorax complex that mediate repression by polycomb group products. *Developmental Biology* 158, 131-144(1993).

[18] Wu, X. *et al.* Fbxl10/Kdm2b recruits polycomb repressive complex 1 to CpG islands and regulates H2A ubiquitylation. *Mol Cell* 49, 1134-1146(2013).

[19] Li, H. *et al.* Polycomb-like proteins link the PRC2 complex to CpG islands. *Nature* 549, 287-291(2017).

[20] Zhao, J., *et al.* RYBP/YAF2-PRC1 complexes and histone H1-dependent chromatin compaction mediate propagation of H2AK119ub1 during cell division. *Nat Cell Biol* 22(4), 439-452(2020).

[21] Cooper, S. *et al.* Jarid2 binds mono-ubiquitylated H2A lysine 119 to mediate crosstalk between polycomb complexes PRC1 and PRC2. *Nat Commun* 7, 13661(2016).

[22] Kalb, R. *et al.* Histone H2A monoubiquitination promotes histone H3 methylation in polycomb repression. *Nat Struct Mol Biol* 21, 569-571(2014).

[23] Cai, L. *et al.* An H3K36 methylation-engaging tudor motif of polycomb-like proteins mediates PRC2 complex targeting. *Mol Cell* 49, 571-582(2013).

[24] Ballare, C. *et al.* Phf19 links methylated Lys36 of histone H3 to regulation of polycomb activity. *Nat Struct Mol Biol* 19, 1257-1265(2012).

[25] Brien, G. L. *et al.* Polycomb PHF19 binds H3K36me3 and recruits PRC2 and demethylase NO66 to embryonic stem cell genes during differentiation. *Nat Struct Mol Biol* 19, 1273-1281(2012).

[26] Creyghton, M. P. *et al.* H2AZ is enriched at polycomb complex target genes in ES cells and is necessary for lineage commitment. *Cell* 135, 649-661(2008).

[27] Chen, P. *et al.* H3.3 actively marks enhancers and primes gene transcription via opening higher-ordered chromatin. *Genes Dev* 27, 2109-2124(2013).

[28] Banaszynski, L. A. *et al.* Hira-dependent histone H3.3 deposition facilitates PRC2 recruitment at developmental loci in ES cells. *Cell* 155, 107-120(2013).

[29] Lu, C. *et al.* Histone H3K36 mutations promote sarcomagenesis through altered histone methylation landscape. *Science* 352, 844-849(2016).

[30] Long, Y., *et al.* RNA is essential for PRC2 chromatin occupancy and function in human pluripotent stem cells. *Nat Genet* 52(9), 931-938(2020).

[31] Shao, Z. *et al.* Stabilization of chromatin structure by PRC1, a polycomb complex. *Cell* 98, 37-46(1999).

[32] Francis, N. J. *et al.* Chromatin compaction by a polycomb group protein complex. *Science(New York, N.Y* 306, 1574-1577(2004).

[33] Lau, M. S. *et al.* Mutation of a nucleosome compaction region disrupts polycomb-mediated axial patterning. *Science(New York, N.Y* 355, 1081-1084(2017).

[34] Yuan, W. *et al.* Dense chromatin activates polycomb repressive complex 2 to regulate H3 lysine 27 methylation. *Science(New York, N.Y* 337, 971-975(2012).

[35] Tie, F. *et al.* Polycomb inhibits histone acetylation by CBP by binding directly to its catalytic domain. *Proc Natl Acad Sci U S A* 113, E744-753(2016).

[36] Nakagawa, T. *et al.* Deubiquitylation of histone H2A activates transcriptional initiation via trans-histone cross-talk with H3K4 di- and trimethylation. *Genes Dev* 22, 37-49(2008).

[37] Yuan, G. *et al.* Histone H2A ubiquitination inhibits the enzymatic activity of H3 lysine 36 methyltransferases. *J Biol Chem* 288, 30832-30842(2013).

[38] Isono, K. *et al.* SAM domain polymerization links subnuclear clustering of PRC1 to gene silencing. *Developmental Cell* 26, 565-577(2013).

[39] Kundu, S. *et al.* Polycomb repressive complex 1 generates discrete compacted domains that change during differentiation. *Mol Cell* 65, 432-446 e435(2017).

[40] Kuroda, M. I., *et al.* Dynamic Competition of Polycomb and Trithorax in Transcriptional Programming. *Annu Rev Biochem* 89, 235-253(2020).

[41] Wang, H. *et al.* Role of histone H2A ubiquitination in polycomb silencing. *Nature* 431, 873-878(2004).

[42] de Napoles, M. *et al.* Polycomb group proteins Ring1A/B link ubiquitylation of histone H2A to heritable gene silencing and X inactivation. *Developmental Cell* 7, 663-676(2004).

[43] Fang, J. *et al.* Ring1b-mediated H2A ubiquitination associates with inactive X chromosomes and is involved in initiation of X inactivation. *J Biol Chem* 279, 52812-52815(2004).

[44] Stock, J. K. *et al.* Ring1-mediated ubiquitination of H2A restrains poised RNA polymerase II at bivalent genes in mouse ES cells. *Nat Cell Biol* 9, 1428-1435(2007).

[45] Zhou, W. *et al.* Histone H2A monoubiquitination represses transcription by inhibiting RNA polymerase II transcriptional elongation. *Mol Cell* 29, 69-80(2008).

[46] Eskeland, R. *et al.* Ring1B compacts chromatin structure and represses gene expression independent of histone ubiquitination. *Molecular Cell* 38, 452-464(2010).

[47] Illingworth, R. S. *et al.* The E3 ubiquitin ligase activity of RING1B is not essential for early mouse development. *Genes Dev* 29, 1897-1902(2015).

[48] Riising, E. M. *et al.* Gene silencing triggers polycomb repressive complex 2 recruitment to CpG islands genome wide. *Molecular Cell* 55, 347-360(2014).

[49] Cooper, S. *et al.* Targeting polycomb to pericentric heterochromatin in embryonic stem cells reveals a role for H2AK119u1 in PRC2 recruitment. *Cell Rep* 7, 1456-1470(2014).

[50] Mansour, A. A. *et al.* The H3K27 demethylase Utx regulates somatic and germ cell epigenetic reprogramming. *Nature* 488, 409-413(2012).

[51] Agger, K. *et al.* UTX and JMJD3 are histone H3K27 demethylases involved in HOX gene regulation and development. *Nature* 449, 731-734(2007).

[52] Daou, S. *et al.* The BAP1/ASXL2 histone H2A deubiquitinase complex regulates cell proliferation and is disrupted in cancer. *J Biol Chem* 290, 28643-28663(2015).

[53] Sahtoe, D. D. *et al.* BAP1/ASXL1 recruitment and activation for H2A deubiquitination. *Nat Commun* 7, 10292(2016).

[54] Shen, H. & Laird, P. W. Interplay between the cancer genome and epigenome. *Cell* 153, 38-55(2013).

[55] Cohen, A. S. *et al.* Weaver syndrome-associated EZH2 protein variants show impaired histone methyltransferase function in vitro. *Human Mutation* 37, 301-307(2016).

[56] Cooney, E. *et al.* Novel EED mutation in patient with Weaver syndrome. *Am J Med Genet A* 173, 541-545(2017).

[57] Ng, D. *et al.* Oculofaciocardiodental and Lenz microphthalmia syndromes result from distinct classes of mutations in BCOR.

Nat Genet 36, 411-416(2004).

[58] Gao, Z. *et al.* An AUTS2-Polycomb complex activates gene expression in the CNS. *Nature* 516, 349-354(2014).

[59] Hoischen, A. *et al. De novo* nonsense mutations in ASXL1 cause Bohring-Opitz syndrome. *Nat Genet* 43, 729-731(2011).

[60] Srivastava, A. *et al. De novo* dominant ASXL3 mutations alter H2A deubiquitination and transcription in Bainbridge-Ropers syndrome. *Human Molecular Genetics* 25, 597-608(2015).

[61] De Raedt, T. *et al.* PRC2 loss amplifies Ras-driven transcription and confers sensitivity to BRD4-based therapies. *Nature* 514, 247-251(2014).

[62] Lee, W. *et al.* PRC2 is recurrently inactivated through EED or SUZ12 loss in malignant peripheral nerve sheath tumors. *Nature Genetics* 46, 1227-1232(2014).

[63] Wu, M. *et al.* Molecular regulation of H3K4 trimethylation by Wdr82, a component of human Set1/COMPASS. *Mol Cell Biol* 28, 7337-7344(2008).

[64] Hu, D. *et al.* The MLL3/MLL4 branches of the COMPASS family function as major histone H3K4 monomethylases at enhancers. *Mol Cell Biol* 33, 4745-4754(2013).

[65] Voigt, P. *et al.* Asymmetrically modified nucleosomes. *Cell* 151, 181-193(2012).

[66] Vastenhouw, N. L. & Schier, A. F. Bivalent histone modifications in early embryogenesis. *Curr Opin Cell Biol* 24, 374-386(2012).

[67] Voigt, P. *et al.* A double take on bivalent promoters. *Genes Dev* 27, 1318-1338(2013).

[68] Cierpicki, T. *et al.* Structure of the MLL CXXC domain-DNA complex and its functional role in MLL-AF9 leukemia. *Nat Struct Mol Biol* 17, 62-68(2010).

[69] Chen, F. X. *et al.* PAF1, a molecular regulator of promoter-proximal pausing by RNA polymerase II. *Cell* 162, 1003-1015(2015).

[70] He, S. *et al.* Menin-MLL inhibitors block oncogenic transformation by MLL-fusion proteins in a fusion partner-independent manner. *Leukemia* 30, 508-513(2016).

[71] Van der Meulen, J. *et al.* The H3K27me3 demethylase UTX is a gender-specific tumor suppressor in T-cell acute lymphoblastic leukemia. *Blood* 125, 13-21(2015).

[72] Ntziachristos, P. *et al.* Contrasting roles of histone 3 lysine 27 demethylases in acute lymphoblastic leukaemia. *Nature* 514, 513-517(2014).

[73] Benyoucef, A. *et al.* UTX inhibition as selective epigenetic therapy against TAL1-driven T-cell acute lymphoblastic leukemia. *Genes Dev* 30, 508-521(2016).

[74] Morin, R. D. *et al.* Somatic mutations altering EZH2(Tyr641)in follicular and diffuse large B-cell lymphomas of germinal-center origin. *Nat Genet* 42, 181-185(2010).

[75] Fujita, S. *et al.* Dual inhibition of EZH1/2 breaks the quiescence of leukemia stem cells in acute myeloid leukemia. *Leukemia*(2017).

[76] Qi, W. *et al.* An allosteric PRC2 inhibitor targeting the H3K27me3 binding pocket of EED. *Nature Chemical Biology* 13, 381-388(2017).

[77] Kreso, A. *et al.* Self-renewal as a therapeutic target in human colorectal cancer. *Nature Medicine* 20, 29-36(2014).

[78] Jin, X. *et al.* Targeting glioma stem cells through combined BMI1 and EZH2 inhibition. *Nature Medicine* 23, 1352-1361(2017).

[79] Karatas, H. *et al.* High-affinity, small-molecule peptidomimetic inhibitors of MLL1/WDR5 protein-protein interaction. *J Am Chem Soc* 135, 669-682(2013).

[80] Cao, F. *et al.* Targeting MLL1 H3K4 methyltransferase activity in mixed-lineage leukemia. *Mol Cell* 53, 247-261(2014).

[81] Dahl, J. A. *et al.* Broad histone H3K4me3 domains in mouse oocytes modulate maternal-to-zygotic transition. *Nature* 537, 548-552(2016).

[82] Liu, X. *et al.* Distinct features of H3K4me3 and H3K27me3 chromatin domains in pre-implantation embryos. *Nature* 537, 558-562(2016).

[83] Zhang, B. *et al.* Allelic reprogramming of the histone modification H3K4me3 in early mammalian development. *Nature* 537, 553-557(2016).

[84] Zheng, H. *et al.* Resetting epigenetic memory by reprogramming of histone modifications in mammals. *Mol Cell* 63, 1066-1079(2016).

吴旭东　博士，天津医科大学卓越人才计划项目负责人，细胞生物学系主任，国家万人计划青年拔尖人才项目及天津市杰出青年基金获得者。2009 年获北京协和医学院博士学位，2009~2013 年在丹麦哥本哈根大学师从 Kristian Helin 教授做博士后。研究领域为干细胞及肿瘤表观遗传学，主要围绕重要转录抑制因子 Polycomb（PcG）家族蛋白在染色质结合-组蛋白修饰活性动态调节-转录沉默机制-发育与肿瘤调控等多个层面进行系统深入的研究，在 *Mol Cell*、*Cell Res*、*Nature Commun* 等期刊发表学术论文 20 余篇。

第15章 DNA 甲基化修饰酶的结构生物学研究

徐彦辉[1,2] 赵　丹[1,2] 戚轶伦[2] 于子朔[2] 杨慧蓉[2]
1. 复旦大学附属肿瘤医院；2. 复旦大学

本章概要

　　DNA（deoxyribonucleic acid）即脱氧核糖核酸，是生物体内具有双螺旋结构、携带遗传信息的物质。哺乳动物 DNA 甲基化发生在胞嘧啶第五位碳原子上，称为 5-甲基胞嘧啶，是重要的表观遗传修饰，调控基因转录、基因组印记、表观遗传等多种生物学过程，在发育过程中起关键作用。哺乳动物基因组的 DNA 甲基化主要发生在 CpG 二核苷酸。其建立是由 DNMT3A/3B 在胚胎发育早期完成的，而甲基化模式的维持是由 DNMT1 和 UHRF1 实现的。TET 蛋白能够氧化 5-甲基胞嘧啶成为 5-羟甲基胞嘧啶、5-醛基胞嘧啶、5-羧基胞嘧啶，在 DNA 去甲基化过程中起关键作用。在本章中，我们重点介绍 DNA 甲基化修饰酶的结构研究进展。

15.1　DNA 甲基转移酶

关键概念

- DNA 甲基化是可逆的，由 DNMT 催化胞嘧啶的甲基化，而 TET 氧化 5mC 促进去甲基化。
- DNMT 家族主要有 DNMT1、DNMT3A、DNMT3B、DNMT3L 四个蛋白质，其结构可分为 N 端和 C 端催化结构域。
- DNMT3L 具有不完整的催化结构域，因而不能催化胞嘧啶的甲基化，但可以与 DNMT3A/B 结合。
- DNMT3A 的 ADD 结构域抑制催化结构域活性，使 DNMT3A 处于自抑制状态，遇到底物后，构象改变，解除自抑制状态。

15.1.1　DNA 甲基化修饰动态调控过程

　　DNA 甲基化是最重要的表观遗传修饰之一，哺乳动物 DNA 甲基化主要发生在胞嘧啶第五位碳原子上，称为 5-甲基胞嘧啶（5mC）。其他 DNA 甲基化包括 *N6*-甲基腺嘌呤（6mA）和 7-甲基鸟嘌呤（7mG）等（图 15-1）。DNA 甲基化修饰不影响碱基之间的配对，因此可以稳定存在于基因组上并发挥功能。DNA 甲基化修饰对基因组功能的影响主要通过以下几种方式：结合识别修饰特异性的蛋白质，抑制 DNA 结合蛋白与 DNA 相互作用，或者是改变所在基因组区域的结构特性。

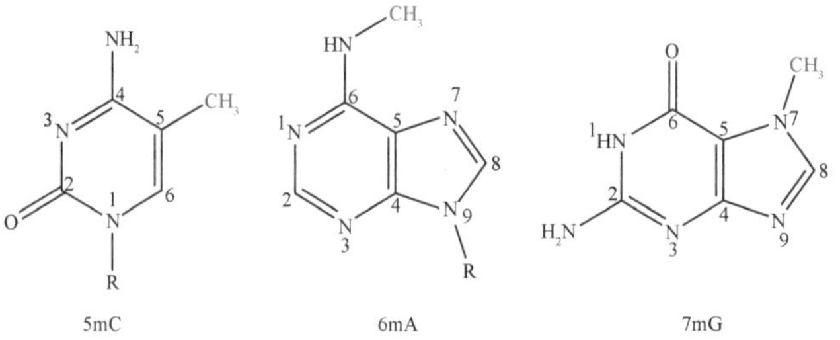

图 15-1 DNA 甲基化修饰结构式：5-甲基胞嘧啶（5mC）、*N6*-甲基腺嘌呤（6mA）和 7-甲基鸟嘌呤（7mG）

5mC（5-methylcytosine）是目前研究最多、对其功能机制揭示得最为清楚的一种 DNA 修饰。5mC 存在于在大部分植物、动物及真菌中。它通过调控基因表达、基因组印记、甲基化遗传、X 染色体失活等方式对个体的发育生长过程起到重要的调控作用[1]。哺乳动物中 DNA 甲基化修饰的发现几乎和 DNA 的发现一样早。早在 1948 年，Rollin Hotchkiss 在使用纸质层析法提取小牛胰腺的时候就发现了胞嘧啶的修饰[2]。尽管很多研究人员都认为 DNA 甲基化修饰调控基因表达，但直到 20 世纪 80 年代才有正式研究论文表明 DNA 甲基化与基因调控和细胞分化相关[3, 4]。

1992 年哺乳动物细胞中的第一个 DNA 甲基转移酶——Dnmt1（DNA methyltransferase 1）被鉴定出来[5]。但是 *Dnmt1* 敲除的细胞并没有完全丧失甲基化，表明还存在有其他 DNA 甲基转移酶。1998 年，Okano 等通过序列分析等方法发现了从头甲基转移酶 Dnmt3a 和 Dnmt3b（DNA methyltransferase 3a and 3b）[6]，之后的 20 年科研人员对 DNA 甲基转移酶进行了深入研究。

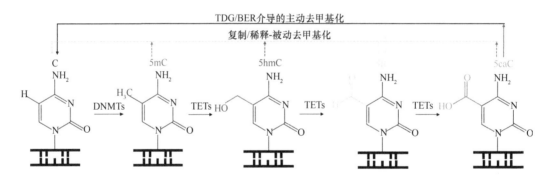

图 15-2 哺乳动物细胞 DNA 的 5mC 修饰可逆性示意图

5mC 可以通过两种方式去甲基化：①被动稀释甲基化，即随着细胞分裂 DNA 复制，新合成的链不带 5mC 修饰，甲基化就被稀释了；②主动去甲基化，TET 蛋白家族可以连续氧化 5mC 至 5hmC、5fC 和 5caC。氧化获得 5mC 可以通过不同途径进行去修饰作用：一是通过细胞分裂过程中的 DNA 复制进行被动稀释，二是通过 TDG 酶介导的碱基切除修复（BER）通路将其主动还原为胞嘧啶碱基（C）。

哺乳动物 DNA 的 5mC 修饰是可逆的。2009 年研究人员对其去甲基化的研究取得了很大的突破。研究发现哺乳动物基因组中存在 5-羟甲基胞嘧啶（5-hydroxymethylcytosine，5hmC），并发现 TET（ten-eleven translocation）蛋白起到了关键作用，解开了 DNA 去甲基化的谜底。TET 家族蛋白是双加氧酶，可以连续氧化 5mC 至 5hmC[7, 8]、5-甲酰胞嘧啶（5-formylcytosine，5fC）和 5-羧基胞嘧啶（5-carboxylcytosine，5caC）[9-11]。这些氧化产物通过主动和被动的方式被替换为胞嘧啶，从而起始 DNA 的去甲基化过程[9, 12, 13]（图 15-2）。我们将介绍 DNA 甲基转移酶和 DNA 甲基氧化酶的结构与相关功能。

15.1.2　DNA 甲基转移酶催化结构域的结构研究

目前在哺乳动物中鉴定出 4 种 DNA 甲基转移酶（DNA methyltransferase）：维持 DNA 甲基化的甲基转移酶 Dnmt1；从头 DNA 甲基转移酶 Dnmt3a 和 Dnmt3b；不具备 DNA 甲基化活性的 Dnmt3a 同源蛋白 Dnmt3L（图 15-3A）。这些 Dnmt 蛋白的二级结构类似，都包含多个蛋白结构域，大体分为 N 端结构域和 C 端催化结构域[14]。

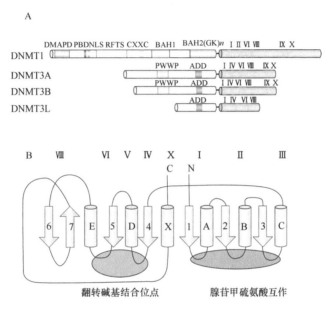

图 15-3　哺乳动物 Dnmt 家族蛋白二级结构示意图

A. 结构域全称：DMAPD（DMAP1 binding domain，DNA 甲基转移酶相关蛋白 1 相互作用域）；PBD（PCNA binding domain，PCNA 结合结构域）；NLS（nuclear localization signal，核定位信号）；RFTS（replication focus-targeting sequence domain，复制灶靶向域）；CXXC（cysteine-X-X-cysteine domain，CXXC 结构域）；BAH1 和 BAH2（bromo-adjacent homology 1 and 2，溴相邻同源结构域 1 和 2）；（GK）n（glycine lysine repeat，甘氨酸-赖氨酸重复序列）；PWWP（proline-tryptophan-tryptophan-proline domain，PWWP 结构域）；ADD（ATRX-Dnmt3-Dnmt3 ADD）结构域；B. DNA 甲基转移酶折叠示意图

C 端催化结构域包含两个亚结构域：一个识别翻转碱基（flipped base），另一个亚结构域结合 DNA 供体 S-腺苷-L-甲硫氨酸（S-adenosyl-L-methionine，缩写为 SAM，也称为 AdoMet）（图 15-4）。下面详细介绍下几种 Dnmt 的结构。

1. Dnmt1 结构研究

Dnmt1 是维持 DNA 甲基化的甲基转移酶，以半甲基化修饰的双链 DNA 为模板，对未甲基化的 DNA 链进行甲基化修饰。Dnmt1 通过与 PCNA（proliferating cell nuclear antigen，对 DNA 复制必不可少的蛋白）和 Uhrf1（ubiquitin-like with PHD and RING finger domain 1）蛋白结合来发挥这一重要功能。小鼠中敲除 Dnmt1 导致胚胎致死[5]。

Dnmt1 从 N 端到 C 端依次包含：DMAPD、PBD、RFTS、CXXC 基序、BAH1、BAH2、催化结构域（图 15-3）。除了 N 端的 DMAPD 和 PBD 之外，其余结构域的三维结构均已经被解析出来[15-17]。N 端的 DMAPD，PBD 形成了一个独立的结构域，用于结合相关蛋白或 DNA，如 PCNA[18]。

RFTS 结构域可以调节 Dnmt1 酶对于不同长度底物的活性。天然状态 Dnmt1 的 RFTS 结构域插入到催化口袋中，由于空间位阻，底物 DNA 不能进入催化中心。当底物 DNA 较短、小于或等于 12bp 时，DNA 甲基化活性受到抑制，Dnmt1 不能甲基化底物 DNA[19]。但当 DNA 长度超过 12bp 的时候，酶可以与底物结合挤开 RFTS 结构域，进行催化反应。底物达到 30bp 以上可以获得完全的酶活性[20]。另外，RFTS 结构域对于 Dnmt1 在 S 晚期复制区域的定位也是必需的[21]。

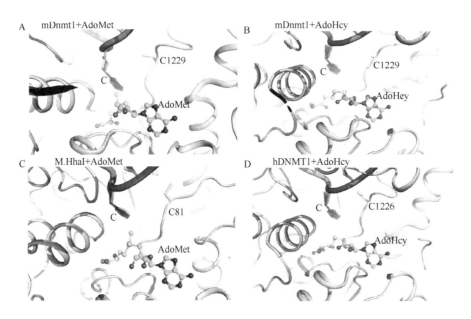

图 15-4　小鼠 Dnmt1（A）（PDB：3AV6）和（B）（PDB：3AV5），人 DNMT1（D）（4WXX）和 HhaI（C）（PDB：2HMY）甲基转移酶中共价结合靶胞嘧啶的第 6 位 Cys 残基。分别在 AdoMet 或 AdoHcy 存在下，小鼠 Dnmt1 的 PCQ 环中的 Cys1229 朝向或远离目标胞嘧啶（A，B）。相反，在 M.HhaI 中，不存在 DNA 的情况下，即使有 SAM，PCQ 环中的 Cys81 也远离目标胞嘧啶（C）。不同于小鼠 Dnmt1，在人 DNMT1 中，PCQ 环中的 C1226 在 SAH（D）存在下仍面向目标胞嘧啶

CXXC 结构域包含两个 C4 型锌指，可以结合未甲基化的 DNA[15]。随后的两个 BAH 结构域通过 α 螺旋连接呈哑铃形[15, 22]。BAH2 和催化结构域之间的 KG 重复序列（KG-Linker）在不同物种间是保守的。这个重复序列对 Dnmt1 与去泛素化酶 USP7（ubiquitin-specific protease 7）的结合起到关键作用，提高了 Dnmt1 的稳定性[17, 23]。KG 重复序列中的赖氨酸残基的乙酰化会破坏 Dnmt1-USP7 相互作用，导致 DNMT1 失去了去泛素化酶的保护，促进 Dnmt1 的降解。这种相互作用在肿瘤、神经细胞的分化等过程中具有重要的生理意义[17]。

与其他 DNA 甲基化转移酶相似，Dnmt1 的催化结构域也具有 10 个氨基酸基序（I～X），其中 6 个基序（I、IV、VI、VIII、IX 及 X）特别保守，第 8 个和第 9 个基序（VIII 和 IX）之间有一个靶向识别结构域（target recognition domain，TRD）[24]。

PCQ 环（基序 IV）中的第 1229 位 Cys 的侧链与靶胞嘧啶碱基的第 6 个碳形成共价键[19]，即使在不存在 DNA 的情况下也向目标胞嘧啶提供了甲基供体 S-adenosyl-L-甲硫氨酸（AdoMet）[15]（图 15-4A，C）。当 SAM 在小鼠 Dnmt1 中转移甲基后，分解代谢为 S-adenosyl-L-高半胱氨酸（AdoHcy）时，Cys 的侧链面向外侧（图 15-4B）。即使在 AdoHcy 结合形式下，人 Dnmt1 的 PCQ 环中 Cys 的侧链也不完全脱离侧链位置[16]（图 15-4D）。

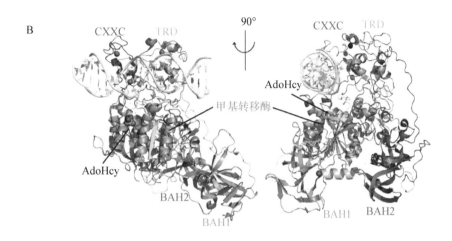

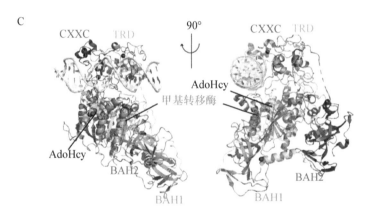

图 15-5　小鼠 Dnmt1 的二级和三维结构

A. Dnmt1 彩色编码域架构和序列编号。细的垂直灰色条带表示锌离子的结合位置；B. 小鼠 Dnmt1 复合体（PDB：3PT6）；C. 人 DNMT1 复合体结构图（PDB：3PTA）。CXXC、BAH1、BAH2 和酶活结构域分别为玫红色、橙色、红色和绿色，DNA 和锌离子分别为黄色和深蓝色；CXXC-BAH1 接头为浅蓝色，BAH1-BAH2 接头为银色，（GK）n 未显示，并以空间填充表示结合的 AdoHcy

　　小鼠 Dnmt1（650～1602 位氨基酸）与 SAH 及 19 个碱基对 DNA 双链复合体的晶体结构在 2011 年被解析出来，分辨率达到 3.0Å。DNA 含有两个未甲基化的 CpG 二核苷酸，相隔 8 个碱基对。图 15-5 是复合体的整体结构，每种结构域用不同的颜色标示，分别为：CXXC 结构域（玫红色）、BAH1（橙色）、BAH2（红色）、C 端催化结构域（深蓝色）、DNA（浅棕色）。CXXC 和 BAH1 两个结构域位于相对的两端，并通过长连接子片段（CXXC-BAH1 接头）连接（深蓝色）。BAH1 和 BAH2 结构域被 α 螺旋接头分离，两个 BAH 结构域位于远离 DNA 的表面上。将 BAH2 结构域连接到催化结构域上的 KG Linker 连接片段在复合物中无序，未在图中显示。催化结构域构成复合物的核心，并与 BAH 结构域和 DNA 相互接触。AdoHcy 分子（图 15-5B）位于催化结构域的活性位点。复合物结构中有 4 个 Zn^{2+}（图 15-5B，蓝色球形），其中 2 个在 CXXC 结构域内与 Cys4 配位，而另外 2 个分别涉及在 BAH1 中的 Cys3 His-配位及在 TRD 中的单一 Zn^{2+}配位。结合的 19bp DNA 在复合物中采用一种接近理想的 B 型双链体形态。缺乏 CXXC 结构域的 Dnmt1l（731～1602 位氨基酸）与游离态的 CXXC-BAH1 接头的 2.5Å 结构及 Dnmt1（650～1602

位氨基酸）DNA 的结构非常相似[22]。

　　小鼠 Dnmt1 和人的 DNMT1 蛋白具有 85% 的序列相似性。Song 等解析了分辨率 3.6Å 结合 19bp DNA 和 AdoHcy 的 DNMT1（646～1600 位氨基酸）的晶体结构（图 15-5C）。小鼠和人类蛋白质的结构非常相似，这表明它们作用机制相同。然而，人源 DNMT1 的结构域有一个沿 DNA 轴的 1bp 翻译的重新定位，这种差异可能源于 CXXC-BAH1 接头的灵活性，也可能是由于两种复合物之间的包装环境不同[22]。

　　近年来，几种截短的 Dnmt1 蛋白的结构已经解出（缺乏 N 端的各个部分），表明酶通过较大的结构域重排，通过变构调节其催化活性（图 15-6）。

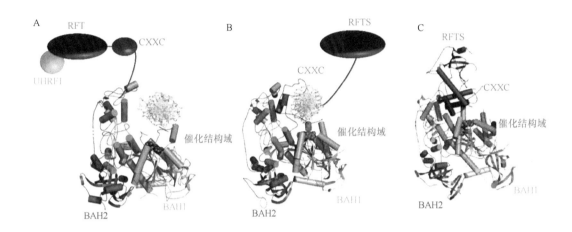

图 15-6　具有不同 N 端结构域的 Dnmt1 的结构

A. 在活性位点结合 DNA（黄色）的活性构象中的 Dnmt1（PDB：3PTA）[19]。UHRF1 可以触发去除 RFT 结构域的自抑制[20]。B. 未甲基化 DNA 与与自抑制 CXXC 结构域结合的 Dnmt1（PDB：3PT6）[22]。C. 具有 RFTS 结构域的 Dnmt1 阻断活性位点的进入（PDB：3AV6）[15]。图为编者绘制，来源于以上 PDB

　　缺乏 RFTS 和 CXXC 结构域的 Dnmt1 的 C 端片段呈现开放构象，其中酶能够结合底物 DNA 并显示高催化活性（图 15-6C）。它显示 DNA 靶基因从 DNA 螺旋中释放出来，并以与其他 DNA 甲基转移酶相似的结合方式结合 Dnmt1。此外，包含 CXXC 结构域的 Dnmt1 的结构显示了未甲基化 DNA 与 CXXC 结构域的 CpG 位点特异性结合（图 15-6B）。这一观察结果表明，CXXC 结构域具有自抑制功能，并且特异性阻止非甲基化 DNA 进入活性位点。这一结果也通过动力学实验得到了证实[19]。

　　此外，另一个不含 DNA 的几乎完整的 Dnmt1 片段晶体结构通过显示 RFTS 结合催化区域的活性位点裂口来抑制酶活性，从而提供了对 Dnmt1 机制的深入了解[15]（图 15-6C）。重要的是，Dnmt1 中不同结构域的排列受到长连接区的控制，这些连接区域与表面裂缝有紧密的相互作用。接头和裂口由很多翻译后修饰形成，包括磷酸化、乙酰化和泛素化，这可能直接控制这些结构域在 Dnmt1 中的定位。研究表明，RFTS 结构域的自身抑制机制在 Dnmt1 中起着重要作用（图 15-6）。RFTS 与 UHRF1 的相互作用，通过缓解自身抑制来刺激 Dnmt1 的活性，并且 RFTS 与泛素化的 H3 的相互作用也导致 MTase 的活化[25]。

　　目前已经鉴定多个 Dnmt1 相互作用分子，如 PCNA、UHRF1、MeCP2、USP7 等。它们对 Dnmt1 甲基化的酶活影响已经被深入研究。DNMT1 的 KG 重复序列与 USP7 蛋白结合起到稳定 DNMT1 的作用，KG 重复序列的赖氨酸被乙酰化后失去了与 USP7 的结合作用，进而起到调节 DNMT1 稳定性的作用，这一调控功能具有重要的生理学意义[17]。

　　研究较少的相互作用基因包括：*HP1-beta*、*Mbd3*、*c-Myc* 致癌基因，锌指蛋白 ZHX1 和 Trim28，蛋白赖氨酸甲基转移酶 G9a、SUV39H1、EZH2、SETDB1 等。Dnmt1 的生物学功能也受到翻译后修饰（PTM）的调节[25]。鉴于篇幅有限，上述内容不在这里讨论。

2. Dnmt3 家族蛋白结构研究

人源 DNMT3 家族包含三个成员：DNMT3A、DNMT3B 和 DNMT3L（图 15-7）。DNMT3A/3B 具有高度同源性，在体内和体外均能催化 DNA 甲基化。DNMT3A 主要甲基化分散的重复组件及参与基因印记，而 DNMT3B 偏好催化近着丝粒区卫星重复序列的甲基化[26]。相对来说，两者 N 端相似度较低，存在两个功能域。第一个为 PWWP 结构域，包含高度保守的"脯氨酸-色氨酸-色氨酸-脯氨酸"序列，该结构域对于将 DNMT3 靶向着丝粒染色质是必不可少的[27]。第二个为 ADD（ATRX-Dnmt3-Dnmt3L）结构域，由一个 C2-C2 锌指结构和一个 PHD 结构域（plant homeodomain，植物同源结构域）组成，该结构域介导 DNMT3 与第四位未甲基化的赖氨酸组蛋白 H3 尾部的相互作用以及 DNMT3A 的变构控制[28]。DNMT3L 缺失 PWWP 结构域，由 ADD 结构域和不完整的催化结构域组成，不具备 DNA 甲基化酶的活性。但是 DNMT3L 能够直接与 DNMT3A 或者 DNMT3B 结合，并且对配子早期发育过程中甲基化模式的建立有着重要影响。

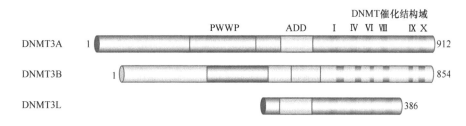

图 15-7　人源 DNMT3 家族二级结构域示意图

hDNMT3A 和 hDNMT3B 的催化结构域在序列上具有高度的保守性。hDNMT3A/3B 由 PWWP 结构域和 ADD 结构域及催化结构域（catalytic domain，CD）组成。hDNMT3L 只在 C 端与 hDNMT3A/3B 具有一定的同源性。

DNMT3A 和 3B 的 C 端催化结构域约有 85% 的序列同源性，能够催化甲基转移到 DNA 上。与 DNMT1 的催化结构域相反，它们在游离的状态下活跃[29]。DNMT3A 的单独催化结构域与全长 DNMT3A 相比，具有更高的酶活性，研究表明 DNMT3A 的 ADD 结构域与 CD 结构域结合并阻碍其 DNA 结合亲和力抑制酶活，而这种抑制可以被组蛋白 H3 所解除[28, 30, 31]。

复旦大学徐彦辉课题组在 2015 年成功解析了 DNMT3A 激活态（图 15-8A）和抑制态（图 15-8B）两种状态的晶体结构。抑制态复合物（DNMT3A 的 ADD-CD 和 DNMT3L 的 C 端，简写为 ADD-CD-C^DNMT3L）通过 CD-CD 结合界面以伪双重对称形式形成二聚体，整体结构呈"X"形，两个 CD 结构域位于中间，ADD 和 C^DNMT3L 结构域位于四个角上（图 15-8A）。结合了组蛋白 H3 后，激活态复合体（抑制态复合物加上组蛋白 H3 多肽）从"X"形（自抑制形式）转换为蝴蝶形（活性形式），ADD 和 C^DNMT3L 组成蝴蝶翼，两只前翅是 C^DNMT3L。复合体也是通过 CD-CD 结合界面以伪双重对称形式形成二聚体，其中 CD-C^DNMT3L 与抑制态中的构象是一致的，而 ADD 结构域的位置在两种状态下的结构中是明显不同的（图 15-8C）[28]。

H3-ADD（PDB：3A1B）和 ADD-CD-C^DNMT3L（自抑制形式）结构的叠加表明，两个结构中的 ADD 结构折叠构象相似，H3-ADD 结构中的组蛋白 H3 与 ADD-CD 界面没有重叠[28]。

DNMT3A 的自抑制和活性状态之间存在着动态平衡，在没有组蛋白 H3 的情况下，DNMT3A 倾向于自抑制形式，其中 ADD 结构域与 CD 结构域结合阻碍其与 DNA 之间的结合。一旦将 DNMT3A（或 DNMT3A- DNMT3L 复合物）募集到核小体附近，H3K4me0 与 ADD 结构域结合导致 DNMT3A 发生显著的构象变化，从自抑制形式变为活性形式。活性的 ADD-CD 相互作用使 DNMT3A 采用相对稳定的构象，使得 DNA 甲基化发生在组蛋白 H3 调控的范围内。即使将 DNMT3A 与含有 H3K4me3 的核小体结合到一起，酶仍维持其自抑制形式，以避免在不适合的染色质环境中将 DNA 甲基化[28]。

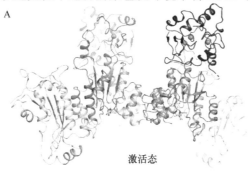

激活态

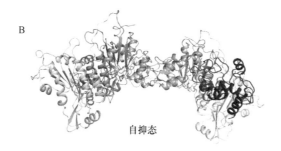

自抑态

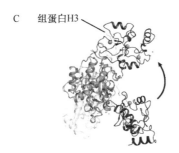

组蛋白 H3

图 15-8　ADD-CD-C^DNMT3L-H3 的不同构象结构

A. ADD-CD-C^{DNMT3L}-H3 复合物整体结构。组蛋白 H3 肽以深蓝色着色；B. ADD-CD-C^{DNMT3L} 结构以自我抑制形式进行比较；C. ADD-CD-C^{DNMT3L}（自抑制形式）和 ADD-CD-C^{DNMT3L}-H3（活性形式）复合结构与 CD 结构域重叠。ADD-CD-C^{DNMT3L} 和 ADD-CD-C^{DNMT3L}-H3 结构的 PDB 编码分别为 4U7P 和 4U7T

15.1.3　总结与展望

关于 DNA 甲基化和 DNA 甲基转移酶的研究已经开展数十年了。虽然近些年取得了很多重要的突破，但仍然有如下关键问题有待进一步研究：在生物发育过程中 DNA 甲基化（和表观遗传信息）如何积累？它如何维持和改变？DNA 甲基转移酶如何受到调节并有针对性地实现这些目的？DNA 甲基化是否与哺乳动物、低等真核生物甚至细菌中的其他表观遗传系统相互作用？我们如何利用表观遗传编辑，包括靶向 DNA 甲基化来对抗像癌症这样的疾病？我们期待在 DNA 甲基化领域会出现更多激动人心的研究。

15.2　DNA 去甲基化调控酶

　　DNA 去甲基化过程广泛存在于哺乳动物胚胎发育的早期。大多数哺乳动物的发育过程都伴随着严格的 DNA 甲基化修饰的添加和去除。DNA 去甲基化使细胞恢复可塑性和多能状态。去甲基化后的种系可以产生几代具有全能性的配子[32]。

　　哺乳动物 TET 蛋白家族有三个成员：TET1、TET2 和 TET3。两项独立的研究均证明 TET 介导 5-甲基胞嘧啶（5mC）至 5-羟甲基胞嘧啶（5hmC）、5-甲酰胞嘧啶（5fC）及 5-羧基胞嘧啶（5caC）的迭代氧化。三种 5mC 衍生物可通过被动稀释和主动去甲基化参与 DNA 去甲基化的过程。胚胎发育早期 DNA 去甲基化依赖于 TET3[33]。TET 酶可以通过在复制过程中经修饰碱基被动稀释或生成必要中间产物进而促进主动 DNA 去甲基化（图 15-9）。

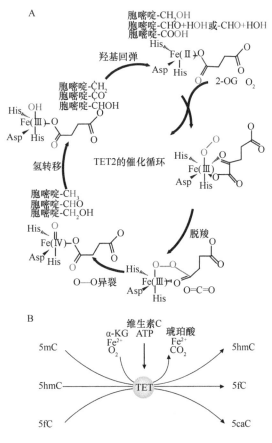

图 15-9　DNA 去甲基化途径

A. TET 酶催化的氧化反应示意图。TET 蛋白属于 α-酮戊二酸（α-KG）和二价铁离子（Fe^{2+}）依赖的双加氧酶，其催化机制与其他双加氧酶一致，反应分为 4 步，利用分子氧将 5mC 氧化为 5-羟甲基胞嘧啶（5hmC），并继续催化 5-hmC 转化为 5-甲酰胞嘧啶（5-fC）和 5-羧基胞嘧啶（5-caC）[34]；B. TET 介导的 5mC 氧化。TET 酶相继氧化 5mC 为 5hmC、5fC 和 5caC。氧化反应依赖于 Fe^{2+}、氧分子和 α-KG 辅因子的存在。维生素 C（vitamin C）和三磷酸腺苷（adenosine triphosphate, ATP）可以增强 TET 的酶活。TET 和 5mC 的氧化衍生物参与了许多生化反应（如 DNA 去甲基化和基因表达调控），因此它们在胚胎发育和肿瘤发生中有重要作用

关键概念

- TET 家族有 TET1、TET2、TET3 三个酶，其蛋白质结果包含 N 端区域和 C 端催化结构域。

- 催化 5mC 一次经历 5hmC、5fmC、5caC，并最终氧化成胞嘧啶。
- TET 催化底物具有偏好性，对 5mC 具有更高的活性。

15.2.1 TET 蛋白的功能

TET 酶属于 α-酮戊二酸（α-ketoglutarate，α-KG）和二价铁离子 Fe^{2+} 依赖的双加氧酶超家族。其家族成员通过催化多功能氧化反应（如羟基化、去饱和、环氧化、差向异构化和氧化卤化）来调节植物和微生物中的次生代谢、胶原的生物合成、缺氧反应和表观遗传修饰[35]。在哺乳动物中，该家族除 TET 氧化酶外，还包括 DNA/RNA 去甲基酶的 AlkB 家族蛋白，包含 JmjC 结构域的组蛋白赖氨酸去甲基化酶。该家族酶的氧化反应可分为两个连续的步骤，即双氧激活和底物氧化[36]（图 15-9A）。第一步反应中，α-KG 和二价铁离子（Fe^{2+}）与蛋白质中保守的 HxD/E 序列（其中 x 可以是任何残基）组成的"面三元组"配位，使得分子氧代替水分子，并结合到酶的催化中心的二价铁。其中一个氧原子插入 α-KG，使其发生脱羧反应生成琥珀酸；另一个氧原子与铁偶联产生高价铁氧复合物（Fe 为四价态）氧化中间体[37, 38]。在第二步反应中，底物的碳氢键被高活性的铁氧复合物氧化基团切割，氧原子通过消氢作用转移到目标碳基团[39]。当底物氧化时，铁回复到二价状态，从而完成一个反应循环。

TET 酶通过相同的机制氧化 5mC[36]（图 15-9B）。在第一个氧化循环中，5mC 转化为 5hmC。在下一步骤中，将 5hmC 进一步氧化成二醇，其分解成 5fC，然后在第三个循环中产生 5caC。在反应的每个循环中消耗一个 α-KG。

哺乳动物在受精后，来自雌雄原核的 DNA 会迅速发生去甲基化。TET 介导的 5mC 氧化参与了这一去甲基化过程。利用抗体特异性的免疫荧光染色可以看出 5mC 的雌原核在不同的原核期保持不变，而雄原核中的 5mC 逐渐丧失，5hmC 出现。Tet3 与 5hmC 的出现趋势一致，尤其是在卵母细胞和受精卵的雄原核中富集，提示 Tet3 在去甲基化中起关键作用。Tet3 缺失的受精卵在父系基因组中表现为 5mC 至 5hmC 的转化受损，并且延缓了父本 *Oct4* 和 *Nanog* 基因的去甲基化，表明 Tet3 在表观遗传重编程中起重要作用。

在慢性粒细胞白血病、急性髓细胞性白血病及其他骨髓恶性肿瘤患者中常常观察到 *TET2* 基因突变[40]。有证据表明，TET2 对于正常的骨髓细胞生成是至关重要的[41]。人淋巴瘤中也鉴定到了 *TET2* 突变，这些功能丧失的突变体可能扰乱造血干细胞的早期发育状态，导致骨髓和（或）淋巴恶性肿瘤[42]。此外，所有三种 TET 蛋白都在黑色素瘤中下调，这与 5hmC 水平降低一致。在其他种类的人类癌细胞（包括乳腺癌、肝癌、肺癌、胰腺癌、结肠癌和前列腺癌）中也发现了低水平的 5hmC 和 TET 蛋白水平的下调[43]。

15.2.2 TET 家族蛋白结构研究

1. 人源 TET 蛋白结构域

TET 家族三个成员（TET1、TET2 和 TET3）都有不太保守的 N 端区域和高度保守的 C 端催化结构域（图 15-10A）。TET1（也称为 CXXC6）和 TET3（也称为 CXXC10）的 N 端包含一个 CXXC 结构域，TET1 的 CXXC 结构域能与 CpG 和甲基化 CpG DNA 结合[45]。TET3 的 CXXC 结构域更倾向于结合 CpG 中未甲基化的胞嘧啶或非 CpG 的 DNA，CXXC 结构域对 TET3 靶向至关重要[46]。因此，TET 酶的 CXXC 结构域可以识别含 CpG 的 DNA 并适应胞嘧啶甲基化，从而为其基因组靶向提供机动性。

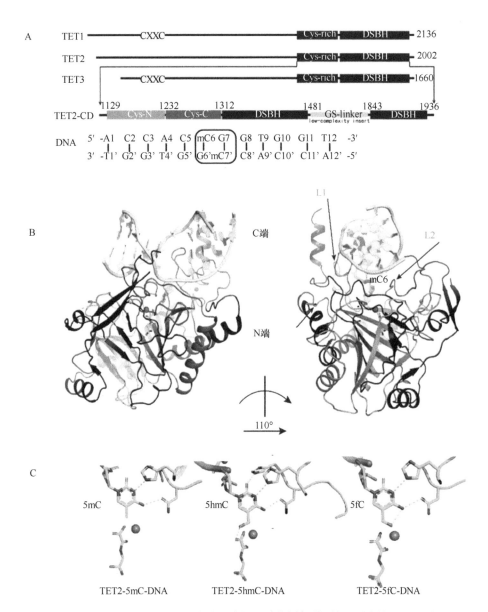

图 15-10　A. TET 家族结构域及人类 TET2 催化结构域示意图，结构图都使用相同的颜色。用于结晶的 12bp DNA 序列如下所示，甲基 CpG 二核苷酸突出显示；B. 两种不同视图中 TET2-DNA 结构的条带表示。DNA 为黄色。DNA 和 NOG 的碱基以棒状表示。铁和三个锌阳离子分别显示为红色和蓝色球。指出了 mC6、DNA 相互作用的环（L1 和 L2）、GS 接头、N 端和 C 端；C. TET2-5mC-DNA（PDB：4NM6，2.02Å）[44]、TET2-5hmC-DNA（PDB：5DEU，1.80Å）和 TET2-5fC-DNA（PDB：5D9Y，1.97Å）[16]复合物的结构比较。三种复合物采用相似的总体结构（未显示）。TET2-DNA 相互作用的特写视图显示了 TET2 催化腔内 5mC/5hmC/5fC 的不同构象。临界碱基或残基以棒表示。氢键用虚线表示，氮、氧和磷原子分别显示为蓝色、红色和橙色

2. TET-5mC-DNA 晶体结构

　　序列分析认为 TET 酶含有 DSBH（双链 β 螺旋，double strand beta helix）折叠，是 α-KG 和 Fe^{2+} 依赖的双加氧酶的特征结构域[47]。DSBH 和 Cys-Rich 结构域在 TET 酶中是高度保守的。核心 DSBH 结构域内存在一个不太保守的低复杂度插入区域。插入片段的缺失并不明显影响 TET2 的体外酶活性[44]。但是插入片段存在于整个 TET 家族酶中，表明它对体内 TET 功能可能是重要的。

　　TET2-DNA 复合物晶体结构整体上呈现紧致的球状（图 15-10C）。DSBH 结构域含有由一对反向平行的 β 折叠组成的 DSBH 核心，从 DSBH 结构域和 Cys-Rich 结构域伸出的卷曲结构从侧面支撑 DSBH 催化核心，同底部的 β 折叠片一起形成桶状结构，将核心的 Fe^{2+}、NOG（α-KG 类似物）、5mC 碱基包裹在中心。Cys-Rich 结构域没有形成单独的结构单位，而是包裹着 DSBH 核心并被分成 N 端（Cys-N）和 C 端（Cys-C）两个亚结构域。TET2 蛋白螯合了 3 个锌离子，其中两个锌指结构是稳定参与催化 DNA 作用的重要区域。序列分析表明，所有涉及锌配位的氨基酸残基都是高度保守的，表明这种结构对于 TET 酶是至关重要的[44]。

　　DNA 位于 DSBH 核心上方，甲基化胞嘧啶（5mC）从 DNA 双螺旋中翻出并插入催化口袋（图 15-10C）。从 Cys-C 亚结构域中伸出的两段 Loop 结构域（标识为 L1 和 L2）摆在 DSBH 上方，形成一个浅槽与 DNA 相互作用。其中 Loop L2（1288～1312 位氨基酸）插入 DNA 小沟，L1（1256～1273 位氨基酸）在另一面支撑着 DNA。在催化腔中，5mC 被 TET2 通过相互作用联系特异性地识别，这使得 5mC 特异甲基面向反应催化中心。催化腔足够大以适应 5mC 及其衍生物进一步氧化。除了甲基 CpG 二核苷酸外，只有 DNA 磷酸基团参与 TET2-DNA 接触。进一步的生化分析支持除了 CpG 二核苷酸之外，TET2 对 DNA 序列没有序列选择性[44]。

3. TET 底物偏好的结构基础

　　TET 蛋白对三种 DNA 底物有明显的活性差异，对 5mC 的活性很高，而对 5hmC、5fC 的活性很低。不同 TET 蛋白、不同蛋白浓度、不同底物长度等情况，都有这样的底物偏好性。酶活动力学实验进一步证明 TET 蛋白对 5mC-DNA 活性远远高于 5hmC-/5fC-DNA。对 TET2-5hmC-DNA（分辨率 1.80Å）、TET2-5fC-DNA（1.97Å）两种复合物的晶体结构与 TET2-5mC-DNA（2.02Å）的晶体结构进行比较分析（图 15-10C）后发现：三个结构中胞嘧啶几乎处于一样的构象，5hmC 和 5fC 之间的主要区别在于 5mC 的羟基和 5fC 的羧基面向相反的方向。羟基、醛基因为受到分子间或分子内氢键作用，在催化中心指向不同方向，氢键防止胞嘧啶碳 5 与甲基（5hmC 或 5fC）之间的 C-C 键自由旋转，导致发生氧化的氢远离催化中心。生化实验表明，消氢作用是限速步骤。动力学模拟表明，在发生氧化反应过程中，5hmC 和 5fC 在催化中心受到限制，不容易发生消氢作用，因此呈现活性低，而 5mC 的甲基不受约束，不形成氢键，C-C 键可以自由旋转，三个氢原子可以指向催化的最优化方向[16]。这一研究很好地证明了细胞内 5hmC 的水平远远高于 5fC 和 5caC，说明 5hmC 和 5fC 相对稳定而不容易发生氧化反应。组成催化腔的残基是高度保守的，这表明 TET 酶具有普遍性的机制。因此，5mC 衍生物类型决定了 TET 酶的底物偏好，TET 酶对 5hmC 的反应性较低，进一步说明 5hmC 可能是潜在的表观遗传标记[16]。

15.2.3　总结与展望

　　TET 酶在基因组中介导 5mC 氧化，并在 DNA 去甲基化、基因转录、胚胎发育和肿瘤发生中起重要作用。仍待解决的问题还有很多：胚胎发育过程中的主动去甲基化的机制是什么？TET 酶的活性和基因组定位是如何精确确定和动态调节的？5hmC、5fC 和 5caC 的作用是什么？此外，特异性 TET 抑制剂将提供有价值的工具来研究 TET 酶是否可能成为治疗应用的潜在药物靶标。

参 考 文 献

[1]　Smith, Z. D. & Meissner, A. DNA methylation: roles in mammalian development. *Nat Rev Genet* 14, 204-220(2013).

[2]　Hotchkiss, R. D. The quantitative separation of purines, pyrimidines, and nucleosides by paper chromatography. *Journal of*

Biological Chemistry 175, 315-332(1948).

[3] Holliday, R. & Pugh, J. E. DNA modification mechanisms and gene activity during development. *Science* 187, 226-232(1975).

[4] Compere, S. J. & Palmiter, R. D. DNA methylation controls the inducibility of the mouse metallothionein-I gene lymphoid cells. *Cell* 25, 233-240(1981).

[5] Li, E. *et al*. Targeted mutation of the DNA methyltransferase gene results in embryonic lethality. *Cell* 69, 915-926(1992).

[6] Okano, M., Xie, S. & Li, E. Cloning and characterization of a family of novel mammalian DNA(cytosine-5) methyltransferases. *Nature Genetics* 19, 219 - 220(1998).

[7] Kriaucionis, S. & Heintz, N. The nuclear DNA base 5-hydroxymethylcytosine is present in Purkinje neurons and the brain. *Science* 324, 929-930(2009).

[8] Tahiliani, M. *et al.* Conversion of 5-methylcytosine to 5-hydroxymethylcytosine in mammalian DNA by MLL partner TET1. *Science* 324, 930-935(2009).

[9] He, Y. F. *et al.* Tet-mediated formation of 5-carboxylcytosine and its excision by TDG in mammalian DNA. *Science* 333, 1303-1307(2011).

[10] Ito, S. *et al.* Tet Proteins can convert 5-methylcytosine to 5-formylcytosine and 5-carboxylcytosine. *Science* 333, 1300-1303(2011).

[11] Pfaffeneder, T. *et al.* The discovery of 5-formylcytosine in embryonic stem cell DNA. *Angew Chem Int Ed Engl* 50, 7008-7012(2011).

[12] Inoue, A. & Zhang, Y. Replication-dependent loss of 5-hydroxymethylcytosine in mouse preimplantation embryos. *Science* 334, 194(2011).

[13] Maiti, A. & Drohat, A. C. Thymine DNA glycosylase can rapidly excise 5-formylcytosine and 5-carboxylcytosine: potential implications for active demethylation of CpG sites. *J Biol Chem* 286, 35334-35338(2011).

[14] Jeltsch, A. ChemInform abstract: Beyond Watson and Crick: DNA methylation and molecular enzymology of DNA methyltransferases. *Cheminform* 33, 274(2002).

[15] Takeshita, K. *et al.* Structural insight into maintenance methylation by mouse DNA methyltransferase 1(Dnmt1). *Proceedings of the National Academy of Sciences of the United States of America* 108, 9055-9059(2011).

[16] Hu, L. *et al.* Structural insight into substrate preference for TET-mediated oxidation. *Nature* 527, 118-122(2015).

[17] Cheng, J. *et al.* Molecular mechanism for USP7-mediated DNMT1 stabilization by acetylation. *Nat Commun* 6, 7023(2015).

[18] Suetake, I. *et al.* The amino-terminus of mouse DNA methyltransferase 1 forms an independent domain and binds to DNA with the sequence involving PCNA binding motif. *Journal of Biochemistry* 140, 763-776(2006).

[19] Song, J. *et al.* Structure-based mechanistic insights into DNMT1-mediated maintenance DNA methylation. *Science* 335, 709-712(2012).

[20] Berkyurek, A. C. *et al.* The DNA methyltransferase Dnmt1 directly interacts with the SET and RING finger-associated(SRA)domain of the multifunctional protein Uhrf1 to facilitate accession of the catalytic center to hemi-methylated DNA. *Journal of Biological Chemistry* 289, 379-386(2014).

[21] Leonhardt, H. *et al.* A targeting sequence directs DNA methyltransferase to sites of DNA replication in mammalian nuclei. *Cell* 71, 865-873(1992).

[22] Song, J. *et al.* Structure of DNMT1-DNA complex reveals a role for autoinhibition in maintenance DNA methylation. *Science* 331, 1036-1040(2011).

[23] Qin, W. *et al.* Usp7 and Uhrf1 control ubiquitination and stability of the maintenance DNA methyltransferase Dnmt1. *Journal of Cellular Biochemistry* 112, 439(2011).

[24] Kumar, S. *et al.* The DNA(cytosine-5)methyltransferases. *Nucleic Acids Res* 22, 1-10(1994).

[25] Tajima, S. *et al. Domain structure of the Dnmt1, Dnmt3a, and Dnmt3b DNA methyltransferases.* (Springer International Publishing, 2016).

[26] Bestor, T. H. The DNA methyltransferases of mammals. *Human Molecular Genetics* 9, 2395(2000).

[27] Chen, T. *et al.* The PWWP domain of Dnmt3a and Dnmt3b is required for directing DNA methylation to the major satellite repeats at pericentric heterochromatin. *Molecular & Cellular Biology* 24, 9048(2004).

[28] Guo, X. *et al.* Structural insight into autoinhibition and histone H3-induced activation of DNMT3A. *Nature* 517, 640-644(2015).

[29] Gowher, H. & Jeltsch, A. Molecular enzymology of the catalytic domains of the Dnmt3a and Dnmt3b DNA methyltransferases. *Journal of Biological Chemistry* 277, 20409(2002).

[30] Li, B. Z. *et al.* Histone tails regulate DNA methylation by allosterically activating *de novo* methyltransferase. *Cell Research* 21, 1172(2011).

[31] Zhang, Y. *et al.* Chromatin methylation activity of Dnmt3a and Dnmt3a/3L is guided by interaction of the ADD domain with the histone H3 tail. *Nucleic Acids Res* 38, 4246-4253(2010).

[32] Chen, K. *et al.* Nucleic acid modifications in regulation of gene expression. *Cell Chem Biol* 23, 74-85(2016).

[33] Guo, F. *et al.* Active and passive demethylation of male and female pronuclear DNA in the mammalian zygote. *Cell Stem Cell* 15, 447-459(2014).

[34] Yin, X. & Xu, Y. Structure and function of TET enzymes. *Adv Exp Med Biol* 945, 275-302(2016).

[35] McDonough, M. A. *et al.* Structural studies on human 2-oxoglutarate dependent oxygenases. *Curr Opin Struct Biol* 20, 659-672(2010).

[36] Shen, L. *et al.* Mechanism and function of oxidative reversal of DNA and RNA methylation. *Annu Rev Biochem* 83, 585-614(2014).

[37] Seisenberger, S. *et al.* The dynamics of genome-wide DNA methylation reprogramming in mouse primordial germ cells. *Mol Cell* 48, 849-862(2012).

[38] Krebs, C. *et al.* Non-Heme Fe(IV)-oxo intermediates. *Cheminform* 40, 484(2007).

[39] Price, J. C. *et al.* Evidence for hydrogen abstraction from C1 of taurine by the high-spin Fe(IV)intermediate detected during oxygen activation by taurine: alpha-ketoglutarate dioxygenase(TauD). *Journal of the American Chemical Society* 125, 13008(2003).

[40] Langemeijer, S. M. *et al.* Acquired mutations in TET2 are common in myelodysplastic syndromes. *Nat Genet* 41, 838-842(2009).

[41] Ko, M. *et al.* Impaired hydroxylation of 5-methylcytosine in myeloid cancers with mutant TET2. *Nature* 468, 839-843(2010).

[42] Quivoron, C. *et al.* TET2 inactivation results in pleiotropic hematopoietic abnormalities in mouse and is a recurrent event during human lymphomagenesis. *Cancer Cell* 20, 25-38(2011).

[43] Yang, H. *et al.* Tumor development is associated with decrease of TET gene expression and 5-methylcytosine hydroxylation. *Oncogene* 32, 663-669(2013).

[44] Hu, L. *et al.* Crystal structure of TET2-DNA complex: insight into TET-mediated 5mC oxidation. *Cell* 155, 1545-1555(2013).

[45] Xu, Y. *et al.* Genome-wide regulation of 5hmC, 5mC, and gene expression by Tet1 hydroxylase in mouse embryonic stem cells. *Mol Cell* 42, 451-464(2011).

[46] Xu, Y. *et al.* Tet3 CXXC domain and dioxygenase activity cooperatively regulate key genes for *Xenopus* eye and neural development. *Cell* 151, 1200-1213(2012).

[47] Iyer, L. M. *et al.* Prediction of novel families of enzymes involved in oxidative and other complex modifications of bases in nucleic acids. *Cell Cycle* 8, 1698-1710(2009).

徐彦辉　博士，复旦大学附属肿瘤医院教授，复旦大学生物医学研究院兼职研究员、博士生导师；国家杰出青年基金获得者；教育部"长江学者"特聘教授。长期从事表观遗传调控和基因表达调控的结构与功能研究，系统地阐明了 DNA 甲基化和组蛋白甲基化修饰关键酶的催化、底物识别和酶活性调节的分子机制。在 DNA 甲基化和去甲基化调控的分子机制及结构研究方面做出了一系列国际前沿的成果，不仅对表观遗传调控机制的深入理解有重要贡献，也为靶向表观遗传调控蛋白的药物设计提供了重要的结构基础。其科研成果"DNA 甲基化动态调控蛋白 TET 的结构生物学研究"获得了 2016 年教育部"自然科学奖一等奖"；现任科技部"重点研发计划"项目首席科学家。发表通讯（或共同通讯）作者论文 40 余篇，其中包括 *Science*、*Nature*、*Cell*、*Molecular Cell*、*Cell Research*、*Nature Communications*、*Genes & Development* 等。曾荣获科学探索奖、首届中国优秀青年科技奖、谈家桢生命科学奖、树兰医学青年奖等。

第16章　非编码 RNA

殷庆飞[1, 2]　吴　煌[1, 3]　陈玲玲[1]

1. 中国科学院分子细胞科学卓越创新中心（生物化学与细胞生物学研究所）；2. 上海家化联合股份有限公司；3. 陆军军医大学大学陆军特色医学中心

本章概要

　　非编码 RNA 是一类不具有编码功能性蛋白质或多肽能力的 RNA，由多个分子家族组成，广泛参与生物个体的发育与分化、生殖、细胞凋亡和细胞重编程等生命活动，与人类疾病密切相关。非编码 RNA 能够单独或与蛋白质形成复合体发挥功能，通过参与染色质重塑、基因转录、RNA 加工和翻译等过程调控基因表达，是表观遗传调控的重要参与者。它们不仅能够调节单个基因活性，而且能对整个染色体进行活性调节，对于维持基因组的稳定性、细胞分裂和个体发育等都至关重要。尽管人们在非编码 RNA 领域付出了诸多努力，但该领域仍然存在着诸多亟待解答的问题。本章将从非编码 RNA 概念、种类、功能、研究手段和研究瓶颈等方面对其进行概括与总结，以期加深读者对非编码 RNA 的认识和理解。

16.1　非编码 RNA 概述

> **关键概念**
>
> - 非编码 RNA（noncoding RNA，ncRNA）：是一类不具有编码功能性蛋白质或多肽能力的 RNA，根据功能和大小大致可以分为"管家"非编码 RNA、小 RNA 和长非编码 RNA，通过参与染色质重塑、基因转录、RNA 加工和翻译等过程调控基因表达，广泛参与生物个体的发育与分化、生殖、细胞凋亡和细胞重编程等生命活动，与人类疾病密切相关。
> - 长非编码 RNA（long noncoding RNA，lncRNA）：是一类长度大于 200nt 的非编码 RNA，具有结构与功能多样性，根据其转录位置和分子特征，主要分为基因间长非编码 RNA、天然反义转录本和启动子上游转录本等，在干细胞多能性维持和分化、生物体发育等生命过程中发挥重要作用。

16.1.1　非编码 RNA 简介

　　在经典的"中心法则"中，信使 RNA（messenger RNA，mRNA）是生物遗传信息由 DNA 传递到蛋白质的中介者，能够编码蛋白质。然而，随着对 RNA 的深入研究，人们发现一类不能编码功能性蛋白质或多肽的 RNA，并将它们统称为非编码 RNA。虽然非编码 RNA 不承担遗传信息传递中介者的功能，但是它们在许多生命活动中发挥着重要的生物功能，如生物个体的发育与分化、生殖、细胞凋亡和细胞重编程等[1, 2]，并且与人类疾病密切相关[3]。

目前，已知的非编码 RNA 有几十种，它们不仅产生形式多样，而且发挥功能的形式也不尽相同。总的来说，非编码 RNA 是由 RNA 本身或者与蛋白质形成复合体发挥功能的。它们可以在不同水平通过多种途径参与染色质重塑、基因转录、RNA 加工和翻译等方面的基因表达调控，在表观遗传调控中发挥重要作用。有趣的是，非编码 RNA 不仅能对单个基因活性进行调节，也可以对整个染色体活性进行调节，它们对基因组的稳定性、细胞分裂和个体发育都有着重要的作用。

随着对非编码 RNA 研究的深入，人们逐渐发现非编码 RNA 参与生命活动的各个环节并发挥重要的生物功能。非编码 RNA 的研究，丰富了人们对生物体内复杂调控网络的认识，加深了人们对生命机制的理解，为揭示疾病的发生发展机制和疾病的治疗提供了新的思路。

16.1.2　非编码 RNA 发现历史

1953 年，DNA 双螺旋结构解析后[4]，人们专注于解析遗传密码及寻找基因和蛋白质之间的纽带，鉴定出了 mRNA[5]、转运 RNA（transfer RNA，tRNA）[6] 和核糖体 RNA（ribosomal RNA，rRNA）[7]。其中，20 世纪 50 年代发现的 tRNA 和 rRNA 是最早发现的两类非编码 RNA，它们在蛋白质翻译过程中发挥重要的作用。1966 年发现了核不均一 RNA（heterogeneous nuclear RNA，hnRNA），它们是成熟 mRNA 的前体（precursor mRNA，pre-mRNA）[8]，并在 1972 年发现其中的一类 hnRNA（染色体 RNA，chromosomal RNA）具有非蛋白质编码的功能[9]。1968 年，通过生化分离鉴定了一系列的小 RNA，大多数小 RNA 和核蛋白形成核糖核蛋白复合体（ribonucleoprotein，RNP）[10]。随后，研究发现其中一类小 RNA 是小核仁 RNA（small nucleolar RNA，snoRNA），被证明参与 rRNA、snRNA、tRNA 的化学修饰[11-13]；另一类小 RNA 是小核 RNA（small nuclear RNA，snRNA），包括 U1、U2、U4、U5 和 U6，参与 RNA 剪接，又被称为剪接体 RNA（spliceosomal RNA）[14]。1982 年和 1983 年，研究发现部分非编码 RNA 具有催化的能力，称为核酶（ribozyme），包括自我剪接 RNA（self-splicing RNA）[15] 和核糖核酸酶 P（ribonuclease P，RNase P）[16]。1986 年，研究发现 RNA 编辑（RNA editing）现象[17]，打破了遗传信息由基因到蛋白质的线性传递规则。

进入 20 世纪 90 年代，不断有新类型的非编码 RNA 被发现。1993 年，Victor Ambros 在线虫中发现第一个微小 RNA（microRNA，miRNA）*lin-4*[18]。随后，这一类长度约 22nt 的 miRNA 被大量发现，揭示了细胞内存在的一种由 miRNA 介导的转录后基因调控机制。1998 年，在植物和线虫中发现由外源的双链 RNA（double-stranded RNA，dsRNA）引起的基因沉默（gene silencing）现象，被称为 RNA 干扰（RNA interference，RNAi）[19, 20]。随后机制研究表明，外源的双链 RNA 被加工成大小与 miRNA 相似的短片段，称为小干扰 RNA（small interfering RNA，siRNA），进而导致基因沉默。2006 年，多个研究团队在多个物种的生殖细胞中几乎同时发现一类新型非编码 RNA，长度为 24～32nt，它们特异性地与 PIWI 蛋白相互作用，所以被命名为 PIWI 相互作用 RNA（PIWI-interacting RNA，piRNA）[21]。

21 世纪初，随着高通量测序技术在生物转录组研究中的应用，人们发现哺乳动物中上万个转录位点产生不编码蛋白的长转录本，它们位于基因间、内含子或者与编码蛋白质基因方向相反。这类非编码 RNA 长度大于 200nt，称为长非编码 RNA。长非编码 RNA 具有结构与功能多样性，在生命过程中发挥重要的作用[22]，包括干细胞多能性维持和分化、生物体发育等；同时也与一些人类的重大疾病直接相关，包括癌症、肌肉萎缩等。而最早发现的长非编码 RNA 可以追溯到 1990 年在哺乳动物中发现的 H19[23]。2012 年以来，通过新的生化分离手段结合深度测序技术，人们在细胞中发现了大量的环状 RNA（circular RNA）[24-27]。与传统的具有 5′端和 3′端的线性 RNA（linear RNA）不同，环状 RNA 分子呈共价闭合环状结构，不受 RNA 外切酶的影响，不易降解[28]。而最早环状 RNA 的发现可以追溯到 1976 年在植物中发现的类病毒（viroids），该病毒的基因组是单链闭合环形 RNA 分子[29]。目前，环状 RNA 正成为生物领域的研究热点。

此外，2011 年发现了第一个动态可逆的 RNA 甲基化修饰[30]，这预示着"RNA 表观遗传学"新领域的诞生，为表观遗传调控研究带来了新的层次和途径。事实上，RNA 修饰（RNA modification）的研究历史则要追溯到 1960 年前后，此后发现了 100 种左右的 RNA 修饰，但这些修饰大多分布在 rRNA 和 tRNA 上，少量分布在 mRNA 和非编码 RNA 上，而且被认为是静止不可逆的[11-13]。

总之，近几十年来的研究，发现了很多种不同类型的非编码 RNA，它们的结构和功能多样，可以通过多种途径和方式参与生命活动机制的调控。

16.2　非编码 RNA 种类

非编码 RNA 种类有几十种，根据功能和大小大致可以分为三类："管家"非编码 RNA（housekeeping non-coding RNA）、小 RNA（small RNA，sRNA）和长非编码 RNA（long intervening/intergenic ncRNA，lincRNA）。其中，小 RNA 和长非编码 RNA 都属于调节性 RNA（regulatory ncRNA），可以在多种层次参与表观遗传调控。

16.2.1　经典的"管家"非编码 RNA

"管家"非编码 RNA 是细胞生命活动中的重要组成部分，主要包括 rRNA、tRNA、snRNA 和 snoRNA。其中，rRNA 和 tRNA 在所有的细胞生物中都存在，主要参与蛋白质的合成；snRNA 和 snoRNA 在所有的真核生物和古细菌中存在，分别参与 RNA 剪接，以及 rRNA、snRNA 和 tRNA 的修饰。

16.2.2　小 RNA

小 RNA 一般是指长度在 200nt 以下的非编码 RNA，根据其物种来源可分为两类，一类是细菌小 RNA，另一类是真核生物小 RNA。其中，真核生物小 RNA 包括 miRNA、siRNA 和 piRNA 等。

16.2.3　长非编码 RNA

长非编码 RNA 在基因组中广泛转录，根据其转录位置和分子特征，主要分为基因间长非编码 RNA、天然反义转录本（natural antisense transcript，NAT）、启动子上游转录本（promoter upstream transcript，PROMPT）、增强子 RNA（enhancer RNA，eRNA）、snoRNA 加工来源长非编码 RNA（sno-processed lncRNA）和环状 RNA（circular RNA）等[31]。

16.3　非编码 RNA 特征、产生及生物学功能

16.3.1　经典的"管家"非编码 RNA

关键概念

- 核糖体 RNA（ribosomal RNA，rRNA）：是细胞中含量最丰富的 RNA，约占所有 RNA 的 80%，

根据沉降系数可分为不同类型，在原核生物中分别为 23S rRNA、16S rRNA 和 5S rRNA，在真核生物中分别为 28S rRNA、18S rRNA、5.8S rRNA 和 5S rRNA，它们与多种核糖体蛋白形成核糖体，参与蛋白质的翻译。

- 转运 RNA（transfer RNA，tRNA）：是一类长度为 74～95nt 的小 RNA 分子，由氨基酸臂、二氢尿嘧啶环、反密码环、额外环和 TΨC 环五部分组成，二级结构呈"三叶草"形，在真核生物中绝大多数以单顺反子的形式存在，由 RNA 聚合酶 III 转录产生，其 3′端氨基酸臂携带相应的氨基酸，然后通过反密码环识别 mRNA 中的密码子，参与蛋白质的合成。

- 小核 RNA（small nuclear RNA，snRNA）：是一类存在于真核生物细胞核中的剪接小体和 Cajal 小体中长度为 50～200nt 的小 RNA 分子，根据其序列特征和结合蛋白，可以分成 Sm-class snRNA 和 Lsm-class snRNA 两类，分别由 RNA 聚合酶 II 和 III 转录形成，与相关蛋白质形成小核核糖核蛋白复合体，在细胞核中参与 pre-mRNA（hnRNA）的加工。

- 小核仁 RNA（small nucleolar RNA，snoRNA）：是一类广泛分布于真核生物细胞核中长度为 60～400nt 的非编码 RNA，主要分为 box C/D snoRNA 和 box H/ACA snoRNA 两大类，分别与 4 种不同核心蛋白形成 box C/D snoRNP 和 box H/ACA snoRNP 且大部分位于细胞核仁中，前者主要参与 rRNA 的 2′-O-核糖甲基化，后者主要参与 rRNA 假尿苷化，它们还可参与 snRNA、tRNA 的转录后修饰。

1. 核糖体 RNA 特征、产生机制和功能

核糖体 RNA 是细胞中含量最丰富的 RNA，约占 RNA 总量的 80%。rRNA 与多种核糖体蛋白形成核糖体（ribosome），参与蛋白质的翻译，是蛋白质合成的工厂。

原核生物的 rRNA 按沉降系数分为 3 类：23S rRNA、16S rRNA 和 5S rRNA，由原核生物唯一的 RNA 聚合酶转录产生。在细菌基因组中有多个 rRNA 操纵子，三种 rRNA 基因按照 16S-23S-5S 的顺序组合在同一种操纵子中共同转录。在古细菌中则只有单组 rRNA 操纵子。

真核生物的 rRNA 按沉降系数分为 4 类：28S rRNA、18S rRNA、5.8S rRNA 和 5S rRNA。前 3 种 rRNA 按照 18S-5.8S-28S 的顺序组合在同一个核糖体 DNA（rDNA）转录单位中，由真核生物 RNA 聚合酶 I 转录产生。该转录单位在人类基因组中大概有 300～400 个，位于 5 个基因簇中，同一簇中的转录单位之间被两个内转录间隔区（internal transcribed spacer，ITS）分隔；而 5S rRNA 由真核生物的 RNA 聚合酶 III 转录产生，5S rDNA 存在于串联重复基因中。

2. 转运 RNA 特征、产生机制和功能

转运 RNA 是长度为 74～95nt 的小 RNA 分子，二级结构呈"三叶草"形，由氨基酸臂、二氢尿嘧啶环、反密码环、额外环和 TΨC 环五部分组成，三级结构呈"倒 L"形。tRNA 是各类 RNA 中含有转录后修饰核苷酸数目和种类最多的一类 RNA[32]，目前已有约 100 余种核苷酸修饰被发现。

真核生物 tRNA 基因绝大多数以单顺反子的形式存在，由 RNA 聚合酶 III 转录产生。tRNA 的经典功能是参与蛋白质的合成，其 3′端氨基酸臂携带相应的氨基酸，然后通过反密码识别 mRNA 中的密码子，将 mRNA 的核苷酸信息转换成多肽信息，保证遗传信息的精确传递[33]。

3. 小核 RNA 特征、产生机制和功能

小核 RNA 是在真核生物细胞核中的剪接小体（splicing speckle）和 Cajal 小体（Cajal body）里发现的

一类小 RNA 分子。snRNA 长 50～200nt，和相关蛋白质形成小核核糖核蛋白复合体（small nuclear ribonucleoprotein，snRNP），在细胞核中参与 pre-mRNA（hnRNA）的加工。根据 snRNA 的序列特征和结合蛋白，可以分成 Sm-class snRNA 和 Lsm-class snRNA 两类。Sm-class snRNA 包括 U1、U2、U4、U4atac、U5、U7、U11 和 U12，由 RNA 聚合酶 II 转录。pre-snRNA 转录后，在细胞核中 5′端经 7-甲基鸟苷酸修饰，再通过核孔运输到细胞质中被进一步修饰，并与蛋白质形成 snRNP，然后被运输回细胞核中参与 hnRNA 的剪接加工。Lsm-class snRNA 包括 U6 和 U6atac，由 RNA 聚合酶 III 转录，并在细胞核中完成加工成熟。

4. 小核仁 RNA 特征、产生机制和功能

小核仁 RNA 是一类广泛分布于真核生物细胞核中的非编码 RNA。snoRNA 的长度在 60～400nt，根据保守的结构基序，主要可以分成两大类：box C/D snoRNA 和 box H/ACA snoRNA。Box C/D snoRNA 与 4 种核心蛋白 Fibrillarin（甲基转移酶）、Nop56、Nop58 和 15.5k 形成 box C/D snoRNP；而 box H/ACA snoRNA 与另外 4 种核心蛋白 Dyskerin（假尿苷合成酶）、Gar1、Nhp2 和 Nop10 形成 box H/ACA snoRNP。这两类 snoRNP 大部分位于细胞核仁中，其中 boxC/D snoRNA 主要参与 rRNA 的 2′-O-核糖甲基化，box H/ACA snoRNA 主要参与 rRNA 假尿苷化，这两种 snoRNA 还可参与 snRNA、tRNA 的转录后修饰。还有一种既含有 box C/D 又含有 box H/ACA 的复合 snoRNA，位于细胞核亚结构 Cajal 小体中，又称 scaRNA（small Cajal body-specific RNA），参与 snRNA 的修饰。还有一类 snoRNA 虽然有 box C/D 或者 box H/ACA 基序，但是没有找到与 rRNA 或者 snRNA 相匹配的互补序列，大部分功能还不清楚，因此称为孤儿 snoRNA（orphan snoRNA）。

小核仁 RNA 在基因组中的分布多样，脊椎动物的 snoRNA 大部分位于蛋白质编码基因的内含子中，由 RNA 聚合酶 II 转录产生，随着内含子被剪接下来，然后进一步加工成熟。还有一些 snoRNA 位于基因间区域、蛋白质编码基因的开放阅读框中或者非翻译区（untranslated region，UTR）。snoRNA 基因也可以具有自己独立的启动子，由 RNA 聚合酶 II 或者 III 单独转录。

16.3.2　小 RNA

关键概念

- 细菌小 RNA（small RNA，sRNA）：细菌中一类长度为 50～300nt、不编码蛋白质、具有调节功能的 RNA 分子，转录通常开始于一段能折叠成稳定茎环结构的序列，一般不需要经过加工过程，它们能够参与蛋白质合成、调控蛋白质功能和靶向调控 mRNA 的翻译及稳定性，与细菌生长、代谢、应激反应、致病性密切相关。

- 微小 RNA（microRNA，miRNA）：是一类由内源基因编码的长度约为 22nt 的非编码单链 RNA，在动物、植物和病毒中广泛分布，在物种间具有高度的保守性和组织特异性，多以基因簇形式存在于基因组中，在细胞质中可以与靶标 mRNA 的 3′UTR 结合而引起 mRNA 降解或翻译抑制，在细胞核内可以激活基因表达。

- 小干扰 RNA（small interfering RNA，siRNA）：是一类长度约为 21nt 的双链 RNA 分子，可由人工合成或细胞内源产生，在细胞内与酶复合物结合形成 siRNA 诱导沉默复合物（siRISC），以完全互补的方式指引 RISC 特异识别 mRNA 并将其切断，使 mRNA 失活。与 miRNA 不同的是，siRNA 可以靶向 mRNA 任何位置。

- piRNA：是在动物生殖细胞中特异表达的一类与生殖细胞特异性 PIWI 家族蛋白相互作用且长度

为 24～32nt 的非编码 RNA，可能通过表观遗传调控及转录后调控等方式发挥基因沉默作用，对生殖干细胞干性的维持、配子形成、胚胎发育等多种生殖相关事件至关重要。

1. 细菌小 RNA——特征、产生机制和功能

细菌小 RNA 是一类长度为 50～300nt、不编码蛋白质、具有调节功能的 RNA 分子[34]，与细菌生长、代谢、应激反应、致病性密切相关。

细菌 sRNA 转录通常开始于一段能折叠成稳定茎环结构的序列，并终止于不依赖 Rho 因子的转录终止子，转录产物一般不需要经过加工过程。sRNA 的茎环结构有助于分子的稳定，因此大多数 sRNA 明显比 mRNA 稳定。

根据已知 sRNA 的功能，sRNA 作用机制可以分为三类。① 具有特殊活性的 sRNA，它们具有管家功能，目前已发现的有三种，分别是具有催化活性并形成 RNase P 的催化亚单位 M1 RNA、转移信使 RNA（transfer messenger RNA，tmRNA）和组成核糖核蛋白复合物的 4.5S RNA。② 与蛋白质相互作用而影响蛋白质功能的 sRNA，主要通过与蛋白质相互作用从而影响这些蛋白质的生物学功能，如 6S RNA。③ 与目的 mRNA 配对结合调控基因表达的 sRNA，这类 sRNA 是细菌中发挥调节功能的最为普遍的一种形式，它们通过与靶 mRNA 配对，在转录后水平影响目标 mRNA 翻译或稳定性，而且它们大部分都依赖于和 RNA 伴侣 Hfq 的结合发挥作用，最终影响细胞的多种生理功能。

2. 真核生物微小 RNA——特征、产生机制和功能

miRNA 是一类由内源基因编码的长度约为 22nt 的非编码单链 RNA 分子[35]。miRNA 基因是最丰富的基因家族之一，在动物、植物和病毒中广泛分布，在物种间具有高度的保守性和组织特异性。大多数 miRNA 基因以基因簇形式存在于基因组中，它们多以顺反子的形式存在于独立的转录单位中。miRNA 基因的转录受到 DNA 甲基化、组蛋白修饰等表观遗传调控[35]。

在动物中，miRNA 基因由 RNA 聚合酶 II 转录产生长的初级 miRNA 转录本（pri-miRNA），接着 pri-miRNA 在细胞核内经 Drosha-DGCR8 复合物（Drosha 为核酸酶 RNaseIII 家族的一员）加工产生约 70 个核苷酸的、具有茎环结构的 miRNA 前体（pre-miRNA），在核质/胞质转运蛋白 Exportin 5 的作用下运输到细胞质中，然后在 Dicer 酶（Dicer 酶为核酸酶 RNase III 家族的一员）的作用下被剪接成 21～25nt 的不完全匹配的双链 RNA，之后与酶复合物形成 RNA 诱导的基因沉默复合物（RNA-induced silencing complex，RISC），在 RNA 解旋酶作用下生成 3′端为羟基、5′端为磷酸的成熟 miRNA。通过 miRNA 与靶标 mRNA 的 3′端非翻译区（3′-untranslated region，3′-UTR）特异性结合，从而引起靶标 mRNA 分子的降解或翻译抑制。植物中的 miRNA 在分子大小、加工过程和作用机制等方面与动物中的 miRNA 有一定的差异[36]。

除了上述在细胞质中发挥作用的 miRNA 外，最近的研究还发现了一类在细胞核中具有激活基因表达作用的 miRNA，称为 NamiRNA（nuclear activating miRNA）（详见第 20 章）。

3. 真核生物小干扰 RNA——特征、产生机制和功能

1998 年，Fire 等[20]在进行线虫基因沉默研究中发现双链 RNA 的抑制效果比单链 RNA 高 10～100 倍，他们将这种 dsRNA 引起的抑制基因表达的现象称为 RNA 干扰。小干扰 RNA 是 RNAi 的中间产物，是一种长约 21nt 的双链 RNA 分子，为 RNAi 发挥效应所必需。

外源性的或内源性的 dsRNA 导入细胞后，与 Dicer 酶结合并被切割成约 21nt 的 dsRNA，再与酶复合物结合形成 siRNA 诱导沉默复合物（siRISC）。在此过程中，AGO 蛋白降解双链 siRNA 中的一条链，然后 siRISC 以反义链为模板，以完全互补的方式指引 RISC 特异识别 mRNA 并将 mRNA 切断，从而使 mRNA 失活，这个过程也称为转录后基因沉默（post-transcriptional gene silencing，PTGS）。动物和植物中也发现了内源的 siRNA，它们参与染色质重塑、转录后调节、病毒防御等。siRNA 的沉默机制与 miRNA 的沉默机制相似，但也存在差异[37]。例如，siRNA 和 miRNA 途径采用不同的 AGO 蛋白；siRNA 作用于 mRNA 的任何位置，而 miRNA 主要作用于 mRNA 的 3′-UTR 等。

4. 真核生物 piRNA 特征、产生机制和功能

piRNA 是在动物生殖细胞中特异表达的一类小分子非编码 RNA，因为它与生殖细胞特异性 PIWI 家族蛋白相互作用，被称为 PIWI 相互作用 RNA（PIWI-interacting RNA，piRNA）[38]。piRNA 长 24～32nt，其 5′端第一个核苷酸有尿嘧啶倾向性，3′端被 2′-O-甲基化修饰，这类末端修饰可防止成熟 piRNA 降解。piRNA 在动物界广泛表达，目前植物中还未检测到。

piRNA 来源于基因组中的 piRNA 簇（piRNA cluster）或转座子区，由长的单链转录本切割产生，成熟的 piRNA 长 24～32nt。除线虫外，从海绵动物到高等动物中保守存在两条 piRNA 生成途径：piRNA 的初级生成途径和次级生成途径。与之前的 miRNA/siRNA 相比，piRNA 有自己的特点：①piRNA 与 PIWI 亚家族的 AUB、Piwi 和 AGO3 相互作用，而 miRNA/siRNA 主要与 AGO 亚家族的 AGO1 和 AGO2 相互作用；②piRNA 的生成依赖 PIWI 亚家族蛋白而不依赖 Dicer；③piRNA 基因簇主要分布在转座子、重复序列等区域，而大多数 miRNA 基因位于基因的内含子或基因间隔区；④piRNA 可能通过表观遗传调控及转录后调控等方式发挥基因沉默作用，而 miRNA 主要在转录后水平通过抑制翻译或促进靶 mRNA 降解调控基因表达。与 AGO-miRNA/siRNA 途径相比，目前对 PIWI-piRNA 途径介导基因表达调控的机制还有待进一步深入研究。

PIWI 蛋白为 piRNA 生物发生和功能行使所必需。PIWI/piRNA 对生殖干细胞干性的维持、配子形成、胚胎发育等多种生殖相关事件至关重要。最近的研究显示，piRNA 可参与蛋白质编码基因的表达调控，在胚胎发育、性别决定及配子发生等过程中发挥作用。

16.3.3　长非编码 RNA

关键概念

- lincRNA：转录自两个基因之间的区域，其产生机制是研究得比较清楚的一类非编码 RNA。
- NAT：是转录自反向于蛋白质编码基因区域、具有 mRNA 样的 lncRNA。
- PROMPT：是一类长度大小不一、长 200～600nt，在蛋白质编码基因活性转录起始位点（transcription start site，TSS）上游 0.5～2.5kb 的位置以反义的方式转录的 mRNA-like lncRNA。
- eRNA：在增强子处由 RNA 聚合酶 II 以双向转录的方式产生，一般长度小于 2000nt。
- sno-lncRNA：是指一类两端以 snoRNP 结尾的长非编码 RNA，来源于内含子，它们不具有经典的 5′端帽子和 3′端多聚腺苷酸尾结构。
- SPA（5′snoRNA capped and 3′polyadenylated lncRNA）：是一类 5′端为 snoRNA 帽子、3′端为多聚腺苷酸尾的长非编码 RNA。这类长非编码 RNA 来源于多顺反子的特殊加工。
- circular RNA：分为来自内含子通过关键核酸序列成环的 ciRNA 和通过外显子反向剪接成环的

circRNA。环状 RNA 不具有 5′端帽子和 3′端多聚腺苷酸尾。

蛋白质编码基因只占哺乳动物基因组的一小部分，转录组分析表明长非编码 RNA 在基因组中广泛转录，包含很多种不同类型、长度大于 200nt、不具有编码蛋白质能力的非编码 RNA 分子。越来越多的证据表明，在多种细胞类型和不同的生命活动中，长非编码 RNA 在转录水平和转录后水平发挥重要的关键调控作用[39, 40]。根据长非编码 RNA 与蛋白质编码基因的位置关系和加工机制，可以将长非编码 RNA 分为几种不同的类型。一方面，根据长非编码 RNA 转录本来自启动子上游区域、启动子区域、基因间区域和反向于蛋白质编码基因区域，可以分为 PROMPT、eRNA、lincRNA 和 NAT；另一方面，一些长非编码 RNA 的成熟具有特殊的加工过程，例如，核糖核酸酶 P（RNase P）介导形成的 3′端具有三螺旋结构的 NEAT1、MALAT1 等 lncRNA；来自内含子、两端有小核仁核糖核蛋白复合物（snoRNP）保护的 sno-lncRNA；来自多顺反子转录本、具有 5′端 snoRNA 帽子和 3′端 poly（A）尾巴（多聚腺苷酸尾）结构的 SPA lncRNA；来自内含子通过关键核酸序列成环的 ciRNA；通过外显子反向剪接成环的 circRNA[31]。下面对这几类长非编码 RNA 进行简要介绍。

1. mRNA-like lncRNA 特征、产生机制和功能

1）lincRNA 特征、产生机制和功能

lincRNA 转录自两个基因之间的区域，其产生机制是研究得比较清楚的一类非编码 RNA。大部分已注释的 lincRNA 含有多个外显子，并具有典型的 mRNA 的特征，含有 5′-m^{7}G 帽子和 3′-poly（A）尾巴[41, 42]。然而，lincRNA 并不与 mRNA 完全相似，它们具有自己的特征：①缺乏编码蛋白质的潜力；②进化上保守程度低，表达量低，具有组织表达特异性；③与 mRNA 相比，更多位于细胞核中，而且其功能与它们特异的细胞核亚定位模式有关。

最近的研究表明 lincRNA 与 mRNA 在转录和加工方面也存在差异：①lincRNA 与 mRNA 相比，具有更少的组蛋白修饰，以及更少的转录因子结合在启动子处；而通常与转录抑制相关的 H3K9me3 修饰在某种程度上更富集在活跃的 lincRNA 位点的启动子处。②与 mRNA 相比，由于 lincRNA 较弱的内部剪接信号和较少的 U2AF65 结合，其 lincRNA 具有更少的有效剪接[43]。③lincRNA 和 pre-mRNA 分别由 CTD（C-terminal domain）不同磷酸化的 RNA 聚合酶 II 转录。pre-mRNA 由受调控的 RNA 聚合酶 II 转录，通过 5 位丝氨酸磷酸化的 CTD（CTD S5P）与剪接体（spliceosome）相互作用，3′端以共转录的方式作为切割/多聚腺苷酸化（cleavage/polyadenylation，C/P）过程的一部分通过 CPSF73 切割产生，并促进 RNA 聚合酶 II 的转录终止。而大多数 lincRNA 主要由去调控（deregulated）（指缺乏主要的磷酸化 CTD 特征）的 RNA 聚合酶 II 转录，其转录过程特点是较弱的共转录剪接和非 poly（A）信号依赖的 RNA 聚合酶转录终止。有趣的是，许多 lincRNA 的转录终止是不依赖于 CPSF73 的。另外，由于 lincRNA 被染色质上的细胞核外泌体快速降解，导致其主要位于染色质位置[44]。这些研究表明 lincRNA 可能具有自己特异的转录和加工模式，这也部分解释了一些 lincRNA 结合在染色质上并且表达量较低的原因。

2）NAT 特征、产生机制和功能

NAT 是转录自反向于蛋白质编码基因区域、具有 mRNA 样的 lncRNA。

根据 NAT 在基因组上的转录位置，分成顺式（cis）和反式（trans）两种。顺式是主要类型，是指 NAT 与编码基因位于同一基因组位点（genomic locus），但是转录方向相反，它们既可以是部分重叠，也可以是全部重叠（即一条 RNA 转录区域位于另一 RNA 转录区域内）；可以是 5′重叠（头对头），也可以是 3′重叠（尾对尾）。反式是指 NAT 与编码基因不位于同一基因组位点，而是 NAT 的序列与编码基因 RNA

有部分或者全部的互补[45]。

NAT 在转录水平通过转录干扰方式发挥调控作用，也可以在转录后水平通过诱导表观遗传改变，或者诱导可引起内源 RNAi 和 RNA 编辑的双链 RNA 形成来发挥调控作用。

2. PROMPT 特征、产生机制和功能

PROMPT 长度大小不一，通常为 200～600nt，在蛋白质编码基因活性转录起始位点（transcription start site，TSS）上游 0.5～2.5kb 的位置以反义的方式转录产生[46, 47]。PROMPT 转录单元 DNA 区域被 RNA 聚合酶 II 复合物占位，该复合物含有 2 位丝氨酸磷酸化的 CTD。转录产物 PROMPT 含有 5'-帽子和 3'-多聚腺苷酸尾，大部分位于细胞核中并被 RNA 细胞核外泌体靶向（nuclear exosome targeting，NEXT）复合物快速降解（降解方向为 3'→5'）。PROMPT 的功能目前还不清楚。外泌体靶向复合物相关蛋白的敲除实验显示这些半衰期短的转录本也可能具有一些调节功能。

3. eRNA 特征、产生机制和功能

eRNA 在增强子处由 RNA 聚合酶 II 以双向转录的方式产生，一般长度小于 2000nt，双向转录产物 RNA 的量大致相当[48-50]。有研究显示，eRNA 可能缺乏多聚腺苷酸尾，其中不含多聚腺苷酸尾的小核 RNA 3'端加工相关的 Intergrator 复合体参与了 eRNA 初级转录本的 3'端加工[51]。与 PROMPT 类似，eRNA 也是外泌体的靶 RNA。有研究报道，eRNA 具有增强子样的功能，可以控制启动子和增强子的相互作用及高级染色质结构。

4. sno-processed lncRNA 特征、产生机制和功能

1）sno-lncRNA 特征、产生机制和功能

sno-lncRNA 是指一类两端以 snoRNP 结尾的长非编码 RNA，它们不具有经典的 5'端帽子和 3'端多聚腺苷酸尾结构[52, 53]。sno-lncRNA 来源于内含子，其产生依赖于 snoRNP 机制：含有两个 snoRNA 的内含子从 pre-RNA 上剪切下来，经脱分支和核酸外切酶降解后，两个 snoRNA 中间序列因两侧 snoRNP 复合物的保护，形成了一种 5'端没有帽子结构、3'端没有 polyA 尾巴的 sno-lncRNA[53]。由于 sno-lncRNA 所在基因特异的可变剪接，使它们的表达具有物种和细胞特异性。snoRNA 根据其保守基序可以分为两大类：box C/D 和 box H/ACA snoRNA。已有证据表明两类 snoRNA 均可位于 sno-lncRNA 两端，甚至两端可以为不同类型的 snoRNA。因两端有 snoRNP 的保护，sno-lncRNA 在细胞中具有较长的半衰期。

来源于 15q11-13 的普拉德-威利综合征（Prader-Willi syndrome，PWS，是一种复杂的神经发育紊乱疾病，属于非孟德尔遗传现象基因组印记的典型例证）区域的 sno-lncRNA 两端以 box C/D snoRNA 结尾，可以通过调控剪接因子 RBFOX2，进而调控可变剪接，其缺失与 PWS 发生密切关联[53]；以 box H/ACA snoRNA 结尾的长非编码 RNA SLERT 位于核仁中，通过与 DDX21 蛋白结合，改变单个 DDX21 的分子构象和调节 DDX21 围绕 RNA 聚合酶 I 形成的环状结构，进而促进 RNA 聚合酶 I 转录，调控 rRNA 的产生[52]。

2）SPA 特征、产生机制和功能

SPA RNA（5' snoRNA capped and 3' polyadenylated lncRNA）是一类 5'端为 snoRNA 帽子、3'端为多聚腺苷酸尾的长非编码 RNA[54]。这类长非编码 RNA 来源于多顺反子的特殊加工。其中两条 SPA（SPA1 和 SPA2）位于编码基因 SNRPN 的 3'-UTR 区域（位于 15q11-q13 的 PWS 印记区域），含有多个外显子，分别长 35kb 和 16kb。SPA 的加工与 RNA 聚合酶 II 的快速转录延伸、XRN2 与 RNA 聚合酶 II 在 SNURF-SNRPN 基因上游的转录终止之间的动态竞争相关。在 SNURF-SNRPN 编码基因转录终止信号处

发生切割/多聚腺苷酸化（cleavage/polyadenylation，C/P）之后，下游未加帽的 pre-SPA 开始被 XRN2 降解，直到遇到下游 3kb 处的共转录组装的 snoRNP 而终止，这保证了 SPA 5′端 snoRNP 的形成和 RNA 聚合酶的继续转录延伸。在遇到下一个转录终止信号时，通过切割/多聚腺苷酸化，最终形成 SPA。

PWS 区域的 SPA 与 sno-lncRNA 在转录位点附近形成细胞核积聚小体，位于父源染色体转录位点附近，而不定位在经典 snoRNA 所在的核仁和 Cajal 小体中，并形成一种全新的细胞核亚定位。在此细胞核积聚小体内，SPA 与 sno-lncRNA 结合了大量的可变剪接调控蛋白 TDP43、RBFOX2、hnRNP M。这些 PWS 关键区域的 SPA 与 sno-lncRNA 在 PWS 患者来源细胞缺失，改变了 TDP43、RBFOX2、hnRNP M 等与一些 pre-mRNA 的结合，进而影响了可变剪接。

5. circular RNA 特征、产生机制和功能

1）内含子来源的环形 RNA 特征、产生机制和功能

内含子来源的环形 RNA（circular intronic RNA，ciRNA）来源于基因的内含子区域，是在 5′剪接供体位点和分支位点处含有 2′,5′-磷酸二酯键的环形共价连接的 RNA 分子[26]。ciRNA 来自于剪接下来的内含子套索（lariats），其产生依赖于所在内含子上 ciRNA 分子两端的成环关键核酸序列（即位于 5′剪接位点含有 7nt 的 GU-rich 元件和 3′分支位点处含有 11nt 的 C-rich 元件），这些保守的成环关键核酸序列以未知的机制保护 ciRNA 所在的内含子套索不被脱分支酶作用，从而形成环形 RNA。

研究发现 ciRNA 大多位于细胞核中，并且富集在其转录位点附近；它们结合 RNA 聚合酶 II 复合体[26]，以未知的机制调控 RNA 聚合酶 II 来促进基因的转录，发挥顺式调控作用。

2）外显子来源的环形 RNA 特征、产生机制和功能

外显子来源的环形 RNA（circular RNA，circRNA）是通过反向剪接反应使得基因的外显子序列反向首尾连接而形成共价闭合的环形 RNA 分子[27]。由于产生机制的不同，这类环形 RNA 分子与 ciRNA 的最大区别在于，前者是 3′-5′磷酸二酯键环化的分子，而后者则是 2′-5′磷酸二酯键环化的分子。

内含子 RNA 互补序列介导了外显子环化。不同区域间互补序列的竞争性配对，可以选择性地产生线形 RNA 或是环形 RNA，即内含子内部形成的互补序列配对会促进线形 RNA 的产生，而跨内含子间的互补序列配对则更有利于环形 RNA 的产生。更为重要的是，在人类基因组内含子区域中蕴含着大量的互补序列（如 Alu 等序列），这些互补序列的选择配对及其动态调控使得同一个基因可以产生多个环形 RNA，这种现象被称为可变环化（alternative circularization）[27]。这一系列的发现揭示了环形 RNA 这一类新型非编码 RNA 在细胞转录组中普遍存在。

研究表明，外显子来源的环形 RNA 具有多种功能。例如，外显子来源的环形 RNA 可以作为 miRNA 的分子海绵，调控 microRNA 的功能[55]；通过与 NF90/NF110 的竞争性结合，在抗病毒免疫过程中发挥重要作用等[56]。

16.3.4　非编码 RNA 的编码作用

关键概念

- miRNA 编码肽（miRNA-encoded peptide，miPEP）：是由 miRNA 的初级转录本 pri-miRNA 编码的调节性短肽，它们可以通过促进相关成熟 miRNA 的积累而增强其调节效应。

随着对非编码 RNA 功能的研究，越来越多的证据表明部分已经注释为"非编码 RNA"的 RNA 也具

有编码短肽的能力[57, 58]。目前发现的可以编码短肽的非编码 RNA 有三类：长非编码 RNA、pri-miRNA 和环形 RNA。

最新研究表明，部分长非编码 RNA 还可以翻译产生短肽，并且具有生理功能。例如，在哺乳动物中骨骼肌特异表达的 lncRNA LINC00948 含有一个 ORF，并且该 ORF 能编码一条短肽 myoregulin（MLN），该肽长度为 46 个氨基酸，可抑制肌质网钙离子 ATP 酶（sarcoplasmic reticulum Ca^{2+} ATPase，SERCA）表达，与心肌细胞钙稳态调节有关[58]。lncRNA LINC00961 可以被翻译成一条长度为 90 个氨基酸的短肽 SPAR（small regulatory polypeptide of amino acid response），在 mTORC1 蛋白复合物活性调节方面起着重要的调控作用，能调控肌肉再生及修复肌肉损伤[60]。这表明长非编码 RNA 编码的短肽在生理或生物学中能起到很重要的调控作用。

miRNA 是小的调控 RNA，来源于 pri-miRNA 的多个步骤的加工，通过抑制靶 mRNA 的翻译和介导 mRNA 的降解来调控基因表达。最近的研究发现一些 miRNA 的初级转录本 pri-miRNA 也可以编码调节性短肽，还可以增强相关成熟 miRNA 的积累，增强其调节效应。这类多肽被命名为 miRNA 编码肽（miRNA-encoded peptides，miPEP）[61]。例如，蒺藜苜蓿（*Medicago truncatula*）中的 pri-mir171b 和拟南芥（*Arabidopsis*）中的 pri-mir165a 产生的短肽 miPEP171b 和 miPEP165a，能增加其相应成熟 miRNA 的积累，导致参与根发育的靶基因的表达下调[58]。这表明 pri-miRNA 具有蛋白质编码和非编码两种角色，并从全新的视角认识 pri-miRNA 除生成 miRNA 之外的重要功能，阐明了基因调控的一个新层次。

环形 RNA 不具有 5′端帽子和 3′端多聚腺苷酸尾，其翻译机制与线性 mRNA 的翻译机制不同，只能通过类似 IRES（internal ribosome entry site）的非帽依赖的方式来进行。例如，部分环形 RNA 有一种常见的 RNA 甲基化修饰 m^{6}A，这种修饰能够被 YTHDF3 蛋白识别并结合到环状 RNA，通过募集 eIF4G2 和其他翻译起始因子来驱动非帽依赖性的翻译机制，从而合成蛋白质[62]。另外，人们发现在小鼠中的 circ-ZNF609 和果蝇中的 circMbl 等多个环形 RNA 具有翻译能力[62, 63]。环形 RNA 翻译功能的发现，使人们对蛋白质来源的多样性有了新的认识，具有十分重要的理论意义。

16.4 非编码 RNA 与疾病

非编码 RNA 与人类的疾病有着密切联系，对非编码 RNA 在正常生理水平和病理状态下的机制研究，能够为疾病的治疗提供理论基础[3]。下面简要介绍非编码 RNA 与常见疾病的关系，如癌症、神经退行性疾病、心血管疾病和自身免疫疾病等。

16.4.1 非编码 RNA 与癌症

癌症的发生与遗传和环境等多种因素有关，随着大量非编码 RNA 的发现，人们开始关注并研究非编码 RNA 与癌症的关系。目前已发现很多不同种类的非编码 RNA 与癌症有关，如 miRNA、lncRNA、piRNA 等。

近年来研究发现，许多 miRNA 可以作为原癌基因（oncogene）或者肿瘤抑制因子，在肿瘤发生和发展中发挥着重要作用[64]。引起 miRNA 异常表达的原因有很多，包括基因缺失、扩增、突变、表观遗传沉默等。目前，已知与 miRNA 相关的肿瘤和癌症有几十种，涉及消化、呼吸、血液循环、神经和内分泌等多个系统。例如，miR-21 是一个位于 17q23.2 染色体 FRA17B 脆性区域上并具有自主转录单位的 miRNA，在多种癌症和肿瘤中表达量升高，与胶质母细胞瘤（glioblastomas）、乳腺癌、胰腺癌等多种癌症和肿瘤的发生发展密切相关。miRNA 可以作为肿瘤诊断的分子标志物，也可以作为治疗的潜在靶点。

长非编码 RNA 在癌症中也扮演着重要角色，其表达异常和突变影响了肿瘤的发生和转移。长非编码 RNA 与 miRNA 类似，也是具有肿瘤抑制和促进作用[65]。已有很多研究报道了长非编码 RNA 与癌症有关。例如，在人的 8q24 区域转录产生长非编码 RNA CCAT1-L，位于 MYC 上游 515kb 处，可以通过与特异结合染色质结构维持蛋白 CTCF 相互作用，调控局部染色质高级结构，进而影响 MYC 基因的表达[66]。由于长非编码 RNA 的广泛表达和组织特异性，许多长非编码 RNA 不仅可以作为癌症诊断的分子标志物，还为治疗提供新的依据和靶点，具有重要的临床价值。

除了上述两种与癌症有关的非编码 RNA 外，还有很多非编码 RNA 与癌症有关[3]。例如，piRNA 与睾丸组织中的肿瘤发生和其他一些类型的肿瘤有关；snoRNA U50 在生殖细胞系纯合子中的两个核苷酸（TT）的缺失与前列腺癌有关。

16.4.2　非编码 RNA 与神经退行性疾病

神经退行性疾病是进行性发展的致死性复杂疾病，不遵循孟德尔遗传规律，受遗传和环境等多种因素的影响，包括阿尔茨海默病（Alzheimer's disease，AD）、帕金森病（Parkinson's disease，PD）等。很多非编码 RNA 在神经系统的发育和分化过程中具有重要功能，如 miRNA、长非编码 RNA 等。

有研究显示，约 70% 的 miRNA 在大脑中表达，并且许多 miRNA 在神经细胞中特异表达[67]。miRNA 参与神经发育、树突棘形成和神经突起生长等，它们的异常表达涉及神经退行性疾病和其他神经疾病。在阿尔茨海默病患者脑组织中存在多个 miRNA 的异常表达，这些 miRNA 主要存在于灰质区，包括 miR-29、miR-107、miR-298、miR-328 等。这些 miRNA 能识别 β-分泌酶 1（β-site amyloid precursor protein-cleaving enzyme 1，BACE1）mRNA 3'-UTR 上的特异性结合位点，它们的低表达会导致 BACE1 表达上调，从而导致积累更多的 β 淀粉样蛋白（β-amyloid peptide，Aβ），引发阿尔茨海默病。

长非编码 RNA 在中枢神经系统的发育分化过程中起到了重要的作用，其在神经系统中的表达或功能异常会导致神经退行性疾病等[68]。有研究表明，与正常老年人相比，AD 患者组织中长非编码 RNA BC200 表达显著性上调，而且 BC200 的表达水平与 AD 病程的严重程度呈正相关。BACE1 的反义转录本 lncRNA BACE1-AS 能通过前馈调节增加 AD 患者中 Aβ 的表达，BACE1-AS 可作为 AD 潜在的生物诊断标记物。

16.4.3　非编码 RNA 与心血管疾病

心血管疾病是非常复杂的一类疾病，虽然人们对心血管疾病有初步的研究，但是其发病机制尚未完全清楚。已有研究表明，多种非编码 RNA 与心血管疾病相关，如 miRNA、lncRNA 及环形 RNA 等。

miRNA 与多种心血管疾病相关[69]，如心律失常、心肌梗死、动脉粥样硬化等。在大鼠心肌细胞内过表达 miR-1 可以抑制其靶基因 KCNJ2 和 GJA1 的表达，减慢细胞膜的兴奋传导及去极化而引发心律失常。MiR-15 家族在小鼠和猪的心肌缺血/再灌注损伤中的心肌梗死区域受到调节，并进一步调节缺氧诱导的心肌细胞死亡。

长非编码 RNA 与心脏、血管的生理病理功能及一些心血管疾病的发生有着密不可分的关系。例如，ANRIL（antisense noncoding RNA in the INK4 locus）是人染色体 9p21 上的一个重要长非编码 RNA。ANRIL 基因所在的 9p21 染色体区域是一个重要的冠心病易感区域。ANRIL 通过连接和募集两个多梳抑制复合物 PRC1 和 PRC2，从而导致 ANRIL/PRC 介导的 INK4 位点的基因沉默，p14、p15 和 p16 的表达下调，促进血管平滑肌细胞（vascular smooth muscle cell，VSMC）增殖和动脉粥样斑块形成，从而影响 VSMC 的增殖和冠心病的发生。与心血管疾病有关的长非编码 RNA 还有 MALAT1、lincRNA-p21 等。

环形 RNA 在心血管疾病中的研究刚起步，仅发现几种与心血管疾病相关的 circRNA，随着研究的深入可能会发现更多与心血管疾病相关的 circRNA 及其作用机制，为心血管疾病的诊断及治疗提供新的思路。例如，环状 INK4/ARF 基因簇反义非编码 RNA（circular antisense noncoding RNA in the INK4 locus，cANRIL）可以在 ANRIL 转录剪接过程中产生，它能够促进 INK4/ARF 相关抑癌基因的表达，从而可以减少罹患心血管疾病的风险，cANRIL 水平的增加可以降低罹患动脉粥样硬化性血管疾病（atherosclerotic vascular disease，ASVD）的风险。与心血管疾病有关的环形 RNA 还有 CDR1as（cerebellar degeneration-related protein 1 antisense）、HRCR（heart-related circRNA）等。

16.4.4 非编码 RNA 与自身免疫疾病

随着对非编码 RNA 功能的研究，发现它们也与自身免疫疾病相关。在类风湿性关节炎（rheumatoid arthritis，RA）、系统性红斑狼疮（systemic lupus erythematosus，SLE）等自身免疫性疾病中，miRNA、长非编码 RNA 和环形 RNA 已经被证实是重要的调节因子[70-72]。

miRNA 与机体的免疫功能的发挥有着重要的关系，而 miRNA 的异常会引起自身免疫性疾病。例如，在类风湿性关节炎患者单核巨噬细胞和滑膜组织中 miR-146a 和 miR-16 的表达量显著增加，且与疾病的活动性呈正相关性；而上调的 miR-146a 对靶点 IRAK-1 和 TRAF6 的异常负向调控可能是导致 RA 发病的主要原因。此外，还发现 miR-146、miR-21 和 miR-148a 与系统性红斑狼疮有关，miR-155 与多发性硬化症（multiple sclerosis，MS）有关。

长非编码 RNA 在先天性和获得性免疫系统中，对免疫细胞的分化和激活起到了重要的调节作用，其在自身免疫过程和自身免疫性疾病中发挥关键作用。长非编码 RNA Gas5（growth arrest specific 5）与系统性红斑狼疮的易感性相关。Gas5 具有促凋亡的作用，通过抑制糖皮质激素（glucocorticoids）的抗凋亡作用，使细胞对细胞凋亡更敏感。Gas5 启动子区 SP1 蛋白结合位点的缺失导致 Gas5 的表达下调，从而抑制细胞凋亡，暴露自身抗原，致使自身抗体产生。

环形 RNA 在天然免疫过程中具有重要的调控功能。环形 RNA 能够形成双链结构，结合天然免疫因子，参与天然免疫应答调控。正常情况下，环形 RNA 通过结合 PKR 并抑制其活性，避免了 PKR 过度激活引起免疫反应；而当细胞被病毒感染时，环形 RNA 被 RNase L 快速降解，进而释放 PKR 参与细胞的天然免疫炎症反应。环形 RNA 表达量与系统性红斑狼疮密切相关，该疾病患者体内环形 RNA 普遍低表达且 PKR 异常激活；而增加环形 RNA 则可以显著抑制患者来源外周血单核细胞和 T 细胞中的 PKR 及其下游免疫信号通路的过度激活。

16.5 研究非编码 RNA 的方法学

关键概念

- 微阵列芯片（microarray）检测技术：是一种以分子杂交为基础的高通量检测技术，将大量已知部分序列的 DNA 探针"印"在微阵列芯片上，然后结合不同样本中相应片段，最后通过检测杂交信号强度及数据处理计算特异基因的丰度。
- 基因表达系列分析（serial analysis of gene expression，SAGE）技术：是一种以 Sanger 测序为基础的、用于全基因组表达谱分析和寻找差异基因的高通量测序技术，通过将 cDNA 上特定区域 9～11bp 的寡核苷酸序列作为标签来特异地检测 mRNA 的表达丰度。
- 高通量转录组测序（transcriptome sequencing）：又称 RNA-seq（RNA deep sequencing），是通过基

于"边合成边测序"的高通量测序技术，能够针对不同细胞、组织或不同处理样品进行测序，通过与计算生物学手段相结合对 RNA 样品进行分析和定量的一种方法。

非编码 RNA 研究方法的改进和发展极大地促进了非编码 RNA 领域研究的进展，对系统认识非编码 RNA 的种类、生成机制和生物学功能具有重要的作用。下面简要介绍几种与非编码 RNA 检测、测序及功能研究有关的技术。

16.5.1　高通量转录组测序技术

微阵列芯片检测技术是在 20 世纪 90 年代发展起来的一种以杂交为基础的高通量检测技术。在微阵列芯片上"印"有大量已知部分序列的 DNA 探针，形成一个高密度的微阵列，通过利用分子杂交原理，使同时被比较的标本（用同位素或荧光素标记）与微阵列上的探针杂交，并通过检测杂交信号强度及数据处理，把它们转化成不同标本中特异基因的丰度，从而全面比较不同标本的基因表达水平的差异。微阵列芯片技术是一种探索基因组功能的有力手段，不仅用于 mRNA 的研究，还广泛用于非编码 RNA 的研究。

基因表达系列分析技术是在 20 世纪 90 年代发展起来的一种以 Sanger 测序为基础的、用于全基因组表达谱分析和寻找差异基因的高通量测序技术。该技术以 cDNA 上特定区域 9～11bp 的寡核苷酸序列作为标签来特异地确定 mRNA 的表达丰度。与微阵列芯片检测技术相比，SAGE 技术可在未知任何基因或表达序列标签（expressed sequence tag，EST）序列的情况下，对转录组进行分析研究。

高通量转录组测序（transcriptome sequencing）又称 RNA-seq，是通过基于"边合成边测序"的高通量测序技术（high-throughput sequencing，HTS）和计算生物学手段对 RNA 样品进行分析和定量的一种方法。高通量转录组测序具有卓越的覆盖度、灵敏性及基因区段特异性。高通量转录组可以针对不同细胞、组织或不同处理样品进行测序和分析，寻找差异基因，有效诠释不同基因在不同生理或者病理状态下的细胞、组织的功能，同时可以检出大量新的可变剪接或可变 3′多聚腺苷酸化位点，从而发现新的 mRNA 异形体和新的非编码 RNA。例如，人们用高通量转录组技术在人类的转录组中发现了大量来自于两个编码蛋白质基因之间的 lincRNA[73]。通过多种不同的生化手段，可以将某物种的总 RNA 分成不同的组分进行高通量转录组测序。例如，通过 oligo（dT）磁珠分选和去除高丰度的 rRNA 的方法，得到 poly（A）-RNA 组分，用高通量转录组测序和计算生物学方法对该组分深入分析，发现了以前由于技术的限制而忽视的两类不同的环形 RNA[27, 74]（来源于内含子的 ciRNA 和来源于外显子的 circRNA）及 sno-lncRNA[53]。人们根据不同的研究目的，将不同方法获得的 RNA 样品进行高通量测序，并通过计算生物学手段进行分析，这种研究方法大大促进了对非编码 RNA 功能的研究。

16.5.2　分子生物学技术

RNA-seq 等高通量测序手段发现许多新类型的非编码 RNA，但仍然需要对要研究的目的非编码 RNA 的分子特性进行详细的研究，才有可能揭示它们的功能。因此，经典的分子生物学研究手段在阐明非编码 RNA 作用机制的过程中必不可少，如 cDNA 克隆策略、实时荧光定量 RT-PCR 技术和 Northern blot 技术等。

研究非编码 RNA 与其他分子相互作用的手段有很多，例如，RNA 免疫沉淀（RNA immunoprecipitation，RIP）和 UV 交联免疫共沉淀（UV crosslinking and immunoprecipitation，CLIP）用来研究与 RNA 结合蛋白相互作用的 RNA；单核苷酸分辨率的 UV 交联免疫共沉淀（individual-nucleotide resolution CLIP，iCLIP）能够以单个碱基的分辨率来研究 RNA 与蛋白质的相互作用。ChIRP（chromatin isolation by RNA purification）、CHART（capture hybridization analysis of RNA target）和 RAP（RNA antisense purification）原理相似，都是通过与目标 RNA 互补的探针进行生物素标记，并由此捕获相关蛋白质、DNA 或 RNA，然后通过二代测序或质谱分析来鉴定与 RNA 互作的蛋白质、DNA 或 RNA。SHAPE（selective 2'-hydroxyl acylation analyzed by primer extension）用来分析 RNA 的二级结构。另外，RNAi 和反义寡核苷酸（antisense oligonucleotides，ASO）常用来做非编码 RNA 敲除，研究非编码 RNA 的功能。这些技术的应用促进了非编码 RNA 功能的研究。

16.5.3　细胞生物学技术

非编码 RNA 发挥其生物学功能与其在细胞中的定位密不可分。因此，解析非编码 RNA 在细胞中的精细定位，有利于揭示其生物学功能。核糖核酸原位杂交（RNA *in situ* hybridization，RNA ISH）和荧光原位杂交（fluorescence *in situ* hybridization，FISH）结合荧光显微镜观察是最常用的研究非编码 RNA 在细胞中定位的细胞生物学手段。此外，近年来发展的单分子 RNA 原位杂交和超高分辨率显微镜技术[如 STED（stimulated emission depletion）、STORM（stochastic optical reconstruction microscopy）、SIM（structured-illumination microscopy）等]联用，可以达到 100nm 的分辨率，也逐渐成为解析非编码 RNA 在细胞，尤其是在细胞核内精细定位的重要研究手段。例如，PWS 区域的长非编码 RNA sno-lncRNA 和 SPA 位于转录位点附近[53, 54]，而 SLERT 位于核仁中[52]。近年来发展迅速的 CRISPR/Cas9 系统展现出强大的能力，可以实现基因组编辑和识别定位、基因转录调控、RNA 编辑和识别定位、表观遗传修饰等，有力地促进了非编码 RNA 的生物功能研究[75-77]。

16.6　总结与展望

非编码 RNA 是一个非常庞大且复杂的 RNA 分子家族，含有许多不同类型的非编码 RNA，它们的分子特征、产生机制多样，从 rRNA 和 tRNA 参与蛋白质翻译、小 RNA 参与沉默基因表达调控，到长非编码 RNA 参与染色质重塑等表观遗传调控，非编码 RNA 在生命活动中发挥着重要的作用。虽然人们在非编码 RNA 领域付出了诸多努力，但依然面临着许多亟待解答的问题。

例如，①非编码 RNA 的种类非常多，发掘新类型的非编码 RNA，并对复杂众多的非编码 RNA 进行定义和分类；②明确非编码 RNA 在亚细胞结构中的位置定位及相应功能，解读其多样性和复杂性的调控机制，包括非编码 RNA 在表观遗传调控中的作用等；③在转录和加工过程中非编码 RNP 复合体的动态组装、高级细胞核组织、RNA 结构基序和相关蛋白质参与决定非编码 RNP 亚细胞定位的机制；④非编码 RNA 的代谢机制，如环形 RNA 降解机制等；⑤研发新的技术用于解析长非编码 RNA 结构域和精细的长非编码 RNA-蛋白复合物，研究非编码 RNA 结构与功能的关系；⑥不同非编码 RNA 之间的串流（cross-talk）机制；⑦非编码 RNA 在正常生理水平与病理条件下的作用等。

总之，从 20 世纪 60 年代以来，人们不断发现新类型的非编码 RNA，从"管家"非编码 RNA 到调节性 RNA，从线性非编码 RNA 到环形 RNA，不断刷新人们对 RNA 重要性的认识。在不断的研究过程中，人们逐渐了解了许多非编码 RNA 功能，不过，大部分非编码 RNA 的功能至今还未能明确。通过对非编码 RNA 研究的不断积累，人们会更清楚非编码 RNA 的产生和加工机制、功能作用，以及参与复杂调控网络的机制，深入理解非编码 RNA 在生命活动中的重要作用，从而揭示生命的奥秘。此外，有越来越多的证据显示非编码 RNA 与人类疾病密切相关，而且非编码 RNA 可以用于疾病诊断和预后，作为人们治疗疾病的靶点，成为帮助人们抵御疾病的有力武器。

参 考 文 献

[1] Hombach, S. & Kretz, M. Non-coding RNAs: classification, biology and functioning. *Adv Exp Med Biol* 937, 3-17(2016).

[2] Morris, K. V. & Mattick, J. S. The rise of regulatory RNA. *Nature Rev Genet* 15, 423-437(2014).

[3] Esteller, M. Non-coding RNAs in human disease. *Nature Rev Genet* 12, 861-874(2011).

[4] Watson, J. D. & Crick, F. H. Molecular structure of nucleic acids; a structure for deoxyribose nucleic acid. *Nature* 171, 737-738(1953).

[5] Brenner, S. *et al*. An unstable intermediate carrying information from genes to ribosomes for protein synthesis. *Nature* 190, 576-581(1961).

[6] Hoagland, M. B. *et al*. A soluble ribonucleic acid intermediate in protein synthesis. *J biol Chem* 231, 241-257(1958).

[7] Palade, G. E. A small particulate component of the cytoplasm. *J Biophys Biochem Cytol* 1, 59-68(1955).

[8] Warner, J. R. *et al*. Rapidly labeled HeLa cell nuclear RNA. I. Identification by zone sedimentation of a heterogeneous fraction separate from ribosomal precursor RNA. *J Mol Biol* 19, 349-361(1966).

[9] Holmes, D. S. *et al*. Chromosomal RNA: its properties. *Science* 177, 72-74(1972).

[10] Weinberg, R. A. & Penman, S. Small molecular weight monodisperse nuclear RNA. *J Mol Biol* 38, 289-304(1968).

[11] Maxwell, E. S. & Fournier, M. J. The small nucleolar RNAs. *Annu Rev Biochem* 64, 897-934(1995).

[12] Henras, A. K. *et al*. RNA structure and function in C/D and H/ACA s(no)RNPs. *Curr Opin Struct Biol* 14, 335-343(2004).

[13] Meier, U. T. The many facets of H/ACA ribonucleoproteins. *Chromosoma* 114, 1-14(2005).

[14] Butcher, S. E. & Brow, D. A. Towards understanding the catalytic core structure of the spliceosome. *Biochem Soc Trans* 33, 447-449(2005).

[15] Kruger, K. *et al*. Self-splicing RNA: autoexcision and autocyclization of the ribosomal RNA intervening sequence of Tetrahymena. *Cell* 31, 147-157(1982).

[16] Guerrier-Takada, C. *et al*. The RNA moiety of ribonuclease P is the catalytic subunit of the enzyme. *Cell* 35, 849-857(1983).

[17] Benne, R. *et al*. Major transcript of the frameshifted coxII gene from trypanosome mitochondria contains four nucleotides that are not encoded in the DNA. *Cell* 46, 819-826(1986).

[18] Lee, R. C. *et al*. The *C. elegans* heterochronic gene lin-4 encodes small RNAs with antisense complementarity to lin-14. *Cell* 75, 843-854(1993).

[19] Waterhouse, P. M. *et al*. Virus resistance and gene silencing in plants can be induced by simultaneous expression of sense and antisense RNA. *Proc Natl Acad Sci U S A* 95, 13959-13964(1998).

[20] Fire, A. *et al*. Potent and specific genetic interference by double-stranded RNA in *Caenorhabditis elegans*. *Nature* 391, 806-811(1998).

[21] Kim, J. K. *et al*. Functional genomic analysis of RNA interference in *C. elegans*. *Science* 308, 1164-1167(2005).

[22] Chen, L. L. & Carmichael, G. G. Decoding the function of nuclear long non-coding RNAs. *Curr Opin Cell Biol* 22, 357-364(2010).

[23] Brannan, C. I. *et al*. The product of the H19 gene may function as an RNA. *Mol Cell Biol* 10, 28-36(1990).

[24] Yang, L. *et al*. Genomewide characterization of non-polyadenylated RNAs. *Genome Biol* 12, R16(2011).

[25] Jeck, W. R. *et al*. Circular RNAs are abundant, conserved, and associated with ALU repeats. *RNA* 19, 141-157(2013).

[26] Zhang, Y. *et al*. Circular intronic long noncoding RNAs. *Mol Cell* 51, 792-806(2013).

[27] Zhang, X. O. *et al*. Complementary sequence-mediated exon circularization. *Cell* 159, 134-147(2014).

[28] Memczak, S. *et al*. Circular RNAs are a large class of animal RNAs with regulatory potency. *Nature* 495, 333-338(2013).

[29] Kolakofsky, D. Isolation and characterization of Sendai virus DI-RNAs. *Cell* 8, 547-555(1976).

[30] Jia, G. F. et al. N6-Methyladenosine in nuclear RNA is a major substrate of the obesity-associated FTO. *Nature Chem Biol* 7, 885-887(2011).

[31] Wu, H. et al. The diversity of long noncoding RNAs and their generation. *Trends Genet* 33, 540-552(2017).

[32] Bjork, G. R. & Hagervall, T. G. Transfer RNA modification. *Eco Sal Plus* 1(2005).

[33] Hoagland, M. Enter transfer RNA. *Nature* 431, 249(2004).

[34] Storz, G. et al. Regulation by small RNAs in bacteria: expanding frontiers. *Mol Cell* 43, 880-891(2011).

[35] Ha, M. & Kim, V. N. Regulation of microRNA biogenesis. *Nature Rev Mol Cell Biol* 15, 509-524(2014).

[36] Siomi, H. & Siomi, M. C. Posttranscriptional regulation of microRNA biogenesis in animals. *Mol Cell* 38, 323-332(2010).

[37] Ghildiyal, M. & Zamore, P. D. Small silencing RNAs: an expanding universe. *Nature Rev Genet* 10, 94-108(2009).

[38] Iwasaki, Y. W. et al. PIWI-interacting RNA: its biogenesis and functions. *Annu Rev Biochem* 84, 405-433(2015).

[39] Chen, L. L. Linking long noncoding RNA localization and function. *Trends Biochem Sci* 41, 761-772(2016).

[40] Quinn, J. J. & Chang, H. Y. Unique features of long non-coding RNA biogenesis and function. *Nature Rev Genet* 17, 47-62(2016).

[41] Ulitsky, I. et al. Conserved function of lincRNAs in vertebrate embryonic development despite rapid sequence evolution. *Cell* 147, 1537-1550(2011).

[42] Cabili, M. N. et al. Integrative annotation of human large intergenic noncoding RNAs reveals global properties and specific subclasses. *Genes Dev* 25, 1915-1927(2011).

[43] Mele, M. et al. Chromatin environment, transcriptional regulation, and splicing distinguish lincRNAs and mRNAs. *Genome Res* 27, 27-37(2017).

[44] Schlackow, M. et al. Distinctive Patterns of Transcription and RNA Processing for Human lincRNAs. *Mol Cell* 65, 25-38(2017).

[45] Rosikiewicz, W. & Makalowska, I. Biological functions of natural antisense transcripts. *Acta Biochim Pol* 63, 665-673(2016).

[46] Balbin, O. A. et al. The landscape of antisense gene expression in human cancers. *Genome Res* 25, 1068-1079(2015).

[47] Preker, P. et al. RNA exosome depletion reveals transcription upstream of active human promoters. *Science* 322, 1851-1854(2008).

[48] Kim, T. K. et al. Widespread transcription at neuronal activity-regulated enhancers. *Nature* 465, 182-187(2010).

[49] Andersson, R. et al. An atlas of active enhancers across human cell types and tissues. *Nature* 507, 455-461(2014).

[50] De Santa, F. et al. A large fraction of extragenic RNA pol II transcription sites overlap enhancers. *PLoS Biol.* 8, e1000384(2010).

[51] Lai, F. et al. Integrator mediates the biogenesis of enhancer RNAs. *Nature* 525, 399-403(2015).

[52] Xing, Y. H. et al. SLERT regulates DDX21 rings associated with Pol I transcription. *Cell* 169, 664-678(2017).

[53] Yin, Q. F. et al. Long noncoding RNAs with snoRNA ends. *Mol Cell* 48, 219-230(2012).

[54] Wu, H. et al. Unusual processing generates SPA LncRNAs that sequester multiple RNA binding proteins. *Mol Cell* 64, 534-548(2016).

[55] Hansen, T. B. et al. Natural RNA circles function as efficient microRNA sponges. *Nature* 495, 384-388(2013).

[56] Li, X. et al. Coordinated circRNA biogenesis and function with NF90/NF110 in viral infection. *Mol Cell* 67, 214-227(2017).

[57] Ruiz-Orera, J. et al. Long non-coding RNAs as a source of new peptides. *eLife* 3, e03523(2014).

[58] Lauressergues, D. et al. Primary transcripts of microRNAs encode regulatory peptides. *Nature* 520, 90-93(2015).

[59] Anderson, D. M. et al. A micropeptide encoded by a putative long noncoding RNA regulates muscle performance. *Cell* 160, 595-606(2015).

[60] Tajbakhsh, S. lncRNA-encoded polypeptide SPAR(s)with mTORC1 to regulate skeletal muscle regeneration. *Cell Stem Cell*

20, 428-430(2017).

[61] Lv, S., Pan, L. & Wang, G. Commentary: Primary transcripts of microRNAs encode regulatory peptides. *Front Plant Sci* 7, 1436(2016).

[62] Yang, Y. *et al.* Extensive translation of circular RNAs driven by N6-methyladenosine. *Cell Res* 27, 626-641(2017).

[63] Pamudurti, N. R. *et al.* Translation of circRNAs. *Mol Cell* 66, 9-21(2017).

[64] Croce, C. M. Causes and consequences of microRNA dysregulation in cancer. *Nature Rev Genet* 10, 704-714(2009).

[65] Bhan, A. *et al.* Long noncoding RNA and cancer: A new paradigm. *Cancer Res* 77, 3965-3981(2017).

[66] Xiang, J. F. *et al.* Human colorectal cancer-specific CCAT1-L lncRNA regulates long-range chromatin interactions at the MYC locus. *Cell Res* 24, 513-531(2014).

[67] Cao, X. *et al.* Noncoding RNAs in the mammalian central nervous system. *Annu Rev Neurosci* 29, 77-103(2006).

[68] Wu, P. *et al.* Roles of long noncoding RNAs in brain development, functional diversification and neurodegenerative diseases. *Brain Res Bull* 97, 69-80(2013).

[69] Barwari, T. *et al.* MicroRNAs in cardiovascular disease. *J Am Coll Cardiol* 68, 2577-2584(2016).

[70] Chen, Y. G. *et al.* Gene regulation in the immune system by long noncoding RNAs. *Nature Immunol* 18, 962-972(2017).

[71] Garo, L. P. & Murugaiyan, G. Contribution of MicroRNAs to autoimmune diseases. *Cell Mol Life Sci* 73, 2041-2051(2016).

[72] Liu, C. X. *et al.* Structure and degradation of circular RNAs regulate PKR activation in innate immunity. *Cell* 177, 865-880(2019).

[73] Hangauer, M. J. *et al.* Pervasive transcription of the human genome produces thousands of previously unidentified long intergenic noncoding RNAs. *PLoS Genet* 9, e1003569(2013).

[74] Zhang, Y. *et al.* Circular intronic long noncoding RNAs. *Mol Cell* 51, 792-806(2013).

[75] Hendriks, D. *et al.* CRISPR-Cas Tools and Their Application in Genetic Engineering of Human Stem Cells and Organoids. *Cell Stem Cell* 27(5): 705-731(2020).

[76] Yang, L. Z. *et al.* Dynamic Imaging of RNA in Living Cells by CRISPR-Cas13 Systems. *Mol Cell* 76(6): 981-997(2019).

[77] Li, S. *et al.* Screening for functional circular RNAs using the CRISPR-Cas13 system. *Nat Methods* 18(1): 51-59(2021).

陈玲玲　博士，现任中国科学院分子细胞科学卓越创新中心（生物化学与细胞生物学研究所）研究员、中国科学院特聘研究员、霍德华·休斯医学研究所（HHMI）国际研究员。2000 年毕业于兰州大学，获学士学位；2009 年毕业于美国康涅狄格大学，获生物医学博士和管理学硕士双学位。2011 年加入中国科学院上海生物化学与细胞生物学研究所（今分子细胞科学卓越创新中心）工作。主要从事长非编码 RNA 研究，发现几类新型长非编码 RNA 分子家族，揭示它们全新生成加工机制，阐析它们在基因表达调控中的重要功能，以及与人类疾病的密切关联。研究工作系统揭示了哺乳动物转录组的复杂性和长非编码 RNA 的多样性及重要功能，开拓了非编码 RNA 研究的新方向。2011 年回国后在 *Cell*、*Mol Cell*、*Nat Rev Mol Cell Biol*、*Nat Cell Biol* 等期刊发表责任作者论文 30 余篇，成果被 *Nature*、*Cell* 等期刊专评 20 多次，多篇论文他引超百次，授权发明专利 3 项。受知名国际学术会议及科研机构特邀报告 60 余次并多次担任大会主席和组织者。入选国家自然科学基金委杰出青年基金、中组部"万人计划"科技创新领军人才等项目，曾获中国科学院青年科学家奖、谈家桢生命科学创新奖、中国青年女科学家奖等荣誉。现任 *Cell*、*Mol Cell*、*Trends Cell Biol*、*Trends Genet*、*Genome Biol*、*RNA*、*RNA Biol*、*Mobile DNA* 等期刊编委。近年来承担国家自然科学基金项目、科学技术部及中国科学院等项目，多项已结题验收并被评为优秀。

第17章 siRNA

光寿红[1] 吴立刚[2]

1. 中国科学技术大学；2. 中国科学院分子细胞科学卓越创新中心

本章概要

　　RNA 干扰是真核生物中由小干扰 RNA 所介导的基因沉默现象。1998 年，Andrew Fire 和 Craig C. Mello 等人研究发现纯化后的双链 RNA（double stranded RNA，dsRNA）能特异性地高效阻断靶基因的表达，并将此现象命名为 RNAi。其原理是：dsRNA 在细胞内被 Dicer 加工后产生 siRNA，siRNA 与细胞内的 Argonaute（AGO）等蛋白质形成 RISC 复合物，识别 mRNA 中与之反向互补配对的序列，直接切断并降解该 mRNA，在转录后水平抑制靶基因表达（post-transcriptional gene silencing，PTGS），或者通过改变染色质结构和阻碍基因转录，在转录水平调控靶基因表达（transcriptional gene silencing，TGS）。RNAi 在生物体内防止基因组中逆转座元件扩增、调控异染色质的形成，并且在发育的时空调节、细胞命运决定和抵御病毒入侵等方面都发挥了重要功能。同时，由于 RNAi 可通过碱基互补配对特异性地调控任何靶基因的表达，操作简易，使用成本低，因此作为反向遗传学工具被广泛用于探索基因的功能，在临床应用中作为小分子核酸类药物用于疾病治疗，在农业领域被用于植物功能改造和害虫防治，显示出巨大的应用价值。本文对 RNAi 的概念、加工生成、作用机制及毒副作用进行了概述，并探讨了 RNAi 药物的现状与前景。

17.1 RNAi 概述

> **关键概念**
>
> - RNA 干扰（RNA interference，RNAi）是真核生物中由小干扰 RNA（small interfering RNA，siRNA）所介导的基因沉默现象。
> - RISC 复合物（RNA-induced silencing complex）在转录后水平抑制靶基因表达，或在转录水平调控靶基因表达。
> - RNAi 所介导的基因沉默现象在绝大多数真核生物细胞中保守存在。
> - RNAi 是由 dsRNA 引发的靶标基因沉默现象。

　　RNA 干扰是真核生物中由小干扰 RNA 所介导的基因沉默现象。siRNA 与细胞内的 AGO 等蛋白质形成 RISC 复合物，识别 mRNA 中与之反向互补配对的序列，直接降解该 mRNA，在转录后水平抑制靶基因表达，或者通过改变染色质结构和阻碍基因转录，在转录水平调控靶基因表达。RNAi 在生物体内防止基因组中逆转座元件扩增、异染色质的形成、发育的时空调节、细胞命运决定和抵御病毒入侵等方面都发挥了重要功能。同时，由于 RNAi 可特异性地调控任何靶基因的表达，操作简易，使用成本低，作为反向遗传学工具被广泛用于探索基因的功能，在临床应用中作为小分子核酸类药物用于疾病治疗，在农业领域被用于植物功能改造和害虫防治，显示出巨大的应用价值。

　　RNAi 所介导的基因沉默现象在绝大多数真核生物细胞中保守存在，而这一普遍存在的现象却一直到 20 世纪末才被科学家发现和阐明。早在 20 世纪八九十年代，随着植物组织培养和基因工程技术的发展成熟，在植物中转入某种基因进而改进植物的特定性状成为可能，各国科学家争相在各种植物中进行尝试，获得了大量成功的案例，但也意外遇到了不少适得其反的情况。育种学家希望通过转入色素合成基因改变观赏花卉的色泽，例如，矮牵牛花的紫色深浅由花青素的含量决定，其中查尔酮合成酶是花青素合成过程的限速酶，因此转入查尔酮合成酶基因应该能够获得深紫色，甚至接近黑色的矮牵牛花，但结果却出乎意料，转基因得到的却是浅紫色、白紫相间，甚至白色的矮牵牛花[1]。检测结果发现转基因植株中查尔酮合成酶的浓度远远低于未转基因的普通矮牵牛花，这种在植物中由引入同源基因而导致的基因沉默现象被称为共抑制（co-suppression）。几乎同时，科学家在单细胞生物中也观察到了类似的现象，在粗糙链孢霉菌中导入外源基因会抑制具有同源序列的内源基因表达，这种现象被称为基因抑制（quelling）[2]。而在研究秀丽隐杆线虫（*C. elegans*）基因功能的实验中发现，注射正义 RNA（sense RNA）不但不能增加该基因的表达，反而有可能会特异性地阻断该基因的表达[3]，产生了与注射反义 RNA（antisense RNA）同样的结果，但当时无法对产生这种现象的分子机制做出合理解释，也没有把这些在不同物种中观察到的由同源序列介导的基因沉默现象联系起来。直到 1998 年，Andrew Fire 和 Craig C. Mello 等人制备了高纯度的 RNA 进行研究发现，正义 RNA 不具有抑制靶基因的作用，反义 RNA 对靶基因的抑制作用也很微弱，而纯化后的 dsRNA 却能特异性地高效阻断靶基因的表达[4]。研究发现，过去注射反义 RNA 之所以能高效抑制靶基因的表达，主要是由于在以 dsDNA 为模板通过体外转录制备反义 RNA 的过程中，RNA 聚合酶（如噬菌体来源的 T7 RNA 聚合酶）除了转录产生大量反义 RNA 之外，还会以 dsDNA 的反义链为模板转录生成少量正义 RNA，虽然正义 RNA 和反义 RNA 互补配对形成的 dsRNA 量很少，但由于 dsRNA 介导基因沉默的效率比反义 RNA 至少高两个数量级，因此足以对靶基因的表达产生显著的抑制作用。同样原理，在体外转录制备正义 RNA 过程中也会产生少量反义 RNA，配对形成 dsRNA 抑制靶基因的表达。Fire 和 Mello 将这种由 dsRNA 引发的靶标基因沉默现象命名为 RNAi。随后在果蝇细胞中的研究表明，dsRNA 是被加工生成 21～23bp 的小干扰 RNA 来发挥 RNAi 效应的。此后更多的研究表明，植物中的共抑制现象和真菌中的 quelling 现象与动物中的 RNAi 具有很大的相似性，也是由小 RNA 介导的转录后基因沉默现象。RNAi 现象在果蝇、拟南芥、斑马鱼和哺乳动物等真核生物中普遍存在，是生物在长期进化过程中产生的一种监控机制，用来抵御病毒感染、沉默基因组中转座元件，并参与了对内源基因的表达调控。更为重要的是，外源导入的 siRNA 可以被用来调控细胞内几乎任何基因的表达，不仅作为重要的遗传学研究工具被广泛应用于研究生物体内基因的功能，还被进一步开发成为小核酸靶向药物用于疾病的治疗。因此，2006 年的诺贝尔生理学或医学奖授予了发现 RNAi 现象的 Craig C. Mello 和 Andrew Fire 教授，由此开启了非编码小 RNA（small non-coding RNA，small ncRNA）的研究热潮。

17.2　siRNA 的加工生成

关键概念

- siRNA 是介导 RNAi 现象的关键分子，由两条长度约为 21 个碱基的互补配对的小 RNA 组成。
- 在哺乳动物中，endo-siRNA 主要存在于卵子细胞和早期胚胎中。
- siRNA 主要由四种方式产生：长链 dsRNA 加工生成；RNA 聚合酶 III 启动子转录产生具有茎环结构的 RNA 前体加工生成；RNA 聚合酶 II 启动子转录产生具有短茎环结构的 RNA 前体加工生成；直接通过有机化学方法合成。

- 动物中的 siRNA 通常由 Dicer 剪切长链 dsRNA 而产生，但在植物和线虫中 siRNA 的生成还存在级联放大效应。
- 哺乳动物中可以直接通过化学合成短的双链 siRNA 或通过载体表达 siRNA 前体来产生成熟的 siRNA。
- 短发夹 RNA（short hairpin RNA，shRNA）是由细胞内 RNA 聚合酶 III 启动子（如 H1、U6 等）驱动转录产生的 siRNA 前体。

17.2.1　siRNA 的加工生成机制

1. siRNA 的基本概念

siRNA 是介导 RNAi 现象的关键分子，由两条长度约为 21 个碱基的互补配对的小 RNA 组成，其中与靶标 RNA 完全互补配对的一条 siRNA 链为引导链（guide strand），另一条 siRNA 链为随从链（passenger strand）。引导链和随从链之间有 19 个碱基互补配对，在双链 siRNA 两端各形成 2 个碱基的 3' 端悬垂。外源导入或细胞内加工生成的 siRNA 在细胞质内与 AGO 等蛋白质因子结合，形成 RNA 诱导的沉默复合体（RNA-induced silencing complex，RISC）。siRNA 根据其序列来源可以分为细胞内源的 siRNA 和外源导入的 siRNA。由细胞自身基因组编码转录生成的长 dsRNA，通过 Dicer 蛋白切割产生的 siRNA 被称为细胞内源性 siRNA（endo-siRNA）；不是由细胞自身基因组编码，而是由外源导入细胞的长链 dsRNA 和短发夹 RNA（short hairpin RNA，shRNA）加工生成的 siRNA，或由化学方法体外合成的 siRNA 被称为外源性 siRNA。

在小鼠中，endo-siRNA 主要存在于卵子细胞和早期胚胎中，长度与 miRNA 相似，序列高度异质化，其由细胞内的 RNA 聚合酶 II 或 III 转录生成的正义和反义 RNA 互补配对形成的长 dsRNA，或者同一长 RNA 自身折叠形成具有长的互补配对区的茎环结构的前体，经过 Drosha/DGCR8 加工形成长的 dsRNA，再被细胞质中的 Dicer 酶识别并切割生成 siRNA，然后与 AGO 结合形成 RISC 复合物。endo-siRNA 与靶标 RNA 完全互补配对，通过 AGO2 的内切核酸酶活性切割靶标 RNA 分子，从而导致靶标 RNA 快速降解，是细胞自身编码的内源 siRNA 介导的 RNAi。超过 80% 的 endo-siRNA 来源于重复序列区域，尤其在长散在重复序列（LINE）和长末端重复序列（LTR）家族富集，在配子发生和早期胚胎发育中抑制反转座子，对维持物种基因组的稳定性具有重要功能，可能也参与了配子生成相关基因的表达调控。

2. siRNA 的加工生成机制

siRNA 主要由四种方式产生：长链 dsRNA 加工生成；RNA 聚合酶 III 转录产生具有茎环结构的 RNA 前体加工生成；RNA 聚合酶 II 转录产生具有短茎环结构的 RNA 前体加工生成；直接通过有机化学方法合成。其中，前三种产生途径都需要经过细胞内 Dicer 蛋白的加工。Dicer 基因在不同物种间表现出高度保守性，不仅 dsRNA 加工生成 siRNA 需要 Dicer，细胞内源的 microRNA（miRNA）的加工生成也离不开 Dicer（参阅本书 microRNA 相关章节）。Dicer 由 DExH-Box 解旋酶结构域、PAZ（Piwi/Argonaute/Zwille）结构域、tandem RNase III 结构域和 dsRNA 结合域组成。果蝇基因组编码两个 Dicer 同源基因，其中 Dcr-1 含有 PAZ 结构域但缺少 DExH-Box 解旋酶结构域，主要参与 miRNA 的加工；而 Dcr-2 缺少 PAZ 结构域但含有 DExH-Box 解旋酶，能更高效地结合和切割 dsRNA，主要负责 siRNA 的加工生成。哺乳动物通常只编码一个 Dicer 基因，但在小鼠中由于 Dicer 基因的内含子中插入了一个 MT-C 反转座子的启动子，因此同一个基因可以由两个启动子分别转录表达两种不同的 Dicer 蛋白。其中在体细胞中表达全长 Dicer 蛋白（Dicer^s），主要用于生成 miRNA；而在卵子中特异性表达缺失了 N 端 DExH-Box 解旋酶结构域的 Dicer 蛋白（Dicer^o），能高效切割长链 dsRNA，产生大量细胞内源性的 siRNA（endo-siRNA）[5]。已有研究表明 endo-siRNA 主要存在于小鼠卵子细胞和早期胚胎中，长度与 miRNA 相似，序列高度异质化，其由长链 dsRNA 不经过 Drosha/DGCR8 加工，直接被细胞质中的 Dicer^o 识别并切割，然后与 AGO 结合形成 RISC 复合物切割靶标 RNA 分子，从而导致靶标 RNA 被快速降解。endo-siRNA 在其他哺乳动物卵子和组织中的报道很少，可能是由于缺少类似小鼠卵子中特异性高表达的截短 Dicer 蛋白，导致 dsRNA 被加工生成 endo-siRNA 的效率很低。

3. RdRP 介导的 siRNA 扩增效应

　　动物中的 siRNA 通常由 Dicer 剪切长链 dsRNA 而产生，但在植物和线虫中 siRNA 的生成还存在级联放大效应。首先由 Dicer 对 dsRNA 剪切产生初级 siRNA（primary siRNA），然后以初级 siRNA 中的一条链为引物、与之互补配对的靶标 RNA 为模板，通过 RNA 依赖的 RNA 聚合酶（RNA dependent RNA polymerase，RdRP），如 SGS2 和 QDE21，催化合成新的 dsRNA，随后 Dicer 再次剪切新合成的 dsRNA，生成大量次级 siRNA（secondary siRNA），进一步作用于靶标 RNA，周而复始产生级联放大效应，少量起始 dsRNA 即能产生大量 siRNA，持久、高效地沉默靶基因的表达[6]。在秀丽隐杆线虫中，次级 siRNA 直接由 RdRP 合成，不依赖于 dsRNA 和 Dicer。小剂量的 dsRNA 分子不仅能引起整个机体对靶基因及其同源基因表达的抑制，而且这种基因沉默的信息还能够通过 siRNA 经由配子传递给下一代。但在其他很多种类昆虫中 RNAi 效率并不高，可能是由于它们体内缺乏能够产生次级 siRNA 效应的 RdRP 酶，导致 RNAi 效率相对较低。

17.2.2　siRNA 的前体

　　在哺乳动物中可以通过直接化学合成短的双链 siRNA 或通过载体表达 siRNA 前体来产生成熟的 siRNA。通过载体表达 siRNA 主要有两种方法：①利用 RNA pol III 启动子（如 H1、U6 等）转录产生 shRNA，直接被细胞内的 Dicer 加工成 siRNA；②利用 RNA pol II 启动子（如 CMV、EF1 等）转录产生以 miRNA 前体（pri-miRNA）为骨架的 shRNAmir，由细胞内的 Drosha/DGCR8 复合物及 Dicer 进行两步加工产生 siRNA。以上两类 siRNA 前体的表达框都可以构建到质粒或病毒载体上进行表达，从而提高其适用的普遍性。产生的双链 siRNA 被细胞内的 RISC 识别，其中 5′端配对相对不稳定的一条链通常被保留，另外一条链会被降解。被保留下来的单链 siRNA 与 AGO2 结合后通过碱基配对，识别并切割与其序列完全互补的 mRNA 从而沉默靶基因的表达（图 17-1）。理想的 siRNA 能产生较多的引导链和较少的随从链，从而具有更高的沉默效率和更少的脱靶效应。

1. 双链的 siRNA 前体 dsRNA

　　在线虫中首次发现的 RNAi 现象就是由 dsRNA 在细胞质内被 RNase III 家族的核酸酶 Dicer 切割产生的 siRNA 所介导。虽然 dsRNA 可以在植物，以及线虫、果蝇等低等动物中高效地诱发 RNAi，但在哺乳动物中 dsRNA 只能用于在胚胎干细胞中诱导 RNAi。这是由于在其他类型细胞中大于 30bp 的 dsRNA 会激活细胞的抗病毒及干扰素反应（在胚胎干细胞中该途径被关闭），如 PKR 和 RNase L 途径，导致细胞的迅速凋亡，因而使得 dsRNA 介导的 RNAi 的应用范围受到很大限制。

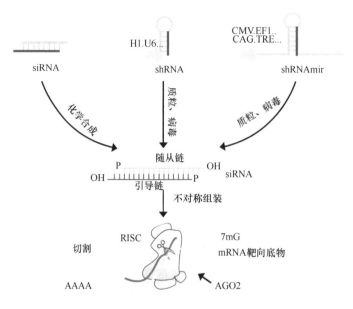

图 17-1　RNA 干扰的分子机制

siRNA 可以通过有机化学方法直接合成，或由 dsRNA、shRNAmir 和 shRNA 在细胞内被加工生成。其中，dsRNA 和 shRNAmir 由 RNA 聚合酶 II 启动子（例如，通用启动子 CMV、EF1 等，诱导型启动子 TRE 等）转录产生；shRNA 由 RNA 聚合酶 III 启动子（如 H1、U6 等）转录产生。siRNA 与细胞内源的 Argonaute2（AGO2）蛋白结合并组装形成 RISC 复合物，其中的引导链被保留，通过碱基互补配对识别靶位点，在 AGO2 的核酸内切酶活性作用下切割并降解 mRNA

2. 化学合成的 siRNA

为了解决哺乳动物细胞中转入长链 dsRNA 极易引发细胞凋亡的问题，研究人员通过化学方法合成 21bp 的双链 siRNA，直接通过转染导入哺乳动物体细胞，成功实现了对靶基因的沉默作用[7]。由于该方法较为方便快捷，很快获得了广泛应用。研究发现，仅仅转入单链 siRNA 并不能高效引发 RNAi，可能是由于在细胞中单链 siRNA 更容易被核酸酶降解，并且体外结合实验发现单链 siRNA 与 AGO2 的结合效率远远低于双链 siRNA。由于 siRNA 易被细胞内核酸酶降解，并会随细胞的分裂而被不断稀释，故其发挥功能的持续时间较短。对 siRNA 进行硫代和甲基化等化学修饰能够显著提高 siRNA 在体内的稳定性，但成本高昂，并且进入细胞的 siRNA 仍然会随着细胞的生长和分裂而被稀释和代谢，加之很多原代细胞难以被转染，因此化学合成的 siRNA 在应用中仍有一定局限性。

3. 具有茎环结构的 siRNA 前体 shRNA

为了在细胞内长期稳定地表达 siRNA，研究人员开发出了由细胞内 RNA 聚合酶 III 启动子（如 H1、U6 等）驱动转录产生的 siRNA 前体——短发夹 RNA（short hairpin RNA，shRNA）[8, 9]。目前广泛使用的 shRNA 包含一段长于 4nt 的顶端单链环结构，以及长度为 21～25bp 的双链配对区，转录产生后在 Ran-GTP 的协助下由核质转运蛋白 Exportin-5 识别并运出细胞核，在细胞质中被 Dicer 及其协助蛋白 TRBP 等识别并切割，产生约 21bp 的成熟双链 siRNA 分子并发挥调控功能。shRNA 表达框架可构建在慢病毒、腺病毒和腺相关病毒等多种病毒载体上，能够在包括原代细胞在内的绝大多数组织和细胞类型中沉默靶基因。

近来科研人员还开发了基于 miRNA 前体的 siRNA 表达载体。miRNA 是一类长度约为 22nt 的内生小分子 RNA，广泛存在于动植物细胞中，调控超过 60%的蛋白质编码基因的表达。大多数 miRNA 基因首先由 RNA 聚合酶 II（RNA polymerase II，RNP II）转录产生长度为几百到几万个碱基的带有 5′端帽子和 3′端多聚腺苷酸尾[poly（A）tail]的初始 miRNA 前体（primary miRNA，pri-miRNA）。pri-miRNA 在细胞核内被 RNase III 蛋白质家族的 Drosha 及其协助蛋白 DGCR8 识别并切割生成长度约 70nt 的前体 miRNA（precursor miRNA，pre-miRNA），Exportin-5 识别 pre-miRNA 的 3′端两个碱基的悬垂结构并将其运输到细胞质中，由 Dicer/TRBP 进一步切割去除顶端单链环，产生长度约 22bp 的双链 miRNA，其中 5′端碱基配对相对不稳定的那条链会进入 RISC 发挥功能。与 siRNA 介导切割与之完全互补配对的靶标 RNA 不同，成熟的 miRNA 与靶标 mRNA 之间主要是通过 miRNA 的种子区（seed region，也就是 miRNA 的 2～7 位碱基）互补配对，由 AGO 招募 TNRC6 和 CCR4-NOT 复合物介导 mRNA 的翻译抑制和加速降解，进而影响该基因的表达。由于 siRNA 和 miRNA 在长度、结构、加工途径和结合的蛋白质等方面都较为类似，研究人员基于 miRNA 的产生途径，将 pri-miRNA 中的 miRNA 序列替换成 siRNA 序列，通过 RNA 聚合酶 II 启动子（如 CMV、EF1）转录产生类似 pri-miRNA 结构的 siRNA 前体，被细胞核内的 Drosha 及细胞质中的 Dicer 进行连续切割并产生成熟的 siRNA，同样可有效沉默靶基因的表达。这种基于 miRNA 前体的 RNAi 载体被称为 shRNAmir[10, 11]。相对于 Pol III 启动子的高效性，使用 Pol II 启动子的优点是能够选择不同组织特异性的启动子表达 siRNA，如肝脏特异性的启动子 IGF II、Alb，或神经组织特异性的启动子 NSE、GFAP 等，从而达到组织特异性沉默靶基因的目的。此外，利用各种诱导型启动子，如四环素诱导的 Tet 启动子或光调控的启动子，可以实现由小分子化合物或光诱导的基因沉默，且更为灵活，目前已经成为在哺乳动物中使用最为广泛的 RNAi 工具。

17.3　RNAi 的调控机制

> **关键概念**
>
> - RNAi 在细胞质中沉默基因表达的手段主要是通过 siRNA-RISC 介导的核酸内切酶作用降解 mRNA。这种作用机制在各种动植物中高度保守。
> - microRNA（miRNA）是一类长度约为 21nt 的细胞内源小分子非编码 RNA，具有重要的基因表达调控功能。
> - RNAi 不仅能在细胞质中通过抑制翻译和降解 RNA 来调控靶基因的表达，还能进入细胞核内，通过调控转录、组蛋白修饰和 RNA 加工等多种方式发挥其功能。

17.3.1　siRNA 介导的转录后基因表达调控机制

1. siRNA 介导的 RNA 降解机制

RNAi 介导的基因沉默现象在细胞质和细胞核内都可以发生。其中 RNAi 在细胞质中的作用机制研究得相对比较清楚，其沉默基因表达的手段主要是通过 siRNA-RISC 介导的核酸内切酶作用降解 mRNA。这种作用机制在各种动植物中高度保守。其中 AGO 是 RISC 复合物中的核心蛋白，结合 siRNA 并切割靶基因的 RNA。siRNA 和 AGO2 是 RNAi 分子机器 RISC 中最重要的两个组分，如果将 AGO2 比喻为锋利的分子剪刀，siRNA 就是提供靶位点序列信息的导向标（guide）。在体外重组实验中，仅加入 siRNA 和

AGO2 就足以对靶 RNA 进行切割。AGO2 蛋白的分子质量约为 100kDa，结构特征在进化中高度保守，主要由 PAZ、MID 和 PIWI 三个结构域组成。其中，PAZ 结构域识别 Dicer 切割形成的 RNA 3′端悬垂碱基；MID 结构域可以特异性结合 siRNA 5′端的磷酸基团，偏好 U 和 A 碱基，可以将 siRNA 锚定在 AGO 蛋白上；PIWI 结构域包含类似核酸酶 RNase H 的催化核心结构。在进化过程中，部分 AGO 家族成员的 PIWI 结构域中氨基酸序列发生改变而丧失了原有的核酸内切酶活性。在不同的物种中，AGO 家族成员的数目有显著差异：裂殖酵母中仅有 1 种；线虫中多达 27 种；果蝇中有 2 种（AGO1 和 AGO2）；包括人类在内的哺乳动物表达 4 种 AGO 蛋白（AGO1～AGO4），它们均可以结合 siRNA，但其中只有 AGO2 具有核酸内切酶活性[12]，AGO1、AGO3 即使结合了 siRNA，也只能通过类似 miRNA 的机制发挥对靶基因的抑制作用，但效率要远远低于由 AGO2 介导的 RNAi，在 RNAi 中发挥次要作用。与 AGO2 结合的 siRNA 通常 5′端带有单磷酸基团，3′端带有羟基。化学方法体外合成的 siRNA 通常 5′端带有羟基，但在进入细胞后会被磷酸激酶迅速磷酸化生成单磷酸基团，然后能被 AGO 蛋白的 MID 结构域特异性识别和结合。另外，siRNA 还需要细胞内 TRBP 等蛋白质的协助才能以正确的方式高效地进入 RISC 复合物，并组装形成具有活性的 RNAi 分子机器。siRNA 在结合 RISC 复合物后，通常只有一条 siRNA 链被保留，另一条 siRNA 链大部分在形成 RISC 复合物过程中被丢弃并降解。siRNA 的这种链选择性主要取决于双链 siRNA 5′端碱基配对的热力学稳定性，5′端碱基配对相对不稳定的那条链更倾向于被 RISC 保留[13, 14]。RISC 携带的 siRNA 通过碱基互补配对识别靶标 RNA，在镁离子和 ATP 的参与下，AGO 蛋白利用其 PIWI 结构域的核酸内切酶活性，催化切割与 siRNA 完全互补配对的靶标 RNA，切割位点位于与 siRNA 第 10 位和第 11 位核苷酸配对的靶标 RNA 上所对应的两个核苷酸之间的磷酸二酯键，切割产生的 5′RNA 片段的 3′端带有羟基，3′RNA 片段的 5′端带有磷酸基团。AGO2 切割后产生的 RNA 片段极易受到细胞内 5′或 3′核酸外切酶的攻击而被快速降解，从而在转录后水平沉默靶基因的表达。

2. siRNA 和 miRNA 介导的转录后调控机制的异同

miRNA 是一类长度约为 21nt 的细胞内源小分子非编码 RNA，具有重要的基因表达调控功能。包括人类和哺乳动物在内的大部分真核生物的基因组都编码数百种 miRNA，并且在不同组织和发育阶段，miRNA 的表达水平具有显著差异，呈现出明显的时空特异性。目前认为 miRNA 直接调控基因组中 1/3 以上基因的表达，参与了细胞增殖、分化、凋亡和代谢等几乎所有的生命过程。同时，越来越多的证据表明，miRNA 的表达异常与包括癌症、心血管疾病、病毒感染在内的多种疾病的发生发展密切相关。siRNA 与 miRNA 在核酸序列长度及结合的蛋白质复合物组成上相似，但它们在分子机制和功能上又有显著差别。RNAi 发挥功能主要依赖于 AGO2 蛋白，要求 siRNA 与靶位点序列完全互补配对，RISC 中的 AGO2 直接切割靶 RNA，并导致其被快速降解。如果 siRNA 第 2 位到第 19 位之间的碱基与靶 RNA 间存在错配，会对 AGO2 切割靶 RNA 的效率产生极大影响。由于这个特点，siRNA 可以被用来选择性切割只有单碱基差别的不同 RNA，如选择性清除由于基因发生点突变而产生的有害 mRNA。而 miRNA 发挥功能依赖于包括 AGO1 到 AGO4 等多种 AGO 蛋白，通常只需要 miRNA 第 2 位到第 8 位的碱基与靶 RNA 互补配对，通过 AGO 蛋白招募 TNRC6 和 CCR4-NOT 复合体，介导靶 RNA 的翻译抑制，并且加速脱去靶 RNA 上 3′端的 poly（A）尾，导致多聚腺苷酸结合蛋白（polyadenylate-binding protein 1，PABPC1）逐步丢失，促进脱帽酶 DCP1 和 DCP2 对 mRNA 5′端帽子结构（m7Gppp）的切除，最终导致 mRNA 失去 5′端和 3′端的保护而被核酸外切酶降解[15]（图 17-2）。

siRNA 和 miRNA 作用机制的不同造成了它们的效率差别显著。RISC 复合物中的 siRNA 与靶 RNA 互补配对后，通常在几分钟内 AGO2 就可以完成对靶 RNA 的切割，RISC 迅速离开靶 RNA 后可以对下一个靶 RNA 进行识别和切割，如此循环往复发挥功能，少量 siRNA-RISC 就能完成对大量靶 RNA 的

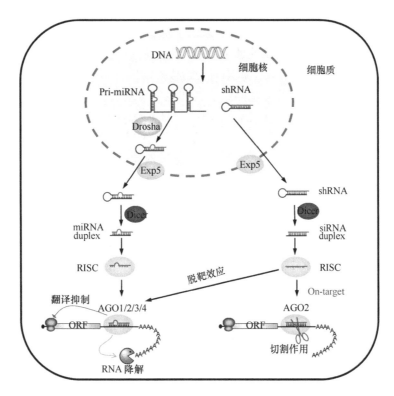

图 17-2　RNA 干扰与 miRNA 的分子机制比较

siRNA 与 microRNA（miRNA）长度相似，调控靶基因的分子机制有显著差别。siRNA 与 mRNA 上的结合位点完全互补配对，RISC 中的 AGO2 直接切割 mRNA 导致其被快速降解（on-target）。而 miRNA 与 mRNA 上的结合位点部分互补配对，RISC 中的 AGO1、2、3、4 通过招募下游其他因子导致 mRNA 的翻译被抑制，并加速 3′端的 poly（A）缩短而导致 mRNA 降解。如果 siRNA 与 mRNA 上的结合位点部分互补配对，则 siRNA 通过类似 miRNA 的机制沉默基因的表达，造成脱靶效应（off-target）

切割，因而沉默靶基因表达的效率很高。相对而言，miRNA 发挥功能的速度较为缓慢，miRNA-RISC 识别和结合靶 RNA 通常持续若干小时，直到靶 RNA 被降解后 miRNA 才能被释放重新发挥调控功能。另外，siRNA 和 miRNA 不同作用机制引起的后果也有显著区别：当 mRNA 被 siRNA-RISC 从中间切断后，不仅无法进行翻译，而且被截断的 RNA 会被迅速降解，是不可逆的转录后调控方式。而 miRNA 介导的是可逆调控，翻译被抑制的 mRNA 在抑制作用被解除后可以重新进行翻译，即使是已经发生了 3′端 poly（A）尾部分被缩短的 mRNA，poly（A）尾也可以重新被延长而进行翻译。例如，在正常生理条件下，CAT-1 mRNA 的翻译被肝脏特异性表达的 miR-122 抑制，mRNA 被运输并储存在细胞质中的 P 小体（P-body）中。当外界生理条件发生改变时，CAT-1 mRNA 可以在 HuR 蛋白的作用下从 P 小体中被释放出来并重新开始翻译。

17.3.2　siRNA 介导的基因表达转录调控机制

RNAi 不仅能在细胞质中通过抑制翻译和降解 RNA 来调控靶基因的表达，还能进入细胞核内，通过调控转录、组蛋白修饰和 RNA 加工等多种方式发挥其功能[16]。

1. RNAi 介导的表观遗传修饰

染色质修饰是调节基因表达和染色体稳定性的基本方式之一。RNAi 通路在细胞核内可以通过组蛋白或者 DNA 的甲基化来表观修饰染色体,从而在转录水平抑制靶标基因[17-20]。在多细胞动物中,异染色质的形成对于维持基因组的完整性具有重要的调节功能。异染色质必须被精确地调控以防止重要的基因被抑制而不能正常表达,当染色质的修饰发生缺陷时会造成癌症等许多疾病。拟南芥中,hc-siRNA 主要来源于重复序列和转座子区域,并被招募回基因组上其产生位点或具有同源序列的染色质区域,可以序列特异性地指导基因组上 DNA 的甲基化(RNA-directed DNA methylation,RdDM)和组蛋白修饰,并最终导致转录抑制。在裂殖酵母中,RNAi 对于具有大量重复序列的着丝粒、端粒、交配位点的异染色质的形成具有重要的作用。着丝粒周边区域的重复序列,可以通过双向转录形成 dsRNA,然后由 Dcr1 加工成为 siRNA。siRNA 诱导的 RISC 复合体募集染色质修饰因子,通过使 DNA 甲基化、组蛋白去乙酰化、组蛋白甲基化、染色质构象改变等多种途径造成异染色质的形成和维持,从而沉默区域内的基因表达[20-22]。果蝇的染色体中引入多拷贝串联的转基因时,会导致转基因及其同源的内源基因共同沉默。这种重复序列导致的基因沉默与植物中 RNA 介导的转录水平共抑制相类似,都需要多梳状组分基因(polycomb group,PcG),以及包括 PIWI 和 AGO2 在内的许多 RNAi 通路因子。在秀丽隐杆线虫中,导入外源的 dsRNA 可以诱导对应靶基因的 H3K9 和 H3K27 的三甲基化修饰。这一过程依赖于细胞核内 RNAi 通路和 RdRP。NRDE-3 是一种 AGO 蛋白,可以从细胞质转运由 RdRP 生成的 siRNA 进入细胞核。在细胞核内,siRNA/NRDE 复合物招募 SET-25 来介导靶基因位点的 H3K9me 和招募 PRC2 复合物来介导 H3K27me(图17-3)。在哺乳动物细胞中,细胞核 RNAi 的功能与机制的研究还相对滞后。早期的很多研究往往集中在小 RNA 靶标到启动子区域时,可以通过诱导异染色质的形成来实现转录水平的基因沉默[23]。

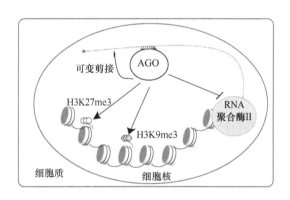

图 17-3 细胞核 RNA 干扰的分子机制

AGO 蛋白结合小干扰 RNA,进一步结合到序列互补的正在被转录的 pre-mRNA 上。通过尚未完全明了的机制,影响 pre-mRNA 的选择性剪切、靶基因区域组蛋白 3 的赖氨酸 9 和赖氨酸 27 的三甲基化,同时还抑制 RNA 聚合酶 II 的转录延伸过程

在真核生物中,甲基化的 H3K27 是 PcG 介导转录水平基因沉默的重要标志。组蛋白 H3K27me 是由含有 SET 结构域的组蛋白甲基转移酶催化,同时被组蛋白修饰 reader 蛋白识别以调控基因表达或者维持基因组完整性。在果蝇中,PcG 复合物和 RNAi 机器可以一起发挥作用使基因沉默,同时调节靶标染色体的组装、影响转录水平和转录后水平的基因沉默[24]。果蝇的 PcG 蛋白可以通过结合 PcG 响应元件 PRE 来抑制同源异型基因的表达。Dcr2、PIWI、和 AGO1 这三个 RNAi 关键因子的突变会显著性地减少 PcG 蛋白与内源同源异型基因的结合。在秀丽隐杆线虫中,siRNA 可以介导 H3K27me3 的获得和遗传,这一过程依赖于 Nrde 通路。外源性和内源性的 siRNA 都可以通过 Nrde 通路实现基因靶向位点的 H3K27 的甲基化修饰。RNAi 介导的 H3K27me 不仅对基因表达起到调控作用,也参与染色体完整性的维持。例如,piRNA 介导的 H3K27 甲基化在四膜虫基因组的程序性消除中起着关键作用[25]。一个特异性结合 H3K27 甲基化的组蛋白甲基转移酶 EZL1 可以介导 H3K27 的甲基化,并且对于发育相关的 DNA 消除和 RNAi 沉默的调节也是必需的。

2. RNAi 与转录调控

细胞核是 RNA 合成、加工和调控的中心，转录和剪切都在细胞核中发生。nascent RNA 的转录本可以募集 RNAi 复合物到达靶标基因，促进染色质水平的转录沉默，同时抑制 RNAP II 在 DNA 上的延伸。在动物细胞中，RNAi 通路在细胞核内调控转录过程的机制还不明确，仍存在很大争议。有研究表明，针对启动子区域的小 RNA 可以抑制基因表达。SETDB1 作为 H3K9 特异性的甲基转移酶可以和 AGO2 相结合，在小 RNA 介导的转录水平基因沉默中起重要作用。染色质免疫共沉淀表明，小 RNA 诱导的 AGO2 首先靶标到雄性激素受体（AR）的启动子上。在秀丽隐杆线虫中，细胞核 AGO 蛋白 NRDE-3 从细胞质转运由 RdRP 生成的 siRNA 进入细胞核。在细胞核内，siRNA 指导 NRDE-3 靶标到 pre-mRNA 上进一步募集 NRDE-2 和 NRDE-1，从而终止 RNAP II，抑制转录的延伸，造成转录的提前终止[26]。有意思的是，另外一个 AGO 蛋白 CSR-1 结合 22G RNA，靶标到基因组序列上，募集 RNAP II，反而促进基因的表达。因此，CSR-1 通路可以帮助维持激活的转录本，促进区分转录激活和沉默的基因组区域，这一现象的分子机制尚不清楚。

3. RNAi 与染色体分离

染色体上中性粒是一个特殊区域，它对染色体在动粒上的组装和染色体与纺锤体的结合都非常关键。中性粒区域的异染色质可以帮助动粒形成和姐妹染色体的联会，抑制重组，还能帮助减数分裂过程中的染色体配对。异染色质往往富集 H3K9me3 修饰，从而引导 HP1 及其相关含克罗莫结构域的蛋白质结合在这一区域。真核生物的中性粒区域往往有很长的物种特异的 DNA 重复序列，而且这些重复序列可以被转录出来。RNAi 机器和 siRNA 则可以通过调控这些转录本，在染色体配对分离中起重要作用。在裂殖酵母中，RNAi 导致动粒周边区域的异染色质化，并促进 CENP-A（Cnp1）和动粒的组装[27, 28]。在果蝇中，生殖细胞特异的 DEAD-box RNA 解旋酶 Vasa 通过帮助凝缩蛋白（condensin）I 相关因子 Barren 在染色体上的定位来促进有丝分裂中染色体的分离。在人类细胞中，RNAi 机器和 siRNA 在有丝分裂后期染色体的分离中也起着关键作用。

秀丽隐杆线虫缺乏类似人类细胞的单一中心粒结构，而采取一种弥散着丝粒（holocentromere）模式。RNAi 机器也在秀丽隐杆线虫的染色体配对分离中起重要作用。CSR-1 和其辅助因子都位于生殖细胞的染色体上，并依赖于 CSR-1 结合的内源性 siRNA[29]。siRNA/CSR-1 可能通过标记染色质的不同区域来监控染色体分离。当 CSR-1 缺失的时候，染色体不能正确排列在赤道板上，动粒也不能正确定位到纺锤体的相反方向。

4. RNAi 与选择性剪切

选择性剪切给基因组的功能多样性提供了重要的物质基础，大于 90% 的人类基因存在选择性剪切。选择性剪切的缺陷会引发众多的人类疾病。选择性剪切通常通过 pre-mRNA 中的一些结构域来调控，包括剪切增强子和沉默子。RNAP II 转录速率的改变及染色质的局部结构也可能参与这一调控。哺乳动物细胞中，siRNA 可以调控转录过程中转录本的选择性剪切[19, 30]。siRNA 把 AGO2 招募到 pre-mRNA 上，改变 pre-mRNA 的剪切方式，却并不造成 pre-mRNA 的降解。例如，在 *CD44* 基因中，AGO1 和 AGO2 可以被招募到 pre-mRNA 上，这一过程依赖于 Dicer。dsRNA 也可以招募 AGO2 到 SMN2 和 dystrophin 的 pre-mRNA 上，诱导选择性剪切。去除 AGO1 或 Dicer 会改变基因组里很多基因的选择性剪切方式。AGO1 还可以结合增强子 RNA（enhancer RNA，eRNA）的转录区域，从而改变邻近基因的选择性剪切方式。有意思的是，AGO2 介导的选择性剪切在果蝇里也有类似的报道。

尽管过去几年里我们对细胞核内 siRNA 如何调控基因表达有了一些初步的了解，然而这里面还存在大量的问题有待研究。例如，我们并不清楚细胞核 RNAi 造成 H3K9 甲基化、H3K27 甲基化和 RNAP II 的转录延伸暂停具体的分子机制是什么，RNAi 如何调控转录的其他过程如起始、终止、剪切等。在细胞核内，小 RNA 和 RNAi 机器在多大程度上参与染色体的配对分离，以及是否受生殖发育过程的调控也不清楚。阐明这些问题不仅会加深我们对遗传和进化过程的理解，而且将给我们对真核基因组表观遗传调控的研究带来新的启示。

17.4 RNAi 引起的毒副作用

关键概念

- siRNA 以类似 miRNA 的作用方式抑制 mRNA 的翻译并加速其降解，非特异性抑制靶基因以外其他基因的表达，这种现象被称为 RNAi 的脱靶效应[31]。
- RNAi 载体表达 siRNA 时对细胞内源 miRNA 加工和功能的竞争抑制可造成毒副作用。
- RNAi 副作用与 shRNA 抑制靶基因的效率密切相关。

17.4.1 siRNA 的脱靶效应

RNAi 技术作为一种功能强大的基因调控工具得到广泛应用，但其固有的缺点也逐渐显现，其中最早引起关注的是 RNAi 的脱靶效应（off-target）。siRNA 通过与靶基因 RNA 完全互补配对实现特异性沉默靶基因的表达（on-target）。若 siRNA 与其他 RNA 上的碱基发生部分互补配对（siRNA 的第 2～7 位碱基与 RNA 互补配对），则 siRNA 以类似 miRNA 的作用方式抑制 mRNA 的翻译并加速其降解，非特异性抑制靶基因以外其他基因的表达，这种现象被称为 RNAi 的脱靶效应[31]。此外，在哺乳动物中不具有切割活性的 AGO 家族成员（AGO1、AGO3、AGO4）也能够结合 siRNA，它们所介导的脱靶效应甚至比 AGO2 更高。研究表明，siRNA可能会对细胞内几十甚至几百个基因的表达产生影响，导致对靶基因功能的错误解读。

双链 siRNA 分子中除引导链外，随从链也会产生脱靶效应。虽然在设计时通过改变双链 siRNA 5′端碱基配对的稳定性可以提高引导链保留的比例，但仍有部分随从链被保留下来并产生脱靶效应。另外，越来越多的研究发现细胞中大量基因存在反义链转录本（antisense transcript），这些反义链 RNA 通过调控转录或改变正义链 RNA 的稳定性等方式影响正义链基因或其他基因的表达。例如，P15（又名 CDKN2B）基因的反义链 P15-AS（又名 ANRIL）通过结合某些蛋白质抑制 P14、P15 和 P16 等抑癌基因的表达，从而促进前列腺癌等癌症的发展[32]。因此，当 siRNA 的引导链沉默正义链 RNA 时，其随从链可能会沉默其反义链 RNA，导致在运用 RNAi 技术研究存在反义链 RNA 的基因时产生实验假象。

17.4.2 siRNA 对内源 miRNA 的竞争抑制

RNAi 载体表达 siRNA 时对细胞内源 miRNA 加工和功能的竞争抑制也可造成毒副作用。不论是 Pol III 启动子转录产生的 shRNA 还是 Pol II 启动子转录产生的 shRNAmir，它们在加工产生成熟的 siRNA 时都需要利用细胞内源的 Drosha、Dicer 和 Exportin-5 等蛋白因子，这些蛋白质也是细胞内 miRNA 加工成熟所必需的因子，因此，在细胞内过表达 shRNA 时必然对 miRNA 的加工造成竞争作用。即使是化学合成的双链 siRNA，转到细胞内也会同内源 miRNA 竞争与 AGO 蛋白的结合，从而影响 miRNA 的表达和功能[33]。在小鼠肝脏中长期高表达 shRNA 会造成肝损伤并致死，其主要原因就是过量的 shRNA 竞争 Exportin-5 和 AGO2 等蛋白质，影响了小鼠肝脏内源 miRNA 的表达和调控功能，导致 miRNA 靶基因的表达上调[34, 35]。由于这种竞争作用对细胞内几乎所有 miRNA 的加工和功能都造成影响，其引发的生理效应在不同的组织细胞中极为复杂。因此，如何既能实现对靶基因的高效抑制，同时又能将对细胞内源 miRNA 的影响降到最低，已成为 RNAi 载体设计的挑战之一。

17.4.3　减少 RNAi 毒副作用的对策

在利用 siRNA 或 shRNA 文库进行大规模功能性筛选的过程中，RNAi 沉默效率低可导致假阴性结果，而脱靶效应和对内源 miRNA 的竞争往往会造成假阳性结果，这些因素都会对后期的实验验证和功能研究造成困扰。临床治疗中 RNAi 的效率和副作用直接决定了 siRNA 药物的功效和使用成本。研究表明，RNAi 副作用与 shRNA 抑制靶基因的效率密切相关。低效 shRNA 对靶基因表达的抑制不完全，需使用更多的 shRNA，引起更严重的脱靶效应和对内源 miRNA 的影响，结果导致细胞生长抑制或死亡。因此，如何最大限度地提高效率和减少副作用是 RNAi 应用研究中最重要的问题之一。

对 siRNA 中特定位置的核苷酸进行化学修饰可以提高其稳定性，降低脱靶效应。有关 siRNA 链内部化学修饰的报道较少，大多数修饰是针对靠近 siRNA 3′或 5′端的核苷酸，如硫代和甲基化，以增强对细胞内核酸酶的抵抗能力或改变其碱基配对的热力学稳定性。由于化学修饰种类多，可修饰的位点和效果不明确，加上合成成本高昂，目前主要由少数大型制药公司和生物技术公司在进行研发，尚没有统一的通用方案。经过化学修饰的单链 siRNA 可在动物体内介导 RNAi，该方法消除了随从链造成的脱靶效应。然而，由于单链 siRNA 并非 AGO2 识别的天然底物，其结合 AGO 并进入 RISC 复合物的效率较低，部分转入细胞的单链 siRNA 很可能直接通过部分碱基互补配对与细胞内 RNA 结合，以反义寡核苷酸（antisense oligonucleotide）的方式影响某些 RNA 的功能，其引发的副作用有待继续研究观察。

优化 siRNA 表达载体的设计是提高 RNAi 效率和降低副作用的有效方法。例如，在设计 shRNA 载体时将位于 3′链上的成熟 siRNA 序列与顶端环之间的距离固定为两个碱基，可大幅提高 Dicer 加工 shRNA 的精确度，产生的 siRNA 具有更准确的 5′端，从而避免了由于生成的 siRNA 序列的异质性所带来的脱靶效应[36]。近期，一类短双链区的新型 RNAi 载体（sshRNA、AGOshRNA、saiRNA）受到广泛关注[37-39]。相较传统含 21～25bp 双链区的 shRNA，新型 RNAi 载体双链区长度仅为 16～18bp，顶端环大小为 3～8nt，且顶端环越小，其对靶基因的抑制效率越高。这类短茎环结构的新型 siRNA 前体在细胞内由 Pol III 启动子转录并出核后，不经过 Drosha 和 Dicer 的加工，直接被 AGO2 蛋白识别并在茎环结构 3′链上第 8～9 位碱基处切割，切割产物的 3′端在细胞内被外切核酸酶进一步切短，最终形成长度为 24～27nt 的单链 siRNA，明显长于经典的 21nt 的 siRNA，但同样能以 RNAi 的方式沉默靶基因。这种依赖于 AGO2 的加工途径类似于在斑马鱼和哺乳动物中保守的一种特殊 miRNA 前体——pre-miR-451 的加工步骤[40, 41]。进一步在 saiRNA（single-stranded AGO2-processed interfering RNA）茎环结构的 3′端连接经过改造的丁型肝炎病毒（hepatitis delta virus，HDV）核酶（ribozyme），利用该核酶的高效自切割活性准确地在茎环结构 3′端产生两个碱基悬垂，明显促进了其与 AGO2 的结合和基因沉默效率[39]。依赖于 AGO2 内切酶活性的特殊加工方式不仅消除了随从链带来的脱靶效应，以及 siRNA 引导链进入无切割活性的 AGO1、AGO3 和 AGO4 所引起的脱靶效应，同时也大幅降低了对细胞内源 miRNA 的竞争作用，进一步减少了副作用。

siRNA 和 shRNA 序列的选择规则也有极大的提升空间。未经优选的 shRNA 对靶基因的抑制效率较低，通常需设计 3～5 条 shRNA 以保证其中 1～2 条能对靶基因达到 70%以上的沉默效率，要获得沉默效率超过 90%的 shRNA 则必须进行大量的筛选。基于高通量克隆和深度测序的筛选研究证实"超级"shRNA 存在的比例仅为几百分之一，每个细胞的基因组中只需整合一个拷贝的"超级"shRNA 即能实现对靶基因高达 90%以上的抑制效率[42]。然而，目前除了一些基本的设计规则，尚无有效的通用算法能预测 siRNA 和 shRNA 的效率。逐个构建克隆和测试的"try and error"方法显然难以在短时间内获得全面的信息。因此，未来需要以结构生物学为指导，结合高通量筛选方法，通过生物信息学分析和机器学习总结规律，实现 siRNA 和 shRNA 的理性设计。另外，其他类型小 RNA 加工机制的研究成果可用来启发新型 RNAi 载体的设计，如细胞内存在大小类似于 pre-miRNA 的内含子，在被剪接复合体剪切下来后跳过了 Drosha 加工的步骤，直接被 Dicer 识别并加工产生成熟的 miRNA，称为 mirtron[43, 44]。因此，我们预期随着对各种小 RNA 加工和沉默机制的深入研究、对 siRNA 序列设计规则的经验积累，以及各类新型病毒载体的不断创新，RNAi 载体将越来越安全和高效。

17.5 RNAi 药物的前景与挑战

17.5.1 RNAi 药物的特点

RNAi 作为疾病治疗的新工具，具有其独特的优势。目前在疾病治疗中使用的绝大多数药物都是小分子类化合物，具有穿透细胞能力强、给药简单、化学性质稳定、较易规模化生产和廉价等优点，但大多数具有重要功能的潜在治疗靶点蛋白难以找到或设计特异性的小分子抑制剂，如与肿瘤发生发展密切相关的 Ras 基因和 P53 基因，不可成药性（undruggable target）成为小分子药物发展的巨大瓶颈。RNAi 通过 siRNA 与基因转录生成的 RNA 之间的碱基序列互补配对降解 RNA，从而选择性沉默靶基因。近年来发现了大量具有重要生物学功能的长非编码 RNA（long non-coding RNA，lncRNA），小分子药物几乎不可能降解或抑制 lncRNA 的功能，而运用 RNAi 技术同样可以通过设计相应的 siRNA 达到抑制作用。因此，RNAi 几乎可以特异性靶向细胞内表达的任何 RNA，克服了小分子药物的局限，大大拓展了靶向治疗的基因选择范围，并且设计多个 siRNA 分子就能实现同时抑制多个不同的基因，为治疗由于多基因改变和多因素引起的疾病提供了可能。

RNAi 技术的应用前景光明，但也还存在一系列技术难点需要在未来的研究中克服和改进。①特异性和安全性。RNAi 作为小核酸药物应用于疾病治疗中首先要考量的因素是 siRNA 必须具有高度的靶向选择性和较低的毒副作用，因此必须进行严格的筛选和测试。除了利用生信分析进行预测外，还必须进行充分的生化实验测试，包括细胞生长和毒性测试，尽可能选择脱靶效应低、毒副作用小的 siRNA 用于人体实验。②高效性。使用少量的高效 siRNA 就能完全抑制靶基因的表达，不仅能节省治疗的费用，也有利于减少毒副作用。RNAi 的效率取决于众多因素，例如，siRNA 在细胞中的半衰期、进入 RISC 复合物和链选择性分离的效率、介导切割靶 RNA 的效率等，需要全面考虑各个步骤。未经修饰的 siRNA 在细胞内的半衰期很短，通过对 siRNA 进行特定化学修饰可以大大提高其稳定性，并且有利于选择性保留 siRNA 靶向链和减少脱靶效应。③siRNA 的定向递送。实现组织特异性高效递送 siRNA 是实现 RNAi 在疾病治疗中应用的关键，也是难点。由于 siRNA 具有较强的亲水性，因此需要借助脂质体或纳米颗粒包裹后方能穿过细胞膜，也可以通过在 siRNA 上进行胆固醇修饰而直接进入细胞内。静脉注射的 siRNA 会随血液流动大量进入肝脏被清除，在纳米颗粒载体表面交联特异性抗体可以将更多的 siRNA 定向递送到表达特定表面抗原的组织和细胞中，不仅提高了效率，而且减少了对其他组织器官的毒性。另一重要 siRNA 递送策略是使用病毒载体表达 shRNA，利用特定血清型的病毒表面蛋白包装 shRNA

载体，并结合使用组织特异性的启动子，可以实现在特定细胞或组织中持续长时间表达 siRNA。近年来临床前研究中，siRNA 的递送策略已从复杂的脂质体逐渐转变为化学组分清晰的 siRNA 生物缀合物上，主要是 *N*-乙酰半乳糖胺（GalNAc）。GalNAc 以共价形式缀合到 siRNA 上，与肝脏中高表达的唾液酸受体结合，引导 siRNA 进入肝细胞，在靶向肝脏的相关疾病治疗中具有重大应用潜力，在多种已上市的 siRNA 药物中得到应用。

近几年 CRISPR 和 TALEN 等基因组编辑技术的出现使得复杂费时的基因敲除变得简单易行，在基因功能的研究中得到广泛应用。我们认为 CRISPR 和 RNAi 各有所长，今后将在各自擅长的领域发挥重要作用。CRISPR 技术的优势是能永久地改变基因组 DNA 的序列，但在基因沉默方面 RNAi 技术有其独特的优势。①RNAi 无需引入额外的蛋白质因子，更安全，成本更低。RNAi 依赖细胞内源的 RISC 发挥功能，除 siRNA 外无需引入其他因子。而 CRISPR 需同时转入 Cas9 蛋白和 sgRNA，这不仅增加了递送技术的难度，而且 Cas9 还可能引发人体的免疫反应和其他意想不到的副作用。②RNAi 是一种转录后水平的可逆的基因沉默技术，只需通过 siRNA 的添加与否，或使用小分子化合物调控 siRNA 表达载体上诱导型启动子的活性就能实现对靶基因的沉默与开启。CRISPR 对基因的关闭作用是不可逆的，并且同样存在脱靶效应，但由于 CRISPR 改变的是 DNA 序列，这种不可逆的脱靶效应所导致的后果可能更严重。虽然 CRISPRa 或 CRISPRi 技术能够实现可逆的基因表达操作，但需引入额外的转录调控因子，由此导致的副作用尚有待进一步研究。③RNAi 沉默基因见效更快。在细胞水平上 RNAi 沉默基因的效果只需 2~3 天就能显现，而 CRISPR 通常需要 5~7 天，有时还需进行单克隆细胞的筛选和扩增，给研究细胞生长或生存必需基因的功能造成一定困难。此外，很多人类疾病源于基因表达水平的变化，而非基因的丢失或关闭，RNAi 是更为适合的研究手段。④RNAi 在转录后水平调节基因的表达，故设计 siRNA 时只需参考转录组数据。CRISPR 在基因组和转录水平调节基因表达，设计 sgRNA 及预测脱靶效应时需参考基因组数据，但现有基因组序列的很多区域注释不完善，且沉默效果受到染色体高级结构的影响。因此，在选择应用基因沉默技术时应针对上述特点加以考量。

17.5.2　RNAi 在农业生产和疾病治疗中应用的展望

RNAi 能特异性抑制基因表达，具有简单高效和应用灵活的特点，在动、植物中都得到了广泛的应用。在植物中转入针对特定种类有害昆虫的生长必需基因的 RNAi 载体，当害虫摄取植物茎叶时同时摄入了 siRNA，从而特异地抑制害虫生长相关基因的表达，达到利用 RNAi 防治植物病虫害的目的。2007 年中国科学家在棉花中表达针对棉铃虫的棉酚解毒基因的 dsRNA，棉铃虫食用了该转基因棉花后棉酚解毒基因 *P450* 的表达显著降低，导致对棉酚的耐受性大大降低而死亡[45]，创立了一种新的害虫防治策略。另外，在植物中表达 siRNA 也可以直接用于调控作物本身抗逆和产量等农艺性状相关基因的表达，从而提高农作物的产量和品质。在人类疾病治疗方面，越来越多的生物技术和制药公司加入了对 RNAi 药物的研发，包括针对呼吸道合胞体病毒感染（respiratory syncytial virus infection）、湿性年龄相关性黄斑变性病症（wet age-related macular degeneration）和乙型肝炎（hepatitis B）等在内的几十种疾病的 siRNA 治疗药物已经分别进入 I 到 III 期临床试验，并取得了较好的预期治疗结果。2018 年，美国 FDA 批准了由 Alnylam 公司开发的首款 siRNA 药物 Patisiran，用于治疗成人遗传性转甲状腺素蛋白（hATTR）淀粉样变性引起的多发性神经病变（polyneuropathy），具有里程碑的意义。随后用于治疗急性间歇性卟啉症（acute intermittent porphyria, AIP）的 Givosiran、用于治疗原发性高草酸尿症 1 型（primary hyperoxaluria 1, PH1）的 Lumasiran、用于高胆固醇血症（Hypercholesterolemia）的 Inclisiran 和用于治疗淀粉样变性的多发性神经病变（polyneuropathy）的 Vutrisiran 也相继得到美国 FDA 的批准。RNAi 技术已成为继抗体药物之后的新一轮药物创新热潮。

总之，通过提高 RNAi 载体的效率，降低其毒副作用及改进递送方法，RNAi 技术必将在今后的科学研究和疾病治疗中继续发挥巨大价值。

参 考 文 献

[1] Napoli, C. *et al.* Introduction of a chimeric chalcone synthase gene into petunia results in reversible co-suppression of homologous genes in trans. *Plant Cell* 2, 279-289(1990).

[2] Romano, N. & Macino, G. Quelling: transient inactivation of gene expression in *Neurospora crassa* by transformation with homologous sequences. *Mol Micro Biol* 6, 3343-3353(1992).

[3] Guo, S. & Kemphues, K. J. Par-1, a gene required for establishing polarity in *C.elegans* embryos, encodes a putative Ser/Thr kinase that is asymmetrically distributed. *Cell* 81, 611-620(1995).

[4] Fire, A. *et al.* Potent and specific genetic interference by double-stranded RNA in Caenorhabditis elegans. *Nature* 391, 806-811(1998).

[5] Flemr, M. *et al.* A retrotransposon-driven dicer isoform directs endogenous small interfering RNA production in mouse oocytes. *Cell* 155, 807-816(2013).

[6] Zamore, P. D. *et al.* RNAi: Double-stranded RNA directs the ATP-dependent cleavage of mRNA at 21 to 23 nucleotide intervals. *Cell* 101, 25-33(2000).

[7] Elbashir, S. M. *et al.* Duplexes of 21-nucleotide RNAs mediate RNA interference in cultured mammalian cells. *Nature* 411, 494-498(2001).

[8] Brummelkamp, T. R. *et al.* A system for stable expression of short interfering RNAs in mammalian cells. *Science* 296, 550-553(2002).

[9] Paddison, P. J. *et al.* Short hairpin RNAs(shRNAs)induce sequence-specific silencing in mammalian cells. *Genes & Development* 16, 948-958(2002).

[10] Dickins, R. A. *et al.* Probing tumor phenotypes using stable and regulated synthetic microRNA precursors. *Nature Genetics* 37, 1289-1295(2005).

[11] Stegmeier, F. *et al.* A lentiviral microRNA-based system for single-copy polymerase II-regulated RNA interference in mammalian cells. *Proceedings of the National Academy of Sciences of the United States of America* 102, 13212-13217(2005).

[12] Liu, J. D. *et al.* Argonaute2 is the catalytic engine of mammalian RNAi. *Science* 305, 1437-1441(2004).

[13] Khvorova, A. *et al.* Functional siRNAs and miRNAs exhibit strand bias. *Cell* 115, 209-216(2003).

[14] Schwarz, D. S. *et al.* Asymmetry in the assembly of the RNAi enzyme complex. *Cell* 115, 199-208(2003).

[15] Wu, L. & Belasco, J. G. Let me count the ways: Mechanisms of gene regulation by miRNAs and siRNAs. *Mol Cell* 29, 1-7(2008).

[16] Feng, X. & Guang, S. Small-interfering RNA-mediated epigenetics and gene regulation in the nucleus. *Scientia Sinica Vitae* 47, 59-68(2017).

[17] Baulcombe, D. RNA silencing in plants. *Nature* 431, 356-363(2004).

[18] Moazed, D. Small RNAs in transcriptional gene silencing and genome defence. *Nature* 457, 413-420(2009).

[19] Castel, S. E. & Martienssen, R. A. RNA interference in the nucleus: roles for small RNAs in transcription, epigenetics and beyond. *Nat Rev Genet* 14, 100-112(2013).

[20] Cam, H. P. Roles of RNAi in chromatin regulation and epigenetic inheritance. *Epigenomics* 2, 613-626(2010).

[21] Verdel, A. *et al.* RNAi-mediated targeting of heterochromatin by the RITS complex. *Science* 303, 672-676(2004).

[22] Martienssen, R. & Moazed, D. RNAi and heterochromatin assembly. *Cold Spring Harb Perspect Biol* 7, a019323(2015).

[23] Kim, D. H. *et al.* Argonaute-1 directs siRNA-mediated transcriptional gene silencing in human cells. *Nat Struct Mol Biol* 13,

793-797(2006).

[24] Pal-Bhadra, M. *et al.* RNAi related mechanisms affect both transcriptional and posttranscriptional transgene silencing in Drosophila. *Mol Cell* 9, 315-327(2002).

[25] Feng, X. & Guang, S. Non-coding RNAs mediate the rearrangements of genomic DNA in ciliates. *Sci China Life Sci* 56, 937-943(2013).

[26] Feng, X. & Guang, S. Small RNAs, RNAi and the inheritance of gene silencing in *Caenorhabditis elegans*. *J Genet Genomics* 40, 153-160(2013).

[27] Folco, H. D. *et al.* Heterochromatin and RNAi are required to establish CENP-A chromatin at centromeres. *Science* 319, 94-97(2008).

[28] Hall, I. M. *et al.* RNA interference machinery regulates chromosome dynamics during mitosis and meiosis in fission yeast. *Proc Natl Acad Sci U S A* 100, 193-198(2003).

[29] Claycomb, J. M. *et al.* The Argonaute CSR-1 and its 22G-RNA cofactors are required for holocentric chromosome segregation. *Cell* 139, 123-134(2009).

[30] Matzke, M. A. & Birchler, J. A. RNAi-mediated pathways in the nucleus. *Nat Rev Genet* 6, 24-35(2005).

[31] Jackson, A. L. *et al.* Expression profiling reveals off-target gene regulation by RNAi. *Nature Biotechnology* 21, 635-637(2003).

[32] Yap, K. L. *et al.* Molecular interplay of the noncoding RNA ANRIL and methylated histone H3 lysine 27 by polycomb CBX7 in transcriptional silencing of INK4a. *Mol Cell* 38, 662-674(2010).

[33] Khan, A. A. *et al.* Transfection of small RNAs globally perturbs gene regulation by endogenous microRNAs. *Nat Biotechnol* 27, 549-555(2009).

[34] Grimm, D. *et al.* Fatality in mice due to oversaturation of cellular microRNA/short hairpin RNA pathways. *Nature* 441, 537-541(2006).

[35] Grimm, D. *et al.* Argonaute proteins are key determinants of RNAi efficacy, toxicity, and persistence in the adult mouse liver. *Journal of Clinical Investigation* 120, 3106-3119(2010).

[36] Gu, S. *et al.* The loop position of shRNAs and pre-miRNAs is critical for the accuracy of dicer processing *in vivo*. *Cell* 151, 900-911(2012).

[37] Ge, Q. *et al.* Minimal-length short hairpin RNAs: The relationship of structure and RNAi activity. *Rna-a Publication of the Rna Society* 16, 106-117(2010).

[38] Liu, Y. P. *et al.* Dicer-independent processing of short hairpin RNAs. *Nucleic Acids Research* 41, 3723-3733(2013).

[39] Shang, R. *et al.* Ribozyme-enhanced single-stranded Ago2-processed interfering RNA triggers efficient gene silencing with fewer off-target effects. *Nat Commun* 6, 8430(2015).

[40] Cheloufi, S. *et al.* A Dicer-independent miRNA biogenesis pathway that requires Ago catalysis. *Nature* 465, 584-U576(2010).

[41] Cifuentes, D. *et al.* A novel miRNA processing pathway independent of Dicer requires argonaute2 catalytic activity. *Science* 328, 1694-1698(2010).

[42] Fellmann, C. *et al.* Functional identification of optimized RNAi triggers using a massively parallel sensor assay. *Mol Cell* 41, 733-746(2011).

[43] Okamura, K. *et al.* The mirtron pathway generates microRNA-class regulatory RNAs in *Drosophila*. *Cell* 130, 89-100(2007).

[44] Ruby, J. G. *et al.* Intronic microRNA precursors that bypass Drosha processing. *Nature* 448, 83-86(2007).

[45] Mao, Y. B. *et al.* Silencing a cotton bollworm P450 monooxygenase gene by plant-mediated RNAi impairs larval tolerance of gossypol. *Nature Biotechnology* 25, 1307-1313(2007).

光寿红 中国科学技术大学教授。1996 年在中国科学技术大学生物系获得学士学位。1996～1999 年师从中国科学技术大学施蕴渝院士进行多肽的溶液构象研究，并获得硕士学位。1999～2004 年，在美国威斯康星大学癌症研究所师从 Janet Mertz 教授，研究真核生物中病毒起源的无内含子 RNA 的表达和调控机制并获得博士学位。2005～2010 年，作为博士后在威斯康星大学遗传系 Scott Kennedy 教授实验室，从事模式生物中小干扰 RNA 的功能和调控机理的研究。2010 年，作为中国科学技术大学百人计划和青年千人特聘教授加入生命科学学院，进一步研究非编码 RNA 的功能和调控机制。以第一作者和通讯作者在 *Nature* 和 *Science* 等国际著名期刊上发表论文。主要研究领域有：①真核细胞中 RNA 的表达与加工的调节；②真核生物中转录调节机制；③非编码 RNA 的表达与调节机制；④模式生物的遗传与发育；⑤基因编辑和染色体操纵的新技术和新方法。

吴立刚 中国科学院分子细胞科学卓越创新中心研究员、博士生导师。1996 年本科毕业于上海交通大学生物科学与技术系。2001 年博士毕业于中国科学院上海植物生理研究所遗传学专业。2001～2008 年在美国纽约大学医学院从事博士后研究。2008 年起任中科院上海生物化学与细胞生物学研究所研究员。主要研究哺乳动物中非编码小 RNA（miRNA、siRNA、piRNA）和 RNA 代谢调控的分子机制。主要成果包括：①发现 miRNA 加速 mRNA 降解的机制，并且证明该途径也是 siRNA 引起的 RNAi 脱靶效应（off-target）的机制，该研究成果于 2006 年以封面文章发表在 *PNAS* 上；②发现 Ago 蛋白家族的各个成员对 RNAi 的 on-target 和 off-target 的贡献差异，是影响 RNAi 效率和专一性的重要因素，并且翻译抑制对 RNAi 也有重要贡献，在此基础上重新设计了 RNAi 载体，并引入了自切割核酶，研发了更为安全高效的单链 saiRNA；③鉴定了 miRNA 引起 mRNA 降解的关键脱腺苷酸化酶 CCR4 和 Caf1，并且证明该酶对 siRNA 引起的 RNAi 脱靶效应也发挥了重要作用；④发现 CCR4-NOT1 复合物加速 m^6A 修饰 RNA 的 3′ 端 poly（A）尾和降解的分子机制；⑤发现 miRNA 作为细胞内的质量监控系统，负责清除无义突变 mRNA 的新功能；⑥建立了高灵敏的单细胞小 RNA 深度测序技术，在哺乳动物精子和卵子中发现了多种新类型的小 RNA。

第18章 RNAa

李龙承

中美瑞康核酸技术研究院

本章概要

在 20 世纪 90 年代发现的由小 RNA 及其蛋白配偶 Argonaute（AGO）组成的基因调控装置主要在细细胞质参与转录后调控——抑制与小 RNA 同源的转录本的表达，这种机制被称为 RNA 干扰（RNAi）。后来发现 AGO-RNA 通路还能对靶序列进行正性调控，即我们现在所知的 RNA 激活（RNAa）现象。RNAa 主要发生于细胞核，可由外源性的小激活 RNA（saRNA）或者内源性的 miRNA 触发。RNAa 依赖于 AGO 蛋白，但具有与 RNAi 显著不同的时效特性和分子机制。由于 RNAa 代表少数能够靶向激活内源性基因表达的技术，其在医学上的潜在应用正日益受到关注。本章将对各种 RNAa 现象进行概述，重点介绍最近在 RNAa 机制研究及应用方面的进展。

18.1 RNAa 概述

关键概念

- RNA 激活（RNA activation，RNAa）是 RNA-AGO 通路介导的一种对基因表达的正性调控。
- 2006 年李龙承等首次在人细胞中报道了由双链小 RNA 介导的基因转录激活现象，并且将该现象命名为 RNAa。
- RNAa 发生于细胞核，涉及从小 RNA 在细胞质被 AGO 装载形成 AGO-RNA 复合物到进入细胞核在转录及表观遗传水平激活基因表达等多步过程。

RNA 是一种极具多面性的核酸分子，除了我们熟知的作为信使 RNA 传递遗传信息、作为结构分子参与蛋白质合成，RNA 还能像 DNA 一样储存遗传信息、像蛋白质一样具有催化功能和抗原性，更重要的是还可以作为调控分子，几乎在基因表达的各个层面，包括 DNA、表观遗传、转录、转录后及蛋白质翻译等对靶序列进行调控。这些调控大部分为负性调控，即对受调控序列/基因表现为抑制作用。具有负性调控功能的 RNA 既有长链非编码 RNA，也有近 20 年才发现的小 RNA。长链非编码 RNA 参与的调控主要发生在细胞核，直接作用于转录和表观遗传过程，而小 RNA 参与的调控除了作用于转录过程，主要的调控发生在转录后。

非编码 RNA 除了负性调控基因表达，也不乏正性调控的例子。很多生物雌性与雄性之间有不同类别和数量的性染色体。为了保持性别之间性染色体上基因表达剂量的均等，不同的生物在进化过程中获得了非常独特的机制来实现性染色体基因表达的平衡，这种机制被称为剂量补偿。哺乳类动物剂量补偿是靠长链非编码 RNA（如 XIST）介导的 X 染色体基因失活来实现的。而在果蝇中，剂量补偿则靠一种完全不同的机制——RNA 介导的表观遗传激活来实现。转录于雄性 X 染色体的两个长链非编码 RNA ROX（RNA on the X）1 和 ROX2，将由多个蛋白质形成的剂量补偿复合物（dosage compensation complex，DCC）定位在 X 染色体上数百个位点（chromatin entry site，CES）并扩散至整个 X 染色体，然后 DCC 中的组蛋白修饰酶如组蛋白乙酰转移酶改变整个染色体上的染色质修饰，而将 X 染色体上所有基因上调两倍[1]。果蝇的这种 RNA 介导的基因激活机制也许是我们最早知道的 RNA 激活现象。

另外一个 RNA 激活基因表达的例子是类固醇受体 RNA 激活物 1（steroid receptor RNA activator 1，SRA1）。SRA1 以非编码 RNA 的形式作为一种核受体的辅助激活子，参与核受体对其他基因的转录激活作用[2]。

自从 2010 年起，由 Howard Chang 实验室做出的一系列开创性工作展现出长链非编码 RNA 对转录与表观遗传调控的普遍性，包括抑制性和激活性调控[3, 4]，更多的长链非编码 RNA 在基因激活中的作用也被陆续发现[5]。但长链非编码 RNA 介导的表观遗传调控绝大部分是靠 RNA 形成特定的二级结构而不是靠碱基配对来识别靶序列的。

小 RNA 同样也调控表观遗传，但与长链非编码 RNA 不同的是，小 RNA 通过碱基配对来识别被调控序列，而且高度依赖 Argonaute（AGO）蛋白家族成员。因此，这种小 RNA 和 AGO 参与的调控被称为小 RNA-AGO 调控通路。早在 20 世纪 90 年代初就发现植物中存在一种小 RNA 指导的 DNA 甲基化现象（RNA-directed DNA methylation，RdDM）[6]。在 RdDM 过程中，通过多种方式生成的 dsRNA 能被 Dicer like3（DCL3）处理成 24nt 的小 dsRNA，后者结合 AGO4，AGO4 再募集结构域重排甲基转移酶（domain rearranged methyltransferase 2，DRM2），从而催化与小 RNA 同源的 DNA 序列的从头甲基化。尽管有报道在动物中发现同样的 RdDM 机制[7]，但该现象是否存在目前仍存争议。

是否小 RNA-AGO 通路和长链非编码 RNA 一样，也能正向调控基因表达呢？早在 1969 年，Brittan 和 Davidison 就提出了一种以小 RNA 为信号的基因调控网络的假说。他们将这种 RNA 称为 RNA 激活子（aRNA）[8]，并假设 aRNA 是基因组内的冗余或重复序列转录的，在细胞环境发生改变时，细胞内感受这些变化的基因发出信号，让 aRNA 基因转录生成大量的 aRNA。aRNA 随之以碱基配对的形式结合到蛋白编码基因的 "receptor gene" 上，亦即我们现在所知的启动子，引起基因转录的增加。该假说直到 2006 年李龙承等在人细胞中发现 RNA 介导的基因激活现象才得以证实。

18.1.1 RNAa 的概念

RNAa 是 RNA-AGO 通路介导的一种对基因表达的正性调控。最初发现的 RNAa 现象是在由人工合成并靶向基因启动子的双链小 RNA 介导的转录水平基因激活，这种小 RNA 被称为小激活 RNA（small activating RNA，saRNA）。后来发现 RNAa 也可由靶向基因启动子以外的区域（如基因的 3′端、5′UTR、增强子，甚至编码区）的 saRNA 介导[9-12]，其也可发生于转录后水平[13]。

18.1.2 RNAa 的发现及发展历程

2006 年李龙承等首次在人细胞中报道了由双链小 RNA 介导的基因转录激活现象，并且将该现象命名为 RNAa[14]。该工作始于他们试图回答异常高甲基化是如何在肿瘤细胞中建立与维持的问题。众所周知，肿瘤细胞存在由于启动子高甲基化而导致基因失活的现象，受影响的基因多为常见的肿瘤抑制基因。长期以来，我们对这种异常甲基化谱式是如何建立和维持的所知甚少。他们假设非编码 RNA 可能参与了这些过程，即在肿瘤细胞中异常表达的小 RNA 以其序列特异性指导启动子区域的从头甲基化。为了验证该假设，他们设计了靶向 E-cadherin 基因（CDH1）启动子区域的双链 RNA（dsRNA）。CDH1 是肿瘤中常见的由启动子高甲基化失活的抑瘤基因。当这些 dsRNA 被导入细胞以后，不但没有引起 CDH1 表达的下降，反而导致其上升。随后在其他几个基因（*p21* 和 *VEGF*）启动子上找到了同样能增加基因表达的dsRNA。因此他们认为 dsRNA 介导的基因激活可能是一种普遍现象。我们将这些靶向启动子并能激活基因表达的小 RNA 称为小激活 RNA（small activating RNA，saRNA），将这一现象称为 RNAa[14-16]。

　　在李龙承等报道 RNAa 后不久，美国得克萨斯大学达拉斯分校西南医学中心的 Corey 报道了 dsRNA介导的孕酮受体基因（*PR*）的基因激活，他们称这种靶向非编码序列（启动子）的小 RNA 为 agRNA（antigene RNA）。此后不久他们进一步报道了靶向基因 3′端的 agRNA 介导的基因激活[9]。随之，李龙承等还发现自然存在的 miRNA 也能介导 RNAa[17, 18]。2009 年 Turunen 等第一次在小鼠体内观察到 RNAa现象[19]，2013 年 Mello 实验室发现在线虫里由 22G RNA 介导的 RNAa，2014 年 Turner 等在线虫里发现由 miRNA 介导的 RNAa[20]。2016 年在 RNAa 被发现 10 周年之际，世界上第一个 saRNA 药（激活 *CEBPA*基因）进入临床试验用于治疗肝癌[21]。图 18-1 展现了详细的 RNAa 发展历程。

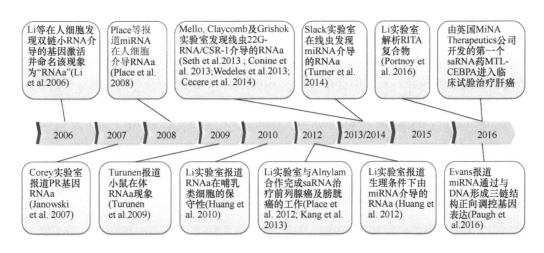

图 18-1　RNAa 发展的时间轴

18.1.3　RNAa 的基本特征

　　RNAa 过程发生在细胞核，涉及从小 RNA 在细胞质被 AGO 装载形成 AGO-RNA 复合物到进入细胞核在转录及组蛋白修饰水平激活基因表达等多步过程。因此 RNAa 既与 RNAi 有共同点（如依赖于AGO 蛋白），也有其特性（如激活效果的长效性）。这些特性说明 RNAa 是一个性质上独立于 RNAi的生物学现象。

1. RNAa 依赖于 AGO 蛋白

　　RNAa 与 RNAi 相同的特征表现在二者均依赖于 AGO 蛋白，特别是 AGO2[14, 22]。AGO2 是人细胞 4个 AGO 蛋白中唯一具有 RNase H 活性的 AGO 蛋白，其 PIWI 结构域是 siRNA 介导的 mRNA 切割必不可少的。RNAa 并不涉及靶序列的切割，为什么也依赖 AGO2 蛋白呢？实际上在 siRNA 介导的 RNAi 中，AGO2 不仅对靶 mRNA 产生切割，而且其 RNase H 活性也是 RISC 复合物活化必不可少的。在 AGO2 装载 siRNA 后，AGO2 在过客链（passenger strand）从 5′端计数的 9 位和 10 位核苷酸之间对过客链进行切割，并弃之[23]。剩下的引导链与 AGO2 形成 RISC 复合物。同样，saRNA 的活化需要 AGO2 的 PIWI 结构域将 saRNA 双链中的过客链切断并从 AGO2 中释放。但不是所有的 RNAa 现象都依赖于 AGO2，由

miRNA 介导的 RNAa 则主要需要 AGO1 蛋白[18, 24, 25]。这可能与 AGO1 选择性结合 miRNA 有关[26]。

2. RNAa 的时效特征

虽然 RNAa 与 RNAi 共享 RNA-AGO 通路，但 RNAa 具有独特的时效特征，表现在基因激活效果的发生呈现 24～48h 的延迟，而 RNAi 的基因沉默效果可出现于 siRNA 转让后数小时内[14, 27]。RNAa 的这种延迟效应可能与 saRNA 需要进入细胞核发挥作用有关，而入核过程可能发生在细胞有丝分裂期核膜消失期间。RNAa 的另外一个时效特征是基因激活的长效性。体外 siRNA 转染后的基因沉默效果一般持续 5～7 天，但一次 saRNA 转染后基因激活效果可持续 10 天以上，甚至达 20 余天或更久[14, 28]。这种长效性和 RNAa 所致的组蛋白修饰改变与表观遗传记忆有关。已知在 RNAa 过程中，saRNA 除了直接激活基因转录，还引起组蛋白修饰的改变，如增加 H2B 的单泛素化和改变核小体的结构。这种新的染色质状态均有可能在细胞分裂时传递给子代细胞。

3. RNAa 的剂量效应关系

由于 RNAa 发生在细胞核，而细胞存在一种由 exportin-5（XPO5）介导的从细胞核向细胞质外输小 RNA 的机制，这种机制可以维持细胞核内小 RNA 的低浓度[29, 30]。因此，不管是实现核内的 RNAa 还是 RNAi，均需要高于细胞质 RNAi 的小 RNA 浓度。体外细胞实验 RNAi 的 EC_{50} 通常在 pmol/L 范围，而 RNAa 的 EC_{50} 在 1nmol/L 左右。

18.2 外源性 RNAa

关键概念

- 外源性 RNAa 是指由人工设计的小激活 RNA（saRNA）介导的 RNAa，有别于由自然存在的内源性小 RNA（如 miRNA）介导的 RNAa。
- 外源性 RNAa 理想的靶基因是那些启动子处于转录准备（poised for transcription）状态的基因。
- 参与 RNAa 的蛋白因子有 GW182、核不均一性核糖核蛋白（hnRNP）、RNA 解旋酶 A（RHA）、CTR9 及 PAF1 复合物。
- RITA 复合物可与 RNAP II 交互作用，RNAa 发生在转录水平并促进转录起始和有效延伸，通常伴有靶点区域的组蛋白修饰的改变，包括许可性（permissive）组蛋白修饰的增加。

18.2.1 外源性 RNAa 定义

外源性 RNAa 是指由人工设计的小激活 RNA（saRNA）介导的 RNAa，有别于由自然存在的内源性小 RNA（如 miRNA）介导的 RNAa。为了激活某一基因，在其启动子处选择一个区域作为 saRNA 的靶点，根据该靶点的序列，合成相应的 saRNA 转染进入细胞，或者用 shRNA 表达载体形式在细胞内过表达而实现对靶基因的激活[14, 31]。

18.2.2　saRNA 靶点选择

目前尚缺乏能够准确预测启动子区域 saRNA 靶点序列的算法。从以前的实验中总结出一套经验性规则，包括：①靶点长度为 19 个核苷酸；②靶点的 GC 含量为 35%～65% 之间；③排除含有连续 5 个以上的单核苷酸；④排除简单二核苷酸或三核苷酸重复如 CGCGCGCG，ACGACGACG；⑤避开单（多）核苷酸多态性位点的区域；⑥第 18～19 位点为 A/T；⑦第 20～21 为 A/T。依据这些规则设计的 saRNA 能够达到一定程度（约 20%）的成功率。

18.2.3　外源性 RNAa 实验设计

1. 靶基因选择

选择基因进行 RNAa 实验需要了解该基因在实验对象（细胞或者组织）中的基础表达水平。理想的靶基因应该是那些启动子处于转录准备（poised for transcription）状态的基因。避免已经高表达的基因；对于完全不表达的基因，特别是被启动子 DNA 高甲基化关闭的基因，RNAa 可能会出现困难。有研究发现，I 型启动子（含 TATA box 和 CGI）对 RNAa 敏感，而不含 TATA 和 CGI 的 II 型启动子 RNAa 效率偏低[32]。

2. 启动子序列选择与生物信息学分析

多数 RNAa 研究 saRNA 靶向区域位于从转录起始位点（TSS）到上游-1kb 区域，也有少数更远端 saRNA 靶点的报道，如梁子才实验室报道在 PR 基因启动子-1611 位点的 saRNA[33]。在设计 saRNA 靶点时，推荐在 1kb 或者更小（如 800bp）范围内寻找。很多基因存在多个启动子，而且它们在不同组织细胞中的使用可能也存在差异。为了确定在特定组织细胞中的主要启动子，可以在 UCSC 基因组浏览器和 DBTSS（DataBase of Transcriptional Start Sites）中通过检查与每个启动子相关的转录本的多寡来判断启动子的使用。另外，CpG 岛的存在与否也有助于确定启动子序列。

3. saRNA 的转染方法

基于 RNAa 的特性，其实验设计有别于常规的 RNAi 的转染实验，主要是 saRNA 的转染浓度及时间。由于 RNAa 发生在细胞核，需要更高的 saRNA 转染浓度才能取得 RNAa 效应；此外，由于 RNAa 效应的滞后性，saRNA 转染时间至少应该为 48h。

18.2.4　外源性 RNAa 的分子机制

尽管 RNAa 的分子机制尚未完全明了，但随着近年来新分子技术的出现，如 CRISPR 方法及各种基于染色质免疫沉淀的分析，我们对 RNAa 的分子机制有了更进一步的认识（图 18-2）。

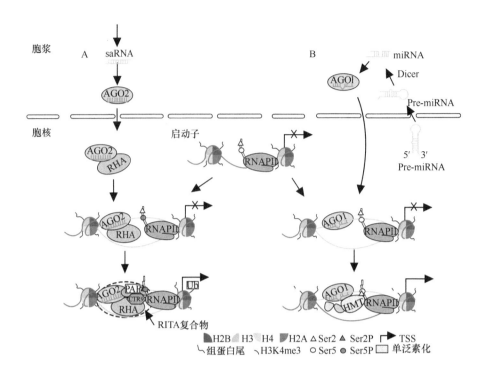

图 18-2 RNAa 调控机制的模式图

A. 外源性 RNAa。外源性 saRNA 进入细胞后在细胞质被 AGO2 处理形成 AGO2-RNA 复合物并进入细胞核，在 AGO2 募集 RHA 后与靶基因启动子上的靶位点结合。此时，RHA 协助打开 DNA 双螺旋暴露启动子上的靶位点。AGO2 可以直接募集 RNAP II 促进转录起始复合物（PIC）的形成或者稳定 PIC，并进一步募集 PAF1C 形成更大的 RITA 复合物。PAF1C 磷酸化 RNAP II CTD 上的 2 位丝氨酸，启动转录有效延伸；PAF1C 还可以募集 E2/E3 泛素连接酶，导致 H2B 的单泛素化，进一步促进转录延伸。B. 内源性 RNAa。由细胞内转录并经过多步处理而形成的成熟 miRNA 在细胞质与 AGO1 蛋白形成 AGO1-RNA 复合物，后者进入细胞核与基因启动子上的靶点结合。AGO1 可以直接与 RNAP II 互作并募集蛋白修饰酶，如组蛋白甲基转移酶（HMT），导致转录及染色质的活化

1. 参与 RNAa 的蛋白因子

1）GW182

GW182（TNRC6）是重要的 RNAi 因子，由 3 个高度相似的旁系同源蛋白质组成，即 TNRC6A、TNRC6B 和 TNRC6C。它们均能与 AGO 蛋白发生蛋白质-蛋白质相互作用而协助 AGO 定位于 P 小体，参与 miRNA 对靶基因的抑制。Corey 实验室发现 TNRC6A、TNRC6B、TNRC6C 均可能参与了 RNAa，因为同时敲低 3 个成员导致 saRNA 失去激活 COX-2 基因的活性，而且 TNRC6A 与 AGO2 有蛋白互作关系[34]。进而，该实验室以 TNRC6A 为诱饵，从细胞核提取物中分离出蛋白用质谱鉴定，发现了更多的与 TNRC6A 有交互作用的蛋白质，包括 WDR5、NAT10 及 MED14 等。敲低这些蛋白质同样影响 saRNA 介导的 COX2 激活[35]。

2）核不均一性核糖核蛋白（hnRNP）

hnRNP 家族蛋白是细胞核内重要的 RNA 结合蛋白，主要与 pre-mRNA 结合，参与 pre-mRNA 的处理（拼接、稳定性、出核过程），同时，还可在结合 pre-mRNA 后参与转录调控。Schwartz 等选取 hnRNP-k 作为可能参与 RNAa 的蛋白质，分析了其在孕酮受体（PR）RNAa 过程中的可能作用，因为已知 hnRNP-k 可结合 RNA 和 DNA，而且 PR 启动子含有潜在的 hnRNP-k 结合位点。作者通过 ChIP 及 RIP 等方法发现 hnRNP-k 能够结合于 PR 启动子 DNA，但在 saRNA 结合于与启动子靶点重叠的反义转录 RNA（AT2）后，能够使 hnRNP-k 与 DNA 的结合转移到 AT2 上，该过程可能重塑蛋白与启动子 DNA 的互作，进而激活转录[36]。

Hu 等用生物素标记 saRNA 引导链，对捕获的蛋白质进行质谱分析，发现 hnRNPA2/B1 与 saRNA 引导链特异结合。对该蛋白质进行 ChIP 分析，发现其出现于 p21 的启动子的 saRNA 靶点，进一步敲低 hnRNPA2/B1 后发现 saRNA 失去 RNAa 活性[37]。

　　3）RNA 解旋酶 A（RHA）

　　RHA 也被称为核 DNA 解旋酶 II，是解旋酶超级家族 2 中 DEAH（Asp-Glu-Ala-Asp）家族成员[38]。RHA 含有 2 个 dsRNA 结合域（dsRBM）、1 个解旋结构域及 1 个具有 RNA/DNA 解旋酶活性的富含 RCG 的区域[39, 40]。RHA 可直接结合于 DNA，或者通过与其他转录因子互作并募集基础转录因子至启动子或者改变染色质的修饰而介导转录激活[41-43]。RHA 还可以作为一种桥接因子募集 RNAP II 至转录起始前复合物（pre-initiation complex，PIC）[39]。

　　有研究发现 RHA 是 RISC 复合物的组分并参与了 RNAi 过程[44]。李龙承课题组通过一种被称为 ChIbRP（chromatin isolation by biotinylated RNA pulldown）的方法，结合质谱分析发现 RHA 与 saRNA 的引导链特异结合。敲低实验验证了 RHA 是 RNA 激活必需的蛋白质。进一步利用细胞免疫荧光分析，他们发现与早前其他报道[45]不同的是，在肿瘤细胞中 RHA 几乎完全定位于细胞核，并与游离的 AGO2 或者装载有 saRNA 的 AGO2 关联。这种细胞核定位也支持 RHA 参与 RNAa 过程的可能性，但目前尚未明确究竟 RHA 参与 RNAa 的哪一个步骤。他们推测 RHA 有可能在 AGO2-RNA 复合物与 DNA 靶点结合时，通过其 DNA 解旋酶参与了 DNA 双链的打开及后续的转录激活过程。

　　有意思的是，RHA 是果蝇基因 maleless 在人类细胞的直系同源基因，而 maleless 是前面提到的果蝇的剂量补偿复合物（DCC）的一个重要组分。DCC 介导了非编码 RNA 指导的 X 连锁基因的表达上调[46, 47]。这种同源性提示 RNAa 与果蝇的剂量补偿效应可能存在进化上的关联。

　　4）CTR9 及 PAF1 复合物

　　CTR9（RNA polymerase-associated protein CTR9 homolog）是 PAF1 复合物（PAF1C）中的重要组分。除了 CTR9，该复合物还包括 PAF1、LEO1、CDC73、RTF1、SKI8[48]。通过与 RNAP II 及组蛋白修饰酶交互作用，PAF1C 参与调控转录起始、有效延伸、RNA 处理及组蛋白修饰等多个步骤[49-51]。例如，PAF1C 可以通过磷酸化 RNAP II 的羧基末端结构域（CTD）的 2 位丝氨酸，促进转录从停滞到有效延伸[52]。在参与组蛋白修饰方面，PAF1C 能够募集组蛋白修饰因子至 RNAP II 复合物，从而引起与活跃基因相关的组蛋白修饰改变，如通过募集 E2/E3 泛素连接酶而触发 H2B 的单泛素化，进而引起一连串的后续反应，包括 H3K4 和 H3K79 的甲基化[51, 53, 54]。与 RHA 相似，CTR9 还可以结合三股螺旋结构[55]。

　　利用上述 ChIbRP 分析，李龙承课题组用 saRNA 的引导链捕捉到 CTR9 蛋白，进一步分析发现 CTR9 与 AGO2 及 RNAP II 存在交互作用。用 RNAi 敲低 CTR9 证明其对多个基因的 RNAa 的重要性。他们还发现 PAF1C 的 PAF1 组分与 AGO2 互作，因此推测整个 PAF1C 可能参与了 RNAa 过程[56, 57]。

2. RITA 复合物及其与 RNAP II 的交互作用

　　综上所述，我们知道参与 RNAa 效应的除了 saRNA 引导链和 AGO2 蛋白形成的 AGO-RNA 复合物外，AGO 蛋白还募集其他直接与转录/组蛋白修饰调控相关蛋白［包括 RHA 和 PAF1C 组分（如 CTR9、PAF1）］至 AGO-RNA 复合物而形成一个更大的复合物，从而产生 RNAa 效应。李龙承课题组由此将这种复合物称为 RITA（RNA induced transcriptional activation）复合物。

　　多项研究发现靶向不同启动子的 saRNA 能够增加 RNAP II 在启动子靶点上的富集[32-34, 37, 56]。通过免疫共沉淀方法也证实各种 RNAa 因子与 RNAP II 的互作。例如，李龙承课题组用生物素标记的 saRNA 捕捉核蛋白并进行 Western blot 分析，发现 saRNA 的引导链与 RNAP II 直接互作[56]。AGO2 蛋白、RHA、CTR9 等因子也能与 RNAP II 发生交互作用[33, 34, 37]。这些证据充分表明 RNAa 是一种发生于转录水平的

"on-target"基因激活机制。最近两项报道 CRISPR 突变 saRNA 靶点影响 RNAa 效应的工作进一步支持了这一观点[33, 56]。

3. RNAa 发生在转录水平并促进转录起始和有效延伸

saRNA 转染细胞后导致细胞核内相应基因的新生转录本显著增加，但这并不影响 mRNA 的稳定性[22, 56]，说明 RNAa 发生在转录水平。基因转录是一个涉及从转录起始、启动子解脱到有效延伸等多个步骤的过程，究竟 RNAa 影响了转录的哪些步骤？上述 saRNA 转染实验结果显示，RNAP II 在转录起始位点富集显著增加，提示 RNAa 可能作用于转录起始，通过募集 RNAP II 至核心启动子区域而促进转录起始前复合物（PIC）的装配或使之稳定。Zhang 等发现在 miRNA 介导的 RNAa 过程，靶向 TATA 盒的 miRNA 能够促进 TBP 及 TFIIA 与核心启动子的结合[58]。在转录起始后，很多基因会出现 RNAP II 在启动子近端暂停，而处于一种转录准备（poised for transcription）状态。此时，如果 RNAP II 的 CTD 结构域的 2 位丝氨酸（Ser2）受到磷酸化，转录则可迅速进入有效延伸。这也是很多基因转录激活的一种机制。在 saRNA 介导的转录激活中，李龙承课题组发现 saRNA 靶向启动子能够显著增加 Ser2 的磷酸化，提示转录过程从启动子近端暂停到有效延伸的转变[56]。总之，这些结果说明 RNAa 是一个作用于转录起始及延伸阶段的转录激活过程（图 18-2）。

4. RNAa 中染色质修饰及核小体定位的改变

除了上述介绍的 RNAa 直接作用于基因转录过程，RNAa 通常伴有靶点区域的组蛋白修饰的改变，包括许可性组蛋白修饰的增加，如 H3K4me，或者抑制性组蛋白修饰的减少（如 H3K9me、H3K9ac、H3K14ac）[14, 19, 59, 60]。尽管如此，目前尚未明确这些改变是否仅反映了基因表达的一种状态，还是基因表达活跃的源头性改变；另外一个需要回答的问题是，是否存在 RNAa 导致的特征性组蛋白修饰。李龙承课题组发现，在 saRNA 激活 p21 基因的同时，出现从 saRNA 靶位点一直延伸至整个 p21 转录单元的 H2B 的单泛素化（H2Bub1）。这种改变很可能是 RITA 复合物中的 PAF1C 中的组分（如 CTR9）通过募集 E2/E3 泛素连接酶而触发的。如果该假设能被证实，那么 H2Bub1 可能代表了 RNAa 的特征性和源头性组蛋白修饰的改变。

另外，RNAa 效应还会改变核小体位置。Wang 等分析了 saRNA 介导的干细胞因子（OCT4、NANOG、SOX2）激活前后启动子的核小体定位，发现 saRNA 靶向启动子导致近端启动子上的靶位点形成一个核小体缺失区和开放的染色质结构，这种改变为 RNAP II 及其他转录因子的结合提供了有利条件，从而导致转录起始的激活[32]。

18.3 内源性 RNAa

关键概念

- miRNA 能够在人、小鼠及秀丽隐杆线虫的细胞核内介导基因转录/表观遗传激活。这种由内源性小 RNA 介导的 RNAa 被称为内源性 RNAa。
- 内源性 RNAa 的发现源自外源性 RNAa 实验中观察到 saRNA 在与靶序列存不完全匹配的情况下仍然能够触发 RNAa。
- 肿瘤细胞有可能通过劫持 RNAa 机制来维持基因的活跃表达状态。

• AGO-RNA 通路在细胞核内对转录/表观遗传的正性调控也保守于线虫。

RNAa 为内源性的细胞机制，可由细胞内天然存在的小 RNA-AGO 通路介导，目前已发现很多 miRNA 能够在人、小鼠及秀丽隐杆线虫的细胞核内介导基因转录/表观遗传激活。这种由内源性小 RNA 介导的 RNAa 因此被称为内源性 RNAa。

内源性 RNAa 的发现源自外源性 RNAa 实验中观察到 saRNA 在与靶序列存在不完全匹配的情况下仍然能够触发 RNAa[14]，因此推测 miRNA 也能介导 RNAa。实际上，极少有 miRNA 与基因启动子序列存在完全互补，除了少数直接转录于启动子区域的 miRNA，如 miR-611、miR-191、miR-484、miR-320a、miR-34b、let-7i[61]。第一个内源性 RNAa 的研究工作是 Place 等在 2008 年报道的[17]。通过生物信息学预测，他们在 E-cadherin（CDH1）基因启动子-645 位点发现了 miR-373 的靶点。转染成熟的 miR-373 或者其化学合成的前体均能激活 E-cadherin 在转录水平的表达（6～7 倍）。进一步在全基因组启动子预测了 miR-373 的靶位点，发现有 370 多个基因存在可能的靶点。选取其中 12 个匹配度最好的靶基因进行验证，发现 miR-373 能够激活 CSDC2 达 5 倍左右，而其靶点存在于 CSDC2 启动子-787 位点。

虽然 Place 等的工作第一次观察到了导入合成的 miRNA 至细胞能够激活预测靶基因的表达，但未回答是否 RNAa 机制在细胞生理和病理情况下也会发挥作用。为了回答该问题，李龙承课题组采用了基因表达谱分析以发现可能受内源性 RNAa 调控的基因。具体方法是敲低参与 miRNA 生物生成及功能的基因（Drosha、Dicer、AGO1），然后比较敲低前后全基因组基因表达的改变。他们观察到有一组基因在敲低 Drosha、Dicer、AGO1 后表达下调，而过表达 AGO1 则出现上调，提示这些基因有可能受 miRNA 正向调控。他们选择了其中一个基因即 Ccnb1 进一步分析，发现并验证了 miR-744 及 miR-1186 能够通过内源性 RNAa 激活 Ccnb1。过表达及敲低这些 miRNA 能够导致 Ccnb1 的相应变化，这说明 Ccnb1 在生理条件下受这些 miRNA 的正性调控[18]。

最近李龙承课题组在人肿瘤细胞进行的 AGO ChIP-深度测序分析结果提示，人基因组中普遍存在 AGO-RNA 平台与染色质及转录机器的互作，这种互作可能是 miRNA 介导的一种内源性 RNAa，肿瘤细胞有可能通过这种机制维持细胞生长、增殖相关基因的活跃表达[62]。他们发现：①AGO1 广泛结合于基因启动子区域，特别是有 H3K4me3 标记的转录活跃的启动子，而且这些基因多与细胞增殖、细胞周期进展、细胞生存密切相关；②AGO1 与 RNAP II 有直接交互作用；③功能缺失及功能获得分析表明 AGO1-启动子结合是基因高表达的原因，而非结果；④高表达 PAZ 结构域缺失的 AGO1 则不能诱发基因高表达，提示小 RNA 参与该过程；⑤AGO1 在启动子的结合序列有极其显著的 miRNA 靶位点富集，特别是已知的几个 oncomiR 家族成员，提示 AGO1 与染色质的结合有可能是反式作用 miRNA 介导的。

18.3.1　内源性 RNAa 的生物学功能

肿瘤细胞存在大量促进细胞增殖、细胞周期和生存的高表达基因。肿瘤细胞有可能通过劫持 RNAa 机制来维持这些基因的活跃表达状态。例如，Ccnb1 是控制细胞进入有丝分裂期的关键蛋白，在小鼠前列腺癌细胞，miR-744 或 miR-1186 通过激活 Ccnb1 而加速细胞生长和缩短细胞倍增时间，并导致染色体数目和结构的改变[18]。

已知多个 miRNA 通过内源性 RNAa 机制在肿瘤发生发展过程中起促进作用[25, 63]，最好的例子是 miR-551b-3p。miR-551b-3p 位于染色体 3q26.2 位点，该位点在 1/3 的高分级浆液性卵巢癌（HGSEOC）患者中存在扩增，导致 miR-551b-3p 的高表达和预后不良[25]。经过进一步体外和在体实验，Chaluvally-Raghavan 等发现 miR-551b-3p 能够促进卵巢癌细胞增殖、生存和肿瘤生长。作者试图寻找 miR-551b-3p

通过 3′UTR 靶向的靶基因来解释其对卵巢癌细胞的作用，通过对预测的 8 个靶基因逐一敲低，发现任何基因的敲低均不能重现 miR-551b-3p 过表达的效果。因此作者推测 miR-551b-3p 可能利用有别于 3′UTR 靶向的其他机制。利用逆相蛋白矩阵（reverse phase protein arrays，RPPA）方法，作者在 miR-551b-3p 过表达后的细胞中发现磷酸化及总 STAT3 蛋白的高表达并伴随其 mRNA 高表达。在 STAT3 稳定敲低的情况下，miR-551b-3p 失去对卵巢癌细胞的生长刺激作用，而且上述 8 个基因的敲低并不影响 STAT3 的表达，提示 miR-551b-3p 可能直接调控 STAT3。生物信息学预测发现 miR-551b-3p 与 STAT3 启动子区一个环状结构（loop structure）呈现序列互补，miR-551b-3p 能够刺激 STAT3 启动子驱动的报告基因表达，突变该环状序列则丧失了这种刺激效果。进一步分析发现在 miR-551b-3p 存在下，AGO1、TWIST1 及 RNAP II 以复合物形式与含有 miR-551b-3p 靶点的 STAT3 启动子片段关联。该研究揭示了 miR-551b-3p 通过 AGO1 直接靶向 STAT3 启动子，而募集 RANP II 和 TWIST1 促进 STAT3 的转录。

内源性 RNAa 在免疫系统中也起重要作用[58, 64, 65]。张辉实验室发现 miR-4281 通过靶向 FOXP3 启动子区的 TATA 盒序列激活 FOXP3，进而促进初始 T 细胞向 Treg 细胞分化及 Treg 细胞增殖[65]。这种调控机制有可能作为一种免疫抑制治疗及在体外快速扩增 Treg 细胞的手段。

18.3.2　内源性 RNAa 的分子机制

内源性 RNAa 的分子机制尚未完全明了，特别是对内源性 RNAa 的调控普遍性、靶向规则和参与该过程的其他因子的了解还非常有限。基于现有的研究结果，图 18-2B 提出了内源性 RNAa 的初步机制模型。在该模型中，内源性转录的小 RNA（如 miRNA）与其蛋白伴侣 AGO（主要为 AGO1）形成 AGO-RNA 复合物，以反式作用的方式结合于众多的染色质位点，特别是基因的核心启动子区域。继而，AGO 蛋白通过募集 RNAP II 及组蛋白修饰蛋白而维持靶基因的活跃表达状态[62]。另外，转录于核心启动子区域的新生非编码转录本也有可能形成茎环结构而被 AGO 蛋白结合和处理，以顺式作用对局部染色质产生调控[66]。

18.4　线虫中的 RNAa

18.4.1　22G-RNA 介导的 RNAa

AGO-RNA 通路在细胞核内对转录/表观遗传的正性调控也保守于线虫。Mello、Claycomb 及 Grishok 等多个实验室发现线虫的 AGO 蛋白 CSR-1 在 22G-RNA 的指导下靶向内源性基因的新生转录，通过与染色质调控通路发生交互作用，引发表观基因激活[67-70]。与哺乳类 RNAa 不同的是，CSR-1/22G-RNA 靶向新生的编码序列，另外，CSR-1/22G-RNA 导致的 RNAa 能将这种表观遗传记忆通过生殖系细胞稳定地传给子代[67, 68]，从而识别并且保护内源性基因不至于被另外一种针对外源性序列的、被称为 RNAc 的机制所沉默[71]。

18.4.2　线虫 miRNA 介导的 RNAa

lin-4 是历史上发现的第一个 miRNA，是秀丽隐杆线虫发育时序调控的关键因子。在线虫发育的 L1 幼虫期末期 lin-4 转录被启动，成熟后的 lin-4 miRNA 结合到 lin-14 和 lin-28 的 3′UTR 区抑制它们的蛋白表达，进而调控从 L1 到 L2 期的转变。最近的研究发现在 lin-4 转录起始位点上游 50bp 的区域存在一个在线虫保守的、与 *lin-4* 互补的元件（*lin-4* complementary element，LCE）。成熟的 *lin-4* 通过序列互补的形式结合到 LEC，上调其自身的表达，形成一种正反馈回路。该研究代表了第一个被发现的在体（*in vivo*）RNAa 现象。

18.5　RNAa 的应用

由于 RNAa 能够开启内源性基因表达，而且不需要烦琐的克隆过程，不需要在目的细胞引入遗传物质，因此是一种有广泛潜在应用前景的技术。

18.5.1　RNAa 过表达用于基因功能研究

传统的基因过表达方法是克隆基因的编码序列至表达载体（质粒或者病毒载体），再用载体转染细胞以获得目的基因在细胞内的异位高表达。虽然这种方法可以获得可靠的过表达（可达上百倍），但存在一定的缺陷。首先，克隆的编码序列为成熟的 mRNA 序列，不含有 UTR 区域及内含子，而这些区域对基因的功能具有重要的影响。此外，大部分基因具有多个转录异构体，它们可能在不同的细胞/组织中发挥不同的作用，而载体介导的过表达方法一般只是表达其中一种异构体，因此不能忠实地再现基因的天然功能。RNAa 则不存在这些弊端，表现在 RNAa 可以激活内源性基因，或者同时激活同一基因的多个转录异构体[14, 28, 60]；尽管其导致的基因过表达只有数倍之多，但由此引发的功能性改变能够等同于上百倍的载体过表达[72, 73]。

18.5.2　RNAa 用于细胞编程

自从 Yamanaka 利用载体过表达 4 个干细胞因子（OCT4、SOX2、MYC 及 KLF4）的方法诱导干细胞（induced pluripotent stem cell，iPS）的产生后，载体过表达已被广泛应用于体细胞到干细胞的逆向分化、从一种细胞向其他细胞的转分化及干细胞的定向分化等。这种细胞重编程方法最大的弊端是使用外源性的遗传物质，从而妨碍所获细胞在人体内使用。RNAa 有可能代表一种更安全的细胞重编程方法。在 Yamanaka 四因子诱导的 iPS 细胞过程中，OCT4 被认为是必不可少的。李龙承课题组利用 OCT4 saRNA 代替 OCT4 因子对小鼠成纤维细胞进行 iPS 转化，发现 OCT4 saRNA 能够将成纤维细胞逆分化到部分 iPS 状态[74]。另外，在人胚胎细胞癌细胞，用 RNAa 方法激活 NANOG 能够抵抗次黄酸诱导的分化[73]。Voutila 等利用 saRNA 激活 *KLF4* 和 *MYC* 基因，进行表达谱分析发现 saRNA 导致了与载体过表达相似的全基因组的表达谱改变[75]。

眼齿指发育不良（oculodentodigital dysplasia syndrome，ODDD）是一种由 GJA1（Cx43）突变而导致的罕见常染色体显性遗传病，由于 GJA1 其中一个等位基因的突变使其表达水平低下，进而导致细胞外基质（ECM）相关蛋白在细胞内的聚集。Esseltine 等用 saRNA 在 ODDD 患者的成纤维细胞中成功地激活了 GJA1，并由此实现了细胞的重编程，表现为 ECM 水平的降低[76]。MafA 为胰岛特异性β细胞转录因子，调控胰岛素生物合成。Reebye 等在具有多分化潜能的骨髓 CD34$^+$ 细胞中实现了 MafA 的 RNA 激活，MafA 的激活导致内胚层胰腺特异性基因的表达上调，包括 PDX1、Neurogenin 3、NeuroD、NKX6-1 等。同时，MafA 的激活还能促进特定因子辅助的 CD34$^+$ 细胞向胰岛细胞分化，提高细胞对葡萄糖刺激的敏感性，表现为细胞内及分泌的胰岛素和 C-肽的显著增加[28]。

18.5.3　RNAa 用于疾病治疗

在很多细胞实验中，saRNA 被用于激活治疗性基因。多个临床前研究报道了化学合成的 saRNA 或者载体介导的 saRNA 在体内的治疗性效果，包括肿瘤和非肿瘤疾病（表 18-1）。随着第一个 saRNA 药 MTL-CEBPA 于 2016 年进入临床研究用于晚期肝癌的治疗[77]，RNAa 作为一种平台技术正式进入临床转化。

表 18-1　saRNA 治疗疾病的临床前研究

靶基因	saRNA 形式	物种	疾病	疾病模型	给药途径	参考文献
Vegfa	慢病毒表达的 shRNA	小鼠	肢端缺血	后肢缺血	局部注射	[19]
CDKN1A	化学合成 saRNA	小鼠	前列腺癌	异体肿瘤模型	肿瘤注射	[78]
CDKN1A	化学合成 saRNA	小鼠	膀胱癌	原位肿瘤模型	膀胱灌注	[79]
NOS2	腺病毒表达的 shRNA	大鼠	勃起功能障碍	链脲佐菌素诱发的糖尿病模型	海绵体注射	[31]
NKX3-1	化学合成 saRNA	小鼠	前列腺癌	异体肿瘤模型	肿瘤注射	[80]
Vegfa	慢病毒表达的 shRNA	小鼠	心肌梗塞	冠状动脉结扎后心肌梗死	心壁注射	[81]
Cebpa	化学合成 saRNA	大鼠	肝硬化/肝癌	二乙基亚硝胺诱发肝硬化/肝癌	尾静脉注射	[82]
CEBPA	saRNA/适配体偶联物	小鼠	胰腺癌	异体肿瘤模型	尾静脉注射	[83]
DPYSL3	saRNA/适配体偶联物	小鼠	前列腺癌	原位肿瘤模型	腹膜内注射	[84]
CEBPA	化学合成 saRNA	小鼠	肝癌	原位肿瘤模型	尾静脉注射	[85]

目前，大多数利用 RNAa 治疗疾病的研究是针对肿瘤疾病，通过激活肿瘤抑制基因而抑制肿瘤细胞增殖与生长，促进细胞凋亡。除了肿瘤疾病，某个或者多个治疗性基因的表达不足也能导致很多非肿瘤疾病。这些疾病均可能为 RNAa 的适应证。另外，在一些情况下即使某一治疗性基因的表达未出现病理性改变，利用 RNAa 进一步促进这些基因的表达也能带来有益的效果。

18.6　RNAa 领域面临的问题与展望

越来越多的研究表明，RNAa 是一种内源性的细胞机制，并且通过使用合成的 saRNA 来触发 RNAa 的方法在生物医学研究及疾病治疗方面均有潜在的应用。但要充分实现 RNAa 的潜能，还有待回答和解决多个方面的问题。首先，RNAa 的分子机制还未完全明了，目前已经明确的 RNAa 过程及参与因子是否具有普遍性还需要在更多的系统中验证。其次，RNAa 的靶向规则尚不明确。现有的生物信息学预测 saRNA 靶点存在成功率低的问题，如何提高成功率是该技术能否被广泛使用的关键。第一，阐明 RNAa 的分子机制有助于优化 saRNA 设计规则和提高预测成功率；第二，通过高通量靶点筛选获得的信息有助于进一步优化 saRNA 设计规则；第三，如何提高 RNAa 的效率也是制约该技术应用范围的关键问题。目前 RNAa 对于有些基因激活效率不够，特别是对于有些完全不表达基因，不能达到激活效果。这方面的问题有望通过改进 saRNA 的设计而解决。

总之，RNAa 作为一种生物学调控机制，其在生命过程及疾病发生发展中的作用正在被揭示。RNAa 代表了一种简便安全的基因操控技术，具有巨大的潜在应用价值。

参 考 文 献

[1]　Meller, V. H. et al. roX1 RNA paints the X chromosome of male Drosophila and is regulated by the dosage compensation system. Cell 88, 445-457(1997).

[2]　Lanz, R. B. et al. A steroid receptor coactivator, SRA, functions as an RNA and is present in an SRC-1 complex. Cell 97, 17-27(1999).

[3]　Gupta, R. A. et al. Long non-coding RNA HOTAIR reprograms chromatin state to promote cancer metastasis. Nature 464,

1071-1076(2010).

[4]　Wang, K. C. *et al.* A long noncoding RNA maintains active chromatin to coordinate homeotic gene expression. *Nature* 472, 120-124(2011).

[5]　Krishnan, J. & Mishra, R. K. Emerging trends of long non-coding RNAs in gene activation. *FEBS J* 281, 34-45(2014).

[6]　Wassenegger, M. *et al.* RNA-directed *de novo* methylation of genomic sequences in plants. *Cell* 76, 567-576(1994).

[7]　Morris, K. V. *et al.* Small interfering RNA-induced transcriptional gene silencing in human cells. *Science* 305, 1289-1292(2004).

[8]　Britten, R. J. & Davidson, E. H. Gene regulation for higher cells: a theory. *Science* 165, 349-357(1969).

[9]　Yue, X. *et al.* Transcriptional regulation by small RNAs at sequences downstream from 3′ gene termini. *Nat Chem Biol* 6, 621-629(2010).

[10]　Liang, G. & Weisenberger, D. J. DNA methylation aberrancies as a guide for surveillance and treatment of human cancers. *Epigenetics* 12, 416-432(2017).

[11]　Xiao, M. *et al.* MicroRNAs activate gene transcription epigenetically as an enhancer trigger. *RNA Biol*, 14, 1326-1334(2017).

[12]　Voutila, J. *et al.* Development and mechanism of small activating RNA targeting CEBPA, a novel therapeutic in clinical trials for liver cancer. *Mol Ther* 25, 2705-2714(2017).

[13]　Vasudevan, S. *et al.* Switching from repression to activation: microRNAs can up-regulate translation. *Science* 318, 1931-1934(2007).

[14]　Li, L. C. *et al.* Small dsRNAs induce transcriptional activation in human cells. *Proc Natl Acad Sci U S A* 103, 17337-17342(2006).

[15]　Check, E. RNA interference: hitting the on switch. *Nature* 448, 855-858(2007).

[16]　Garber, K. Genetics. Small RNAs reveal an activating side. *Science* 314, 741-742(2006).

[17]　Place, R. F. *et al.* MicroRNA-373 induces expression of genes with complementary promoter sequences. *Proc Natl Acad Sci U S A* 105, 1608-1613(2008).

[18]　Huang, V. *et al.* Upregulation of cyclin B1 by miRNA and its implications in cancer. *Nucleic Acids Res* 40, 1695-1707(2012).

[19]　Turunen, M. P. *et al.* Efficient regulation of VEGF expression by promoter-targeted lentiviral shRNAs based on epigenetic mechanism: a novel example of epigenetherapy. *Circ Res* 105, 604-609(2009).

[20]　Turner, M. J. *et al.* Autoregulation of lin-4 microRNA transcription by RNA activation(RNAa)in *C. elegans*. *Cell Cycle* 13, 772-781(2014).

[21]　ClinicalTrials.gov. (https: //ClinicalTrials.gov/show/NCT02716012, 2016).

[22]　Chu, Y. *et al.* Involvement of argonaute proteins in gene silencing and activation by RNAs complementary to a non-coding transcript at the progesterone receptor promoter. *Nucleic Acids Res* 38, 7736-7748(2010).

[23]　Rand, T. A. *et al.* Argonaute2 cleaves the anti-guide strand of siRNA during RISC activation. *Cell* 123, 621-629(2005).

[24]　Huang, V. & Li, L. C. miRNA goes nuclear. *RNA Biol* 9, 269-273(2012).

[25]　Chaluvally-Raghavan, P. *et al.* Direct upregulation of STAT3 by microRNA-551b-3p deregulates growth and metastasis of ovarian cancer. *Cell Rep* 15, 1493-1504(2016).

[26]　Li, L. C. Chromatin remodeling by the small RNA machinery in mammalian cells. *Epigenetics* 9, 45-52(2014).

[27]　Place, R. F. *et al.* Defining features and exploring chemical modifications to manipulate RNAa activity. *Curr Pharm Biotechnol* 11, 518-526(2010).

[28]　Reebye, V. *et al.* A Short-activating RNA oligonucleotide targeting the islet beta-cell transcriptional factor MafA in CD34(+)cells. *Mol Ther Nucleic Acids* 2, e97(2013).

[29]　Brownawell, A. M. & Macara, I. G. Exportin-5, a novel karyopherin, mediates nuclear export of double-stranded RNA

binding proteins. *J Cell Biol* 156, 53-64(2002).

[30] Melo, S. A. *et al.* A genetic defect in exportin-5 traps precursor microRNAs in the nucleus of cancer cells. *Cancer Cell* 18, 303-315(2010).

[31] Wang, T. *et al.* saRNA guided iNOS up-regulation improves erectile function of diabetic rats. *J Urol* 190, 790-798(2013).

[32] Wang, B. *et al.* Small-activating RNA can change nucleosome positioning in human fibroblasts. *J Biomol Screen* 21, 634-642(2016).

[33] Meng, X. *et al.* Small activating RNA binds to the genomic target site in a seed-region-dependent manner. *Nucleic Acids Res* 44, 2274-2282(2016).

[34] Matsui, M. *et al.* Promoter RNA links transcriptional regulation of inflammatory pathway genes. *Nucleic Acids Res* 41, 10086-10109(2013).

[35] Hicks, J. A. *et al.* Human GW182 paralogs are the central organizers for RNA-mediated control of transcription. *Cell Rep* 20, 1543-1552(2017).

[36] Schwartz, J. C. *et al.* Antisense transcripts are targets for activating small RNAs. *Nat Struct Mol Biol* 15, 842-848(2008).

[37] Hu, J. *et al.* Promoter-associated small double-stranded RNA interacts with heterogeneous nuclear ribonucleoprotein A2/B1 to induce transcriptional activation. *Biochem J* 447, 407-416(2012).

[38] Zhang, S. S. & Grosse, F. Purification and characterization of two DNA helicases from calf thymus nuclei. *J Biol Chem* 266, 20483-20490(1991).

[39] Tang, W. *et al.* RNA helicase A acts as a bridging factor linking nuclear beta-actin with RNA polymerase II. *Biochem J* 420, 421-428(2009).

[40] Zhang, S. & Grosse, F. Nuclear DNA helicase II unwinds both DNA and RNA. *Biochemistry* 33, 3906-3912(1994).

[41] Jain, A. *et al.* Human DHX9 helicase unwinds triple-helical DNA structures. *Biochemistry* 49, 6992-6999(2010).

[42] Myohanen, S. & Baylin, S. B. Sequence-specific DNA binding activity of RNA helicase A to the p16INK4a promoter. *J Biol Chem* 276, 1634-1642(2001).

[43] Valineva, T. *et al.* Characterization of RNA helicase A as component of STAT6-dependent enhanceosome. *Nucleic Acids Res* 34, 3938-3946(2006).

[44] Robb, G. B. & Rana, T. M. RNA helicase A interacts with RISC in human cells and functions in RISC loading. *Mol Cell* 26, 523-537(2007).

[45] Tang, H. *et al.* The carboxyl terminus of RNA helicase A contains a bidirectional nuclear transport domain. *Mol Cell Biol* 19, 3540-3550(1999).

[46] Kuroda, M. I. *et al.* The maleless protein associates with the X chromosome to regulate dosage compensation in *Drosophila*. *Cell* 66, 935-947(1991).

[47] Zhang, S. & Grosse, F. Molecular characterization of nuclear DNA helicase II(RNA helicase A). *Methods Mol Biol* 587, 291-302(2010).

[48] Mueller, C. L. & Jaehning, J. A. Ctr9, Rtf1, and Leo1 are components of the Paf1/RNA polymerase II complex. *Mol Cell Biol* 22, 1971-1980(2002).

[49] Krogan, N. J. *et al.* RNA polymerase II elongation factors of Saccharomyces cerevisiae: a targeted proteomics approach. *Mol Cell Biol* 22, 6979-6992(2002).

[50] Zhang, Y. *et al.* The Paf1 complex is required for efficient transcription elongation by RNA polymerase I. *Proc Natl Acad Sci U S A* 106, 2153-2158(2009).

[51] Marton, H. A. & Desiderio, S. The Paf1 complex promotes displacement of histones upon rapid induction of transcription by RNA polymerase II. *BMC Mol Biol* 9, 4(2008).

[52] Jaehning, J. A. The Paf1 complex: platform or player in RNA polymerase II transcription? *Biochim Biophys Acta* 1799, 379-388(2010).

[53] Chu, Y. *et al.* Regulation of histone modification and cryptic transcription by the Bur1 and Paf1 complexes. *EMBO J* 26, 4646-4656(2007).

[54] Kim, J. *et al.* The human PAF1 complex acts in chromatin transcription elongation both independently and cooperatively with SII/TFIIS. *Cell* 140, 491-503(2010).

[55] Musso, M. *et al.* The yeast CDP1 gene encodes a triple-helical DNA-binding protein. *Nucleic Acids Res* 28, 4090-4096(2000).

[56] Portnoy, V. *et al.* saRNA-guided Ago2 targets the RITA complex to promoters to stimulate transcription. *Cell Res* 26, 320-335(2016).

[57] Setten, R. L. *et al.* Development of MTL-CEBPA: Small activating RNA drug for hepatocellular carcinoma. *Curr Pharm Biotechnol* 19, 611-621(2018).

[58] Zhang, Y. *et al.* Cellular microRNAs up-regulate transcription via interaction with promoter TATA-box motifs. *RNA* 20, 1878-1889(2014).

[59] Yang, K. *et al.* Promoter-targeted double-stranded small RNAs activate PAWR gene expression in human cancer cells. *Int J Biochem Cell Biol* 45, 1338-1346(2013).

[60] Janowski, B. A. *et al.* Activating gene expression in mammalian cells with promoter-targeted duplex RNAs. *Nat Chem Biol* 3, 166-173(2007).

[61] Portnoy, V. *et al.* Small RNA and transcriptional upregulation. *Wiley Interdiscip Rev RNA* 2, 748-760(2011).

[62] Huang, V. *et al.* Ago1 Interacts with RNA polymerase II and binds to the promoters of actively transcribed genes in human cancer cells. *PLoS Genet* 9, e1003821(2013).

[63] Liu, M. *et al.* The IGF2 intronic miR-483 selectively enhances transcription from IGF2 fetal promoters and enhances tumorigenesis. *Genes Dev* 27, 2543-2548(2013).

[64] Zhang, Y. *et al.* A novel HIV-1-encoded microRNA enhances its viral replication by targeting the TATA box region. *Retrovirology* 11, 23(2014).

[65] Zhang, Y. *et al.* A Cellular MicroRNA Facilitates Regulatory T Lymphocyte Development by Targeting the FOXP3 Promoter TATA-Box Motif. *J Immunol* 200, 1053-1063(2018).

[66] Zamudio, J. R. *et al.* Argonaute-bound small RNAs from promoter-proximal RNA polymerase II. *Cell* 156, 920-934(2014).

[67] Seth, M. *et al.* The C. elegans CSR-1 argonaute pathway counteracts epigenetic silencing to promote germline gene expression. *Developmental Cell* 27, 656-663(2013).

[68] Conine, C. C. *et al.* Argonautes promote male fertility and provide a paternal memory of germline gene expression in *C. elegans*. *Cell* 155, 1532-1544(2013).

[69] Wedeles, C. J. *et al.* Protection of germline gene expression by the *C. elegans* argonaute CSR-1. *Developmental Cell* 27, 664-671(2013).

[70] Cecere, G. *et al.* Global effects of the CSR-1 RNA interference pathway on the transcriptional landscape. *Nat Struct Mol Biol* 21, 358-365(2014).

[71] Guo, D. *et al.* RNAa in action: from the exception to the norm. *RNA Biol* 11, 1221-1225(2014).

[72] Wang, J. *et al.* Prognostic value and function of KLF4 in prostate cancer: RNAa and vector-mediated overexpression identify KLF4 as an inhibitor of tumor cell growth and migration. *Cancer Res* 70, 10182-10191(2010).

[73] Wang, X. *et al.* Induction of NANOG expression by targeting promoter sequence with small activating RNA antagonizes retinoic acid-induced differentiation. *Biochem J* 443, 821-828(2012).

[74] Wang, J. *et al.* Identification of small activating RNAs that enhance endogenous OCT4 expression in human mesenchymal stem cells. *Stem Cells Dev* 24, 345-353(2015).

[75] Voutila, J. *et al.* Gene expression profile changes after short-activating RNA-mediated induction of endogenous pluripotency factors in human mesenchymal stem cells. *Mol Ther Nucleic Acids* 1, e35(2012).

[76] Esseltine, J. L. *et al.* Manipulating Cx43 expression triggers gene reprogramming events in dermal fibroblasts from oculodentodigital dysplasia patients. *Biochem J* 472, 55-69(2015).

[77] Reebye, V. *et al.* Gene activation of CEBPA using saRNA: preclinical studies of the first in human saRNA drug candidate for liver cancer. *Oncogene* 37, 3216-3228(2018).

[78] Place, R. F. *et al.* Formulation of small activating RNA into lipidoid nanoparticles inhibits xenograft prostate tumor growth by inducing p21 expression. *Mol Ther Nucleic Acids* 1, e15(2012).

[79] Kang, M. R. *et al.* Intravesical delivery of small activating RNA formulated into lipid nanoparticles inhibits orthotopic bladder tumor growth. *Cancer Res* 72, 5069-5079(2012).

[80] Ren, S. *et al.* Targeted induction of endogenous NKX3-1 by small activating RNA inhibits prostate tumor growth. *Prostate* 73, 1591-1601(2013).

[81] Turunen, M. P. *et al.* Epigenetic upregulation of endogenous VEGF-A reduces myocardial infarct size in mice. *PLoS One* 9, e89979(2014).

[82] Reebye, V. *et al.* Novel RNA oligonucleotide improves liver function and inhibits liver carcinogenesis *in vivo*. *Hepatology* 59, 216-227(2014).

[83] Yoon, S. *et al.* Targeted delivery of C/EBPalpha -saRNA by pancreatic ductal adenocarcinoma-specific RNA aptamers inhibits tumor growth *in vivo*. *Mol Ther* 18, 142-154(2016).

[84] Li, C. *et al.* Enhancing DPYSL3 gene expression via a promoter-targeted small activating RNA approach suppresses cancer cell motility and metastasis. *Oncotarget* 7, 22893-22910(2016).

[85] Yuan, A. *et al.* NIR light-activated drug release for synergetic chemo-photothermal therapy. *Molecular Pharmaceutics* 14, 242-251(2017).

李龙承 现为中美瑞康核酸技术研究院有限公司董事长兼总经理，南通大学医学院兼职教授。毕业于同济医科大学，分别获得医学学士、外科学硕士和临床医学博士学位。1998 年赴美国加州大学旧金山分校（UCSF）从事博士后研究。2007 年被聘为 UCSF 助理教授、独立项目负责人，2011 年成为 UCSF 副教授（终身制）。2014 年作为特聘教授到中国医学科学院北京协和医院工作，担任中心实验室主任及分子医学研究室项目负责人。主要研究方向为小 RNA 与表观遗传调控。2006 年在世界上首次报道并命名 RNA 介导的基因激活（RNAa）现象，从而开创了一个全新的研究领域。此前，主要研究方向为肿瘤的 DNA 甲基化，在 2002 年开发出用于 DNA 甲基化分析的知名在线软件 MethPrimer，至今仍被广泛使用。在国际学术期刊发表文章 80 多篇，文章被引用达 12 000 余次。先后获得美国 NIH Transformative R01 主任特别基金、NIH R21 及多项美国国防部及美国癌症研究协会基金。为美国 NIH 主任特别基金、美国国防部前列腺癌研究计划、英国前列腺癌慈善基金、意大利卫生部、国家自然科学基金重大项目等评审人；为 *Nature Communications*、*PNAS* 等 30 多种期刊的审稿人。多次应邀到各种国际学术会议、大学和工业界包括 Merck、Sigma 和 Genentech 进行专题演讲。2017 年在江苏创办中美瑞康核酸技术研究院有限公司，对 RNAa 技术进行转化和商业化开发。

第19章 microRNA 概述

何祥火 丁 洁

复旦大学附属肿瘤医院

本章概要

microRNA（miRNA）是一类长度约 22 个碱基的内源性小分子非编码 RNA，广泛存在于从单细胞藻类到高等动植物及病毒中，在近源物种间具有高度保守性，其表达具有时序特异性和组织特异性。从 1993 年发现第一个 miRNA 以来短短二十多年，已在 271 个物种中发现成熟 miRNA 数量超过 40 000 个。2002 年美国《科学》杂志评出的年度十大科技突破中，miRNA 的发现名列榜首，被称为 RNA 的第二次革命。在 miRNA 研究初期，人们普遍认为 miRNA 总是负向调控基因沉默。然而，2006 年 RNA 激活（RNA activation, RNAa）现象的发现颠覆了这一机制，少数 miRNA 可以激活转录。总的来说，miRNA 主要通过与靶基因 mRNA 的 3′UTR 结合，在转录后水平促进 mRNA 降解或引起翻译抑制，从而发挥负调控的作用，为人们提供了一种全新的角度来认识基因及其表达调控的复杂性。miRNA 参与调控细胞分化、增殖、迁移和凋亡等生物学进程，对个体生长发育至关重要。此外，miRNA 与心血管疾病、神经系统疾病和肿瘤等病理进程息息相关，不仅可以作为疾病诊断和预后的标志物，而且还有望成为疾病治疗的靶点。

19.1 miRNA 的概况

> **关键概念**
>
> - microRNA（miRNA）是一类内源性、长约 22nt 的非编码 RNA，5′端为磷酸基团，3′端为羟基，具有很高的稳定性。
> - miRNA 存在于人类所有染色体，以单拷贝、多拷贝或基因簇等形式存在，且簇生排列的基因常常协同表达。
> - 大多数 miRNA 在基因间隔区，能独立转录，其余大部分在基因内含子，与该基因共表达。
> - 绝大多数 miRNA 由 RNA 聚合酶 II 转录，很少一部分由 RNA 聚合酶 III 转录。
> - 多数 miRNA 具有高度保守性、时序特异性和组织特异性。

miRNA 是一类内源性、长度约 22 个碱基的小分子非编码 RNA，最早在线虫中发现，广泛存在于从单细胞藻类到高等动植物之中，甚至在病毒中也有发现。miRNA 主要通过与靶基因 mRNA 的结合，在转录后水平促进 mRNA 的降解或抑制其翻译过程，从而发挥负调控的作用。miRNA 参与生命过程中一系列的生理活动，包括早期发育、细胞增殖、细胞凋亡、细胞分化和脂肪代谢等，且与人类疾病，尤其是恶性肿瘤的发生发展密切相关。

19.1.1 miRNA 的发现

1993 年，Ambros Victor 等在对秀丽隐杆线虫（*Caenorhabditis elegans*）发育过程的研究中发现了 *lin-4*，这一控制线虫发育时相的基因并不编码蛋白质，而是产生一种小 RNA 分子[1]。这种小 RNA 分子能以不完全互补的方式与其靶基因 *lin-14* 的 mRNA 3′UTR（untranslated region）内的多个位点反义互补。同时，Gary Ruvkun 实验室也发现了 lin-4 对 LIN-14 的调控作用，并指出这一互补序列能够显著减少 LIN-14 蛋白的合成，但并不减少 *lin-14* mRNA 的量[2]。这一过程是线虫由 L1 期向 L2 期转化调控通路中的重要环节。然而该发现的重要性并未引起人们的重视，因为 miRNA 在当时被认为不具有普遍的调控意义，很多问题都难以被解释。在 *lin-4* 发现后的 7 年中，在各种生物中都没有发现与 *lin-4* 相似的小 RNA 分子，仅仅发现通过类似的机制，*lin-4* 也负调控 *lin-28* 的转录[3]。LIN28 是一个高度保守的 RNA 结合蛋白，也参与线虫发育的时序调控，它触发线虫从 L2 到 L3 阶段的发育转变。

直到 2000 年，Reinhart 等才在线虫中发现了第二个具有发育时序调控作用的 miRNA——*let-7*[4]。这个只有 21nt 的小分子 RNA 以类似于 *lin-4* 的调控方式调控 *lin-41* 基因的表达，从而调控着线虫由 L4 期到成虫期的发育转变。随后，Pasquinelli 等用实验的手段证明 *let-7* 在各物种之间高度保守[5]。这两个 miRNA 的发现为整个 miRNA 研究领域打开了突破口，人们终于开始意识到 miRNA 对基因的表达调控是具有普遍意义的。2001 年，国际杂志 *Science* 同一期报道来在德国、美国和英国的 3 个研究小组在线虫、果蝇和人体中鉴定出的近百个与 *lin-4* 和 *let-7* 相似的小分子 RNA[6-8]，于是国际统一将这类小 RNA 命名为 microRNA，即 miRNA。此后，miRNA 的研究逐渐成为一个新的研究热点。miRNA 的发现是非编码 RNA 研究的里程碑，它揭示了细胞中存在一个由内源 miRNA 介导的转录后基因表达的调控机制。

19.1.2 miRNA 的分布与特征

从第一个 miRNA 的发现距今已有 20 多个年头，截至目前最新的 miRBase 数据库已更新至第 22 版，收录了 271 个物种的 38 589 个 miRNA 前体和 48 885 个成熟产物，其中人类 miRNA 前体有 1917 个，成熟的 miRNA 数量更是达到了 2654 个。

在人类基因组中，miRNA 存在于所有染色体之上，以单拷贝、多拷贝或基因簇等多种形式存在，而且簇生排列的基因常常协同表达。最典型的是一组高度相关的 miRNA——miR-35~miR-41，其簇生在线虫 2 号染色体的 1kb 片段上，通过同一个前体加工形成 7 个成熟的 miRNA。miRNA 在基因组中的分布并不是随机的，大多数位于蛋白基因的间隔区，其转录独立于其他基因；其余大部分在内含子，它们与其宿主基因是共表达的，这些区域的 miRNA 位点都具有高度的进化保守性。还有个别在编码区的互补链，提示它们的转录是独立于其他的基因，具有本身的转录调控机制。最近也有研究发现，25% 的人类已知的 miRNA 位于蛋白质编码基因的内含子，其中大约 50% 定位于长度大于 5kb 的内含子中，这些 miRNA 具有独立的转录单元，可通过与其宿主基因的 UTR 结合，或调控对其宿主基因表达具有作用的转录因子的表达水平，从而下调其蛋白编码基因的表达，发挥其负反馈作用[9]。

miRNA 具有以下几个特征：①miRNA 广泛存在于从单细胞藻类到高等动植物之中，甚至在病毒中也有发现，是一组不编码蛋白质的短序列 RNA，本身不具有开放阅读框；②成熟的 miRNA，长度约为 22nt，其在 3′端可以有 1~2 个碱基的长度变化，5′端有一磷酸基团，3′端为羟基，这一点使它能与大多数寡核苷酸和功能 RNA 的降解片段区别开来；③miRNA 具有能形成分子内茎环结构的前体，在动物中，前体的长度一般在 70~90nt，而植物中前体的长度可变性很大，一般在 64~303nt；④miRNA 在基因组上不是随机排列的，其中一些通常形成基因簇。来自同一基因簇的 miRNA 具有较高的同源性，而不同基因簇的 miRNA 同源性较低；⑤miRNA 具有很高的稳定性，特别是其可稳定存在于血清中，有一定的诊断意义；⑥多数 miRNA 还具有高度保守性、时序特异性和组织特异性；⑦miRNA 与其靶基因之间是多对多的关系，一个 miRNA 可调控多个靶基因，一个基因也可受多个 miRNA 的调控。

19.1.3　miRNA 的特异性与保守性

尽管 miRNA 的数量极多，并且每个 miRNA 都能调控多个靶基因，但并不是所有的 miRNA 在任何时间都表达，而是存在着时序和组织特异性，也就是说在生物发育的不同阶段有不同的 miRNA 表达，在不同的组织中 miRNA 的表达水平也是不相同的。miRNA 表达的时序和组织特异性提示 miRNA 的分布可能决定着组织和细胞的功能特异性，也可能参与了复杂的基因调控，对组织的发育起到重要的作用。

1. 时序特异性

在不同的组织、不同的发育阶段，miRNA 的表达具有显著的差异。最早发现的两个 miRNA—*lin-4* 和 *let-7* 就呈时序特异性表达。在线虫中，*lin-4* 只在幼虫的 L1、L2 中存在；而 *let-7* 却存在于幼虫的 L3、L4 及成虫期中，在 L1、L2 中并不存在。miR-3～miR-7 仅在果蝇早期胚胎发育时表达，miR-1、miR-8 和 miR-12 的含量在果蝇幼虫阶段急剧上升并直到成虫期都维持在较高的水平；与此同时，在所有阶段都存在的 miR-9 和 miR-11 的含量却急剧减少。

2. 组织特异性

组织特异性是 miRNA 表达的主要特点之一。例如，miR-171 在花序和花组织中高表达，在茎、叶等组织中却无任何表达的迹象。某些 miRNA 在细胞或组织中的特异表达，可能与细胞特性的形成与维持有关。个别组织特异性 miRNA，如 miR-1 和 miR-2，它们分别在肌肉细胞和神经元中表达，已被证明能够促进相应细胞类型的分化。miR-122 是肝脏特异性的，它在肝脏中的表达丰度很高，占肝脏总 miRNA 的 70% 以上，可能参与了肝脏分化的调节。又如，miR-142 和 miR-143 分别占结肠和脾脏总 miRNA 的 30% 左右，miR-1 在心脏中的表达量占据总 miRNA 的 45%。miRNA 的这种组织特异性分布，表明其在调控细胞分化和组织发育中可能起到重要的作用。

3. 近源物种间的高度保守性

miRNA 不仅在结构上保守，而且在物种之间也具有高度的进化保守性。在结构上，miRNA 在茎部的保守性较强，而环部则可以容纳较多的突变位点的存在。在种系上，有些 miRNA 在物种之间是高度保守的。例如，miR-1、miR-34、miR-87 在非脊椎动物和脊椎动物中高度保守，经序列比对发现，这些保守片段的碱基差异仅为 1～2nt。在拟南芥中发现，16 个 miRNA 中的 8 个可以在水稻基因组中找到完全一致的序列。miR-171 是植物中广泛存在的一种 miRNA，具有高度的保守性，目前已在 38 个物种中发现 miR-171。这种高度的保守性被认为与功能的重要性有着密切的关系，同时也为生物早期进化的同源性提供了某种证据。最具有 miRNA 保守性的是 *let-7*，*let-7* 广泛存在于脊椎与非脊椎动物中，各种生物之间 *let-7* 的成熟序列的同源性可高达 85%～100%，在线虫和人类中则完全保守。此外，miR-100 也是一个非常保守的 miRNA 家族，其成熟序列在果蝇和人中完全一致，海葵中的成熟序列与人也仅仅是第一个核苷酸有所不同。

19.2 miRNA 的生物合成

> **关键概念**
>
> - pri-miRNA（primary microRNA）是在 RNA 聚合酶作用下转录成几百至几千核苷酸的 miRNA 初级产物，5'端有 7-甲基鸟苷帽子，3'端有 poly（A），至少含有一个发夹状结构，成熟的 miRNA 一般位于"发夹"的一条链。
> - DGCR8 通过 C 端的两个 dsRNA 结合结构域与 pri-miRNA 的"发夹"结合，招募并指导 Drosha 在 pri-miRNA 的正确位置剪切。
> - Drosha 的两个 RNase III 结构域（RIIIDa 和 RIIIDb），分别在 pri-miRNA "发夹"茎部末端约 11bp 处剪切，形成 70～90nt 的 pre-miRNA。
> - Dicer 识别 pre-miRNA 并将其剪切产生约 22nt 长度的 miRNA:miRNA*二聚体（miRNA 代表 guide strand，miRNA*代表 passenger strand）。
> - 少量的 miRNA 能绕过 Drosha/DGCR8 或 Dicer 的加工，通过 mirtron 途径、TUTase 途径及 AGOtron 途径等非经典 miRNA 合成途径产生。
> - miRNA 表达不仅受序列和结构的影响，还受 DNA 甲基化、组蛋白修饰、RNA 编辑、单核苷酸多态性等调控。
> - isomiR（microRNA isoforms）是同一 miRNA 的异构体，如长短不一的 3'端、末端碱基修饰等，同样能发挥转录后调控作用。

19.2.1 经典的 miRNA 合成途径（Drosha 和 Dicer 依赖途径）

目前，关于 miRNA 生物合成的研究已经取得较大的进展。miRNA 的生物合成途径如图 19-1 所示。

1. 细胞核中 miRNA 的转录与加工

绝大多数的 miRNA 是在 RNA 聚合酶 II 的作用下转录成几百至几千核苷酸的初级产物（primary microRNA，pri-miRNA），很少一部分的 miRNA 则是由 RNA 聚合酶 III 转录的。pri-miRNA 在 5'端具有 7-甲基鸟苷帽子结构，3'端具有多聚腺嘌呤尾巴，同时还含有至少一个稳定的发夹状结构，成熟的 miRNA 序列通常就位于构成发夹状结构的其中一条链上。pri-miRNA 在 RNase III Drosha 与其辅助因子 DGCR8（DiGeorge syndrome critical region 8，在果蝇中为 Pasha，在线虫中为 PASH-1）的作用下被切割成长度为 70～90 个核苷酸的发夹状结构（precursor microRNA，pre-miRNA），其 3'端有两个碱基的突出，5'端为磷酸基团。

一个典型的发夹结构包含一个 33～35bp 长的茎部结构（约 11bp 茎部下段和约 22bp 茎部上段）、一个顶端环状结构及 3'和 5'端各一个的 ssRNA（single stranded RNA）侧翼片段。侧翼片段对于 pri-miRNA 与 DGCR8 的结合非常重要，而 33～35bp 长的茎环结构对于它们的有效结合同样意义重大。

Drosha 是一种作用于 dsRNA（double-stranded RNA）的核酸内切酶，主要在细胞核内表达，是 miRNA 生物合成过程中的一种关键酶。其包含两个 RNase III 结构域（RIIIDa 和 RIIIDb），可分别在 pri-miRNA 的发夹结构茎部末端约 11bp 处剪切，形成 70～90nt 的 pre-miRNA。

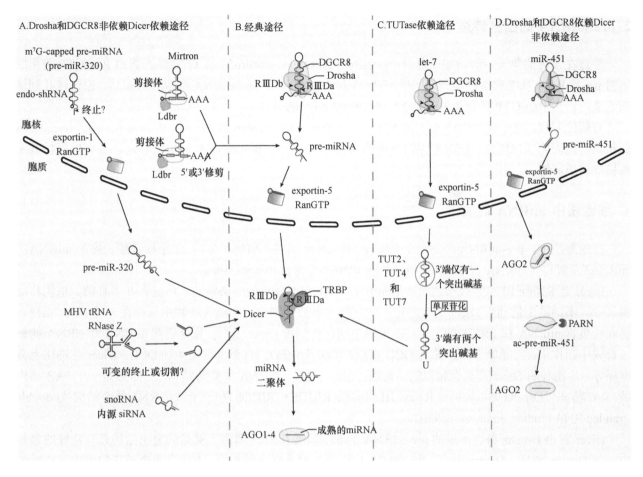

图 19-1　经典和非经典 miRNA 合成途径

A. Drosha 非依赖合成途径。直接转录形成的具有 7-甲基鸟苷结构 pre-miR-320，绕过 Drosha 的加工，通过 XPO1 输出到细胞质；Mirtron 途径通过套索脱支酶 Ldbr 剪切，产生类似 pre-miRNA 的发夹结构，在 XPO5 的转运下进入细胞质；有些 snoRNA、内源 siRNA 和 tRNA（或 tRNA 样 RNA）也可能被加工产生 pre-miRNA。B. 经典 miRNA 合成途径。在细胞核内，编码 miRNA 的基因首先转录成 pri-miRNA，其在 Drosha 及其辅助因子 DGCR8 的作用下剪切成 70～90nt 的具有发夹结构的 pre-miRNA。pre-miRNA 在 XPO5 的作用下转运到细胞质中，在 Dicer 的作用下被剪切成约 22nt 的 dsRNA。随后与 AGO 蛋白结合，其中的一条链优先保留在 AGO 中形成 miRISC，发挥 miRNA 的功能。C. TUTase 途径。该类 miRNA 在 Drosha 的作用下产生具有较短的 3′端突出的 pre-miRNA，它们需要在 TUT 的作用下，在 3′端添加单尿苷酸，而后汇入 Dicer 途径进行加工。D.Dicer 非依赖途径。在该途径中，经由 Drosha 产生的 pre-miR-451 较经典途径生成的 pre-miRNA 更短，不能被 Dicer 识别，其与 AGO2 结合。在 AGO2 的剪切下形成 ac-pre-miR-451，而后其 3′端在 PARN 的作用下形成成熟的 miR-451。问号代表该机制未得到充分证明。MHV，鼠 γ-疱疹病毒

　　DGCR8 作为 Drosha 的主要结合蛋白，可通过 C 端的两个 dsRNA 结合结构域（double-stranded RNA binding domain，dsRBD）与 pri-miRNA 的发夹结构结合，招募并指导 Drosha 在 pri-miRNA 的正确位置剪切，生成 pre-miRNA，在 miRNA 加工、成熟过程中起着关键性的作用。DGCR8 的缺失或异常表达会影响 Drosha 的剪切活性，进而影响 miRNA 的活性，导致疾病的发生。

　　最近的研究发现，pri-miRNA 发夹结构上的一些保守序列也可以影响其剪切加工，如 5′端 ssRNA 侧翼序列上的 UG、3′端侧翼序列上的 CNNC 和顶端环状结构上的 UGUG 基序。剪接因子 SRSF3（serine and arginine rich splicing factor 3，也称为 SRp20）通过与 CNNC 基序的结合可提高 pri-miRNA 的剪切效率[10]。最近的研究发现，DDX17（DEAD-box helicase 17，也称为 p72）通过与 CNNC 基序的结合影响 Drosha 的剪切效率[11]。

2. pre-miRNA 的出核转运

经过在核内的第一步剪切加工之后，转运蛋白 XPO5（Exportin-5）在 GTP 结合蛋白 Ran-GTP 的帮助下将 pre-miRNA 从细胞核输出到细胞质。XPO5 与 Ran-GTP 及 pre-miRNA 形成异三聚体，通过核孔到达细胞质，然后 Ran-GTP 转变为 Ran-GDP，释放 pre-miRNA。

有研究发现，在干扰 XPO5 表达的情况下，成熟 miRNA 的表达水平下降，且细胞核内无 pre-miRNA 的积累，这表明 XPO5 在 miRNA 生物合成的过程中不仅负责 pre-miRNA 的出核转运，还可以保护其不被核酸酶所降解。

3. 细胞质中 miRNA 的加工

在细胞质中，pre-miRNA 经另一个 RNase III Dicer 识别并剪切产生约 22 个核苷酸长度的 miRNA：miRNA*二聚体（miRNA 代表 guide strand，miRNA*代表 passenger strand）。

Dicer 是 RNase III 家族成员之一，是 miRNA 产生和发挥功能所必需的，广泛存在于真菌、植物和动物之中。不同的生物拥有 Dicer 的数量也不同，在大多数生物，比如哺乳动物中只存在一种 Dicer 蛋白，它同时负责 miRNA 和 siRNA 的产生；在果蝇中则存在两种 Dicer 蛋白，且分别在 miRNA 和 siRNA 的加工合成中起作用；在植物中则被称为 DCL（Dicer-like protein），且至少存在 4 种 DCL。Dicer 在进化上高度保守，各物种的 Dicer 都具有相似的结构域：在 N 端是一个 RNA 解旋酶结构域，随后是一个 PAZ 结构域，其 C 端是与 Drosha 类似的两个 RNase III 结构域（RIIIDa 和 RIIIDb）和一个双链 RNA 结合结构域（double stranded RNA binding domain，dsRBD）。

Dicer 对由 Drosha 剪切形成的 pre-miRNA 的 5′端磷酸基团、3′端两个碱基的突出结构具有特殊的亲和力。与 Drosha 相同，Dicer 切割后所得的 RNA 片段在 5′端有磷酸基团，3′端有两个碱基的突出。X 射线衍射分析 Dicer 晶体结构发现，2 个有活性的核酸酶催化中心的距离恰好相当于 22 个核苷酸长度，故而成熟 miRNA 的长度主要是由于 Dicer 的结构所决定的。由于 Dicer 的剪切位点是由之前的 Drosha 剪切位点所决定的，因此也可以说 Drosha 通过间接的方式决定了成熟 miRNA 的最终序列。

TRBP（TAR RNA-binding protein）是一种 dsRNA 结合蛋白，具有 3 个 dsRBD，其通过 N 端开始的第三个 dsRBD 与 Dicer 相互作用。TRBP 在 Dicer 与 AGO（Argonaute）的作用中起桥梁作用，促使 miRNA 诱导沉默复合物（miRNA-induced silencing complex，miRISC）的组装。

4. miRISC 复合物的形成

经 Dicer 加工得到的 miRNA：miRNA*二聚体随后与 AGO 蛋白结合形成诱导沉默复合物前体，该前体迅速将 miRNA*移去，剩下的成熟 miRNA 与 AGO 蛋白随即形成了具有功能的 miRISC。而后通过与靶基因 mRNA 完全或不完全配对，降解靶基因 mRNA 或阻遏其转录后的蛋白质翻译。

AGO 蛋白是 miRISC 的核心组分，能为 miRNA 提供锚定位点，使其实现靶基因 mRNA 的降解或翻译抑制，在基因沉默的信号转导途径中具有重要作用。AGO 在生物体中广泛分布且结构在进化上高度保守。人体内有 4 种 AGO 蛋白，但只有 AGO2 具有剪切活性。AGO2 由 4 个结构域组成：N 端结构域、PAZ 结构域、MID 结构域和 PIWI 结构域。N 端结构域是 miRNA：miRNA*二聚体装载和解旋所必需的。PAZ 结构域具有 RNA 结合作用，能识别并结合 miRNA 3′端两个突出的碱基。MID 结构域则与成熟 miRNA 的 5′端磷酸基团结合。PIWI 结构域是一种 RNase III 家族结构域，具有核酸内切酶的活性，能对与 miRNA 完全互补的靶基因 mRNA 进行切割。miRNA 与靶基因 mRNA 的不完全互补的切割并不依赖核酸内切酶活性，因此，AGO1 等缺乏核酸内切酶活性的 AGO 蛋白也可与 miRNA 二聚体结合并对其进行加工，参与 miRISC 复合物的形成。

　　miRISC 在形成过程中还需要其他蛋白质的参与，如 Dicer、TRBP、PACT 和 GEMIN3 等，然而直接和 miRNA 结合的是 AGO 蛋白，其可介导 miRNA 和靶基因 mRNA 的序列匹配，导致随后的翻译抑制或 mRNA 降解。

　　一般情况下，miRNA：miRNA*二聚体中只有一条链可选择性结合到 miRISC 上，另一条则立即被降解，这种选择是由于两条链的热动力学不稳定性造成的。miRNA 链靠近 5′端有一个不与 miRNA*链配对的小突起，该结构显著地减弱了 miRNA 链 5′端的稳定性。小 dsRNA 分子中哪一条链的 5′端如果在热力学上显得更加不稳定，那么它就更有可能被 miRISC 复合体"挑中"成为导向链。但有时 pre-miRNA 的两条臂均可形成成熟的 miRNA 并发挥功能，根据序列所在的位置将其分别标记为 miR-5p/3p，这也说明热动力学稳定性选择原则并不是 miRNA 链选择过程中的绝对决定因素。

　　植物中 miRNA 的产生和作用机制与动物有所不同[12]。首先，植物 miRNA 在基因组中大多是独立于蛋白编码基因的，具有自己独立的转录起始位点。其次，植物 miRNA 的成熟都是在细胞核内由 Dicer 同源蛋白 DCL1 催化进行的，并需要 dsRNA 结合蛋白（hyponasticleaves 1，HYL1）和锌指蛋白（serrate，SE）等的参与。随后，miRNA：miRNA*二聚体在 miRNA 甲基转移酶（huaenhancer 1，HEN1）的作用下，使 3′端最后一个核苷酸发生甲基化修饰，可提高其在体内的稳定性。而后，在 HASTY（HST，类似 XPO5 的功能）协助下输出细胞核进入细胞质。最后，经过解旋酶的作用成为单链的成熟 miRNA。植物里 miRNA 与靶 mRNA 的结合位点在开放阅读框中，而不在 3′UTR 区，这种结合完全匹配，导致靶基因的 mRNA 降解。但也有报道，在植物里个别 miRNA 通过抑制翻译执行其功能。

19.2.2　非经典途径

　　除去我们上面提到的经典 miRNA 合成途径以外，生物体内还存在着各种可以产生 miRNA 或类似 miRNA 的小 RNA 的非经典合成途径。通过对敲除 *DGCR8*、*Drosha* 或 *Dicer* 的细胞的深度测序，人们发现少量的 miRNA 在 Drosha/DGCR8 或 Dicer 非依赖的情况下仍能合成。它们的生物合成途径绕过 Drosha 或 Dicer 的加工，如 mirtron 途径、TUTase 途径及 AGOtron 途径等。

1. Drosha/DGCR8 非依赖途径（主要为 mirtron 途径）

　　研究人员最早在果蝇中发现一种由短小的内含子发夹结构形成的 miRNA，将其命名为"mirtron"，而这种不依赖 Drosha 而产生 miRNA 的新途径，随即被称为 mirtron 途径[13]。而后的研究相继在哺乳动物和植物中证实了 mirtron 的存在，如 has-miR-877 和 has-miR-1224，它们提供了 miRNA 生物合成的替代来源[14]。这类 pri-miRNA 不经 Drosha 的剪切加工，而是经过套索脱支酶（lariat-debranching enzyme，Ldbr）剪接，产生类似 pre-miRNA 的发夹结构，在 XPO5 的转运下进入细胞质，再与经典合成途径汇合。该途径的发现为进一步解释 miRNA 的产生机制提供了重要资料及新的研究思路。

　　一些内源 shRNA 来源的 miRNA 也无需 Drosha 的加工，如 miR-320 和 miR-484[15]。由 RNA 聚合酶 Ⅱ 转录形成具有 7-甲基鸟苷帽子结构的 pre-miR-320，直接通过与 XPO1 结合进入细胞质中，与经典合成途径汇合。miR-320-5p 经 Dicer 加工产生的 miRNA 二聚体，可能因为 5p miRNA 具有 7-甲基鸟苷帽子结构，阻碍了 AGO 的装载，仅有 miR-320-3p 能与 AGO 结合。

　　此外，一些 snoRNA（small nucleolar RNA）、内源 siRNA 和 tRNA（transfer RNA）或 tRNA 样 RNA，也可能经加工产生 pre-miRNA。它们的加工无需 Drosha 的参与，但仍需经过 Dicer 的加工。

2. TUTase 依赖途径

有一类经 Drosha 剪切形成的 pre-miRNA，它的 3′端仅有一个突出碱基，因而不能被 Dicer 识别加工。这类 pre-miRNA 在末端尿苷转移酶（terminal uridylyltransferase，TUTase）的作用下，通过单尿苷化添加一个尿苷酸，而后再汇入 Dicer 途径进行加工。这种生物合成途径的典型例子是 let-7[16]。

3. Dicer 非依赖途径

大多数非经典 miRNA 合成途径都依赖于 Dicer 的加工，但 AGO2 蛋白的催化活性可直接切割某些 pre-miRNA 而形成成熟的 miRNA，可见 Dicer 在某些特定情况下不参与 miRNA 的成熟过程。miR-451 是脊椎动物高度保守的 miRNA，它在核内的加工过程同经典途径相似，也是在 Drosha 和 DGCR8 的作用下剪切加工形成 pre-miR-451[17]。与之不同的是，剪切形成的发夹结构中茎部仅有 17bp（短于 22bp），不能被 Dicer 所识别剪切。pre-miR-451 的加工成熟是通过与 AGO2 结合，激活其剪切活性，剪切发夹结构的 3p 臂，产生一个 30nt 的 miRNA 前体，称之为 ac-pre-miR-451。随后，其 3′端在 poly（A）特异性核酸酶（polyadenylate-specific ribonuclease，PARN）的作用下，形成 23nt 的成熟 miR-451[18]。有趣的是，ac-pre-miR-451 和 miR-451 有着相同的功能活性，这也提示 3′端对 miRNA 的活性并不重要。

非经典合成途径的存在反映了 miRNA 的生物合成不是一成不变的模式，其具有多样性和复杂性的特点。然而，值得注意的是，绝大多数 miRNA 都遵循着经典的生物合成途径，而仅有约 1%的保守 miRNA（如 miR-451、miR-320）的加工是不依赖 Drosha 或 Dicer 的。其他大多数非经典合成途径合成的 miRNA 表达丰度都很低，且保守性都较差。

19.2.3 调控 miRNA 表达的机制

miRNA 参与调控基因的表达，是调节细胞功能的关键因子。其本身也需要受到严格的调控，方能在机体发育和细胞增殖、细胞分化、细胞死亡等生理过程中发挥重要的作用。其一旦发生表达失调，将会引起下游靶基因的失控，进而导致疾病的发生。现有的研究发现 miRNA 的表达不仅受序列和结构改变的影响，还受到表观遗传学、RNA 编辑（RNA editing）、单核苷酸多态性（single nucleotide polymorphisms，SNP）等的影响。

1. 表观遗传学调控

表观遗传学的变化（如 DNA 甲基化和组蛋白修饰）都会影响 miRNA 的表达。

DNA 甲基化是 DNA 化学修饰的一种形式，能在不改变 DNA 序列的前提下，改变遗传表现，是指在 DNA 甲基转移酶（DNA methylation transferase，DNMT）的催化下，以 S-腺苷甲硫氨酸（S-adenosyl methionine，SAM）为甲基供体，将甲基选择性地添加到特定的碱基上（在哺乳动物中主要发生在胞嘧啶上形成 5-甲基胞嘧啶）的过程，促使基因转录沉默从而减少基因的表达。DNA 甲基化大都发生在基因启动子区附近的 CpG 岛的 C 上，约 50%的 miRNA 基因的启动子区都含有 CpG 岛，提示了 DNA 甲基化可调控 miRNA 的表达。例如，miR-124a 的启动子区含有密集的 CpG 岛，在结肠癌等多种肿瘤细胞中呈现高度甲基化，使 miR-124a 表达沉默，从而介导周期蛋白依赖性激酶 6（cyclin-dependent kinases 6，CDK6）的表达及视网膜母细胞瘤蛋白 Rb 的磷酸化，促进肿瘤的发生[19]。有研究发现，miR-148a 和 miR-34b/c

启动子区 CpG 岛处于高甲基化状态，在结肠癌和恶性黑色素瘤等肿瘤细胞低表达，外加甲基化抑制剂可使这些 miRNA 在肿瘤细胞中表达上调，促使其靶基因 *TGIF2*（TGFB induced factor homeobox 2）、*c-Myc*（MYC proto-oncogene，bHLH transcription factor）、*CDK6* 及 *E2F3*（E2F transcription factor 3）表达下调，从而抑制肿瘤细胞的生长[20]。

组蛋白修饰主要是指组蛋白的乙酰化，几乎总是与染色质的转录活性相关。Scott 等在乳腺癌细胞中加入组蛋白去乙酰化酶抑制剂后，发现有 27 种 miRNA 的表达水平发生改变[21]。

近年的研究也发现，有些 miRNA 也可反向调控 DNA 甲基化等表观遗传学修饰，这体现了 miRNA 调控网络的复杂性。例如，miR-29 家族（miR-29a、miR-29b 和 miR-29c）均可结合于 *DNMT3a* 和 *DNMT3b* 的 3'UTR 并抑制其表达，从而影响全基因组水平的甲基化状态[22]。miR-148 可直接和 *DNMT3b* 基因的编码区结合从而影响它的表达，这是在动物体内 miRNA 通过编码区调控表达的一个少见例子[23]。此外，miR-140 可特异作用于鼠软骨组织的组蛋白去乙酰化酶 4（histone deacetylase 4，HDAC4）[24]。

2. 转录因子的调控作用

一般而言，位于基因间的 miRNA 有其独立的启动子区，而位于内含子的 miRNA 则可和宿主基因一起转录或独立转录，成簇的 miRNA 则共用一个启动子。miRNA 转录水平的调控同蛋白编码基因类似，其启动子也受到转录因子等的调控。例如，p53 可转录激活 miR-34a、miR-143/145 和 miR-29b 等的表达，而 miR-34a 则可通过靶向抑制 *SIRT1*（sirtuin 1）的表达进一步激活 p53[25-28]。

3. 单核苷酸多态性的调控作用

SNP 是指在基因组上单个核苷酸的变异形成的遗传标记，是人类可遗传变异中最常见的一种。

SNP 可存在于 pri-miRNA、pre-miRNA 或成熟 miRNA 序列中，能够潜在地影响 miRNA 的生物合成和靶基因的特异性。pri-miR-15a/16-1 侧翼序列上的 CNNC 基序第一个 C 发生的 SNP（C>T）可影响 Drosha 介导的剪切，从而下调成熟 miR-16 的产生，促进慢性淋巴细胞白血病的发生[10]。pre-miR-196a-2 在 3p 成熟区 miR-196a-3p 内也含有一个 SNP（rs11614913）位点，对其加工成熟和靶基因表达谱都有影响，与乳腺癌、肺癌、肝癌和胃癌等的易感性相关[29-32]。与此同时，存在于 miRNA 靶基因的 SNP，可影响 miRNA 与靶基因的结合效率。人类雌激素受体 α 的 3'UTR 存在一个 SNP（rs93410170 C>T），为 miR-206 的结合区域，C→T 的突变能够增强 miR-206 对靶基因的抑制效果，且与乳腺癌相关[33]。

4. RNA 加尾修饰的调控作用

RNA 加尾修饰是指将非模板核苷酸添加到 RNA 3'端，可调节 miRNA 的生物合成、稳定性及靶向 mRNA 的效率。其中，以 pre-*let-7* 的尿苷酸化研究最为广泛。TUT4 在 LIN28 的帮助下，对 pre-*let-7* 的 3'端加上一串 U，从而阻碍了 pre-*let-7* 被 Dicer 正常加工，在核糖核酸外切酶 DIS3L2（DIS3 like 3'-5' exoribonuclease 2）的作用下被降解[34-36]。然而，有趣的是，pre-*let-7* 在 *LIN28* 缺失的情况下也可以被尿苷酸化，只不过这次是单尿苷酸化，会促进 *let-7* 的生物合成[16]。TUT2/4/7 都可以行驶该功能，且以 TUT7 的活性最高。以上结果表明了尿苷酸化的双重作用，并发现 TUT2/4/7 参与了 miRNA 的生物合成，是这一合成途径中的一名新成员。而后的研究发现在肌肉组织特异性表达的 pre-miR-1 也受到尿苷酸化的调控[37]。此外，尿苷酸化不仅可以调控 miRNA 的合成，而且对 miRNA 的活性也有影响。miR-26 可以在 TUT4 的作用下进行末端尿苷酸化，这种作用对 miR-26 的稳定性没有影响，但其可以降低 miR-26 对 *IL-6* mRNA 的负调控作用[38]。

腺苷酸化是另外一类 RNA 加尾修饰，主要发生在 Dicer 的加工过程中，可影响 miRNA 的合成。在 PAPD4（polyA RNA polymerase D4，non-canonical）的作用下，miR-122 的 3′端腺苷酸化以维持 miR-122 的稳定表达，而 miR-21 则在 PAPD5 的作用下被降解[39, 40]。目前尚不清楚是什么原因导致了这样的差异。

5. RNA 编辑的调控作用

除了 RNA 加尾修饰，其他几种 RNA 修饰也可影响 miRNA 的生物合成。RNA 在腺苷脱氨酶 ADAR（adenosine deaminase RNA specific）的作用下，腺苷转化为肌苷（A-I 编辑），是一种人体内最为普遍的 RNA 编辑类型。RNA 编辑往往具有组织和发育阶段特异性，如编辑水平在一些组织中可能很低，但在一些特殊的组织或者条件下可能会很高，如人类大脑中约有 16% 的 pri-miRNA 存在 A-I 编辑[41]。具有发夹结构的 pri-miRNA 和 pre-miRNA 均可发生 A-I 编辑，碱基的转变可影响 Drosha 和 Dicer 介导的酶切反应，编辑产物在 RNase III SND1（staphylococcal nuclease and tudor domain containing 1，也称为 Tudor-SN）作用下降解，影响成熟 miRNA 的产生。pri-miR-142 在其茎环结构发生的 A-I 编辑，阻止了 Drosha 的剪切，pre-miR-142 的合成受到抑制，最终下调 miR-142 的表达[42]。相同的 A-I 编辑也存在于 pre-miR-151 中，其阻断了 Dicer–TRBP 复合物对 pre-miR-151 的切割，从而抑制了 miR-151-3p 的表达[43]。也有研究发现，A-I 编辑可以增强 Drosha 的剪切，虽然例子还不多，如人类的 pri-miR-197 和 pri-miR-203、果蝇中的 pri-miR-100[41, 44]。此外，A-I 编辑还能调节成熟 miRNA 的靶基因特异性、miRNA：miRNA*双链的局部稳定性及引导链的选择。

6. RNA 甲基化的调控

有研究发现，RNA 甲基转移酶 MEPCE（methylphosphate capping enzyme，也称为 BCDIN3）也参与调控 miRNA 的生物合成过程。BCDIN3 可使 pre-miR-145 和 pre-miR-23b 5′端单磷酸基团发生 O-甲基化，阻止 pre-miR-145 和 pre-miR-23b 被 Dicer 加工，这意味着 pre-miRNA 的甲基化会负调控 miRNA 的产生[45]。

7. miRNA 稳定性的调控

研究表明一些 miRNA 的表达丰度受到了 RNA 稳定性的调控。miRNA 稳定性的调控主要包括顺式作用的修饰、核酸酶的降解和形成 RNA-蛋白质复合体。如前所述，pre-let-7 的 3′端尿苷酸化不利于稳定，而 miR-122 的 3′端腺苷酸化有利于 miR-122 的稳定表达。这些修饰可能是通过改变 miRNA 对核酸酶的敏感性从而发挥功能的。在线虫中，成熟 miRNA 主要在核酸外切酶 XRN1（5′→3′ exoribonuclease 1）和 XRN2 的作用下被酶切降解。还有研究发现在哺乳动物中，一些感官特异性的 miRNA（如 miR-183、miR-96、miR-192、miR-204 和 miR-211）在视网膜中代谢异常活跃，但其机制仍不清楚[46]。在黑色素瘤细胞中，人干扰素诱导的核酸外切酶 PNPT1（polyribonucleotide nucleotidyltransferase 1，也称为 old-35），可降解包含 miR-221、miR-222 和 miR-106 等特定的 miRNA[47]。此外，核糖核酸内切酶 ZC3H12A（zinc finger CCCH-type containing 12A，也称为 MCPIP1）可通过降解 pre-miRNA 茎环结构的顶端环状结构从而抑制 miR-146a 和 miR-135b 的表达[48]。最新的研究发现活化的 ERN1（endoplasmic reticulum to nucleus signaling 1）在内质网应激的情况下，可选择性剪切 pre-miR-17、pre-miR-34a、pre-miR-96 和 pre-miR-125b，阻碍 Dicer 的加工，抑制其表达[49]。而 miRNA 一旦与 AGO 蛋白等结合形成 miRISC 则高度稳定，表明 AGO 蛋白可以在促进生物合成和增强稳定性两个方面发挥作用。

此外，表达丰度高且与 miRNA 高度互补配对的靶基因，可引发 miRNA 尿苷化降解，降低 miRNA 的丰度。

19.2.4　isomiR

isomiR（microRNA isoforms）是研究人员在深度测序研究结果中发现的同一 miRNA 存在的一些不同比例的异构体，比如长短不一的 3′端、末端碱基修饰等，这些异构体就称为特定 miRNA 的 isomiR。这些 isomiR 也可以装配成 miRISC，发挥转录后调控的作用。它们可以与已注解的 miRNA 调控相同的靶基因，也可以靶向不同的靶基因，故 isomiR 的发现拓展了 miRNA 分子的调控范围及途径。此外，isomiR 是普遍存在的，也具有细胞、组织的特异性，且与很多人类疾病有关系，如胶质瘤、2 型糖尿病和癌症等，提示 isomiR 将来可能成为疾病诊断和治疗的新靶标。其形成方式一般有以下几种。

1. Drosha 或 Dicer 不精确的剪切

已知 miRNA 的生物合成需要经历 Drosha 和 Dicer 两次剪切，而 Drosha 和 Dicer 缺乏剪切精确性，因此可能会形成一些长度不一的 isomiR，其差异往往在 isomiR 两端的 1～2 个碱基。Drosha 和 Dicer 不精确的剪切既有可能改变种子区域，也有可能颠覆双链分子 5′端和 3′端的相对稳定性。

2. 核酸外切酶剪切

通过核酸外切酶的作用形成 isomiR 的现象最早是在果蝇中被发现的：敲除 nbr（Nibbler）后，果蝇中 isomiR 的数量大大下降。人类中也存在 Nbr 的同源蛋白，但这种现象是否存在还有待进一步的研究。

3. RNA 修饰

包括 RNA 编辑、RNA 加尾修饰在内的 RNA 修饰，不仅能调控 miRNA 的产生，而且也是形成 isomiR 的一种重要方式。

RNA 编辑由于发生编辑位点的不同，形成 isomiR 有两种情况：①编辑位点发生在 miRNA 的种子区域内，导致 isomiR 靶基因改变；②编辑位点发生在 miRNA 的种子区域外，这种编辑对 isomiR 的影响还有待于进一步的研究，可能是影响 miRNA 与 AGO 形成 miRISC，从而影响 miRNA 的作用效果。

RNA 加尾修饰是在核苷酸转移酶的催化下完成的。目前已知人类的 12 种核苷酸转移酶中的 7 种可以在 isomiR 的形成中发挥作用。在动物中，最常见的加尾修饰一般为 1～2 个尿苷酸或腺苷酸。RNA 加尾修饰对 isomiR 的影响比较复杂。首先，可以影响 isomiR 的稳定性。例如，我们在上面提到的 miR-122 的 3′端腺苷酸化能维持其稳定表达。其次，可以降低 isomiR 对于靶基因的抑制效果，如 miR-26 可以在 TUT4 的作用下进行末端尿苷酸化，这种作用对 miR-26 的稳定性没有影响，但可以降低 miR-26 对 *IL-6* mRNA 的作用。再次，还可以改变 isomiR 结合 AGO 的种类。在果蝇中的研究发现，AGO1 优先选择与 5′端为尿苷的 miRNA 结合，而 AGO2 则更倾向 5′端为胞苷[50-52]。最近的研究发现，miRNA 末端的核苷酸添加还可以受到靶基因的调节。因为在果蝇及人类中，与 miRNA 完全互补的靶基因可以引发 miRNA 末端尿苷化或腺苷化降解，尤其当互补一直延续到 miRNA 的 3′端时。这也说明，miRNA 在调节靶基因的同时，也受到靶基因的调控。

19.3 miRNA 的作用机制

关键概念

- "种子序列"是 miRNA 5′端第 2～7/8 个核苷酸，协助靶基因 mRNA 的识别。
- miRNA 与靶基因 mRNA 完全或基本完全互补结合会引起 mRNA 降解，但其与靶基因 mRNA 互补程度不高的结合会阻遏其翻译。
- 少数 miRNA 通过迅速清除其靶基因 mRNA poly（A）尾巴导致 mRNA 稳定性下降。
- miRNA 能介导染色体靶位点的表观遗传（如组蛋白修饰等）改变，在转录水平激活基因表达。此外，少数 miRNA 与 mRNA 的结合能促进其翻译。

19.3.1 miRNA 介导的基因沉默机制

成熟的 miRNA 不能单独发挥功能，其通过与 AGO 装配，形成 miRISC 的核心，介导基因的表达调控。miRNA 的结合位点通常位于靶基因 mRNA 的 3′UTR。此外，5′UTR、编码区及启动子区也都发现有 miRNA 的结合位点。miRNA 5′端的第 2～7/8 个核苷酸对于靶基因的识别至关重要，称为"种子序列"，是 miRNA 发挥作用的核心序列。其他序列的部分匹配有助于稳定 miRNA：mRNA 相互作用。目前已有超过 60%的可编码蛋白基因至少存在一个 miRNA 保守结合位点。

miRNA 对靶基因 mRNA 的作用主要取决于它与靶基因 mRNA 的互补程度，通常有以下 3 种途径。

（1）介导 mRNA 降解（切割靶基因 mRNA）。当 miRNA 与靶基因完全或基本完全互补结合时，mRNA 被降解。其作用机制为：miRNA 与其靶基因 mRNA 互补配对后，miRISC 中的 AGO2 在靶位点（miRNA 5′端开始的 10～11 位核苷酸）处切割靶基因 mRNA，发挥转录后基因表达沉默的作用（图 19-2A）。一般植物中的 miRNA 均采用此途径抑制靶基因的表达。

（2）抑制靶基因的翻译。当 miRNA 与其靶基因之间的匹配度不高时，miRNA 与靶基因 mRNA 结合后主要是通过阻遏翻译而不是影响 mRNA 的稳定性（图 19-2C）。

（3）影响 mRNA 的衰变（脱腺苷酸化降解）。最近的研究发现，miRNA 能够通过介导其靶基因 mRNA 的快速脱腺苷化从而参与 mRNA 半衰期的调控，miRNA 能够迅速清除其靶基因 mRNA polyA 尾巴，从而导致 mRNA 稳定性下降（图 19-2B）。

在 miRNA 作用机制研究的早期，人们认为 miRNA 是一种在不改变靶基因 mRNA 丰度的情况下能够抑制其蛋白质合成的小分子 RNA。但后来的很多研究都发现，miRNA 可促进靶基因 mRNA 的降解，进而再间接（至少有部分情况是如此）抑制蛋白质的合成。但这也不能排除有一部分靶基因 mRNA 的表达没有受到影响，它们只是在蛋白质翻译的层面受到了 miRNA 的调控。随着核糖体研究的不断深入，人们发现在体外培养的哺乳动物细胞，稳态的状态下绝大部分（66%～90%）mRNA 的抑制作用都是由于 mRNA 降解所导致的。近年来，科学家们已经对 miRNA 诱导 mRNA 降解的作用机制有了比较深入的了解，但是对 miRNA 如何抑制 mRNA 翻译的机制还不是太清楚。

miRNA 是通过 5′→3′ mRNA 降解途径来降解靶基因 mRNA 的，这也是细胞降解大部分 mRNA 的作用机制（图 19-2B）。miRISC 会将 5′→3′ mRNA 降解途径的相关作用蛋白招募至靶基因 mRNA 处，加快 mRNA 的降解。脱腺苷化作用是整个降解途径里的第一步，主要是由 PAN2-PAN3 复合体和 CCR4-NOT

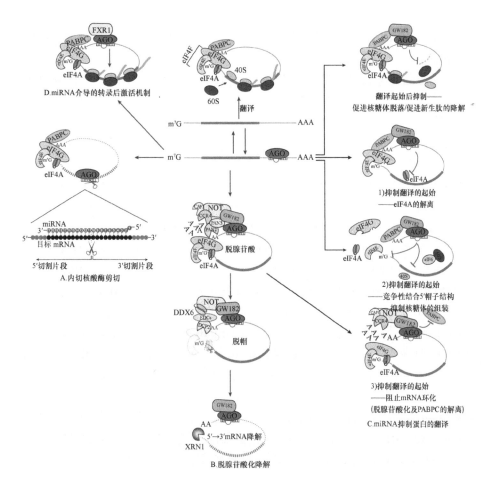

图 19-2　miRNA 作用机制

A. miRNA 介导的靶基因 mRNA 降解。在植物中，miRNA 与靶基因 mRNA 的开放阅读框（open reading frame，ORF）完全或几乎完全互补时，AGO2 在 miRNA 5′端 10～11 位剪切 mRNA，发挥转录后基因沉默的机制。B. miRNA 影响 mRNA 的衰变（脱腺苷酸化降解）。这一机制包括三个步骤。第一步脱腺苷酸化：miRNA 通过 GW182 招募 CCR4-NOT 和 PAN2-PAN3 复合物从而快速脱腺苷酸化。与此同时，GW182 也通过促进 PABPC 解离来提高脱腺苷酸化的效率。第二步脱帽：DCP2 及其辅助因子形成的复合体继续脱去 mRNA 5′端的帽状结构。第三步在 5′→3′核酸外切酶 XRN1 的作用下，从 5′端开始逐步降解靶基因 mRNA。C. miRNA 介导的翻译抑制机制：最上面是翻译起始后的抑制机制，miRNA 通过促进核糖体的脱落或新生肽段的降解。下面三种是起始机制：①ATP 依赖的 RNA 解旋酶 eIF4A 的解离；②竞争性结合帽子结构和核糖体亚基。AGO 蛋白与 eIF4E 竞争结合帽结构。AGO 蛋白招募 eIF6，阻止核糖体大亚基与小亚基的结合；③阻止 mRNA 环化。GW182 介导 PABPC 与 polyA 尾的解离不仅提高脱腺苷酸化的效率，还阻碍了 PABPC 与 EIF4G 相互作用引起的 mRNA 的环化，从而抑制了翻译的起始。D. miRNA 介导的转录后激活机制。在特定的条件下（如血清饥饿），miRNA-AGO 复合物招募 FXR1 从而发挥作用

复合体这两种脱腺苷酸复合体来催化的。此外，TNRC6A（trinucleotide repeat containing 6A，也称为 GW182）也通过促进多聚腺苷酸结合蛋白 PABPC（polyA binding protein cytoplasmic）的解离来提高脱腺苷酸化的效率。然后，脱帽酶 DCP2（decapping mRNA 2）及其辅助因子形成的复合体继续脱去 mRNA 5′端的帽状结构。mRNA 失去帽状结构的保护之后，就能够在细胞内最主要的 5′→3′核酸外切酶 XRN1 的作用下，从 5′端开始逐步被降解掉。

　　miRISC 里的 AGO 蛋白通过与 GW182 家族蛋白之间的相互作用来招募 PAN2-PAN3 复合体和 CCR4-NOT 复合体这两种脱腺苷复合体。GW182 家族蛋白是一种在动物中非常保守的蛋白质，富含甘氨酸/色氨酸（GW）重复序列。GW182 家族蛋白是通过这些重复序列与 AGO 结合，也是借助这些重复序列与 PAN2-PAN3 复合体和 CCR4-NOT 复合体这两种脱腺苷复合体的亚基结合，从而将 AGO 和 PAN2-PAN3 复合体与 CCR4-NOT 复合体"绑定"到了一起。由此也表明了，mRNA 失稳（mRNA destabilization）才是 miRISC 沉默基因表达的首要作用。而在哺乳动物细胞内，与 mRNA 降解无关的"纯"蛋白翻译的抑制可能只占到了 6%～26%[53]。

现在对 miRNA 诱导翻译抑制的机制还不是很清楚，目前一般认为 miRISC 能在翻译起始及起始后两个层面对靶基因的翻译进行抑制（图 19-2C）。

1）翻译起始阶段

miRISC 可能通过阻止 mRNA 的环化或抑制核糖体的组装或抑制翻译起始复合物的形成，从而抑制蛋白质翻译的起始。

前面我们提到 GW182 介导 PABPC 的解离可提高脱腺苷的效率，促进 mRNA 的降解，之后的研究发现其在抑制蛋白质翻译中同样起到了重要的作用。GW182 介导 PABPC 与 polyA 尾的解离阻碍了 PABPC 与真核翻译起始因子 eIF4G（eukaryotic translation initiation factor 4G）的相互作用引起的 mRNA 环化，从而抑制了翻译的起始。然而，有研究发现，没有 polyA 尾的 mRNA 同样受到 miRISC 引起的翻译抑制；在干扰 PABPC 的细胞中，miRISC 诱导的翻译抑制仍然存在。以上的结果说明，PABPC 是 miRISC 抑制的靶标之一，其仅能解释部分由 miRISC 诱导的翻译抑制。有观点认为，eIF6 是一种可以抑制核糖体大小亚基结合的蛋白质，eIF6 可与 AGO 直接相互作用，并且在哺乳动物和线虫中被发现，eIF6 的缺失可影响 miRISC 介导的翻译抑制[54]。也有观点提出 miRISC 和 eIF4E 竞争性结合 mRNA 5'帽子结构。研究发现，增加体外系统中 eIF4F 复合物（包含 eIF4E、eIF4G 和 eIF4A）的含量，可回复 miRISC 对翻译的抑制[55]；Kiriakidou 等的研究发现人 AGO2 的 MID 结构域类似于 eIF4E，可与之竞争性结合帽子结构，从而抑制蛋白的翻译[56]。

目前的研究发现 eIF4A 也有可能是 miRISC 抑制的靶标之一。在脊椎动物体内，eIF4A 有两种同系物，分别是 eIF4A1 和 eIF4A2。eIF4A 蛋白是一种 RNA 解螺旋酶，能够打开 mRNA 5'UTR 的二级结构，从而让 43S 前起始复合物对该区域进行扫描，寻找 AUG 起始密码子。因此，干扰 eIF4A 蛋白的功能应该能够对翻译的起始进行抑制。还有一些研究发现，CCR4-NOT 复合体招募 DDX6 至 miRNA 靶标处可能就是 miRISC 能够行使翻译沉默功能的作用机制。由于 DDX6 蛋白能够抑制蛋白质翻译，而且人体细胞研究也发现，缺失了 DDX6 蛋白之后，miRNA 的基因沉默作用也会随之消失。

2）翻译起始后阶段

miRISC 可能引起新生多肽链的同步降解或引发大量核糖体脱落使翻译提前终止来进行翻译起始后的抑制。

研究发现有一些被 miRISC 抑制的 mRNA 与翻译活跃的多核糖体偶联，说明这些 miRISC 的抑制作用不是发生在翻译起始阶段的。此外，经过内部核糖体进入位点（internal ribosome entry site，IRES）起始，不依赖于 mRNA m7G 帽子的翻译过程也可以受到 miRISC 的抑制，这些都表明了 miRISC 抑制可以发生在翻译起始之后。但是关于 miRISC 在翻译起始后发挥抑制作用的机制，还没有一致的结论。有研究推测 miRISC 可能引起新生多肽链的同步降解，或是在延伸过程中 miRISC 能引发翻译提前终止。

靶基因的蛋白质翻译抑制和 mRNA 降解两者之间的相互作用是复杂的。现在越来越清楚，CCR4-NOT 复合体是 miRISC 表达沉默途径中的一个下游效应因子，它可以将两者联系到一起。CCR4-NOT 复合体能够行使所有的 miRISC 作用，包括翻译抑制作用、脱腺苷作用、脱帽作用和 mRNA 降解作用。当然，也可能存在不依赖 CCR4-NOT 复合体的其他沉默机制，这也将是未来研究的一个方向。因此，miRNA 靶向目的基因调控其表达的具体机制仍不得而知。

虽然 miRNA 的加工成熟和装配都发生在细胞质中，但是有一些研究发现，miRNA 也存在于哺乳动物的细胞核内。研究发现约有 20%的成熟 miR-21 存在于细胞核内。miR-29b 通过 3'端的六核苷酸定位信号优先富集于细胞核内。随后的全基因组研究显示，这种现象似乎更为普遍，大多数 miRNA 在细胞核和细胞质之中都存在。那么，这些存在于细胞核内的 miRNA 的功能又是什么呢？是否与其在细胞质内有着相似的作用方式？随后的研究结果表明，miRNA 行使着不同的核内功能。

　　核仁是细胞核内的主要组成部分，是 rRNA 基因存储、rRNA 合成加工及核糖体亚单位的装配场所。通过原位杂交，在大鼠骨骼肌细胞的核仁内首次发现 miR-206，其与 28S rRNA 共定位于核仁和细胞质内，提示 miR-206 在核仁内与核糖体形成过程、核糖体的输出和细胞质中发挥作用都有关系[57]。到目前为止，已有包括 miR-191、miR-484 和 miR-193b 在内的 40 多个 miRNA 在核仁内被发现[58]。

　　miRNA 也可在转录后水平调控 miRNA 的表达。例如，miR-709 在细胞核中通过与 pri-miR-15a/16-1 上的 19nt 的高度互补序列结合从而抑制 pri-miR-15a/16-1 加工成为 pre-miR-15a/16-1，导致成熟 miR-15a/16-1 的减少[59]；线虫中的 let-7 也以相似的作用方式，调控着自身 pri-miRNA 的加工[60]。

　　此外，miRNA 在核内还能对基因的转录进行调控，其中"转录基因激活"我们将在后续的章节中详细讲述。在这部分主要探讨其转录抑制的作用。研究发现，由 POLR3D（RNA polymerase III subunit D）启动子区域反向转录出的 miR-320 能调控 POLR3D 基因的表达。miR-320 介导 AGO1 与 RRC2（polycomb repressive complex 2）复合物中的一个催化亚基 EZH2（enhancer of zeste homolog 2）相互作用，导致 POLR3D 启动子区组蛋白 H3 第 27 位赖氨酸的三甲基化（H3K27me3），从而抑制其转录，这一结果证实 miRNA 可在哺乳动物细胞内引起转录基因沉默[61]。

　　以上的诸多结果也再次表明 miRNA 生物学功能的复杂性和多样性。

19.3.2　miRNA 介导的基因激活机制

　　在 miRNA 研究的前期，人们普遍认为 miRNA 作为 RNAi 的一种形式，介导的基因调控总是负向的，即导致靶基因的表达沉默。然而，2006 年 RNA 激活（RNA activation，RNAa）现象的发现颠覆了这一机制，也引发了人们的争议。少数 miRNA 也可以激活转录。miRNA 在细胞质内通过与 AGO 蛋白形成复合物进入细胞核内，与染色体上的靶位点结合，导致靶位点的表观遗传（如组蛋白修饰等）的改变，从而在转录水平激活基因的表达。研究发现，miR-373 与 CDH1（cadherin 1，编码 E-钙黏蛋白）和 CSDC2（cold-shock domain containing protein C2）的启动子结合可上调其转录，这是首次发现 miRNA 能介导基因的转录激活[62]。另一个研究发现 miR-205 可以靶向 IL-24 和 IL-32 的启动子区，上调 IL-24 和 IL-32 的表达[63]。

　　miRNA 介导的基因激活的机制不仅仅表现在转录水平，少数 miRNA 被证明是基因表达的转录后激活因子（图 19-2D）。例如，在血清饥饿诱导的条件下，与肿瘤坏死因子 α（tumour necrosis factor-α，TNF-α）3'UTR 结合的 miR-369-3p-AGO 复合物能够招募脆性 X 相关蛋白 1（fragile X mental retardation autosomal homolog 1，FXR1），进而促进 mRNA 的翻译，上调 TNF-α 的表达，这一结果首次证明 miRNA 也具有激活基因表达的作用，当细胞处于增殖期时仍然抑制 TNF-α 的产生[64]。此外，在应急或营养匮乏的条件下，miR-10a 能够与许多核糖体蛋白 mRNA 的 5'UTR 相互作用，增加它们的翻译[65]。

　　详细的研究会在后续的章节中继续探讨。

19.3.3　miRNA 的调控网络

　　目前人类基因组编码的成熟 miRNA 已超过 2600 个，每一个 miRNA 都有可能对数百种不同的靶基因进行调控，通过生物信息学预测及实验验证，发现这些靶基因并不是随机分布的，而是富集在同一个或某几个信号通路。这就提示了一个 miRNA 可同时调控同一信号通路上下游基因的表达，或通过调控多个信号通路，从而对细胞功能进行有利的调控。例如，miR-200b 可通过靶向多个细胞骨架基因调控黏着斑和伪足的形成，从而参与调控细胞运动和侵袭[66,67]。而一个基因也可能被众多的 miRNA 同时调控。这种复杂的调控网络既可以通过一个 miRNA 来调控多个基因的表达，也可以通过几个 miRNA 的组合来精细调控某一个基因的表达。参与相同生物过程的 miRNA 通常会通过合作的方式，共同调控它们所共有的靶基因的表达。我们的研究发现，p21^Cip1 能够潜在地被 28 个 miRNA 所调控[68]。

  miRNA 在基因组上也不是随机排列的，其中一些 miRNA 通常形成基因簇。簇生排列的 miRNA 可能共享一些顺式调控元件，常常协同表达。这种 miRNA 基因簇高度协同的表达模式，提示同源的 miRNA 基因簇可能发挥协同的调控作用。它们可通过几个 miRNA 的组合来精细调控某一个基因的表达，或通过合作的方式共同调控同一信号通路。例如，在上皮细胞中定位于染色体 1p36.33 的 miR-200b/200a/429 基因簇中的 miR-200a/b 可与 *ZEB1*（zinc finger E-box binding homeobox 1）mRNA 3′UTR 上多个位点结合，共同调控 ZEB1 的蛋白水平；也可通过靶向不同的基因，协同调控肌动蛋白细胞骨架[69-71]。

  故而，对 miRNA 功能的研究应建立在基因调控网络之上。研究显示，miR-542-3p 不仅直接靶向 *AKT1*（AKT serine/threonine kinase 1），而且还直接靶向 AKT1 上游两个重要的调控因子 *ILK*（integrin linked kinase）和 *PIK3R1*（phosphoinositide-3-kinase regulatory subunit 1），从而共同调控 AKT 信号通路[72]。miR-135b 则通过靶向 Hippo 信号通路中的不同组分，促进肺癌的转移[73]。因此，miRNA 可能是通过对多个靶基因调控的整合，更有效、更精细地对细胞信号通路进行调控。

  基因调控网络由各种回路，如前馈和反馈回路组成（图 19-3）。越来越多的证据表明，miRNA 与其靶基因广泛参与了前馈和反馈回路。通过生物信息学分析发现，转录因子（transcription factor，TF）和 miRNA 这两类转录调控、转录后调控因子之间，较随机组合相比更倾向于相互调控，提示 miRNA、转录因子和靶基因之间存在着调控回路。

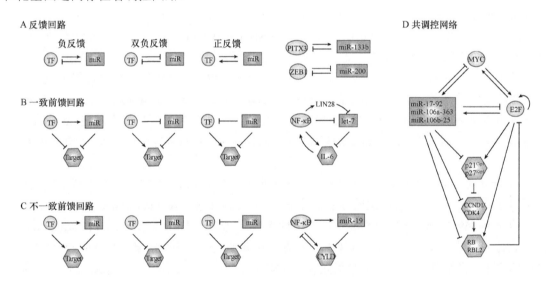

图 19-3 常见的 miRNA 与转录因子调控网络

三种主要的 miRNA 相关的信号反馈回路及例子[75]。A. 反馈回路；B. 一致前馈回路（miRNA 与 TF 两条路径协同激活或抑制靶基因）；C. 不一致前馈回路（靶基因受 miRNA 与 TF 两条相反路径的调控）；D. miRNA 参与的细胞增殖调控网络

  反馈分为正反馈、负反馈和双负反馈（图 19-3A）。miRNA 作为一个转录后的负调控因子，其介导的负反馈有助于维持基因调控网络的稳定性。我们以 PITX3/miR-133b 为例，miR-133b 能在哺乳动物多巴胺能神经元中表达，并通过抑制靶基因 *PITX3*（paired like homeodomain 3）参与调控多巴胺能神经元的分化。而 PITX3 是 miR-133b 的转录因子，表明 miR-133b 与 PITX3 之间能形成反馈回路，可能与调控多巴胺能神经元分化有关[74]。而当 miRNA 与转录因子形成相互抑制的关系时，它们便构成双负反馈回路。miRNA

也广泛介导了双负反馈的回路。例如，ZEB1/miR-200 回路中，miR-200 可抑制其靶基因 *ZEB1* 的蛋白质合成；反之，ZEB1 的上调可以抑制内源性 miR-200 的表达。这种相互抑制的作用使之具有两个状态：ZEB1 高表达、miR-200 低表达；ZEB1 低表达、miR-200 高表达。这两种状态在肿瘤细胞的上皮-间质转化（epithelial-to-mesenchymal transition，EMT）的调控中起着完全相反的作用。ZEB1 是公认的细胞间质性状的维持者，而 miR-200 则是细胞上皮表型的守护者。

前馈回路是指上游起始分子（转录因子或 miRNA）通过两条响应通路向下游传递信号，经由下游分子（靶基因）整合后输出，可分为一致前馈回路（coherent feedforward）和不一致前馈回路（incoherent feedforward）（图 19-3B、C）。近几年关于前馈的功能分析发现其在生物体内扮演着越来越重要的作用。在一致前馈回路中，靶基因受到了转录因子和 miRNA 的一致性调控（同时激活或抑制），miRNA 往往是调控网络的关键节点。例如，NF-κB-let-7-IL-6 回路，一方面 NF-κB 可诱导 *IL-6* mRNA 的转录激活；另一方面，NF-κB 通过抑制 let-7 的表达来解除 let-7 对 *IL-6* 的负调控，使 *IL-6* mRNA 的翻译顺利进行，IL-6 的表达反之又可激活 NF-κB 信号通路。此外，NF-κB 也可直接激活 *LIN28* mRNA 的转录，过表达的 LIN28 通过转录后机制抑制 *let-7* 的表达[76, 77]。通过该一致前馈回路，NF-κB 有效激活了 IL-6 的表达，促进细胞的炎症反应（图 19-3B）。在不一致前馈回路中，miRNA 和转录因子执行相反的调控功能，从而精确地调控靶基因的表达。例如，NF-κB-miR-19-CYLD 回路，miR-19 在淋巴母细胞瘤病人中高表达，其与 CYLD（cylindromatosis）和 NF-κB 组成的不一致前馈回路共同影响着下游的信号通路，共同参与了急性 T 细胞淋巴细胞白血病的发生（图 19-3C）[78]。综上所述，miRNA 可通过与转录因子、靶基因构成前馈和反馈回路，成为基因调控网络的关键节点。

而在生物体内，基因调控网络往往更加复杂，其通过多个反馈和前馈回路的交叉对话，从而更精细地参与基因网络的调控。细胞增殖是个体生长发育过程中的一个重要过程，被 miRNA、转录因子和靶基因所组成的复杂网络所调控。E2F 是一类调控细胞周期和细胞凋亡的重要转录因子，它们调控细胞从 G_1 期进入 S 期所需要基因的转录，从而参与细胞增殖的调控。E2F1 是 E2F 家族成员之一，它可直接结合到 miR-17-92 基因簇的启动子区，激活 miR-17-92 基因簇的转录，而其本身又是 miR-17-92 基因簇的直接靶标，因此，E2F1 和 miR-17-92 基因簇之间存在一个负反馈回路。类似的负反馈也在 E2F1 和 miR-17-92 基因簇的旁系同源体 miR-106a-363 和 miR-106b-25 基因簇之间存在。已知 E2F1 的活化可被 Rb 和 RBL2（RB transcriptional corepressor like 2，也称为 p130）抑制，这种抑制效果也可通过 miRNA 直接靶向 Rb-E2F 信号通路相关蛋白，如 $p21^{Cip1}$、$p27^{Kip1}$ 被增强，或 miRNA 直接靶向细胞周期蛋白 D1（cyclin D1，CCND1）、Rb 和 RBL2 被减弱。与此同时，E2F1 也可被这些蛋白直接激活影响自身的活化水平。因此，E2F1 通过与 miR-17-92 基因簇的负反馈、一致和不一致前馈回路来平衡自身蛋白质水平和活化状态，确保细胞周期有条不紊地进行。然而，这种平衡可以被 c-Myc 所打破。c-Myc 能激活 miR-17-92 的转录，而 miR-17-92 的靶基因也包括 *MYC*。它们之间可能存在负反馈回路。有趣的是，E2F1 可激活 *MYC* 的转录，而 c-Myc 也可激活 *E2F1* 的转录（图 19-3D）。综上所述，miR-17-92 基因簇可能通过复杂的信号通路，精确、协调地调控着细胞的增殖[79-81]。

19.4　miRNA 数据库简介

19.4.1　miRBase

miRBase 数据库（http://mirbase.org/）是一个 miRNA 基因注释数据库，也提供 miRNA 靶标预测软件的链接（如 PicTar、TargetScan 等），是存储 miRNA 信息最主要的公共数据库之一；该数据库目前已更新至第 22 版，收录了 271 个物种的 38 589 个 miRNA 前体和 48 885 个成熟产物，其中人类 miRNA 前体有 1917 个，成熟的 miRNA 数量更是达到了 2654 个。数据库中所用数据都可以从首页 Download page 或直接进入 FTP 站点进行下载。

19.4.2 常用 miRNA 靶基因预测数据库

目前主要通过生物信息学和生物学实验相结合的方法寻找 miRNA 的靶基因。基于碱基互补配对、靶位点序列保守性、miRNA-mRNA 双链之间的热稳定性、位点的可结合性和 UTR 碱基分布等原理，目前已开发出了许多 miRNA 靶标预测软件，这些对 miRNA 的研究起到了良好的促进作用（表 19-1）。以下是几款常见的预测软件的介绍。

表 19-1 常用 miRNA 靶基因软件

资源	网址
miRanda	http：//www.microrna.org/microrna/home.do/
TargetScan	http：//www.targetscan.org/
RNA22	https：//cm.jefferson.edu/rna22/
PicTar	http：//pictar.mdc-berlin.de/
RNAhybrid	https：//bibiserv.cebitec.uni-bielefeld.de/rnahybrid/
PITA	http：//genie.weizmann.ac.il/pubs/mir07/mir07_data.html
TarBase	http：//www.microrna.gr/tarbase
StarBase	http：//starbase.sysu.edu.cn/

（1）miRanda 是最早的一个利用生物信息学对 miRNA 靶基因进行预测的软件，在 2003 年由 Enright 等人开发。其对 3'UTR 的筛选主要是从序列匹配、miRNA 与 mRNA 双链的热稳定性及靶位点物种间序列保守性三个方面进行分析的。

（2）TargetScan 数据库是 2003 年开发的可用于预测哺乳动物 miRNA 靶基因的软件。这个数据库目前为 2021 年 9 月发布的 8.0 版，包含了以前发布的各个版本的数据和最新预测的相关数据信息。该软件将 RNA 间相互作用的热力学模型与序列比对分析相结合，预测不同物种间保守的 miRNA 结合位点。在 TargetScan 算法中，要求 miRNA 5'端的第 2~8 位碱基即"种子区"与 mRNA 的 3'UTR 完全互补，同时利用 RNAFold 计算结合位点的自由能。此外还引入了信号噪声比来评估预测结果的准确度。

（3）RNA22 是在 2006 年开发的一种识别 miRNA 靶位点及相应 miRNA-mRNA 异源双链的软件。该预测软件不考虑物种之间的保守性，不是从 miRNA 入手寻找它的靶基因，而是从感兴趣的序列入手，寻找假定的 miRNA 结合位点，然后确定其被哪个 miRNA 所调控。它的出现对以前人们关于 miRNA 靶基因预测的相关认识提出了挑战，如 miRNA 的靶基因也可能存在于 3'UTR 以外的区域，这已被实验所验证。

（4）TarBase 是一个目前使用广泛的、已被实验证实的数据库，包括在人、小鼠、果蝇、蠕虫和斑马鱼中的 miRNA 的靶基因。

（5）StarBase 是一个由高通量的 CLIP-Seq 实验数据和 mRNA 降解组实验数据支持的 miRNA 靶标数据库，提供了各式各样的可视化界面去探讨 miRNA 的靶标。

19.5　miRNA 的功能与疾病

- 循环 miRNA（circulating microRNA）是一类存在于如血液、唾液和尿液等的 miRNA，在不同生理病理条件下具有明显的表达差异，可作为疾病标志物，用于疾病的早期诊断和预后判断。

19.5.1　miRNA 在细胞生物学中的功能

miRNA 是一类庞大的、具有调控功能的小分子 RNA 家族，广泛存在于各种动植物之中，包括单细胞藻类和病毒。目前人类中成熟的 miRNA 数量超过 2600 个，每一个 miRNA 都有可能对数百个靶基因进行调控，且研究发现 60% 的可编码蛋白基因至少存在一个 miRNA 保守结合位点。同时，由于大多数的 miRNA 都具有严格的组织特异性、时空特异性和进化保守性，这就决定了其在细胞生物学中的重要性与普遍性。目前已认识到 miRNA 参与细胞增殖和分化、细胞凋亡、胚胎发育、形态建成及疾病发生等一系列重要的生命过程。

1. miRNA 与细胞分化

细胞分化是多细胞生物发育的基础与核心，是细胞内基因选择性表达特异功能蛋白质的过程，受到转录水平和转录后水平的精确调控。miRNA 作为转录后调控因子，其自身表达具有组织和时空特异性，可直接影响细胞的分化，进而影响生物的个体发育。胚胎干细胞（embryonic stem cell，ES 细胞）是一类能够无限增殖、诱导分化为多种类型的干细胞。研究发现，敲除 *Dicer1* 的小鼠 ES 细胞在细胞增殖和分化上都存在缺陷，说明 miRNA 对 ES 细胞的分化起重要的作用[82]。在 ES 细胞中，仅有少数 miRNA 是高表达的，在小鼠 ES 细胞中为 miR-290 和 miR-302 家族，人 ES 细胞中为 miR-371 和 miR-302 家族[83, 84]。研究发现在 ES 细胞分化早期，miR-302、miR-17、miR-371、miR-373 和 miR-15 家族表达都有显著性变化，说明这些 miRNA 可能参与细胞分化相关信号通路的调控。Ben 等发现一些 miRNA 在未分化的 ES 细胞中表达量较低，随着分化过程的进行表达量上调，如人 let-7a、miR-29 和 miR-21。余佳课题组发现 miR-23a 基因簇的两个成员 miR-27a 和 miR-24 可通过靶基因 *POU5F1*（POU class 5 homeobox 1，也称为 Oct4）、*FOXO1*（forkhead box O1）、*Smad3*（SMAD family member 3）、*Smad4* 和 *IL6ST*（interleukin 6 signal transducer，也称为 GP130）实现对 ES 自我更新的抑制，并能促进 ES 的多胚层分化[85]。此外，let-7 参与 ES 细胞的心肌分化过程调控及胚胎的心脏发生过程，是 ES 细胞分化过程中的一个重要调节因子[86]。

2. miRNA 与细胞增殖

细胞增殖是细胞生命活动的重要特征之一，是通过细胞周期来实现的。细胞周期是细胞生命活动的基本过程，受到非常精细和严格的调控，细胞周期的异常，尤其是 G_1/S 期转换失控是细胞癌变的关键步骤。miRNA 作为一类重要的调控分子，可通过与细胞周期相关调节因子或抑制因子等相互作用，从而影响细胞的生长。目前有关 miRNA 与细胞周期调控之间关系的研究也多集中在 G_1/S 期转换。参与 G_1/S 期转换的蛋白质有很多，如 E2F、CDK、Cyclin 和周期素依赖性蛋白激酶抑制物（cyclin dependent kinase inhibitor，CDKI）等，miRNA 调控细胞周期的进程正是通过改变这些蛋白质的表达水平来实现的。

c-Myc 与 E2F1 之间存在正反馈关系。O'Donnell 等发现 c-Myc 在激活 E2F1 表达的同时，也激活 miR-17-92 基因簇的转录，而 *E2F1* 又是 miR-17-92 基因簇的直接靶标；同时，E2F1 的激活又可诱导 miR-17-92 基因簇的表达[87]。因此，miR-17-92 基因簇对于 c-Myc 与 E2F1 相互激活的控制至关重要。

miRNA 可通过调控 CDK 和 Cyclin 的表达，影响细胞周期的进程。*let-7* 是具有抑癌作用的 miRNA。Johnson 等研究发现 *let-7* 在正常人肺组织中高表达，在 A549 细胞中抑制 *let-7* 的表达可促进细胞的增殖[88]。Schultz 等发现在 SK-Mel-147 和 G361 细胞内过表达 *let-7b* 会降低 CCND1、CCND3、CCNA 及 CDK4 的表达，抑制细胞周期的进程[89]。miR-195 通过抑制 CCND1、CDK6 和 E2F3 的表达，调控 G_1/S 期的转换[90]。

CDKI 是细胞周期抑制蛋白，主要成员有 p21^{Cip1}、p27^{Kip1}、p16^{INK4A}、p18^{INK4C} 等。我们的研究发现，miR-423 可直接靶向并抑制 p21^{Cip1} 的表达，促进肝癌细胞周期中 G_1/S 期的转换，促进细胞的生长[91]。miR-221/222 可通过调控 p27^{Kip1} 的表达，参与 G_1/S 期转换，加速细胞周期的进程[92]。

3. miRNA 与细胞凋亡

细胞凋亡是多细胞生物的一种正常的生命活动，当细胞受到外部环境刺激或内部信号激活时，会启动由多种基因调控的程序性主动死亡。细胞凋亡对于维持机体正常生长和代谢稳定具有极其重要的作用，而细胞凋亡的失调往往与各种肿瘤的产生密切相关。

Bcl-2 蛋白家族、Caspase 家族、衔接蛋白、p53 通路、p38 通路、NF-κB 通路和 JNK 通路等都涉及细胞凋亡的调控。Cimmino 等发现，在慢性 B 淋巴细胞白血病中，miR-15a/16-1 直接作用于 *BCL2* 的 3′UTR 调控 BCL2 的表达，并与之呈负相关，从而抑制细胞凋亡[93]。在肝细胞肝癌中，miR-125b 和 miR-224 通过靶向 *BCL2* 抑制细胞的增殖，促进细胞凋亡[94, 95]。*BCL2* 也是 miR-34a 的靶基因，miR-34a 还经过与 p53 通路相互作用影响细胞凋亡[96, 97]。Garofalo 和 Miller 等分别在非小细胞肺癌和乳腺癌中发现 miR-221/222 可靶向作用于死亡受体途径中的关键蛋白 p27^{Kip1}，影响对细胞凋亡的耐受性[98, 99]。此外，miR-195 通过靶向 *LATS2*（large tumor suppressor kinase 2）、miR-376a 通过靶向 *PIK3R1*（phosphoinositide-3-kinase regulatory subunit 1）参与细胞凋亡的调控[100, 101]。

4. miRNA 与细胞迁移

细胞迁移是正常细胞的基本功能之一，是机体正常生长发育的生理过程，也是活细胞普遍存在的一种运动形式。胚胎发育、血管生成、伤口愈合、免疫反应、炎症反应等过程中都涉及细胞迁移。细胞迁移是一个复杂的生物学过程，涉及大量信号通路的激活和基因的表达变化，而这一过程离不开 miRNA 对基因表达的精准调控。Meng 等首次证实 miR-21 可通过靶向 *PTEN*（phosphate and tension homology deleted on chromsome ten），促进蛋白酪氨酸激酶 2（protein tyrosine kinase 2，PTK2）的磷酸化、基质金属蛋白酶 2（matrix metallopeptidase 2，MMP-2）和 MMP-9 的表达，促进肝细胞癌的侵袭与转移[102]。我们的研究发现分别位于 8q24.3 和 8q24.22 的两个 miRNA（miR-151 和 miR-30d）在肝细胞癌中表达上调，并与肝细胞癌的肝内转移存在相关[103, 104]。miR-30d 可直接靶向 *GNAI2*（G protein subunit alpha i2），促进肝癌细胞迁移与侵袭转移的能力，包括肝内转移和远处肺转移。miR-151 位于 PTK2 的第 22 号内含子之中，可通过下调 *ARHGDIA*（Rho GDP dissociation inhibitor alpha）的表达，与 PTK2 协同激活 RAC1、CDC42、RHO GTPase 蛋白的活性，从而促进肝癌的侵袭与转移。

5. 循环 miRNA

尽管大部分的 miRNA 都存在于细胞内，但仍有一定数量的 miRNA 稳定存在于如血液、唾液和尿液等之中，这类 miRNA 被称为循环 miRNA。

2007 年，Valadi 等从人和小鼠细胞（HMC-1 和 MC/9 细胞）分离的外泌体中发现有 miRNA 的存在[105]。2008 年，Chim 等首次在孕妇血浆中检测到有来自胚盘的 157 种 miRNA，其中 17 种 miRNA 在血浆中的浓度是孕妇外周血细胞的 10 倍以上且在产后孕妇血浆中无法检测到[106]。几乎同时，有研究在弥散性大 B 细胞淋巴瘤患者的血清中检测发现 miR-155、miR-210 和 miR-21 表达水平较正常对照组上调，且 miR-21 的高表达与患者预后相关，此发现开创了循环 miRNA 应用于肿瘤诊断的先河[107]。随后，研究人员对健康人血浆分离的 18~24nt RNA 所得到的 125 个克隆进行分析，发现包括 *let-7a*、miR-16 和 miR-15b 等在内的 91 个已知 miRNA，且血浆 miR-141 可作为前列腺癌诊断标志物[108]。也有研究者在我国正常男性和女性血清中分别发现 100 种和 91 种 miRNA，此外还发现肺癌患者和结肠癌患者的 miRNA 表达谱也有变化，血清 miR-223 和 miR-25 在肺癌患者中表达上调[109]。可见，循环 miRNA 对于评估机体的病理状态发挥着重要的作用。

对于循环 miRNA 的来源仍然存在争议，目前的主要观点认为来自破裂细胞的被动渗漏和细胞的主动分泌（图 19-4）。在正常状态下，细胞内 miRNA 直接渗漏到循环系统中并不常见，但有研究表明，miRNA 可通过组织损伤或细胞凋亡及坏死等被动渗漏方式释放入体液，并在体液中稳定存在。而细胞的主动分

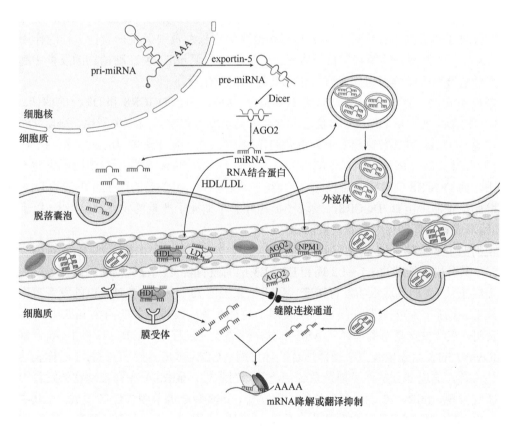

图 19-4　循环 miRNA 的输出机制及其细胞网络

成熟 miRNA 可通过外泌体或脱落囊泡包裹，或与 AGO2 蛋白、载脂蛋白（HDL 和 LDL）或 NPM1 蛋白结合释放到细胞外环境中。外泌体和脱落囊泡包裹的 miRNA 可以通过直接膜融合渗透到受体细胞中，而无囊泡的 AGO2 等蛋白结合的 miRNA 可以通过缝隙连接通道或膜受体转移。在受体细胞内，"外来"的 miRNA 可调控受体细胞的靶基因的表达水平

泌则源自微囊泡（microvesicle，MV）或与蛋白质的结合（图 19-4）。微囊泡是机体内细胞在正常和病理状态下都会分泌的直径 30～1000nm 的微小囊泡，一般呈球形，双层膜包裹，其表面有一些蛋白质，囊泡内含有蛋白质、mRNA 及 miRNA 等物质，根据形成的机制不同被分为外泌体（exosome，30～100nm）和脱落囊泡（shedding vesicle，100～1000nm）。与循环 miRNA 结合的蛋白质主要有载脂蛋白（高密度脂蛋白 HDL 和低密度脂蛋白 LDL）、核仁磷酸蛋白（nucleophosmin 1，NPM1）及 AGO2 蛋白。循环 miRNA 也是通过细胞微囊泡的包裹、与载脂蛋白和 AGO2 等 RNA 结合蛋白的结合，使其自身免受核酸酶的降解。目前对循环 miRNA 功能的了解还比较有限。多数研究者认为循环 miRNA 可参与细胞间通讯的调控。例如，血液细胞 THP-1 分泌的 miR-150 能够通过微囊泡被运输到 HMEC-1 细胞并下调 c-Myb 蛋白的表达，促进 HMEC-1 细胞的迁移[110]。Vicker 等发现 miR-223 可通过 HDL 的转运抑制内皮细胞的细胞间黏附分子-1（intercellular cell adhesion molecule-1，ICAM-1）的表达[111]。

目前，已有许多研究证明，循环 miRNA 在不同生理病理条件下具有明显的表达差异，可作为疾病标志物，用于疾病的早期诊断和预后判断。而 miRNA 作为基因调控网络的调控者，不同于其他的生物标志物，它们不仅是疾病状态的产物，而且在疾病的发生发展过程中具有相应的功能，故此也可作为新的治疗靶点。

19.5.2　miRNA 在生长发育中的功能

动植物的生长发育是依靠细胞增殖、细胞分化与细胞凋亡来实现的。现已知 miRNA 在细胞增殖、分化和凋亡中都发挥了重要的调控作用，那么其在动植物的生长发育中又发挥着什么样的作用呢？通过对线虫、小鼠、斑马鱼和拟南芥等模式生物的研究，科学家们发现 miRNA 在动植物的发育中起着无可取代的作用，包括动物胚胎干细胞及组织发育、植物叶和花的发生等。

已知大多数 miRNA 的生物合成都是依赖 Drosha 及其辅助因子 DGCR8 和 Dicer 的剪切。在斑马鱼中敲除 Dicer 后，检测发现大量 miRNA 的表达下调，斑马鱼发育迟缓，与野生型比，敲除 Dicer 的斑马鱼明显瘦小，这说明 Dicer 对其发育起着十分重要的作用[112]。在小鼠中敲除 Dicer 也得到了以上类似的结果[113]。但由于内源 siRNA 的产生也是依赖于 Dicer 的加工，故 Dicer 敲除所导致的后果并不能排除内源 siRNA 的作用。而 DGCR8 的敲除则可排除这一影响，因为内源 siRNA 的产生并不依赖 DGCR8 的作用。通过在小鼠胚胎干细胞中沉默 DGCR8，发现小鼠在胚胎早期死于严重的发育缺陷[114]。以上的研究表明 miRNA 在胚胎形成和发育调控中有着重要的作用。

最早发现的两个 miRNA（lin-4 和 let-7）就参与了线虫的发育时序调控[115]。lin-4 有两个靶基因，即 lin-14 和 lin28，其分别调控线虫 L1～L2 期和 L2～L3 期的发育转变。let-7 则通过调控 lin-41、hbl-1 等靶基因，调控着线虫从 L4 期到成虫的发育转变。以上结果说明 lin-4 和 let-7 对线虫的发育时序进行精确控制是不可或缺的。而后，研究人员在线虫中又发现了与神经系统发育有关的两个 miRNA——miR-273 和 lsy-6。研究表明，在线虫味觉感受神经元 ASE 不对称性的建立过程中，miR-273 和 lsy-6 分别通过调控靶基因 die-1 和 cog-1 的表达介导线虫中受体鸟苷酸环化酶（GCY-7/GCY-5）的左右非对称表达，参与了其中复杂的表达调控，这也部分解释了神经系统功能的非对称性。miRNA 在脊椎动物的发育中也发挥着重要的作用。研究发现，miR-430 参与斑马鱼的大脑发育，miR-200 调节嗅神经的生成，miR-375 调节胰岛的生成，而 miR-181 则控制哺乳动物血细胞分化为 B 细胞，miR-1 与心脏发育有关。

心脏是哺乳动物胚胎发育时期第一个形成和发挥功能的器官。脊椎动物的心脏发育是一个极其复杂的过程，受到了精确的调控。利用 Nkx2.5-Cre 构建在心肌细胞特异敲除 Dicer 的小鼠模型，发现小鼠在胚胎期第 12.5 天因心衰而死[116]。而在出生后的小鼠心脏中，利用 α-MHC-Cre 诱导条件性敲除 Dicer 虽然并不影响心脏房室建成，但这些小鼠的心脏收缩蛋白表达异常，肌纤维排布紊乱，伴随心功能下降，并很快发展为扩张性心肌病及心衰。这些研究说明，miRNA 在心脏的发育过程中起到了至关重要的作用。

　　miR-1/133 基因簇是在心肌组织特异性表达的、高度保守的 miRNA，其表达受到血清反应因子（serum response factor，SRF）、肌细胞增强因子 2（myocyte enhancer factor 2A，MEF2A）和肌分化抗原（myogenic differentiation antigen，MyoD）等转录因子的调控。研究发现，miR-1-2 敲除的小鼠部分（50%）因发生大的室间隔缺损而死亡。miR-133 敲除的小鼠同敲除 miR-1-2 相似，室间隔发育异常，部分生存至成年的小鼠最终死于扩张型心肌病和心力衰竭[117]。miR-1 和 miR-133 通过调控不同的靶基因参与心脏发育的诸多方面。在胚胎干细胞向中胚层细胞分化过程中，miR-1 和 miR-133 均发挥促进作用，miR-1 可能是通过抑制 Notch 通路 delta 样配体 1（delta like canonical Notch ligand 1，DLL1）的表达而实现促分化作用的。但在由中胚层细胞向心肌细胞分化过程中，miR-1 表现为促分化，而 miR-133 则抑制该分化过程。在维持心肌细胞增殖和分化过程中，有研究发现 miR-1 通过靶向转录因子 *HAND2*（heart and neural crest derivatives expressed 2），抑制心肌细胞的增殖。miR-1 还能够通过抑制 HDAC4 的表达，促进 MEF2 的表达上调，从而促进心肌细胞的分化。相较于 miR-1，miR-133 主要是通过靶向 *SRF* 促进心肌细胞的增殖。SRF 又是 miR-1/133 基因簇的转录因子，从而形成负反馈回路，精确调控心脏的发育。此外，miR-1 和 miR-133 在心脏传导系统的发育过程中也起到了重要的作用[118]。Zhao 等的研究发现，miR-1 通过靶向转录因子 *IRX5*（iroquois homeobox 5），促进钾离子通道蛋白（potassium voltage-gated channel subfamily D member 2，KCND2）的表达，从而促进心脏传导系统的发育。另外，Yang 等的研究发现 *GJA1*（gap junction protein alpha 1）和 *KCNJ2* 也都是 miR-1 的靶基因。由此可见，miR-1 和 miR-133 在心脏的发育过程中的确起到了重要的作用。此外，miR-138 参与心脏形态学的发生；miR-499 与胚胎干细胞向心肌细胞分化密切相关。

　　在植物中，大多数的 miRNA 与其靶基因序列具有更高的互补性，主要是通过转录后水平介导其靶 mRNA 的降解来调控植物基因的表达，从而在植物生长发育、胁迫应答、逆境响应和激素调控等多种生物学过程中发挥核心调控作用，其中，有关 miRNA 对植物的生长发育调控的研究开展最早且研究最为广泛。例如，miR-172 是发现较早，也是功能和机制研究得最为深入的一个植物 miRNA。在植物中，miR-172 通过靶向 *AP2*（apetala2）及 *AP2-like* 基因调控植物由营养生长到生殖生长的转变、花器官的形成及开花时间等多个生物学过程[119]。拟南芥 miR-172 就是通过靶向 *AP2* 决定花器官的发育。还有报道发现 miR-394 通过对 *LCR*（leaf curling responsiveness，即 At1g27340）的负调控，影响植物生长素响应通路并参与调控拟南芥叶片发育[120]。

19.5.3　miRNA 与疾病

　　疾病往往是由于对生理和病理应激作出的异常或不适当的反应所致。miRNA 与疾病之间的关系首先是在癌症中发现的。随后大量的研究发现 miRNA 和许多疾病的发生密切相关，而且这个范围随着研究的深入正在迅速扩大。由于 miRNA 表达异常引起相应调控网络的紊乱是影响疾病发生的一个关键因素。miRNA 基因的扩增、缺失和表观遗传学改变可导致功能的增强或丧失，这会影响到靶蛋白的表达，进而导致疾病的发生。而一些与疾病有关的转录因子，如 c-Myc、p53、AP-2α 等，是 miRNA 异常表达的主要调节因子。此外，靶基因 mRNA 的突变或 miRNA 合成过程相关蛋白的突变也会导致疾病的发生。

1. miRNA 与心血管疾病

　　心血管疾病是威胁人类健康的最常见疾病之一。心血管系统有着特别丰富的 miRNA 资源，通过上面的章节，我们了解了 miRNA 在心脏发育中的重要作用，然而它们在心血管疾病中也发挥着重要的作用。

众多 miRNA 已被证明参与心肌肥厚、心力衰竭、动脉粥样硬化等多种心血管疾病的调控，并且可以稳定存在于循环血液中，因此，miRNA 具有作为诊断心血管疾病的生物标志物的潜能。

1）miRNA 与心肌肥厚

心肌肥厚是一种产生较缓慢但较有效的代偿功能，主要发生在长期压力负荷过重的情况下。为了探讨 miRNA 在心肌肥厚中的作用，Rooij 等利用两种病理性心肌肥厚小鼠模型筛选发现，包含 miR-21、miR-23a、miR-23b、miR-24、miR-195 和 miR-214 在内的一些 miRNA 在两种模型中表达均上调，而部分 miRNA 如 miR-150 和 miR-181b 则表达均下调。在体外培养的心肌细胞中过表达两者均上调的 miRNA（miR-23a、miR-24 或 miR-214 等），可诱发心肌肥厚。与此相反，在体外心肌细胞中过表达下调的 miRNA（miR-150 或 miR-181b），则可以导致心肌细胞减小。这些结果表明，miRNA 表达的特异性改变在心肌肥厚过程中可能具有重要的作用。而后，他们又通过心肌肥厚重塑模型研究 miR-208 的作用。miR-208 分为 miR-208a 和 miR-208b，分别是由肌球蛋白重链 6（myosin heavy chain 6，MYH6）和 MYH7 的内含子编码的心脏特异性 miRNA，其敲除小鼠不易发生心肌肥厚和纤维化，MYH7 表达未上调。进一步的研究发现，miR-208 可直接与 *MED13*（mediator complex subunit 13）的 3′UTR 结合而抑制其表达，从而调控 MYH7 的表达，提示 miR-208 可能部分通过调控甲状腺激素信号通路发挥其在心肌肥厚及纤维化中的作用[121, 122]。miR-1 和 miR-133 是另两个在心脏特异性表达的 miRNA。体外研究发现，miR-1 和 miR-133 过表达可抑制心肌细胞生长，从而阻断心肌肥厚的发生。上述的研究显示，miRNA 在心肌肥厚的发生发展中起着重要的作用，是心肌细胞异常增生的潜在抑制剂或促进剂。

2）miRNA 与心力衰竭

心力衰竭是一种由各种心脏病导致心功能不全的临床综合征，是心脏疾病发展的终末阶段，是当今最重要的心血管疾病之一。研究表明，在小鼠心脏特异性敲除 *Dicer* 后阻断了 miRNA 的成熟，导致心力衰竭的发生，这提示 miRNA 在心脏功能的调控中具有重要的地位。Tijsen 等检测发现，心力衰竭患者体内循环 miR-423-5p 的表达水平显著升高，并且与 NT-proBNP 的水平呈正相关。现已知 NT-proBNP 对于诊断和防治心力衰竭有很重要的意义。进一步的研究表明，miR-423-5p 是慢性心力衰竭的诊断指标[123]。在对循环 miRNA 的早期研究中发现 miR-122、miR-210、miR-423-5p、miR-499 和 miR-622 等一些 miRNA 在心力衰竭患者中的表达较正常组有差异[124]。目前与心力衰竭相关的 miRNA 主要包括 miR-208a、miR-423-5p、miR-195、miR-499 和 miR-126 等。

3）miRNA 与动脉粥样硬化

动脉粥样硬化是冠心病、脑梗死、外周血管病的主要原因，是多因素共同作用引起的慢性炎症性疾病，发病机制十分复杂。miR-126 是血管内皮细胞特异性的 miRNA，通过调控 *VCAM-1*（vascular cell adhesion molecule 1）的表达在动脉粥样硬化的发展过程中起保护作用[125]。miR-33 家族包括 miR-33a 和 miR-33b，分别位于固醇调控元件结合转录因子 2（sterol regulatory element binding transcription factor 2，SREBF2）和 *SREBF7* 的内含子中，通过作用于脂类代谢和炎症反应，调控动脉粥样硬化的发生及发展。此外，大量研究证明 miR-145、miR-21、miR-23b、miR-155 等均直接或间接地参与动脉粥样硬化的病理生理过程。

2. miRNA 与神经系统疾病

神经系统疾病是指发生于中枢神经系统、周围神经系统、植物神经系统，以感觉、运动、意识、植物神经功能障碍为主要表现的疾病。随着老龄化社会的到来，神经系统疾病已经成为导致人类死亡和残疾的主要原因之一，在心血管病、肿瘤、脑血管病和老年变性病这四大类引起人类死亡的疾病中，神经系统疾病就占了两项。目前，许多神经系统疾病的发病机制还不清楚，这就极大影响了神经系统疾病的诊断和治疗。研究发现，miRNA 在神经系统胚胎发育、神经元分化及可塑性，以及学习和记忆等中均发挥关键作用。近年来，科学家们对 miRNA 与神经系统疾病的关系进行了广泛的研究，发现 miRNA 在神经系统疾病的发生发展中发挥着重要的作用，从而为阐明该类疾病的发病机制提供新的证据，也为其提供更好的诊断和治疗方案。

一般而言，神经系统疾病可分为神经发育障碍、神经精神障碍和神经退行性疾病。我们将分别通过一种或两种特定疾病来阐述 miRNA 在此间的作用。

1）神经发育障碍

脆性 X 染色体综合征（fragile X syndrome，FXS）是一种常见的由于 *FMR1*（fragile X mental retardation 1）表达缺陷导致的遗传性智力发育低下的疾病。研究发现 FMR1 和脆性 X 相关蛋白 1（fragile X-related 1 protein，FXR1P）的表达可以被 miRNA 调控。有趣的是，FMR1 和 FXR1P 在 miRNA 的合成和表达中也能发挥调控作用。在果蝇中，敲除 fmr1（人类 FMR1 在果蝇中的同源蛋白）后，miR-124a 的水平下降[126]。随着研究的不断深入，越来越多与 FMR1 相关的 miRNA 被陆续发现。在 *Fmr1* 敲除的小鼠海马中发现，有 38 种 miRNA 表达上调、26 种表达下调[127]。成熟的 miRNA 也可通过与 *Fmr1* 的 3′UTR 结合抑制该基因的表达，从而影响与记忆、学习相关基因的表达。Edbauer 等在小鼠中筛选发现与 FMR1 相互作用的两个 miRNA：miR-125b 和 miR-132，并发现 FMR1 通过 miR-125b 调控 *GRIN2A*（glutamate ionotropic receptor NMDA type subunit 2A）的表达，说明 FMR1 通过 miRNA 调控突触的形态和功能[128]。综上所述，miRNA 在 FMR1 功能发挥过程中起着重要的作用。

Rett 综合征（Rett syndrome，RTT）是一种起病于婴幼儿的 X 染色体连锁的神经发育性疾病，主要累及女孩。甲基化 CpG 结合蛋白 2（methyl-CpG binding protein 2，MeCP2）的功能丧失是其致病的主要原因。有关 miRNA 与 Rett 综合征的研究始于 Klein 等的发现。他们发现 *MeCP2* 是 miR-132 的直接靶基因，miR-132 抑制 MeCP2 的翻译。另有研究发现脑源性神经营养因子（brain derived neurotrophic factor，BDNF）可以诱导 miR-132 的表达，而 MeCP2 的磷酸化又能激活下游基因 BDNF 的表达。以上结果表明，miR-132 对于调控 MeCP2 的表达是至关重要的[129]。最新的研究发现，在神经元中，MeCP2 可与 DGCR8 直接结合抑制 DGCR8/Drosha 复合物的形成，从而阻碍 pri-miRNA 的加工过程[130]。

2）神经精神障碍

抑郁症（major depression disorder，MDD）是一种以持续的情绪低落和脑功能障碍为主要临床特征的疾病，是危害人类健康最常见的精神疾病之一。MDD 的发病机制与大脑神经结构出现的广泛性变化密切相关，但具体机制尚不清楚，大量的相关研究指出突触可塑性引起的结构变化与 MDD 之间存在关联。miRNA 在突触可塑性中起着关键的作用。Schratt 等研究发现 miR-134 通过调控 LIM 蛋白激酶 1（LIM domain kinase1，LIMK1），抑制神经元树突的形成，而 BDNF 可逆转 miR-134 对 LIMK1 的抑制作用，从而促进树突的形成[131]。越来越多的研究表明 BDNF 可能通过影响突触可塑性从而参与抑郁症的病理生理过程。Bai 等的研究发现，在早期母爱剥夺导致大鼠成年抑郁性行为的病理过程中，BDNF 蛋白水平降低，进一步的研究发现 BDNF 的蛋白表达水平与 miR-16 的表达呈负相关，提示 miR-16 可能通过调控 BDNF 的表达参与动物抑郁性行为的产生过程[132]。总的来说，关于 miRNA 在 MDD 中的研究还处于起步阶段，尚有许多方面有待进一步研究。

3）神经退行性疾病

衰老是神经退行性疾病发生和发展的重要因素之一，miRNA 的总体性缺失可能与衰老相关，也可通过一些特异性的分子机制参与衰老的发生。miR-34 在果蝇中可抑制衰老相关疾病的发生，miR-34 的缺失可使大脑加速衰老，甚至缩短寿命。而当 miR-34 表达上调时，果蝇的寿命就会延长，并且由人多谷氨酰胺病变蛋白诱发的神经退化也得到缓解。果蝇的 *eip74ef* 正是 miR-34 的一个靶基因[133]。

阿尔茨海默病（Alzheimer's disease，AD）是最为常见的引起老年痴呆的脑部神经退行性疾病。有关

miRNA 在 AD 发生发展中的机制研究大多集中在淀粉样前体蛋白（amyloid precursor protein，APP）、β-分泌酶（β-site amyloid precursor protein-cleaving enzyme 1，BACE1）和 tau 蛋白上[134]。β-淀粉样蛋白（β-amyloid peptide，Aβ）是导致 AD 的重要蛋白。Aβ 的产生来源于 APP 的剪切。近几年研究发现 miR-200b、miR-429、miR-20a 家族（包括 miR-20a、miR-106b 和 miR-17-5p）、miR-16 和 miR-101 等可以下调 *APP* 的表达，提示其可能参与 AD 的病理过程。BACE1 是 APP 到 Aβ 生物过程的限速酶。miR-298、miR-328、miR-107、miR-29a/b-1、miR-339-5p、miR-124 等可调节 *BACE1* 的表达，进而调控 Aβ 的产生。神经纤维缠结的形成是 AD 患者关键性病理特征之一，tau 的异常磷酸化是其形成的原因。现已发现 miR-34a 和 miR-26b 可直接靶向 *tau*，从而抑制 *tau* 的表达水平。此外，还发现在 AD 患者中高表达的 miR-125b 可通过抑制双特异性蛋白磷酸酶 6（dual specificity phosphatase 6，DUSP6）和 I 型蛋白磷酸酶催化亚基 α（protein phosphatase 1 catalytic subunit alpha，PPP1CA）的表达，从而促进 tau 的磷酸化。Hu 等通过对大鼠 AD 模型的研究发现，miR-98 可抑制胰岛素样生长因子-1（insulin like growth factor 1，IGF1）的表达，增加 Aβ 的产生和 tau 的磷酸化。

帕金森病（Parkinson's disease，PD）是第二大常见的与年龄相关的神经系统退行性疾病。帕金森病突出的病理改变是中脑黑质多巴胺（dopamine，DA）能神经元的变性死亡、纹状体 DA 含量显著性减少，以及黑质残存神经元胞质内出现嗜酸性包涵体，即路易小体（Lewy body）[134]。从 1996 年发现 α-突触核蛋白（synuclein alpha，SNCA）的突变是 PD 的遗传病因开始，陆续发现了富亮氨酸重复激酶 2（leucine-rich repeat kinase 2，LRRK2）、帕金森病蛋白 2（Parkinson disease protein 2，PARK2）、*PARK6* 和 *PARK7* 等 PD 致病相关基因，而研究 miRNA 对 PD 的影响也主要是从这些基因入手。SNCA 是广泛存在于大脑突触前末梢的蛋白质，其表达水平在 PD 患者大脑神经元中明显增高。研究发现 miR-7 和 miR-153 可直接抑制 *SNCA* 的表达，而 miR-433 则通过调控 *FGF20*（fibroblast growth factor 20）的表达，从而间接调控 SNCA 的表达。*LRRK2* 的基因突变是已知最常见的 PD 的基因突变。研究发现 miR-205 可以调控 LRRK2 的表达。在 PD 患者中，miR-205 表达下调，而 LRRK2 的表达水平显著升高，提示 miR-205 可能成为 PD 的治疗靶标。PARKIN 和 DJ-1 蛋白分别是 *PARK2* 和 *PARK7* 基因编码的蛋白质，研究发现 miR-34b/c 可能与 PARKIN 和 DJ-1 的表达有关。Xiong 等的研究证明 miR-494 能与 *PARK7* 直接结合，调控其表达。在四氢吡啶的大鼠模型中过表达 miR-494 会抑制 DJ-1 的表达水平，加重四氢吡啶诱导的神经退行性疾病。PITX3 是中脑多巴胺能神经元的一个关键的转录调控因子。miR-133b 在中脑含量特别丰富，它可能通过与 PITX3 的负反馈回路调控中脑多巴胺能神经元的分化。而 miR-133b 在 PD 患者中表达下调，可能打破了这一负反馈回路，造成 PD 的发生。miRNA 能够调控 PD 致病相关基因的表达，是一种非常具有前景的治疗 PD 的手段，为 PD 的治疗提供了新的思路。

3. miRNA 与肿瘤

肿瘤是一个多因素、多阶段、多基因参与的异质性疾病，是环境和宿主内外因素相互作用的结果，其恶变过程包括细胞增生、DNA 复制过度、细胞周期功能紊乱、细胞永生化、逃逸凋亡、血管新生及浸润转移等一系列的过程。每一个阶段都有相应的基因发生改变，与此同时也有调控这些基因的 miRNA 发生变化。肿瘤的研究一直是医学研究的热门领域，但其确切病因和发病机制仍不明了。miRNA 的发现及其相关研究为进一步阐明肿瘤的发病机理提供了重要依据。

全基因组分析表明，miRNA 通常位于染色体肿瘤相关性基因的脆弱区域，易发生碱基对的缺失、扩增及染色体断裂，提示 miRNA 与肿瘤发生、发展具有密切关系。慢性淋巴细胞白血病（chronic lymphoblastic leukaemia，CLL）的研究报道拉开了 miRNA 与人类肿瘤关系的序幕。CLL 患者染色体 13q14 的缺失可导致 miR-15a 和 miR-16 表达下调甚至缺失，该缺失比例占 CLL 患者的一半以上。miR-15a 和 miR-16 的缺失或部分表达导致了靶基因 *BCL-2* 的过表达，从而逐步促使白血病的发生[135]。该研究之后，各系统肿瘤的研究中也相继发现了具有显著异常表达的 miRNA。

随着 miRNA 相关研究的不断推进，miRNA 在肿瘤发生、发展过程中的重要作用也在不断地被发现。肿瘤细胞中存在 miRNA 的异常表达，这些异常表达的 miRNA 通过靶向基因 3′UTR，改变靶基因的正常表达，导致正常细胞获得了癌细胞的生物学特性。现已知无限复制的潜能、持续的增殖信号、细胞能量异常、基因组不稳定性和突变等肿瘤细胞十大特征的维持，均有 miRNA 的参与（图 19-5）。事实上，miRNA 通过与基因之间相互调控，共同突破平衡，从而导致肿瘤的发生及发展。这些与肿瘤发生、发展、诊断及预后相关的表达失调的 miRNA 被称为 oncomiR。oncomiR 可以作为致癌因子或肿瘤抑制因子行使功能，特定 oncomiR 的敲除或过表达可用于研究 miRNA 在肿瘤发生和发展过程中的作用。

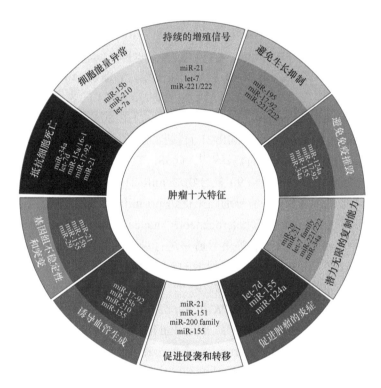

图 19-5　miRNA 与肿瘤十大特征

已有研究发现，在大多数实体瘤中 miRNA 表达水平是整体下调的，这就提示 miRNA 生物合成的某一或某些共同环节出现了异常，如 pri-miRNA 和 pre-miRNA 剪切、pre-miRNA 的转运。Drosha 和 Dicer 是参与 miRNA 加工成熟的两种必不可少的酶，已经被越来越多的研究者重视。Drosha 和 Dicer 的表达水平与肿瘤的发生发展有着极为密切的关系，Karube 等首次报道 Dicer 在肺癌中表达下调，且与预后相关[136]。此外，*Drosha* mRNA 和 *Dicer* mRNA 相较于对照组，分别在 51% 和 60% 卵巢癌患者中表达下调，两者都下调的为 39%，且都与肿瘤的预后相关[137]。Drosha 和 Dicer 可以通过多种途径影响细胞的增殖、侵袭及凋亡等生物学行为，导致相关肿瘤的发生，如在肺腺癌细胞中敲除 *Drosha* 后可促进细胞的体外增殖及体内成瘤。事实上，越来越多的证据表明在绝大多数肿瘤中 Drosha 和 Dicer 是表达下调的。当然也有例外，在某些肿瘤中，如胃癌、卵巢浆液性癌和平滑肌肿瘤，Drosha 和 Dicer 的表达却是上调的。AGO2 是 miRISC 的核心成分，具有核糖核酸内切酶活性，可通过促进 miRNA 成熟并调控其功能，发挥其促癌或抑癌的作用。Shen 等发现 AGO2 可与表皮生长因子受体（epidermal growth factor receptor，EGFR）相互作用。缺氧条件下，EGFR 与 AGO2 的结合增强，促进了 AGO2-Y393 的磷酸化水平，导致 AGO2 与

Dicer 结合减弱，抑制 miRNA 从 pre-miRNA 向成熟 miRNA 的加工，从而促进乳腺癌细胞的侵袭[138]。

1）致癌 miRNA

某些 miRNA 在大多数肿瘤中均呈现特异性高表达，具有类似癌基因的功能，与肿瘤发生呈正相关。拷贝数扩增、启动子持续激活或 miRNA 稳定性增强等均可能导致 miRNA 的表达上调，进而影响肿瘤细胞的增殖、周期、凋亡、侵袭及转移。

miR-21 是一个具有癌基因特性的 miRNA。Medina 等通过对 DOX 诱导小鼠在体内证明 miR-21 是一个致癌 miRNA。同样，在非小细胞肺癌中的研究发现，在小鼠模型中，诱导 miR-21 的过表达可促使肿瘤的发生，反之亦然[139]。

在乳腺癌、肺癌、肝癌、卵巢癌和前列腺癌等多种肿瘤中发现 miR-21 所在染色体 17q23.1 区域存在扩增。来自 TCGA 测序分析的报告表明，在肺腺癌中 miR-21 所在位点存在扩增，且该扩增位点可作为肺腺癌的一个预后指标。转录因子如 AP-1（activator protein-1，由 c-Fos 和 c-Jun 组成的异二聚体）、STAT3（signal transducer and activator of transcription 3）和 NFIB（nuclear factor I/B）可以调控 miR-21 的转录。一方面，在 IL-6 的刺激下，STAT3 可与 miR-21 的启动子区结合，激活 miR-21 的表达；另一方面，STAT3 也是 miR-21 的靶基因之一[140]。在 HL-60 细胞中，NFIB 抑制 miR-21 的表达；而 miR-21 又通过两种不同机制加速 TPA（12-O-tetradecanoyl phorbol-13-acetate）诱导的 HL-60 细胞中 NFIB 的清除：一是通过 TPA 激活 AP-1，进而促进 miR-21 的表达，而后 miR-21 直接抑制其靶基因 NFIB 的表达；二是 TPA 可直接抑制 NFIB mRNA 的转录，进而抑制 NFIB 的翻译[141]。此外，TGF-β（transforming growth factor-β）、BMP（bone morphogenetic proteins）和 NF45-NF90 复合物对 miR-21 的表达也发挥了重要的调控作用。Davis 等发现 TGF-β 和 BMP 可通过促进 Smad 信号通路来促进 pri-miR-21 加工为 pre-miR-21，从而促进 miR-21 的表达[142]。miR-21 则可通过对 HNRPK（heterogeneous nuclear ribonucleo protein K）和 TAp63（tumor associated protein 63）的调控，参与对 TGF-β 等信号通路进行调控[143]；通过对 BMPR2（BMP receptor type 2）表达的调控，反作用于 BMP[144]。Skamoto 等发现 NF45-NF90 复合物可与 pri-miR-21 结合，削弱 Drosha 对 pri-miR-21 的剪切作用，导致 miR-21 生成的减少[145]。很显然，miR-21 的表达受到了多条反馈通路的共同调节。除了 BMPR2、STAT3、NFIB、HNRPK 和 TAp63 几个靶基因以外，PTEN、SOX5（SRY-box 5）、TIMP3（tissueinhibitorof metalloprotease 3）、RECK（reversion inducing cysteine rich protein with kazal motifs）、SPRY2（sprouty homolog 2）、BTG2（B-cell translocation gene 2）、Caspase 3/7 等也已被证实为 miR-21 的直接靶基因，受 miR-21 的表达调控。在恶性胶质瘤细胞中敲除 miR-21 后，Caspase 被活化，从而引发细胞凋亡率上升[146]。在肝癌中，miR-21 通过抑制 PTEN 的表达促进肝癌细胞的增殖和侵袭。而在喉癌细胞中，miR-21 通过抑制 BTG2 的表达促进细胞增殖[147]。

miR-155 是另一个在淋巴瘤和多种实体瘤中的致癌 miRNA。miR-155 定位于人染色体 21q21.3，是由 MIR155HG 编码的。Thompson 等的研究表明，NF-κB 可直接激活人的 MIR155HG 的转录，导致 miR-155 的过表达[148]。O'Connell 等发现 miR-155 可直接靶向调控 SHIP1 的表达[149]。SHIP1 是 PI3K/AKT 信号通路的一个负调控因子，miR-155 可能是通过靶向调控 SHIP1 进而激活 PI3K/AKT 信号通路，从而导致急性髓细胞性白血病（acute myeloid leukemia，AML）的发生。miR-155 也可通过抑制 SGK3（serum/glucocorticoid regulated kinase family member 3）、RHEB（Ras homolog enrichedin brain）、KRAS 等抗凋亡因子的表达在 THP-1 细胞凋亡过程中起重要的作用[150-152]。另外，miR-155 可靶向调控 VHL（Von Hippel-Lindau tumor suppressor）的表达，促进血管新生和细胞的存活[153]。在肝癌细胞系 HepG2 中，miR-155 通过直接靶向作用于 SOX6，下调 p21^Cip1 或 C/EBPβ（CCAAT/enhancer binding protein beta）的表达，从而促进细胞增殖和肿瘤形成[154]。在胰腺导管腺癌小鼠模型中，发现 miR-155 在组织和血清中都显著高表达，其可能通过靶向调控凋亡诱导基因 TP53INP1（p53 inducible nuclear protein 1）的表达促进肿瘤的发生[155]。

miR-221/222 定位于人染色体 Xp11.3 约 1kb 的区域内，二者成簇排列且具有相同的种子序列。近年的研究表明，miR-221/222 在肝细胞肝癌、结肠癌、乳腺癌和胶质瘤等多种肿瘤中表达上调，参与了这些肿瘤的发生及发展。在肝细胞肝癌中，miR-221/222 可以通过下调 p27^{Kip1}、p57^{Kip2} 和 PTEN 等抑癌基因从而发挥其促癌作用。在乳腺癌、肺癌、胶质瘤和口腔鳞癌等肿瘤的研究中发现，miR-221/222 可以通过靶向 *BBC3*（BCL2 binding component 3），调控肿瘤细胞的凋亡[156]。而在结直肠癌的研究中发现，miR-221/222 通过介导 NF-κB 和 STAT3 通路的激活，促进结直肠癌的发生及发展[157]。miR-221/222 一方面通过直接调控 *RelA*（RELA proto-oncogene，NF-κB subunit）的编码区调控其 mRNA 的稳定性，另一方面通过抑制 E3 泛素化酶 *PDLIM2*（PDZ and LIM domain 2）调控 p65（由 *RelA* 基因编码）和 STAT3 的蛋白表达水平；与此同时，NF-κB 和 STAT3 也可诱导 miR-221/222 的表达，由此形成正反馈回路。在小鼠结肠癌 AOM/DSS 模型中，通过尾静脉注射能特异结合 miR-221/222 的"海绵"，可有效阻断 NF-κB 和 STAT3 信号通路的激活，并抑制小鼠结肠癌的发生和发展。还有研究发现 miR-221/222 可调控 *C-Kit*（KIT proto-oncogene receptor tyrosine kinase）和 *eNOS*（endothelial nitric oxide synthase），抑制内皮细胞增殖、迁移和管状结构形成[158, 159]。

miR-210 是一种缺氧诱导的 miRNA，位于人染色体的 11p15.5 上，是缺氧条件下反应变化最为显著的 miRNA 之一。研究发现，miR-210 能被 HIF-1α（hypoxia inducible factor 1 alpha subunit）所调控，HIF-1α 可与 miR-210 的启动子区结合，诱导其在实体瘤中大量表达，反过来，miR-210 又可通过靶向 *SDHD*（succinate dehydrogenase complex subunit D），促使 HIF-1α 在缺氧条件下高表达，由此形成一个正反馈回路[160]。miR-210 同样靶向调控 *AIFM3*（apoptosis inducing factor, mitochondria associated 3）和 *EFNA3*（ephrin A3），分别促进肿瘤细胞的存活及血管新生[161, 162]。此外，*E2F3*、*MNT*（MAX network transcriptional repressor）和 *RAD52*（RAD52 homolog，DNA repair protein）也是 miR-210 的靶基因，miR-210 通过调控 *E2F3* 和 *MNT* 的表达，调控细胞周期的进程，通过调控 *RAD52* 的表达，减弱细胞 DNA 损伤修复的能力[163-165]。我们的研究发现，miR-210 可以通过下调 VMP1（vacuole membrane protein 1）的蛋白质水平促进肝癌细胞的侵袭与转移[166]。miR-210 现已作为体内的缺氧信号分子，参与多种信号通路的调控，且与肿瘤患者的预后密切相关。

2）抑癌 miRNA

某些 miRNA 具有类似抑癌基因的功能，与肿瘤发生呈负相关。抑癌 miRNA 的表达下调可能是由于基因组拷贝数的缺失、过度甲基化或 miRNA 生物合成的任何步骤出现异常造成的，这些 miRNA 的表达下调导致某些具有癌基因功能的靶蛋白的过度表达，导致正常细胞的恶性转化、促进肿瘤细胞的细胞增殖、抑制细胞凋亡，并最终导致肿瘤的发生发展。

let-7 是在人类中最早发现的 miRNA，人 *let-7* 家族共有 13 位成员，分别是 *let-7a-1/2/3*、*let-7b*、*let-7c*、*let-7d*、*let-7e*、*let-7f-1/2*、*let-7g*、*let-7i*、miR-202 和 miR-98，分别位于 9 条不同的染色体上。*let-7* 在结直肠癌、肝细胞肝癌、乳腺癌和肺癌等多种肿瘤中的表达显著下调，且乳腺癌和肺癌患者中 *let-7* 的表达水平与生存呈正相关。在前面的章节我们提过 LIN28 负调控 *let-7* 的表达，而 *lin28* 也是 *let-7* 的下游靶基因之一，两者之间是一种双负反馈的关系。lin28/let-7 通路参与了多种生物功能，包括肿瘤的发生。Dicer 是 miRNA 合成所必需的，研究发现，let-7 直接靶向 Dicer 的编码序列，形成另一个双负反馈回路。此外，*let-7* 的靶基因还包括 *KRAS*（KRAS proto-oncogene，GTPase）、*HMGA1*（high mobility group AT-hook 1）、*HMGA2*、*c-Myc* 和 *CCND2* 等[167-169]。

miR-34 家族包括 miR-34a、miR-34b 和 miR-34c，是具有抑癌基因特性的 miRNA[170]。在人体内有两个基因编码 miR-34：miR-34a 位于 1p36.22，单独转录表达；miR-34b 和 miR-34c 则位于 11q23.1，作为一个基因簇共同转录表达。miR-34 在肝癌、乳腺癌、直肠癌、非小细胞肺癌等多种肿瘤中表达下调。miR-34 是与 p53 相关的最具代表性的 miRNA，其中以 miR-34a 与 p53 的联系最为紧密。一方面，p53 可通过与 miR-34 启动子区直接结合激活 miR-34 的表达，从而实现对多个靶基因如 *BCL2*、*c-Myc*、*CCNE2*、*CDK4*、

CDK6 和 *c-Met*（MET proto-oncogene, receptor tyrosine kinase）的抑制，发挥其抑癌作用；另一方面，miR-34 可通过调控 *SIRT1* 和 *E2F3* 的表达进而正反馈作用于 p53，进一步增强 p53 的活性。

miR-29 家族分布于染色体 1q32.2 和 7q32.3，包括 miR-29a、miR-29b 和 miR-29c 三个成员[171]。大量的研究表明，miR-29 在多数肿瘤组织中表达下调，包括肝癌、非小细胞肺癌、肾细胞癌和急性淋巴细胞性白血病等。miR-29 的表达受 c-Myc、YY1（YY1 transcription factor）、GATA3（GATA binding protein 3）、EZH2（enhancer of zestehomolog 2）、HDACs（histone deacetylases）的调控。DNA 甲基化是抑制基因活性的一种重要机制，癌基因的低甲基化状态及抑癌基因的高甲基化状态是肿瘤发生的关键原因之一。miR-29 能与 *DNMT3A* 和 *DNMT3B* 的 3′UTR 结合，从而调控 DNA 甲基化[172]。此外，miR-29 还能与 DNMT1 的反式激活因子 *SP1* 结合，间接抑制 DNMT1 的表达[173]。综上所述，miR-29 能通过抑制 DNA 甲基化转移酶的表达，降低基因组的甲基化作用，增强抑癌基因的表达，从而发挥肿瘤抑制的作用。另有研究发现，miR-29 还能通过抑制靶基因 *CDC42*、*Mcl-1*（myeloid cell leukemia-1）、*VDAC1*（voltage-dependent anion channel）、*VDAC2*、*BCL2L11*（BCL2 like 11）和 *PDCD4*（programmed cell death 4）促进细胞的凋亡；通过靶向 *Tcl-1*（T-cell leukemia 1）、*ID1*（inhibitor of DNA binding/differentiation 1）、*MMP9*（matrix metallo protein 9）和 *ATP1B1*（sodium/potassium-transporting ATPase subunit β-1）影响肿瘤细胞的侵袭性。

与上述两类 miRNA 不同的是，有部分 miRNA 具有明显的组织或细胞特异性，表现出双重功能，即这些 miRNA 在某些组织或细胞类型中表现为癌基因的功能，而在另一些组织或细胞类型中表现为肿瘤抑制基因的功能。例如，miR-125b 在绝大多数恶性血液病中表达上调，作为致癌 miRNA 发挥功能；而在大多数实体瘤中表达下调，可作为抑癌 miRNA。这种明显的矛盾可能是由于 miRNA 所调控的靶基因数量众多，有些是癌基因，而有些是抑癌基因。miR-125b 的靶基因包括：抗凋亡因子，如 *Mcl-1*、*BCL2L2* 和 *BCL2*；促凋亡因子，如 *p53*、*BAK1*（BCL2 antagonist/killer 1）、*BMF*（Bcl2 modifying factor）、*BBC3* 和 *MAPK14*（mitogen-activated protein kinase 14，即 p38）；促增殖基因，如 *JUN*（Jun proto-oncogene，AP-1 transcription factor subunit）、*STAT3*、*E2F3*、*IL6R*（interleukin 6 receptor）、*ERBB2*（erb-b2 receptor tyrosine kinase 2）和 *ERBB3*；转移促进基因，如 *MMP13*、*LIN28B* 和 *ARID3B*（AT-rich interaction domain 3B）；转移抑制基因，如 *STARD13*（StAR related lipid transfer domain containing 13）、*TP53INP1* 和 *p53*；分化相关基因，如 *CBFB*（core-binding factor beta subunit）、*PRDM1*（PR/SET domain 1）、*IRF4*（interferon regulatory factor 4）、*IL2RB* 和 *IL10RA*。因此，miRNA 功能可能是这些癌基因/抑癌基因的综合作用。

19.6　miRNA 与疾病诊断和治疗

19.6.1　miRNA 与疾病诊断和分子分型

miRNA 由于在疾病发生发展中所具有的重要作用而成为生物医药领域研究的一个热点，也为我们提供了一个发掘疾病相关靶点的有效手段。目前 miRNA 在疾病领域的应用主要集中在肿瘤的诊断与治疗、自身免疫疾病、抗病毒和新药研发等方面。随着 miRNA 高通量测序平台的推广，现已鉴定出一些正常组织和肿瘤组织及不同分期的肿瘤组织的 miRNA 差异表达谱，这就给这些疾病临床诊断、分子分型提供了线索。

对于任何一种疾病而言，一个理想的诊断标志物应满足以下几个标准：①特异性，在疾病中特异性表达；②敏感性，在疾病的早期阶段就能产生，且随着疾病的发展变化迅速；③可操作性，检测样本易于采集，检测方法快速、准确。miRNA 的表达具有严格的时序和组织特异性，同一种肿瘤在发生发展的不同阶段具有不同的 miRNA 表达谱。miRNA 分子较小，在石蜡包埋的组织中较 mRNA 更为稳定，因此对于石蜡保存的组织检测 miRNA 将更为准确；此外，miRNA 还拥有以蛋白质为代表的传统生物标志物不具备的特质，即无需抗体制备和易于精确定量。这些特点使 miRNA 有可能成为新的疾病诊断标志物。最近有报道证实循环 miRNA 也是有价值的肿瘤检测指标，其能够稳定地被检测，这为临床大规模检测奠定了基础；其样本采集方便且能提示肿瘤的状态，这使得作为新的肿瘤诊断标志物的循环 miRNA 具有较好的应用前景。

早期诊断是降低肿瘤患者死亡率的关键，目前的监测手段对于发现早期肿瘤并不十分有效。通过对已有样本的研究发现，某些 miRNA 的表达在肿瘤发生的早期阶段就已经发生了改变，这对于肿瘤的早期发现非常重要。目前肺癌高危人群主要使用低剂量 CT 进行筛查，其早期检出率较高，因而能够提高患者的生存率。然而，其过高的假阳性率、过高的成本和潜在的辐射致癌风险，使得在临床上广泛应用低剂量 CT 进行大规模的肺癌筛查仍存在争议。研究者通过肺癌筛查项目（COSMOS，N=1115）评估血清 miRNA 差异表达谱作为肺癌早期诊断标志物的可行性。他们将肺癌 miRNA 差异表达谱从 34 个 miRNA 降低至13 个，从而进一步降低检测成本。尽管如此，其诊断准确性仍可达 74.9%，敏感性、特异性也分别为 77.7% 和 74.8%。

除肿瘤外，miRNA 检测还在其他疾病的诊断中发挥作用。例如，Cheng 等在急性心肌梗死的大鼠模型研究中发现，血清 miR-1 在发生急性心肌梗死后表达急速上升，并在 6h 达到最高值（超过正常表达水平 200 倍），而在心梗发生的第 3 天回复至正常水平，这提示血清 miR-1 有可能作为急性心肌梗死的诊断标志物[174]。此外，循环 miR-1、miR-122、miR-124、miR-133a、miR-192 和 miR-208 被认为是检测急性组织损伤的特异标志物。

基于 miRNA 表达的组织特异性和疾病特异性，不仅在肿瘤早期诊断中发挥了重要的作用，在肿瘤的分子分型中也发挥了至关重要的作用。不同疾病、不同肿瘤患者，组织和血浆 miRNA 均有其特异性的表达特征，通过筛选这些差异表达的 miRNA，即可对肿瘤进行分子分型。

Fridman 等通过 miRNA 的差异表达谱对肾癌进行分子分型，研究发现仅需通过 6 个 miRNA 的表达水平检测就可将肾癌分为不同的亚型[175]。首先检测 miR-210 和 miR-221 的表达水平，将之分为：miR-210 低表达、miR-221 高表达的嗜酸性粒细胞腺瘤或肾嫌色细胞癌组，miR-210 高表达、miR-221 低表达的透明细胞癌或肾乳头状细胞癌组；然后通过 miR-139-5p 和 miR-200c 的表达区分嗜酸性粒细胞腺瘤或肾嫌色细胞癌，miR-139-5p 高表达、miR-200c 低表达的为嗜酸性粒细胞腺瘤，miR-139-5p 低表达、miR-200c 高表达的为肾嫌色细胞癌；同理，miR-126 高表达性 miR-31 低表达的为透明细胞癌，miR-126 低表达、miR-31 高表达的为肾乳头状细胞癌。通过对独立样本的验证，发现此分类的准确率可达到 93%。之后，其他研究人员也通过 miRNA 表达差异对肾癌进行亚型的分类[176]。他们在 miRNA 差异表达谱的基础之上，通过聚类分析统计发现，可通过四个步骤来区分正常组和肾癌组的不同亚型。首先通过 6 对 miRNA（miR-200c 和 miR-222、miR-194 和 miR-15b、miR-324-5p 和 miR-34a、miR-500* 和 miR-425、miR-10b* 和 miR-28-3p、miR-532-5p 和 miR-93）的差异表达将正常组同肾癌组区分开来，然后通过 8 对 miRNA 的差异表达将透明细胞癌从肾癌中区分开，再用 6 个 miRNA 的表达将肾乳头状细胞癌区分出来，最后通过另 6 个 miRNA 鉴别嗜酸性粒细胞腺瘤和肾嫌色细胞癌。大样本分析发现区分正常组和肾癌组的准确率可达 97.1%，第二步鉴定透明细胞癌的准确率达到 100%，第三步鉴定肾乳头状细胞癌的准确率是 96.7%，最后鉴别嗜酸性粒细胞腺瘤和肾嫌色细胞癌的准确率则达到 100%。此后，基于 miRNA 的肿瘤分型也在肺癌、食管癌和其他一些肿瘤中得到应用。由此，肿瘤特异性 miRNA 表达谱也将成为肿瘤分子分型新的研究方向。

尽管 miRNA 有助于临床肿瘤的诊断和分子分型，但是其距离真正应用于临床仍有很大距离，仍需大量临床病例资料的系统研究。

19.6.2 miRNA 与预后

基于 miRNA 差异表达谱的另一个应用就是 miRNA 与肿瘤等疾病的预后。Takamizawa 等根据 *let-7* 的表达情况将 143 位非小细胞肺术后癌患者分为两类，*let-7* 表达低的一组患者生存时间短且与患者所处的病期无关[177]。研究人员发现高表达 miR-155、低表达 let-7a-2 的患者具有不良的预后。此外，通过对 241 例肝癌患者 miRNA 表达谱的研究发现一个包含 20 个 miRNA 的差异表达谱与肝癌的转移相关，且可用于预测肝癌患者的预后情况[178]。在早期乳腺癌患者中，miR-21 的过表达成为除临床分期、病理分期及年龄等因素外与患者低生存率有关的另一个重要指标[179]。此类的相关研究还有很多，涉及肿瘤、心血管疾病、神经系统疾病、糖尿病等各种疾病，由此发现 miRNA 不仅可应用于疾病的诊断和分子分型，而且可以作为标志物判断疾病的预后，从而为疾病的治疗提供某些依据。同诊断标志物一样，miRNA 作为预后标志物想要真正应用于临床仍有很长的路要走。

19.6.3 miRNA 与疾病治疗

在 miRNA 相关研究领域中最激动人心的研究方向应该就是基于 miRNA 的疾病治疗了。由于单个 miRNA 可同时靶向同一信号通路上、下游基因的表达，或靶向多个信号通路的基因，故基于 miRNA 的治疗比起现有单一靶向的传统治疗手段要更优。

基于 miRNA 的治疗有两种不同的策略：miRNA 模拟物（miRNA mimic）和 miRNA 抑制剂（antimiR）。miRNA 模拟物是一种部分双链 RNA，它能模拟内源性前体 miRNA，经细胞处理后形成活性 miRNA 分子，功能上旨在补充疾病中丢失的 miRNA 表达。antimiR 是一种单链 RNA 分子，它能与目的 miRNA 分子互补，并通过与其强烈结合而阻断相应 miRNA 的功能。目前通过对核苷酸主链的化学修饰，已经实现了 miRNA 模拟物和 antimiR 的结合亲和力、稳定性和靶向效率的显著改进。与此同时，miRNA 治疗导入系统的提高，也使得基于 miRNA 的疾病治疗方案变得更加现实。

从 1993 年发现第一个 miRNA 开始，在短短 20 余年间，对 miRNA 的研究已从实验室进入到临床阶段，目前有很多成功的 I 期临床试验及正在开展的 II 期临床试验。例如，针对 miR-122 的 antimiR，已达到用于治疗肝炎的 II 期试验。

Miravirsen 是第一个进入到临床研究阶段的 miRNA 药物，采用锁核苷酸（locked nucleic acid，LNA）技术的一段 15nt 的反义 RNA 链，可同 miR-122 的 5′端互补，用于治疗 HCV（hepatitis C virus）感染。miR-122 是肝脏中最丰富的 miRNA，对肝细胞中 HCV 稳定性维持及复制和翻译是必需的。在动物模型的临床前研究表明，miravirsen 展现出良好的肝脏靶向效率、降低胆固醇的积累量及 HCV 的滴度，并据此于 2009 年启动 I 期临床试验。I 期临床试验的结果同在动物模型中得到的结论一致，无不良反应，故由此推动了 IIa 期临床试验的开展。该项 IIa 期研究在 7 个国际中心展开，研究人员评估了 miravirsen 用于 36 例慢性 HCV 感染患者的安全性和有效性。患者随机分组并分别接受剂量为 3mg/kg、5mg/kg、7mg/kg 的 miravirsen 或安慰剂，皮下注射 5 周（每周一次），随访 18 周。试验表明 miravirsen 用于慢性 HCV 感染患者表现出长期剂量依赖性地减少 HCV RNA 水平的效应，且未出现病毒抵抗性，没有发生严重的不良反应，大部分是一级（如头痛），仅 1 例出现三级不良反应（血小板减少症），这表明治疗是安全的。此外，观察到血清胆固醇的降低，提示其可作为治疗效果的生物标志物。但值得关注的是，最近的研究表明，在体内外的测试中，随着 miravirsen 使用剂量的提高，HCV 病毒 RNA 的 5′UTR 区域开始出现突变。虽然尚不清楚这些突变是否会导致抗药性的出现，但是对两者间相关性的分析迫在眉睫。

RG-101 是一类采用 *N*-乙酰-D-氨基半乳糖修饰的 antimiR-122 的核酸片段，也已在 HCV 感染患者中开展Ⅰ期临床研究。试验的有效剂量为 2~4mg/kg，可显著降低患者体内 HCV 病毒的滴度。对患者体内病毒滴度的长期监测表明，HCV 的水平低于定量的范围。目前正在进行的Ⅱ期临床试验是将 RG-101 同直接抗病毒药物（如 Harvoni 等）联用，用于测定能否延长治疗效果。中期试验数据表明，RG-101 与抗病毒药物联合使用可以大幅度缩短疗程，尤其 RG-101 同 Harvoni 联用表现出优异的疗效。在接受 4 周的疗程后，100% 患者在 12~24 周内的血检中检测不到病毒的存在。然而，随着第二例黄疸病例的出现，该项临床试验已被美国 FDA 暂停。

MRX34 则是第一个用于肿瘤治疗的 miRNA 药物，miR-34 模拟物被包裹于名称为 NOV340 的脂质载体之中。2004 年人们首次将 miR-34 与肿瘤联系在一起，其在多种肿瘤中表达下调，调控一系列癌基因如 *BCL2*、*c-Myc*、*E2F3*、*CDK4*、*CDK6*、*HDAC1* 和 *c-Met* 等。在小鼠模型中，使用 MRX34 后发现 miR-34 在肿瘤组织中富集且肿瘤显著缩小。据此在 2013 年 MRX34 开展了多中心的Ⅰ期临床试验，用于原发性肝癌、小细胞肺癌、淋巴瘤、黑色素瘤、多发性骨髓瘤或肾细胞癌患者的治疗。该试验包括剂量递增研究（每周 2 次或每天 5 次静脉注射给药）。截至 2016 年，该项研究招募了 155 位肝癌、非小细胞肺癌及胰腺癌患者。虽然取得了一定的疗效，但是由于其免疫相关的严重不良反应并涉及患者的死亡，该临床项目现已被终止。

MesomiR-1 是另一个进入临床研究阶段的 miRNA 药物，是利用 miR-16 模拟物治疗恶性胸膜间皮瘤和非小细胞肺癌。2015 年 1 月开展了多中心的Ⅰ期临床试验。miR-16 通过 EGFR 抗体包被的 EDV 纳米颗粒输送，从而靶向肿瘤组织。在第一批招募的 5 位受试患者中，初步试验数据表现较为良好。目前业已完成Ⅰ期临床试验，相关结果还未公布。

miRagen 公司的两种 miRNA 药物（MRG-106 和 MRG-201）也已进入Ⅰ期临床试验阶段。其中 MRG-106（antimiR-155）用于皮肤 T 细胞淋巴瘤；MRG-201（miR-29 mimic）用于治疗硬皮病，其Ⅰ期临床试验已于今年 7 月完成，相关结果还未公布。

RG-012 是 Regulus 正在开发的一种单链、化学修饰的寡核苷酸，其结合并抑制 miR-21 的功能用于治疗遗传性肾炎（Alport 综合征）。Alport 综合征是一种危机生命的遗传性肾脏疾病，是由于编码肾小球基底膜的主要胶原成分——Ⅳ型胶原基因突变而产生的疾病。现已知 miR-21 在此疾病的进展中发挥作用。在临床前研究中，RG-012 在体外和体内表现出对 miR-21 的有效抑制，肾纤维化进展速率降低，*Col4A3*（collagen type Ⅳ alpha 3 chain）缺陷小鼠的寿命增加高达 50%。此外，RG-012 已得到 FDA 和欧洲委员会孤儿药物（罕见病的治疗药物）认证。Regulus 于 2015 年 6 月开展了Ⅰ期临床试验，以评估 RG-012 在健康志愿者中的皮下给药的安全性、耐受性和药代动力学。除此以外，Regulus 目前正在 Alport 综合征患者中进行一项称为 ATHENA 的疾病自然病史的研究。通过全球的 13 个临床调查点，Regulus 旨在了解更多有关 Alport 综合征患者肾功能随时间变化的信息，该数据也将为设计Ⅱ期试验提供相应的临床依据。

RG-125（AZD4076）是一种采用 *N*-乙酰-D-氨基半乳糖胺修饰的 antimiR-103/107，用于治疗非酒精性脂肪性肝炎（non-alcoholic steatohepatitis，NASH）。NASH 通常发生在患有肥胖症、血脂异常和糖耐量异常的个体中，除直接导致失代偿期肝硬化、肝细胞癌和移植肝复发外，还影响其他慢性肝病的进展，并参与 2 型糖尿病和动脉粥样硬化的发病。RG-125（AZD4076）已于 2017 年初完成Ⅰ期临床试验，用以评估 RG-125 单剂量健康男性受试者的安全性和耐受性，相关研究结果还未公布。目前正在开展Ⅰ/Ⅱa 期临床试验。此外，还有 *let-7*、miR-221/222、miR-155、miR-208 和 miR-195 等多个 miRNA 正处于临床前动物实验阶段。

尽管多年来进行了大量的涉及 miRNA 治疗的临床前研究，但只有少数的 miRNA 治疗药物进入临床发展。miRNA 药物目前面临的最大挑战是确定每种疾病最佳的 miRNA 治疗靶标，其他的挑战还包括药物稳定性、输送效率、靶向特异性及脱靶效应。

已知 miRNA 的表达具有显著的异质性，而在疾病中，微环境和炎症等因素的变化使得 miRNA 的识别更加复杂。随着基因组学和新的测序方法的出现，miRNA 与疾病的相关数据呈爆发式的增长。通过对这些数据的系统分析可能更有利于我们确定涉及疾病发生的关键 miRNA。StarBase 和 TargetScan 等数据库的运用有助于研究人员更准确地预测 miRNA 的 mRNA 靶标，并实现更高效验证与疾病相关的 miRNA 和 mRNA。此外，使用 miRNA 模拟物或抑制剂进行大规模的功能筛选也有助于寻找关键调控作用的 miRNA。

通过化学修饰如甲基化及 LNA 等技术，可以提高药物分子的稳定性，延长其半衰期。而包封技术的开发，也可提高药物分子的输送效率。脂质纳米颗粒是目前最常用的输送系统之一。核酸药物可能刺激免疫系统，产生严重的免疫毒性。通过化学修饰虽然可以提高药物的稳定性，但也可能带来与序列无关的免疫毒性。一旦这些困难能够解决，miRNA 药物还必须在啮齿类动物及非人灵长类动物模型中开展疾病特异性体内试验，并对毒理学等数据等进行慎重的分析评估，以免临床试验在较早阶段即宣告失败。尽管 miRNA 药物想要真正用于疾病临床治疗还需要很长的路，还需要克服各种各样的困难，但不可否认的是，miRNA 的发现及其功能的研究为疾病的治疗带来了新的曙光，展示了其在基因治疗方面的广阔前景。

参 考 文 献

[1] Lee, R. C. *et al.* The *C. elegans* heterochronic gene lin-4 encodes small RNAs with antisense complementarity to lin-14. *Cell* 75, 843-854(1993).

[2] Wightman, B. *et al.* Posttranscriptional regulation of the heterochronic gene lin-14 by lin-4 mediates temporal pattern formation in *C. elegans. Cell* 75, 855-862(1993).

[3] Moss, E. G. *et al.* The cold shock domain protein LIN-28 controls developmental timing in *C. elegans* and is regulated by the lin-4 RNA. *Cell* 88, 637-646(1997).

[4] Reinhart, B. J. *et al.* The 21-nucleotide let-7 RNA regulates developmental timing in *Caenorhabditis elegans. Nature* 403, 901-906(2000).

[5] Pasquinelli, A. E. *et al.* Conservation of the sequence and temporal expression of let-7 heterochronic regulatory RNA. *Nature* 408, 86-89(2000).

[6] Lagos-Quintana, M. *et al.* Identification of novel genes coding for small expressed RNAs. *Science* 294, 853-858(2001).

[7] Lau, N. C. *et al.* An abundant class of tiny RNAs with probable regulatory roles in Caenorhabditis elegans. *Science* 294, 858-862(2001).

[8] Lee, R. C. & Ambros, V. An extensive class of small RNAs in *Caenorhabditis elegans. Science* 294, 862-864(2001).

[9] Li, S. C. *et al.* Intronic microRNA: discovery and biological implications. *DNA Cell Biol* 26, 195-207(2007).

[10] Auyeung, V. C. *et al.* Beyond secondary structure: primary-sequence determinants license pri-miRNA hairpins for processing. *Cell* 152, 844-858(2013).

[11] Mori, M. *et al.* Hippo signaling regulates microprocessor and links cell-density-dependent miRNA biogenesis to cancer. *Cell* 156, 893-906(2014).

[12] Achkar, N. P. *et al.* miRNA Biogenesis: A Dynamic Pathway. *Trends Plant Sci* 21, 1034-1044(2016).

[13] Okamura, K. *et al.* The mirtron pathway generates microRNA-class regulatory RNAs in Drosophila. *Cell* 130, 89-100(2007).

[14] Berezikov, E. *et al.* Mammalian mirtron genes. *Mol Cell* 28, 328-336(2007).

[15] Xie, M. *et al.* Mammalian 5′-capped microRNA precursors that generate a single microRNA. *Cell* 155, 1568-1580(2013).

[16] Heo, I. *et al.* Mono-uridylation of pre-microRNA as a key step in the biogenesis of group II let-7 microRNAs. *Cell* 151, 521-532(2012).

[17] Yang, J. S. *et al.* Conserved vertebrate mir-451 provides a platform for Dicer-independent, Ago2-mediated microRNA

biogenesis. *Proc Natl Acad Sci U S A* 107, 15163-15168(2010).

[18] Yoda, M. *et al.* Poly(A)-specific ribonuclease mediates 3′-end trimming of Argonaute2-cleaved precursor microRNAs. *Cell Rep* 5, 715-726(2013).

[19] Lujambio, A. *et al.* Genetic unmasking of an epigenetically silenced microRNA in human cancer cells. *Cancer Res* 67, 1424-1429(2007).

[20] Lujambio, A. *et al.* A microRNA DNA methylation signature for human cancer metastasis. *Proc Natl Acad Sci U S A* 105, 13556-13561(2008).

[21] Scott, G. K. *et al.* Rapid alteration of microRNA levels by histone deacetylase inhibition. *Cancer Res* 66, 1277-1281(2006).

[22] Fabbri, M. *et al.* MicroRNA-29 family reverts aberrant methylation in lung cancer by targeting DNA methyltransferases 3A and 3B. *Proc Natl Acad Sci U S A* 104, 15805-15810(2007).

[23] Duursma, A. M. *et al.* miR-148 targets human DNMT3b protein coding region. *RNA* 14, 872-877(2008).

[24] Song, B. *et al.* Mechanism of chemoresistance mediated by miR-140 in human osteosarcoma and colon cancer cells. *Oncogene* 28, 4065-4074(2009).

[25] He, L. *et al.* A microRNA component of the p53 tumour suppressor network. *Nature* 447, 1130-1134(2007).

[26] Sachdeva, M. *et al.* p53 represses c-Myc through induction of the tumor suppressor miR-145. *Proc Natl Acad Sci U S A* 106, 3207-3212(2009).

[27] Ugalde, A. P. *et al.* Aging and chronic DNA damage response activate a regulatory pathway involving miR-29 and p53. *EMBO J* 30, 2219-2232(2011).

[28] Yamakuchi, M. *et al.* miR-34a repression of SIRT1 regulates apoptosis. *Proc Natl Acad Sci U S A* 105, 13421-13426(2008).

[29] Hoffman, A. E. *et al.* microRNA miR-196a-2 and breast cancer: a genetic and epigenetic association study and functional analysis. *Cancer Res* 69, 5970-5977(2009).

[30] Tian, T. *et al.* A functional genetic variant in microRNA-196a2 is associated with increased susceptibility of lung cancer in Chinese. *Cancer Epidemiol Biomarkers Prev* 18, 1183-1187(2009).

[31] Qi, P. *et al.* Association of a variant in MIR 196A2 with susceptibility to hepatocellular carcinoma in male Chinese patients with chronic hepatitis B virus infection. *Hum Immunol* 71, 621-626(2010).

[32] Peng, S. *et al.* Association of microRNA-196a-2 gene polymorphism with gastric cancer risk in a Chinese population. *Dig Dis Sci* 55, 2288-2293(2010).

[33] Adams, B. D. *et al.* The micro-ribonucleic acid (miRNA) miR-206 targets the human estrogen receptor-alpha (ERalpha) and represses ERalpha messenger RNA and protein expression in breast cancer cell lines. *Mol Endocrinol* 21, 1132-1147(2007).

[34] Heo, I. *et al.* Lin28 mediates the terminal uridylation of let-7 precursor MicroRNA. *Mol Cell* 32, 276-284(2008).

[35] Heo, I. *et al.* TUT4 in concert with Lin28 suppresses microRNA biogenesis through pre-microRNA uridylation. *Cell* 138, 696-708(2009).

[36] Ustianenko, D. *et al.* Mammalian DIS3L2 exoribonuclease targets the uridylated precursors of let-7 miRNAs. *RNA* 19, 1632-1638(2013).

[37] Rau, F. *et al.* Misregulation of miR-1 processing is associated with heart defects in myotonic dystrophy. *Nat Struct Mol Biol* 18, 840-845(2011).

[38] Jones, M. R. *et al.* Zcchc11-dependent uridylation of microRNA directs cytokine expression. *Nat Cell Biol* 11, 1157-1163(2009).

[39] Katoh, T. *et al.* Selective stabilization of mammalian microRNAs by 3′ adenylation mediated by the cytoplasmic poly(A) polymerase GLD-2. *Genes Dev* 23, 433-438(2009).

[40] Boele, J. *et al.* PAPD5-mediated 3′ adenylation and subsequent degradation of miR-21 is disrupted in proliferative disease.

Proc Natl Acad Sci U S A 111, 11467-11472(2014).

[41] Kawahara, Y. *et al*. Frequency and fate of microRNA editing in human brain. *Nucleic Acids Res* 36, 5270-5280(2008).

[42] Yang, W. *et al*. Modulation of microRNA processing and expression through RNA editing by ADAR deaminases. *Nat Struct Mol Biol* 13, 13-21(2006).

[43] Kawahara, Y. *et al*. RNA editing of the microRNA-151 precursor blocks cleavage by the Dicer-TRBP complex. *EMBO Rep* 8, 763-769(2007).

[44] Chawla, G. & Sokol, N. S. ADAR mediates differential expression of polycistronic microRNAs. *Nucleic Acids Res* 42, 5245-5255(2014).

[45] Xhemalce, B. *et al*. Human RNA methyltransferase BCDIN3D regulates microRNA processing. *Cell* 151, 278-288(2012).

[46] Krol, J. *et al*. Characterizing light-regulated retinal microRNAs reveals rapid turnover as a common property of neuronal microRNAs. *Cell* 141, 618-631(2010).

[47] Das, S. K. *et al*. Human polynucleotide phosphorylase selectively and preferentially degrades microRNA-221 in human melanoma cells. *Proc Natl Acad Sci U S A* 107, 11948-11953(2010).

[48] Suzuki, H. I. *et al*. MCPIP1 ribonuclease antagonizes dicer and terminates microRNA biogenesis through precursor microRNA degradation. *Mol Cell* 44, 424-436(2011).

[49] Upton, J. P. *et al*. IRE1alpha cleaves select microRNAs during ER stress to derepress translation of proapoptotic Caspase-2. *Science* 338, 818-822(2012).

[50] Czech, B. *et al*. Hierarchical rules for Argonaute loading in Drosophila. *Mol Cell* 36, 445-456(2009).

[51] Okamura, K. *et al*. Distinct mechanisms for microRNA strand selection by Drosophila Argonautes. *Mol Cell* 36, 431-444(2009).

[52] Ghildiyal, M. *et al*. Sorting of Drosophila small silencing RNAs partitions microRNA* strands into the RNA interference pathway. *RNA* 16, 43-56(2010).

[53] Eichhorn, S. W. *et al*. mRNA destabilization is the dominant effect of mammalian microRNAs by the time substantial repression ensues. *Mol Cell* 56, 104-115(2014).

[54] Chendrimada, T. P. *et al*. MicroRNA silencing through RISC recruitment of eIF6. *Nature* 447, 823-828(2007).

[55] Mathonnet, G. *et al*. MicroRNA inhibition of translation initiation in vitro by targeting the cap-binding complex eIF4F. *Science* 317, 1764-1767(2007).

[56] Kiriakidou, M. *et al*. An mRNA m7G cap binding-like motif within human Ago2 represses translation. *Cell* 129, 1141-1151(2007).

[57] Politz, J. C. *et al*. MicroRNA-206 colocalizes with ribosome-rich regions in both the nucleolus and cytoplasm of rat myogenic cells. *Proc Natl Acad Sci U S A* 103, 18957-18962(2006).

[58] Li, Z. F. *et al*. Dynamic localisation of mature microRNAs in Human nucleoli is influenced by exogenous genetic materials. *PLoS One* 8, e70869(2013).

[59] Tang, R. *et al*. Mouse miRNA-709 directly regulates miRNA-15a/16-1 biogenesis at the posttranscrional level in the nucleus: evidence for a microRNA hierarchy system. *Cell Res* 22, 504-515(2012).

[60] Zisoulis, D. G. *et al*. Autoregulation of microRNA biogenesis by let-7 and Argonaute. *Nature* 486, 541-544(2012).

[61] Kim, D. H. *et al*. MicroRNA-directed transcriptional gene silencing in mammalian cells. *Proc Natl Acad Sci U S A* 105, 16230-16235(2008).

[62] Place, R. F. *et al*. MicroRNA-373 induces expression of genes with complementary promoter sequences. *Proc Natl Acad Sci U S A* 105, 1608-1613(2008).

[63] Majid, S. *et al*. MicroRNA-205-directed transcriptional activation of tumor suppressor genes in prostate cancer. *Cancer* 116,

5637-5649(2010).

[64] Vasudevan, S. & Steitz, J. A. AU-rich-element-mediated upregulation of translation by FXR1 and Argonaute 2. *Cell* 128, 1105-1118(2007).

[65] Orom, U. A. *et al*. MicroRNA-10a binds the 5′UTR of ribosomal protein mRNAs and enhances their translation. *Mol Cell* 30, 460-471(2008).

[66] Yang, X. *et al*. miR-200b suppresses cell growth, migration and invasion by targeting Notch1 in nasopharyngeal carcinoma. *Cell Physiol Biochem* 32, 1288-1298(2013).

[67] Kurashige, J. *et al*. MicroRNA-200b regulates cell proliferation, invasion, and migration by directly targeting ZEB2 in gastric carcinoma. *Ann Surg Oncol* 19 Suppl 3, S656-664(2012).

[68] Wu, S. *et al*. Multiple microRNAs modulate p21Cip1/Waf1 expression by directly targeting its 3′ untranslated region. *Oncogene* 29, 2302-2308(2010).

[69] Gregory, P. A. *et al*. The miR-200 family and miR-205 regulate epithelial to mesenchymal transition by targeting ZEB1 and SIP1. *Nat Cell Biol* 10, 593-601(2008).

[70] Park, S. M. *et al*. The miR-200 family determines the epithelial phenotype of cancer cells by targeting the E-cadherin repressors ZEB1 and ZEB2. *Genes Dev* 22, 894-907(2008).

[71] Korpal, M. *et al*. Direct targeting of Sec23a by miR-200s influences cancer cell secretome and promotes metastatic colonization. *Nat Med* 17, 1101-1108(2011).

[72] Cai, J. *et al*. MicroRNA-542-3p Suppresses Tumor Cell Invasion via Targeting AKT Pathway in Human Astrocytoma. *J Biol Chem* 290, 24678-24688(2015).

[73] Lin, C. W. *et al*. MicroRNA-135b promotes lung cancer metastasis by regulating multiple targets in the Hippo pathway and LZTS1. *Nat Commun* 4, 1877(2013).

[74] Kim, J. *et al*. A MicroRNA feedback circuit in midbrain dopamine neurons. *Science* 317, 1220-1224(2007).

[75] Bracken, C. P. *et al*. A network-biology perspective of microRNA function and dysfunction in cancer. *Nat Rev Genet* 17, 719-732(2016).

[76] Viswanathan, S. R. *et al*. Selective blockade of microRNA processing by Lin28. *Science* 320, 97-100(2008).

[77] Iliopoulos, D. *et al*. An epigenetic switch involving NF-kappaB, Lin28, Let-7 MicroRNA, and IL6 links inflammation to cell transformation. *Cell* 139, 693-706(2009).

[78] Ye, H. *et al*. MicroRNA and transcription factor co-regulatory network analysis reveals miR-19 inhibits CYLD in T-cell acute lymphoblastic leukemia. *Nucleic Acids Res* 40, 5201-5214(2012).

[79] Brosh, R. *et al*. p53-Repressed miRNAs are involved with E2F in a feed-forward loop promoting proliferation. *Mol Syst Biol* 4, 229(2008).

[80] Knoll, S. *et al*. The E2F1-miRNA cancer progression network. *Adv Exp Med Biol* 774, 135-147(2013).

[81] Aguda, B. D. *et al*. MicroRNA regulation of a cancer network: consequences of the feedback loops involving miR-17-92, E2F, and Myc. *Proc Natl Acad Sci U S A* 105, 19678-19683(2008).

[82] Kanellopoulou, C. *et al*. Dicer-deficient mouse embryonic stem cells are defective in differentiation and centromeric silencing. *Genes Dev* 19, 489-501(2005).

[83] Houbaviy, H. B. *et al*. Embryonic stem cell-specific MicroRNAs. *Dev Cell* 5, 351-358(2003).

[84] Suh, M. R. *et al*. Human embryonic stem cells express a unique set of microRNAs. *Dev Biol* 270, 488-498(2004).

[85] Ma, Y. *et al*. Functional screen reveals essential roles of miR-27a/24 in differentiation of embryonic stem cells. *EMBO J* 34, 361-378(2015).

[86] Ahmed, R. P. *et al*. Reprogramming of skeletal myoblasts for induction of pluripotency for tumor-free cardiomyogenesis in the

infarcted heart. *Circ Res* 109, 60-70(2011).

[87] O'Donnell, K. A. *et al*. c-Myc-regulated microRNAs modulate E2F1 expression. *Nature* 435, 839-843(2005).

[88] Johnson, C. D. *et al*. The let-7 microRNA represses cell proliferation pathways in human cells. *Cancer Res* 67, 7713-7722(2007).

[89] Schultz, J. *et al*. MicroRNA let-7b targets important cell cycle molecules in malignant melanoma cells and interferes with anchorage-independent growth. *Cell Res* 18, 549-557(2008).

[90] Xu, T. *et al*. MicroRNA-195 suppresses tumorigenicity and regulates G1/S transition of human hepatocellular carcinoma cells. *Hepatology* 50, 113-121(2009).

[91] Lin, J. *et al*. MicroRNA-423 promotes cell growth and regulates G(1)/S transition by targeting p21Cip1/Waf1 in hepatocellular carcinoma. *Carcinogenesis* 32, 1641-1647(2011).

[92] Galardi, S. *et al*. miR-221 and miR-222 expression affects the proliferation potential of human prostate carcinoma cell lines by targeting p27Kip1. *J Biol Chem* 282, 23716-23724(2007).

[93] Calin, G. A. *et al*. MiR-15a and miR-16-1 cluster functions in human leukemia. *Proc Natl Acad Sci U S A* 105, 5166-5171(2008).

[94] Zhao, A. *et al*. MicroRNA-125b induces cancer cell apoptosis through suppression of Bcl-2 expression. *J Genet Genomics* 39, 29-35(2012).

[95] Zhang, Y. *et al*. Involvement of microRNA-224 in cell proliferation, migration, invasion, and anti-apoptosis in hepatocellular carcinoma. *J Gastroenterol Hepatol* 28, 565-575(2013).

[96] Chen, H. *et al*. MiR-34a promotes Fas-mediated cartilage endplate chondrocyte apoptosis by targeting Bcl-2. *Mol Cell Biochem* 406, 21-30(2015).

[97] Tarasov, V. *et al*. Differential regulation of microRNAs by p53 revealed by massively parallel sequencing: miR-34a is a p53 target that induces apoptosis and G1-arrest. *Cell Cycle* 6, 1586-1593(2007).

[98] Garofalo, M. *et al*. MicroRNA signatures of TRAIL resistance in human non-small cell lung cancer. *Oncogene* 27, 3845-3855(2008).

[99] Miller, T. E. *et al*. MicroRNA-221/222 confers tamoxifen resistance in breast cancer by targeting p27Kip1. *J Biol Chem* 283, 29897-29903(2008).

[100] Yang, X. *et al*. MiR-195 regulates cell apoptosis of human hepatocellular carcinoma cells by targeting LATS2. *Pharmazie* 67, 645-651(2012).

[101] Zheng, Y. *et al*. miR-376a suppresses proliferation and induces apoptosis in hepatocellular carcinoma. *FEBS Lett* 586, 2396-2403(2012).

[102] Meng, F. *et al*. MicroRNA-21 regulates expression of the PTEN tumor suppressor gene in human hepatocellular cancer. *Gastroenterology* 133, 647-658(2007).

[103] Ding, J. *et al*. Gain of miR-151 on chromosome 8q24.3 facilitates tumour cell migration and spreading through downregulating RhoGDIA. *Nat Cell Biol* 12, 390-399,(2010).

[104] Yao, J. *et al*. MicroRNA-30d promotes tumor invasion and metastasis by targeting Galphai2 in hepatocellular carcinoma. *Hepatology* 51, 846-856(2010).

[105] Valadi, H. *et al*. Exosome-mediated transfer of mRNAs and microRNAs is a novel mechanism of genetic exchange between cells. *Nat Cell Biol* 9, 654-659(2007).

[106] Chim, S. S. *et al*. Detection and characterization of placental microRNAs in maternal plasma. *Clin Chem* 54, 482-490(2008).

[107] Lawrie, C. H. *et al*. Detection of elevated levels of tumour-associated microRNAs in serum of patients with diffuse large B-cell lymphoma. *Br J Haematol* 141, 672-675(2008).

[108] Mitchell, P. S. *et al*. Circulating microRNAs as stable blood-based markers for cancer detection. *Proc Natl Acad Sci U S A* 105, 10513-10518(2008).

[109] Chen, X. *et al*. Characterization of microRNAs in serum: a novel class of biomarkers for diagnosis of cancer and other diseases. *Cell Res* 18, 997-1006,(2008).

[110] Zhang, Y. *et al*. Secreted monocytic miR-150 enhances targeted endothelial cell migration. *Mol Cell* 39, 133-144(2010).

[111] Tabet, F. *et al*. HDL-transferred microRNA-223 regulates ICAM-1 expression in endothelial cells. *Nat Commun* 5, 3292(2014).

[112] Wienholds, E. *et al*. The microRNA-producing enzyme Dicer1 is essential for zebrafish development. *Nat Genet* 35, 217-218(2003).

[113] Bernstein, E. *et al*. Dicer is essential for mouse development. *Nat Genet* 35, 215-217(2003).

[114] Wang, Y. *et al*. DGCR8 is essential for microRNA biogenesis and silencing of embryonic stem cell self-renewal. *Nat Genet* 39, 380-385(2007).

[115] Vella, M. C. & Slack, F. J. *C. elegans* microRNAs. WormBook, 1-9(2005).

[116] Zhao, Y. *et al*. Dysregulation of cardiogenesis, cardiac conduction, and cell cycle in mice lacking miRNA-1-2. *Cell* 129, 303-317(2007).

[117] da Costa Martins, P. A. *et al*. Conditional dicer gene deletion in the postnatal myocardium provokes spontaneous cardiac remodeling. *Circulation* 118, 1567-1576, doi:10.1161/CIRCULATIONAHA.108.769984(2008).

[118] Ouyang, Z. & Wei, K. miRNA in cardiac development and regeneration. *Cell Regen* 10, 14(2021).

[119] Aukerman, M. J. & Sakai, H. Regulation of flowering time and floral organ identity by a MicroRNA and its APETALA2-like target genes. *Plant Cell* 15, 2730-2741(2003).

[120] Song, J. B. *et al*. miR394 and LCR are involved in Arabidopsis salt and drought stress responses in an abscisic acid-dependent manner. *BMC Plant Biol* 13, 210,(2013).

[121] van Rooij, E. *et al*. Control of stress-dependent cardiac growth and gene expression by a microRNA. *Science* 316, 575-579(2007).

[122] Montgomery, R. L. *et al*. Therapeutic inhibition of miR-208a improves cardiac function and survival during heart failure. Circulation 124, 1537-1547(2011).

[123] Tijsen, A. J. *et al*. MiR423-5p as a circulating biomarker for heart failure. *Circ Res* 106, 1035-1039(2010).

[124] Romaine, S. P. *et al*. MicroRNAs in cardiovascular disease: an introduction for clinicians. *Heart* 101, 921-928(2015).

[125] Asgeirsdottir, S. A. *et al*. MicroRNA-126 contributes to renal microvascular heterogeneity of VCAM-1 protein expression in acute inflammation. *Am J Physiol Renal Physiol* 302, F1630-1639(2012).

[126] Xu, X. L. *et al*. The steady-state level of the nervous-system-specific microRNA-124a is regulated by dFMR1 in Drosophila. *J* Neurosci 28, 11883-11889(2008).

[127] Liu, T. *et al*. A MicroRNA Profile in Fmr1 Knockout Mice Reveals MicroRNA Expression Alterations with Possible Roles in Fragile X Syndrome. *Mol Neurobiol* 51, 1053-1063(2015).

[128] Edbauer, D. *et al*. Regulation of synaptic structure and function by FMRP-associated microRNAs miR-125b and miR-132. *Neuron* 65, 373-384(2010).

[129] Klein, M. E. *et al*. Homeostatic regulation of MeCP2 expression by a CREB-induced microRNA. *Nat Neurosci* 10, 1513-1514(2007).

[130] Cheng, T. L. *et al*. MeCP2 suppresses nuclear microRNA processing and dendritic growth by regulating the DGCR8/Drosha complex. *Dev Cell* 28, 547-560(2014).

[131] Schratt, G. M. *et al*. A brain-specific microRNA regulates dendritic spine development. *Nature* 439, 283-289(2006).

[132] Bai, M. *et al*. Abnormal hippocampal BDNF and miR-16 expression is associated with depression-like behaviors induced by stress during early life. *PLoS One* 7, e46921(2012).

[133] Liu, N. *et al*. The microRNA miR-34 modulates ageing and neurodegeneration in Drosophila. *Nature* 482, 519-523(2012).

[134] Cao, D. D. *et al*. MicroRNAs: Key Regulators in the Central Nervous System and Their Implication in Neurological Diseases. *Int J Mol Sci* 17, doi:10.3390/ijms17060842(2016).

[135] Cimmino, A. *et al*. miR-15 and miR-16 induce apoptosis by targeting BCL2. *Proc Natl Acad Sci U S A* 102, 13944-13949(2005).

[136] Karube, Y. *et al*. Reduced expression of Dicer associated with poor prognosis in lung cancer patients. *Cancer Sci* 96, 111-115 (2005).

[137] Merritt, W. M. *et al*. Dicer, Drosha, and outcomes in patients with ovarian cancer. *N Engl J Med* 359, 2641-2650(2008).

[138] Shen, J. *et al*. EGFR modulates microRNA maturation in response to hypoxia through phosphorylation of AGO2. *Nature* 497, 383-387(2013).

[139] Medina, P. P. *et al*. OncomiR addiction in an *in vivo* model of microRNA-21-induced pre-B-cell lymphoma. *Nature* 467, 86-90(2010).

[140] Loffler, D. *et al*. Interleukin-6 dependent survival of multiple myeloma cells involves the Stat3-mediated induction of microRNA-21 through a highly conserved enhancer. *Blood* 110, 1330-1333(2007).

[141] Fujita, S. *et al*. miR-21 Gene expression triggered by AP-1 is sustained through a double-negative feedback mechanism. *J Mol Biol* 378, 492-504(2008).

[142] Davis, B. N. *et al*. SMAD proteins control DROSHA-mediated microRNA maturation. *Nature* 454, 56-61(2008).

[143] Papagiannakopoulos, T. *et al*. MicroRNA-21 targets a network of key tumor-suppressive pathways in glioblastoma cells. *Cancer Res* 68, 8164-8172(2008).

[144] Qin, W. *et al*. BMPRII is a direct target of miR-21. *Acta Biochim Biophys Sin (Shanghai)* 41, 618-623(2009).

[145] Sakamoto, S. *et al*. The NF90-NF45 complex functions as a negative regulator in the microRNA processing pathway. *Mol Cell Biol* 29, 3754-3769(2009).

[146] Chan, J. A. *et al*. MicroRNA-21 is an antiapoptotic factor in human glioblastoma cells. *Cancer Res* 65, 6029-6033(2005).

[147] Liu, M. *et al*. Regulation of the cell cycle gene, BTG2, by miR-21 in human laryngeal carcinoma. *Cell Res* 19, 828-837(2009).

[148] Thompson, R. C. *et al*. Identification of an NF-kappaB p50/p65-responsive site in the human MIR155HG promoter. *BMC Mol Biol* 14, 24,(2013).

[149] O'Connell, R. M. *et al*. Inositol phosphatase SHIP1 is a primary target of miR-155. *Proc Natl Acad Sci U S A* 106, 7113-7118 (2009).

[150] Liu, S. *et al*. MiR-155 modulates the progression of neuropathic pain through targeting SGK3. *Int J Clin Exp Pathol* 8, 14374-14382(2015).

[151] Wang, J. *et al*. MicroRNA-155 promotes autophagy to eliminate intracellular mycobacteria by targeting Rheb. *PLoS Pathog* 9, e1003697, doi:10.1371/journal.ppat.1003697(2013).

[152] Forzati, F. *et al*. miR-155 is positively regulated by CBX7 in mouse embryonic fibroblasts and colon carcinomas, and targets the KRAS oncogene. *BMC Cancer* 17, 170(2017).

[153] Kong, W. *et al*. Upregulation of miRNA-155 promotes tumour angiogenesis by targeting VHL and is associated with poor prognosis and triple-negative breast cancer. *Oncogene* 33, 679-689(2014).

[154] Xie, Q. *et al*. Aberrant expression of microRNA 155 may accelerate cell proliferation by targeting sex-determining region Y box 6 in hepatocellular carcinoma. *Cancer* 118, 2431-2442(2012).

[155] Gironella, M. *et al.* Tumor protein 53-induced nuclear protein 1 expression is repressed by miR-155, and its restoration inhibits pancreatic tumor development. *Proc Natl Acad Sci U S A* 104, 16170-16175(2007).

[156] Zhang, C. Z. *et al.* MiR-221 and miR-222 target PUMA to induce cell survival in glioblastoma. *Mol Cancer* 9, 229(2010).

[157] Liu, S. *et al.* A microRNA 221- and 222-mediated feedback loop maintains constitutive activation of NFkappaB and STAT3 in colorectal cancer cells. *Gastroenterology* 147, 847-859 e811(2014).

[158] Liu, X. D. *et al.* Effects of dietary L-arginine or N-carbamylglutamate supplementation during late gestation of sows on the miR-15b/16, miR-221/222, VEGFA and eNOS expression in umbilical vein. *Amino Acids* 42, 2111-2119(2012).

[159] Liu, X. *et al.* Cell-specific effects of miR-221/222 in vessels: molecular mechanism and therapeutic application. *J Mol Cell Cardiol* 52, 245-255(2012).

[160] Puissegur, M. P. *et al.* miR-210 is overexpressed in late stages of lung cancer and mediates mitochondrial alterations associated with modulation of HIF-1 activity. *Cell Death Differ* 18, 465-478(2011).

[161] Yang, W. *et al.* Downregulation of miR-210 expression inhibits proliferation, induces apoptosis and enhances radiosensitivity in hypoxic human hepatoma cells in vitro. *Exp Cell Res* 318, 944-954(2012).

[162] Wang, N. *et al.* Mesenchymal stem cells-derived extracellular vesicles, via miR-210, improve infarcted cardiac function by promotion of angiogenesis. *Biochim Biophys Acta Mol Basis Dis* 1863, 2085-2092(2017).

[163] Giannakakis, A. *et al.* miR-210 links hypoxia with cell cycle regulation and is deleted in human epithelial ovarian cancer. *Cancer Biol Ther* 7, 255-264(2008).

[164] Zhang, Z. *et al.* MicroRNA miR-210 modulates cellular response to hypoxia through the MYC antagonist MNT. *Cell Cycle* 8, 2756-2768(2009).

[165] Crosby, M. E. *et al.* MicroRNA regulation of DNA repair gene expression in hypoxic stress. *Cancer Res* 69, 1221-1229(2009).

[166] Ying, Q. *et al.* Hypoxia-inducible microRNA-210 augments the metastatic potential of tumor cells by targeting vacuole membrane protein 1 in hepatocellular carcinoma. *Hepatology* 54, 2064-2075(2011).

[167] Liu, K. *et al.* Let-7a inhibits growth and migration of breast cancer cells by targeting HMGA1. *Int J Oncol* 46, 2526-2534(2015).

[168] Lee, Y. S. & Dutta, A. The tumor suppressor microRNA let-7 represses the HMGA2 oncogene. *Genes Dev* 21, 1025-1030(2007).

[169] Dong, Q. *et al.* MicroRNA let-7a inhibits proliferation of human prostate cancer cells in vitro and *in vivo* by targeting E2F2 and CCND2. *PLoS One* 5, e10147(2010).

[170] Li, W. J. *et al.* MicroRNA-34a: Potent Tumor Suppressor, Cancer Stem Cell Inhibitor, and Potential Anticancer Therapeutic. *Front Cell Dev Biol* 9, 640587(2021).

[171] Nguyen, T. T. P. *et al.* The Role of miR-29s in Human Cancers-An Update. *Biomedicines* 10, doi:10.3390/biomedicines10092121(2022).

[172] Morita, S. *et al.* miR-29 represses the activities of DNA methyltransferases and DNA demethylases. *Int J Mol Sci* 14, 14647-14658(2013).

[173] Garzon, R. *et al.* MicroRNA-29b induces global DNA hypomethylation and tumor suppressor gene reexpression in acute myeloid leukemia by targeting directly DNMT3A and 3B and indirectly DNMT1. *Blood* 113, 6411-6418 (2009).

[174] Cheng, Y. *et al.* A translational study of circulating cell-free microRNA-1 in acute myocardial infarction. *Clin Sci (Lond)* 119, 87-95(2010).

[175] Fridman, E. *et al.* Accurate molecular classification of renal tumors using microRNA expression. *J Mol Diagn* 12, 687-696(2010).

[176] Youssef, Y. M. *et al*. Accurate molecular classification of kidney cancer subtypes using microRNA signature. *Eur Urol* 59, 721-730(2011).

[177] Takamizawa, J. *et al*. Reduced expression of the let-7 microRNAs in human lung cancers in association with shortened postoperative survival. *Cancer Res* 64, 3753-3756(2004).

[178] Budhu, A. *et al*. Identification of metastasis-related microRNAs in hepatocellular carcinoma. *Hepatology* 47, 897-907(2008).

[179] Yan, L. X. *et al*. MicroRNA miR-21 overexpression in human breast cancer is associated with advanced clinical stage, lymph node metastasis and patient poor prognosis. *RNA* 14, 2348-2360(2008).

何祥火　博士，研究员，博士生导师，复旦大学特聘教授。曾获国家杰出青年科学基金资助；曾入选国家"万人计划"领军人才、科技部中青年科技创新领军人才、上海市优秀学术带头人、上海市医学领军人才等。研究领域为肿瘤分子生物学与表观遗传学，研究方向包括非编码 RNA、RNA 可变剪接、转录重编程及表观调控机制。对非编码 RNA 调控机制、分布规律及在癌发生与转移中的作用进行了系统研究，揭示多个 miRNA 在肝癌细胞生长、侵袭与转移、缺氧微环境、炎癌转化、肿瘤细胞代谢中的作用及其分子机制；鉴定了多个长链非编码 RNA 可作为肝癌候选癌基因/抑癌基因，丰富了肝癌发生发展中基因调控网络，为开发新的肝癌治疗策略提供了实验基础；揭示了环状 RNA 表达规律及作用机制，鉴定了环状 RNA 可作为新型的肿瘤分子标志物。已在 *Nature Cell Biology*、*Gastroenterology*、*Hepatology*、*Cell Research*、*Nature Communications*、*Nucleic Acids Research*、*Cell Reports*、*Cancer Research*、*Clinical Cancer Research*、*Oncogene*、*Science Signaling* 等学术期刊发表论文 120 余篇；论文被引 11 450 余次。曾获教育部自然科学奖二等奖、上海医学科技奖二等奖、吴孟超医学青年基金奖一等奖、银蛇奖等。

第 20 章　NamiRNA

于文强　梁英
复旦大学

本章概要

核激 RNA（nuclear activating miRNA，NamiRNA）是一类定位于细胞核中通过增强子激活靶基因的 miRNA。miRNA 功能涉及个体发育、生长与疾病的发生等各个方面。一般认为，miRNA 通过结合靶基因的 3′UTR 抑制翻译或降解 mRNA 从而发挥负向调控作用，但这很难解释 miRNA 研究面临的一些特殊现象：①miRNA 的组织特异性表达；②细胞核内 miRNA 的功能；③miRNA 过表达时伴随的大量基因的上调现象。复旦大学于文强实验室的研究工作发现 miRNA 不仅可以定位于细胞核中，而且细胞核内的 miRNA 可以通过结合增强子激活基因表达，这一类 miRNA 被命名为 NamiRNA，即细胞核内激活 RNA，据此提出了 NamiRNA-增强子-基因激活全新的调控模型，为 miRNA 的功能研究提供了新的策略和思路。

20.1　miRNA 概述

关键概念

- miRNA 是一种内源性非蛋白编码的小分子单链 RNA，长度为 18～23 个核苷酸，成熟 miRNA 与 RISC（沉默复合体）以互补方式结合，并通过结合 mRNA 靶基因 3′UTR 抑制翻译或降解 mRNA 进而发挥负向调控作用。
- miRNA 普遍存在于植物、无脊椎动物和脊椎动物的基因组中，并且在转录后水平调节基因的表达。这些 miRNA 通常认为在细胞质中降解 mRNA 或者抑制基因表达进而发挥负向调控作用。
- miRNA 除了负向调控作用外，同时也具有正向调控基因表达的特点。
- miRNA 在细胞生长发育过程中能够调控很多基因表达，对细胞分化或者肿瘤形成都有很重要的调控作用。其中，有一部分 miRNA 显示出独有的组织特异性表达。

miRNA 是一种长度为 18～23 个核苷酸，在转录后水平调控基因表达的非编码小 RNA。早在 1993 年，第一个 miRNA *lin-4* 被 Victor Ambros 在研究 *C. elegans* 的发育调控时意外发现[1]。继他发现 *lin-4* 后，他的同事 Gary Rovkun 探索了 *lin-4* 通过结合细胞质中 *lin-14* mRNA 的 3′UTR 发挥抑制蛋白翻译或降解 mRNA 的作用[2]。此后，在几乎所有的后生动物如涡虫、果蝇、植物和哺乳动物的基因组中都发现了 miRNA。目前认为 miRNA 几乎可以调控大多数生命现象和过程，在胚胎发育、生理病理及肿瘤发生发展过程中具有重要作用。

20.1.1 miRNA 的产生

miRNA 是一种内源性非蛋白编码的小分子单链 RNA，其由 RNA 聚合酶转录为初级转录物（pri-miRNA），后者被 Drosha 处理为含有约 70 个核苷酸的茎环结构前体 miRNA（pre-miRNA），而后被转运蛋白从细胞核转运至细胞质。成熟 miRNA 与 RISC（沉默复合体）以互补方式结合，并通过结合 mRNA 靶基因 3′UTR 抑制翻译或降解 mRNA 进而发挥负向调控作用[1-5]。这是目前公认的 miRNA 发挥作用的分子机制，自从第一个 miRNA lin-4 被发现以来，一直沿用至今。

20.1.2 miRNA 的定位

miRNA 普遍存在于植物、无脊椎动物和脊椎动物的基因组中，并且在转录后水平调节基因的表达[6-8]，这些 miRNA 通常认为在细胞质中降解 mRNA 或者抑制基因表达进而发挥负向调控作用。随着 miRNA 研究的不断深入和深度测序技术的发展，越来越多的证据表明，miRNA 不仅定位于细胞质，而且也存在于其他细胞器中，如线粒体、细胞核等，miRNA 的不同细胞定位影响 miRNA 的功能。例如，在肌细胞形成过程中特异表达的 miR-1 进入线粒体后能够促进线粒体内特定靶基因的翻译，这一机制不同于细胞质 miRNA 的翻译抑制作用[9]。miR-29b 具有一段类似于核定位信号的序列，使其富集在 HeLa 和 NIH 3T3 细胞的细胞核内，而高通量测序技术进一步证实了 miRNA 在细胞核的分布[10]。定位于细胞核中的 miR-3179 被证实能激活邻位基因 ABCC6 和 PKD1P1，同样的，位于核内的 miR-24-1 能激活 FBP1 和 FANCC[11]。这些定位不同的 miRNA 的大量存在，以及其功能的特殊性，使我们有理由相信细胞核 miRNA 具有独特的调控作用。目前，细胞核内 miRNA 的相关研究相对较少，主要集中在一些特定 miRNA 的功能研究。其次，miRNA 定位与其功能之间的关系是 miRNA 研究过程中一直被忽视的问题。

20.1.3 miRNA 的功能

1. miRNA 传统的负向调控

miRNA 调节许多生物学过程，包括细胞分化、信号转导、个体发育和疾病等。总的来说，这些研究都采用传统的负向调控机制来解释现象。第一个 miRNA lin-4 由 Victor Ambros 在线虫中发现后，Gary Rovkun 探索了 lin-4 通过靶向 3′UTR 抑制 lin-14 表达的负向调控机制[1, 2]。Victor Ambros 和 Gary Rovkun 的发现开拓了对细胞内非编码 RNA 生物学功能的认识，该研究最终发表在 1993 年的 Cell 杂志。这些出人意料的结果被当作个例并没有在科学界产生该有的影响，此后，miRNA 的研究一直被搁置，直到 7 年后的 2000 年，第二个 miRNA let-7 被发现能调控线虫的发育时间，并且高度保守，人们终于意识到 miRNA 对基因调控的普遍意义。大量的后期研究表明 miRNA 与细胞诸多生物学特征有关，其中 miRNA 对诸多疾病如肿瘤的调控作用贯穿了整个肿瘤发生过程。也正是 miRNA 在调控机制上的这些重要作用，使得 miRNA 的研究一度进入了井喷时期。目前已经发现的人类 miRNA 前体有 1982 条，成熟 miRNA 有 2694 条。而这些关于 miRNA 的功能研究大多集中在细胞质 miRNA，其主要机制是通过作用于靶基因 mRNA 的 3′UTR 区域进而改变靶基因 mRNA 的稳定性或者抑制其翻译，最终影响细胞的生物学特性。可以发现，这种 miRNA 的负向调控作用机制，即在细胞质中通过结合在 mRNA 的 3′UTR 区域抑制翻译或促进靶基因的降解，几乎成为目前 miRNA 研究领域的"铁律"。至此，miRNA 通过靶向 mRNA 的 3′UTR 来抑制基因表达的负向调控机制成为沿用至今的金规玉律。

　　然而一个常被忽视的现象是，与正常细胞相比，miRNA 在肿瘤细胞中常出现表达下调。肿瘤相关的 miRNA 低表达是肿瘤细胞重要的分子特征，而低表达 miRNA 的作用机制尚未被明确阐释。主要原因可能是根据 miRNA 研究的负向调控理论，对肿瘤细胞中低表达的 miRNA 靶基因的预测及功能研究并非易事，而任何一个 miRNA 若是找不到其负向调控的靶基因，将很难解释清楚 miRNA 的调控功能。类似地，miRNA 的负向调控机制也不能完全解释细胞内高表达的 miRNA 对应的另外一部分高表达的基因，它们之间是什么关系？这部分高表达的基因如果被 miRNA 抑制了其负向调控因子，那这些负向调控因子是什么？目前有关这种调控方式的文献并不多。

2. miRNA 的激活调控

　　细胞核是细胞的控制中心，更是遗传物质的主要存储位置。越来越多的研究表明，miRNA 不仅定位于细胞质，而且也存在于细胞质以外的区域[12, 13]。目前，细胞核内 miRNA 的相关研究相对较少，主要集中在一些特定 miRNA 的功能研究，而事实上 miRNA 定位的不同可以导致其发挥的功能截然不同。

　　尽管后来也发现部分 miRNA 在特殊情况下能够促进基因表达或翻译，但基本都是个例研究，例如，Vasudevan 等在 2007 年发现 miRNA 通过结合蛋白 AGO2 和 FXR1 促进转录，揭开了 miRNA 调控的两面性。另一个是 2008 年发表在 *PNAS* 上的关于 miR-373 能靶向 E 钙黏蛋白启动子区域促进基因表达的研究，并首次命名 RNAa 来解释 miRNA 能正向调控基因表达现象[14]。这些研究表明 miRNA 除了负向调控作用外，同时也具有正向调控基因表达的特点。遗憾的是，这些关于 miRNA 正向调控的研究，尚未从根本上回答 miRNA 具体的激活调控机制，因而缺乏推而广之的意义。

20.1.4　miRNA 的组织特异性

1. miRNA 的组织特异性表达成谜

　　miRNA 在细胞生长发育过程中能够调控很多基因表达，对细胞分化或者肿瘤形成都有很重要的调控作用。其中，有一部分 miRNA 显示出独有的组织特异性表达（图 20-1）。例如，miR-1 在肌肉组织中高表达，miR-124 在中枢神经系统中特异性表达。在果蝇中敲除 miR-1 会导致果蝇由于肌细胞分化紊乱而死亡；在小鼠敲除 miR-1-2 基因后，50% 的小鼠会死于心脏发育障碍[9]。另一个组织特异性的 miRNA 如 miR-122，在肝脏中特异表达，被认为与丙型肝炎病毒（HCV）的复制密切相关[15]。虽然 miRNA 表现出很强的组织特异性表达的特征，但这些 miRNA 如何维持其组织特异性表达，目前尚不清楚；另外，这些 miRNA 是否与不同组织特异性功能有关，也是一个悬而未决的问题。

2. 组织特异性增强子与 miRNA 表达

　　有意思的是，增强子与 miRNA 一样具有组织特异性。具有组织特异性分布的增强子与胚胎发育和疾病发生等许多生理与病理过程密切相关[16]。那么，增强子作为组织特异性基因表达很重要的调节因子，是否会和 miRNA 相互联系来调控基因表达呢？此外，核内的 miRNA 是否与增强子相互作用，共同调节组织特异性功能？

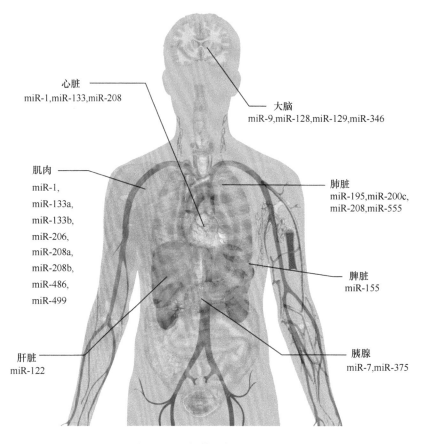

图 20-1　组织特异性的 miRNA

20.2　增强子与 miRNA 的关系

- 增强子（enhancer）是一段能够增强与其连锁的基因转录频率的 DNA 序列，为一种经典的 DNA 顺式调控元件。
- 普通的增强子和超级增强子，它们都具有一个共同的特征，即组织特异性，并且这种组织特异性与基因的组织特异性表达具有显著的相关性。
- 研究发现，大量的 miRNA 的基因座和对应的增强子重叠，并且这些 miRNA 和增强子共同调控基因表达。

20.2.1　增强子的特征

增强子是一段能够增强与其连锁的基因转录频率的 DNA 序列，该 DNA 序列通常伴有 H3K27ac 及 H3K4me1 修饰，具有 P300 结合位点，与 DNase I 超敏位点和增强子 RNA（eRNA）表达区域重叠，且 eRNA 表达水平的高低直接揭示了增强子的活性强弱[16, 17]。增强子作为一种经典的 DNA 顺式调控元件，能够增强基因的转录活性，在细胞分化或多种组织的发育过程中扮演着重要的角色。

20.2.2　增强子的组织特异性

增强子作为一种经典的 DNA 顺式调控元件，能够增强基因的转录活性，在细胞分化或多种组织的发育过程中扮演着重要的角色，它可以近距离或远距离调控基因的表达。增强子还能够在染色体水平通过调节染色体的稳定和关键转录因子的表达，决定干细胞分化的命运。例如，Whyte 等发现，由一系列增强子组成的超级增强子（super-enhancer）能够调节多个多能胚胎干细胞分化过程中的关键基因，成为干细胞向终末细胞分化过程中的核心调控元件[18]。H3K4me1 及 H3K27ac 被认为是增强子重要的表观遗传学标记，其中 H3K27ac 与增强子的活性密切相关。然而，无论是普通的增强子，还是超级增强子，它们都具有一个共同的特征，即组织特异性，并且这种组织特异性与基因的组织特异性表达具有显著的相关性。Kvon 等敲除小鼠染色体上的增强子序列 ZRS，小鼠就不会长出四肢，而给敲除 ZRS 后的小鼠染色体重新插入缺失的序列，小鼠又会长出四肢，决定四肢的增强子 ZRS 会高度富集在四肢中以维持四肢的正常发育[19]。增强子的活性尤其是超级增强子具有很强的组织特异性，它们作为重要的组织特异性基因表达的调控者，其本身又是如何调控的呢？

20.2.3　增强子遇到 miRNA

已有研究表明，细胞核内多种非编码 RNA 都能够以类似于增强子的方式对基因的转录进行调控。有研究表明细胞核内大量表达的长链非编码 RNA（lncRNA）能够通过类似于增强子的方式调控与其邻近的蛋白编码基因转录，增强子区域编码的 eRNA 也能够通过类似的方式直接调控相关基因的转录。于文强课题组发现有超过 2/3 的 miRNA 的基因座和对应的增强子重叠并具有组织特异性（图 20-2），这些 miRNA

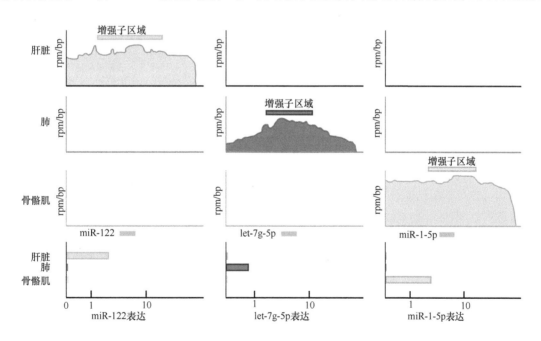

图 20-2　NamiRNA 的基因座与增强子重叠

miR-122 在肝脏中特异性的高表达，并且其 DNA locus 与增强子高度重叠。同样的，let-7g-5p 以及 miR-1-5p DNA loci 分别在肺和肌肉中与增强子高度重叠

和增强子共同调控基因表达[20]。Sharp 课题组通过 meta 分析发现超级增强子与 miRNA 之间有相互关系，并提示超级增强子在组织特异性的 miRNA 基因位点的富集；同时应用 CRISPR/Cas9 技术证明超级增强子通过增加招募 Drosha/DGCR8 促进 pri-miRNA 的加工，进而调控激活 miRNA 的表达，这依赖于超级增强子各组分之间的协同作用；另外，使用抑制剂 JQ-1 处理及敲除超级增强子各组分使得 Drosha/DGCR8 表达降低，进一步证明超级增强子的激活效应需要超级增强子各组分的相互作用和完整性；最后这些与超级增强子相关的 miRNA 又可以作为特定癌症的标志[21]。随后 McCall 在 *Genome Research* 也发文证明 miRNA 与组织特异性增强子有关[22]。

20.3 NamiRNA 通过增强子介导基因的激活

关键概念

- NamiRNA（nuclear activating miRNA）是位于细胞核内通过增强子介导发挥基因激活作用的 miRNA。
- NamiRNA 自身序列对其发挥激活作用非常重要。如果缺失或者突变 NamiRNA 的种子序列，则显著抑制 miRNA 诱导的转录激活。
- NamiRNA 不仅能激活邻近基因表达，还可以在全基因组水平通过激活增强子促进相关基因的表达。
- NamiRNA 是重要的双功能分子。当它位于细胞质时，可以作用于 mRNA 3′UTR 区域，阻断 mRNA 的翻译进而发挥基因的负调控作用；当它位于细胞核中时，则通过结合增强子并重塑增强子的染色质状态，进而激活基因的转录表达。

20.3.1 NamiRNA 概念的提出

2010 年，复旦大学于文强教授实验室在研究 miRNA 自身的表观遗传学调控机制时，在 7 种不同的组织细胞中，对 1594 条 miRNA 前体进行了系统分析，意外地发现有 300 多条 miRNA 前体在基因组中的位置与增强子的组蛋白修饰标志 H3K4me1 或 H3K27ac 高度重叠，这使得他们将同时具有组织细胞特异性的 miRNA 和增强子这两个重要的分子生物学元件联系到一起。鉴于增强子的基因激活特性，他们推测 miRNA 在细胞核内可能通过增强子发挥基因激活作用。当他们将 miR-24 在 HEK293T 细胞中过表达时，其周围的基因发生明显上调。ChIP-seq 结果显示，miR-24 可以改变增强子的染色质状态，H3K27ac 被富集在 miR-24 的靶向增强子区域。mRNA 表达谱芯片结果显示 miR-24 可同时上调 1000 多个基因，而这些上调的基因与 miR-24 靶向激活增强子有关[11]。为了证明这种 miRNA 能够特异性地靶向激活增强子，他们利用基因编辑技术破坏 miR-24 靶向增强子的完整性，此时外源性的 miRNA 基因激活作用被完全阻断，不仅证明 miRNA 通过与增强子相互作用完成基因激活过程，而且这一过程依赖于增强子的完整性。他们将这种存在于细胞核内，且通过增强子介导发挥基因激活作用的细胞核内 miRNA 称为 NamiRNA（nuclear activating miRNA），以区别于传统 miRNA 的细胞质内负调控作用方式[11]。

20.3.2　NamiRNA 正向调控基因转录

1. NamiRNA 激活邻近基因表达

　　miRNA 的基因座位上富集了显示增强子活性的表观遗传学标记，如组蛋白 H3K27 乙酰化修饰、P300/CBP 以及 DNaseI 高敏感性位点，提示 miRNA 与增强子具有某种潜在的联系。于文强课题组发现 miRNA 通过结合增强子激活邻近基因的表达，进而改变细胞的生物学行为，于文强课题组认为在肿瘤细胞中低表达的 miRNA 与肿瘤中低表达的基因有关，而这种调控是通过增强子正向调控基因表达，而并非负向调控。miR-24 和 miR-26a 可以通过 NamiRNA 发挥调控作用，它们所在的基因序列通过报告基因检测，确认其具有增强子活性。在 293T 细胞中，过表达 miR-24 后，其附近的基因 *FBP1* 和 *FANCC* 的表达明显上调，同样地，过表达 miR-26a 也能激活附近 *ITGA9* 和 *VILL* 基因的表达。因此，于文强课题组相信 miRNA 可以在细胞中发挥一定的正向调控作用，这丰富了我们对 miRNA 调控的认识。

2. NamiRNA 序列突变对激活的影响

　　NamiRNA 自身序列对其发挥激活作用非常重要。如果缺失或者突变 NamiRNA 的种子序列，则显著抑制 miRNA 诱导的转录激活，这提示 NamiRNA 促进相邻基因的转录依赖于 miRNA 序列的完整性。在 HEK293T 细胞中过表达 miR-24 后，miR-24 及其靶基因的表达明显上调。相应地，当 miR-24 的种子序列突变之后，miR-24 的靶基因 *FBP1* 和 *FANCC* 就不再上调，同样地，miR-26a 的种子序列突变后，miR-26a 的靶基因 *ITGA9* 和 *CTDSP1* 也不能被激活，以上实验说明 NamiRNA 序列突变会影响 miRNA 介导的激活作用。

3. NamiRNA 在全基因组水平激活基因的表达

　　NamiRNA 不仅能激活邻近基因表达，还可以在全基因组水平通过激活增强子促进相关基因的表达。通过与对照组相比，在 miR-24 过表达细胞中获得的 3282 个差异富集 H3K27ac 修饰的增强子区域，序列分析发现存在一个共同的基序（motif），并与 miR-24 的种子序列十分相似。如果用 miRanda 程序检测这些增强子被靶向的富集度，就会发现与其他随机挑选的片段相比，这些增强子被靶向的概率相对较高。此外，根据 H3K4me1、Pol II 及 H3K9me3 的 ChIP-seq 数据，也获得类似结果，即 H3K4me1 的富集度提高，Pol II 结合增多，H3K9me3 修饰富集度减少，这提示 NamiRNA 可以在全基因组水平通过靶向结合增强子激活基因的表达，为 NamiRNA 生物学作用提供了新的视角。

20.3.3　NamiRNA 作用的两面性

　　miR-24 不仅可以在全基因组水平激活基因，而传统的 miRNA 作用方式也在细胞中通过 3′UTR 诱导基因沉默。芯片分析表明过表达 miR-24 后表达下调的基因的 mRNA 的 3′UTR 存在潜在的 miR-24 结合位点，从而使基因表达受到抑制，发挥 miRNA 传统的负向调控角色。进一步的研究表明，许多 miRNA 自身基因组位置与增强子区域高度重合，如 hsa-miR-3179、hsa-miR-26a-1 和 hsa-miR-339 等[11]。这些 miRNA 大多数定位于细胞核内，并能够与增强子结合，在全基因组的水平上激活基因表达。
　　基于此，可以认为 miRNA 是重要的双功能分子，当 miRNA 位于细胞质时，它可以作用于 mRNA 3′UTR

区域，像灭火器一样，阻断 mRNA 的翻译进而发挥基因的负调控作用；与此相反的是，当它位于细胞核中时，就像一个点火器，通过结合增强子并重塑增强子的染色质状态，进而激活基因的转录表达（图 20-3）。

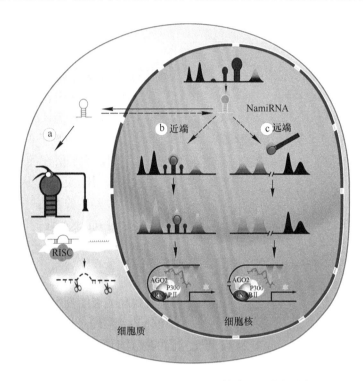

图 20-3　miRNA 在细胞质与细胞核中的双向性功能

当 miRNA 位于细胞质时，它可以作用于 mRNA 3′UTR 区域，像灭火器一样，阻断 mRNA 的翻译进而发挥基因的负调控作用；与此相反的是，当它位于细胞核中时，就像一个点火器，通过结合增强子并重塑增强子的染色质状态，进而激活基因的转录表达

20.4　NamiRNA 作用机制

关键概念

- NamiRNA 通过靶向增强子发挥基因激活的作用并且依赖于增强子序列的完整性。
- NamiRNA 激活基因转录需要 AGO2 蛋白的参与。除此之外，eRNA、P300、Dicer 在 NamiRNA 的激活过程中的作用也是必不可少的。
- miRNA 加工成熟过程中的许多因子也参与了 NamiRNA 的激活过程。

20.4.1　NamiRNA 靶向增强子

增强子的一个重要功能是促进邻近基因的转录，而 NamiRNA 可以激活其邻近基因的转录表达。作为 NamiRNA 的 miR-24 与其增强子区域重叠，过表达 miR-24-1 前体能激活邻近基因 *FBP1* 和 *FANCC* 的表达，而转入 miR-24 的 antagomir 则抑制这些基因的表达。同样地，过表达 miR-26 后，miR-26 的邻近基因 *ITGA9* 和 *VILL* 也被明显激活，后续研究表明 miR-339 和 miR-3179 也有类似的激活功能。利用 ChIP-seq 分析发现过表达 miR-24 可以改变增强子位点的染色质状态，在 miR-24 增强子位点区有明显的 H3K27ac 富集，进一步研究发现当 miR-24 靶向增强子被破坏后，miRNA 便不再具有激活功能。这些研究表明 NamiRNA 通过靶向的增强子发挥基因激活的作用。

20.4.2　NamiRNA 作用依赖于增强子序列的完整性

增强子序列本身的完整性是 NamiRNA 发挥激活功能的前提。在 293T 细胞中通过 TALEN 技术敲除 miR-24 增强子的核心序列，miR-24 邻近的基因 FBP1 表达不再上调，pre-miR-24-1 的激活作用消失，提示 miR-24 的激活功能依赖于完整的增强子序列。随着技术的发展，后续敲除工作可使用 CRISPR/Cas9 技术。即在对应的细胞中转入带有 gRNA（guide RNA）的 CRISPR 质粒，通过 Sanger 测序和挑选单克隆细胞，筛选出目的序列敲除成功的细胞系，然后进行基因表达检测。

20.4.3　NamiRNA 激活相关因素解析

1. AGO2 参与 NamiRNA 的转录激活

Argonaute（AGO）蛋白与 miRNA 或 siRNA 能够形成 RISC 复合体，并调节靶基因的表达。在人类细胞的四种 AGO 蛋白中，已有研究表明 AGO2 可以存在于细胞核中。在 NamiRNA 的激活过程中，AGO2 发挥了重要作用。当细胞中转入 shAGO2 会明显抑制 NamiRNA 的激活作用，提示 NamiRNA 基因的转录激活需要 AGO2 蛋白的参与。但 AGO2 蛋白如何在 NamiRNA 的激活过程中发挥作用？有意思的是 AGO 蛋白具有 RNaseH 的结构域，其功能至今不清楚，于文强课题组推测 AGO2 蛋白可能在 NamiRNA 直接结合增强子区域形成 RNA-DNA 杂交复合物过程中发挥调控作用。

2. NamiRNA 激活转录的其他参与者

miRNA 的加工在细胞核中开始，它由 RNAPII 或 RNAPIII 转录并通过 Drosha 和 Dicer 剪切形成成熟的 miRNA。miR-24 基因组位点存在丰富的转录因子 P300，P300 能够促进 H3K27 乙酰化，这表明 P300 可能参与其中。此外，转染 miR-24 后，eRNA 和 RNAPII 明显富集在增强子区域，也提示 miR-24 的正向功能，因为 eRNA 的转录可以反映出增强子的活性。除了 AGO2，Dicer 在 NamiRNA 的激活过程中的作用也是必不可少的。总之，miRNA 加工成熟过程的许多因子也参与了 NamiRNA 的激活过程。

20.5　NamiRNA 研究的展望与挑战

关键概念

- NamiRNA-增强子-基因激活全新调控模型的提出，揭示了 miRNA 在细胞核中发挥的正向调控基因转录作用，为 miRNA 功能研究提供了新视角。
- NamiRNA 可能在细胞命运调控过程中发挥着重要作用，同时在肿瘤的发生发展中也起着举足轻重的作用。

20.5.1 NamiRNA-增强子-靶基因激活模型

miRNA 在细胞质和细胞核中发挥截然不同的双向调控功能。在细胞质中发挥传统的抑制作用，在细胞核中则发挥激活作用。据此，于文强课题组提出了 NamiRNA-增强子-靶基因激活全新调控模型，揭示了 miRNA 在细胞核中发挥的正向调控基因转录作用，为 miRNA 功能研究提供新视角（图 20-4）。在于文强课题组的模型中，NamiRNA 能与增强子互动，促进代表活化增强子相关的组蛋白修饰标记的富集，如 H3K27ac 和 H3K4me1，改变染色质在增强子区域的状态，从而在全基因组水平激活靶基因的转录。增强子激活后，也可以促进内源性 NamiRNA 的转录，进一步上调邻近基因的表达，最后 NamiRNA 与增强子形成一种正向反馈的调节模型。

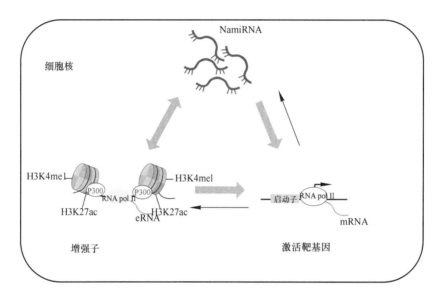

图 20-4　在细胞核中 NamiRNA-增强子-靶基因之间的相互关系

NamiRNA 能与增强子互动，促进代表活化增强子相关的组蛋白修饰标记的富集，如 H3K27ac 和 H3K4me1，结合转录因子 P300 和 RNA Pol II 等改变染色质在增强子区域的状态，从而在全基因组水平激活靶基因的转录。增强子激活后，也可以促进内源性 NamiRNA 的转录，进一步上调邻近基因的表达

NamiRNA-增强子-靶基因激活模型为全面解析 miRNA 的功能提供了新思路，可以用来解释在细胞中转染外源性的 miRNA 后，那些高表达的基因是如何上调的。以前，人们总是在下调的基因中寻找 miRNA 的靶基因，即使在上调基因中勉强找到某个基因与这个 miRNA 功能相关，人们还是必须找到这个基因的抑制子，然后通过抑制子作为中间桥梁来讲述一个"完整"的 miRNA 故事，而许多上调的基因则被"选择性无视"（selectively neglected）或者认为它们是间接调控。显然，负向调控机制从发现沿用至今越来越难以解释 miRNA 研究遇到的新问题。NamiRNA-增强子-靶基因的激活调控模型，拓宽了人们对 miRNA 的认知，有助于理解 miRNA 在各种生理和病理过程以及在肿瘤的发生发展及转移中的独特作用。

20.5.2 NamiRNA 相关理论的应用

1. NamiRNA 与细胞命运决定

细胞身份识别和细胞命运重编程与转录因子结合、非编码 RNA、组蛋白修饰以及 DNA 甲基化有密切关系，而 miRNA 在细胞命运调控过程中发挥着重要作用，有研究表明 miR-302 家族参与干细胞的重编程，而组织特异性的 miRNA 也可能参与细胞的命运调控及成熟与分化，无疑 NamiRNA-增强子-靶基因的激活模型为细胞身份识别和细胞命运重编程的分子机制研究提供了新的策略。

CD4$^+$辅助 T 细胞（Th）的亚群滤泡辅助性 T 细胞（Tfh）可以介导生发中心的形成和维护，并协助抗原特异性 B 细胞抵御感染。miR-17～92 集群和 miR-155 参与 Th 细胞身份的塑造，而在分化过程中 miR-146a 抑制 Tfh 细胞的增殖，这表明不同的 miRNA 在细胞分化过程中发挥不同的功能[23, 24]。有研究表明，miR-7 在成熟的胰腺 β 细胞的身份发展和维持过程中起着举足轻重的作用。然而，miRNA 如何在细胞分化和细胞命运重编程过程中发挥作用仍然需要深入探讨。

如果以 NamiRNA-增强子-靶基因的激活模型为基础，从"选择性忽略"的上调基因分析入手，无疑能给上述现象的分子机制做出更多补充并拓宽其中的分子机制。到目前为止，于文强课题组一直致力于更好地理解 NamiRNA 与增强子之间的相互作用机制，用于解读细胞分化和命运重编程中 NamiRNA 的功能。他们认为 NamiRNA 可以激活基因的表达，通过结合增强子在细胞的发育过程中起调控作用，从而控制细胞命运或细胞身份。无论是 NamiRNA 还是增强子区域发生突变均可能导致细胞命运转变和细胞识别功能的缺失，从而打乱细胞既有的编程和重编程步骤，导致细胞或组织发生病变。将来的研究重点应该放在细胞身份决定、维持过程中增强子和 miRNA 之间的相互作用，以扩展大家对细胞身份识别和决定的理解。

2. NamiRNA 与肿瘤

恶性肿瘤是危害人类健康的全球公共卫生问题，我国作为一个发展中大国，工业化、城镇化和人口老龄化问题日益突出，不良生活方式及环境污染等直接导致国民身体健康指数下降，恶性肿瘤的发病率呈逐年上升的趋势。随着 miRNA 相关研究不断推进，miRNA 在肿瘤发生发展过程中的重要作用被不断揭示，肿瘤细胞十大特征的维持均有 miRNA 的参与。肿瘤细胞中存在 miRNA 的异常高表达，这些异常高表达的 miRNA 通过靶向基因3′UTR 区域，干扰其靶基因，尤其是肿瘤抑制基因的正常表达，导致正常细胞获得癌细胞的生物学特性。这些 miRNA 也成为肿瘤诊断和预后判断的重要标记，被称为 oncomiRNA。

然而一个不容忽视的现象是，大部分肿瘤细胞中 miRNA 不是高表达，恰恰相反，与正常细胞相比，肿瘤细胞中 miRNA 表达降低，而 miRNA 低表达的确是公认的肿瘤细胞重要特征。目前有关肿瘤与 miRNA 的相关研究大多集中于肿瘤细胞中高表达的 miRNA，而对于肿瘤中下调的 miRNA 功能研究相对较少，其中一个重要的原因就在于，根据 miRNA 研究的负性调控理论，这些在肿瘤细胞中表达下调的 miRNA 存在靶基因预测及功能研究的困难。有意思的是，许多在肿瘤中低表达的 miRNA，尤其是一些常见的肿瘤抑制性 miRNA，如 miR-34、miR-200c 和 let-7a 等，符合 NamiRNA 的特征，可采用 NamiRNA 理论研究其在肿瘤发生发展中的作用。根据 NamiRNA 的正向调控理论，于文强课题组推测这类相当于肿瘤抑制子的 miRNA 在正常细胞中高表达。当肿瘤发生时，这些低表达的 miRNA 导致其调控的肿瘤抑制基因表达下调，从而促进肿瘤细胞发生和发展。选取肿瘤中低表达的 miRNA 开展其对肿瘤抑制基因的沉默研究，将夯实该课题组所提出的 miRNA 正向调控新理论，为研究 miRNA 参与肿瘤发生新机制提供了重要的理论意义和社会应用价值。

20.5.3　NamiRNA 研究面临的挑战

目前，miRNA 的负向调控理论仍然是作为解释 miRNA 调控现象的主要机制被广泛应用。而 NamiRNA 无论是在组织特异性、细胞身份识别与维持中的作用，还是与肿瘤等疾病发生发展间的联系，其研究才刚刚开始。对于 NamiRNA 的激活功能，尽管已经有人观察到相应的 miRNA 激活现象，但是因为缺乏系统的分子机制来明确解析这些反常现象，故多数人还是对此选择"视而不见"，所以 NamiRNA 研究要走的路还很长。

尽管已经发现 NamiRNA 与增强子的互动关系，但是还需要更多、更充分的证据来证明 NamiRNA 与增强子是通过直接结合还是间接结合以发挥正向调控的作用。未来的 NamiRNA 研究不仅需要回答 P300、AGO2、Dicer 和 eRNA 如何协同 NamiRNA 招募其他调节因子发挥正向调控作用，还要研究 miRNA 的其他加工成熟酶类在 NamiRNA 激活表达过程中的作用。NamiRNA 为什么会定位于细胞核内？细胞核内的 miRNA 是否为细胞质中的 miRNA 以某种方式重新回到细胞核内，还是 miRNA 直接在细胞核内完成加工成熟过程？AGO2 如何介导 miRNA 与增强子的结合，AGO2 与增强子结合后如何选择性激活相关基因的表达？这些问题的回答，将有助于人们更好地理解 NamiRNA-增强子-靶基因的激活调控模型的分子机制。

相信在不久的将来，随着 NamiRNA-增强子-靶基因激活模型理论的不断夯实，越来越多的 miRNA 与增强子互动研究将极大地拓宽我们对 miRNA 的认识，为 miRNA 调控功能研究带来新观点和新线索。相信更多的 NamiRNA 在细胞生物学行为和疾病发生发展中的作用将被揭示，为 miRNA 作为疾病治疗靶点提供全新的理论依据。

参 考 文 献

[1] Lee, R. C. *et al.* The *C. elegans* heterochronic gene lin-4 encodes small RNAs with antisense complementarity to lin-14. *Cell* 75, 843-854(1993).

[2] Wightman, B. *et al.* Posttranscriptional regulation of the heterochronic gene lin-14 by lin-4 mediates temporal pattern formation in *C. elegans*. *Cell* 75, 855-862(1993).

[3] Krol, J. *et al.* The widespread regulation of microRNA biogenesis, function and decay. *Nat Rev Genet* 11, 597-610(2010).

[4] Foulkes, W. D. *et al.* DICER1: mutations, microRNAs and mechanisms. *Nat Rev Cancer* 14, 662-672(2014).

[5] Ha, M. & Kim, V. N. Regulation of microRNA biogenesis. *Nat Rev Mol Cell Biol* 15, 509-524(2014).

[6] Cardin, S. E. & Borchert, G. M. Viral microRNAs, host microRNAs regulating viruses, and bacterial microRNA-like RNAs. *Methods Mol Biol* 1617, 39-56(2017).

[7] Younger, S. T. & Corey, D. R. Transcriptional gene silencing in mammalian cells by miRNA mimics that target gene promoters. *Nucleic Acids Res* 39, 5682-5691(2011).

[8] Kim, D. H. *et al.* MicroRNA-directed transcriptional gene silencing in mammalian cells. *Proc Natl Acad Sci U S A* 105, 16230-16235(2008).

[9] Chen, J. F. *et al.* The role of microRNA-1 and microRNA-133 in skeletal muscle proliferation and differentiation. *Nat Genet* 38, 228-233(2006).

[10] Hwang, H. W. *et al.* A hexanucleotide element directs microRNA nuclear import. *Science* 315, 97-100(2007).

[11] Xiao, M. *et al.* MicroRNAs activate gene transcription epigenetically as an enhancer trigger. *RNA Biol* 14, 1326-1334(2016).

[12] Zhang, X. *et al.* MicroRNA directly enhances mitochondrial translation during muscle differentiation. *Cell* 158, 607-619(2014).

[13] Liao, J. Y. *et al.* Deep sequencing of human nuclear and cytoplasmic small RNAs reveals an unexpectedly complex subcellular distribution of miRNAs and tRNA 3′ trailers. *PLoS One* 5, e10563(2010).

[14] Place, R. F. *et al.* MicroRNA-373 induces expression of genes with complementary promoter sequences. *Proc Natl Acad Sci U S A* 105, 1608-1613(2008).

[15] Wilson, J. A. & Sagan, S. M. Hepatitis C virus and human miR-122: insights from the bench to the clinic. *Curr Opin Virol* 7, 11-18(2014).

[16] Schaffner, W. Enhancers, enhancers - from their discovery to today's universe of transcription enhancers. *Biol Chem* 396, 311-327(2015).

[17] Li, W. *et al.* Functional roles of enhancer RNAs for oestrogen-dependent transcriptional activation. *Nature* 498, 516-520(2013).

[18] Whyte, W. A. *et al.* Master transcription factors and mediator establish super-enhancers at key cell identity genes. *Cell* 153, 307-319(2013).

[19] Kvon, E. Z. *et al.* Progressive loss of function in a limb enhancer during snake evolution. *Cell* 167, 633-642 e611(2016).

[20] Liang, Y. *et al.* An epigenetic perspective on tumorigenesis: Loss of cell identity, enhancer switching, and NamiRNA network. *Seminars in Cancer Biology* 57, 1-9(2019).

[21] Suzuki, H. I. *et al.* Super-enhancer-mediated RNA processing revealed by integrative microRNA network analysis. *Cell* 168, 1000-1014 e1015(2017).

[22] McCall, M. N. *et al.* Toward the human cellular microRNAome. *Genome Res* 27, 1769-1781(2017).

[23] Wu, T. *et al.* Cutting edge: miR-17-92 is required for both CD4 Th1 and T follicular helper cell responses during viral nfection. *J Immunol* 195, 2515-2519(2015).

[24] Hu, R. *et al.* miR-155 promotes T follicular helper cell accumulation during chronic, low-grade inflammation. *Immunity* 41, 605-619(2014).

于文强　博士，复旦大学生物医学研究院高级项目负责人，复旦大学特聘研究员，教育部"长江学者"特聘教授，"973 计划"首席科学家。2001 年获第四军医大学博士学位，2001～2007 年在瑞典乌普萨拉大学（Uppsala University）和美国约翰斯·霍普金斯大学（Johns Hopkins University）做博士后，2007 年为美国哥伦比亚大学教员（faculty）和副研究员（associate research scientist）。在国外期间主要从事基因的表达调控和非编码 RNA 与 DNA 甲基化相互关系研究。回国后，专注于全基因组 DNA 甲基化检测在临床重要疾病发生中的作用以及核内 miRNA 激活功能研究。开发了具有独立知识产权高分辨率全基因组 DNA 甲基化检测方法 GPS（guide positioning sequencing）和分析软件，已获国内和国际授权专利，GPS 可实现甲基化精准检测和胞嘧啶高覆盖率（96%），解决了 WGBS 甲基化检测悬而未决的技术难题，提出了 DNA 甲基化调控基因表达新模式；发现肿瘤的共有标志物，命名为全癌标志物（universal cancer only marker, UCOM），在超过 25 种人体肿瘤中得到验证并应用于肿瘤的早期诊断和复发监测，为肿瘤共有机制的研究奠定了基础；发现 miRNA 在细胞核和胞浆中的作用机制截然不同，将这种细胞核内具有激活作用的 miRNA 命名为 NamiRNA（nuclear activating miRNA），并发现 NamiRNA 能够在局部和全基因组水平改变靶位点染色质状态，发挥其独特的转录激活作用，提出了 NamiRNA-增强子-基因激活全新机制；发现 RNA 病毒包括新冠病毒等存在与人体基因组共有的序列，命名为人也序列（human identical sequence, HIS），是病原微生物与宿主相互作用的重要元件，也是其致病的重要物质基础，为病毒性疾病的防治提供全新策略。已在 *Nature*、*Nature Genetics*、*JAMA* 等期刊发表学术论文 40 余篇，获得国内国际授权专利 7 项。

第 21 章　piRNA

刘默芳　赵　爽

中国科学院分子细胞科学卓越创新中心（生物化学与细胞生物学研究所）

本章概要

piRNA 是一类生殖细胞特异性的小分子非编码 RNA，它们与 PIWI 家族蛋白相互作用，在性别决定、配子发生等生殖相关事件调控中发挥不可或缺的作用。piRNA 与 PIWI 蛋白结合形成 RNA-蛋白质复合机器，由 piRNA 通过序列互补配对识别靶基因，PIWI 蛋白利用自身的核酸内切酶活性切割靶 RNA 分子或招募其他蛋白质因子，在转录后水平及表观遗传水平参与转座元件及蛋白质编码基因的表达调控。自 piRNA 发现以来，对于其功能机制和生物发生的研究一直是该研究领域的前沿热点。本章分别从 piRNA 的发现和分类、生物合成、功能和作用机制，以及 piRNA 与人类健康等方面对其展开讨论，以期使读者对 piRNA 有较为全面的认知和理解。

21.1　piRNA 的发现、分类与生成

关键概念

- PIWI 蛋白是 Argonaute 蛋白家族的一个亚家族。Argonaute 家族蛋白质是小分子 RNA 介导基因沉默作用的核心组分。
- piRNA 是一类新型小分子非编码 RNA，因为它们特异性地与 PIWI 蛋白相互作用，所以被命名为 PIWI 相互作用 RNA（PIWI-interacting RNA），简称 piRNA。
- piRNA 来源于基因组中的 piRNA 簇（piRNA cluster）或转座子区域，由 Pol II 转录生成的长单链转录本切割产生。

21.1.1　PIWI 蛋白

PIWI 蛋白是 Argonaute 蛋白家族的一个亚家族。Argonaute 家族蛋白质是小分子 RNA 介导基因沉默作用的核心组分，该家族成员均包含四个结构域，从 N 端到 C 端依次为：N 端结构域、具有 RNA 结合功能的 PAZ 结构域、MID 结构域和具有 RNase H 核酸内切酶活性的 PIWI 结构域。虽然发现 PIWI 蛋白在部分恶性肿瘤（如胃癌）中有异常表达，但在正常生理条件下，PIWI 蛋白仅在动物生殖系细胞中特异表达。已有的证据表明，PIWI 蛋白参与多种生殖相关事件调控，如生殖干细胞自我更新的维持、生殖系细胞的发育和分化、配子形成等。

PIWI 是一个进化保守的蛋白家族，从线虫等低等动物到高等哺乳动物中都有表达。同一物种中通常

有多个 PIWI 家族蛋白质，它们在不同的发育时期表达，功能也不尽相同。例如，果蝇中有三种 PIWI 蛋白，即 Piwi、Aub 和 Ago3，其中 Piwi 和 Aub 都在早期生殖系细胞中表达，在原始生殖细胞（primordial germ cell，PGC）的形成过程中发挥重要作用。此外，Aub 还参与 Nanos mRNA 的背轴定位，而 Nanos 在果蝇体节分割及生殖细胞发育过程中发挥重要作用，提示 Aub 在早期胚胎发育中具有重要功能。斑马鱼 PIWI 蛋白 Zili 在 PGC 及早期胚胎体轴中表达，通过与 SMAD4 相互作用，抑制 TGF-β 信号通路调控早期胚胎发育；Zili 还通过拮抗 BMP 信号通路，在斑马鱼早期胚胎发育中调控背腹轴的形成。小鼠中有 3 个 PIWI 同源蛋白，即 Miwi、Miwi2 和 Mili，这些蛋白质均在睾丸组织中特异表达，为小鼠生精细胞发育及精子形成所必需。Mili 的表达时间最早，时程也最长，从胚胎期 12.5 天即开始表达，并持续到减数分裂完成后的球形精子细胞；*mili* 基因敲除小鼠的精子发生会停滞于减数分裂 I 期的偶线期，虽然少数细胞逃逸了该细胞周期阻滞，但都无法通过减数分裂 I 期的粗线期。研究还发现，Mili 与翻译起始因子 eIF3a 和 eIF4E 形成复合物；在出生后 7 天的小鼠中，*mili* 基因的敲除不影响生殖细胞中的 mRNA 水平，但严重降低蛋白质合成速率，提示 Mili 可能促进生殖干细胞自我更新相关基因的表达。Miwi2 的表达始于胚胎期 15.5 天，结束于出生后第 3 天，是表达时程最短的小鼠 PIWI 蛋白；*miwi2* 基因敲除小鼠生精细胞的发育都停滞在减数分裂 I 期的细线期，并且这些停滞的细胞都存在双链 DNA 断裂修复功能障碍，说明 Miwi2 可能在基因重组过程中有重要作用；另外，还发现 *miwi2* 敲除小鼠的精原细胞数量剧烈减少，提示其在早期生精细胞发育中发挥作用。最后一个表达的小鼠 PIWI 蛋白——Miwi，其表达始于精母细胞的粗线期，结束于长形精子细胞中；同样，*miwi* 基因敲除小鼠也表现为精子发育障碍、雄性不育，但其精子发生主要停滞在减数分裂后的球形精子细胞阶段。

综上所述，不同物种中 PIWI 家族蛋白的功能虽然不尽相同，但都在动物生殖相关事件中发挥重要功能。然而，自 1998 年在果蝇中发现第一个 PIWI 蛋白到 2006 年发现其特异性小 RNA 伙伴——piRNA 之前，这期间对于 PIWI 蛋白作用的分子机制研究一直没有突破性进展。piRNA 的发现为研究者提供了新的思路和视角，使得该方向的研究在近年来突飞猛进，取得了许多重大发现。

21.1.2　piRNA 的发现

2006 年 7 月，四个独立的研究组几乎同时在果蝇、小鼠、大鼠和人等物种的生殖系细胞中发现了一类新型小分子非编码 RNA，因为它们特异性地与 PIWI 蛋白相互作用，所以被命名为 PIWI 相互作用 RNA（PIWI-interacting RNA），简称 piRNA。

piRNA 与本书此前介绍的 miRNA 同属小分子非编码 RNA，两者非常相似，但也有很多不同之处：①二者与不同的 Argonaute 家族蛋白质相互作用。在果蝇中，miRNA 与由 Argonaute-1（AGO1）和 Argonaute-2（AGO2）组成的 AGO 亚家族成员相互作用，而 piRNA 则与由 Aub、Piwi 和 Ago3 组成的 PIWI 亚家族蛋白质相互作用。此外，miRNA 与 AGO 蛋白质的相互作用仅发生在 miRNA 的效应复合物（RNA induced silencing complex，RISC）中，而 piRNA 与 PIWI 成员的相互作用则伴随着 piRNA 生成、piRNA 胞内稳定性、piRNA 生物学功能的行使等一系列过程。②生物发生的途径不同。miRNA 基因可经 Pol II 或 Pol III 转录生成含发夹结构、长度为数百到数千个核苷酸的原始 miRNA（primary miRNA），然后分别经过 RNase III 酶家族成员 Drosha 和 Dicer 在细胞核和细胞质中的两步切割，生成长度为 19～25nt 的成熟 miRNA。piRNA 长度为 26～32nt，有很强的正义链或反义链专一性，通常由 20～90kb 的单链 RNA 前体切割产生。果蝇的双向 piRNA 基因簇通常定位于基因组的异染色质区域，由 Pol II 转录；并且，piRNA 的转录依赖于组蛋白标记而不是 DNA 序列招募核心转录机器。现有证据表明，piRNA 的加工生成与 Dicer 无关，但核酸内切酶 Zucchini/MitoPLD、3′→5′核酸外切酶 PNLDC1/ Trimmer 及含有 RNase H 酶活性的 PIWI 等为 piRNA 的加工成熟所必需。另外，不同于 miRNA 和 siRNA，piRNA 的 3′端 2′-氧被甲基化修饰，推测可能对 piRNA 的稳定性及功能至关重要。③基因组分布不同。大多数 miRNA 基因位于基因的内含子或基因间隔区域；piRNA 基因簇则主要分布在转座子、重复序列等区域，并且在染色体上的位置具有物种间保守性。④作用机制不同。miRNA 在生物体中广谱表达，主要在转录后水平通过切割靶 mRNA 或抑制靶 mRNA 的翻译负调控靶基因的表达；而 piRNA 特异地在动物生殖系细胞中表达，与 PIWI 亚家族蛋白质相互作用，通过表观遗传调控、基因转位抑制、转录后调控等方式，沉默基因组的自私性遗传元件（selfish genetic element）而发挥作用。此外，最近的研究发现，piRNA 也参与动物生殖细胞中蛋白质编码基因的表达调控。

21.1.3　piRNA 的分类及结构特征

piRNA 特异地与 PIWI 亚家族蛋白偶联。同一物种通常有多种 PIWI 成员，如果蝇 PIWI 包括 Piwi、Aub 和 Ago3，小鼠 PIWI 则有 Miwi、Mili 和 Miwi2；与不同 PIWI 蛋白质偶联的 piRNA，其表达谱和长度有明显差别。在果蝇卵巢中，Piwi 主要存在于滋养层细胞，而 Aub 则主要存在于生殖干细胞，与之对应的是，Piwi 偶联 piRNA、Aub 偶联 piRNA 也特异地在相应的细胞中表达，并且 Piwi 偶联的 piRNA 长度普遍大于 Aub 偶联的 piRNA。*mili* 与 *miwi* 在小鼠精子发生中呈时序性表达，*mili* 在精子发生的早期表达（精母细胞到减数分裂粗线期），*miwi* 的表达则相对较晚，在减数分裂的粗线期到球形精子阶段表达。在这两个时段中出现的 piRNA 长度也有差异，Mili 偶联 piRNA 的长度为 26～28nt，Miwi 偶联 piRNA 则相对较长，为 29～32nt。因此，可以根据偶联的蛋白质将 piRNA 进行分类，如果蝇 piRNA 分为 Piwi-piRNA、Aub-piRNA 和 Ago3-piRNA，小鼠 piRNA 分为 Miwi-piRNA、Mili-piRNA 和 Mili2-piRNA。也可以根据表达谱将 piRNA 分类，如小鼠 piRNA 可以分为在出生前后表达的前粗线期 piRNA 和减数分裂前后呈高峰表达的粗线期 piRNA。

虽然不同类型的 piRNA 略有不同，但它们都有以下的特征：piRNA 的长度集中在 26～32nt；5'端第一个核苷酸偏爱 U（>87%），而第二个核苷酸有非 U 倾向性；piRNA 的 5'端携带磷酸基，3'端的 2'-氧被甲基化修饰等。

21.1.4　piRNA 的生成过程

对果蝇生殖系细胞的研究，使我们对 piRNA 的生物发生有了较深入的了解，包括 piRNA 转录、加工及修饰。piRNA 来源于基因组中的 piRNA 簇（piRNA cluster）或转座子区域，由 Pol II 转录生成的长单链转录本切割产生。除线虫外，从海绵动物（sponges）到高等哺乳动物中，都保守存在两条 piRNA 加工途径，即初级生成途径和次级生成途径（图 21-1）。完成切割的 piRNA 最终还要经过加工修饰，形成有功能的成熟 piRNA 分子。

1. piRNA 前体的转录

果蝇 piRNA 基因在基因组上主要以重复序列簇形式存在，这些基因簇在生殖细胞发育过程中表达，以保持 piRNA 水平。果蝇 piRNA 基因簇可以分为两类：单链 piRNA 基因簇（uni-strand piRNA cluster）和双链 piRNA 基因簇（dual-strand piRNA cluster）。单链簇主要以基因一条链为模板转录产生 piRNA 前体，是卵巢体细胞 piRNA 产生的主要模式；双链簇则从两个方向以基因的两条 DNA 链为模板分别转录产生 piRNA 前体，进而分别加工成正义和反义 piRNA。单链 piRNA 基因簇有 Pol II 转录的特征，例如，Pol II 在转录起始位点附近的聚集、在启动子区域的组蛋白 H3K4me2 修饰富集及转录产物的 5'帽子结构等，因此推测单链 piRNA 前体由 Pol II 转录产生。

　　果蝇中 piRNA 双链基因簇在启动子区域缺乏染色质的 H3K4me2 修饰，没有清晰的转录终止位点和 5′帽子结构，推测它们的转录依赖于 Pol II 对邻近基因的通读。但通常情况下，这种转录模式所得到的无 5′帽子结构转录本经常会导致 RNA 转录终止并被降解。双链 piRNA 前体如何逃避降解，并最终形成成熟的 piRNA 呢？2014 年，科学家发现了一个对 piRNA 双链基因簇转录非常重要的 RDC 三元复合物，即异染色质蛋白 Rhino（R）、连接蛋白 Deadlock（D）及转录终止辅助因子 Cutoff（C）。遗传自亲代的 piRNA 能够识别子代基因组中与之同源的 piRNA 簇并招募甲基转移酶 dSETDB1 对组蛋白进行 H3K9me3 修饰。异染色质蛋白 HP1 的同源蛋白 Rhino 能够识别并结合这些具有特殊染色质标记的 piRNA 簇，招募 Deadlock 和 Cutoff 形成 RDC 复合物指导双链 piRNA 簇的转录。尽管 Cutoff 作为转录终止辅助因子，具有终止 Pol II 转录过程所需要的 5′→3′端核酸外切酶活性，但结合到 piRNA 前体 5′端的 Cutoff 非但不终止转录，反而会保护它们不会被降解，推测是因为 Cutoff 比它的同源物缺少某些关键氨基酸。此外，DEAD box 解旋酶家族成员 UAP56 也参与 piRNA 的加工，UAP56 通过阻止 Cap 复合体结合到前体 piRNA 上，保护其不被剪接并将其转运出核。有趣的是，最近的一项研究发现，在果蝇中基础转录因子 IIA（TFIIA）同源蛋白 Moonshiner，通过识别结合在 piRNA 簇的 Rhino，招募 TATA-box 结合蛋白（TBP）相关因子 TRF2（一种动物 TFIID 核心变体蛋白），可从 piRNA 簇内部起始转录、驱动 piRNA 表达，表明定位于异染色质区域的 piRNA 基因簇转录依赖于组蛋白标记而不是 DNA 序列招募核心转录机器。Rhino 在生殖系细胞特异性表达，并且在 piRNA 单链基因簇上 Rhino 无法启动 piRNA 基因转录，提示 Rhino 只能同时结合到 piRNA 基因簇的两条互补链上才能发挥作用。究竟双链基因簇的互补特性如何对 piRNA 的生成做出贡献目前仍不得而知。

2. 初级生成途径

　　转运至果蝇细胞质中的 piRNA 前体被 Nuage 组分、RNA 解旋酶 Vasa 结合，并在 Nuage 完成加工过程。首先，由核酸内切酶 Zucchini/MitoPLD 切割产生 piRNA 的 5′端。在 HSP90 的帮助下，该中间体被 PIWI 家族蛋白识别并加载；由于 PIWI 蛋白 MID 结构域中的一个环形结构与尿嘧啶（U）具有更高的亲和力，所以初级 piRNA 的 5′端第一个碱基具有尿嘧啶倾向性。随后，由 3′→5′核酸外切酶 PNLDC1/Trimmer 修剪产生 piRNA 的 3′端。不同 PIWI 蛋白结合的 piRNA 长度略有差异，推测 piRNA 的长度取决于与之结合的 PIWI 蛋白，即在 piRNA 3′端修剪过程中，不同 PIWI 蛋白保护的 RNA 长度，决定了 piRNA 的最终长度。最后，RNA 甲基化酶 Hen1 催化 piRNA 3′端的 2′-氧甲基化修饰，完成了 piRNA 的初级加工。

3. 乒乓循环

　　PIWI 家族在果蝇中有三个成员，即 Piwi、Aub 和 Ago3，其中 Piwi 和 Aub 结合初级 piRNA。由初级加工途径生成的 Aub-piRNA 大多来源于转座子的反义链，可以通过序列互补配对识别正义链的转录本，然后由 Aub 切割形成次级 piRNA 的 5′端，并装载到 Ago3 上，再通过与初级加工途径类似的 3′端修剪、甲基化修饰等过程得到正义链来源的次级 piRNA。Ago3-次级 piRNA 复合物再以同样的机制剪切产生反义链的 Aub-次级 piRNA，即被称为乒乓循环（Ping-Pang cycle）的 piRNA 次级加工途径。推测小鼠睾丸中同样存在由 Mili/Mili 或 Mili/Miwi2 介导的乒乓循环。事实上，已有报道次级通路在多种脊椎动物，甚至是无脊椎海绵动物中保守存在，提示这一过程具有重要的生物学意义。目前认为，来源于 piRNA 基因簇的初级 piRNA 可以广谱靶向生殖细胞中的各种遗传元件，而次级通路则针对有活性的转座子序列扩增特异性的 piRNA，发挥沉默转座子的作用。

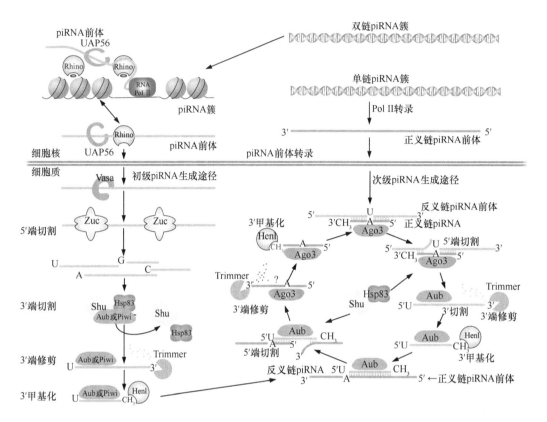

图 21-1 piRNA 生成途径（果蝇）

21.2　piRNA 通路的功能及作用机制

关键概念

- piRNA 特异性地在动物生殖系细胞中表达，与配子形成事件或胚胎发育直接相关。
- piRNA 通过沉默转座子活性，维持生殖细胞基因组的稳定性和完整性，为遗传信息在亲代和子代之间的稳定传递提供了保障。
- piRNA 可参与蛋白质编码基因的表达调控，在胚胎发育、性别决定及配子发生等过程中发挥作用。

piRNA 的生物学功能主要涉及动物的生殖相关事件，这不仅因为 piRNA 特异性地在动物生殖系细胞中表达，还因为 piRNA 途径中的重要蛋白质与配子形成事件或胚胎发育直接相关。PIWI 家族蛋白是 piRNA 途径的核心组成，在生殖干细胞命运决定、减数分裂、精子发生等配子形成事件中具有重要作用。piwi 基因突变致使动物的生殖干细胞维持及分化异常、不育，如基因敲除 *miwi*、*miwi2* 或 *mili* 都使小鼠精子发生受阻、雄性不育。一些其他 piRNA 相关基因的突变也导致减数分裂和生殖细胞发育受阻，进而发生个体不育或胚胎发育异常，如小鼠的 *tdrd* 家族基因，果蝇的 *spindle E*、*armitage*、*maelstrom*、*krimper*、*zucchini* 和 *squash* 等基因。而斑马鱼 *ziwi* 的表达与性别决定有关，成活的 *ziwi* 突变个体均为雄性。推测这些 piRNA 相关基因的功能可能都涉及 piRNA。piRNA 可能通过沉默基因组的自私性遗传元件（selfish genetic element），如转座子和重复性序列等，保证生殖系细胞基因组的稳定性，在配子形成过程中发挥作用。此外，最新研究表明，piRNA 通路还参与生殖细胞中蛋白质编码基因的表达调控。

21.2.1　沉默转座子

尽管转座子推动了物种进化和生物多样性，但它仍被视为威胁基因组稳定的自私性遗传元件。衍生于转座子元件、具有动物生殖系特异性的 piRNA，通过沉默转座子活性，维持生殖细胞基因组的稳定性和完整性，为遗传信息在亲代和子代之间的稳定传递提供了保障。果蝇的 Flamenco 基因座（locus）控制三个转座子（gypsy、Idefix 和 ZAM）的活性。研究发现，Flamenco 是一个 piRNA 基因簇。与野生型相比，*flamenco* 突变体果蝇的 *gypsy* 等转座子的转录活性升高，Flamenco piRNA 的水平却明显下降。此外，*piwi* 突变体果蝇的 *gypsy* 转录活性也升高。这些证据表明，piRNA 负调控转座子的活性。Hecht 实验室破坏了 piRNA 基因簇 Nct1/2，使其不能再产生 piRNA，发现 LINE-1 的活性不再被抑制，直接证明了 piRNA 特异性地沉默自私性遗传元件。

21.2.2　调控基因表达

动物个体中含有数百万计的 piRNA，其数量超过目前已知的所有其他种类的 RNA。此外，虽然大部分 piRNA 来源于转座子序列，但依然有相当数量的 piRNA 衍生于基因组中的非转座元件，如线虫 piRNA、小鼠粗线期 piRNA 等。以上两个特征提示，piRNA 极有可能具有沉默转座子之外的功能。而最近一系列的研究也证实，piRNA 可参与蛋白质编码基因的表达调控，在胚胎发育、性别决定及配子发生等过程中发挥作用。

1. 调控果蝇早期胚胎发育

早在 piRNA 被大规模发现前，已有文献报道果蝇睾丸组织中 Aub 与 Su（Ste）基因座来源的小 RNA 协同参与 Stellate 基因的表达调控。*Stellate* 基因位于果蝇 X 染色体，其过量表达会引起细胞中 Stellate 蛋白以晶体形式累积，并导致生精细胞发育受阻、雄性不育。研究发现果蝇 Y 染色体上与 Stellate 同源的假基因 Su（Ste）编码一类小 RNA，其长度大于 siRNA，与 PIWI 家族蛋白 Aub 相互作用，即我们现在熟知的 piRNA。Su（Ste）基因缺失或 *aub* 突变即检测不到 Su（Ste）来源的 piRNA，会同时导致 Stellate 蛋白质积累、果蝇雄性不育。后续的研究发现，Aub-Su（Ste）piRNA 通过在转录后水平降解 Stellate mRNA，实现对 *Stellate* 基因表达的负调控（图 21-2A）。值得一提的是，果蝇睾丸中高达 70% 的 Aub-piRNA 为 Su（Ste）piRNA，提示 *Stellate* 基因的表达调控是 Aub-piRNA 在果蝇睾丸中的重要功能之一。近期对灵长类模式生物猕猴睾丸组织小 RNA 表达谱的分析也发现了假基因来源的 piRNA，提示通过反向假基因来源的 piRNA 调控基因表达可能是一种在进化上相对保守的机制。

2. 参与家蚕性别决定

家蚕 piRNA 的最新研究发现，来自性染色体的 Fem piRNA 通过直接切割靶 mRNA 参与性别决定。家蚕采用 ZW 性别决定系统，即雄性携带两条 Z 染色体，而雌性携带一条 Z 染色体和一条 W 染色体。决定性别的 W 染色体几乎全部为转座子序列，至今未鉴定出蛋白质编码基因。研究发现，W 染色体的转录本可以作为 piRNA 前体，加工成 29nt 的 Fem piRNA，在雌性家蚕中特异性表达。在家蚕胚胎中转染 Fem piRNA 的反义链 RNA 或通过 siRNA 下调家蚕 PIWI 蛋白 Siwi 表达，均导致雌性家蚕出现雄性化特征。Fem piRNA 唯一的靶位点位于 Z 染色体上 Masc 基因的第 9 个外显子区域。Masc 编码一个 CCCH 串联的锌指蛋白。通过 siRNA 下调 Masc 表达，高达 97%的雄性家蚕 Z 染色体基因高表达，且雄性家蚕呈现雌性化，雌性则无明显变化，说明 Masc 广谱调节 Z 染色体基因表达，实现性别决定和染色体基因的剂量补偿。有趣的是，5'RACE 结果显示，早期胚胎中 Masc mRNA 的 5'端均为 PIWI-piRNA 的切割位点（piRNA 的第 10 和 11 位之间），提示 Fem piRNA 通过直接剪切 Masc mRNA 发挥作用（图 21-2B）。进一步，研究者在家蚕胚胎中鉴定出大量来源于 Masc 编码区的 piRNA，与 BmAgo3 结合，且与 Siwi-Fem piRNA 5'端 10 nt 互补配对，呈现乒乓循环特征，即以蛋白质编码 mRNA 作为 piRNA 前体，PIWI-piRNA 通过切割下调 mRNA 表达的同时，产生新的 piRNA。

3. 介导 mRNA 衰减

2010 年有报道发现果蝇 piRNA 参与早期胚胎中母源 mRNA 的降解。胚胎发育早期，随着早期胚胎转录机器的启动，母源 mRNA 逐渐被胚胎 mRNA 取代，被称为母源-合子过渡（maternal-to-zygonic transition）。过渡过程中，母源 mRNA 的降解通过 CCR4-NOT 脱腺苷酸复合物介导。Rouget 等的研究表明，同样遗传自母系的 piRNA 靶向抑制母源 Nanos mRNA 的翻译并促进其降解。Nanos 在早期胚胎中的梯度表达为体轴形成所必需。研究者发现，Aub 或 Piwi 突变抑制 Nanos mRNA 降解并影响 CCR4 在早期胚胎中的定位，进一步鉴定发现 CCR4-NOT 复合物与 piRNA 复合物相互作用，提示 piRNA 复合物参与 Nanos mRNA 脱腺苷酸化反应。随后的序列分析发现，Nanos mRNA 的 3'UTR 中包含两段转座子片段序列，可以被转座子 412 和 roo 来源的 piRNA 识别并结合。缺失与 piRNA 互补的 15nt 和（或）11nt 序列，或注射 piRNA 反义链都会抑制 Nanos mRNA 的脱腺苷酸化反应，并引起胚胎体轴发育异常。以上结果显示，piRNA 可以通过不完全互补配对识别靶 mRNA，介导其翻译抑制，以类似 miRNA 的机制参与基因表达调控。

2014 年，我国科学家报道了小鼠 Miwi 与粗线期 piRNA 介导后期精子细胞中 mRNA 的大规模清除降解。piRNA 在小鼠睾丸组织特异表达，根据表达时间不同，可分为前粗线期 piRNA 和粗线期 piRNA。其中，前粗线期 piRNA 主要来源于转座子序列，在小鼠出生前后表达，主要与 Mili、Miwi2 结合；粗线期 piRNA 大多来源于基因间序列，在减数分裂前后大量表达，主要与 Miwi 蛋白结合。研究发现，后期精子细胞中，除 piRNA 以外，Miwi 还结合大量蛋白质编码 mRNA。有趣的是，miRNA 靶基因预测软件发现这些 mRNA 的 3'UTR 区域可以通过不完全互补配对方式与 piRNA 结合，提示粗线期 piRNA 可能以类似 miRNA 的方式发挥作用。双荧光实验和 polyA 检测显示，piRNA 可通过促进 mRNA 脱腺苷酸化反应，诱导靶 mRNA 降解。进一步的机制研究表明，Miwi 与 CCR4-NOT 复合物中的脱腺苷酸酶 CAF1 相互作用；通过睾丸转导 shRNA、下调小鼠延长形精子细胞中 Miwi 或 CAF1 的表达，都会引起近 5000 个靶 mRNA 的广泛上调，且 Miwi 和 CAF1 下调调控基因重合度高达 90%；而特定 piRNA 的反义链则可抑制其靶 mRNA 的脱腺苷酸化反应和 mRNA 降解（图 21-2C）。值得一提的是，Miwi 与 CAF1 的相互作用特异性发生在后期精子细胞中，提示 pi-RISC 在后期精子细胞中组装，并在此发育阶段完成对细胞质中大量 mRNA 的清除，为精子成熟做准备。此外，小鼠粗线期 piRNA 也可以通过类似 siRNA 的方式，指导 Miwi 蛋白直接切割降解与其完全或接近完全配对的靶 mRNA。

4. 监测基因组转录本

对线虫 piRNA（21U-RNA）的一系列研究，揭示了 piRNA 在基因表达调控中的双重功能。线虫 piRNA

由单个的转录小单元编码，其序列可覆盖几乎所有的蛋白质编码基因。线虫 piRNA 执行生殖细胞的全基因组转录本监测任务，一方面通过可遗传的 RNA 诱导的表观遗传沉默途径（RNA-induced epigenetic silencing pathway，RNAe）沉默外源的"非我"（non-self）基因，另一方面保护内源基因 mRNA 的稳定性并激活其表达。21U-RNA 加载到线虫 PIWI 蛋白 PRG-1 上，通过不完全互补配对识别靶 mRNA，招募 RNA 依赖的 RNA 聚合酶（RdRP）合成与靶 mRNA 完全互补配对的 22G-RNA。22G-RNA 可以与两种 Argonaute 蛋白结合，与 WAGO 蛋白结合则招募组蛋白甲基转移酶启动 RNAe，抑制外源 mRNA 表达；与 CSR-1 结合则保护内源靶 mRNA 不受 RNAe 沉默并激活其表达（图 21-2D）。21U-RNA 对基因表达双向调控的确切机制还有待于进一步的研究。

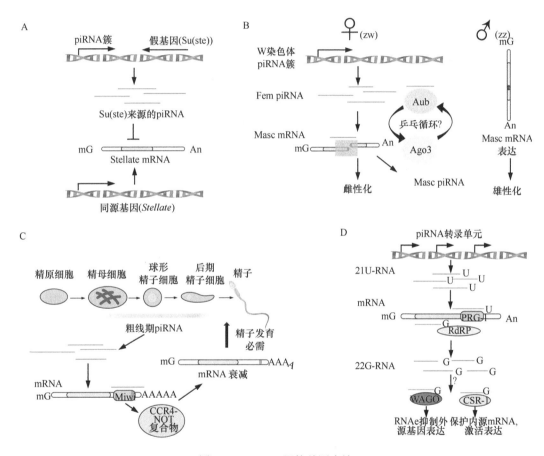

图 21-2　piRNA 调控基因表达

A. 果蝇胚胎中反向假基因 Su（Ste）来源的 piRNA 下调 Stellate 表达；B. 家蚕 W 染色体来源的 Fem piRNA 通过切割 Masc mRNA 实现性别调控；C. 小鼠粗线期 piRNA 介导后期精子细胞 mRNA 大规模衰减；D. 线虫 piRNA 双向调控基因表达，执行检测基因组转录本功能

　　piRNA 在哺乳动物精子发生过程中可能也发挥基因组监测作用。小鼠精子发育过程中要经历两次全基因组表观遗传重塑，分别是小鼠出生前后精原细胞的 DNA 从头甲基化（de novo methylation）和后期精子细胞阶段的组蛋白替换。在早期精原细胞中，DNA 甲基化印记被清除，直至后期精原细胞阶段通过从头甲基化建立新的印记模式。在后期精母细胞和球形精子细胞阶段，组蛋白 H3K9 甲基化修饰水平剧烈下降，大量经典组蛋白被异构体核转换蛋白（transition nuclear protein）取代，染色体结构松散，呈现开放状态。开放的染色质结构大大提高了基因组的转录活性，包括蛋白质编码基因和长非编码 RNA（lncRNA）在内的大量"非必需"基因被转录。有趣的是，piRNA 在睾丸中的两次表达高峰刚好与基因组抑制型表观遗传标记低水平相吻合，提示二者之间可能存在联系。结合前粗线期 piRNA 的 Mili 和 Miwi2

参与从头甲基化已有报道。研究者推测粗线期 piRNA 参与介导精子细胞中"非必需"转录本的调控，执行全基因组转录本的监测。证据表明，精子细胞中 lncRNA 在染色质体（chromatin body）富集，可以作为 piRNA 的靶 RNA 被降解，也为这一推测提供了一定的支持。2012 年有文献报道，球形精子细胞中 Miwi 结合了大量精子形成中所需基因的 mRNA，miwi 敲除导致与之结合的 mRNA 稳定性和翻译活性剧烈下降。事实上，这些在精子细胞发育后期所需的 mRNA 可能就是前文提到的"非必需"的蛋白质编码基因。变型是后期精子发育的主要事件，精子细胞染色体将经历组蛋白被鱼精蛋白替代、浓缩等一系列过程，丧失转录活性；推测精子发育后期所需基因可能存在转录与翻译的解偶联，转录发生在精母细胞和（或）球形精子细胞阶段，产生的暂时"非必需"转录本被 Miwi 结合，保护其不被降解直至蛋白质翻译完成。

21.2.3 piRNA 通路的作用机制

piRNA 与 PIWI 蛋白结合形成 piRNA/PIWI 蛋白质机器，由 piRNA 通过序列互补配对识别靶基因，PIWI 蛋白利用自身的核酸内切酶活性切割靶 RNA 分子或招募其他蛋白质因子，在转录后水平及表观遗传水平参与转座元件及蛋白质编码基因的表达调控。

1. 表观遗传调控

细胞核内的 PIWI/piRNA 机器可以通过蛋白质相互作用，由 PIWI 蛋白招募其他蛋白质因子，在表观遗传水平调控基因表达。小鼠生殖细胞中 Miwi2 和 Mili 的缺失，都伴随着 LINE1 和 IAP 等转座子的 DNA 甲基化水平下降。Avrian 等进而提出了 piRNA 途径与原始生殖细胞（PGC）的 DNA 去甲基化和生殖细胞的 DNA 从头甲基化偶联模型，认为 piRNA 通过指导 DNA 甲基化酶 Dmnt3A 和 Dnmt3L，参与指导胚胎 DNA 从头甲基化，定义基因组印记模式。此外，有证据表明，piRNA 途径参与调控异染色质形成。最初研究者发现果蝇 Piwi 与异染色质蛋白（heterochromatin protein 1a，HP1a）直接相互作用，Piwi 与染色质结合依赖于 RNA，并且与 Piwi 结合的染色体和与 HP1a 结合的染色体有重叠。最终证明果蝇 Piwi/piRNA 可以招募异染色质蛋白 HP1a 和组蛋白甲基转移酶 Su（var）3-9，介导组蛋白 H3K9 甲基化修饰和异染色质的形成。

2. 切割转录本

在 piRNA 次级生成途径中，PIWI/piRNA 以转座子转录本为前体，通过乒乓循环切割产生新的 piRNA，在完成 piRNA 生物合成的同时直接切割转录本，实现了在转录后水平沉默转座子。例如，aub 突变体果蝇的睾丸中星蛋白（stellate protein）大量积累，而果蝇睾丸中与 Aub 结合的 piRNA 大多来源于 Su（Ste）的反义链，Su（Ste）是星蛋白的抑制基因（suppressor of stellate），二者的序列有很高的同源性，同时 Su（Ste）也是一个 piRNA 基因座。此外，分离的 Aub-piRC 具有剪切与其序列互补的靶 RNA 的活性。因此，推测 Aub 与 Su（Ste）来源的 piRNA 结合形成 Aub-piRC，经碱基互补配对识别并剪切星蛋白 mRNA，在转录后水平负调控其表达。果蝇次级 piRNA 和小鼠前粗线期 piRNA 即通过这种方式实现对转座子的负调控。此外，我国研究人员在 2015 年报道，小鼠粗线期 piRNA 还以类似 siRNA 的方式组装成 piRISC，可直接切割睾丸组织中的靶 mRNA、调控蛋白质编码基因的表达。家蚕 Fem piRNA 也可能通过直接剪切 Masc mRNA 参与性别决定。

3. 介导 mRNA 脱腺苷酸化反应

精子是一种高度特化的细胞，几乎不含有或仅含有少量 mRNA。在最终变形为精子之前，精子细胞中大量的 RNA 需要被降解清除。2014 年，我国研究人员报道，小鼠粗线期 piRNA 与 miRNA 类似，以不完全互补配对方式指导其结合蛋白 Miwi 结合到靶基因的 3'UTR 上，进一步通过蛋白质互作由 Miwi 招募脱腺苷酶 CAF1，诱发靶 mRNA 脱腺苷化而降低其稳定性，介导后期精子细胞中 mRNA 的大规模清除。无独有偶，2015 年法国研究人员发现，果蝇 piRNA 也可通过类似的方式，介导早期胚胎中母源 mRNA 的大规模清除。

21.3　piRNA 机器的代谢

PIWI 蛋白和 piRNA 在生殖系细胞中的表达均呈现严格的时序性调控，但目前对其代谢的研究仍十分有限。例如，小鼠 Miwi 蛋白及其结合的粗线期 piRNA，从减数分裂阶段开始表达，在单倍体球型精子细胞中达到高峰，随后在后期精子细胞中逐渐减少，在成熟的精子中则完全检测不到。此前有观点认为，精子细胞细胞质中的细胞器及蛋白质是在精子变形后期作为丢弃体被动清除，而我国研究人员在 2013 年报道，Miwi 蛋白及其结合的 piRNA 通过 APC/C（anaphase-promoting complex/cyclosome）-泛素化通路，以负反馈调控方式在后期精子细胞中主动降解，并且证明这一过程为精子发育所必需。该研究发现，piRNA 结合可以诱导 Miwi 蛋白构象变化，与泛素连接酶 APC/C 的底物识别亚基 APC10 亲和力升高，进而作为底物被 APC/C 识别并泛素化修饰，经蛋白酶体途径降解；而 Miwi 的降解随即导致 piRNA 失去结合蛋白保护，游离的 piRNA 在细胞质中被迅速降解，最终实现 Miwi/piRNA 机器的协同清除。

21.4　piRNA 与男性不育

piRNA 通路在动物生殖系细胞中特异表达。在较低等的线虫、果蝇等物种中，piRNA 通路在雌性和雄性生殖细胞中均有表达，对卵子和精子形成都至关重要。piRNA 调控通路缺陷常常会导致雌雄性个体均出现不育表型；而在哺乳动物（如小鼠和人）中，piRNA 及相关基因仅在雄性生殖细胞中表达，参与调控精子发生。PIWI 蛋白家族三个成员 Miwi、Miwi2 或 Mili 的缺失均会导致小鼠精子发育受阻、雄性不育，但对雌性个体的生育能力并无明显的影响。2017 年，通过对患者样本筛查，我国科学家发现男性无精/少弱精症患者中存在拮抗泛素化修饰的 *piwi*（*hiwi*）基因突变，并且证明这种可遗传的突变是造成男性不育的致病因子，首次报道了 PIWI 蛋白在人类雄性生殖细胞中的功能。人源 Hiwi 与小鼠 Miwi 高度同源，其表达谱也十分类似。通过构建 *miwi* 基因敲入突变小鼠模型，研究者发现这类突变在杂合状态就足以致小鼠雄性不育，证实了这类突变的致病功能。机制研究发现，Miwi 与组蛋白泛素连接酶 RNF8 相互作用，在球形精子细胞中，Miwi 将 RNF8 扣留在细胞质中，但在精子细胞发育后期，Miwi 蛋白经 APC/C-泛素化通路降解，使得 RNF8 被释放入核、泛素化修饰组蛋白，进而启动组蛋白-鱼精蛋白交换、染色质重构、细细胞核压缩，促进精子形成。而 Miwi 蛋白泛素化降解受阻，造成后期精子细胞中 RNF8 在细胞质的异常扣留，阻止了组蛋白泛素化修饰及组蛋白-鱼精蛋白交换，并最终导致精子发育异常、雄性不育。

21.5　总结与展望

　　尽管目前对 piRNA 的生物发生及功能已有一些假设和认识，但仍有许多关键性问题需要回答。有待解决的科学问题主要集中在以下几个方面：①piRNA 的生物发生，如单链 piRNA 簇如何起始转录？如何参与 piRNA 3′端形成的核酸内切酶？②piRNA/PIWI 复合物的生物学功能及机制，如 piRNA/PIWI 功能复合物的蛋白质组成及作用模式是怎样的？不同作用机制之间的联系及调节是怎样的？③piRNA 通路的新功能。此前的研究多集中于该途径在沉默转座子中的作用。近年来，随着研究的不断深入，越来越多的证据显示，piRNA 途径以多种不同机制参与基因表达调控。那么 piRNA/PIWI 是否仍有其他生物学功能？抑或 PIWI 蛋白或 piRNA 是否有独立的其他功能？④piRNA 与人类健康。鉴于 piRNA 通路在精子发育中的重要功能，深入研究该通路在人类健康，特别是男性生殖中的功能机制迫在眉睫。

　　总之，对 piRNA 通路的深入研究将揭示一个全新的由 piRNA 介导的生殖细胞基因表达调控网络，同时也将有助于我们解答一些生殖细胞发生过程中的重要生物学问题，如哺乳动物原始生殖细胞的全基因组 DNA 去甲基化问题、生殖细胞的基因组 DNA 从头甲基化和出生前细胞周期阻滞（cell cycle arrest）问题等，同时可能为研究人类疾病（如男性不育）、发展新型 RNA 治疗等提供新的理论基础和技术思路。

参 考 文 献

[1]　Tolia, N. H. *et al*. Slicer and the Argonautes. *Nature Chem Biol*, 3(1), 36-43(2007).

[2]　Peters, L. *et al*. Argonaute proteins: mediators of RNA silencing. *Mol Cell*, 26(5), 611-23(2007).

[3]　Yin, H. *et al*. An epigenetic activation role of Piwi and a Piwi-associated piRNA in Drosophila melanogaster. *Nature*, 10(1038), 1-5(2007).

[4]　Siomi, M.C. *et al*. PIWI-interacting small RNAs: the vanguard of genome defence. *Nat Rev Mol Cell Biol*. 12(4), 246-258(2011).

[5]　Ipsaro, J.J. *et al*. The structural biochemistry of Zucchini implicates it as a nuclease in piRNA biogenesis. *Nature*. 491(7423), 279-283(2012).

[6]　Mohn, F. *et al*. The rhino-deadlock-cutoff complex licenses noncanonical transcription of dual-strand piRNA clusters in *Drosophila*. *Cell*. 157(6), 1364-1379(2014).

[7]　Ross, R. J. *et al*. PIWI proteins and PIWI-interacting RNAs in soma. *Nature*, 505(7483), 353-359(2014).

[8]　Wang, X. *et al*. Emerging roles and functional mechanisms of PIWI-interacting RNAs. *Nat Rev Mol Cell Biol*. DOI: 10.1038/s41580-022-00528-0(2022).

刘默芳　中国科学院分子细胞科学卓越创新中心（生物化学与细胞生物学研究所）研究组长、研究员、国家杰出青年科学基金获得者（2013）、科技部国家重点研发计划项目首席科学家（2017）、入选国家"万人计划"科技创新领军人才（2019）等。主要从事 RNA 调控在精子发生和男性不育及肿瘤中的新功能机制研究，取得了系列开拓性原创研究成果，包括首次证明 piRNA 调控通路异常是男性不育新病因、揭示了精子细胞翻译调控新机制等；发表论文80余篇，包括以通讯/共通讯作者在 *Science*、*Cell*（2 篇）、*New Engl J Med*、*Nat Cell Biol*、*Mol Cell*、*Dev Cell*、*Cell Res* 等发表论文 38 篇。这些原创性研究成果揭示了小分子非编码 RNA 的生理和病理功能机制，可为男性不育症及肿瘤等疾病的诊治研究提供理论依据和相关基础。

第22章　lncRNA

宋尔卫　龚　畅　刘子豪

中山大学孙逸仙纪念医院

本章概要

人类基因组计划完成后，人们发现蛋白质编码基因只占到全基因组的 1.5%，剩下 98.5% 的基因组区域都是非编码区。近年来的大规模基因组和转录组研究发现，基因组的转录远比之前认为的要普遍得多，其中包括调控元件区域及基因间的非编码区域等在内的大部分基因组区域都能转录，这些长度大于 200nt 的转录产物虽然不具有蛋白质编码能力，但能够发挥重要的调控作用，后来被鉴定为长链非编码 RNA。自 1989 年在小鼠中发现的第一个 lncRNA——H19 以来，数量众多的 lncRNA 被陆续鉴定出来，并逐渐发展为生物学领域的研究热点，lncRNA 的发现为 RNA 研究和生命运行机制的理解开启了一个新的篇章。

长链非编码 RNA 是一类不具蛋白编码能力、长度在 200nt 以上的 RNA。本文从 lncRNA 的鉴定方法出发，详细介绍了目前 lncRNA 的种类及特征，阐述了其在生物生理过程，包括表观、转录、剪接、翻译、miRNA 海绵及信号转导多个方面的调控机制。通过这些调控机制，lncRNA 发挥了多种多样的生理功能，它与基因组印记、剂量补偿效应、胚胎干细胞、神经系统、血液和免疫系统及心血管系统密不可分，保证了各个系统的正常运行。此外，lncRNA 与肿瘤也息息相关，可以协助肿瘤的增殖、转移以及基因组稳定性维持，同时其在抑制肿瘤生长的通路中也扮演着重要的角色。

22.1　lncRNA 的发现和定义

关键概念

- 长链非编码 RNA，是一类长度在 200nt 以上的非编码 RNA 的统称。1989 年，研究人员就在小鼠中发现了第一个 lncRNA——H19。
- 在 H19 发现不久后，第二个 lncRNA——Xist 也被发现。Xist 也不编码蛋白质，它只在失活的 X 染色体上表达，并且参与 X 染色体失活过程的调控。庞大数量 lncRNA 的发现为 RNA 研究和生命运行机制的理解打开了一个新的篇章。

简单地说，长链非编码 RNA（long non-coding RNA，lncRNA）是一类长度在 200nt 以上的非编码 RNA 的统称。早在 1989 年，研究人员就在小鼠中发现了第一个 lncRNA——H19[1, 2]，他们发现 H19 在小鼠肝脏发育过程中上调，开放阅读框（open reading frame，ORF）很小并且不保守，在体内不翻译成蛋白质。在 H19 发现不久后，第二个 lncRNA——Xist 也被发现。Xist 也不编码蛋白质，它只在失活的 X 染色体上表达，并且参与了 X 染色体失活过程的调控[3]。

虽然在 Xist 之后陆续有些功能 lncRNA 被报道，但 lncRNA 作为一大类非编码 RNA 始终没引起研究人员的重视，一直到高通量测序等全基因组水平转录组研究技术兴起后这种情况才得以改变。通过高通量的转录组和表观修饰组研究结合实验验证，研究人员鉴定到了大量 lncRNA，其数量甚至超过了 mRNA。在最新一版国际基因和基因变体百科全书计划（Encyclopedia of Genes and Gene Variants Project，The GENCODE Project）数据库（27 版）中收录了 30 472 个人 lncRNA（包括假基因），而相应的人蛋白编码基因只有 19 836 个。得益于 RNA 测序、表观遗传、计算机预测等技术的持续改进，lncRNA 总数和类型都还在不断增加。庞大数量 lncRNA 的发现为 RNA 研究和生命运行机制的理解打开了一个新的篇章。

目前学术界还没有一个很好的定义能将 lncRNA 与其他非编码 RNA，甚至是 mRNA 完全区分开来。现在常用的一个定义是将长度为 200nt 以上的非编码 RNA 统称为 lncRNA，这样定义 lncRNA 比较简单实用，但存在两个问题：①长度不是绝对的。200nt 这个长度能很好地将 lncRNA、microRNA、piRNA 等微 RNA 与 tRNA、snRNA、snoRNA 等管家短 RNA 区分开来，但部分管家短 RNA（如 small Cajal body-specific RNA，scaRNA）的长度超过了 200nt，并且不排除存在长度短于 200nt 的非管家非编码 RNA。尽管如此，lncRNA 以 200nt 为分界线具有很强的操作性。②部分 lncRNA 可能具有编码能力。mRNA 翻译时有大量核糖体结合在上面，通过观察一条转录本是否有核糖体结合可以大致判断该转录本是否可以翻译。核糖体图谱（ribosome profiling）技术可用来在全基因组水平上确定与核糖体结合的所有转录本。通过高通量的核糖体图谱技术，Ingolia 等人发现小鼠中部分已知的 lncRNA 能结合核糖体[5]。此外，有些 mRNA 除能编码蛋白质外，还能在非转录层面发挥基因调控功能，比如 FMR1、DHF、DMPK 等[6]，这些例外都加剧了 lncRNA 定义的困难和基因调控的复杂性。虽然目前对 lncRNA 的定义还不够精确，但还是能较好地将 lncRNA 与大部分其他种类 RNA 区分开，促进了 lncRNA 功能和调控机制的研究。

22.2 lncRNA 的鉴定、种类与特征

关键概念

- lncRNA 的鉴定方法：瓦片微阵列技术；染色质标记；高通量测序技术。
- lncRNA 分为 lincRNA、反义 lncRNA、正向重叠 lncRNA、内含子 lncRNA 四大类。
- lncRNA 最开始是作为一种没有编码能力的类 mRNA 转录本被发现的，大部分 lncRNA 与 mRNA 类似，是通过 RNA 聚合酶 II 转录，有内含子，转录本 5′端具有帽子结构，3′端具有 poly(A)尾结构。

22.2.1 lncRNA 的鉴定方法

在 2001 年人类基因组计划完成后，对人类基因组中的调控区和基因区进行精确的注释已成为最重要的任务之一。美国国家人类基因组研究所（National Human Genome Research Institute，NHGRI）于 2003 年 9 月发起了 DNA 元件百科全书计划（Encyclopedia of DNA Elements Project，ENCODE Project），旨在找出人类基因组中所有基因编码区域和功能元件。lncRNA 正是在 ENCODE 计划之后逐渐浮出水面并进入科研人员视野的。ENCODE 计划首先注意到了人类基因组的广泛转录，在更多 lncRNA 被证明有功能之后，研究人员很快就开始在各物种中大规模鉴定 lncRNA[7-9]。lncRNA 的鉴定主要是基于转录组测定和转录本编码能力预测，以此将它们与未知的蛋白编码基因和无功能转录副产物区分开。下面介绍一些常用的 lncRNA 鉴定技术及鉴定流程。

1. 瓦片微阵列技术

最早用于全基因组转录本表达鉴定的是瓦片微阵列（tilling array）技术，该技术类似于传统的微阵列（microarray）技术，通过将标记的 DNA 或 RNA 靶分子杂交到固定在固体表面上的探针来检测基因表达。与传统微阵列技术不同的是，瓦片微阵列的探针并不是对散列在整个基因组中的已知或者预测基因的序列进行探测，而是对连续区域内存在的所有已知序列进行系统地探测，方便在全基因组水平上检测所有可能的转录本。在人类 22 号染色体草图出来后，两个独立的研究就利用瓦片微阵列研究了 22 号染色体的转录情况，发现染色体的大部分区域都能转录，并且绝大部分都是非编码 RNA 转录本，他们据此提出 lncRNA 基因可能与蛋白编码基因一样多[10, 11]。Birney 等人进一步利用瓦片微阵列对人类基因组的转录情况进行了进一步研究，发现了与 22 号染色体转录研究相同的现象，即基因组大部分区域都可以转录[12]，且绝大部分转录本都是非编码 RNA 转录本。由于瓦片微阵列只能确定基因组中大致哪些区域能转录，无法确切知道转录本的序列和结构，因此无法用于进一步鉴定有功能的 lncRNA。尽管如此，瓦片微阵列的转录研究表明基因组中可能编码了大量 lncRNA，亟须发展新的技术对基因组中的 lncRNA 进行系统挖掘。

2. 染色质标记

寻找 lncRNA 基因的一个重要线索来自染色质的组蛋白修饰。染色质组蛋白修饰一般使用 ChIP-Seq（chromatin immunoprecipitation sequencing，染色质免疫共沉淀后高通测序）技术来测定，该技术能在全基因组水平测定各种染色质组蛋白修饰情况。与 lncRNA 基因相关的一个重要组蛋白修饰信号是 K4-K36 信号，即 H3K4me3 信号后跟着一个 H3K36me3 信号。人和鼠胚胎干细胞基因组中的 K4-K36 信号中至少有 5000 个来自 lncRNA[13]。

3. 高通量测序技术

高通量测序技术的出现真正打开了 lncRNA 研究的大门。早期高通量测序能一次测定几十万条序列，而目前最新高通量测序技术能以极低成本一次测定百亿条以上序列。RNA 高通量测序也称 RNA-Seq（RNA sequencing），是一种 RNA 测序技术。通过该技术测得的 RNA 片段序列可以利用生物信息方法重新比对参考基因组，进而获得每个基因的所有变体（isoform）的序列和表达水平。RNA-Seq 技术的出现使得我们能够很容易获得各种细胞和组织的所有非编码 RNA 转录本序列，以及它们在相应细胞或组织中的表达水平。然而，由于 RNA-Seq 技术本身的问题，其无法精确确定转录本的 5′端和 3′端序列及各种可变剪切形式。转录本的 5′端和 3′端序列需要使用其他专门测序技术才能测定。可以通过 RNA 的 3′端序列测定如 3P-Seq 技术、5′端序列测定如 CAGE-Seq，以及 RACE（rapid amplification of cDNA end）技术检测 lncRNA 的可变剪切。

4. lncRNA 的鉴定流程

功能性 lncRNA 的鉴定是一个复杂的过程，首先用上面提到的 RNA-Seq、3P-Seq、CAGE-Seq 等实验技术结合染色质修饰情况确定完整的非编码 RNA 转录本。这些实验技术的结合保证了所鉴定出来的非编码 RNA 转录本是稳定存在的，而不是所谓的转录噪声。鉴定出来的非编码 RNA 转录本是否真的不编码蛋白质需要进一步评估，该评估在技术上具有较大挑战。一些研究将潜在的非编码 RNA 转录本的三个编码框都翻译成氨基酸序列，然后利用 BLASTX 等工具将三条翻译出来的序列比对蛋白家族和蛋白结构域数据库。这种方法可以排除可能编码已知蛋白家族的转录本，但可能会漏掉编码未知蛋白家族的转录本，以及小编码框转录本（编码少于 50 个氨基酸的短肽）。密码子替代频率保守性分析可以在一定程度上解决前一个问题，更好的方法是利用核糖体图谱分析技术来确定潜在非编码 RNA 转录本是否结合有核糖体，从而判断该转录本是否翻译。在鉴定出新的 lncRNA 后，下一个挑战是确定新 lncRNA 的功能。表达谱分析可以用来初步确定与 lncRNA 相关的细胞种类和生物学过程。Gupta 等人通过对 130 例乳腺癌标本的 lncRNA 表达谱分析发现大量 lncRNA 在乳腺癌特定亚型中特异地上调或者下调，例如，lncRNA HOTAIR 在转移乳腺癌标本中高表达，在乳腺癌细胞系中高表达 HOTAIR 能促进细胞的转移，说明它与乳腺癌的转移调控相关。通过共表达分析可以确定与所有 lncRNA 表达相关的蛋白编码基因，从而获得 lncRNA 潜在功能的线索。研究发现，许多 lncRNA 的表达与 p53 相关，进一步研究发现这些 lncRNA 的表达是 p53 依赖的[14]，并且启动子区有 p53 结合位点。受 p53 调控的 lncRNA 中 lincRNA-p21 还被发现是一个重要的转录抑制因子，通过抑制大量基因的转录来帮助 p53 对细胞凋亡的诱导[14]。

　　表达谱分析虽然能给 lncRNA 的功能提供重要线索，但还是需要采用各种实验手段来进一步确定 lncRNA 的具体功能。确定 lncRNA 功能最常用、最方便的技术是 RNAi（RNA interfering）技术，该技术能够相对比较简单和低成本地大规模确定 lncRNA 的功能。Guttman 等人利用高通量 RNAi 技术研究了 237 个小鼠胚胎干细胞特异表达的 lncRNA 的功能[7]，发现敲低这些 lncRNA 所引起的基因表达谱改变与经典的胚胎干细胞调控因子敲低后所引起的改变类似，说明它们可能具有调控胚胎干细胞干性维持、分化等功能。

22.2.2　lncRNA 的种类

　　lncRNA 实际上是由异质性非常高的多种长度大于 200nt 的非编码 RNA 组成。因此为了对 lncRNA 有一个更好的认识，有必要根据特征对它们进一步分类。由于几乎所有 lncRNA 都是通过 RNA 高通量测序结合表观遗传特征分析和生物信息学预测的方式鉴定出来的，绝大部分 lncRNA 的特征、功能和调控机制都不是很清楚，因此很难对 lncRNA 进行准确并且合理的分类。国际上目前对 lncRNA 有多种分类方式，其中被广泛接受的一种是 GENCODE 计划提出的根据 lncRNA 与其邻近蛋白编码基因的位置关系来分类[15]，这种分类方式将 lncRNA 分为以下四大类：①lincRNA（long intergenic ncRNA）：此类 lncRNA 包括了所有位于基因间区域的 lncRNA。②反义 lncRNA（antisense lncRNA）：与蛋白编码基因的外显子全部或者部分反向重叠的 lncRNA，以及 RNA 聚合酶 II 双向转录所产生的 lncRNA，称为反义 lncRNA。③正向重叠 lncRNA（sense overlapping lncRNA）：与蛋白编码基因的外显子全部或者部分正向重叠的 lncRNA，称为正向重叠 lncRNA。④内含子 lncRNA（intronic lncRNA）：来自蛋白编码基因内含子的 lncRNA，称为内含子 lncRNA。

　　以上分类方法不是根据功能或者结构特征对 lncRNA 进行分类，因此较为粗略。事实上，人们已经发现了一些 lncRNA 具有共有特征，并将它们进行了分类，这些基于 lncRNA 功能或结构特征的分类方法及 GENCODE 分类方法，可帮助我们更好地了解 lncRNA。下面简单介绍部分 lncRNA 分类，更多 lncRNA 分类方法可参见 Georges 等人的综述[16]。

　　（1）重复区来源 ncRNA（repeat-associated ncRNA）：人类基因组中大约一半的序列来自各种各样的重复序列，基因组上许多 ncRNA 编码位点与重复位点重叠。许多重复序列自身含有启动子，并能启动自身表达，参与细胞生命活动过程调控。例如，RNA 聚合酶 III 转录的重复元件 Alu、B1、B2 等能够在逆境环境下通过与 RNA 聚合酶 II 结合来调控其活性[17]。

　　（2）竞争性内源 RNA（competing endogenous RNA，ceRNA）[18]：ceRNA 与其他基因（编码或者非编码基因）在序列上有一定的相似性，通过其相似序列与蛋白编码基因竞争调控分子的方式来调控其他基因。最重要的一类 ceRNA 是假基因（pseudogene），因为它们通常与蛋白编码基因有着较高的序列相似性。

　　（3）以各种小分子非编码 RNA 作为末端结构的 lncRNA：这类 lncRNA 可以继续分成两类，一类是

sno-lncRNA[19]，该 lncRNA 来自内含子，其 5′端和 3′端各有一个 snoRNA；另一类是 lnc-pri-miRNA[20]，它的 3′端是 miRNA。

（4）DNA 元件来源 lncRNA：如增强子和启动子来源 lncRNA。这些 lncRNA 与细胞核结构、染色质信号的可塑性和转录调控相关[4]。其中，增强子来源的 RNA 被称为 eRNA（enhancer RNA），具有重要功能，在后面章节中会进行详细介绍。

22.2.3　lncRNA 的特征

lncRNA 最开始是作为一种没有编码能力的类 mRNA 转录本被发现的，大部分 lncRNA 与 mRNA 类似，是通过 RNA 聚合酶 II 转录，有内含子，转录本 5′端具有帽子结构，3′端具有 PolyA 尾结构。随着 lncRNA 研究的深入，也发现了一些特征与 mRNA 明显不同的 lncRNA，例如，有的 lncRNA 不包含 PolyA 尾，有些 lncRNA 3′端是类 tRNA 结构[21]，或者两端是 snoRNA 结构[19]。从整体来看，lncRNA 转录本与 mRNA 有如下不同：①物种间保守性较差。②外显子较少，或仅有较短的 ORF。③更倾向于与重复区重叠。这可能是因为 lncRNA 的功能对转座子的插入不敏感，即转座子的插入很难使 lncRNA 失活。④部分 lncRNA 的功能元件是由重复元件组成的，如 lncRNA *Xist* 的功能元件就是由 8 个重复元件组成[22]。⑤有环状变体的 lncRNA 比 mRNA 更少，例如，在对环状 RNA 的研究中发现了 2000 多个 mRNA 的环状变体，而 lncRNA 的环状变体只发现了 80 多个[23]。

许多 lncRNA 具有非常特异的亚细胞分布模式，例如，lncRNA *Xist* 定位于失活 X 染色体上[3]，lncRNA *BORG* 是核特异定位的[24]，而 lncRNA *GAS5* 定位于细胞质中[25]。总体来说，相比 mRNA，lncRNA 更倾向定位于细胞核中，这与 lncRNA 的表观调控理论一致[26]。但需要注意的是，lncRNA 只是更倾向于定位于细胞核中，仍有大量 lncRNA 定位于细胞质中，实际上 lncRNA 遍布于整个细胞中的各个角落。

与 mRNA 的高度保守不同，大部分 lncRNA 在一级序列上并不保守。尽管如此，部分 lncRNA 在基因组位置、短的基序或者二级结构上存在一定的保守性。非编码 RNA 一般都具有特定的二级结构来帮助其发挥功能，例如，tRNA 具有典型的三叶草结构、H/ACA box snoRNA 具有双发夹结构。二级结构对 lncRNA 的功能发挥也至关重要，lncRNA 可同时拥有多个具有特定二级结构的功能域，每个功能域都可与不同的 RNA、DNA 或者蛋白质相互作用，从而使 lncRNA 能够完成复杂的调控功能。例如，lncRNA *HOTAIR* 通过多个功能结构域分别与不同的组蛋白修饰复合体结合来协调它们共同发挥调控功能[27]。

22.3　lncRNA 的表达与转录后加工

关键概念

- lncRNA 与 mRNA 有着类似的染色质修饰状态，与 mRNA 一样，lncRNA 的启动子区富集 H3K4me3、H3K9ac、H3K27ac 等代表转录激活的组蛋白修饰。
- 与 mRNA 一样，lncRNA 转录后需要经过一系列加工才能形成有功能的成熟体。许多 lncRNA 经历了与 mRNA 类似的转录后加工，例如，加 5′帽子、剪接、多聚腺苷酸化和碱基的化学修饰。
- 部分 lncRNA 有着特殊的转录后加工模式，例如，MALAT1、NEAT1 等 lncRNA 的 3′端是由 RNase P 负责加工成熟的。

22.3.1 lncRNA 的表达调控

lncRNA 与 mRNA 有着类似的染色质修饰状态[15]，与 mRNA 一样，lncRNA 的启动子区富集 H3K4me3、H3K9ac、H3K27ac 等代表转录激活的组蛋白修饰。但 lncRNA 在细胞中的表达水平相比 mRNA 要低很多，其表达水平中位数只有 mRNA 的约 1/10[28]。此外，lncRNA 相比 mRNA 具有更高的组织、细胞类型和亚细胞定位特异性[28, 29]，这说明 lncRNA 的表达可能受到严格调控。最近的研究显示，lncRNA 的转录受到特定的转录因子和染色质重构酶调控。一些转录因子可能负责一类 lncRNA 的转录调控，例如，转录因子 MYC 调控了一组 lncRNA 的转录延伸[30]。在酵母中，通过 RNAi 文库筛选鉴定到了 4 个可作为 lncRNA 的转录抑制因子的染色质重构复合体（Swr1、Isw2、Rsc、Ino80）[31]。将这些复合体去除后会导致酵母反义 lncRNA 的转录激活。

真核生物的启动子一般是双向的，因此 RNA 聚合酶 II 可以同时产生两条转录本，即正向的 mRNA 和反向的反义 lncRNA。mRNA 和反向的反义 lncRNA 的表达是高度相关的，更高水平的 mRNA 表达总伴随着更高水平的反义 lncRNA 表达。mRNA 和反义 lncRNA 的表达都受到了严格的调控，前者的表达水平要比后者高得多，这可能是由多聚腺苷酸化信号（polyadenylation signal，PAS）和剪接信号在正向和反向分布不均衡造成的[32]，PAS 在反义方向更加富集，而 U1 snRNP 剪接信号在正义方向更富集。U1-PAS 信号分布不均衡造成了反义链转录更容易终止，而正义链转录却能更有效地延伸和剪接。除了 U1-PAS 信号外，可能还有更多的因子参与了双向差异转录的调控，例如，研究人员在酵母中发现 CAF-1 是一个双向转录的抑制因子，而染色质重构复合体 SWI/SNF 是双向转录的激活因子，并且双向转录也受 H3K56ac 激活。

22.3.2 lncRNA 的转录后加工

与 mRNA 一样，lncRNA 转录后需要经过一系列加工才能形成有功能的成熟体。许多 lncRNA 经历了与 mRNA 类似的转录后加工，如加 5′帽子、剪接、多聚腺苷酸化和碱基的化学修饰。部分 lncRNA 有着特殊的转录后加工模式，如 *MALAT1*、*NEAT1* 等 lncRNA 的 3′端是由 RNase P 负责加工成熟的[33]。RNase P 是一个负责 tRNA 加工成熟的酶，而 *MALAT1* 和 *NEAT1* 这两个 lncRNA 的 3′端拥有一个类似 tRNA 的保守结构。RNase P 将该 tRNA 结构从它们的 3′端切下形成成熟 lncRNA。成熟 *MALAT1* 和 *NEAT1* 的 3′端的 U-A·U 三螺旋（triple helix）结构能够增加它们的稳定性。有意思的是，*MALAT1* 加工产生的 tRNA 结构小 RNA 能稳定存在，被称为 mascRNA（MALAT1-associated small cytoplasmic RNA），在生成后迅速被运送到细胞质中行使功能[34]，而 *NEAT1* 加工产生的小 RNA 不稳定，产生后很快就被降解。

有一类被称为 sno-lncRNA 的内含子来源 lncRNA，它们没有 5′帽子和 3′PolyA 结构，取而代之的是两个末端均为 snoRNA 结构。sno-lncRNA 通过借助内含子和 snoRNA 加工复合体来加工成熟[19]。sno-lncRNA 可能具有重要功能，普拉德-威利综合征（Prader-Willi syndrome）患者就是由 15 号染色体的一个 sno-lncRNA 簇缺失所引起的[19]。另一类与 sno-lncRNA 类似的特殊 lnc-pri-miRNA 的 3′端是个 miRNA，但它是由 RNA 聚合酶 II 转录的，其 3′端 miRNA 加工复合体加工成熟，因此没有 PolyA 结构。lnc-pri-miRNA 在细胞内能抑制一系列基因的表达[20]。lnc-pri-miRNA 能被进一步加工成 miRNA 和一个不稳定的无 PolyA 结构的 lncRNA，该 lncRNA 在加工出来后很快会被降解。

22.4 lncRNA 的调控机制

关键概念

- 大量 lncRNA 定位于染色质上，并与染色质修饰复合体相互作用，表观调控可能是 lncRNA 的一种重要调控方式。
- lncRNA 能通过多种其他的机制来影响基因表达，这些机制主要包括分子诱饵、转录因子向导、染色质构象改变。
- lncRNA 的调控机制还包括剪接调控、翻译调控、miRNA 海绵、信号转导调控等。

22.4.1 表观调控

在 lncRNA 研究早期人们就发现有大量 lncRNA 定位于染色质上，并与染色质修饰复合体相互作用，因此有人[36]提出表观调控可能是 lncRNA 的一种重要调控方式[26, 37]。随着研究的深入，不断有新的 lncRNA 被证实通过表观调控的方式来发挥功能，目前人们已普遍接受 lncRNA 是一种重要的表观调控因子这个观念。几乎所有种类的表观修饰蛋白都能结合 lncRNA，包括组蛋白甲基转移酶、组蛋白去甲基化酶、组蛋白乙酰转移酶、组蛋白去乙酰化酶、DNA 甲基化酶等。

lncRNA 既能影响 DNA 甲基化修饰，也能影响组蛋白修饰。lncRNA 影响 DNA 甲基化修饰目前研究得还比较少。在人中 DNA 甲基化是由 DNMT3A（DNA methyltransferase 3A）、DNMT3B、DNMT1 等蛋白质介导的。lncRNA 能通过与 DNMT3A[36]和 DNMT1[38]结合的方式来抑制它们的 DNA 修饰活性。这可能是 lncRNA 通过与 DNMT1 和 DNMT3A 的催化结构域结合来竞争性抑制它们对 DNA 的甲基化修饰。

有大量研究显示 lncRNA 广泛参与了组蛋白修饰调控，lncRNA 在结合组蛋白修饰相关蛋白后，将它们引导到目标基因位点改变染色质修饰状态，影响目标基因的转录。lncRNA 有两种方式将表观修饰蛋白引导到目标基因组区域上（图 22-1A）：一种是顺式（*in cis*）向导，就是靶向邻近基因；另一种是反式（*in trans*）向导，靶向远端非邻近基因。对于顺式调控的 lncRNA 来说，它们不仅能影响邻近基因，还能通过改变基因组构象从邻近基因扩展到远端基因。对于反式调控作用，一般情况下 lncRNA 不完全是通过序列互补配对的方式来靶向目标基因组区域，因此无法利用生物信息学方法来预测 lncRNA 的基因组靶位点。lncRNA 的基因靶位点可以用 ChIRP（chromatin isolation by RNA purification）技术来确定，Chu 等人利用 ChIRP 实验在全基因组水平上确定了 *HOTAIR* 在特定细胞状态下的所有靶位点，鉴定到了 872 个靶位点，并发现 *HOTAIR* 优先靶向 GA-富集基因组区域[39]。无论向导是顺式的还是反式的，向导 lncRNA 所携带的蛋白质都可以是抑制性的（如多梳蛋白家族）、激活性的（如 MLL）或是转录因子，它们的作用都是将调控信息通过表观遗传等的改变来传递给靶基因。对于顺式 lncRNA，它们可以将许多染色质修饰蛋白束缚在它们的转录位点上；而对于反式 lncRNA，它们通过未知机制的靶向方式将远端目的基因的染色质状态改变，从而改变目的基因的表达模式。下面列举一些起顺式或反式向导作用的 lncRNA。

（1）顺式向导：酵母反义 lncRNA、*Air*、*Xist*、*COLDAIR*、*ANRIL*

lncRNA 的顺式向导作用调控基因表达是一个较为普遍的现象，在酵母中，大量基因座位的反义 lncRNA 都能通过影响基因座位的组蛋白甲基化和乙酰化来沉默基因表达[40]。*Xist* 是迄今为止研究得最多的顺式调控 lncRNA[45]，截至目前，PubMed 上已经收录了超过 1100 篇关于 *Xist* 的研究论文。*Xist* 在雌性

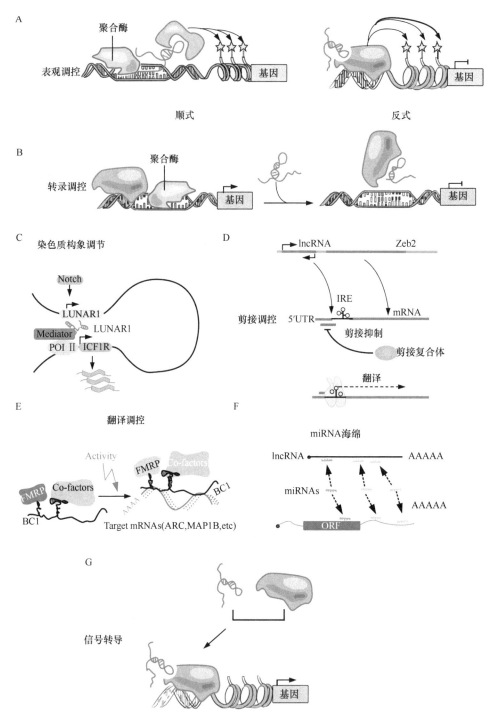

图 22-1　lncRNA 调控机制

在细胞核内，lncRNA 可以招募一类诸如 PRC2 等染色质修饰因子，并通过顺式或反式作用调控邻近基因或远处基因的表达；也可招募转录因子促进下游基因转录；或者改变染色质构象，调控下游基因的表达；或者参与到剪切复合体中调控 mRNA 的剪切。在细胞质内，lncRNA 可以招募协同因子调控基因的翻译，或者起到 miRNA 海绵的作用，吸附 miRNA 从而调控 miRNA 靶基因的表达；也可以影响蛋白质转录后修饰，如磷酸化等，调控细胞的信号转导

哺乳动物中负责调控两条 X 染色体中的一条失活，以弥补两性间 X 染色体表达剂量的不平衡。*Xist* 通过与 hnRNPU 的相互作用结合到染色质上，通过招募 SHARP、HDAC3、PRC1、PRC2 等染色质修饰蛋白

到 X 染色体上启动 X 染色体的异染色质化[41]。Air 是一个小鼠的印记 lncRNA，它通过顺式作用方式参与等位基因特异沉默 *Slc22a3*、*Slc22a2* 和 *Igf2r* 基因[42]。Air 通过与靶基因的启动子区相互作用招募 G9a 蛋白将染色质 H3K9 甲基化来沉默靶基因的表达。COLDAIR（COLD assisted intronic noncoding RNA）是植物中的一个冷诱导表达 lncRNA，它位于 *FLC*（flowering locus C）基因的内含子中，用来在春化过程中抑制 *FLC* 基因的表达[43]。COLDAIR 虽然位于 FLC 基因的内含子中，但是它有独立的启动子，能独立于 *FLC* 基因进行转录，转录出来后在转录位点招募 PRC2 蛋白，使得 *FLC* 基因座位因发生 H3K27me3 甲基化而沉默。在植物中发现 lncRNA 通过 PRC2 方式沉默基因表达也说明 lncRNA-PRC2 这种基因沉默机制非常保守。ANRIL 是 INK4b/ARF/INK4a 基因组座位转录出来的一个反义 lncRNA，它具有 19 个外显子，它的转录能抑制该座位的蛋白编码基因的表达，研究发现它与冠状动脉性心脏病、糖尿病和多种癌症相关。ANRIL 作为支架与 PRC1 和 PRC2 复合体直接结合来抑制 INK4b 座位的蛋白表达[44]，破坏 ANRIL 与 PRC1 或 PRC2 的结合均会严重影响 ANRIL 对 INK4b 座位蛋白表达的抑制。

（2）反式向导：*HOTAIR*、*NBAT*1、*LINC-PINT* 等 PRC2 结合 lncRNA

HOTAIR 是 *HOX* 位点编码的一个 lncRNA，与乳腺癌的侵袭和转移密切相关，在乳腺癌患者中异常高表达能促进改变乳腺癌细胞的染色质状态，促进乳腺癌细胞的侵袭和迁移。*HOTAIR* 通过与负责组蛋白 H3K27 位甲基化修饰的多梳蛋白复合体 PRC2 结合来抑制基因表达[45]。它是通过 5′端 300nt 部分来结合 PRC2。同时，*HOTAIR* 的 3′端 700nt 部分还结合有 H3 组蛋白 K4 位去甲基化相关蛋白 LSD1、CoREST 和 REST，这说明 *HOTAIR* 将 PRC2 和 LSD1/CoREST/REST 复合体整合进一个复合体中。HOTAIR/LSD1/PRC2 复合体能通过多种机制来沉默基因表达。除了 *HOTAIR* 外，*NBAT1*、*LINC-PINT* 等 lncRNA 被发现能通过与 PRC2 蛋白相互作用反式调控靶基因的表达，进而影响肿瘤的发生发展。由于 PRC2 结合 RNA 的特异性不高，还存在更多 lncRNA 像 *HOTAIR*、*NBAT1*、*LINC-PINT* 一样结合 PRC2，将它们敲低后能引起许多 PRC2 调控基因的上调[26]，这些 lncRNA 也有可能是反式调控 lncRNA。

哺乳动物印记区的调控依赖于 lncRNA 的信号作用，印记区一般是等位基因特异表达，也就是两条染色质中选择性沉默一条染色质的状态。lncRNA 在印记区的等位基因特异表达调控中发挥了重要的信号分子作用：染色质表达 lncRNA 时，印记区基因就不表达；相反，不表达 lncRNA 的染色质，印记区基因就表达[46]。例如，*Kcnq1* 和 *Igf2r* 印记基因簇转录的 lncRNA *Kcnq1ot1* 和 *Air*，介导了两个印记区的转录抑制，它们靶向印记区基因的启动子区，招募染色质修饰复合体到启动子区上，导致启动子区发生沉默型染色质修饰。

22.4.2 转录调控

除表观修饰调控机制以外，lncRNA 能通过多种其他的机制来影响基因表达，这些机制主要包括以下三种。

1. 分子诱饵

lncRNA 可作为分子诱饵，通过竞争性结合靶蛋白或者 RNA 来影响基因功能（图 22-1C，D）。受 lncRNA 诱捕的蛋白质种类有很多种，如转录因子、染色体修饰因子及各种调控因子。这些蛋白质既有在细胞核中的，也有在细胞质中的。以下列举了一些分子诱饵 lncRNA 及其诱捕对象。

lncRNA *PANDA*（P21 associated nNcRNA DNA damage activated）与 lincRNA-p21 一样，也是受 DNA 损伤诱导，并且其表达是 p53 依赖的[47]。*PANDA* 位于 *CDKN1A* 上游，DNA 损伤发生后，p53 结合到 *CDNKN1A* 位点同时激活 *PANDA* 的转录。*PANDA* 转录出来之后与转录因子 NF-YA 发生相互作用将其捕获，抑制了 NF-YA 的转录活性，使得其下游的促凋亡基因表达受抑制，促进了细胞在 DNA 损伤之后的存活。抑制细胞中 *PANDA* 的表达可以增加细胞对化疗药物的敏感性，而一部分乳腺癌患者高表达 *PANDA*，这暗示 *PANDA* 具有一定的临床价值。受糖皮质激素受体激活的基因启动子区都有一个特定的 DNA 结构域，糖皮质受体通过识别这些结构域来激活基因表达。lncRNA *GAS5*（growth arrest-specific 5）拥有一个在结构上类似糖皮质激素受体识别结构域的 RNA 结构域，其转录后能通过诱捕糖皮质激素受体抑制其激活基因的表达[48]。*GAS5* 的表达受营养缺乏诱导，其表达后能抑制细胞凋亡抑制基因的表达，因此能促进普通细胞在压力状况下的凋亡。尽管如此，在乳腺癌细胞中 *GAS5* 的异常低表达能够帮助乳腺癌细胞在营养缺乏环境中存活。

NRON 是一个细胞核 lncRNA，它通过抑制转录因子 NFAT 的活性来抑制 T 细胞的激活[49]。NFAT 是一个钙离子依赖的转录因子，在激活了的 T 细胞中调控 IL-2 的产生。在休眠 T 细胞中，NFAT 处于一个磷酸化的无活性状态，T 细胞被激活后，NFAT 被钙离子依赖的磷酸化酶——钙调磷酸酶去磷酸化，然后被运进细胞核中激活相关基因转录。*NRON* 与 NFAT 的细胞核转运有关。在细胞质中 *NRON* 起到一个分子支架的作用，将 NFAT、IQGAP、LRRK2 以及与 NFAT 入核相关的 importin-β 超家族成员 KPNB1 等蛋白形成一个大的蛋白复合体，将 NFAT 锁定在细胞质中，在 T 细胞被激活后，*NRON* 与一部分蛋白质从 NFAT 上解离下来促使 NFAT 的入核。

2. 转录因子向导

lncRNA 除了能引导染色质修饰蛋白到目标基因组位置外，还能引导各种转录调控因子到目标基因上直接激活或抑制目标基因的表达。同样，lncRNA 对转录因子的引导作用既可以是顺式的也可以是反式的。*lincRNA-p21* 位于 *CDKN1A* 基因上游，是 DNA 损伤诱导的 lncRNA，被发现是 p53 通路中的一个转录抑制因子，与 p53 介导的细胞凋亡有关。*lincRNA-p21* 通过与 hnRNP-K（herterogeneous nuclear ribonucleoprotein K）的相互作用来反式抑制 p53 调控的基因，目前还不清楚 *lincRNA-p21* 是通过何种机制来识别和抑制靶基因。lncRNA *RMST*（rhabdomyosarcoma 2-associated transcript）是一个脑特异表达的 lncRNA，为神经发育所必需[50]。它的表达受到转录抑制因子 REST 的调控，在神经发育过程中上调。RMST 在体内与决定神经细胞命运的 SOX2 转录因子直接结合，并引导 SOX2 结合到一系列神经发育相关转录因子上，以此直接调控神经细胞和神经干细胞的命运。

3. 染色质构象改变

增强子（enhancer）是基因组上一段用于激活周边基因表达的区域，是一种重要的转录调控元件，它上面有许多转录因子结合位点。基因组上有大量的增强子区，研究发现它们与基因的组织特异表达和细胞命运决定有关[51]。增强子的一大特征是它所在基因组区域处于开放状态，相比周边基因组区域更容易被转录因子或者 RNA 聚合酶 II 访问。在增强子上，转录因子一般与被称为 Mediator 的共激活蛋白复合体一起作用（图 22-1E）。Mediator 是一个保守的共激活蛋白复合体，没有染色质修饰活性，与转录因子和 RNA 聚合酶 II 的相互作用相关。Mediator 促进染色质的成环，将增强子和启动子在空间上拉在一起。RNA 聚合酶 II 结合到增强子后会导致增强子区域的转录，转录产物称为 eRNA（enhancer RNA），是一种 lncRNA。eRNA 既有 polyA 结尾的，也有非 polyA 结尾的，这两类 eRNA 有如下不同：polyA⁻ eRNA 长度一般小于 2kb，而 polyA⁺ eRNA 长度大于 4kb；polyA⁻ eRNA 染色质座位上的 H3K4me1/me3 修饰比例要明显小于 polyA⁺ eRNA；polyA⁻ eRNA 一般是双向转录，而 polyA⁺ eRNA 是单向转录。

值得注意的是，不是所有增强子都会转录，细胞在不同状态下增强子转录的程度不同，eRNA 的表达水平经常与其来源增强子所调控的 mRNA 相关联。动物发育过程中的前后轴特性是由 *HOX* 基因座位上的一组转录因子决定的。在哺乳动物中，*HOX* 基因座位上包含有多个 eRNA，如 *HOTAIR* 和 *HOTTIP*（HOXA distal transcript antisense RNA）[53]。

研究发现，有很多 eRNA 像 *HOTTIP* 一样通过染色质成环的方式来调控邻近基因的表达（图 22-1E）。例如，结肠癌相关的 *CCAT1-L* 调控了基因组 *MYC* 位点的染色质环化[54]。*LUNAR1* 是一个 T 细胞急性淋巴白血病（T-ALL）特异表达的 lncRNA，它从 *IGF1R* 座位转录出来具有促癌功能。*LUNAR1* 通过调控染色质环化的方式激活 *IGF1R* 基因表达，从而持续激活 T-ALL 的 IGF1 信号通路。类似 *HOTTIP*，*CCAT1-L* 和 *LUNAR1* 这些 eRNA 由于调控机制很相似，因此研究人员主张将它们称为激活 ncRNA（activating ncRNA，ncRNA-a），它们通过辅助因子介导了 DNA 的环化并以此激活邻近基因的表达，更多的这类 eRNA 还有 ncRNA-a3、ncRNA-a7 等。要注意，eRNA 不仅仅能通过染色质环化方式起作用，它们还可以通过诸如分子诱饵等方式来发挥功能[55]。

22.4.3　剪接调控

目前对 lncRNA 参与 mRNA 剪接的调控机制仍不明确，但有证据显示，lncRNA 可能也是 mRNA 剪接调控过程中的一类重要调控因子。lncRNA *MALAT1* 是最早发现与 mRNA 剪接相关的一个 lncRNA，其长度为 7.5kb，由 RNaseP 和 RNaseZ 加工成熟，成熟后定位于核小斑中[34]。*MALAT1* 通过调控 SR 剪接因子来调控可变剪接[56]，它与 SR 结合后将其带到核小斑中，将 *MALAT1* 沉默后，SR 的亚细胞定位和活性都发生改变，影响了一组 pre-mRNA 的可变剪接。在海马神经元中，*MALAT1* 对 SR 剪接因子的调控对突触的形成至关重要[57]。lncRNA *GOMAFU* 也通过与剪接因子相互作用来调控 mRNA 剪接，与其相互作用的剪接因子为 SF1、SRSF1 和 QKI 等[58, 59]。

ZEB2 基因 5′UTR 的内含子有一个能启动翻译的 IRES（internal ribosome entry site），该基因所在位点能转录出一个覆盖该内含子的反义 lncRNA，与 ZEB2 mRNA 反义互补结合后，能抑制剪接复合体对内含子的剪接，使得 IRES 保留在 5′UTR 启动翻译，从而生成了一个新的 mRNA 变体[60]（图 22-1D）。拟南芥 ASCO-lncRNA 也参与 mRNA 的可变剪接调控，它是通过竞争性结合核小斑定位的剪接因子 NSR 来发挥其调控功能的。在拟南芥中过表达 ASCO-lncRNA 能改变许多 NSR 蛋白调控 mRNA 的剪接模式[61]。

22.4.4　翻译调控

lncRNA 能直接通过多种方式调控蛋白质翻译。lncRNA *BC1/200* 是与神经功能发挥作用相关的一个重要 lncRNA，它在神经活动过程中增强特定突触的活性。*BC1/200* 在与 FMRP 和包括 eIF4a、PABP 在内的翻译机器组分结合后被运送到树突中，并在那里调控了 48S 复合体的形成，最终抑制了突触中的翻译[62]（图 22-1E）。*BC1/200* 在树突中的翻译调控是神经可塑性调控中的重要一环，在小鼠中敲除 *BC1/200* 会导致小鼠不受控的 I 类亲代谢性谷氨酸盐受体激活的突触翻译、神经过度兴奋、抽搐、焦虑和探索行为缺失[63]。小鼠中 *Uchl1* 反向转录本也是一个与大脑功能相关的 lncRNA，它的功能异常会导致神经退行性疾病的发生。*Uchl1* 反向转录本的表达受印记信号通路的激活，其产生后会被运送到细胞质中与 *Uchl1* mRNA 的 5′UTR 结合并激活多聚核糖体的活性，从而提高 mRNA 的翻译效率[64]。*lincRNA-p21* 除了在细胞核中与 hnRNP-K 蛋白相互作用促进抑制基因表达外，还能进入细胞质中与 *JUNB*、*CTNNB1* 的 mRNA 发生相互作用，抑制它们的翻译[65]。*lincRNA-p21* 的表达受到 HuR 蛋白的调控，因此 HuR 对基因的调控部分是通过 *lincRNA-p21* 来实现的。*lincRNA-p21* 在细胞质中与 HuR 蛋白的相互作用能够招募 let-7/Ago2 到 *lincRNA-p21* 上导致其表达水平降低。

22.4.5 miRNA 海绵

    miRNA 是一类约 22nt 长的小分子非编码 RNA，一般情况下，它通过与 mRNA 3′UTR 的不完全互补配对结合来调控 mRNA 的翻译和稳定性。miRNA 海绵是指含有 miRNA 结合位点的转录本（图 22-1F），最初研究人员在细胞中导入人工合成含有数个 miRNA 结合位点的外源序列，达到抑制特定 miRNA 功能的目的。2007 年，Zorrilla 等人在拟南芥中发现了第一个内源的 miRNA 海绵——*IPS1*（induced by phosphate starvation1）。*IPS1* 是一个植物 lncRNA，它含有拟南芥 miR-399 的不完全匹配结合位点。植物 miRNA 一般与靶位点完全匹配，通过与靶位点结合后招募 AGO 蛋白切割靶 mRNA 的方式从而促进靶 mRNA 降解抑制靶 mRNA 的表达。跟动物 miRNA 一样，植物 miRNA 如果与靶位点不完全匹配，它就不能切割靶 mRNA。因此，miR-399 与 *IPS1* 结合后就被 IPS1 捕获，从而其功能受到 *IPS1* 的抑制。*PTENP1* 是一个假基因，属于一种特殊的 lncRNA。抑癌基因 *PTEN* 在细胞内的表达受到一组 miRNA 的严格调控，*PTENP1* RNA 拥有一组与 *PTEN* 一样的 miRNA 结合位点，因此能结合调控 PTEN 的 miRNA，将它们锁定在 *PTENP1* 上，抑制它们对 *PTEN* 的调控，从而使 PTEN 蛋白翻译出来抑制肿瘤形成[66]。在肿瘤细胞中，*PTENP1* 位点经常发生丢失使得 PTEN 蛋白受到 miRNA 的抑制，促进肿瘤的发生。Poliseno 等人发现了更多的假基因可以通过 miRNA 海绵方式来调控其对应基因，这暗示假基因作为 miRNA 海绵这种形式的调控方式在生物中可能普遍存在[66]。

    在动物中，不仅仅是假基因可以作为 miRNA 海绵，大量普通 lncRNA 也被发现可以通过 miRNA 海绵的方式来起作用，例如，*lncRNA-BGL3* 通过与 *PTEN* 竞争结合 miR-17、miR-93、miR-20a、miR-20b、miR-106a 和 miR-106b 来促进 PTEN 蛋白的表达，从而抑制 AKT 磷酸化水平，导致细胞凋亡[67]。*linc-MD1* 在人成肌细胞分化过程中竞争性结合 miR-133 和 miR-135，使 *MAML1* 和 *MEF2C* 基因高表达，从而促进肌肉特异基因的表达[68]。一些 lncRNA 在通过其他方式调控基因表达的同时，也可以通过 miRNA 海绵的方式来调控基因表达，例如，第一个发现的 lncRNA *H19* 既可通过结合 *EZH2* 基因来改变 *Igf2* 等基因的组蛋白修饰从而调控它们的表达，也可以通过捕获 *let-7* 来影响肌肉的发育[69]。在小鼠中沉默 H19 所造成的表型与过表达 *let-7* 所产生的表型类似，都会导致小鼠肌肉发育异常[69]。

22.4.6 信号转导调控

    lncRNA 的表达具有高度的组织特异性和细胞特异性，许多 lncRNA 只在特定细胞状态或者特定环境下出现，表现出高度的时空特异性，因此它们的出现或者消失本身对细胞来说就是一种重要的信号分子（图 22-1G），同时细胞也利用它们帮助完成特定状况下的信号转导通路的精确调控，帮助细胞及时调整运行程序以适应不同的生理状态。

    lncRNA *NKILA*（NF-kappaB interacting lncRNA）是 lncRNA 信号转导调控的一个典型例子。细胞在炎症细胞因子的作用下 NF-κB 通路受到激活，活化的 κB 能够结合在 *NKILA* 的转录起始位点，与此同时 *NKILA* 的表达水平在 κB 的作用下大幅上调，*NKILA* 会与 p65 结合，再与 IκBα，组成 NKILA-p65-IκBα 复合体，并且 NKILA 的第三个发夹结构能够覆盖到 IκB 的磷酸化位点（S32 和 S36）处，阻止了 IκB 的磷酸化，使得 NF-κB 无法从复合体中解离出来并入核激活下游基因表达。lncRNA *NKILA* 在 NF-κB 信号通路中起负反馈调节因子的作用，防止 NF-κB 信号通路过于活化[70]。而在恶性肿瘤中，*NKILA* 受 miR103/107 的调控下调，使得 NF-κB 信号通路异常激活，促进了肿瘤的转移。

22.5　lncRNA 的生理功能

- 基因组印记（genomic imprinting）是一种表观遗传（epigenetic）现象，是指基因因染色质的表观遗传修饰而表现出亲本特异性表达的现象。
- lncRNA 与胚胎干细胞（embryonic stem cell，ESC）的多能性调控密切相关。
- lncRNA 在神经系统发育的整个过程中都发挥了重要的调控作用。
- lncRNA 在血液和免疫系统中发挥了极其重要的作用。
- lncRNA 可能在心血管细胞谱系决定及心脏发育过程中扮演着非常重要的调控角色。

22.5.1　lncRNA 与基因组印记和剂量补偿效应

　　基因组印记是一种表观遗传现象，是指基因因染色质的表观遗传修饰而表现出亲本特异性表达的现象。基因组印记和后面将要提到的剂量补偿效应将在本书的其他章节详细介绍，这里仅简单介绍它们与 lncRNA 的关系。印记基因通常是成簇存在的，每个基因簇都会有 ICR 区（imprinting control region，印记控制区），ICR 区含有亲本来源的表观修饰（DNA 修饰或者组蛋白修饰），ICR 区控制了印记基因簇等位基因的特异表达[46]。ICR 区的 DNA 甲基化修饰可能是在生殖细胞阶段的某个特定时期加上去的，并且在受精后一直维持着稳定的甲基化状态。目前所有已知的印记基因簇都至少包括 1～2 个 lncRNA，许多 lncRNA 都位于 ICR 区里面或者附近，这些 lncRNA 本身也是印记表达的，印记区中 lncRNA 的转录通常会导致该区域中其他蛋白编码基因的沉默。印记区 lncRNA 调控其靶 mRNA 的转录，导致其表达模式与其对应的蛋白编码基因的模式方式相反[46]。

　　通过遗传操作引入 polyA 信号对 lncRNA 进行截短证实了一些印记 lncRNA 对印记位点的调控作用。其中 *Air* 研究得最清楚，Barlow 等将全长 108kb 的小鼠 *Air* 截短成 3kb，证实了 *Air* 对其所在印记区的 3 个 mRNA（*Igf2r*、*Slc22a2* 和 *Slc22a3*）的沉默是必需的[71]。类似地，将约 100kb 长的 *Kcnq1ot1* 截短至 1.5kb 后发现该 lncRNA 对 *Kcnq1* 印记基因簇中的 10 个基因的沉默是必需的[72]。约 27kb 长的 *Nespas* 被截短后也显示了它对 *Gnas* 印记基因簇的沉默作用[73]。目前对印记 lncRNA 顺式沉默印记基因的机制还不是非常清楚。一种可能是因为它们与周边印记基因重叠导致它们的转录本与周边印记基因的启动子区或增强子区发生互补配对而抑制印记基因的表达。还有一种可能是印记 lncRNA 像 *Xist* 那样直接通过覆盖染色质招募染色质，沉默复合体来抑制印记基因表达。RNA 荧光原位杂交显示 *Air* 和 *Kcnq1ot1* 在它们的转录位点形成了一个 RNA 云，并且与抑制性组蛋白组分和多梳蛋白共定位[42, 74]。

　　剂量补偿效应在哺乳动物中，雌性个体的两条 X 染色体需要失活一条以达到与雄性个体一样的 X 染色体基因剂量，这个过程被称为剂量补偿。X 染色体失活是由 X 染色体上的 X 失活中心（X inactivation center，XIC）来介导的，整个区域长度大概为 100～500kb[46]。XIC 的功能在很大程度上是通过 lncRNA 来实现的，XIC 中编码了许多经典的 lncRNA，*Xist*（X-inactive-specific transcript）是其中最重要的一个。*Xist* 长 17～20kb，只在失活的 X 染色体上表达，是 X 染色体失活所必需的。如果将 *Xist* 从 X 染色体上敲除掉，X 染色体失活现象将消失[75]，如果将 *Xist* 插入常染色体则会导致常染色体的失活[76]，这些现象充分证明了 *Xist* 在 X 染色体失活过程中起关键调控作用。*Xist* RNA 是通过招募 PRC2 等蛋白质到失活的 X 染色体上造成染色质及其转录的改变。*Xist* 的功能也受其他 lncRNA 的调控。*Tsix* 是 *Xist* 的反义 lncRNA，

在活化的 *Xist* 所在染色体上表达，能通过多种方式抑制 *Xist* 的功能。首先，*Tsix* 可通过招募 DNA 甲基转移酶（Dnmt3a）来抑制 *Xist* 的表达[77]；其次，*Tsix* 通过与 PRC2 结合抑制了 *Xist* 招募 PRC2[78]；第三，*Tsix* 还可与 *Xist* 互补配对，从而抑制其功能[79]。与 *Tsix* 相反，*Jpx* 在失活 X 染色体上表达，可激活 *Xist* 功能[80]。与 Xic 上其他 lncRNA 主要起顺式调控作用的 lncRNA 不同，*Jpx* 主要通过反式作用来发挥调控功能。

22.5.2 lncRNA 与胚胎干细胞

许多研究显示 lncRNA 与胚胎干细胞（ESC）的多能性调控密切相关。对 ESC 的转录组研究揭示了许多 lncRNA 可能参与 ESC 多能性调控[13]。在随后的大规模功能研究中，对所选 147 个小鼠 ESC 相关的 lncRNA 进行沉默后发现，其中 90% 都能造成小鼠 ESC 多能性在一定程度上的丧失[7]。lncRNA 可通过影响 ESC 多能性相关核心转录因子来调控 ESC 的自我更新，例如，lncRNA *TUNA* 可通过与多个 RNA 结合蛋白的结合来激活 NANOG 和 SOX2 蛋白[9]，OCT 激活的 lncRNA *MIAT* 和 NANOG 抑制的 lncRNA *AK141205* 能通过调控 OCT4 和 NANOG 的水平来影响小鼠 ESC 的多能性[81]。*lincRNA-RoR*（regulator of reprogramming）是 ESC 重编程过程中的一个非常重要的调控因子，将其在 ESC 中沉默或者过表达，将会降低或者升高纤维原细胞重编程成为诱导性多能干细胞（induced pluripotent stem cell, iPSC）的效率[82]。*lincRNA-RoR* 的下拉实验发现它与 miR-145-5p、miR-181a-5p 和 miR-99b-3p 及 AGO2（Argonaute2）蛋白结合[83]，这些 miRNA 之前被报道调控了 ESC 多能性相关核心转录因子 Pou5f1、Sox2 和 NANOG，这说明 *lincRNA-RoR* 在 ESC 中扮演了一个 ceRNA 的角色。

除了作为 ceRNA 外，ESC 中的 lncRNA 还通过与染色质修饰因子的相互作用来调控 ESC 的生理活动。ESC lncRNA 能与所有种类的组蛋白修饰因子相互作用[7]，如染色质的 writer、reader 和 eraser。在小鼠 ESC 中免疫沉淀 PRC2 配合 RNA 高通量测序发现 PRC2 能结合数千种 lncRNA[84]，lncRNA 的结合可能与 PRC2 及其辅助因子的结合相关。JARID2 是 PRC2 的一个辅助因子，在 ESC 中高度富集，负责调控 PRC2 的活性及其与基因组结合的特异性[85]。研究显示，JARID2 具有一个 RNA 结合结构域，在小鼠 ESC 中直接与超过 100 种 lncRNA 结合[86]，包括 *MEG3*、*RIAN* 和 *MIRG* 这些与胚胎发育和 ESC 多能性相关的印记 lncRNA。

TRxG（trithorax group）是 ESC 多能性维持的关键因子之一，通过 H3K4me3 修饰来激活基因表达。哺乳动物中的 TRxG 蛋白 MLL 复合体中的 WDR5 组分直接与核心转录调控因子相互作用，其缺失会造成 ESC 自我更新能力的丧失。WDR5 是一个 RNA 结合蛋白，其活性依赖于 lncRNA 的结合。此外，lncRNA 结合也影响了 WDR5 的蛋白稳定性，RNA 结合能力的丧失会直接导致 WDR5 蛋白稳定性的下降[87]。在 ESC 中，WDR5 能结合超过 1000 种 lncRNA，其中 6 种被发现与小鼠 ESC 多能性的维持相关。TRxG 蛋白与 lncRNA 的相互作用也介导了 ESC 分化过程中的细胞命运决定。Bertani 等人证明 lncRNA *MISTRAL*（*MIRA*）通过招募 MLL 到染色质来介导 Hoxa6 和 Hoxa7 的转录激活[88]，这个激活作用在早期胚层特化相关基因表达后达到顶点。

lincRNA-p21 在 iPSC 形成过程中发挥负调节作用。它结合 HNRNPK，靶向 ESC 多能性相关基因的启动子区，造成其启动子区发生抑制性的 H3K9me3 修饰和 DNA 甲基化修饰，维持启动子区异染色质化，导致 *Nanog*、*Sox2*、*Lin28* 等基因的表达抑制。除了 lincRNA-p21 外，目前发现能调控 DNA 甲基化的 lncRNA 还不多，lncRNA *Dum* 是其中一个。lncRNA *Dum* 与肌肉分化相关，它通过招募 DNA 甲基化相关蛋白 Dnmt1、Dnmt3a、Dnmt3b 到 Dppa2 的启动子区来顺式沉默肌肉分化相关蛋白 Dappa 的表达[89]。

22.5.3　lncRNA 与神经系统

神经系统的发育是一个极其复杂的生物学过程，需要对干细胞/祖细胞的增殖和分化进行精确的时空调控，以形成功能正常的神经细胞及神经细胞间正确的连接方式，确保大脑功能正常。lncRNA 在神经系统发育的整个过程中都发挥了重要的调控作用，下面将简要介绍 lncRNA 在神经系统发育过程中所扮演的角色及调控机制。

1. 干细胞/祖细胞的增殖和分化

前面提到 lncRNA 参与调控了 ESC 的干性维持和分化，一般是通过影响 OCT4、SOX2、NANOG 等 ESC 相关核心转录因子的功能来发挥调控作用。lncRNA 通过这种机制调控 ESC 向神经细胞方向的发育。在神经分化过程中，神经发育特异转录因子 REST 驱动了 lncRNA *RMST* 的表达，RMST 通过与核心转录因子 SOX2 相互作用促进神经生成促进基因 *DLX1*、*ASCL1*、*HEY2*、*SPS* 等的表达[50]。*RMST* 缺失能抑制 ESC 状态的退出和神经分化的起始。lncRNA *TUNA* 也通过类似机制调控神经相关基因的表达。*TUNA* 在分化小鼠的 ESC 中与 NCL、PTBP1 和 hnRNP-K 形成复合体，靶向神经相关基因的启动子区[91]。沉默 TUNA 或者任意一个与它相互作用的蛋白质，都足以抑制神经发育。*TUNA* 是一个保守的 lncRNA，研究人员证实它在斑马鱼中也发挥同样的功能。lncRNA *DALI* 在成神经细胞瘤中驱动了神经分化相关基因表达程序。CHART（genomic target mapping by capture hybridization analysis of RNA targets）实验显示 *DALI* 是通过与 *POU3F*、*DNMT1* 和其他数以千计基因的基因组位点相互作用来实现其调控功能的[92]。类似地，lncRNA *PAUPAR* 与 PAX6 转录因子相互作用靶向 *SOX2*、*NANOG*、*HES1* 等基因的启动子区，影响成神经细胞瘤的分化[93]。

许多体内实验证实了 lncRNA 在神经细胞发育过程中具有重要功能。lncRNA *linc-BRN1B* 负责调控神经祖细胞的分化，其调控作用是通过影响周边基因 *BRN1* 来实现的，而 *BRN1* 与基底皮质祖细胞的更新相关。*linc-BRN1B* 的敲除会导致小鼠胚胎大脑上皮层的明显消失，以及躯体感觉皮质中的桶状区数量和大小的减少[94]。lncRNA *PNKY* 在发育过程中的小鼠和人大脑中的神经干细胞中表达，负责神经干细胞的更新调控。敲除 *PNKY* 会导致出生后小鼠脑室区神经干细胞的消失，以及短暂扩充神经祖细胞的增加。因此，*PNKY* 控制了神经祖细胞自我更新和神经元分化的平衡。*PNKY* 通过调控剪接因子 PTBP1 来实现这些功能[95]，具体机制还有待阐明。lncRNA *GOMAFU* 在分裂的神经干细胞分化后的神经元中表达，它通过与 SF1、SRSF1 和 QKI 相互作用调控了许多神经相关蛋白的编码基因，如 *DISC1*、*ERRB4*、*WNT7B* 等[58, 59]。在小鼠胚胎干细胞中敲除 *GOMAFU* 会导致无长突细胞和米勒胶质细胞的分化增强[96]。

2. 轴突的生长和突触的发生

突触发生是神经系统发育过程中重要且复杂的一环，它确立了神经元之间的正确联系，以保证大脑能正常工作。这个过程需要细胞做大量的调控工作，研究显示 lncRNA 在这个过程中扮演了重要的角色。第一个被发现调控突触发生的 lncRNA 是 *BC200*，这也是最早研究的 lncRNA 之一。*BC200* 在发育中的和成熟的神经系统中表达，表达后被活跃地转移到树突中[97]并与 FMRP、eIF4a 和 poly（A）结合蛋白（PABP）等翻译机器组分相互作用，控制 48S 复合体的形成和抑制突触的翻译[98]。最近研究发现 *BDNF*、*GDNF*、*EPHB2* 等控制轴突生长的重要基因受到反义 lncRNA 的调控[99]。抑制生长因子基因 *BDNF* 的反义 lncRNA

BDNF-AS 会导致 BDNF 蛋白的上调，同时 BDNF 位点的 EZH2 的结合会减少，并且染色质状态也会发生改变。上调的 BDNF 促进了神经元的生长、分化、存活和增殖。*MALAT1* 是另外一个能调控轴突生长的 lncRNA。*MALAT1* 在神经元细胞中高表达，并富集在核小斑结构中。在体外培养的海马神经元细胞中，*MALAT1* 活跃地招募 SR 家族的剪接相关蛋白到突触相关基因位点来控制它们的表达[57]。此外，在这个体系中沉默 *MALAT1* 能降低突触密度，而过表达则增加突触密度。

22.5.4 lncRNA 与血液和免疫系统

1. lncRNA 与造血干细胞

哺乳动物的红细胞是依靠造血干细胞（hematopoietic stem cell，HSC）不断分化生成的。HSC 的分化和自我更新之间保持着一个高度平衡，受到精确的调控。lncRNA 在这个调控过程中可能扮演了重要的作用。lncRNA *H19* 在长期造血干细胞（long-term hematopoietic stem cell，LT-HSC）中高表达，并在 HSC 分化成造血祖细胞后下调。在小鼠中敲除 *H19* 后，LT-HSC 的数量大幅减少，这些小鼠的骨髓在移植后重构能力显著减弱[100]。*lncHSC-1* 和 *lncHSC-2* 与 HSC 的稳态密切相关，调控了 HSC 的自我更新和谱系决定[101]。*lncHSC-1* 和 *lncHSC-2* 在 HSC 和造血祖细胞中高表达，而在末端分化的红细胞中不表达。*lncHSC-1* 的沉默促进骨髓祖细胞的数量和髓系分化，*而 lncHSC-2* 的沉默降低 HSC 和祖细胞数量并促进 T 细胞分化。在小鼠中敲除印记基因 *Xist* 能影响雌性小鼠造血祖细胞的成熟异常，并进一步导致血细胞癌的发生[102]。

2. lncRNA 与髓系分化

巨噬细胞和树突状细胞等骨髓细胞都来自髓系祖细胞，研究显示 lncRNA 在它们的分化过程中扮演重要角色。lncRNA *Morrbid* 在髓系祖细胞分化成终末细胞过程中表达，在中性粒细胞、单核细胞等短寿骨髓细胞类型中表达最高。在造血细胞中缺失 *Morrbid* 能导致短寿骨髓数量的减少。*Morrbid* 是一个细胞核定位的 lncRNA，通过顺式抑制邻近基因 *Bcl2l11*（编码促凋亡分子 Bim）的表达来发挥调控功能[103]。*Morrbid* 通过染色质环化将 PRC2 复合体靶向 *Bcl2l11* 基因启动子区，造成启动子区组蛋白发生 H3K27me3 修饰，从而抑制了 *Bcl2l11* 基因的表达。

lnc-DC 的表达在髓系祖细胞或单核细胞分化成 DC 的过程中上调，在淋巴细胞或 DC 细胞中表达最高[105]。在 DC 细胞分化过程中敲低 *lnc-DC* 抑制了 *CD40*、*CD80*、*CD86*、*CCR7* 等 DC 细胞特异基因的表达。相应地，沉默了 *lnc-DC* 的 DC 细胞无法有效活化 CD4$^+$ T，在病原刺激后也无法有效释放炎性细胞因子。与 *Morrbid* 不同，*lnc-DC* 是一个细胞质 lncRNA，在细胞质中与转录因子 STAT3 的碳末端结合并促进其磷酸化和核转运。沉默 *lncRNA-DC* 会导致 STAT3 与酪氨酸磷酸酶 SHP1 的结合，抑制 Tyr705 磷酸化，从而阻碍 STAT3 的入核。值得注意的是，小鼠中 *lnc-DC* 的同源基因被发现能编码一个小的分泌蛋白[106]，目前还不清楚 *lnc-DC* 在小鼠中是通过与 STAT3 的相互作用还是通过分泌蛋白来调控 DC 细胞的分化。

3. lncRNA 与 CD4$^+$ T 细胞分化

CD4$^+$ T 细胞分化成辅助性 T 细胞对病原体特异适应性免疫应答起始至关重要，研究显示 lncRNA 参与了这个过程的调控。lncRNA *lincR-Ccr2-5′AS* 在 T$_H$2 细胞中特异表达，它的表达受转录因子 GATA-3 的调控。*lincR-Ccr2-5′AS* 的沉默实验显示它调控了约 1200 种基因的表达，这些基因中有相当一部分是受

GATA-3 的调控。受 *lincR-Ccr2-5′AS* 调控的基因中有一组基因参与调控 T_H2 细胞的趋化作用（*Ccr1*、*Ccr2*、*Ccr3* 和 *Ccr5*），缺少了 *lincR-Ccr2-5′AS* 的 T_H2 细胞，移动到肺的能力明显减弱[107]。

　　T_H17 细胞的分化也依赖于 lncRNA 的转录调控功能。DDX5 是 T_H17 细胞转录因子 RORγt 的一个重要相互作用蛋白。DDX5 缺失的 T_H17 细胞，其 RORγt 调控基因的转录受到抑制。有意思的是，DDX5 的功能依赖于 RNA 解螺旋结构域，这说明可能有 RNA 介导了其功能。确实，对 DDX5 的免疫共沉淀证实它与 lncRNA *Rmrp*（RNA component of the mitochondrial-RNA-processing endoRNase）结合。在 T_H17 细胞中，*Rmrp* 定位于细胞核中，促进 RORγt-DDX5 复合体在重要的 T_H17 细胞效应分子（如 Il17a 盒 Il17f）位点形成并促进它们的转录。

　　在 ThN 细胞中，lncRNA *linc-MAF-4* 抑制了 T_H2 细胞的转录因子 MAF，帮助 T 细胞向 T_H1 细胞分化[108]。*linc-MAF-4* 和 *MAF* 的基因组位点形成长距离的相互作用，*linc-MAF-4* 通过招募 EZH2 和 LSD1 来对 *MAF* 启动子区打上抑制标记，从而抑制了 *MAF* 的转录。

4. lncRNA 与炎症激活

　　固有免疫应答是由多种功能不同的骨髓细胞（包括 DC 和巨噬细胞）介导完成的，它们通过模式识别受体识别病原体并发起免疫应答。许多研究发现 lncRNA 通过转录调控、蛋白质翻译后修饰和染色质可接近性调控等方式参与这个过程的调控。*lincRNA-Cox2* 在骨髓来源的 DC 细胞中表达，在 Toll 样受体 TLR1 和 TLR2 或 TLR7 和 TLR8 激活后能上调超过 1000 倍[109]。*lincRNA-Cox2* 的转录依赖于 TLR 配体 MyD88 和转录因子 NF-κB。在炎症刺激过程中沉默 *lincRNA-Cox2* 会导致超过 500 种炎症相关基因表达的改变，这说明该 lncRNA 协调了大量基因的表达。*lincRNA-Cox2* 在无炎症刺激存在时也负责抑制大量炎症相关基因的表达。受 *lincRNA-Cox2* 调控的基因包括：*Tlr1*、*Il6*、*Il23a* 等炎症应答相关基因，Ccl5、Cx3cl1 等细胞因子，*Irf7*、*Oas1a*、*Oas1l* 等干扰素激活基因。*lincRNA-Cox2* 是通过与 hnRNP-A/B 和 hnRNP-A2/B1 相互作用来发挥调控功能的[109]。在骨髓来源的巨噬细胞中沉默 hnRNP-A/B 和 hnRNP-A2/B1 会导致一组炎症相关基因的表达失调，这组基因在 *lincRNA-Cox2* 沉默后同样也会表达失调。此外，沉默 hnRNP-A/B 和 hnRNP-A2/B1 还能抵销过表达 *lincRNA-Cox2* 带来的 *Ccl5* 表达抑制，进一步证实了它们之间是协同发挥功能的。

　　lncRNA *THRIL* 是另外一个 TLR 信号通路的调控因子，它也通过与 hnRNP 相互作用来发挥功能[110]。分析沉默 *THRIL* 后的 THP-1 的转录组变化发现，超过 300 种 TLR2 下游基因表达发生改变，包括 TNF、IL8、CXCL10、CCL1、CSF1 等。质谱实验发现 *THRIL* 与 hnRNPL 蛋白结合，沉默 hnRNPL 能导致巨噬细胞产生 TNF 细胞因子的能力减弱。ChIRP 实验证实了 *THRIL* 与 *TNF* 基因组位点有相互作用，而 ChIP 实验发现 hnRNPL 结合 TNF 的启动子区，并且是 *THRIL* 依赖的。这些实验共同说明 *THRIL* 通过招募 hnRNPL 并引导其靶向特定基因组位点来影响 TLR 激活基因的转录。

　　lncRNA *PACER* 在 NF-κB 信号通路中扮演一个分子诱饵的角色[111]。*PACER* 的表达能受到脂多糖的诱导，*PACER* 表达后竞争性结合 NF-κB 复合体中的 p50，使得 p50 无法形成同源二聚体结合到炎症应答基因 *PTGS2* 启动子，p50-p50 同源二聚体具有抑制基因表达的效果。*PACER* 与 p50 的结合能促进 p50 与 p65 形成异源二聚体，该二聚体能促进 *PTGF2* 启动子形成转录起始复合体，从而促进 *PTGS2* 基因的转录。

5. lncRNA 与炎症反应抑制

　　研究显示 lncRNA 具有防止过度炎症反应的功能。lncRNA *Lethe* 是一个假基因，其表达在小鼠胚胎成纤维细胞中受到 IL-1β 和 TNF 的激活[112]，其激活是依赖于 NF-κB 信号通路活性的。将 *Lethe* 沉默后会导致 NB-κB 信号通路靶标的上调，而过表达 *Lethe* 能降低 NF-κB 活性报告载体信号，这说明 *Lethe* 发挥负调控 NF-κB 信号通路的功能。RNA 免疫共沉淀分析显示 *Lethe* 结合 NF-κB 复合体中的 p65，能抑制 p65 同源二聚体在 NF-κB、*Il6*、*Il8* 等靶基因位点的结合。因此，*Lethe* 像 PACER 一样是 NF-κB 通路的一个分子诱饵，负反馈调节了 NF-κB 信号通路的活性，防止其过度活化。

lncRNA *lincRNA-EPS* 通过与染色质的直接相互作用来抑制炎症相关的基因表达[113]。*lincRNA-EPS* 在红细胞、巨噬细胞和 DC 中表达，在固有免疫系统激活后，它在巨噬细胞和 DC 中的表达下调。*lincRNA-EPS* 缺失小鼠具有红细胞发育缺陷和免疫反应过度活化问题，其骨髓来源的巨噬细胞在 TLR 激活后，细胞中 *Il6*、*Cxcl10*、*Ccl4*、*Irg1* 等炎症相关基因相比野生型具有更高的表达。与此相一致的是，*lincRNA-EPS* 缺陷的巨噬细胞相比野生型具有高水平的转录激活组蛋白修饰标记 H3K4me3、染色质开放性和免疫应答分子。*lincRNA-EPS* 定位于细胞核中，对其详细的生化分析显示它通过结合 hnRNPL 来实现其调控功能。

lincRNA *lnc13* 通过与 lincRNA-EPS 类似的机制来调控免疫系统[114]。*lnc13* 在巨噬细胞中表达，在 TLR4 刺激后表达下调。在静息细胞中，*lnc13* 定位于细胞核中，与 hnRNPD、组蛋白去乙酰化酶（HDAC1）结合，抑制 *Myd88*、*Stat1*、*Stat3*、*Tnf* 等免疫应答相关基因的表达。有意思的是，*lnc13* 拥有一个与乳糜泄相关的 SNP（single nucleotide polymorphism，单核苷酸多态性）。体外表达含有乳糜泄相关 SNP 的 *lnc13* 发现，其余 hnRNPD 的结合能力下降，而乳糜泄患者具有更低的 *lnc13* 表达水平和更高的 *lnc13* 调控基因的表达水平，说明非编码 SNP 影响了 *lnc13* 的表达和功能，并引起了炎症疾病的发生。

6. lncRNA 与 T 细胞激活

lncRNA *NeST* 是第一个在体内被证实调控免疫应答的 lncRNA[115]。SJL/J 小鼠能持续感染 Theiler 病毒，而 B10.S 小鼠不会，SJL/J 小鼠持续感染表型被发现与编码 NeST（Tmevp3）、IFN-γ（Ifng）、IL-22（Il22）的基因组区域有关。基因表达分析发现，SJL/J 小鼠 T 细胞的 *NeST* 表达水平较高，并且在 *NeST* 过表达 B10.S 转基因小鼠获得 Theiler 病毒持续感染表型。*NeST* 通过调控邻近基因 *Ifng* 的转录来影响病原体应答，在 CD8⁺T 细胞中过表达 *NeST* 能增加 IFN-γ 的表达水平。这个调控作用是 *NeST* 通过与 WDR5 的相互作用来实现的，它招募 WDR5 并引导转录激活复合体到 *Ifng* 的启动子来激活其表达。这个研究发现了 lncRNA 在 T 细胞激活中的一个重要作用。

lncRNA 同样也发挥了限制 T 细胞过度活化的功能。lncRNA *NRON* 是钙依赖转录因子 NFAT 的抑制因子[49]。免疫共沉淀实验揭示在静息 T 细胞中，*NRON* 作为一个分子支架介导了一个大的 RNA 蛋白复合体的形成，该复合体将磷酸化形式的 NFAT 蛋白扣押在细胞质中。*NRON* 所介导形成的蛋白复合体中包括钙结合蛋白 IQGAP1、激酶 LRRK2、核转运因子 karyopherin β1。T 细胞抗原受体激活后，NFAT 从 NRON 复合体中释放出来，并被钙调磷酸酶去磷酸化，然后转运到细胞核中激活基因转录。沉默 *NRON* 会导致 T 细胞激活后 NFAT 去磷酸化程度提高、入核的量增加，最终导致 T 细胞产生更多的细胞因子。LRRK2 负责稳定 NRON-NFAT 的相互作用，在小鼠中敲除 *LRRK2* 会导致 NFAT 入核的增加及其下游靶基因转录的增强[116]。

22.5.5 lncRNA 与心血管系统

lncRNA 与心血管系统的关系目前研究得还不多，但已有研究显示 lncRNA 可能在心血管细胞谱系决定及心脏发育过程中扮演着非常重要的调控角色。Klattenhoff 等人通过分析小鼠 ESC 分化过程中 lncRNA 表达谱变化，鉴定到了心肌特异的 lncRNA Braveheart（*Bvht*）[117]。*Bvht* 与小鼠 ESC 的自我更新无关，但是 ESC 心血管细胞谱系决定和体外心肌细胞分化所必需的，在 ESC 分化过程中沉默 *Bvht* 会引起 Mesp1

等心脏关键转录因子激活失败，导致跳动心肌细胞数量显著减少。*Bvht* 调控了心脏发育过程中核心转录因子 Mesp1 的激活。它作为分子诱饵竞争性结合转录抑制的 SUZ12/PRC2 复合体，使得 SUZ12/PRC2 无法结合到靶基因上，从而激活了靶基因的转录。

小鼠 lncRNA *Fendrr* 是心脏和体壁发育的一个重要调控因子，它在初生的中胚层中短暂表达。敲除 *Fendrr* 是致死的，会引起心脏、肺、胃肠等器官的发育缺陷，并导致胚胎在 E13.75 期死亡[118]。*Fendrr* 同样与 PRC2 复合体相互作用。与 *Bvht* 以分子诱饵方式起作用不同，*Fendrr* 可以结合在 *Foxf1* 和 *Pitx2*（与早期细胞命运决定相关）的启动子区上，起到一个分子向导的作用。有趣的是，*Fendrr* 也与 TrxG/MLL 相互作用，激活基因的表达。这可能意味着 *Fendrr* 是用来协调基因启动子上的激活组蛋白修饰和抑制组蛋白修饰，使得靶基因表达适应心脏发育的需要。

Kurian 等用 RNA-Seq 技术解析了人多潜能细胞分化成血管内皮细胞过程中的 lncRNA 动态变化，鉴定到了三个新的特异表达 lncRNA：*TERMINATOR*、*ALIEN* 和 *PUNISHER*，它们分别在多能干细胞、血管祖细胞和成熟的内皮细胞中特异表达[119]。将这些 lncRNA 沉默后发现 *TERMINATOR* 与多能干细胞的身份维持相关，*ALIEN* 与心血管发育相关，*PUNISHER* 与内皮细胞功能维持相关。

22.6　lncRNA 与肿瘤

关键概念

- 增殖异常是肿瘤细胞的最重要特征之一，lncRNA 参与调控肿瘤细胞的增殖与生存。
- lncRNA 与肿瘤转移调控密切相关。早在 2003 年，人们就发现高表达 lncRNA *MALAT1* 早期非小细胞肺癌患者与更高的转移风险相关，而在肺癌细胞中沉默 *MALAT1* 能抑制细胞的转移能力。
- lncRNA 不仅具有促进肿瘤生长的功能，还在肿瘤生长抑制通路中扮演着重要的调控角色。

肿瘤的表型特征可表现为细胞增殖持续、分化受抑制、存活能力增强、迁移侵袭能力增加。近年来的研究显示 lncRNA 参与了肿瘤关键信号通路的调控，并与所有表型特征相关。

22.6.1　lncRNA 与肿瘤增殖

增殖异常是肿瘤细胞的最重要特征之一，许多核心信号通路的异常调控导致了肿瘤细胞的增殖失控。例如，Notch 信号通路，它是调控发育的一个重要信号通路，其活性在多种肿瘤中都因遗传或者表观遗传的改变而激活。在 T 细胞急性淋巴白血病（T cell acute lymphoblastic leukemia，T-ALL）中，lncRNA *LUNAR* 的表达受到 NOTCH1 信号通路的激活，通过激活 *IGF1R* mRNA 的表达来维持 IGF1 信号传递，从而促进 T-ALL 的增殖，因此 *LUNAR* 是一个促癌的 eRNA，通过顺式调控作用来促进 *IGF1R* mRNA 的转录，但具体的表达促进机制还不是非常清楚[121]。前列腺癌细胞的生长依赖于 lncRNA *PRNCR1* 和 *PCGEM1*，这两个 lncRNA 是雄性激素信号通路的核心雄性激素受体的结合 lncRNA，雄性激素受体激活基因表达能力依赖于这两个 lncRNA。*PRNCR1* 结合在乙酰化的雄性激素受体碳端，同时招募 DOT1L 帮助雄性激素受体的碳端结合 *PCGEM1*。*PCGEM1* 的结合使得雄性激素受体结合的增强子区域与启动子区成环，从而促进下游基因的转录[122]。

许多恶性肿瘤基因组的 8q24 区域都发生扩增，该区域的扩增与肿瘤的发生发展密切相关。8q24 区域扩增促进肿瘤形成原因之一是它包含了癌基因 *MYC*，近年来研究显示，该区域中的 lncRNA 在 *MYC* 扩增驱动的肿瘤中也扮演着重要角色。lncRNA *PVT1* 是其中的一个重要 lncRNA，它位于 Burkitt 淋巴瘤 t（2：8）易位的断点上，引导了人免疫球蛋白的增强子作用于 *PVT1-MYC* 的位点。在小鼠中，单拷贝的单个 Myc 扩增无法促进肿瘤形成，只有在扩增了包括 *Pvt1* 和 *Myc* 在内的多基因片段后才能有效促进肿瘤的形成[123]。*PVT1* 和 *MYC* 的共同扩增促进了 Myc 蛋白的水平，而在 Myc 驱动的人结肠癌中敲除 *PVT1* 能抑制增殖。除了 *Pvt1* 外，许多其他 lncRNA 也通过调控 *Myc* 的表达来影响细胞增殖。例如，lncRNA *CCAT1* 能通过引导增强子区与 *Myc* 基因启动子区的染色质成环来顺式促进 Myc 表达[124]。前面提到的 *PCGEM1* 也位于 8q24 基因组座位上，它除了与雄性激素受体结合外，也与 Myc 蛋白结合并增强 *Myc* 的转录活性，促进前列腺癌细胞的生长[125]。

22.6.2　lncRNA 与肿瘤细胞生存

肿瘤细胞的选择性优势与它的端粒维持、营养缺乏逆境耐受和干性相关。lncRNA *Gas5*（growth arrest specific 5）受营养缺乏逆境诱导，通过竞争性结合糖皮质激素受体（glucocorticoid receptor，GR）阻碍糖皮质激素应答基因表达[126]。*Gas5* 对糖皮质激素的竞争性抑制降低了细胞凋亡抑制因子 2，因此在营养缺乏逆境中促进了普通细胞的凋亡[48]，在乳腺癌细胞中 *Gas5* 的表达下调可能帮助肿瘤细胞在营养缺乏逆境中存活。

肿瘤细胞需要通过维持端粒稳定来避免复制导致的衰老，大部分肿瘤通过过表达逆转录酶 TERT 来维持端粒的稳定。lncRNA *TERC* 在端粒维持中也具有重要作用，*TERC* 的 SNP 被发现与端粒延长和神经胶质瘤有关[127]。*TERC* 拷贝数扩增能够很好地用来预测口腔癌的恶性程度。马立克氏病病毒在鸡中能高效诱发 T 细胞淋巴瘤，正是通过表达病毒端粒酶 RNA（*TERC*）促进端粒延长来实现的[128]。在缺乏 ATRX 的肿瘤细胞中，前面提到的 lncRNA *TERRA* 的表达失去细胞周期依赖性，导致 RPA 持续与单链端粒 DNA 结合，从而阻止了端粒酶依赖的端粒延长，这些肿瘤细胞转而依靠需要 ATR 的重组依赖途径来延长端粒[129]。

lncRNA 也与基因组稳定性维持相关。基因组的非整倍性是肿瘤细胞的一个重要特征，而 lncRNA *NORAD* 与肿瘤细胞的基因组非整倍性产生具有密切关系。*NORAD* 是一个高丰度 lncRNA，在细胞内能竞争性结合 PUMILIO 蛋白，抑制其与靶 mRNA 的结合，导致靶 mRNA 的稳定性和翻译效率降低。*NORAD*⁻/⁻ 细胞由于 PUMILIO 活性过高而导致细胞有丝分裂、DNA 修复和复制等相关基因 mRNA 过度抑制，从而导致基因组不稳定和多倍性的产生[130]。

22.6.3　lncRNA 与肿瘤转移

lncRNA 与肿瘤转移调控密切相关。早在 2003 年，人们就发现高表达 lncRNA *MALAT1* 早期非小细胞肺癌患者与更高的转移风险相关[131]。而在肺癌细胞中沉默 *MALAT1* 能抑制细胞的转移能力[132]。在 *MALAT1* 之后，不断有 lncRNA 被发现参与肿瘤转移调控。lncRNA-ATB 是一个能受 TGF-β 诱导的 lncRNA，在肝癌转移组织中高表达，并且其高表达与较差的预后相关。lncRNA-ATB 的表达能促进肝癌细胞的上皮间质转化（epithelial to mesenchymal transition，EMT）和器官转移灶克隆形成。lncRNA-ATB 通过两种不同的 RNA-RNA 相互作用来行使功能：一种是通过竞争性结合 miR-200 激活 *ZEB1* 和 *ZEB2* 的表达来促进 EMT；另外一种是通过与 interleukin-11 基因 mRNA 相互作用激活 STAT3 信号来促进转移[133]。BCAR4 是乳腺癌相关 lncRNA，与转录因子 SNIP1 和 PNUT1 结合，将驱化因子 CCL21 与非典型的 Gli2 信号通路联系起来，促进乳腺癌细胞的迁移和侵袭[134]。lncRNA *SChLAP1* 在一部分前列腺癌患者中高表达，其高表达能用来预测较差的预后和转移。功能研究实验显示 *SChLAP1* 是前列腺癌细胞迁移和侵袭能力所必需的, 它通过阻碍 SWI/SNF 的抑制迁移侵袭功能来发挥作用。

lncRNA 不仅能够促进肿瘤转移, 也是一种重要的转移抑制因子。lncRNA *LET* 的表达在低氧逆境下受到低氧诱导的组蛋白去乙酰化酶 3 的抑制。*LET* 的低表达促进了 NF90（nuclear factor 90）的稳定, 进而导致了低氧诱导的细胞侵袭。因此, *LET* 将低氧逆境与肿瘤转移联系起来。与此一致的是, *LET* 在肝癌中、结肠癌和肺鳞状细胞癌中低表达, 在肿瘤细胞中过表达 LET 能明显抑制细胞的转移; 相反, 沉默 *LET* 能促进细胞的转移。lncRNA *NKILA* 受到炎症信号因子所激活的 NF-κB（nuclear factor κB）信号通路诱导, 产生后与 NF-κB/IκB 复合体结合抑制 IκB 的磷酸化, 从而阻碍了 NF-κB 的释放及入核, 进而抑制了 NF-κB 信号通路, 因此 *NIKILA* 介导了 NF-κB 的一个负反馈调控作用[70]。*NIKILA* 在乳腺癌患者的异常低表达及转移和较差的预后相关, 证明它在乳腺癌恶化过程中扮演着重要的角色。

22.6.4 lncRNA 与抑癌通路

lncRNA 不仅具有促进肿瘤生长的功能, 还在肿瘤生长抑制通路中扮演着重要的调控角色。许多 lncRNA 调控了来自 *CDKN2A/CDKN2B* 位点的肿瘤抑制因子的表达, 包括 p15^{INK4b}、p16^{INK4a} 和 p14^{ARE} 等。例如, 在白血病细胞中反义 lncRNA *p15-AS* 能通过促进异染色质的形成来抑制 p15^{INK4b135}。而 lncRNA *MIR31HG* 可招募多梳蛋白家族到 INK4A 位点来抑制其转录[136], 在黑色素瘤中 *MIR31HG* 的表达与 p16^{INK4a} 呈负相关, 说明它可能起到了一个促进肿瘤生长的作用。lncRNA *TARID* 能通过招募 GADD45A 到肿瘤抑制因子 TCF21 的启动子区来激活它的表达[137]。lncRNA *FAL1* 位于 1 号染色体的基因组高频扩增区中, 它能招募染色质抑制因子 BMI-1 到 *CDKN1A* 在内的多个肿瘤抑制基因位点上抑制它们的转录, 促进肿瘤细胞的增殖[138]。

细胞中最出名的肿瘤抑制通路是 p53 通路, 该通路能激活大量 lncRNA 表达, 并受到 lncRNA 的精确调控。例如, 母系印记 lncRNA *MEG3* 是一个 p53 结合 lncRNA, 能协同 p53 激活部分 p53 依赖基因的转录[139]。在一个全基因组水平鉴定 p53 调控 eRNA 的工作中鉴定到了 p53 调控的 lncRNA *LED*, 它与包括 *CKDN1A* 增强子在内的一些强增强子相互作用并激活它们的转录, 以此帮助 p53 阻滞细胞周期。*LED* 在一些 p53 野生型的白血病细胞中异常低表达, 说明它可能确实是一个抑癌 lncRNA[140]。lncRNA-p21 的表达是 p53 依赖的, 它受 DNA 损伤诱导, 表达后通过与 hnRNPK 相互作用顺式调控 *CDKN1A* 来阻滞细胞周期[141]。与 lncRNA-21 类似, lncRNA *PANDA* 的表达也是 p53 依赖并受 DNA 损伤诱导, 负责 p53 信号的细胞凋亡诱导功能调控, 它与 NF-YA 转录因子竞争性结合, 抑制它结合到促凋亡基因上[47]。

参 考 文 献

[1] Pachnis, V. *et al.* The structure and expression of a novel gene activated in early mouse embryogenesis. *EMBO J* 7, 673-681(1988).

[2] Brannan, C. I. *et al.* The product of the H19 gene may function as an RNA. *Mol Cell Biol* 10, 28-36(1990).

[3] Brown, C. J. *et al.* A gene from the region of the human X inactivation centre is expressed exclusively from the inactive X chromosome. *Nature* 349, 38-44(1991).

[4] Rinn, J. L. & Chang, H. Y. Genome regulation by long noncoding RNAs. *Annu Rev Biochem* 81, 145-166(2012).

[5] Ingolia, N. T. *et al.* Ribosome profiling of mouse embryonic stem cells reveals the complexity and dynamics of mammalian proteomes. *Cell* 147, 789-802(2011).

[6] Ulveling, D. *et al.* When one is better than two: RNA with dual functions. *Biochimie* 93, 633-644(2011).

[7] Guttman, M. *et al.* lincRNAs act in the circuitry controlling pluripotency and differentiation. *Nature* 477, 295-300(2011).

[8] Zhang, Y. C. *et al.* Genome-wide screening and functional analysis identify a large number of long noncoding RNAs involved

in the sexual reproduction of rice. *Genome Biol* 15, 512(2014).

[9] Ulitsky, I. *et al.* Conserved function of lincRNAs in vertebrate embryonic development despite rapid sequence evolution. *Cell* 147, 1537-1550(2011).

[10] Kapranov, P. *et al.* Large-scale transcriptional activity in chromosomes 21 and 22. *Science* 296, 916-919(2002).

[11] Rinn, J. L. *et al.* The transcriptional activity of human chromosome 22. *Genes Dev* 17, 529-540(2003).

[12] Birney, E. *et al.* Identification and analysis of functional elements in 1% of the human genome by the ENCODE pilot project. *Nature* 447, 799-816(2007).

[13] Guttman, M. *et al.* Chromatin signature reveals over a thousand highly conserved large non-coding RNAs in mammals. *Nature* 458, 223-227(2009).

[14] Huarte, M. *et al.* A large intergenic noncoding RNA induced by p53 mediates global gene repression in the p53 response. *Cell* 142, 409-419(2010).

[15] Derrien, T. *et al.* The GENCODE v7 catalog of human long noncoding RNAs: analysis of their gene structure, evolution, and expression. *Genome Res* 22, 1775-1789(2012).

[16] St Laurent, G. *et al.* The Landscape of long noncoding RNA classification. *Trends Genet* 31, 239-251(2015).

[17] Mariner, P. D. *et al.* Human Alu RNA is a modular transacting repressor of mRNA transcription during heat shock. *Mol Cell* 29, 499-509(2008).

[18] Tay, Y. *et al.* The multilayered complexity of ceRNA crosstalk and competition. *Nature* 505, 344-352(2014).

[19] Yin, Q. F. *et al.* Long noncoding RNAs with snoRNA ends. *Mol Cell* 48, 219-230(2012).

[20] Dhir, A. *et al.* Microprocessor mediates transcriptional termination of long noncoding RNA transcripts hosting microRNAs. *Nat Struct Mol Biol* 22, 319-327(2015).

[21] Brown, J. A. *et al.* Formation of triple-helical structures by the 3′-end sequences of MALAT1 and MENbeta noncoding RNAs. *Proc Natl Acad Sci U S A* 109, 19202-19207(2012).

[22] Nesterova, T. B. *et al.* Characterization of the genomic Xist locus in rodents reveals conservation of overall gene structure and tandem repeats but rapid evolution of unique sequence. *Genome Res* 11, 833-849(2001).

[23] Memczak, S. *et al.* Circular RNAs are a large class of animal RNAs with regulatory potency. *Nature* 495, 333-338(2013).

[24] Zhang, B. *et al.* A novel RNA motif mediates the strict nuclear localization of a long noncoding RNA. *Mol Cell Biol* 34, 2318-2329(2014).

[25] Coccia, E. M. *et al.* Regulation and expression of a growth arrest-specific gene(gas5)during growth, differentiation, and development. *Mol Cell Biol* 12, 3514-3521(1992).

[26] Khalil, A. M. *et al.* Many human large intergenic noncoding RNAs associate with chromatin-modifying complexes and affect gene expression. *Proc Natl Acad Sci U S A* 106, 11667-11672(2009).

[27] Somarowthu, S. *et al.* HOTAIR forms an intricate and modular secondary structure. *Mol Cell* 58, 353-361(2015).

[28] Cabili, M. N. *et al.* Integrative annotation of human large intergenic noncoding RNAs reveals global properties and specific subclasses. *Genes Dev* 25, 1915-1927(2011).

[29] Mercer, T. R. *et al.* Specific expression of long noncoding RNAs in the mouse brain. *Proc Natl Acad Sci U S A* 105, 716-721(2008).

[30] Zheng, G. X. *et al.* Dicer-microRNA-Myc circuit promotes transcription of hundreds of long noncoding RNAs. *Nat Struct Mol Biol* 21, 585-590(2014).

[31] Alcid, E. A. & Tsukiyama, T. ATP-dependent chromatin remodeling shapes the long noncoding RNA landscape. *Genes Dev* 28, 2348-2360(2014).

[32] Almada, A. E. *et al.* Promoter directionality is controlled by U1 snRNP and polyadenylation signals. *Nature* 499,

360-363(2013).

[33] Marvin, M. C. *et al.* Accumulation of noncoding RNA due to an RNase P defect in *Saccharomyces cerevisiae. RNA* 17, 1441-1450(2011).

[34] Wilusz, J. E. *et al.* 3′ end processing of a long nuclear-retained noncoding RNA yields a tRNA-like cytoplasmic RNA. *Cell* 135, 919-932(2008).

[35] Quinn, J. J. & Chang, H. Y. Unique features of long non-coding RNA biogenesis and function. *Nat Rev Genet* 17, 47-62(2016).

[36] Holz-Schietinger, C. & Reich, N. O. RNA modulation of the human DNA methyltransferase 3A. *Nucleic Acids Res* 40, 8550-8557(2012).

[37] Mondal, T. *et al.* Characterization of the RNA content of chromatin. *Genome Res* 20, 899-907(2010).

[38] Di Ruscio, A. *et al.* DNMT1-interacting RNAs block gene-specific DNA methylation. *Nature* 503, 371-376(2013).

[39] Chu, C. *et al.* Genomic maps of long noncoding RNA occupancy reveal principles of RNA-chromatin interactions. *Mol Cell* 44, 667-678(2011).

[40] Camblong, J. *et al.* Antisense RNA stabilization induces transcriptional gene silencing via histone deacetylation in S. cerevisiae. *Cell* 131, 706-717(2007).

[41] McHugh, C. A. *et al.* The Xist lncRNA interacts directly with SHARP to silence transcription through HDAC3. *Nature* 521, 232-236(2015).

[42] Nagano, T. *et al.* The Air noncoding RNA epigenetically silences transcription by targeting G9a to chromatin. *Science* 322, 1717-1720(2008).

[43] Heo, J. B. & Sung, S. Vernalization-mediated epigenetic silencing by a long intronic noncoding RNA. *Science* 331, 76-79(2011).

[44] Kotake, Y. *et al.* Long non-coding RNA ANRIL is required for the PRC2 recruitment to and silencing of p15(INK4B)tumor suppressor gene. *Oncogene* 30, 1956-1962(2011).

[45] Tsai, M. C. *et al.* Long noncoding RNA as modular scaffold of histone modification complexes. *Science* 329, 689-693(2010).

[46] Lee, J. T. & Bartolomei, M. S. X-inactivation, imprinting, and long noncoding RNAs in health and disease. *Cell* 152, 1308-1323(2013).

[47] Hung, T. *et al.* Extensive and coordinated transcription of noncoding RNAs within cell-cycle promoters. *Nat Genet* 43, 621-629(2011).

[48] Kino, T. *et al.* Noncoding RNA gas5 is a growth arrest- and starvation-associated repressor of the glucocorticoid receptor. *Sci Signal* 3, ra8(2010).

[49] Willingham, A. T. *et al.* A strategy for probing the function of noncoding RNAs finds a repressor of NFAT. *Science* 309, 1570-1573(2005).

[50] Ng, S. Y. *et al.* The long noncoding RNA RMST interacts with SOX2 to regulate neurogenesis. *Mol Cell* 51, 349-359(2013).

[51] Blackwood, E. M. & Kadonaga, J. T. Going the distance: a current view of enhancer action. *Science* 281, 60-63(1998).

[52] Natoli, G. & Andrau, J. C. Noncoding transcription at enhancers: general principles and functional models. *Annu Rev Genet* 46, 1-19(2012).

[53] Wang, K. C. *et al.* A long noncoding RNA maintains active chromatin to coordinate homeotic gene expression. *Nature* 472, 120-124(2011).

[54] Xiang, J. F. *et al.* Human colorectal cancer-specific CCAT1-L lncRNA regulates long-range chromatin interactions at the MYC locus. *Cell Res* 24, 513-531(2014).

[55] Schaukowitch, K. *et al.* Enhancer RNA facilitates NELF release from immediate early genes. *Mol Cell* 56, 29-42(2014).

[56] Tripathi, V. et al. The nuclear-retained noncoding RNA MALAT1 regulates alternative splicing by modulating SR splicing factor phosphorylation. *Mol Cell* 39, 925-938(2010).

[57] Bernard, D. et al. A long nuclear-retained non-coding RNA regulates synaptogenesis by modulating gene expression. *EMBO J* 29, 3082-3093(2010).

[58] Barry, G. et al. The long non-coding RNA Gomafu is acutely regulated in response to neuronal activation and involved in schizophrenia-associated alternative splicing. *Molecular Psychiatry* 19, 486-494(2014).

[59] Tsuiji, H. et al. Competition between a noncoding exon and introns: Gomafu contains tandem UACUAAC repeats and associates with splicing factor-1. *Genes to Cells : Devoted to Molecular & Cellular Mechanisms* 16, 479-490(2011).

[60] Beltran, M. et al. A natural antisense transcript regulates Zeb2/Sip1 gene expression during Snail1-induced epithelial-mesenchymal transition. *Genes Dev* 22, 756-769(2008).

[61] Bardou, F. et al. Long noncoding RNA modulates alternative splicing regulators in *Arabidopsis*. *Dev Cell* 30, 166-176(2014).

[62] Muslimov, I. A. et al. Activity-dependent regulation of dendritic BC1 RNA in hippocampal neurons in culture. *The Journal of Cell Biology* 141, 1601-1611(1998).

[63] Zhong, J. et al. BC1 regulation of metabotropic glutamate receptor-mediated neuronal excitability. *The Journal of Neuroscience* 29, 9977-9986(2009).

[64] Carrieri, C. et al. Long non-coding antisense RNA controls Uchl1 translation through an embedded SINEB2 repeat. *Nature* 491, 454-457(2012).

[65] Yoon, J. H. et al. LincRNA-p21 suppresses target mRNA translation. *Mol Cell* 47, 648-655(2012).

[66] Poliseno, L. et al. A coding-independent function of gene and pseudogene mRNAs regulates tumour biology. *Nature* 465, 1033-1038(2010).

[67] Guo, G. et al. A long noncoding RNA critically regulates Bcr-Abl-mediated cellular transformation by acting as a competitive endogenous RNA. *Oncogene* 34, 1768-1779(2015).

[68] Cesana, M. et al. A long noncoding RNA controls muscle differentiation by functioning as a competing endogenous RNA. *Cell* 147, 358-369(2011).

[69] Kallen, A. N. et al. The imprinted H19 lncRNA antagonizes let-7 microRNAs. *Mol Cell* 52, 101-112(2013).

[70] Liu, B. et al. A cytoplasmic NF-kappaB interacting long noncoding RNA blocks IkappaB phosphorylation and suppresses breast cancer metastasis. *Cancer Cell* 27, 370-381(2015).

[71] Sleutels, F. & Barlow, D. P. The origins of genomic imprinting in mammals. *Adv Genet* 46, 119-163(2002).

[72] Mancini-Dinardo, D. et al. Elongation of the Kcnq1ot1 transcript is required for genomic imprinting of neighboring genes. *Genes Dev* 20, 1268-1282(2006).

[73] Williamson, C. M. et al. Uncoupling antisense-mediated silencing and DNA methylation in the imprinted Gnas cluster. *PLoS Genet* 7, e1001347(2011).

[74] Pandey, R. R. et al. Kcnq1ot1 antisense noncoding RNA mediates lineage-specific transcriptional silencing through chromatin-level regulation. *Mol Cell* 32, 232-246(2008).

[75] Penny, G. D. et al. Requirement for Xist in X chromosome inactivation. *Nature* 379, 131-137(1996).

[76] Lee, J. T. et al. A 450 kb transgene displays properties of the mammalian X-inactivation center. *Cell* 86, 83-94(1996).

[77] Sado, T. et al. Tsix silences Xist through modification of chromatin structure. *Dev Cell* 9, 159-165(2005).

[78] Zhao, J. et al. Polycomb proteins targeted by a short repeat RNA to the mouse X chromosome. *Science* 322, 750-756(2008).

[79] Ogawa, Y. et al. Intersection of the RNA interference and X-inactivation pathways. *Science* 320, 1336-1341(2008).

[80] Tian, D. et al. The long noncoding RNA, Jpx, is a molecular switch for X chromosome inactivation. *Cell* 143, 390-403(2010).

[81] Sheik Mohamed, J. et al. Conserved long noncoding RNAs transcriptionally regulated by Oct4 and Nanog modulate

pluripotency in mouse embryonic stem cells. *RNA* 16, 324-337(2010).

[82] Loewer, S. *et al.* Large intergenic non-coding RNA-RoR modulates reprogramming of human induced pluripotent stem cells. *Nat Genet* 42, 1113-1117(2010).

[83] Wang, Y. *et al.* Endogenous miRNA sponge lincRNA-RoR regulates Oct4, Nanog, and Sox2 in human embryonic stem cell self-renewal. *Dev Cell* 25, 69-80(2013).

[84] Zhao, J. *et al.* Genome-wide identification of polycomb-associated RNAs by RIP-seq. *Mol Cell* 40, 939-953(2010).

[85] Peng, J. C. *et al.* Jarid2/Jumonji coordinates control of PRC2 enzymatic activity and target gene occupancy in pluripotent cells. *Cell* 139, 1290-1302(2009).

[86] Kaneko, S. *et al.* Interactions between JARID2 and noncoding RNAs regulate PRC2 recruitment to chromatin. *Mol Cell* 53, 290-300(2014).

[87] Yang, Y. W. *et al.* Essential role of lncRNA binding for WDR5 maintenance of active chromatin and embryonic stem cell pluripotency. *Elife* 3, e02046(2014).

[88] Bertani, S. *et al.* The noncoding RNA mistral activates Hoxa6 and Hoxa7 expression and stem cell differentiation by recruiting MLL1 to chromatin. *Mol Cell* 43, 1040-1046(2011).

[89] Wang, L. *et al.* LncRNA Dum interacts with Dnmts to regulate Dppa2 expression during myogenic differentiation and muscle regeneration. *Cell Res* 25, 335-350(2015).

[90] Briggs, J. A. *et al.* Mechanisms of long non-coding RNAs in mammalian nervous system development, plasticity, disease, and evolution. *Neuron* 88, 861-877(2015).

[91] Lin, N. *et al.* An evolutionarily conserved long noncoding RNA TUNA controls pluripotency and neural lineage commitment. *Mol Cell* 53, 1005-1019(2014).

[92] Chalei, V. *et al.* The long non-coding RNA Dali is an epigenetic regulator of neural differentiation. *Elife* 3, e04530(2014).

[93] Vance, K. W. *et al.* The long non-coding RNA Paupar regulates the expression of both local and distal genes. *EMBO J* 33, 296-311(2014).

[94] Sauvageau, M. *et al.* Multiple knockout mouse models reveal lincRNAs are required for life and brain development. *Elife* 2, e01749(2013).

[95] Ramos, A. D. *et al.* The long noncoding RNA Pnky regulates neuronal differentiation of embryonic and postnatal neural stem cells. *Cell Stem Cell* 16, 439-447(2015).

[96] Rapicavoli, N. A. *et al.* The long noncoding RNA RNCR2 directs mouse retinal cell specification. *BMC Developmental Biology* 10, 49(2010).

[97] Muslimov, I. A. *et al.* RNA transport in dendrites: a cis-acting targeting element is contained within neuronal BC1 RNA. *The Journal of Neuroscience* 17, 4722-4733(1997).

[98] Wang, H. *et al.* Dendritic BC1 RNA: functional role in regulation of translation initiation. *The Journal of Neuroscience* 22, 10232-10241(2002).

[99] Modarresi, F. *et al.* Inhibition of natural antisense transcripts *in vivo* results in gene-specific transcriptional upregulation. *Nature Biotechnology* 30, 453-459(2012).

[100] Venkatraman, A. *et al.* Maternal imprinting at the H19-Igf2 locus maintains adult haematopoietic stem cell quiescence. *Nature* 500, 345-349(2013).

[101] Luo, M. *et al.* Long non-coding RNAs control hematopoietic stem cell function. *Cell Stem Cell* 16, 426-438(2015).

[102] Yildirim, E. *et al.* Xist RNA is a potent suppressor of hematologic cancer in mice. *Cell* 152, 727-742(2013).

[103] Kotzin, J. J. *et al.* The long non-coding RNA Morrbid regulates Bim and short-lived myeloid cell lifespan. *Nature* 537, 239-243(2016).

[104] Chen, Y. G. et al. Gene regulation in the immune system by long noncoding RNAs. Nature Immunology 18, 962-972(2017).

[105] Wang, P. et al. The STAT3-binding long noncoding RNA lnc-DC controls human dendritic cell differentiation. Science 344, 310-313(2014).

[106] Dijkstra, J. M. & Ballingall, K. T. Non-human lnc-DC orthologs encode Wdnm1-like protein. F1000 Research 3, 160(2014).

[107] Hu, G. et al. Expression and regulation of intergenic long noncoding RNAs during T cell development and differentiation. Nature Immunology 14, 1190-1198(2013).

[108] Ranzani, V. et al. The long intergenic noncoding RNA landscape of human lymphocytes highlights the regulation of T cell differentiation by linc-MAF-4. Nature Immunology 16, 318-325(2015).

[109] Carpenter, S. et al. A long noncoding RNA mediates both activation and repression of immune response genes. Science 341, 789-792(2013).

[110] Li, Z. et al. The long noncoding RNA THRIL regulates TNFalpha expression through its interaction with hnRNPL. Proc Natl Acad Sci U S A 111, 1002-1007(2014).

[111] Krawczyk, M. & Emerson, B. M. p50-associated COX-2 extragenic RNA(PACER)activates COX-2 gene expression by occluding repressive NF-kappaB complexes. Elife 3, e01776(2014).

[112] Rapicavoli, N. A. et al. A mammalian pseudogene lncRNA at the interface of inflammation and anti-inflammatory therapeutics. Elife 2, e00762(2013).

[113] Atianand, M. K. et al. A long noncoding RNA lincRNA-EPS acts as a transcriptional brake to restrain inflammation. Cell 165, 1672-1685(2016).

[114] Castellanos-Rubio, A. et al. A long noncoding RNA associated with susceptibility to celiac disease. Science 352, 91-95(2016).

[115] Gomez, J. A. et al. The NeST long ncRNA controls microbial susceptibility and epigenetic activation of the interferon-gamma locus. Cell 152, 743-754(2013).

[116] Liu, Z. et al. The kinase LRRK2 is a regulator of the transcription factor NFAT that modulates the severity of inflammatory bowel disease. Nature Immunology 12, 1063-1070(2011).

[117] Klattenhoff, C. A. et al. Braveheart, a long noncoding RNA required for cardiovascular lineage commitment. Cell 152, 570-583(2013).

[118] Grote, P. et al. The tissue-specific lncRNA Fendrr is an essential regulator of heart and body wall development in the mouse. Dev Cell 24, 206-214(2013).

[119] Kurian, L. et al. Identification of novel long noncoding RNAs underlying vertebrate cardiovascular development. Circulation 131, 1278-1290(2015).

[120] Schmitt, A. M. & Chang, H. Y. Long noncoding RNAs in cancer pathways. Cancer Cell 29, 452-463(2016).

[121] Trimarchi, T. et al. Genome-wide mapping and characterization of Notch-regulated long noncoding RNAs in acute leukemia. Cell 158, 593-606(2014).

[122] Yang, L. et al. lncRNA-dependent mechanisms of androgen-receptor-regulated gene activation programs. Nature 500, 598-602(2013).

[123] Tseng, Y. Y. et al. PVT1 dependence in cancer with MYC copy-number increase. Nature 512, 82-86(2014).

[124] Kim, T. et al. Long-range interaction and correlation between MYC enhancer and oncogenic long noncoding RNA CARLo-5. Proc Natl Acad Sci U S A 111, 4173-4178(2014).

[125] Hung, C. L. et al. A long noncoding RNA connects c-Myc to tumor metabolism. Proc Natl Acad Sci U S A 111, 18697-18702(2014).

[126] Hudson, W. H. et al. Conserved sequence-specific lincRNA-steroid receptor interactions drive transcriptional repression and direct cell fate. Nature Communications 5, 5395(2014).

[127] Walsh, K. M. *et al.* Variants near TERT and TERC influencing telomere length are associated with high-grade glioma risk. *Nat Genet* 46, 731-735(2014).

[128] Trapp, S. *et al.* A virus-encoded telomerase RNA promotes malignant T cell lymphomagenesis. *The Journal of Experimental Medicine* 203, 1307-1317(2006).

[129] Flynn, R. L. *et al.* Alternative lengthening of telomeres renders cancer cells hypersensitive to ATR inhibitors. *Science* 347, 273-277(2015).

[130] Lee, S. *et al.* Noncoding RNA NORAD regulates genomic stability by sequestering PUMILIO proteins. *Cell* 164, 69-80(2016).

[131] Ji, P. *et al.* MALAT-1, a novel noncoding RNA, and thymosin beta4 predict metastasis and survival in early-stage non-small cell lung cancer. *Oncogene* 22, 8031-8041(2003).

[132] Gutschner, T. *et al.* The noncoding RNA MALAT1 is a critical regulator of the metastasis phenotype of lung cancer cells. *Cancer Research* 73, 1180-1189(2013).

[133] Yuan, J. H. *et al.* A long noncoding RNA activated by TGF-beta promotes the invasion-metastasis cascade in hepatocellular carcinoma. *Cancer Cell* 25, 666-681(2014).

[134] Xing, Z. *et al.* lncRNA directs cooperative epigenetic regulation downstream of chemokine signals. *Cell* 159, 1110-1125(2014).

[135] Yu, W. *et al.* Epigenetic silencing of tumour suppressor gene p15 by its antisense RNA. *Nature* 451, 202-206(2008).

[136] Montes, M. *et al.* The lncRNA MIR31HG regulates p16(INK4A)expression to modulate senescence. *Nature Communications* 6, 6967(2015).

[137] Arab, K. *et al.* Long noncoding RNA TARID directs demethylation and activation of the tumor suppressor TCF21 via GADD45A. *Mol Cell* 55, 604-614(2014).

[138] Hu, X. *et al.* A functional genomic approach identifies FAL1 as an oncogenic long noncoding RNA that associates with BMI1 and represses p21 expression in cancer. *Cancer Cell* 26, 344-357(2014).

[139] Zhou, Y. *et al.* Activation of p53 by MEG3 non-coding RNA. *The Journal of Biological Chemistry* 282, 24731-24742(2007).

[140] Leveille, N. *et al.* Genome-wide profiling of p53-regulated enhancer RNAs uncovers a subset of enhancers controlled by a lncRNA. *Nature Communications* 6, 6520(2015).

[141] Dimitrova, N. *et al.* LincRNA-p21 activates p21 in cis to promote polycomb target gene expression and to enforce the G_1/S checkpoint. *Mol Cell* 54, 777-790(2014).

宋尔卫　中国科学院院士，中山大学乳腺外科教授、主任医师。现任中山大学医学部主任、孙逸仙纪念医院院长。2005 年获国家杰出青年基金，2007 年入选国家级重大人才工程，2009 年被评为 CMB（美国中华医学基金会）杰出教授，2014 年入选中组部"万人计划"第一批科技创新领军人才。主持科技部国家重点研发计划项目、国家重大科学研究计划项目、国家自然科学基金创新研究群体项目，以及国家自然科学基金重大、重点项目等多项重大科研项目。多年来坚持临床一线工作，并结合临床进行应用基础和转化研究，尤其对肿瘤微环境和免疫治疗开展系统、深入的研究，取得了系列原创性学术成果，并提出肿瘤生态学说。研究成果共计发表 SCI 论文 165 篇，包括作为通讯作者在 *Nature*、*Cell*（3 篇）、*Cancer Cell*（3 篇）、*Nature Immunology*（2 篇）、*Nature Cell Biology*、*Nature Cancer*、*Science Translational Medicine* 等发表的多篇论著，他引总数 13 784 次，单篇最高他引达 1493 次。并应邀为 *Nature*

Reviews Drug Discovery 撰写关于肿瘤微环境的综述。研究成果两次入选全国高校十大科技进展，并以第一完成人获国家自然科学奖二等奖、全国创新争先奖、何梁何利科学与技术创新奖、谈家桢生命科学成就奖、广东省科学技术突出贡献奖、全国五一劳动奖章、世界科学院医学科学奖等。此外，他还担任 *Science China Life Sciences* 杂志副主编、中国临床肿瘤学会（CSCO）乳腺癌专家委员会主任委员、中国医师协会外科医师分会第三届委员会副会长等。

第23章 环形RNA

杨 力[1] 陈玲玲[2] 马旭凯[1] 董 瑞[3] 薛 尉[3]

1. 复旦大学 2. 中国科学院分子细胞科学卓越创新中心（生物化学与细胞生物学研究所）
3. 中国科学院上海营养与健康研究所

本章概要

20世纪70年代，科学家通过电镜观察发现植物类病毒的基因组由环形RNA分子构成。根据环形RNA形成机制的不同可以将其分为三大类：基因组环形RNA，非编码RNA加工过程中的环形RNA中间产物和变体，真核生物RNA聚合酶II（RNA pol II）转录本剪接产生的环形RNA。随着研究的深入，越来越多剪接产生的环形RNA被证明在生物体内发挥重要的生物学功能，并与一些疾病的发生和发展密切相关。一方面，疾病相关高表达的环形RNA可以被用作分子标志物，尤其一些特别稳定的环形RNA可以完整地存在于血液等体液中；另一方面，环形RNA也可以通过特殊的机制参与疾病的发生和发展，因此它们可被用作疾病治疗的新靶标。本章主要对环形RNA的发现、分类以及生物特性等方面进行阐述。

环形RNA是一类具有闭合环结构的RNA分子。20世纪70年代，科学家通过电镜观察发现植物类病毒的基因组由环形RNA分子构成[1]。在20世纪90年代，又陆续发现几例由外显子反向剪接产生的环形RNA分子[2-4]。由于当时这种反向剪接产生的环形RNA表达量低、数目少，因此被认为是剪接的副产物，且不具有重要的生物学功能[5,6]。近年来，随着新型高通量测序技术的发展及应用，大量的反向剪接环形RNA在生物中被广泛发现[7-14]；随着研究的深入，越来越多的环形RNA被证明在生物体内发挥重要的生物学功能，并与一些疾病的发生和发展密切相关[15-17]。本文从环形RNA的发现、分类、代谢机制、生物特性及其与疾病关系等方面展开简述，以期读者能较为全面地认知和理解环形RNA（本章内容主要更新于2018年12月底）。

23.1 环形RNA的发现

> **关键概念**
>
> - 1976年，科学家通过使用电子显微镜技术，发现植物类病毒（viroid）的基因组由单链闭合的环形RNA分子构成。这些分子以共价键形成闭合环结构，同时具有高度的稳定性。
> - 新型转录组测序的广泛应用极大地促进了环形RNA研究的发展。利用环形RNA富集和（或）全转录组RNA（包括环形和线形RNA）高通量测序及相关计算生物学分析方法，大量环形RNA新分子（主要是外显子反向剪接环形RNA）在动物、植物、真菌及原生生物中被广泛发现。

23.1.1 早期环形 RNA 个例的发现

1976 年，科学家通过使用电子显微镜技术，发现植物类病毒（viroid）的基因组由单链闭合的环形 RNA 分子构成。这些分子以共价键形成闭合环结构，同时具有高度的稳定性[1]。1979 年，同样利用电子显微镜技术，科学家在人的宫颈癌细胞系（HeLa）、猴肾细胞系（CV-1）及中国仓鼠卵巢细胞系（CHO）中发现以环结构形式存在的 RNA 分子[18]。在 20 世纪 80 年代，科学家又陆续发现酵母的线粒体 RNA、四膜虫核糖体 RNA（ribosomal RNA，rRNA）的中间产物、丁型肝炎病毒（hepatitis delta virus，HDV）基因组等也都以环形 RNA 的形式存在[19, 20]。

与上述基因组环形 RNA（viroid 和 HDV）、酵母线粒体 RNA、四膜虫 rRNA 中间产物不同，科学家们也发现了一些剪接相关的环形 RNA 新分子，包括从小鼠 *sry*、人 *est-1*、细胞色素 P450 2C24 及 *c-anril* 等基因位点产生的环形 RNA 分子[2-6, 21]。由于其表达量低、数目稀少，这种剪接相关的环形 RNA 分子在当时被认为是剪接的副产物，并且不具有重要的生物学功能[5, 6]。

23.1.2 全转录组水平环形 RNA 的大量发现

不同于线形 mRNA，环形 RNA 不具有 3′端多聚腺苷酸尾巴[poly(A)tail]。基于 oligo(T)纯化的普通转录组测序方法[poly(A)+ RNA-seq]，只能检测到 3′端具有多聚腺苷酸尾巴的线形(m)RNA，却无法检测到无 3′端多聚腺苷酸尾巴的环形 RNA。在 2011 年，科学家发展了一种针对无 3′端多聚腺苷酸尾巴 RNA 的富集和高通量测序[poly(A)– RNA-seq]新方法[22]，在真核生物中发现了大量剪接相关的线形和环形 RNA 新分子信号，包括内含子线形 RNA（主要是 sno-lncRNA）[23]、内含子环形 RNA（circular intronic RNA，ciRNA）[24] 和外显子环形 RNA[7, 10]。内含子环形 RNA 主要是由剪接后内含子套索构成，其成环连接是 2′,5′-磷酸二酯键；而外显子环形 RNA 是由一种特殊的反向剪接产生（circular RNA produced by precursor mRNA back-splicing of exon，circRNA），其成环连接是 3′,5′-磷酸二酯键[25, 26]。

新型转录组测序的广泛应用极大地促进了环形 RNA 研究的发展。现在利用环形 RNA 和（或）全转录组 RNA（包括环形和线形 RNA）高通量测序及相关计算生物学分析方法[27]，大量环形 RNA 新分子（主要是外显子反向剪接环形 RNA）在动物、植物、真菌及原生生物中被广泛发现[7-14]（图 23-1），拓展了科学

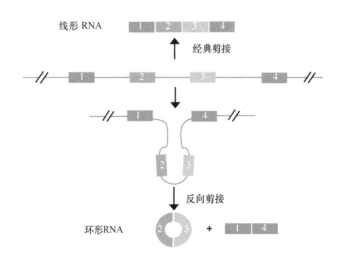

图 23-1 线形 RNA 及环形 RNA 的剪接生成

家对转录组复杂性和多样性的深入认知。环形 RNA 的计算生物学预测主要依赖于对其反向剪接成环序列的识别，一些主要的环形 RNA 计算生物学预测方法和流程有 CIRCexplorer、MapSplice、CIRI 等[10, 28, 29]，而混合采用多种不同计算生物学方法检测转录组环形 RNA 会显著提高预测的准确性[30]。

23.2 环形 RNA 的基本分类

关键概念

- 根据环形 RNA 形成机制的不同可以将其分为三大类：①基因组环形 RNA；②非编码 RNA 加工过程中的环形 RNA 中间产物和变体；③真核生物 RNA 聚合酶 II（RNA pol II）转录本剪接产生的环形 RNA。
- 生物体内以第三类环形 RNA 最为丰富。

23.2.1 病毒基因组环形 RNA

病毒基因组环形 RNA 是最先被发现的一类环形 RNA 分子。个别病毒借助于宿主细胞中催化酶的作用，可以形成具有 3′-5′或 2′-5′磷酸二酯键的闭合环形 RNA 基因组。其中，植物的类病毒、丁型肝炎病毒、副流感病毒等的基因组均为环形 RNA 分子[1, 31]。

23.2.2 环形 RNA 中间产物和变体

在古细菌和藻类中，一些非编码 RNA，如 rRNA（ribosomal RNA）和 tRNA（transfer RNA）的中间产物及变体、一些非编码管家 RNA 如核仁小 RNA（small nucleolar RNA，snoRNA）等也具有环结构特征[32-34]。这些中间产物由于具有环形的稳定结构，因此可以在体内稳定存在，进而发挥未知的潜在生物学功能。古细菌和藻类 rRNA、tRNA 成熟过程中会产生环形 RNA 中间产物。古细菌 rRNA 成熟过程中会产生环形 16S 及 23S rRNA 中间产物，这些中间产物进一步加工形成成熟的 rRNA 分子[32, 33]。另外，在红藻 tRNA 的成熟过程中，会通过特殊的加工方式将 tRNA 中间产物的末端连接起来，产生环形 RNA[34]。这种 tRNA 内含子环形 RNA 分子〔tRNA intronic circular（tric）RNA〕的生成加工需要一些保守的 tRNA 序列参与[35]。

核仁小 RNA 及核酶 RNase P 在古细菌中以环结构形式存在。在古细菌中，除了 rRNA 成熟过程可以产生环形 RNA 中间产物外，一些非编码管家 RNA，如核仁小 RNA 及核酶 RNase P 的 RNA 亚基等，也可以形成环结构[33]。

23.2.3 Pol II 转录本剪接产生的环形 RNA

在真核生物中数量最多、种类最丰富的环形 RNA 是由 RNA pol II 转录本剪接产生的两种环形 RNA 新分子（图 23-2），即剪接后内含子套索来源的环形 RNA 分子（ciRNA）和外显子反向剪接来源的环形 RNA 分子（circRNA）。现在对环形 RNA 的研究也主要集中在这一类剪接相关的环形 RNA 分子上。

1. 剪接后内含子来源环形 RNA

真核生物 RNA pol II 转录产生的前体 RNA，通过两步的转酯反应将外显子顺序（5′→3′）连接以产生成熟的 RNA 分子，同时将内含子序列剪接去除。剪接去除的内含子序列形成具有 2′,5′-磷酸二酯键的套索结构。虽然通常情况下这种内含子套索结构会经脱分支解环而被快速降解，但是一些内含子套索结构可以逃逸脱分支酶的作用，最终以稳定的环形 RNA 形式存在[24]。这种内含子来源的环形 RNA 以 2′,5′-磷酸二酯键成环，其成环效率与一些特殊的核酸序列密切相关；一些剪接后内含子来源环形 RNA 主要定位于细胞核中，并通过与 RNA pol II 结合调控基因表达[24]（图 23-2A）。

2. 外显子反向剪接来源的环形 RNA

除了正常剪接按顺序将上游外显子 5′剪接位点与下游外显子 3′剪接位点连接，最终产生成熟的、具有 5′→3′极性的线形（m）RNA 分子之外，生物体内还存在一种特殊反向剪接反应，可以将下游外显子 5′剪接位点反向与上游外显子 3′剪接位点连接，进而产生共价闭合的环形 RNA 新分子，即反向剪接介导的外显子环化（back-spliced exon circularization）[10]。反向剪接的外显子一般位于基因的内部，大部分的环形 RNA 由 2～3 个外显子构成[10]。与剪接后内含子套索来源的环形 RNA 不同，外显子反向剪接产生的环形 RNA 以 3′,5′-磷酸二酯键连接，其主要定位于细胞质中，并以多种机制参与生命活动[15-17]（图 23-2B）。

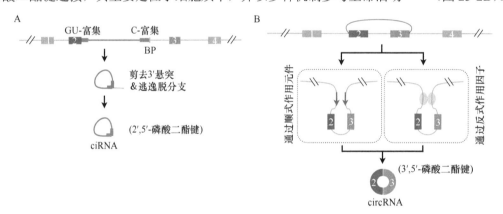

图 23-2　环形 RNA 的加工生成

A. 内含子环形 RNA（circular intronic RNA，ciRNA）的加工生成；B. 外显子来源环形 RNA（circular RNA produced by precursor mRNA back-splicing of exons，circRNA）的加工生成

23.3　环形 RNA 的自身代谢

关键概念

- 根据真核生物体内 RNA pol II 转录本剪接产生的两种环形 RNA，无论是在发生序列，还是在成环结构上都有不同，它们的产生机制也各不相同。
- 与正常的剪接不同，反向剪接将下游外显子 5′剪接位点反向与上游外显子 3′剪接位点共价连接，形成环形 RNA 新分子。这种反向剪接的效率与 RNA pol II 的转录速率成正相关，并且受到顺式作用元件（*cis*-element）和反式作用蛋白因子（*trans*-factor）的双重调控。

23.3.1　剪接后内含子来源环形 RNA 的自身代谢与机制

真核生物体内 RNA pol II 转录本的剪接通常可以分为两步转酯反应：首先，位于内含子分支位点（branch point）的腺嘌呤（A）通过 2'羟基攻击上游 5'剪接位点的 5'磷酸基团，使上游 5'剪接位点外显子的 3'羟基得以游离；然后，游离的 3'羟基攻击下游外显子 3'剪接位点外显子的 5'磷酸基团，进而形成 3',5'-磷酸二酯键将上下游的外显子顺序连接。这一剪接过程产生了两个结果，即上游外显子 5'剪接位点与下游外显子 3'剪接位点顺序连接产生线形的 RNA 分子，同时位于两个外显子之间的内含子序列以 2',5'-磷酸二酯键形成套索结构被剪接去除。一般情况下，剪接后的内含子套索结构在细胞内会发生快速的脱分支（debranching）反应并被细胞内的核酸酶降解；但当一些内含子套索结构的 2',5'-磷酸二酯键上下游具有某些特定的核苷酸序列，如靠近 5'剪接位点的富含 7 个 GU 核苷酸的序列、靠近分支位点富含 11 个核苷酸 C 的序列时，这种剪接后内含子套索结构会从脱分支过程逃逸，并最终以环形 RNA 的形式在细胞内稳定存在[24]。

23.3.2　反向剪接外显子来源的环形 RNA

与正常的剪接不同，反向剪接将下游外显子 5'剪接位点反向与上游外显子 3'剪接位点共价连接，形成环形 RNA 新分子。这种反向剪接的效率与 RNA pol II 的转录速率成正相关，并且受到顺式作用元件和反式作用蛋白因子的双重调控。

1. 反向剪接与转录的关系

利用 RNA 标记物 4sU（4-thiouridine）对新生转录本进行标记的研究发现，环形 RNA 的生成与 RNA pol II 的转录速率密切相关。虽然反向剪接发生的效率非常低，但是提高 RNA pol II 的转录速率可以显著增强环形 RNA 的产生；相应地，降低 RNA pol II 转录速率，则抑制反向剪接的发生，从而使环形 RNA 的生成减少[36]。

2. 反向剪接与剪接的关系

与正常的剪接类似，反向剪接同样依赖于剪接体（spliceosome）对剪接信号的识别和催化[36, 37]。理论上来讲，同一条前体 RNA 既可以通过正常的剪接产生线形 RNA，也可以通过反向剪接产生环形 RNA，因此在体内存在着正常剪接与反向剪接的竞争作用。一般来讲，正常剪接的效率更高，因此大部分的前体 RNA 通过剪接将外显子顺序相连产生线形 RNA 分子；而反向剪接的效率较低，因此产生的环形 RNA 分子也相对较少。但是，抑制剪接体催化活性可以特异地降低线形 RNA 的生成加工，而环形 RNA 的表达却被显著地提高[38]。这些研究结果表明，虽然同样依赖于剪接体的催化，反向剪接和正常剪接的具体机制存在着一定的差异，需要进一步的研究来阐明。

3. 顺式作用元件介导外显子反向剪接环形 RNA 的生成

借助对全转录组 RNA 的高通量测序及相关计算生物学分析，大量的环形 RNA 在不同的物种中被广泛发现[7-14]。初期的研究表明，在人反向剪接外显子两侧的内含子区域内存在大量的特殊短散在核重复序列（short interspersed nuclear repetitive DNA elements，SINE），主要是 *Alu* 序列[8]。进一步的研究揭示，这些两侧内含子区域的 *Alu* 序列可以通过反向互补配对显著地促进环形 RNA 的产生[10]。实际上，任何互补配对序列，只要能跨反向剪接外显子两侧内含子并形成一定强度的 RNA 配对结构，就可以促进环形 RNA 的生成加工[10]，即使配对的长度只有 30～40 个核苷酸[39]。

人类基因组中存在高达 100 万个以上的 *Alu* 序列，其中有一半的 *Alu* 序列位于内含子区域[40]。这些 *Alu* 序列既可以位于反向剪接外显子两侧内含子区域，并通过反向互补形成 RNA 配对以促进环形 RNA 的产生，也可以位于同一侧内含子区域内形成 RNA 配对并促进线形 RNA 的产生（图 23-3A）。因此，这些内含子 *Alu* 序列可以通过竞争产生不同的 RNA 配对调节环形 RNA 的生成加工[10]，包括复杂的可变反向剪接调控[27]（图 23-3B）。

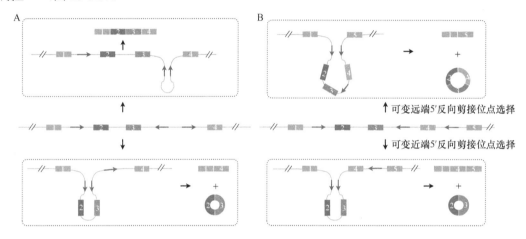

图 23-3 顺式作用元件介导并调控外显子环形 RNA 的形成

A. 顺式作用元件在内含子内部配对与内含子之间配对的竞争调控环形 RNA 的形成；B. 顺式作用元件在不同内含子之间的竞争配对调控环形 RNA 的可变反向剪接

4. 反式作用因子介导外显子反向剪接环形 RNA

除了顺式作用元件，反式蛋白因子同样可以介导环形 RNA 的产生。例如，RNA 结合蛋白 MBNL（muscleblind）可以结合特定的内含子序列进而促进环形 RNA 的形成[41]；RNA 结合蛋白 QKI（quaking）可以结合在反向剪接外显子两侧内含子特定序列上，并通过形成蛋白质二聚体拉近反向剪接位点以促进环形 RNA 的产生[42]。除了上述的个例，近期的一项研究利用建立全基因组筛选方法，发现了一系列与环形 RNA 生成加工等过程密切相关的反式蛋白因子，包括 100 多个 RNA 结合蛋白因子[43]。

5. 顺式作用元件和反式蛋白因子协同调控反向剪接环形 RNA

研究发现许多 RNA 结合蛋白因子，如 NF90/NF110、DHX9 及 ADAR1 等，通过结合特定的顺式作用元件（主要是 *Alu*），协同调控环形 RNA 的生成加工[13, 43, 44]。ADAR1 可以结合在跨内含子 *Alu* 形成的 RNA 配对上，通过 A-to-I RNA 编辑降低 *Alu* 配对的能力而抑制外显子反向剪接成环[13, 44]。与此不同的是，RNA 结合蛋白因子 NF90/NF110 结合并稳定跨内含子的 RNA 配对结构，因此促进反向剪接环形 RNA 的产生[43]。

23.4　反向剪接环形 RNA 的生物学特征

关键概念

- 反向剪接产生的环形 RNA 分子一般具有较短的核苷酸序列（其长度中值约 500nt），主要来自于基因的中间外显子区域，其中以含有 2~3 个外显子的环形 RNA 居多。
- 由于不具有开放的末端，推测环形 RNA 可以逃脱 RNA 外切酶的降解，并在体内以稳定的形式存在。
- 针对转录组的计算生物学分析发现，环形 RNA 在不同物种中广泛存在，其表达在人体内最为丰富和多样。

　　人体内的环形 RNA 主要来自于 RNA pol II 转录本剪接产生的两种环形 RNA，尤其是外显子反向剪接产生的环形 RNA 分子。通过对已有全转录组测序数据的计算生物学分析，高达 10 万个以上的反向剪接环形 RNA 新分子在人体中被检测到（yang-laboratory.com/circpedia）[27]，下面主要对这种环形 RNA 的生物学特征和功能进行介绍。

　　反向剪接产生的环形 RNA 分子一般具有较短的核苷酸序列（其长度中值约 500 nt），主要来自于基因的中间外显子区域，其中以含有 2~3 个外显子的环形 RNA 居多[10]，其闭合环由 3',5'-磷酸二酯键构成，因此不含有 3'端多聚腺苷酸尾巴。通常，环形 RNA 在大部分的细胞系/组织中表达较低，平均每个细胞系中有 50~100 个环形 RNA 比其同源的线形 RNA 表达量高[7]。值得注意的是，脑组织和神经细胞中环形 RNA 的表达量较其他的组织会有明显的提高，推测这与环形 RNA 的稳定性有关[36, 45]。

23.4.1　反向剪接环形 RNA 表达的多样性

　　虽然表达量较低，转录组反向剪接环形 RNA 的表达也具有相应的复杂性和多样性。研究发现，一个基因位点可以产生多个环形 RNA 分子，这种现象被称为可变环化（alternative circularization）[10]。通过可变反向剪接（alternative back-splicing）和正常的可变剪接（alternative splicing）两种机制都可以导致一些序列重叠环形 RNA 的生成加工[27]。不同的是，可变反向剪接产生的多个环形 RNA 分子具有不同的反向剪接成环位点，并受到可变反向剪接外显子两侧不同内含子互补 RNA 配对序列的竞争调控[27]。已知有两种形式的可变反向剪接类型，包括可变 5'反向剪接（alternative 5' back-splicing）和可变 3'反向剪接（alternative 3' back-splicing）[27]（图 23-4A）。同时，四种已知的可变剪接基本类型，包括盒式外显子（cassette exon）、内含子保留（intron retention）、可变 5'剪接（alternative 5' splicing）和可变 3'剪接（alternative 3' splicing）（图 23-4B），也可以在环形 RNA 的内部发生[27, 46]，但是这些环形 RNA 内部的可变剪接并不改变其反向剪接的成环位点[27]。对不同来源全转录组 RNA 测序的计算分析研究表明，环形 RNA 在不同细胞系和组织中呈现波动的表达。一些全新的外显子序列只在环形 RNA 中被检测到，表明体内存在一些特殊的反向剪接位点选择[27]。

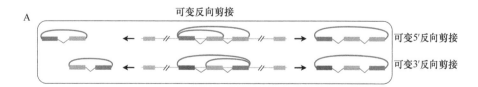

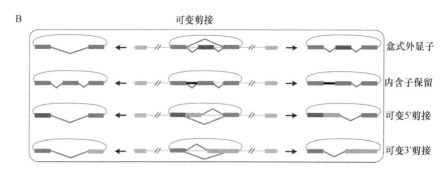

图 23-4　环形 RNA 的可变环化

A. 环形 RNA 的可变反向剪接；B. 环形 RNA 的可变剪接[27]

23.4.2　反向剪接环形 RNA 的稳定性

由于不具有开放的末端，推测环形 RNA 可以逃脱 RNA 外切酶的降解，并在体内以稳定的形式存在。对环形 RNA 和线形 RNA 的半衰期进行比较，发现环形 RNA 具有更长的半衰期[8, 9, 36]。因此，环形 RNA 可以通过转录后的积累达到较高的表达水平，并在终末分化组织（如脑和神经）中高表达[36, 45, 47]。同时，由于其特殊的稳定环结构，环形 RNA 甚至可以游离于细胞外，完整地存在于血液和体液中，因此具有作为分子标记物的潜能[48, 49]。

那么，环形 RNA 在体内是如何被降解的呢？已有的结果表明，人 CDR1 基因反义链转录加工产生的环形 RNA 分子 CDR1as，可以被 miR-671 介导通过 AGO2 途径降解。而 CDR1as 上 miR-671 识别位点序列在物种中的保守性，揭示了这种 miR-671 介导 CDR1as 环形 RNA 降解途径在物种中的保守性及其功能的重要性[50]。此外，截止到 2018 年年底，尚未有其他环形 RNA 降解的研究报道。

23.4.3　反向剪接环形 RNA 的物种特异性表达及其机制

针对转录组的计算生物学分析发现，环形 RNA 在不同物种中广泛存在，其表达在人体内最为丰富和多样[51]。研究表明，高等生物基因组的内含子区域含有配对能力更强的互补序列，是环形 RNA 在高等生物中高表达的重要原因之一[51]。例如，在人基因组中蕴含着超过 100 万个 Alu 序列，其中一半位于内含子区间[40]。系统的分析研究表明，这些内含子 Alu 序列较其他同源重复序列，具有更强的互补配对能力，可以显著地提高反向剪接的效率，促进环形 RNA 的生成加工[51]。虽然小鼠基因组内含有类似的短散在核重复序列（如 B1/B2/B4）可以形成互补 RNA 配对，但是其配对能力远小于灵长类特有的 Alu 序列，这可能是导致小鼠环形 RNA 数目和表达都大大减少的重要原因[51]。进一步在人、小鼠、果蝇和线虫中的比较研究表明，环形 RNA 的表达随着物种复杂性的增加而显著提高，其与基因组中的特殊 SINE 序列存在密切相关[51]。上述这些研究结果表明，基因组中 SINE 序列的快速进化可能对环形 RNA 的产生具有显著的调控作用，这也是环形 RNA 的表达随着物种复杂性的增加而显著提高的主要原因之一[51]。

23.5　反向剪接环形 RNA 的功能

关键概念

- 伴随着环形 RNA 在生物体内被大量地发现，越来越多的研究表明环形 RNA 可以通过不同的分子机制发挥重要的生物学功能。
- 少数环形 RNA 可以作为 miRNA 分子海绵（miRNA sponge）发挥生物学功能作用参与 miRNA 功能调控。除此之外，环形 RNA 还参与调控基因转录过程，并具有翻译的潜能。
- 环形 RNA 也可以通过结合一些特殊的 RNA 结合蛋白因子来发挥功能作用。

23.5.1　环形 RNA 参与 miRNA 功能调控

环形 RNA 可以作为 miRNA 分子海绵发挥生物学功能作用[9,52]，其中以环形 RNA *cdr1as* 的研究最具有代表性。研究表明，*cdr1as* 在脑和神经系统中表达最为丰富[9,52]，虽然其在人和小鼠中保守存在，但是具体的产生机制仍需深入研究。除了降解相关的 mir-671 结合位点，在 *cdr1as* 上还存在超过 60 个 mir-7 保守结合位点。这些 mir-7 保守结合位点可以结合大量的 mir-7 分子，进而以 mir-7 分子海绵的机制调控体内 mir-7 的功能发挥[9,52]（图 23-5A）。敲除 *cdr1as*，可以显著地改变 mir-7 靶基因的表达，并导致小鼠神经元活动的异常[53]。也有研究发现，mir-7 可以促进 miR-671 介导的 *cdr1as* 降解，表明 *cdr1as* 与 miRNA 分子间存在着复杂的调控网络和机制[54]。

此外，一种小鼠睾丸特异表达的环形 RNA *circsry*，具有 16 个 mir-138 的结合位点，研究表明其也可以作为 mir-138 的分子海绵发挥重要调控作用[52]。虽然还有一些其他的环形 RNA，如 *circhipk3* 等，也可以像 *cdr1as* 和 *circsry* 一样以 miRNA 分子海绵的机制发挥功能[55-57]，但是系统研究表明绝大多数的环形 RNA 并不含有针对一个 miRNA 的多个结合位点，据此推测大部分环形 RNA 不具有 miRNA 分子海绵作用的潜能[11]。

23.5.2　环形 RNA 调控基因转录过程

一些反向剪接产生的环形 RNA 可以将其内部的内含子序列保留下来，并定位于细胞核中。这种细胞核定位的、含有内含子的反向剪接环形 RNA，如 *EIcieif3J* 和 *EIcipaip2* 等，通过 U1 snRNP 的介导进一步与 RNA pol II 相结合，进而参与调控宿主基因的转录[58]（图 23-5B）。值得一提的是，前期对剪接后内含子来源的环形 RNA 研究发现，一些内含子来源的环形 RNA 也定位于细胞核中，并通过与 RNA pol II 结合调控基因转录[24]。

23.5.3　环形 RNA 的翻译潜能

环形 RNA 一般不翻译产生蛋白质产物，但是无论在体外系统还是体内系统都发现，人工构建的环形 RNA 具有翻译的潜能（图 23-5C）。当在环形 RNA 上人为插入一段内部核糖体进入位点（internal ribosome entry site，IRES）序列时，这种人工构建的环形 RNA 可以翻译产生相应的蛋白质产物[59,60]。

最新的研究表明，体内也存在一些可以翻译产生多肽的环形 RNA 分子[61-63]，而环形 RNA 上的 m⁶A 修饰可以促进其翻译[61]。这种 m⁶A 驱动的环形 RNA 翻译需要 m⁶A "阅读器" 蛋白因子 YTHDF3、募集的翻译起始蛋白因子 eIF4G2 等的参与[61]。内源环形 RNA 翻译多肽的潜能，进一步拓展了对环形 RNA 生物学功能的认识。

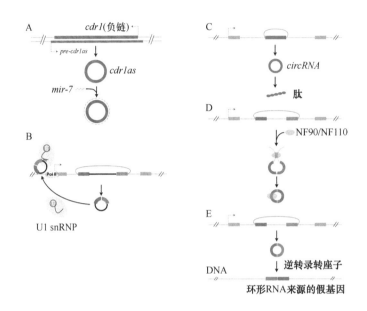

图 23-5　环形 RNA 的功能

A. 环形 RNA 作为 miRNA 分子海绵调控 miRNA；B. 环形 RNA 顺式调控转录过程；C. 环形 RNA 具有翻译的潜能；D. 环形 RNA 与 RNA 结合蛋白（RNA binding protein，RBP）相互作用；E. 环形 RNA 通过逆转座形成环形 RNA 来源的假基因

23.5.4　环形 RNA 与 RNA 结合蛋白相互作用

研究发现，环形 RNA 也可以通过结合一些特殊的 RNA 结合蛋白因子来发挥功能作用。例如，在果蝇和人体内的 MBL 蛋白因子可以调控同一基因位点环形 RNA——circmbl 的生成加工，而 circmbl 本身也可以结合 MBL 蛋白因子，因此推测存在对 circmbl 的反馈调节作用[41]。通过全基因组系统筛选，科学家还发现了一系列与环形 RNA 生成加工密切相关的反式作用蛋白因子，其中包括与抗病毒免疫相关的 NF90 和 NF110[43]（图 23-5D）。研究发现，NF90/NF110 作为细胞核和细胞质穿梭蛋白因子，除了可以在细胞核结合前体 RNA 促进环形 RNA 的生成加工以外，还可以在细胞质与环形 RNA 特异结合，并与其协同在抗病毒免疫过程中发挥重要的功能作用[43]。无论是内源存在的环形 RNA，还是人为构建的环形 RNA 都具有这种结合 NF90/NF110 的能力，因此 NF90/NF110 结合环形 RNA 的能力可能与其对环结构的特异识别密切相关[43]。

23.5.5　环形 RNA 来源的假基因

基因组中存在很多假基因，包括 RNA 逆转座产生的假基因[64-66]。除了大量的线形 RNA 来源的假基因，在基因组中也发现了一些可能是环形 RNA 来源的假基因序列[67]。例如，在小鼠的基因组中存在约 42 个潜在 circrfwd2 来源的假基因序列。这些假基因序列含有反向剪接产生的接头序列，因此可以通过序列比对的方法被系统发掘出来（图 23-5E）。虽然环形 RNA 来源的假基因在总体数目上比较少，但是仍然可以发挥一些新的功能。研究发现，小鼠 *circsatb1* 来源的假基因序列具有与 CTCF/RAD21 结合的信号，推测其可以通过改变基因组的三维结构调节小鼠基因表达[67]。综上所述，环形 RNA 来源的假基因在通过序列插入改变基因组遗传信息的同时，也可以通过改变基因组三维结构等机制调控基因表达[67]。

23.6　环形 RNA 与疾病

关键概念

- 越来越多的研究表明环形 RNA 与疾病发生密切相关，包括癌症、衰老和自疫紊乱等。
- 环形 RNA 也可以通过特殊的机制参与疾病的发生和发展，因此它们可被用作疾病治疗的新靶标。

23.6.1　环形 RNA 与癌症的关系

已有一些研究表明，癌症样品中存在一些特殊高表达的环形 RNA，可以通过多种机制参与癌症的发生[48, 55, 68, 69]。除此之外，癌症发生过程中的染色体异位和重排等也可以产生新的融合基因，其产生的融合蛋白因子可以进一步促进癌症的发生[70]。有报道表明，融合基因也可以通过产生新的融合环形 RNA 进而调控癌症的发生[69]。例如，*MLL/AF9* 融合基因的白血病模型小鼠可以产生一个新的融合环形 RNA，它可以与产生的融合蛋白因子协同作用促进癌症的发生[69]。相关机制研究表明，原本位于不同基因内含子的互补序列，在基因发生融合后恰好位于可以发生反向剪接的、来自于两个基因的外显子两侧，进而通过序列互补形成 RNA 配对，促进融合环形 RNA（F-circRNA）的生成加工[69]。

23.6.2　环形 RNA 与衰老

由于环形 RNA 的高稳定性，推测其可以在体内通过不断的积累增殖，在终末端分化的组织器官（如脑组织和神经细胞等）中呈现高表达的特性。利用果蝇进行研究发现，果蝇神经系统中的环形 RNA 随衰老而逐渐升高。因此，环形 RNA 既可以作为衰老的标志物，也可能通过其生物学功能在衰老过程中发挥作用[12]。环形 RNA 在衰老过程中的具体作用和机制还有待于进一步深入研究[12]。

23.6.3　环形 RNA 与自疫紊乱

已有的研究表明，环形 RNA 可以通过结合免疫蛋白因子 NF90/NF110，在细胞的抗病毒免疫过程中发挥功能作用。在正常情况下，环形 RNA 与 NF90/NF110 的结合可以避免 NF90/NF110 的免疫紊乱，进而维持细胞正常的生理状态；而当细胞受到病毒感染时，NF90/NF110 蛋白因子可以从与环形 RNA 结合的复合物中释放出来，通过结合病毒 mRNA 并抑制其翻译的机制发挥抗病毒作用[43]。全基因组筛选还发现了其他免疫蛋白因子，如视黄酸诱导基因 I（retinoic acid-inducible gene I，RIG-I）和 Toll 样受体（Toll-like receptor，TLR）等参与内源环形 RNA 的表达调控，推测这种调控也与宿主的免疫功能发挥密切相关[43]。值得注意的是，体外环化产生的外源环形 RNA 也可能导致不同的细胞免疫反应[71]。

23.7 环形 RNA 研究展望

越来越多的研究表明，环形 RNA 广泛地存在于不同的组织和物种中，并发挥重要的生物学功能，而环形 RNA 的异常表达也可能与疾病的发生和发展密切相关[15-17]。由于环形 RNA 的序列与其同源线形 RNA 高度重合，因此需要发展一些新的分子生物学、细胞生物学和遗传学等的手段和理念来针对性地研究环形 RNA 的生物学功能；与此同时，也需要进一步发展和完善高效计算生物学手段，来更全面地提高对环形 RNA 的系统分析研究。最后，多样化环形 RNA 数据库的出现也为环形 RNA 研究提供了便利[72-75]。需要说明的是，本章内容主要更新于 2018 年 12 月月底，而环形 RNA 的最新进展也层出不穷，例如环形 RNA 在天然免疫过程中发挥重要的功能作用[76]、体外合成的环形 RNA 可用于治疗 PKR 异常激活相关的自身免疫疾病等[77]。我们期待更多新方法、新技术和数据库的建立，可以进一步促进环形 RNA 研究的大发展并服务于人类健康。

参 考 文 献

[1] Sanger, H. L. *et al*. Viroids are single-stranded covalently closed circular RNA molecules existing as highly base-paired rod-like structures. *Proceedings of the National Academy of Sciences of the United States of America* 73, 3852-3856(1976).

[2] Nigro, J. M. *et al.* Scrambled exons. *Cell* 64, 607-613(1991).

[3] Cocquerelle, C. *et al*. Splicing with inverted order of exons occurs proximal to large introns. *The EMBO Journal* 11, 1095-1098(1992).

[4] Capel, B. *et al*. Circular transcripts of the testis-determining gene Sry in adult mouse testis. *Cell* 73, 1019-1030(1993).

[5] Cocquerelle, C. *et al*. Mis-splicing yields circular RNA molecules. *FASEB Journal : Official Publication of the Federation of American Societies for Experimental Biology* 7, 155-160(1993).

[6] Pasman, Z. *et al*. Exon circularization in mammalian nuclear extracts. *RNA* 2, 603-610(1996).

[7] Salzman, J. *et al*. Circular RNAs are the predominant transcript isoform from hundreds of human genes in diverse cell types. *PLoS One* 7, e30733, doi: 10.1371/journal.pone.0030733(2012).

[8] Jeck, W. R. *et al*. Circular RNAs are abundant, conserved, and associated with ALU repeats. *RNA* 19, 141-157(2013).

[9] Memczak, S. *et al*. Circular RNAs are a large class of animal RNAs with regulatory potency. *Nature* 495, 333-338(2013).

[10] Zhang, X. O. *et al*. Complementary sequence-mediated exon circularization. *Cell* 159, 134-147(2014).

[11] Guo, J. U. *et al*. Expanded identification and characterization of mammalian circular RNAs. *Genome Biology* 15, 409(2014).

[12] Westholm, J. O. *et al*. Genome-wide analysis of *Drosophila* circular RNAs reveals their structural and sequence properties and age-dependent neural accumulation. *Cell Reports* 9, 1966-1980(2014).

[13] Ivanov, A. *et al*. Analysis of intron sequences reveals hallmarks of circular RNA biogenesis in animals. *Cell Reports* 10, 170-177(2015).

[14] Fan, X. *et al*. Single-cell RNA-seq transcriptome analysis of linear and circular RNAs in mouse preimplantation embryos. *Genome Biology* 16, 148(2015).

[15] Chen, L. L. The biogenesis and emerging roles of circular RNAs. *Nature Reviews Molecular cell biology* 17, 205-211(2016).

[16] Li, X. *et al*. The biogenesis, functions, and challenges of circular RNAs. *Molecular Cell* 71, 428-442(2018).

[17] Wilusz, J. E. A 360 degrees view of circular RNAs: From biogenesis to functions. *Wiley Interdisciplinary Reviews RNA* 9, e1478(2018).

[18] Hsu, M. T. & Coca-Prados, M. Electron microscopic evidence for the circular form of RNA in the cytoplasm of eukaryotic

cells. *Nature* 280, 339-340(1979).

[19] Arnberg, A. C. *et al*. Some yeast mitochondrial RNAs are circular. *Cell* 19, 313-319(1980).

[20] Grabowski, P. J. *et al*. The intervening sequence of the ribosomal RNA precursor is converted to a circular RNA in isolated nuclei of *Tetrahymena*. *Cell* 23, 467-476(1981).

[21] Burd, C. E. *et al*. Expression of linear and novel circular forms of an INK4/ARF-associated non-coding RNA correlates with atherosclerosis risk. *PLoS Genetics* 6, e1001233(2010).

[22] Yang, L. *et al*. Genomewide characterization of non-polyadenylated RNAs. *Genome Biology* 12, R16(2011).

[23] Yin, Q. F. *et al*. Long noncoding RNAs with snoRNA ends. *Molecular Cell* 48, 219-230(2012).

[24] Zhang, Y. *et al*. Circular intronic long noncoding RNAs. *Molecular Cell* 51, 792-806(2013).

[25] Chen, L. L. & Yang, L. Regulation of circRNA biogenesis. *RNA Biology* 12, 381-388(2015).

[26] Yang, L. Splicing noncoding RNAs from the inside out. *Wiley Interdisciplinary Reviews RNA* 6, 651-660(2015).

[27] Zhang, X. O. *et al*. Diverse alternative back-splicing and alternative splicing landscape of circular RNAs. *Genome Research*, doi: 10.1101/gr.202895.115(2016).

[28] Wang, K. *et al*. MapSplice: accurate mapping of RNA-seq reads for splice junction discovery. *Nucleic Acids Research* 38, e178(2010).

[29] Gao, Y. *et al*. CIRI: an efficient and unbiased algorithm for *de novo* circular RNA identification. *Genome Biology* 16, 4(2015).

[30] Hansen, T. B. *et al*. Comparison of circular RNA prediction tools. *Nucleic Acids Research* 44, e58(2016).

[31] Kos, A. *et al*. The hepatitis delta(delta)virus possesses a circular RNA. *Nature* 323, 558-560(1986).

[32] Tang, T. H. *et al*. RNomics in Archaea reveals a further link between splicing of archaeal introns and rRNA processing. *Nucleic Acids Research* 30, 921-930(2002).

[33] Danan, M. *et al*. Transcriptome-wide discovery of circular RNAs in Archaea. *Nucleic Acids Research* 40, 3131-3142(2012).

[34] Soma, A. *et al*. Permuted tRNA genes expressed via a circular RNA intermediate in *Cyanidioschyzon merolae*. *Science* 318, 450-453(2007).

[35] Lu, Z. *et al*. Metazoan tRNA introns generate stable circular RNAs *in vivo*. *RNA* 21, 1554-1565(2015).

[36] Zhang, Y. *et al*. The biogenesis of nascent circular RNAs. *Cell Reports* 15, 611-624(2016).

[37] Starke, S. *et al*. Exon circularization requires canonical splice signals. *Cell Reports* 10, 103-111(2015).

[38] Liang, D. *et al*. The output of protein-coding genes shifts to circular RNAs when the pre-mRNA processing machinery is limiting. *Molecular Cell* 68, 940-954 e943(2017).

[39] Liang, D. & Wilusz, J. E. Short intronic repeat sequences facilitate circular RNA production. *Genes & Development* 28, 2233-2247(2014).

[40] Chen, L. L. & Yang, L. ALUternative regulation for gene expression. *Trends in Cell Biology* 27, 480-490(2017).

[41] Ashwal-Fluss, R. *et al*. circRNA biogenesis competes with pre-mRNA splicing. *Molecular Cell* 56, 55-66(2014).

[42] Conn, S. J. *et al*. The RNA binding protein quaking regulates formation of circRNAs. *Cell* 160, 1125-1134(2015).

[43] Li, X. *et al*. Coordinated circRNA biogenesis and function with NF90/NF110 in viral infection. *Molecular Cell* 67, 214-227 e217(2017).

[44] Aktas, T. *et al*. DHX9 suppresses RNA processing defects originating from the Alu invasion of the human genome. *Nature* 544, 115-119(2017).

[45] Rybak-Wolf, A. *et al*. Circular RNAs in the mammalian brain are highly abundant, conserved, and dynamically expressed. *Molecular Cell* 58, 870-885(2015).

[46] Gao, Y. *et al*. Comprehensive identification of internal structure and alternative splicing events in circular RNAs. *Nature*

Communications 7, 12060(2016).

[47] You, X. *et al*. Neural circular RNAs are derived from synaptic genes and regulated by development and plasticity. *Nature Neuroscience* 18, 603-610(2015).

[48] Li, Y. *et al*. Circular RNA is enriched and stable in exosomes: a promising biomarker for cancer diagnosis. *Cell Research* 25, 981-984(2015).

[49] Memczak, S. *et al*. Identification and characterization of circular RNAs as a new class of putative biomarkers in human blood. *PLoS One* 10, e0141214(2015).

[50] Hansen, T. B. *et al*. miRNA-dependent gene silencing involving Ago2-mediated cleavage of a circular antisense RNA. *The EMBO Journal* 30, 4414-4422(2011).

[51] Dong, R. *et al*. Increased complexity of circRNA expression during species evolution. *RNA Biology* 14, 1064-1074(2017).

[52] Hansen, T. B. *et al*. Natural RNA circles function as efficient microRNA sponges. *Nature* 495, 384-388(2013).

[53] Piwecka, M. *et al*. Loss of a mammalian circular RNA locus causes miRNA deregulation and affects brain function. *Science* 357(2017).

[54] Kleaveland, B. *et al*. A network of noncoding regulatory RNAs acts in the mammalian brain. *Cell* 174, 350-362 e317(2018).

[55] Zheng, Q. *et al*. Circular RNA profiling reveals an abundant circHIPK3 that regulates cell growth by sponging multiple miRNAs. *Nature Communications* 7, 11215(2016).

[56] Huang, R. *et al*. Circular RNA HIPK2 regulates astrocyte activation via cooperation of autophagy and ER stress by targeting MIR124-2HG. *Autophagy* 13, 1722-1741(2017).

[57] Yu, C. Y. *et al*. The circular RNA circBIRC6 participates in the molecular circuitry controlling human pluripotency. *Nature Communications* 8, 1149(2017).

[58] Li, Z. *et al*. Exon-intron circular RNAs regulate transcription in the nucleus. *Nature Structural & Molecular Biology* 22, 256-264(2015).

[59] Chen, C. Y. & Sarnow, P. Initiation of protein synthesis by the eukaryotic translational apparatus on circular RNAs. *Science* 268, 415-417(1995).

[60] Wang, Y. & Wang, Z. Efficient backsplicing produces translatable circular mRNAs. *RNA* 21, 172-179(2015).

[61] Yang, Y. *et al*. Extensive translation of circular RNAs driven by N6-methyladenosine. *Cell Research* 27, 626-641(2017).

[62] Legnini, I. *et al*. Circ-ZNF609 is a circular RNA that can be translated and functions in myogenesis. *Molecular Cell* 66, 22-37 e29(2017).

[63] Pamudurti, N. R. *et al*. Translation of circRNAs. *Molecular Cell* 66, 9-21 e27(2017).

[64] Zhang, Z. *et al*. Comparative analysis of processed pseudogenes in the mouse and human genomes. *Trends in Genetics* 20 (2004).

[65] Zheng, D. *et al*. Pseudogenes in the ENCODE regions: consensus annotation, analysis of transcription, and evolution. *Genome Research* 17, 839-851(2007).

[66] Pei, B. *et al*. The GENCODE pseudogene resource. *Genome Biology* 13, R51(2012).

[67] Dong, R. *et al*. CircRNA-derived pseudogenes. *Cell Research* 26, 747-750(2016).

[68] Hansen, T. B. *et al*. Circular RNA and miR-7 in cancer. *Cancer Res* 73, 5609-5612(2013).

[69] Guarnerio, J. *et al*. Oncogenic role of fusion-circRNAs derived from cancer-associated chromosomal translocations. *Cell* 165, 289-302(2016).

[70] Greuber, E. K. *et al*. Role of ABL family kinases in cancer: from leukaemia to solid tumours. *Nature Reviews Cancer* 13, 559-571(2013).

[71] Chen, Y. G. *et al.* Sensing self and foreign circular RNAs by intron identity. *Molecular Cell* 67, 228-238 e225(2017).

[72] Dong, R. *et al.* CIRCpedia v2: An updated database for comprehensive circular RNA annotation and expression comparison. *Genomics Proteomics Bioinformatics* 16, 226-233(2018).

[73] Xia, S. *et al.* CSCD: a database for cancer-specific circular RNAs. *Nucleic Acids Research* 46, D925-D929(2018).

[74] Glazar, P. *et al.* circBase: a database for circular RNAs. *RNA* 20, 1666-1670(2014).

[75] Chen, X. *et al.* circRNADb: A comprehensive database for human circular RNAs with protein-coding annotations. *Scientific Reports* 6, 34985(2016).

[76] Liu, C.X. *et al.* Structure and Degradation of Circular RNAs Regulate PKR Activation in Innate Immunity. *Cell* 177, 865-880(2019).

[77] Liu, C.X. *et al.* RNA circles with minimized immunogenicity as potent PKR inhibitors. *Molecular Cell* 82, 420-434(2022).

杨力　复旦大学生物医学研究院研究员。1998 年毕业于兰州大学，获得学士学位；2004 年毕业于中国科学院上海生命科学研究院生物化学与细胞生物学研究所，获理学博士学位；2004~2010 年，先后在美国耶鲁大学和康涅狄格大学健康中心进行博士后研究，主要参与核酶 RNase P 的生物学功能和模式生物 DNA 功能元件大百科全书计划的研究；2010 年回国加入中国科学院上海生命科学研究院工作；2011 年任中国科学院-德国马普学会计算生物学伙伴研究所研究组长、研究员、博士生导师。近年来，通过建立一系列计算生物学和实验生物学新体系开展"干"-"湿"结合的交叉生物学研究，在外显子环形 RNA 生成加工的多层次调控新机制及其重要生物学功能、整合多层次生物组学大数据分析揭示基因表达的系统差异调控及其分子基础、阐明 CRISPR/Cas 基因组编辑的非靶向突变机制及构建单碱基水平的基因编辑新技术等前沿领域取得了一系列突破性研究进展。至今，共发表研究论文和综述／专评等 72 篇，被引用 4000 余次；近 5 年在包括 *Cell*、*Nat Biotechnol*、*Cell Stem Cell*、*Mol Cell*、*Cell Res* 和 *Nat Struct Mol Biol* 等国际知名学术期刊发表通讯、共同通讯作者论文和综述等 30 余篇。入选上海市浦江人才计划；入选中国科学院"百人计划"，并在终期评估中获得"优秀"；获中国科学院优秀导师奖；获中国科学院大学-BHPB 导师科研奖；获明治生命科学奖"优秀奖"；入选科技部中青年科技创新领军人才；入选中组部第三批万人计划科技创新领军人才和国家自然科学基金委杰出青年基金。

陈玲玲　中国科学院分子细胞科学卓越创新中心研究员、中国科学院特聘研究员、霍德华•休斯医学研究所（HHMI）国际研究员。2000 年毕业于兰州大学，获学士学位；2009 年毕业于美国康涅狄格大学，获生物医学博士和管理学硕士双学位。2011 年加入中国科学院分子细胞科学卓越创新中心工作。主要从事长非编码 RNA 研究，发现几类新型长非编码 RNA 分子家族，揭示它们全新生成加工机制，阐析它们在基因表达调控中的重要功能以及与人类疾病密切关联。研究工作系统揭示了哺乳动物转录组的复杂性和长非编码 RNA 的多样性及重要功能，开拓了非编码 RNA 研究的新方向。2011 年回国后在 *Cell*、*Mol Cell*、*Nat Rev Mol Cell Biol*、*Nat Cell Biol* 等期刊发表责任作者论文 30 余篇。入选国家自然科学基金委杰出青年基金、中组部"万人计划"领军人才等项目，曾获中国科学院青年科学家奖、谈家桢生命科学创新奖、中国青年女科学家奖等荣誉。培养的研究生也多次获得重要学术奖励。现任 *Cell*、*Science*、*Trends Genet*、*Genome Biol*、*RNA*、*RNA Biol*、*Mobile DNA* 等期刊编委。

第 24 章　RNA 修饰

杨运桂[1,2]　杨　鑫[1,2]　陈宇晟[1,2]　李　昂[1,2]　黄春敏　杨　莹[1,2]　孙宝发[1]

1. 中国科学院北京基因组研究所（国家生物信息中心）；2. 中国科学院大学

本章概要

　　RNA 修饰是指发生在 RNA 上的各种化学修饰。RNA 核苷上的甲基化修饰是 RNA 修饰的主要形式之一，约占 RNA 修饰总量的 2/3。m^{6}A 修饰是真核生物 RNA 中存在最为广泛的一类甲基化修饰形式，超过一半的 RNA 均存在这类修饰。近年来随着酶学技术的发展，m^{6}A 的修饰酶相继被发现，其中 m^{6}A 甲基转移酶主要为 METTL3、METTL14 和 WTAP 复合物，目前已鉴定的 m^{6}A 去甲基化酶为 FTO 和 ALKBH5。m^{6}A 甲基转移酶和去甲基化酶的鉴定证明 RNA 甲基化修饰同 DNA 甲基化修饰一样是动态可逆的，从而将 RNA 修饰由微调控机制提升到表观转录组（epitranscriptome）的新层次。m^{6}A 修饰主要通过含有 YTH 结构域的结合蛋白、HNRNP 家族蛋白、EIF3 及 Prrc2a 等来发挥降低 mRNA 稳定性、促进蛋白翻译效率、调控 mRNA 与 miRNA 的剪接和促进 mRNA 出核等生物学功能。除了 m^{6}A，研究较多的 RNA 修饰还包括 1-甲基腺嘌呤（m^{1}A）、5-甲基胞嘧啶（m^{5}C）、3-甲基胞嘧啶（m^{3}C）、7-甲基鸟嘌呤（m^{7}G）和假尿嘧啶（Ψ）等。这些修饰广泛参与配子发生、发育、细胞重编程、生物节律、细胞周期进展、DNA 损伤修复、癌症等生理过程。因此，进一步研究 RNA 修饰的分布特征和工作机制将促进我们从表观转录组学的角度加深对于 RNA 修饰生物学的认知，为 RNA 修饰相关疾病的预防和治疗提供新的策略。

24.1　RNA 修饰简介

关键概念

- RNA 修饰是指发生在 RNA 上的各种修饰形式。广泛研究的 RNA 甲基化修饰包括 m^{6}A、m^{1}A、m^{5}C、m^{3}C 和 m^{7}G 等。
- m^{6}A 修饰是真核生物 RNA 中存在的一类最为广泛的甲基化修饰形式，超过一半的 RNA 均存在这类修饰。
- m^{6}A 的甲基转移酶复合物包括 METTL3、METTL14、WTAP 及 KIAA29 蛋白，m^{6}A 去甲基化酶包括 FTO 和 ALKBH5，m^{6}A 结合蛋白则包括 YTH 结构域的结合蛋白、HNRNP 家族蛋白、EIF3 及 Prrc2a。

24.1.1　RNA 修饰的概念

　　RNA 修饰是指发生在 RNA 上的各种修饰形式。自然界中的 RNA 修饰广泛存在于 A、U、C、G 四类核苷酸上，自 20 世纪 50 年代以来，人类在古生菌、细菌、病毒和真核生物中已发现超过 140 种的 RNA 转录后修饰形式。这些修饰广泛分布于各种类型的 RNA 中，包括信使 RNA（mRNA）、转运 RNA（tRNA）、核糖体 RNA（rRNA）、核内小 RNA（snRNA）、核仁小 RNA（snoRNA）、微小 RNA（miRNA）、长非编码 RNA（lncRNA）等。

24.1.2　RNA 修饰类型

RNA 修饰包含多种类型，其中 RNA 核苷上的甲基化修饰是 RNA 修饰的主要形式之一，约占 RNA 修饰总量的 2/3。RNA 甲基化修饰主要发生在碱基基团上的氮原子（N）、嘌呤和嘧啶的碳原子（C），以及 2′-OH 氧原子等特殊位置。在古细菌、原核细菌和真核生物中普遍存在的 RNA 甲基化修饰包括 6-甲基腺嘌呤（m^6A）、1-甲基腺嘌呤（m^1A）、5-甲基胞嘧啶（m^5C）、3-甲基胞嘧啶（m^3C）和 7-甲基鸟嘌呤（m^7G）等（图 24-1）[1]。

1. m^6A

m^6A 修饰是真核生物 RNA 中存在的一类最为广泛的甲基化修饰形式，超过一半的 RNA 均存在这类修饰。m^6A 修饰发生在碱基 A 的第 6 位 N 原子上，mRNA 上该修饰位点附近的序列具有高度保守性，主要存在于 RRACH（R，嘌呤；H，非鸟嘌呤）中[2, 3]。虽然 m^6A 修饰也存在于 rRNA、tRNA 和 snRNA 中，但并没有发现类似于 mRNA 的保守序列。从化学特性来讲，m^6A 修饰非常稳定，对化学试剂不敏感，也不影响核苷酸碱基配对能力。在过去的几十年，由于缺乏能够准确鉴定其修饰位点和修饰区域的方法，使得这一修饰没有被深入研究。近年来得益于去甲基化酶 FTO 的发现及高通量测序方法的应用，m^6A 研究得到了快速发展[2-4]。m^6A 作为真核生物 mRNA 上除了 5′帽子结构外含量最多的一种转录后修饰形式，且具有动态可逆性，它的研究成为了近几年 RNA 研究领域的重点及热点之一。

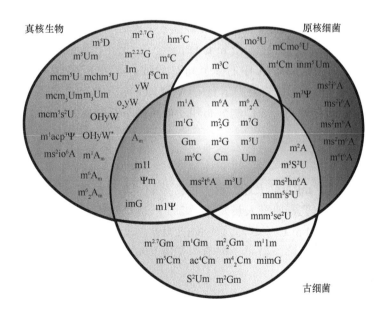

图 24-1　RNA 甲基化修饰类型

RNA 上所有已知的甲基化修饰类型在古细菌、原核细菌和真核生物中的分布

2. m¹A

与 m⁶A 不同，m¹A 修饰发生在碱基 A 的第一位 N 原子上，在 Watson-Crick 螺旋内部，因此在生理条件下带有一个正电荷。虽然在人和小鼠的组织中 m¹A 的丰度远远低于 m⁶A，却能通过静电效应在很大程度上影响蛋白质-RNA 相互作用及 RNA 二级结构。m¹A 最早在 rRNA 和 tRNA 等非编码 RNA 中发现，并且在原核及真核生物中都存在。研究表明，m¹A 在各种真核细胞（酵母、小鼠和人）的 mRNA 中均广泛存在，并且 mRNA 中 m¹A 的含量大约是 m⁶A 的 5%～10%。利用 m¹A 全转录组测序技术，研究人员发现人及小鼠细胞转录组中的 m¹A 呈现出一定的分布特异性：m¹A 集中分布在第一个外显子上，并且具有 m¹A 修饰的转录本 5′UTR 倾向于形成二级结构。此外，m¹A 修饰与翻译起始位点相关，并且含有 m¹A 的转录本具有相对高的蛋白表达量[5]。m¹A 可以被去甲基化酶 ALKBH3 催化去除[6]。然而，m¹A 的甲基转移酶尚不清楚，其具体功能也有待探索。

3. m⁶Aₘ

除 5′帽子之外，很多 mRNA 的第二个碱基带有 2′-O-二甲基修饰。其中一部分也含有 m⁶A 修饰，从而形成 m⁶Aₘ（N⁶, 2′-O-二甲基腺嘌呤）。相比 m⁶A，m⁶Aₘ 在 mRNA 中的含量很低，在 H1-ESC 和 GM12878 细胞的多聚腺苷酸[Poly（A）⁺] RNA 上，每 10⁵ 个碱基中约含有 3 个 m⁶Aₘ，是 m⁶A 含量的 1/33[7, 8]。研究发现 m⁶Aₘ 可以被 FTO 去甲基化。高通量测序预测 m⁶Aₘ 可以阻滞 DCP2 介导的脱帽及 miRNA 介导的 mRNA 降解，从而促进 mRNA 的稳定性[9]。

4. m⁵C

类似于 m⁶A，mRNA 中的 m⁵C 修饰也已被发现了 40 余年。在 DNA 表观遗传研究中 5mC 已经被广泛报道，其形成是由 DNMT 家族蛋白催化 S-腺苷甲硫氨酸（SAM）上甲基基团转移完成的，但对于该修饰在 mRNA 中的功能目前并不完全清楚。利用重亚硫酸盐方法处理 HeLa 细胞内的 mRNA，并进行转录组测序，研究人员发现，mRNA 上存在上千个 m⁵C 修饰位点。此外，利用 m⁵C 抗体免疫沉淀结合重亚硫酸盐测序，研究人员发现了古生菌 mRNA 中的多个 m⁵C 修饰，其保守序列为 AU（m⁵C）GANGU，和古生菌 rRNA 上 m⁵C 修饰的序列一致，该结果提示 mRNA 和 rRNA 上的 m⁵C 修饰可能是通过同一种甲基转移酶催化完成的。进一步的研究表明，m⁵C 的分布和功能可能具有物种及组织细胞特异性。

5. m³C

除了上述甲基化修饰形式，mRNA 上还发现一种新型的甲基化修饰 m³C。通过整合质谱学、生物化学、遗传学和细胞生物学综合研究，研究人员发现了 2 个哺乳动物的 tRNA 的 m³C 甲基转移酶 METTL2 和 METTL6，以及 1 个 mRNA 的 m³C 甲基转移酶 METTL8。基因敲除小鼠模型研究发现，METTL 家族蛋白缺失虽然未引起明显的发育缺陷，但对于细胞生长速率和整体翻译水平都有影响。不过，m³C 及其修饰酶的功能还有待进一步深入研究。

6. m⁷G

5′帽子结构中的甲基化修饰 m⁷G（5′）ppp（5′）N 是在真核生物的 mRNA 中最常见的修饰形式之一，对 mRNA 翻译起始和维持 mRNA 稳定性起着重要作用。已知在病毒 RNA 中也存在着类似的修饰，而原核生物 mRNA 中则不存在。真核细胞中的 mRNA 上帽子结构是转录共修饰的结果，其甲基化过程需要磷酸酶、鸟苷转移酶和甲基转移酶在 RNA 聚合酶 II 招募后共同作用完成。在酵母中，这三种酶活性分别由三种蛋白质完成。某些病毒会表达一种同时含有三种酶活性的多肽。哺乳动物的甲基转移酶 RNMT 是 RFM 甲基化酶家族成员。m⁷G 帽子结构在细胞内具有多种功能。它不仅能够结合翻译起始因子 EIF4F、促进 mRNA 翻译，而且还能防止 mRNA 被细胞内的核酸外切酶降解。

7. RNA 上其他类型的修饰

除了上述甲基化修饰之外，RNA 上还存在着一些非甲基化修饰，如广泛存在于 mRNA、tRNA、rRNA 和 snRNA 中的假尿嘧啶（pseudouridine，Ψ）和次黄嘌呤（inosine，I）等。

Ψ是科学家们发现的第一批，也是最丰富的转录后修饰形式之一，是目前已知的在总 RNA 中含量最多的化学修饰。它广泛存在于细胞 RNA 中，且在物种间高度保守。Ψ是在假尿嘧啶合成酶（pseudouridine synthase，PUS）的催化下，尿嘧啶（U）发生序列特异性的异构化而形成的。在酵母中存在 8 个假尿嘧啶合成酶，能够直接催化 tRNA、U2 snRNA 和线粒体 rRNA 上特定位点的假尿嘧啶形成。然而，rRNA 的所有位点和 U2 snRNA 的一个位点是由关键的 PUS Cbf5 催化的，通过 H/ACA snoRNA 引导到其靶位点。在人中，有 13 个蛋白质携带假尿嘧啶合成酶的结构域，然而它们的功能和特异性尚未有报道。近期一项研究通过遗传干扰 *PUS* 基因，进一步揭示出酵母中 PUS1、PUS2、PUS4 和 PUS7 参与了 mRNA 假尿嘧啶化[10]，而在人细胞中，PUS1、PUS7 及 TRUB1 参与了 mRNA 假尿嘧啶化。近年来，研究人员开发了多种用于检测Ψ的单碱基分辨率的全转录组高通量测序方法，包括 Psi-seq、Pseudo-seq、Ψ-seq 和 CeU-seq，为Ψ的检测和生物学功能研究提供了强大的工具。

RNA 编辑是指 RNA 转录本的核苷酸序列改变，从而增强转录组多样性的转录后加工过程。腺嘌呤-次黄嘌呤（A-to-I）的编辑是哺乳动物 mRNA 中最为常见的 RNA 编辑形式，主要发生在 RNA 的双链结构区。次黄嘌呤在体内由腺苷脱氨酶（ADAR）催化，使双链 RNA 上的腺苷发生脱氨基作用。由于次黄嘌呤在碱基配对时与胞嘧啶配对，核苷酸发生了 A 到 G 的转换，因此可能导致一系列的功能改变。pre-mRNA 编码区的编辑可能改变遗传密码，导致氨基酸序列的改变；内含子区的编辑可能通过产生或消除可变剪接位点而影响选择性剪接；3′UTR 区的编辑可能产生或破坏 miRNA 的结合位点。

24.1.3　RNA 修饰的调控蛋白

细胞中存在着多种特异性的 RNA 甲基转移酶、去甲基化酶、各种甲基结合蛋白，以及其他类型的 RNA 修饰酶，它们的共同作用保证了 RNA 修饰的位点和数目的多样性，使得不同种类的 RNA 经历着修饰的动态变化，从而调节着各种生理过程。

1. 甲基转移酶

1）m⁶A 的甲基转移酶

m⁶A 的甲基转移酶复合物包括 METTL3、METTL14、WTAP 及 KIAA29 蛋白。METTL3 是最早被鉴定的 m⁶A 甲基转移酶，包含 SAM 结合位点和具有催化功能的 DPPW（Asp-Pro-Pro-Trp）功能结构域。通过与 METTL3 蛋白序列进行同源比对分析，发现了同样含有催化 m⁶A 形成的 SAM 结合位点和 DPPW 功能结构域的 METTL14，其可与 METTL3 按 1∶1 的比例形成二聚体，从而增强二者的 m⁶A 甲基化催化能力。METTL14 和 METTL3 含有相同的 RNA 底物结合序列，且该序列与经典的 m⁶A 保守基序 RRACH 相匹配[11, 12]。后续研究发现，WTAP 作为调节亚基与 METTL3、METTL14 形成复合体，共同调控 RNA m^{6}A 的甲基化形成过程[11, 12]。基于对 m^{6}A 甲基转移酶核心组分的蛋白免疫沉淀-质谱分析发现，KIAA1429 也与 mRNA 中 m^{6}A 的形成有关，可能作为 m^{6}A 甲基转移酶复合体的新亚基组分[13]。

近期研究表明 U6 snRNA 的 m^{6}A 甲基转移酶 METTL16 也能介导 mRNA 的甲基化并能调控 SAM 的细胞内水平。其他众多不含有典型 RRACH 保守基序的 m^{6}A 修饰位点暗示着更多的甲基转移酶的存在，且有待进一步的探索。

2）m^{5}C 的甲基转移酶

和 m^{6}A 一样，RNA m^{5}C 修饰也可能是动态可逆的，甲基转移酶以 SAM 为供体，将甲基转移到胞嘧啶 C 形成 m^{5}C。RsmB 是第一个被发现的 m^{5}C 甲基转移酶，主要催化细菌 rRNA 上的甲基化形成。随后 30 多种 RNA m^{5}C 甲基转移酶陆续被发现，这些甲基转移酶主要可分为 NOP2/NOL1、YebU/Trm4、RsmB/Yn1022c 和 PH1991/NSUN 四类，这些酶在真核生物中有很高的保守性。近年来 NSUN 蛋白家族被广泛关注，人的 NSUN 蛋白家族共有 9 个蛋白质，该家族的多个成员都具有潜在的 m^{5}C 甲基转移酶功能结构域。其中，NSUN1 可作用于酵母和拟南芥中的 25S rRNA；NSUN2 被报道为主要的 mRNA m^{5}C 甲基转移酶[14]，也可作用于 rRNA 和 tRNA；NSUN3 可催化线粒体 tRNA 的 m^{5}C 形成；NSUN4 主要作用于线粒体中由线粒体 DNA 编码的 12S rRNA 的 C911 位点；线虫、果蝇、酵母和植物中的 NSUN5 能催化 28S 和 25S rRNA 的 m^{5}C 甲基化；tRNA^{Cys} 和 tRNA^{Thr} 是 NSUN6 的作用底物，NSUN6 能催化这些 tRNA 的 3′ 端 C72 位的甲基化；而 eRNA 上的 m^{5}C 修饰可能为 NSUN7 所催化生成。

3）m^{7}G 的修饰酶

m^{7}G 的形成是由磷酸酶、鸟苷转移酶和甲基转移酶共同催化完成的。在酵母中，这三种酶活性分别由三种蛋白质完成；某些病毒会编码一种同时含有三种酶活性的多肽；在哺乳动物中，甲基转移酶 RNMT 被认为是 RFM 甲基化酶家族成员。

4）m^{6}A$_m$ 的甲基转移酶

m^{6}A$_m$ 的形成由两步组成：首先由 2′-O-甲基转移酶（2′-O-MTase）将 A 甲基化形成 A$_m$，之后再由 2′-O-methyladenosine-N^6-甲基转移酶将 A$_m$ 甲基化形成 m^{6}A$_m$。

2. 去甲基化酶

1）m^{6}A 的去甲基化酶

m^{6}A 甲基化修饰可通过 mRNA 的降解途径实现被动去甲基化，也可经由去甲基化酶 FTO 或 ALKBH5 完成主动去甲基化[4, 15]。目前已知的 m^{6}A 去甲基化酶为 FTO 和 ALKBH5，二者均属于人源 ALKB 双加氧酶蛋白家族成员，但其催化特性和酶活性都不尽相同。FTO 催化 m^{6}A 去甲基化的过程要经历复杂的中间反应步骤，首先催化 m^{6}A 形成 hm^{6}A，然后催化 hm^{6}A 形成 f^{6}A，最后催化 f^{6}A 形成 A，且每一步反应都很迅速。而 ALKBH5 则可直接催化 m^{6}A 到 A，目前尚未发现中间产物的存在。

除了 FTO 和 ALKBH5，还有其他的细胞和组织特异性 m^{6}A 去甲基化酶有待被发掘。

2）m^{5}C 的去甲基化酶

类似 DNA m^{5}C 去甲基化，RNA m^{5}C 的去甲基化过程也可能是由 TET 家族蛋白催化完成的，但仍需要实验进一步验证[16]。

3）m^{1}A 的去甲基化酶

大肠杆菌 AlkB 同源蛋白 ALKBH3 能够催化 m^{1}A 的去甲基化，是 RNA 中 m^{1}A 的去甲基化酶。利用 m^{1}A 高通量测序技术的研究发现了转录组中 ALKBH3 的近千个作用位点[6]。

4）m^6A_m 的去甲基化酶

研究表明 m^6A_m 可以被 FTO 去甲基化，参与调控 mRNA 的稳定性[9]。

3. 结合蛋白

1）m^6A 的结合蛋白

m^6A 广泛存在于生物体中并发挥着重要的生物学功能，其修饰水平受到甲基转移酶和去甲基化酶活性的动态调控。m^6A 修饰的 RNA 序列结构倾向于保持单链状态，可能与其结合蛋白的识别及协同作用相关。目前，哺乳动物中已经有 5 种 m^6A 结合蛋白被预测和发现，主要是含有 YTH 结构域的蛋白家族，分别是 YTHDF1、YTHDF2、YTHDF3、YTHDC1、YTHDC2[17-22]。除 YTHDC1 定位于细胞核内，其余 4 种蛋白均定位在细胞质中。此外，在哺乳动物细胞中发现与 m^6A 关联的蛋白质还有 HNRNP 蛋白家族成员。HNRNPA2B1 在体内和体外均能结合含有 m^6A 修饰的 RNA 底物[23, 24]。HNRNPC 和 HNRNPG 通过识别和结合 m^6A 依赖的结构开关，介导含有 m^6A 甲基化修饰的转录本的可变剪接[25, 26]。

2）m^5C 的结合蛋白

出核因子 ALYREF 是目前唯一被鉴定的 m^5C 结合蛋白，其可以通过结合 mRNA 上的 m^5C 来促进 mRNA 的出核[14]。

4. 假尿嘧啶合成酶

在假尿嘧啶合成酶（PUS）的催化下，尿嘧啶（U）发生序列特异性的异构化而形成假尿嘧啶[10, 27]。在酵母中存在 8 个 PUS，能够直接催化 tRNA、U2 snRNA 和线粒体 rRNA 上特定位点的假尿嘧啶形成。在人中，有 13 个蛋白质携带 PUS 的结构域，然而它们的功能和特异性尚未有报道。近期一项研究发现酵母中 PUS1、PUS2、PUS4 和 PUS7 参与了 mRNA 假尿嘧啶化，而在人类细胞中，PUS1、PUS7 及 TRUB1 参与了 mRNA 假尿嘧啶化。

24.2　RNA 修饰分布特征

关键概念

- 成熟 mRNA 5′端上的 m^7G 帽子对基因表达、转录本稳定性及翻译过程的稳定至关重要。
- m^6A 是 mRNA 上分布最广泛的修饰，富集于 mRNA 的终止密码子附近，在剪接位点附近也存在富集。
- m^6A_m 存在于 5′UTR 第一个碱基，而 m^5C 富集于 mRNA 起始密码子附近。

24.2.1　mRNA 上修饰的分布特征

mRNA 上的修饰具有分布特异性，从转录本的 5′端起始到 3′UTR，在不同区域具有不同修饰的偏好性，且具有不同的功能。正是这些修饰的动态组合，在转录后水平对 mRNA 进行了多方位的调控，例如，成熟 mRNA 5′端上的 m^7G 帽子，对基因表达、转录本稳定性及翻译过程的稳定至关重要；m^6A_m 存在于 5′UTR 第一个碱基，与 mRNA 脱帽加工过程及 miRNA 介导的降解过程有关；m^5C 富集于 mRNA 起始密码子附近，参与调控成熟 mRNA 的出核过程；m⁶A 是 mRNA 上分布最广泛的修饰，富集于 mRNA 的终止密码子附近，并且在剪接位点附近存在富集，参与了 mRNA 剪接、降解、翻译等 RNA 加工过程，并参与调控 mRNA 的二级结构，调控 RNA 结合蛋白对 mRNA 的结合能力。细胞通过动态调控 mRNA 上的 RNA 修饰及水平，控制着各种生理过程的有序发生。

1. m⁶A

m⁶A 是真核生物 mRNA 中除了 5'帽子结构外，含量最高的甲基化修饰，约占细胞 mRNA 全部腺苷含量的 0.1%～0.4%。哺乳动物中，平均每 700～800 个核苷酸就出现一个 m⁶A 修饰，一条 mRNA 平均含有 3～5 个 m⁶A。过去由于缺乏有效的检测和分析手段，无法在转录组水平对修饰位点定位，相关的研究一直停滞不前，全转录组规模的 m⁶A 分布特征并不清楚。2012 年，基于 m⁶A 抗体富集结合高通量测序的 MeRIP-seq 及 m⁶A-seq 测序技术，首次在转录组规模绘制了人类和小鼠的 m⁶A 修饰分布图谱，揭示了 m⁶A 在 RNA 上的分布特征及规律，人们关于 m⁶A 的认知终于取得了质的飞跃[2, 3]。

m⁶A 修饰具有序列特异性，倾向于发生在保守基序 RR（m⁶A）CH（R，嘌呤；H，非鸟嘌呤）上。m⁶A 修饰与基因表达之间并不是简单的线性关系，其更倾向于修饰中度表达的转录本，而高表达和低表达基因中包含 m⁶A 修饰的比例较少。基因功能富集分析表明，m⁶A 修饰的转录产物参与广泛的生物学功能，如转录调控、RNA 代谢、信号通路、神经发育等。m⁶A 修饰位点在 mRNA 上的分布也存在偏好，主要发生在 mRNA 的序列编码区（coding sequence，CDS）和 3' UTR，特别在终止密码子附近有着显著富集，并且这一分布特征在人类和小鼠中是高度保守的。m⁶A 修饰位点还被发现富集于剪接位点附近的外显子区域，与一些剪接因子的 RNA 结合位点具有显著的空间重叠关系[28]。

m⁶A 在 mRNA 特定区域富集的特征，意味着 m⁶A 可能与某些特定的 RNA 加工过程有关。研究表明，结合蛋白 YTHDC1 通过识别有 m⁶A 修饰的外显子，调控 mRNA 的可变剪接加工过程[21]。而 5'UTR 上的 m⁶A 修饰，参与调控不依赖 m⁷G 帽子结构的翻译过程[29]。mRNA 的 3'UTR 区域是 miRNA 的靶向结合区域，因此 3'UTR 上的 m⁶A 修饰可能会参与调控 miRNA 介导的 RNA 降解过程。m⁶A 在 mRNA 转录本的最后一个外显子有显著富集，研究发现与其调控可选多聚腺苷酸化的位点选择有关。此外，有研究表明 m⁶A 去甲基化酶 FTO 的底物主要是 pre-mRNA 内含子上的 m⁶A，说明 FTO 参与调控 mRNA 的成熟。但不同于外显子上的 m⁶A，研究人员并未在处于转录状态下的 pre-mRNA 内含子上鉴定到 m⁶A 修饰[30]。因此，m⁶A 动态调控机制还需要更加深入的研究探索。

虽然 m⁶A 修饰存在广泛，但不同物种间，甚至同一物种不同组织的修饰水平却不尽相同。研究人员发现，尽管 m⁶A 在哺乳动物的多种组织中都存在，但是大脑、肝脏和肾脏中的 m⁶A 含量显著高于心脏和肺部等其他组织，表明其分布具有组织偏好性。而在对拟南芥不同组织进行 m⁶A 水平检测的实验中，研究人员发现发芽组织中的 m⁶A 含量明显高于根和叶。可见，不论是在动物还是植物中，m⁶A 修饰在多个组织中都有存在，是非常普遍的修饰形式；但同时 m⁶A 修饰也具有偏好性，即在某些组织中（动物的大脑、肝和肾等，植物的分生组织）分布要明显高于其他组织。动植物中 m⁶A 的组织分布特点都表明 m⁶A 具有多样性的功能，并有待于进一步阐明。

除了人类和小鼠，研究者也对拟南芥和水稻等植物的 m⁶A 分布特征及规律进行了探索。在拟南芥中，研究人员发现 m⁶A 修饰的基因与叶绿体相关的一些植物特异性信号通路有关联。m⁶A 富集于起始密码子、终止密码子周围和 3'UTR 区域，且 3'UTR 上的 m⁶A 修饰基序与哺乳动物一致，都是 RRACH；但同时也发现，在起始密码子附近的 m⁶A 富集区具有新的序列模式。m⁶A 在拟南芥中独特的特性，提示了 m⁶A 修饰在植物 mRNA 转录后水平的调控中，可能存在着植物特有的分子机制。3'UTR 及终止密码子附近富含 m⁶A 的 mRNA 与 mRNA 降解相关，而起始密码子附近的 m⁶A 富集却与 mRNA 丰度之间存在正相关，表

明 m^6A 在调控植物基因表达的过程中起到了重要作用。研究者还发现，对于不同的自然环境选取的两种拟南芥，其甲基化位点高度一致。这种高保守性提示 m^6A 参与了对植物生存至关重要的生理过程。在水稻中，研究人员对水稻愈伤与叶片两个不同组织进行全转录组 m^6A 的深度测序，揭示了水稻 m^6A 修饰谱的基本特征。在水稻中，平均每个 mRNA 中有 2～3 个 m^6A 修饰位点，主要分布在 CDS 区、3′UTR 和起始密码子区。此外，在水稻中，m^6A 的甲基化存在组织或细胞的特异性和选择性。研究人员将上述两种组织（细胞系）中都表达但是具有特异甲基化修饰的基因定义为选择性甲基化基因（selectively methylated gene，SMG），分别鉴定到 626 个愈伤组织和 5509 个叶片组织的 SMG，通过对 SMG 修饰峰的序列进行深入分析，研究人员得到了一个选择性甲基化基因可能的产生机制，即某些 RBP（如 PUM 蛋白）可能会作为"竞争者"，与甲基转移酶竞争结合 mRNA，从而产生组织或细胞系的 SMG，揭示了特异的 m^6A 修饰与其功能的关联性。

此外，通过对减数分裂时期的酵母进行研究，研究者在酵母 1183 个转录产物中鉴定到了 1308 个 m^6A 修饰位点[31]。酵母中的 m^6A 位点倾向于发生在保守基序 RGAC 中，且倾向于分布在转录本的 3′端，并且这些 m^6A 位点在酿酒酵母（Saccharomyces cerevisiae）和 S. mikatae 中是保守存在的。酵母中 mRNA 的 m^6A 修饰与减数分裂密切相关（376 个与减数分裂相关的基因中，105 个基因的 mRNA 中含有 m^6A 位点）。此外，含有 m^6A 位点的转录本还参与了信号传递、代谢维持等其他一系列广泛的生物学过程。

2. m^1A

m^1A 是在碱基 A 的第一位 N 原子上发生的甲基化。m^1A 在多种真核细胞（酵母、小鼠和人）的 mRNA 中均广泛存在，且 mRNA 中 m^1A 的含量大约是 m^6A 的 5%～10%。早期对 m^1A 的研究主要集中在 tRNA 和 rRNA，m^1A 在这两类非编码 RNA 中主要起调控其结构和功能的作用。2016 年，两支独立研究团队分别采用了基于 m^1A 免疫沉淀法（通过结合 m^1A 进而阻止逆转录的特性）开发的 m^1A-ID-seq 技术[6]，以及基于碱性条件下 m^1A 可以转化成 m^6A 的原理，并结合高通量测序开发的 m^1A-seq 技术[5]，成功在人类及小鼠细胞系实现了全转录组规模的高分辨率 m^1A 检测，分别鉴定到了 901 个和 4151 个 mRNA 转录本含有 m^1A 修饰，揭示了 m^1A 存在的广泛性，绘制了转录组中 m^1A 修饰的谱图，为研究可逆及动态的 m^1A 甲基化作用提供了宝贵的工具。在被修饰的 mRNA 转录本中，平均每个转录本含有 1.4 个 m^1A 峰，且多数基因（70%）只含有一个 m^1A 修饰峰。

m^1A 主要分布于序列编码区第一个外显子上。不同于 m^6A，m^1A 修饰序列并没有明显的特征，修饰位点周围富集 GC 碱基，最小自由能较低。由于其带电荷的特性，含有 m^1A 修饰的 mRNA 在 5′UTR 区域更倾向于形成二级结构，且翻译效率更高。研究发现，m^1A 可以对生理条件做出动态响应，并能促进甲基化的 mRNA 翻译。此外，研究还指出这些独特的特征高度保守地存在于小鼠与人类细胞中；但另一方面，小鼠不同组织的 m^1A 含量有所差异，其中肾和脑的含量相对较高。

3. m^6A_m

m^6A_m 存在于 mRNA 帽子结构相邻碱基上，其含量远低于 mRNA 上的 m^6A。2015 年，通过单碱基精度的 miCLIP-seq 测序技术[8]，研究发现 m^6A_m 富集在转录起始位点下游，并且在 5′UTR 上发现了 797 个修饰位点，其序列特征主要存在两大类：一类与 m^6A 经典基序 RRACH 一致，另一类则表现为 BCA（B，非腺嘌呤）。进一步研究发现，5′UTR 上这两类修饰位点的数目比例约为 1∶3（RRACH，151；BCA，434）。研究人员还发现，除了 m^6A 外，m^6A_m 修饰也可被 FTO 去甲基化。FTO 通过动态调控转录起始位点处的 m^6A_m 甲基化状态，抑制 DCP2 介导的脱帽过程，使得含有 m^6A_m 修饰的 mRNA 具有更长的半衰期，提示

m^6A_m 参与调控 mRNA 的稳定性[9]。

4. m^5C

随着测序技术的发展，全转录组水平上的 m^5C 位点鉴定得到了突破，尤其对于 mRNA 中的 m^5C。2012 年，研究者通过重亚硫酸盐结合转录组测序技术，在 HeLa 细胞中检测到 10 581 个 m^5C 位点[32]。其中，8495 个 m^5C 位点存在于 mRNA 上，225 个存在于 tRNA 上，1780 个分布在其他类型的非编码 RNA 中。在 mRNA 上的 8495 个 m^5C 位点中，4000 个左右的位点位于编码区，1000 个和 2500 个左右的位点分别位于 5′ UTR 和 3′ UTR，这表明相对于内含子和 5′ UTR，m^5C 位点在 CDS 和 3′ UTR 有一定的富集。m^5C 位点并没有明显的序列特征，但其侧翼碱基序列存在 CG 偏好。此外，这些 m^5C 位点在 miRNA 复合物组分 AGO 蛋白结合位点附近有显著富集，暗示了 m^5C 可能与 miRNA 调控的 mRNA 稳定性有关。随后，分别通过 Aza-IP 和 miCLIP 技术，在 HeLa 细胞和 HEK293 中分别检测到 617 个和 1084 个 NSUN2 特异修饰的 m^5C 位点[33, 34]。2017 年，研究人员揭示了人类 HeLa 细胞系，以及小鼠 ES 细胞和组织细胞中 m^5C 的分布特征，发现 m^5C 在翻译起始位点有着显著的富集[14, 35]，并且能被出核蛋白 ALYREF 结合进而调控 mRNA 出核[14]。但这种富集现象并没有在拟南芥中观察到[36]。在果蝇体内，研究人员未鉴定到 m^5C 信号[37]。m^5C 作为 mRNA 上一类高度动态的甲基化修饰，相对于 m^6A 而言，它的研究尚处于起步阶段，其分布特征和规律亟待进一步的研究探索，以便为功能调控研究提供有利线索。

在古生菌中，研究人员利用 m^5C 抗体免疫沉淀结合重亚硫酸盐处理测序，在 mRNA 上鉴定到了 14 个 m^5C 修饰，其保守序列为 AU（m^5C）GANGU，与古生菌的 rRNA 上的保守序列一致，说明 mRNA 和 rRNA 上的 m^5C 修饰可能通过同一种甲基转移酶催化形成。

5. Ψ

假尿嘧啶化是尿嘧啶（U）的化学结构发生改变形成假尿嘧啶Ψ，是最丰富的 RNA 修饰之一，并且在物种间高度保守。由于缺乏有效的方法，长久以来，Ψ在 mRNA 中的存在情况及潜在功能并未得到深入研究。

2014 年，两个研究团队分别开发了 Pseudo-seq 全基因组、单碱基分辨率测序方法及高通量测序技术 Ψ-seq。研究人员利用 Pseudo-seq，在酿酒酵母和人类中揭示了 mRNA 和 ncRNA 分子的Ψ位点，在酵母的 238 个蛋白质编码转录物中鉴定出了大约 260 个Ψ位点，在人类的 89 个 mRNA 中鉴定出了 96 个位点[10]。在另一项工作中，研究人员根据Ψ-seq 的结果，绘制出了广泛的高分辨率Ψ位点图谱，在酵母的 mRNA 和 ncRNA 中鉴定到了 328 个独特的Ψ位点，并通过遗传干扰试验证实其中 108 个位点与结合蛋白 PUS 和（或）snoRNA 有关；确定了对应 PUS 识别的每个位点的共有序列，并显示了在不同的生长条件下假尿嘧啶化模式的改变。同时，确定了在酵母中，热激状态下 mRNA 和 ncRNA 中的假尿嘧啶化显著减少，表明了在热刺激下与假尿嘧啶合酶 Pus7p 再定位相关的一种机制[27]。此外，两项研究均表明了这一修饰的一个新功能——除了在调节无义与有义密码子转换中发挥作用，假尿嘧啶化还有可能诱导了转录后遗传再编码，导致蛋白质组多样化，由此揭示出了一个新的 mRNA 命运潜在调控机制。

2015 年，定量质谱分析证实在哺乳动物 mRNA 中，Ψ的含量高于以往的认知（Ψ/U 比值为 0.2%～0.6%）。目前开发了一种称为 N3-CMC 富集假尿嘧啶测序（CeU-Seq）的化学标记和沉降（pull-down）方法，鉴别出了 1929 个人类转录本中的 2084 个Ψ位点。研究进一步证实了一种已知的Ψ合酶 hPUS1 对人类 mRNA 起作用，并发现在应激之下存在诱导的、应激特异性的 mRNA 假尿嘧啶化。应用 CeU-Seq 技术，研究人员揭示了小鼠保守的、组织特异性的 mRNA 假尿嘧啶化[38]。

6. 其他类型的修饰

mRNA 上还存在许多其他修饰，它们的分布也具有不同的特征。m⁷G 加帽过程是真核生物 mRNA 成熟过程中非常重要的一个环节。在真核生物的 mRNA 中，最常见的甲基化修饰是 5′帽子结构中的甲基化修饰 m⁷G（5′）ppp（5′）N。它对于 mRNA 翻译起始和维持 mRNA 稳定性起着重要作用。已知在病毒 RNA 中也存在着类似的修饰，然而在原核生物 mRNA 中不存在这种甲基化修饰。研究者以果蝇作为研究对象，鉴定到了超过 1500 种 mRNA 上包含 5-羟甲基胞嘧啶（hm⁵C）修饰，其主要分布富集于 mRNA 的编码序列及 pre-mRNA 上的内含子，并且倾向于修饰 CU 富集的区域[37]。3-甲基胞嘧啶（m³C）是 mRNA 上又一种甲基化胞嘧啶的修饰形式，目前鉴定 m³C 的技术及研究成果还比较局限，需要进一步的研究探索。此外，mRNA 上还存在着一类称为 2′-O-甲基化修饰（2′-O-methylation，2′-OMe 或 Nm）的甲基化修饰形式，其甲基化基团位于核糖第二位的羟基。研究发现，Nm 主要分布于 mRNA 和病毒 RNA 上，保护 RNA 3′端不被切割，参与调控 RNA 的降解过程。

24.2.2　ncRNA 上的分布特征

非编码 RNA 上也存在着多种 RNA 修饰，例如，tRNA 上含有超过 65 种甲基化修饰，且 tRNA 甲基化在生物进化过程中十分保守；目前已绘制包括原核和真核生物内的 rRNA 上的甲基化图谱，其主要甲基化修饰是 2′-O 甲基化；真核生物细胞核中，U1、U2、U4 和 U5 snRNA 在成熟过程中需要多种甲基化修饰形式；还有一些长链非编码基因上，也存在着非常保守的修饰位点。

1. m⁶A

已在多种 ncRNA 中都鉴定到了保守的 m⁶A 修饰，如 tRNA、rRNA、snRNA、snoRNA 等，m⁶A 修饰的存在对这些非编码结构及功能的稳定有着非常重要的意义。此外，研究人员在前体 miRNA 上鉴定到了 m⁶A 修饰，并发现其参与调控 miRNA 的成熟[23, 24]；在 XIST、MALAT1 等长链非编码上也鉴定到了 m⁶A 修饰，其中 m⁶A 通过修饰 MALAT1 改变茎环结构[25]，而 XIST 上的 m⁶A 通过招募结合蛋白 YTHDC1 促进 X 染色体基因的转录抑制[39]。

2. m⁵C

很多古细菌及真核生物的 tRNA 中都证实存在 m⁵C 的修饰。这些 m⁵C 位点主要富集在可变臂和反密码环，可以稳定 tRNA 的二级结构，影响氨酰化的形成及密码子的识别。在 rRNA 中，m⁵C 修饰主要存在于 rRNA 结合 tRNA 发挥翻译活性的区域，与核糖体合成和蛋白质翻译过程有关。

除了 tRNA、rRNA 外，m⁵C 位点也分布在 lncRNA 中，如穹窿体 RNA（vault RNA）、scaRNA2、HOTAIR 和 XIST 等。NSUN2 催化 vault RNA 上 m⁵C 的形成，从而调控其加工成特异的、类似于 miRNA 的小 RNA。在 HOTAIR 和 XIST 中的 m⁵C 修饰主要存在于它们行使功能的区域，这些修饰可以影响到它们功能的发挥，如 XIST 的 m⁵C 位点会抑制 PRC2 的结合。

3. 其他类型的修饰

假尿嘧啶普遍存在于 tRNA、rRNA 和 snRNA 中，对于剪接体 snRNA 和 rRNA 的生物合成和正常功能的发挥非常重要。同时，通过研究在各种生长状态下的假尿嘧啶变化，发现在 mRNA 和 ncRNA 中有一组Ψ位点显示差异性修饰，揭示了一种响应环境信号的假尿嘧啶化反应。通过对先天性角化不良患者样本进行Ψ-seq，发现患者细胞中的 rRNA 和端粒酶 RNA 组分（TERC）上一个高度保守位点Ψ水平显著下降；TERC 中的Ψ位点有可能对于 TERC 的稳定极为重要[27]。

总之，全转录组 RNA 修饰图谱的绘制，表明了 RNA 修饰在转录后调控过程中扮演了重要的角色，可以进一步增大细胞蛋白质组的复杂性。

24.3 RNA 修饰的生物学功能

关键概念

- m⁶A 是 mRNA 内部化学修饰中含量最丰富的修饰。
- m⁶A 可以降低 mRNA 的稳定性、促进蛋白质翻译、调控 mRNA 与 miRNA 的剪接和促进 mRNA 出核。
- m⁶A 也可以干扰 RNA 的二级结构，作为"结构开关"调控 RNA 结合蛋白与 RNA 的相互作用。

24.3.1 m⁶A 的生物学功能

m⁶A 是 mRNA 内部化学修饰中含量最丰富的修饰，也是目前研究相对最为深入的修饰形式。m⁶A 可以作为标签被 RNA 结合蛋白直接识别，目前已经发现的 m⁶A 结合蛋白有 YTH 家族蛋白和细胞核内蛋白 HNRNPA2B1。通过 m⁶A 结合蛋白的识别，m⁶A 可以降低 mRNA 的稳定性、促进蛋白质翻译、调控 mRNA 与 miRNA 的剪接和促进 mRNA 出核。m⁶A 也可以干扰 RNA 的二级结构，作为"结构开关"调控 RNA 结合蛋白与 RNA 的相互作用。下面从 m⁶A 结合蛋白角度阐述 m⁶A 对 RNA 加工的调控功能（图 24-2）。

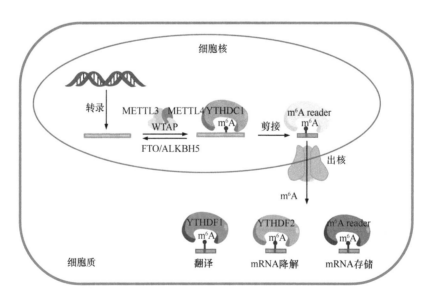

图 24-2　m⁶A 调控 mRNA 加工

1. YTH 家族蛋白

YTH 结构域含有大约 16 个氨基酸，它能够结合单链 RNA，并且在酵母、植物及动物中高度保守。在人的细胞中，YTH 结构域家族蛋白根据其在细胞内的定位可以分为：定位在细胞质的 YTHDC2、YTHDF1、YTHDF2 和 YTHDF3；定位在细胞核内的 YTHDC1。YTH 家族蛋白 C 端的 YTH 主要负责识别 m^6A 位点。

1）YTHDF1

YTHDF1 是第二个被解析的 m^6A 结合蛋白，可以促进其结合的 m^6A-mRNA 的翻译。核糖体图谱分析表明 YTHDF1 促进了底物 mRNA 与核糖体的结合，有利于 mRNA 翻译。YTHDF1 结合的 m^6A 位点主要位于 3'UTR，m^6A 如何促进 mRNA 的蛋白质翻译？推测其机制可能是在 EIF4G 协助下 YTHDF1 与 eIF3 相互作用使 mRNA 形成环状结构，YTHDF1 与翻译起始蛋白机器相互作用，促进含有 m^6A 的 mRNA 翻译。在 HeLa 细胞中下调 YTHDF1，会导致底物 RNA 翻译效率降低，且 RNA 翻译效率降低的量与 YTHDF1 下调比例直接相关。YTHDF1 的发现表明 m^6A 作为一个动态的 mRNA 标记可以有效地调控蛋白质的生成[17]。

2）YTHDF2

PAR-CLIP-seq 实验表明 YTHDF2 结合 RNA 类型主要是 mRNA 和长非编码 RNA。YTHDF2 倾向于结合在 mRNA 的终止密码子附近及 3'UTR 区，并且偏向于结合到含有 GAC[U>A] 的保守基序上。另外，YTHDF2 的结合基序与 m^6A 的结合基序有高度相似性，同时免疫共沉淀结合 HPLC 技术发现 YTHDF2 结合的 RNA 含有很高的 m^6A 水平，进一步支持了 YTHDF2 与 m^6A 修饰特异性的结合。mRNA 的半衰期谱及核糖体印记实验说明 YTHDF2 的主要功能是调节细胞质内被 m^6A 修饰的 mRNA 的稳定性。YTHDF2 在细胞质内能够与核糖体竞争性地结合翻译中的 mRNA 分子[18]。YTHDF2 能够通过其 C 端的 YTH 结构域与 m^6A 结合，而其 N 端脯氨酸/甘氨酸/天冬氨酸富集的结构域能帮助它把核 mRNA 带到 P 小体（P-body）中进而降解 mRNA。该研究还证明 YTHDF2 通过其 N 端区域与 CNOT1 蛋白的 SH 结构域发生直接相互作用，从而招募 CCR4-NOT 复合体，CAF1 与 CCR4 作为主要脱腺苷酸化酶，促进 m^6A RNA 的脱腺苷酸化和降解。有趣的是，不仅位于 mRNA 3'UTR 的 m^6A 修饰可以导致 mRNA 降解，位于 mRNA 的 ORF 中的 m^6A 修饰，以及长非编码 RNA 中的 m^6A 修饰也可通过同样的机制使得修饰所在 RNA 降解。总体而言，YTHDF2 首先识别 mRNA 上的 m^6A，然后将该 RNA 底物带到 RNA 降解通路，从而实现 RNA 降解。

近期研究表明，在热激状态下，细胞质内的 YTHDF2 会进入细胞核并结合一些 5'UTR 含有 m^6A 修饰的 mRNA（如 Hsp70 mRNA），使得这些修饰免于被 FTO 去甲基化，而这些 5'UTR 被保留的 mRNA 会通过不依赖帽子结构的翻译通路，促进 Hsp70 mRNA 的翻译[40]。

3）YTHDF3

通过免疫沉淀结合质谱分析技术，研究发现与 YTHDF3 潜在相互作用蛋白主要为核糖体 40S 小亚基蛋白及 60S 大亚基蛋白。GST-pull down 实验发现 YTHDF3 与核糖体蛋白 RPLP0、RPL3、RPS2、RPS3 及 RPS15 存在相互作用，表明 YTHDF3 可能通过招募核糖体大、小亚基蛋白，从而促进 mRNA 的翻译[19]，同时，PAR-CLIP-seq 结合核糖体印记实验表明，与 YTHDF1 和 YTHDF3 独自结合的转录本相比，YTHDF1 和 YTHDF3 共同结合的靶基因翻译效率显著性升高。YTHDF3 可能最先结合含有 m^6A 修饰的 mRNA，然后通过 YTHDF1 促进 mRNA 的翻译，最后招募 YTHDF2 促进翻译完成的 mRNA 的降解[20]。YTHDF3 还可以结合含有 m^6A 修饰的环状 RNA，促进环状 RNA 的翻译。

4) YTHDC1

YTHDC1 是细胞核内 m⁶A 结合蛋白，它与细胞质内的结合蛋白有着不同的生物学功能。YTHDC1 定位在 YT 小体（YT-body），其与核小斑是毗邻的。YTHDC1 能够与其他的剪接因子相互作用，提示了 YTHDC1 在 RNA 加工过程中可能存在重要的调控作用。与 YTHDF1-3 一样，体外 RNA 寡聚核苷酸沉降实验证明了 YTHDC1 能特异性结合 m⁶A 修饰的 RNA。通过 PAR-CLIP-seq 技术鉴定到了 10 245 个 YTHDC1 的结合簇，其中 51% 的结合簇能够与 m⁶A 峰在空间位置上存在交集。YTHDC1 的结合簇在 mRNA 上的分布与 m⁶A 类似，倾向于结合在终止密码子附近。对 YTHDC1 的 YTH 结构域与 m⁶A 结合的晶体结构解析发现，YTH 结构域中有一个精确的口袋，能够将 m⁶A 包被其中。研究发现，YTHDC1 通过识别外显子上的 m⁶A，招募剪接因子 SRSF3，同时抑制 SRSF10 与 mRNA 的结合，促进该外显子被保留。YTHDC1 和 SRSF3 倾向于促进外显子保留，而 SRSF10 则倾向于促进外显子的剪接[21]。

5) YTHDC2

YTHDC2 不仅含有 YTH 结构域，还含有多个 RNA 解旋酶结构域，在小鼠睾丸中表达水平较高。最新研究发现，YTHDC2 可以影响含有 m⁶A 修饰的 mRNA 的翻译效率及稳定性，并且在 *YTHDC2* 敲除小鼠中，YTHDC2 靶基因 *Smc3* 的翻译效率降低了 37%，但其具体机制有待进一步研究[22]。

2. HNRNP 家族蛋白

1) HNRNPC

HNRNPC 是定位在细胞核内的 RNA 结合蛋白，它倾向于结合单链 RNA 上连续的尿嘧啶区域。研究人员发现，在没有 m⁶A 修饰的状态下，HNRNPC 的结合序列由于形成二级结构的原因未暴露出来，HNRNPC 不能识别该序列，蛋白质与 RNA 之间的结合能力降低；而 m⁶A 修饰通过弱化 A-U 之间的氢键能力，改变 mRNA 及长非编码 RNA 的局部结构，暴露出单链结构，从而增强 HNRNPC 与 RNA 的相互作用[25]。

2) HNRNPA2B1

研究发现 HNRNP 蛋白家族 HNRNPA2B1 为 m⁶A 结合蛋白，能够识别 pri-miRNA 上的 m⁶A 修饰，调控 pri-miRNA 的剪接加工，揭示了 miRNA 生成过程中 m⁶A 的重要调控作用。在敲低 HNRNPA2B1 的细胞中，许多 miRNA 表达降低，且这种变化与敲低 METTL3 的结果是一致的。同时 HNRNPA2B1 可以与 pri-miRNA 加工因子 DGCR8 互作，调控 pri-miRNA 的剪接[23, 24]。

3) HNRNPG

研究发现 m⁶A 修饰可增强周围 RNA 序列结合 HNRNPG 的能力。HNRNPG 通过其 C 端低复杂度区域结合含 m⁶A 修饰的 RNA，低复杂度区域内部的精氨酸-甘氨酸-甘氨酸重复序列是其结合由 m⁶A 修饰暴露出的 RNA 基序所必需的。研究人员鉴定了 13 191 个影响 RNA-HNRNPG 相互作用的 m⁶A 位点，从而改变了靶标 mRNA 的表达和可变剪接。这项研究进一步验证了 m⁶A 可通过改变 RNA 结构来招募 HNRNPG 等 RNA 结合蛋白，从而调控 mRNA 的加工代谢过程[26]。

3. EIF3

研究人员在对 mRNA 上 5′UTR 的 RNA m⁶A 修饰过程中发现，5′UTR 上的 m⁶A 修饰能促进不依赖帽子的蛋白质翻译。其具体的机制是：真核起始因子 3（EIF3）能够直接结合 mRNA 的 5′UTR m⁶A，不需要帽子结合因子 EIF4E 就能招募 43S 复合体并起始翻译[40]。

24.3.2　m¹A 的生物学功能

与 m⁶A 不同，m¹A 富集于 mRNA 转录物的 5′UTR 区，以及包含起始密码子的外显子剪接位点，且倾向于修饰翻译起始位点。研究发现，m¹A 与蛋白质生成呈正相关，具有 m¹A 修饰的 mRNA 翻译效率更高。这些特征在小鼠与人类细胞中高度保守。

一种已知的 DNA/RNA 去甲基化酶 ALKBH3 可以去除 mRNA 中的 m¹A。m¹A 甲基化作用能够动态地响应刺激（如 H_2O_2 和饥饿处理），在压力诱导下可以产生数百个 m¹A 新位点[6]，但目前对于 mRNA 上 m¹A 的甲基转移酶及结合蛋白的作用尚不清楚。在 tRNA 中，m¹A 的功能主要是调节 tRNA 的结构，例如，所有真核生物 tRNA^Met 的三维结构的稳定都需要第 58 位的 m¹A 修饰（m¹A58），研究发现，tRNA 去甲基化酶缺失会减缓 mRNA 的翻译起始及延伸[5]。

24.3.3　m⁶Aₘ 的生物学功能

含有 m⁶Aₘ 的 mRNA 相对来说有更长的半衰期及更高的表达，m⁶Aₘ 修饰可影响 RNA 的脱帽酶 DCP2 的活性。在 DCP2 基因敲除小鼠中，不含有 m⁶Aₘ 修饰的 mRNA 寿命显著增加，而含有 m⁶Aₘ 修饰的 mRNA 受到的影响较小。同时，敲低 miRNA 生成的关键因子 DICER 和 AGO2 后，带有 m⁶Aₘ 修饰的 mRNA 寿命显著增加，说明该修饰也能影响 miRNA 介导的 mRNA 降解[9]。

24.3.4　m⁵C 的生物学功能

1. mRNA m⁵C 调控 mRNA 出核

早期 HeLa 细胞的 m⁵C 测序结果表明 m⁵C 富集在 mRNA 非翻译区（5′UTR 和 3′UTR），预示 m⁵C 可能与 mRNA 的蛋白质翻译和稳定性有关。鉴于 mRNA 中 m⁵C 的修饰位点富集在 AGO 蛋白的结合位点附近，m⁵C 修饰还可能会影响 miRNA 参与的 RNA 降解途径[5]。但是利用 miCLIP 技术鉴定出的 NSUN2 底物的 mRNA 表达量并不受 NSUN2 蛋白缺失的干扰，因此到目前为止还没有直接证据证明 m⁵C 调控 mRNA 的稳定性。最新研究发现，在体外，mRNA 出核的关键蛋白 ALYREF 可以特异性地结合含有 m⁵C 修饰的寡核苷酸。进一步体内实验也表明 ALYREF 可以结合含有 m⁵C 修饰的 mRNA 并介导其出核。m⁵C 甲基转移酶 NSUN2 缺失会造成 mRNA 在核内的聚集[14]。

2. tRNA m⁵C 调控蛋白翻译

在 tRNA 中，m⁵C 主要存在于可变区和反密码子环，从而使 tRNA 的二级结构更加稳定，增强密码子识别的能力。在小鼠中同时敲除 m⁵C 甲基转移酶基因 DNMT2 和 NSUN2 后，tRNA 因完全失去 m⁵C 修饰而变得不稳定，抑制蛋白质翻译。在 rRNA 中的 m⁵C 修饰被认为与翻译过程的保真性有关。

3. lncRNA m⁵C 调控 RNA 结合蛋白与 RNA 的相互作用

vtRNA 是一种存在于穹窿体核糖核蛋白复合物中的非编码 RNA，它可以加工成小 RNA（svtRNA），通过 AGO-miRNA 通路调控一些基因的表达缺失，而 m⁵C 使 vtRNA 到 svtRNA 的加工过程发生异常。

m⁵C 修饰存在于 lncRNA（如 *HOTAIR* 和 *XIST*）和染色质相互结合作用的功能区，且体外实验发现 m⁵C 可以干扰 RNA 结合蛋白与 RNA 的相互作用，表明 m⁵C 修饰可以增加长非编码 RNA 结构的多样性[41]。

24.3.5 m⁷G 的生物学功能

1. mRNA 翻译

在真核生物中，蛋白质翻译分为帽子结构依赖性翻译和不依赖帽子结构的 IRES 介导翻译。其中，帽子结构依赖性翻译是最主要的形式，m⁷G 在帽子结构依赖性翻译中必不可少，激活帽子结构依赖性翻译的 EIF4F 复合物中的 EIF4E 能特异性识别甲基化的 m⁷G，同时，EIF4G 能够和多聚腺苷酸尾巴结合蛋白 PABP1 相互作用使得 mRNA 形成一个环状结构，这种结构更能提升翻译效率。AGO2 蛋白含有 EIF4E 结合 m⁷G 的保守基序，可以干扰 EIF4E 对 m⁷G 的结合，导致蛋白质翻译受抑制。miRNA Let-7 可以抑制 m⁷G 帽子结构依赖性翻译。

2. mRNA 剪接和出核

一些研究表明，m⁷G 可以调控 mRNA 出核。在非洲瓜蟾（*Xenopus laevis*）卵母细胞中，共注射含有 m⁷G 帽子结构的二核苷酸（m⁷GpppG）可以抑制 mRNA 的出核，但是无帽子的 mRNA 则不会被抑制。m⁷G 对 pre-mRNA 的剪接调控作用主要由两个帽结合蛋白（CBP80 和 CBP20）组成的细胞核帽结合复合物（the nuclear cap binding complex，CBC）介导。在 *Xenopus laevis* 卵母细胞中，注射 CBP20 抗体，会抑制 pre-mRNA 剪接和 snRNA 的出核。但是在 *Saccharomyces cerevisiae* 中，mRNA 出核并不依赖于 m⁷G 帽子结构，表明 m⁷G 帽子结构并非在所有物种中都参与调控 RNA 的出核。

3. mRNA 稳定性

m⁷G 帽子的另一个重要功能是促进 mRNA 的稳定性。研究发现，m⁷G 甲基化的帽子结构可以防止 5′→3′核糖核酸外切酶对 mRNA 的降解，但是无帽 RNA 则会被降解。鸟嘌呤加帽反应是可逆的，鸟苷酸转移酶（guanylyltransferase）是一种脱帽酶，可以去除非修饰的鸟嘌呤帽子，没有加帽的 mRNA 可以被核糖核酸外切酶快速降解，但是当鸟嘌呤帽子被甲基化成 m⁷G 帽子结构后，则不被鸟苷酸转移酶识别，从而增强了 mRNA 的稳定性。

24.3.6 假尿嘧啶的生物学功能

通过热动力数据分析发现，与 U 相比，Ψ 与任何 A、G、U 或 C 配对都能使双链 RNA 更加稳定，这提示 Ψ 可能会干扰 RNA 结合蛋白与 RNA 的相互作用。利用体外蛋白翻译实验发现，如果 RNA 中多个 U 被 Ψ 替换，其蛋白表达量增多。研究发现，人为在 mRNA 的无义密码子中将 U 替换成 Ψ，会使核糖体解码中心将其视为有义密码子发生非常规的碱基互补配对，蛋白质翻译继续。虽然 Ψ 在 mRNA 上的功能研究还未广泛展开，但基于前期研究结果可以预测其对 mRNA 可能有两个功能：①通过改变 RNA 结构调控 mRNA 的加工和功能；②在蛋白质翻译方面，除了可以使无义密码子转化成有义密码子，还可以使蛋白质翻译多样化，产生转录后基因编码重组。相比 mRNA，Ψ 在 rRNA 和 snRNA 中的研究较为广泛。与正常核糖体相比，含有无 Ψ 修饰或低 Ψ 修饰的 rRNA 的核糖体与 tRNA 的相互作用减弱，导致蛋白质翻译精确度降低,且 rRNA 假尿嘧啶化的这种干扰核糖体与调控 tRNA 结合和翻译精确度的功能在酵母和人类中保守。存在于 snRNA 的 Ψ 对 snRNP 的生物合成和功能具有重要的调控作用。例如,在出芽酵母中,pre-mRNA 的剪接需要 U2 snRNA 第 35 位假尿嘧啶和第 40 位尿嘧啶碱基,这主要是因为第 35 位 Ψ 形成的 RNA 结构可促进剪接。最新研究利用小分子化合物实现特异性标记与富集的假尿嘧啶高通量测序技术成功实现了人细胞系及小鼠(大脑与肝脏组织)全转录组水平单碱基分辨率的假尿嘧啶检测,发现在数千个 mRNA 与 lncRNA 上都含有 Ψ 修饰,同时发现转录组中 Ψ 的含量与分布均会受到各种环境刺激的影响,表明 Ψ 修饰可能与细胞应激响应有关[38]。

24.3.7　hm^{5}C 的功能

在果蝇中 hm^{5}C 倾向于分布在含有多聚腺苷酸尾巴的 RNA 上,hm^{5}C 促进 mRNA 的翻译效率,含有 hm^{5}C 修饰的 RNA 的翻译水平明显高于不含有 hm^{5}C 修饰的 RNA,*TET* 敲除后,RNA 中 hm^{5}C 修饰水平降低造成了果蝇脑部发育异常[37]。

24.4　RNA 修饰与生理病理效应

关键概念

- m^{6}A、m^{5}C、假尿嘧啶 Ψ 参与个体的发育、配子发生、细胞重编程、生物节律调控、细胞周期、母源 RNA 降解、X 染色体失活、性别决定、RNA 病毒感染、DNA 损伤修复、癌症等多种生理过程或者其中的部分。

24.4.1　m^{6}A 的生理病理效应

1. m^{6}A 与发育

在酵母中,*METTL3* 的同源基因 *IME4* 仅在因饥饿而引发减数分裂的二倍体细胞中表达,此时酵母以出芽生殖的方式形成孢子进行繁殖。而在 *IME4* 缺陷的菌株中,m^{6}A 甲基化水平降低,且酵母的出芽生殖受阻。

在拟南芥中,*METTL3* 同源基因 *MTA* 的缺陷会导致胚芽发育阻断在球状体阶段。此外,分裂组织,尤其是再生器官、芽分生组织及生长中的侧芽中,MTA 具有较高的表达水平,且 MTA 与 AtFIP37(WTAP同源蛋白)存在相互作用,这些结果说明 m^{6}A 在拟南芥发育中具有重要的调控作用。进一步研究发现,拟南芥成熟组织中也存在水平各异的 m^{6}A 修饰,且 m^{6}A 缺失会导致后期生长过程中生长模式的改变和顶端优势的缺陷。另外,m^{6}A 缺陷植株的花朵呈现出数目、大小和同一性的缺陷。对基因表达谱系分析发现,m^{6}A 缺陷植株的转运相关基因表达降低,而应激反应通路的基因则表达升高。

在斑马鱼中,敲低 *wtap* 导致胚胎在受精后 24h 呈现出多种发育缺陷,包括头部、眼睛和脑室变小及脊索弯曲,而 *mettl3* 敲低的胚胎表型只受到轻微影响。*wtap* 和 *mettl3* 同时敲低则会导致更为严重的胚胎发育缺陷和细胞凋亡。此外,*wtap* 和 *mettl3* 的敲低导致体节的标记基因 *Myod* 表达上调,表明 m^{6}A 甲基转移酶复合物 WTAP-METTL3-METTL14 可能调控斑马鱼肌肉发育[12]。

在 *mettl3* 敲除的斑马鱼中，m⁶A 含量显著降低，且造血干祖细胞（hematopoietic stem/progenitor cell，HSPC）的生成受阻。进一步研究发现，m⁶A 的缺失导致了 *notch1a* 和 *rhoca* 降解被抑制，进而阻断内皮-造血转化（endothelial-to-hematopoietic transition，EHT），抑制了早期 HSPC 的生成[42]。同样的现象在小鼠中亦有发现[42]。

在小鼠中，敲低 *mettl3* 或 *mettl14* 导致小鼠胚胎干细胞自我更新能力丧失。对基因表达谱分析，发现 *mettl3* 或 *mettl14* 敲低的小鼠胚胎干细胞中发育调节因子表达上调，而多能性因子的表达下调[43]。另外在 mESC 中，HuR/miRNA 途径参与 m⁶A 调控的 RNA 稳定性，从而维持 mESC 的多能性。m⁶A 去甲基化酶基因 *FTO* 的敲除导致小鼠产后发育迟缓，脂肪组织显著减少。在人中，FTO 蛋白功能突变（R316Q）导致甲基化水平的升高，以及产后阻滞、生殖系统畸形和多倍体畸形等异常现象。

2. m⁶A 与配子发生

1）METTL3 及其同源蛋白影响真核生物配子形成

在酿酒酵母减数分裂中，*METTL3* 同源基因 *IME4* 起着重要的调节作用。*IME4* 基因敲除导致酿酒酵母中 m⁶A 修饰减少，减数分裂阻断在 G₂ 期，进而影响孢子的形成。在拟南芥中，METTL3 的同源蛋白 MTA 主要分布于分裂组织，尤其是生殖器官、顶端分生组织及新的横向根。MTA 失活导致 RNA m⁶A 修饰减少，从而使种子形成致死表型或发育停滞在球形期。在果蝇中，*DM IME4*（*METTL3* 同源基因）主要在卵巢和睾丸组织中表达。*Dm ime4* 的突变导致 Notch 信号通路失调，进而卵泡发生融合，伴随着卵泡细胞的缺陷。在小鼠中，*Mettl3* 的敲除导致精子发生相关调控基因的可变剪接形式和全转录组表达谱发生改变，从而使减数分裂被阻断在起始阶段，引起精子发生异常[44]。在人类弱精症患者中，m⁶A 含量及 *METTL3* 和 *METTL14* 的 mRNA 表达量都显著高于正常人，且 m⁶A 含量的升高导致精子活力的降低[45]。

2）*Alkbh5* 敲除导致雄性精子发生障碍

在小鼠中，ALKBH5 分布于各个组织器官中，而在睾丸中的表达水平最高。研究发现，和野生型小鼠相比，*Alkbh5* 缺失小鼠的睾丸显著变小，精子数量显著减少且形态异常。*Alkbh5* 缺失导致小鼠的初级精母细胞向次级精母细胞发育受阻，并且 XI 和 XII 期精母细胞凋亡增加。此外，*Alkbh5* 基因敲除导致小鼠生精小管细胞中 mRNA 的 m⁶A 甲基化水平上调，且精母细胞减数分裂发生异常，说明 ALKBH5 催化 mRNA 中 m⁶A 去甲基化在小鼠的精子发生等生理功能中发挥着重要的调控作用[15]。

3）YTHDF2 影响卵子成熟

在卵子发生过程中，母源性转录本逐渐形成并累积，直到 GV 期而停止。母源性转录组的转录后调控决定着减数分裂成熟、受精作用和早期的胚胎发育过程。当完成第一次减数分裂并进入到第二次减数分裂间期（MII）时，卵子发育成熟[46]。在这个过程中，约 20% 的母源性 RNA 发生主动地降解。研究发现，YTHDF2 与雌性小鼠生育能力有重要关系。*Ythdf2* 的缺失虽不影响生成 MII 时期卵子的数目，且不影响受精过程，但在发育到二细胞期时，胚胎出现异常，表现为微核和无核化。进一步研究发现，*Ythdf2* 的缺失不影响母源性 RNA 的形成，但改变了卵子成熟过程中 RNA 的含量。在 *Ythdf2* 敲除的 MII 期卵子中，201 个基因的表达出现上调，且在这些转录本的终止密码子附近有显著的 m⁶A 富集[46]。

4）YTHDC2 调控精子发生过程

YTHDC2 作为另一个 YTH 家族的成员蛋白，能够结合 m⁶A，从而提高结合的 mRNA 翻译效率，并使其丰度降低。*Ythdc2* 的敲除使小鼠丧失生育能力，雄性小鼠的睾丸和雌性小数的卵巢都显著减小。小鼠睾丸中减数分裂开始时，YTHDC2 的表达出现上调，而 *Ythdc2* 敲除小鼠中，生殖细胞被阻断在粗线期，不能产生正常的精子[22]。

3. m⁶A 与细胞重编程

胚胎干细胞 ESC 来源于早期胚胎，具有分化为任何类型细胞的潜能。研究人员发现 m⁶A 修饰在多能与分化的细胞系间的分布具有差异性，趋向于发生在一些决定细胞特异分化的 RNA 分子上。研究发现 m⁶A 修饰区域富集的特征序列与一些有重要调控作用的 miRNA 的种子区（5′ 2～8 nt）序列存在互补配对。miRNA 通过序列互补的方式，引起 mRNA 相应位点区域 m⁶A 修饰的产生。*Oct*4 等关键多能性调控基因的 m⁶A 修饰使其表达量上调，进而促进小鼠成纤维细胞重编程为诱导多能性干细胞（iPS 细胞）[47]。

研究发现，多能性基因的 mRNA 被 m⁶A 修饰后，mESC 自我更新和多能性丧失，并促进分化[43]。此外，锌指蛋白 ZFP217 通过结合 m⁶A 甲基转移酶 METTL3 而抑制其活性，从而阻止这些 mRNA 甲基化的发生[48]。

小鼠 ESC 在分化过程中需经历原始态多能性（naive pluripotency）和始发态多能性（primed pluripotency）两个阶段，这两种状态的细胞具有截然不同的分子特性，并且在特定条件下可以相互转变。通过对涉及始发态调控的一些转录和表观遗传学调控子进行 siRNA 筛选，研究人员发现 m⁶A 甲基转移酶 Mettl3 是终结小鼠原始态多样性的一个重要调控蛋白。敲除 *Mettl3* 会导致植入前外胚层和原始态胚胎干细胞中 mRNA m⁶A 修饰的缺失，然而其生存不受影响，但无法完全终结原始态多能性。植入后的胚胎细胞发生畸变，分化潜力受到限制，早期胚胎出现死亡[49]。

4. m⁶A 与生物节律

生物节律是指在单位时间内生物体表现出来的机体活动一贯性、规律性的变化模式。从分子、细胞到机体、群体各个层次广泛存在着生物节律现象，它使生物能够更好地适应外界环境。在真核生物中，生物钟受到转录-翻译的负反馈循环的调控。在这个循环中，生物钟基因能够调控自身和一些代谢相关基因的转录。目前已知在肝脏中，约 10% 的基因具有节律性，其中只有 1/5 的基因发生从头转录的变化，说明 mRNA 加工可能在生物节律调控中扮演重要的角色。研究发现，抑制甲基转移反应可以延长生物节律周期。RNA 转录组测序揭示抑制甲基化反应能够导致与 m⁶A 修饰相关 RNA 加工元件的转录水平普遍改变。进一步研究发现，m⁶A 修饰存在于很多生物钟基因的转录本上，并且发现敲低 *Mettl3* 能够导致节律周期的延长和 RNA 加工的延迟。对生物钟基因的节律性核质分布分析发现，敲低 *Mettl3* 导致 *Per2* 和 *Arntl* mRNA 出核延迟，使核质分布发生异常，进而引发生物节律周期的延长[50]。

5. m⁶A 与细胞周期

在酿酒酵母中，通过遗传学筛查已鉴定了一个核心的 RNA 甲基转移酶复合物（MIS），包括 IME4（METTL3 同源蛋白）、Mum2（WTAP 同源蛋白）和辅助因子 Slz1，该复合体催化 mRNA 甲基化的形成。在有丝分裂生长过程中，m⁶A 很难被检测到，而在减数分裂过程中，其含量显著富集。在 IME4 催化失活的菌株中，m⁶A 累积的过程消失，并且丧失减数分裂能力。利用一种近乎单位点分辨率的高通量测序方法，研究人员绘制了酵母减数分裂进程中动态 m⁶A 修饰图谱，并鉴定到 1183 个转录本中的 1308 个 m⁶A 潜在修饰位点。通过功能注释发现，这些基因与 DNA 复制、错配修复、联会复合体形成等减数分裂进程密切相关。此外，376 个减数分裂特异的基因中，有 105 个发生甲基化修饰。这些结果说明 m⁶A 甲基化修饰在酵母减数分裂中发挥重要作用[51]。

6. m^{6}A 与母源 RNA 降解

在胚胎形成的早期阶段，母源性的 RNA 控制着基因的表达，随着发育的进行，合子的基因组担负起这项责任。这个过程称为母体-合子过渡（maternal-to-zygotic transition，MZT），是胚胎早期生命中最复杂和精密协调的过程之一，并且存在于所有动物中。在此期间，胚胎在激活自己的基因组时需要经历一种深刻的变化，母源性的 RNA 发生快速清除。最新研究成果发现在斑马鱼的受精卵发育过程中，有超过 1/3 的母本 mRNA 携带有 m^{6}A 修饰，并通过 YTHDF2 的特异结合而得以清除。在斑马鱼胚胎中敲除 ythdf2 能够减缓 m^{6}A 修饰的母源性 mRNA 降解，并且阻碍合子基因组的激活，从而导致胚胎无法及时启动 MZT，引发细胞周期停顿，使幼体发育延迟[52]。

7. m^{6}A 与 XIST 介导的转录抑制

XIST 是一种 lncRNA，在雌性哺乳动物发育过程中，能够通过募集特殊的蛋白复合体来介导 X 染色体失活。利用 shRNA 库筛选实验，研究人员鉴定出该复合体的三个成员：RBM15、WTAP 和 SPEN。进一步研究发现，RBM15 和 RBM15B 通过结合 WTAP，将 METTL3/14 招募到 XIST 并对其进行 m^{6}A 甲基化。甲基化的 XIST 由 m^{6}A 结合蛋白 YTHDC1 特异性识别，促进基因的沉默[39]。

8. m^{6}A 与果蝇性别决定

果蝇中，m^{6}A 同样广泛的存在，它是由 IME4、KAR4、FL(2)d 和 Virilizer(Vir) 等蛋白质组成的复合体催化形成的，分别对应哺乳动物中 m^{6}A 甲基转移酶组分 METTL3、METTL14、WTAP 和 KIAA1429。研究发现，IME4 等蛋白质能够催化果蝇性别决定基因 Sxl（Sex Lethal）pre-mRNA 的内含子中 m^{6}A 修饰的形成，进而被 m^{6}A 结合蛋白 YT521-B 特异性识别，调控 Sxl pre-mRNA 进行雌性特异选择性剪接，决定果蝇性别[53-55]。

9. m^{6}A 与癌症

研究发现在急性髓细胞样白血病（acute myeloid leukemia，AML）中，FTO 具有较高的表达水平。FTO 能够促进白血病致病基因介导的细胞转化和白血病发生，并通过降低 ASB2 和 RARA 等 mRNA 上 m^{6}A 水平来调节这些基因的表达，进而抑制全反式视黄酸（all-trans-retinoic acid，ATRA）诱导的 AML 细胞分化[56]。

研究发现，将乳腺癌细胞暴露于缺氧环境中，能够诱导 ALKBH5 的表达。ALKBH5 能够对多能因子 NANOG mRNA 的 3'UTR 上 m^{6}A 进行去甲基化，从而增加了 NANOG mRNA 的稳定性，进而维持和增加了乳腺肿瘤干细胞的表型及数量[57]。在另一项研究中，研究人员发现 ALKBH5 在恶性胶质瘤细胞中起到维持细胞干性的作用。ALKBH5 通过催化转录因子 FOXM1 上的 m^{6}A 修饰去甲基化，维持 FOXM1 处于高表达水平，并发现 ALKBH5 对 FOXM1 的特异性识别是由 lncRNA FOXM1-AS 介导的[58]。

在多种肿瘤细胞系中，如肝癌细胞系，YTHDC2 表达水平显著高于正常的肝细胞。敲低 YTHDC2 使代谢相关蛋白，如低氧诱导因子-1α（HIF-1α）的表达降低，从而抑制结肠癌细胞的新陈代谢[59]。

10. m^{6}A 与 RNA 病毒感染

早在 20 世纪 70 年代就发现 m^{6}A 存在于病毒 RNA 上，近期的研究发现在 HIV-1 RNA 的 UTR 区域含有丰富的 m⁶A 修饰，这些修饰对新合成的 HIV-1 RNA 转录后出核调控具有重要作用[60]。敲低寄主的 m⁶A 甲基转移酶 METTL3 和 METTl4 能够降低 HIV-1 Gag 蛋白的表达，而敲低寄主的 m⁶A 去甲基酶则有相反的效果[61]。然而对于 m⁶A 结合蛋白 YTHDF1、YTHDF2 和 YTHDF3 的研究，两个不同研究团队得到不同的结论。研究发现，寄主的 m⁶A 结合蛋白 YTHDF1-3 可以识别 HIV-1 RNA 上的 m⁶A 修饰进而降解 HIV-1 RNA，减少 HIV-1 反转录，抑制病毒感染[61]；相反，另一个研究发现 YTHDF1-3 能促进 HIV-1 RNA 的翻译和在 CD4⁺ T 细胞中的复制[62]。

在寨卡病毒（ZIKV）中，研究人员也发现存在 m⁶A 修饰。敲低寄主的 m⁶A 修饰酶 METTL3 和 METTIL4 能增加寨卡病毒的含量，而敲低寄主的 m⁶A 去甲基化酶 FTO 和 ALKBH 能抑制寨卡病毒复制。寨卡病毒 RNA 上的 m⁶A 修饰可以被寄主的 YTHDF1-3 识别，使其降解，抑制寨卡病毒复制。当敲低寄主的 YTHDF1-3，寨卡病毒复制能力增强[63]。

11. m⁶A 与 DNA 损伤修复

细胞在增殖和生存过程中，需要对遗传信息进行精确的维持和传递，然而细胞内和环境中无处不在的引发 DNA 损伤的因素威胁这一过程。细胞内存在一个 DNA 修复系统——DNA 损伤应答系统，可监测和修复损伤的 DNA，并且防止细胞在损伤完成之前进行分裂。近期研究发现，紫外辐射引发的 DNA 损伤能够诱导 RNA 上快速而瞬时的 m⁶A 生成。这类 m⁶A 存在于很多种含 Poly（A）尾巴的 RNA 上，并且由 METTL3 和 FTO 分别催化生成与去除。当敲低 METTL3 时，细胞表现出对紫外线诱导产生的环丁烷嘧啶加合物修复减慢，且提高对紫外线的敏感度。进一步研究发现，METTL3 能够募集 DNA 聚合酶κ（Pol κ）到损伤位点进行修复[64]。

24.4.2　m⁵C 的生理病理效应

1. m⁵C 与发育

研究表明 m⁵C 与发育有密切的关系，功能缺失实验发现 NSUN2 和 DNMT2 对组织的发育具有重要的作用。*NSUN2* 敲除成年小鼠的个体大小显著小于野生型和杂合型。NSUN 家族的所有成员在小鼠胚胎发育过程中均有表达，而在脑部较为丰富，其中在大脑皮层、海马区和纹状体中表达水平最高。当敲除 *NSUN2* 后，这些区域的蛋白质合成水平下降、细胞应激水平升高，而且组织的大小缩减。进一步研究发现，NSUN2 能够影响放射状胶质细胞分化成上层神经元，NSUN2 表达的降低能够抑制神经迁移。这些影响最终会导致智力障碍。此外，NSUN2 的缺失会导致小鼠皮肤、睾丸组织分化的延迟。

缺失 DNMT2 的新生小鼠中，造血干细胞的分化和细胞数目受到影响；而在斑马鱼中，缺失 DNMT2 会特异性地导致肝脏、视网膜和脑分化的障碍。

NSUN2 和 DNMT2 能催化 tRNA 上 m⁵C 修饰的生成，缺乏 m⁵C 修饰的 tRNA 会发生片段化生成 5′ tsRNA。研究发现 5′ tsRNA 能够抑制多数蛋白质的翻译，其中包含分化因子，进而维持了干细胞的多能性。

2. m⁵C 与配子发生

研究发现，NSUN2 对雄性小鼠生育能力具有重要的作用。敲除 *NSUN2* 导致小鼠睾丸显著减小，并且细长精细胞的生成受阻，而精母细胞不受影响。*NSUN2* 的敲除导致双线期生殖细胞的显著降低，而细线期和偶线期的生殖细胞显著增多，表明 NSUN2 在精子发生的减数分裂过程中起着重要的作用[65]。此外，NSUN2 的缺失导致粗线期多数基因表达受阻，其中最显著的是 Miwi 蛋白。Miwi 的下调使精子在圆头精子阶段发生阻断。

3. m⁵C 与细胞周期

研究发现，NSUN2 的表达随着细胞周期的进行而不断变化。在 G_1 期，其表达量最低，主要存在于核仁；而在 S 期，其表达量达到最高值，相较于 G_1 期，其在核内具有更广泛的分布；在 G_2 期，NSUN2 存在于胞质囊泡中；在 M 期，NSUN2 存在于纺锤体上，并且与中心体上的 α-微管蛋白（α-tubulin）共定位。

近期研究表明，NSUN2 能够催化 CDK1 mRNA 的 3′UTR 上 C1733 形成 m⁵C，从而提高 CDK1 mRNA 的翻译效率，促进细胞的增殖。此外，NSUN2 还能够催化 p27 mRNA 的 5′UTR 上 C64 形成 m⁵C，抑制 p27 的生成，从而促进细胞增殖。

4. m⁵C 与癌症

研究发现，NSUN2 在多种肿瘤中高表达。在乳腺癌中，*NSUN2* 的基因拷贝数增加，且作为 c-MYC 的靶标蛋白，调控肿瘤细胞的增殖。然而在另一类恶性肿瘤中，如皮肤癌，NSUN2 的表达受到抑制。

24.4.3 假尿嘧啶的生理病理效应

研究发现，不同的假尿嘧啶合酶 PUS 突变会导致多种不同疾病的发生。DKC1 的突变导致 *Xq28* 基因相关的先天性角化不良疾病（X-linked dyskeratosis congenital，X-DC）的发生，伴随着骨髓功能的缺失、皮肤的异常化，并且会导致癌症的发生。DKC1 的突变导致 rRNA 上假尿嘧啶修饰的降低，使 rRNA 和 IRES（internal ribosome entry site）结合亲和性下降，进而导致依赖于 IRES 起始的很多重要抗凋亡因子和肿瘤抑制因子的翻译效率降低，最终促进了癌症的发生。

另一个假尿嘧啶合酶 PUS1 蛋白的 116 位发生突变或者翻译的提前终止，会导致线粒体性肌变和铁粒幼细胞性贫血症（myopathy，lactic acidosis and sideroblastic anaemia，MLASA）的发生。MLASA 是一种常染色体隐性遗传病，会导致氧化磷酸化及体内铁代谢的紊乱。但是 PUS1 的缺失导致 MLASA 疾病的具体机制目前尚不清楚。

24.5 总结与展望

近些年，对 RNA 修饰的研究出现井喷式的发展，说明 RNA 修饰在生命过程中的重要性。越来越多的研究证明 RNA 修饰在生理病理调控方面扮演重要的角色，然而精准的分子通路和细胞代谢过程还有待继续研究。目前已发现的 RNA 修饰有 150 多种，得以研究的仅仅为含量较高的 5 个（m⁶A、m⁵C、m¹A、hm⁵C 和 Ψ），而多数含量低的修饰由于技术手段的限制，难以得到很好地研究。而对于含量高的修饰，单位点分辨图谱及在低丰度 RNA 上的修饰情况仍有待继续探索。此外，现有的研究表明，不同的修饰可能存在相互影响，或是共同参与调控某些生理病理的过程，如 m⁶A 和 m⁵C 均在配子生成过程发挥重要作用，它们之间是如何相互影响、如何协调生理病理调控功能的发挥，以及这些修饰是否存在一个协同调控网络，这些问题的解决将为系统性阐明 RNA 修饰对生理病理的调控作用提供重要助力。

　　目前，越来越多的研究证实了 RNA 修饰在基因表达调控、多种生物学功能调节及疾病发生发展中均发挥着重要的作用。随着检测及测序技术的发展、各种新型 RNA 修饰的发现，进一步扩展了 RNA 修饰的研究领域，为"RNA 表观遗传学"这一新兴的研究领域注入了持续的动力与活力。与大家所熟知的组蛋白修饰和"组蛋白密码（histone code）"类似，各种 RNA 修饰形成了一个动态化、多元化的调控系统。例如，目前有了一定研究基础的甲基化修饰，在 mRNA 中，不同区域（类似于组蛋白的不同氨基酸位点）存在着不同的甲基化修饰，同时甲基化修饰的类型也是多种多样（类似于组蛋白的不同修饰类型）（图 24-3）。生物体需要通过加工过程和成熟后处理等多种微调机制，确保其 RNA 的稳定性和有效性，RNA 修饰在这种调节过程中起到了至关重要的作用。相信随着更多技术的开发与更多相关研究的开展，RNA 修饰调控基因表达以及其他分子机制一定会更加清楚。

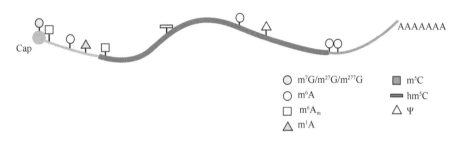

图 24-3　各种 RNA 修饰在 mRNA 不同区域上的分布

参 考 文 献

[1]　Motorin, Y. *et al.* RNA nucleotide methylation. *Wiley Interdiscip Rev RNA* 2, 611-631(2011).

[2]　Dominissini, D. *et al.* Topology of the human and mouse m6A RNA methylomes revealed by m6A-seq. *Nature* 485, 201-206(2012).

[3]　Meyer, K. D. *et al.* Comprehensive analysis of mRNA methylation reveals enrichment in 3′ UTRs and near stop codons. *Cell* 149, 1635-1646(2012).

[4]　Jia, G. *et al.* N6-methyladenosine in nuclear RNA is a major substrate of the obesity-associated FTO. *Nat Chem Biol* 7, 885-887(2011).

[5]　Dominissini, D. *et al.* The dynamic N-methyladenosine methylome in eukaryotic messenger RNA. *Nature* 530, 441-446(2016).

[6]　Li, X. *et al.* Transcriptome-wide mapping reveals reversible and dynamic N-methyladenosine methylome. Nat Chem Biol 12, 311-316(2016).

[7]　Molinie, B. *et al.* m(6)A-LAIC-seq reveals the census and complexity of the m(6)A epitranscriptome. *Nat Methods* 13, 692-698(2016).

[8]　Linder, B. *et al.* Single-nucleotide-resolution mapping of m6A and m6Am throughout the transcriptome. *Nat Methods* 12, 767-772(2015).

[9]　Mauer, J. *et al.* Reversible methylation of m6Am in the 5′ cap controls mRNA stability. *Nature* 541, 371-375(2017).

[10]　Carlile, T. M. *et al.* Pseudouridine profiling reveals regulated mRNA pseudouridylation in yeast and human cells. *Nature* 515, 143-146(2014).

[11]　Liu, J. *et al.* A METTL3-METTL14 complex mediates mammalian nuclear RNA N6-adenosine methylation. *Nat Chem Biol* 10, 93-95(2014).

[12]　Ping, X. L. *et al.* Mammalian WTAP is a regulatory subunit of the RNA N6-methyladenosine methyltransferase. *Cell*

Research 24, 177-189(2014).

[13] Schwartz, S. *et al.* Perturbation of m6A writers reveals two distinct classes of mRNA methylation at Internal and 5' sites. *Cell Reports* 8, 284-296(2014).

[14] Yang, X. *et al.* 5-methylcytosine promotes mRNA export - NSUN2 as the methyltransferase and ALYREF as an m5C reader. *Cell Research* 27, 606-625(2017).

[15] Zheng, G. *et al.* ALKBH5 is a mammalian RNA demethylase that impacts RNA metabolism and mouse fertility. *Mol Cell* 49, 18-29(2013).

[16] Fu, L. *et al.* Tet-mediated formation of 5-hydroxymethylcytosine in RNA. *J Am Chem Soc* 136, 11582-11585(2014).

[17] Wang, X. *et al.* N(6)-methyladenosine modulates messenger RNA translation efficiency. *Cell* 161, 1388-1399(2015).

[18] Wang, X. *et al.* N6-methyladenosine-dependent regulation of messenger RNA stability. *Nature* 505, 117-120(2014).

[19] Li, A. *et al.* Cytoplasmic m6A reader YTHDF3 promotes mRNA translation. *Cell Research* 27, 444-447(2017).

[20] Shi, H. *et al.* YTHDF3 facilitates translation and decay of N6-methyladenosine-modified RNA. *Cell Research* 27, 315-328(2017).

[21] Xiao, W. *et al.* Nuclear m6A reader YTHDC1 regulates mRNA splicing. *Mol Cell* 61, 507-519(2016).

[22] Hsu, P. J. *et al.* Ythdc2 is an N6-methyladenosine binding protein that regulates mammalian spermatogenesis. *Cell Research* 27, 1115-1127(2017).

[23] Alarcon, C. R. *et al.* N6-methyladenosine marks primary microRNAs for processing. *Nature* 519, 482-485(2015).

[24] Alarcon, C. R. *et al.* HNRNPA2B1 is a mediator of m(6)A-dependent nuclear RNA processing events. *Cell* 162, 1299-1308(2015).

[25] Liu, N. *et al.* N(6)-methyladenosine-dependent RNA structural switches regulate RNA-protein interactions. *Nature* 518, 560-564(2015).

[26] Liu, N. *et al.* N6-methyladenosine alters RNA structure to regulate binding of a low-complexity protein. *Nucleic Acids Res* 3052766 [pii] 10.1093/nar/gkx141(2017).

[27] Schwartz, S. *et al.* Transcriptome-wide mapping reveals widespread dynamic-regulated pseudouridylation of ncRNA and mRNA. *Cell* 159, 148-162(2014).

[28] Zhao, X. *et al.* FTO-dependent demethylation of N6-methyladenosine regulates mRNA splicing and is required for adipogenesis. *Cell Research* 24, 1403-1419(2014).

[29] Zhou, J. *et al.* Dynamic m^{6}A mRNA methylation directs translational control of heat shock response. *Nature* 526, 591-594(2015).

[30] Ke, S. *et al.* m6A mRNA modifications are deposited in nascent pre-mRNA and are not required for splicing but do specify cytoplasmic turnover. *Genes Dev* 31, 990-1006(2017).

[31] Schwartz, S. *et al.* High-resolution mapping reveals a conserved, widespread, dynamic mRNA methylation program in yeast meiosis. *Cell* 155, 1409-1421(2013).

[32] Squires, J. E. *et al.* Widespread occurrence of 5-methylcytosine in human coding and non-coding RNA. *Nucleic Acids Res* 40, 5023-5033(2012).

[33] Hussain, S. *et al.* NSun2-mediated cytosine-5 methylation of vault noncoding RNA determines its processing into regulatory small RNAs. *Cell Reports* 4, 255-261(2013).

[34] Khoddami, V. *et al.* Identification of direct targets and modified bases of RNA cytosine methyltransferases. *Nat Biotechnol* 31, 458-464(2013).

[35] Amort, T. *et al.* Distinct 5-methylcytosine profiles in poly(A) RNA from mouse embryonic stem cells and brain. *Genome Biol* 18, 1(2017).

[36] David, R. *et al.* Transcriptome-wide mapping of RNA 5-methylcytosine in *Arabidopsis* mRNAs and noncoding RNAs. *Plant Cell* 29, 445-460(2017).

[37] Delatte, B. *et al.* RNA biochemistry. Transcriptome-wide distribution and function of RNA hydroxymethylcytosine. *Science* 351, 282-285(2016).

[38] Li, X. *et al.* Chemical pulldown reveals dynamic pseudouridylation of the mammalian transcriptome. *Nat Chem Biol* 11, 592-597(2015).

[39] Patil, D. P. *et al.* m6A RNA methylation promotes XIST-mediated transcriptional repression. *Nature* 537, 369-373(2016).

[40] Meyer, K. D. *et al.* 5′ UTR m(6)A promotes cap-independent translation. *Cell* 163, 999-1010(2015).

[41] Amort, T. *et al.* Long non-coding RNAs as targets for cytosine methylation. *RNA Biol* 10, 1003-1009(2013).

[42] Zhang, C. *et al.* m6A modulates haematopoietic stem and progenitor cell specification. *Nature* 549, 273-276(2017).

[43] Wang, Y. *et al.* N6-methyladenosine modification destabilizes developmental regulators in embryonic stem cells. *Nat Cell Biol* 16, 191-198(2014).

[44] Xu, K. *et al.* Mettl3-mediated m6A regulates spermatogonial differentiation and meiosis initiation. *Cell Research* 27, 1100-1114(2017).

[45] Yang, Y. *et al.* Increased N6-methyladenosine in human sperm RNA as a risk factor for Asthenozoospermia. *Sci Rep* 6, 24345(2016).

[46] Ivanova, I. *et al.* The RNA m6A reader YTHDF2 is essential for the post-transcriptional regulation of the maternal transcriptome and oocyte competence. *Mol Cell* S1097-2765(2017).

[47] Chen, T. *et al.* m(6)A RNA methylation is regulated by microRNAs and promotes reprogramming to pluripotency. *Cell Stem Cell* 16, 289-301(2015).

[48] Aguilo, F. *et al.* Coordination of m(6)A mRNA methylation and gene transcription by ZFP217 regulates pluripotency and reprogramming. *Cell Stem Cell* 17, 689-704(2015).

[49] Geula, S. *et al.* m6A mRNA methylation facilitates resolution of naive pluripotency toward differentiation. *Science* 347, 1002-1006(2015).

[50] Fustin, J. M. *et al.* RNA-methylation-dependent RNA processing controls the speed of the circadian clock. *Cell* 155, 793-806(2013).

[51] Agarwala, S. D. *et al.* RNA methylation by the MIS complex regulates a cell fate decision in yeast. *PLoS Genet* 8, e1002732(2012).

[52] Zhao, B. S. *et al.* m6A-dependent maternal mRNA clearance facilitates zebrafish maternal-to-zygotic transition. *Nature* 542, 475-478(2017).

[53] Haussmann, I. U. *et al.* m6A potentiates Sxl alternative pre-mRNA splicing for robust *Drosophila* sex determination. *Nature* 540, 301-304(2016).

[54] Lence, T. *et al.* m6A modulates neuronal functions and sex determination in *Drosophila*. *Nature* 540, 242-247(2016).

[55] Kan, L. *et al.* The m6A pathway facilitates sex determination in *Drosophila*. *Nat Commun* 8, 15737(2017).

[56] Li, Z. *et al.* FTO plays an oncogenic role in acute myeloid leukemia as a N6-methyladenosine RNA demethylase. *Cancer Cell* 31, 127-141(2017).

[57] Zhang, C. *et al.* Hypoxia induces the breast cancer stem cell phenotype by HIF-dependent and ALKBH5-mediated m6A-demethylation of NANOG mRNA. *Proc Natl Acad Sci U S A* 113, E2047-2056(2016).

[58] Zhang, S. *et al.* m6A demethylase ALKBH5 maintains tumorigenicity of glioblastoma stem-like cells by sustaining FOXM1 expression and cell proliferation program. *Cancer Cell* 17, S1535-6108(2017).

[59] Tanabe, A. *et al.* RNA helicase YTHDC2 promotes cancer metastasis via the enhancement of the efficiency by which

HIF-1alpha mRNA is translated. *Cancer Lett* 376, 34-42(2016).

[60] Kennedy, E. M. *et al.* Posttranscriptional m(6)A editing of HIV-1 mRNAs enhances viral gene expression. *Cell Host Microbe* 19, 675-685(2016).

[61] Tirumuru, N. *et al.* N(6)-methyladenosine of HIV-1 RNA regulates viral infection and HIV-1 Gag protein expression. *Elife* 5(2016).

[62] Lichinchi, G. *et al.* Dynamics of the human and viral m(6)A RNA methylomes during HIV-1 infection of T cells. *Nat Microbiol* 1, 16011(2016).

[63] Lichinchi, G. *et al.* Dynamics of human and viral RNA methylation during Zika virus infection. *Cell Host Microbe* 20, 666-673(2016).

[64] Xiang, Y. *et al.* RNA m6A methylation regulates the ultraviolet-induced DNA damage response. *Nature* 543, 573-576(2017).

[65] Hussain, S. *et al.* The mouse cytosine-5 RNA methyltransferase NSun2 is a component of the chromatoid body and required for testis differentiation. *Mol Cell Biol* 33, 1561-1570(2013).

杨运桂 博士，中国生物化学与分子生物学会第十二届理事会常务理事兼副秘书长、欧洲科学院外籍院士、中国科学院北京基因组研究所（国家生物信息中心）研究员、中国科学院特聘研究员、国家杰出青年科学基金获得者。2000 年博士毕业于中国科学院上海药物研究所；2000 年国际癌症研究署博士后/Staff Scientist；2005 年英国癌症研究署博士后；2008 年中国科学院北京基因组研究所"百人计划"研究员。研发 RNA 及其多组学检测和信息分析技术，研究 RNA 表观转录组特征及其修饰酶，阐明其功能及人类疾病关联的调控机制。发现 RNA 甲基转移酶和去甲基酶，揭示 RNA 甲基化的动态可逆性及其调控基因剪接和出核新机制，以及 RNA 甲基化调控干细胞定向分化和组织器官发育等重要作用。研究成果入选中国科学院"十二五"标志性重大进展及 2017 年度中国生命科学研究领域十大进展。

第 25 章　RNA 编辑

张　锐　李丽诗　顾南南
中山大学

本章概要

在经典的"中心法则"中，遗传信息从 DNA 流向 RNA，并进一步流向蛋白质。但遗传信息的传递在 RNA 层面存在着多种调控，包括可变剪接、可变多聚腺苷化加尾、RNA 编辑和修饰等。RNA 编辑是指在转录和转录后过程中对 RNA 中特定的核苷酸序列进行编辑的分子过程。根据编辑的方式不同，RNA 编辑可以分为核苷酸的插入/删除和碱基替换，比如胞苷 C 到尿苷 U 和腺苷 A 到肌苷 I 的脱氨基化。在动物中，RNA 编辑的最普遍形式是 A-to-I RNA 编辑。A-to-I RNA 编辑是由腺苷脱氨酶（ADAR）催化 RNA 中的腺苷 A 脱去一个氨基，转变为肌苷 I 的过程。ADAR 蛋白家族包括 ADAR1、ADAR2、ADAR3。发生在编码区的 A-to-I RNA 编辑能显著影响基因的功能，RNA 编辑异常会引起动物模型生理系统紊乱和人类疾病。动物中另一种重要的编辑形式是 C-to-U RNA 编辑，在胞苷脱氨酶 APOBEC1 的催化下，RNA 中胞苷 C 脱去一个氨基转变成尿苷 U。RNA 编辑同样存在于植物中，在苔藓植物、裸子植物、被子植物（从低等的非种子植物到种子植物）所有分支陆生植物的线粒体、质体两类细胞器的 mRNA 和 tRNA 中，广泛存在位点特异性的 C-to-U RNA 编辑。植物中数量众多的 PPR（pentatricopeptide repeat）蛋白特异性地参与 RNA 编辑事件。RNA 编辑与多种疾病相关，包括肿瘤和神经系统疾病。基于 RNA 编辑的酶促定点 RNA 编辑方法早在 1995 年就被提出，即通过 RNA 编辑修正由于基因突变引起的遗传疾病，该方法有望在不改变靶标 mRNA 的内源表达前提下，定点改变由于腺苷 A 或者胞苷 C 引起的突变相关的疾病。深入研究和理解 RNA 编辑的发生机制对于疾病的治疗具有重要的意义。

25.1　RNA 编辑概述

真核 RNA 转录本可以通过一系列转录和转录后调控增加转录组的多样性。这些调控机制包括可变剪接、可变多聚腺苷化（polyA）加尾、RNA 编辑和修饰等。RNA 编辑（RNA editing）是指在转录和转录后过程中对 RNA 分子上特定的核苷酸序列进行编辑的分子过程。RNA 编辑事件包括 RNA 分子中核苷酸的插入/删除和碱基替换。例如，RNA 中非模板核苷酸的插入或删除；RNA 分子中的碱基替换，如腺苷 A 在脱氨酶的作用下脱去氨基转变为肌苷 I（A-to-I），胞苷 C 脱氨转变为尿苷 U（C-to-U）等。RNA 编辑最初被用来描述 tRNA 和 rRNA 的核苷酸变化。随着 PCR 技术和测序技术的发展，人们在真核生物、原核生物、病毒等不同生物的 tRNA、rRNA、mRNA 和 microRNA（miRNA）上观察到不同类型的 RNA 编辑。后来，RNA 编辑被用来描述不同类型 RNA 变化而导致 RNA 与其模板 DNA 或者模板 RNA 不一致的现象。mRNA、tRNA 和 rRNA 的 RNA 编辑会促进 RNA 分子的多样性。RNA 编辑为 RNA 的多样性提供多种途径，使 RNA 能够在不同的条件下，行使不同的分子功能。

25.2 RNA 编辑的分类

- 根据编辑的方式不同，RNA 编辑可以分为两个基本类型：核苷酸的插入/删除和碱基替换。
- 在哺乳动物中，RNA 编辑的最普遍形式是 A-to-I RNA 编辑。

RNA 编辑现象广泛地存在于病毒、细菌、原核生物、植物和动物[1-5]。根据编辑方式的不同，RNA 编辑可以分为两个基本类型：核苷酸插入/删除和碱基替换。前者主要表现为 mRNA 中一个或多个尿苷 U 的插入或删除，也会表现为在 mRNA、tRNA、rRNA 上发生 U、UA、AA、CU、GU、GC、G 的插入[6-11]；后者的表现形式多种多样，包括 C-to-U、U-to-C、A-to-I、G-to-A、U-to-A 等多种核苷酸的替换形式。其中，U-to-C、G-to-A、U-to-A 主要在哺乳动物如人类和鼠中有小范围的分布。A-to-I RNA 编辑和 C-to-U RNA 编辑则在跨物种中广泛存在。据报道，在水生动物（如珊瑚、章鱼）、昆虫（如果蝇）、哺乳动物（如小鼠、人类）中都能检测到 A-to-I RNA 编辑。

25.2.1 RNA 的插入/删除编辑

插入/删除编辑首先在动质体原生动物的线粒体中发现。在动质体原生动物中，这种插入/删除编辑非常普遍，并且编辑变化很大。例如，在布氏锥虫（*Trypanosoma brucei*）的细胞色素酶 II 中只插入了 4 个尿苷 U，而在细胞色素酶 III 中发现了上百个尿苷 U 的插入和几十个尿苷 U 的删除[2]。从布氏锥虫的线粒体编码 RNA 中发现首例 RNA 编辑现象以后，随后的研究表明，线粒体中很多 Kinetoplasts（一种环状 DNA，包含线粒体 DNA 的多个拷贝）编码的 RNA 都能观察到 RNA 编辑现象[8]。Kinetoplasts 作为研究 RNA 核苷酸插入/删除编辑的模型被广泛应用。据统计，尿苷 U 的插入频率要比删除的频率高得多。1991 年，Miller 等在多头绒泡菌的线粒体中发现首例胞苷 C 的插入编辑[12]。此后人们检测到了大量的插入编辑现象，包括 CU、CG、GU、UA 和 AA 的插入编辑。插入/删除编辑提高了 RNA 的多样性。

插入/删除编辑一般是以引导 RNA（guide RNA，gRNA）为模板，在靶标 RNA 分子中插入或删除一个或多个碱基的过程[13]。比如尿苷 U 的插入/删除编辑是由小 DNA 编码的引导 RNA 执行的（图 25-1）。引导 RNA 与编辑前的靶标 RNA 通过特异的靶向序列互补配对，招募执行编辑的蛋白复合体（编辑体）。编辑体含有多种酶活性，包括核酸内切酶、末端尿苷转移酶和 RNA 连接酶的活性，对靶标 RNA 进行剪切和连接反应。靶标 RNA 与引导 RNA 相互结合，在含有碱基错配的位置打开 RNA 链，插入尿苷 U。靶标 RNA 上插入的尿苷 U 与 gRNA 中的下一个核苷酸配对。若插入的 U 遇到 gRNA 中的 A 或者 G 碱基时，mRNA 中的 U 插入就会继续。当插入的 U 遇到 gRNA 中的 C 或者 U 碱基时，mRNA 的 U 插入就会终止。尿苷 U 的插入编辑甚至能使转录本的长度增加到原来长度的一倍。RNA 的插入/删除编辑是一个转录后过程，通过 RNA 编辑能够创建启动子和终止子，或者通过 RNA 编辑来修正 RNA 转录本的移码。

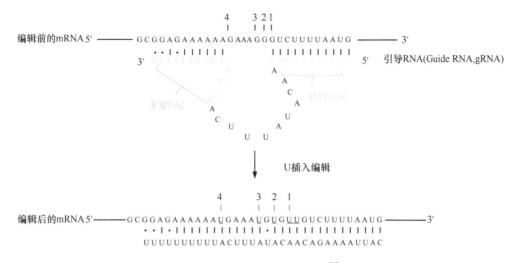

图 25-1　尿苷 U 的插入编辑[1]

引导 RNA（gRNA）与编辑前的靶标 RNA 通过特异的靶向序列互补配对，招募执行编辑的蛋白复合体。靶标 RNA 与引导 RNA 相互结合，在含有错配的核苷酸位置打开 RNA 链，并在错配的位置（标记为 1~4）开始插入尿苷 U（下划线标记）。靶标 RNA 上插入的 U 与 gRNA 中的下一个核苷酸配对。若插入的 U 遇到 gRNA 中的 A 或者 G 时，mRNA 中的 U 插入就会继续。当插入的 U 遇到 gRNA 中的 C 或者 U 时，mRNA 的 U 插入就会终止。

25.2.2　RNA 的碱基替换编辑

RNA 的碱基替换编辑是核苷酸的碱基通过编辑，转换成新的核苷酸的过程。碱基替换 RNA 编辑的方式有很多种，如在载脂蛋白 B（ApoB）和抑制因子 1 型神经纤维瘤肿瘤（neurofibromatosis type 1，NF1）的 mRNA 上发现单位点胞苷 C 转变成尿苷 U（C-to-U RNA 编辑）；在肾母细胞瘤易感性 mRNA 上发生的尿苷 U 转变为胞苷 C（U-to-C RNA 编辑）；在小鼠磷酸转移酶 mRNA 上发现的鸟苷 G 转变为腺苷 A（G-to-A RNA 编辑）；在人 α-牛乳糖 mRNA 上发现的尿苷 U 转变成腺苷 A（U-to-A 编辑）。A-to-I RNA 编辑和 C-to-U RNA 编辑则在跨物种中广泛存在。C-to-U RNA 编辑主要发生在动物和植物中[14-18]。而在动物中，RNA 编辑的最普遍形式是 A-to-I RNA 编辑[19, 20]。

1. A-to-I RNA 编辑

1988 年，Bass 和 Weintraub 等首次发现作用于 RNA 的腺苷脱氨酶（adenosine deaminase acting on RNA，ADAR）[21, 22]。A-to-I RNA 编辑是 RNA 的腺苷 A 在腺苷脱氨酶 ADAR 的催化下，C6 的氨基发生水合反应，形成一个水化中间体，随后脱去一个氨基，腺苷 A 转变成肌苷 I 的过程，如图 25-2 所示[23]。当腺苷 A 转化为肌苷 I 后，与鸟苷 G 只有 2 位 C 上的氨基的差异，因此通常认为在 RNA 的剪切加工过程或翻译过程中，肌苷 I 被识别为鸟苷 G。

2. C-to-U RNA 编辑

C-to-U RNA 编辑是 RNA 中的胞嘧啶核苷酸 C 脱氨变成尿嘧啶核苷酸 U 的一种转录后修饰过程[2, 14, 24]。例如，动物中 C-to-U RNA 编辑主要是在 RNA 胞苷脱氨酶 APOBEC1（ApoB editing catalytic subunit 1，

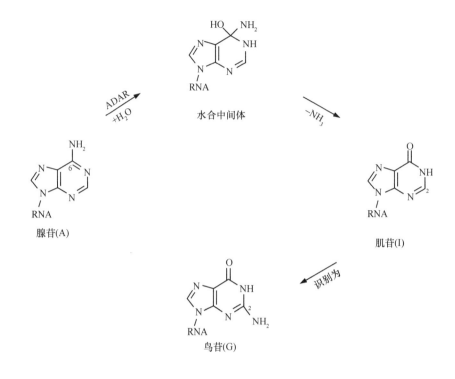

图 25-2　A-to-I RNA 编辑反应[23]

在脱氨酶 ADAR 的催化下，腺苷 A 的 C6 位与 1 个 H₂O 发生水化反应，形成水合中间体，脱去 1 个氨基，腺苷 A 转换成肌苷 I。肌苷 I 与鸟苷 G 的区别在于肌苷 I 在 C2 上少了一个氨基，因此在翻译过程中，肌苷 I 被识别为鸟苷 G

APOBEC1）的催化下，脱去 1 个氨基，将胞苷转换成尿苷[2]。C-to-U RNA 的编辑反应依赖于顺式作用元件和反式作用因子复合体（编辑体）的相互作用。编辑的顺式作用元件由被编辑的胞苷 C 侧翼的核苷酸组成，其中包括：11nt 的锚定序列 UGAUCAGUAUA；在编辑位点附近的 AU 富集序列；上、下游的调控序列。锚定序列位于编辑的胞苷 C 的 3′端，与 5′端的序列形成一个稳定的二级结构，增加编辑的特异性。C-to-U 反式作用因子复合体由三部分构成：APOBEC1、APOBEC1-互补因子（APOBEC1 complementation factor，ACF）和 RNA 结合基序蛋白 47（RNA-binding-motif-protein 47，RBM47）。APOBEC1 是胞苷脱氨酶 APOBEC 家族的成员之一。和 APOBEC 家族的其他成员相似，APOBEC1 含有一个锌依赖的脱氨酶结构域（ZDD），由两个 APOBEC1 单体形成二聚体，与 pre-mRNA 的 AU 富集区域序列结合。ACF 辅助因子（也称为 A1CF）与 RNA 的锚定序列结合。ACF 具有多个单链 RNA 识别位点的重复序列（RRM）。ACF 通过 RRM 与 APOBEC1 相互作用，形成催化脱氨的编辑复合体。RNA 上的顺式作用元件招募编辑复合体，对编辑位点上的胞苷 C 进行脱氨反应，将胞苷 C 转换成尿苷 U[25]，如图 25-3 所示。

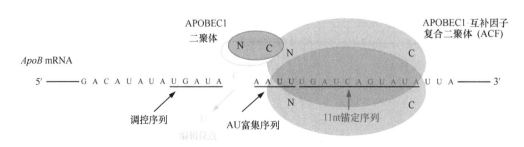

图 25-3　载脂蛋白 *ApoB* mRNA 上 C-to-U RNA 编辑示意图

　　C-to-U RNA 编辑能够改变转录本编码的氨基酸序列，或改变转录本的剪接位点，还能形成新的启动密码子和终止密码子，从而改变转录本的功能，涉及多种生理生化机制和功能调控[26-29]。

　　C-to-U 编辑位点附近通常含有三个正向作用元件。其中包括：11nt 的锚定序列 UGAUCAGUAUA；在编辑位点附近的 AU 富集序列；上、下游的调控序列。锚定序列招募与胞苷脱氨酶 APOBEC1 相互作用的 RNA 结合蛋白互补因子复合二聚体。该复合二聚体与胞苷脱氨酶 APOBEC1 二聚体相互作用，对编辑位点上的胞苷 C 进行脱氨反应，将胞苷 C 转换成尿苷 U。

25.2.3　tRNA 上的 RNA 编辑

　　1993 年，Lonergan 和 Gray 等在棘阿米巴（*Acanthamoeba castellanii*）中首次发现线粒体 tRNA 上发生 RNA 编辑，恢复受体茎中保守位点的碱基配对[30]。1999 年，Price 和 Gray 等发现在真菌和动物中线粒体 tRNA 上也存在 RNA 编辑的现象[31, 32]。tRNA 上的 RNA 编辑主要分为 5 种类型：C-to-U、U-to-A、U-to-G、A-to-G、C-to-A[33]。

　　tRNA 上的 RNA 编辑通常由常规的 tRNA，在核酸内切酶和核酸转移酶等组成的编辑复合体的催化下，经过碱基替换，转换成不常规的 tRNA。例如，在动质体原生动物中，所有的线粒体 tRNA 都是由细胞核的 DNA 编码，然后转入细胞器。由细胞核编码的 tRNA^Trp（CCA）识别标准的 UGG 色氨酸密码子，但不能识别线粒体 UGA 色氨酸密码子[6]。在线粒体 tRNA^Trp 第 1 号位发生 C-to-U RNA 编辑，编辑后的 tRNA^Trp 能够识别线粒体中的 UGA 密码子（图 25-4）[6]。利什曼原虫（*Leishmania*）也是通过这种 tRNA 上的单碱基替换编辑改变常规的 tRNA，补充在细胞器中缺乏表达的稀有 tRNA[6, 34]。

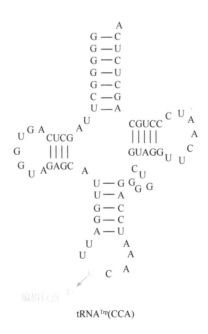

tRNA^Trp(CCA)

图 25-4　tRNA^Trp（CCA）上的 C-to-U 编辑[6]

　　tRNA 上的 RNA 编辑除了单核苷酸的替换，还存在特定位点发生单个或 2 个核苷酸的插入，如 C、U、AA、UU、GC、CU、GU 或 UA 等[1]。

　　常规的 tRNA^Trp（CCA）反密码子能识别常规的色氨酸 UGG 密码子，不能识别线粒体中的色氨酸 UGA 密码子。常规的 tRNA^Trp（CCA）经过单核苷酸 C-to-U 编辑后，能够识别线粒体中的色氨酸 UGA 密码子。

25.3 RNA 编辑的定位和定量

25.3.1 RNA 编辑定位方法概论

摆动碱基对（wobble base pair）是 RNA 分子中两个核苷酸之间不遵循 Watson-Crick 碱基对规则形成的碱基配对（图 25-5A）。肌苷 I 与别的碱基形成的碱基对不遵循 Watson-Crick 碱基对规则，属于摆动碱基对。肌苷 I 能与胞苷 C、腺苷 A 或尿苷 U 分别形成 I∶C、I∶A、I∶U 摆动碱基对[35]。

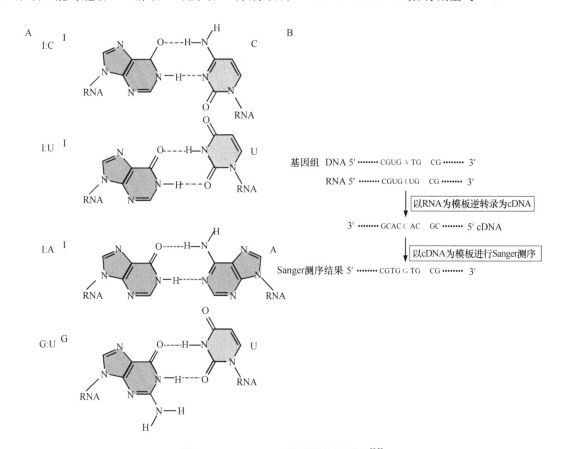

图 25-5　A-to-I RNA 编辑的检测原理[35]

A. 不遵循 Watson-Crick 碱基对规则形成的摆动碱基对；B. Sanger 测序技术检测 A-to-I RNA 编辑位点示意图。编辑位点肌苷 I 标记为红色，常规腺苷 A 标记为蓝色。比对基因组 DNA 与 cDNA 的测序结果，A-to-G 为 RNA 上潜在的编辑位点

在 RNA 逆转录合成 cDNA 的过程中，胞苷 I 被识别为鸟苷 G（图 25-5B）。以 cDNA 为模板进行 Sanger 测序，编辑位点在测序结果中显示为鸟苷 G。把同一个个体的 cDNA 序列比对到对应的基因组 DNA（gDNA）中，出现非匹配的 A-to-G 位点为潜在的 RNA 编辑位点。

在二代测序技术（next generation sequencing，NGS）出现之前，通过 PCR 和 Sanger 测序的方法能鉴定出 RNA 序列上 RNA 编辑位点并对其进行定量。

25.3.2　基于高通量测序的 RNA 编辑定位定量方法

在早期，受限于一代测序技术的通量和成本，被鉴定出来的 RNA 编辑位点少之又少。随着第二代测序的广泛应用，RNA 编辑位点的定位和定量的检测效率大大提高，同时降低了检测成本。

基于高通量测序的 RNA 编辑定位定量方法，其基本原理是通过高通量对大量转录本 cDNA 测序，利用生物信息学对得到的测序数据进行定位和定量分析，如基于 RNA-seq[36-40]、mmPCR-seq[41]、Small RNA seq[42]和 Nascent-seq[43]等的分析。

25.4　动物中 RNA 编辑的功能

> **关键概念**
>
> - A-to-I RNA 编辑由腺苷脱氨酶 ADAR 催化，通过水解反应脱去氨基，使腺苷转变成肌苷。C-to-U RNA 编辑发生在胞苷 C 的 C4 的氨基，在胞苷脱氨酶 APOBEC1 的催化下发生水解反应，脱去一个氨基，胞苷 C 转变成尿苷 U。A-to-I RNA 编辑具有重要的生理功能。
> - ADAR 蛋白家族包括 ADAR1、ADAR2、ADAR3，具有高保守性。

25.4.1　动物中 A-to-I RNA 编辑的功能

A-to-I RNA 编辑广泛存在于动物中，从无脊椎动物（如线虫、章鱼），到脊椎动物（如小鼠、灵长类）再到人类中，都能检测到 A-to-I RNA 编辑。A-to-I RNA 编辑在生物体内发挥着极其重要的作用。

1. 腺苷脱氨酶 ADAR 家族

ADAR 首次在爪蟾的卵和胚胎中被发现，最初认为 ADAR 对双链 RNA 具有解链活性，后来 ADAR 被证实具有双链 RNA 特异性的腺苷脱氨酶活性[44]。第一个被鉴定出来的哺乳动物 *ADAR* 基因是人的 *ADAR1*（*hADAR1*）基因，随后根据脱氨酶的氨基酸同源性检索，检测出 *ADAR2* 和 *ADAR3*[45, 46]。ADAR1 和 ADAR2 具有脱氨酶活性，ADAR3 至今尚未有实验研究证实具有脱氨酶活性[47]。ADAR 家族的三个成员在脊椎动物具有高保守性。在黑腹果蝇（*Drosophila melanogaster*）中存在与 *ADAR2* 直系同源的基因 *dADAR*。秀丽隐杆线虫中含有两个 ADAR 基因：*CeADAR1* 和 *CeADAR2*。乌贼中的 *ADAR2* 具有两个剪接异构体，与 *hADAR2* 具有很高的同源性。对无脊椎动物基因组数据库进行筛查，海胆和海葵的 *ADAR* 基因检测出 *ADAR1* 和 *ADAR2*，未发现 *ADAR3*。这些结果表明，*ADAR1* 和 *ADAR2* 可能在后生动物的进化中出现较早，*ADAR3* 可能是在脊椎动物中新近产生的。此外，在昆虫中，*ADAR1* 在随后的进化中丢失。ADAR 家族普遍存在于原生动物、酵母和动植物中[48, 49]。

腺苷脱氨酶家族中除了作用于双链 RNA 的 ADAR 家族以外，还有作用于 tRNA 的腺苷脱氨酶 ADAT（adenosine deaminases acting on tRNA），其序列与 ADAR 家族具有同源性[44, 50]。ADAT 家族包含三个分支：TadA、ADAT2 和 ADAT3[48, 51]。ADAT 能介导 tRNA 在反密码子位置及其附近发生 A-to-I RNA 编辑，如在某些特定的 tRNA 的第 34、37 和 57 位上，由不同的 ADAT 催化脱氨，发生 A-to-I RNA 编辑[51]，如图 25-6 所示。ADAT 家族的成员在真核生物中，从酵母到人类具有高度的保守性。另外，在细菌中与

ADAT 家族同源的腺苷脱氨酶 TadA（tRNA adenosine deaminase），介导细菌 tRNA 发生 A-to-I RNA 编辑[48]。在进化中，ADAT 家族被认为是 ADAR 家族的祖先。另一个观点认为 ADAT 和 ADAR 的进化祖先可能不是单核苷酸腺苷脱氨酶（ADA），而是单核苷酸胞苷脱氨酶（CDA）[20, 48, 52]。

ADAR 家族在物种进化上具有高度的保守性，在 ADAR 家族成员之间具有共同的结构域[49]，如图 25-7 所示，在 ADAR 的 N 端具有 1～3 个双链 RNA 结合结构域（dsRNA-binding domain，dsRBD），长度约为 65 个氨基酸，能形成高保守的 α-β-β-β-α 高级结构。dsRBD 能直接与 dsRNA 结合。在 ADAR 家族中，不同的成员具有独自的特性。例如，ADAR1 在 N 端具有 2 个 Z-DNA 结合结构域（Z-DNA-binding domains）Zα 和 Zβ；ADAR3 在 N 端含有一个精氨酸富集的单链 RNA（ssRNA）结合结构域（R 结构域）。在 ADAR2 的一个小的剪接体 mRNA 中也存在相似的单链 RNA 结合结构域，提示 R 结构域在进化上的保守性及其重要功能[20, 52, 53]。

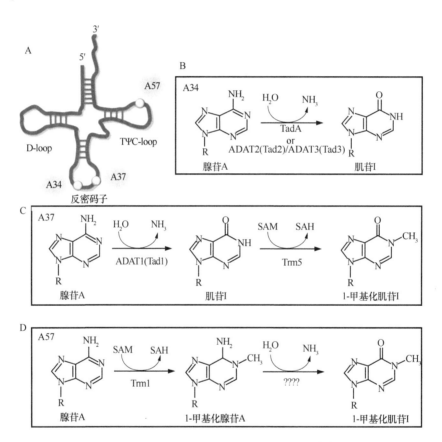

图 25-6 tRNA 上的 A-to-I RNA 编辑反应[51]

A. tRNA 的二级结构。编辑位点分别为：A34、A37 和 A57；B. A34 的肌苷形成过程。在脱氨酶的催化下，腺苷 A 脱去氨基形成肌苷 I。在原核生物中，该反应由 TadA 催化。在真核生物中，该反应由 ADAT2（Tad2）或者 ADAT3（Tad3）催化；C. A37 的甲基化肌苷形成过程。在 ADAT1（Tad1）脱氨酶的催化下，腺苷 A 脱去氨基形成肌苷 I。肌苷 I 在 Trm5 的催化下进行甲基化反应，形成 1-甲基化肌苷；D. A57 的甲基化肌苷形成过程。在 TrmI 的催化下，形成 1-甲基化腺苷 A，在某种脱氨酶的催化下，甲基化腺苷脱氨形成 1-甲基化肌苷 I

ADAR 的 C 端具有一个脱氨酶的催化结构域，这个催化结构域在氨基酸序列上与包括 APOBEC1 在内的胞苷脱氨酶具有保守性。hADAR2 的结晶体结构显示，hADAR2 的脱氨酶由组氨酸 H394、谷氨酸 E396 和两个半胱氨酸 C451、C516 共四个氨基酸残基与一个 Zn^{2+} 配位形成催化中心。一个己糖磷酸肌醇（IP_6）被部分埋入酶催化中心，可能在催化中心稳定和催化多个精氨酸和赖氨酸。IP_6 位于催化中心附近，可能在水解脱氨反应中起到重要的作用。体外实验证实，果蝇的 dADAR 与哺乳动物的 ADAR1 和 ADAR2

都需要形成二聚体才具有脱氨酶催化活性[54, 55]。相反，ADAR3 在体外不形成二聚体，也未检测到脱氨酶催化活性。有研究证明，把 ADAR1 和 ADAR2 的 dsRBD 突变以后，使 ADAR 的双链 RNA 结合结构域位点失活，ADAR 仍然能在体内形成二聚体，由此说明两个单体是通过蛋白质-蛋白质相互作用形成同二聚体的[56]。二聚体其中一个单体双链 RNA 结合结构域失活，影响整个二聚体的催化功能，由此表明二聚体中的两个 ADAR 单体的双链 RNA 结合结构域是协同作用的[56]。影响 ADAR 蛋白二聚体形成的因素有待进一步的研究。

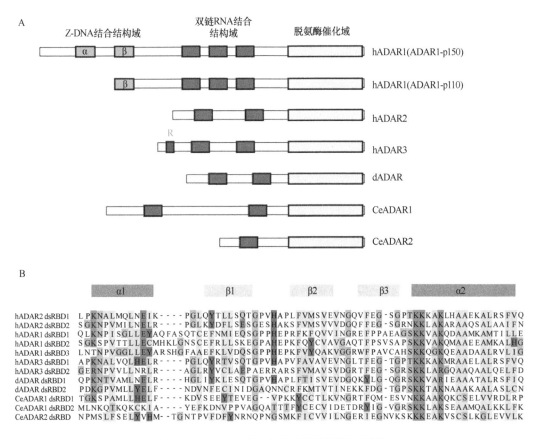

图 25-7　ADAR 蛋白家族成员的结构组成[49]

A. ADAR 家族成员的结构域组成示意图。ADAR 蛋白家族成员在 C 端都具有一个保守的腺苷脱氨酶催化域（黄色），含有 1 个或多个双链 RNA 结合结构域（蓝色）。在 ADAR1 中含有 Z-DNA 结合结构域（绿色）。ADAR1 有两个不同长度的亚型。ADAR3 含有一个精氨酸富集的 R 结构域（红色）；B. ADAR 蛋白家族成员的双链 RNA 结合结构域的序列比对。根据氨基酸的特性和保守性标记为不同的颜色

2. A-to-I RNA 编辑反应的底物具有选择性

体外实验证实分子间或者分子内大于 20bp 碱基的 dsRNA 可以被 ADAR 结合和编辑。但在全转录组层面，ADAR 在体内的真实底物目前尚不清楚。A-to-I 编辑的脱氨反应既能选择性作用到特定位置的腺苷 A，也能非特异地对 RNA 序列中的腺苷 A 进行编辑。影响 A-to-I RNA 编辑反应底物的选择性的因素有很多，主要表现为以下三个方面。

1）ADAR 成员之间的蛋白结构差异决定编辑反应底物具有选择性[20]

虽然 ADAR 对 dsRNA 的结合没有偏好性，但是某些 A-to-I RNA 编辑位点能选择性被 ADAR1 或者 ADAR2 编辑，表明 ADAR1 和 ADAR2 与底物的结合方式及催化反应不尽相同。例如，在 AMPA 受体的亚基 GluR-B 的 pre-mRNA 上的 Q/R 位点由 ADAR2 催化脱氨发生 RNA 编辑，而 R/G 位点能够被 ADAR1

或 ADAR2 催化脱氨发生编辑（图 25-8A～C）[57, 58]。5-羟色胺受体 2C（5-HT$_2$cR）pre-mRNA 上发生 A-to-I RNA 编辑也证明了 RNA 编辑具有特异性[59]（图 25-8D）。5-HT$_2$cR pre-mRNA 上的 A～E 五个编辑位点中，A、B 位点由 ADAR1 催化脱氨发生编辑；D 位点由 ADAR2 催化脱氨发生编辑；C、E 位点能够被 ADAR1 和 ADAR2 催化脱氨发生编辑。这种差异可能是由其 dsRNA 结合结构域的差异决定的。ADAR1 和 ADAR2 上的 dsRNA 结合结构域的数目及其间距不尽相同，由两个单体相互作用形成的二聚体催化中心，分别对特定的腺苷 A 进行识别和催化[60]。

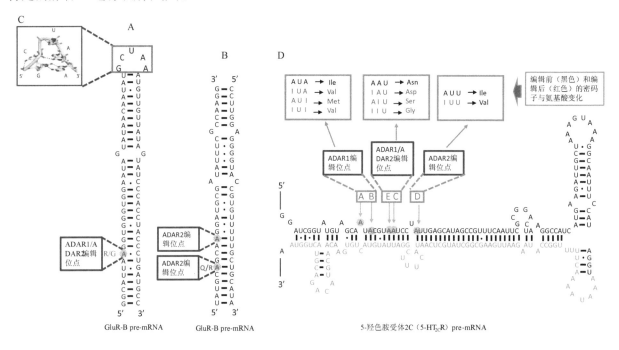

图 25-8　A-to-I RNA 编辑的底物选择性

A. GluR-B pre-mRNA（部分）的二级结构示意图，编辑位点标记为红色；B. GluR-B pre-mRNA（部分）的二级结构示意图，编辑位点标记为红色；C. GluR-B pre-mRNA R/G 编辑位点所在的 RNA 二级结构顶端 GCUAA 五碱基形成稳定的环状结构；D. 5-羟色胺受体 2C（5-HT$_2$cR）pre-mRNA（部分）的二级结构示意图。茎环结构包含外显子区域（黑色）和内含子区域（灰色）。编辑位点标记为红色

2）RNA 编辑对底物 RNA 的二级结构具有选择性

底物 RNA 二级结构影响脱氨酶 ADAR 对编辑位点的选择性。RNA 的二级结构元件如 dsRNA 的顶端环状结构、内在环状结构、凸起和碱基错配等，影响脱氨酶对编辑位点的选择性。这些 RNA 二级结构元件在进化中比较保守，可能对 RNA 编辑具有重要意义。例如，GluR-B 的 R/G 位点存在于一段由 71nt RNA 形成的茎环结构中[61]。这段茎环结构顶端是一个由 GCUAA 五个碱基构成的环状帽子结构，碱基之间通过氢键和堆积作用力相互作用形成稳定的五角结构（图 25-8C）。GCUAA 的五碱基结构与具有高度保守性的 GCUMA（M=A 或 C）的结构非常相似。当改变或者缺失 GCUAA 五碱基环状结构，R/G 位点的编辑水平减弱。RNA 二级结构对 ADAR 识别底物具有重要意义[49, 61, 62]。此外，大部分非特异性编辑位点主要分布在长的、完全互补的双链 RNA 中。例如，在某些长的完全互补的双链 RNA 序列（大于 100bp）中，大部分的腺苷 A 能被脱氨转变成肌苷 I，这种现象称为超编辑（hyper editing）。超编辑可以发生在具有持续性感染的特定的单链 RNA 病毒的复制过程中[63, 64]。超编辑也会发生在由正义链和反义链 RNA 配对形成的完全互补配对的双链 RNA 转录本上，如黑腹果蝇的 *4f-rmp* 基因和线虫的 *eri-6*、*eri-7* 基因[49]。相反，高特异性的 RNA 编辑位点，主要分布在短的 dsRNA（约 20～30bp）或者非完全互补的长链 dsRNA 中。发生在 mRNA 编码区的特异性编辑位点，一般分布在 pre-mRNA 的外显子自身，或与下游序列（如

下游的内含子）形成的非完全互补配对的 dsRNA 折叠区。例如，5-羟色胺受体 2C（5-HT$_2$cR）的五个具有特异性的编辑位点，分布在 pre-mRNA 由外显子和下游内含子折叠形成的非完全互补的茎环结构中（图 25-8D）[59, 65, 66]。

　　3）脱氨催化反应对编辑位点附近的碱基具有偏好性

　　爪蟾和人的 ADAR1 对编辑位点 5′端的碱基具有相似的偏好性，ADAR1 对四种碱基的偏好为 A=U>C>G；人的 ADAR2 对编辑位点 5′端碱基的偏好为 U≈A>C=G；ADAR2 对编辑位点 3′端碱基的偏好为 G=U>C=A。统计分析揭示了 pri-miRNA 编辑位点周围最优先的序列和结构。对于 pri-miRNA 上发生的编辑，RNA 编辑在 UAG 三联体腺苷的编辑概率最高[67]。

3. ADAR 在组织和细胞中的分布

　　ADAR1 和 ADAR2 在多种组织中表达，ADAR3 只在神经组织中表达。ADAR1 有两种亚型，即具有全长的 ADAR1 p150 和在 N 端截断的 ADAR1 p110[68]。ADAR1 基因含有三个启动子，其中一个启动子由干扰素诱导表达。由干扰素诱导的启动子转录出全长的 ADAR1 p150，另外两个启动子是组成型启动子，转录从下游甲硫氨酸开始，导致上游含有甲硫氨酸的外显子的选择性剪接，产生一个较短的 ADAR1 p110。ADAR2 的表达可以被环磷酸腺苷反应结合元件蛋白（cyclic adenosine monophosphate response element-binding，CREB）转录因子调控[59]。ADAR3 的表达调控机制还有待进一步的研究。

　　研究表明 ADAR1 能进行核质穿梭[69]，ADAR1 第三个 dsRNA 结合结构域具有核定位信号，而 ADAR1 的第一个 dsRNA 结合结构域促进蛋白质的细胞质定位，可能介导蛋白的出核运输[69]。ADAR1 p150 主要定位在细胞质中，在 ADAR1 p150 N 端 Zα 结构域具有出核信号。当 ADAR1 与 dsRNA 结合后，在 CRM1-RanGTP 介导下转运出核[70]。ADAR1 p110 虽然在 N 端缺少 Zα 出核信号，但 ADAR1 p110 与 dsRNA 结合后，可与 exportin-5 蛋白结合，实现核质穿梭。

　　ADAR2 分布比较广泛，既存在于细胞核，也存在于细胞质中。ADAR2 和 ADAR3 的入核可能与输入蛋白 α（importin α）家族成员有关。输入蛋白 α4 和 α5 介导 ADAR2 的入核，输入蛋白 α1 则识别 ADAR3 的 N 端 R 结构域并介导其入核[71]。

4. A-to-I RNA 编辑的功能

　　A-to-I RNA 编辑具有重要的功能和意义。在动物体内对 ADAR 基因进行突变，使其腺苷脱氨酶活性失活，会导致严重的生理影响。果蝇的 ADAR 酶活性失活的突变体，大脑功能出现异常，如出现温感麻痹、运动失衡、与年龄相关的神经退行等性状。这些性状可能是因为 ADAR 的靶标基因缺失 RNA 编辑引起的。ADAR1 突变失活的小鼠表现出胚胎致死表型，由于 ADAR1 缺失后引起大量的细胞凋亡。ADAR2 突变体的小鼠会在出生几周后死亡。这些突变体小鼠由于大脑细胞中 GluR-B Q/R 未被编辑，而导致脑细胞的过量 Ca^{2+}内流，导致突变体小鼠癫痫发作，最后死亡。在突变小鼠中表达"编辑后"的 GluR-B 后，能使 ADAR2 突变体的表型得到恢复。ADAR3 突变体表型正常，并且能够存活。大量的研究证明，某些疾病与 RNA 编辑相关，A-to-I RNA 编辑失调会引起人的疾病的病理病变，这表明 RNA 编辑在动物生理过程中发挥重要作用。

　　1）发生在 mRNA 上的 A-to-I RNA 编辑

　　A-to-I RNA 编辑位点在 mRNA 上广泛分布。例如，哺乳动物绝大多数的 RNA 编辑发生在 mRNA 的 3′UTR 区域和非编码区的重复序列如 Alu 及短间隔核元件（short interspersed nuclear elements，SINE）上[19, 72, 73]。当 mRNA 的编码区和非编码区发生 A-to-I RNA 编辑时，都有可能会改变 mRNA 的功能。例如，mRNA 的编码区发生编辑，可能改变氨基酸序列；或引入起始密码子，改变多肽的长度；当 RNA 编辑发生在 mRNA 的内含子区，可能会形成新的 mRNA 剪切位点，改变 RNA 的剪切，形成新的转录本；当 RNA 编辑发生在 3′ UTR 区域，可能改变 miRNA 的靶向位点，从而改变 miRNA 对 mRNA 的调控。

（1）当 mRNA 的编码区发生 A-to-I RNA 编辑，可能会导致编码区的氨基酸序列发生改变，也可能在编码区引入起始密码子，产生新的多肽亚型。发生在编码区的 A-to-I RNA 编辑能显著影响靶标基因的功能，编辑异常可能引起动物模型生理系统紊乱。最早被鉴定出由于 mRNA 编码区发生 A-to-I 编辑而导致密码子改变的基因大多数是神经递质受体和离子通道相关蛋白，如哺乳动物的 *GluR-B*、*5-HT2CR*、钾离子通道 *Kv1.1* 和章鱼的 *Kv1.1A*、果蝇的 Na⁺ 通道等基因 [49]。例如，在哺乳动物 AMPA 受体的 GluA2 亚基的 pre-mRNA 的 Q/R 位点，由 ADAR2 催化发生 A-to-I RNA 编辑。发生编辑后，GluA2 蛋白亚基的谷氨酰残基（Q）转变为带正电的精氨酸残基（R）。当 AMPA 受体上只包含未编辑的 GluA2 亚基时，AMPA 受体促进钙离子的流动。而当 AMPA 受体上包含编辑后的 GluA2 亚基时，带正电的精氨酸残基（R）抑制钙离子的流动（图 25-9）[74]。肌萎缩侧索硬化症（amyotrophic lateral sclerosis，ALS）是一种以运动神经元进行性退化为特征的致死性神经退行性疾病。引起该疾病的因素有很多，其中一个比较可能的机制是 GluA2 的编辑水平发生了改变[75, 76]。在 ALS 患者体内，GluA2 受体 mRNA 的表达量没有变化，由于患者体内的 ADAR2 表达量下调，导致 Q/R 位点的编辑水平显著下调[75, 76]。5-羟色胺受体 2C（5-HT₂cR）有 5 个组合的 RNA 编辑位点（A-E），这些位点改变了 3 个氨基酸的密码子：AUA（异亮氨酸）、AAU（天冬酰胺）和 AUU（异亮氨酸），最终可形成 6 种氨基酸密码子，产生高达 24 种受体的亚型，显著改变了 G 蛋白偶联受体的功能，影响 5-HT 的功能和亲和力[48, 59]。

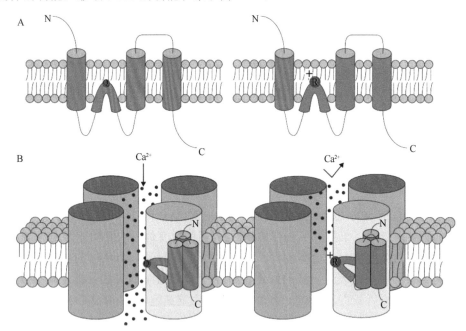

图 25-9　哺乳动物 AMPA 受体的 GluA2 的 Q/R 位点编辑前后的功能变化[74]

A. GluA2 亚基的 Q/R 位点由 ADAR2 催化发生编辑。编辑前氨基酸残基为谷氨酰胺残基 Q（左）；编辑后氨基酸残基转变为带正电的精氨酸残基 R（右）；B. GluA2 亚基（蓝色柱状）编辑前后，AMPA 受体（绿色柱状）的功能变化。编辑前，AMPA 受体促进钙离子的流动（左）；编辑后，AMPA 受体抑制钙离子的流动（右）

（2）当 A-to-I RNA 编辑发生在 mRNA 的内含子区，内含子 AA 位点发生编辑后转变成 AI，与高度保守的剪接序列 AG 高度相似，被识别为剪接位点，改变 mRNA 的剪接，产生新的转录本亚型。例如，大鼠的 *ADAR2*（*rADAR2*）mRNA 自身的 RNA 编辑改变了 ADAR2 的功能[77]。*rADAR2* 在内含子区发生编辑后，改变了 *rADAR2* 的剪接，在编码区的第 28 个碱基后面，插入了 47 个碱基。改变剪接后产生的新的成熟的 mRNA 丧失了 ADAR2 原本的 dsRNA 结合结构域和脱氨酶催化域[77]。

（3）A-to-I RNA 编辑能够改变靶标 mRNA 上 miRNA 的结合位点。miRNA 对 RNA 的调控作用是基因表达调控的一种重要途径。mRNA 的 3′ UTR 区能被 miRNA 识别并结合，然后被降解。发生在 mRNA 的 3′ UTR 区的 A-to-I RNA 编辑，可能会改变 miRNA 的结合位点，从而改变 miRNA 对 mRNA 的调控作用。例如，人的肝细胞中的芳香烃受体（aryl hydrocarbon receptor，AhR）能形成 dsRNA 结构，在 AhR 的 3′UTR 区有 38 个编辑位点。当在 Huh-7 细胞系中敲低 ADAR1 后，AhR 的 3′ UTR 区的 RNA 编辑水平显著降低，AhR 的 mRNA 表达量显著上调。当 AhR 的 3′ UTR 发生编辑后，产生了 miR-378 的结合位点，AhR 的表达量被 miR-378 下调。当敲低 ADAR1 后，AhR 的 3′ UTR 的编辑水平降低，避免了 miR-378 的调控。

2）A-to-I RNA 编辑对 miRNA 的功能影响

miRNA 是一种内源的、19～22 nt 的短的非编码小 RNA[78]。由 miRNA 基因转录出来的 miRNA 转录本（pri-miRNA）在核内由 DROSHA 等蛋白质形成的复合体剪切形成 miRNA 前体（pre-miRNA）[79-81]。Pre-miRNA 转运出核后，被 DICER 蛋白剪切，形成成熟的 19～22nt、包含 miR-5p 和 miR-3p 的双链 RNA[82, 83]。成熟的双链 miRNA 与 AGO 蛋白结合。双链 miRNA 中 miR-5p 或 miR-3p 识别 mRNA 的 3′ UTR 区，对 mRNA 进行调控[84, 85]。

miRNA 前体具有天然的 dsRNA 茎环结构，因此 miRNA 前体是 ADAR 的天然底物。研究表明，80% 以上的 miRNA 前体上都发生了 A-to-I RNA 编辑[86]。A-to-I RNA 编辑影响 miRNA 的功能主要表现在以下几个方面：A-to-I RNA 编辑影响 miRNA 的成熟过程；A-to-I RNA 编辑影响 miRNA 的靶向作用；A-to-I RNA 编辑影响 miRNA 装载链的选择性等。

（1）RNA 编辑对 miRNA 成熟过程的影响主要表现在两个方面。第一，ADAR 和 DROSHA 都是 dsRNA 结合蛋白。当 ADAR 与 pri-miRNA 结合时，与 DROSHA 竞争 pri-miRNA 的结合位点，抑制 DROSHA 对 miRNA 的剪切。第二，当 pri-miRNA 发生 A-to-I 编辑，在 pri-miRNA 上的 AU 碱基对变成 IU 碱基对，IU 碱基对被识别成 GU 碱基对（图 25-10）。一方面，IU/GU 碱基对为不稳定的摆动碱基对降低 pri-miRNA 的稳定性；另一方面，pri-miRNA 发生编辑后，序列发生改变，其二级结构也发生改变，因此影响了 pri-miRNA 与 DROSHA、DICER 等蛋白质的相互作用，从而影响蛋白复合体对 pri-miRNA 的剪切。例如，pri-miR-142 被编辑后抑制 DROSHA 对其的切割成熟。成熟的 miR-142 主要在造血干细胞中表达，调控淋巴系细胞的增殖。造血干细胞中 miR-142-5p 和 miR-142-3p 的表达量相当。体外实验研究表明，pri-miR-142 上有 11 个腺苷能发生编辑，编辑后的 pri-miR-142 的二级结构稳定性下降，AU 配对转换为不稳定的 GU 摆动碱基对（图 25-10B）。编辑后的 pri-miR-142 抑制了 DROSHA 蛋白复合体的剪切，miR-142-5p 和 miR-142-3p 的表达量同时下降[87]。此外，如 pri-miR-151 发生编辑后，抑制了 DICER 的剪切，编辑后的 pre-miR-151 在细胞中积累[88]。

（2）A-to-I RNA 编辑可能改变 miRNA 的靶基因。成熟的 miRNA 5′端第 2～7 个碱基被称为种子区（seed region）。成熟的 miRNA 装载到 AGO 蛋白上后，通过种子区扫描靶基因的 3′ UTR，若能进行互补配对，则降解靶标 mRNA。如果 RNA 编辑发生在 miRNA 的种子区，可以通过改变 miRNA 种子区的碱基序列调控 miRNA 识别新的靶基因。例如，在小鼠和人类的 miR-376a-5p 种子区的+4 碱基腺苷 A 是一个超过 50% 的编辑水平的编辑位点，编辑后的 miR-376a-5p 可能在尿酸合成途径中具有重要的调控作用[89]。miR-376a-5p 编辑前的靶基因有 78 个，编辑后的靶基因有 82 个，而编辑前后只共享了 2 个相同的靶基因。发生在种子区的 RNA 编辑几乎完全改变了 miRNA 的靶基因。编辑后的 miR-376a-5p 作用于一个非常重要的管家基因磷酸核糖焦磷酸合成酶 1（PRPS 1）。PRPS 1 是嘌呤代谢和尿酸合成途径中一种必不可少的催化酶。一种以痛风和高尿酸血症的神经发育障碍为特征的人类疾病是由 *prps 1* 水平增加 2～4 倍引起的，

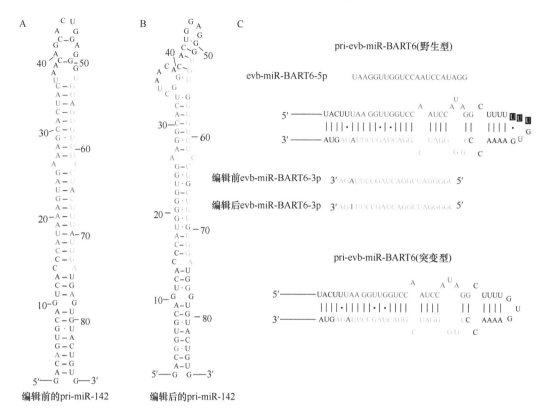

图 25-10　A-to-I RNA 编辑对 miRNA 的功能的影响

A、B. pri-miR-142 编辑前（A）和编辑后（B）的二级结构示意图。成熟的 miRNA 5p（蓝色）、3p（紫色）和编辑位点（红色）如图中所示。不稳定的摆动碱基对用黑色圆点表示；C. Epstein-Barr 病毒的 pri-evb-miR-BART6 野生型和突变型示意图。成熟的 miRNA 5p（蓝色）、3p（紫色）和编辑位点（红色）如图中所示。不稳定的摆动碱基对用黑色圆点表示。野生型在突变体的环状结构删除的三个尿苷 U 以黑底表示

这表明必须严格控制 prps 1 的水平和活性。ADAR 敲除实验证明，与野生型相比，在敲除 ADAR 的小鼠的前列腺中，PRPS 1 的表达量升高，同时尿酸的含量也随之升高。由此可知，RNA 编辑介导的 miR-376a-5p 调控 PRPS1 的表达量，从而调控动物体内尿酸的合成。通过 miR-mmPCR-seq 高通量测序技术，检测到各个物种不同组织的 miRNA 都存在大量的 RNA 编辑现象。从果蝇、小鼠到人类，大脑中的 miRNA 都具有比较高的编辑水平。不管是小鼠还是人类，当 miRNA 的种子区发生编辑后，能重新识别新的靶基因，而新的靶基因大多与人类的学习、记忆和行为相关[86]。

（3）如果 RNA 编辑发生在非种子区域，可能改变装载到 AGO 蛋白的成熟 miRNA，影响成熟 miRNA 装载链的选择性。例如，Epstein-Barr 病毒 miRNA pri-evb-miR-BART6 编辑后影响其靶向性[90]。Epstein-Barr 病毒是一种特异感染人类的病毒，能引起宿主单核细胞增多症。病毒基因组能编码多个 pri-miRNA。用 Epstein-Barr 病毒侵染人的淋巴细胞系、Daudi Burkitt 淋巴瘤细胞系和鼻咽癌细胞系 C666，能够得到野生型和突变型两种类型的 pri-evb-miR-BART6。突变型的 pri-evb-miR-BART6 在环状结构有三个尿苷 U 的删除。pri-evb-miR-BART6 的编辑位点发生在 evb-miR-BART6-3p（图 25-10C）。在突变体中，未编辑的 pri-evb-miR-BART6 能产生 5p 和 3p 成熟的 miRNA，突变体对 DICER 切割有一定程度的抑制。而编辑后的 pri-evb-miR-BART6 则完全抑制了 DROSHA 和 DICER 对 miRNA 前体的剪切反应。在野生型中，RNA 编辑对 pri-evb-miR-BART6 的成熟过程没有影响，编辑前和编辑后的 miRNA 前体都能正常产生 5p 和 3p 成熟的 miRNA。但是编辑后形成的 5p-3p 双链 RNA，抑制 evb-miR-BART6-5p 转载到 AGO 蛋白上行使 miRNA 的调控功能，从而抑制了 evb-miR-BART6-5p 的靶向性。

5. A-to-I RNA 编辑与疾病

A-to-I RNA 编辑起着非常重要的作用，其编辑异常会引起疾病。

1）由 GluA2 的 Q/R 位点编辑异常引起的疾病

肌萎缩侧索硬化症患者体内由于 ADAR2 表达水平下降，从而引起 GluA2 的 Q/R 位点编辑水平下降。在星形细胞瘤患者体内，虽然 ADAR2 的表达水平不变，但是 ADAR2 的活性降低，导致 Q/R 位点编辑水平下降，肿瘤恶性侵袭能力增强。在星形细胞瘤细胞系中过表达 ADAR2 后，细胞增殖和迁移能力下降[91]。Q/R 位点的编辑严重降低时引起短暂前脑缺血症。短暂前脑缺血症的特点是血液循环中断后血流减少，如心脏骤停。当 Q/R 位点的编辑严重降低时，生物膜对钙离子的通透性升高，钙离子的大量流入引起 CA1 锥形神经元的损伤[92]。

2）ADAR1 与免疫相关疾病

人们最早发现 ADAR 在生命体中具有重要作用是 ADAR1 敲除实验。ADAR1 敲除的小鼠在胚胎期致死，同时发现胚胎肝造血细胞凋亡和肝组织崩解。后来发现由 ADAR1 介导的 RNA 编辑参与免疫器官和淋巴细胞中由外源病毒或内源因素引起的炎症反应或者自身免疫病。ADAR1 p150 是由干扰素激活引起的，而干扰素的激活通常发生在对病原体的反应上。最近的研究发现 ADAR1 能够通过 RNA 编辑识别"自我"和"非我"的 RNA[93]。

维甲酸诱导基因 I（RIG-I）样受体（RLR），包括黑色素瘤分化相关蛋白 5（MDA5）和 RIG-I 是细胞扫描致病 RNA 的监视机制[94-97]。这两种 RLR 都与线粒体激活信号转导蛋白（MAVS）相互作用，最终激活启动免疫应答基因表达的转录因子，如干扰素和抗病毒基因的表达等，启动细胞免疫，清除"非我"RNA[97, 98]。当 RIG-I 蛋白检测到外源 RNA 时，触发干扰素激活信号通路，产生干扰素，启动免疫应答。同时干扰素诱导 ADAR1 p150 的表达[99]。

MDA5 是一种 dsRNA 结合蛋白，对 dsRNA 上的错配碱基对非常敏感。当 dsRNA 含有错配碱基对，结构松散时，抑制 MDA5 与 dsRNA 的相互作用。当 dsRNA 二级结构中碱基错配率低时，多个 MDA5 与 dsRNA 结合，形成线状的串联聚合物。MDA5 只有相互结合形成线状的串联聚合物时，才会被激活，触发下游的免疫应答[93]。内源产生的 dsRNA 经过 RNA 编辑后，产生 IU 的错配碱基对，二级结构松散，抑制 MDA5 形成线状的串联结构并使其处于无活性状态。当病毒感染细胞时，在病毒增殖过程中产生大量长的 dsRNA，缺乏编辑的 dsRNA 能招募大量的 MDA5 形成线状的串联结构，激活 MDA5 的活性，进而激活下游的 MAVS，MAVS 在线粒体聚合，激活下游免疫因子，促进干扰素和免疫基因的表达，触发免疫应答[100]（图 25-11）。在一些自身免疫病中，如 Aicardi-Goutières 综合征由于 MDA5 的突变，降低了 MDA5 对 dsRNA 的错配碱基敏感性，诱发 MDA5 的过度活化，降低细胞对长的 dsRNA 的耐受性而致病（图 25-11）。

3）A-to-I RNA 编辑在肿瘤发生发展中的作用

在高级星形细胞瘤患者和复发患者中，ADAR2 的表达水平下降。在星形细胞瘤和复发患者中提高 ADAR2 的表达水平，病情得到缓解[101]。在食管鳞癌（esophageal squamous cell carcinoma，ESCC）细胞中发现 ADAR1 的表达量升高，改变了 *FLNB* 和 *AZIN1* 基因的 RNA 编辑水平，特别是 *AZIN1* 基因的功能改变促进肿瘤的恶性行为[102]。

二氢叶酸还原酶（dihydrofolate reductase，DHFR）是一种氨甲蝶呤靶分子，在叶酸代谢中发挥重要作用。细胞中 DHFR 过量表达引起肿瘤细胞对氨甲蝶呤抗肿瘤药的耐药性。研究表明，在人乳腺癌 MCF-7 细胞中，DHFR 的 3′UTR 区域有 26 个 A-to-I RNA 编辑位点。ADAR1 介导的 DHFR 3′-UTR 区域的 RNA 编辑能使 DHFR 避免 miR-25-3p 和 miR-125a-3p 的调控作用，从而促进了乳腺癌细胞的细胞增殖和抗氨甲蝶呤耐药性[103]。

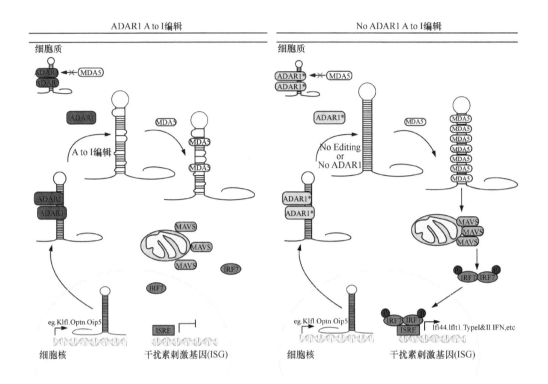

图 25-11 ADAR1 与免疫的关系[99]

ADAR1 介导的 RNA 编辑识别细胞内 "自我" 和 "非我" RNA。dsRNA 经过 RNA 编辑后，二级结构变得松散，RNA 编辑抑制 MDA5 形成具有活性的线状的串联聚合物。处于无活性的 MDA5 无法激活 MAVS 通路。当病毒感染细胞，在增殖过程中产生大量长的 dsRNA，或体内自身产生的长的缺乏 RNA 编辑的 dsRNA。缺乏编辑的 dsRNA 能招募大量的 MDA5 形成线状的串联聚合物，激活 MDA5 的活性，与 MAVS 相互作用，激活下游免疫因子，促进干扰素和免疫基因的表达，触发免疫应答，清除缺乏编辑的 dsRNA。ADAR1*，编辑失活的 ADAR1 突变

4）A-to-I RNA 编辑在神经性疾病中的作用

一个明显的例子是组装到谷氨酸受体亚基 GluA2 Q/R 的 RNA 编辑异常。谷氨酸受体亚基 GluA2 的编辑水平降低会导致过度钙流入和细胞死亡。与健康对照组相比，阿尔茨海默病（Alzheimer's disease，AD）患者中谷氨酸受体亚基的编辑水平降低，这与 ADAR2 的表达水平显著下调相一致[104]。同样的情况也出现在精神分裂症患者中，ADAR 能作为相关疾病诊断的一种生物标记物[105]。

25.4.2 动物中 C-to-U RNA 编辑的功能

C-to-U RNA 编辑最先是在脊椎动物的编码载脂蛋白（apolipoprotein B，*ApoB*）的 mRNA 上发现的。也有研究显示 C-to-U RNA 编辑发生在高等植物的线粒体和叶绿体中。C-to-U RNA 编辑在开花植物中具有保守性，而且主要发生在高度保守的线粒体蛋白中。

1. 胞苷脱氨酶 APOBEC 家族

ApoB mRNA 上的 C-to-U 编辑发生在第 6666nt 的胞苷 C 上，经过编辑后，密码子 CAA 转变成终止密码子 UAA。根据编辑效率不同，编辑前和编辑后的 mRNA 按照不同的比例存在[106]。*ApoB* mRNA 上含有 3315 个胞苷 C，有 375 个胞苷 C 位于开放阅读框，而其中的 100 个胞苷位于 CAA 密码子。但 C-to-U RNA 编辑只发生在特定的位置。由此可见，锚定序列决定了 C-to-U RNA 编辑的特异性。通过锌依赖性胞苷或脱氧胞苷脱氨酶结构域（ZDD），可以很容易地在氨基酸相似性检索中识别 APOBEC 家族[25]。

　　APOBEC 家族具有超出预期的多样性。人的 APOBEC 家族包括 11 个成员：APOBEC1（A1）、活化脱氨酶（AID）、APOBEC2（A2）、APOBEC3A～H（A3A～H）和 APOBEC4（A4）。这 11 个脱氨酶家族成员的蛋白质结构（图 25-12）、作用底物、顺式作用元件、反式作用因子各不相同（表 25-1），其功能也各有差异[25]。A1 的功能是介导 mRNA 的 C-to-U 编辑。AID 可能为免疫球蛋白的多元化重组提供所需的多种突变。A3G 定位在细胞质，在病毒 DNA 逆转录的过程中催化脱氧胞苷 dC 转变成脱氧尿苷 dU，抑制病毒的增殖，使宿主细胞抵制病毒的侵袭。A3F、A3D 和 A3H 可能协同 A3G，共同组成一组宿主细胞的防御系统，导致病毒基因组在多个位点发生高度突变，抑制病毒的侵袭性增殖。研究显示，A3G、

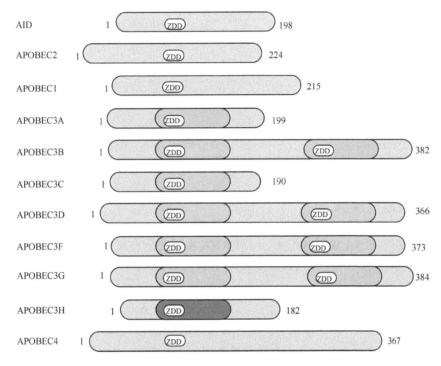

图 25-12　胞苷脱氨酶家族[110]

ZDD，锌依赖性胞苷或脱氧胞苷脱氨酶结构域。不同颜色显示 ZDD 的结构各有差异

表 25-1　APOBEC 蛋白的分布、作用元件和功能[110]

胞苷脱氨酶家族成员	分布	脱氨酶结构域	编辑位点 C（偏好性）	反式作用因子	作用核酸类型	基因要素
APOBEC1	胃肠道	1	5'-AC(n4－6)UGAUnnGnnnn-3'（n 偏好 A 或 U）	ACF RBM47 CRM1	ssDNA，RNA	ApoB mRNA，NF1 mRNA，30-UTRs
AID	活化 B 细胞	1	5'-WRC-3'（W＝A 或 T；R＝A 或 G）	eEF1A HSP90 CRM1	？	免疫球蛋白基因
APOBEC2	心脏、骨骼肌、TNFα 活化肝细胞	？	？	？	ssDNA，RNA	Eif4g2 和 Pten mRNA
APOBEC3A	单核/巨噬细胞，非祖细胞	1	5'-TC-3'	？	ssDNA，RNA	AAV-2，逆转录病毒，逆转录元件；wt1、sdhb 和 sin3a mRNAs
APOBEC3B	PKC 诱导的肝癌细胞	1	5'-TC-3'	？	ssDNA	逆转录病毒，SIV，HBV，HPV，原癌基因
APOBEC3C	免疫中心、外周血细胞	1(C 端)	5'-TC-3'	HIV Vif HIV Gag(基质)	ssDNA	SIV，逆转录因子
APOBEC3D（也称 APOBEC3DE）	免疫中心、外周血细胞	2（催化活性低）	5'-TC-3'	HIV Vif HIV Gag（核壳蛋白）	ssDNA	HIV，逆转录因子

续表

胞苷脱氨酶家族成员	分布	脱氨酶结构域	编辑位点 C（偏好性）	反式作用因子	作用核酸类型	基因要素
APOBEC3F	免疫中心、外周血细胞、TNFα 活化肝细胞	1 (C 端)	5'-T<u>C</u>-3'	HIV Vif HIV Gag（核壳蛋白）	ssDNA	HBV，某些逆转录病毒，逆转录因子
APOBEC3G	免疫中心、外周血细胞、TNFα 活化肝细胞	1 (C 端)	5'-C<u>C</u>-3'（偏好） 5'-T<u>C</u>-3'（非偏好）	HIV Vif HIV Gag（核壳蛋白）	ssDNA	HBV，某些逆转录病毒，逆转录因子
APOBEC3H	免疫中心、外周血细胞	1	5'-T<u>C</u>-3'	HIV Vif HIV Gag（核壳蛋白）	ssDNA	某些逆转录病毒，逆转录因子
APOBEC4	?	0	?	?	?	?

A3D、A3F 和 A3H 在 T 细胞中稳定表达。人们对 A2 和 A4 的研究较少，主要是由于缺乏与这两种蛋白质表达相关的特异性表型[107,108]。实验研究表明，体外过表达 A2 与肝癌中真核翻译起始因子 4γ2（eukaryotic translation initiation factor 4γ2，Eif4g2）和磷酸酶张力蛋白同源物（PTEN）基因的突变有关[109]。A2 可能需要某些协同作用因子调控其活性，具体的机制还有待进一步研究[110]。

2. AID/APOBEC 家族与疾病

在哺乳动物中 C-to-U RNA 编辑并不如 A-to-I RNA 编辑的分布那么广泛，也没有严重的表型。但是 AID/APOBEC 家族的其他成员的变化与疾病相关，比如 AID 和 A3B 也会导致动物体的新陈代谢紊乱而引起疾病。

AID 的可变剪接如果缺失了第 4 个外显子，虽然 AID 仍然保留与转移及定位的辅助因子 CRM1 和 Eef1A 相互作用的结合结构域，但是该缺失突变导致了 AID 的功能失调，并且与癌症相关[111,112]。AID 的活性在 B 细胞肿瘤细胞的免疫球蛋白基因表达和癌基因 c-Myc 的转运中具有重要的调控作用。

A3B 主要分布在核内。A3B 在大多数的正常组织中表达量都保持在比较低的水平。这可能是通过转录调控或者转录后调控来控制的，其具体调控机制尚不清楚。相比之下，A3B 在不同形式的癌症中表达量升高[113]。A3B 表达量上调的驱动因素可能是病毒感染触发了 A3B 的转录，因为头颈部和宫颈癌中的人乳头瘤病毒（HPV）感染通过病毒肿瘤蛋白 E6 增加 A3B 的表达[114]。

25.5 植物中 RNA 编辑的功能和意义

关键概念

- 在苔藓植物、裸子植物、被子植物（从低等的非种子植物到种子植物）所有分支陆生植物的线粒体、质体两类细胞器的 mRNA 和 tRNA 中，广泛存在位点特异性的 C-to-U RNA 编辑和少量 U-to-C 编辑。植物中 RNA 编辑具有高特异性，均由 PPR 蛋白家族决定，PPR 蛋白是具有高度序列特异性的单链 RNA 结合蛋白。
- 多个非 PPR 家族的蛋白辅因子结合 RNA-PPR 组成编辑体（editosome），为植物 RNA 编辑所必需。PPR 蛋白与非 PPR 类的 RNA 编辑因子共同决定了植物编辑体复合物的多样性，并提供了植物特异性编辑的大容量。

25.5.1　植物中 RNA 编辑概况

　　植物中的 RNA 编辑过程发生在两类半自主性细胞器（线粒体和质体）中，是形成成熟 RNA 的必要步骤。在维管植物的线粒体和叶绿体等质体中，多达数百甚至上千个胞嘧啶核苷酸 C 会发生转变，变为尿嘧啶核苷酸 U 的 RNA 编辑类型[115-117]；另一种比较少见的 RNA 编辑类型 U 转变为 C 只发生在蕨类、苔藓及石松科植物中[118, 119]。

　　1989 年在被子植物（显花植物）的线粒体中发现首例 RNA 编辑现象。小麦线粒体中编码细胞色素 c 氧化酶亚基 II 的 mRNA 序列上有多个位点发生 C-to-U RNA 编辑，并且 RNA 编辑后的氨基酸密码子与其他植物物种的同源蛋白的对应位置在进化上更保守。发生 C-to-U 转变的编码子通常会导致所编码的氨基酸发生相应改变，从而在 RNA 水平上维持遗传信息，并有助于植物线粒体蛋白序列在进化上维持有利的保守性[120, 121]。导致特定氨基酸替换的 C-to-U RNA 编辑方式很可能作为所有高等植物线粒体的共同修饰特点[122, 123]。1991 年，C-to-U RNA 编辑被发现存在于植物质体如叶绿体中。例如，玉米的质体基因 *rpl2* 转录成 mRNA 后，靠近 5′端的密码子 ACG 发生 C-to-U RNA 编辑，转变为起始密码子 AUG，从而起始 *rpl2* mRNA 翻译[124]。

　　在苔藓植物、裸子植物、被子植物（从低等的非种子植物到种子植物）所有分支的陆生植物的线粒体、质体两类细胞器的 mRNA 和 tRNA 中，广泛存在位点特异性的 C-to-U RNA 编辑（图 25-13）。另外，U-to-C RNA 编辑也存在于角苔类（hornworts）和蕨类植物细胞器中。RNA 的终止密码子发生 U-to-C RNA 编辑后，移除基因组编码的终止密码子而扩大 RNA 的阅读框。维管植物铁线蕨叶绿体基因组存在高 RNA 编辑水平，其中 90% 是 C-to-U 编辑，10% 是 U-to-C 编辑。铁线蕨的 RNA 编辑水平是其他维管植物叶绿体基因组的 10 倍，而且有不少编辑位点在进化中保守[125]。质体中 RNA 编辑位点的数量在苔藓植物的不同物种中变化很大，如角苔纲植物的质体有多达 1000 个编辑位点。RNA 编辑在植物界广泛存在，但例外的是，地钱亚纲（Marchantiidae）的苔类植物（liverworts）和藻类中不存在 RNA 编辑。绝大多数 RNA 编辑发生在密码子的第一位或第二位核苷酸，因而编码 RNA（mRNA）上的 RNA 编辑绝大部分都会导致新的氨基酸序列、新的翻译起始密码子或终止密码子产生。

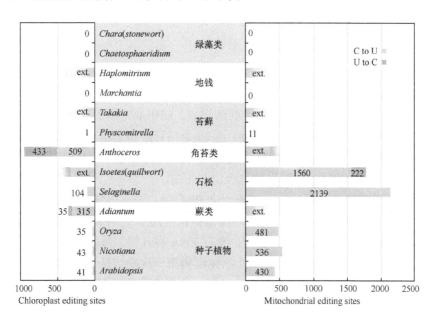

图 25-13　所有陆生植物分支的两个细胞器中两种类型 RNA 编辑的数量分布[121]

植物的质体和线粒体中存在 C-to-U 和 U-to-C 两种类型的 RNA 编辑，主要发生在 mRNA、tRNA、内含子、5′和 3′非编码序列[126, 127]；而 rRNA 上的 RNA 编辑非常稀少或完全没有，推测原因可能是由于 rRNA 组分的快速更替。在很多研究中，内含子的编辑对有效剪接是必要的。tRNA 中，RNA 编辑对于前体 RNA 分子起始加工成熟是必需的。在两种细胞器中，RNA 编辑在 mRNA 上的编码区域富集最多。mRNA 上被编辑的密码子所编码的氨基酸通常在进化中都比基因组 DNA 所编码的氨基酸更为保守，说明植物中通过 RNA 编辑产生的新的氨基酸编码序列对于在进化中保持蛋白质的功能更有利或必需。因此，RNA 编辑也被视为一种在 RNA 水平上发生的间接修复 DNA 损伤的机制。编辑事件随着进化过程有获得有丢失。但是总体来说，植物 RNA 编辑事件倾向于逐渐丢失。与被子植物相比，低等植物和裸子植物存在数量大得多的编辑位点。

25.5.2 植物 RNA 编辑由编辑体完成

1. PPR 蛋白概述

植物中 RNA 编辑过程具有高特异性，均由特定 PPR（pentatricopeptide repeat）蛋白成员决定。PPR 蛋白是一大类具有三角状五肽重复结构域的蛋白大家族，广泛分布于各界生物，是序列特异性的单链 RNA 结合蛋白。PPR 蛋白在陆生植物线粒体和质体中的数量特别多，均由核基因编码翻译产生后转运出核，N 端的细胞器定位序列介导 PPR 蛋白随后的亚细胞定位。真菌、原生生物及动物中并非所有 PPR 蛋白都负责 RNA 编辑，细胞核基因组只编码 PPR 家族的少数几个成员。与此适应性进化一致的是，在植物中参与 RNA 编辑的 PPR 蛋白，其数量往往大致上与该物种细胞器的编辑位点数量相适应[121]，例如，开花植物中大约 200 个参与 RNA 编辑的 PPR 蛋白对应 400～500 个编辑位点；苔藓植物的模式植物小立碗藓（Physcomitrella）中，10 个参与 RNA 编辑的 PPR 蛋白对应 13 个编辑位点；而地钱属（Marchantia）中，没有与 RNA 编辑相关的 PPR 蛋白存在，也没有发现编辑位点。植物中几乎所有的 PPR 蛋白都靶向线粒体或质体，开花植物中有大约 200 个 PPR 蛋白参与总共约 400 多个位点的 RNA 编辑，其余 PPR 蛋白则参与了包含剪切、加工成熟、RNA 稳定性、RNA 翻译等其他 RNA 代谢过程。

2. PPR 蛋白特异性识别 RNA

以双子叶模式植物拟南芥为例，拟南芥中 CRR4 基因编码一种 PPR 蛋白，CRR4 基因突变导致质体基因组的 NDH 基因通过 RNA 编辑产生翻译起始密码子的过程异常。CRR4 蛋白包含 11 个 PPR 蛋白的共同重复基序，但是未发现包含任何有明显编辑活性的结构域。CRR4 定位于质体，将 CRR4 导入大肠杆菌 E.coli 能够特异性地结合靶 NDH 基因编辑位点的上游 25 个核苷酸和下游 10 个核苷酸这段序列，而 C-to-U 编辑的靶位点胞嘧啶核苷酸 C 对于结合 CRR4 不是必要的，所以拟南芥的 PPR 蛋白 CRR4 是核苷酸序列特异性的 RNA 结合蛋白，是质体 RNA 编辑的位点识别蛋白。

2013 年的一项研究成功解析了玉米叶绿体的一个 PPR 蛋白——PPR10 的结构，分别获得了 PPR10 结合与未结合靶单链 RNA 两种状态下的高分辨率晶体结构，揭示了 PPR10 包含的 19 个均呈现螺旋-环-螺旋结构（helix-loop-helix）的 PPR 重复单元[128]。没有 RNA 存在时，每两个重复单元构成一个右手超螺旋；结合单链 RNA 之后，发生剧烈构象变化。此晶体结构第一次初步认识了 PPR 蛋白对单链 RNA 的特异性识别分子机制，清晰地揭示了 PPR10 蛋白上的每一个重复元件上特定氨基酸识别一个靶单链 RNA 分子上的特定碱基（one repeat-one nucleotide mechanism）的结构。大部分 RNA 结合蛋白与靶 RNA 结合，通过多个球状的 RNA 结合结构域，每个结构域结合 RNA 上的多个核苷酸位点，再以结构变换的方式将多个部分连接起来。而 PPR 这类同属 α 螺旋超家族的 RNA 结合蛋白拥有延伸展开的 RNA 结合表面，由规律排布的螺旋重复单元组成。PPR 蛋白由大约 35 个氨基酸重复单元组成，每一个重复单元的 2、5 和 35 位氨基酸都与 RNA 分子上靶位点附近的一个特定核苷酸结合[128]，即所谓的 "PPR 密码（PPR code）"，因而比较有利于结合位点的预测。

植物 PPR 蛋白中含有一个植物特异性的 C 端序列——E、E+、DYW 结构域。有一半的 E 型 PPR 蛋白的 C 端存在一个高度保守的 DYW 结构域。DYW 区域通常以天冬氨酸 Asp-酪氨酸 Tyr-色氨酸 Trp 三氨基酸结尾而命名，DYW 结构域包含一个特征性的锌指结构域，而这个结构域存在于胞嘧啶脱氨酶中，能将胞苷 C 转变成尿苷 U。双子叶模式植物拟南芥的核基因组编码了 194 个 E 型 PPR 蛋白，序列上包含一个由 35 个氨基酸组成的重复 P 元件和 PPR 重复，C 端包含一个扩展的 E 结构域。还有另外 6 个基因编码的 PPR 蛋白，包含标志性的 PLS 氨基酸重复序列，但不包含 E 结构域。这些大约 200 个成员的 PPR 蛋白超家族特异性地参与了 450～500 个 RNA 位点的编辑位点。编辑体能够识别与编辑位点相邻的 RNA 序列。编辑位点 5′ 上游 15～20 个核苷酸序列基序是最关键的顺式元件，并且是 PPR 蛋白包含的许多重复元件的特异性靶位点。许多 PPR 蛋白都可以靶向几个编辑位点，有一些可以靶向多达 6～8 个编辑位点。对于特定 PPR 蛋白而言，其各个靶位点上游的核苷酸序列相似性不大，暗示了可能不同的核苷酸组合才决定了识别和结合。PPR 蛋白和 RNA 序列的这种灵活弹性的识别方式在特异性上可能会发生重叠，因此可能两个 PPR 蛋白会靶向同一个编辑位点，提示可能存在一个灵活可变的 RNA-PPR 相互作用机制。

3. 非 PPR 家族的编辑辅因子参与组成编辑体

除了数量众多的 PPR 蛋白负责 RNA 序列特异性编辑之外，还有其他蛋白作为编辑辅因子，这是开花植物线粒体和质体中所有 RNA 编辑都必需的。MORF（multiple organellar RNA editing factor）蛋白是除了 PPR 蛋白之外，在植物线粒体和质体两种细胞器中参与 RNA 编辑过程的另一类重要组分。双子叶模式植物拟南芥的 MORF 蛋白家族有 10 个成员，其中 2 个定位于质体，而 5～6 个定位于线粒体，还有 1～2 个可能定位于线粒体和质体两种细胞器中。如前文所述，不存在 RNA 编辑的石松科属植物和小立碗藓中，既未发现 PPR 蛋白，也未发现参与 RNA 编辑的 MORF 蛋白。拟南芥有 5 个 MORF 蛋白主要参与 RNA 编辑。质体中，两个 MORF 蛋白 MORF2 和 MORF9 对于几乎所有位点的 RNA 编辑都是必需的，可能在所有这些位点上形成了 MORF 异源二聚体复合物[129, 130]。线粒体中，三个主要的 MORF 蛋白 MORF8、MORF3 和 MORF1 分别参与 70%、26% 和 19% 的 RNA 编辑事件[129-131]。编辑复合体中 MORF 的功能尚不清晰，MORF 能够与参与 RNA 编辑的 PPR 蛋白相互作用，根据 MORF 蛋白上与功能已知的蛋白结构域的相似性，推测 MORF 可能作为 RNA-PPR 复合物与具有编辑酶活性的部分之间的桥梁蛋白[131-133]。

ORRM（organelle RNA recognition motif）蛋白是继 MORF 家族之后发现的另一类参与植物 RNA 编辑过程的辅因子组分。目前研究发现了 4 个 ORRM 家族蛋白[126, 134-136]，其中 ORRM1 作为主要的质体编辑辅因子参与质体中 60% 的 RNA 编辑事件[134]，而 ORRM2、ORRM3 和 ORRM4 是线粒体编辑辅因子[136]。ORRM1 能够与 PPR 蛋白直接相互作用，而其他三个 ORRM 蛋白则可能需要 MORF 成员或编辑体的其他辅因子介导才能完成编辑体组分集合[126, 127, 134]。

对于某些植物 RNA 编辑来说，锌指蛋白 OZ（organelle zinc-finger）家族同样必需。例如，OZ1 能够选择性地与 PPR 特异性编辑因子相互作用，并且与 ORRM1 存在明显的相互作用，但是并没有发现与 MORF 成员直接结合[137]。OZ 家族在植物界分布广泛，提示植物编辑体在进化上的功能保守性[137]。

其他一些正在揭示中的编辑辅因子诸如 PPO1（protoporphyrinogen oxidase 1），是植物四吡咯生物合成代谢途径中的关键氧化酶，是一些质体 RNA 编辑事件所必需，能够影响这些位点的 RNA 编辑效率[138]。但是研究显示 PPO1 的氧化酶活性与 RNA 编辑无明显关联。这些编辑辅因子的功能都尚不清楚，有待阐明。

　　RNA 编辑因子 MORF 蛋白家族、ORRM 蛋白家族、PPO1 和 OZ 蛋白家族的陆续发现揭示了植物 RNA 编辑通过在体内组装形成的编辑体（editosome）复合物介导蛋白质-蛋白质相互作用/蛋白质-RNA 相互作用来完成（图 25-14）[129, 130, 134, 139, 140]。植物 RNA 编辑不同于动物中 APOBEC 系统的一个特点是编辑体能够特异性地靶向上百个不同的编辑位点。植物 RNA 编辑体能够通过不同的 RNA 结合蛋白来识别被编辑的 C 靶位点附近非常多样的 RNA 序列。不同靶位点对应的编辑体中不仅 PPR 蛋白组分不同，其他编辑因子也各异。无论 PPR 特异性因子还是非 PPR 的蛋白组分，共同决定了植物 RNA 编辑体的多样性，提供了前所未有的特异性编辑的容量。

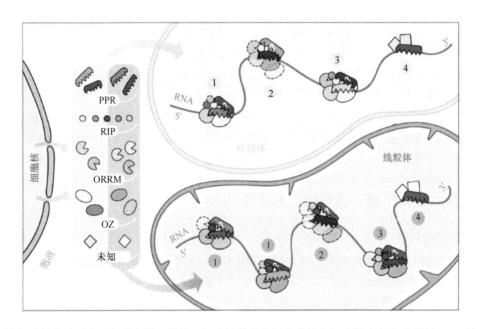

图 25-14　植物编辑体的蛋白质组成多样，通过亚细胞转移定位最终在植物细胞器中行使特异性 RNA 编辑功能[140]

4. 编辑体中的酶活性组分

　　植物中具有脱氨酶活性且负责 RNA 编辑的组分尚未被鉴定出。RNA 的糖磷酸骨架在编辑过程中未经过切割始终保持完整[121, 132]，说明 RNA 编辑仅发生原位脱氨基作用。在开花植物中，编辑位点特异性蛋白 PPR 选择性地与 MORF 等其他非 PPR 蛋白家族的编辑辅因子相互作用，可能通过这两类蛋白质相互作用方式与催化 RNA 编辑的关键脱氨酶活性的部分联结。鉴定植物 RNA 编辑的脱氨酶活性来源依然是植物 RNA 编辑领域的一大难题。

25.6　RNA 编辑的应用

　　由于 RNA 编辑能通过简单的测序实验进行检测和定量，因此把 RNA 编辑作为一种标记，用于研究某些 RNA 结合蛋白的底物和功能。例如，将脱氨酶催化结构域与目的 RBP 结合，形成融合蛋白，通过高通量测序 RNA-seq 数据，比对 RNA 编辑的变化，寻找目的 RBP 真正的作用底物，进而研究该 RBP 进行的调控机制。

　　1995 年利用 RNA 编辑作为治疗方法被首次提出，通过 RNA 编辑修正由于基因突变引起的遗传疾病。该方法被称为酶促定点 RNA 编辑方法。酶促定点 RNA 编辑包括 A-to-I RNA 编辑和 C-to-U RNA 编辑。

这两种 RNA 编辑的策略都需要两个因子：一段能够跟靶标 RNA 互补配对特异性结合的 RNA 序列；具有催化活性的酶。该策略有望在不改变靶标 mRNA 的内源表达的前提下，定点改变由于腺苷（A）或者胞苷（C）引起的突变相关的疾病，或者修正由单碱基突变为腺苷 A 或胞苷 C 的 SNP 引起的疾病。最近基于各种新颖 gRNA 设计的酶促定点 A-to-I RNA 编辑不断被开发出来[141-143]，并且能在体外和细胞中成功实现。

25.7　总　　结

随着转录组学技术的普及，RNA 编辑现象在各个物种中的分布、动态变化逐渐被我们所认识。我们现在已经意识到 RNA 编辑这种转录层面的调控可能在基因调控体系中起了重要的作用。RNA 编辑对于生物正常生理功能至关重要，其异常调控会导致疾病，如免疫失调和肿瘤的发生发展。RNA 编辑的研究促进了人们对表观遗传学和表观遗传组学新的认识。

参 考 文 献

[1] Brennicke, A. *et al*. RNA editing. *Fems Microbiology Reviews* 23, 297-316(1999).

[2] Chester, A. *et al*. RNA editing: cytidine to uridine conversion in apolipoprotein B mRNA. *Biochimica Et Biophysica Acta-Gene Structure and Expression* 1494, 1-13(2000).

[3] Schaub, M. & Keller, W. RNA editing by adenosine deaminases generates RNA and protein diversity. *Biochimie* 84, 791-803(2002).

[4] Bass, B. L. RNA editing by adenosine deaminases that act on RNA. *Annual Review of Biochemistry* 71, 817-846(2002).

[5] Chateigner-Boutin, A. L. & Small, I. Plant RNA editing. *Rna Biology* 7, 213-219(2010).

[6] Alfonzo, J. D. *et al*. C to U editing of the anticodon of imported mitochondrial tRNA(Trp)allows decoding of the UGA stop codon in *Leishmania tarentolae*. *Embo Journal* 18, 7056-7062(1999).

[7] Leung, S. S. & Koslowsky, D. J. Mapping contacts between gRNA and mRNA in trypanosome RNA editing. *Nucleic Acids Research* 27, 778-787(1999).

[8] Estevez, A. M. & Simpson, L. Uridine insertion/deletion RNA editing in trypanosome mitochondria - a review. *Gene* 240, 247-260(1999).

[9] Aphasizhev, R. *et al*. Trypanosome mitochondrial 3′ terminal uridylyl transferase(Tutase): The key enzyme in U-insertion/deletion RNA editing(vol 108, pg 637, 2002). *Cell* 110, 133-133(2002).

[10] Simpson, L. *et al*. Uridine insertion/deletion RNA editing in trypanosome mitochondria: A complex business. *Rna-a Publication of the Rna Society* 9, 265-276(2003).

[11] Ringpis, G. E. *et al*. Mechanism of U insertion RNA editing in trypanosome mitochondria: The bimodal TUTase activity of the core complex. *Journal of Molecular Biology* 399, 680-695(2010).

[12] Mahendran, R. *et al*. RNA editing by cytidine insertion in mitochondria of Physarum polycephalum. *Nature* 349, 434-438(1991).

[13] Grams, J. *et al*. Processing of polycistronic guide RNAs is associated with RNA editing complexes in *Trypanosoma brucei*. *Embo Journal* 19, 5525-5532(2000).

[14] Giege, P. & Brennicke, A. RNA editing in Arabidopsis mitochondria effects 441 C to U changes in ORFs. *Proceedings of the National Academy of Sciences of the United States of America* 96, 15324-15329(1999).

[15] Hirose, T. *et al*. RNA editing sites in tobacco chloroplast transcripts: editing as a possible regulator of chloroplast RNA

polymerase activity. *Molecular and General Genetics* 262, 462-467(1999).

[16] Kudla, J. & Bock, R. RNA editing in an untranslated region of the Ginkgo chloroplast genome. *Gene* 234, 81-86(1999).

[17] Steinhauser, S. *et al.* Plant mitochondrial RNA editing. *Journal of Molecular Evolution* 48, 303-312(1999).

[18] Corneille, S. *et al.* Conservation of RNA editing between rice and maize plastids: are most editing events dispensable? *Molecular and General Genetics* 264, 419-424(2000).

[19] Hundley, H. A. & Bass, B. L. ADAR editing in double-stranded UTRs and other noncoding RNA sequences. *Trends Biochem Sci* 35, 377-383(2010).

[20] Nishikura, K. Functions and regulation of RNA editing by ADAR deaminases. *Annu Rev Biochem* 79, 321-349(2010).

[21] Brenda L.B. H. A developmentally regulated activity that unwinds RNA duplexes. *Cell* 48, 607-613(1987).

[22] Brenda L.B. H. An unwinding activity that covalently modifies its double-stranded RNA substrate. *Cell* 55, 1089-1098(1988).

[23] Keegan, L. P. *et al.* Adenosine deaminases acting on RNA(ADARs): RNA-editing enzymes. *Genome Biology* 5, 209(2004).

[24] Anant, S. & Davidson, N. O. An AU-rich sequence element(UUUN[A/U]U)downstream of the edited C in apolipoprotein B mRNA is a high-affinity binding site for Apobec-1: Binding of Apobec-1 to this motif in the 3′ untranslated region of c-myc increases mRNA stability. *Molecular and Cellular Biology* 20, 1982-1992(2000).

[25] Smith, H. C. *et al.* Functions and regulation of the APOBEC family of proteins. *Seminars in Cell & Developmental Biology* 23, 258-268(2012).

[26] Faivre-Nitschke, S. E. *et al.* A prokaryotic-type cytidine deaminase from *Arabidopsis thaliana* - Gene expression and functional characterization. *European Journal of Biochemistry* 263, 896-903(1999).

[27] Fey, J. *et al.* Evolutionary and functional aspects of C-to-U editing at position 28 of tRNA(Cys)(GCA)in plant mitochondria. *Rna-a Publication of the Rna Society* 6, 470-474(2000).

[28] Anant, S. *et al.* Molecular regulation, evolutionary, and functional adaptations associated with C to U editing of mammalian apolipoproteinB mRNA. *Progress in Nucleic Acid Research and Molecular Biology, Vol 75* 75, 1-41(2003).

[29] Hakata, Y. & Landau, N. R. Reversed functional organization of mouse and human APOBEC3 cytidine deaminase domains. *Journal of Biological Chemistry* 281, 36624-36631(2006).

[30] Lonergan K.M. G. M. Editing of transfer RNAs in *Acanthamoeba castellanii* mitochondria. *Science* 259, 812-816(1993).

[31] Price, D. H. & Gray, M. W. A novel nucleotide incorporation activity implicated in the editing of mitochondrial transfer RNAs in *Acanthamoeba castellanii*. *Rna* 5, 302-317(1999).

[32] Price, D. H. & Gray, M. W. Confirmation of predicted edits and demonstration of unpredicted edits in *Acanthamoeba castellanii* mitochondrial tRNAs. *Curr Genet* 35, 23-29(1999).

[33] Gott, J. M. & Emeson, R. B. Functions and mechanisms of RNA editing. *Annual Review of Genetics* 34, 499-U434(2000).

[34] Kapushoc, S. T. *et al.* End processing precedes mitochondrial importation and editing of tRNAs in *Leishmania tarentolae*. *Journal of Biological Chemistry* 275, 37907-37914(2000).

[35] Murphy, F. V. & Ramakrishnan, V. Structure of a purine-purine wobble base pair in the decoding center of the ribosome. *Nature Structural & Molecular Biology* 11, 11251-11252(2004).

[36] Carmi, S. *et al.* Identification of widespread ultra-edited human RNAs. *PLoS Genetics* 7(2011).

[37] Bahn, J. H. *et al.* Accurate identification of A-to-I RNA editing in human by transcriptome sequencing. *Genome Research* 22, 142-150(2012).

[38] Picardi, E. *et al.* A Novel Computational Strategy to Identify A-to-I RNA Editing Sites by RNA-Seq Data: De Novo Detection in Human Spinal Cord Tissue. *PLoS One* 7, e44184(2012).

[39] Ramaswami, G. *et al.* Accurate identification of human Alu and non-Alu RNA editing sites. *Nat Methods* 9, 579-581(2012).

[40] Ramaswami, G. *et al.* Identifying RNA editing sites using RNA sequencing data alone. *Nat Methods* 10, 128-132(2013).

[41] Zhang, R. *et al.* Quantifying RNA allelic ratios by microfluidic multiplex PCR and sequencing. *Nature Methods* 11, 51-54(2013).

[42] Alon, S. *et al.* Systematic identification of edited microRNAs in the human brain. *Genome Res* 22, 1533-1540(2012).

[43] Rodriguez, J. *et al.* Nascent-Seq indicates widespread cotranscriptional RNA editing in *Drosophila*. *Molecular Cell* 47, 27-37(2012).

[44] Bass, B. L. RNA editing by adenosine deaminases that act on RNA. *Annual Review of Biochemistry* 71, 817-846(2002).

[45] Thorsten M. S. M. *et al.* RED2, a brain-specific member of the RNA-specific adenosine deaminase family.pdf. *The Journal of Biological Chemistry* Vol. 271, No. 50, 31795-31798(1996).

[46] Liam P. K. *et al.* Adenosine deaminases acting on RNA(ADARs): RNA-editing enzymes. *Genome Biology* 5, 209(2004).

[47] Chen, C. X. *et al.* A third member of the RNA-specific adenosine deaminase gene family, ADAR3, contains both single- and double-stranded RNA binding domains. *Rna-a Publication of the Rna Society* 6, 755-767(2000).

[48] Savva, Y. A. *et al.* The ADAR protein family. *Genome Biology* 13, 252(2012).

[49] Samuel, C. E. *Current topics in microbiology and immunology*. (Springer, 2012).

[50] Maas, S. *et al.* Identification and characterization of a human tRNA-specific adenosine deaminase related to the ADAR family of pre-mRNA editing enzymes. *Proceedings of the National Academy of Sciences of the United States of America* 96, 8895-8900(1999).

[51] Torres, A. G. *et al.* A-to-I editing on tRNAs: Biochemical, biological and evolutionary implications. *Febs Letters* 588, 4279-4286(2014).

[52] Jonatha M. & Gott, R. B. E. Functions and mechanisms of RNA editing. *Annual Review of Genetics* 34, 499-531(2000).

[53] Orlandi, C. *et al.* Activity regulation of adenosine deaminases acting on RNA(ADARs). *Molecular Neurobiology* 45, 61-75(2012).

[54] Cho, D. S. *et al.* Requirement of dimerization for RNA editing activity of adenosine deaminases acting on RNA. *J Biol Chem* 278, 17093-17102(2003).

[55] Gallo, A. *et al.* An ADAR that edits transcripts encoding ion channel subunits functions as a dimer. *Embo Journal* 22, 3421-3430(2003).

[56] Valente, L. & Nishikura, K. RNA binding-independent dimerization of adenosine deaminases acting on RNA and dominant negative effects of nonfunctional subunits on dimer functions. *J Biol Chem* 282, 16054-16061(2007).

[57] Peng, P. L. *et al.* ADAR2-dependent RNA editing of AMPA receptor subunit GluR2 determines vulnerability of neurons in forebrain ischemia. *Neuron* 49, 719-733(2006).

[58] Stefl, R. *et al.* Structure and specific RNA binding of ADAR2 double-stranded RNA binding motifs. *Structure* 14, 345-355(2006).

[59] Singh, M. *et al.* Altered ADAR 2 equilibrium and 5HT(2C)R editing in the prefrontal cortex of ADAR 2 transgenic mice. *Genes Brain Behav* 10, 637-647(2011).

[60] Xu, M. *et al.* Substrate-dependent contribution of double-stranded RNA-binding motifs to ADAR2 function. *Molecular Biology of the Cell* 17, 3211-3220(2006).

[61] Aruscavage, P. J. & Bass, B. L. A phylogenetic analysis reveals an unusual sequence conservation within introns involved in RNA editing. *Rna-a Publication of the Rna Society* 6, 257-269(2000).

[62] Stefl, R. *et al.* The solution structure of the ADAR2 dsRBM-RNA complex reveals a sequence-specific readout of the minor groove. *Cell* 143, 225-237(2010).

[63] Liu, Z. *et al.* Targeted nuclear antisense RNA mimics natural antisense-induced degradation of polyoma virus early RNA. *Proc Natl Acad Sci U S A* 91, 4258-4262(1994).

[64] Kumar, M. & Carmichael, G. G. Nuclear antisense RNA induces extensive adenosine modifications and nuclear retention of target transcripts. *Proc Natl Acad Sci U S A* 94, 3542-3547(1997).

[65] Du, Y. Z. *et al.* A-to-I pre-mRNA editing of the serotonin 2C receptor: Comparisons among inbred mouse strains. *Gene* 382, 39-46(2006).

[66] Du, Y. Z. *et al.* Editing of the serotonin 2C receptor pre-mRNA: Effects of the Morris water maze. *Gene* 391, 186-197(2007).

[67] Kawahara, Y. *et al.* Frequency and fate of microRNA editing in human brain. *Nucleic Acids Research* 36, 5270-5280(2008).

[68] George, C. X. *et al.* Organization of the mouse RNA-specific adenosine deaminase Adar1 gene 5'-region and demonstration of STAT1-independent, STAT2-dependent transcriptional activation by interferon. *Virology* 380, 338-343(2008).

[69] Strehblow, A. *et al.* Nucleocytoplasmic distribution of human RNA-editing enzyme ADAR1 is modulated by double-stranded RNA-binding domains, a leucine-rich export signal, and a putative dimerization domain. *Molecular Biology of the Cell* 13, 3822-3835(2002).

[70] Poulsen, H. *et al.* CRM1 mediates the export of ADAR1 through a nuclear export signal within the Z-DNA binding domain. *Molecular and Cellular Biology* 21, 7862-7871(2001).

[71] Maas, S. & Gommans, W. M. Identification of a selective nuclear import signal in adenosine deaminases acting on RNA. *Nucleic Acids Research* 37, 5822-5829(2009).

[72] Neeman, Y. *et al.* RNA editing level in the mouse is determined by the genomic repeat repertoire. *Rna-a Publication of the Rna Society* 12, 1802-1809(2006).

[73] Ramaswami, G. *et al.* Accurate identification of human Alu and non-Alu RNA editing sites. *Nature Methods* 9, 579-581(2012).

[74] Slotkin, W. & Nishikura, K. Adenosine-to-inosine RNA editing and human disease. *Genome Medicine* 5, 105(2013).

[75] Hideyama, T. *et al.* Profound downregulation of the RNA editing enzyme ADAR2 in ALS spinal motor neurons. *Neurobiol Dis* 45, 1121-1128(2012).

[76] Kwak, S. *et al.* Newly identified ADAR-mediated A-to-I editing positions as a tool for ALS research. *RNA Biology* 5, 193-197(2014).

[77] Fu, Y. *et al.* Splicing variants of ADAR2 and ADAR2-mediated RNA editing in glioma. *Oncology Letters* 12, 788-792(2016).

[78] Bartel, D. P. MicroRNAs: genomics, biogenesis, mechanism, and function. *Cell* 116, 281-297(2004).

[79] Lee, Y. *et al.* The nuclear RNase III Drosha initiates microRNA processing. *Nature* 425, 415-419(2003).

[80] Han, J. *et al.* The Drosha-DGCR8 complex in primary microRNA processing. *Genes Dev* 18, 3016-3027(2004).

[81] Lee, Y. *et al.* Drosha in primary microRNA processing. *Cold Spring Harb Symp Quant Biol* 71, 51-57(2006).

[82] Hutvagner, G. *et al.* A cellular function for the RNA-interference enzyme Dicer in the maturation of the let-7 small temporal RNA. *Science* 293, 834-838(2001).

[83] Zhang, H. *et al.* Single processing center models for human Dicer and bacterial RNase III. *Cell* 118, 57-68(2004).

[84] Chendrimada, T. P. *et al.* TRBP recruits the Dicer complex to Ago2 for microRNA processing and gene silencing. *Nature* 436, 740-744(2005).

[85] Chendrimada, T. P. *et al.* MicroRNA silencing through RISC recruitment of eIF6. *Nature* 447, 823-U821(2007).

[86] Li, L. *et al.* The landscape of miRNA editing in animals and its impact on miRNA biogenesis and targeting. *Genome Research* 28, 132-143(2018).

[87] Yang, W. *et al.* Modulation of microRNA processing and expression through RNA editing by ADAR deaminases. *Nature Structural & Molecular Biology* 13, 13-21(2006).

[88] Kawahara, Y. *et al.* RNA editing of the microRNA-151 precursor blocks cleavage by the Dicer-TRBP complex. *EMBO Rep* 8, 763-769(2007).

[89] Kawahara, Y. *et al.* Redirection of silencing targets by adenosine-to-inosine editing of miRNAs. *Science* 315, 1137-1140(2007).

[90] Iizasa, H. *et al.* Editing of Epstein-Barr virus-encoded BART6 microRNAs controls their dicer targeting and consequently affects viral latency. *Journal of Biological Chemistry* 285, 33358-33370(2010).

[91] Cenci, C. *et al.* Down-regulation of RNA editing in pediatric astrocytomas: ADAR2 editing activity inhibits cell migration and proliferation. *Journal of Biological Chemistry* 283, 7251-7260(2008).

[92] Liu, S. *et al.* Expression of Ca(2+)-permeable AMPA receptor channels primes cell death in transient forebrain ischemia. *Neuron* 43, 43-55(2004).

[93] Liddicoat, B. J. *et al.* RNA editing by ADAR1 prevents MDA5 sensing of endogenous dsRNA as nonself. *Science* 349, 1115-1120(2015).

[94] Kang, D. C. *et al.* mda-5: An interferon-inducible putative RNA helicase with double-stranded RNA-dependent ATPase activity and melanoma growth-suppressive properties. *Proceedings of the National Academy of Sciences of the United States of America* 99, 637-642(2002).

[95] Yoneyama, M. *et al.* The RNA helicase RIG-I has an essential function in double-stranded RNA-induced innate antiviral responses. *Nature Immunology* 5, 730-737(2004).

[96] Andrejeva, J. *et al.* The V proteins of paramyxoviruses bind the IFN-inducible RNA helicase, mda-5, and inhibit its activation of the IFN-beta promoter. *Proceedings of the National Academy of Sciences of the United States of America* 101, 17264-17269(2004).

[97] Kato, H. *et al.* Differential roles of MDA5 and RIG-I helicases in the recognition of RNA viruses. *Nature* 441, 101-105(2006).

[98] Takeuchi, O. & Akira, S. MDA5/RIG-I and virus recognition. *Current Opinion in Immunology* 20, 17-22(2008).

[99] Pestal, K. *et al.* Isoforms of RNA-editing enzyme ADAR1 independently control nucleic acid sensor MDA5-driven autoimmunity and multi-organ development. *Immunity* 43, 933-944(2015).

[100] Ahmad, S. *et al.* Breaching self-tolerance to Alu duplex RNA underlies MDA5-mediated inflammation. *Cell* 172, 797-+(2018).

[101] Galeano, F. *et al.* ADAR2-editing activity inhibits glioblastoma growth through the modulation of the CDC14B/Skp2/p21/p27 axis. *Oncogene* 32, 998-1009(2013).

[102] Qiao, J. J. *et al.* ADAR1: a promising new biomarker for esophageal squamous cell carcinoma? *Expert Review of Anticancer Therapy* 14, 865-868(2014).

[103] Nakano, M. *et al.* A-to-I RNA editing up-regulates human dihydrofolate reductase in breast cancer. *Journal of Biological Chemistry* 292, 4873-4884(2017).

[104] Gaisler-Salomon, I. *et al.* Hippocampus-specific deficiency in RNA editing of GluA2 in Alzheimer's disease. *Neurobiology of Aging* 35, 1785-1791(2014).

[105] Barzilay, R. *et al.* Decreased A-to-I RNA editing levels in the brains of schizophrenia patients: a possible biomarker. *European Neuropsychopharmacology* 24, S156-S156(2014).

[106] Blanc, V. & Davidson, N. O. APOBEC-1-mediated RNA editing. *Wiley Interdisciplinary Reviews-Systems Biology and Medicine* 2, 594-602(2010).

[107] Rogozin, I. B. *et al.* APOBEC4, a new member of the AID/APOBEC family of polynucleotide(deoxy)cytidine deaminases predicted by computational analysis. *Cell Cycle* 4, 1281-1285(2005).

[108] Conticello, S. G. *et al.* Evolution of the AID/APOBEC family of polynucleotide(deoxy)cytidine deaminases. *Molecular Biology and Evolution* 22, 367-377(2005).

[109] Okuyama, S. *et al.* Excessive activity of apolipoprotein B mRNA editing enzyme catalytic polypeptide 2(APOBEC2)contributes to liver and lung tumorigenesis. *Int J Cancer* 130, 1294-1301(2012).

[110] Salter, J. D. *et al.* The APOBEC protein family: United by structure, divergent in function. *Trends in Biochemical Sciences* 41, 578-594(2016).

[111] Wu, X. S. *et al.* Alternative splicing regulates activation-induced cytidine deaminase(AID): implications for suppression of AID mutagenic activity in normal and malignant B cells. *Blood* 112, 4675-4682(2008).

[112] Methot, S. P. *et al.* Consecutive interactions with HSP90 and eEF1A underlie a functional maturation and storage pathway of AID in the cytoplasm. *Journal of Experimental Medicine* 212, 581-596(2015).

[113] Burns, M. B. *et al.* APOBEC3B is an enzymatic source of mutation in breast cancer(vol 494, 366, 2013). *Nature* 502, 580-580(2013).

[114] Kosumi, K. *et al.* APOBEC3B is an enzymatic source of molecular alterations in esophageal squamous cell carcinoma. *Medical Oncology* 33, 366-370(2016).

[115] Stern, D. B. *et al.* Chloroplast RNA metabolism. *Annu Rev Plant Biol* 61, 125-155(2010).

[116] Takenaka, M. *et al.* RNA editing in plant mitochondria-connecting RNA target sequences and acting proteins. *Mitochondrion* 19 Pt B, 191-197(2014).

[117] Oldenkott, B. *et al.* Chloroplast RNA editing going extreme: more than 3400 events of C-to-U editing in the chloroplast transcriptome of the lycophyte Selaginella uncinata. *Rna-a Publication of the Rna Society* 20, 1499-1506(2014).

[118] Kugita, M. *et al.* RNA editing in hornwort chloroplasts makes more than half the genes functional. *Nucleic Acids Research* 31, 2417-2423(2003).

[119] Grewe, F. *et al.* A trans-splicing group I intron and tRNA-hyperediting in the mitochondrial genome of the lycophyte *Isoetes engelmannii. Nucleic Acids Research* 37, 5093-5104(2009).

[120] Gualberto, J. M. *et al.* RNA editing in wheat mitochondria results in the conservation of protein sequences. *Nature* 341, 660-662(1989).

[121] Takenaka, M. *et al.* RNA editing in plants and its evolution. *Annual Review of Genetics,* 47, 335-352(2013).

[122] Hiesel, R. *et al.* RNA editing in plant mitochondria. *Science* 246, 1632-1634(1989).

[123] Covello, P. S. & Gray, M. W. RNA editing in plant mitochondria. *Nature* 341, 662-666(1989).

[124] Hoch, B. *et al.* Editing of a chloroplast mRNA by creation of an initiation codon. *Nature* 353, 178-180(1991).

[125] Wolf, P. G. *et al.* High levels of RNA editing in a vascular plant chloroplast genome: analysis of transcripts from the fern *Adiantum capillus-veneris. Gene* 339, 89-97(2004).

[126] Takenaka, M. *et al.* The process of RNA editing in plant mitochondria. *Mitochondrion* 8, 35-46(2008).

[127] Castandet, B. *et al.* Intron RNA editing is essential for splicing in plant mitochondria. *Nucleic Acids Research* 38, 7112-7121(2010).

[128] Yin, P. *et al.* Structural basis for the modular recognition of single-stranded RNA by PPR proteins. *Nature* 504, 168-171(2013).

[129] Takenaka, M. *et al.* Multiple organellar RNA editing factor(MORF)family proteins are required for RNA editing in mitochondria and plastids of plants. *Proc Natl Acad Sci U S A* 109, 5104-5109(2012).

[130] Bentolila, S. *et al.* Comprehensive high-resolution analysis of the role of an *Arabidopsis* gene family in RNA editing. *PLoS Genetics* 9, e1003584(2013).

[131] Bentolila, S. *et al.* RIP1, a member of an *Arabidopsis* protein family, interacts with the protein RARE1 and broadly affects RNA editing. *Proc Natl Acad Sci U S A* 109, E1453-1461(2012).

[132] Takenaka, M. & Brennicke, A. In vitro RNA editing in pea mitochondria requires NTP or dNTP, suggesting involvement of an

RNA helicase. *Journal of Biological Chemistry* 278, 47526-47533(2003).

[133] Zehrmann, A. *et al.* Selective homo- and heteromer interactions between the multiple organellar RNA editing factor(MORF)proteins in Arabidopsis thaliana. *Journal of Biological Chemistry* 290, 6445-6456(2015).

[134] Sun, T. *et al.* An RNA recognition motif-containing protein is required for plastid RNA editing in *Arabidopsis* and maize. *Proc Natl Acad Sci U S A* 110, E1169-1178(2013).

[135] Shi, X. *et al.* Two RNA recognition motif-containing proteins are plant mitochondrial editing factors. *Nucleic Acids Research* 43, 3814-3825(2015).

[136] Shi, X. *et al.* Organelle RNA recognition motif-containing(ORRM)proteins are plastid and mitochondrial editing factors in Arabidopsis. *Plant Signal Behav* 11, e1167299(2016).

[137] Sun, T. *et al.* A zinc finger motif-containing protein is essential for chloroplast RNA editing. *PLoS Genetics* 11, e1005028(2015).

[138] Zhang, F. *et al.* Tetrapyrrole biosynthetic enzyme protoporphyrinogen IX oxidase 1 is required for plastid RNA editing. *Proc Natl Acad Sci U S A* 111, 2023-2028(2014).

[139] Shi, X. *et al.* RNA recognition motif-containing protein ORRM4 broadly affects mitochondrial RNA editing and impacts plant development and flowering. *Plant Physiol* 170, 294-309(2016).

[140] Sun, T. *et al.* The unexpected diversity of plant organelle RNA editosomes. *Trends Plant Sci* 21, 962-973(2016).

[141] Vogel, P. *et al.* Efficient and precise editing of endogenous transcripts with SNAP-tagged ADARs. *Nature Methods* 15, 535-538(2018).

[142] Merkle, T. *et al.* Precise RNA editing by recruiting endogenous ADARs with antisense oligonucleotides. *Nat Biotechnol* 37, 133-138(2019).

[143] Katrekar, D. *et al. In vivo* RNA editing of point mutations via RNA-guided adenosine deaminases. *Nature Methods* 16, 239-242(2019).

张锐　博士，中山大学生命科学学院教授，中山大学"百人计划"引进人才，国家级人才项目青年人才。2003 年毕业于四川大学生命科学学院，获学士学位。2009 年于中国科学院昆明动物所获得博士学位，指导导师为宿兵研究员。2009～2011 年期间分别在伦敦皇家学会会员 Stephen Cohen 教授和台湾"中研院"院士 Chung-I Wu 教授实验室从事小 RNA 进化领域研究。2011～2015 年在美国斯坦福大学医学院遗传系 Jin Billy Li 教授实验室做博士后，通过发展微流控技术、高通量测序相关高新生物技术研究 A-to-I RNA 编辑的进化和功能。回国后，专注于 RNA 表观遗传调控的研究。张锐博士已在 *Nature*，*Science*，*Nature Methods*，*Nature Genetics*，*Genome Research* 等期刊发表多篇学术论文。荣获一系列科研奖项，包括 Stanford Dean's Fellowship、中国全国优秀博士学位论文提名奖、中国科学院优秀博士学位论文奖和中国科学院院长奖等。

第 26 章　DNA 甲基化、组蛋白修饰及非编码 RNA 的互动与协调

于文强　杨智聪　童　莹
复旦大学

本章概要

DNA 甲基化、组蛋白修饰和非编码 RNA 是三种最主要的表观遗传修饰。DNA 甲基化是指在 DNA 甲基转移酶的作用下，甲基转移至胞嘧啶 C5 位置上形成 5-甲基胞嘧啶，其参与调控染色质结构和基因表达。翻译后修饰的组蛋白可以通过直接改变染色质的结构、阻断或吸引某些蛋白质与组蛋白或染色质相结合从而调控染色质的结构和功能。生命现象纷繁复杂，为保证各项生命体征始终处于动态平衡，DNA 甲基化、组蛋白修饰和非编码 RNA 多个调控网络相互制衡又相互协助，多种修饰方式相互调节、相互影响，形成复杂的表观遗传调控网络，共同调控多种多样的表观遗传现象。

26.1　DNA 甲基化、组蛋白修饰及非编码 RNA 的相互关系和调控概论

关键概念

- 遗传学基于"DNA 序列改变调控基因表达"指导个体发育，而表观遗传学调控则不依赖于 DNA 序列的改变。
- DNA 甲基化、组蛋白修饰以及非编码 RNA 通过彼此间的互动与协调建立不同的表观遗传模式，参与生命的全过程。

生命现象纷繁复杂，为保证各项生命体征始终处于动态平衡，需要多个调控网络的共同参与。在个体的生长过程中，遗传学基于"DNA 序列改变调控基因表达"指导个体发育，而表观遗传学则不依赖于 DNA 序列的改变，通过 DNA 甲基化、组蛋白修饰和非编码 RNA 三个既各自独立又相互影响的表观遗传调控手段，形成复杂的调控网络模式。

DNA 甲基化和组蛋白修饰可产生多层次的相互作用，既可通过修饰酶或作用因子互作，又可通过两个通路直接作用来实现互动。非编码 RNA 则主要通过影响 DNA 甲基化和组蛋白修饰过程中的关键修饰酶及辅助因子来发挥其转录后调控功能。这三种修饰相互影响，形成复杂的表观遗传调控网络。

26.1.1　DNA 甲基化、组蛋白修饰以及非编码 RNA 的调控功能

DNA 甲基化是指在 DNA 甲基转移酶的作用下，甲基基团以共价结合的方式转移到 DNA 序列的特定碱基上，包括：6-甲基腺嘌呤（6mA）、4-甲基胞嘧啶（4mC）、5-甲基胞嘧啶（5mC）。原核生物中含有这三种甲基化形式，真核生物中则主要以 5mC 为主。早在 1925 年就有研究表明在结核分枝杆菌中存在 5mC，随后发现这种甲基化方式广泛存在于真核生物中。大量研究表明，DNA 甲基化能引起染色质结构、DNA 构象、DNA 稳定性及 DNA 与蛋白质相互作用方式的改变，从而调控基因表达，影响胚胎发育、细胞分化等众多重要生理功能。

组蛋白修饰是表观遗传最主要的调控方式。到目前为止，组蛋白不同位点上一共发现了 20 多种翻译后修饰方式，包括甲基化、乙酰化、磷酸化、泛素化、丙酰化、丁酰化、糖基化等。在正常生理条件下，组蛋白常见的四种修饰（甲基化、乙酰化、磷酸化及泛素化）都是动态可逆的。翻译后修饰的组蛋白通过直接改变染色质的结构，阻断或招募某些蛋白质与组蛋白或染色质相结合从而调控染色质的结构和功能，这种调控如果可稳定遗传，便开启了表观遗传模式。

基因组中的暗物质——非编码 RNA，不编码蛋白质但也具有重要功能。从 RNAi 介导基因沉默，miRNA 与靶基因 3′UTR 多个位点互补并阻抑蛋白合成、piRNA 特异性地与 PIWI 蛋白质相互作用，到数量巨大、具有特定结构的 lncRNA，越来越多的非编码 RNA 被发现并证实具有基因调控作用。非编码 RNA 的调控作用既具有时间特异性，也具有组织特异性，是生物网络的重要调控元件，并与疾病发生密切相关。

26.1.2　DNA 甲基化、组蛋白修饰以及非编码 RNA 互动与意义

表观遗传调控是 DNA 甲基化、组蛋白修饰和非编码 RNA 等不同参与者之间相互作用的综合结果（图 26-1），与疾病的发生发展密切相关。例如，在肿瘤中，表观基因组存在 DNA 甲基化、组蛋白修饰模式和染色质修饰酶表达谱的整体变化，组蛋白去乙酰化酶（histone deacetylase，HDAC）介导组蛋白的去乙酰化，在不同类型的肿瘤中发挥不同的作用，与正常细胞相比，肿瘤细胞 H4K16 的乙酰化水平整体降低[1]。在多种类型肿瘤中，Sirt1 基因表达上调，促进组蛋白去乙酰化[2]；同时，Sirt1 与 DNMT1 相互作用，改变 DNA 甲基化模式[3]。此外，miRNA 也可以调控 HDAC 的表达，例如，miR-449a 通过抑制 HDAC-1 的表达来抑制细胞的生长和生存能力，miR-449a 表达的下调以及 HDAC-1 表达的升高是前列腺癌细胞转化中的一个重要事件[4]。

随着 DNA 甲基化、组蛋白修饰和非编码 RNA 研究的不断深入、研究技术手段不断完善，表观遗传调控领域也启动了大规模的国际合作，包括美国国立卫生研究院（National Institutes of Health，NIH）启动的 DNA 元件百科全书项目（Encyclopedia of DNA Elements，ENCODE）和表观基因组学路线图项目（Roadmap Epigenomics Program），已全面绘制整个人类的表观基因组调控网络。这些大型项目在不同的细胞类型中采用更多的表观遗传标记，结合年龄、遗传、饮食等不同背景和环境因素，探究表观遗传修饰对于调控基因表达和疾病发生发展的联系。在众多表观基因组图谱中，研究者发现 DNA 甲基化、组蛋白修饰以及非编码 RNA 三种重要的表观遗传修饰和其他表观遗传因子在生物体内存在相互作用，它们彼此间的互动与协调对维持基因组遗传物质的稳定性以及在胚胎发育中建立表观遗传模式具有重要意义。

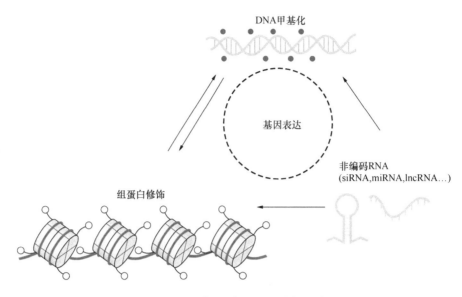

图 26-1 表观遗传调控因子间的相互作用

26.2　DNA 甲基化与组蛋白修饰

关键概念

- DNA 甲基转移酶可以分为两类：维持性 DNA 甲基转移酶和从头 DNA 甲基转移酶。
- 组蛋白的四种主要的修饰方式包括甲基化、乙酰化、磷酸化和泛素化，在生理状态下都是动态可逆的，每个过程都由相应的酶来催化完成。
- DNA 甲基化和组蛋白修饰由不同的酶来催化，但是这两个途径和酶可以相互作用来共同调控基因表达。

基因的表达受到多维度的调控。DNA 甲基化可以通过影响转录因子的结合在转录水平调控基因表达，而核小体中与 DNA 紧密结合的组蛋白也会影响 DNA 甲基化，并通过改变染色质结构调控基因转录。越来越多的证据表明 DNA 甲基化和组蛋白修饰在调节基因表达的过程中互相依赖、协作，了解这两种修饰之间的互动有助于加深我们对胚胎发育、肿瘤发生等生命过程的理解。

26.2.1　DNA 甲基化相关酶类与基因沉默

依据 DNA 甲基化作用底物的甲基化状态，DNA 甲基转移酶可以分为两类：维持性 DNA 甲基转移酶和从头 DNA 甲基转移酶。DNMT1 与 DNA 甲基化的维持有关，DNMT3A 和 DNMT3B 主要负责染色质的从头甲基化。DNMT3 家族另外一个成员 DNMT3L 虽然没有甲基转移酶的活性，但它作为 DNA 甲基化过程中重要的辅助因子，可通过与 DNMT3A 和 DNMT3B 相互作用，显著提高 DNMT3A 和 DNMT3B 的活性。启动子区域 DNA 甲基化通常通过两种机制沉默基因表达，一是甲基化的 DNA 抑制转录因子与启动子的结合，二是 DNA 甲基结合蛋白招募转录阻遏物抑制基因转录。例如，甲基化的 DNA 可以招募 MBD（methyl-CpG-binding domain）蛋白在空间上起到阻遏转录因子与启动子相结合的作用进而沉默基因表达[5,6]。另外，DNA 甲基转移酶也可通过 HDAC 参与组蛋白去乙酰化引发基因沉默。

26.2.2　组蛋白修饰酶类与基因表达

甲基化、乙酰化、磷酸化和泛素化作为组蛋白的四种主要修饰在生理状态下都是动态可逆的，并由相应的酶来催化完成，参与基因的表达调控。常见的组蛋白甲基化位点包括：H3K4、H3K9、H3K27、H3K36、H3K79 及 H4K20。介导 H3K4 甲基化的组蛋白修饰酶 MLL1-5、hSET1A、hSET1B、ASH1 等参与基因转录的激活。SUV39H1、SUV39H2、G9a 和 SETDB1 可催化 H3K9 的甲基化并参与基因沉默和异染色质的形成。EZH2 催化 H3K27 甲基化也可以引起基因沉默。SET2、NSD1、SYMD2 催化 H3K36 甲基化参与转录延伸。另外，DOT1L 催化 H3K79 甲基化，而 PR-SET7/8、SUV4-20H1 则催化 H4K20 甲基化。组蛋白的乙酰基转移酶 HAT1、hGCN5、PCAF、CBP、P300 等均能通过组蛋白乙酰化激活基因转录，而组蛋白去乙酰化酶则通过去除组蛋白的乙酰化参与基因转录抑制。组蛋白磷酸化与前两者不同，它更多地是一种瞬时的修饰，与 DNA 损伤和染色体分离相关。组蛋白泛素化修饰为其他蛋白质提供了更多的识别位点及接触面积，进而会影响染色质的结构。尽管蛋白泛素化修饰后会影响其降解或蛋白质活性，但组蛋白 H2B 的泛素化却激活基因的转录和延伸，H2A 的泛素化则会抑制转录和延伸。

26.2.3　DNA 甲基化与组蛋白修饰参与基因沉默

DNA 甲基化和组蛋白修饰可以相互作用共同调控基因表达。例如，与高血压发展相关的血管紧张素转化酶 1（angiotensin-converting enzyme 1，ACE1）、Na⁺-K⁺-2Cl⁻ 共转运蛋白 1（Na⁺-K⁺-2Cl⁻ cotransporter 1，NKCC1）的表达量受到 DNA 甲基化及组蛋白修饰的共同调节[7, 8]。DNA 甲基化可以发生在基因启动子区和基因体区，一般认为基因启动子区的甲基化与基因转录抑制相关。MECP2 是最早被克隆、纯化的甲基结合蛋白，它可招募组蛋白去乙酰化酶复合体 mSin3A 导致染色质聚集引起转录抑制，表明 DNA 甲基化可以与组蛋白去乙酰化协同作用完成基因的转录调控。另外，DNA 甲基化也可与 H3K9 甲基化共同阻断 H3K4 甲基化的形成，进而重塑染色质结构并调控基因表达[9]。此外，也有许多证据表明组蛋白修饰可影响 DNA 甲基化。在 Neurospora 体内，编码组蛋白 H3 甲基转移酶基因 Dim-5 的突变可以降低 DNA 甲基化水平，同时改变 DNA 甲基化介导的基因沉默状态[10,11]。这种在 Neurospora 中发现的组蛋白修饰与 DNA 甲基化修饰的互作也存在于植物和哺乳动物细胞[12,13]。在植物细胞中，H3K9 甲基化的阅读子 AGDP1（agenet domain-containing protein 1）可特异性识别 H3K9me2 标记并主要存在于细胞核内的异染色质区域。研究发现 Agdp1 缺失不仅影响 H3K9me2 水平，也会影响异染质区域 suvh4、suvh5、suvh6 依赖的非 CG 的 DNA 甲基化水平[14]。也有研究发现组蛋白甲基转移酶 SET7 可以调节 DNMT1 蛋白的稳定性[15]，SET7 与 DNMT1 共定位并催化 DNMT1 K142 位点单甲基化，使 DNMT1 更易于被蛋白酶体降解，表明 SET7 能够通过调节哺乳动物细胞中的 DNMT1 水平进而调控基因表达。此外，赖氨酸特异性去甲基化酶 1（lysine-specific demethylase 1，LSD1）也能使 DNMT1 蛋白去甲基化，进而调节 DNMT1 蛋白的稳定性，导致基因组 DNA 甲基化水平的改变。在胚胎干细胞中，Lsd1 的缺失会下调 DNMT1 蛋白的表达并诱导 DNA 甲基化逐渐丧失[16]。

DNA 甲基化和组蛋白修饰之间的相互调控也可以通过修饰本身直接介导。脊椎动物受精卵在早期着床阶段会发生全基因组范围去甲基化，然后又在全基因组范围从头甲基化，但是 CpG 岛在从头甲基化过程中被屏蔽而未被甲基化，其机制不明。有研究提示早期发育过程中建立的 DNA 甲基化谱可能是通过组蛋白修饰介导的，在 DNA 从头甲基化之前，胚胎细胞基因组 CpG 岛通过 RNA 聚合酶 II 招募 H3K4 甲基转移酶形成 H3K4 甲基化（H3K4me、H3K4me2 及 H3K4me3）修饰，非 CpG 岛位置的 H3K4 则未被甲基化。DNA 从头甲基化过程中，DNMT3L 通过与核小体中的未甲基化的组蛋白 H3 相互作用将甲基转移酶招募至 DNA 上，但甲基化的 H3K4 却抑制 DNMT3L 和核小体的相互作用[17]，进而导致 CpG 岛未被甲基化，提示组蛋白修饰直接介入并影响了早期胚胎基因组的甲基化过程。

26.3 非编码 RNA 与 DNA 甲基化

<table>
<tr><td>关键概念</td></tr>
</table>

- 天然反义转录本（natural antisense transcript，NAT）是一种内源性的反义 RNA（antisense RNA，asRNA），与已知功能的注释转录本具有互补序列。
- siRNA 在拟南芥中可通过依赖 RNA 聚合酶 Pol IV 和 Pol V，在非对称的 CHH 位点（其中 H 代表除 G 之外的任何碱基）介导 DNA 从头甲基化和 DNA 甲基化的维持。

非编码 RNA 作为一种重要的表观遗传调控机制，通过介导 DNA 甲基化在转录水平影响基因表达。在拟南芥、线虫等模式生物中存在非编码 RNA 介导 DNA 甲基化的经典通路，而在小鼠和人类中非编码 RNA 和 DNA 甲基化的互作与生殖发育及疾病发生发展密切相关。

26.3.1 非编码 RNA 介导的 DNA 甲基化与基因调控

表观遗传修饰发生在不同的水平，基因表达可通过 RNA 干扰、RNA 编辑等调控区域的序列特异性互补来实现，而 DNA 甲基化几乎只发生在 CpG 的胞嘧啶的 5-C 位置，介导基因表达的调控。非编码 RNA 调节与发育过程相关的各种水平的基因表达，具有重要的生理病理意义。

1. 反义 RNA 介导的 DNA 甲基化

双链 DNA 中与 mRNA 序列相同的 DNA 链称为正义链或蛋白编码链，反义 RNA 是一类由正义链或蛋白编码链的互补 DNA 链转录而来的 mRNA，而作为内源性转录本的天然反义转录本（natural antisense transcript，NAT）与已知功能的注释转录本互补[18]。

反义 RNA 能够介导 DNA 甲基化。研究发现，内源性反义转录本 Khps1 能够降低组织依赖性差异甲基化区域（tissue-dependent differentially methylated region，T-DMR）CpG 位点的去甲基化作用。鞘氨醇激酶（sphingosine kinase 1，Sphk1）的 NAT 的高表达可以诱导非 CpG 位点在正义链上的从头甲基化[19]，揭示了表观遗传调控的一种新机制[20]。反义 RNA 转录本参与启动基因组印记[21]和 X 染色体失活[22]，并与 CpG 岛的甲基化介导的基因沉默有关。此外，在转基因模型和胚胎干细胞中的非印记的常染色体位点也存在类似的现象，表明其并非是印记和 X 染色体失活所独有的，提示这种新机制也可能是许多其他人类遗传疾病的致病基础[23]。

全基因组 DNA 的低甲基化和抑癌基因（tumor suppressor gene，TSG）的高甲基化是肿瘤重要的表观遗传特征[24]，但 DNA 甲基化的起始和促进机制并不十分清楚，Yu 等的研究发现，TSG 的 DNA 高甲基化可以由其反义 RNA 诱导[25]。在白血病中，肿瘤抑制基因 p15 反义（p15AS）与 p15 正义 RNA 的表达呈反比关系，pP15AS 的表达能够通过形成异染色质诱导 p15 沉默。而小鼠胚胎干细胞系中 pP15AS 的转染能使诱导分化后外源性 p15 启动子中的 DNA 呈现高甲基化，表明反义 RNA 的确能够诱导 DNA 甲基化的改变。但在肿瘤细胞和未分化的干细胞中未能检测到 p15 启动子 DNA 甲基化的任何变化，可能是由于 DNA 甲基化机制在肿瘤细胞中存在异常，或者在未分化的干细胞中尚未被建立，提示基因沉默的先决条件可能是异染色质的形成,而 DNA 甲基化可能是后续的一个事件[25]。Tufarelli 等[23]在遗传性贫血(α-地中海贫血)中的研究发现,*Hba2*(编码人 α-珠蛋白 A2)的 DNA 甲基化和沉默与另一条链上缩短的邻近基因 *Luc7l* 的反义转录本的存在相关。*Luc7l* 最后三个外显子[包括转录停止信号-poly(A)]信号缺失,*Luc7l* 被转录成 HBA2,产生异常的反义 HBA2,导致 *Hba2* 的高甲基化,表明反义 RNA 可以通过 DNA 甲基化使基因表达沉默。

反义 RNA 也能介导 DNA 甲基化的去除机制,启动基因的表达。哺乳动物发育过程中分布于神经细胞膜表面的原钙黏蛋白(*Pcdh*)具有多个随机启动的可变外显子,通过可变剪接产生不同的转录本,赋予各个神经细胞不同的身份。研究发现,每个 *Pcdhα* 可变外显子的反义链都有一个保守的反义 lncRNA,反义 lncRNA 可以响应正义转录本的转录。与此同时,*Pcdhα* 基因座均带有抑制表达的 DNA 甲基化修饰,而反义 lncRNA 的转录使 *Pcdhα* 外显子附近的 DNA 被去甲基化酶 TET3 所识别,发生去甲基化,促进 CTCF 与 *Pcdhα* 启动子的结合以及染色质结构的重塑,与 Cohesin 蛋白介导 HS5-1 增强子成环并靠近该外显子的启动子,促使相应 Pcdhα 变体的表达[26]。

2. siRNA 介导的 DNA 甲基化

植物中的 DNA 甲基化发生在 CG、CHG 和 CHH 位点(其中 H 代表除 G 之外的任何碱基)。在拟南芥中,siRNA 通过 RNA 聚合酶 Pol IV 和 Pol V[27]以及 RNA 介导的 DNA 甲基化(RNA-directed DNA methylation,RdDM)通路[28]在 CG、CHG 和 CHH 位点介导 DNA 从头甲基化和 DNA 甲基化的维持(图 26-2)。首先,以 Pol IV 转录本为模板,RNA 依赖的 RNA 聚合酶 2(RNA-dependent RNA polymerase 2,RDR2)合成的双链 RNA(dsRNA)经 DCL3(Dicer-like 3)加工后,生成 24nt 的 siRNA 并被装载到 AGO4 上,触发其进入细胞核。在细胞核中,被装载到 AGO4 上的 siRNA 与 Pol V 转录本结合后招募 DNA 甲基转移酶 DRM2(domains rearranged methyltransferase 2),与 AGO4 共同作用并促使 Pol V 转录模板链的 DNA 甲基化,使 Pol V 转录的基因座如转座子或 DNA 重复序列发生基因沉默[29]。

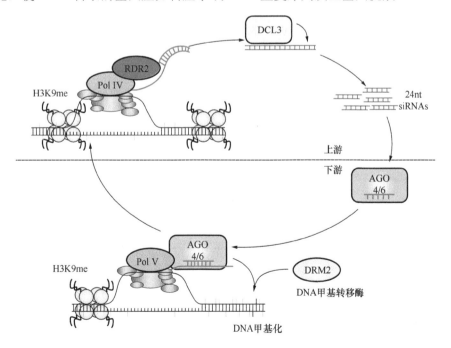

图 26-2 典型的 siRNA 介导的 DNA 甲基化[30]

此外，siRNA 介导的 DNA 甲基化在人类细胞中也有报道，当其针对启动子时，在某些情况下会通过 AGO 蛋白和 Pol II 导致转录基因沉默，但相关结果存在较大争议。

3. miRNA 介导的 DNA 甲基化

miRNA 是长度大约为19～24nt 的非编码 RNA，在哺乳动物中，miRNA 可以通过调节 DNA 甲基转移酶来影响 DNA 甲基化。miR-29家族与 *Dnmt3a* 和 *Dnmt3b* 的3′UTR 互补，提示 *Dnmts* 可以作为 miR-29 家族的调控靶点，Fabbri 等[31]发现 miR-29家族（包括 miR-29a、miR-29b 和 miR-29c）的表达下调伴随着非小细胞肺癌中 DNMT3A 和 DNMT3B 的高表达。高度保守的哺乳动物特异性的 miR-290簇是视网膜母细胞瘤样蛋白2（retinoblastoma-like protein 2，Rbl2）的一个重要的转录后调控因子，而 Rbl2本身又是 *Dnmt3a* 和 *Dnmt3b* 的转录抑制子。在缺乏 Dicer 的小鼠细胞中，下调的 miR-290增加了靶基因 *Rbl2* 的表达，进而抑制了 DNMT3A 和 DNMT3B 的表达，间接地影响了端粒长度的稳态[32]。miR-455-3p 在抑制 DNMT3A 表达和抑制 DNA 甲基化中起着类似于5-氮杂胞苷的作用。Sun 等[33]的研究表明，过表达 miR-455-3p 会下调软骨发育相关基因如 *Sox6* 和 *Smad3* 的 DNA 甲基化水平，调节 PI3K-AKT 等信号通路，并促进软骨分化。

4. piRNA 介导的 DNA 甲基化

piRNA（PIWI-interactive RNA）是一类与 PIWI 蛋白结合的长度约为 26～31nt 的 RNA 分子，piRNA 能将 HP1a 蛋白招募到特定的基因组位点，参与染色质的调控[34]。有研究表明，DNA 甲基转移酶包括 DNMT3A、DNMT3B 和 DNMT3L 等在生殖细胞和体细胞的转座子甲基化沉默中发挥重要作用，而 DNMT3L 是生殖细胞甲基化的关键启动因子[35]。piRNA 作为生殖细胞 DNA 甲基化的特异性决定因子，与 PIWI 蛋白形成复合物介导转座子的甲基化。在雄性生殖细胞中，piRNA 通过靶向转座子，在胚胎后期和出生初期进行 DNA 的从头甲基化来沉默转座子。在小鼠睾丸中沉默 *Line-1* 和 *Iap* 转座子需要 MILI 和 MIWI2 两种 PIWI 蛋白，并且 MILI 和 MIWI2 的缺失能够降低转座子甲基化水平[36]。另外，piRNA 与一个长末端重复序列（LTR）相对应，LTR 位于父系印记位点 RAS 蛋白特异性鸟嘌呤核苷酸释放因子 1（*Rasgrf1*）附近，而 piRNA 是 *Rasgrf1* 甲基化所必需因素之一。

26.4　非编码 RNA 与组蛋白修饰

关键概念

- RNA 干扰（RNA interference，RNAi）是一种广泛存在于真核生物中的沉默机制，常常在转录后水平发挥作用，通过指导转录本的切割或翻译抑制来减少基因的表达。
- 哺乳动物非编码 RNA XIST 介导随机选择的 X 染色体失活（X chromosome inactivation，XCI）。

不同种类的 RNA，从小干扰 RNA（small interfering RNA，siRNA）、PIWI 相互作用 RNA（PIWI-interactive RNA，piRNA）到长非编码 RNA（long noncoding RNA，lncRNA），非编码 RNA 已经成为调控基因表达、维持基因组稳定和防御外源因素干扰的关键调节因子。大量研究表明非编码 RNA 在表观遗传修饰中扮演了重要角色，与组蛋白修饰相互作用对基因表达进行调控，决定细胞命运。

26.4.1　非编码 RNA 介导的组蛋白修饰与基因沉默

小 RNA 通过靶位点互补并与其他相关蛋白形成复合物，招募组蛋白修饰酶改变染色质结构进而调控基因表达。

1. siRNA 介导的组蛋白修饰与基因沉默

RNA 干扰是一种广泛存在于真核生物中的沉默机制，常常在转录后水平发挥作用，通过指导转录本的切割或翻译抑制来减少基因的表达。在 *C. elegans* 体细胞中，外源双链 RNA（dsRNA）被 Dicer 加工成小干扰 RNA（siRNA），将其装载到初级 AGO 蛋白 RDE-1 上，RDE-1/siRNA 复合体识别靶点并通过 RNA 依赖性 RNA 聚合酶扩增，从而产生次级 siRNA，即 22G-RNA。次级 siRNA 可与 AGO 蛋白 NRDE-3 相互作用引发体细胞核内的 RNA 干扰效应。加载 siRNA 的 NRDE-3 进入细胞核，与互补的新生转录本结合，招募 NRDE-2 促进组蛋白 H3K9me3 修饰，并招募 HPL-2 抑制 RNA 聚合酶的延伸，引发转录基因沉默[37]（图 26-3）。在 *C. elegans* 生殖细胞中，小 RNA 与另一种 AGO 蛋白 HRDE1 以及 NRDE-2 相互作用，通过 H3K9 甲基化修饰和 HPL-2 协同介导基因的转录沉默。22G-RNA 也通过结合另一种 AGO 蛋白 CSR-1 和 HRDE-1 来传递区分"自我"和"非我"RNA 的生殖细胞记忆，进而实现基因的特异性表达和沉默[38]。基因表达的沉默状态及其相关的染色质修饰可以沿着 DNA 进行传播，并在整个细胞分裂过程中持续存在，形成表观遗传记忆的分子基础，以确保沉默状态的稳定传递[39]。

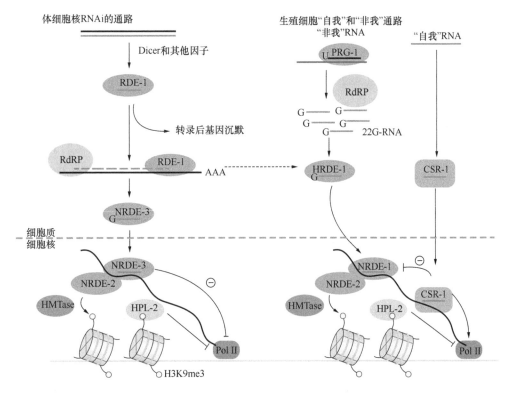

图 26-3　*C. elegans* 中小 RNA 介导的转录基因沉默

2. lncRNA 介导的组蛋白修饰与基因沉默

长非编码 RNA（long noncoding RNA，lncRNA）通常被定义为长度超过 200 个核苷酸的转录本，其不编码蛋白质，由于高通量技术的快速发展，已经发现了大量的 lncRNA。哺乳动物 lncRNA XIST 介导随机选择的 X 染色体失活（X chromosome inactivation，XCI）[40]。XIST 通过多梳抑制复合物 2（PRC2）中的 H3K27 甲基转移酶发挥作用，导致 H3K27 三甲基化并将该种沉默扩散至整条 X 染色体。

长非编码 RNA 和组蛋白修饰酶的调控模块也发生在人类同源框（Hox）基因位点。HOTAIR 是一种 2.2kb 反式活性 lncRNA，其由 HoxC 位点产生，以反式作用方式介导 HoxD 基因的表观遗传沉默。HOTAIR 通过招募 PRC2 和 LSD1 抑制人类 2 号染色体上 40kb 的同源框基因，HOTAIR 的 5′端与指导 H3K27 甲基化的多梳抑制复合物 2（PRC2）相互作用，同时，HOTAIR 的 3′端与 LSD1 结合，促进 H3K4me2 去甲基化[41]。敲除 Hotair 导致其靶向区域 H3K27me 减少、H3K4me 增加，提示 HOTAIR 可同时协调基因组周围靶基因位点的 H3K27 甲基化和 H3K4 去甲基化，从而在 HoxD 位点处去除组蛋白激活标记，积累组蛋白沉默标记[42]。

春化是环境诱导的表观遗传转换，其中冬季寒冷触发花卉抑制因子的表观遗传沉默，从而提供春季开花的能力。在拟南芥中，COLDAIR lncRNA（cold assisted intronic noncoding RNA）可以靶向开花基因抑制子，引发染色质介导的表观遗传沉默机制。COLDAIR lncRNA 为冷辅助内源性非编码 RNA，可以与多梳抑制复合物 2（PRC2）直接相互作用，PRC2 通过其核心成分组蛋白甲基转移酶[E（z）]（enhancer of Zeste）介导 H3K27me3 形成，通过春化作用建立 Flc（flowering locus C）的稳定沉默[43]。

3. piRNA 介导的组蛋白修饰与基因沉默

piRNA 首先在小鼠和黑腹果蝇中被发现，并在这些生物的生殖细胞中沉默转座子。在 D. melanogaster 中，核蛋白 PIWI 除了介导转座子转录后水平基因调控外，还在转录水平上靶向转座子[44]。在含有 piRNA 的卵巢细胞中，基因组中的大多数异染色质 H3K9 甲基化与转座子插入位点相对应，并且是 PIWI 依赖性的[45]。此外，PIWI 招募位点可诱导 H3K9 甲基化、HP1a 积累并降低 RNA 的转录，表明 piRNA 可能直接介导异染色质形成。

piRNA 在重复序列如转座子中高度富集。在 D. melanogaster 的卵巢中，甲基化的 H3K9 招募 HP1 家族蛋白 Rhino，该蛋白与 Cutoff 蛋白一起，促进 piRNA 的前体的有效加工[46]。因此，D. melanogaster piRNA 通路会呈现出一个正反馈循环，其中 piRNA 介导组蛋白甲基化提供异染色质环境，而这种染色质环境是 piRNA 正确表达及其加工成 piRNA 所必需的。研究表明，piRNA 可以通过碱基配对或错配，在组蛋白甲基转移酶的催化下介导 H3K9me3 的形成，沉默"非自身"的转座子靶 RNA 的转录。

26.4.2 非编码 RNA 介导的组蛋白修饰与基因的正向调控

并非所有的非编码 RNA 均发挥基因抑制的作用，有研究者发现小 RNA 也可以正向调控基因的表达，并依赖于 AGO2 蛋白以及小 RNA 靶位点处 H3K9 甲基化的缺失[47]。

1. siRNA 介导的组蛋白修饰与基因的正向调控

小 RNA 介导的基因正向调控可能通过降解其天然反义转录本（NAT）来实现[48]。首先，NAT 必须在其调控的基因上表达；其次，NAT 必须对其同源的正义 RNA 的表达有抑制作用[49]。因此，能够特异性下调反义 RNA 的小 RNA 将实现正义转录本的正向调控。有研究表明，Pten 抑癌基因可以通过这种去抑制机制实现正向调控。Pten 假基因的反义 RNA 的转录被发现在表观遗传学上沉默 Pten 的表达[50]，并与 DNMT3A 和 EZH2 相互作用，通过催化组蛋白 H3K27 甲基化来调节转录水平[50]。当通过 siRNA 敲低该反义转录本时，Pten 启动子处的 H3K27me3 水平降低，同时 Pten 的转录显著上调。类似地，siRNA 诱导的小鼠脑源性神经营养因子（BDNF）反义转录本的降解导致了 BDNF mRNA 和蛋白质水平的增加，主要是通过启动子相关的 H3K27me3 和 EZH2 的水平降低来实现[49]。

2. miRNA 介导的组蛋白修饰与基因的正向调控

一般认为，miRNA 通过靶向 3′非翻译区（UTR）的同源位点，抑制翻译和（或）降解 mRNA，也有研究报道 miRNA 可以靶向 5′-UTR[51]、编码区[52]、启动子[53, 54]或基因末端的序列[54]来沉默基因表达。还有研究发现 miRNA 可以正向调控基因表达，拓宽了 miRNA 介导基因调控的复杂性。例如，miR-122 可以通过在丙型肝炎病毒（HCV）基因组中靶向 5′-UTR 来增强 HCV 基因的复制[55]。在血清饥饿的条件下，miR-369-3 能够在 3′-UTR 通过靶向 AU 富集元件促进肿瘤坏死因子 α 的 mRNA 翻译[56]。miR-10a 能够通过与核糖体蛋白 mRNA 的 5′-UTR 互作进一步增强翻译的效率[57]。

RNA 的正向调控也可能伴随着靶基因启动子区域组蛋白修饰的改变。有研究发现，miRNA 可以改变组蛋白甲基化和其他相关蛋白来诱导 Cyclin b1 基因的表达。小鼠 Cyclin b1 的表达依赖于 miRNA 及其功能相关的关键因子如 Dicer、Drosha、AGO1 和 AGO2 等。在小鼠细胞系中，miR-744、miR-1186 和 miR-466d-3p 能够诱导 Cyclin b1 的表达，而敲低 miR-744 会导致 Cyclin B1 水平降低。miRNA 可以促进 Pr 和 Cyclin b1 启动子区域 H3K4me3 水平的增加，染色质免疫共沉淀分析显示 AGO1 选择性地与 Cyclin b1 启动子相关联，miR-744 通过促进 RNA 聚合酶 II（RNAP II）和 H3K4me3 在 Cyclin b1 的转录起始位点富集，增强了 cyclin B1 的表达。此外，miRNA 还能通过靶向增强子正向调控基因的表达（参见第 20 章）。

3. lncRNA 介导的组蛋白修饰与基因正向调控

长非编码 RNA 多与基因沉默有关[58]，但也有部分 lincRNA 发挥基因的正向调控作用[59]。HOTTIP，作为一种从 Hoxa 基因座 5′端转录的长非编码 RNA，参与多个 5′Hoxa 基因的正向调控。在哺乳动物中，含有 SET 结构域的 MLL 家族成员可与 WDR5、ASH2、RBBP5 的核心复合物以及其他蛋白质相互作用实现基因的表达调控。HOTTIP RNA 可与 WDR5-MLL 复合物结合并靶向 5′Hoxa 基因座，通过组蛋白 H3K4me3 实现转录的正向调控。HOTTIP 和 WDR5 之间的相互依赖关系创建了一个正反馈回路，该回路使基因座处于开放的状态。

Myd88 作为一种致癌基因，在各种类型的实体瘤中呈高表达，可促进人类肝细胞癌（hepatocellular carcinoma，HCC）的生长和转移。在肝细胞癌中，Myd88 的上游存在一种新的非编码 RNA 即 lncRNA-Myd88，其与 Myd88 存在正调控关系[60]。lncRNA-Myd88 通过增加 Myd88 基因启动子中 H3K27ac 的富集来增强 Myd88 的表达，然后激活 NF-κB 和 PI3K / AKT 信号通路，在体内和体外促进 HCC 的增殖及转移。NeST lncRNA 是在小鼠和人中都与 γ 干扰素（IFN-γ）编码基因相邻的 lncRNA，NeST lncRNA 已被证明可以在体内激活 γ 干扰素（IFNG）基因转录，NeST 可以结合 WDR5 增加 IFN-γ 位点 H3K4me3 水平，进而上调 IFN-γ 的表达。

26.5 DNA 甲基化、组蛋白修饰及非编码 RNA 三者之间的悖论和挑战

关键概念

- 非编码 RNA 与基因的激活和抑制或许就如同一枚硬币的正反面，共同主导着生物的精细调控。
- 表观遗传作为基础的基因表达调控机器决定着细胞的命运，在细胞身份的建立和丢失过程中扮演着至关重要的作用。

在过去的十多年中，世界各地的研究人员已经揭示了关于表观基因组的大量信息，但许多问题仍然没有得到有效解答。表观遗传学存在的三种主要调控方式——DNA 甲基化、组蛋白修饰以及非编码 RNA，并不是以孤立的单线形式发挥作用，而是相互调节，彼此影响。目前，关于 DNA 甲基化、组蛋白修饰以及非编码 RNA 之间的相互关系已有相关实验例证，但对于 DNA 甲基化与组蛋白修饰的先后问题、调控起始等问题仍存在悖论，随着研究的深入，一些传统观点受到挑战，一些经典模型需要进一步扩展和补充。

26.5.1 DNA 甲基化的起始调控问题

近 40 年前，Riggs、Holliday 和 Pughd[61, 62]提出了一个令人信服的模型，解释了 DNA 甲基化遗传的分子机制。Watson-Crick 的分子模型认为编码在两条 DNA 链中的互补信息是生物遗传的基础，而经典的"维持甲基化模型"则是对 Watson-Crick 原理的扩展。DNA 在复制过程中产生半甲基化的 DNA 并通过 DNMT1 维持 DNA 甲基化，而 DNMT3A 和 DNMT3B 则在 DNA 的从头甲基化中发挥作用。DNA 甲基化可以通过主动或被动方式去甲基化而丢失，也可重新引入，以此传递表观遗传信息。在过去的十多年中，众多实验证据表明，位点特异性的维持甲基化模型需要进一步修改和扩展，DNA 甲基化模式的随机性、DNMT1 缺乏足够的特异性、*Dnmt* 敲除细胞中观察到的特异性 DNA 甲基化的变化、非 CpG 甲基化的发生等都需要进一步扩展经典的位点特异性维持甲基化的模型[63]。

经典的 CpG 位点特异性 DNA 甲基化维持模型并不能解释所有实验结果。Albert 和 Renata 提出了一个 DNA 甲基化的"统一随机模型"，认为 DNA 甲基化由表观遗传网络指导，其中 DNA 甲基化修饰、组蛋白修饰和其他表观遗传标记相互影响并协同作用，每个位点的 DNA 甲基化是由甲基化和去甲基化的局部速率来决定的。这些局部速率由 DNA 甲基转移酶、去甲基化酶以及其他染色质标记的相互作用共同调控，从而使 DNA 甲基化的调节受到表观遗传修饰网络的控制。以 DNA 甲基转移酶为例，靶位点序列、DNA 甲基化状态、与 DNMT 结合的其他蛋白、RNA 分子和 DNMT 本身的蛋白翻译后修饰都能通过诱导 DNMT 的构象变化来调节 DNMT 的催化活性。此外，染色质重塑为目标区域酶促甲基化的发生提供可及性，转录因子或其他 DNA 甲基化结合蛋白和特定的组蛋白修饰可以介导 DNMT 靶向特定的 DNA 区域。在特定的 CpG 位点募集和阻断 DNMT，也可以改变特定位点的甲基化模式。

随机甲基化模型以统一的方法解释了 DNA 从头甲基化和维持甲基化，以及人类细胞和其他有机体中的非 CpG 甲基化的形成。单个的甲基化事件并不能稳定遗传，只有更大区域的 DNA 甲基化状态才能稳定遗传。随机甲基化模型可用于解释肿瘤细胞的整体低甲基化，并可以解释基因组甲基化水平对 DNA 甲基转移酶抑制剂应用的位点特异性反应[63]。

26.5.2　组蛋白修饰的起始调控问题

细胞在分裂过程中，需要维持遗传和表观遗传信息的完整性。DNA 甲基化修饰从模板中复制，通过半保留机制得以维持。组蛋白及其修饰需要在复制叉通过后聚集到 DNA 上重新组装为子代核小体。组蛋白修饰如何在亲代和子代间遗传？有研究提出了细胞分裂时亲代组蛋白分布及后续组蛋白修饰起始的三种可能性。在每种情况下，亲代组蛋白标记都被染色质结合蛋白（或阅读蛋白）识别，进而招募染色质修饰因子（或书写蛋白）。①组蛋白随机分布。带有标记的亲本组蛋白 H3 和 H4 被随机分布到子链上，并通过聚集新的 H3-H4 二聚体来恢复染色质密度，这种机制可能在重复区域中起作用。②半保留的组蛋白分布。带有标记的亲本二聚体均匀的分布在每个子链上，新的 H3-H4 二聚体聚集形成核小体。"半修饰"的核小体提供了一个模板，指导对新聚集的 H3-H4 组蛋白二聚体进行适当的选择修饰。③不对称的组蛋白分布。由于 DNA 复制期间引入的固有的链偏向，带有标记的亲本 H3-H4 二聚体以不对称分布的方式重新分布在子链上，并导致一种染色质状态转换为另一种染色质状态。为了忠实地将信息从亲本复制到新的核小体，链间的互作是必需的，以此维持组蛋白修饰的状态[64]。

26.5.3　DNA 甲基化与组蛋白修饰的先后问题

在动物细胞中，DNA 甲基化和组蛋白修饰对染色质结构与基因功能产生重要影响。在胚胎细胞分化过程中，先发生的组蛋白修饰可以指导并影响随后发生的 DNA 的甲基化模式并调节基因的表达。在胚胎细胞的未分化阶段，一些多能性基因如 *Oct3/4* 和 *Nanog* 在未甲基化的 CpG 岛富集组蛋白 H3 和 H4 的乙酰化和组蛋白 H3K4 的甲基化修饰。当胚胎细胞开始分化后，在含有 SET 域的组蛋白甲基转移酶 G9a 和组蛋白去乙酰化酶 HDAC 的作用下，组蛋白发生去乙酰化，伴随 H3K4 的去甲基化；随后 G9a 催化 H3K9 甲基化，提供异染色质蛋白 1（HP1）的结合位点，进而在局部形成异染色质；最后含有 G9a 的复合物招募 DNMT3A 和 DNMT3B，催化一些维持胚胎多能性的基因如 *Oct3/4* 启动子区域的 DNA 从头甲基化并定向抑制基因的表达[65, 66]。这些由 G9a 复合物介导的步骤，在胚胎植入子宫后的基因失活中发挥重要作用[67]。

26.5.4　DNA 甲基化与组蛋白修饰的互斥问题

DNA 甲基化和组蛋白修饰通路相互影响，在发育、体细胞重编程和肿瘤发生过程中具有重要意义。染色质上的 DNA 甲基化与组蛋白修饰有时存在着互斥关系。在开放性染色质中，未甲基化的 DNA 与含有乙酰化修饰的组蛋白被组装在核小体中；而特定 DNA 序列上的甲基化常与核小体内含有未发生乙酰化的组蛋白组装并形成更紧密的染色质状态。

DNA 甲基化与组蛋白修饰之间也存在很强的负相关性。H3K4me 标记的存在可以阻止胚胎中 CpG 岛的从头甲基化[68]。在胚胎植入前，基因组中的大多数 CpG 位点未被甲基化，而 RNA 聚合酶 II 可以识别并结合早期胚胎的 CpG 岛并招募 H3K4 甲基转移酶，这些区域被 H3K4me3 标记，而基因组的其余部分则被包含未甲基化 H3K4 的核小体包裹。在胚胎植入后，DNMT3A、DNMT3B 和 DNMT3L 复合物催化 CpG 位点的 DNA 从头甲基化，在这个过程中，DNMT3L 通过结合组蛋白 H3 上未甲基化的赖氨酸残基招募 DNMT3 复合物促进 DNA 甲基化。而 DNMT3L 与核小体之间的接触受到 H3K4 上各种甲基化修饰的抑制，无法募集 DNMT 复合物，从而保护 CpG 岛不被从头甲基化[69]。

26.5.5 非编码 RNA 与基因激活或抑制的主导问题

在过去的十多年中，高通量转录组测序揭示了哺乳动物的大部分基因能够被转录[70]，且产生的 RNA 分子多种多样，它们可以在正义链或反义链上，也可以产生在基因的启动子、增强子、外显子和内含子中，常常受到时间和（或）空间上的调节。由于转录组中编码蛋白质的 RNA 只占很小一部分，因此目前对大量非编码 RNA 是否发挥作用以及如何发挥生物学功能还存在不少争议[70,71]。一些非编码 RNA，如 siRNA、miRNA、lncRNA 以顺式或反式作用介导特定基因组位点的表观遗传修饰并沉默基因的表达[72,73]。非编码 RNA 介导的基因沉默通路已被广泛研究，相比之下，其在激活基因表达中的作用仍不清楚。少数研究认为一些非编码 RNA 介导基因激活是基因沉默通路的间接影响[74]，然而非编码 RNA 确实可以通过多种机制直接上调基因的表达[75]，激活机制的研究或许能够解决很多传统基因抑制理论所无法解释的问题，一些非编码 RNA（如 NamiRNA）可能在基因激活中发挥重要功能。非编码 RNA 与基因的激活和抑制就如同一枚硬币的正反面，共同主导着生物功能的调控。

26.5.6 DNA 甲基化、组蛋白修饰以及非编码 RNA 的稳定性与细胞命运决定

表观遗传学被广泛认为是不需要改变 DNA 序列的基因表达调控。那么，一种调控机制究竟要有多么稳定和可遗传，才能被定义为"表观遗传"？除保留在生物世代间的标记外，表观遗传是否包括细胞在分裂期间的标记以及其他类别自我永续标记的传递[76]？表观遗传修饰参与了重编程、基因印记、X 染色体失活、异染色质的形成等过程，通过有丝分裂或减数分裂实现表观遗传信息的稳定传递。DNA 甲基化作为经典的表观遗传标记，在植物和哺乳动物中已经被证明能够稳定地传递给后代[77]。在受精和胚胎着床的过程中，会发生 DNA 的去甲基化和随后的再甲基化[78]，DNA 甲基转移酶通过与半甲基化的 DNA 结合，在 S 期后通过有丝分裂来实现 CpG 的甲基化[79]。组蛋白修饰的传递涉及多梳蛋白，可能遵循"半保留"或随机模式，并可能依赖"阅读器"分子去识别并将亲代甲基化修饰传递到新合成的组蛋白上[80]。而非编码 RNA 在表观遗传中的作用似乎是在细胞周期的适当时刻或在生物体的整个发育和生命周期中招募并指导这些过程。总之，DNA 甲基化、组蛋白修饰以及非编码 RNA 均参与调控基因的表达并调节细胞的发育和分化，参与癌症和退行性疾病的发生。

表观遗传作为重要的基因表达调控机制，在细胞身份的建立和丢失过程中起着至关重要的作用，决定着细胞的命运。我们通过比较正常肝细胞和肝癌细胞中的甲基化差异发现[81]：与正常肝细胞相比，肝癌细胞中以 TSS 为中心的启动子区域 DNA 低甲基化范围在大多数情况下总是显示出更广阔的"V"字形模式（wider opening），并将其定义为甲基化边界漂移（methylation boundary shift，MBS）。这种甲基化漂移现象与组蛋白修饰密切相关：在肝癌细胞 97L 中，MBS 与 H3K4me3 高度重叠、与 H3K36me3 的富集互斥、也与作为活性增强子标签的 H3K27ac 高度重叠。增强子是调控组织特异性基因表达十分关键的顺式调控元件，在维持细胞和组织特异性方面发挥重要作用。而肿瘤细胞中 MBS 的显著变化引起了增强子活性的选择性丢失或重新获得，导致细胞和组织特异性基因的表达发生变化，改变细胞命运。通过分析肝癌细胞 97L 和肝癌特异性转移到肺的 LM3 细胞的 DNA 甲基化模式及基因表达情况，发现肝细胞特异性的基因表达显著降低，而肺细胞特异性的基因表达上调，因此肝细胞身份的丢失和肺细胞身份的获得可能是肝癌发生肺转移的重要原因（此为"同化共生"肿瘤转移假说的主要内容）。此外，非编码 RNA 在调控组织特异性基因表达的过程中也发挥重要作用。在细胞核内激活基因转录的 NamiRNA 可以作为增强子的触发器促进基因的表达或细胞特异性基因的转录[82]。miR-34a-5p 与造血祖细胞（HPC）的命运决定相关，它能促进造血祖细胞分化为巨核细胞谱系并产生巨噬细胞[83]。miR-218 则通过靶向 Islet-1-LIM

同源框 3（Isl1-Lhx3）复合物，有效地诱导运动神经元并且抑制神经元间的发育程序来调控运动神经元的身份[84]。所以，正常细胞在外界环境影响下，可以通过表观遗传调控丢失或获得组织特异性的基因，进而获得生长优势和致癌特性，彻底改变了细胞的命运。

参 考 文 献

[1] Fraga, M. F. *et al.* Loss of acetylation at Lys16 and trimethylation at Lys20 of histone H4 is a common hallmark of human cancer. *Nat Genet* 37, 391-400(2005).

[2] Vaquero, A. *et al.* NAD$^+$-dependent deacetylation of H4 lysine 16 by class III HDACs. *Oncogene* 26, 5505-5520(2007).

[3] Espada, J. *et al.* Epigenetic disruption of ribosomal RNA genes and nucleolar architecture in DNA methyltransferase 1 (Dnmt1)deficient cells. *Nucleic Acids Res* 35, 2191-2198(2007).

[4] Noonan, E. J. *et al.* miR-449a targets HDAC-1 and induces growth arrest in prostate cancer. *Oncogene* 28, 1714-1724(2009).

[5] Baubec, T. *et al.* Methylation-dependent and -independent genomic targeting principles of the MBD protein family. *Cell* 153, 480-492(2013).

[6] Lyst, M. J. *et al.* Rett syndrome mutations abolish the interaction of MeCP2 with the NCoR/SMRT co-repressor. *Nat Neurosci* 16, 898-902(2013).

[7] Lee, H. A. *et al.* Tissue-specific upregulation of angiotensin-converting enzyme 1 in spontaneously hypertensive rats through histone code modifications. *Hypertension* 59, 621-626(2012).

[8] Wise, I. A. *et al.* Epigenetic Modifications in Essential Hypertension. *Int J Mol Sci* 17, 451(2016).

[9] Hashimshony, T. *et al.* The role of DNA methylation in setting up chromatin structure during development. *Nat Genet* 34, 187-192(2003).

[10] Tamaru, H. *et al.* A histone H3 methyltransferase controls DNA methylation in *Neurospora crassa*. *Nature* 414, 277-283(2001).

[11] Tamaru, H. *et al.* Synthesis of signals for *de novo* DNA methylation in *Neurospora crassa*. *Mol Cell Biol* 23, 2379-2394(2003).

[12] Lehnertz, B. *et al.* Suv39h-mediated histone H3 lysine 9 methylation directs DNA methylation to major satellite repeats at pericentric heterochromatin. *Curr Biol* 13, 1192-1200(2003).

[13] Jackson, J. P. *et al.* Dimethylation of histone H3 lysine 9 is a critical mark for DNA methylation and gene silencing in *Arabidopsis thaliana*. *Chromosoma* 112, 308-315(2004).

[14] Zhang, C. *et al. Arabidopsis* AGDP1 links H3K9me2 to DNA methylation in heterochromatin. *Nat Commun* 9, 4547(2018).

[15] Estève, P. O. *et al.* Regulation of DNMT1 stability through SET7-mediated lysine methylation in mammalian cells. *Proc Natl Acad Sci U S A* 106, 5076-5081(2009).

[16] Wang, J. *et al.* The lysine demethylase LSD1 (KDM1) is required for maintenance of global DNA methylation. *Nat Genet* 41, 125-129(2009).

[17] Ooi, S. K. *et al.* DNMT3L connects unmethylated lysine 4 of histone H3 to *de novo* methylation of DNA. *Nature* 448, 714-717(2007).

[18] Cui, I. *et al.* Antisense RNAs and epigenetic regulation. *Epigenomics* 2, 139-150(2010).

[19] Imamura, T. *et al.* Non-coding RNA directed DNA demethylation of Sphk1 CpG island. *Biochemical and Biophysical Research Communications* 322, 593-600(2004).

[20] Werner, A. *et al.* Natural antisense transcripts: sound or silence? *Physiological Genomics* 23, 125-131(2005).

[21] Wutz, A. *et al.* Imprinted expression of the Igf2r gene depends on an intronic CpG island. *Nature* 389, 745-749(1997).

[22] Lee, J. T. *et al.* Targeted mutagenesis of Tsix leads to nonrandom X inactivation. *Cell* 99, 47-57(1999).

[23] Tufarelli, C. *et al.* Transcription of antisense RNA leading to gene silencing and methylation as a novel cause of human

genetic disease. *Nat Genet* 34, 157-165(2003).

[24] Esteller, M. Epigenetics in cancer. *The New England Journal of Medicine* 358, 1148-1159(2008).

[25] Yu, W. *et al.* Epigenetic silencing of tumour suppressor gene p15 by its antisense RNA. *Nature* 451, 202-206(2008).

[26] Canzio, D. *et al.* Antisense lncRNA transcription mediates DNA demethylation to drive stochastic protocadherin α promoter choice. *Cell* 177, 639-653.e615(2019).

[27] Ream, T. S. *et al.* Subunit compositions of the RNA-silencing enzymes Pol IV and Pol V reveal their origins as specialized forms of RNA polymerase II. *Molecular Cell* 33, 192-203(2009).

[28] Wassenegger, M. *et al.* RNA-directed *de novo* methylation of genomic sequences in plants. *Cell* 76, 567-576(1994).

[29] Zhong, X. *et al.* Molecular mechanism of action of plant DRM *de novo* DNA methyltransferases. *Cell* 157, 1050-1060(2014).

[30] Cuerda-Gil, D. *et al.* Non-canonical RNA-directed DNA methylation. *Nat Plants* 2, 16163-16163(2016).

[31] Fabbri, M. *et al.* MicroRNA-29 family reverts aberrant methylation in lung cancer by targeting DNA methyltransferases 3A and 3B. *Proc Natl Acad Sci U S A* 104, 15805-15810(2007).

[32] Benetti, R. *et al.* A mammalian microRNA cluster controls DNA methylation and telomere recombination via Rbl2-dependent regulation of DNA methyltransferases. *Nature Structural & Molecular Biology* 15, 268-279(2008).

[33] Sun, H. *et al.* MiR-455-3p inhibits the degenerate process of chondrogenic differentiation through modification of DNA methylation. *Cell Death Dis* 9, 537-537(2018).

[34] Huang, X. A. *et al.* A major epigenetic programming mechanism guided by piRNAs. *Developmental Cell* 24, 502-516(2013).

[35] Bourc'his, D. *et al.* Meiotic catastrophe and retrotransposon reactivation in male germ cells lacking Dnmt3L. *Nature* 431, 96-99(2004).

[36] Kuramochi-Miyagawa, S. *et al.* DNA methylation of retrotransposon genes is regulated by Piwi family members MILI and MIWI2 in murine fetal testes. *Genes & Development* 22, 908-917. (2008).

[37] Holoch, D. *et al.* RNA-mediated epigenetic regulation of gene expression. *Nat Rev Genet* 16, 71-84. (2015).

[38] Richards, E. J. *et al.* Epigenetic codes for heterochromatin formation and silencing: rounding up the usual suspects. *Cell* 108, 489-500(2002).

[39] Ferrari, F. *et al.* Transcriptional control of a whole chromosome: emerging models for dosage compensation. *Nature Structural & Molecular Biology* 21, 118-125(2014).

[40] Tsai, M. C. *et al.* Long noncoding RNA as modular scaffold of histone modification complexes. *Science (New York, N.Y.)* 329, 689-693(2010).

[41] Mak, W. *et al.* Mitotically stable association of polycomb group proteins eed and enx1 with the inactive x chromosome in trophoblast stem cells. *Curr Biol* 12, 1016-1020(2002).

[42] Kim, D. H. *et al.* Vernalization-triggered intragenic chromatin loop formation by long noncoding RNAs. *Developmental cell* 40, 302-312.e304(2017).

[43] Le Thomas, A. *et al.* Piwi induces piRNA-guided transcriptional silencing and establishment of a repressive chromatin state. *Genes & Development* 27, 390-399(2013).

[44] Sienski, G. *et al.* Transcriptional silencing of transposons by Piwi and maelstrom and its impact on chromatin state and gene expression. *Cell* 151, 964-980(2012).

[45] Le Thomas, A. *et al.* Transgenerationally inherited piRNAs trigger piRNA biogenesis by changing the chromatin of piRNA clusters and inducing precursor processing. *Genes & development* 28, 1667-1680. (2014).

[46] Li, L. C. *et al.* Small dsRNAs induce transcriptional activation in human cells. *Proc Natl Acad Sci U S A* 103, 17337-17342 (2006).

[47] Wahlestedt, C. Natural antisense and noncoding RNA transcripts as potential drug targets. *Drug Discovery Today* 11, 503-508(2006).

[48] Modarresi, F. *et al.* Inhibition of natural antisense transcripts *in vivo* results in gene-specific transcriptional upregulation. *Nature Biotechnology* 30, 453-459(2012).

[49] Johnsson, P. *et al.* A pseudogene long-noncoding-RNA network regulates PTEN transcription and translation in human cells. *Nature Structural & Molecular Biology* 20, 440-446(2013).

[50] Lytle, J. R. *et al.* Target mRNAs are repressed as efficiently by microRNA-binding sites in the 5′ UTR as in the 3′ UTR. *Proc Natl Acad Sci U S A* 104, 9667-9672(2007).

[51] Tay, Y. *et al.* MicroRNAs to Nanog, Oct4 and Sox2 coding regions modulate embryonic stem cell differentiation. *Nature* 455, 1124-1128(2008).

[52] Kim, D. H. *et al.* MicroRNA-directed transcriptional gene silencing in mammalian cells. *Proc Natl Acad Sci U S A* 105, 16230-16235(2008).

[53] Younger, S. T. *et al.* Transcriptional gene silencing in mammalian cells by miRNA mimics that target gene promoters. *Nucleic Acids Res* 39, 5682-5691(2011).

[54] Roberts, A. P. *et al.* miR-122 activates hepatitis C virus translation by a specialized mechanism requiring particular RNA components. *Nucleic Acids Res* 39, 7716-7729(2011).

[55] Vasudevan, S. *et al.* AU-rich-element-mediated upregulation of translation by FXR1 and Argonaute 2. *Cell* 128, 1105-1118(2007).

[56] Orom, U. A. *et al.* MicroRNA-10a binds the 5′UTR of ribosomal protein mRNAs and enhances their translation. *Molecular Cell* 30, 460-471(2008).

[57] Mercer, T. R. *et al.* Long non-coding RNAs: insights into functions. *Nat Rev Genet* 10, 155-159(2009).

[58] Dinger, M. E. *et al.* Long noncoding RNAs in mouse embryonic stem cell pluripotency and differentiation. *Genome Research* 18, 1433-1445(2008).

[59] Xu, X. *et al.* Long non-coding RNA Myd88 promotes growth and metastasis in hepatocellular carcinoma via regulating Myd88 expression through H3K27 modification. *Cell Death Dis* 8, e3124-e3124(2017).

[60] Riggs, A. D. X inactivation, differentiation, and DNA methylation. *Cytogenetics and Cell Genetics* 14, 9-25(1975).

[61] Holliday, R. *et al.* DNA modification mechanisms and gene activity during development. *Science (New York, N.Y.)* 187, 226-232(1975).

[62] Jeltsch, A. *et al.* New concepts in DNA methylation. *Trends in Biochemical Sciences* 39, 310-318(2014).

[63] Leffak, I. M. *et al.* Conservative assembly and segregation of nucleosomal histones. *Cell* 12, 837-845(1977).

[64] Sylvester, I. *et al.* Regulation of the Oct-4 gene by nuclear receptors. *Nucleic Acids Res* 22, 901-911(1994).

[65] Feldman, N. *et al.* G9a-mediated irreversible epigenetic inactivation of Oct-3/4 during early embryogenesis. *Nat Cell Biol* 8, 188-194(2006).

[66] Epsztejn-Litman, S. *et al.* De novo DNA methylation promoted by G9a prevents reprogramming of embryonically silenced genes. *Nature Structural & Molecular Biology* 15, 1176-1183(2008).

[67] Cedar, H. *et al.* Linking DNA methylation and histone modification: patterns and paradigms. *Nat Rev Genet* 10, 295-304(2009).

[68] Ooi, S. K. T. *et al.* DNMT3L connects unmethylated lysine 4 of histone H3 to *de novo* methylation of DNA. *Nature* 448, 714-717(2007).

[69] Mattick, J. S. *et al.* A global view of genomic information--moving beyond the gene and the master regulator. *Trends in Genetics : TIG* 26, 21-28(2010).

[70] Ebisuya, M. *et al.* Ripples from neighbouring transcription. *Nat Cell Biol* 10, 1106-1113(2008).

[71] Rinn, J. L. *et al.* Genome regulation by long noncoding RNAs. *Annual Review of Biochemistry* 81, 145-166(2012).

[72] Wang, K. C. *et al.* Molecular mechanisms of long noncoding RNAs. *Molecular Cell* 43, 904-914(2011).

[73] Morris, K. V. *et al.* Bidirectional transcription directs both transcriptional gene activation and suppression in human cells. *PLoS Genetics* 4, e1000258(2008).

[74] Jiao, A. L. *et al.* RNA-mediated gene activation. *Epigenetics* 9, 27-36(2014).

[75] Ptashne, M. Epigenetics: core misconcept. *Proc Natl Acad Sci U S A* 110, 7101-7103(2013).

[76] Weaver, I. C. *et al.* Epigenetic programming by maternal behavior. *Nat Neurosci* 7, 847-854(2004).

[77] Silva, A. J. *et al.* Inheritance of allelic blueprints for methylation patterns. *Cell* 54, 145-152(1988).

[78] Blomen, V. A. *et al.* Stable transmission of reversible modifications: maintenance of epigenetic information through the cell cycle. *Cellular and Molecular Life Sciences : CMLS* 68, 27-44(2011).

[79] Probst, A. V. *et al.* Epigenetic inheritance during the cell cycle. *Nature Reviews. Molecular Cell Biology* 10, 192-206(2009).

[80] Li, J. *et al.* Guide positioning sequencing identifies aberrant DNA methylation patterns that alter cell identity and tumor-immune surveillance networks. *Genome research* 29, 270-280(2019).

[81] Liang, Y. *et al.* An epigenetic perspective on tumorigenesis: Loss of cell identity, enhancer switching, and NamiRNA network. *Semin Cancer Biol*, S1044-1579X(1018)30108-30101(2018).

[82] Bianchi, E. *et al.* Role of miR-34a-5p in Hematopoietic Progenitor Cells Proliferation and Fate Decision: Novel Insights into the Pathogenesis of Primary Myelofibrosis. *International Journal of Molecular Sciences* 18, 145(2017).

[83] Thiebes, K. P. *et al.* miR-218 is essential to establish motor neuron fate as a downstream effector of Isl1-Lhx3. *Nature Communications* 6, 7718-7718(2015).

于文强 博士，复旦大学生物医学研究院高级项目负责人，复旦大学特聘研究员，教育部"长江学者"特聘教授，"973 计划"首席科学家。2001 年获第四军医大学博士学位，2001～2007 年在瑞典乌普萨拉大学（Uppsala University）和美国约翰斯·霍普金斯大学（Johns Hopkins University）做博士后，2007 年为美国哥伦比亚大学教员（faculty）和副研究员（associate research scientist）。在国外期间主要从事基因的表达调控和非编码 RNA 与 DNA 甲基化相互关系研究。回国后，专注于全基因组 DNA 甲基化检测在临床重要疾病发生中的作用以及核内 miRNA 激活功能研究。开发了具有独立知识产权高分辨率全基因组 DNA 甲基化检测方法 GPS（guide positioning sequencing）和分析软件，已获国内和国际授权专利，GPS 可实现甲基化精准检测和胞嘧啶高覆盖率（96%），解决了 WGBS 甲基化检测悬而未决的技术难题，提出了 DNA 甲基化调控基因表达新模式；发现肿瘤的共有标志物，命名为全癌标志物（universal cancer only marker，UCOM），在超过 25 种人体肿瘤中得到验证并应用于肿瘤的早期诊断和复发监测，为肿瘤共有机制的研究奠定了基础；发现 miRNA 在细胞核和胞浆中的作用机制截然不同，将这种细胞核内具有激活作用的 miRNA 命名为 NamiRNA（nuclear activating miRNA），并发现 NamiRNA 能够在局部和全基因组水平改变靶位点染色质状态，发挥其独特的转录激活作用，提出了 NamiRNA-增强子-基因激活全新机制；发现 RNA 病毒包括新冠病毒等存在与人体基因组共有的序列，命名为人也序列（human identical sequence，HIS），是病原微生物与宿主相互作用的重要元件，也是其致病的重要物质基础，为病毒性疾病的防治提供全新策略。已在 *Nature*、*Nature Genetics*、*JAMA* 等期刊发表学术论文 40 余篇，获得国内国际授权专利 7 项。

第 27 章　表观遗传学与基因可变剪接

倪　挺

复旦大学

本章概要

　　可变剪接是指前体 mRNA 通过不同的剪接位点的组合，产生众多不同 mRNA 异构体的过程。可变剪接通常分为外显子跳跃、5′供体位点可变剪接、3′受体位点可变剪接、互斥剪接和内含子保留。其中，外显子跳跃是动物中出现得最多的一种可变剪接形式。可变剪接由剪接体执行，剪接体是指由核小 RNA（snRNA）和众多蛋白质组成的行使内含子切除并将相应外显子连接的复合物。可变剪接过程主要受到三大因素的调控，分别为顺式作用元件（核酸序列）、反式作用因子（剪接因子）和表观遗传修饰（主要是 DNA 甲基化和组蛋白修饰）。其中，调控可变剪接的顺式作用元件包括外显子剪接增强子、外显子剪接沉默子、内含子剪接增强子和内含子剪接沉默子。反式作用因子可以分为两大类：一类是超大的剪接复合体上的蛋白质亚基；另一类是识别外显子/内含子上剪接增强子/沉默子的核不均一性核糖核蛋白家族（hnRNP）和富含丝氨酸/精氨酸（S/R）重复序列的蛋白家族（SR 蛋白）等。而表观遗传标记中又分为组蛋白修饰和 DNA 甲基化。其中，组蛋白修饰调控可变剪接分为两种机制，即识别子介导的机制和 RNA 聚合酶 II（Pol II）介导的机制。识别子介导的机制的核心是特定组蛋白修饰可招募其特异性识别子，识别子作为衔接蛋白进而招募剪接因子，从而在特定位置影响可变剪接。核小体密度及各类组蛋白修饰都会通过影响组蛋白-DNA 间相互作用，从而对 Pol II 的延伸速度造成影响，并进一步通过 Pol II 介导的机制调控可变剪接。而 DNA 甲基化则可以通过 CTCF、MeCP2、HP1 介导的机制调控可变剪接。经典的观点认为可变剪接由顺式作用元件和反式作用因子单独或共同作用来调控。由于共转录的剪接发生在还没有完全离开染色质的 RNA 上，因此猜想组蛋白修饰和 DNA 甲基化也可能对可变剪接造成影响。不少研究从这个全新的角度进行了深入而系统的探索，为可变剪接的上游调控打开了新的窗口。

27.1　基因可变剪接的功能和生物学意义

关键概念

- 可变剪接是指前体 mRNA 通过不同的剪接位点的组合，产生众多不同 mRNA 异构体的过程。
- 剪接体是指由核小 RNA（snRNA）和众多蛋白质组成的行使内含子切除并将相应外显子连接的复合物。
- 可变剪接通常分为外显子跳跃（exon skipping）、5′供体位点可变剪接（alternative 5′ donor site）、3′受体位点可变剪接（alternative 3′ acceptor site）、互斥剪接（mutually exclusive splicing）和内含子保留（intron retention）。
- 外显子跳跃是动物中出现得最多的一种可变剪接形式。

现代遗传学研究的一个重要科学问题就是基因和环境如何共同作用决定生物表型。遗传信息通过中心法则所描述的途径将 DNA 上的编码信息转录成 RNA，再通过翻译将 RNA 上的信息传递给蛋白质，从而构成了表型的重要物质基础。虽然原核生物和真核生物都遵循这个基本的遗传信息流规律，但是在一些具体环节上这两大类生物又存在明显区别。对于原核生物，由于没有细胞核，因此转录和翻译是耦联的，即两者在同一场所进行，转录后信使 RNA（mRNA）马上开始翻译。而对于真核生物来说，从转录到翻译之间，还需要经历复杂的 RNA 加工运输环节。转录出的初级转录本需要加上 5′端帽，然后需要将内含子剪接掉，同时在 RNA 上还需要特定的修饰，在 3′端加上 PolyA 尾巴并运送出细胞核，才能作为翻译的模板。在内含子剪接的环节，存在着众多的选择，被称为基因的可变剪接（又称选择性剪接，alternative splicing），是增加蛋白质多样性的重要环节。很多真核基因具有多个可变剪接产生的转录本，行使重要的生物学功能。目前的许多研究已经从基因整体表达量的变化深入到每个转录本的丰度变化，从而研究不同生物学过程中不同转录本丰度的变化对生物学过程的作用和调控机制。本章将介绍基因剪接和表观遗传学之间的内在联系。

27.1.1 基因剪接及可变剪接的概念

1. 基因剪接的概念

真核生物绝大部分基因含有内含子，剪接即在初级转录本（或称为前体 mRNA）加工时去除内含子，从而使得外显子连接成为成熟的mRNA 的过程。而可变剪接是指前体mRNA通过不同的剪接位点的组合，产生众多不同 mRNA 异构体（isoform or transcript variant）的过程。这些不同的异构体可翻译出具有不同结构域的蛋白质，或者大部分区域读码框完全不同，甚至有些异构体并不能作为翻译模板，起到竞争其他异构体丰度的作用。因此，可变剪接可以很大程度上丰富蛋白质组的多样性。

RNA 的剪接根据是否需要剪接体分为两大类。第一类内含子的剪接是自发的，并不需要剪接体的参与。这类内含子存在于线粒体、叶绿体及一些低等真核生物的核糖体 RNA（rRNA）基因中，也可以出现在一些细菌和噬菌体中；而第二类内含子的剪接则需要剪接体的帮助。剪接体是指由核小 RNA（snRNA）和众多蛋白质组成的行使内含子切除并将相应外显子连接的复合物[1]。绝大多数真核生物中前体 mRNA 的剪接及众多的长非编码 RNA（long non-coding RNA，lncRNA），还有转运 RNA（tRNA）初级转录本的内含子的剪接均需要剪接体的参与。依赖于剪接体的内含子的剪接通常包括如下过程：U1 snRNA 通过碱基配对的方式识别内含子 5′端的供体位点（donor site），U2AF 与位于内含子 3′端的受体位点（acceptor site）结合，从而引导 U2 snRNA 与分枝点（branch point）结合，接着与 U4、U5 和 U6 snRNP 聚合形成剪接体。分枝点的 A 进攻内含子 5′端供体位点附近的 GU 碱基，释放的上游外显子 3′端羟基进而进攻内含子 3′端受体位点的 AG 碱基，使得内含子成为"套索"结构释放，而位于内含子上、下游的两个外显子完成共价连接（图 27-1）[1]。除了这些基本功能，众多蛋白质如 hnRNP 和 SR 蛋白也可以发挥剪接的增强或沉默功能。

2. 基因可变剪接的概念和分类

可变剪接通常发生在依赖剪接体的剪接类型中。根据剪接位点的选择常常分为五大类（图 27-2），分别为外显子跳跃、5′供体位点可变剪接、3′受体位点可变剪接、互斥剪接和内含子保留[2]。外显子跳跃是指两个相距较远的外显子跳过一个或多个中间的外显子而连接成为成熟 mRNA 的方式；5′供体位点可变

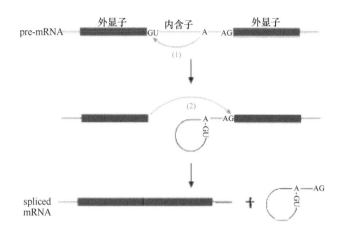

图 27-1　RNA 剪接简要步骤

内含子中分枝点 A 进攻内含子 5′ 端 GU 碱基，随后释放的外显子 3′ 端进攻内含子 3′ 端 AG，两个外显子通过共价键连接，同时释放形成"套索"
结构的内含子

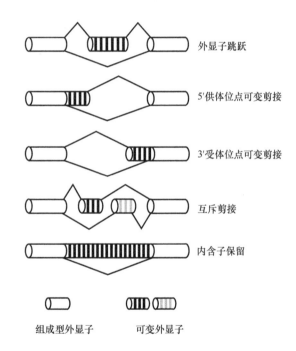

图 27-2　可变剪接的五种主要类型

剪接是指分枝点 A 选择内含子 5′端的不同供体位点作为进攻位点，在该内含子上游形成不同外显子长度的产物；3′受体位点可变剪接是指选择内含子 3′不同受体位点的剪接方式，在该内含子下游形成不同外显子长度的产物；互斥剪接是指中间的两个外显子，如果其中一个出现在一个转录异构体（transcript variant）上的话，那么另一个外显子必定出现在另一个不同的转录异构体上，这两个外显子不可能同时出现在一个转录本上；内含子保留是指本来需要被剪接的一个或多个内含子由于某种原因，并没有发生剪接，因此该内含子在最终的转录产物中实际上成为了"外显子"。虽然有各种不同类别的可变剪接，但在不同物种和不同的生物学过程中，这些类型出现的比例也是有很大差别的。例如，在植物中，可能由于内含子相比动物长度较短的缘故，其内含子保留的可变剪接类别出现的频率是最高的[3, 4]。而在动物中，通常外显子跳跃出现的比例较高[2, 5]。

27.1.2 基因可变剪接的功能及意义

基因的可变剪接作为一种广泛而保守的基因表达调控方式，具有重要的生物学意义。最新的研究表明，在人类细胞中有 90% 以上的多外显子基因存在可变剪接，提示该现象的普遍性。在众多的生物学过程中，许多基因的可变剪接也在发生动态变化，提示其功能的重要性。总的来说，可变剪接可以在基因数目有限的情况下产生更多种类的蛋白质，体现蛋白质组的多样性，满足生命活动的重大需求。除了改变蛋白质的种类，可变剪接还可以改变原有蛋白质的产量。例如，内含子保留的转录本可降解并竞争正常剪接的转录本丰度，从而使得正常转录本翻译模板量下降。因此，可变剪接所导致的蛋白质的种类和数量的改变可以通过重要效应基因，将其作用体现在发育、细胞分化、干细胞增殖、免疫、衰老、癌症等生物学过程中[6,7]。

1. 外显子跳跃的分子功能及参与的生物学过程

外显子跳跃被认为是动物中出现得最多的一种可变剪接形式。在阿尔茨海默病患者中常出现 *PS-1* 基因的突变，这一突变引起该基因第 4 号外显子的跳跃，从而翻译出异常的 presenilin 1 蛋白质，并最终使得该疾病的表型提前出现[8]。另外，*PS-2* 基因的第 5 号外显子的跳跃也广泛存在于阿尔茨海默病患者的大脑中，并在缺氧时出现更频繁，提示其在氧化应激中的潜在作用[9]。外显子跳跃在干细胞的分化中也起着重要作用[10]。Wnt 信号通路中重要基因 *Tcf3* 在分化的细胞中出现了第 5 个外显子的跳跃，而在小鼠胚胎干细胞中该外显子的跳跃水平则较低。特异敲低包含或不包含该外显子的转录本对干细胞分化的影响程度不同，说明外显子跳跃在干细胞分化过程中的潜在作用。内含子中的一个突变使得 Ptbp1 蛋白对细丝蛋白 A（filamin A）的编码基因 *FLNA* 中有害外显子的抑制失控，引起大脑皮层功能异常。而 Rbfox 和 Ptbp1 两者相反的作用共同调控了大脑皮质细胞的外显子是跳跃还是包含，从而决定了大脑皮质发育中的细胞命运[11]。

2. 可变 5′ 及 3′ 剪接位点的分子功能及参与的生物学过程

可变 5′ 供体位点可使得发生该事件的内含子上游一个外显子长度发生改变，进而改变该外显子之后的蛋白质编码组成，要么减少或者增加一小段肽段，要么完全改变读码框，从而体现不同功能的蛋白质，并进而影响细胞乃至个体表型。一个最著名的例子就是儿童早衰症，即哈钦森-吉尔福德早衰综合征（Hutchinson-Gilford progeria syndrome，HGPS）。大部分儿童早衰症患者的核纤层结构蛋白 lamin A 编码基因均出现了 C 到 T 的新发点突变（*de novo* mutation，即父母无该突变但子女有），而该点突变使得第 11 号外显子上产生了一个新的 5′ 供体位点，该位点剪接后的 RNA 产物所翻译的蛋白质与正常的 lamin A 蛋白在 C 端完全不同，从而使得该蛋白质的定位信号消失，影响了 lamin A 在细胞核中的位置分布，最终导致细胞核形态异常，基因表达紊乱，产生早衰表型[12,13]。这说明特定点突变可以通过可变 5′ 剪接影响细胞乃至个体表型。

可变 5′ 剪接具有重要功能的另一个例子是 *Bcl-x*。该基因如果选择内含子更上游的 5′ 供体位点，则上游外显子中的一段序列在成熟的 mRNA 中缺失，而这段序列是 3 的整数倍，使得产生的蛋白质缺失了一段多肽，称为 Bcl-xS（S 表示 short）蛋白，其可以促进细胞凋亡。但是，如果剪接时使用了较下游的 5′ 供体位点，则产生的 mRNA 异构体翻译出的蛋白质包含该多肽（Bcl-xL，长的 Bcl-x），其功能是抑制细胞的凋亡，正好与缺失该多肽的蛋白作用相反[14,15]。进一步研究发现，一些剪接因子可以调控长和短的异构体的选择，例如，SRSF1 可以促进 Bcl-xL 的选择，而 RBM4 则可以促进 Bcl-xS 的选择，同时也能抑制 SRSF1 的功能。因此，癌组织中 RBM4 的表达量下降可以帮助产生更多 Bcl-xL，而长的 Bcl-x 可抑制细胞凋亡，并在促进肿瘤的发展和转移中扮演重要角色[16]。因此，可变剪接在癌症等疾病中可以起到重要的作用。

3. 内含子保留的分子功能及参与的生物学过程

内含子保留在植物中是最主要的可变剪接形式。在拟南芥和水稻等植物中，有超过 50%的可变剪接事件是内含子保留[17]。内含子保留与植物功能密切相关，例如，内含子保留事件与小麦的非生物胁迫相关[18]；在草莓授粉后，内含子保留水平下降[19]；拟南芥中 ZIF2 基因 5′非翻译区（5′ untranslated region，5′ UTR）的内含子保留增强了拟南芥对锌元素的耐受[20]；拟南芥中一些内含子保留的转录本滞留在细胞核内，从而避免细胞质中无义介导的 mRNA 降解（nonsense-mediated decay，NMD）[21]。虽然植物中有关内含子保留功能的研究已经不少，但是其上游受哪些因素调控依然很少报道。之前的研究基于植物中内含子长度相比动物明显要短的证据来推测动物中内含子保留出现频率不高，但近些年的研究借助深度测序，发现其实动物中内含子保留的出现比例其实也不低，并且起到了重要的全局性的基因微调作用[22]。在粒细胞分化过程中，内含子保留调控了 86 个相关基因的表达[23]。这些基因的特定内含子在分化过程中保留水平上升。有意思的是，这些内含子保留的转录本更多出现在细胞质中，并且被 NMD 机制所降解。在非神经细胞或神经前体细胞中，剪接因子 Ptbp1 可以结合在 Stx1b 基因的第 9 个内含子上，从而引起该内含子的保留，并使得含有该内含子的转录本在细胞核内降解[24]。而在神经元中 miR-124 可下调 Ptbp1 的水平，从而使得内含子保留水平下降，正常剪接的 mRNA 被运送出核并在细胞质中翻译，作为膜蛋白体现其在神经细胞中的作用。在人和小鼠 T 细胞活化过程中，有上千个基因的内含子保留水平下降，而相应基因表达量上升。其中有 185 个基因的表达量上升主要归功于内含子保留介导的调控。这些基因富集在蛋白酶体等与 T 细胞增殖及细胞因子释放相关的通路上。这些内含子保留的转录本在细胞核内滞留并被降解。内含子保留可能是免疫 T 细胞响应环境刺激的快速应答新机制[25]。此外，内含子保留的转录本可以作为癌症中新表位（neoepitope）的来源[26]，特定基因内含子保留也可以调控细胞衰老相关表型[27, 28]。

27.2　基因可变剪接的经典调控

关键概念

- 调控可变剪接的三大因素：顺式作用元件（核酸序列）、反式作用因子（剪接因子）和表观遗传修饰（主要是 DNA 甲基化和组蛋白修饰）。
- 调控可变剪接的顺式作用元件包括外显子剪接增强子（exonic splicing enhancer，ESE）、外显子剪接沉默子（exonic splicing silencer，ESS）、内含子剪接增强子（intronic splicing enhancer，ISE）和内含子剪接沉默子（intronic splicing silencer，ISS）。
- 反式作用因子可以分类两大类：一类是超大的剪接复合体上的蛋白质亚基；另一类是识别外显子/内含子上剪接增强子/沉默子的核不均一性核糖核蛋白家族（hnRNP）和富含丝氨酸/精氨酸（S/R）重复序列的蛋白家族（SR 蛋白）等。

从 27.1 节中我们已经知道了可变剪接具有重要的生物学功能，其在不同物种、不同生物学过程中变化万千，扮演了重要角色。那么，到底谁来决定它呢？研究表明，顺式作用元件（核酸序列）、反式作用因子（剪接因子）和表观遗传修饰（主要是 DNA 甲基化和组蛋白修饰）是调控可变剪接的三大因素。顺式作用元件和反式作用因子是较为经典的调控手段，而表观遗传水平的调控则是近些年来新发现的类别。本节简要介绍前面这两类，第三类在后面小节详细论述。

通常顺式作用元件是指可以调控基因表达（包括转录、剪接和降解等）的特定核酸序列（包括 DNA 和 RNA），而反式作用因子是指可以结合顺式作用元件并起特定作用的蛋白质。本节中所指的顺式作用元件主要是指能够影响可变剪接的核酸序列。

27.2.1　顺式作用元件

虽然大部分内含子的剪接都遵循 GT-AT 法则，但不同内含子的剪接位点附近的强弱也是不一样的。另外，外显子和内含子均存在特定的核酸序列，根据其功能可以分为外显子剪接增强子、外显子剪接沉默子、内含子剪接增强子和内含子剪接沉默子[29]。

1. 基因 5′供体位点和 3′受体位点附近的顺式作用元件

一个特定的外显子是跳跃还是包含，本质上取决于上、下游两个内含子 5′供体位点和 3′受体位点之间的竞争。如果上游内含子的 5′供体位点和 3′受体位点之间形成配对，而下游内含子的 5′供体位点和 3′受体位点之间也形成配对，那么这个外显子就被包含进成熟的 mRNA 中；相反，如果上游内含子的 5′供体位点和下游内含子的 3′受体位点发生较强的配对，则该外显子更容易发生跳跃[26]。这一方面取决于剪接位点本身的强弱，另一方面也需要将 U1、U2 与剪接位点的碱基互补因素考虑进来，当然也可能还有其他的一些 RNA 结合蛋白的影响。

2. 外显子和内含子中的顺式作用元件

除了受 5′供体位点和 3′受体位点附近的序列调控外，位于外显子中间和内含子中间的特定核酸序列也可以影响剪接。这种影响体现为对邻近剪接位点的促进或抑制作用。例如，外显子中存在一类称为外显子剪接增强子的序列，这一元件能促进与之相近的 5′供体位点或 3′受体位点的选择。另一类称为外显子剪接沉默子的序列，能抑制与之相近的 5′供体位点或 3′受体位点的选择。而在内含子上，也存在着这两类功能相反的顺式作用元件。内含子剪接增强子促进与之相近的 5′供体位点或 3′受体位点的选择，而内含子剪接沉默子则抑制与之相近的 5′供体位点或 3′受体位点的选择。正是这些顺式作用元件的组合决定了不同内含子上剪接位点的使用情况，从而决定该基因的剪接方式。

3. 顺式作用元件中的 DNA 突变

有不少 DNA 突变影响可变剪接的例子。早在 1985 年，Roy Parker 和 Christine Guthrie 就发现酵母中 5′供体位点的第 5 位上 G 到 A 的点突变使得剪接效率大幅下降，并且开始在外显子-内含子结合位置的 5′上游的另一个位置发生剪接，产生的 RNA 与原先的成熟 mRNA 大为不同[2, 30]。更为重要的是，这些受影响的基因可以进一步引起细胞乃至个体层面的表型变异甚至疾病。例如，之前提到的哈钦森-吉尔福德早衰综合征患者就是由于 lamin A 编码基因的点突变使得外显子上产生了一个新的 5′供体位点，而相对应的新的剪接方式产生了 C 端不同的蛋白质，影响了 lamin A 在细胞核中的位置分布，最终导致细胞核形态异常、基因表达紊乱等早衰表型[12]。除了产生新的剪接位点，DNA 突变也可使得已有剪接位点变弱或消失，同样会引起剪接紊乱。另外，DNA 突变还会影响位于外显子和内含子中间的剪接增强子和沉默子的促进或抑制功能，从而改变基因的剪接方式，并最终影响表型。

27.2.2　反式作用因子

除了顺式作用元件，反式作用因子的改变也是调控可变剪接的重要因素。尤其在特定生物学过程中，许多剪接相关的蛋白质表达量均发生动态改变，这些改变可以在不影响 DNA 序列的基础上影响可变剪切，并最终影响这些生物学过程。反式作用因子可以分为两大类：一类是超大的剪接复合体上的蛋白质亚基；另一类是识别外显子/内含子上剪接增强子/沉默子的核不均一性核糖核蛋白家族（hnRNP）和富含丝氨酸/精氨酸（S/R）重复序列的蛋白家族（SR 蛋白）等[31-33]。

1. 剪接机器活性强弱调控可变剪接

剪接复合体上蛋白亚基的浓度改变可以影响剪接体本身的活性强弱[29]。在内含子 3′受体位点选择过程中，U2AF65 识别多聚嘧啶序列（polypyrimidine tract，PPT），而 SF1 识别分支点序列（branchpoint sequence，BPS），然后招募 U2、SF3A 和 SF3B 等蛋白质。当这些必需的蛋白质浓度有限时，不同剪接位点之间就存在竞争。那些顺式作用元件相对较强的剪接位点具有更大竞争力，但同时也要受到附近外显子和内含子上剪接增强子和沉默子的双重作用。因此，剪接机器活性的变化对于剪接位点信号较弱的内含子影响更大。

2. 特定剪接因子参与调控可变剪接

外显子和内含子上剪接增强子/沉默子的序列并不能单独起作用，通常需要与识别该序列的 RNA 结合蛋白的互作来行使其功能。例如，多聚嘧啶序列结合蛋白（polypyrimidine tract binding protein，PTB）可以识别内含子剪接沉默子，从而抑制该内含子 5′供体位点和 3′受体位点的配对，使得这两个剪接位点不易发生常规的剪接，造成内含子保留。RNA 结合蛋白识别剪接增强子和沉默子有两个特征：一是序列依赖性，二是位置依赖性。所谓序列依赖性，是指不同的顺式作用元件倾向于结合不同类别的剪接因子，从而可造成相反的剪接效应。例如，外显子剪接增强子通常会被 SR 蛋白家族成员识别，并且促进该外显子两侧的 3′受体位点和 5′供体位点的选择；而外显子剪接沉默子则通常被 hnRNP 家族成员识别，抑制该外显子两侧的 3′受体位点和 5′供体位点的选择。位置依赖性是指同一剪接因子结合在不同位置会对同一外显子或内含子的剪接产生相反的效果。例如，特定剪接因子结合在上游内含子上可促进下游外显子的跳跃，而该剪接因子结合在下游内含子上可抑制上游外显子的跳跃。总之，不同剪接因子可以与顺式作用元件一起通过复杂的调控机制决定特定 mRNA 的剪接[29]。

3. RNA 聚合酶 II 参与调控可变剪接

除了顺式作用元件和反式作用因子，转录的速率也能影响可变剪接。例如，RNA 聚合酶 II（Pol II）的延伸速率可决定特定外显子的跳跃与否。在延伸速率较快的时候，对于两个相邻的外显子而言，如果上游的外显子侧翼有相对较弱的 3′受体位点而下游的外显子侧翼有相对较强的 3′受体位点，那么较快的延伸速率则会选择更强的 3′受体位点，造成上游外显子的跳跃；在延伸速率较慢的时候，较弱的 3′受体位点则有更多的时间与上游的 5′供体位点配对，这时该外显子的跳跃就不易发生了，更多的是外显子包含[34]。当然，较慢的 Pol II 延伸速率也不一定全部都造成外显子包含，在特定情况下也有例外。例如，较慢的 Pol II 延伸速率也可以通过招募剪接的负向调控因子（例如 ETR-3）来促进外显子跳跃[35]。

除了顺式作用元件和反式作用因子，表观遗传水平对可变剪接的调控是近年来的新发现。下面就表观遗传修饰的两大类（组蛋白修饰和 DNA 甲基化）与可变剪接的关系进行论述。

27.3　组蛋白修饰与基因可变剪接

关键概念

- 组蛋白修饰调控可变剪接分为两种机制，即识别子介导的机制和 RNA 聚合酶 II 介导的机制。
- 识别子介导的机制的核心是特定组蛋白修饰可招募其特异性识别子，识别子作为衔接蛋白（adaptor protein）进而招募剪接因子，从而在特定位置影响可变剪接。
- 核小体密度及各类组蛋白修饰都会通过影响组蛋白-DNA 间相互作用从而对 Pol II 的延伸速率造成影响，并进一步通过 RNA 聚合酶 II 介导的机制调控可变剪接。

组蛋白修饰的基本概念参见本书的第 6～9 章。许多的可变剪接事件是在转录时就发生的（即共转录调控），而在转录时产生的前体 mRNA 由于还没有离开核小体包裹的 DNA，因此在物理空间上提供了组蛋白修饰与可变剪接两者相互作用的可能。

27.3.1　组蛋白修饰调控可变剪接

目前组蛋白修饰调控可变剪接有两种机制，分别为识别子介导的机制和 RNA 聚合酶 II 介导的机制。

1. 识别子介导机制

识别子（reader）的概念见本书"组蛋白修饰"章节中的"识别子"小节。这一机制的核心是特定组蛋白修饰可招募其特异性识别子，识别子作为衔接蛋白（adaptor protein）进而招募剪接因子，从而在特定位置影响可变剪接。由于组蛋白修饰有多种类别，不同类别又有相对特异的识别子，而识别子可以招募与之结合的不同剪接因子，既可以是正向调控因子，又可以是负向调控因子，并且还存在位置效应，因此使得最终的调控效应异常复杂。例如，组蛋白修饰 H3K36me3 可招募其识别子 MRG15，而 MRG15 可进一步与剪接因子 PTB 结合，PTB 与前体 mRNA 中特定外显子的结合使得该外显子发生跳跃；而当附近是 H3K4me3 时，MRG15 不能识别该组蛋白修饰，因此即便 MRG15 与 PTB 结合，依然不能在正在转录的前体 mRNA 上促进该外显子的跳跃，因此最终导致了该外显子的包含（图 27-3）[36]。这种组蛋白修饰 - 识别子 - 剪接因子模式除了 H3K36me3-MRG15-PTB 外，还包括 H3ac-Gcn5-U2 snRNP、H3K4me3-CHD1-U2 snRNP、H3.3K36me3-BS69-U5 snRNP、H3K9me3-HP1α-hnRNP（图 27-4）[37, 38]。相信随着研究的不断深入，还会有更多的组合将被发现参与可变剪接的调控。

2. RNA 聚合酶 II 介导机制

除了识别子招募剪接因子模式，组蛋白修饰和核小体密度还可以通过 RNA 聚合酶 II 介导的机制调控可变剪接。之前的研究已经证明了 Pol II 的延伸速率可以影响侧翼含有较弱 3' 受体位点的外显子跳跃与否，

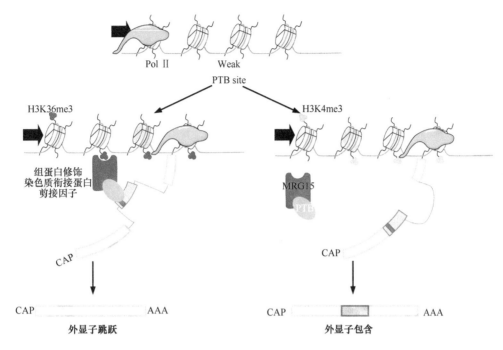

图 27-3　组蛋白修饰通过识别子介导机制调控外显子跳跃的模式图[37]

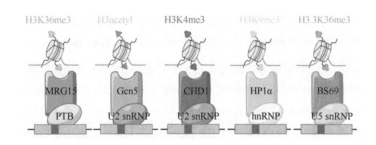

图 27-4　目前已经发现的组蛋白修饰-识别子-剪接因子组合[37]

而组蛋白修饰和核小体定位长久以来就被认为可以通过"减速带"的方式来影响 Pol II 的延伸速度率，因为双链 DNA 被核小体包裹，其转录延伸过程中的解链从一开始就和核小体的包裹方式及上面的化学修饰密不可分[39]。因此，特定组蛋白修饰可以影响该修饰区域的 Pol II 的延伸速度，如果该区域外显子侧翼有相对较弱的 3'受体位点，那么这一外显子的跳跃就有可能受影响（图 27-5）。例如，H3K36me3 通常分布在基因体（gene body）区域，并且和转录速度呈正相关[40]。体外实验证明核小体对 Pol II 的转录是一个"路障"[39]，转录延伸的过程也是 Pol II 克服"路障"的过程。一些组蛋白伴侣蛋白和染色质重塑因子可以帮助 Pol II 在含有核小体的 DNA 上前行[41]。因此，核小体密度及各类组蛋白修饰都会通过影响组蛋白-DNA 之间的相互作用从而对 Pol II 的延伸速率造成影响，并进一步通过 RNA 聚合酶 II 介导的机制调控可变剪接。

27.3.2　可变剪接影响组蛋白修饰

　　既然组蛋白修饰和可变剪接在物理空间上相邻，并且特定组蛋白修饰可以调控可变剪接，那么是否有可能可变剪接反过来影响组蛋白呢？研究发现前体 mRNA 的可变剪接是 H3K36me3 分布的重要决定因素[42]，其证据有两个。第一，在细胞中加入剪接的抑制剂可引起 H3K36me3 分布总体向基因体（gene body）区域下游移动，并且 Pol II 的占位率也在基因下游区域下降；第二，模拟剪接位点突变的药物 SSA 引起基因组层面的 H3K36me3 的重新分布。此外，还发现前体 mRNA 上内含子区域的 Hu 蛋白识别序列可通过 Hu 蛋白招募组蛋白去乙酰化酶，从而在转录的基因体区域改变组蛋白修饰[43]。但总体来说，这方面的研究目前还不是很多，对其机制的研究也还需要深入。

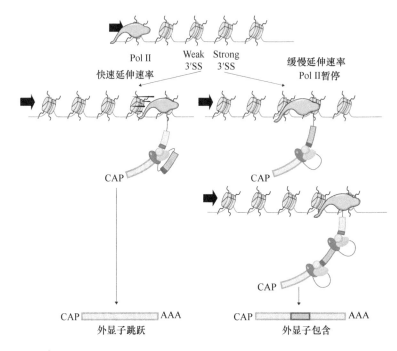

图 27-5　组蛋白修饰通过 RNA 聚合酶 II 介导机制调控外显子跳跃的模式图[37]

27.4　DNA 甲基化与基因可变剪接

除了组蛋白修饰，DNA 甲基化与可变剪接之间也具有内在联系。基因组水平的分析显示，外显子和内含子区域的 DNA 甲基化水平不同，在 GC 含量相同的区域，外显子中 DNA 甲基化的水平要高于内含子。更进一步，剪接位点附近 DNA 甲基化水平也高，具体来说，内含子的 5′供体位点和 3′受体位点附近的 CG 双碱基与甲基化水平高度正相关[44]。那么 DNA 甲基化是否可以影响可变剪接呢？答案是肯定的。其核心是 DNA 甲基化可以促进或抑制特定蛋白在 DNA 上的结合，这些蛋白质进一步影响可变剪接。目前认为有三个蛋白质可介导对可变剪接的调控：CTCF、MeCP2 及 HP1，它们分别识别特定的 DNA 序列、甲基化 DNA 和特定组蛋白修饰。

27.4.1　DNA 甲基化通过 CTCF 介导调控可变剪接

CTCF 全称是 CCCTC 结合蛋白，是含有锌指结构的转录抑制因子，与绝缘子的活性密切相关。DNA 甲基化可以阻止这一蛋白质与识别基序的结合。CTCF 与 DNA 结合如果发生在基因体（gene body）区域，则会以"路障"的方式减慢 Pol II 的延伸速率。因此，当 DNA 上没有发生甲基化时，CTCF 识别基因体区域的基序并结合，从而使得该基因的 Pol II 转录速率降低，而降低的延伸速率则会有利于中间外显子的包含（图 27-6A）；当 DNA 甲基化发生时，CTCF 无法结合在基因体的基序上，因此 Pol II 的延伸速率较快，中间的外显子则较易发生外显子跳跃[44]。

27.4.2 DNA 甲基化通过 MeCP2 介导调控可变剪接

MeCP2 即甲基 CpG 结合蛋白 2(methyl-CpG-binding protein 2)，可特异地结合 DNA 双链的单个 CpG，邻近的 DNA 序列对其结合没有影响。MeCP2 对神经细胞的正常功能不可或缺。当转录的基因 DNA 没有甲基化时，MeCP2 不结合，因此转录的延伸没有影响，较快的转录速率使得中间信号较弱的外显子发生跳跃（图 27-6B）；而当转录的基因内部出现 DNA 甲基化时，MeCP2 在这些区域发生结合，MeCP2 可进一步招募组蛋白去乙酰化酶，造成该区域组蛋白乙酰化水平降低，进而引起 Pol II 的延伸减慢乃至暂停，从而使得中间信号较弱的外显子依然能够较好地剪接，最终发生外显子包含[44]。

27.4.3 DNA 甲基化通过 HP1 介导调控可变剪接

异染色质蛋白 HP1（heterochromatin protein 1）直接结合在 H3K9me3 上并行使转录抑制的功能，它对异染色质的形成具有重要作用。之前的研究主要集中在它对转录的调控，而最新的研究发现该蛋白质还可以介导调控可变剪接。DNA 甲基化可促进旁侧的组蛋白产生更多 H3K9me3，随后 HP1 蛋白与 H3K9me3 结合，进而招募特定的剪接因子，并在相应的区域造成外显子跳跃（图 27-6C）。全基因组范围的研究推测大概有 20% 的 DNA 甲基化调控可变剪接可能通过 HP1 来介导，提示这一机制的相对广泛性[41]。

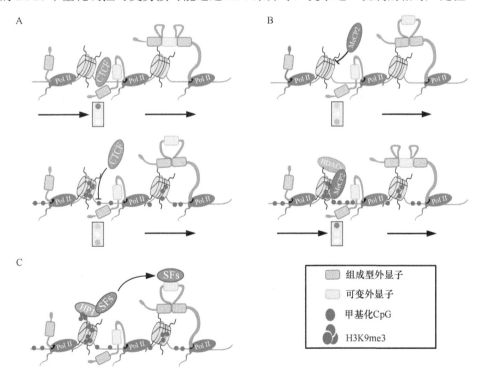

图 27-6 DNA 甲基化影响可变剪接的三种机制[44]

HDAC，组蛋白去乙酰化酶；SF，剪接因子；Pol II，RNA 聚合酶 II。A～C 分别表示 CTCF 介导（A）、MeCP2 介导（B）及 HP1 介导的机制

通过上述论述我们知道，至少有三类机制可以解释 DNA 甲基化影响可变剪接，分别是 CTCF 介导、MeCP2 介导和 HP1 介导的机制，每类机制都有特定的例子。但是，哪种机制更为普遍，或者说可调控更多基因的可变剪接呢？根据介导途径的不同我们猜想，CTCF 途径可能调控的基因要相对少一些，其理由是这一机制需要特定的 DNA 序列来招募 CTCF，而另外两种机制则没有太强的序列依赖性，MeCP2 可直

接结合甲基化的 DNA，而 HP1 可直接结合组蛋白修饰 H3K9me3，这或许也能解释大约 20%的 DNA 甲基化通过 HP1 介导机制调控可变剪接。

需要注意的是，DNA 甲基化与可变剪接之间关系是相当复杂的，上述的三种机制也只是解释了全基因组层面的部分相关性，很多情况还没有研究清楚。例如，在小鼠胚胎干细胞中，DNA 甲基化并不是都促进或抑制可变外显子的跳跃，而是以一种位置或序列特异性的方式来综合决定。再如，在这三种机制中，CTCF 和 HP1 使得甲基化 DNA 区域更容易发生外显子跳跃，而 MeCP2 则使得甲基化 DNA 区域更倾向于发生外显子包含。当然，这些机制是用于解释可变外显子（即被跳跃的外显子）中发生 DNA 甲基化的情况。对于组成型外显子，即使有很高的 DNA 甲基化水平，其内在较强的因素（如很强的剪接位点）也会掩盖 DNA 甲基化所带来的微弱效应，使得外显子跳跃并不发生改变。因此，DNA 甲基化与可变剪接之间的关系和机制是复杂而多变的。另外，可变剪接是否会像影响组蛋白修饰那样影响 DNA 甲基化呢？目前还没有这方面相关的报道。

27.5　研究展望

27.5.1　研究表观遗传调控可变剪接的意义

经典的观点认为可变剪接由顺式作用元件和反式作用因子单独或共同作用来调控。由于许多基因的剪接发生在转录水平，因此转录过程中的动态变化也可以调控可变剪接，如 Pol II 的延伸速率及 Pol II 上所携带的剪接因子。由于共转录的剪接发生在还没有完全离开染色质的 RNA 上，因此猜想组蛋白修饰和 DNA 甲基化也可能对可变剪接造成影响。不少研究从这个全新的角度进行了深入而系统的探索，为可变剪接的上游调控打开了新的窗口。

但是，可变剪接改变后是否带来细胞层面乃至个体层面表型的改变，目前还没有明确的答案。总体而言，目前表观遗传标记介导的可变剪接效应还只体现在分子层面，虽然从理论上讲有影响表型的可能性，但还缺乏具体的例子，这一调控机制的重要性值得后续深入研究。

27.5.2　表观遗传调控 RNA 加工其他环节的可能性

可变剪接是 RNA 加工过程的重要环节之一，那么表观遗传标记除了影响可变剪接以外，是否还影响 RNA 加工过程的其他环节呢？前期的一些研究发现剪接因子不仅影响可变剪接，也常常参与 RNA 加工成熟的最后一环，即 mRNA 3'端的形成，或者称为多聚腺苷酸加尾。先前的研究发现 mRNA 加 Poly(A) 尾巴的 3'端在对应的 DNA 上展现出与基因体区域不同的组蛋白修饰分布，如更低的 H3K36me3，以及更高的 H3K9me2/3、H3K27me2/3 和 H4K20me3[45]。进一步来说，许多基因含有两个或更多的 Poly(A) 位点（又称选择性多聚腺苷酸化），可产生不同长度 3'非翻译区（3' UTR）甚至不同编码区的转录本[46]，而组蛋白修饰在近端（离启动子更近）和远端（离启动子更远）Poly(A) 位点上的分布亦有不同，例如，远端 Poly(A) 位点上的 H3K36me3 水平要低于近端 Poly(A) 位点，而 H3K4me3 只在高表达的基因中符合这一规律[47]。这种现象提示组蛋白修饰和不同 Poly(A) 位点之间的相关性及潜在影响，但在动物细胞中的因果关系仍不明确。有意思的是，植物中的 IBM1 基因内含子区域的 Poly(A) 位点可受附近的 DNA 甲基化及 H3K9me2 的影响[48]。EDM2 蛋白识别 H3K9me2 从而抑制内含子区域 Poly(A) 位点的选择，证明了表观遗传标记对 RNA 3'端形成的调控。当然，这样调控的例子还是少数，远远没有表观遗传标记对可变剪接研究得清楚。但是，在 mRNA 上的这种选择性多聚腺苷酸化的现象被更多的研究发现其普遍性与可变剪接相当甚至超过，因此可以猜想在未来的研究中，表观遗传标记和 RNA 3'端形成之间的关系可能成为一个新的研究增长点。

27.5.3　表观遗传与可变剪接全面互作的可能性

目前发现 DNA 甲基化与组蛋白修饰之间存在相互影响[49]，同时也发现组蛋白修饰和可变剪接的相互作用[34]，但 DNA 甲基化和可变剪接之间目前只发现 DNA 甲基化可影响可变剪接，可变剪接是否会反作用于 DNA 甲基化目前仍不清楚。这一因果关系的阐明对于理解表观遗传与可变剪接错综复杂的关系将会提供更为全面的证据。总之，共转录可变剪接发生的场所为表观遗传标记与之相互影响提供了潜在的微环境，由于不同表观修饰的多种互作蛋白，以及蛋白质和蛋白质之间的相互作用，最终借助剪接因子或者 RNA 聚合酶的延伸速率，为表观因子调控可变剪接提供了可能的解释。而同时由于物理空间的相近，使得可变剪接也有可能反过来影响组蛋白修饰。这些分子层面的互作为我们揭晓了纷繁芜杂而又意想不到的新发现，也为我们理解表观遗传的作用提供了新角度。

参 考 文 献

[1] Roy, S. W. & Gilbert, W. The evolution of spliceosomal introns: patterns, puzzles and progress. *Nature Reviews, Genetics* 7, 211-221(2006).

[2] Keren, H. *et al.* Alternative splicing and evolution: diversification, exon definition and function. *Nature Reviews. Genetics* 11, 345-355(2010).

[3] Syed, N. H. *et al.* Alternative splicing in plants--coming of age. *Trends in Plant Science* 17, 616-623(2012).

[4] Marquez, Y. *et al.* Transcriptome survey reveals increased complexity of the alternative splicing landscape in *Arabidopsis*. *Genome Research* 22, 1184-1195(2012).

[5] Wang, E. T. *et al.* Alternative isoform regulation in human tissue transcriptomes. *Nature* 456, 470-476(2008).

[6] Kelemen, O. *et al.* Function of alternative splicing. *Gene* 514, 1-30(2013).

[7] Hiller, M. *et al.* Creation and disruption of protein features by alternative splicing-a novel mechanism to modulate function. *Genome Biology* 6, R58(2005).

[8] Campion, D. *et al.* Mutations of the presenilin I gene in families with early-onset Alzheimer's disease. *Human Molecular Genetics* 4, 2373-2377(1995).

[9] Sato, N. *et al.* A novel presenilin-2 splice variant in human Alzheimer's disease brain tissue. *Journal of Neurochemistry* 72, 2498-2505(1999).

[10] Salomonis, N. *et al.* Alternative splicing regulates mouse embryonic stem cell pluripotency and differentiation. *Proceedings of the National Academy of Sciences of the United States of America* 107, 10514-10519(2010).

[11] Zhang, B. *et al.* Alanyl-glutamine supplementation regulates mTOR and ubiquitin proteasome proteolysis signaling pathways in piglets. *Nutrition* 32, 1123-1131(2016).

[12] Eriksson, M. *et al.* Recurrent *de novo* point mutations in lamin A cause Hutchinson-Gilford progeria syndrome. *Nature* 423, 293-298(2003).

[13] Taimen, P. *et al.* A progeria mutation reveals functions for lamin A in nuclear assembly, architecture, and chromosome organization. *Proceedings of the National Academy of Sciences of the United States of America* 106, 20788-20793(2009).

[14] Mercatante, D. R. *et al.* Modification of alternative splicing of Bcl-x pre-mRNA in prostate and breast cancer cells. analysis of apoptosis and cell death. *The Journal of Biological Chemistry* 276, 16411-16417(2001).

[15] Minn, A. J. *et al.* Bcl-x(S)anatagonizes the protective effects of Bcl-x(L). *The Journal of Biological Chemistry* 271,

6306-6312(1996).

[16] Wang, Y. *et al.* The splicing factor RBM4 controls apoptosis, proliferation, and migration to suppress tumor progression. *Cancer Cell* 26, 374-389(2014).

[17] Chamala, S. *et al.* Genome-wide identification of evolutionarily conserved alternative splicing events in flowering plants. *Frontiers in Bioengineering and Biotechnology* 3, 33(2015).

[18] Shahzad, K. *et al.* Functional characterisation of an intron retaining K(+)transporter of barley reveals intron-mediated alternate splicing. *Plant Biology* 17, 840-851(2015).

[19] Li, Y. *et al.* Global identification of alternative splicing via comparative analysis of SMRT- and Illumina-based RNA-seq in strawberry. *The Plant Journal : for Cell and Molecular Biology* 90, 164-176(2017).

[20] Remy, E. *et al.* Intron retention in the 5′UTR of the novel ZIF2 transporter enhances translation to promote zinc tolerance in arabidopsis. *PLoS Genetics* 10, e1004375(2014).

[21] Gohring, J. *et al.* Imaging of endogenous messenger RNA splice variants in living cells reveals nuclear retention of transcripts inaccessible to nonsense-mediated decay in Arabidopsis. *The Plant Cell* 26, 754-764(2014).

[22] Braunschweig, U. *et al.* Widespread intron retention in mammals functionally tunes transcriptomes. *Genome Research* 24, 1774-1786(2014).

[23] Wong, J. J. *et al.* Orchestrated intron retention regulates normal granulocyte differentiation. *Cell* 154, 583-595(2013).

[24] Yap, K. *et al.* Coordinated regulation of neuronal mRNA steady-state levels through developmentally controlled intron retention. *Gene Dev* 26, 1209-1223(2012).

[25] Fattuoni, C. *et al.* Primary HCMV infection in pregnancy from classic data towards metabolomics: An exploratory analysis. *Clin Chim Acta* 460, 23-32(2016).

[26] Smart, A. C. *et al.* Intron retention is a source of neoepitopes in cancer. *Nat Biotechnol* 36, 1056-1058(2018).

[27] Hou, S. *et al.* XAB2 depletion induces intron retention in POLR2A to impair global transcription and promote cellular senescence. *Nucleic Acids Res* 47, 8239-8254(2019).

[28] Yao, J. *et al.* Prevalent intron retention fine-tunes gene expression and contributes to cellular senescence. *Aging Cell* 19, e13276(2020).

[29] Fu, X. D. & Ares, M., Jr. Context-dependent control of alternative splicing by RNA-binding proteins. *Nature Reviews. Genetics* 15, 689-701(2014).

[30] Parker, R. & Guthrie, C. A point mutation in the conserved hexanucleotide at a yeast 5′ splice junction uncouples recognition, cleavage, and ligation. *Cell* 41, 107-118(1985).

[31] Valcarcel, J. & Green, M. R. The SR protein family: pleiotropic functions in pre-mRNA splicing. *Trends in Biochemical Sciences* 21, 296-301(1996).

[32] Martinez-Contreras, R. *et al.* hnRNP proteins and splicing control. *Advances in Experimental Medicine and Biology* 623, 123-147(2007).

[33] Manley, J. L. & Krainer, A. R. A rational nomenclature for serine/arginine-rich protein splicing factors(SR proteins). *Genes Dev* 24, 1073-1074(2010).

[34] Kornblihtt, A. R. Promoter usage and alternative splicing. *Current Opinion in Cell Biology* 17, 262-268(2005).

[35] Dujardin, G. *et al.* How slow RNA polymerase II elongation favors alternative exon skipping. *Molecular Cell* 54, 683-690(2014).

[36] Luco, R. F. *et al.* Regulation of alternative splicing by histone modifications. *Science(New York, N.Y.)*327, 996-1000(2010).

[37] Luco, R. F. *et al.* Epigenetics in alternative pre-mRNA splicing. *Cell* 144, 16-26(2011).

[38] Guo, R. *et al.* BS69/ZMYND11 reads and connects histone H3.3 lysine 36 trimethylation-decorated chromatin to regulated

pre-mRNA processing. *Mol Cell* 56, 298-310(2014).

[39] Li, B. *et al.* The role of chromatin during transcription. *Cell* 128, 707-719(2007).

[40] Pokholok, D. K. *et al.* Genome-wide map of nucleosome acetylation and methylation in yeast. *Cell* 122, 517-527(2005).

[41] Reinberg, D. & Sims, R. J., 3rd. de FACTo nucleosome dynamics. *The Journal of Biological Chemistry* 281, 23297-23301(2006).

[42] Kim, S. *et al.* Pre-mRNA splicing is a determinant of histone H3K36 methylation. *Proceedings of the National Academy of Sciences of the United States of America* 108, 13564-13569(2011).

[43] Zhou, H. L. *et al.* Regulation of alternative splicing by local histone modifications: potential roles for RNA-guided mechanisms. *Nucleic Acids Research* 42, 701-713(2014).

[44] Lev Maor, G. *et al.* The alternative role of DNA methylation in splicing regulation. *Trends in Genetics : TIG* 31, 274-280(2015).

[45] Ji, Z. *et al.* Transcriptional activity regulates alternative cleavage and polyadenylation. *Molecular Systems Biology* 7, 534(2011).

[46] Elkon, R. *et al.* Alternative cleavage and polyadenylation: extent, regulation and function. *Nature Reviews Genetics* 14, 496-506(2013).

[47] Barth, T. K. & Imhof, A. Fast signals and slow marks: the dynamics of histone modifications. *Trends in Biochemical Sciences* 35, 618-626(2010).

[48] Mathieu, O. & Bouche, N. Interplay between chromatin and RNA processing. *Current Opinion in Plant Biology* 18, 60-65(2014).

[49] Cedar, H. & Bergman, Y. Linking DNA methylation and histone modification: patterns and paradigms. *Nature Reviews Genetics* 10, 295-304(2009).

倪挺 博士，复旦大学生命科学学院教授、博士生导师。2000 年获北京大学生命科学学院生物化学及分子生物学系学士学位，2000～2006 年硕博连读于北京大学生命科学学院，2007 年获植物学博士学位。2007～2010 年在美国杜克大学基因组科学与政策研究所从事博士后研究。2010～2012 年在美国国立卫生研究院（NIH）担任助理研究员（Research Fellow）。2012 年受聘为复旦大学生命科学学院教授。在 *Science*、*Nature*、*Nature Methods*、*PNAS*、*Nature Communications*、*Genome Research*、*Nucleic Acids Research*、*Aging Cell* 等期刊发表 50 余篇论文，被 *Nature Methods*、*Nature Reviews Genetics* 和 *Science* 等刊发评述或引用。申请中美专利 15 项（7 项获授权）。针对中心法则中转录的三个核心环节（转录起始、延伸及终止）发展了三个新的高通量测序方法，建立了转录组从头到尾的研究体系，丰富了对于基因转录这一重要并且基础的基因生物学问题的认识。目前主要研究细胞衰老及癌变命运中的 RNA 调控。主持 2 项 973 计划/国家重点研发课题、2 项基金委重大研究计划集成项目/培育项目和 3 项基金委自然基金面上项目，参与 1 项 973 计划和 1 项国家基金委创新群体。曾入选中组部"青年千人"计划和上海市"浦江人才"计划。

第 28 章　染色质的空间结构与功能学意义

岳　峰　徐　洁

美国西北大学

本章概要

　　染色质拥有结构复杂、调控精密的三维结构，既高度浓缩又具备灵活性。这种结构可以把直线长度达 2m 的 DNA 压缩到细胞核中，同时又可以让 DNA 很好地完成复制、修复及转录等生物学过程。本章将讲述细胞核与染色质的空间组织架构，解析染色质 3D 结构的方法，以及发育过程和疾病状态下的染色质结构改变。

　　染色质的空间结构，从微观到宏观大体可分为 DNA 成环（loop）、线圈样（coil）结构、拓扑结构域（topologically associating domain，TAD）、A 区与 B 区（A/B compartment）及染色质领区（territory）。

　　解析染色质 3D 结构的方法，包括显微观察、染色质形态捕获实验（chromatin conformation capture assay）、ATAC-seq、基因组结构定位（genome architecture mapping，GAM）技术等。

　　染色质结构在哺乳动物精卵细胞到受精后胚胎发育过程中，经历了非常动态的变化。小鼠卵母细胞染色质均匀分布，缺乏 TAD，而精子仍具有 TAD 结构。受精后，染色质的高级空间结构几乎消失，然后发育到囊胚的过程中慢慢重建染色质高级结构，逐渐出现 TAD 和 A/B 区的分离。在胚胎干细胞向不同胚层的细胞分化过程中，经历了 A/B 区的切换，伴随基因的表达与沉默。而 TAD 的结构与边界在分化过程中较为稳定。

　　细胞核和染色质的空间结构与基因表达有着重要的关系，因此当染色质的空间结构被非生理性地改变或破坏后，可以引起包括与发育、肿瘤、代谢相关的基因的表达失调，从而引起一系列疾病。当 TAD 的边界发生 DNA 变异或表观遗传变异（如 DNA 超甲基化）时，可能会导致 TAD 的不稳定和变异，如两个原本隔绝的 TAD 融合形成一个更大的新生 TAD（neo-TAD），这可能导致本应被沉默的基因被另一个 TAD 中的增强子所激活，发生"增强子劫持（enhancer hijacking）"。此外，在癌症中，有时还会出现 TAD 的分裂现象，从正常细胞中的大 TAD 分裂成几个亚 TAD 的形式。同时，染色质空间变异，包括染色质的大范围删减、倒置和重复，还可能导致发育畸形和癌症。

28.1　细胞核与染色质的空间组织架构

关键概念

- 组蛋白 H2A、H2B、H3 和 H4 配对组装的八聚体及缠绕的 DNA 组成核小体（nucleosome），是真核细胞染色质结构形成的基本单位。
- 线型的双螺旋 DNA 和串珠状的核小体及其在不同水平上的折叠形成染色质，而染色质又以特定的空间占位互相隔绝与联系，这种染色质不同水平上的折叠称为染色质的层级化结构。

- 真核细胞中染色质区间在 3D 空间上形成的自我联结结构域称为拓扑结构域（topologically associating domain，TAD），表现为区域内许多 DNA 形成的环状结构的簇集。一个 TAD 中大多数基因呈现趋同调节，一些 TAD 中基因活跃，而另一些 TAD 中基因沉默。

如果把人类细胞中的 46 条双链 DNA 首尾相连，它的长度可以达到 2m，然而蕴含 DNA 的人类细胞核的平均直径只有 6μm[1]。因此，将 DNA 折叠进细胞核内这样的生物学过程，相当于把 40km 长的线条揉成一个网球般大小。而这样的任务，是由一些功能特殊的蛋白质介导的，它们通过结合到 DNA 上和折叠 DNA，使得 DNA 形成环状结构、线圈样结构及更高层级的 3D 结构，并且最终形成有丝分裂间期中约压缩了 500 倍左右的染色质结构和在有丝分裂 M 期中更加紧密压缩的（达 10 000 倍左右）染色体结构。令人惊奇的是，尽管 DNA 形成了高度有序和紧凑的结构，它的折叠方式使它仍具有空间上的灵活性，在必要的时候仍能够被蛋白质结合，从而维持 DNA 的复制、修复及转录，形成 RNA[1]。

28.1.1　染色质的基本结构：核小体

核小体（nucleosome）是真核细胞染色质结构形成的基本单位[1]。核小体的结构最初在 1997 年被发现[2]，人们发现 DNA 以左旋的方式在核心组蛋白上缠绕 1.7 圈。如图 28-1 所示，四个核心组蛋白 H2A、H2B、H3 和 H4 的 α 螺旋形成一个共有结构域，称之为组蛋白折叠区（histone fold）。在核小体的组装过程中，组蛋白结合到一起，形成了组蛋白 H3-H4 二聚体和 H2A-H2B 二聚体。两个 H3-H4 整合形成一个四聚体，进一步整合入两个 H2A-H2B 二聚体而形成一个八聚体的核心结构。DNA 缠绕在核小体蛋白上形成了较大的接触面，平均包含 142 个氢键和许多疏水键、离子键。组蛋白中 20% 的氨基酸为赖氨酸和精氨酸，它们的正电荷能够有效中和 DNA 主链的负电荷，稳定核小体的基本结构。核小体是一个动态的结构，它是否形成、在哪里形成是经常动态变化的[1]。例如，细胞中的 DNA 有时需要从组蛋白上松解以完成生物学功能，而这些过程主要是由 ATP（三磷酸腺苷）依赖的染色质结构重构复合物（ATP-dependent chromatin remodel complex）介导催化的。这些复合物结合到组蛋白和缠绕的 DNA 上面，通过复合物中的基团水解 ATP 产生的能量，将 DNA 向组蛋白的方向拉扯，使得 DNA 从组蛋白上松开，并且使得核心组蛋白能够在 DNA 上滑动。细胞内有很多不同的染色质结构重构复合物，如 BAF、NURD、ISWI 和 SWR 等，它们的功能也各不相同，有的可以替换组蛋白，有的可以把组蛋白核心八聚体整个从 DNA 上去除[3-5]。核小体的交错排列和堆叠使得 DNA 不再仅仅是简单的串珠状结构，并且大大压缩了 DNA 的空间占位，从而形成了染色质纤维（chromatin fiber）结构。

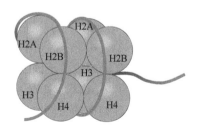

图 28-1　核小体的核心结构由组蛋白八聚体与缠绕在上面的 DNA 组成

28.1.2　细胞核与染色体的领区

　　1930 年，科学家在光镜下发现有丝分裂间期的细胞核中的染色质有两种截然不同的形态：其中一种是高度紧密排列的，称为异染色质（heterochromatin）[6]；其他较为疏松排列状态的 DNA，称为常染色质（euchromatin）。之后，人们发现异染色质中紧密排列的正是许多按一定规律堆叠在一起的核小体。在一个典型的哺乳动物的基因组中，异染色质的比例超过 10%，尽管在一条染色体许多不同的区域都会出现异染色质，但它们主要集中在着丝粒（centromere）和端粒（telomere）上。异染色质区域的 DNA 往往包含的基因数量较少，并且将常染色质中的基因包裹进异染色质中是一种将基因表达下调或关闭的方式[1]。异染色质的形成被认为是由许多非组蛋白的蛋白质协作完成的，如异染色质蛋白（heterochromatin protein，HP1）和多梳蛋白（polycomb group protein，PcG）。关于异染色质的集簇是如何发生的，其中一种观点认为是蛋白质（与水的）相位分离导致的。人们发现，HP1 蛋白在细胞外液体中能够形成油滴状结构，在分裂间期的细胞核中也形成类似的结构。如图 28-2 所示，随着时间的推移，由于 HP1 蛋白间的疏水作用，这些小液滴融合在一起，形成更大的与水相分离的液滴。有假说认为，具有与水相分离趋势的异染色质蛋白结合到某些 DNA 区域，在蛋白疏水聚合的驱动下带动了染色质的位移并形成了异染色质结构区域[7]。

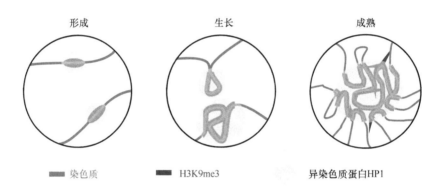

图 28-2　HP1 蛋白介导的相位分离驱动异染色质的形成。根据参考文献[7]重新绘制

　　许多不同的实验都证明了细胞核内的空间分布是非常不均一的、异质性的（heterogeneous）和特区化的。除了异染色质与常染色质这样的分类，其他功能性状相似的 DNA 能够移动和簇集到一些特定区域。首先，人们发现人类细胞中的 46 条染色体在细胞中各自占有一片离散的领区[8]（territory），如图 28-3 所示[1]。而每一条染色体中的异染色质部分总是倾向定位于靠近细胞核内的周缘（periphery）区域，并且关联着核膜内的薄层蛋白（lamina protein）。人们把那些染色质上高度与薄层蛋白结合的区域称为薄层结合的相关结构域（lamina-associated domain，LAD）。LAD 主要是由转录水平上沉默的染色质区域组成的。同时，染色质上的不同区域及染色质上的基因在细胞核中的位置是动态变化的。例如，FISH 实验证明了许多基因在表达开启以后，它们的位置从细胞核的周缘迁移到了细胞核的中心。除了以转录活跃程度和薄层连接形成的细胞核区位化效应，DNA 的复制也形成了不同的区域结构。真核细胞的染色体在复制过程中表现为多中心、有先后的特点，因此不同的 DNA 区域具有不同的复制时序（replication timing）。基因组上平均每特定的 400～800kb 的区域具有内部相似的、连续的复制时序，被称为复制时序域（replication timing domain）[1]。有趣的是，早发生 DNA 复制的区域（early replication domain）大多数是空间上具有开放特性的染色质区域，而晚发生 DNA 复制的区域（late replication domain）大多数是空间上更为紧密折叠的染色质区域，并且其中有相当一部分是 LAD[9]。比较人与小鼠的复制时序域可以发现其在进化中具有高保守性和共线性[10]，反映了这一类结构域在哺乳动物中可能具有重要的基本生物学意义。细胞核

内其他的亚结构也具有自己特定的空间分布，例如，核仁中不仅具有大量的核糖体亚单位和 rRNA，而且是许多合成 rRNA 的基因的聚集之处。

28.1.3 层级化的染色质 3D 结构

线型的双螺旋 DNA 和串珠状的核小体，经过一级一级不同水平上的折叠，从而形成了最终的染色质，这些染色质又以特定的空间占位互相隔绝与联系，形成了我们所看到的细胞核中空间上的区位分布，我们把这种染色质不同水平上的折叠称为染色质的层级化结构（hierarchical chromatin 3-dimensional architecture）。如图 28-3 所示，具体来讲，DNA 成环是染色质最基本的空间组织形式[11, 12]。所谓的成环，即一条染色质中的某一部分向外凸出而两边收拢形成近似环状结构，环的两侧的 DNA 区域在直线上距离较远，但是能够通过环状结构在空间上相互靠近。这一过程是由一些结构组织蛋白介导的，主要是 CTCF、黏连蛋白（cohesin）[13, 14]、介导素（mediator）、转录因子、协同增强子，以及非转录 RNA[15]。例如，CTCF 存在于 20%的增强子上，参与形成基因组上部分启动子-增强子的染色质联结。研究发现，当敲除 CTCF 时，一些染色质的联结，如 *SOX2* 基因与其增强子的相互作用会消失或减弱[16]。此外，组蛋白 H3K4 修饰酶 MLL3/4 也被发现可能参与到部分的染色质成环中。在小鼠胚胎干细胞（mESC）中敲除这两个基因不仅使得一些远距离的环状结构消失了，并且影响了黏连蛋白与 DNA 的结合[17]。DNA 上一对 CTCF 结合位点往往成相对或相背的方向，当位于这两个结合位点中间的 DNA 向外凸出时，结合的 CTCF 就会呈一个方向，并且形成同型二聚体来稳定凸出的环状结构[18]。DNA 的成环是一种调节基因表达的方式，因为它可以改变基因到调节子之间的距离，或者将基因通过染色质桥联（chromatin interaction）到顺式调节子附件，而具体是上调或者下调基因表达则取决于环状结构中有什么成分。人们发现，大约 50%的人类基因可以通过 DNA 成环的方式参与到染色质联结中[19]。

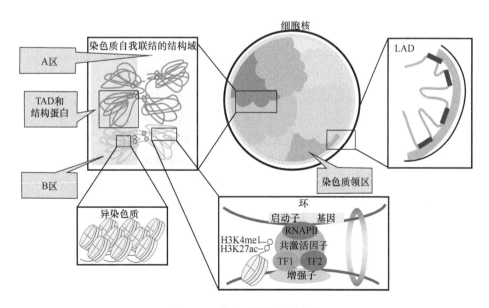

图 28-3 染色质的层级化结构

接下来，许许多多的染色质的环状结构并不是完全分散独立的，人们发现一段 DNA 区域内形成的许多环状结构会簇集在一起，并且相邻区域内部的染色质也会有类似的簇集，然而空间上从这两个区域来的 DNA 的相互接触则会少得多，人们把这种一个一个的内部高度联系的染色质区间在 3D 空间上所形成的结构称为染色质自我联结的结构域。在真核细胞中，其称为拓扑结构域（topologically associating domain,

TAD）[20]，类似的结构在哺乳动物、果蝇和线虫中都存在[21]。TAD 具有几个重要特征：每一个 TAD 在线性 DNA 上主要是 1～2Mb 的区域，同时如上所说，每一个 TAD 内部有大量的成环与联结，而 TAD 之间联结的频率则会低得多。TAD 与基因的表达是相互关联的，而一个 TAD 中的大多数基因往往表现出趋同调节的特点，因此一些 TAD 中的基因表达较为活跃，而另一些 TAD 则较为沉默。此外，TAD 的一个重要的特征是，它的边界上总是富集结构蛋白的结合位点，如 CTCF、较为活跃表达的基因、管家基因和 SINE 重复序列。现在有许多证据都证明 TAD 本身是一种经典的、大范围存在的隔绝模式[22]，例如，我们前面提到的具有压抑表达性质的异染色质本身是能够在染色体上向两边扩张的，而许多异染色质正是在 TAD 边界被阻断的。关于 TAD 是如何形成的，一种假说认为染色质成环突起的过程是 TAD 形成的基础：黏连蛋白复合体促进了染色质环的突起，这个环可以继续扩大，并且 DNA 可以在结合于环根部的黏连蛋白复合体中滑动，直到黏连蛋白遇到结合在 DNA 上的 CTCF 形成复合体，染色质环的增大才停止[15]。这个假说与我们观测到的 TAD 的边界是一致的。因此，人们也认为，cohesin-mediator 在 DNA 上的结合代表了相对自由与动态的一个一个的染色质环，而 CTCF-cohesin 在 DNA 上的结合则代表了更加稳定的染色质变动的框架[23, 24]。许多研究纷纷证明了这一假说的不同侧面，例如，单细胞 Hi-C 观测到每一个细胞的染色质环可以各不相同，有许多动态的变化，但是这些细胞都在百万对碱基的规模上呈现出了稳定的结构域的轮廓[25]。实验也证实了黏连蛋白对 TAD 的结构是必不可少的，比如用 auxin 系统短暂地敲除黏连蛋白之后，染色质上的 TAD 结构几乎全部消失了[26-28]。不仅 CTCF 和黏连蛋白参与了染色质联结与 TAD 的形成，近期还发现了如 MLL3/4、锌指蛋白 YY1 等蛋白质参与了基因启动子与增强子的相互作用[29]。此外，WAPL 蛋白也被发现参与了对染色质环的划动与 TAD 边界的约束，该基因敲除之后，基因组中出现了许多新增的、跨过 TAD 边界的染色质联结[30]。

　　类似地，人们发现染色质总体上在空间上可以被分成两部分，分别标记为 A 区与 B 区[31]（A/B compartment），这两部分内部各自有丰富的染色质联结，而两部分之间的联结却较少。人类基因组中的每一条染色体都能够分出这样的 A/B 区，而每一个 A/B 区的线性长度大约为几百万个碱基对（Mb）[31]。其中，A 区的染色质结构较为疏松与开放，它富含基因和激活性质的表观修饰（如 H3K27ac）、具有较高的 GC 含量，并且通常位于细胞核较为中心的位置。相对的，B 区在位于细胞核周缘的位置，所含的基因较少，是染色质相较 A 区更为紧密压缩的形式，即通常异染色质所在的区域，而 B 区内也有更多的抑制性表观修饰（H3K27me3），其总体的基因表达也较低或沉默。有趣的是，A/B 区间大多数时候正好对应了染色质复制时序区域，其中 A 区主要对应早发生复制的区域，而 B 区则为晚发生复制的区域[9]，并且，位于细胞核周 B 区也经常对应着前面提到的 LAD[31]。上述的 TAD 与 A/B 区、复制时序区域和 LAD 有一定的关联，但也独立于以上这些概念，许多 TAD 的边界也对应了 A/B 区、复制区域和 LAD 的边界[31]。A/B 区的形成机制可能包括了前文提到的异染色质形成的相位分离假说。

　　最后，染色质的最高一级的空间组织形式，即我们前面提到的染色质领区。染色体在细胞核中的位置，既具有一定的的保守性，又是动态变化的。虽然人类不同的染色体在不同细胞中的位置不尽相同，但是总体上仍表现出一定的对空间位置的选择性。例如，那些富含基因的染色体常常处在细胞核中央一些的位置，而所含基因相对较少的染色体有更大的概率出现在细胞核周缘。不过不同组织来源的细胞中，染色质领区可以有较大的变化，比如鼠类的视网膜视杆细胞中，常染色质在外而异染色质在中央，这样的结构有利于光的穿透。相比之下，TAD 则有更高的保守性，TAD 边界在同物种的不同细胞中，如人的胚胎干细胞与成纤维细胞，或者小鼠的胚胎细胞与脑皮质细胞，大多数时候都高度稳定。不仅如此，TAD 在进化过程仍表现出一定的保守性。例如，54%的人类基因组的 TAD 边界能够存于小鼠基因组中的 TAD 边界，而反过来，这个比例更是高达 76%[20]。同样的，染色质复制时序区域在人和小鼠的同线性基因组中也体现出了许多保守性[10]。在机体分化过程中，不同组织细胞的细胞核的各级空间结构都各有异同，我们在 28.3 节中会提到。

28.2　解析染色质 3D 结构的方法

- 解析染色质 3D 结构的方法主要分两类，一是以显微镜（光镜和电镜）为基础直接观察染色质的空间结构，二是结合高通量测序间接捕获染色质的形态。
- ATAC-seq 主要应用 Tn5 转座酶将 DNA 接头插入未被核小体保护的裸露 DNA 中，通过测序确定染色质的开放区域。
- 基因组结构定位技术利用激光以任意角度冷冻切割细胞核形成许多超薄切片，通过对每个切片的 DNA 进行测序，可用于描绘基因组不同区域之间的空间直线距离。

破解染色体在细胞核中的 3D 空间区位与折叠方式是我们了解基因调控和一系列细胞通路的作用机制的基础。除了发现 DNA 双螺旋结构的 X 射线衍射法[32]，目前最为广泛运用的技术分为两大流派：一类使用显微镜直接观察染色质的空间结构，另一类结合高通量测序来捕获染色质的形态。不同的实验技术具有各自独特的优势。随着技术的发展，这些方法被不断改良，同时，结合这两类技术的方法和独立于现有技术的创新方法也应运而生。

28.2.1　用显微镜观测染色质

用显微镜来观察是最为传统、直观的研究细胞核与染色质的空间结构方法，尽管目前有许多不同的技术分支，但总体上可以根据使用的显微镜不同分为以光镜为基础和以电镜为基础的两类技术。传统的电镜技术，包括透射电镜和冷冻电镜往往被运用于研究 DNA 的离体结构，例如，染色质离体条件下形成的直径 11nm、核小体串珠样分布的高分子结构[34]，直径为 30nm 的 Z 型或直径为 33nm 的螺线管型的纤维结构[35-37]，很多是由电镜发现的，电镜也可验证直径约为 120nm、300nm 和 700nm 的染色质超级结构等[38-42]。值得一提的是，由于冷冻电镜具有分辨率高、操作相对简便的特点，近些年来越来越被广泛运用。不过，由于细胞核内与离体环境下的化学环境相差较大，染色质在核内的电镜结构不一定会完全类似于上述体外结构。要探究染色质的核内结构，对于依赖于相位对比来展示细节的冷冻电镜来说，长久以来首先要解决的是 DNA 与周围环境的对比度很低以至于染色质几乎不能被清晰地从核内观察到的问题（图 28-4）。2017 年，来自 Salk Institute 的 O'Shea 实验室创新性地发明了 ChromEMT 技术。该技术通过结合冷冻电镜与 DNA 染料的光氧化反应解决了这个问题：首先，可以穿透核膜并且结合在 DNA 上的染料 DRAQ5 在光激活下会产生活性氧，从而氧化二氨基联苯胺（DAB）使其发生聚合反应，生成结合在染色质上的黑色沉淀物；接下来，用于电镜下固定和着色的 OsO_4 可以着色染色质上的 DAB 聚合物，从而在电镜下使我们看到染色质的形态[33]（图 28-4）。这项研究发现，细胞核内的染色质无论在有丝分裂间期还是 M 期，无论异染色质还是常染色质，均呈现为直径 5～24nm 的、含有颗粒的链状结构，区别在于分布的密度和空间形态。染色质能够灵活地弯折，从而完成多种不同水平上的空间占位的压缩[33]。

目前，我们关于细胞核内染色质空间结构的了解，往往来自于光镜技术，其中许多大量运用了 DNA 荧光原位杂交技术（fluorescence *in situ* hybridization，FISH）。这项技术主要通过使用被荧光标记的核酸探针去互补结合感兴趣的位点，从而在光镜下观测这些位点在单细胞细胞核的位置，以及直接测量多个位点之间的距离[43]。时至今日，人们在 FISH 的基础上创建了许多新方法，旨在改良传统 FISH 的分辨率、

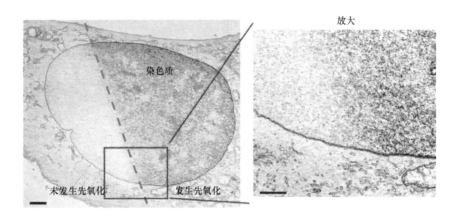

图 28-4　ChromEMT 技术可观测染色质的电镜结构

DNA 的结构在冷冻电镜中难以被检测到（虚线以左），通过 ChromEMT 技术后可以被探测到[33]

通量、视角、活细胞追踪的能力等，我们在这里将做一些简短的介绍。第一，传统的 FISH 是二维平面成像的，并且是在脱离细胞核环境下检测的有丝分裂 M 期中的染色体，因此不能用于检测细胞核中有丝分裂间期染色质的空间结构。而近些年来被广泛运用的 3D FISH 结合了 3D 显微镜成像，保留了细胞核结构，并且可以同时运用多个不同颜色的探针，因此可以用于研究单细胞内多个染色质位点的空间结构[44]。第二，传统光镜分辨率被光的远场衍射极限所限制，这也同样限制了传统 FISH 的分辨率，因此，一系列对光镜分辨率改良的超分辨荧光显微镜技术也同时改良了 FISH 的分辨率，如受激发射损耗显微镜技术[45, 46]（STED）、光子激活定位显微镜技术[47, 48]（PALM）和随机光学重建显微镜技术[47, 48]（STORM）。FISH 的分辨率还受到探针设计的影响,而一系列改良的探针设计结合超分辨率显微镜进一步优化了 FISH 的分辨率[49]。例如，结合了 STORM 技术和 DNA-PAINT 技术[50]的 FISH 可以达到小于 20nm 的分辨率，用于检测细胞核纳米级别的染色质形态[51]。不仅如此，改良的探针技术丰富了一次性检测色彩和位点的多样性，并且提供了更多活细胞下监测染色质结构的方法。例如，运用 CRISPR-dCas 技术将探针结合到 DNA 上但不切割 DNA 的技术 CRISPRRainbow 能在单个活细胞中一次检测 6 个不同的位点[52]。此外,FISH 由于一次只能标记有限几个位点，通常只能用于有强针对性的检测或验证少数几个区域的染色质空间结构，但并不能够用于开放性地描绘大范围内的空间组织结构。针对这样的低通量的问题，出现了如 HIPP-map 和 chromatin tracing 这样探查几十到上百对区域的方法[53, 54]。目前，相关的显微镜技术已经可以实现对全基因组分散的上千个位置进行拍摄，从而勾勒出整个基因组的模样[55]。

28.2.2　基于染色质形态捕获实验的方法

通过显微镜观测染色质的方法虽然直观，但其应用仍被有限的分辨率和通量所限制。2002 年，首个染色质形态捕获（chromatin conformation capture，3C）实验被提出[56]，该方法测验的是染色质两个位置在 3D 空间上的联结频率或靠近频率，而不同于显微镜法测试的染色质不同座位之间在空间上的距离。3C 的核心步骤在于在细胞正常活性状态下用甲醛溶液交联固定，使得染色质的空间结构被固定保存下来，接下来 DNA 在低浓度下被限制性内切核酸酶所切割，而之前联结的 DNA 由于固定的原因所形成的几个切口在空间位置上会相对于游离的 DNA 靠近许多。用连接酶处理细胞核，空间上靠近的切口会有更高的机会被连接起来。然后，反交联和纯化 DNA 使得 DNA 从蛋白质上游离，以 DNA 作为模板，根据实验假说中形成染色质联结的两个区域设计引物，能够通过 PCR 的方式检验是否存在染色质的联结现象，或者通过 qPCR 评估与比较联结的频率。3C 能够用来定量回答一些生物学上的问题，如基因的启动子与远距离的增强子之间是否在空间成环并靠近。3C 主要用来检测一个区域对另一个区域或者几个有限的区域的联结频率，而另一个基于 3C 和二代测序的实验 4C（chromosome conformation capture-on-chip），则能够回答一个区域对所有区域联结的问题[57]。4C 有别于 3C 的步骤在于，DNA 在第一次酶切被连接后，又被第二种内切酶所切割，因此在 DNA 的两端形成新的黏性/平末端，再一次使用连接酶后，DNA 会自连形成一个圆环装的结构，以感兴趣的 DNA 区域作为诱饵设计向外的引物，则能够扩增出与靶区域在空间上靠近或联结的区域；进一步对扩增产物进行测序，则能够了解到基因组中有哪些区域与该靶序列靠近，以及相对的频率。5C（chromosome conformation capture carbon copy）是另一个基于 3C 的方法，它能够检测特定区域内的所有染色质的联结，即是所谓的"多对多"的联结关系[58]。5C 结合了 3C 与多重寡核苷酸探针扩增法（multiplex ligation-dependent probe amplification），在 3C 建库的基础上，设计多对与检测序列互补的引物，而引物的外侧是统一的序列，可用于扩增目标区域的 DNA 并用于测序。最后，近年来，一个可用于检测全基因组的染色质联结状态的方法越来越被广泛运用，该方法称为 Hi-C，它检测的是"全部区域对全部区域"的染色质联结，包括顺式与反式联结[31]。Hi-C 的实验核心如图 28-5 所示：在 3C 的基础上，在连接 DNA 前用生物素标记限制性内切核酸酶切口，并且在连接后使用磁珠结合生物素，能够从全基因组的各种片段中大量筛选出重连的片段。之后，将筛选出来的片段去交联、加上测序索引和扩增，即能够结合二代测序得到全集因组的联结情况。测序后得到的每一个片段的序列，通常可以来自基因组上两个不同的位点。我们将这两部分分别比对基因组，并将这两个对齐的区域看成一对联结的染色质区域，将数百万或者更多的片段序列按照这样找到一对对的联结后，Hi-C 的结果就可以表现为一个 $n*n$ 的二维矩阵。我们平常所处理的 Hi-C 结果通常以热图的形式将这个矩阵表达出来，我们可以从这个矩阵中探索到大量的信息。例如，第一节的 A/B 区及 TAD 都是从 Hi-C 的结果中获得的。由于 Hi-C 的结果建立在百万个细胞之上，因此 Hi-C 热图中的数值反映的是某种染色质联结在所有细胞中的频率，却并不一定能反映每个细胞中的情况。因此，单细胞 Hi-C（single-cell Hi-C）技术的发明与发展能够反映细胞的空间结构的异质性，如在分裂不同时期各不相同的空间结构特点[25, 59-61]。

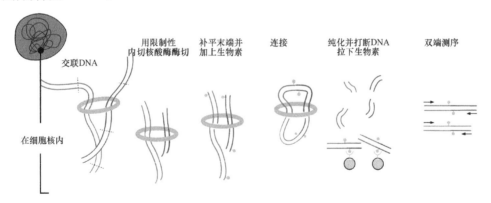

图 28-5　Hi-C 技术的主要步骤[31]

像 Hi-C 这样对全基因组无针对性检测的方式，需要约 10 亿的测序读数才能达到 1000 个碱基对的分辨率，这使它的实验成本非常高昂。同时，有时人们想要回答一些特定的问题，如某些特定的蛋白质在建立染色质结构中的作用，又如深入了解只与基因调控相关的染色质成环情况，因此，在染色质形态捕获得基础上，衍生出一系列针对性的实验。其中一类结合了免疫共沉淀的方法，如 ChIA-loop[25, 59-62]、ChIA-PET[63]、HiChIP[64]和 PLAC-seq[65]，用于探测与这些蛋白质联系在一起的，或者由这些蛋白质介导的染色质联结。ChIA-PET 在甲醛交联固定的基础上用针对感兴趣蛋白的抗体来筛选出被这些蛋白质结合的染色质。不同于 Hi-C 使用限制性内切核酸酶和连接酶切断重连染色质，ChIA-PET 在超声破碎染色质后用一对特定序列的、被生物素标记的半连接分子将近距离的染色质断口连接起来。连接分子的末端中

有内切酶 *Mme* I 的识别位点，能跨过连接的染色质在其下游 20 个碱基处切开 DNA，使连接的染色质游离开、用生物素捕获并用于测序[63]。PLAC-seq 克服了 ChIA-PET 需要用上亿个细胞作为投入且实验复杂昂贵的难点，它仅需使用 50 万～500 万个细胞，100 万～200 万左右的测序读数即可达到单个基因组元件的分辨率[65]。另一类衍生的方法如 Capture-C 和 Capture Hi-C[66, 67]则主要针对特别的 DNA 序列，如基因的启动子区域和增强子区域。例如，Capture Hi-C 在 Hi-C 建库之后，使用被生物素标记的、针对全基因组 2 万多个启动子 RNA 探针库杂交筛选出 Hi-C 库中含有启动子区域的染色质，去掉了无关的染色质连接产物，使该技术达到了单酶切片段的分辨率。

28.2.3　近年新兴的其他实验技术

除了以上所述，还有 ATAC-seq（assay for transposase-accessible chromatin using sequencing）这样检测染色质开放区域的技术。ATAC-seq 技术主要应用 Tn5 转座酶将 DNA 接头插入未被核小体保护的裸露 DNA 中，之后通过测序揭露染色质的开放区域，与经典实验 DNase-seq 的目的一致，并且相较之下具有所需细胞量少、操作简便和成本低的特点，因此近年来被广泛运用。一项由 ATAC-see 结合了 ATAC-seq、荧光显微镜技术和高通量测序等的新技术[68]，可以检测细胞核中开放区域在空间上的位置。在这一基础上，ATAC-see 使用了荧光标记的 DNA 接头，使染色质中的开放区域能在显微镜下发出荧光从而观测它们所在的位置，再通过测序了解它们是什么序列。ATAC-see 这项技术实现了在同一个细胞中对许多区域既进行显微镜观测又进行测序的突破，并且，其对大量单细胞的观测能够揭示动态变化的染色质架构。基因组结构定位（genome architecture mapping，GAM）技术是另外一个独立于上述几大类的方法。GAM 技术可用于描绘基因组不同区域之间的空间直线距离。它使用激光从任意角度冷冻切割细胞核形成许多超薄切片，并且对每个切片的 DNA 进行测序。根据"染色质空间结构上越接近的区域在细胞核薄片中共同出现的概率更高"的原理，GAM 对基因组任意两个或多个区域的相对距离做出评估。GAM 验证了大量存在的增强子与基因启动子之间的染色质联结[69]。相比于 Hi-C 一类实验，GAM 的特点是不具有限制性内切核酸酶所导致的偏向性，同时，GAM 可以根据不同区域共存的比例大小反映不同区域之间的直线距离远近，而 Hi-C 一类实验的数值仅能用于评价染色质靠近的频率，而并不能等同于靠近的距离。另外，染色质的空间结构形成还少不了 RNA 的作用，一些新型技术可以检测 RNA 与染色质的互作，如 R-ChIP、GRID-seq 和 MARGI[70-72]。

28.3　发育过程中动态变化的染色质结构

关键概念

- 不同组织和细胞特有的 A 或 B 区，主要包含了与这些组织、细胞身份相关的基因。通常，A 到 B 的切换对应基因表达下调，而 B 到 A 的切换对应着基因表达上调。
- TAD 中比周边区域更易形成内部染色质联结的区域称为高频度联结区域，往往富集增强子和超级增强子群。
- 细胞中染色质的空间结构在细胞周期中有着动态的变化。随着胚胎干细胞的分化与终末细胞在一定条件下的去分化，规律的动态变化具有重要的生物学意义。

28.3.1　分化过程中的染色质结构变化

在哺乳动物中，染色质的空间结构随着胚胎干细胞的分化会发生很大的变化。首先，在小鼠的卵母细胞核中，染色质呈现均匀地分布折叠，缺乏上文中提到的常见的 TAD 或 A/B 区结构，与之相反的是精子仍具有 TAD 结构，并且具有大量长距离染色质联结[70-73]。在受精之后，染色质的高级空间结构几乎消失，而结构的重建过程一直延续到囊胚植入前。在这期间，慢慢出现了稳固的 TAD 结构和 A/B 区的分离。有趣的是，精子与卵子中来源的染色质此时仍然在空间上相对分离，并且各自有不同的空间形式，这一形式可以一直延续到八细胞阶段[74]。在之后的胚胎发育阶段，以及成体阶段的干细胞分化过程中，A/B 区在不同的阶段展现出显著的变化。例如，从胚胎干细胞到中内胚层、间充质细胞、滋养层样细胞或者神经前体细胞的发育过程中，至少有 36% 的人类基因组历经了 A/B 区的切换[75]。如果我们更进一步地检验更多的分化阶段，包括终末分化细胞，如成纤维细胞 IMR90、淋巴细胞 GM12878，来源于外胚层的前额叶皮质细胞和下丘脑细胞，来源于中胚层的肺、小肠、胰腺和肝脏细胞，以及来源于中内胚层的卵巢、左右心室、胰腺和肾上腺等器官的细胞，就可以发现 56% 的基因组的 A/B 区是可以互换的[76]。具体来说，在许多分化过程中，如胚胎干细胞向 B 细胞的分化过程，都有 B 区的增长，伴随着抑制性的表观修饰在基因组上的扩张[77]。反过来，在具体的分化树上的细胞的进一步成熟过程中，如从 B 淋巴细胞前体祖细胞 pro-pre-B 到 B 淋巴细胞前体细胞 pre-B 的分化中，可以观测到显著的 B 到 A 区的切换，而这些切换的区域主要包含了那些对于 B 淋巴细胞的成熟至关重要的基因，如 Ebf1、Poxo1、IgK 和 IgI。随着 B 到 A 的切换，它们的表达也进一步上调[77]。总体来说，那些在特定组织、细胞特有的 A 或 B 区，主要包含了与这些组织、细胞特别相关的基因。一般来讲，A 到 B 的切换对应着基因表达的下调，而 B 到 A 的切换对应着基因表达的上调[75]。值得注意的是，基因组上 DNA 复制时的时序变化与 A/B 区的切换是一致的。人们注意到，染色质复制的时间顺序在不同的组织来源的细胞中各不相同。事实上，50% 的基因组会切换复制时序。

与 A/B 区不同的是，TAD 的结构与边界，在分化过程中较为稳定[75]。不过，这也是有例外的，例如，在脂肪前体细胞中观测到的一些 TAD 的边界，与胚胎干细胞和脑皮质细胞中的 TAD 边界是不一致的[78]。相比之下，TAD 的"强度"，即每个 TAD 内的或跨越 TAD 间的染色质联结情况和数量在分化过程中具有更加显著的变化，变化的趋势可以是增加也可以是减少。联结数的增加往往伴随着 TAD 所属区域由 B 区向 A 区切换以及 TAD 内的基因表达上调，而反过来联结数下降的 TAD 倾向于发生 A 区向 B 区的切换和内部基因的表达下调[75]。在许多不同的分化线路上，如 ESC 分化成脂肪细胞、肌管细胞或神经细胞等过程中，都出现了新增的染色质环，联系着与这些分化相关的基因[78, 79]。而新增的染色质环的另一头，往往连接着该组织中新增的或之前就存在的增强子，伴随着新增的或之前就存在的活跃状态的组蛋白修饰 H3K27ac[78]。另一方面，mESC 的分化过程中，有更多与潜能性相关的联结消失了，并且在整个基因组上，CTCF 的结合大大减少[78]。值得一提的是，在 TAD 中有一些区域比周边区域更容易形成内部的染色质联结，被称为高频度联结区域（frequent interacting region，FIRE），它们的内部往往富集增强子和超级增强子群，例如，淋巴细胞系 GM12878 中 77.8% 以上的超级增强子都在 FIRE 之中[76]。在不同的组织中，FIRE 的所在区域可大相径庭，有趣的是，不同组织中特有的 FIRE 往往包含的也是该组织特有的超级增强子，并且附近往往是该组织中特别表达的基因，预示着组织特异的染色质空间结构与组织特异增强子可能协同作用，调节该组织分化生长特别需要的基因表达[76]。总体来说，基因的启动子在不同分化路线上的不同组织中均有各自不同的、特有的染色质联结网络（interactome）。

28.3.2　细胞重编程过程中的染色质结构变化

染色质空间形态的重构不仅发生在分化过程，也发生在细胞的去分化重编程过程中。例如，有研究将小鼠胚胎干细胞（mESC）在体外诱导发育成神经前体细胞 NPC，再使用重编程技术将 NPC 诱导成为诱导性多能干细胞[80, 81]（IPSC），并对这三个阶段的细胞各自的染色质空间结构进行检测。人们发现，染色质的成环与相互联系一直随着分化和去分化的过程在动态变化。那些表达对于细胞全能性至关重要的基因，在 mESC 阶段与一些增强子形成了非常强的联结，存在于如 *SOX2* 基因与其下游 120kb 的增强子之间，以及 *Oct4/Pou5f1* 基因与其上游 20kb 的增强子之间。在 NPC 阶段，这些联结消失了，这些多能性相关基因的表达也随之下调或沉默；但在 IPSC 阶段，这些消失的联结又出现了，而这些基因的表达也重新上调。反过来，一些只在 NPC 中出现的联结，在 IPSC 中消失了。不过，并不是所有的 mESC 中的染色质的相互作用都可以在 IPSC 中自发复原，比如 ZFp462、Urb1 和 Mis18 等在 mESC 中与可能的增强子的联结就没有在 IPSC 中复原；也不是所有 NPC 中特有的联结都能够自发消失，而这可能是多能干细胞IPSC 与全能干细胞 mESC 仍有一些差距的原因之一。添加 2i/LIF 培养基之后，部分 IPSC 中没有复原或消失的染色质联结恢复到了与 mESC 中相当的水平，这也从机制上解释了为什么 2i/Lif 培养基有助于维持细胞的干性[81]。

28.4　疾病情况下改变的染色质形态

关键概念

- 一个 TAD 中沉默的基因在其与其他 TAD 融合后被另一个 TAD 中增强子所激活的现象称为"增强子劫持（enhancer hijacking）"，能引起基因表达失调。
- 除了基因组序列的突变，表观遗传变化也能影响 TAD 的形成。
- 基因组的空间结构可能与易发生突变的位点有一定的关系。

我们前面提到，细胞核和染色质的空间结构与基因表达有着重要的关系，如 TAD 内的基因倾向于协同调节，并且大量活跃表达的基因与沉默的基因分别处于细胞核不同位置、染色质的不同区中，因此，当染色质的空间结构被非生理性地改变或破坏后，可以引起包括与发育、肿瘤、代谢相关的基因的表达失调，从而引起一系列疾病。多种原因可以导致染色质 3D 结构发生改变，如 DNA 变异，包括单核苷酸替换、小片段插入或缺失（<50bp），以及大片段的删除、倒位和重复（≥50bp），另外，还有如超甲基化这样的表观遗传变异。当这些变异破坏如 TAD 边界这样重要的维持 3D 结构和隔绝的组件时，可以造成多种多样的染色质空间结构的不稳定和变异，其中一种情况如图 28-6 所示：两个原本隔绝的 TAD 融合形成一个更大的新 TAD（neo-TAD）[82]。在这样的情况下，一个重要的引起基因表达失调的机制是，原本在一个 TAD 中处于隔绝状态下沉默的基因，在 TAD 融合后被另一个 TAD 中的增强子所激活，我们也把这样的现象称为"增强子劫持"。疾病条件下还存在着一种与上述正好相对的情况，即为 TAD 的分裂现象。人们发现在癌症细胞中，TAD 的数量比同样组织来源的正常细胞要多一些，同时，TAD 的平均尺寸却显著缩小，而癌症细胞中的这些小 TAD，往往表现为从正常细胞中的大 TAD 分裂成几个亚 TAD 的形式。这些新出现的亚 TAD 的边界往往与癌细胞中的删除突变相对应[83]。目前，TAD 分裂的具体机制还不甚清楚。

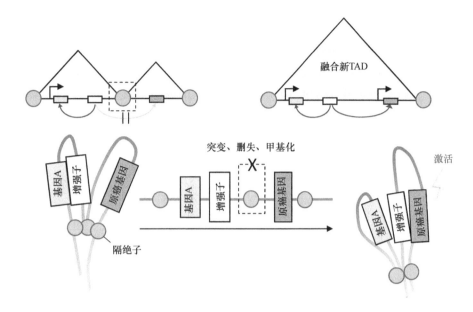

图 28-6　DNA 变异破坏 TAD 边界造成了 TAD 融合与原癌基因激活的模型

　　不仅仅 TAD 边界的变异可以引起疾病，事实上，即使 DNA 的变异仅仅影响了单个重要的基因与增强子之间的联系并且导致了基因表达的失调，也可能具有致病性。在基因组上，所有与基因启动子联结的区域比剩余的其他区域更加富集疾病相关的单核苷酸多样性[84]（single nucleotide polymorphism，SNP）。例如，上文中提到的内部包含了大量染色质联结的 FIRE 区域，就是一个极端富集大量疾病相关 SNP 的例子：FIRE 中，平均每百万个碱基对出现了 3.33～3.76 个疾病相关 SNP，这个变化取决于该 FIRE 内是否有增强子；而全基因组平均每百万个碱基对仅有 1.45 个疾病相关 SNP。由这个结果可以做出如下一种假设，即发生在染色质环状空间结构的区域的 DNA 上的突变更容易致病，一种可能的机制就是突变破坏了这些染色质的环状结构，从而引起基因的表达失调[76]。反过来，基因组上已被发现的成千上万的疾病相关 SNP，它们的作用机制尚不清楚，通过启动子的联结网，能够优先排查到与这些 SNP 相关的基因。通过这一方法，人们发现了上千个新的疾病相关的基因[84]。

28.4.1　系统发育疾病中变异的染色质 3D 结构

　　如我们在 28.3 节中谈到的，染色质的空间结构在胚胎发育的早期阶段经历了剧烈的变化，可以想象，如果某一个阶段中这些特化的染色质空间结构被紊乱或破坏，可以对发育造成不同程度的影响。一个引人瞩目的例子是软骨发育不良疾病中的染色质空间变异。人们对软骨发育不良和多指症的儿童进行基因组筛查，*WNT6/IHH* 基因的下游和 *PAX3* 基因的上游发现了一些大范围的删除、倒位和重复出现，并且这些突变的序列中包括了一个 TAD 的边界。不仅如此，这些突变均能够将 *EPHA4* 基因附近的一系列活跃的增强子带入到 *WNT6/IHH* 基因或者 *PAX3* 基因附近，并且异位性地激活它们的表达[85]。*WNT6* 是重要的发育调节因子，而 *IHH* 和 *PAX3* 更是已知能够直接影响骨骼尤其手部骨骼的发育。*PAX3/IHH/WNT6* 这几个基因的异常表达分别直接导致一系列手部发育畸形，依次为短指症、多指症和 F 综合征。基因组上的其他区域也存在类似的机制导致发育异常。例如，*KCNJ2* 基因也与手部的发育直接相关，在正常细胞中，该基因由 TAD 边界与下游的一系列基因将其与增强子分割开来。然而，一个包含 *KCNJ2* 和 *SOX9* 基因的重复突变将该新增的这个 *KCNJ2* 放置在了原来的 *SOX9* 下游。研究发现 *SOX9* 周围的一系列增强子激活了异位的 *KCNJ2* 的表达，并且直接导致了发育畸形疾病 Cook 综合征[86]。

28.4.2　肿瘤相关疾病中变异的染色质 3D 结构

染色质空间变异，如果在原癌基因与增强子之间造成新的联结，或者丢失了抑癌基因与增强子之间的联系，可能是致癌的。一些 T 急性淋巴细胞白血病中大量表达 *TAL1* 和 *Lymo1* 基因，使淋巴细胞停留在幼稚阶段并大量分裂，是已知重要的白血病成因之一。研究发现，有一些白血病细胞的基因组中，在 *TAL1* 基因附近有一段删减，恰好位于 *TAL1* 附近的 CTCF 和黏连蛋白的结合位点上，因此这段删减有可能打破了 TAD 之间的隔绝状态[87]。与之对应的是，*TAL1* 只在白血病细胞中被发现与远端的增强子形成了染色质联结。更广义地来看，人们发现基因组上与白血病相关的基因，往往在正常情况下与附近的 2～3 个基因形成一个与外界相对隔绝的环境，而在白血病的病例中，起到隔绝作用的 CTCF 结合位点总是反复出现不同形式的变异。当人们进一步用 CRISPR 的基因组编辑技术在正常细胞中敲除 *TAL1* 可能的边界成分时，染色质上的 TAD 结构出现了变化，伴随着 *TAL1* 和 *Lymo1* 基因表达的上调。类似的现象也出现在其他肿瘤相关的疾病中，已有证据表明，DNA 在 CTCF 结合位点上的突变，能够激活 *BRAF* 基因在食道癌中的表达，以及 *FGFR1*、*EXT2* 和 *RBM15* 在肝癌中的表达[87]。有时候，单个空间结构的变异就足够引起肿瘤疾病，例如，急性髓细胞性白血病 AML 中常见的 3 号染色体的易位或倒位可以将 *GATA2* 基因的增强子摆放到原癌基因 *EVI1* 附近，这种空间上的接近与远离激活了 *EVI1* 的表达，同时造成了 *GATA2* 表达的单倍剂量不足。仅这一项变异即可导致 AML 的发生[88]。事实上，对许多不同的癌细胞系的空间结构进行检测时，我们发现，尽管一些癌细胞系缺乏该类癌症在某些原癌基因编码区上标志性的突变，如前列腺癌细胞系 PC3 并没有出现 ETV4 的突变，但这些基因周边却往往发生染色质易位或大型缺失，使得基因处在一个新形成的 neo-TAD 中。例如，上述 PC3 细胞的 ETV4 旁有一个 15 号与 17 号染色质之间的易位，还有脑胶质瘤细胞 SK-N-SH 和 SK-N-AS 在 c-Myc 附近也出现了易位，胰腺癌细胞 PANC-1 在 *ERBB2* 附近出现大型缺失，乳腺癌细胞 T47D 在 ZNF703 和 TERT 附近具有易位，等等，这些变异都形成了 neo-TAD[89]。现在，人们可以运用生信方法，在癌细胞中一次性发现所有的类似事件，以急性髓系白血病为例，人们发现增强子劫持以及沉默子劫持在各种肿瘤里大范围发生[90, 91]。

除了基因组序列的突变，表观遗传的变化也可以影响 TAD 的形成。人们发现，在异柠檬酸脱氢酶（IDH）突变的脑胶质瘤细胞中，IDH 的功能获得性突变可以妨碍 DNA 甲基化的清除。在 CTCF 蛋白结合序列上的过高水平的 DNA 甲基化阻碍了 CTCF 与 DNA 的结合，从而导致两个 TAD 之间的隔离没有正确形成，在这种情况下，原癌基因 *PDGFR* 被一个融合进来的远端的增强子所激活，导致其大量表达。相应的，用去甲基化酶处理这一型的脑胶质瘤细胞，能够部分复原原本隔离的 TAD 结构，并且降低 *PDGFRA* 的表达[92]。

另一方面，基因组的空间结构可能与突变易发生的位点有一定的关系。人们发现，进化中较为稳定的染色质环的锚定位点，即 CTCF 结合的区域，或者 TAD 的边界，更容易形成 DNA 的双链断裂。这是因为，染色质在形成环状结构和进一步的线圈样结构时，这些结构的扭转部位，即锚定区域，承受了大量的几何扭转力，而拓扑异构酶 II 通过切开受到几何扭转力的扭转区域，跨过扭结，到另一侧重连 DNA 来缓解这种压力。在某些疾病条件下，异构酶切开了受张力区域却没有完全连接上，因此 DNA 的这些区域残留了双链断裂，并且在之后的非同源修复中有一定的概率发生突变。这些被 CTCF 结合且易发生 DNA 断裂的位点，与某些肿瘤常出现的突变位点是一致的，如 AML 中常常发生染色体易位的 MLL 和 NUP98 的位点，以及前列腺癌中的 TMPRSS2 易位位点[93]。同时，TAD 边界易发生突变的影响可能不局限于肿瘤疾病的发生，在其他的疾病中也有一定的作用。

28.5　总结与展望

28.5.1　总结

DNA 的空间折叠与动态变化在真核细胞周期与个体发育中具有重要作用。通过经典的和不断创新的技术，人们解析了细胞核与染色质在不同层级上的空间结构，并且发现它们关联着许多重要的功能，如基因表达、DNA 复制和机体的发育分化。染色质的空间结构可以受到基因组型、表观基因组修饰的影响而发生改变，这种改变能够引起基因表达的变化，从而导致一系列疾病的发生。

28.5.2　挑战与展望

近些年来，许多以显微镜成像和染色质形态捕获为基础的方法开辟了研究细胞核与染色质的空间结构的道路，同时，还有许多问题等待回答，例如，如何深入研究和理解这些不同方法带给我们的大通量结果与尚未完全被人们所掌握的信息。具体来讲，例如，Hi-C 这样的方法给了我们非常丰富的关于染色质联结频率的信息，问题是，我们如何将这样的信息链接和转化到染色质在空间上真实的结构和相互间的距离。更细致的层面上，Hi-C 所显示的染色质联结，其实包含两种不同程度"靠近程度"，但从 Hi-C 的结果上并不能加以区分：一种小于 100nm，实质上是物理接触；而另一种为 100～1000nm，是在空间结构上的相近。从显微镜的角度来讲，这两种情况一种是信号的重叠，而另一种是信号的接近，然而基于显微镜的方法是否能够区别这两种信号，仍然取决于方法的分辨率。因此，如何对高通量的结果根据生物化学上的不同特性做出区分，是一个重要的议题。再者，当我们从高通量的实验中得到大量的、推定的染色质交联情况时，随之而来的问题是，能否系统化地、大规模地验证这些交联是否存在。传统的 FISH 能够验证某些特定的区域，但无法应付大规模的验证。而之前提到的 HIPMap 可以一次性对几百个推定的染色质联结对进行验证，这在一定程度上提供了一种验证的方法。未来，更高通量的显微镜相关技术有待于发展以便更好地解决这些问题。另一方面，高通量的测序相关或者显微镜相关的技术都需要统一有效的、无偏倚的方法去评价实验的完成质量、可信度以及可重复度，同时，在面对来自于不同样本的结果时，需要量化地评价样本之间的差异程度，从而理解不同样本在生物学上的差异与亲缘关系，然而传统的皮尔逊相关系数和斯皮尔曼等级相关检验并不能很好地衡量实验结果，如 Hi-C 的实验结果。近年来，一些新兴算法的出现有望解决部分问题[94,95]。未来，该领域内需要系统地比较和结合这些方法，形成可以广泛应用的标准质量控制体系。

另一个重要的问题是，如何理解基于一群细胞的实验结果。事实上，基于群细胞的 Hi-C 结果包含了许多种可能性：同一区域不同形式的染色质结构在一群细胞中可能均会以不同比例呈现在 Hi-C 的结果中，这既可能是由不同细胞的细胞核的空间结构的异质性引起的，也有可能是由一个细胞中两个不同的等位位置、不同的染色质形态引起的，也可能同时包含两种情况。此外，一个区间内存在两种不同的染色质形态，这种变动既可以是由染色质在所有细胞不同时间上的动态变化造成的，也可能是因为染色质在不同细胞中形态不同但较为稳定。因此，一个重要的议题是了解染色质空间架构的动态变化。一系列单细胞高通量实验有望解决这些问题，这些实验目前在单个细胞上存在着单细胞水平上低信号的问题，实验的步骤和数据分析有望进一步改良。另外容易被忽视的一点是，对于染色质形态捕获的实验来说，甲醛的交联和限制性内切核酸酶的选择亦可以影响结果，有许多染色质的联结发生在不溶的细胞核中，而这一部分的信息目前是被忽视的。相比较 3C 相关的实验，显微镜的实验对于观测染色质的结构更加直观，并且随着新兴技术的发展，分辨率也在不断提高。对于观测全细胞核染色质结构电镜技术（如 chromEMT）和基于荧光标记特定序列超高分辨率的光镜技术来说，一个重要的问题是，如何取长补短，同时实现大通量和确定观测的 DNA 序列；进一步，如何在不同的时间点上，高通量地观测染色质的动态形态变化，这个问题在未来可能需要结合不同的显微镜技术甚至 3C 相关的技术，最终实现能够高通量地观测每一个位点在全基因组随着时间变化动态的、真实的 3D 空间结构。

在与疾病和临床结合的层面，目前对肿瘤的研究或者临床上的诊断往往针对的是癌症相关基因的编码区；而事实上，由调控区变异导致的染色质空间结构的变化同样能够导致这些基因的表达失调。结合临床来说，这意味着传统的外显子测序诊断中某些基因变异"阴性"而不具备靶向治疗条件的患者，有可能是"表达阳性"，因此可能仍有机会接受靶向治疗。要做出这样的判断，需要未来在条件允许的情况下，于实践中更加广泛地检测和运用染色质空间结构与表观修饰的指征。

参 考 文 献

[1] Alberts, B. *Molecular biology of the cell.* 5th ed (Garland Science Taylor & Francis, 2008).

[2] Luger, K. *et al.* Crystal structure of the nucleosome core particle at 2.8 A resolution. *Nature* 389, 251-260(1997).

[3] Singhal, N. *et al.* Chromatin-remodeling components of the BAF complex facilitate reprogramming. *Cell* 141, 943-955(2010).

[4] Deuring, R. *et al.* The ISWI chromatin-remodeling protein is required for gene expression and the maintenance of higher order chromatin structure *in vivo. Mol Cell* 5, 355-365(2000).

[5] Denslow, S. A. & Wade, P. A. The human Mi-2/NuRD complex and gene regulation. *Oncogene* 26, 5433-5438(2007).

[6] Mather, K. Crossing over and heterochromatin in the X chromosome of *Drosophila* melanogaster. *Genetics* 24, 413-435(1939).

[7] Strom, A. R. *et al.* Phase separation drives heterochromatin domain formation. *Nature* 547, 241-245(2017).

[8] Meaburn, K. J. & Misteli, T. Cell biology: chromosome territories. *Nature* 445, 379-781(2007).

[9] Pope, B. D. *et al.* Topologically associating domains are stable units of replication-timing regulation. *Nature* 515, 402-405(2014).

[10] Ryba, T. *et al.* Evolutionarily conserved replication timing profiles predict long-range chromatin interactions and distinguish closely related cell types. *Genome Res* 20, 761-770(2010).

[11] Jin, F. *et al.* A high-resolution map of the three-dimensional chromatin interactome in human cells. *Nature* 503, 290-294(2013).

[12] Rao, S. S. *et al.* A 3D map of the human genome at kilobase resolution reveals principles of chromatin looping. *Cell* 159, 1665-1680(2014).

[13] Ong, C. T. & Corces, V. G. CTCF: an architectural protein bridging genome topology and function. *Nat Rev Genet* 15, 234-246(2014).

[14] Rubio, E. D. *et al.* CTCF physically links cohesin to chromatin. *Proc Natl Acad Sci U S A* 105, 8309-8314(2008).

[15] Fudenberg, G. *et al.* Formation of chromosomal domains by loop extrusion. *Cell Rep* 15, 2038-2049(2016).

[16] Kubo, N., Ishii, H., Xiong, X. *et al.* Promoter-proximal CTCF binding promotes distal enhancer-dependent gene activation. *Nat Struct Mol Biol* 28, 152-161(2021).

[17] Yan, J., *et al.* Histone H3 lysine 4 monomethylation modulates long-range chromatin interactions at enhancers. *Cell Res* 28, 204-220(2018).

[18] Nichols, M. H. & Corces, V. G. A CTCF Code for 3D genome architecture. *Cell* 162, 703-705(2015).

[19] Gorkin, D. U. *et al.* The 3D genome in transcriptional regulation and pluripotency. *Cell Stem Cell* 14, 762-775(2014).

[20] Dixon, J. R. *et al.* Topological domains in mammalian genomes identified by analysis of chromatin interactions. *Nature* 485, 376-380(2012).

[21] Dekker, J. & Heard, E. Structural and functional diversity of topologically associating domains. *FEBS Lett* 589, 2877-2884(2015).

[22] Dixon, J. R. *et al.* Chromatin domains: The unit of chromosome organization. *Mol Cell* 62, 668-680(2016).

[23] Kagey, M. H. *et al.* Mediator and cohesin connect gene expression and chromatin architecture. *Nature* 467, 430-435(2010).

[24] Phillips-Cremins, J. E. *et al.* Architectural protein subclasses shape 3D organization of genomes during lineage commitment. *Cell* 153, 1281-1295(2013).

[25] Nagano, T. *et al.* Single-cell Hi-C reveals cell-to-cell variability in chromosome structure. *Nature* 502, 59-64(2013).

[26] Rao, S. S. P. *et al.* Cohesin loss eliminates all loop domains. *Cell* 171, 305-320 e324(2017).

[27] Schwarzer, W. *et al.* Two independent modes of chromatin organization revealed by cohesin removal. *Nature* 551, 51-56(2017).

[28] Hanssen, L. L. P. *et al.* Tissue-specific CTCF-cohesin-mediated chromatin architecture delimits enhancer interactions and function *in vivo*. *Nat Cell Biol* 19, 952-961(2017).

[29] Beagan, J. A. *et al.* YY1 and CTCF orchestrate a 3D chromatin looping switch during early neural lineage commitment. *Genome Res* 27, 1139-1152(2017).

[30] Haarhuis, J. H. I. *et al.* The cohesin release factor WAPL restricts chromatin loop extension. *Cell* 169, 693-707 e614(2017).

[31] Lieberman-Aiden, E. *et al.* Comprehensive mapping of long-range interactions reveals folding principles of the human genome. *Science* 326, 289-293(2009).

[32] Watson, J. D. & Crick, F. H. Molecular structure of nucleic acids; a structure for deoxyribose nucleic acid. *Nature* 171, 737-738(1953).

[33] Ou, H. D. *et al.* ChromEMT: Visualizing 3D chromatin structure and compaction in interphase and mitotic cells. *Science* 357(2017).

[34] Richmond, T. J. & Davey, C. A. The structure of DNA in the nucleosome core. *Nature* 423, 145-150(2003).

[35] Robinson, P. J., Fairall, L., Huynh, V. A. & Rhodes, D. EM measurements define the dimensions of the "30-nm" chromatin fiber: evidence for a compact, interdigitated structure. *Proc Natl Acad Sci U S A* 103, 6506-6511(2006).

[36] Schalch, T. *et al.* X-ray structure of a tetranucleosome and its implications for the chromatin fibre. *Nature* 436, 138-141(2005).

[37] Song, F. *et al.* Cryo-EM study of the chromatin fiber reveals a double helix twisted by tetranucleosomal units. *Science* 344, 376-380(2014).

[38] Sedat, J. & Manuelidis, L. A direct approach to the structure of eukaryotic chromosomes. *Cold Spring Harb Symp Quant Biol* 42 Pt 1, 331-350(1978).

[39] Rattner, J. B. & Lin, C. C. Radial loops and helical coils coexist in metaphase chromosomes. *Cell* 42, 291-296(1985).

[40] Belmont, A. S. *et al.* A three-dimensional approach to mitotic chromosome structure: evidence for a complex hierarchical organization. *J Cell Biol* 105, 77-92(1987).

[41] Kireeva, N. *et al.* Visualization of early chromosome condensation: a hierarchical folding, axial glue model of chromosome structure. *J Cell Biol* 166, 775-785(2004).

[42] Dehghani, H. *et al.* Organization of chromatin in the interphase mammalian cell. *Micron* 36, 95-108(2005).

[43] Langer-Safer, P. R. *et al.* Immunological method for mapping genes on *Drosophila* polytene chromosomes. *Proc Natl Acad Sci U S A* 79, 4381-4385(1982).

[44] Cremer, M. *et al.* Multicolor 3D fluorescence *in situ* hybridization for imaging interphase chromosomes. *Methods Mol Biol*

463, 205-239(2008).

[45] Westphal, V. *et al*. Video-rate far-field optical nanoscopy dissects synaptic vesicle movement. *Science* 320, 246-249(2008).

[46] Hell, S. W. & Wichmann, J. Breaking the diffraction resolution limit by stimulated emission: stimulated-emission-depletion fluorescence microscopy. *Opt Lett* 19, 780-782(1994).

[47] Betzig, E. *et al*. Imaging intracellular fluorescent proteins at nanometer resolution. *Science* 313, 1642-1645(2006).

[48] Hess, S. T. *et al*. Ultra-high resolution imaging by fluorescence photoactivation localization microscopy. *Biophys J* 91, 4258-4272(2006).

[49] Cremer, C. & Cremer, T. Considerations on a laser-scanning-microscope with high resolution and depth of field. *Microsc Acta* 81, 31-44(1978).

[50] Schnitzbauer, J. *et al*. Super-resolution microscopy with DNA-PAINT. *Nat Protoc* 12, 1198-1228(2017).

[51] Beliveau, B. J. *et al*. *In situ* super-resolution imaging of genomic DNA with oligoSTORM and oligoDNA-PAINT. *Methods Mol Biol* 1663, 231-252(2017).

[52] Ma, H. *et al*. Multiplexed labeling of genomic loci with dCas9 and engineered sgRNAs using CRISPRainbow. *Nat Biotechnol* 34, 528-530(2016).

[53] Shachar, S. *et al*. Identification of gene positioning factors using high-throughput imaging mapping. *Cell* 162, 911-923(2015).

[54] Wang, S. *et al*. Spatial organization of chromatin domains and compartments in single chromosomes. *Science* 353, 598-602(2016).

[55] Su, J. H., *et al*. Genome-scale imaging of the 3D organization and transcriptional activity of chromatin. *Cell* 182, 1641-1659 e1626(2020).

[56] Dekker, J. *et al*. Capturing chromosome conformation. *Science* 295, 1306-1311(2002).

[57] Simonis, M. *et al*. Nuclear organization of active and inactive chromatin domains uncovered by chromosome conformation capture-on-chip(4C). *Nat Genet* 38, 1348-1354(2006).

[58] Dostie, J. *et al*. Chromosome conformation capture carbon copy(5C): a massively parallel solution for mapping interactions between genomic elements. *Genome Res* 16, 1299-1309(2006).

[59] Ramani, V. *et al*. Massively multiplex single-cell Hi-C. *Nat Methods* 14, 263-266(2017).

[60] Nagano, T. *et al*. Cell-cycle dynamics of chromosomal organization at single-cell resolution. *Nature* 547, 61-67(2017).

[61] Stevens, T. J. *et al*. 3D structures of individual mammalian genomes studied by single-cell Hi-C. *Nature* 544, 59-64(2017).

[62] Horike, S. *et al*. Loss of silent-chromatin looping and impaired imprinting of DLX5 in Rett syndrome. *Nat Genet* 37, 31-40(2005).

[63] Fullwood, M. J. *et al*. An oestrogen-receptor-alpha-bound human chromatin interactome. *Nature* 462, 58-64(2009).

[64] Mumbach, M. R. *et al*. HiChIP: efficient and sensitive analysis of protein-directed genome architecture. *Nat Methods* 13, 919-922(2016).

[65] Fang, R. *et al*. Mapping of long-range chromatin interactions by proximity ligation-assisted ChIP-seq. *Cell Res* 26, 1345-1348(2016).

[66] Hughes, J. R. *et al*. Analysis of hundreds of cis-regulatory landscapes at high resolution in a single, high-throughput experiment. *Nat Genet* 46, 205-212(2014).

[67] Mifsud, B. *et al*. Mapping long-range promoter contacts in human cells with high-resolution capture Hi-C. *Nat Genet* 47, 598-606(2015).

[68] Chen, X. *et al*. ATAC-see reveals the accessible genome by transposase-mediated imaging and sequencing. *Nat Methods* 13, 1013-1020(2016).

[69] Beagrie, R. A. *et al*. Complex multi-enhancer contacts captured by genome architecture mapping. *Nature* 543, 519-524(2017).

[70] Chen, L. *et al.* R-ChIP using inactive RNase H reveals dynamic coupling of R-loops with transcriptional pausing at gene promoters. *Mol Cell* 68, 745-757 e745(2017).

[71] Li, X. *et al.* GRID-seq reveals the global RNA-chromatin interactome. *Nat Biotechnol* 35, 940-950(2017).

[72] Sridhar, B. *et al.* Systematic mapping of RNA-chromatin interactions *in vivo. Curr Biol* 27, 610-612(2017).

[73] Ke, Y. *et al.* 3D Chromatin structures of mature gametes and structural reprogramming during mammalian embryogenesis. *Cell* 170, 367-381 e320(2017).

[74] Du, Z. *et al.* Allelic reprogramming of 3D chromatin architecture during early mammalian development. *Nature* 547, 232-235(2017).

[75] Dixon, J. R. *et al.* Chromatin architecture reorganization during stem cell differentiation. *Nature* 518, 331-336(2015).

[76] Schmitt, A. D. *et al.* A compendium of chromatin contact maps reveals spatially active regions in the human genome. *Cell Rep* 17, 2042-2059(2016).

[77] Lin, Y. C. *et al.* Global changes in the nuclear positioning of genes and intra- and interdomain genomic interactions that orchestrate B cell fate. *Nat Immunol* 13, 1196-1204(2012).

[78] Siersbaek, R. *et al.* Dynamic rewiring of promoter-anchored chromatin loops during adipocyte differentiation. *Mol Cell* 66, 420-435 e425(2017).

[79] Doynova, M. D. *et al.* Linkages between changes in the 3D organization of the genome and transcription during myotube differentiation in vitro. *Skelet Muscle* 7, 5(2017).

[80] Takahashi, K. & Yamanaka, S. Induction of pluripotent stem cells from mouse embryonic and adult fibroblast cultures by defined factors. *Cell* 126, 663-676(2006).

[81] Beagan, J. A. *et al.* Local Genome topology can exhibit an incompletely rewired 3D-folding state during somatic cell reprogramming. *Cell Stem Cell* 18, 611-624(2016).

[82] Valton, A. L. & Dekker, J. TAD disruption as oncogenic driver. *Curr Opin Genet Dev* 36, 34-40(2016).

[83] Taberlay, P. C. *et al.* Three-dimensional disorganization of the cancer genome occurs coincident with long-range genetic and epigenetic alterations. *Genome Res* 26, 719-731(2016).

[84] Javierre, B. M. *et al.* Lineage-specific genome architecture links enhancers and non-coding disease variants to target gene promoters. *Cell* 167, 1369-1384 e1319(2016).

[85] Lupianez, D. G. *et al.* Disruptions of topological chromatin domains cause pathogenic rewiring of gene-enhancer interactions. *Cell* 161, 1012-1025(2015).

[86] Franke, M. *et al.* Formation of new chromatin domains determines pathogenicity of genomic duplications. *Nature* 538, 265-269(2016).

[87] Hnisz, D. *et al.* Activation of proto-oncogenes by disruption of chromosome neighborhoods. *Science* 351, 1454-1458(2016).

[88] Groschel, S. *et al.* A single oncogenic enhancer rearrangement causes concomitant EVI1 and GATA2 deregulation in leukemia. *Cell* 157, 369-381(2014).

[89] Dixon, J.R., Xu, J., Dileep, V. *et al.* Integrative detection and analysis of structural variation in cancer genomes. *Nat Genet* 50, 1388-1398(2018).

[90] Wang, X. *et al.* Genome-wide detection of enhancer-hijacking events from chromatin interaction data in rearranged genomes. *Nat Methods* 18, 661-668(2021).

[91] Xu, J. *et al.* Subtype-specific 3D genome alteration in acute myeloid leukaemia. *Nature* 611, 387-398(2022).

[92] Flavahan, W. A. *et al.* Insulator dysfunction and oncogene activation in IDH mutant gliomas. *Nature* 529, 110-114(2016).

[93] Canela, A. *et al.* Genome organization drives chromosome fragility. *Cell* 170, 507-521 e518(2017).

[94] Yang, T. *et al.* HiCRep: assessing the reproducibility of Hi-C data using a stratum-adjusted correlation coefficient. *Genome*

Res 27, 1939-1949(2017).

[95] Yardımcı, G.G., Ozadam, H., Sauria, M.E.G. *et al.* Measuring the reproducibility and quality of Hi-C data. *Genome Biol* 20, 57(2019).

岳峰 博士，美国西北大学罗伯特 H.卢里（Robert H. Lurie）综合癌症中心癌症基因组学中心创始主任，生物化学和分子遗传学系终身副教授。此前，曾为宾夕法尼亚州立大学的副教授，宾夕法尼亚州立个人医学研究所的生物信息学部主任。2000 年，获北京大学英语系学士学位。2008 年，在南卡罗来纳大学获的计算机科学系博士学位。之后在加州大学圣地亚哥分校的 Dr. Bing Ren 实验室从事博士后研究。主要研究领域是人类疾病方面的表观基因组学和 3D 基因组组织，曾参与多项重大研究项目，包括 ENCODE、路线图/表观基因组学和 4D Nucleome 项目。在此期间，领导小鼠 ENCODE 联盟的综合分析工作。目前是 4D Nucleome 项目整合分析工作组的联合主席。已发表学术论文 30 余篇，被引用 7500 余次；曾荣获 Leukemia Research Foundation New Investigator、ISMB Travel Fellowship 等荣誉。

第29章 增强子与细胞身份

沈 音 杨晓宇

加州大学旧金山分校

本章概要

多细胞生物的卓越之处在于, 虽然每个细胞都拥有几乎完全相同的遗传物质, 但是呈现出不同的细胞类型和功能。这种细胞特异功能性的实现依赖于每个细胞对于基因转录和蛋白质翻译环节精准的调控。其中, 基因转录的精确调控是通过许多调控元件共同作用完成的, 包括转录因子、协同转录因子、抑制子等, 这些因子通过结合于基因组顺式作用元件而发挥功能。研究最为广泛的顺式作用元件包括启动子、增强子、沉默子和绝缘子。其中, 增强子在细胞特异性的基因时空表达调控中发挥举足轻重的作用。在基因组时代之前, 我们曾经认为细胞特异性归功于编码基因的多样性。当人类基因组计划完成时, 我们才发现人的基因组编码蛋白质序列与其他物种并没有很多区别。基因组中只有 1%~2% 的序列编码蛋白质, 绝大多数的基因组序列一度被认为是 "垃圾 DNA", 事实上这些非编码 DNA 中存在着很多对基因表达具有调控作用的元素。随着许多物种的测序完成, 现代基因组学的研究重点已经转移到基因组中非编码部分的调控元件。表观基因组工具的最新进展为基因组非编码区域的注释开启了新的篇章。最新的研究发现诸如增强子的顺式调控元件在基因组中十分丰富, 并且它们为基因转录控制提供驱动力, 对物种发育与细胞功能发挥着举足轻重的作用。

特定的组蛋白修饰和转录因子结合位点可作为增强子序列的标记。H3K4me1 是首个发现的增强子组蛋白标签, 发育相关的静态增强子同时含有 H3K4me1 和 H3K27me3 双标记。胚胎干细胞中这类增强子处于一种随时可以被开启的静息状态, 分化起始后增强子组蛋白标签转换为 H3K4me1 和 H3K27ac 而处于激活状态。此外, 增强子区染色质特征还包括富含组蛋白修饰 H3K9ac 和 H3K4me2、双向转录生成 eRNA, 以及一些细胞特异性的转录因子的结合, 如组蛋白乙酰转移酶 p300、CBP。除了组蛋白修饰, DNA 甲基化状态也反映增强子的活性。由于转录因子已结合在增强子上, 从而阻断了 DNA 甲基化的发生, 因此增强子区域普遍缺乏 DNA 甲基化; 当转录因子不再结合在 DNA 时, 原先的增强子失去活性, DNA 甲基化往往被动地发生在这些转录因子此前结合的区域。根据增强子序列在进化上的保守性和表观遗传特征, 我们可以通过比较基因组学及特异的组蛋白修饰、转录因子结合位点、染色质开放状态等预测基因组中潜在的增强子。从功能上看, 增强子能够时间和空间特异地调控基因表达, 而且目前大多数已发现的增强子都具有组织和细胞特异性。当增强子区域的 DNA 序列突变影响增强子的基因调节功能时, 基因的表达调控会出错, 因而导致疾病。因此, 深入研究增强子的特征、分布及调控机制, 将有助于我们加深对由非编码区域突变导致的复杂疾病的认知, 并提供新的治疗策略。

29.1　增强子的概念与定义

- 增强子是指可以被转录因子识别、结合，并具有转录促进活性的 DNA 序列。
- 特定的组蛋白修饰和转录因子结合位点可以作为增强子序列的标记。

　　增强子是可以被转录因子识别、结合的 DNA 序列。活化的增强子可以结合转录因子，增强基因转录水平。增强子的作用与其 DNA 序列的方向无关。增强子通常距离所调控基因较远，因而难以直接通过 DNA 序列本身来鉴定增强子的身份。即使知道增强子的位置，找到其所调控的靶点基因也有一定难度。虽然过去对增强子的研究及其功能鉴定仅局限在某些特定区域，但这些研究在很大程度上加深了我们对增强子的认识。例如，在人类 11 号染色体上的 *HBB*（编码 β-globin 蛋白）基因座控制区含有 5 个 DNase 高敏感位点，这些区域能作为增强子调控胚胎期 *γ-globin* 基因和成人期 *β-globin* 基因的表达和转换，对红细胞的发育至关重要[1]。起先比较经典的找寻增强子序列的方法是用比较基因组学来系统地寻找哺乳生物基因组中非编码区域中的保守区域，这个方法是基于进化上保守的序列必定是有特定功能的假设[2]。虽然通过比较基因组学方法找到了大量在进化上保守的增强子序列，但是这种方法本身并不能提供这些序列会在哪些细胞和条件下发挥功能的信息。

　　近些年来，表观遗传组学极大推动了在全基因组描绘增强子序列图谱的进程。早期的表观基因组研究发现，特定的组蛋白修饰和转录因子结合位点可以作为鉴定增强子序列的标记。例如，某个 DNA 序列上组蛋白 H3K4me1 相对富集和 H3K4me3 相对减少可以用来判断该序列是否是假定的增强子[3]，H3K27ac 可以用作鉴定活化增强子的标记[4]。组蛋白乙酰转移酶如 p300、CBP 的结合位点也可以用来精确地预测增强子[5]。这些发现与近期不断进步的第二代测序技术及计算分析相结合，推动了不同物种、不同组织及不同类型的细胞中全基因组层面增强子的研究。大规模基因组数据分析不仅有助于建立增强子的图谱，而且使我们对增强子的特征有了新的认识，包括增强子的表观遗传修饰、增强子的细胞特异性、增强子与启动子的关系、增强子对人类健康和疾病的意义等。最近，高通量测序技术的发展又推动了对基因组核内染色体三维结构的研究，这些研究又进一步加深了我们对增强子远程调控基因原理的认识[6-9]。

29.2　增强子的表观遗传学特征

- 增强子组蛋白修饰通常包括 H3K4me1/2、H3K9ac、H3K27ac。增强子区域与 DNA 甲基化状态相关。
- 反式作用因子常结合于顺式作用元件而引起染色质构象变化，这使得增强子区域处于染色质开放状态。
- 增强子具有一定保守性，因此可通过比较基因组学方法预测增强子；更为有效和被广泛应用的增强子鉴定方法是通过寻找转录因子结合位点、染色质开放区域，以及特定的染色质修饰来预测增强子在基因组的位置。
- 增强子靶向目的基因有两种模型：一种假设是基因组在物理上分成不同结构域，增强子只能与位于同一结构域内的启动子相互作用；另一类模型认为增强子由转录机器引导作用于目的基因。

29.2.1　增强子与染色质修饰

真核生物 DNA 缠绕于组蛋白并折叠形成染色质，以实现将大量的遗传信息储存于细胞核中的目的。染色质的结构及组蛋白尾端的翻译后修饰直接与基因表达的调控有关。在转录活跃区域染色质结构松散，称为常染色质；而在转录抑制区域染色质紧密折叠，称为异染色质。最近，大量研究应用高通量测序技术分析基因组中核小体的分布及组蛋白修饰，以观察染色质形态对基因调控的功能作用。如上文中提到的，H3K4me1 是首个发现的增强子组蛋白标签，它富集于转录因子 p300 远端结合位点[3]。发育相关的静态增强子（poised enhancer）同时含有 H3K4me1 和 H3K27me3 双标记。胚胎干细胞中这类增强子处于一种随时可以被开启的静息状态，分化起始后增强子组蛋白标签转换为 H3K4me1 和 H3K27ac 而处于激活状态[4]。其他基因组学研究发现，增强子区染色质特征还包括富含组蛋白修饰 H3K9ac 和 H3K4me2[10]、双向转录生成 eRNA[11]，以及一些细胞特异性转录因子的结合[12]。此外，增强子多分布于核小体密度较低的、由组蛋白变体 H3.3 和 H2A.Z 共同占据的区域[13]。

反式作用因子（如转录因子）常结合于顺式作用元件而引起染色质构象变化。这种结合所导致的染色质构象变化使染色质调控区域处于开放状态，因而易于被 Dnase I 所降解。很多研究通过检测 Dnase I 超敏感位点鉴定基因组中的顺式作用元件。例如，在人类 ENCODE（ENCyclopedia of DNA Elements）计划中，一项对 125 种细胞全基因组 Dnase I 超敏感位点进行绘图的研究发现了约 290 万个可能具有基因表达调控功能的位点[14]。另一方面，在 Dnase I 超敏感区域，Dnase I 切割并非均一的，转录因子结合的 DNA 位点因为被转录因子保护而不能被切割，形成高精度的 Dnase I 足迹。因此，根据 Dnase I 足迹可以绘制高分辨率的基因组转录因子结合位点图谱。如果对高质量的 Dnase I 超敏感区域样本进行深度测序，就能鉴定独特的 Dnase I 足迹。这些 6～40bp 的小序列片段富含已知转录因子结合序列，表明 Dnase I 足迹序列具有重要的基因调控功能[15]。

29.2.2　增强子与 DNA 甲基化

除了上文所提到的增强子的表观遗传特征以外，DNA 的甲基化也可以用来检测和判断增强子的活性。在哺乳动物中，DNA 甲基化对于胚胎的正常发育至关重要。在发育过程中，去甲基化和从头甲基化具有时空特异性[16]。很多证据表明 DNA 甲基化和染色质的状态紧密关联，特定的染色质状态可以为甲基转移酶提供结合位点。例如，在小鼠胚胎干细胞中，特定位点的 DNA 甲基化依赖于 H3K9me。此外，DNA 甲基化状态影响基因组染色质构象。例如，甲基化 CpG 结合蛋白（如 MBD 家族蛋白）结合于甲基化的DNA，并进一步招募组蛋白乙酰基转移酶和组蛋白去乙酰化酶[17]。此前对 DNA 甲基化的研究主要集中于基因启动子区域的 DNA 甲基化对基因转录的抑制效应。近来增强子区域的 DNA 甲基化研究发现，活性增强子区域的 DNA 通常是未甲基化的[18]。现在普遍认为增强子区域 DNA 甲基化的缺失是由于转录因子已结合在 DNA 上，从而阻断了 DNA 甲基化的发生。同理，当转录因子不再结合在 DNA 时，原先的增强子失去活性，DNA 甲基化往往被动地发生在这些转录因子此前结合的区域[14]。因此，增强子区域 DNA 甲基化状态可能仅仅反映转录因子的结合情况，而非主动地调控增强子的活性。

尽管增强子区域的染色质修饰有明确的特点，但是有一点值得注意的是，通过 H3K27ac 标签预测的一部分活化态增强子并不能被 p300 结合位点探测到，反之亦然[19]；并且，并非所有由 H3K4me1 所预测的增强子都可以被 Dnase I 超敏感位点所探测。这些观察所得结论提示：某个单一的修饰标记并不能够全面地预测增强子，因此结合不同的方法有助于更加全面地鉴定增强子。

29.2.3 增强子的鉴定与检测

人们对哺乳动物基因组调控机制的研究兴趣可以追溯到 20 世纪 70 年代。当时科学家就意识到，虽然有些物种蛋白质编码序列几乎完全相同，但是物种之间的表型却千差万别。通过这些观察，于是产生了位于非蛋白编码区的基因调控序列 DNA 突变对进化和物种的多样性具有重要意义的假说。与此同时，另一个假说为，具有重要功能的 DNA 序列在进化中是保守的。许多年来，科学家应用比较基因组学在全基因组层面寻找增强子，即通过比对多个脊椎动物基因组，从中寻找高度保守序列。同时结合动物转基因技术成功地鉴定了成百上千的高度保守序列增强子序列。具体操作上，首先是通过多个脊椎动物基因组的多序列比对找到超保守序列，因为这些同源区域被认为具有重要功能，于是每个序列被克隆到含有一个最小启动子控制的 lacZ 报道基因的质粒中。如果该序列具有增强子功能，那么 lacZ 将会大量表达。构建好的增强子 lacZ 报道基因质粒接着被注入小鼠胚泡中。胚泡再被植入母体继续发育。一般在胚胎 E11.5 时取出并对整个小鼠胚胎做 X-gal 染色来探测 lacZ 的表达。这种转基因检查方法对鉴定假定的增强子具有重要意义，但是这个方法需要很高的劳动力成本。截止到 2021 年 5 月 10 日，使用转基因小鼠的方法，已检测 3198 个假设的增强子，其中有 1637 个被确认具有增强子活性（http://enhancer.lbl.gov/）[20]。因此，大概有一半的预测的增强子能够在转基因小鼠实验中得到验证。值得注意的是，预测的增强子的验证率是由多方面原因决定的。首先，通常转基因动物技术仅限鉴定胚胎发育中期的增强子，因为阳性的 X-gal 染色在小鼠胚胎中是直接肉眼可见的，因此无法检测到那些在胚胎发育晚期和出生后发挥功能的增强子，这会导致假阴性结果。其次，保守序列可能具有其他除增强子外的表达调控功能，如沉默子、启动子等。因此，基于保守序列的增强子预测可能出现假阳性结果。

目前，更为有效和被广泛应用的绘制增强子图谱的方法是通过寻找转录因子结合位点、染色质开放区域，以及特定的染色质修饰来预测增强子在基因组的位置。为了解组蛋白修饰与基因转录的关系，ENCODE 计划的试点项目首先对 1%的人类基因组 DNA 序列中各种类型的组蛋白修饰进行分析。ENCODE 计划的试点项目研究结果取得了开创性的发现，包括不同功能的顺式作用元件具有特异的组蛋白修饰标记。例如，启动子区域富含 H3K4me3 修饰，而增强子区域富含 H3K4me1 以及相对缺乏 H3K4me3[3]。后续研究发现，离启动子远端的组蛋白 H3K27ac 可以进一步作为活化态增强子的标记[4]。另外，现有一种改进的、用以发现染色质开放区域及转录因子结合位点的方法 ATAC-seq（assay for transposase accessible chromatin with high-throughput sequencing）[21]。该技术利用超高活性的 Tn5 转座酶，针对染色质开放区域进行切割并标记序列标签，从而生成用于深度测序的序列文库。实验证实 ATAC-seq 的灵敏度和信号强度都要高于 DNase-seq，并在全基因组层面提供完整的染色质开放区域及转录因子结合序列。这些突破性的发现为在不同的模式生物，包括人类、小鼠、线虫、果蝇的不同类型细胞中系统性寻找增强子提供了技术基础[22-26]。

通常用以上提到的生化标记可以在特定的细胞中找到几万到几十万个增强子序列，但是这并不能直接证明这些假定的增强子具有基因调控的功能。增强子的功能鉴定是富有挑战性的工作。如果使用报告基因 LacZ 并将待检测的增强子序列克隆到弱启动子的上游，以转基因技术显微注射入小鼠胚胎，就能够知道被测的 DNA 序列是否在体内某些细胞和组织中显示增强子活性。但是这种方法局限于测定胚胎发育期的增强子，而且通量较低。同理，利用荧光素酶报告基因分析，可以通过检测荧光素酶表达水平而鉴定增强子的功能。然而，传统的荧光素酶报告基因分析通量较低，并不能够在同一实验中同时评价大量预测的增强子的功能。大规模并行报告基因检测（massively parallel reporter assay，MPRA）使高通量评价预测的增强子的功能成为可能。MPRA 通过将一段简并序列加入报告基因中作为编码，文库中的每个待测序列对应不同的编码，因此数以千计的序列的增强子活性可以通过编码的表达水平同时检测出来[27]。

另外一种高通量的增强子鉴定方法叫 STARR-seq（self-transcribing active regulatory region sequencing）[28]。这个方法直接将需要鉴定的 DNA 片段克隆到报告基因的 3′UTR 区，成为报告基因转录产物的一部分，如此增强子本身的序列即可用作编码。与 MPRA 编码策略相比，这种文库的设计减少了将编码序列与靶序列随机组合后先进行测序以得到两两配对的步骤。应用这一技术，很多增强子、表达数量性状基因座 eQTL 以及单核苷酸多态性位点就可以有效地在不同的组织和细胞中得以鉴定。然而，报告基因分析方法使用异源启动子而非内源性启动子，检测所构建增强子序列功能是在非原始的核内遗传环境中，缺乏染色体结构等背景信息，并不能完全地真实反映 DNA 片段在核内的功能。近年来，CRISPR/Cas9 基因编辑工具被广泛应用，它既可以对基因编码区也可以对非编码区 DNA 进行功能测试。更重要的是，现在已经发展出了一些高通量 CRISPR 功能性增强子筛选平台筛选方法。基于 CRISPR/Cas9 的增强子高通量文库筛选主要通过以下步骤来实现：①建立 sgRNA 表达文库和表达病毒库；②细胞转染到达编辑靶点 DNA，产生 DNA 序列的插入缺失[29]，删除内源性待鉴定增强子序列[30]，通过转变靶点 DNA 序列的表观遗传修饰来抑制或激活基因和增强子的表达 [如 CRISPRi（CRISPR inhibition）和 CRISPRa（CRISPR activation）][31]；③结合报告基因或表型筛选；④对筛选得到的细胞基因组 DNA 进行 PCR 和深度测序，以分析在有表型的细胞与对照组之间 sgRNA 的富集或丢失，这些富集的 sgRNA 所靶向的 DNA 序列即很有可能是具有功能的增强子序列；⑤实验验证。值得一提的是，结合 CRISPRi 和单细胞 RNA-seq，也可以有效地鉴定增强子的功能。例如，在建立 sgRNA 和 dCas9 表达文库时给每个 sgRNA 一个编码，sgRNA 和 dCas9 表达病毒库和细胞转染后，对受病毒转染的细胞可以进行单细胞 RNA-seq 来鉴定每个细胞表达的 sgRNA 身份及相对应的被调控的基因[32]。CRISPR 文库筛选增强子功能的方法有如下优点。第一，如果可以有效地设计高密度 sgRNA，就可以有效地找到高分辨率增强子功能序列，如转录因子结合序列。第二，CRISPR 文库筛选方法可以有效地大量检测某个基因的假定增强子。第三，通过报告基因、表型筛选或单细胞全基因组转录水平分析，解决了寻找远端增强子靶点基因的难题。第四，使用平铺删除内源 DNA 序列可以大大增加鉴定序列的覆盖面。

29.2.4　增强子与细胞身份决定

通过表观基因组学的研究，人们发现基因组中假定的增强子序列的数量远超过基因的编码序列数量。例如，早先利用 ChIP-Chip 技术，对 HeLa 细胞及 K562 细胞的表观基因组学研究就已探测到了 55 000 个增强子序列。当时这项研究就推测在哺乳动物基因组中调控基因组织特异性表达的增强子的数量为 $10^5 \sim 10^6$ 个[33]。随后，另一项对小鼠 19 个组织的细胞进行表观基因组学分析的研究，探测到了 234 764 个增强子[19]。目前根据最近完成的人类 ENCODE 计划的研究结果表明在 147 种不同的细胞中能探测到 399 124 个增强子[34]。此外，ENCODE 计划还对 125 种人类细胞进行了 Dnase I 超敏感位点分析，探测到了超过 100 万个远距离调控序列，其中很多都有可能是增强子[14]。在基因组中，增强子相对于编码基因的丰度证实了存在多个增强子共同调控同一基因以实现其精确的时空表达的假说。可以预见，组织、细胞特异性分化发育过程中增强子的功能将是接下来研究的热点。

正如增强子能够调控基因时间和空间特异性的表达，目前大多数已发现的增强子都具有组织和细胞特异性。早先的 HeLa 细胞及 K562 细胞中探测到的 55 000 个增强子序列研究表明，H3K4me1 标记的增强子分布呈现细胞特异性。之后多项研究通过运用其他增强子标记来探测多个细胞和组织的增强子，结果都证实了增强子具有细胞特异性，相应的这类增强子的转录因子结合区域也呈现出显著的组织特异性[33]。例如，Epigenome Roadmap Project 对人类 111 种细胞和组织进行细胞特异性分析，发现大部分增强子只存在于某些细胞类型中[26]。干细胞多潜能标志基因 Oct4 的转录因子结合位点仅高度富集于小鼠胚胎干细胞的增强子中，而不是在分化的细胞中。基因本体论（gene ontology，GO）功能分析表明这些增强子在细胞多能性相关基因中富集[19]。此外，在 HepG2 细胞中对肝细胞核因子（hepatocyte nuclear factor，HNF）结合域的研究发现，这些转录因子结合域的突变能够减弱增强子的活性[10]。这些研究都证实，增强子存在组织特异性，对调控细胞特异性的基因表达和细胞身份的决定起到了关键作用。

29.2.5 增强子与基因调控机制

增强子通过招募转录因子、共激活因子以达到调控转录过程的目的。研究表明，一些先锋转录因子如 FOXA1 能首先启动染色质重构，进一步导致增强子特异位点发生组蛋白修饰，如 H3K4 甲基化，从而形成组织特异性增强子[35]。在信号刺激下，细胞特异性转录因子结合于增强子，进一步招募转录机器，靶向目标基因，进而启动转录。以下我们将主要讨论增强子-启动子拓扑环对基因调控的作用。

虽然基因组研究可以根据组蛋白的修饰或染色质开放性绘制组织特异性增强子图谱，但无法获得增强子和靶点基因启动子间相互关联的信息。增强子可以远距离作用于目的基因，甚至可以跨越百万碱基对。正因为如此，系统性鉴定增强子和启动子关联谱极具挑战性。过去，近距离作用模型认为增强子仅作用于一定距离内最近的基因。显然这种直接连接增强子和与之距离最近的启动子的模型是不准确与不合理的。CTCF（11-锌指蛋白或 CCCTC-结合因子）绝缘模型也被用来定位增强子与靶基因的位置关系，在这类模型中 CTCF 作为绝缘子能够阻碍增强子与启动子的相互作用，因此增强子仅靶向位于同一 CTCF 绝缘区间内的基因[33]。然而，近期有研究表明 CTCF 也能够结合增强子及启动子序列，表明 CTCF 有绝缘子以外的更多功能。在对小鼠 19 个组织细胞增强子的研究中，近距离作用模型和 CTCF 作用模型类似，与随机组合的增强子-启动子的对照组均无显著差异[19]。因此这些简单模型都不能有效预测增强子与靶点基因的关系。

人类基因组 30 亿核苷酸序列如果拉伸开，长度约 2m。因此，人类基因组需要压缩进直径约为 10 μm 的细胞核空间内。鉴于增强子位于距启动子线性距离较远的位置，染色质折叠及基因组高级三维构象对于实现空间上增强子与启动子的连接具有重要意义。活跃的增强子首先招募转录因子和转录机器，进而靶向到所调控基因的启动子区域启动转录。在这一过程中，两个 DNA 序列片段——增强子序列与启动子序列会很接近。一般认为增强子通过染色质环结构激活启动子。通过 3C（chromosome conformation capture）实验[36]鉴定了很多经典的增强子-启动子直接的物理连接，包括已经被证实的 β-globin 和 α-globin 的增强子和启动子之间的关联。目前，基于 3C 的实验方法又开发出了 3C 衍生的新方法，包括 4C、5C 等[37]，实现了对基因组染色质相互作用的大规模分析。4C 是一种可以针对一个固定位点，检测所有可能与之发生相互作用位点的实验方法。5C 是可以用于检测多个位点之间的相互作用，但由于引物限制依然不能实现在基因组层面检测所有可能的相互作用。

增强子与靶向基因直接的环结构是解释增强子如何从远端调控靶向基因表达的模型之一。目前有两个模型解释这一过程：一是假设基因组在物理上分成不同结构域，增强子只能与位于同一结构域内的启动子相互作用；另一类模型认为增强子由转录机器引导作用于目的基因。这两类模型相互之间并不排斥，意味着增强子与启动子可能形成三维互作结构域，而转录机器参与介导这一过程。这些假设及研究加深了我们对增强子如何执行功能的认识。为了理解增强子远距离调控基因转录的作用机制，必然需要研究染色体高级结构的组织原理。3C 技术的另一衍生技术——Hi-C 能够用来研究基因组的结构。Hi-C 是一种功能强大的实验技术，可以用来绘制基因组任意位点间的染色质作用图谱。第一项应用 Hi-C 解读人类基因组的研究是在 1Mb 分辨率的图谱中，观察到基因组可以分为 A 和 B 隔间（compartment A 和 B）。A 隔间染色质呈开放状态，转录活跃；B 隔间染色质折叠紧密，通常为基因组转录抑制区域[8]。后来，在 20kb 分辨率的图中，人们又发现并定义了拓扑结构域：一类约百万碱基大小的区域，它们的边界与已知具有绝缘子功能的因子相关，如 CTCF 和管家基因[6, 38]。而且，这种拓扑结构域在不同物种、不同类型的细胞中高度保守。这些为研究基因组如何通过三维高级结构调控基因表达提供了基本概念。因此，这种拓扑结构域可能会限制增强子-启动子远距离相互作用。目前，随着研究的不断深入，这类结构被定义为拓扑相关结构域（topologically associating domain，TAD）。拓扑相关结构域在各种类型的细胞间以及不同物种间相对保守，因此被认为是重要的染色体二级结构。拓扑相关结构域的长度从几十万到几百万个碱基不等。越来越多的证据支持这些染色质结构域具有调控其内部基因复制及表达，区域性划分基因组染色质状态的功能。位于同一个拓扑相关结构域内部的基因一般在分化过程中具有类似的转录表达动力学特征，这说明位于同一结构域内部的相邻基因可能具有协同调控作用。类似地，在数量性状基因座的研究中，研究者发现在同一拓扑相关结构域内协同调控的位点同时影响多个调控元件的活性。而大部分的增强子和启动子的调控关系是限制于同一个 TAD 之内[7]；TAD 边界的破坏会导致基因表达的改变和发育障碍，这是因为失去 TAD 边界会导致增强子跨过边界，引起基因的异位表达，从而影响正常的发育[39]。

　　第二类增强子靶向目的基因启动子的拓扑环模型为增强子和启动子相互作用形成一个枢纽。这些枢纽由转录机器介导形成。由于 Hi-C 数据很复杂，并在目的区域很难得到足够高分辨率来获得与基因表达相关的增强子和启动子之间的关系，因此另一 Hi-C 改进方法——Capture-Hi-C[40]使用目的启动子区域互补的寡核苷酸来获取 Hi-C 数据库中特异性富集于该区域的染色质相互作用。这一目的也可以结合 ChIP 和 3C 衍生实验实现，如 ChIA-PET 技术[41]、Hi-ChIP 技术[42]及 PLAC-seq 技术[43]。基于 3C 的实验技术——ChIA-PET（chromosome interaction analysis by paired-end tag sequencing），通过蛋白免疫共沉淀及 3C 测序检测全基因组染色质远距离相互作用。该方法中的蛋白质可以是转录因子、具有特殊修饰的参与转录调控的组蛋白等。通过这些方法，对不同类型细胞中所进行的启动子特异的染色质环结构图谱进行分析表明，启动子-增强子相互作用具有显著的细胞特异性，与启动子相互作用的远距离元件通常富集于转录因子结合区域，并可能富含疾病相关的核苷酸多态性位点。

　　除了应用实验的方法来检测增强子与启动子的相互作用以外，也能通过计算的方法，整合近几年来已获得的大量测序数据，在基因组水平进行互作预测。利用增强子活性与基因表达之间的相关性数据、序列基序富集数据和 9 种人类细胞中的每个基序的转录因子的表达水平，Ernst 等采用逻辑回归算法计算增强子与启动子之间的联系。这种预测的关联度可以通过位于增强子区域的疾病相关的 SNP 干扰目的基因的表达水平得以验证[10]。利用 19 个组织/细胞类型的 ChIP-seq 实验中的增强子启动子特征强度，通过 Spearman 相关协同效应（SCC）鉴定了离散的共调控顺式调控元件。这些共同调节的顺式调控元件形成结构域，其被定义为 EPU（增强子-启动子单位）。值得注意的是，相同的 EPU 中的启动子和增强子显示出更高的相互作用频率，这与共同调控的顺式元件应该彼此积极相互作用的观点一致。

　　位于同一 EPU 功能域中的启动子和增强子相互作用频率显著高于功能域外，说明基因组的物理分区与功能性相互作用高度相关[19]。作为人类 ENCODE 计划的一部分，采用 79 种不同类型的细胞的 DNase I 超敏感位点图谱，将远距离 DNase I 超敏感位点（小于 500kb）与启动子区域相关联，构建了基于 DNase I 超敏感位点图谱的远距离增强子-启动子互作图谱。这一图谱与已发表的基于 RNA 聚合酶 II 的 ChIA-PET 数据，以及人类 ENCODE 试点计划中靶向 1%人类基因组所有启动子的 5C 实验数据相吻合[14]。

　　实验及计算的方法都有助于我们从全基因组角度解析增强子与启动子的相互作用。在基因组时代之前，只有少数增强子与启动子的互作事件被发现。近年来，归功于实验策略、DNA 深度测序技术，以及计算理论和工具的发展，增强子-启动子研究的深度和广度呈几何级数增加，可以预见将会有更多这方面的数据陆续发表。

29.3 增强子序列变异及突变与疾病

- 从进化角度，增强子可以分为超保守增强子和快速进化增强子。
- 增强子可调控细胞特异性的基因表达，当增强子区域的 DNA 序列突变影响增强子的基因调节功能时，可能导致疾病。

29.3.1 增强子与 DNA 序列的进化

通常我们认为在进化中具有保守性的非编码 DNA 序列应该发挥重要作用，很可能具有调控基因表达的功能。基于这一假设，在脊椎动物中已经预测得到大量进化上保守的增强子序列并进行了体内功能验证。应用这一方法，在人类和小鼠基因组中，数以百计的增强子功能得到确认。相对于启动子序列，增强子的保守性较低；而相对于随机序列，增强子仍具有非常显著的进化保守性，进一步证实了有相当一部分的增强子是来源于进化保守序列[19]。此外，许多转录调控序列也在不断进化，因而形成物种特异性的基因调控序列，这些调控序列无法通过寻找高度保守序列来找到[44]。通过对比人类和小鼠基因组中的基因调控序列发现，大量的调控序列呈现进化保守性，但仍有一定程度的调控序列呈现多样性，这些序列与转录调控、染色质状态、染色质空间构象等功能紧密相关。在小鼠基因组中，约有 79.3% 由染色质标签预测得到的增强子、79.6% 由染色质标签预测得到的启动子、67.1% 的 DNaseI 超敏感位点及 66.7% 的转录因子结合位点能够在人类基因组中找到同源序列；而那些具有调控功能却没有发现同源序列的区域可能与物种特异性进化有关[23]。值得一提的是，人类的基因组内有些区域是在哺乳动物进化中高度保守，但从人类与黑猩猩的共同祖先时期开始在人类中进化迅速，这些区域被称为人类加速进化区（human accelerated region，HAR）。HAR 代表了人类基因组中可能产生功能性后果的最快发展的部分，并且是用于研究人类特异性状的候选区域。52% 的 HAR 位于与发育有关的基因附近（1Mb 以内），60% 的 HAR 在至少一种细胞中具有活性增强子的标记。有 30% 的 HAR 被认为是脑发育促进剂[45]。虽然有个别 HAR 已被证实对人类大脑和四肢的发育至关重要[46]，但是大部分 HAR 到底是如何有助于人类与其他灵长类物种的形态及功能差异化的，还有待系统的实验证明。

综上所述，增强子可以分为两类：超保守增强子和快速进化增强子。我们可以假设，超保守增强子对于不同物种共有的特征是必不可少的，而快速进化增强子可能在自然选择压力中对生命界的多样性有重大贡献。

29.3.2 增强子与人类健康和疾病

由于增强子调控细胞特异性的基因表达，当增强子区域的 DNA 序列突变影响增强子的基因调节功能时，可能导致发育异常和疾病。目前有些研究已经证明了一些非编码 DNA 突变会导致一些表型的不同和疾病的发生。例如，增强子区域的 DNA 突变会直接导致发育畸形。音猬因子 SHH（sonic hedgehog）基因作为形态发生素在四肢发育中起重要作用。如果控制 SHH 基因表达的增强子发生变异，SHH 基因失调将导致儿童肢体发育异常[47]。破坏 IRF6 基因增强子中转录因子 AP-2α 结合位点的点突变与唇裂和腭裂有关[48]。其他一些已知的例子包括，位于 *LCT* 基因的一个增强子中的 SNP 与乳糖酶的持续性表达相关[49]，而 *OCA2* 基因的调控元件中的 SNP 会影响 *OCA2* 的表达水平，从而影响眼睛颜色[50]。

　　以上是一些具有强功能的增强子突变导致表型的变化。由于很多增强子只是对基因表达起到微调的作用，因此更多的增强子 DNA 序列变化产生的影响相对编码部位的突变要小很多。正因为如此，能够量化地对这些 DNA 序列进行研究还是很具有挑战性的。与此同时，全基因组关联分析（genome-wide association study，GWAS）是用来寻找 DNA 序列中跟复杂疾病相关的遗传变异。通过 GWAS，已经发现数千个单核苷酸多态性（single-nucleotide polymorphism，SNP）与人类某些性状和疾病相关，其中大部分 SNP 位于非编码区。GWAS 研究已经鉴定了几千个与表型/疾病显著相关的 SNP，绝大部分对表型和疾病的影响比起编码部位的突变相对较小。当前，我们对于 GWAS 发现的许多疾病相关的非编码 SNP 认知仍然十分有限，不知道哪些 SNP 与疾病的形成是直接相关的，也不知道绝大部分非编码 SNP 的作用机制。之前由于缺乏人类基因组中功能元件的图谱，我们无法解释为何大量与疾病相关的 SNP 出现在非编码区域。近几年完成的包括 ENCODE 计划和 Epigenome Roadmap Project 在内的大型基因组研究项目已经在人类基因组中找到了大量远端调控因子，包括增强子。因此，现在我们认识到许多与疾病相关的 SNP 位于细胞和发育阶段特异性的远端调控序列中。同时位于细胞和发育阶段特异性的远端调控序列中的 SNP 能导致转录因子识别位点和染色质状态的变动。这些发现突出强调了增强子与人类健康和疾病的相关性[26, 51]。

　　然而，由于这些 SNP 位于基因组的非编码部分，它们是否会对表型或疾病风险等位基因造成影响尚不确定，从而阻碍了这些数据在临床中的进一步应用。对 GWAS 鉴定得到的 SNP 的功能研究必须要考虑以下因素：①非编码 SNP 功能通常影响效应较小，在验证的过程中很可能被遗传背景和其他实验条件影响而混淆。②每个 SNP 的功能验证可能单独进行，但是 1 个基因很可能被多个调控元件共同控制，例如，先天性巨结肠症的 SNP 功能显示，共有 3 个 SNP 在 3 个独立的增强子区域调节相同的靶向基因 *RET*，而这 3 个增强子区域是协同的，同时携带这 3 个 SNP 比携带其中某个 SNP 的基因患先天性巨结肠症风险要高得多[52]。③GWAS 仅限于在人类基因库中的高频率变体，因此可能会遗漏与特定表型相关的罕见变体；而且，在大多数情况下，具有最强的 *p* 值关联的主导 SNP 不一定是疾病表型的因果 SNP；与主导 SNP 高度连锁不平衡（LD）的所有 SNP 都应被考虑作为潜在的致病 SNP。④由于复杂疾病通常受多种细胞的影响，所以不同的 SNP 可能会在不同类型细胞中发挥作用，因此必须在知道哪些细胞与疾病关联的同时，具备系统和成熟的体外细胞培养体系以验证这些 SNP 会导致的生物学后果。⑤由于增强子通常位于靶点基因的远端，所以更好地理解基因组结构和染色质远距离相互作用有益于寻找增强子 SNP 靶点基因。在不久的将来，将增强子研究的基因组工具与 GWAS 研究相结合的整合方法，将有助于理解复杂人类疾病的机制，成为开发预防、诊断和治疗这些疾病的新方法。

参 考 文 献

[1] Orkin, S. H. *et al.* The switch from fetal to adult hemoglobin. *Cold Spring Harb Perspect Med.* 3(1):a011643. doi: 10.1101/cschperspect.a011643(2013).

[2] Visel, A. *et al.* Ultraconservation identifies a small subset of extremely constrained developmental enhancers. *Nat Genet* 40, 158-160(2008).

[3] Heintzman, N. D. *et al.* Distinct and predictive chromatin signatures of transcriptional promoters and enhancers in the human genome. *Nat Genet* 39, 311-318(2007).

[4] Rada-Iglesias, A. *et al.* A unique chromatin signature uncovers early developmental enhancers in humans. *Nature* 470, 279-283(2011).

[5] Visel, A. *et al.* ChIP-seq accurately predicts tissue-specific activity of enhancers. *Nature* 457, 854-858(2009).

[6] Dixon, J. R. *et al.* Topological domains in mammalian genomes identified by analysis of chromatin interactions. *Nature* 485,

376-380(2012).

[7] Jin, F. *et al.* A high-resolution map of the three-dimensional chromatin interactome in human cells. *Nature* 503, 290-294(2013).

[8] Lieberman-Aiden, E. *et al.* Comprehensive mapping of long-range interactions reveals folding principles of the human genome. *Science* 326, 289-293(2009).

[9] Rao, S. S. *et al.* A 3D map of the human genome at kilobase resolution reveals principles of chromatin looping. *Cell* 159, 1665-1680(2014).

[10] Ernst, J. *et al.* Mapping and analysis of chromatin state dynamics in nine human cell types. *Nature* 473, 43-49(2011).

[11] Kim, T. K. *et al.* Widespread transcription at neuronal activity-regulated enhancers. *Nature* 465, 182-187(2010).

[12] Spitz, F. & Furlong, E. E. Transcription factors: from enhancer binding to developmental control. *Nat Rev Genet* 13, 613-626(2012).

[13] Jin, C. *et al.* H3.3/H2A.Z double variant-containing nucleosomes mark 'nucleosome-free regions' of active promoters and other regulatory regions. *Nat Genet* 41, 941-945(2009).

[14] Thurman, R. E. *et al.* The accessible chromatin landscape of the human genome. *Nature* 489, 75-82(2012).

[15] Neph, S. *et al.* An expansive human regulatory lexicon encoded in transcription factor footprints. *Nature* 489, 83-90(2012).

[16] Dean, W. *et al.* Epigenetic reprogramming in early mammalian development and following somatic nuclear transfer. *Semin Cell Dev Biol* 14, 93-100(2003).

[17] Lehnertz, B. *et al.* Suv39h-mediated histone H3 lysine 9 methylation directs DNA methylation to major satellite repeats at pericentric heterochromatin. *Curr Biol* 13, 1192-1200(2003).

[18] Lister, R. *et al.* Human DNA methylomes at base resolution show widespread epigenomic differences. *Nature* 462, 315-322(2009).

[19] Shen, Y. *et al.* A map of the cis-regulatory sequences in the mouse genome. *Nature* 488, 116-120(2012).

[20] Visel, A. *et al.* VISTA Enhancer Browser--a database of tissue-specific human enhancers. *Nucleic Acids Res* 35, D88-92(2007).

[21] Buenrostro, J. D. *et al.* Transposition of native chromatin for fast and sensitive epigenomic profiling of open chromatin, DNA-binding proteins and nucleosome position. *Nat Methods* 10, 1213-1218(2013).

[22] Negre, N. *et al.* A cis-regulatory map of the *Drosophila* genome. *Nature* 471, 527-531(2011).

[23] Yue, F. *et al.* A comparative encyclopedia of DNA elements in the mouse genome. *Nature* 515, 355-364(2014).

[24] Gerstein, M. B. *et al.* Architecture of the human regulatory network derived from ENCODE data. *Nature* 489, 91-100(2012).

[25] Gerstein, M. B. *et al.* Integrative analysis of the Caenorhabditis elegans genome by the modENCODE project. *Science* 330, 1775-1787(2010). `

[26] Roadmap Epigenomics Consortium. *et al.* Integrative analysis of 111 reference human epigenomes. *Nature* 518, 317-330(2015).

[27] Patwardhan, R. P. *et al.* Massively parallel functional dissection of mammalian enhancers *in vivo*. *Nat Biotechnol* 30, 265-270(2012).

[28] Arnold, C. D. *et al.* Genome-wide quantitative enhancer activity maps identified by STARR-seq. *Science* 339, 1074-1077(2013).

[29] Diao, Y. *et al.* A new class of temporarily phenotypic enhancers identified by CRISPR/Cas9-mediated genetic screening. *Genome Res* 26, 397-405(2016).

[30] Diao, Y. *et al.* A tiling-deletion-based genetic screen for cis-regulatory element identification in mammalian cells. *Nat Methods* 14(6), 629-635(2017).

[31]　Klann T. S. *et al.* CRISPR-Cas9 epigenome editing enables high-throughput screening for functional regulatory elements in the human genome. *Nat Biotechnol* 35(6), 561-568(2017).

[32]　Xie, S. *et al.* Multiplexed Engineering and Analysis of Combinatorial Enhancer Activity in Single Cells. *Mol Cell* 66, 285-299 e285(2017).

[33]　Heintzman, N. D. *et al.* Histone modifications at human enhancers reflect global cell-type-specific gene expression. *Nature* 459, 108-112(2009).

[34]　Consortium, E. P. An integrated encyclopedia of DNA elements in the human genome. *Nature* 489, 57-74(2012).

[35]　Zaret, K. S. & Carroll, J. S. Pioneer transcription factors: establishing competence for gene expression. *Genes Dev* 25, 2227-2241(2011).

[36]　Dekker, J. *et al.* Capturing chromosome conformation. *Science* 295, 1306-1311(2002).

[37]　de Wit, E. & de Laat, W. A decade of 3C technologies: insights into nuclear organization. *Genes Dev* 26, 11-24(2012).

[38]　Nora, E. P. *et al.* Spatial partitioning of the regulatory landscape of the X-inactivation centre. *Nature* 485, 381-385(2012).

[39]　Lupianez, D. G. *et al.* Disruptions of topological chromatin domains cause pathogenic rewiring of gene-enhancer interactions. *Cell* 161, 1012-1025(2015).

[40]　Mifsud, B. *et al.* Mapping long-range promoter contacts in human cells with high-resolution capture Hi-C. *Nat Genet* 47, 598-606(2015).

[41]　Li, G. *et al.* Extensive promoter-centered chromatin interactions provide a topological basis for transcription regulation. *Cell* 148, 84-98(2012).

[42]　Mumbach, M. R. *et al.* HiChIP: efficient and sensitive analysis of protein-directed genome architecture. *Nat Methods* 13, 919-922(2016).

[43]　Fang, R. *et al.* Mapping of long-range chromatin interactions by proximity ligation-assisted ChIP-seq. *Cell Res* 26, 1345-1348(2016).

[44]　Birney, E. Evolutionary genomics: come fly with us. *Nature* 450, 184-185(2007).

[45]　Pollard, K. S. *et al.* An RNA gene expressed during cortical development evolved rapidly in humans. *Nature* 443, 167-172(2006).

[46]　Prabhakar, S. *et al.* Human-specific gain of function in a developmental enhancer. *Science* 321, 1346-1350(2008).

[47]　Lettice, L. A. *et al.* A long-range Shh enhancer regulates expression in the developing limb and fin and is associated with preaxial polydactyly. *Human Molecular Genetics* 12, 1725-1735(2003).

[48]　Rahimov, F. *et al.* Disruption of an AP-2alpha binding site in an IRF6 enhancer is associated with cleft lip. *Nat Genet* 40, 1341-1347(2008).

[49]　Tishkoff, S. A. *et al.* Convergent adaptation of human lactase persistence in Africa and Europe. *Nat Genet* 39, 31-40(2007).

[50]　Eiberg, H. *et al.* Blue eye color in humans may be caused by a perfectly associated founder mutation in a regulatory element located within the HERC2 gene inhibiting OCA2 expression. *Hum Genet* 123, 177-187(2008).

[51]　Maurano, M. T. *et al.* Systematic localization of common disease-associated variation in regulatory DNA. *Science* 337, 1190-1195(2012).

[52]　Chatterjee, S. *et al.* Enhancer variants synergistically drive dysfunction of a gene regulatory network in hirschsprung disease. *Cell* 167, 355-368 e310(2016).

沈音 博士，美国加州大学旧金山分校终身副教授，美国 NIH ENCODE 和 4D Nucleome 计划课题主持人。2008 年获加州大学洛杉矶分校人类遗传学博士学位，2008～2014 年在加州大学圣地亚哥分校的路德维希癌症研究所做博士后，2015 年加入加州大学旧金山分校工作。在博士生期间从事胚胎干细胞及其分化的表观遗传学研究。博士后期间专注于运用高通量方法研究非编码 DNA 序列在哺乳动物基因组中的功能研究。研究方向集中于对非编码 DNA 序列功能的检测。开发了用于鉴定哺乳动物基因组中顺式调控元件功能的高通量 CRISPR 基因编辑筛选方法。近年专注于顺式调节序列在大脑发育和复杂疾病中的细胞类型特异性功能研究，研究组正在应用尖端的功能基因组手段来研究特定人脑细胞中的拓扑学和基因调控，了解大脑发育的机制和复杂神经系统疾病的遗传原因。以第一或通讯作者身份在 *Nature*、*Nature Genetics*、*Genome Research*、*PNAS* 等期刊发表高水平论文多篇，引用数超过 16 000 次（截止到 2023 年 1 月）。

第30章　表观遗传信息的遗传

于文强　徐　鹏
复旦大学

本章概要

表观遗传性状是指不依赖于 DNA 序列改变的染色质变化所介导的可稳定遗传的表型。这一定义中包含了两个核心要素：①不依赖于 DNA 序列改变；②表型可稳定遗传。表观遗传的途径主要包括 DNA 修饰、组蛋白修饰和非编码 RNA。对于以人类为代表的哺乳动物而言，生殖细胞要进行减数分裂，精卵结合形成受精卵，并经历早期胚胎发育过程；体细胞则通过有丝分裂，维持细胞身份。在哺乳动物早期胚胎发育过程中，表观遗传经历显著的变化，同时部分亲代的表观遗传信息传递，通过 DNA 甲基化和小非编码 RNA 等媒介传递；而在线虫和果蝇中，还发现了组蛋白修饰介导的表观遗传信息跨代传递。在体细胞中，细胞在有丝分裂后，身份维持不变，仍然维持特定细胞类型的转录模式，即基因书签（gene bookmarking），表观遗传修饰和一系列的转录因子都可以作为基因书签。另有研究发现，朊病毒亦可作为表观遗传信息传递的媒介。总体而言，我们对表观遗传信息的遗传认知还十分有限，在新技术和新的模式动物的帮助下，相信还会有更多的表观遗传信息传递的媒介以及机制被揭示出来。

30.1　表观遗传信息的遗传概述

关键概念

- 表观遗传性状是指不依赖于 DNA 序列改变的染色质变化所介导的可稳定遗传的表型。
- 表观遗传改变个体表型的方式主要包括 DNA 甲基化、组蛋白修饰和非编码 RNA 等。
- 表观遗传的遗传是指亲代的表观遗传信息传递给子代的生物学过程。
- 在个体层面上，亲代的部分获得性性状可以遗传给后代，这种获得性的表型在个体间传递的过程称为"表观遗传信息的跨代传递"。
- 在细胞层面上，真核生物体细胞通过有丝分裂产生子细胞，子细胞与亲代细胞具有相同的基因表达模式，这种特定的基因表达模式在细胞间传递的过程称为"基因书签"。

表观遗传性状是指不依赖于 DNA 序列改变的染色质变化所介导的可稳定遗传的表型[1]。这一定义中包含了两个核心要素：①不依赖于 DNA 序列改变；②表型可稳定遗传。自"中心法则"被揭示以来，真核生物中遗传信息由 DNA 流向 RNA 并进一步传递给蛋白质的观念被广泛接受，蛋白质作为执行生命功能的主要形式，其种类和丰度很大程度上决定了细胞乃至个体的表型，因此"中心法则"构建了基因与表型的对应关系。而"不依赖于 DNA 序列的改变"这一标准跳出了"中心法则"的范畴，在更广阔的背景下讨论表型的遗传问题。值得注意的是，只有当个体中发生的不依赖于 DNA 的表型改变可以在代际间稳定遗传时，才可称之为表观遗传。

　　表观遗传改变个体表型的方式主要包括 DNA 甲基化、组蛋白修饰和非编码 RNA 等。其中，DNA 甲基化和部分组蛋白修饰均为化学修饰并可遗传给子代，因此统称为表观遗传修饰。绝大多数表观遗传修饰具有可逆性，动态的表观遗传状态构成了个体的表观遗传信息。而非编码 RNA 对基因的调控模式也可以传递给子代，因此也具有表观遗传属性。

　　表观遗传的遗传是指亲代的表观遗传信息传递给子代的生物学过程。表观遗传的遗传体现在不同的层面。在个体层面上，亲代的部分获得性性状可以遗传给后代，这种获得性的表型在个体间传递的过程称为"表观遗传信息的跨代传递（transgenerational epigenetic inheritance，TEI）"。在细胞层面上，真核生物体细胞通过有丝分裂产生子细胞，子细胞与亲代细胞具有相同的基因表达模式，这种特定的基因表达模式在细胞间传递的过程称为"基因书签"；而追本溯源，有性生殖个体的遗传和表观遗传信息均来源于双亲提供的生殖细胞，因而个体层面的"表观遗传的跨代传递"可归结为生殖细胞进行减数分裂过程中的"基因书签"。

　　表观遗传的遗传存在诸多未解决的问题，例如，在个体层面，个体的哪些获得性性状通过何种方式遗传给子代，对子代又会造成哪些影响；如何消除亲代遗传给子代的负面影响，如自闭症、抑郁症等疾病的倾向；在体细胞有丝分裂过程中，细胞如何维持自己的谱系，不变成其他类型的细胞，甚至癌细胞。深入研究表观遗传的遗传，将加深我们对于生物对外界环境的适应机制、细胞身份维持和变异、肿瘤发生发展等生命过程的认识，为相关疾病的预防和治疗提供新的思路及策略。

30.2　表观遗传信息的跨代传递

关键概念

- 无论是在动物还是在植物中，表观遗传信息的跨代传递现象都十分普遍。亲代饮食、生活经历等都可以对子代的性状产生影响，这种影响可能持续多代。
- 目前已知的表观遗传信息跨代传递的媒介包括 DNA 甲基化、组蛋白修饰、非编码 RNA、转录因子丰度、染色质状态和朊病毒。
- DNA 甲基化介导的表观遗传信息的跨代传递，分为印记基因和非印记基因的甲基化。
- 哺乳动物精子中多种形式的非编码 RNA，如 miRNA、tRF 等，亦可作为表观遗传信息跨代传递的媒介。

　　人们很早就观察到个体的获得性性状可以遗传的现象。1809 年，法国生物学家拉马克（Lamarck J. B.）在《动物学哲学》（*Philosophie Zoologique*）一书中提出了"获得性状的遗传"[2]。"获得性状的遗传"需要回答两个关键问题：①性状如何获得；②获得的性状如何遗传给子代。随着分子生物学的进展和表观遗传机制的逐渐揭示，人们认识到外界环境的改变可以通过表观遗传媒介（包括表观遗传修饰和非编码 RNA 等）动态调控基因的表达模式，进而改变个体的表型；更进一步，这种基因表达模式的改变可以在子代中重现，增强子代对特定环境的适应性；因此表观遗传强调表型与环境的关系。正如美国植物学家卢瑟·伯班克（Luther Burbank）曾提出的著名论断：遗传只是所有过去环境的总和（heredity is only the sum of all past environment）[3]。虽然芭芭拉·麦克林托克（Barbara McClintock）首次在玉米中发现表观遗传的遗传现象距今已近 60 年[4]，但是由于缺乏有效的研究模型和手段，表观遗传信息的跨代传递研究进展较为缓慢，且存在诸多争议。

30.2.1 代际间的表观遗传现象十分普遍

无论是在动物还是在植物中，表观遗传的跨代遗传现象都十分普遍。亲代饮食、生活经历等都可以对子代的性状产生影响，这种影响可能持续多代[5]。

1. 亲代饮食和精神状况与子代精神和代谢疾病密切相关

荷兰大饥荒期间，妊娠早期（前三个月）经历严重食物短缺的孕妇，其后代患精神分裂症的风险显著增高，约为未经历严重食物短缺组的两倍[6,7]；类似地，在 1959～1961 年我国严重饥荒地区安徽芜湖，1959 年出生的孩子中精神分裂症发生率为 0.84%，而对于 1960 年和 1961 年出生的孩子，精神分裂症的发生率显著升高至 2.15% 和 1.81%[8]。除了精神疾病，亲代孕期的营养不良也可能导致子代出现代谢疾病。在小鼠模型中，孕期营养限制也会导致 F_1 代的低体重和葡萄糖耐受不良，并且通过 F_1 代雄性小鼠进一步将代谢异常传递给 F_2 代，这提示表观遗传的跨代传递很可能是通过父系传递的[9]。更多的证据还包括，患有前驱糖尿病的雄鼠，其子代会出现葡萄糖耐受不良和胰岛素抗性[10]；雄鼠高脂饮食，其子代出现葡萄糖耐受受损，血糖和血清胰岛素水平显著升高[11]。对我国 1959～1961 年三年困难时期饥荒对国人代谢疾病的系统研究发现，与没有经受饥荒的母亲的后代相比，经历饥荒的母亲的孩子成年后患 2 型糖尿病、高血压、非酒精性脂肪肝、肥胖和代谢综合征等代谢性疾病的风险显著升高，而且这可能在一定程度上使我国成为全球最大的 2 型糖尿病发病国[12]。此外，亲代的精神状况也可以影响子代的代谢。经受慢性精神刺激的雄鼠的子代由于肝脏糖异生增加而出现高血糖症[13]（图 30-1）。

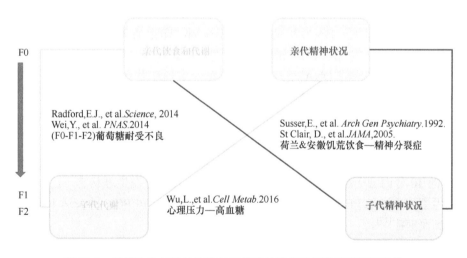

图 30-1 亲代饮食与精神状况与子代精神疾病和代谢疾病密切相关

2. 亲代的生活经历可影响后代对特定环境的适应能力

雄性小鼠暴露在气味恐怖的环境中，其后代对这种独特的气味更加敏感[14]；而让新生的雄性小鼠经历亲代隔离会使得其后代小鼠的目标导向更强，行为更加敏捷[15]。即使在子代出生以后的发育早期阶段，母亲对幼崽的关怀，如梳理毛发（licking and grooming，LG）及弓背哺乳（arched-back nursing，ABN）行为，也会影响子代的性状。在出生后 10 天内被给予更多 LG 的大鼠幼崽，在响应急性应激的过程中，其血浆中促肾上腺皮质激素和皮质脂酮的水平相对较低，而海马糖皮质激素受体水平升高，糖皮质激素反馈灵敏度增加，下丘脑促肾上腺皮质激素释放激素水平降低[16]。

随着对表观遗传修饰调控基因表达研究的深入，以及高通量测序技术的发展和广泛应用，人们迫切渴望知道究竟是什么介导了表观遗传信息的跨代传递。饮食习惯、生活经历都可视为个体的"外界环境因素"，这些因素可通过改变个体的表观遗传状态进行"内化"，并进一步通过生殖细胞传递给子代，进而影响子代的性状。这一假说面临的首要挑战是生殖细胞在成熟过程中需要经历两次重编程。首先，在原始生殖细胞发育为成熟的生殖细胞时，细胞会经历一次重编程，消除亲代表观遗传标记；其次，当精子和卵子完成受精后，胚胎在发育的早期阶段会再次经历表观遗传状态的重编程。尽管如此，越来越多的证据显示，两次重编程后，依然会有部分位点的表观遗传状态得以保留，包括 DNA 甲基化和组蛋白修饰；此外，生殖细胞不仅将承载遗传信息的 DNA 遗传给子代，也可以将非编码 RNA 遗传给子代，这提示 DNA 甲基化、组蛋白修饰及非编码 RNA 等可作为表观遗传信息跨代传递的媒介。总的来说，目前已知的表观遗传信息跨代传递的媒介包括 DNA 甲基化、组蛋白修饰、非编码 RNA、转录因子丰度、染色质状态和朊病毒[5, 17]，下面将一一介绍。

30.2.2 DNA 甲基化介导的表观遗传信息跨代传递

本节主要讨论 DNA 甲基化介导的表观遗传信息的跨代传递，其中分为印记基因和非印记基因的甲基化。

1. 印记基因的甲基化

基因组印记是指子代只选择性表达亲代一方来源的基因，即只表达父源的基因或者只表达母源的基因，而这样的基因称为印记基因。DNA 甲基化是实现基因组印记的关键方式，这表明部分印记基因的 DNA 甲基化模式可以逃避两次重编程，进而调控子代的表型。

营养不良可以影响印记基因的 DNA 甲基化模式，如对生长和发育非常关键的母源印记基因 IGF2。1944~1945 年荷兰大饥荒期间，在围孕期经历严重营养不良的母亲，其子代中母源印记基因 IGF2 差异 DNA 甲基化区域（differentially methylated region，DMR）的甲基化水平相对较低[18]，而且这种 DNA 甲基化模式一直稳定至少年到中年。

经历慢性精神应激的小鼠的精子以及子代肝脏中母源印记基因 Sfmbt2 的启动子区域 DNA 甲基化升高，导致 Sfmbt2 的 10 号内含子编码的 miRNA-466b-3p 的低表达。在生理状态下，miRNA-466b-3p 可以抑制磷酸烯醇式丙酮酸羧激酶 PEPCK 的表达；而其低表达会引起 PEPCK 的表达上调以及肝脏糖异生的增加，进而出现高血糖症[13]。

虽然印记基因的表达具有单等位基因性，但是这种特性并没有让它们对环境变化所引起的表达扰动更加敏感或者迟钝，也没有证据显示在生殖细胞中印记控制区域（imprinting control region，ICR）的表观重编程对营养不良更敏感[19]。但是印记基因的选择性计量调节对胎儿应对孕期营养不良的响应发挥关键作用。

2. 非印记基因的甲基化

除了印记区域的甲基化，外界环境、亲代饮食和经历等也可以影响后代表型相关基因的甲基化。

1）亲代饮食和代谢异常对后代代谢相关基因 DNA 甲基化的影响

高脂饮食可引起雄鼠后代的胰岛中 642 个基因的表达发生改变（P<0.01），这些基因隶属于 13 个功

能簇，包括阳离子和 ATP 结合、细胞骨架和细胞内转运等；从信号通路角度分析，发现差异表达的 2492 个基因（$P<0.05$）参与钙离子通路、MAPK 通路、Wnt 信号通路、细胞凋亡和细胞周期[20]。

进一步研究发现，这些代谢相关基因的表达改变归因于 DNA 甲基化变化。对于孕期营养不良的小鼠，其 F_1 代雄鼠精子的全基因组中检测到 111 个低甲基化区域，这些区域主要富集于具有转录调控作用的调控元件。从基因结构角度分析，发现低甲基化的 DMR 主要富集在基因间区和 CpG 岛，而在编码区域和重复序列则没有富集。在受精以后，精子中甲基化大部分被擦除，但是这些低甲基化的 DMR 中 43% 的状态得以保留，而且具有影响子代发育的潜力。在 F_2 代的肝脏和脑中差异甲基化丢失，但是 DMR 邻近的代谢基因（如 Sstr3、C1qntf6、Tbc1d30、Kcnj11、Sur1）表现出一定程度的组织差异性表达，这表明这些代谢基因表达的变化并非变化的甲基化直接引起，而是在早期发育过程中异常的表观遗传模式的累积效应，这可能会引起染色质结构、转录调控网络、分化或组织结构的可持续性变化；此外，还发现低甲基化的 DMR 富集在核小体保留的区域，这提示至少在一些位点上，孕期营养不良导致的雄性精子的低甲基化是以染色质整体的形式传递下去的[9]。类似地，低蛋白饮食可通过影响其子代肝脏中脂质调控因子 Ppara 增强子区域的甲基化来调控雄鼠子代的代谢[21]。

此外，亲代本身的代谢异常也可通过影响配子的 DNA 甲基化模式调控子代表型。亲代（F_0）前驱糖尿病会影响精子整体的甲基化模式，产生的差异甲基化基因与子代（F_1）小鼠胰岛中的差异甲基化基因大部分重叠，F_1 代小鼠胰岛中胰岛素感应相关的基因 DNA 甲基化出现变化，进而导致 F_1 小鼠出现葡萄糖耐受不良和胰岛素抗性，并且这种表型能够传递给 F_2 代。在亲代前驱糖尿病引起的精子表观遗传改变中，Pik3ca 基因在 F_0 代精子和 F_1 代小鼠胰岛中同一区域 DNA 甲基化升高。Pik3ca 基因编码磷酸肌醇 3-激酶（PI3K）的催化亚基，负责执行 PI3K 的催化功能；PI3K 可磷酸化磷脂酰肌醇、磷脂酰肌醇 4-磷酸、磷脂酰肌醇 4,5-二磷酸进而产生磷脂酰肌醇 3,4,5-三磷酸（PIP_3），从而参与胰岛素感应。此外，通过对胚胎期 3.5 天的囊胚的甲基化组进行分析，发现 Pik3ca 基因高甲基化在此时已经存在，这排除了 F_1 代小鼠中 Pik3ca 基因高甲基化是从头甲基化的可能性[10]。

2）亲代经历对后代应激响应相关基因甲基化的影响

亲代的气味感知经历可调控亲代精子和 F_1 代气味相关基因 Olfr 的甲基化，进而影响子代对特定气味的敏感度[14]。亲代的创伤性经历可改变子代中盐皮质激素启动子区域的甲基化及组蛋白修饰，进而提高子代的行为敏捷度[15]；类似地，得到更多关爱的雌鼠，子代大脑海马区中糖皮质激素受体启动子区域甲基化发生改变，影响子代对应激的响应[22]。

3）外界环境因素对性状相关基因 DNA 甲基化的影响

双酚 A 可调控刺豚鼠毛色相关基因的反转座子上游的甲基化，进而影响子代小鼠的毛色，给雌鼠补充甲基供体可消除双酚 A 引起的 DNA 低甲基化[23]；而妊娠前后的季节性饮食变化（主要是甲基供体摄取的变化）可影响胎儿中亚稳态表观等位基因的甲基化[24]。

无论对于印记基因还是非印记基因，外界因素诱导的 DNA 甲基化改变比较稳定，可通过生殖细胞进一步传递给子代，进而影响子代的表型。

30.2.3 组蛋白修饰介导的表观遗传信息跨代传递

在哺乳动物精子形成过程中，生精细胞先后经历有丝分裂、减数分裂以及精子形成三个阶段。在有丝分裂和减数分裂期，精子中的核蛋白为体细胞型的组蛋白，而在减数分裂以后，组蛋白被替换为过渡蛋白和鱼精蛋白，形成精子特异性的核蛋白。由于精子中组蛋白被替换，这使得组蛋白修饰变得"皮之不存，毛将焉附"。但有一些研究发现，人类成熟精子中依然存在着极少量的体细胞型组蛋白，而这些组蛋白中存在着修饰。进一步分析发现，这些修饰富集在与发育相关的特定位点，例如，H3K4me2/3 富集在发育相关基因的启动子，H3K4me3 富集在 HOX 簇、特定的非编码 RNA 及父源印记位点等，H3K27me3 则显著富集在早期胚胎阶段处于抑制状态的发育相关启动子[25]。但哺乳动物精子中残留的组蛋白及其修饰如何影响子代表型的报道并不多见。

在线虫中，组蛋白修饰可以介导表观遗传信息的跨代传递，如 H3K4me3 异常相关的线虫寿命延长表型可稳定遗传多代。研究发现，Sir2 是一个 NAD⁺依赖的去乙酰化酶，参与线虫的衰老调控。相较于年轻的细胞，在年老的细胞中，Sir2 蛋白表达降低，而 H4K16ac 升高，特定亚端粒区域（subtelomeric region）的组蛋白缺失，这导致这些位点的转录沉默；与 Sir2 相对立的是组蛋白乙酰基转移酶 Sas2，Sir2 和 Sas2 通过调控亚端粒区域的 H4K16ac 水平而调控复制性寿命（replicative lifespan）[26]。此外，研究还发现，催化 H3K4me3 的 ASH-2 三胸腔蛋白复合物（trithorax complex）也可以调控线虫的寿命[27]。其中，ASH-2 复合物中 ASH-2、WDR-5 及负责催化 H3K4me3 的 SET-2 亚基的缺陷都能延长线虫的寿命。相反，H3K4me 去甲基转移酶 RBR-2 对于正常的寿命而言是必需的。H3K4me3 是活性染色质的标签，过多的 H3K4me3 是寿命的决定因素。ASH-2 复合物缺陷导致的线虫寿命的延长需要一个完整的成年生殖细胞，以及成熟卵子的持续产生。ASH-2 和 RBR-2 在生殖细胞中持续产生，至少在一定程度上调控线虫的寿命，控制一系列与寿命决定相关基因的表达。进一步研究发现，ASH-2 复合物缺陷引起的亲代寿命延长可以遗传给子代，即子代的寿命也相应延长，而且可以遗传三代。这种寿命延长的跨代遗传依赖于 H3K4me3 去甲基化酶 RBR-2，以及子代中功能性的生殖细胞的出现[28]。类似地，H3K4me2 去甲基化酶基因 spr-5 的缺失也可导致寿命延伸的跨代遗传[29]。

30.2.4 非编码 RNA 介导的表观遗传信息跨代传递

无论是印记基因还是非印记基因的甲基化所介导的表观遗传信息的跨代传递，本质上都是将 DNA 作为载体。而实际上，生殖细胞中除了 DNA，还含有丰富的 RNA 和蛋白质。越来越多的证据显示，精子中多种形式的非编码 RNA 亦可作为表观遗传信息跨代传递的媒介，一个典型的例子来自小鼠的毛发控制。

在小鼠中有一种控制尾巴和爪子颜色的基因 Kit，但 Kit 纯和突变时，小鼠在出生后不久死亡；杂合突变时，会出现白色尾巴和白色爪子；而没有突变时，则表现正常小鼠的黑色尾巴和黑色爪子。但研究发现，当 Kit 杂合突变的小鼠杂交后，其基因型正常的后代也出现白色尾巴，进一步研究表明，亲代中的 RNA 可以通过精子传递给后代，并沉默子代中 Kit 基因，这提示 RNA 也可作为表观遗传信息跨代遗传的媒介[30]。

1. 哺乳动物精子中富含 RNA

哺乳动物精子在睾丸中生成后会在附睾中停留 2~3 周，经过一系列复杂的变化转变为成熟的精子。附睾分为头、体、尾三部分，附睾头部的精子中 miRNA 丰度很高，附睾尾部成熟的精子中 miRNA 大部分消失而检测到 piRNA 的富集。进一步的分析发现，附睾尾部的精子中 piRNA 长度为 29~31nt，5′端以尿嘧啶为主，而且主要比对到小鼠基因组的基因间区[31]。

对小鼠成熟精子中的 RNA 进行测序发现，在所有测得的序列中 rRNA 占 38.3%，tRNA 占 15.2%，线粒体 RNA 占 5.0%，mRNA 占 1.4%，piRNA 占 1.3%，snRNA 和 miRNA 均占 0.4%，snoRNA 占 0.1%；另有 25.2%比对到基因组的序列和 12.7%的重复序列[32]。

为何哺乳动物成熟精子中含有种类丰富的 RNA？考虑到多种小非编码 RNA 具有调控功能，那么这些小非编码 RNA 在哺乳动物精子中发挥怎样的功能呢？

2. miRNA 作为表观遗传信息跨代传递的载体

早年的创伤性经历可以影响雄鼠精子中 miRNA 的表达及其后代的行为和代谢响应，并且这种对行为和代谢的影响可以传递给 F_2 代和 F_3 代。进一步分析创伤小鼠精子中 miRNA 的改变，发现 miR-375-3p、miR-375-5p、miR-200b-3p、miR-672-5p、miR-466-5p 等在 F_1 代创伤小鼠精子中表达上调，同时也在血清、大脑海马区及下丘脑中改变，而海马区和下丘脑正是负责应激响应的脑区。其中 miR-375 的靶点之一是连环蛋白 β1（catenin β1，Ctnnb1），细胞转染 miR-375 类似物后，发现 Ctnnb1 下调，并且在 F_2 代创伤小鼠中，Ctnnb1 水平也下调，提示 miR-375 在创伤的跨代遗传中发挥关键作用。从创伤雄性小鼠精子中分离 RNA，将其显微注射到野生型的合子中，发现可以重现类似的行为和代谢表型[33]。

在经受应激小鼠的精子中 9 种 miRNA 表达上调，分别为 miR-193-5p、miR-204、miR-29c、miR-30a、miR-30c、miR-32、miR-375、miR-532-3p、miR-698，这种上调与子代小鼠中下丘脑-垂体-肾上腺轴（HPA）的活性降低相关[34]。通过将这九种 miRNA 显微注射到野生型的合子中，可以重现应激小鼠后代的异常表型。HPA 轴的功能异常与长期的下丘脑转录组的重编程相关，并伴随着胞外基质和胶原基因集的表达下调，反映了血脑屏障通透性降低。进一步研究发现，在受精后，精子来源的 miRNA 可以靶向降解母源 mRNA，包括 Sirtuin 1 和泛素蛋白连接酶 E3a，这两个基因在染色质重塑中发挥关键作用，这种 miRNA 潜在的调控功能可能启动级联分子通路，最终改变应激反应[35]。

3. tRF 也可作为表观遗传信息传递的载体

tRF 是一类来源于 tRNA 的片段（transfer RNA-related fragment）。研究发现，在小鼠睾丸的精子中，tRF 稀少，但随着精子在附睾中成熟，tRF 在精子中逐渐增多。小鼠精子中 18～40nt 范围的小 RNA 中，tRF 占比超过 65%，而 miRNA 占比仅为 23%；对幼年小鼠（约 5 周龄）进行高脂饮食 6 个月后，发现其成熟精子中 tRF 升高至约 70%，miRNA 降至 18%，小鼠出现肥胖、葡萄糖耐受和胰岛素抗性[11]。将高脂饮食和正常小鼠的精子分别注射到正常合子中，发现其后代体重增长没有显著差异，但是高脂饮食的后代在第 7 周就出现葡萄糖耐受，没有显著的胰岛素抗性[11]。类似地，低蛋白饮食也可通过影响精子中的 RNA 影响后代的表型；在功能上，无论是在胚胎干细胞还是胚胎中，tRNA-甘氨酸-GCC 片段抑制与内源性逆转录因子 MERVL 相关的基因[36]。

4. RNA 修饰介导的表观遗传信息跨代传递

对精子中的 RNA 按长度进行划分，将精子中的不同长度范围的 RNA 注射到正常小鼠胚胎中，只有 30～40nt 的 RNA（主要为 tsRNA）可以在 F_1 代雄鼠中重现葡萄糖不耐受表型（15～25nt 的 RNA 主要为 miRNA，注射后导致胚胎致死；大于 40nt 的 RNA 不致死但不能在 F_1 代小鼠中重现代谢的表型）。这提示 tsRNA 在表观遗传信息的跨代传递中发挥着至关重要的作用。但将人工合成的在精子中高度富集的 tsRNA 注射到小鼠正常合子中并不能使后代重现代谢表型，主要原因是人工合成的 tsRNA 不及内源性的 tsRNA 稳定。通过对内源性 tsRNA 的修饰进行分析，发现 m^5C 和 m^2G 在高脂和正常喂食小鼠的精子 tsRNA 中出现显著差异，在高脂喂食组中显著升高。这进一步提示 RNA 修饰在 RNA 介导的表观遗传信息的跨代传递中的重要作用[11]。

小鼠中，tRNA 甲基转移酶 Dnmt2 缺失后，会消除精子中小非编码 RNA 介导的高脂饮食引起的代谢紊乱的跨代传递现象。在正常情况下，高脂饮食会诱导精子中 30～40nt 长度范围的 RNA 中 RNA 修饰（m^5C、m^2G）的升高，而 Dnmt2 的缺失阻止了 RNA 修饰（m^5C、m^2G）的升高。Dnmt2 的缺失可以改变精子中小 RNA 的表达谱，包括 tRNA 来源的小 RNA 和 rRNA 来源的小 RNA 的水平。此外，Dnmt2

介导的 m^5C 有助于 sncRNA 二级结构和生物特性, 提示精子 RNA 可以作为亲代额外的表观遗传跨代传递媒介[37]。

30.2.5　其他调控模式

除了以上经典的 DNA 甲基化、组蛋白修饰及非编码 RNA 介导的机制, 在线虫和果蝇中还发现了其他的表观遗传信息的跨代传递模式。

在线虫中, 对外界应激的响应机制也可以遗传。当线虫感染一种典型的 RNA 病毒——兽棚病毒(Flock House virus)以后, 会诱导线虫产生 RNAi 依赖的保护机制。具体而言, 线虫会产生一类病毒来源的小感染 RNA(virus-derived small-interfering RNA, 即 viRNA), viRNA 反过来沉默病毒基因组。进一步研究发现, viRNA 介导的病毒沉默效应可以以一种不依赖于模板的形式遗传给子代, 并在 viRNA 产生存在缺陷的个体中反式沉默病毒基因组[38]。与 viRNA 类似, 生殖细胞中的 piRNA 也可以响应外源的 RNA, 并沉默外源 RNA。在线虫中, 当被依赖于 piRNA 的外源 RNA 响应触发后, 一个生殖细胞系的核小 RNA/染色质通路可以维持稳定遗传数代之久。利用正向遗传筛选等方法, 研究者发现了环境 RNAi 和 piRNA 沉默的多代遗传所必需的关键核 RNAi 和染色质因子, 包括生殖细胞系特异性的核 Argonaute HRDE1/WAGO-9 蛋白、HP1 类似物 HPL-2, 以及两个组蛋白甲基转移酶 SET-25 和 SET-32, piRNA 可以触发高度稳定的长期沉默至少 20 代。一旦被建立, 这种长期的记忆就不再依赖于 piRNA 的触发, 但是始终依赖于核 RNAi/染色质通路[39]。

除了外源性的刺激触发可跨代遗传的 RNAi 机制, 在线虫中内源性的响应也可以诱发可跨代遗传的小 RNA 的产生, 如饥饿诱导的发育阻滞可导致小 RNA 的产生, 并且至少可遗传三代。这些内源性的、可以跨代传递的小 RNA 可以靶向与营养代谢相关的关键基因, 而且其跨代遗传依赖于生殖细胞特异性表达的核 Argonaute 蛋白 HRDE-1。研究还表明饥饿动物的 F_3 代显示出增加的寿命, 证实过去环境的跨代传递的假说[40]。

此外, 研究还发现小 RNA 中序列特异性的调控信息可从体细胞中转移至生殖细胞中, 并导致跨代的沉默效应。在线虫神经元中 dsRNA 的表达可导致 dsRNA 来源的移动 RNA(mobile RNA)运输到体细胞和生殖细胞中, 并沉默其中与之序列匹配的基因。相同点为, 无论是沉默体细胞还是生殖细胞中的靶基因, 都需要 dsRNA 选择性的运输因子 SID-1 的协助; 不同点为, 当亲代暴露于神经元移动 RNA 以后, 在体细胞中的沉默需要 dsRNA 在每一代中表达, 而在生殖细胞中的沉默是可遗传的[41]。进一步研究发现, 虽然在生殖细胞中的这种可遗传的沉默效应的起始需要多种因子, 包括 SID-1、一种主要的 Argonaute RDE-1、一种次级的 Argonaute HRDE-1 及 RNase D 类似物 MUT-7, 但这种可遗传的沉默的维持并不依赖于 SID-1 和 RED-1, 而需要 HRDE-1 和 MUT-7。在缺失亲代神经元 dsRNA 的情况下, 这种沉默效应可以遗传超过 25 代。

对果蝇的研究发现, 应激效应能够通过一种紧密的染色质结构调控发生表观跨代遗传。果蝇的 dATF-2 对于异染色质组装是必需的, 而在应激情况下, Mekk1-p38 催化 dATF-2 的磷酸化, 扰乱了异染色质的形成。dATF-2 与 HP1 不仅在异染色质上共定位, 而且在常染色质上的一些特定位点也存在共定位。热休克和渗透压诱导 dATF-2 的磷酸化, 导致其从异染色质中释放。这种异染色质的扰乱可以传递给子代。当多代的胚胎暴露在热激条件下时, 这种具有缺陷的染色质状态可以持续维持多代[42]。

肠道微生物也可以调控表观遗传的跨代传递[43]。在减数分裂过程中, 亲代的肠道菌群也可以传递给子代。在寒冷环境中培养的亲代果蝇, 其 F_2 代在正常温度下培养, 但是控制它们的微生物获取。其中一部分基因在代际间的表达是保守的, 而另一些主要在肠道中表达的基因则依赖于获得的微生物。

30.3　有丝分裂中的基因书签

- 基因书签，又称为有丝分裂书签（mitotic bookmarking），指的是细胞分裂过程中基因表达程序在细胞间传递的过程。
- 在细胞周期的各个时期，全基因组 DNA 甲基化都非常稳定，这提示 DNA 甲基化作为表观遗传信息传递的首要元素。
- 抑制性组蛋白修饰 H3K9me3 和 H3K27me3 介导的染色质状态可遗传，组蛋白变体也可作为基因书签。
- 目前已经报道的转录因子"基因书签"（gene bookmarking）超过 50 个，包括细胞分化决定因子、表观遗传修饰子和其他转录因子。

　　真核生物体细胞通过有丝分裂将细胞核中的染色质平均分配到两个子细胞中。有丝分裂具有很强的规律性，可分为分裂间期和分裂期，间期又分为 G_1 期、S 期和 G_2 期；而分裂期（M 期）可细分为前期、前中期、中期、后期和末期。在时间上看，分裂期只占整个细胞分裂周期的 10%，细胞绝大多数时间处于间期。

　　细胞染色质状态在不同的时期存在显著差异，以执行不同的生物学功能。G_1 期为 DNA 合成前期，在此期间细胞复制细胞器，合成蛋白质、糖和脂质；S 期为 DNA 合成期；G_2 期为 DNA 合成后期，细胞快速生长，合成有丝分裂所必需的蛋白质；在分裂期，染色质在核中压缩，形成染色体，并在纺锤体的牵引下排列在赤道板，两条姐妹染色单体分开，并向两极移动，最终平均分配到两个子细胞。

　　一般而言，同一个体的不同组织的体细胞都含有相同的整套基因组，而基因在时空的特异性表达造就了丰富多样的细胞类型，例如，人体中存在 200 多种不同类型的细胞。换而言之，不同类型细胞最本质的差别在于其基因表达模式的不同。因此，即使细胞完成了分裂，遗传物质由亲代细胞传递给子细胞，但是子细胞如何维持亲代细胞的表达模式呢？这是长久以来困扰人们的问题。1982 年，Gazit Bruria 等发现，对 Dnase I 高度敏感的位点在有丝分裂过程中保留[44]；1997 年，Michelotti Emil 等发现即使在分裂期，一些转录因子依然可以结合到染色体，为染色体的重新组装提供了"分子书签"[45]。随后，越来越多的"分子书签"被发现；除了转录因子，表观遗传修饰亦可作为"基因书签"，这些"书签"对于子细胞重启特异性的转录程序至关重要。在有丝分裂过程中表观遗传记忆的研究相对较多，最早是从复杂的模式生物中的遗传学分析发现的[46]。当内胚层细胞核被植入到去核的卵子中时，基因的活性状态仍然能够维持，这说明体细胞中基因表达模式的稳定性[47]。

30.3.1　基因书签的定义

　　基因书签又称为有丝分裂书签，指的是细胞分裂过程中基因表达程序在细胞间传递的过程。一旦细胞进入到下一个细胞周期的 G_1 期，细胞就按照相同的基因表达模式启动生物过程。

　　目前已发现很多转录因子可以结合到分裂期的染色质，并作为基因书签；此外，DNA 甲基化和组蛋白修饰也可作为基因书签。值得注意的是，作为基因书签的部分转录因子同时也是表观遗传修饰酶，介导组蛋白修饰的产生或去除，并且这种对染色质的修饰能力是其行使基因书签的功能所必需的，因此在一些情况中，转录因子和表观遗传修饰共同构成了基因书签。

30.3.2　表观遗传修饰作为基因书签

在细胞周期的 S 期，双链 DNA 进行半保留复制，将遗传信息拷贝，并在细胞分裂末期平均分配到两个子细胞中。DNA 的半保留复制确保了遗传信息传递的保真性。表观遗传信息包括 DNA 甲基化、组蛋白修饰和非编码 RNA 等，其中，DNA 甲基化的载体是双链 DNA，组蛋白修饰的载体为核小体，非编码 RNA 则通过本身完成表观遗传信息传递。那么，伴随着细胞分裂的进行，表观遗传信息如何高保真地遗传给子代呢？

1. DNA 甲基化作为基因书签

细胞可分为生殖细胞和体细胞（图 30-2）；根据细胞的分化潜能，又可将体细胞划分为成体干细胞和终末分化的体细胞。这三种细胞中 DNA 甲基化的水平呈现完全不同的模式。

生殖细胞在其成熟过程中会经历 DNA 甲基化的重编程；而在受精以后，在胚胎发育早期，DNA 甲基化会进行第二次重编程，消除大部分亲代的 DNA 甲基化标记。因此，对于生殖细胞而言，其生命历程中 DNA 甲基化呈现动态的变化。

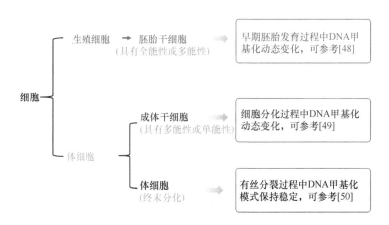

图 30-2　生殖细胞和体细胞中 DNA 甲基化的模式[48-50]

体细胞根据其分化潜能可分为成体干细胞和终末分化的体细胞。成体干细胞在分化过程中 DNA 甲基化也呈现动态变化。对于血液和皮肤干细胞，其他谱系细胞的调控元件中的 DNA 甲基化水平随着分化的进行而逐渐升高，而谱系本身特异性的调控元件中 DNA 甲基化水平降低，通过这种选择性的甲基化模式调控，干细胞向着特定方向分化。

而对于体细胞而言，在有丝分裂 S 期，DNA 进行复制，在 DNMT1 和 UHRF1 的协同作用下，子链保留了亲链中 DNA 甲基化的模式。DNA 甲基化作为一种稳定的化学修饰，能否作为基因书签将亲代的基因表达模式传递给子细胞呢？

哺乳动物体细胞中沉默染色质的起始和维持过程中，DNA 甲基化发挥重要功能。突变的转基因中所有的 CpG 二核苷酸都被消除了，与没有突变的转基因相比，其沉默程度相当，这提示 DNA 甲基化对于沉默染色质状态的建立不是必需的。沉默的且不含 CpG 的转基因显示出所有异染色质的特征，包括转录活性的沉默、DNA 复制延迟、缺少 H3K4ac 和 H3K4me、富集 H3K9me3。相反，当重新激活转基因时，不含 CpG 的转基因和未修饰的转基因之间存在明显差别。不含 CpG 的转基因恢复转录，而且并不显示出异染色质的特征；而未修饰的转基因则依然保持沉默。这些数据说明，DNA 复制延迟、缺少 H3K4ac 和 H3K4me、H3K9me3 富集等并不足以赋予表观遗传记忆。转基因中的 DNA 甲基化可以作为天生的表观遗传记忆来长期沉默转基因，阻止它们的重新激活[51]。

研究发现，在细胞周期的各个时期，全基因组 DNA 甲基化都非常稳定，这提示 DNA 甲基化是表观遗传信息传递的首要元素[50]。即使细胞被阻滞在 G_0 期，也没有检测到全基因组 DNA 甲基化的显著变化[52]。但是在 S 期早期，DNA 复制和胞嘧啶甲基化之间存在较小延迟[53]。

2. 组蛋白修饰作为基因书签

从 2001 年 David Allis 提出"组蛋白密码（histone code）"开始，组蛋白修饰调控基因表达的证据加速涌现；2004 年，哈佛大学施扬团队发现了第一个组蛋白去甲基化酶 LSD1，揭示了组蛋白修饰的可逆性，极大地加深了人们对组蛋白修饰功能的理解。时至今日，组蛋白修饰已经被公认为是表观遗传的核心组成之一。虽然组蛋白修饰调控基因表达证据堆积成山，但组蛋白修饰真的可以遗传吗？或者种类繁多的组蛋白修饰，究竟有哪些具有可遗传的属性呢？

1）染色质的两种状态——异染色质和常染色质

真核生物体细胞中，染色体的基本单位核小体由约 147 bp 的 DNA 缠绕在组蛋白八聚体（H2A、H2B、H3 和 H4 各两个拷贝）上形成。其中，未修饰的组蛋白尾巴带正电，而 DNA 带负电，两者之间存在静电作用，而且组蛋白与邻近的核小体之间也具有静电作用，因此在默认情况下，染色质是致密压缩的，这种致密压缩的染色质称为异染色质（heterochromatin）。

在 DNA 复制过程中，DNA 需处于开放状态，复制后的 DNA 需要快速缠绕到组蛋白上，形成新的核小体。那么，在 DNA 复制过程中，染色质如何从异染色质状态切换到开放的常染色质（euchromatin）状态？此外，DNA 复制后，组蛋白修饰能否进行相应的复制？如果可以，那么组蛋白修饰能否作为有丝分裂书签以启动子细胞中的转录程序？

2）抑制性染色质状态的遗传

有研究报道，酵母和人类中保守的组蛋白修饰 H4K16ac 可帮助建立常染色质，随后各种组蛋白修饰负责进一步促进转录，而且转录状态的维持需要转录启动因子的持续出现。在每一轮 DNA 复制或者有丝分裂结束后，H4K16ac 负责重建开放的染色质状态，而基因表达则还需要一个启动因子。先打开染色质，随后触发转录，H4K16ac 和启动因子分工明确。这种工作模式提示，有助于打开染色质的 H4K16ac 可能在细胞复制过程中遗传下去，并对基因表达模式的传递至关重要，但是目前还没有确凿的证据。

一旦启动因子撤离以后，染色质将回到致密压缩状态。在酿酒酵母中，NAD（烟酰胺腺嘌呤二核苷酸）依赖的组蛋白去乙酰化酶 Sir2 所介导的 H4K16ac 的局部去乙酰化，对于建立致密的（也即抑制性的）染色质结构域是必需的。在酵母特定的染色质区域，这种致密的染色质结构域可以在数代间维持。这种抑制性的染色质状态的精准遗传可以维持细胞谱系中基因表达的完整性。

3）抑制性组蛋白修饰 H3K9me3 和 H3K27me3 的遗传

高等真核生物的研究显示，有助于抑制性的致密压缩的染色质形成的组蛋白修饰 H3K9me3 和 H3K27me3 具有表观遗传的特性，可以遗传给子细胞。

这些组蛋白修饰为其他压缩染色质的因子提供结合位点，并在特定的染色质位点形成大的组成型异染色质（constitutive heterochromatin，含有 H3K9me3）或者兼性异染色质（facultative heterochromatin，含有 H3K27me3）的染色质结构域。在 DNA 复制过程中，组蛋白修饰倾向于分离到合适的子染色质结构域，因此包含亲源组蛋白修饰的核小体与新合成的没有修饰的组蛋白混合在一起。

执行 H3K9me3 和 H3K27me3 的蛋白复合物同时具有"书写"和"阅读"能力，即催化 H3K9me3

和 H3K27me3 形成的酶可以分别识别相应修饰本身，成为自己的识别者；这种识别进一步刺激这些酶或者复合物修饰邻近的、尚处于原始状态的核小体，实现相应组蛋白修饰的"自传播"；而这种正向反馈能够在子细胞中建立和巩固抑制性的染色质结构域，因而赋予了其可遗传性。

甲基转移酶 SUV39H1 和 PRC2 复合物显示出了这种全能的"书写+阅读"能力：当它们的阅读模块［在 SUV39H1 中是一个染色质结构域（chromodomain），在 PRC2 中是个芳香性结构］结合到它们各自的酶催产物时，其中的酶活模块被激活，进一步催化邻近核小体组蛋白位点上 H3K9me3 和 H3K27me3 的形成。因此，只要同时具备亲源性的组蛋白修饰和组蛋白甲基转移酶，就能够在子代细胞中重现合适的组蛋白修饰模式。

裂殖酵母中的甲基转移酶 Clr4 及其在哺乳动物中的同源物 SUV39H1，通过识别 H3K9me 而建立和维持 H3K9me 区域，与 H3K9me 的结合有助于其酶活的发挥，促进 H3K9 位点的进一步甲基化形成 H3K9me2/3。在 H3K27me3 存在的情况下，PRC2 复合物（包括 SUZ12、EED、EZH2 和 RbAp48 等 4 个核心亚单元）中的 EED 结合到 H3K27me3，这种结合通过构象变化激活 EZH2 的 SET 结构域，进一步催化邻近核小体的 H3K27me3 的建立。在 PRC2 缺乏时，随着细胞分裂的进行，H3K27me 逐渐消失；但是当 PRC2 存在时，在胚胎发育过程中 H3K27 甲基化通过表观遗传机制传递下去。

4）其他可遗传的组蛋白修饰

H4K20me 是一种抑制性的组蛋白修饰，可被 L3MBTL1 蛋白的 MBT 结构域识别，导致染色质致密化，而且 H4K20me 与 H4K16ac 是互斥的，这些提示 H4K20me 具有潜在的表观遗传特性，但是 H4K20me 的"书写+阅读"功能还有待证实。此外还存在很多其他"书写者"和"阅读者"，例如，具有溴结构域的蛋白质可以识别乙酰化的组蛋白，但它们并不激活"书写"的活性。有一些组蛋白修饰酶可以结合到它们的产物，但是这种结合是否导致酶活的激活还有待证实。

为什么抑制性的组蛋白修饰而不是激活性的组蛋白修饰可以遗传呢？这可能是抑制不合适的基因的激活可能是多细胞生物的一种进化需要。反过来想，如果是一种基因激活的正向反馈环路，这可能导致细胞可以承担过多的风险，它们可能导致在细胞命运决定中将一种动态变化的刺激转变为持久的错误，给细胞带来严重的不良结果。

3. 组蛋白变体作为基因书签

组蛋白变体 H3.3 的序列与组蛋白 H3 的序列十分相似，可以在特定的场景下组装至核小体。例如，组蛋白变体 H3.3 可以被置入到活性的 rDNA 阵列。组蛋白 H3 在 DNA 复制过程中被严格地掺入，即复制耦合的置入［replication-coupled（RC）deposition］；而 H3.3 与 H3 相比有 4 个氨基酸序列的差异，这些氨基酸的差异使得 H3.3 的置入不依赖于 DNA 复制［replication-independent（RI）deposition］。与复制耦合的置入相反，不依赖于 DNA 复制的置入过程并不需要组蛋白 N 端尾巴。无论在果蝇还是酵母中，H3.3 都是不依赖于 DNA 复制置入的唯一底物。H3.3 的这种不依赖于 DNA 复制的替换机制能够使被组蛋白修饰沉默的基因立即激活。新置入 H3.3 的核小体的遗传可能将这些位点标记为活性位点[54]。进一步的研究发现，H3.3 确实主要出现在具有转录活性基因的启动子区域[55]。在有丝分裂过程中，H3.3 和 H3K4 甲基化形成了一个稳定的标签。

在没有转录的情况下，这种活性基因状态的记忆可以持续 24 代细胞，适用于肌原性基因 *MyoD* 在非肌肉细胞系的核移植胚胎中的表达。这种基因表达模式并不能被启动子区域的 DNA 甲基化所解释。在显示记忆的胚胎中，表观遗传记忆与组蛋白 H3.3 在 MyoD 在启动子区域的富集相关联。一旦启动子区域的 H3.3 发生 E4 突变，缺少 H3.3K4 甲基化的潜力，这种记忆将消除，说明 H3.3K4 对记忆的重要性。H3.3 的过表达可以加强移植核（transplanted nuclei）的记忆。H3.3 在 MyoD 启动子区域的富集有助于记忆的形成[56]。

此外，研究发现，DNA 损伤后的转录重启需要组蛋白 H3.3 伴侣蛋白 HIRA 介导的染色质起始。当细胞受到紫外照射后，HIRA 在 DNA 损伤修复及放置新合成的组蛋白 H3.3 之前聚集到 DNA 损伤位点。这种局部的 HIRA 的聚集依赖于与 DNA 损伤识别相关的泛素化事件。更进一步发现，HIRA 在 DNA 损伤早期的聚集是为 DNA 损伤导致的染色质转录暂定的重启做准备。因此，HIRA 依赖的组蛋白置入可作为染色质书签，有助于在毒性刺激后的转录恢复[57]。

30.3.3　转录因子作为基因书签

在细胞有丝分裂期，染色质高度压缩，在压缩素（condensin）蛋白复合物的作用下，转录因子从染色体中剥离。然而，近些年越来越多的证据显示，并非所有的转录因子在有丝分裂期都从染色体中剥离，部分转录因子依然可以结合到分裂期的染色体上。

一个转录因子作为"基因书签"需满足三条重要条件：①在有丝分裂期与染色质结合；②在分裂期被书签标记的基因对于细胞身份的维持或者细胞谱系的稳定十分关键；③在分裂期书签对基因的标记决定了子细胞 G_1 期早期关键基因表达。

目前已经报道的转录因子"基因书签"超过 50 个，其中表观遗传修饰因子超过 15 个。鉴定一个转录因子是否为基因书签常用的方法有免疫荧光（包括固定的样本或者活体成像）及染色质免疫共沉淀（ChIP）分析（包括 PCR 或者二代测序）。但值得注意的是，不同的研究中所使用的方法不同会导致不同的鉴定结果，因此部分蛋白质是否为基因书签尚存在争议。

1. 细胞分化决定因子作为基因书签

在细胞分裂和分化过程中，一些关键性的因子对细胞的身份维持和分化命运起到决定性作用。对于不同谱系的细胞，虽然关键因子存在较大差异，但都依赖基因书签维持细胞身份和命运。

1）胚胎干细胞自我更新相关的基因书签

胚胎干细胞（ES）是一种由着床前的囊胚获得，在体外可以无限维持并且保持未分化和多潜能状态的细胞，它们可以无限分裂，但是并不会丢失其生物学特性，也不会丢失其分化潜能，这种现象称为自我更新。胚胎干细胞的自我更新依赖于一系列的转录因子组成的调控网络，如 Oct4、Sox2、Nanog 和 Esrrb。ES 细胞高度增殖，其细胞周期与正常细胞不同，具有较短的 G_1 期，而且没有 G_1/S 期的检查点，因此 ES 细胞不断地经历 DNA 复制和分裂。ES 细胞如何在频繁且快速的分裂后维持转录因子的调控网络，并且保持转录状态呢？研究发现，与胚胎干细胞自我更新相关的转录因子可作为基因书签，将转录程序传递给子细胞。

Esrrb，即雌激素相关受体 β（estrogen related receptor beta），因其与雌激素受体序列相似而得名，是一种对胚胎干细胞的自我更新具有重要作用的转录因子。研究发现，Esrrb 在分裂期中期的染色质上发生显著富集[58]。通过对间期和分裂期的 ES 细胞进行 Esrrb 的 ChIP 分析，在间期的细胞中鉴定了 14 000 个结合位点，而在分裂期的细胞中鉴定了 1980 个位点，很多在分裂期结合的位点同时也是间期的结合位点。进一步分析发现，Esrrb 标记的区域是在 ES 细胞中高度表达及与着床前多潜能性相关的基因的启动子或者增强子区域。此外，荧光漂白恢复实验（FRAP）发现 Esrrb 与分裂期染色质的结合具有非常高的动态性（荧光淬灭后，2s 内恢复 80%），这种动态性比间期的还高（荧光淬灭后，5s 内恢复 80%），说明在中期 Esrrb 与染色质的结合更多的是重新结合（*de novo* binding），而不是在 S2 期就结合然后在分裂期维持。Esrrb 与分裂期染色质的结合使子细胞在 G_1 期早期转录激活一系列对 ES 细胞十分关键的基因，如多潜能

性转录因子 *Tfcp2l1*、*Tbx3*、*Klf4* 以及 ESC 之间相互作用因子 *Jam2*；在 G_1 期早期被 Esrrb 激活的基因中，75%定位于含有至少一个 Esrrb 标记区域的拓扑结构域（topological associated domains，TAD）中，而只在 G_2 期受到 Esrrb 调控的基因中，55%定位于标记了的 TAD 中。另外，Esrrb 也能使很多基因表达降低，如胚胎干细胞分化调控因子 *Id2*、*Id3* 以及 DNA 甲基转移酶 DNMT3L。

Nanog 是维持 ES 细胞自我更新的另一个重要因子，它可以结合到 *Esrrb* 基因位点，并且招募 RNA 聚合酶Ⅲ到 Esrrb 启动子区域，刺激 Esrrb 的转录[59]。研究显示，在细胞有丝分裂中期，Nanog 从染色质中剥离，因此不具备基因书签的潜力。

2）肝细胞分化相关基因书签

Fox 家族蛋白是一类从低等生物到高等生物都保守的转录因子，其 DNA 结合区具有侧翼螺旋结构，也称为叉头框（forkhead box，Fox）结构。FoxA 是 Fox 家族的一个亚族，其 DNA 结合域与组蛋白 H5 很相似，C 端可与组蛋白 H3 和 H4 相互作用。即使缺乏其他染色质修饰酶，FoxA 也能打开局部染色质结构，与紧缩的染色质结合，进而增强对其他转录因子的招募，FoxA 因此得名"先锋因子（pioneer factor）"。

FoxA1，又称为肝细胞核因子 3α（HNF-3α），是 FoxA 蛋白亚家族的一员，在肝脏发育中扮演着重要角色。在有丝分裂中期，FoxA1 专一地结合到染色质上，统计分析发现，在间期被 FoxA1 结合的位点中，15%的位点在细胞分裂期依然被 FoxA1 结合，其中包括对于肝脏发育十分关键的基因，如 *HNF4a* 及 *FoxA1* 自身。进一步的研究发现，在分裂期 FoxA1 与染色质除了特异性结合，还存在很多非特异性结合，而这种非特异性结合与 FoxA1 固有的染色质结合特性相关。无论是特异性结合还是非特异性结合，对于有丝分裂后靶基因及时的重新激活都十分重要[60]。

GATA4 依赖于 FoxA 蛋白而结合到染色质，类似于 FoxA1，它也可以结合到其他转录因子不能结合的紧缩的染色质，因此也被认为是"先锋因子"。但是免疫荧光结果显示，在有丝分裂中期，GATA4 既可以结合到染色质上，也可以游离于细胞质中。

3）红细胞分化相关的基因书签

GATA1 是含有两个锌指结构的转录因子，参与红细胞、巨核细胞等正常功能的调控，在红系和巨核细胞分化中发挥关键作用。在红系 GE1 细胞中，GATA1 在细胞分裂间期表现出很强的细胞核聚集；在分裂中期，大多数的 GATA1 分散在细胞质中，但进一步通过与染色质进行共定位发现，其在染色质上依然出现非常强的富集；而在分裂后期和末期，GATA1 完全定位到 DNA 富集的区域。通过富集有丝分裂中的细胞并对比周期非同步和同步细胞的 GATA1 的 ChIP-Seq 数据，验证了在分裂期 GATA1 会大量地从染色质中剥离，但是在间期被 GATA1 占据的位点中，有 5.3%在分裂期依然被占据着，另外还发现了 1106 个（占 11.0%）位点对 GATA1 显示出了偏好性[61]。

因此，可以将 GATA1 结合的区域划分为三种：在有丝分裂间期占据的（interphase GATA1-occupied sites，I-OS）、同时在间期和分裂期占据的（IM-OS），以及在分裂期更具偏好性的（M-OS）。通过对 I-OS、IM-OS 和 M-OS 的功能进行分析，发现 I-OS 和 IM-OS 更倾向于定位到启动子和基因体区域，其中 IM-OS 更加显著地富集在启动子区域，而 M-OS 很少出现在启动子附近。此外，I-OS 与红系分化的基因及巨核细胞谱系基因密切相关；IM-OS 强烈地富集在对红系巨核细胞谱系发育至关重要的基因中，而 M-OS 并没有显示出很强的功能。在组蛋白修饰上，I-OS 和 IM-OS 的组蛋白修饰与转录增强子（H3K4me1）以及激活或暂定的启动子（H3K4me3）相关；相反，M-OS 则富集在与转录抑制相关的标签上，比如 H3K27me3 和 H3K9me3[61]。

与此同时，有丝分裂期中 GATA1 的共调控因子 FOG1 和 TAL1 也与染色质剥离，因此 GATA1 在分裂期与染色质的结合能力相对减弱，这也提示 GATA1 可能作为一个平台，在有丝分裂结束后招募它们发挥作用。有丝分裂结束后，子细胞进入下一轮细胞周期的 G_1 期，相对于此前不结合 GATA1 的基因，GATA1 靶向的基因再次激活更快。

2. 表观遗传修饰子作为基因书签

在转录因子中，有一类比较特殊的蛋白质，它们本身就是表观遗传修饰因子，可以参与相应的表观遗传事件，但同时也可作为基因书签发挥作用。在这两种场景下，转录因子的作用机制是否重叠，还有待进一步的验证。

1）组蛋白修饰识别子 BRD4

BRD4 是 BET 家族的一员，包含两个识别乙酰化赖氨酸残基的溴结构域。在分裂间期，Brd4 与细胞周期素 cyclin T/Cdk9 复合物、P-TEFb 等相互作用，并招募 P-TEFb 到含有组蛋白乙酰化的的启动子区域，参与依赖于 RNA 聚合酶 II 的转录。小鼠中 BRD4 的同源蛋白为 MCAP，在分裂前期组蛋白 H3 磷酸化，染色质开始压缩，MCAP 均匀地分布在细胞核中；在前中期，MCAP 在染色质发生显著富集，而在细胞其他地方只有零星的分布；在中期，MCAP 结合到那些在赤道板聚集并黏附到着丝粒的紧缩的染色质上；在后期和末期，姐妹染色单体分离，而 MCAP 始终结合到分开的两条姐妹染色单体上。通过显微注射 MCAP 抗体，发现注射 MCAP 的细胞有丝分裂受阻，但不会中断 DNA 复制，进一步分析发现 MCAP 在 G2/M 期转换过程中发挥作用[62]。

BRD4 通过识别乙酰化的 H3 和 H4 与有丝分裂的染色质发生相互作用。用抗微管药物诺考哒唑（nocodazole）处理后，BRD4 从染色质上迅速脱离。而当诺考哒唑移除后，BRD4 又重新加载到染色质上，细胞继续完成细胞分裂。但是，当敲除一个 BRD4 等位基因（Brd4$^{+/-}$）后，这时 BRD4 表达水平是正常的一半，BRD4 加载到染色质上出现缺陷。BRD4$^{+/-}$的细胞很难从诺考哒唑诱导的周期抑制中得以恢复，在药物移除后，大量的细胞不能进入有丝分裂后期，而那些进入有丝分裂后期的细胞中染色质异常分离的频率很高。BRD4 重新加载的缺陷与选择性的 H3 和 H4 的低乙酰化一致。组蛋白去乙酰化酶抑制剂曲古菌素 A 会增加组蛋白整体的乙酰化，扰乱诺考哒唑诱导的 BRD4 加载缺陷。BRD4 在响应细胞对药物诱导的有丝分裂刺激中扮演着不可或缺的角色，通过维持合适的乙酰化染色质状态，维持乙酰化染色质状态及高级染色质结构，为有丝分裂后 G$_1$ 期基因表达提供转录记忆。

此外，研究发现 P-TEFb 对于 BRD4 发挥基因书签的作用至关重要。当 P-TEFb 水平保持不变的时候，在有丝分裂后期到 G$_1$ 期早期，BRD4 与 P-TEFb 相互作用显著性增加。与此同时，P-TEFb 在有丝分裂后期（anaphase）的中期到后期（核膜形成之前）被招募到染色质，并参与其他常见的转录因子的核运输过程。重要的是，P-TEFb 的招募依赖于 BRD4，敲除 BRD4 可以降低 P-TEFb 的结合，抑制 G$_1$ 期和生长相关的基因的表达，导致细胞周期阻滞在 G$_1$ 期和诱导细胞凋亡。由于 P-TEFb 也意味着富有成效的转录延伸，当它在有丝分裂后期被 BRD4 招募到染色质的时候，意味着 P-TEFb 结合的那些基因的转录激活状态必须在整个细胞分化过程中被保护。

2）组蛋白甲基转移酶作为基因书签

混合谱系白血病（mixed lineage leukemia，MLL），即 KMT2A，以及它的后生动物的 Trithorax 直系同源与转录活性的表观遗传维持相关。MLL 基因是人体中与果蝇 Trithorax 同源的基因。Trithorax 与它的沉默组分 Polycomb 一样有维持基因表达状态的能力，因此被称为"表观记忆"的通路。Trithorax 和 Polycomb 蛋白能够通过特定的分子相互作用维持可遗传的染色质结构,对抗 DNA 复制和有丝分裂导致的染色质紊乱。

与其他染色质修饰酶不同，MLL 与有丝分裂中紧缩的染色质中基因的启动子相关联。在有丝分裂过程中，MLL 在染色质上的结合发生重新分布，更加倾向富集于细胞分裂间期高度表达的基因。基因敲低实验证实，在有丝分裂过程中，MLL 在基因启动子区域的滞留会加速转录的重新激活。MLL 并不是单独行动，它将 Menin、RbBP5、ASH2L 都招募到它标记的区域，但是它们对于维持 H3K4 甲基化并没有帮助。这些研究提示基于 Trithorax 基因调控的作用，MLL 可以作为有丝分裂书签，有助于活性基因表达状态的遗传。

3）CTCF 作为基因书签

CTCF 可通过其 11 个锌指的不同组合，结合到基因组上的多个位点，阻止启动子与邻近的增强子或沉默子的结合，因此被称为"转录绝缘子"。CTCF 调控胸腺中 αβT 细胞的细胞周期进展，并在有丝分裂期分布在整条染色质臂上。

CTCF 的条件性敲除导致早期胚胎致死，在胸腺细胞中 CTCF 的失活特异性地阻碍 αβT 细胞的分化，引起胸腺中晚期双阴性和未成熟的单阳性细胞的聚集。这些细胞正常大小，活性循环，CTCF 含量升高。在 CTCF 条件性敲除的小鼠中，这些细胞很小，由于细胞周期素 CDK 抑制因子 p21 和 p27 的表达增加发生细胞周期阻滞。因此，CTCF 以一种剂量依赖的形式参与胸腺中 αβT 细胞的细胞周期进展。此外，CTCF 可能在快速分化的淋巴细胞中正向调控细胞生长。

在果蝇中，通过生物信息学分析，发现 dCTCF 可能通过维持附近的染色质隔离状态建立其三维基因组结构。

3. 其他转录因子作为基因书签

肝细胞核因子 1β（Hnf1β）是多种肾囊肿相关基因表达所必需的转录因子，其在胎儿中的缺失将导致多囊肾。多囊肾又称为 Potter（I）综合征、Perlmann 综合征、双侧肾发育不全综合征。多囊肾主要分为两种类型：常染色体隐性遗传，发病于婴儿期；常染色体显性遗传，常见于青中年时期。在胎儿期前 10 天它们完成增殖延伸且形态稳定以后，*Hnf1b* 的失活并不会导致肾小管的囊性扩张。研究发现，HNF-1β 通过两种方式调控基因表达。①维持囊肿生成基因的活性转录。囊肿生成抗性与细胞的静息状态本质上是联系在一起的，*Hnf1b* 缺陷的静息细胞通过缺血再灌注损伤被迫增殖，由于缺少定向的细胞分裂，最终导致囊肿。在静息细胞中，即使在 HNF-1β 缺乏的情况下，囊肿生成的靶基因的转录却依然维持；然而一旦细胞开始增殖，它们就停止表达。②HNF1β 作为基因书签在细胞增殖后重启转录程序。在小鼠肾脏内髓集合管上皮细胞（mIMCD3）整个细胞周期中，HNF1β 始终与有丝分裂的压缩的染色质桶结合，这提示 HNF1β 是一个基因书签，对于靶基因在有丝分裂沉默后的重新启动十分必要。

HP1α 也可以与分裂期的染色质结合，主要结合在异染色质区域，如着丝粒及近着丝粒区。

HSF 热休克因子是一类可调控热休克蛋白表达的转录因子，在人体中包括 HSF1、HSF2、HSF2BP、HSF4、HSF5、HSFX1、HSFX2、HSFY1 和 HSFY2，在细胞受到刺激（如热激）时它们可以与基因组上热休克蛋白序列元件（heat shock sequence elements，HSE）相结合。在有丝分裂过程中，转录因子 HSF2 结合到 HSP70i 的启动子区域，同时招募蛋白磷酸酶 2A，与压缩素 CAP-G 亚单位相互结合，促进邻近压缩素复合物的去磷酸化和失活，最终阻止这个位点的压缩。通过 RNAi 阻断 HSF2 介导的基因书签，降低了 HSP70i 的诱导，以及应激细胞在 G_1 期的存活。

RBPJ 是 Notch 信号通路的关键转录效应因子，可以直接与 DNA 相互作用，在体外，RBPJ 可以直接与核小体 DNA 相互作用，而对于核小体 DNA 的进入和退出位置具有很强的偏好性。在小鼠胚胎癌细胞系 F9 中，异步细胞中 60% 被 RBPJ 占据的位点在有丝分裂的细胞中也都被其占据。在它们中间，我们发现 RBPJ 占据位点从间期到分裂期发生了转变，提示 RBPJ 可以在有丝分裂染色体上通过在 DNA 上滑动，而不是从染色质上剥离进而在有丝分裂的染色质上维持。推测 RBPJ 可以作为一个有丝分裂书签，当退出有丝分裂时标记有效的转录激活和抑制。此外，研究发现，除了在 RBPJ 结合的基序，RBPJ 占位富集在 CTCF 结合基序，RBPJ 和 CTCF 可能存在相互作用。由于 CTCF 能够调控转录且参与染色质长距离（long-range）相互作用，研究者提出一个假说，即 RBPJ 可能通过与 CTCF 协作，参与建立染色质结构或者长距离相互作用，并通过细胞分裂传递给子细胞，维持特定基因表达模式。

RUNX 是一类对多种发育过程都至关重要的转录因子。在哺乳动物中，RUNX 基因包括 *RUNX1*、*RUNX2* 和 *RUNX3*，前两者分别调控造血细胞和成骨细胞发育，后者对肠胃和神经谱系发育十分关键。RUNX 是非常核心的调控者，它可以整合多种细胞信号通路（如 TGF-β、BMG 和 Yes/Src 等），以及招募多种染色质修饰酶（如组蛋白去乙酰化酶、组蛋白乙酰基转移酶、SWI/SNF 和 SuVar139 等）来调控启动子区域的可及性。

在细胞分裂过程中，RUNX2 水平相对稳定，大部分与 DNA 发生序列特异性地结合，一小部分发生染色质剥离，与微管相结合。生化实验进一步证实，RUNX2 中 Runt 同源结构域的 R182 对其与 DNA 的结合至关重要。值得一提的是，R182Q 的突变与颅骨锁骨发育不良相关。通过 RNA 干扰筛选和 ChIP 等手段进一步鉴定了 RUNX2 的 14 个靶基因，分别为 *E2F-6*、*CDK4*、*p21*、*p18*、*GADD54A*、*SMAD5*、*CDC27*、*CDC46*、*CYCLIN H*、*CYCLIN B2*、*RPA3*、*CDC6*、*VEGF* 和 *SMAD4*。在其他独立的研究中，p21 和 VEGF 被证实是 Runx2 响应的。RUNX2 在有丝分裂前中期结合在这些基因的启动子区域；此外，RUNX2 还可以与自己的启动子区域结合，提示 RUNX2 存在自调控回路。特别值得注意的是，*CYCLIN B2* 是有丝分裂进程的控制者，在有丝分裂中，RUNX2 与 *CYCLIN B2* 基因启动子区域的结合降低。

组蛋白 H4 乙酰化和 H3K4me2 与基因表达呈正相关。在有丝分裂中，RUNX2 响应的基因中 H4 乙酰化水平降低；相反，相比于异步的细胞，H3K4me2 在有丝分裂的细胞中维持或者选择性地升高。H4 乙酰化的降低可能与有丝分裂中整体的转录降低相关，而 H3K4me2 的维持可能使得染色质处于一种转录暂停状态。

TFIID 可以招募磷酸酶 PP2A 到启动子区域，与 CAP-G 亚单元相互作用，促进这些启动子附近的压缩素去磷酸化和失活，阻止了染色质 DNA 局部的压缩。

30.3.4　朊病毒作为表观遗传信息跨代传递的媒介

朊病毒蛋白是一种约 28kDa 的糖蛋白，在多种哺乳动物中存在，具有类似病毒的感染性及自我增殖特性，可导致疯牛病、羊瘙痒病、人类克-雅氏病、库鲁病和阿尔茨海默病。朊病毒通常以两种形式存在：细胞型朊病毒（PrP^c）和致病性朊病毒（PrP^{Sc}），PrP^c 和 PrP^{Sc} 具有相同的基因序列，但它们的蛋白质折叠状态不同。PrP^c 参与正常的生理活动，而 PrP^{Sc} 一旦感染机体，将诱导 PrP^c 变成错误折叠的 PrP^{Sc}，进而在大脑中聚集[63]。在酿酒酵母中，朊病毒具有通过细胞质传播的特性，通常对酵母有益。绝大多数的朊病毒具有朊病毒形成结构域，在自然状态下高度混乱，这些结构域的高度灵活性有利于它们转变为一种有利于自我增殖的构象。绝大多数的朊病毒是一种有序的纤维状蛋白多聚体或者淀粉样蛋白。朊病毒的从头形成是通过一种高能的寡聚核与其他朊病毒蛋白相互作用，并将其他朊病毒转化为同一构象。延伸的朊病毒多聚体随后通过蛋白重塑因子（如解聚酶 Hsp104）解聚为更小的、活性增强的片段并分散到子细胞中，保证自己永生的朊病毒能通过细胞周期并遗传给子细胞。此外，朊病毒在减数分裂中也十分稳定，因此它们可以通过生殖细胞系传递下去。

30.4　总结与展望

随着人们对生命过程及其复杂性认识的加深，"中心法则"解释力似乎逐渐显得乏力，而表观遗传内涵丰富，因其强大的解释能力得到越来越多的关注。无论是个体层面的表观遗传信息的跨代传递，还是细胞层面的基因书签，均在多种不同的系统中得到验证，其隐藏的分子机制也逐渐清晰。但实际上，我们对于表观遗传信息跨代传递的认识才刚刚开始，很多挑战依然亟待解决。另外，而挑战的背后也蕴藏着无限的机遇。

30.4.1　面临的挑战

在个体层面，亲代的饮食习惯或生活经历等对子代影响的相关研究存在两个明显的困境。其一，由于很难区分母源效应对生殖细胞的影响及宫内暴露对子代的直接影响，绝大多数的动物模型都是用于检验父源性状对子代表型的影响，换言之，母源效应的研究缺乏有效的方法和模型；其二，目前关于表观遗传跨代遗传的结论绝大多数基于果蝇、线虫及小鼠模型，灵长类动物模型十分欠缺，这导致神经和智力相关的表型难以显现；其三，目前的结论难以在人类中得到印证，导致这些结论缺乏实际的应用价值。线虫和果蝇模型虽然每一代妊娠时间较短，但其表观遗传跨代传递的机制与哺乳动物存在一定差异，因此并不能真正反映人类的情况。

经过近 20 年的发展，基因书签的概念已经广为接受，越来越多的基因书签也被发现。基因书签是转录因子及表观遗传修饰维持细胞身份的重要调控方式，依然面临着许多争议和挑战。其一，基因书签鉴定方法可能影响到鉴定结果，如前文所述，利用生化实验和活细胞免疫成像，对于 GATA1 能否作为基因书签的结论不同；而且，实验过程中是否有甲醛固定这一步骤，也会影响到实验结果。其二，转录因子作为基因书签是否具有特异性还不清楚，同一转录因子是否可以充当不同基因的书签？同一基因是否在不同的组织中使用不同的蛋白质作为书签？

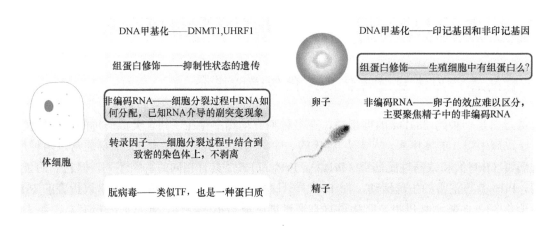

图 30-3　不同类型细胞中不同水平的表观遗传信息的遗传

对于生殖细胞而言，尤其是精子，在其成熟过程中，大量的组蛋白修饰随着组蛋白丢失而丢失，它们所承载的表观遗传信息理应也丢失了。然而，研究表明，精子中依然可以检测到残余的组蛋白及组蛋白修饰，这些残余的组蛋白及其修饰是否也可以像 DNA 甲基化和小非编码 RNA 一样介导表观遗传信息的跨代传递呢？另外，除了目前研究得比较多的 miRNA 以及 tRF 以外，精子中还发现了外界因素介导的 piRNA 和 lncRNA 的变化[64]，但其能否作为哺乳动物表观遗传信息跨代传递的媒介还有待进一步探究。

对于体细胞而言，DNA 甲基化和组蛋白修饰可以复制并保留，但是体细胞的 RNA 组分如何分配到两个子细胞中，并且能否作为基因书签发挥作用，该方向的研究还十分匮乏。基于我们前期的实验，表观遗传修饰因子之间可以协同作用。miRNA 也有助于细胞身份的维持。miRNA 和增强子拥有很强的组织特异性，而细胞核内的 miRNA 可以通过与增强子结合进而激活邻近或者远端的基因表达[65]。那么，miRNA 介导的基因激活能否作为表观遗传信息进行遗传呢？

30.4.2 未来的机遇

环境因素引起的亲代表型可以遗传给子代，使得后代对相似环境的适应性增强，但也可能使子代发生某些疾病，如代谢性的神经精神性疾病。如何消除亲代不良表型的遗传效应呢？首先，药物可以逆转亲代不良表型的遗传，如经历慢性精神应激的小鼠的子代出现高血糖症，F_1 代雄鼠中的高血糖症可以被 RU486 逆转，而在 F_0 代小鼠中使用地塞米松会产生类似应激抵抗的表型[13]。此外，运动也可以逆转高脂饮食对精子造成的影响，降低后代代谢疾病的风险[66]。表观遗传是动态可逆的，研发相应药物逆转表观遗传介导的不良表型或是将来药物研发的新方向。

参 考 文 献

[1] Berger, S. L. *et al.* An operational definition of epigenetics. *Genes Dev* 23, 781-783(2009).

[2] Burkhardt, R. W. Lamarck, evolution, and the politics of science. *Journal of the History of Biology* 3, 275-298(1970).

[3] Burbank, L. *The Training of the human plant* (Century Company, 1907).

[4] McClintock, B. Some parallels between gene control systems in maize and in bacteria. *The American Naturalist* 95, 265-277(1961).

[5] 徐鹏 & 于文强. 表观遗传信息的跨代传递. 科学通报 61, 3405-3412(2016).

[6] Susser, E. S. & Lin, S. P. Schizophrenia after prenatal exposure to the Dutch Hunger Winter of 1944-1945. *Archives of General Psychiatry* 49, 983-988(1992).

[7] Susser, E. *et al.* Schizophrenia after prenatal famine. Further evidence. *Archives of General Psychiatry* 53, 25-31(1996).

[8] St Clair, D. *et al.* Rates of adult schizophrenia following prenatal exposure to the Chinese famine of 1959-1961. *Jama* 294, 557-562(2005).

[9] Radford, E. J. *et al.* In utero effects. In utero undernourishment perturbs the adult sperm methylome and intergenerational metabolism. *Science* 345, 1255903(2014).

[10] Wei, Y. *et al.* Paternally induced transgenerational inheritance of susceptibility to diabetes in mammals. *Proc Natl Acad Sci U S A* 111, 1873-1878(2014).

[11] Chen, Q. *et al.* Sperm tsRNAs contribute to intergenerational inheritance of an acquired metabolic disorder. *Science* 351, 397-400(2016).

[12] Zimmet, P. *et al.* Epidemic T2DM, early development and epigenetics: implications of the Chinese Famine. *Nature Reviews Endocrinology* 14, 738-746(2018).

[13] Wu, L. *et al.* Paternal psychological stress reprograms hepatic gluconeogenesis in offspring. *Cell Metab* 23, 735-743(2016).

[14] Dias, B. G. & Ressler, K. J. Parental olfactory experience influences behavior and neural structure in subsequent generations. *Nat Neurosci* 17, 89-96(2014).

[15] Gapp, K. *et al.* Early life stress in fathers improves behavioural flexibility in their offspring. *Nat Commun* 5, 5466(2014).

[16] Liu, D. *et al.* Maternal care, hippocampal glucocorticoid receptors, and hypothalamic-pituitary-adrenal responses to stress. *Science* 277, 1659-1662(1997).

[17] Rando, O. J. & Simmons, R. A. I'm eating for two: parental dietary effects on offspring metabolism. *Cell* 161, 93-105(2015).

[18] Heijmans, B. T. *et al.* Persistent epigenetic differences associated with prenatal exposure to famine in humans. *Proc Natl Acad Sci U S A* 105, 17046-17049(2008).

[19] Radford, E. J. *et al.* An unbiased assessment of the role of imprinted genes in an intergenerational model of developmental programming. *PLoS Genetics* 8, e1002605(2012).

[20] Ng, S. F. *et al.* Chronic high-fat diet in fathers programs beta-cell dysfunction in female rat offspring. *Nature* 467, 963-966(2010).

[21] Carone, B. R. *et al.* Paternally induced transgenerational environmental reprogramming of metabolic gene expression in mammals. *Cell* 143, 1084-1096(2010).

[22] Weaver, I. C. *et al.* Epigenetic programming by maternal behavior. *Nature Neuroscience* 7, 847(2004).

[23] Dolinoy, D. C. *et al.* Maternal nutrient supplementation counteracts bisphenol A-induced DNA hypomethylation in early development. *Proc Natl Acad Sci U S A* 104, 13056-13061(2007).

[24] Dominguez-Salas, P. *et al.* Maternal nutrition at conception modulates DNA methylation of human metastable epialleles. *Nat Commun* 5, 3746(2014).

[25] Hammoud, S. S. *et al.* Distinctive chromatin in human sperm packages genes for embryo development. *Nature* 460, 473-478(2009).

[26] Dang, W. *et al.* Histone H4 lysine 16 acetylation regulates cellular lifespan. *Nature* 459, 802(2009).

[27] Greer, E. L. *et al.* Members of the H3K4 trimethylation complex regulate lifespan in a germline-dependent manner in *C. elegans*. *Nature* 466, 383(2010).

[28] Greer, E. L. *et al.* Transgenerational epigenetic inheritance of longevity in *Caenorhabditis elegans*. *Nature* 479, 365(2011).

[29] Greer, E. L. *et al.* Mutation of *C. elegans* demethylase spr-5 extends transgenerational longevity. *Cell Research* 26, 229(2016).

[30] Rassoulzadegan, M. *et al.* RNA-mediated non-mendelian inheritance of an epigenetic change in the mouse. *Nature* 441, 469(2006).

[31] Hutcheon, K. *et al.* Analysis of the small non-protein-coding RNA profile of mouse spermatozoa reveals specific enrichment of piRNAs within mature spermatozoa. *RNA Biology* 14, 1776-1790(2017).

[32] Kawano, M. *et al.* Novel small noncoding RNAs in mouse spermatozoa, zygotes and early embryos. *PLoS One* 7, e44542(2012).

[33] Gapp, K. *et al.* Implication of sperm RNAs in transgenerational inheritance of the effects of early trauma in mice. *Nat Neurosci* 17, 667-669(2014).

[34] Rodgers, A. B. *et al.* Paternal stress exposure alters sperm microRNA content and reprograms offspring HPA stress axis regulation. *J Neurosci* 33, 9003-9012(2013).

[35] Rodgers, A. B. *et al.* Transgenerational epigenetic programming via sperm microRNA recapitulates effects of paternal stress. *Proc Natl Acad Sci U S A* 112, 13699-13704(2015).

[36] Sharma, U. *et al.* Biogenesis and function of tRNA fragments during sperm maturation and fertilization in mammals. *Science* 351, 391-396(2016).

[37] Zhang, Y. *et al.* Dnmt2 mediates intergenerational transmission of paternally acquired metabolic disorders through sperm small non-coding RNAs. *Nat Cell Biol* 20, 535-540(2018).

[38] Rechavi, O. *et al.* Transgenerational inheritance of an acquired small RNA-based antiviral response in *C. elegans*. *Cell* 147, 1248-1256(2011).

[39] Ashe, A. *et al.* piRNAs can trigger a multigenerational epigenetic memory in the germline of *C. elegans*. *Cell* 150, 88-99(2012).

[40] Rechavi, O. *et al.* Starvation-induced transgenerational inheritance of small RNAs in *C. elegans*. *Cell* 158, 277-287(2014).

[41] Devanapally, S. *et al.* Double-stranded RNA made in *C. elegans* neurons can enter the germline and cause transgenerational gene silencing. *Proc Natl Acad Sci U S A* 112, 2133-2138(2015).

[42] Seong, K. H. *et al.* Inheritance of stress-induced, ATF-2-dependent epigenetic change. *Cell* 145, 1049-1061(2011).

[43] Zare, A. *et al*. The gut microbiome participates in transgenerational inheritance of low temperature responses in Drosophila melanogaster. *FEBS Letters* 592, 4078-4086(2018).

[44] Gazit, B. *et al*. Active genes are sensitive to deoxyribonuclease I during metaphase. *Science* 217, 648-650(1982).

[45] Michelotti, E. F. *et al*. Marking of active genes on mitotic chromosomes. *Nature* 388, 895(1997).

[46] Ringrose, L. & Paro, R. Epigenetic regulation of cellular memory by the polycomb and Trithorax group proteins. *Annual Review of Genetics* 38, 413-443(2004).

[47] Ng, R. K. & Gurdon, J. B. Epigenetic memory of active gene transcription is inherited through somatic cell nuclear transfer. *Proceedings of the National Academy of Sciences* 102, 1957-1962(2005).

[48] Smallwood, S. A. & Kelsey, G. De novo DNA methylation: a germ cell perspective. *Trends in Genetics* 28, 33-42(2012).

[49] Bock, C. *et al*. DNA methylation dynamics during *in vivo* differentiation of blood and skin stem cells. *Molecular Cell* 47, 633-647(2012).

[50] Luo, H. *et al*. Cell identity bookmarking through heterogeneous chromatin landscape maintenance during the cell cycle. *Human Molecular Genetics* 26, 4231-4243(2017).

[51] Feng, Y. Q. *et al*. DNA methylation supports intrinsic epigenetic memory in mammalian cells. *PLoS Genetics* 2, e65(2006).

[52] Vandiver, A. R. *et al*. DNA methylation is stable during replication and cell cycle arrest. *Scientific Reports* 5, 17911(2015).

[53] Desjobert, C. *et al*. Combined analysis of DNA methylation and cell cycle in cancer cells. *Epigenetics* 10, 82-91(2015).

[54] Ahmad, K. & Henikoff, S. The histone variant H3. 3 marks active chromatin by replication-independent nucleosome assembly. *Molecular Cell* 9, 1191-1200(2002).

[55] Chow, C. M. *et al*. Variant histone H3.3 marks promoters of transcriptionally active genes during mammalian cell division. *EMBO Rep* 6, 354-360(2005).

[56] Ng, R. K. & Gurdon, J. Epigenetic memory of an active gene state depends on histone H3. 3 incorporation into chromatin in the absence of transcription. *Nature Cell Biology* 10, 102(2008).

[57] Adam, S. *et al*. Transcription recovery after DNA damage requires chromatin priming by the H3.3 histone chaperone HIRA. *Cell* 155, 94-106(2013).

[58] Festuccia, N. *et al*. Mitotic binding of Esrrb marks key regulatory regions of the pluripotency network. *Nat Cell Biol* 18, 1139-1148(2016).

[59] Festuccia, N. *et al*. Esrrb is a direct Nanog target gene that can substitute for Nanog function in pluripotent cells. *Cell Stem Cell* 11, 477-490(2012).

[60] Caravaca, J. M. *et al*. Bookmarking by specific and nonspecific binding of FoxA1 pioneer factor to mitotic chromosomes. *Genes Dev* 27, 251-260(2013).

[61] Kadauke, S. *et al*. Tissue-specific mitotic bookmarking by hematopoietic transcription factor GATA1. *Cell* 150, 725-737(2012).

[62] Dey, A. *et al*. A bromodomain protein, MCAP, associates with mitotic chromosomes and affects G_2-to-M transition. *Molecular and Cellular Biology* 20, 6537-6549(2000).

[63] Scheckel, C. & Aguzzi, A. Prions, prionoids and protein misfolding disorders. *Nat Rev Genet* 19, 405-418(2018).

[64] Gapp, K. & Bohacek, J. Epigenetic germline inheritance in mammals: looking to the past to understand the future. *Genes Brain and Behavior* 17, e12407(2018).

[65] Liang, Y. *et al*. An epigenetic perspective on tumorigenesis: Loss of cell identity, enhancer switching, and NamiRNA network. *Seminars in Cancer Biology*(2018).

[66] Stanford, K. I. *et al*. Paternal exercise improves glucose metabolism in adult offspring. *Diabetes* 67, 2530-2540(2018).

于文强 博士，复旦大学生物医学研究院高级项目负责人，复旦大学特聘研究员，教育部"长江学者"特聘教授，"973计划"首席科学家。2001年获第四军医大学博士学位，2001~2007年在瑞典乌普萨拉大学（Uppsala University）和美国约翰斯·霍普金斯大学（Johns Hopkins University）做博士后，2007年为美国哥伦比亚大学教员（faculty）和副研究员（associate research scientist）。在国外期间主要从事基因的表达调控和非编码RNA与DNA甲基化相互关系研究。回国后，专注于全基因组DNA甲基化检测在临床重要疾病发生中的作用以及核内miRNA激活功能研究。开发了具有独立知识产权高分辨率全基因组DNA甲基化检测方法GPS（guide positioning sequencing）和分析软件，已获国内和国际授权专利，GPS可实现甲基化精准检测和胞嘧啶高覆盖率（96%），解决了WGBS甲基化检测悬而未决的技术难题，提出了DNA甲基化调控基因表达新模式；发现肿瘤的共有标志物，命名为全癌标志物（universal cancer only marker, UCOM），在超过25种人体肿瘤中得到验证并应用于肿瘤的早期诊断和复发监测，为肿瘤共有机制的研究奠定了基础；发现miRNA在细胞核和胞浆中的作用机制截然不同，将这种细胞核内具有激活作用的miRNA命名为NamiRNA（nuclear activating miRNA），并发现NamiRNA能够在局部和全基因组水平改变靶位点染色质状态，发挥其独特的转录激活作用，提出了NamiRNA-增强子-基因激活全新机制；发现RNA病毒包括新冠病毒等存在与人体基因组共有的序列，命名为人也序列（human identical sequence, HIS），是病原微生物与宿主相互作用的重要元件，也是其致病的重要物质基础，为病毒性疾病的防治提供全新策略。已在Nature、Nature Genetics、JAMA等期刊发表学术论文40余篇，获得国内国际授权专利7项。

第 31 章　表观遗传与遗传的相互作用

马　端　马　竞　夏文君　陈　庆　郝丽丽
复旦大学

本章摘要

　　人与人之所以不同，是因为每个人继承了来自父亲和母亲的 DNA 所赋予的遗传性状，而遗传形状主要由基因组中各种多态性所决定，最常见的是单核苷酸多态性，当然也包括某些疾病相关的变异。无论是胚胎的发育，还是出生后的成长与衰老，遗传都不是唯一决定因素，环境在其中也发挥了重要作用。环境对于遗传的影响，主要通过表观遗传修饰来进行。反之，遗传序列的不同，也会影响表观遗传修饰的效率。基因组序列中的 SNP 或突变可能改变 DNA 甲基化的程度或 miRNA 结合的紧密层度，从而影响基因表达的水平。表观遗传变异累积也会参与基因的突变和拷贝数变异。本章将重点阐述疾病相关 SNP 在基因座的位置与表观遗传调控区域的关系、组蛋白基因突变影响组蛋白的调控模式、表观遗传学与遗传学共同改变在肿瘤发生发展中的作用、唐氏综合征的表观调控异常及部分人体生物学性状（如身高、体重和智力）的遗传和表观遗传联系。

31.1　SNP 与基因表观遗传调控区域的关系

关键概念

- 单核苷酸多态性（single nucleotide polymorphism，SNP）：在基因组水平上由单个核苷酸变异所引起的 DNA 序列多态性。
- 启动子：可以被 RNA 聚合酶识别、结合和起始转录的一段 DNA 序列，含有 RNA 聚合酶特异性结合和转录起始所需的保守序列。
- 5′非翻译区：位于成熟 mRNA 编码区上游不被翻译为蛋白质的区域。
- 3′非翻译区：成熟 mRNA 编码区下游一段不被翻译的序列，含有多个腺苷酸，在 mRNA 转运、稳定性和翻译调节中起重要作用。
- 增强子：位于基因上游或下游远端的一段能够与基因表达调控蛋白质结合的区域。
- 沉默子：位于结构基因附近，能抑制该基因转录表达的 DNA 序列。
- DNA 甲基化：DNA 甲基化是指在 DNA 甲基化转移酶的作用下，在基因组 CpG 二核苷酸的胞嘧啶 5 号碳位共价键结合一个甲基基团，从而调控基因表达。
- miRNA 结合区域：miRNA 主要与靶 mRNA 的 3′非翻译区（3′UTR）结合，降解该 mRNA 或阻止其翻译。但 miRNA 也可以结合在靶 mRNA 的其他位置。
- 增强子：基因组中远离基因并可与调控蛋白结合的一段序列。

　　单核苷酸多态性是在基因组水平上由单个核苷酸变异所引起的 DNA 序列多态性。SNP 是一种二态的标记，由单个碱基的转换（C←→T，互补链上则为 G←→A）或颠换（C←→A，G←→T，C←→G，A←→T）所引起，也可由碱基的插入或缺失所致。转换的发生率明显高于其他几种多态，约占 2/3，其他几种多态的发生概率相似。转换的概率之所以高，可能与 CpG 二核苷酸上胞嘧啶残基甲基化有关，后者可脱去氨基而形成胸腺嘧啶。

　　SNP 在人类基因组中广泛存在，千人基因组计划报道的 SNP 为 8480 万。SNP 分为基因编码区 SNP（coding-region SNP，cSNP）、基因周边 SNP（perigenic SNP，pSNP）及基因间 SNP（intergenic SNP，iSNP），位于启动子、5′非翻译区（5′ untranslated region，5′UTR）、3′非翻译区（3′UTR）和增强子等基因表达调控元件中的 SNP 可通过多种方式影响基因表达。

　　DNA 甲基化（DNA methylation）是指在 DNA 甲基化转移酶的作用下，基因组 CpG 二核苷酸的胞嘧啶 5 号碳位共价键结合一个甲基基团。DNA 甲基化能引起染色质结构、DNA 构象、DNA 稳定性及 DNA 与蛋白质相互作用方式的改变，从而影响基因的表达。

31.1.1　启动子与 5′UTR 的 SNP 与基因表达

　　基因启动子是 RNA 聚合酶识别、结合和起始转录的一段 DNA 序列，含有 RNA 聚合酶特异性结合和转录起始所需的保守序列。启动子多数位于结构基因转录起始点的上游，本身不被转录。也有一些启动子（如 tRNA 启动子）位于转录起始点的下游，这些 DNA 序列可以被转录。

　　GC 盒（GGGCGG）是很多基因中常见的功能组件，通常位于转录起始点上游-90 区域。转录因子 SP1 与 GC 盒结合，促进多个基因的转录。由于 GC 盒序列中存在 CpG 序列，又可能被甲基化。甲基化的胞嘧啶有可能干扰 SP1 与 GC 盒的结合，从而使 SP1 无法发挥促进基因转录的作用[1]。

　　笔者的课题组研究发现乳腺癌组织中组织因子途径抑制物-2（tissue factor pathway inhibitor 2，TFPI-2）表达明显下降。在寻找 TFPI-2 表达下降的原因时，我们发现 TFPI-2 启动子区域转录因子 KLF-6（Krüppel-like factor 6）结合的元件中含有 CpG 二核苷酸。在对照样本中，此 CpG 中的胞嘧啶未被甲基化，而乳腺癌样本中的该 CpG 位点却发生了甲基化。正是由于该位点上胞嘧啶的甲基化，阻碍了 KLF-6 与此元件的结合，从而无法发挥促进 *TFPI-2* 基因的表达（图 31-1）[2]。

```
              -72              -61
        5′-TCAGGCTCCᵐGCC
        3′-AGTCCGAGGCᵐGG
```

图 31-1　TFPI-2 启动子 KLF6 结合元件中胞嘧啶的甲基化

　　许多基因的启动子区域存在 E 盒（CACGTG），可以与含有碱性螺旋-环-螺旋（basic helix-loop-helix，bHLH）结构域的转录因子家族成员结合。由于 E 盒中也存在 CpG，因此也有可能被甲基化，由此干扰转录因子发挥作用。

　　基因 5′UTR 位于成熟 mRNA 编码区上游不被翻译为蛋白质的区域，某些基因的 5′UTR 含有基因转录的调控序列。只要 5′UTR 存在 CpG 二核苷酸，都有可能被甲基化。如果该 CpG 处于转录调控区域的中心或周边，都有可能干扰基因的转录。

31.1.2　3′UTR 的 SNP 与基因表达

　　真核基因的 3′UTR 在基因表达调控中发挥重要作用，不仅影响 mRNA 的稳定性、控制其翻译、协助辨认密码子，还能介导 mRNA 定位，从而决定其所表达的细胞种类。真核基因 3′UTR 除了含多聚腺苷酸外，部分基因的该区域含有 miRNA 结合位点。

微小 RNA（miRNA）是一种在进化中高度保守的单链非编码小分子 RNA，它们通过与靶基因 mRNA 3′UTR 不完全互补配对，抑制其蛋白质的翻译和（或）促进其 mRNA 的降解，进而抑制其靶基因的表达。尽管由 miRNA 介导的翻译沉默现象非常普遍，但也有少数研究表明 miRNA 能识别结合 3′UTR 来介导正向调控基因的表达。3′UTR 的多态性可能引起相应 miRNA 与之结合发生改变，从而介导多态调控模式下基因表达水平的改变[3]。新近的研究发现，miRNA 不仅可以结合至基因的 3′ UTR，也可以结合到启动子、5′ UTR 和基因编码区，抑制[4,5]或促进基因表达[6,7]。

在 miRNA 5′端 2~7nt 部位，有一段至少 6nt 长度的序列称为种子序列（seed region），与靶 mRNA 的序列完全或不完全配对（图 31-2）[8]。与 miRNA 种子序列配对的 mRNA 序列存在 SNP，也可能含有 CpG。不同的 SNP，或甲基化与否的 CpG，会影响 miRNA 与靶 mRNA 的结合，导致 miRNA 调控 mRNA 的差异。

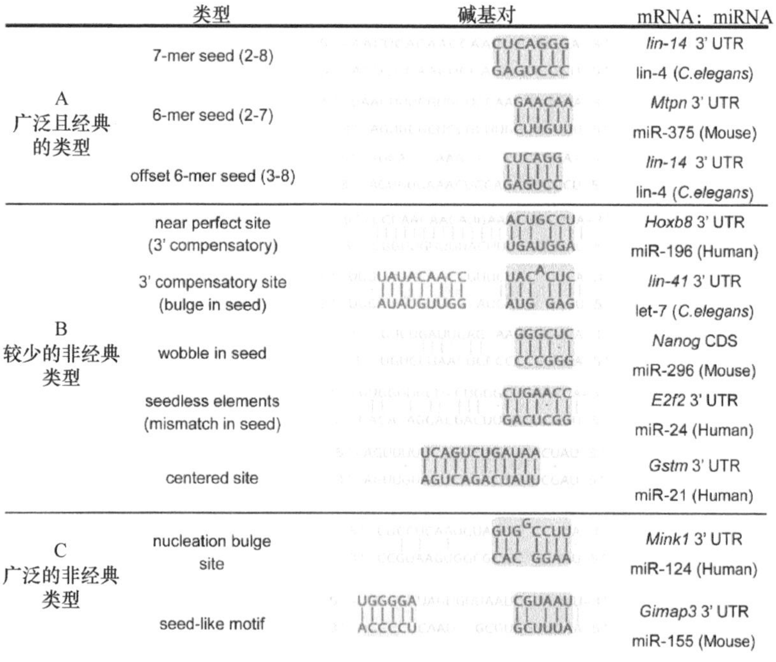

图 31-2　典型和非典型 miRNA 结合靶点

橘红色表示种子序列；紫色表示精细调控序列。实线表示沃森-克里克碱基配对，点表示 G:U 摆动配对

31.1.3　SNP 与增强子的关系

20 世纪 80 年代，研究人员发现在 *H2A* 基因 TATA 盒上游存在的一段序列有促进该基因表达的作用，而敲除这一序列后，*H2A* 基因表达水平下调了 1/20~1/15，他们将此序列命名为 "modulators"[9]。1981 年，Benerji 等在 SV40 的 DNA 中发现一段 140bp 的序列，它能大大提高 SV40-兔 β 血红蛋白融合基因的表达水平，并将此序列称之为增强子[10]。之后，科学界对增强子给出了如下定义：①增强子可以促进靶基因的表达；②增强子的活性与其调控的靶基因转录方向无关；③增强子可远距离发挥作用，其位置与靶基因的位置无关；④多个增强子可协同多种启动子发挥作用；⑤增强子对 DNase I 处理具有高度敏感性[11]。

　　根据增强子的作用方式和组成，可以将其分为三类：①细胞特异性增强子：能够在特定细胞或特定细胞发育阶段选择性调控基因转录表达，例如免疫球蛋白轻/重链基因的增强子，只有在干细胞分化为 B 细胞时，才能对 Ig 基因起正调控作用；②诱导性增强子：在特定刺激因子的诱导下才能发挥增强基因转录活性，如激素反应元件及金属应答元件等；③超级增强子：由多个增强子聚集而成，是一种强有力的基因调控元件，控制细胞的状态和性状[12,13]。在特定细胞中，这种超级增强子有数百个之多，它们常常集中分布于细胞特异表达基因的附近，或者是一些可以调控细胞生物活性并决定细胞特性的基因附近。每种超级增强子发挥效应都是众多增强子通力合作的结果，这一过程普遍存在于生物体发生发展及肿瘤等疾病的形成过程中[14]。

　　目前普遍认为，基因的精确表达与表观遗传调控密切相关。作为基因表达的重要调控元件，增强子区域富集特定的表观遗传修饰。存在于表达活跃基因附近的增强子，其组蛋白 H3K4 一般表现为高水平的单或双甲基化。相反，H3K4 三甲基化现象却很少甚至缺失，同时组蛋白 H3K27 甲基化也较少富集[15,16]。此外，活化增强子区域还具有 H3K27ac 的特征，这是乙酰化转移酶 p300/CBP 的作用产物[17]（图 31-3）。

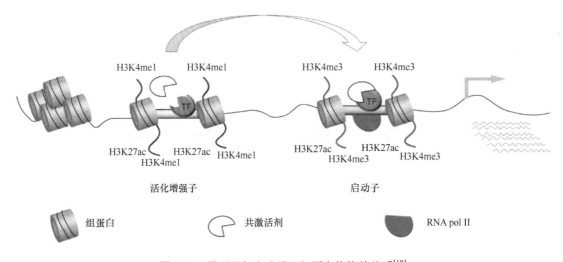

图 31-3　增强子与启动子及组蛋白修饰的关系[18]

　　基于上述特征的表观遗传修饰，研究人员可针对特定的修饰位点利用 ChIP-seq 技术对特定 DNA 序列进行富集，进而确定增强子的存在，这是一种研究增强子的常用手段。

　　在细胞中，所有的基因都会被转录形成 RNA，其中一小部分属于编码基因，大多数为非编码基因。非编码基因所产生的 RNA 虽不能翻译成蛋白质，却具有强大的调控基因表达的功能，对生物体的正常运行不可或缺。同样，增强子区域的 DNA 也可以转录形成 RNA，即增强子 RNA（enhancer RNA，eRNA）。在特定细胞中，eRNA 受细胞活性的动态调节，并参与基因的表达调控，其表达水平与附近编码基因的 mRNA 水平密切相关。

　　eRNA 存在于多种哺乳动物细胞，包括胚胎干细胞，提示 eRNA 的形成在哺乳动物中是一种普遍存在的现象[19]。大量研究表明，eRNA 具有细胞特异性，往往由具有独特染色体结构的活性增强子产生。在环境和自身状态改变的刺激下，细胞会做出回应并改变自身基因表达模式以适应环境，eRNA 对这种转录调控信号的响应是最早的[11]。

　　2017 年，发表于 Cell 杂志上的一项研究发现，具有激活增强子转录活性的酶-CBP 可直接绑定到 eRNA 上，通过调节组蛋白乙酰化状态来控制生物体内基因的表达模式，降低组蛋白与 DNA 的亲和力，使染色体松散化，激活增强子，进而促进相关基因转录[20]。

31.1.4　增强子 SNP 与复杂疾病

目前被证实的存在于人类细胞中的增强子高达数百万个，这些增强子及其合作的相关元件在调控基因特异表达中发挥重要作用，越来越多的疾病相关基因变异被证实存在于这些调控元件中。通过从不同表型性状和疾病相关的 1675 份 GWAS 数据中筛选出 5303 个 SNP，然后将这些 SNP 与增强子和超级增强子区域进行扫描并加以分析显示，64% 与表型相关的 SNP 定位于 33% 的增强子中。有趣的是，这些 SNP 集中分布于超级增强子而非特定的单一增强子中。对于某些特定的疾病，这种富集效应尤为显著[21]。由于超级增强子能影响细胞的状态和性状，若发生基因变异，其下游基因的表达相应改变，进而导致疾病的发生。

阿尔茨海默病是一种常见的痴呆类型，以中枢神经进行性退化为主要特征，目前针对这种疾病已经发现了多种编码蛋白的基因变异，如淀粉样前体蛋白、跨膜蛋白和载脂蛋白 E4 等。有研究利用多种 GWAS 关联分析筛选出的 SNP 中有 27 个与阿尔茨海默病相关联，其中 5 个是分布于脑组织的超级增强子[21]。有 2 个 SNP 的超级增强子参与了基因 *BIN1* 的表达调控，*BIN1* 的表达水平与罹患阿尔茨海默病的风险密切相关。在此项研究中，基因 *BIN1* 编码区之外的变异也与阿尔茨海默病相关，其中包括上述超强增强子的一个小的插入突变[22]。

1 型糖尿病是一种 T 细胞介导的自身免疫性疾病，其相关变异主要集中于主要组织相容性抗原、白细胞介素 2 信号通路、T 细胞受体信号通路和干扰素信号通路的有关基因。关联分析获得的 SNP 中 76 个与 1 型糖尿病相关，其中 67 个发生于基因非编码区且主要集中于原始 Th 细胞的超级增强子区，13 个分布于对 Th 细胞生物功能起到关键作用基因的相关超级增强子区域[21]。

系统性红斑狼疮（SLE）是一种全身系统性自身免疫性疾病，其相关变异主要集中于主要组织相容性抗原和淋巴细胞信号通路的有关基因。筛选出的 SNP 中 72 个与 SLE 存在关联，其中 67 个发生在非编码区，且高频地集中于 B 细胞的超强增强子区域[21]。

全基因组研究支持 DNA 甲基化对增强子活性有负面影响的观点。在神经前体细胞和胚胎干细胞中，增强子表观遗传特征、转录因子结合和远端启动子区增强子活性之间存在显著关联[23-26]。此外，一项研究提出了退化增强子一词来定义早期增强子，这种增强子在成人组织中具有抑制性组蛋白甲基化(H3K27me3)[27,28]。另一项研究发现，5mC 氧化和低甲基化是增强 Tet2 活性的必要介质，如在表观基因组分析中确定的 Tet 缺失[29]。

SNP 超级增强子的富集程度在其他复杂疾病中也有类似的结果，包括类风湿性关节炎、多发性硬化症、系统性硬皮病、克罗恩病和白癜风等。

31.2　表观遗传修饰改变与拷贝数变异

关键概念

- 拷贝数变异：长度从 kb 到 Mb 的基因组大片段的亚显微水平变异，主要表现为缺失、复制、插入和复杂的多位点变异等类型。
- 长链非编码 RNA：长度大于 200nt 的 RNA 转录本，构成非蛋白编码转录物中的重要部分，在染色质修饰、基因印记、转录水平调控、转录后调控等方面发挥重要的作用。

拷贝数变异（copy number variation，CNV）是指长度从千碱基对到兆碱基对的基因组大片段的亚显微水平突变，主要表现为缺失、复制、插入和复杂的多位点变异等类型。以往一直认为，基因组的 SNP 是遗传变异常见的形式，而当前的研究表明 CNV 在人类基因组中广泛存在，且所占区域远远超过 SNP。CNV 位点的突变率远高于 SNP，任何拷贝数的变化都将引起一个较宽区域基因组序列的改变，这是导致疾病风险的重要因素之一。

根据 Database of Genomic Variants 网站（http://dgv.tcag.ca/dgv/app/statistics?ref=#tabs-view_filtered_summary）统计，人类基因组中 1～10kb 的 CNV 已多达 300 多万，1kb～1Mb 的 CNV400 多万，见图 31-4。基因组序列特征与 CNV 的关系见图 31-5。

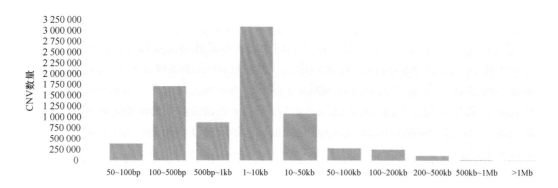

图 31-4　人类基因组中 CNV 大小发布

Feature	# of Features Overlapped by CNVs	# of CNVs Overlapped by Features
Transcripts (45532)	44851 (98.5%)	577063 (46.13%)
Exons (440637)	401116 (91.03%)	202484 (16.18%)
microRNA (1341)	1231 (91.8%)	10136 (0.81%)
OMIM (2785)	2752 (98.82%)	92098 (7.36%)
Segmental Duplications (51375)	49814 (96.96%)	218515 (17.47%)

图 31-5　人类基因组序列特征与 CNV 的关系

31.2.1　DNA 甲基化与 CNV

关于 DNA 甲基化修饰与 CNV 关系的研究，一直以来鲜有报道。2017 年，Nielsen 等[30]在对胰岛素样增长因子（insulin-like growth factor 2，IGF2）的过表达机制探索中发现，肾上腺皮质癌（adrenocortical carcinomas，ACC）和嗜铬细胞瘤（pheochromocytomas，PCC）细胞中 chr11p15.5 区域的 CNV 与 *H19* 印记控制区（imprinting control region，ICR）的高甲基化相关。通过对基因表达、体细胞 chr11p15.5 区域 CNV 及 *IGF2/H19* 基因座上 *H19* 印记控制区的三个不同区域的甲基化状态进行综合分析，发现 chr11p15.5 在 PCC 和 ACC 中的丰度都很高，PCC 中保留了二倍体状态，ACC 中则通常为四倍体状态。这些 CNV 与 *H19* 的 ICR 区高甲基化相关，而丢失的等位基因是未甲基化的母源等位基因。

31.2.2　非编码 RNA 与 CNV

miRNA 所在基因组位置及靶基因结合位点的 CNV 能显著影响 miRNA 发挥调控的能力。Yang 等[31]的研究证明，miRNA CNV 与急性前葡萄膜炎有或无强直脊柱炎的易感性相关。Bertini 等[32]首次揭示了

miRNA CNV 在 22q11.2 缺失综合征（22q11.2DS）中发挥作用，即 miRNA DGCR8 单倍体不足干扰了许多 miRNA 的加工。22q11.2 缺失综合征的一些表型特征不仅仅与蛋白编码基因的单倍体不足有关，也可归因于 miRNA 的剂量变化。

　　长链非编码 RNA（long noncoding RNA，lncRNA）是一类长度大于 200nt 的 RNA 转录本，在染色质修饰、基因印记、转录水平调控和转录后调控等方面发挥重要的作用。Zhou 等[33]通过筛选验证得到了肝癌基因组中拷贝数变异相关的 lncRNA，其中 lncRNA-PRAL 在肝癌样本中存在高频缺失，并确定这种缺失是肝癌发生发展中的一个重要事件，在肝癌临床预后观察中具有应用价值。此外，Szafranski 等[34]发现 16q24.1 基因座上包含 lncRNA 的区域缺失会引起一种致死性肺发育障碍，即肺静脉不对称的肺泡毛细血管发育不良（ACD/MPV）。

31.2.3　组蛋白修饰与拷贝数变异

　　CNV 主要由 DNA 重组导致，包括非等位基因同源性重组（non-allelic homologous recombination，NAHR）和非同源末端连接（non-homologous end joining，NHEJ）[35]。组蛋白修饰与多拷贝变异之间的关系还不是很清楚，但有研究表明，组蛋白修饰能够调控拷贝数变异。例如，*cup1* 基因的 CNVs 依赖 H3K56 的乙酰化[36]；H3K9 的甲基化可减少拷贝数变异的频率[37]。

31.3　唐氏综合征的表观遗传异常

关键概念

- 唐氏综合征：是由于多出一条 21 号染色体而导致的一种全身性疾病，主要表现为智力发育迟缓、特殊面容、生长发育障碍和其他器官畸形。

　　唐氏综合征（down syndrome，DS）即 21-三体综合征，是由于多一条 21 号染色体而导致的疾病，发病率约为 1/1000～1/650 [38]。60%的 DS 患儿在孕早期会被流产，存活者有明显的智力发育迟缓、特殊面容、生长发育障碍和其他器官畸形。患儿的特殊面容体征包括眼距宽、鼻根低平、眼裂小、眼外侧上斜、内眦赘皮、外耳小、舌胖且常伸出口外、流涎多、身材矮小和头围小于正常等。DS 患者的语言能力受损，学习和记忆能力下降。除了先天性认知缺陷外，DS 患者还会面临加速老化，更易患由阿尔茨海默病引起的早发性痴呆，这一类患者占 DS 总数的 50%～70% [39]。

　　截至目前，遗传学研究对于阐明 DS 发病机制起到了巨大的促进作用。作为人类基因组计划的一部分，早在 2000 年便解读了人类 21 号染色体（human chromosome 21，HSA21）的完整 DNA 序列。研究人员通过研究 HSA21 表达的基因及其对学习和记忆的影响，揭示了部分 DS 可能的致病机制。然而，从遗传学的角度仍很难完全解释 DS 的发病机制及 DS 群体中存在的异质性。

　　DS 是典型的遗传性疾病，从遗传角度讲就是多了一条 21 号染色体。但越来越多的证据表明，DS 并不只是多了一条 21 号染色体这么简单，而是存在许多表观遗传异常，所以 DS 是研究遗传与表观遗传相互作用的典型案例。

　　越来越多的证据说明，表观遗传机制在突触可塑性、学习和记忆中发挥重要作用。在 DS 认知缺陷发展中，表观修饰的改变也可能发挥关键作用。例如，在记忆形成过程中，记忆抑制基因的 DNA 甲基化会增加，而记忆促进基因的 DNA 甲基化减少[40]；组蛋白乙酰化在促进突触可塑性和记忆形成中也发挥重要作用。鉴于表观修饰是可逆的过程，因此应用表观遗传相关药物也许在减轻或治愈 DS 患者缺陷上具有很大的潜力。

31.3.1 DS 与 DNA 甲基化异常

DNA 甲基化在基因表达调控过程中发挥着重要作用，基因启动子区域的 DNA 甲基化水平往往与基因的表达呈负相关。DS 患者 DNA 甲基化异常已经在多项研究中得到证实，在 DS 患者的多种组织中包括白细胞、皮肤成纤维细胞、脑组织及胎盘绒毛样本，基因组整体呈现异常高甲基化状态[41]，提示 DNA 甲基化异常可能参与 DS 患儿早期发育异常和临床表型的发生发展。

DNA 甲基化过程需要 DNA 甲基转移酶、甲基供体 S-腺苷甲硫氨酸（S-adenosyl-methionine，SAM）及 ATP 等物质共同参与。DNA 甲基转移酶家族成员 DNMT3L 位于 HSA21 上，DNMT3L 可通过影响 DNMT3a 和 DNMT3b，从而促进 DNA 的甲基化[42]。在 DS 患者中 DNMT3L 的过表达，可能会导致异常的 DNA 甲基化模式，也许与 DS 患者认知障碍有关。胱硫醚 β-合酶（cystathionine-β-synthase，CBS）是单个碳原子代谢的关键酶之一，能够催化同型半胱氨酸向胱硫醚转换。很少的同型半胱氨酸能够进入甲硫氨酸循环，被转化为 SAM 的前体-甲硫氨酸。在 DS 患者中，其体内甲基供体 SAM 水平的下降可能是 HSA21 上 CBS 基因过表达所致[43]。除了细胞核内的 DNA 甲基化，SAM 对于线粒体 DNA 的甲基化也是必需的，这个过程需要线粒体内 DNMT1 的介导[44]。DS 患者中线粒体 DNA 呈现低甲基化状态，可能与线粒体功能的紊乱有关，进而影响线粒体酶基因表达和 ATP 酶合成。所以，SAM 的水平改变也可能是导致 DS 患者 DNA 甲基化异常的原因。

DNA 甲基化被证实是一个可逆的表观修饰过程。5-甲基胞嘧啶（5-methylcytosine，5mC）的羟甲基化是 DNA 去甲基化的一个中间步骤，可能与 DS 相关。在 DS 患者的胎盘中，介导 DNA 羟甲基化的 TET 蛋白明显下调，可能是导致 DS 患者中 DNA 甲基化异常的重要原因[45]。

高通量的 DNA 甲基化测序显示，在 DS 患者的大脑组织中，与正常对照相比，甲基化差异的 CpG 位点在 21 号染色体上呈现富集，而且 DS 患者 21 号染色体的甲基化状态与其他染色体有明显差别：患儿的 21 号染色体上低甲基化和高甲基化的 CpG 位点的数量比例是平衡的，而在其他染色体上高甲基化 CpG 位点的数量是低甲基化 CpG 位点数量的 3～11 倍。进一步研究发现存在于 21 号染色体上的大量 CpG 位点的低甲基化与该染色体上所检测的基因高表达有关[46]。其实，在 DS 患者多种组织中，DNA 甲基化差异的基因往往位于其他染色体而非 HSA21。同样，在 DS 的外周白细胞和 T 淋巴细胞中，与正常对照相比，一系列基因的 DNA 甲基化发生改变，而这些基因也都位于其他染色体上，而不是 HSA21[41]。这些甲基化水平差异的基因多在白细胞的发育和功能中发挥作用，这与 DS 患者表现的免疫系统缺陷和高感染率一致，表明整条 21 号染色体的多拷贝对于其他染色体的表观修饰具有重要影响。

31.3.2 DS 与非编码 RNA 异常

越来越多的研究表明，非编码 RNA 包括 miRNA 和一部分 lncRNA 在神经发育障碍和智力缺陷疾病的发病过程中发挥重要的作用。在 HSA21 上，存在着许多不同的非编码 RNA，提示非编码 RNA 异常可能与 DS 发病有关。

1. DS 患者的 miRNA 异常

目前发现有 5 条 miRNA 位于 HSA21 上，它们分别是 miRNA-99a、miRNA-125b-2、miRNA-155、 miRNA-802 和 let-7c[47]。因此，这几种 miRNA 可能在 DS 患者中表达存在异常过表达。尽管这 5 种 miRNA 与 DS 的关系尚未十分明确，但是有证据提示在 DS 的发生过程中，这些 miRNA 所参与的调控通路发生了变化。

C/EBP 是一种能够调节 SNX27 基因表达的转录因子。SNX27 能够调节胞内体受体的循环，特别是促进谷氨酸受体循环，促使谷氨酸受体从早期胞内体转运至突触的细胞膜[48]。SNX27 基因敲除的小鼠表现出突触功能异常、学习和记忆功能缺陷等表型。miRNA-155 能够抑制 C/EBP 的表达，进而下调 SNX27 的表达。在 DS 患者体内，胞内体途径是异常的。在 DS 患者的大脑样品中，miRNA-155 的表达异常增加，导致 C/EBP 和 SNX27 表达异常下调。因此，DS 患者中的 miRNA-155 过表达可能通过改变胞内体蛋白的分选并且使神经突触膜上谷氨酸受体表达下降，从而影响了突触的功[40]。

同样，miRNA-155 和 miRNA-802 的异常可能与 DS 患者学习及记忆缺陷相关。miRNA-155 和 miRNA-802 能够调节 MECP2 基因的表达[49]。MECP2 是一个在神经元激活后，与自稳态负反馈相关的重要因子。MECP2 能够结合到谷氨酸受体 2（glutamate receptor 2，GluR2）的启动子上，进而招募转录抑制复合物抑制其表达[50]。在 DS 中，MECP2 的表达异常下调很可能是由于 miRNA-155 和 miRNA-802 表达的异常所致，从而导致智力发育迟缓、学习和记忆的能力下降。

2. DS 患者的 lncRNA 异常

lncRNA 在基因表达调控中也发挥着重要的作用，它可以通过结合染色质修饰蛋白从而调节染色质的状态，进而影响到基因的转录。目前，lncRNA 数据库显示大量的 lncRNA 存在于 HSA21 上，但是这些 lncRNA 的功能尚未可知[51]。已经有研究表明 lncRNA 在突触可塑性及记忆学习过程中发挥着重要作用。

31.3.3　DS 患者组蛋白修饰异常

组蛋白修饰能够通过影响染色质的结构，从而改变基因的表达，在突触的可塑性、记忆及学习能力建立的过程中，组蛋白修饰发挥了重要的作用。然而，目前尚无详细的研究描述 DS 患者中组蛋白修饰的变化，但有证据提示组蛋白修饰异常能够导致 DS 特有的神经病学上的缺陷和其他的智力障碍。

1. DS 患者组蛋白乙酰化修饰异常

目前，5 个唐氏综合征关键区域（Down syndrome critical region，DSCR）内的基因（DYRK1A、ETS2、HMGN1、BRWD1 和 RUNX1）被证实能够影响组蛋白修饰，这提示在 DS 发病过程中，组蛋白修饰可能存在异常。DYRK1A 是一个具有特异性酪氨酸-磷酸化酶和调节激酶的家族成员[52]。这个高度保守的蛋白激酶亚家族能够催化酪氨酸残基上的自磷酸化和丝氨酸/苏氨酸的磷酸化。DYRK1A 异常能够导致 DS 患者学习能力缺陷：动物模型研究显示，DYRK1A 蛋白对于正常脑的发育至关重要；在初始小鼠皮层神经元中，DYRK1A 表达的增加会导致树突生长和复杂性的减弱，从而削弱小鼠空间学习能力和认知灵活性[53]。此外，DYRK1A 能够直接磷酸化 SIRT1[54]。SIRT1 是一种组蛋白去乙酰化酶，组蛋白去乙酰化过程的增强很可能破坏认知能力。而且，DYRK1A 也能够使 CREB 蛋白 133 号丝氨酸磷酸化，从而招募组蛋白乙酰转移酶复合物 CBP/P300，促进 CREB 介导的基因表达[55]。

除 DYRK1A 外，另两个 HSA21 蛋白 ETS2 和 HMGN1 也能影响 CBP/P300 的活性[56]，提示在 DS 发病过程中 HAT/HDAC1 的平衡可能被破坏，导致异常的组蛋白乙酰化模式，从而影响到 DS 患儿的学习和记忆能力。

2. DS 患者染色质重塑蛋白修饰异常

DSCR 编码的蛋白质 BRWD1 和 RUNX1 能够通过与 SWI/SNF 复合物相互作用，从而改变染色质重塑，影响基因表达。RUNX1 与 SWI/SNF 亚基 BRG1 和 INI1 结合形成多蛋白复合物，聚集在靶基因启动子上影响组蛋白修饰（如 H3K4 二甲基化和 H4 乙酰化）[57,58]。此外，DS 患者线粒体功能障碍很可能会导致组蛋白修饰变化，因为线粒体是乙酰辅酶 A、烟酰胺腺嘌呤二核苷酸、SAM 和 ATP 等高能中间体的主要细胞来源，分别参与组蛋白的乙酰化、脱乙酰化、甲基化和磷酸化[59]。

31.4 遗传与表观遗传学共同决定人的性状

人类主要性状包括身高、体重和智力，受环境和遗传共同影响。通过关联分析和测序技术的应用，这些性状变异的遗传学和表观遗传学关系在不断地发现和丰富。

31.4.1 身高基因

身高是一种复杂的人类多基因性状，超过 90%的身高变异可由遗传因素控制。随着全基因组单核苷酸多态性关联分析的深入开展，人们已经发现许多与身高关联的基因座，并且不同的研究结果大体上重合，为身高决定基因的发现提供了有力的证据：Cho 等人对韩裔人群进行身高相关的 GWAS 分析，发现 15 个基因（ACAN、BCAS3、EFEMP1、HHIP、HMGA1、HMGA2、LCORL、NCAPG、PLAGL1、PTCH1、SOCS2、SPAG1、UQCC、ZBTB38 和 ZNF678）也出现在之前的研究结果里。在白种人中发现的身高基因，在日本人中也得到了证实。这些研究为身高的遗传研究提供了一系列不同人种间共有的决定基因[60]。

HMGA2 和 *GDF5* 是身高决定基因中最为典型的两个。*HMGA2* 是最早发现的身高决定基因，编码一种无转录活性的染色质蛋白。在小鼠中敲除 *Hmga2* 引起了 *Pygmy* 突变表型（出生前后生长停滞），含有 *HMGA2* 截短体的患者患有严重的过度生长综合征，而发生 *HMGA2* 微缺失的患者患有侏儒症[61]。关于 *HMGA2* 突变如何影响身高及其具体机制还有待进一步研究。继 *HMGA2* 之后，20 号染色体靠近 *GDF5* 附近的位点被发现与身高关联，不同研究也证实 *GDF5* 是身高候选基因。*GDF5* 编码一种 TGF-β 蛋白超家族的分泌配体，参与软骨、关节等组织的发育，其突变会引起短指征和软骨发育异常，与身高相关联的 SNP 也会影响患关节炎的风险[62]。

身高关联 SNP 附近的基因，影响身高的机制相对保守，大多数基因可纳入某些特定的生物成分或途径，如染色质结构（*HMGA1*、*HMGA2*、*DOT1L* 和 *SCMH1*）、参与形成骨骼和软骨的细胞外基质蛋白（*ACAN*、*FBLN5*、*EFEMP1*、*ADAMTS17* 和 *ADAMTSL3*）、骨形成蛋白信号通路（*NOG*、*GDF5*、*BMP2*、*BMP6*）、细胞周期调节（*CDK6*、*CABLES1*、*ANAPC13* 和 *NCAPG*）及 hedgehog 信号通路（*IHH*、*HHIP* 和 *PTCH1*）[63,64]。对相关基因的功能探索为研究先天和综合征型生长异常开辟了新的研究方向。

31.4.2 体重决定基因

体重属于高度遗传性状。双生子及家系研究表明，40%～70%的体重指数（body mass index，BMI）个体差异是由于遗传因素导致的。虽然额外的体重增加主要受环境因素影响，但遗传实际上决定了环境因素对体重变化的影响程度。

GWAS 研究发现超过 50 个基因座与体重有关，其中最早被发现的变异位于 *FTO*（fat mass and obesity associated gene）和 *MC4R*（melanocortin 4 receptor）基因上。肥胖相关基因 *FTO* 与 2 型糖尿病相关，但研究表明其患病风险是由于过度肥胖引起。*FTO* 杂合和纯合突变携带者的 BMI 分别比非携带者高 0.4%～0.8% kg/m^2。FTO 酶的主要底物是 N^6-甲基腺苷，参与 RNA 修饰。小鼠模型研究表明 *Fto* 敲除导致体重偏轻；过表达 *Fto* 则引起超重[65]。*MC4R* 即黑色素皮质素受体 4，是瘦素-黑色素皮质素调节系统中的关键受体，介导人体产生饱足感和增加能量消耗。在该基因上最早发现的突变（V103I）与肥胖关联，且在大量人群中得到验证。迄今为止 *MC4R* 上共发现了大约 160 个功能性突变，在所有的肥胖患者中占到 2%。相比于没有携带 *MC4R* 突变的亲属，杂合突变的男女患者体重会增加 15～30kg[66]。

对体重决定基因的识别有助于体重异常的治疗。研究表明，*MC4R* 突变的携带者会表现出神经传导速度减慢和交感紧张下降，从而促进体重增加。对两个 *MC4R* 突变的肥胖患者进行间接拟交感神经药物治疗后，患者体重显著减轻。体外研究也表明 *MC4R* 激活剂对于一部分突变携带者是有效的[67]。随着检测和分析技术的发展，体重决定基因的不断发现将为肥胖或体重过低的治疗开拓更好的前景。

31.4.3　智力决定基因[68]

遗传因素在智力发育中扮演着重要的角色。患有智力残疾的人主要表现为：IQ 在 70 分以下，生活技能、交流能力和社会功能较弱，无法独立生活。在智力损害方面，遗传因素经常是定义明确的致病变异类型，包括染色体数量异常、染色体拷贝数变异及单基因异常。影响智力残障的因素有数百个基因参与，下面列举几个智力相关基因的功能及可能机制。

CUL4B 编码一种可以集合 Cullin4B-Ring 泛素化连接酶复合物（CRL4B）的支架蛋白。*CUL4B* 突变被证实与 X 连锁智力低下综合征（XLMR）密切相关。WDR5 是 H3K4 甲基化转移酶复合物的一个核心单元，它是 CUL4B 在调控神经表达过程中的一个关键底物，说明表观遗传标记的改变也许是导致 *CUL4B* 相关的 X 连锁智力低下综合征的一个普遍致病机制。

NSUN2 编码一种催化 5-甲基胞嘧啶形成的 RNA 甲基转移酶。在细胞有丝分裂和染色体分离期间，它对纺锤体装配起到重要的作用。*NSUN2* 突变会导致常染色体隐性遗传的智力残疾。NSUN2 一般集中在小脑皮质层内细胞的细胞核内，*NSUN2* 上的一个错义突变会导致 NSUN2 不能定位在细胞核内，揭示了 RNA 甲基转移酶在人类神经认知发育中的重要地位。

TRPV4 编码一个多向的钙离子可渗透质膜通道。在 *TRPV4* 上的显性致病突变导致严重异常的表型，包括严重的智力残疾和神经精神障碍。*TRPV4* 可能对正常的大脑发育是必要的。

综上所述，人类智力是一种受多基因影响的复杂遗传性状，明确智力相关基因的作用机制就可能为智力缺陷提供新的治疗靶点。

31.4.4　DNA 甲基化与性状决定基因

全基因组分析已经发现了许多性状基因的变异，但它们并不能解释所有性状变异。候选基因相关区域的 DNA 甲基化也许参与了对某些性状的调控。下面我们将讨论 DNA 甲基化对身高、体重和智力等发育性状的影响。

1. 身高决定基因的甲基化[69]

遗传因素可以解释超过 90% 的身高差异，而身材关联多态性只占其中的 2%～3.7%，DNA 甲基化被发现是可以影响身高的另一候选因素。Pasquale Simeone 等对性状关联 DNA 甲基化模式进行功能相关性评估，表明 CpG 岛甲基化模式的遗传在调节身体发育上具有重要的作用，并且环境对身高的影响可以通过表观遗传来调节。

目前已报道的受 DNA 甲基化调控的身高有关的基因有 20 余个（*ACAN*、*ADAMTSL3*、*BMP2*、*BMP6*、*CABLES1*、*DCC*、*DLEU7*、*EFEMP1*、*GRB10*、*HIP*、*MOS*、*NKX2-1*、*PENK*、*PLAL1*、*PTCH1*、*RBBP8* 和 *SOCS2* 等）。有研究表明，大部分身高决定基因的转录起始位点上游 2kb 含有至少 1 个 CpG 岛，且这些 CpG 岛主要集中在非核心启动子和非转录区域。通过对二价染色体进行多梳蛋白（polycomb）染色质调节复合物标记，发现多数身高决定基因含有高甲基化模块，提示 DNA 甲基化也许是这些基因的调控模式，并且身高决定基因调控区域的 DNA 甲基化程度呈现动态变化，受不同环境影响。

DNA 甲基化是基因印记区域的重要分子标记，父母来源的 DNA 不同甲基化水平决定了双方基因表达的不均衡，而甲基化的缺陷也往往会导致基因印记相关疾病。目前有 30 多个印记基因被发现是身高决定的重要因素，如 *GRB10* 和 *PLAGL1* 等。印记基因缺陷导致的表观遗传相关疾病如 Beckwith-Wiedeman 综合征、Prader-Willi 综合征、Angelman's 综合征、Rett 综合征及 Silver-Russell 综合征都具有身体大小异常的临床特征，提示 DNA 甲基化可以通过基因印记的方式参与身高的调控。

孕期宫内环境可以影响甲基化标记，从而决定出生后孩子的表型。例如，印记基因 *IGF2* 可将产前营养水平与 DNA 甲基化联系起来；产前营养不良会导致 *MEG3*、*INSIGF*、*IL10a*、*LEP*、*ABCA1* 和 *GNASAS* 基因甲基化修饰改变，所以环境变化可能通过 DNA 甲基化共同参与身高的调节。

2. 体重决定基因的甲基化[70]

在营养代谢和体重上所展现的个体差异，不仅取决于膳食摄入和遗传背景，还取决于那些可以影响表观修饰并改变基因表达的其他环境因素。表观遗传修饰在肥胖和糖尿病中的潜在作用受到越来越多的重视，将高通量甲基化筛选技术应用于环境-DNA 甲基化-体重（肥胖）关系的研究无疑是重要的研究方向。

体重候选基因内或附近的甲基化位点分析是研究体重与甲基化相关性的主要内容。候选基因甲基化研究涉及参与肥胖、食量控制、代谢、胰岛素信号、免疫、生长、生物钟调控及基因印记在内的一系列生物途径的基因，主要发现肥胖患者外周血白细胞（peripheral blood leukocyte，PBL）中的肿瘤坏死因子 α（*TNFα*）、肌肉中的丙酮酸脱氢酶激酶 PDK4 和全血中的瘦素（leptin，*LEP*）处于低甲基化状态；全血中原代皮质素 *POMC*、肌肉中的 PPARγ 共激活因子 1alpha（*PGC1α*）和 PBL 中 *CLOCK* 和芳烃受体核转运体样基因 *BMAL1* 处于高甲基化状态。此外，肌肉中的 *PDK4* 甲基化，全血中黑色素浓缩激素受体 1（*MCHR1*）和 PBL 中血清素转运蛋白 *SLC6A4*、雄激素受体（*AR*）、β-羟基脱氢酶 2（*HSD2*）、周期生物钟基因 *PER2* 和糖皮质激素受体（*GR*）等基因的甲基化也可能与 BMI、肥胖症和腰围大小有关。目前肥胖与表观遗传关联最一致的发现是，血浆中 IGF2/H19 印记区域的甲基化与肥胖的发生有关。

越来越多的研究表明，不利的产前和早期出生后营养环境能够在以后的生活中增加肥胖患病风险，而肥胖母亲的饮食和减肥干预可能降低后代肥胖的风险，这些影响很可能通过胰岛素信号转换、脂肪储存、能量消耗或食欲控制途径来介导，表观遗传在其中发挥了重要的调控作用。高达 26% 的儿童肥胖变异与脐带组织中类视黄醇 X 受体 α 基因（*RXRα*）的启动子区域甲基化变化有关联；肿瘤相关钙信号转导因子 2（*TACST2*）在出生时的甲基化异常也被发现与后期的脂肪量相关；*IGF* 基因在出生时和在儿童期发生甲基化变异，与后期发育中的生长特征和肥胖存在联系，而 *IGF2* 的表观遗传调节已被证实在控制胎儿生长和发育中发挥重要作用，该基因附近甲基化程度的差异往往与宫内暴露于次优环境有关。然而，最近的小鼠研究结果显示母体营养对 *IGF2* 差异甲基化区域没有影响，更多的证据有待进一步发现。对体重决定基因的甲基化的后续研究和精准检测，有助于怀孕和哺乳期间营养干预措施的制定，从而减轻或降低后代肥胖的风险。

表观遗传修饰不仅可以作为肥胖症的预警因素，而且也可以成为判断减肥效果的预后标记。研究表明，通过低热饮食成功减肥的肥胖男性（> 5%的初始体重）具有较低的 TNF 启动子甲基化水平，因此监测 TNF 启动子甲基化可能是判断饮食诱导减重效果的良好标志物。随后的研究也描述了脂肪组织中的 TNF 和 LEP 甲基化水平也可以用来预测对低热量饮食的反应，这是基于表观遗传学标准的个性化营养的第一步。随着体重基因遗传学及表观遗传学研究的深入开展，越来越多的的研究成果将会应用于肥胖疾病的预防和治疗中。

3. 智力决定基因的甲基化[71]

许多神经功能障碍疾病被发现与甲基化缺陷有关，除 DNA 甲基化修饰相关基因（DNMT1、MeCP2 等）突变导致的孟德尔疾病外，还有经典的基因印记异常疾病，如 Prader-Willi 综合征、Angelman 综合征、Beckwith-Wiedemann 综合征等。Angelman 综合征是由于父源染色体 15q11.2-q13 位置上的基因表达丧失，而 Beckwith-Wiedemann 综合征是由于 15q11.2-q13 区域的母源等位基因表达缺陷或编码蛋白功能异常而致病，两者的共同临床表现都是严重的智力缺陷。

以 Angelman 综合征为例，泛素蛋白连接酶 E3A（ubiquitin-protein ligase E3A，UBE3A）基因是其主要致病候选基因，编码的蛋白质是泛素-蛋白酶系统重要组成部分，可以调节树突状细胞的生长。基因印记缺陷的患者，其配子形成时期正常印记重塑过程被干扰，母源包括 UBE3A 基因座在内的 15q11.2-q13 区域像父源区域一样被印记，从而导致只有母源可表达的基因表达不足或完全不表达而致病。

除了经典的印记疾病之外，也有患者被发现在多个印记位点呈现高甲基化，这些患者通常具有与经典印记障碍相似的特征，以发育迟缓为主。甲基化异常可以发生在不同染色体上母本和父本的印记基因座，并涉及重要的转录因子，如 ZFP57。

有研究发现，对母体 Ube3a 缺失的小鼠实施拓扑异构酶抑制剂——拓扑替康的全身给药,会在包括海马、新皮层、纹状体和小脑神经元在内的几个脑区域中检测到父系来源但功能完全的 UBE3A，提示对 DNA 甲基化异常疾病的病因和机制研究有助于神经精神疾病的预防与治疗。

31.4.5 非编码 RNA 与性状决定基因

1. miRNA 与身高决定基因[72]

miRNA 变异或是通过改变特定基因表达，或是改变自身结构参与身高相关基因的调控。研究表明，let-7 可以靶向许多身高决定基因（HMGA2、CDK6、DOT1L、LIN28B 和 PAPPA 等），通过调控这些基因的表达水平影响身高。以 rs1042725 为例：该变异位于 HMGA2 的 3′UTR 区，被证明与身高密切相关，它通过影响 let-7 的结合进而改变了 HMGA2 的表达水平，引起身高上的异常。此外，位于 let-7 启动子区域的 SNP（rs113431232）可能通过改变 let-7 的表达进而影响身高。目前通过关联分析及生物信息学预测，越来越多地发现 miRNA 与身高相关，具体的机制有待进一步研究。

2. miRNA 与体重决定基因[73]

肥胖是体重异常的主要体现形式。虽然高能量摄入和低体力活动是推动肥胖发展的主要因素，但遗传变异或激素异常也与肥胖发生密切相关。脂肪组织扩张通过新的脂肪细胞增生和细胞内脂质含量增加两种方式进行。

目前 miRNA 与肥胖之间的关系研究主要集中在 miRNA 如何影响脂肪的生成。例如， miR-143 可能通过调节 ERK5，在培养的小鼠 3T3-L1 前脂肪细胞的分化中起到重要的作用；miR-204、miR-141、miR-200a-c 和 miR-429 参与早期脂肪细胞命运决定，而 miR-17-92、miR-130、miR-27a/b 及 miR-378 参与终末分化和白色脂肪细胞功能的成熟。

棕色脂肪组织（brown adipose tissue，BAT）是一种参与发热和能量消耗的高代谢活性脂肪组织类型，被认为与肥胖呈反向关系。有研究表明，miR-193b-365 簇在棕色脂肪分化过程中扮演的关键角色是通过是抑制肌肉生成来完成的。许多研究表明，miRNA 是正常白色脂肪组织（white adipose tissue，WAT）和 BAT 分化和生物功能的重要调节剂。虽然 miRNA 在脂肪形成中的作用已通过体外实验证实，或者其表达变化在肥胖个体和动物肥胖模型中有所体现，但不可忽视的是，目前仍然缺乏 miRNA 在肥胖相关疾病中起决定作用的直接证据，因此需要更多详细的研究去阐明单个 miRNA 在调节能量平衡和脂肪生物功能上的作用及其对肥胖的潜在贡献。

3. miRNA 与智力决定基因[74]

miRNA 通过在各种生理条件下整合不同途径的信号来提供强大的控制灵活性，并因此在神经元功能和传导上发挥重要的作用。miRNA 对认知功能有深远的影响，并涉及许多神经精神障碍及智力障碍疾病的病因学研究。

有研究表明，miRNA 的调节或功能改变与诸如 Rett 综合征、脆性 X 综合征和唐氏综合征等智力障碍疾病的遗传结构有关。MeCP2 是 Rett 综合征的致病基因，miR-132 高表达引起 MeCP2 表达下降与 Rett 综合征表型相关。在唐氏综合征患者大脑中 21 号染色体上，miR-99a、 let-7c、miR-125b-2、miR-155 和 miR-802 的表达水平高于正常对照，而这些 miRNA 的上调使 Mecp2 及下游分子 Creb1 和 Mef2c 表达下降，可能导致了神经发育的障碍。此外，一些智力决定基因也会影响一些 miRNA 的表达，使得这些 miRNA 可能会成为智力缺陷疾病的诊断靶点。例如，脆性 X 综合征的候选基因 FMRP 的编码产物通过与 miR-124a、miR-125b 和 miR-132 结合影响其表达水平，从而表现神经元突触分支的减少及树突形态的改变。

miRNA 调控神经发育的机制主要包括影响神经树突复杂性及形态，参与神经元发生、增殖、迁移和整合，以及调节相应神经元活动的电生理特性。*miR-132* 可与 cAMP 反应元件结合蛋白（cAMP-response element binding protein，CREB）紧密结合，从而对神经营养因子信号具有高度响应，通过 CREB 介导的信号通路参与成年海马新生神经元树突的成熟；miR-132 和 miR-125b 与小鼠脑中的 FMRP 相互作用，反向调节海马神经元的树突形态，而 *FMRP* 基因的下调影响了这些 miRNA 对树突形态的作用。此外，miR-132 对神经元迁移的作用体现在其表达模式与其对齿状回新生神经元整合进入成熟沟回的影响相一致。*miR-132* 表达对突触功能的影响及其结果表明，当 miR-132 过表达时，培养的小鼠海马神经元的短期突触可塑性发生一些性质改变，包括配对脉冲比例的增加和突触抑制的减少。了解这些分子基础有助于对智力障碍病因的研究，并可能揭示新的药物靶点。

31.4.6 组蛋白修饰与性状决定基因

1. 组蛋白修饰与身高决定基因

身高的物质基础是骨骼，骨骼发育异常往往会影响身高。组蛋白修饰在骨骼发育中发挥重要作用。例如，KAT6B 属于 MYST 组蛋白乙酰转移酶家族成员，kat6b 基因突变可引起骨骼发育障碍，导致出生后生长迟缓[75,76]。组蛋白去乙酰酶 4（histone deacetylase 4，HDAC4）缺乏会导致骨骼发育异常，患者易出现短指征状[77]。HDAC4 与 RUNX2 相互作用，抑制 RUNX2 的活性，从而抑制软骨细胞肥大[78]。组蛋白甲基转移酶 EZH1 和 EZH2 通过抑制细胞周期蛋白依赖性激酶抑制因子，加快软骨细胞增殖，从而促进骨骼生长[79]。全基因组关联分析表明，ezh2 与身高相关，ezh2 突变能够引起韦弗综合征[80]，患者临床特征为巨体、骨骼成熟过速、屈曲指、面孔特殊等。

2. 组蛋白修饰与体重决定基因

体重与脂肪形成和脂肪代谢密切相关。PPARγ 在脂肪形成中发挥重要作用。组蛋白甲基转移酶与 PPARγ 蛋白相互作用，参与脂肪的形成[81]。另一方面，脂肪组织通过分泌脂肪因子调控整个身体的能量代谢，组蛋白修饰可调控脂肪因子的表达。LEPTIN 是第一个被鉴定的脂肪因子，由脂肪细胞分泌，在调节能量平衡、摄食行为中发挥重要作用。leptin 基因纯合突变可诱发肥胖。组蛋白去乙酰化酶参与 LEPTIN 信号通路。过表达 HDAC5 可导致食物摄取减少，HDAC5 促使 STAT3 去乙酰化，导致其核定位和转录能力增强，最终促进 LEPTIN 信号转导[82]。研究表明，H3K9 的去甲基化酶 JHDM2A 可通过调控代谢相关基因的表达增强肥胖抵抗能力，故 JHDM2A 功能缺失可导致肥胖[83]。

3. 组蛋白修饰与智力决定基因

唐氏综合征是一种最常见的遗传性智力障碍疾病。组蛋白修饰的改变与唐氏综合征密切相关。目前，已鉴定 5 种唐氏综合征关键区域基因（DYRK1A、ETS2、HMGN1、BRWD1 和 RUNX1）能够影响特定的组蛋白修饰。例如，酪氨酸磷酸化酶 DYRK1A 能够直接磷酸化组蛋白去乙酰化酶 SIRT1，增强其去乙酰化能力，进而改善认知能力[54]。DYRK1A 在大脑发育中发挥重要作用[53]。研究报道，短指/趾-智力迟缓综合征（brachydactyly-mental retardationsyndrome，BDMR）、歌舞伎综合征（kabuki syndrome，KS）、Say-Barber-Biesecker-Young-Simpson 综合征等疾病也会导致智力的缺陷。组蛋白修饰的改变与以上疾病的发生密切相关：HDAC4 缺乏导致 BDMR[77]；H3K4 去甲基酶基因 mll2 或者组蛋白赖氨酸去甲基酶基因 kdm6a 突变导致 KS[84]；组蛋白乙酰转移酶基因 kat6b 突变导致 Say-Barber-Biesecker-Young-Simpson 综合征[85]。研究表明，亨廷顿舞蹈症（huntington's disease，HD）、脊肌萎缩症（spinal muscular atrophy，SMA）、帕金森病（Parkinson's disease，PD）等神经系统疾病中存在组蛋白的低乙酰化和 H3K9 的高甲基化现象[86]。以上研究结果提示组蛋白修饰与智力密切相关。

参 考 文 献

[1] Sun, Z. Y. et al. SP1 regulates KLF4 via SP1 binding motif governed by DNA methylation during odontoblastic differentiation of human dental pulp cells. J Cell Biochem 120(9): 14688-14699(2019).

[2] Guo, H. S. et al. Tissue factor pathway inhibitor-2 was repressed by CpG hypermethylation through inhibition of KLF6 binding in highly invasive breast cancer cells. BMC Molecular Biology 8: 110(2007).

[3] Zhai, K. et al. Germline variation in the 3'-untranslated region of the POU2AF1 gene is associated with susceptibility to lymphoma. Molecular carcinogenesis 56, 1945-1952(2017).

[4] Forman, J. J et al. A search for conserved sequences in coding regions reveals that the let-7 microRNA targets Dicer within its coding sequence. Proc Natl Acad Sci USA 105: 14879-14884(2008).

[5] Zhang, J. et al. Oncogenic role of microRNA532-5p in human colorectal cancer via targeting of the 5' UTR of RUNX3. Oncol Lett 15: 7215-7220(2018).

[6] Dharap, A. *et al*. MicroRNA miR324-3p induces promoter-mediated expression of RelA gene. *PLoS One* 8: e79467(2013).

[7] Xiao, M. *et al*. MicroRNAs activate gene transcription epigenetically as an enhancer trigger. *RNA Biol* 14(10): 1326-1334 (2017).

[8] Seok, H. Y. *et al*. MicroRNA target recognition: insights from transcriptome-wide non-canonical interactions. *Mol Cells* 31; 39(5): 375-381(2016)

[9] Grosschedl, R. & Birnstiel, M. L. Spacer DNA sequences upstream of the T-A-T-A-A-A-T-A sequence are essential for promotion of H2A histone gene transcription *in vivo*. *Proceedings of the National Academy of Sciences* 77, 7102-7106 (1980).

[10] Benoist, C. & Chambon, P. *In vivo* sequence requirements of the SV40 early promotor region. *Nature* 290, 304(1981).

[11] Kim, T. K. *et al*. Architectural and functional commonalities between enhancers and promoters. *Cell* 162, 948(2015).

[12] Lovén, J. *et al*. Selective inhibition of tumor oncogenes by disruption of super-enhancers. *Cell* 153, 320-334(2013).

[13] Whyte, W. A. *et al*. Master transcription factors and mediator establish super-enhancers at key cell identity genes. *Cell* 153, 307-319(2013).

[14] Hnisz, D. *et al*. Convergence of developmental and oncogenic signaling pathways at transcriptional super-enhancers. *Molecular Cell* 58, 362(2015).

[15] Rada-Iglesias, A. *et al*. A unique chromatin signature uncovers early developmental enhancers in humans. *Nature* 470, 279-283(2011).

[16] Creyghton, M. P. *et al*. Histone H3K27ac separates active from poised enhancers and predicts developmental state. *Proceedings of the National Academy of Sciences of the United States of America* 107, 21931-21936(2010).

[17] Jin, Q. *et al*. Distinct roles of GCN5/PCAF-mediated H3K9ac and CBP/p300-mediated H3K18/27ac in nuclear receptor transactivation. *Embo Journal* 30, 249(2011).

[18] Wei, G. H. & Xia, J. H. Enhancer dysfunction in 3D genome and disease. *Cell* 8, 1281(2019).

[19] Lam, M. T. *et al*. Enhancer RNAs and regulated transcriptional programs. *Trends in Biochemical Sciences* 39, 170(2014)

[20] Bose, D. A. *et al*. RNA binding to CBP stimulates histone acetylation and transcription. *Cell* 168, 135(2017).

[21] Hnisz, D. *et al*. Transcriptional super-enhancers connected to cell identity and disease. *Cell* 155(2013).

[22] Chapuis, J. *et al*. Increased expression of BIN1 mediates Alzheimer genetic risk by modulating tau pathology. *Molecular Psychiatry* 18, 1225(2013).

[23] de la Torre-Ubieta, L. *et al*. The dynamic landscape of open chromatin during human cortical neurogenesis. *Cell* 172, 289-304 (2018).

[24] Stadler, M. B. *et al*. DNA-binding factors shape the mouse methylome at distal regulatory regions. *Nature* 480, 490-495 (2011).

[25] Yang, Y. *et al*. Chromatin remodeling inactivates activity genes and regulates neural coding. *Science* 353, 300-305(2016).

[26] Bonev, B. *et al*. Multiscale 3D genome rewiring during mouse neural development. *Cell* 171, 557-572(2017).

[27] Hon, G. C. *et al*. Epigenetic memory at embryonic enhancers identified in DNA methylation maps from adult mouse tissues. *Nat Genet* 45, 1198-1206(2013).

[28] Zenk, F. *et al*. Germ line-inherited H3K27me3 restricts enhancer function during maternal-to-zygotic transition. *Science* 357, 212-216(2017).

[29] Hon, G. C. *et al*. 5mC oxidation by Tet2 modulates enhancer activity and timing of transcriptome reprogramming during di_erentiation. *Mol Cell* 56, 286-297(2014).

[30] Nielsen, H. M. *et al*. Copy number variations alter methylation and parallel IGF2 overexpression in adrenal tumors. *Endocrine-related cancer* 22, 953-967(2015).

[31] Yang, L. *et al.* miRNA copy number variants confer susceptibility to acute anterior uveitis with or without ankylosing spondylitis. *Investigative Ophthalmology & Visual Science* 58, 1991-2001(2017).

[32] Bertini, V. *et al.* Deletion extents are not the cause of clinical variability in 22q11. 2 deletion syndrome: does the interaction between DGCR8 and miRNA-CNVs play a major role? *Frontiers in Genetics* 8, 47(2017).

[33] Zhou, C. C. *et al.* Systemic genome screening identifies the outcome associated focal loss of long noncoding RNA PRAL in hepatocellular carcinoma. *Hepatology* 63, 850-863(2016).

[34] Szafranski, P. *et al.* Small noncoding differentially methylated copy-number variants, including lncRNA genes, cause a lethal lung developmental disorder. *Genome Research* 23, 23-33(2013).

[35] Zhang, F. *et al.* The DNA replication FoSTeS/MMBIR mechanism can generate genomic, genic and exonic complex rearrangements in humans. *Nature Genetics* 41, 849-853(2009).

[36] Hull, R. M. *et al.* Environmental change drives accelerated adaptation through stimulated copy number variation. *PLoS Biology* 15, e2001333(2017).

[37] Zeller, P. *et al.* Histone H3K9 methylation is dispensable for *Caenorhabditis elegans* development but suppresses RNA: DNA hybrid-associated repeat instability. *Nature Genetics* 48, 1385-1395(2016).

[38] Bittles, A. H. *et al.* The four ages of Down syndrome. *European Journal of Public Health* 17, 221-225(2007).

[39] Zigman, W. B. & Lott, I. T. Alzheimer's disease in Down syndrome: neurobiology and risk. *Mental Retardation and Developmental Disabilities Research Reviews* 13, 237-246(2007).

[40] Wang, X. *et al.* Loss of sorting nexin 27 contributes to excitatory synaptic dysfunction by modulating glutamate receptor recycling in Down's syndrome. *Nature Medicine* 19, 473-480(2013).

[41] Kerkel, K. *et al.* Altered DNA methylation in leukocytes with trisomy 21. *PLoS Genetics* 6, e1001212(2010).

[42] Gardiner, K. & Davisson, M. The sequence of human chromosome 21 and implications for research into Down syndrome. *Genome Biology* 1, REVIEWS0002(2000).

[43] Infantino, V. *et al.* Impairment of methyl cycle affects mitochondrial methyl availability and glutathione level in Down's syndrome. *Molecular Genetics and Metabolism* 102, 378-382(2011).

[44] Shock, L. S. *et al.* DNA methyltransferase 1, cytosine methylation, and cytosine hydroxymethylation in mammalian mitochondria. *Proceedings of the National Academy of Sciences of the United States of America* 108, 3630-3635(2011).

[45] Jin, S. *et al.* Global DNA hypermethylation in down syndrome placenta. *PLoS Genetics* 9, e1003515(2013).

[46] El Hajj, N. *et al.* Epigenetic dysregulation in the developing Down syndrome cortex. *Epigenetics* 11, 563-578(2016).

[47] Sanchez-Mut, J. V. *et al.* Aberrant epigenetic landscape in intellectual disability. *Progress in Brain Research* 197, 53-71 (2012).

[48] Joubert, L. *et al.* New sorting nexin (SNX27) and NHERF specifically interact with the 5-HT4a receptor splice variant: roles in receptor targeting. *Journal of Cell Science* 117, 5367-5379(2004).

[49] Samaco, R. C. & Neul, J. L. Complexities of Rett syndrome and MeCP2. *The Journal of Neuroscience* 31, 7951-7959(2011).

[50] Qiu, Z. *et al.* The Rett syndrome protein MeCP2 regulates synaptic scaling. *The Journal of Neuroscience* 32, 989-994(2012).

[51] Bhartiya, D. *et al.* lncRNome: a comprehensive knowledgebase of human long noncoding RNAs. *Database* 2013, bat034 (2013).

[52] Smith, D. J. *et al.* Functional screening of 2 Mb of human chromosome 21q22. 2 in transgenic mice implicates minibrain in learning defects associated with Down syndrome. *Nature Genetics* 16, 28-36(1997).

[53] Lepagnol-Bestel, A. M. *et al.* DYRK1A interacts with the REST/NRSF-SWI/SNF chromatin remodelling complex to deregulate gene clusters involved in the neuronal phenotypic traits of Down syndrome. *Human molecular Genetics* 18, 1405-1414(2009).

[54] Guo, X. *et al.* DYRK1A and DYRK3 promote cell survival through phosphorylation and activation of SIRT1. *The Journal of Biological Chemistry* 285, 13223-13232(2010).

[55] Weeber, E. J. & Sweatt, J. D. Molecular neurobiology of human cognition. *Neuron* 33, 845-848(2002).

[56] Sun, H. J. *et al.* Transcription factors Ets2 and Sp1 act synergistically with histone acetyltransferase p300 in activating human interleukin-12 p40 promoter. *Acta Biochimica et Biophysica Sinica* 38, 194-200(2006).

[57] Huang, H. *et al.* Expression of the Wdr9 gene and protein products during mouse development. *Developmental Dynamics* 227, 608-614(2003).

[58] Bakshi, R. *et al.* The human SWI/SNF complex associates with RUNX1 to control transcription of hematopoietic target genes. *Journal of Cellular Physiology* 225, 569-576(2010).

[59] Wallace, D. C. & Fan, W. Energetics, epigenetics, mitochondrial genetics. *Mitochondrion* 10, 12-31(2010).

[60] Lettre, G. Recent progress in the study of the genetics of height. *Human Genetics* 129, 465-472(2011).

[61] Fusco, I. *et al.* Variations in the high-mobility group-A2 gene (HMGA2) are associated with idiopathic short stature. *Pediatr Res* 79(2): 258-261(2016).

[62] Capellini, T. D. *et al.* Ancient selection for derived alleles at a GDF5 enhancer influencing human growth and osteoarthritis risk. *Nat Genet* 49(8): 1202-1210 (2017).

[63] Lui, J. C. *et al.* Regulation of body growth. Curr Opin Pediatr27(4): 502-510(2015).

[64] Guo, M. H. *et al.* Insights and Implications of genome-wide association studies of height. *J Clin Endocrinol Metab* 103(9): 3155-3168(2018).

[65] Hebebrand, J. *et al.* Molecular genetic aspects of weight regulation. *Deutsches Arzteblatt International* 110, 338(2013).

[66] Hainer, V. *et al.* Melanocortin pathways: suppressed and stimulated melanocortin-4 receptor (MC4R). *Physiol Res* 69 (Suppl 2): S245-S254(2020).

[67] Baldini, G. & Phelan, K. D. The melanocortin pathway and control of appetite-progress and therapeutic implications. *J Endocrinol* 241(1): R1-R33(2019).

[68] Bao, T. H. *et al.* Spontaneous running wheel improves cognitive functions of mouse associated with miRNA expressional alteration in hippocampus following traumatic brain injury. *Journal of Molecular Neuroscience Mn* 54, 622-629(2014).

[69] Simeone, P. & Alberti, S. Epigenetic heredity of human height. *Physiological Reports* 2(2014).

[70] Van Dijk, S. J. *et al.* Epigenetics and human obesity. *International Journal of Obesity* 39, 85(2014).

[71] Weissman, J. *et al.* Abnormalities of the DNA methylation mark and its machinery: an emerging cause of neurologic dysfunction. *Seminars in Neurology* 34, 249(2014).

[72] Buliksullivan, B. *et al.* Prioritization of genetic variants in the microRNA regulome as functional candidates in genome-wide association studies. *Human Mutation* 34, 1049-1056(2013).

[73] Arner, P. & Kulyté, A. MicroRNA regulatory networks in human adipose tissue and obesity. *Nature Reviews Endocrinology* 11, 276-288(2015).

[74] Xu, B. *et al.* MicroRNA dysregulation in neuropsychiatric disorders and cognitive dysfunction. *Neurobiology of Disease* 46, 291-301(2012).

[75] Campeau, P. M. *et al.* Mutations in KAT6B, encoding a histone acetyltransferase, cause Genitopatellar syndrome. *American Journal of Human Genetics* 90, 282-289(2012).

[76] Clayton-Smith, J. *et al.* Whole-exome-sequencing identifies mutations in histone acetyltransferase gene KAT6B in individuals with the Say-Barber-Biesecker variant of Ohdo syndrome. *American Journal of Human Genetics* 89, 675-681(2011).

[77] Williams, S. R. *et al.* Haploinsufficiency of HDAC4 causes brachydactyly mental retardation syndrome, with brachydactyly type E, developmental delays, and behavioral problems. *American Journal of Human Genetics* 87, 219-228(2010).

[78] Vega, R. B. *et al.* Histone deacetylase 4 controls chondrocyte hypertrophy during skeletogenesis. *Cell* 119, 555-566(2004).

[79] Lui, J. C. *et al.* EZH1 and EZH2 promote skeletal growth by repressing inhibitors of chondrocyte proliferation and hypertrophy. *Nature Communications* 7, 13685(2016).

[80] Gibson, W. T. *et al.* Mutations in EZH2 cause Weaver syndrome. *American Journal of Human Genetics* 90, 110-118(2012).

[81] Okamura, M. *et al.* Role of histone methylation and demethylation in adipogenesis and obesity. *Organogenesis* 6, 24-32 (2010).

[82] Kabra, D. G. *et al.* Hypothalamic leptin action is mediated by histone deacetylase 5. *Nature Communications* 7, 10782(2016).

[83] Tateishi, K. *et al.* Role of Jhdm2a in regulating metabolic gene expression and obesity resistance. *Nature* 458, 757-761(2009).

[84] Lederer, D. *et al.* Deletion of KDM6A, a histone demethylase interacting with MLL2, in three patients with Kabuki syndrome. *American Journal of Human Genetics* 90, 119-124(2012).

[85] Campeau, P. M. *et al.* The KAT6B-related disorders genitopatellar syndrome and Ohdo/SBBYS syndrome have distinct clinical features reflecting distinct molecular mechanisms. *Hum Mutat* 33, 1520-1525(2012).

[86] Urdinguio, R. G. *et al.* Epigenetic mechanisms in neurological diseases: genes, syndromes, and therapies. *The Lancet Neurology* 8, 1056-1072(2009).

马端　博士，教授，博士生导师。上海市领军人才，上海市优秀学术带头人，上海市曙光学者。复旦大学出生缺陷研究中心副主任，复旦大学代谢与分子医学教育部重点实验室副主任。1998 年获上海医科大学医学博士学位，之后在中国协和医科大学/北京协和医院心内科和美国新墨西哥大学病理系从事博士后研究，2002 年以优秀人才被复旦大学上海医学院引进。中华医学会医学遗传学分会副主任委员，中国医检整合联盟副理事长，基因联盟理事长，上海市医学会医学遗传学专委会前任主任委员，上海市健康科技协会基因健康专委会主任委员，上海市医学会罕见病专委会副主任委员。主要研究方向为遗传相关疾病的病因、发病机制、遗传咨询与早期防治，重点研究先天性心脏病、先天智障、遗传性耳聋和血液系统疾病。主持国家重点研发计划、973 计划、863 计划、重大新药研制、科技支撑项目 40 余项；发表论文 300 余篇，其中 SCI 论文180 余篇，被引用 5000 余次；主编《生物学前沿技术在医学研究中的应用》、《临床遗传学》、《破解疾病的遗传密码》和《代谢分子医学导论》；获中国和美国发明专利 10 项。